Helmut Kopka

LaTeX

Band 2: Ergänzungen

3., überarbeitete Auflage

Pearson Studium
ein Imprint der Pearson Education Deutschland GmbH

Die Deutsche Bibliothek – CIP-Einheitsaufnahme

Ein Titeldatensatz für diese Publikation ist bei
Der Deutschen Bibliothek erhältlich.

10 9 8 7 6 5 4 3 2 1

05 04 03 02

3-8273-7039-6

www.pearson-studium.de
Lektorat: Irmgard Wagner, Planegg, Irmgard.Wagner@munich.netsurf.de
Korrektorat: Petra Kienle, Fürstenfeldbruck
Einbandgestaltung: dyadesign, Düsseldorf
Satz: Helmut Kopka
Druck und Verarbeitung: Bercker, Kevelaer

Printed in Germany

Vorwort

Der vorliegende Band 2 der LaTeX-Buchserie erhält ab der überarbeiteten 2. Auflage seine endgültige Form bezüglich der Stoffgliederung für die drei Bände und entspricht in seinem Inhalt den Ankündigungen aus Band 1. Das bisherige Kapitel 1 mit den Hinweisen zu LaTeX 2_ε wurde von diesen Hinweisen befreit, da sie nun Bestandteil der Einführung und damit von Band 1 ab dessen 2. Auflage geworden sind.

Das Kapitel 1 wurde deshalb neu konzipiert und erweitert. Es stellt nun, bis auf die PostScript-Schriften, alle LaTeX-Erweiterungen vor, die von den Autoren des LaTeX 3-Projekts stammen. Es beginnt mit den Hinweisen zur Beschaffung und Installation der Standarderweiterungen, gefolgt von der Nutzungsbeschreibung dieser Erweiterungen. Hierzu zählen erweiterte Tabellenumgebungen für ein- und mehrseitige Tabellen, Umgebungen für mehrspaltige Formatierungen mit wechselseitiger Höhenbalancierung, die gleichzeitig einen Wechsel der Spaltenzahl innerhalb einzelner Seiten erlauben, Erweiterungen der Aufzählungsumgebungen sowie für Regelsätze und Querverweise.

Die bisher genannten Erweiterungen stellen die LaTeX-Standarderweiterungen im engeren Sinne dar. Zusätzlich wird das Babel-System vorgestellt, das die Makropakete und Definitionsfiles zur LaTeX-Bearbeitung von Texten für nahezu alle auf der lateinischen, griechischen oder kyrillischen Schrift aufbauenden Sprachen enthält, wobei die jeweilige Sprache mit einem sog. Sprachschalter lokal oder global aktiviert werden kann. Das Kapitel 1 schließt ab mit der Vorstellung von $\mathcal{A}\mathcal{M}\mathcal{S}$-LaTeX, mit dem die bereits sehr hohe Formatierungsleistung von LaTeX für den mathematischen Formelsatz nochmals erweitert wird.

Die Kapitel 2 und 5 stellen die Nutzung und Einbindung von TeX-Zusatz- und Sonderschriften sowie der breiten Palette der PostScript-Schriften mit LaTeX vor. Ein neues Zeichensatzauswahlverfahren, das bereits mit LaTeX 2.09 als Zusatz genutzt werden konnte, ist nunmehr Standardbestandteil von LaTeX. Es erleichtert den Zugang zu weiteren Schriften und deren Programmverwaltung. Die vorgestellten Schriften könnten auch mit LaTeX 2.09 verknüpft werden. Dies verlangt jedoch erheblich umfangreichere Anwenderanpassungen, falls sie nicht durch beigestellte Stilfiles unterstützt werden.

Kapitel 2 mit den TeX-Zusatz- und -Sonderschriften sollte ursprünglich auch Hinweise zur Verwendung von Zeichensätzen für den Notensatz enthalten. Diese gediehen dann zu dem eigenen Kapitel 4, das das Ergänzungspaket MusiXTeX vorstellt, mit dem komplexe polyphone Notensätze durch LaTeX erstellt werden können. Wenn man bedenkt, dass trotz der Erfindung der Druckkunst vor mehr als 500 Jahren, die Erstellung der Druckvorlagen für qualitativ hochwertigen Notensatz bis in die jüngste Zeit ein manueller Arbeitsvorgang war, so ist die jetzt möglich gewordene Automatisierung eine bewundernswerte Leistung.

Das Kapitel 2 schloss bei den ersten beiden Auflagen dieses Buches mit der Vorstellung von Zeichensätzen zur Schachdokumentation und Makrosätzen zu deren Eingabenotation ab.

Mit der nun vorliegenden überarbeiteten 3. Auflage leitet diese Vorstellung nun als Abschnitt 3.1 das neue Kapitel 3 ein, das in weiteren Abschnitten die Zeichensätze und Eingabemakros für weitere Spieledokumentationen wie Backgammon, Go und Kartenspielen sowie zur Erstellung von Ausgabediagrammen von Kreuzworträtseln vorstellt.

Die bisherige Beschreibung von MusicTEX zur Erstellung von Musiknotensätzen mittels LATEX wurde mit der jetzigen 3. Auflage durch die Vorstellung des verbesserten und leistungsfähigeren Makropakets MusiXTEX und seiner speziellen Noten-Zeichensätzen ersetzt. Dieses Nachfolgepaket für den Musiknotensatz besticht zusätzlich durch seine schlüssigere Eingabenotationen und der Verwendung ausschließlicher englischer Befehlsnamen gegenüber der Mischung von Befehlsnamen aus englischen und französischen Begriffen.

Das Kapitel 5 über die PostScript-Schriften und die Einbindung von PostScript-Grafiken leitet über zu weiteren Kombinationen von Text und Grafik, für die TEX zunächst nicht vorgesehen war. Kapitel 6 stellt das Programm bm2fonts vor, das Grafikfiles aus verschiedensten Quellen für die TEX-Bearbeitung aufbereitet, die anschließend zwanglos mit dem Text verknüpft werden und zusammen mit dem Text auf jedem Drucker, der diesen Text ausgeben kann, dort ebenfalls erscheinen.

Kapitel 7 stellt als weiteres Grafikwerkzeug PICTEX vor, das komplexe zweidimensionale Digramme mit TEX-spezifischen Mitteln erstellt, bearbeitet und mit dem umgebenden Text verknüpft. Die erforderlichen Eingabebefehle werden dem LATEX-Anwender schnell vertraut werden, da sie formal und strukturell den bisherigen LATEX-Befehlen verwandt erscheinen.

Nach der breiten Palette von Schriften und Grafiken erschien es mir konsequent, den Band 2 mit einer Kurzvorstellung von METAFONT abzuschließen. Die Installation neuer Zeichensätze oder deren Umstellung auf einen neuen Druckertyp wird fast immer den Aufruf von METAFONT verlangen, mit dem die Zeichensatz-Quellenfiles auf die beim Anwender verfügbare Rechner- und Druckereinrichtung zielgerichtet zugeschnitten werden.

Die 3. überarbeitete und erweiterte Neuauflage vom April 2002 enthält als Buchbeilage die CD-ROM „TEX Live 6b" mit der Bereitstellung aller offiziellen TEX-Programme für eine Vielzahl von Rechnern und Betriebssystemen sowie nahezu aller in diesem Buch vorgestellten Makropaketen. Eine kurze Inhalts- und Nutzungsbeschreibung dieser CD erfolgt in Abschnitt 1.7.3.

Helmut Kopka, März 1997 und April 2002

Inhaltsverzeichnis

Kapitel 1

LaTeX-Weiterentwicklungen

1.1 Vorbemerkungen

Mit Bereitstellung der LaTeX-Version 2.09 hat LESLIE LAMPORT, der Autor des Originalprogramms von LaTeX, seine Tätigkeit an LaTeX-Fortentwicklungen definitiv eingestellt. Die Versionsnummer 2.09 war nahezu 8 Jahre aktuell, was aber nicht bedeutet, dass LaTeX-Pakete mit dieser Kennzeichnung identisch sind. Unter der gleichen Versionsnummer erschienen, durch ihre Erstellungsdaten gekennzeichnet, unterschiedliche Fassungen. So wurde z. B. LaTeX, das von seinem Autor primär für die Bearbeitung englischer Texte eingerichtet wurde, internationalisiert. Trägt ein LaTeX-Paket 2.09 ein Erstellungsdatum ab dem 1. Dezember 1991, so handelt es sich um die internationale Version, die zusammen mit sprachspezifischen Dokumentstiloptionen, wie z. B. `german`, dann automatisch erscheinende Begriffe wie **Chapter**, **Contents** u. a. in deutsch als **Kapitel**, **Inhaltsverzeichnis** usw. ausgibt.

Die lange Lebensdauer der Version 2.09 beweist die Stabilität von LaTeX als Standard-Zugangspaket zu TeX. Die unterschiedlichen Varianten mit verschiedenen Erstellungsdaten haben den LaTeX-Kern, von Fehlerkorrekturen abgesehen, nie geändert. Die wesentlichen Änderungen erfolgten in den zusätzlichen Stilfiles. Andere Ergänzungen erforderten dagegen die Erstellung neuer oder weiterer Formatfiles. So war es bis zur Bereitstellung von TeX 3.0 stets erforderlich, bei mehrsprachigen Anwendungen je ein LaTeX-Formatfile (genauer, ein Formatfile aus `lplain.tex`) jeweils mit den sprachspezifischen Trennmusterfiles zu erstellen. Ab TeX 3.0 können im Prinzip bis zu 256 verschiedene Trennmusterfiles in einem Formatfile zusammengefasst werden, wobei das jeweils zu aktivierende Trennmuster mit der Zuweisung `\language=`*sprache_no* oder mit einem sprachspezifischen Ergänzungspaket (Stilfile) über einen Sprachauswahlbefehl, wie `\selectlanguage{`*sprache*`}`, eingestellt wird.

Auch das seit längerem verbreitete neue Zeichensatzauswahlverfahren NFSS (New Font Selection Scheme) von FRANK MITTELBACH und RAINER M. SCHÖPF verlangt die Erzeugung eines weiteren oder ersetzenden Formatfiles. Die Verwendung verschiedener Formatfiles ist unproblematisch, solange die Bearbeitung nur lokal, also beim Anwender, der diese Formatfiles erzeugte, erfolgt. Sollen dagegen LaTeX-Textfiles im Originalzustand per E-Mail oder als Diskettenkopien versandt und an anderer Stelle mit LaTeX bearbeitet werden, so kann dies wegen eventuell verschiedener Formatfiles auf Kompatibilitätsprobleme stoßen.

Damit kann auch eine Grundeigenschaft von LATEX verloren gehen: LATEX sollte auf allen Rechnern und unter allen Betriebssystemen identische Ergebnisse liefern. Auf Initiative von FRANK MITTELBACH und RAINER SCHÖPF entstand die internationale Planungs- und Entwicklungsgruppe für das „LATEX 3-Projekt", an dem sich auch LESLIE LAMPORT beratend beteiligt. Zu den Zielen des LATEX 3-Projekts gehört es, einen LATEX-Kern zu entwickeln, der für alle zukünftigen Ergänzungen, wie immer sie auch geartet sein mögen, nur ein Formatfile vorhält. Das setzt voraus, dass die Schnittstelle zwischen dem eigentlichen LATEX-Kern und den Ergänzungen klar, eindeutig und umfassend zu definieren und programmtechnisch zu realisieren ist.

Eine weitere Zielsetzung des LATEX 3-Projekts ist die weitgehende Ersetzung der Erklärungsbefehle (engl. *declaration,* [5a, Abschn. 2.3]) durch Befehle mit Argumenten. Erklärungen sind Befehle (Erklärungsbefehle), nach deren Aufruf bestimmte Bearbeitungseigenschaften lokal bis zum Ende der laufenden Umgebung oder bis zum nächsten umstellenden Erklärungsbefehl wirken. Damit wird dann z. B. statt der bisherigen Angabe `{\em Hervorhebung}` die sinnvollere Angabe `\emph{Hervorhebung}` möglich. Die Bereitstellung weiterer oder leistungsfähigerer Befehle wird ganz besonders die Zeichensatzauswahl betreffen. Eine modifizierte Form des Zeichensatzauswahlverfahren NFSS der Version 2 wird integraler Bestandteil künftiger LATEX-Versionen werden.

Bei der Fort- und Weiterentwicklung großer Programmsysteme oder Programmiersprachen hat der Gesichtspunkt der Kompatibilität zu früheren Programmversionen stets einen sehr hohen Stellenwert. Genau genommen ist es die Abwärtskompatibilität, deren Erhaltung stets gefordert wird. Diese erlaubt für Fortentwicklungen zwar neue und weitere Sprachelemente, durch die jedoch die Bearbeitung bestehender Programme oder Texte unverändert möglich sein muss. Neue Texte und Programme, die von den neuen oder erweiterten Sprachelementen Gebrauch machen, können mit den älteren Programmversionen im Allgemeinen nicht oder nicht im erweiterten Sinne bearbeitet werden.

Die Kompatibilitätsforderung steht einer Fortentwicklung oft sehr störend im Weg, bis hin zu der Folge, dass wünschenswerte Erweiterungen unterbleiben müssen, wenn sie die Kompatibilität aufheben. Um diese Schranke für Weiterentwicklungen zu durchbrechen, wird oft ein Kompromiss akzeptiert, bei dem der neuen Version eine oder einige Optionen zugefügt werden, nach deren Aktivierung frühere Programme oder Texte in herkömmlicher Weise bearbeitet werden können.

Viele LATEX-Anwender würden vermutlich eine neue LATEX-Version ablehnen, wenn ihre alten Texte damit nicht mehr bearbeitet werden könnten. Sie würden eine solche Version aber freudig begrüßen, wenn diese einerseits weitere leistungsfähige Möglichkeiten eröffnet und andererseits die Bearbeitung bestehender Dokumente sicherstellt. Die Erhaltung der Abwärtskompatibilität ist deshalb auch für das LATEX 3-Projekt zu fordern.

Der Arbeitskreis für das LATEX 3-Projekt hatte Ende 1993 eine neue LATEX-Version mit der Bezeichnung LATEX 2_ε als Testversion auf den internationalen TEX-Servern bereitgestellt. Nach einer Erprobungsphase und einigen Korrekturen und Verbesserungen ist dies ab Juni 1994 die offizielle LATEX-Version, die auf den TEX-Fileservern unter dem Verzeichnisnamen `latex` geführt wird. Die bisherige LATEX-Version wird nunmehr explizit mit LATEX 2.09 gekennzeichnet, die entsprechend auf den Filesevern nun unter `latex209` bis auf weiteres vorgehalten wird.

Die LATEX 2_ε-Version erfüllt bereits wesentliche Zielvorgaben für das LATEX 3-Projekt. Der zugehörige LATEX-Kern erlaubt weitgehend beliebige Ergänzungen, so dass alle solche Ergänzungen auf ein einheitliches LATEX-Formatfile zurückgreifen. Ebenso sind viele der früheren Erklärungen aus LaTeX 2.09 durch argumentbehaftete Befehle ergänzt worden. Das frühere Zeichensatzauswahlverfahren NFSS von FRANK MITTELBACH und RAINER SCHÖPF ist, basierend auf dessen Version 2, nunmehr integraler Bestandteil von LaTeX. Die geforderte Abwärtskompatibilität zu LaTeX 2.09 ist sichergestellt.

Der Einführungsband 1 dieser Buchserie stellt deshalb ab der 2. Auflage vom November 1995 die Eigenschaften von LaTeX 2_ε als Standardeigenschaften von LaTeX vor. Ab der dortigen 3. Auflage vom April 2000 entfallen auch die bisherigen zusätzlichen Vorstellungen von LaTeX 2.09-Eigenschaften, da diese inzwischen als obsolet gelten und LaTeX-Neueinsteiger nur verwirren würden.

1.2 LaTeX-Ergänzungen und deren Installation

Das LaTeX-Gesamtpaket ist auf den offiziellen TeX-Fileservern in die drei Eingangsverzeichnisse `.../base`, `.../required` (bis März 1999 unter dem Namen `.../packages`) und `.../contrib` untergliedert. Diese Eingangsverzeichnisse findet man auf den TeX-Fileservern unter dem mit ... symbolisierten Pfadnamen unter `/tex-archive/macros/latex`, wobei der Eingangspfadname `/tex-archive` je nach Serverquelle eventuell einen anderen Namen trägt, aus dem das Wurzelverzeichnis für das gesamte TeX-Archiv jedoch ebenfalls erkennbar wird.

Die Eingangsverzeichnisse `./base`, `./required` und `./contrib` mit den Quellenfiles für das LaTeX-Gesamtpaket werden unter diesen Namen vermutlich auch bei jeder lokalen LaTeX-Installation auftreten, auch wenn einige der lokalen Unterverzeichnisse dann meistens nur einen Bruchteil der Files enthalten, die die offiziellen TeX-Fileserver unter diesen Verzeichnissen anbieten.

1.2.1 Das TeX-Filesystem

Die ausführbaren TeX-Programme erwarten die angeforderten Files unter bestimmten Pfad- und Verzeichnisnamen, die das so genannte TeX-Filesystem bilden. Dieses wird bei der Kompilierung der Quellenprogramme vorbestimmt und kann bei den meisten Betriebssystemen mit Umgebungsvariablen abgeändert werden. Soweit die ausführbaren Programme beim Anwender durch eigene Kompilierung erstellt werden, kann das geforderte Filesystem nach den Vorstellungen des Anwenders durch Editieren der zugehörigen Makefiles vorgenommen werden. Dies ist z. B. bei der Installation eines TeX-Systems unter UNIX der Fall.

Werden die ausführbaren Programme als fertige binäre Files geliefert, wie das bei den meisten PC-TeX-Systemen der Fall ist, dann muss das eingebaute Filesystem übernommen oder mit dem Setzen expliziter Umgebungsvariablen an die Wünsche des Anwenders angepasst werden. Dabei hängt es von der Lieferquelle ab, welche Files mit welchen Umgebungsvariablen zugeordnet werden können. Dies führt meistens zu unterschiedlichen TeX-Filesystemen für die verschiedenen Herkunftsquellen.

Die internationale TeX-Users-Group (TUG) hat deshalb einen Arbeitskreis eingerichtet, der einen Vorschlag für ein einheitliches TeX-Filesystem erarbeiten soll. Ein solcher wurde Mitte Juni 1995 unter dem Kürzel TDS (TeX Directory Structure, Vers. 0.98) vorgestellt und seitdem als Folge vielfältiger Diskussionen und Anregungen mehrfach verbessert. Die derzeit (März 2002) aktuelle Version ist immer noch 0.9995 aus 1998. Eine neuere Probeversion 0.9996 vom 21. April 1999 wurde offiziell bisher noch als endgültig akzeptiert.

Nach diesem Vorschlag soll das Ausgangsverzeichnis für das TeX-Gesamtsystem den Namen `.../texmf` tragen. Die Einbindung dieses TeX-Ausgangsverzeichnisses in das gesamte Rechner-Filesystem bleibt dem Systemverwalter überlassen. Unter UNIX ist es traditionell `/usr/local/lib/texmf` und unter DOS sowie WINDOWS*xx* vermutlich ein Hauptverzeichnis eines Laufwerks, z. B. `D:\texmf`.

Die erste Ebene für das TeX-Eingabeverzeichnis `.../texmf` soll dann mindestens aus den Unterverzeichnissen

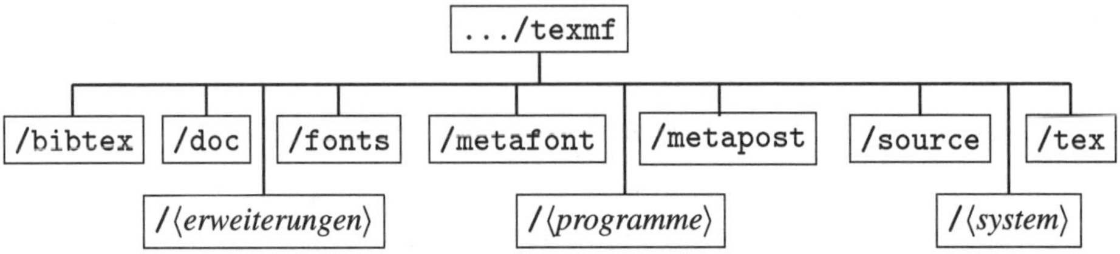

bestehen. Die Namen sind teilweise selbsterklärend, zumindest die in Schreibmaschinenschrift angegebenen. Die meisten dieser Unterverzeichnisse sind ihrerseits untergliedert. So enthält das Unterverzeichnis `./tex` alle TeX-Makro- und -Definitionspakete, die zum Ablauf eines TeX-Auftrags erforderlich sind. Es sollte mindestens in `./plain`, `./latex` und `./generic` untergliedert sein, evtl. ergänzt durch weitere Makropakete wie `./amstex`, `./musixtex` und Ähnliche, wenn diese beim Anwender genutzt werden. Die Trennung der Pfadnamensbestandteile durch den Schrägstrich / entspricht der UNIX-Notation. Die Umsetzung auf den äquivalenten Rückstrich \ für DOS oder die Syntaxübernahme der Filenamen für VMS sollte ohne Erläuterung leicht möglich sein.

Das Unterverzeichnis `./source` sammelt alle Quellenfiles, wie sie vor der eigentlichen Installation zunächst aus ihren Lieferquellen zu kopieren sind. Bei beschränkter Plattenspeicherkapazität können sie nach einer erfolgreichen Installation dort eventuell wieder gelöscht werden. Zur systematischen Zuordnung wird man das Unterverzeichnis `./source` weiter untergliedern, für die Quellenfiles eines LaTeX-Gesamtsystems z. B. zunächst in `./source/latex` und hierunter dann in `./base`, `./required` und `./contrib` zur Aufnahme der ausgewählten Quellenfiles aus den gleichnamigen Verzeichnissen der TeX-Fileserver.

Ausführliche Hinweise zur TeX-Verzeichnisstruktur gemäß dem TDS-Vorschlag wurden bereits im Anhang F.1.4 von Band 1 (3. Aufl.) dieser Buchserie gegeben. Bei Bedarf wird auf diese bzw. auf die Originaldokumentation zum TDS-Vorschlag verwiesen. Hier folgen nur einige Erläuterungen zu den Kästchen für die erste Unterverzeichnisebene mit den Angaben in Kursivschrift innerhalb der Winkelklammern.

./⟨*erweiterungen*⟩ steht für ein oder mehrere Verzeichnisse in Ergänzung zu `./tex`, das alle TeX-Makro- und Definitionspakete enthält, die zum Ablauf eines Standard-TeX-Auftrags erforderlich sind. Inzwischen gibt es neben dem TeX-Standardpaket TeX-Erweiterungen, wie z. B. das `etex`- (extended TeX), `pdftex`- oder `omega`-Paket. Auf Eigenschaften dieser Erweiterungen gehe ich, mit Ausnahme einiger kurzer Hinweise zu `pdftex`, hier nicht ein.

Die ausführbaren Programme von `pdftex` erzeugen als Bearbeitungsergebnisse keine `.dvi`-Files, sondern `.pdf`-Files, also erweiterte PostScript-Files, die mit den Programmen aus dem Acrobat-Progammpaket von Adobe ausgegeben oder nachbearbeitet, z. B. gemischt oder verschachtelt und mit weiteren Grafiken angereichert werden können.

Weitere TEX-Erweiterungen werden hier nicht genannt. Wichtig ist nur, dass für solche Erweiterungen jeweils ein eigenes Eingangsverzeichnis eingerichtet wird, das parallel zum Standard-TEX-Eingangsverzeichnis steht. Soweit entsprechende Erweiterungen für METAFONT angeboten werden, gilt dasselbe für entsprechende Parallelverzeichnisse zu `./metafont`.

`./`⟨*programme*⟩ steht für jeweils ein Verzeichnis, mit den Konfigurations- und Definitionsfiles für Zusatzprogramme wie die diversen DVI-Treiber oder das Programm MakeIndex. Beispiele für Verzeichnisnamen von `/`⟨*programme*⟩ sind damit `./dvips` und `./makeindx`.

`./`⟨*system*⟩ enthält system- oder herkunftsspezifische Bestandteile einer TEX-Installation. In der TDS-Dokumentation steht hier die englische Bezeichnung 'implementation', dessen Bedeutung in diesem Zusammenhang am ehesten mit ‚Ausführung' zu übersetzen ist. In diesem Verzeichnis sind die beim Anwender erstellten oder kopierten Format-, Basis- und Poolfiles abzulegen. Als Beispiel für einen realen Verzeichnisnamen könnte hier `/emtex` stehen, wenn beim Anwender emTEX zur Anwendung kommt. Auf meinem UNIX-System steht für dieses Verzeichnis `/web2c`.

1.2.2 Aufbereitung und Dokumentation der LATEX-Quellenfiles

Das Eingangsverzeichnis `./base` enthält die Quellenfiles für das LATEX-Grundsystem sowie dessen Einrichtungswerkzeuge, die zur Einrichtung aller weiteren Ergänzungen ebenfalls benötigt werden. Eigenschaften des LATEX-Grundsystems wurden vollständig in Band 1 dargestellt und dort durch das Ergänzungspaket `german.sty` für die LATEX-Bearbeitung deutschsprachiger Texte erweitert. Die Installation des LATEX-Grundpakets wurde in Anhang F.2.1 von Band 1 beschrieben, so dass hier nur eine kurze Zusammenfassung der Installationswerkzeuge und ihrer Nutzung gegeben wird.

Nahezu alle LATEX-Quellenfiles werden als dokumentierte Makrofiles bereitgestellt, die durch den Namensanhang `.dtx` gekennzeichnet sind. Die dokumentierten Makrofiles enthalten die Makrodefinitionen für die zugehörigen LATEX-Werkzeuge und sind durch umfangreiche Erläuterungen in Form von LATEX-Kommentaren angereichert und evtl. auch noch mit bedingungsabhängigen Auswahlstrukturen versehen.

Bei der Installation des LATEX-Grundsystems entstehen neben den Eingabefiles für den LATEX-Kern, aus denen durch INITEX-Bearbeitung von `latex.ltx` das LATEX-Formatfile `latex.fmt` entsteht, alle Klassen- und Klassenoptionsfiles sowie die Ergänzungspakete für das LATEX-Grundsystem. Außerdem entstehen bei dieser Grundinstallation die Entwicklungswerkzeuge

```
docstrip.tex   gind.ist   ltxdoc.cls
doc.sty        gglo.ist
```

auch wenn dem Anfänger, dem die Grundinstallation mit den beigefügten Installationshilfen ohne Probleme gelingen sollte, dies kaum richtig registriert. Die Entwicklungswerkzeuge `docstrip.tex`, `doc.sty` und `ltxdoc.cls` wurden bei der Grundinstallation neben vielen weiteren Bearbeitungsergebnissen dann in den Verzeichniszweig

`.../texmf/tex/latex/base` verschoben. Die MakeIndex-Stilfiles `gind.ist` und `gglo.ist` wurden bei der Grundinstallation vermutlich nach `.../texmf/makeindx` verschoben.

Das Programm `docstrip.tex` dient dazu, dokumentierten Makrokode von den beigefügten Erläuterungskommentaren zu befreien und den endgültigen Makrokode ggf. bedingungsspezifisch auszugeben oder aus mehreren dokumentierten Makrofiles zusammenzusetzen. Nahezu alle LATEX-Quellenpakete enthalten sog. Installationsfiles, die durch den Namensanhang `.ins` gekennzeichnet sind.

Ist der Grundname des Installationsfiles identisch mit dem Grundnamen eines dokumentierten Makrofiles, so entsteht durch die LATEX-Bearbeitung dieses Installationsfiles nur das Bearbeitungsergebnis für dieses dokumentierte Makrofile, das bei den sog. Ergänzungspaketen ein File mit dem gleichen Grundnamen und dem Anhang `.sty` ist. In einigen Fällen entstehen weitere Files, z. B. solche mit dem Anhang `.def`, die bei der Aktivierung des zugehörigen Ergänzungspakets aus dem `.sty`-File dann ihrerseits eingelesen werden.

In einigen Fällen enthalten Gruppen von dokumentierten Makrofiles ein Installationsfile mit dem Grundnamen des zugehörigen Unterverzeichnisses und dem Anhang `.ins`. Die LATEX-Bearbeitung eines solchen Installationsfiles führt dann in einem Zug zur Bearbeitung aller dokumentierten Makrofiles aus diesem Unterverzeichnis und damit zur Erstellung der endgültigen Werkzeuge aus diesem Unterverzeichnis.

Die LATEX-Bearbeitung dieser Installationsfiles verläuft nach meinen Erfahrungen nahezu immer problemlos, so dass dem Anwender zur Installation dieser Werkzeuge keine weiteren Kenntnisse über das unterliegende `docstrip`-Programm abverlangt werden. Solche werden erst benötigt, wenn eigene Ergänzungspakete entwickelt werden sollen. Die syntaktischen Vorschriften für dokumentierte Makrofiles und die Bearbeitungseigenschaften von `docstrip.tex` und dessen Optionsmöglichkeiten werden deshalb erst in Band 3 dieser Buchserie vorgestellt.

Hier genügt es zu wissen, dass mit der LATEX-Bearbeitung von Installationsfiles, also mit den Aufrufen der Form

`latex` *quelle*`.ins`

das Endergebnis für das zugehörige LATEX-Werkzeug erstellt wird, wobei implizit auf das Entwicklungswerkzeug `docstrip.tex` zurückgegriffen wird. Dieser Bearbeitungsaufruf erfolgt zweckmäßigerweise aus dem Verzeichnis mit den zugehörigen Quellenfiles heraus. Damit werden die Bearbeitungsergebnisse zunächst auch in diesem Verzeichnis abgelegt. Von hier sind sie dann abschließend in die endgültigen Zielverzeichnisse zu verschieben, nach dem TDS-Vorschlag also nach

`.../texmf/tex/latex/`*ziel_verz*

wobei für *ziel_verz* der gleiche Name zu wählen ist, wie für das Verzeichnis der Quellenfiles. Für die LATEX-Ergänzungen sind dies damit `required` und `contrib` als Parallelverzeichnis zu `base`, das bereits bei der Grundinstallation angelegt wurde. Die Zielverzeichnisse `required` und `contrib` werden evtl. weiter untergliedert, wobei die entsprechende Untergliederung der Quellenfiles zum Vorbild genommen werden kann.

Die implizite Verwendung von `docstrip.tex` greift auf dessen Standardeigenschaften zurück. Mit der Bereitstellung eines Files `docstrip.cfg` können diese Standardeigenschaften beim Anwender modifiziert werden, da innerhalb `docstrip.tex` nach der

Existenz eines Files `docstrip.cfg` gefragt und, wenn es existiert, eingelesen und damit genutzt wird. Innerhalb von `docstrip.tex` wird ein Befehl `\usedir{`*verzeichnis*`}` definiert, mit dem ein Teilpfad- oder Verzeichnisname vorgegeben werden kann, unter dem LATEX die zur Bearbeitung erforderlichen Bearbeitungsfiles sucht, und zwar unterhalb dem mit `\BaseDirectory{`*TDS_eing*`}` vorgegebenen Eingang für das TEX-Filesystem. Mit den Angaben

```
\BaseDirectory{TDS_eing_pfad}
\UseTDS
```

in einem anwendereigenen `docstrip.cfg`-File kann die vom Systemverwalter gewählte TDS-Eingangsstruktur zur Suche und Ablage bei der Installation von LATEX-Ergänzungspaketen automatisiert werden. Bei meinem LINUX-System habe ich für das `docstrip`-Konfigurationsfile das Befehlspaar `\BaseDirectory{/usr/lib/teTeX/texmf}` und `\UseTDS` gewählt. Für DOS oder WINDOWS *xx* würde sich hier z. B. das Befehlspaar `\BaseDirectory{`*D*`:/texmf}` `\UseTDS` anbieten. Die Installationsfiles der LATEX-Standardergänzungen enthalten eine geeignete Vorgabe für `\usedir{`*teil_pfad*`}`, die mit der Vorgabe für den Eingangspfad aus `docstrip.cfg` beide zum Gesamtpfad zusammenfügt.

Bei der LATEX-Bearbeitung der Installationsfiles entstehen neben den aufbereiteten LATEX-Werkzeugen häufig noch Files mit dem gleichen Grundnamen des Installationsfiles und dem Anhang `.drv`. Dies sind dann sog. Treiberfiles, die zur Erstellung der Dokumentation genutzt werden können. Die Dokumentation wird mit der LATEX-Bearbeitung des zugehörigen Treiberfiles erstellt. Der LATEX-Bearbeitungsaufruf ist zunächst zweimal auszuführen, damit alle Querverweise aufgelöst werden sowie das Inhaltsverzeichnis erstellt werden kann.

Entstehen bei der LATEX-Bearbeitung der Treiberfiles Files mit dem Anhang `.idx` und/oder `.glo`, so sind diese nach der zweiten LATEX-Bearbeitung mit MakeIndex in der Form

`makeindx -s gind.ist` *dok_file*	für die `.idx`-Files und
`makeindx -s gglo.ist -o` *dok_file*`.gls` *dok_file*`.glo`	für die `.glo`-Files

zu bearbeiten. Hiermit wird aus dem `.idx`-File das `.ind`-Indexfile und aus dem `.glo`-File das `.gls`-Glossarfile gebildet, wobei *dok_file* für den Grundnamen des dokumentierten Makrofiles steht. Anschließend ist das Treiberfile ein drittes Mal mit LATEX zu bearbeiten, womit dann das endgültige `.dvi`-File für die Dokumentation erstellt wird. Dieses schließt damit ein Stichwortregister und evtl. auch seine Entwicklungsgeschichte ein.

Entfällt die Erstellung eines Treiberfiles bei der LATEX-Bearbeitung des Installationsfiles, dann kann die Dokumentation durch direkte dreifache LATEX-Bearbeitung des zugehörigen dokumentierten Makrofiles erstellt werden, da die dokumentierten Makrofiles die Aufrufanweisungen für ein Treiberfile stets auch implizit enthalten.

Bei der Erstellung der Dokumentation mit einem Treiberfile oder direkt aus den `.dtx`-Files entsteht gewöhnlich die Gesamtdokumentation mit der Darstellung einer kurzen Nutzungserläuterung für das zugehörige Ergänzungspaket sowie der aufbereiteten Darstellung des gesamten Realisierungskodes. Letzterer ist für viele LATEX-Anwender nicht von Interesse, da sein Verständnis vertiefte TEX- und LATEX-Programmierkenntnisse voraussetzt.

In einigen Fällen enthält der Treiberkode (explizit oder implizit) den herauskommentierten Befehl `%\OnlyDescription`. Wird das vorangestellte Kommentarzeichen `%` entfernt, so bewirkt der LATEX-Programmaufruf zur Erstellung der Dokumentation eine verkürzte Dokumentation, die sich auf die Nutzungserläuterungen beschränkt.

Der implizite Treiberkode in einem dokumentierten Makropaket ist daran zu erkennen, dass ihm die Kommentarzeile '%<*driver>' vorangestellt ist. Der Treiberkode reicht dann bis zu der abschließenden Kommentarzeile '%</driver>'. Der Treiberkode besteht gewöhnlich mindestens aus den Programmzeilen:

```
\documentclass{ltxdoc}
  \EnableCrossrefs
  %\DisableCrossrefs    % Say \DisableCrossrefs if index is ready
  \RecordChanges        % Gather update information
  %\OnlyDescription     % comment out for implementation details
\begin{document}
  \DocInput{makro_file.dtx}
\end{document}
```

Die LaTeX-Bearbeitungsklasse ltxdoc lädt implizit das Ergänzungspaket doc.sty hinzu, das die Dokumentationsaufbereitung bewirkt. Auch die anderen, evtl. unbekannt erscheinenden Befehle des Treiberkodes stammen aus diesem Ergänzungspaket. Fehlt die herauskommentierte Befehlszeile '%OnlyDescription', so kann sie vom Anwender unmittelbar vor dem Öffnungsbefehl '\begin{document}' angebracht werden. Durch Entfernen des Kommentarzeichens kann dann eine eingeschränkte Dokumentation erstellt werden. Ich empfehle jedem LaTeX-Anwender, sich zumindest diese eingeschränkte Dokumentation für alle bei ihm installierten Ergänzungspakete zu erstellen.

Die Aufbereitung und Dokumentation von dokumentierten Makrofiles erfolgt für alle Quellenfiles eines LaTeX-Gesamtsystem in der beschriebenen Form, so dass diese Erläuterung vorangestellt wurde, damit sie für die verschiedenen Teilpakete nicht jedes Mal neu anzugeben ist.

1.2.3 Die LaTeX-Standardergänzungen

Das eingangs erwähnte Quellenverzeichnis .../required ist dadurch ausgezeichnet, dass es LaTeX-Ergänzungen enthält, die von Mitwirkenden des LaTeX 3-Projekts stammen und von diesen regelmäßig gewartet und verbessert werden. Die hier bereitgestellten Ergänzungen stellen somit die LaTeX-Standardergänzungen dar. Das Eingangsverzeichnis .../required ist zunächst weiter untergliedert in die Unterverzeichnisse

```
./amslatex  ./babel  ./cyrillic  ./graphics  ./psnfss  ./tools
```

Das Unterverzeichnis ./cyrillic enthält die Quellen der Ergänzungspakete zur Nutzung kyrillischer Schriften, die in eine herkömmliche LaTeX-Bearbeitung eingebunden werden sollen. Nutzungshinweise werden in 2.4 vorgestellt. ./graphics und ./psnfss stellen die Ergänzungspakete zur Nutzung von PostScript-Schriften und -Grafiken für eine LaTeX-Bearbeitung bereit. Deren Anwendung wird in Kapitel 5 näher vorgestellt. ./amslatex, ./babel und ./tools werden noch in diesem Kapitel vorgestellt. Im weiteren Verlauf dieses Abschnitts wird nur der Inhalt der sechs Unterverzeichnisse aufgelistet und deren Installation beschrieben.

Das Unterverzeichnis ./cyrillic gehört seit Dezember 1998 zu den LaTeX-Standardergänzungen. Bis dahin gab es dort das Verzeichnis ./mfnfss zur Erstellung von Ergänzungspaketen zur Nutzung von TeX-Zusatzschriften, das seitdem entfällt. Die Erstellung von Ergänzungen für solche Zusatzschriften kann mit den Hinweisen aus 2.3 bei Bedarf manuell erfolgen.

1.2.4 Das Unterverzeichnis ./tools

Die Ergänzungen aus diesem Unterverzeichnis setzen lediglich die Installation des LATEX-Standardpakets aus dem Eingangsverzeichnis `./latex/base` voraus. Sonstige Zusatzprodukte wie weitere Zeichensatzfiles oder bestimmte DVI-Treiber werden nicht benötigt. Dieses Unterverzeichnis stellt die LATEX-Standardergänzungen im engeren Sinne bereit. Sie sollten bei allen LATEX-Anwendern eingerichtet werden.

Das Originalquellenverzeichnis `./tools` enthält die dokumentierten Makrofiles

```
afterpage.dtx  enumerate.dtx    layout.dtx     tabularx.dtx
array.dtx      fileerr.dtx      longtable.dtx  theorem.dtx
bm.dtx         fontsapl.dtx     multicol.dtx   variofer.dtx
calc.dtx       fntright.dtx     rawfonts.dtx   verbatim.dtx
dcolumn.dtx    hhline.dtx       showkeys.dtx   xr.dtx
delarray.dtx   indentfirst.dtx  somedefs.dtx   xspace.dtx
```

sowie sein Inhaltsverzeichnis unter dem File `00Contents`, ein `readme.txt`-Textfile und das Installationsfile `tools.ins`. Soweit einige der vorstehenden Filegrundnamen aus mehr als acht Buchstaben bestehen, werden sie unter DOS auf die ersten acht Buchstaben gekürzt, z. B. auf `indentfi.dtx` für `indentfirst.dtx`.

Mit dem Bearbeitungsaufruf

```
latex tools.ins
```

aus dem Quellenverzeichnis `./tools` heraus entstehen dort für alle dokumentierten Makrofiles bis auf `fileerr.dtx` die Ergänzungspakete mit den gleichen Grundnamen und dem Anhang `.sty`. Für das Makropaket `theorem.dtx` entstehen neben `theorem.sty` noch `thb.sty`, `thc.sty`, `thcb.sty`, `thm.sty`, `thmb.sty` und `thp.sty`. Letztere sind keine eigenständigen Ergänzungspakete, sondern Optionsrealisierungen für `theroem.sty`. Für die Makropakete `fontsmpl.dtx` und `verbatim.dtx` entsteht neben `fontsmpl.sty` und `verbatim.sty` noch das interaktive Programm `fontsmpl.tex` sowie das Testfile `verbtest.tex`.

Für das Makropaket `fileerr.dtx` entstehen die sechs kleinen TEX-Files `e.tex`, `h.tex`, `q.tex`, `r.tex`, `s.tex` und `x.tex`. Sie werden eingelesen, wenn auf die Fehlermeldung

```
! LaTeX Error: File ‘name.anh’ not found.
. . . . . . . . . . . . . . . . . . . .
Enter file name:
```

versucht wird, mit einer der Fehlerreaktionen `E`, `H`, `Q`, `R`, `S` oder `X` zu antworten. Die Eingabe wird an dieser Stelle von TEX als Filegrundname und nicht als Fehlerreaktion interpretiert. Mit den vorstehenden TEX-Hilfsfiles existieren Files mit diesen Namen und bewirken die gleiche Programmreaktion wie dies für sonstige Fehler mit der entsprechenden Anwenderreaktion erreicht wird.

Die erzeugten `.sty`- und `.tex`-Files sind abschließend in das Verzeichnis zu verschieben, unter dem TEX seine Makrofiles erwartet. Nach dem TDS-Vorschlag wäre dies `.../texmf/tex/latex/tools` (s. S. 6). In der Installationsdatei `tools.ins` wird `\usedir{tex/latex/tools}` (s. 1.2.2 auf S. 7) gesetzt, womit die Ergänzungspakete aus `tools` in diesem Verzeichnis unterhalb des mit dem `docstrip`-Konfigurationsfile über `\BaseDirectory{`*TDS_eing_verz*`}` vorgegebenen Eingangsverzeichnis gemäß der Darstellung auf S. 7 festgelegten TDS-Eingangs abgelegt werden.

Eigenständige Treiberfiles zur Erstellung der Dokumention entstehen beim Installationsaufruf für das `./tools`-Verzeichnis nicht. Alle dokumentierten Makrofiles aus diesem Verzeichnis enthalten aber implizit den Treiberkode, so dass die wohlformatierte Dokumentation mit der direkten LATEX-Bearbeitung gemäß S. 8 leicht zu erstellen ist. Die Nutzungsbeschreibung der Ergänzungspakete aus dem `./tools`-Verzeichnis erfolgt in den Abschnitten 1.3.1 bis 1.3.13.

1.2.5 Das Unterverzeichnis ./babel

Das Babel-System enthält die LATEX-Werkzeuge für die Textbearbeitung nahezu aller europäischen und weiterer auf der lateinischen Schrift aufbauenden außereuropäischen Sprachen. Die derzeit (Ende 2001) aktuelle Version hat die Versionsnummer 3.7h und das Versionsdatum vom 1. März 2001. Der Hauptautor des Babel-Systems ist JOHANNES BRAAMS, Niederlande, unter Beteiligung weiterer in der internen Dokumentation genannten Sprach- und TEX-Experten. Die Nutzungsbeschreibung des installierten Babelsystems wird in 1.4 nachgereicht.

Das Originalverzeichnis `./babel` für die Quellenfiles enthält eine Vielzahl von dokumentierten Makrofiles, die ich hier nicht aufliste. Zusätzlich stellt es einige `.txt`-Files mit Inhalts-, Erläuterungs- und Installationshinweisen bereit, die mit dem Texteditor eingesehen werden können. Die Gesamtheit aller Bestandteile aus dem `./babel`-Installationspaket werden dort in `manifest.txt` aufgelistet.

Das Programmpaket `./babel` sollte eingerichtet werden, wenn neben den Sprachen Deutsch, Englisch und Französisch, die bereits mit dem Ergänzungspaket `german.sty` bzw. `french.sty` abgedeckt werden, weitere Sprachen beim LATEX-Betreiber zur Anwendung kommen. Das Paket ist für multilinguale Anforderungen von Bedeutung, wenn diese die Standardeigenschaften von `german.sty` übersteigen bzw. mit dessen Erweiterungen gemäß den Hinweisen aus D.2.3 in Band 1 dieser Buchserie nicht zu erfüllen sind.

Das Quellenpaket enthält das Installationsfile `babel.ins`, dessen LATEX-Bearbeitung die dokumentierten Makrofiles aufbereitet. Mit dem LATEX-Bearbeitungsaufruf

```
latex babel.ins
```

entstehen zum einen das eigentliche Ergänzungspaket `babel.sty` und die Definitionsfiles `babel.def`, `plain.def` und `switch.def` sowie das Konfigurationsfile `hyphen.cfg`. Zum anderen entstehen eine Vielzahl Sprachdefinitionsfiles mit dem englischen Grundnamen für die entsprechende Sprache und dem Anhang `.ldf` (language definition file). Die hier gleichzeitig entstehenden Sprachoptionsfiles mit dem gleichen Grundnamen und dem Anhang `.sty` dienen nur für den Babel-Kompatibilitätsmodus mit LATEX 2.09, wobei mit diesen `.sty`-Files die gleichnamigen `.ldf`-Files eingelesen werden. Zusätzlich entstehen noch die beiden Treiberfiles `babel.drv` und `user.drv` mit den MakeIndex-Formatierungsfiles `bbind.ist` und `bbglo.ist` zur Erstellung der Dokumentation.

Die Definitionsfiles mit den Anhängen `.def` bzw. `.ldf` werden vom Anwender nicht selbst angesprochen, sondern mit den Babel-Sprachoptionen intern aktiviert (s. u. zur Babelaktivierung mit `usepackage`). Die erstellten `.def`-, `.ldf`- und `.sty`-Files sind, wie üblich, abschließend in das Verzeichnis zu verschieben, unter dem TEX seine Makropakete erwartet. Nach dem TDS-Vorschlag könnte dies z. B. `.../texmf/tex/generic/babel` sein.

Das Installationsfile `babel.ins` enthält mit `\usedir{tex/generic/babel}` bereits eine passende Teilpfadvorgabe, die zusammen mit dem im `docstrip.cfg`-Konfigurationsfile mit dem Befehlspaar `\BaseDirectory{`*TDS_eing_pfad*`}` `\UseTDS` (s. 1.2.2 auf S. 7) vorgegebenen Pfadeingang das beim Anwender eingerichtete TDS-System für die Fileablage und -suche automatisch berücksichtigt.

Bei der LaTeX-Bearbeitung von `babel.ins` entstehen auch die Unterstützungswerkzeuge zur Bearbeitung griechischer Texte, und zwar das Dekodierfile `lgrenc.def`, die Stilfiles `athnum.sty` und `grmath.sty` sowie die Zeichensatz-Definitionsfiles `lgrcmr.fd`, `lgrcmro.fd`, `lgrcmss.fd`, `lgrcmtt.fd`, `lgrlcmss.fd` und `lgrlcmtt.fd`.

Die zugehörigen griechischen Zeichensätze findet man auf dem DANTE-Fileserver unter `/tex-archive/fonts/greek/babel-package` als `greek_fonts.zip`. Nach dem Entpacken stehen die Metrikfiles und die METAFONT-Quellenfiles zur Verfügung. Aus diesen sollte der Druckertreiber bei Bedarf die erforderlichen Druckerzeichensätze dynamisch erstellen, wie das z. B. für `dvips` oder die Druckertreiber aus dem emTeX-Paket der Fall ist.

Das aufbereitete Babel-System enthält mit *gus*`.ldf` und *gus*`.sty` mit `russianb` bzw. `ukraineb` für *gus* die Babel-Anpassungsmakros zur Bearbeitung russischer bzw. ukrainischer Texte. Für deren LaTeX-Bearbeitung und Druckausgabe werden passende Kodierungsattribute, Zeichensatzdefinitionsfiles (`.fd`-Files) und METAFONT-Quellenfiles für kyrillische Schriften benötigt, die nicht Bestandteil des Babelsystems und erst recht nicht des LaTeX-Grundsystems sind. Geeignete Makropakete für diese Aufgabe werden seit Dezember 1998 mit dem Verzeichnis `cyrillic` aus den LaTeX-Standardergänzungen bereitgestellt, über dessen Inhalt und Installation der nächste Unterabschnitt 1.2.6 unterrichtet.

Die Nutzung des Babel-Pakets verlangt die Bereitstellung eines oder mehrerer LaTeX-Formatfiles mit der Einbindung geeigneter Trennmusterfiles für die in Betracht kommenden Sprachen. Trennmusterfiles sind dem Babel-Paket nicht beigefügt. Solche findet man auf dem DANTE-Fileserver für eine Vielzahl von Sprachen unter `/tex-archive/languages`. Die Einbindung mehrerer Trennmusterfiles erfolgt am einfachsten durch die Bereitstellung eines Konfigurationsfiles `hyphen.cfg` im lokalen Verzeichnis, aus dem der INITEX-Aufruf erfolgt (s. [5a, Anh. F.2.1]).

Die prinzipielle Möglichkeit von TeX 3.x, bis zu 256 verschiedene Trennmusterfiles in ein Formatfile einzubinden, scheitert in der Praxis an der mit `trie_size` und `trie_op_size` vorgegebenen Größe für die zugehörigen Pufferspeicher (s. [5a, Anh. F.1.3]). Wurde TeX aus den `.web`-Quellenfiles mittels eigener Kompilierung eingerichtet, so können die Original-Größenvorgaben abgeändert werden, was jedoch erhebliche Kenntnisse über die Interna der TeX-Quellenstruktur verlangt.

Für ein fertiges TeX unter UNIX sind die internen Vorgaben ausreichend groß, um vier bis fünf verschiedene Trennmusterfiles in ein Formatfile einzubinden. EmTeX lässt die Festlegung diverser Pufferspeichergrößen mit Optionsangaben zur Laufzeit von INITEX zu, z. B. mit der Optionsangabe `-mt`$xxxxx$. Für weitere Einzelheiten muss auf die Dokumentation von emTeX verwiesen werden. Für ein `web2c`-TeX, wie z. B. unter LINUX, kann ebenfalls eine Laufzeitanpassung mittels des zugehörigen Konfigurationsfiles `texmf.cnf` vorgenommen werden.

Stößt die Vergrößerung von `trie_size` und `trie_op_size` auf unüberwindbare Schwierigkeiten, z. B. weil nur ausführbare TeX-Programme beim Anwender existieren, die keine Laufzeitanpassungen erlauben, dann kann für TeX-Versionen wie unter UNIX ein Kompromiss angestrebt werden. Für diesen könnte man die Trennmusterfiles in Bearbeitungsgruppen aufteilen, z. B. in eine Basissprache wie Deutsch und jeweils drei bis vier Fremdsprachen, die zu einer gemeinsamen Arbeitsgruppe zusammengefasst werden. Für jede dieser Sprachgruppen ist dann jeweils ein eigenes Formatfile mit jeweils einem eigenen `hypgen.cfg`-Konfigurationsfile zu erstellen, dessen Standardformatname `latex.fmt` anschließend geeignet umzubennen ist.

Mit diesem Kompromiss sollten selbst wissenschaftliche multilinguale Anforderungen weitgehend abgedeckt werden, da auch hierbei das gleichzeitige Auftreten von mehr als fünf verschiedenen Sprachen vermutlich ein Ausnahmefall sein wird. Die Erstellung mehrerer sprachgruppenspezifischer LATEX-Formatfiles sollte mit den Hinweisen aus [5a, Anh. F.2.1] keine Schwierigkeiten bereiten.

Das Babel-System kann mit einem der angeregten LATEX-Standardformatfiles mit einer zugehörigen Befehlsdatei (s. [5a, Anh. F.2.1]) durch Einbindung des Babel-Hauptstilfiles mit

`\usepackage[`*sprache_1*`,`*sprache_2*`,`*...*`,`*sprache_n*`]{babel}`

für die in der Optionsliste angegebenen Sprachen *sprache_x* aktiviert werden. Die hierfür verwendeten LATEX-Formatfiles enthalten dabei keine internen Babel-Makrostrukturen. Es ist aber möglich, Makrostrukturen aus dem Babel-Kern mit in ein LATEX-Formatfile einzubinden, wofür am Schluss dieses Unterabschnitts Hinweise gegeben werden. Der hiermit verbundene Zeitgewinn beim Einlesen dieser Babel-Makrostrukturen ist inzwischen jedoch vernachlässigbar, so dass für die Erstellung solcher Babel-Formatfiles kein wirklicher Bedarf besteht.

Das Babel-Paket enthält für seinen internen Makroaufbau und dessen Nutzung eine umfangreiche beigefügte Dokumentation, die mit den beiden Treiberfiles `babel.drv` und `user.drv` wohlformatiert erstellt werden kann, und zwar in seiner vollständigen Form mit der Darstellung aller seiner Makrodefinitionen (`babel.drv`) bzw. in einer verkürzten Form (`user.drv`) mit der Darstellung seiner Nutzungsbeschreibung und den zusätzlichen Nutzungshinweisen für die unterstützten Sprachen. Die Aufrufe

`latex babel.drv` und `latex user.drv`

sind zunächst zweimal auszuführen. Hiernach kann das erzeugte File `user.dvi` über den Druckertreiber als 33-seitige Dokumentation ausgedruckt werden. Die LATEX-Bearbeitung von `babel.drv` erzeugt zusätzlich die MakeIndex-Formatfiles `babel.idx` und `babel.glo`. Diese sind mit den Formatfiles des Babel-Pakets `bbind.ist` und `bblo.ist` mit MakeIndex zu bearbeiten:

```
makeindx -s bbind.ist babel
makeindx -s bbglo.ist -o babel.gls babel.glo
```

Hiernach kann mit einer abschließenden LATEX-Berbeitung von `babel.drv` das erzeugte File `babel.dvi` über den Druckertreiber als ca. 250-seitige Gesamtdokumentation ausgedruckt werden. Die Gesamtdokumentation ist für solche Anwender von Nutzen, die weitere Sprachanpassungsfiles für das Babel-System entwickeln wollen. Die Kurzbeschreibung aus `user.drv` sollte sich dagegen jeder Babel-Anwender erstellen. Sie enthält zusätzliche Informationen zu der Nutzungsbeschreibung des Babel-Pakets im Abschnitt 1.4 dieses Buches.

Einbindung von Babel-Strukturen in ein LATEX-Formatfile

Bei der INITEX-Bearbeitung des LATEX-Hauptmakrofiles `latex.ltx` trifft man gegen Ende dieses Files auf den Versuch, ein File mit dem Namen `hyphen.cfg` einzulesen. Existiert ein solches File, so wird es eingelesen und seine Strukturen werden Bestandteil des LATEX-Formatfiles. Üblicherweise enthält ein solches `hyphen.cfg`-File nur Sprachdefinitions- und Lesebefehle für die zugehörigen Trennmusterfiles.

Dem installierten Babel-Paket ist ein Konfigurationsfile `hyphen.cfg` beigefügt, das deutlich umfangreicher ist. Es enthält zunächst einige Makrodefinitionen aus dem Babel-Paket zusammen mit dem Lesebefehl für das dortige Makropaket `plain.def`. Beide enthalten eine Vielzahl von Makrostrukturen aus dem Babel-Kern, die damit Bestandteil des entstehenden Formatfiles werden. Zusätzlich enthält das obige `hyphen.cfg`-File einen Lesebefehl für das File `language.dat`, das seinerseits eigene Sprachdefinitionsbefehle und zugehörige Trennmusterfiles miteinander verknüpft. Das beigefügte File `languages.dat` ist eine Musterdatei, die vom Anwender nach seinen Bedürfnissen zu modifizieren ist. Mit den Angaben

```
american ushyph.tex
=USenglish
dutch    nehyph1.tex
french   frhyph.tex  french.exc
german   dehypht.tex
```

für `language.dat` wird der Sprachname 'american' mit dem Trennmusterfile `ushyph.tex` verknüpft, wobei für diesen Sprachnamen auch 'USenglish' gewählt werden kann. Weiterhin werden die Sprachnamen 'dutch', 'french' und 'german' mit den Trennmusterfiles `nehyph1.tex`, `frhyph.tex` und `dehypht.tex` verknüpft, wobei das französische Trennmusterfile zusätzlich durch das Ausnahmeverzeichnis `french.exc` ergänzt wird. Für die vorstehenden Sprachnamen werden intern die Sprachschalter `\l@american`, `\l@USenglish`, `\l@dutch`, `\l@french` sowie `\l@german` eingerichtet, denen die Sprachnummern 0, 1, 2 bzw. 3 entsprechen, da die beiden Sprachschalter `\l@american` und `l@USenglish` einander gleichgesetzt sind.

Bei der INITEX-Bearbeitung von `latex.ltx` entsteht mit diesem `hyphen.cfg` damit ein Formatfile, das einerseits eine Vielzahl von Makrostrukturen aus dem Babel-Paket wie andererseits die Verknüpfung von Sprachdefinitionsbefehlen mit zugehörigen Trennmusterfiles enthält. Mit dieser Verknüpfung von Babel-Kernstrukturen zusammen mit den herkömmlichen Aufgaben eines `hyphen.cfg`-Files sollten die ersteren für eine Babel-Aktivierung schneller bereitgestellt werden. Der damit erzielte Zeitgewinn kann bei der Leistungsfähigkeit moderner Pentium-Prozessoren jedoch vernachlässigt werden.

1.2.6 Das Programmverzeichnis ./cyrillic

Das Programmverzeichnis `./cyrillic` gehört seit Dezember 1998 zu den Standardergänzungen einer LATEX-Installation. Es stellt die Zeichensatz-Makrodateien bereit, die zur Nutzung kyrillischer Schriften, z. B. zusammen mit dem Babel-Paket, bei Bearbeitung russischer oder ukrainischer Texte benötigt werden.

Das Installationsverzeichnis `./cyrillic` besteht aus den dokumentierten Makrofiles `cyinpenc.dtx`, `cyoutenc.dtx`, `lcy.dtx` und `ot2.dtx`, den Zeichensatz-Definitionsmasterfiles `lcycmlh.fdd`, `ot2cmams.fdd`, `ot2cmlh.fdd` und `t2lnfnt.fdd` sowie dem Installationsfile `cyrlatex.ins`. Zusätzlich enthält es noch die mit dem Editor einsehbaren Textfiles `00readme.txt`, `changes.txt` und `manifest.txt`. Als zusätzliche Information wird bereits mit der LATEX-Grundinstallation das File `cyrguide.tex` angeboten, dessen LATEX-Bearbeitung eine wohlformatierte Dokumentation bereitstellt.

Die LaTeX-Bearbeitung des Installationsfiles `cyrlatex.ins`, also der Aufruf

```
latex cyrlatex.ins
```

erzeugt die Nutzungswerkzeuge des `./cyrillic`-Verzeichnisses. Hiermit entstehen zum einen die Definitionsfiles *code*`enc.def` für das Kodierungsattribut mit dem Ergänzungspaket `fontenc.sty`, und zwar mit den Kodierungskennamen `t2a`, `t2b`, `t2c`, `x2`, `lcy` und `ot2` für *code*, also die Definitionsfiles `t2aenc.def`, ..., `ot2enc.def`.

Zum anderen entstehen die Definitionsfiles *eing_code*`.def` für den Eingabekode mit dem Ergänzungspaket `inpenc.sty`. Als Grundnamen *eing_code* für die entstehenden Eingabekodierfiles treten insgesamt auf

`cp855`, `cp866`, `cp866cv`, `cp866mav`, `cp866nav`, `cp866tat`, `cp1251`, `ctt`, `dbk`, `iso88595`, `isoir111`, `koi8-r`, `koi8-ru`, `koi9-u`, `maccyr`, `macukr`, `mik`, `mls`, `mlk`, `mos`, `ncc`, `pt154`, `pt254`

denen die Eingabe-Kodierfiles `cp855.def`, ..., `pt254.def` entsprechen. Zur Bedeutung und Einstellwirkung dieser Definitionsfiles für die Zeichensatzkodierung bezüglich der Ein- und Ausgabe wird auf die Nutzungsbeschreibung der `cyrillic`-Werkzeuge in 2.4.4 sowie auf `cyrguide.tex`-aus der LaTeX-Grundinstallation verwiesen.

Neben diesen Definitionsfile entsteht mit dem obigen Installationsaufruf das Ergänzungspaket `lct.sty`, das seinerseits das Ergänzungspaket `fontenc.sty` zusammen mit der Optionsangabe LCY sowie das bei der Installation entstehende Makropaket `lcydefs.tex` jeweils implizit einliest.

Neben diesen aufgelisteten Kodierungs-Definitionsfiles und Makropaketen entstehen aus den Zeichensatz-Definitionsmasterfiles (`.fdd`-Files) eine große Zahl von Zeichensatz-Definitionsfiles (`.fd`-Files) mit der Namenssyntax *attr_code_tex_zs*`fd`. Hierin steht *attr_code* für einen der bereits oben aufgelisteten Namen für das Kodierungsattribut `t2a`, `t2b`, `t2c`, `x2`, `lcy` bzw. `ot2` und *tex_zs* für einen der bekannten TeX-Zeichensatz-Kennungsnamen wie `cmr`, `cmss`, `cmtt` u. a. Für das Kodierungsattribut `ot2` tritt für *tex_zs* zusätzlich noch `wncyr` und `wncyss` auf, was an die Namen der kyrillischen Zeichensätze der AMS erinnert. Für die Zeichensatz-Definitionsfiles treten damit Filenamen wie `t2acmr.fd`, `t2ccmss.fd`, `lcycmtt.fd`, `ot2cmfib.fd` und Ähnliche auf.

Diese mit dem Installationsaufruf entstandenen Makropakete sind abschließend in das Verzeichnis zu verschieben, unter denen LaTeX seine Makropakete erwartet. Nach dem TDS-Vorschlag wäre dies `.../texmf/tex/latex/cyrillic`. Das Installationsfile `cyrlatex.ins` enthält wie alle Installationsfiles aus dem `./required`-Verzeichnis mit `\usedir{tex/latex/cyrillic}` bereits eine passende Teilpfadvorgabe, die zusammen mit dem im `docstrip.cfg`-Konfigurationsfile mit dem Befehlspaar `\BaseDirectory{`*TDS_eing_pfad*`}` und `\UseTDS` (s. 1.2.2 auf S. 7) vorgegebenen Pfadeingang das beim Anwender eingerichtete TDS-System für die Fileablage und -suche automatisch berücksichtigt.

Die METAFONT-Quellenfiles für kyrillische Zeichensätze sind nicht Bestandteil der LaTeX-Standardergänzungen aus dem Verzeichnis `./cyrillic`. Man findet auf den TeX-Fileservern unter `/tex-archive/fonts/cyrillic/lh` die von der russischen TeX-Anwendervereinigung CyrTUG enwickelten kyrillischen METAFONT-Qellenfiles, die mit kyrillischen Nutzungs- und Definitionsmakros aus dem `./cyrillic`-Verzeichnis harmonisch zusammenarbeiten.

1.2.7 Das Programmverzeichnis ./amslatex

Die Installationshinweise für das `./amslatex`-Verzeichnis können kürzer ausfallen als diejenigen zum vorangegangenen `./babel`-Verzeichnis. Das `./amslatex`-Originalverzeichnis enthält zum einen die beiden Erläuterungsfiles `00readme.txt` und `install.txt` sowie die zwei Unterverzeichnisse `./classes`, und `./math`.

Das erste Unterverzeichnis `./classes` enthält die dokumentierten Makrofiles `amsclass.dtx`, `amsdtx.dtx` und `upref.dtx`, die Bibliografie-Stil- und -Definitionsfiles `amsalpha.bst`, `amsplain.bst` und `mrabbrev.bib`, das Installationsfile `ams-c1.ins`, die Dokumentations- und Testfiles `amsthdoc.tex`, `thmtest.tex` und `instr-l.tex` sowie die Textfiles `00readme.txt`, `diffs-c.txt`, `install.txt`, `manifest.txt` und `amsclass.faq`.

Das andere Unterverzeichnis `./math` enthält die dokumentierten Makrofiles `amsbsy.dtx`, `amscd.dtx`, `amsgen.dtx`, `amsmath.dtx`, `amsopn.dtx`, `amstext.dtx` und `amsxtra.dtx`, das Installationsfile `ams-m1.ins`, das AMS-TeX-Ergänzungspaket `amstex.sty`, das Klassenfile `amsldoc.cls`, die Dokumentations- und Testfiles `amsldoc.tex`, `subeqn.tex`, `technote.tex` und `testmath.tex` sowie die Textfiles `amslatex.bug`, `amslatex.faq`, `diffs-m.txt`, `install.txt`, `manifest.txt` und `00readme.txt`

Die LaTeX-Bearbeitung von `amsdoc.tex` erzeugt eine wohlformatierte Dokumentation mit einem ausführlichen Inhalts- und Stichwortverzeichnis. Die LaTeX-Bearbeitung der Installationsfiles aus beiden Verzeichnissen `ams-c1.ins` und `ams-m1.ins` führt zur Aufbereitung der zugehörigen dokumentierten Makrofiles und damit zur Erzeugung der einzurichtenden Makropakete aus dem `./amslatex`-Verzeichnis.

Mit der LaTeX-Bearbeitung von `ams-c1.ins`, also dem Aufruf '`latex ams-c1.ins`' aus dem Verzeichnis `./classes` heraus, entstehen dort die beiden Ergänzungspakete `amsthm.sty` und `upref.sty` sowie die Klassenfiles `amsart.cls`, `amsbook.cls` und `amsproc.cls`, die in Analogie zu den LaTeX-Standardklassen `article`, `book` und `proc` stehen, sowie das Klassenfile `amsdtx.cls`. Mit dem LaTeX-Bearbeitungsaufruf '`latex ams-m1.ins`' aus dem Verzeichnis `./math` heraus, entstehen dort die Ergänzungspakete `amsbsy.sty`, `amscd.sty`, `amsgen.sty`, `amsintx.sty`, `amsmath.sty`, `amsopn.sty`, `amstext.sty`, `amstex.sty` und `amsxtra.sty`. Die erzeugten Klassenfiles und Ergänzungspakete aus beiden Installationsfiles sind abschließend in ein Verzeichnis zu verschieben, unter dem TeX seine Makrofiles erwartet. Nach dem TDS-Vorschlag wäre dies `.../texmf/tex/latex/amslatex` (s. S. 6).

Die beiden Klassenfiles `amsldoc.cls` und `amsdtx.cls` werden vom Anwender kaum selbst angesprochen. Sie werden intern aktiviert, wenn die beigefügte Dokumentation `amsldoc.tex` bzw. die dokumentierten Makrofiles mit ihrem impliziten Treiberkode mit LaTeX zur Erstellung einer wohlformatierten Dokumentation bearbeitet werden.

Die Nutzung des AMS-LaTeX-Pakets erfordert die Einrichtung weiterer mathematischer Zeichensätze, die von der AMS (American Mathematical Society) entwickelt und der Allgemeinheit zur Verfügung gestellt wurden. Auf dem DANTE-Fileserver findet man hierzu das Eingangsverzeichnis `/tex-archive/fonts/amsfonts`, das in die weiteren Unterverzeichnisse `./latex`, `./tfm` und `./sources` untergliedert ist. Das letzte Unterverzeichnis enthält eine weitere Untergliederungsebene, von der zur Nutzung des `amslatex`-Pakets nur die METAFONT-Quellenfiles aus den Unterverzeichnissen `./euler`, `.extracm` und `./symbols` benötigt werden.

Das darüber liegende Parallelverzeichnis `./latex` enthält weitere `.sty`- sowie `.fd`-Files, die in das gleiche Zielverzeichnis wie die `.cls`- und `.sty`-Files aus dem `amslatex`-Paket zu verschieben sind, also entsprechend dem TDS-Vorschlag nach `.../texmf/tex/latex/required/amslatex`.

Die Nutzungsbeschreibung der AMS-LaTeX-Werkzeuge erfolgt mit vielen Beispielen in 1.5, wozu die mit LaTeX aufbereitete englischsprachige Dokumentation aus `amsldoc.tex` und `instr-l.tex` des `amslatex`-Pakets zur Begleitung dienen kann. Eine Nutzungsbeschreibung von zusätzlichen AMS-Zeichensätzen mit einer herkömmlichen Standard-LaTeX-Bearbeitung erfolgt in 2.2.1.

1.2.8 Das Unterverzeichnis ./graphics

Das Originalquellenverzeichnis `./graphics` besteht aus den dokumentierten Makrofiles `color.dtx`, `drivers.dtx`, `epsfig.dtx`, `graphics.dtx`, `graphicx.dtx`, `keyval.dtx`, `lscape.dtx`, `pstcol.dtx` und `trig.dtx`, dem Installationsfile `graphics.ins`, den Definitionsfiles `dvipdfm.def`, `pdftex.def`, `textures.def` und `vtex.def`, den Textfiles `changes.txt` und `00readme.txt` sowie dem Dokumentationsfile `grfguide.tex`, zusammen mit seinem aufbereiteten PostScript-File `grfguide.ps`.

Die LaTeX-Bearbeitung des Installationsfiles `graphics.ins` erzeugt die Ergänzungspakete

`color.sty`	`epsfig.sty`	`graphics.sty`	`graphicx.sty`
`keyval.sty`	`lscape.sty`	`pstcol.sty`	`trig.sty`

sowie die Treiber-Definitionsfiles (Stand Januar 2000)

`dvipdf.def`	`dvips.def`	`dvipsnam.def`	`dvipsone.def`
`dviwin.def`	`emtex.def`	`pctex32.def`	`pctexhp.def`
`pctexps.def`	`pctexwin.def`	`tcidvi.def`	`truetex.def`

wozu sich bei zukünftigen Versionen evtl. weitere gesellen.

Abschließend sind die erstellten `.def`- und `.sty`-Files wie bei allen LaTeX-Ergänzungen in ein Verzeichnis zu verschieben, unter dem TeX seine Makropakete erwartet. Nach dem TDS-Vorschlag ist dies `.../texmf/tex/latex/packages/graphics` und für emTeX vermutlich `\emtex\texinput\latex2e`, falls das letzte Unterverzeichnis dort nicht weiter untergliedert ist.

Mit dem `graphics`-Paket werden Werkzeuge bereitgestellt, mit denen spezielle Grafikeigenschaften verschiedener Drucker unter einheitlichen Befehlsnamen aus LaTeX heraus angesprochen und genutzt werden. Die Aufgabe der LaTeX-Bearbeitung ist es dann, die treiberspezifischen `\special`-Befehle zu erstellen und im `.dvi`-File abzulegen, ohne dass sich der Anwnender mit diesen `\special`-Befehlen selbst befassen muss.

Die Vorstellung und Nutzungsbeschreibung dieser Grafikwerkzeuge erfolgt in den Abschnitten 5.3.2 bis 5.3.8. Es empfiehlt sich, hierzu die dem `graphics`-Paket beigefügte Dokumentation `grfguide.tex` mit LaTeX aufzubereiten und den Ausdruck zur Begleitung heranzuziehen. Steht beim Anwender ein PostScript-Drucker zur Verfügung, dann kann das beigefügte PostScript-File `grfguide.ps` auch direkt ausgedruckt werden.

1.2.9 Das Unterverzeichnis ./psnfss

Dieses Verzeichnis enthält die Ausgangsquellen zur Nutzung von PostScript-Schriften für eine LATEX-Bearbeitung. Dies setzt die Verfügbarkeit eines PostScript-Druckers voraus. Die Aufbereitung der dokumentierten Makrofiles bereitet mit den beigefügten Installationsfiles keine Schwierigkeiten. Da die Nutzung von PostScript-Druckern die Einrichtung von weiteren Programmen, z. B. eines geeigneten DVI-Treibers sowie evtl. die Erstellung oder Beschaffung von `.tfm`- und `.vf`-Metrikfiles für die PostScript-Schriften, voraussetzen, erfolgt die Beschreibung für die Installation und einer möglichen Auswahl dieser Werkzeuge gemeinsam in 5.1.

1.2.10 Weitere LATEX-Ergänzungen

Wie bereits in der Einleitung dieses Gesamtabschnitts vermerkt, gliedert sich das LATEX-Gesamtpaket auf den offiziellen TEX-Fileservern in die drei Eingangsverzeichnisse `./base`, `./required` und `./contrib`. Die in den vorangegangenen Unterabschnitten vorgestellten Bestandteile aus `./required` stellen im weiteren Sinne die LATEX-Standardergänzungen bereit, wobei die Werkzeuge aus dem dortigen Unterverzeichnis `./tools` als die Standardergänzungen im engeren Sinne bezeichnet werden können.

Das dritte Eingangsverzeichnis `./contrib` stellt eine große Zahl von weiteren LATEX-Ergänzungen bereit. Es ist zunächst zweifach untergliedert in `./supported` und `./other`, was keine Bedeutungswürdigung darstellt, sondern nur darauf verweist, dass die Werkzeuge aus `./supported` einer Wartung und damit ggf. einer Verbesserung durch ihre Autoren unterliegen.

Der Unterverzeichniszweig `./supported` besteht zunächst ausschließlich aus weiteren Unterverzeichnissen, deren aktuelle Anzahl (Stand Dezember 1996) 142 beträgt. Viele dieser Unterverzeichnisse sind weiter untergliedert und enthalten oft ganze Gruppen von LATEX-Ergänzungen. Einige dieser Unterverzeichnisse tragen selbstbeschreibende Namen, die die Zweckbestimmung erahnen lassen. Andere tragen Autorennamen, die ebenfalls Aufgabenziele erkennen lassen, wenn die Programmschwerpunkte des Autors bekannt sind. Ansonsten müssen die Unterverzeichnisse genauer eingesehen werden. Die meisen von ihnen enthalten ein `README`-File, das häufig eine Zweckbestimmung wiedergibt.

Angesichts der Vielzahl und des Wandels und Wachstums dieser Verzeichnisse unterbleibt hier eine Inhalts- und Aufgabenauflistung. Das gilt auch für den anderen Verzeichniszweig `./other`, der in seiner ersten Ebene, von einer Ausnahme abgesehen (`multfoot.sty`), ebenfalls nur weitere Unterverzeichnisse enthält, und zwar derzeit 50.

LATEX-Anwender mit speziellen Formatierungsanforderungen sollten diese Verzeichnisse durchmustern. In den meisten Fällen werden sie ein geeignetes Werkzeug finden. Bleibt die Suche erfolglos oder erinnert sich der Anwender an Ergänzungswerkzeuge einer früheren LATEX 2.09-Installation, so sollte auch das Verzeichnis `./macros/latex209/contrib` durchmustert werden.

Die dortigen Ergänzungen wurden für die Nutzung mit LATEX 2.09 entwickelt. Viele von ihnen können aber problemlos auch mit LATEX 2_ε über dessen `\usepackage`-Aktivierungsbefehl genutzt werden. Das gilt z. B. für die bei vielen LATEX-Anwendern genutzten Erweiterungen der `picture`-Umgebung mit dem `epic.sty`- bzw. `eepic.sty`-Paket.

1.3 Vorstellung der LaTeX-Standardergänzungen

Gemeint sind hiermit die LaTeX-Standardergänzungen im engeren Sinne, die mit dem Quellenverzeichnis `./latex/required/tools` bereitgestellt werden und mit den Installationshinweisen aus 1.2.4 aufbereitet und eingerichtet wurden. Bei dieser Installation entstanden die Ergänzungspakete

`afterpage.sty`	`enumerate.sty`	`longtable.sty`	`theorem.sty`
`array.sty`	`fontsmpl.sty`	`multicol.sty`	`varioref.sty`
`bm.sty`	`ftnright.sty`	`rawfonts.sty`	`verbatim.sty`
`calc.sty`	`hhline.sty`	`showkeys.sty`	`xr.sty`
`dcolumn.sty`	`indentfirst.sty`	`somedefs.sty`	`xspace.sty`
`delarray.sty`	`layout.sty`	`tabularx.sty`	

die alle mit dem Vorspannbefehl `\usepackage` in die LaTeX-Bearbeitung eingebunden werden können. Das Ergänzungspaket `theorem.sty` greift seinerseits auf die Zusatzfiles `thb.sty`, `thc.sty`, `thcb.sty`, `thm.sty`, `thmb.sty` und `thp.sty` zurück, ohne dass hierzu eigene Anwendervorgaben vorzunehmen sind.

Zusätzlich entstanden bei der Installation noch die sechs kleinen TeX-Files `e.tex`, `h.tex`, `q.tex`, `r.tex`, `s.tex` und `x.tex` sowie das Testfile `verbtest.tex` und das interaktive Programm `fontsmpl.tex`. All diese Werkzeuge werden im Verlauf dieses Abschnitts vorgestellt, wobei empfohlen wird, die gemäß 1.2.2 aufbereitete Dokumentation aus den zugehörigen `.dtx`-Files zur Begleitung zu nutzen.

1.3.1 Verbesserte und erweiterte Tabellenumgebungen

Die Ergänzungspakete `array.sty` von FRANK MITTELBACH sowie `dcolumn.sty`, `delarray.sty`, `hhline.sty` und `tabularx.sty` von DAVID P. CARLISLE, Universität Manchester, stellen Verbesserungen und Ergänzungen zur LaTeX-`tabular`-Umgebung dar, die teilweise aufeinander aufbauen und deshalb in diesem Unterabschnitt gemeinsam vorgestellt werden.

1.3.1.1 Das Ergänzungspaket array.sty

FRANK MITTELBACH stellt mit `array.sty` ein Ergänzungspaket mit erweiterten Tabellenstrukturen gegenüber dem LaTeX-Original bereit. Es gestattet, Tabellenstrukturen wie bisher mit

`\begin{array}[`*pos*`]{`*sp_form*`}`	*Zeilen*	`\end{array}`	bzw.
`{begin{tabular}[`*pos*`]{`*sp_form*`}`	*Zeilen*	`\end{tabular}`	oder
`\begin{tabular&}{`*breite*`}[`*pos*`]{`*sp_form*`}`	*zeilen*	`\end{tabular*}`	

zu erzeugen. Wirkung und Syntax der Parameter *pos* und *breite* entsprechen vollständig denen der Standard-Tabellenumgebungen (s. [5a, Abschn. 4.8.1]). Der Spaltenformatierungsparameter *sp_form* wurde erweitert. Die zulässigen Einträge und deren Wirkungen demonstriert die Tabelle auf der nächsten Seite.

Die Standarderklärungen für das Tabellenlayout mit `\tabcolsep`, `\arraycolsep`, `\arrayrulewidth`, `\doublerulesep` und `\arraystretch` (s. [5a, Abschn. 4.8.2] wurden ebenfalls um einige zusätzliche Erklärungen erweitert, die weiter unten vorgestellt werden.

Unveränderte Spaltenformatierungsparameter	
l c r	linksbündiger (l), zentrierter (c) oder rechtsbündiger (r) Spalteneintrag wie beim tabular-Original
p{*breite*}	Definiert eine Spalte für mehrzeiligen Eintrag, der entsprechend der eingestellten *breite* umbrochen wird. Mehrzeiliger Text wird in Bezug auf die Nachbarspalten auf die *erste* Zeile ausgerichtet. Entspricht der Wirkung von \parbox[t]{*breite*}.
@{*erkl*}	Entfernt den Standardzwischenraum und ersetzt ihn durch den Inhalt von *erkl*. Beispiel: r@{.}l formatiert die benachbarten Spalten für die Eingabe 1 & 5 als 1.5. (Originalbefehl)

<table>
<tr><th colspan="2">Zusätzliche oder geänderte Spaltenformatierungsparameter</th></tr>
<tr><td>m{breite}</td><td>Wie p, mehrzeiliger Text wird mit der vertikalen Mitte auf die Eintragungen der Nachbarspalten ausgerichtet. Entspricht der Wirkung von \parbox{breite}.</td></tr>
<tr><td>b{breite}</td><td>Wie p, mehrzeiliger Text wird mit der letzten Zeile auf die Eintragungen der Nachbarspalten ausgerichtet. Entspricht der Wirkung von \parbox[b]{breite}.</td></tr>
<tr><td>>{erkl}</td><td>Kann direkt vor eine l-, c-, r-, p{..}-, m{..}- oder b{..}-Formatierungsangabe gesetzt werden und fügt den Inhalt von erkl vor jedem Spalteneintrag ein. Die Erklärung erkl steht hierbei für gewöhnlichen Text, Befehlsfolgen oder eine Mischung aus beiden. Beispiel: >{\bfseries}c formatiert die entsprechende Spalte mit einem horizontal zentrierten Eintrag mit dem Schriftattribut \bfseries.</td></tr>
<tr><td><{<i>erkl</i>}</td><td>Kann direkt <i>nach</i> einer l-, c-, r-, p{..}-, m{..}- oder b{..}-Formatierungsangabe gesetzt werden und fügt den Inhalt von <i>erkl</i> nach jedem Spalteneintrag ein. Beispiel: l<{!!!} linksbündiger Spalteneintrag, an den jeweils !!! angehängt wird.</td></tr>
<tr><td>|</td><td>Fügt eine vertikale Linie ein. Der standardmäßige Spaltenzwischenraum wird hierbei im Gegensatz zum Original um die Breite der Linie vergrößert.</td></tr>
<tr><td>||</td><td>Fügt eine vertikale Doppellinie ein und vergrößert den Spaltenzwischenraum um die Breite der Doppellinie.</td></tr>
<tr><td>!{erkl}</td><td>Fügt den Inhalt von erkl zwischen benachbarten Spalten bzw. vor der ersten oder nach der letzten Spalte hinzu, ohne den zusätzlichen Spaltenzwischenraum zu entfernen.</td></tr>
</table>

Die vorstehende Tabelle wurde demgemäß mit

\begin{tabular}{|>{\ttfamily}c||m{105mm}|} *Tabellentext*\end{tabular}

erzeugt. Für die linke Spalte wird damit als Schriftattribut \ttfamily gewählt. Um die kursiven Textteile innerhalb dieser Spalte zu erzeugen, wurde lokal auf \emph umgeschaltet: m\{\emph{breite}\} ⇒ m{*breite*}[1].

Die rechte Spalte ist als m{105mm} erklärt worden. Mehrzeiliger Text wird gegenüber der linken Spalte auf die vertikale Mitte zentriert. Das gilt natürlich auch für die Angaben

[1]Genau genommen wurde m\symbol{123}\emph{breite}\symbol{125} eingegeben, da \{ bzw. \} auch innerhalb des \ttfamily-Zeichensatzes die geschweiften Klammern dem Standard-Roman-Zeichensatz entnehmen.

`p{`*breite*`}` bzw. `b{`*breite*`}`. In der vorstehenden Tabelle wurde die vertikale Verschiebung durch zugefügte `\raisebox`-Befehle bewirkt, um die Wirkung der `p`- bzw. `b`-Formatierung zu demonstrieren.

Der Nutzen des Formatierungsparameters `>{`*erkl*`}` wird mit dem in der Tabelle angegebenen Beispiel sofort offenkundig. Dagegen erscheint das Beispiel für das `<{`*erkl*`}`-Format etwas gekünstelt. Tatsächlich kann man mit der Kombination beider Parameter erstaunlich geschickte Formatierungsmöglichkeiten erschließen.

Soll z. B. für einzelne Spalten einer `tabular`-Umgebung in den mathematischen Bearbeitungsmodus umgeschaltet werden, in dem die Textformeln horizontal zentriert erscheinen sollen, so kann das für diese Spalte mit der Vorgabe `>{$}c<{$}` im Spaltenformatierungsfeld erreicht werden. Bei einer `array`-Umgebung bewirkt die gleiche Vorgabe die Umschaltung in den Text-LR-Modus, so dass in dieser Spalte normaler Text erscheint. Das anfängliche `$`-Zeichen hebt hierbei das implizite `$`-Zeichen der `array`-Umgebung auf. Am Ende der Spalte bewirkt das dort zugefügte `$`-Zeichen die Rückschaltung in den mathematischen Modus der `array`-Umgebung. Weitere Beispiele folgen am Ende dieses Unterabschnitts.

Bei den Standardtabellenumgebungen wird die Strichstärke von vertikalen Linien beim Spaltenabstand nicht berücksichtigt. Dies kann, insbesondere bei stärkeren Linien, dazu führen, dass das letzte bzw. das erste Zeichen benachbarter Spalten zu eng zum vertikalen Trennstrich erscheint und in Extremfällen den Trennstrich berührt oder sogar in diesen hineinragt. Diese Schwäche wird mit `array.sty` beseitigt, allerdings mit der Folge, dass Tabellen mit vertikalen Trennstrichen nun breiter ausfallen als äquivalente Tabellen ohne vertikale Trennstriche.

Die Nichtberücksichtigung der Strichstärke bei den Standardtabellenumgebungen führt bei umrandeten Tabellen zu einer weiteren Unzulänglichkeit, die bei stärkeren Linien sichtbar wird, wie das nachfolgende Beispiel zeigt.

```
\setlength{\arrayrulewidth}{5pt}
\begin{tabular}{|l|}
   \hline AAA\\ \hline
\end{tabular}
```

AAA

erzeugt das nebenstehende obere Ergebnis, bei dem die horizontalen Linien in der Mitte der vertikalen Linien enden.

`array.sty` beseitigt diese Schwäche. Das gleiche Beispiel erscheint damit als

AAA

Horizontale Linien oberhalb und unterhalb von Tabellen können mit Standard-LaTeX zu Fehlpositionierungen führen, und zwar dann, wenn der `tabular`-Umgebung horizontaler Text vorangeht und/oder nachfolgt. Ein solcher umgebender Text wird standardmäßig auf die vertikale Tabellenmitte ausgerichtet. Mit dem Positionierungsparameter *pos* als `t` oder `b` kann der umgebende Text auf die erste bzw. letzte Tabellenzeile ausgerichtet werden.

Die Ausrichtung der Tabelle zum umgebenden Text erfolgt korrekt, wenn der ersten und/oder der letzten Tabellenzeile kein `\hline`-Befehl vorausgeht bzw. nachfolgt. Anderenfalls kann es zu Fehlpositionierungen kommen, wie das nachfolgende Beispiel zeigt.

```
Tabellen
\begin{tabular}[t]{l}
  ohne \verb|\hline|-Befehle\\
  erscheinen korrekt\\
  zum umgebenden\\
\end{tabular} Text.
```

Tabellen	ohne `\hline`-Befehle	Text.
	erscheinen korrekt	
	zum umgebenden	

```
Tabellen
\begin{tabular}[t]{|l|}\hline
  mit einleitenden oder\\
  abschlie"senden \verb|\hline|-\\
  Befehlen erscheinen\\
  dagegen\\ \hline
\end{tabular} fehlpositioniert.
```

Tabellen

mit einleitenden oder abschließenden `\hline`-Befehlen erscheinen dagegen

fehlpositioniert.

Der gleiche Eingabetext führt auch mit `array.sty` zur entsprechenden Fehlpositionierung. Hier kann jedoch mit `\firsthline` bzw. `\lasthline` an Stelle des einleitenden bzw. abschließenden `\hline`-Befehls Abhilfe geschaffen werden:

Tabellen

mit Umrandungen erscheinen korrekt zum umschließenden Text, wenn sie mit `\firsthline` und `\lasthline`

umschlossen werden.

```
Tabellen
\begin{tabular}[t]{|l|}
  \firsthline mit Umrandungen\\
  erscheinen korrekt\\
  zum umschlie"senden\\
  Text, wenn sie mit\\
  \verb|\firsthline| und \\
  \verb|\lasthline|\\
  \lasthline
\end{tabular} umschlossen werden.
```

Änderung des Tabellenstils: Mit `\setlength`-Zuweisungen für die Längenerklärungen

`\tabcolsep` ⇒ halbe Breite des Spaltenzwischenraums für `tabular`-Umgebungen

`\arraycolsep` ⇒ halbe Breite des Spaltenzwischenraums für `array`-Umgebungen

`\arrayrulewidth` ⇒ Strichstärke von horizontalen und vertikalen Linien in einer Tabelle

`\doublerulesep` :⇒ Abstand von Doppellinien

kann der Anwender eigene Einstellwerte gegenüber den Standardvorgaben vorgeben. Diese Längenerklärungen sind außerhalb der Tabellenumgebungen vorzunehmen und gelten für alle nachfolgenden Tabellenumgebungen, bis sie durch neue entsprechende Längenerklärungen abgelöst werden bzw. bis zum Ende einer evtl. umschließenden Umgebung.

Diese Erklärungen gelten sowohl für Standard-LATEX als auch für `array.sty`. Für dieses Ergänzungspaket gibt es zusätzlich die Längenerklärung:

`\extrarowheight` ⇒ fügt den hiermit eingestellten Zusatzabstand der normalen Zeilenhöhe einer Tabelle hinzu. Ein Zusatzabstand von mindestens 1 pt sollte bei allen Tabellen mit horizontalen Trennlinien vorgenommen werden, da sonst die Oberlängen der Zeichen der ersten Folgezeile zu dicht an die darüber liegende Trennlinie heranreichen. Für die Erläuterungstabelle der Spaltenformatierungsparameter auf S. 19 war `\setlength{\extrrowheight}{1pt}` wirksam.

Schließlich gibt es für `array.sty` noch den Definitionsbefehl

`\newcolumntype{`*typ_kennung*`}{`*defintion*`}` z. B. in der Form
`\newcolumntype{`x`}{>{`*anf_erkl*`}c<{`*end_erkl*`}}`

Mit der Definition der zweiten Zeile steht für anschließende Tabellenumgebungen als Spaltenkennungstyp das gewählte Zeichen x zur Verfügung, das entsprechend seiner Definition die zugehörige Spalte gemäß `>{`*anf_erkl*`}c<{`*end_erkl*`}` horizontal zentriert, wobei jedem Eintrag für diese Spalte die Vorgaben *anf_erkl* und *end_erkl* voran- bzw. nachgestellt werden.

Die Einrichtung eigener Spaltentypkennungen ist stets dann zu empfehlen, wenn mehrere Tabellen mit gleichartigen komplexeren Spaltenformaten erstellt werden sollen. Dies erspart Schreibarbeit und vermindert Formatierungsfehler gegenüber expliziten Formatierungsangaben im Formatierungsfeld bei jeder einzelnen Tabellenumgebung. So könnten für Tabellen mit gemischten Text- und Formeleinträgen in Ergänzung zu den Standardspaltenkennungen `c`, `l` und `r` mit

```
\newcolumntype{C}{>{$}c<{$}}
\newcolumntype{L}{>{$}l<{$}}
\newcolumntype{R}{>{$}r<{$}}
```

als zusätzliche Spaltenkennungen `C`, `L` und `R` eingerichtet werden, mit denen bei `tabular`-Umgebungen entsprechende Spalten zur Ausgabe von Textformeln bzw. bei `array`-Umgebungen zur Ausgabe von normalen Texten gewählt werden.

Der Definitionsbefehl `\newcolumntype` erlaubt zusätzlich noch ein erstes optionales Argument in Form einer Zahlenangabe von 1 bis 9, mit der dem einzurichtenden neuen Spaltentyp ein bis neun freie Parameter `#1` bis `#9` zugewiesen werden, deren aktuelle Werte dann beim jeweiligen Aufruf des Spaltentyps als dessen Argumente übergeben werden, wie dies aus der LaTeX-Befehlsdefinition `\newcommand` her bekannt ist.

Mit dem Befehlsaufruf `\showcols` im Eingabefile erfolgt eine Bildschirmprotokollierung aller zum Zeitpunkt dieses Befehls mit `\newcolumntype` eingerichteten Spaltentypkennungung mit gleichzeitiger Ablage im Protokollfile.

Die Dokumentation für `array.sty` enthält einige weitere Beispiele zur Einrichtung von eigenen Spaltentypen mit zugehörigen Hilfsmakros, die ich hier wiedergebe, da sie das Realisierungsprinzip für das Ergänzungspaket `dcolumn.sty` widerspiegeln. Zunächst wird mit

```
\newcolumntype{d}{>{\centerdots}c<{\endcenterdots}}
```

der neue Spaltentyp `d` vorgeschlagen, dessen interne Markos mit

```
{\catcode`\.=\active\gdef.{\egroup\setbox2=\hbox\bgroup}}
\def\centerdots{\catcode`\.=\active\setbox0=\hbox\bgroup}
\def\endcenterdots{\egroup\ifvoid2 \setbox2=\hbox{0}\fi
   \ifdim \wd0>\wd2 \setbox2=\hbox to\wd0{\unhbox0\hfill}
   \else  \setbox0=\hbox to\wd2{\hfill\unhbox0}\fi
   \catcode`\.=12 \box0.\box2}
```

einzurichten sind. Die hier mit dem Spaltentyp `d` eingerichteten Spalten sind zur Aufnahme von Dezimalzahlen geeignet, bei denen die übereinander stehenden Dezimalzahlen nach dem Dezimalpunkt ausgerichtet werden, wobei der Dezimalpunkt genau in der Spaltenmitte steht.

Die horizontale Zentrierung des Dezimalpunkts wirkt ungefällig für Spalten, bei denen die Zahl der Stellen vor dem Dezimalpunkt sich deutlich von denen nach dem Dezimalpunkt unterscheidet. Für solche Spalten wird deshalb `d` mit

```
\newcolumntype{d}[1]{>{\rightdots{#1}}r<{\endrightdots}}
```

vorgeschlagen. Hiermit wird der Spaltenkennungstyp `d` mit einem Argument eingerichtet, mit dem die maximale Anzahl von Stellen nach dem Dezimalpunkt vorgegeben werden kann. Die Realisierungsmakros `\rightdots` und `\endrightdots` sind mit

```
\def\coldot{.}
{\catcode`\.=\active
   \gdef.{$\egroup\setbox2=\hbox to \dimen0 \bgroup$\coldot}}
```

```
\def\rightdots#1{\setbox0=\hbox{$1$}\dimen0=#1\wd0
   \setbox0=\hbox{$\coldot$}\advance\dimen0 by \wd0
   \setbox2=\hbox to \dimen0 {}%
   \setbox0=\hbox\bgroup\mathcode`\.="8000 $}
\def\endrightdots{$\hfil\egroup\box0\box2}
```

zu definieren. Nun kann mit der Angabe d{*n*} im Spaltenformatierungsfeld einer Tabellenumgebung für die entsprechende Spalte eine Ausrichtung des Dezimalpunkts vorgenommen werden, wobei die Dezimalpunkte so ausgerichtet werden, als hätten alle Zahle genau n Stellen nach dem Dezimalpunkt.

Der Einrichtungsbefehl `\newcolumntype` kann auch dazu genutzt werden, um unter einer Einzeichenkennung mehrere Spalten einzurichten. So wird z. B. mit

```
\newcolumntype{X}{lcr}
\begin{tabular}{X} ... \end{tabular}
```

eine dreispaltige Tabelle eingerichtet, deren erste Spalte linksbündig, zweite Spalte zentriert und dritte Spalte rechtsbündig ausgerichtet ist.

1.3.1.2 Das Ergänzungspaket dcolumn.sty

Das Paket `dcolumn.sty` von David Carlisle dient zur Ausrichtung von Spalten mit Dezimalzahlen nach dem Dezimaltrennzeichen. Es stellt zunächst den Spaltenformatierungsparameter `D` mit der Syntax

`D{`*eing_zeichen*`}{`*ausg_zeichen*`}{`*dez_stellen*`}`

bereit. Hierin steht *eing_zeichen* für das Eingabezeichen, das im Text verwendet wird, und *ausg_zeichen* für das Ausgabezeichen, das bei der Textausgabe verwendet wird und nach dem die Ausrichtung innerhalb der mit `D` gekennzeichneten Spalte erfolgt. Die maximale Anzahl von Stellen nach dem Dezimalzeichen kann mit *dez_stellen* vorgegeben werden, wobei hier die Angabe einer negativen Zahl bei der Texteingabe eine beliebige Anzahl von Stellen nach dem Dezimalzeichen erlaubt. Mit `D{.}{\cdot}{3}` ist das Ausrichtungszeichen bei der Eingabe der normale Punkt, der bei der Ausgabe als hochgestellter Punkt erscheint, wobei bis zu drei Stellen nach dem Punkt bei der Eingabe erlaubt sind: `345.12` erscheint damit als 345·12.

Die Formatierungsangabe kann mit `D` im Formatierungsfeld der `tabular`- oder `array`-Umgebung in der beschriebenen Form erfolgen. Bei häufiger Verwendung gleicher oder ähnlicher Spaltenformatierung empfiehlt sich die Bereitstellung spezieller Formatierungszeichen mit `\newcolumntype`. Mit

```
\newcolumntype{d}[1]{D{.}{\cdot}{#1}}
\newcolumntype{.}{D{.}{.}{3}}
\newcolumntype{,}{D{,}{,}{2}}
```

stehen ‘d, ‘`.`’ und ‘`,`’ als neue Spaltenformatierungszeichen zur Verfügung. Mit ihnen wurde

1·2	1·2	1.2	1,2
1·23	1·23	2.4	100,00
12345·678	12345·67	10.000	1,09
−0·01	−·01	−.999	−,99
100	100	25	25

durch `\begin{tabular}{|d{-1}|d{2}|.|,|}` erzeugt, wobei die Spalteneingaben mit `1.2`, ... `1,2` usw. erfolgten. Bei der ersten Spalte fällt auf, dass rechts ein größerer freier Platz als bei den anderen Spalten erscheint. Der Grund liegt in den unterschiedlichen Zuordnungen für negative bzw. positive Stellenangaben. Bei einer negativen Angabe realisiert `dcolumn.sty` die Spalte mit `>{\centerdots}c{\endcenterdots}` aus `array.sty`. Hiermit erscheint der Dezimalpunkt in der Spaltenmitte. Treten in einer solchen Spalte vor dem Dezimalpunkt mehr Stellen auf als nach ihm, so wird der links vom Dezimalpunkt benötigte Platz auch für den Platz rechts vom Dezimalpunkt bereitgestellt und umgekehrt.

Bei einer positiven Angabe für die Stellen nach dem Dezimalzeichen erfolgt die interne Realisierung mit `>{\rightdots}r<{\endrightdots}` aus `array.sty`. Hiermit wird rechts vom Dezimalzeichen der angeforderte Maximalplatz eingerichtet, unabhängig davon, wie viele Stellen vor dem Dezimalzeichen verwendet werden.

Ab Version v1.03 von `dcolumn.sty` kann das dritte Argument des Spaltenformatierungsparameters D *dez_stellen* auch als Dezimalzahl erfolgen, z. B. als `D{`*e*`}{`*a*`}{`*v.n*`}`. Die Ausrichtung des Dezimalpunkts erfolgt dann so, als hätten alle Zahlen dieser Spalte v Stellen *vor* und n Stellen *nach* dem Dezimalpunkt.

Die getrennte Vorgabe für Eingabe- und Ausgabezeichen kann dazu genutzt werden, einheitliche Datensätze für umfangreiche Zahlentabellen, z. B. die Ergebnisse eines Rechenprogramms für deutsch- und englischsprachige Veröffentlichungen, aufzubereiten. Angenommen, die Ergebnisse eines Rechenprogramms sind in einem aufbereiteten Datenfile `math.dat` abgelegt, wobei alle Dezimalzahlen entsprechend der üblichen Konvention von Rechenprogrammen mit einem Dezimalpunkt abgelegt wurden. Mit der Definition eines Spaltenparameters, z. B. `\newcolumntype{.}{.}{`*v.n*`}`, werden die Spalten der entsprechenden Tabelle nach dem Dezimalpunkt ausgerichtet, der gleichzeitig als Ein- und Ausgabezeichen zur Anwendung kommt. Der Datensatz kann dabei mit `\input{math.dat}` innerhalb der zugehörigen Tabellenumgebung eingelesen werden.

Wird nunmehr `\newcolumntype{.}{,}{`*v.n*`}` gewählt, so erscheint in der Ausgabetabelle als Dezimaltrennzeichen das Komma, ohne dass an den Eingabedaten irgend etwas zu ändern wäre. In dieser Weise können die Ergebnisse von Rechenprogrammen ganz einfach für deutschsprachige Veröffentlichungen genutzt werden, ohne dass mühevolle Editierarbeiten an den Programmergebnissen erforderlich werden.

1.3.1.3 Das Ergänzungspaket **delarray.sty**

Diese Ergänzung ist vorrangig für die `array`-Umgebung und damit für den Formelsatz zur Erzeugung von Feldstrukturen [5a, 5.4.3] gedacht. Dabei ist die Syntax der bisherigen `array`-Umgebung verändert worden. Sie lautet nun

`\begin{array}[`*pos*`]` *lkl* `{`*sp_form*`}` *rkl* *Zeilen* `\end{array}`

mit der gleichen Wirkung, als hätte man bei der `array`-Standardumgebung geschrieben

`\left` *lkl* `\begin{array}[`*pos*`]{`*sp_form*`}` *Zeilen* `\end{array}` `\right` *rkl*

mit *lkl* und *rkl* für ein linkes und ein rechtes mathematisches Klammersymbol. Die Eingabe

```
$ \begin{array}({cc}) a&b\\ c&d \end{array} $
```

erzeugt die Formel $\begin{pmatrix} a & b \\ c & d \end{pmatrix}$ und nach `\newcolumntype{L}{>{$}l<{$}}` erhält man mit

```
\[ f(x) = \begin{array}\{{lL}.
    1 & wenn $x=0$\\ \sin(x)/x & andernfalls \end{array} \]
```

die abgesetzte Formel

$$f(x) = \left\{ \begin{array}{ll} 1 & \text{wenn } x = 0 \\ \sin(x)/x & \text{andernfalls} \end{array} \right.$$

Als Folge der `\left`-`\right`-Paarbedingung [5a, 5.4.1] muss der linken öffnenden Klammer `\{` eine *unsichtbare* rechte schließende Klammer zugeordnet werden, was beim vorstehenden Spaltenfeld mit dem nachfolgenden '`.`' geschieht. Der dort eingeführte Spaltenpositionierungsparameter L beendet mit dem anfänglichen $-Zeichen den mathematischen Bearbeitungsmodus innerhalb der `array`-Umgebung. Mit dem nachfolgenden $-Zeichen wird anschließend wieder in den mathematischen Modus zurückgeschaltet.

Der optionale Parameter *pos* gestattet mit den Werten '`t`' und '`b`' eine vertikale Ausrichtung nebeneinander stehender `array`-Umgebungen bezüglich der obersten oder untersten Feldzeile [5a, 4.8.1]. Dies gilt auch für das Ergänzungspaket `tabularx.sty`:

```
\begin{array}[t] ({c}) 1\\2\\3 \end{array}
\begin{array}({c})     1\\2\\3 \end{array}
\begin{array}[b] ({c}) 1\\2\\3 \end{array}
```

$$\begin{array}[t]{c} \left(\begin{array}{c}1\\2\\3\end{array}\right) \end{array} \left(\begin{array}{c}1\\2\\3\end{array}\right) \begin{array}[b]{c} \left(\begin{array}{c}1\\2\\3\end{array}\right) \end{array}$$

Bei Verwendung des vertikalen Positionierungsparameters unterscheidet sich das Ergebnis gegenüber der Standardumgebung, die mit `\left(` und `\right)` umschlossen wird:

```
\left(\begin{array}[t]{cc} 1\\2\\3 \end{array}\right)
\left(\begin{array}{cc}    1\\2\\3 \end{array}\right)
\left(\begin{array}[b]{cc} 1\\2\\3 \end{array}\right)
```

$$\left(\begin{array}[t]{cc} 1\\2\\3 \end{array}\right) \left(\begin{array}{cc} 1\\2\\3 \end{array}\right) \left(\begin{array}[b]{cc} 1\\2\\3 \end{array}\right)$$

Alle hier vorgestellten Beispiele zur Verwendung von `delarray` wurden mit freundlicher Genehmigung durch den Autor, DAVID CARLISLE, aus der Originaldokumentation `delarray.drv` übernommen.

1.3.1.4 Das Ergänzungspaket hhline.sty

Das Paket gestattet flexiblere Einfach- und Doppelumrandungen innerhalb von Tabellen und Feldern, als dies mit den Standardeinstellungen `|`, `||`, `\vline`, `\hline` und `\cline` [5a, 4.8.1] möglich ist. Das Paket stellt für die `array`- und `tabular`-Umgebung zusätzlich den Befehl `\hhline{`*lsp_form*`}` bereit, in der *lsp_form* für die Spalten- und Zwischenspaltengestaltung der damit erzeugten Linienstruktur steht. Zum Verständnis möge man annehmen, dass das Spaltenformatierungsfeld die spaltenweise Gestaltung der herkömmlichen Zeileneinträge bestimmt. Mit `\begin{tabular}{||cc||c|c||}` wird eine Tabelle erzeugt, deren einzelne Zeilen von vertikalen Doppellinien umschlossen werden. Zwischen Spalte 2 und 3 wird eine weitere vertikale Doppellinie und zwischen Spalte 3 und 4 eine einfache vertikale Linie eingefügt. Der Eintrag `a & b & c & d \\` erscheint in der Tabelle damit als ‖ a b ‖ c | d ‖.

Die mit `\hhline{`*lsp_form*`}` erzeugte Linienstruktur möge man sich nun als eigenständigen Zeileneintrag vorstellen, und zwar zusätzlich zu den herkömmlichen Textzeilen der Tabelle. Ein solcher zusätzlicher Zeileneintrag muss ebenfalls eine spaltenweise Kennung erhalten, die unabhängig von den Vorgaben aus dem Spaltenformatierungsfeld für die herkömmlichen Texteinträge ist. Als Kennungszeichen stehen zur Verfügung:

= erzeugt eine horizontale Doppellinie von der Breite der zugehörigen Spalte.

- erzeugt eine horizontale Einfachlinie von der Breite der zugehörigen Spalte.

~ unterdrückt die horizontale Linienstruktur für die zugehörige Spalte.

| erzeugt eine vertikale Linie zwischen zwei Spalten von der Höhe der horizontalen Doppellinie.

: erzeugt eine *unsichtbare* vertikale Linie zwischen zwei Spalten von der Höhe einer horizontalen Doppellinie, an die sich die nächste horizontale Linie anschließt oder an der die vorangehende horizontale Linie endet.

erzeugt ein horizontales Doppelliniensegment von der Breite einer vertikalen Doppellinie.

`t` erzeugt die obere Linie eines horizontalen Doppelliniensegments von der Breite einer vertikalen Doppellinie.

`b` wie `t`, jedoch für die untere Linie des horizontalen Doppelliniensegments

* Mit `*{`*n*`}{`*tsp*`}` wird das angegebene Teilspaltenformat *tsp* *n*-mal wiederholt: `*{3}{|==|}` steht also für `|==||==||==|`.

Die vorstehende Beschreibung klingt komplizierter, als es sich nach kurzer Nutzung erweist. Die Angaben '=', '-' und '~' dienen zur Erzeugung horizontaler Linien innerhalb einer Spalte, die Angaben '|' und ':' zur Erzeugung vertikaler Strukturen zwischen zwei Spalten und '#', 't' sowie 'b' zur Erzeugung kurzer horizontaler Linien für die Zwischenspaltenstrukturen. Die Kombination `|t:` und `|b:` erzeugt die kleine linke obere bzw. linke untere Ecke für eine evtl. anschließende horizontale Doppellinie; mit `:t|` und `:b|` wird die rechte obere bzw. rechte untere Ecke zum Abschluss der vorangehenden horizontalen Doppellinie erzeugt. Mit diesen Erläuterungen sollte das Verstehen des abschließenden Beispiels aus `hhline.dtx` nicht schwerfallen:

```
\begin{tabular}{||cc||c|c||}
  \hhline{|t:==:t:==:t|} a&b&c&d\\
  \hhline{|:==:|~|~||}   1&2&3&4\\
  \hhline{#==#~|=#}      i&j&k&l\\
  \hhline{||--||--||}    w&x&y&z\\
  \hhline{|b:==:b:==:b|}
\end{tabular}
```

a	b	c	d
1	2	3	4
i	j	k	l
w	x	y	z

Zur Übung möge der Leser die einzelnen `\hhline`-Befehle nacheinander aktivieren und das Formatierungsfeld bei der `tabular`-Umgebung zunächst nur als `{cccc}` wählen. Die Wirkung der einzelnen `\hhline`-Befehle wird dann rasch klar. So erzeugt die erste Tabelleneingabezeile mit dem verkürzten Formatierungsfeld a b c d. Wird nun das Formatierungsfeld auf `{||cc||c|c||}` erweitert, dann werden der Textzeile die vertikalen Doppel- und Einfachstriche zugefügt, die sich mit der vorangehenden *Linien*zeile korrekt ergänzen: a b c d.

1.3.1.5 Das Ergänzungspaket tabularx.sty

Die LaTeX-Standardumgebung `tabular` erlaubt in der *-Form die Vorgabe für die Gesamtbreite der Tabelle in der Form [5a, 4.8.1]

`\begin{tabular*}{`*breite*`}[`*pos*`]{`*sp_form*`}` *Zeilen* `\end{tabular*}`

Die Spaltenbreiten werden dabei in der gewohnten Form ermittelt bzw. für absatzartige Spalteneinträge mit `p{`*sp_breite*`}` vorgegeben. Die *-Form der `tabular`-Umgebung beginnt im Spaltenformatierungsfeld gewöhnlich mit der Angabe `@{\extracolsep\fill}`, womit ein beliebig dehnbarer Spaltenzwischenraum gewählt wird, mit dem die vorgegebene Tabellenbreite aufgefüllt wird.

Die `tabularx`-Umgebung hat dieselbe Syntax wie die *-Form der `tabular`-Umgebung (natürlich mit dem eigenen Umgebungsnamen `tabularx`). Zusätzlich stellt sie den Spaltenformatierungsparameter '`X`' bereit. Dieser ist für absatzartige Spalteneinträge vorgesehen, wobei die Spaltenbreite so ermittelt wird, dass die vorgegebene Tabellenbreite ohne zusätzlichen Spaltenzwischenraum erreicht wird. Mit `\begin{tabularx}{120mm}{lXcXr}` wird eine 120 mm breite Tabelle erzeugt, deren erste, dritte und fünfte Spalte für einzeilige Spalteneinträge mit linksbündiger, zentrierter bzw. rechtsbündiger Anordnung vorgesehen ist. Die Breiten dieser Spalten werden durch die jeweils breitesten Einträge bestimmt. Die Spalten zwei und vier werden durch absatzartige Spalteneinträge geprägt, wobei die Breite so gewählt wird, dass die Tabellenbreite von 120 mm gerade ausgefüllt wird. Der Zeilenumbruch erfolgt entsprechend der errechneten Breite automatisch und beidseitig bündig.

Ein bündiger Zeilenumbruch ist bei schmalen Spalten oft schwer zu verwirklichen. Der Formatierungsparameter '`X`' wird deshalb gern mit zusätzlichen Vorgaben verknüpft. Mit '`>{\small}X`' wird für die absatzartigen Spalteneinträge als Schriftgröße `\small` gewählt. Mit `>{\raggedright}X`' erfolgt der Umbruch in der nachfolgenden Spalte nur linksbündig. Diese Wahl für die Spaltenformatierung führt dann aber beim Auftreten von `\\` zur Beendigung der gesamten Tabellenzeile zu einem Bearbeitungsfehler, da der LaTeX-Befehl `\raggedright` (ebenso wie `\raggedleft` und `\centering`) den Zeilenendbefehl `\\` umdefiniert. Dies kann mit der Zusatzangabe `\arraybackslash`, also mit der Spaltenvorgabe '`>{\raggedright\arraybackslash}X`' (und entsprechend für `\raggedleft` bzw. `\centering`) korrigiert werden. Werden solche Vorgaben häufiger benötigt, so empfiehlt es sich, diese mit z. B.

```
\newcolumntype{R}{>{\raggedright\arraybackslash}X}
```

als eigene Formatierungsparameter, wie hier für `R`, bereitzustellen. Hiernach kann `R` als Kurzform im Spaltenformatierungsfeld der `tabularx`-Umgebung mit der entsprechenden Wirkung angegeben werden.

Der Formatierungsparameter `X` stellt Spalten mit absatzartigen Einträgen für Tabellen bereit. Dabei wird die jeweils erste Zeile eines Absatzeintrages auf die einzeiligen Einträge der anderen Spalten ausgerichtet. Diese Eigenschaft wird durch die interne Definition von `\tabularxcolumn` bestimmt, die mit `\newcommand{\tabularxcolumn}[1]{p{#1}}` vorgegeben ist. Mit den Definitionsänderungen außerhalb der `tabularx`-Umgebung

```
\renewcommand{\tabularxcolumn}[1]{m{#1}}  bzw.
\renewcommand{\tabularxcolumn}[1]{b{#1}}  oder auch
\renewcommand{\tabularxcolumn}[1]{>{\small}b{#1}}
```

erfolgt die Ausrichtung durch den Parameter X auf die vertikale Mitte oder auf die unterste Zeile der Spaltenabsätze, wobei mit der letzten Form gleichzeitig auf die Schriftgröße `\small` umgeschaltet wird.

Die Breite der mit `X` eingerichteten Spalten sind innerhalb der Tabelle gleich. Die intern errechnete Breite wird in dem Register `\hsize` abgelegt. Mit Einträgen wie

```
...>{\hsize=.6667\hsize}X ... >{\hsize=1.3333\hsize}X ...
```

im Spaltenformatierungsfeld kann man für die verschiedenen X-Spalten unterschiedliche Breiten verlangen; bei diesem Beispiel wird die erste X-Spalte halb so breit wie die zweite X-Spalte gewählt. Bei einer solchen Vorgabe ist darauf zu achten, dass die Summe der Breiten der unterschiedlichen X-Spalten genau $n \times$ `\hsize` ergibt, wenn die Tabelle insgesamt n X-Spalten enthält. Bei unterschiedlichen Breiten für die X-Spalten sollten zudem keine `\multicolumn`-Befehle auftreten, die X-Spalten einschließen.

Mit der Vorspannerklärung `\tracingtabularx` erreicht man, dass bei der Bearbeitung von `tabularx`-Umgebungen die errechneten Breiten als Bildschirmnachrichten ausgegeben und zusätzlich im Protokollfile abgelegt werden. Abschließend sei noch vermerkt, dass `tabularx.sty` und `delarray.sty` ihrerseits das Ergänzungspaket `array.sty` einlesen, das somit zur Nutzung von `tabularx` und `delarray` verfügbar sein muss. Damit stehen alle Erweiterungen aus `array.sty` auch in `tabularx` und `delarray` zur Verfügung.

Trotz der gleichen Syntax für die `tabularx`- und die `tabular*`-Umgebung unterscheiden sich beide strukturell. Die Standardumgebungen `tabular` und `tabular*` können beliebig verschachtelt werden. Bei verschachtelten `tabularx`-Umgebungen ist darauf zu achten, dass die inneren Umgebungen ihrerseits jeweils in ein `{ }`-Paar eingeschlossen werden müssen! Die Verwendung von `\verb`-Befehlen führt innerhalb der `tabularx`-Umgebung nur mit Einschränkungen zu richtigen Ergebnissen. Eingeschlossene Leerzeichen werden teilweise unterdrückt, `%`-Zeichen sind nicht erlaubt, und geschweifte Klammern dürfen nur paarweise auftreten. Die `tabularx`-Umgebung erlaubt in `X`-Spalten die Verwendung von `\footnote`-Befehlen, was in der `tabular*`-Umgebung nicht möglich ist.

1.3.2 Mehrseitige Tabellen mit longtable.sty

Die Erstellung von Tabellen ist mit der `tabular`-Standardumgebung auf Tabellen beschränkt, deren Länge die vorgegebene Seitenhöhe nicht überschreitet. Längere Tabellen müssen auf mehrere `tabular`-Umgebungen aufgeteilt werden. Das verlangt gewöhnlich mehrere Versuche, da die passende Tabellenlänge für die einzelne Seite beim Eingabetext zu Beginn kaum richtig abgeschätzt und erst nach mehreren Probeausdrucken optimal ermittelt werden kann. Dabei tritt eine weitere Unzulänglichkeit auf: Die zusammengehörenden Spalten unterscheiden sich häufig auf den verschiedenen Seiten, da die Spaltenbreite durch den maximalen Eintrag der jeweiligen Teiltabelle bestimmt wird, der auf verschiedenen Seiten sehr unterschiedlich ausfallen kann. Dasselbe Problem tritt auch bei kürzeren Tabellen auf, wenn diese innerhalb der umgebenden Texte auf der Seite umbrochen werden müssen.

Das Ergänzungspaket `longtable.sty` (unter DOS `longtabl.sty`) von D. P. CARLISLE beseitigt diese Schwäche. Der Aufruf erfolgt mit

`\begin{longtable}{`*sp_form*`}` *Zeilen* `\end{longtable}`

genauso wie mit der einfachen `tabular`-Umgebung, wobei im Spaltenformatierungsfeld *sp_form* dieselben Angaben wie bei jener zulässig sind.

Bei mehrseitigen Tabellen besteht häufig die Forderung, der Tabelle eine Überschrift voranzusetzen, die sich in einer evtl. modifizierten Form oberhalb der Folgeseiten mit den Teiltabellen wiederholt. Ebenso sollen der Tabelle auf der Anfangs- und den Folgeseiten oft eine oder mehrere gleichartige Kopfzeile(n) vorangestellt werden. Umgekehrt sollen die einzelnen Teiltabellen am unteren Seitenende häufig mit einem speziellen Tabellenfuß enden, wobei dieser am Tabellenende ggf. nochmals modifiziert werden soll.

Beide Aufgaben werden von der `longtable`-Umgebung unterstützt. Dazu kann die `longtable`-Umgebung mit einem Kopf- und Fußdoppelvorspann eingeleitet werden. Die Syntax dieser Vorspannstrukturen lautet:

anf_vorspann	`\endfirsthead`	*folge_vorspann*	`\endhead`
standard_fuß	`\endfoot`	*abschl_fuß*	`\endlastfoot`

Der Kopfvorspann der ersten Zeile kann in *anf_vorspann* und *folge_vorspann* den Befehl `\caption` enthalten. Dieser sollte dem Anwender von den Gleitumgebungen `table` und `figure` her bekannt sein. Er erzeugt mit `\caption{`*überschrift*`}` oberhalb der Tabelle eine Überschrift der Form „Tabelle *n*: *überschrift*" mit dem als *überschrift* übergebenen Text für die Überschrift und der laufenden Tabellennummer *n*.

Beide Vorspannteile *anf_vorspann* und *folge_vorspann* können weiterhin einen Tabellenkopf enthalten, der gewöhnlich über die gesamte Tabelle reicht und mit einem oder mehreren `\multicolumn{`*n*`}{c}{`*kopf_zeile*`}`-Befehlen erzeugt wird. Für *n* wird bei dieser Form die Gesamtspaltenanzahl der Tabelle eingesetzt, damit die Kopfzeile über die gesamte Tabellenbreite eingerichtet wird. Der Formatierungsparameter `c` könnte auch als `l` oder `r` gewählt werden, obwohl der zentrierte Text aus *kopf_zeile* der Regelfall sein wird. Eine andere Form der Kopfzeile ist bei Beibehaltung der einzelnen Spalten eine kurze Überschrift für jede einzelne Spalte. Der oder den Kopfzeilen gehen evtl. `\hline`-Befehle voran und/oder folgen ihr. In der `longtable`-Umgebung wird der erste Vorspannteil *anf_vorspann* mit dem Befehl `\endfirsthead` und der darauffolgende zweite Vorspannteil *folge_vorspann* mit `\endhead` abgeschlossen.

Der evtl. `\caption`-Befehl sowie die Kopfzeilen aus dem ersten Vorspannteil *anf_vorspann* erscheinen als Überschrift und Kopfzeilen auf der ersten Tabellenseite. Überschrift und Kopfzeilen der Folgeseiten der Tabelle entstammen dagegen den entsprechenden Angaben aus *folge_vorspann*.

Auf den Kopfdoppelvorspann kann ein Fußdoppelvorspann entsprechend der obigen Syntaxvorstellung folgen. Er besteht aus einer oder mehreren Tabellenzeilen, die mit dem Befehl `\endfoot` abgeschlossen werden. Diese Tabellenzeilen erscheinen am unteren Tabellenende jeder Teiltabelle auf der ersten bis zur vorletzten Tabellenseite. Weitere Tabellenzeilen, die mit `\endlastfoot` abgeschlossen werden, erscheinen schließlich am Ende der Tabelle auf der letzten Tabellenseite.

Fehlt im Kopfvorspann der Anteil *anf_vorspann*, was an dem fehlenden `\endfirsthead`-Befehl zu erkennen ist, dann erscheinen die Angaben aus *folge_vorspann* auch auf der ersten Tabellenseite. Fehlt umgekehrt im Fußvorspann der Anteil *abschl_fuß*, erkennbar an dem dann fehlenden `\endlastfoot`-Befehl, so wird auch die letzte Tabellenseite mit den Angaben aus *standard_fuß* abgeschlossen.

Erst hiernach folgen die laufenden Tabelleneinträge, die vollständig denen der herkömmlichen `tabular`-Umgebung entsprechen. Die `longtable`-Umgebung darf aber beliebig viele Tabellenzeilen enthalten, da der Tabellentext bei Bedarf automatisch in Seiten umbrochen wird. Bei der LaTeX-Behandlung erscheinen eventuell Bildschirmwarnungen mit dem Hinweis, dass bei einer gewissen Zeilennummer die Spaltenbreite verändert wurde. Dahinter verbirgt sich die Absicht, den erforderlichen Speicherbedarf möglichst gering zu halten. Bei der Bearbeitung der Tabelle werden zunächst standardmäßig bis zu 20 Tabellenzeilen als Bearbeitungseinheit zusammengefasst, die Spaltenbreiten für die Zeilengruppen aus den jeweils längsten Spalteneinträgen ermittelt und die Teiltabelle hiermit erstellt. Die Spaltenbreite für die nächste Gruppe mag von der vorangehenden abweichen, was mit einer Bildschirmwarnung mitgeteilt wird.

Die Zeilenanzahl, die bei der Tabellenkonstruktion als Bearbeitungseinheit zusammengefasst wird, kann vom Anwender mit der Anweisung `\setcounter{LTchunksize}{`n`}` mit einem beliebigen Wert für n verändert werden. Voreingestellt ist $n = 20$. Bei einer geänderten Zuweisung sollte n nicht kleiner als die Spaltenanzahl der Tabelle gewählt werden. Mit BIGTeX und ausreichender Hauptspeicherkapazität kann ein deutlich größerer Wert, z. B. 50 oder 100, gewählt werden. Größere Vorgaben beschleunigen die Bearabeitung. Die gruppenweise ermittelten Spaltenbreiten werden im `.aux`-File abgespeichert.

Bei der anschließenden Bearbeitungswiederholung werden die unterschiedlichen Spaltenbreiten aufeinander abgeglichen, wobei es gewöhnlich nach drei, spätestens jedoch nach vier Durchläufen zum endgültigen Abgleich kommt. Damit wird die Tabelle endgültig mit den breitesten Spaltenwerten der Gesamttabelle erstellt, so dass die Breiten der korrespondierenden Spalten auf allen Tabellenseiten übereinstimmen.

Dieser Abgleich erfolgt ab Version 4.0 automatisch mit den Bearbeitungswiederholungen. Dies war bei den vorangegangenen Versionen nicht der Fall. Der endgültige Abgleich verlangte bei den Versionen 3.x die Aktivierung des Vorspannbefehls `\setlongtables`. Bei noch älteren Versionen mussten die Breiten der einzelnen Spalten sogar mit einer Musterzeile vorgegeben werden, die anschließend mit dem Befehl `\kill` wieder zu deaktivieren war. Der Befehl `\setlongtables` sowie die Angabe einer Musterzeile mit dem Deaktivierungsbefehl `\kill` sind aus Kompatibilitätsgründen auch bei der aktuellen Version 4.04 vom 1. 6. 1996 erlaubt. Der Befehl `\setlongtables` ist hier aber ein Leerbefehl, der lediglich eine Fehlermeldung bei Auftreten von `\setlongtables` vermeidet.

Das Ergänzungspaket `longtable.sty` gestattet zur Tabellenerzeugung einige weitere Feinabstimmungen, mit denen vorgegebene Einstellungen verändert werden können. Der rechte und linke Rand zu beiden Seiten der Tabelle wird durch `\LTleft` und `\LTright` bestimmt. Diese internen Register sind mit `\fill` voreingestellt, so dass die Tabelle standardmäßig horizontal zentriert erscheint. Dies kann vom Anwnder mit einer elastischen Maßzuweisung geändert werden. Nach `\setlength{\LTleft}{\parindent}` wird als linker Rand die Tiefe der Zeileneinrückung der ersten Zeile eines Absatzes gewählt.

Die `longtable`-Umgebung kann auch mit `\begin{longtable}`[*pos*]{*sp_form*} eingeleitet werden. Als Positionierungsparameter darf für *pos* `l`, `c` oder `r` gewählt werden, womit die Tabelle auf den einzelnen Seiten linksbündig, zentriert oder rechtsbündig angeordnet wird. Ohne Angabe des optionalen Positionierungsparameters *pos* erfolgt die Anordnung entsprechend den Einstellungen für `\LTleft` und `\LTright`.

Zwischen dem vorangehenden und dem nachfolgenden Text und der Tabelle wird vertikaler elastischer Zwischenraum eingefügt, der durch `\LTpre` und `\LTpost` festgelegt wird. Diese internen Maßregister sind mit `\bigskipamount` voreingestellt, womit vor und nach der Tabelle vertikaler Zwischenraum eingefügt wird, so als wäre an diesen Stellen der Befehl verb== angebracht worden. Auch diese Voreinstellungen können vom Anwender mit eigenen

Längenzuweisungen geändert werden.

Die Breite für eine etwaige Tabellenüberschrift mit dem `\caption`-Befehl wird durch `\LTcapwidth` festgelegt. Voreingestellt ist hierfür 4 in (4 Zoll). Mit der Zuweisung

```
\setlength{LTcapwidth}{\textwidth}
```

wird sie gleich der Seitenbreite für den umgebenden Text gewählt.

Innerhalb der `longtable`-Umgebung ist der Befehl `\newpage` erlaubt. Er erzwingt an der Stelle seines Auftretens einen Seitenumbruch in der Tabelle. Außerdem sind in absatzartigen Spalten `\footnote`-Befehle zur Erzeugung und Markierung von Fußnoten erlaubt, was die Standardtabellenumgebung nicht gestattet.

Bei der Standard-`tabular`-Umgebung kann mit deren *-Form die Tabellenbreite vorgeschrieben werden, was dann gleichzeitig den Anfangseintrag `@{\extracolsep\fill}` im Spaltenformatierungsfeld verlangt. So wird mit

```
\begin{tabular*}{\textwidth}{@{\extracolsep\fill}...}
```

eine Tabelle erzeugt, deren Breite der Seitenbreite entspricht. Bei der `longtable`-Umgebung kann das mit

```
\setlength{\LTleft}{0pt}\setlength{\LTright}{0pt}
\begin{longtable}{@{\extracolsep\fill}...}
```

erreicht werden.

Das nachfolgende Beispiel erzeugt die dreiseitige Tabelle der nächsten Seite. Es enthält Anfangs- und Fortsetzungsüberschriften sowie zugehörige Kopfzeilen, Standard- und Abschlussfüße.

```
\begin{longtable}{|lr|}
   \caption*{\bfseries Naturparke in den alten Bundesl"andern}\\ \hline
   Bezeichnung & Fl"ache\\ & $(\mbox{km}^2)$\\ \hline
   \endfirsthead
   \caption*{\bfseries Naturparke -- Fortsetzung}\\ \hline
   Bezeichnung & $(\mbox{km}^2)$\\ \hline
   \endhead
   \hline\multicolumn{2}{|r|}{\slshape
         Fortsetzung auf der n"achsten Seite}\\ \hline
   \endfoot
   \hline\multicolumn{2}{l}{\textit{Quelle}:
         Verband Deutscher Naturparke, 1987}
   \endlastfoot
   \slshape Baden-W"urttemberg: & \\
   Neckar-Odenwald             & 1300\\
   Obere Donau                 & 825\\
   . . . . . . . . . . . . . . . . . . . . . .
   Westenseee                  & 260\\[1ex]
   \slshape Saarland:          & \\
   Saar-Hunsr"uck              & 1662
\end{longtable
```

Die hier verwendete *-Form des `\caption`-Befehls vermeidet die zusätzliche Angabe „Tabelle n“ vor der übergebenen Überschrift.

Naturparke in den alten Bundesländern

Bezeichnung	Fläche (km^2)
Baden-Württemberg:	
Neckar-Odenwald	1300
Obere Donau	825
Schönbuch	155
Schwäb.-Fränk. Wald	900
Stromberg-Heuchelberg	328
Bayern:	
Altmühltal	2908
Augsburg Westl. Wälder	1175
Bayerische Rhön	1240
Bayerischer Spessart	1710
Bayerischer Wald	2068
Fichtelgebirge	1004
Fränkische Schweiz	2348
Frankenhöhe	1070
Frankenwald	1116
Haßberge	823
Hessenreuter Wald	270
Nördl. Oberpfälzer Wald	643
Oberer Bayerischer Wald	1801
Oberpfälzer Wald	723
Steigerwald	1280
Steinwald	232
Hamburg:	
Harburger Berge	38
Fortsetzung auf der nächsten Seite	

Naturparke – Fortsetzung

Bezeichnung	(km^2)
Hessen:	
Bergstraße-Odenwald	1603
Diemelsee	334
Habichtswald	471
Hessische Rhön	700
Hessischer Spessart	710
Hochtaunus	1201
Hoher Vogelsberg	384
Meißner-Kaufunger Wald	429
Rhein-Taunus	807
Niedersachsen:	
Dümmer	472
Elbufer-Drawehn	750
Elm-Lappwald	340
Harz	950
Lüneburger Heide	200
Münden	370
Nördl. Teutoburger Wald	1112
Solling-Vogler	527
Steinhuder Meer	310
Südheide	500
Weserbergland Schaumburg-Hameln	1116
Wildeshauser Geest	965
Nordrhein-Westfahlen:	
Arnsberger Wald	447
Bergisches Land	1916
Ebbegebirge	777
Fortsetzung auf der nächsten Seite	

Naturparke – Fortsetzung

Bezeichnung	(km^2)
Eggegebirge u. südl. Teutoburger Wald	593
Hohe Mark	1009
Homert	550
Kottenforst-Ville	770
Nordeifel	1767
Rothaargebirge	980
Siebengebirge	435
Schwalm-Nette	435
Rheinland-Pfalz:	
Nassau	590
Pfälzerwald	1843
Rhein-Westerwald	446
Saar-Hunsrück	918
Südeifel	426
Schleswig-Holstein:	
Aukrug	380
Hüttener Berge Wittensee	260
Holsteinische Schweiz	523
Lauenburgische Seen	444
Westensee	260
Saarland:	
Saar-Hunsrück	1672

Quelle: Verband Deutscher Naturparke, 1987

1.3.3 Seitensteuerung mit afterpage.sty

Das Ergänzungspaket `afterpage.sty` (Autor: DAVID P. CARLISLE) stellt den Befehl

`\afterpage{`*bef_ und text_strukt*`}`

bereit, dessen als Argument übergebene Befehls- und Textstrukturen nach Ausgabe der laufenden Seite als Erstes ausgeführt werden. Der Befehl wurde primär dazu entwickelt, um Schwächen des internen LaTeX-Mechanismus zur Behandlung von Gleitobjekten zu begegnen. Bei mehreren, rasch aufeinander folgenden Gleitobjekten im Eingabetext passiert es häufig, dass diese Gleitobjekte auf eigenen Seiten gesammelt werden und erst am Ende des gesamten Eingabetextes bei der Ausgabe erscheinen. Mit dem Befehl `\clearpage` kann man zwar die unverzügliche Ausgabe aller bis dahin angesammelten Gleitobjekte erzwingen, doch beendet dieser Befehl auch die laufende Seite, ohne sie mit nachfolgendem Text aufzufüllen.

Mit `\afterpage{\clearpage}` wird dagegen die laufende Seite mit nachfolgendem Text aufgefüllt und nach der Seitenausgabe der Befehl `\clearpage` ausgeführt, der dann die unmittelbare Ausgabe aller anstehenden Gleitobjekte erzwingt. Bei langen Tabellen, die mit der `longtable`-Umgebung erstellt werden, wünschen Anwender häufig, dass die Tabelle mit Beginn der nächsten Seite startet. Die Behandlung einer `longtable`-Umgebung als Gleitobjekt innerhalb einer `table`-Umgebung scheitert häufig an fehlendem Speicherplatz, da der Inhalt der `table`-Umgebung in den dafür vorgesehenen Pufferspeicher passen muss, der von einer langen Tabelle leicht überschritten wird. Wird die `longtable`-Umgebung mit ihrer Tabelle in einem eigenen File *ltab*`.tex` abgelegt, dann kann mit

`\afterpage{\clearpage\input{`*ltab*`.tex}}` oder
`\afterpage{\clearpage\input{`*ltab*`.tex}\clearpage}`

das gewünschte Ziel erreicht werden. Die laufende Seite wird zunächst mit nachfolgendem Text aufgefüllt; die nächste Seite beginnt evtl. mit unbearbeiteten Gleitobjekten, gefolgt von der langen Tabelle. Die letzte Tabellenseite wird bei der ersten Form mit weiterem nachfolgenden Text bis zum Seitenumbruch aufgefüllt. Bei der zweiten Form startet der nachfolgende Text eine neue Seite nach der Tabellenausgabe.

1.3.4 Das Ergänzungspaket bm.sty

Das Ergänzungspaket `bm.sty` (Autoren: DAVID P. CARLISLE und FRANK MITTELBACH) erleichtert den Fettdruck in mathematischen Formeln oder Teilformeln durch Bereitstellung des mathematischen Umschaltbefehls

`\bm{`*formel_teil*`}`

Damit erscheint der eingeschlossene Formelteil, der die ganze Formel oder eine Teilformel sein kann, in Fettschrift. Die physikalische Aussage „Kraft gleich Masse mal Beschleunigung" wird formelmäßig als $\boldsymbol{P} = m\boldsymbol{b}$ dargestellt, worin die Kraft $\boldsymbol{P}$ und die Beschleunigung $\boldsymbol{b}$ als gerichtete Größen in Fettdruck erscheinen, um ihre Vektoreigenschaft zu kennzeichnen, während die Masse m als Skalar in normaler Stärke gekennzeichnet wird. Mit `\bm` als mathematischer Umschaltbefehl verlangt die Formel $\boldsymbol{P} = m\boldsymbol{b}$ als Eingabe

```
$ \bm{P} = m\bm{b} $
```

Um mit den LaTeX-Standardmethoden mathematische Formeln in Fettdruck erscheinen zu lassen, ist vor Eintritt in den mathematischen Bearbeitungsmodus noch im Textmodus die mathematische *Version* auf ‚fett' zu schalten, was mit der Erklärung `\boldmath` oder `\mathversion{bold}` geschieht. Hiernach erscheinen alle nachfolgenden mathematischen Formeln in Fettdruck, bis nach Rückkehr in den Textmodus die aktuelle Version mit `\unboldmath` oder `\mathversion{normal}` wieder auf ‚normal' zurückgeschaltet wird.

Die Mischung von Fett- und Normaldruck innerhalb einer Formel führt bei Standard-LaTeX zu der Komplikation, dass nach der `\boldmath`-Erklärung die gesamte Formel in Fettdruck erscheint, da die Rückschaltung auf Normaldruck mit `\unboldmath` erst wieder im Textmodus erlaubt ist. Zur Mischung von Fett- und Normaldruck muss deshalb innerhalb eines mathematischen Bearbeitungsmodus *lokal* mit `\mbox{...}` auf die mathematische Normalversion zurückgeschaltet und dann innerhalb des lokalen Textmodus der mathematische Bearbeitungsmodus erneut lokal aktiviert werden, s. [5a, Kap. 5.4.9]. Zur Erzeugung von $\boldsymbol{P} = m\boldsymbol{b}$ müsste mit den LaTeX-Standardmethoden

```
\boldmath \( P = \mbox{\unboldmath $m$} b \) \unboldmath
```

eingegeben werden, was die Einfachheit und Übersichtlichkeit von `\bm{...}` (s. o) gegenüber der LaTeX-Standardmethode selbst bei einer so einfachen Formel wie bei $\boldsymbol{P} = m\boldsymbol{b}$ hinreichend demonstriert. Bei genauem Hinsehen fällt vielleicht auf, dass sich die mit der LaTeX-Standardmethode erzeugte Formel von der mit `\bm` erzeugten Formel geringfügig unterscheidet, weil bei ersterer das Gleichheitszeichen in Fettschrift und bei letzterer in Normalschrift erscheint, wobei die Unterschiede beim Gleichheitszeichen nur sehr gering sind. Eine identische Formelausgabe ist auch in Standard-LaTeX möglich, doch wird das Verständnis für die dazu erforderliche Einabe noch undurchsichtiger.

Neben der verständlicheren und übersichtlicheren Eingabe von Formeln mit gemischten Normal- und Fettdruckanforderungen von Formelteilen hat `\bm{...}` gegenüber den LaTeX-Standardmethoden noch eine weitere Umschalteigenschaft, die Letztere gar nicht kennt. Nach der Versionsumschaltung mit `\boldmath` werden Symbole, die in unterschiedlichen Größen existieren, wie Integral-, Summen- und Wurzelzeichen sowie die verschieden großen Klammersymbole, nur in der normalen Standardstärke ausgegeben, weil diese dem mathematischen Zeichensatz `cmex` entnommen werden, dessen Symbole nur einheitlich in Normalstärke vorhanden sind. Mit `\bm` werden dagegen auch solche Symbole verstärkt, wie das Beispiel

```
$ \bm{\left<\int\sum\prod\right>}
  \ne \left<\int\sum\prod\right>} $
$ \bm{\sqrt{\alpha\beta\gamma}}
  \ne \sqrt{\alpha\beta\gamma} $
```

$\boldsymbol{\left\langle\int\sum\prod\right\rangle} \ne \left\langle\int\sum\prod\right\rangle$

$\boldsymbol{\sqrt{\alpha\beta\gamma}} \ne \sqrt{\alpha\beta\gamma}$

bzw. für abgesetzte Formeln

```
\[ \bm{\int\sqrt{\frac{x-y}{x+y}}\,dx}
   \ne \int\sqrt{\frac{x-y}{x+y}}\,dx \]
```

$$\boldsymbol{\int\sqrt{\frac{x-y}{x+y}}\,dx} \ne \int\sqrt{\frac{x-y}{x+y}}\,dx$$

zeigt. Existieren beim Anwender entsprechende mathematische fette Zeichensätze mit den angeforderten fetten Symbolen, so kommen diese innerhalb `\bm{...}` zur Anwendung. Andernfalls werden die normalstarken Symbole bei Verwendung des TeX-Standardzeichensatzes `cmex` durch mehrfaches Überdrucken mit geringfügigen Verschiebungen verstärkt, wodurch das fette Aussehen nachgebildet wird.

Das Ergänzungspaket bm.sty gestattet mit der Definitionsstruktur

\DeclareBoldMathCommand[*math_vers*]{*bef_name*}{*math_ausdr*}

fette mathematische Symbole oder Teilformeln, die mit *math_ausdr* erklärt werden, unter dem Befehlsnamen *bef_name* einzurichten. Entfällt der optionale Parameter *math_vers*, so wird hierfür standardmäßig bold mit der lokalen Wirkung von \boldmath verwendet. Bei Beschränkung auf die mathematischen TeX-eigenen Zeichensätze kann für *math_vers* explizit nur bold und heavy mit gleicher Wirkung eingesetzt werden.

Mit \DeclareBoldMathCommand{\balpha}{\alpha} wird der Befehl \balpha eingerichtet, der dann mit $\alpha\ne\balpha$ $\alpha \neq \boldsymbol{\alpha}$ erzeugt. Dieser Definitionsbefehl wird auch in einer analogen Kurzform als \bmdefine{*bef_name*}{*math_ausdr*} angeboten, der \DeclareBoldMathCommand[bold]{*bef_name*}{*math_ausdr*} entspricht.

Werden bei einer Textbearbeitung des Anwenders fette mathematische Symbole oder Teilformeln mehrfach angefordert, so sollten hierfür geeignete Befehlsnamen mit \bmdefine oder \DeclareBoldMathCommand eingerichtet und diese fetten Symbole und Teilformeln dann über ihre so definierten Befehlsnamen angefordert werden. Dies führt zu einer schnelleren Ausgabe als ihre Anforderung über jeweils gleiche \bm-Befehle.

Kommen beim Anwender mathematische Zeichensätze zur Anwendung, die zusätzlich extrastarke Zeichen anbieten, wie z. B. bei dem Schriftsatzpaket 'mathtime plus', so sollte hierfür ein geeigneter Versionsname mit \DeclareMathVersion{*vers_name*} wie z. B heavy für *vers_name* erklärt werden. Hiermit können dann mit dieser Versionsangabe in \DeclareBoldMathCommand unter den dort definierten Befehlsnamen die extrastarken Zeichen oder Teilformeln ausgegeben werden. Mit einem so erklärten Versionsnamen heavy steht dann auch der Definitionsbefehl \hmdefine als analoge Kurzform für \DeclareBoldMathCommand[heavy] zur Verfügung, wie oben entsprechend für \bmdefine vorgestellt.

Ohne explizite Erklärung des Versionsnamen heavy mit \DeclareMathVersion {heavy} wird dieser im bm.sty-Ergänzungspaket mit bold gleichgesetzt, so dass die Versionsangabe heavy oder der Befehl \hmdefine zum gleichen Ergebnis führt, wie dies mit Versionsangabe bold oder \bmdefine der Fall ist, d. h., es werden nur die fetten Standardschriften verwendet.

Für weitere Nutzungserläuterungen des bm.sty-Ergänzungspakets möge sich der Anwender die interne Dokumentation mit der LaTeX-Bearbeitung von bm.dtx zumindest in der Kurzform gemäß 1.2.2 auf S. 8 aufbereiten und ausdrucken.

Bei deutschen LaTeX-Betreibern ist darauf zu achten, dass bei gleichzeitiger Anforderung von bm.sty und german.sty beim Einbinden beider Ergänzungspakete die Reihenfolge ...\usepackage{bm}...\usepackage{german}... einzuhalten ist, das Ergänzungspaket bm.sty also *vor* dem deutschen Anpassungspaket german.sty zu laden ist!

1.3.5 Das Ergänzungspaket calc.sty

Das LaTeX-Ergänzungspaket calc.sty stammt von KARSTEN KRAB THORUP und FRANK JENSEN unter Mitwirkung von CHRIS ROWLEY. Es erlaubt, mit LaTeX einfache arithmetische Ausdrücke mittels der vier Grundrechenarten zu bilden, die innerhalb der LaTeX-Zuweisungsbefehle \setcounter und \addtocounter sowie \setlength und \addtolength auftreten dürfen. Dazu wurde mit cald.sty die Syntax der vorstehenden

Zuweisungsbefehle verändert, die nunmehr eine deutlich leistungsfähigere und einsichtigere Zuweisungsarithmetik erlauben.

Die allgemeine Syntax der vorstehenden Zuweisungsbefehle lautet dabei nach wie vor vertraut (s. [5a, Kap. 7.1.3 und 7.2]):

`\setcounter{`*zähler*`}{`*zahl_ausdr*`}` Dem Zähler mit dem Namen *zähler* wird der Wert des Zahlenausdrucks *zahl_ausdr* zugewiesen.

`\addtocounter{`*zähler*`}{`*zahl_ausdr*`}` Der aktuellen Wert des Zählers mit dem Namen *zähler* wird um den Wert des Zahlenausdrucks *zahl_ausdr* verändert, und zwar *vergrößert*, wenn der Wert von *zahl_ausdr* positiv ist (Addition), bzw. *verkleinert*, wenn der Wert von *zahl_ausdr* negativ ist (Subtraktion).

`\setlength{\`*längen_bef*`}{`*maß_ausdr*`}` Dem LaTeX- oder anwendereigenen Längenbefehl *längen_bef* wird der Wert des Längenmaßausdrucks *maß_ausdr* zugewiesen.

`\addtolength{\`*längen_bef*`}{`*maß_ausdr*`}` Der aktuelle Wert des Längenbefehls mit dem Namen *längen_bef* wird um den Wert des Längenmaßausdrucks *maß_ausdr* verändert, und zwar *vergrößert*, wenn der Wert von *maß_ausdr* positiv ist (Addition), bzw. *verkleinert*, wenn der Wert von *maß_ausdr* negativ ist (Subtraktion).

Bei den vorstehend angeführten Ausdrücken *zahl_ausdr* oder *maß_ausdr* erfolgen Additionen und Subtraktionen in der vertrauten Syntax: $a_1 \pm a_2 \pm \cdots \pm a_n$, worin $\pm$ für einen der Additions- oder Subtraktionsoperatoren $+$ bzw. $-$ und a_i für eine Zahlen- oder Maßangabe wie `3` oder `4cm` steht, wobei in den Summen- und Differenzketten alle Terme vom gleichen Typ sein müssen. Die Angabe `2 + 4` oder `2cm + 4cm` ist damit zulässig, `2cm + 4` dagegen nicht, da letztere eine Zahl mit einer Länge vermischen würde.

Innerhalb von Längensummen oder Differenzen dürfen die Maßeinheiten jedoch wechseln, wie z. B. `2in+5cm`, da alle Längenangaben intern vorab in die Maßeinheit 'sp' umgewandelt werden: $1\,\mathrm{pt} = 65636\,\mathrm{sp}$, $1\,\mathrm{in} = 72,27\,\mathrm{pt}$, $1\,\mathrm{in} = 2.54\,\mathrm{cm}$ usw.). Beim vorstehenden Beispiel führt die interne Umrechnung zu: $2\,\mathrm{in} + 5\,\mathrm{cm} = (2 + 5/2.54) \times 72.27\mathrm{pt} = 286.80378 \times 65636 = 18\,795\,972\,\mathrm{sp}$.

Für a_i können direkte Zahlen- und Längenangaben wie `10` und `5mm` oder Befehlsnamen stehen, wenn letztere wiederum für reine Zahlen- oder Längenangaben stehen. Mit

```
\newcommand{\ten}{10}         \newcommand{five}{5}
\newcommand{\twomm}{2mm}  \newcommand{fourpt}{4pt}
```

führt `\ten + \five` zu $10 + 5$ und damit zum Ergebnis 15 und `\twomm - \fourpt` zu $2\,\mathrm{mm} - 4\,\mathrm{pt}$, was wegen der internen Umrechnung zu $(5.69055 + 4)\,\mathrm{pt} = 636\,049\,\mathrm{sp}$ führt.

Für a_i kann bei Bezug auf extistierende Zähler `\value{`*zähler*`}` eingesetzt werden. Werden z. B. mit `\newcounter{prevpage}` und `\newcounter{\pastpage}` die anwendereigenen Zähler `prevpage` und `pastpage` eingerichtet, dann können diese z. B. mit

```
\setcounter{prevpage}{\value{page} - 5}
\setcounter{pastpage}{\value{page} + 2}
```

auf den um 5 verminderten bzw. um 2 vergrößerten Wert des aktuellen LaTeX-Seitenzählers `page` gesetzt werden.

Bei Längenangaben dürfen für die a_i auch Namen von Längenregistern (Längenbefehlen) stehen. Mit `\newlength{\bigparkskip}` kann diesem anwendereigenen Längenbefehl mit

```
\setlength{\bigparskip}{\bigsip + \parsip}
```

die Summe der LaTeX-eigenen elastischen Längenmaße `\bigslip` und `\parskip` zugewiesen werden.

Bei den Längenangaben in arithmetischen Ausdrücken können sowohl feste als auch elastische Maße angegeben werden. Bei der Summen- bzw. Differenzbildung von festen Maßen ist deren Bedeutung selbstverständlich, bei elastischen werden Soll-, Dehn- und Stauchwerte jeweils für sich addiert bzw. subtrahiert. Bei der Kombination von festen mit elastischen Maßen, die zulässig ist, ist das Ergebnis so, als würde das feste Maß in ein elastisches erweitert, bei dem die Dehn- und Stauchwerte jeweils mit 0 sp gesetzt sind.

Zahlen und Zahlenbefehle sowie Längen und Längenbefehle können mit Zahlen multipliziert oder dividiert werden. Angaben wie `3 * 4` oder `2cm * 5` und `10/2` oder `20mm/5` sind erlaubt und führen zum erwarteten Ergebnis. Bei der Multiplikation und Division von Längen oder Längenbefehlen mit Zahlen muss die Längenangabe dem Zahlenfaktor oder Divisor vorangehen: *länge***faktor* und *länge*/*divisor* bzw. *längen_bef***faktor* und *längen_bef*/*divisor*.

Bei der Division wird der ganzzahlige Anteil zurückgeliefert: `12/5` ergibt als Ergebnis 2. Bei der Division von Längen oder Längenbefehlen durch Zahlen bezieht sich diese Rundung auf die interne Maßeinheit ‘sp’, deren Rückwandlung in ‘cm’ oder ‘pt’ hierfür wegen der Kleinheit von ‘sp’ nahezu korrekte Bruchteile für die Ausgangsmaße zurückliefern.

Mehrfache Multiplikationen und Divisionen oder deren Mischung sind ebenfalls erlaubt. So ergibt `6*3*2` erwartungsgemäß `36` und `6*3/2` führt zu `9`. Bei der Kombination von Summen oder Differenzen mit Produkten und Quotienten gilt die herkömmliche Prioritätsregel (Punkt- vor Strichrechnung): `5*2+3` ergibt `13`. Durch explizite Klammerung mit runden Klammern kann die eingebaute Prioritätsregel überspielt werden: `5*(2+3)` ergibt dann `25`.

Bei der Multiplikation oder Division von Längen mit Zahlen dürfen für die Längen auch elastische Maße stehen. Die Multiplikation oder Division bezieht sich dann gleichzeitig auf die Soll-, Dehn- und Schrumpfwerte. Ist z. B.

```
\setlength{\parskip}{5pt plus 2pt minus 1pt}
```

gewählt worden, so ergibt `\parskip * 3`: `15pt plus 6pt minus 3pt`.

Das Ergänzungspaket `calc.sty` erlaubt als Zahlenfaktoren oder Dividenden auch natürliche oder dezimale Brüche. Diese müssen in der Form `\ratio{`*Zähler*`}{`*Nenner*`}` bzw. `\real{`*Dezimalbruch*`}` angegeben werden.

```
\setcounter{x}{100 * \real{1.75}}
\setcounter{y}{10 / \ratio{2}{3}}
```

ergibt für die LaTeX-Zähler x und y die Zuweisung von 175 bzw. 15. Das Ergebnis wird hierbei auf seinen ganzzahligen Anteil abgerundet. So ergibt `\setcounter{x}{3 * \real{1.6}}` für x die Zuweisung von 4. Bei mehrfachen Produkten erfolgt die Rundung jeweils für einzelne Zwischenergebnisse von links nach rechts.

```
\setcounter{x}{3 * \real{1.6} * \real{1.7}}
```

ergibt für x die Zuweisung von 6, da das erste Zwischenergebnis von $3 \times 1.6 = 4.8$ auf 4 abgerundet und dieser Wert dann mit $4 \times 1.7 = 6.8$ auf 6 abgerundet wird.

Die Multiplikation und Division von festen Längenmaßen mit natürlichen oder Dezimalbrüchen erfolgt erwartungsgemäß, wenn man beachtet, dass die übergebenen Längenmaße vorab in die Maßeinheit 'sp' umgewandelt werden, die dann mit den übergebenen Bruchstrukturen multipliziert bzw. dividiert werden. Das interne Ergebnis in 'sp' beschränkt sich auf deren ganzteiligen Anteil, dessen Rückwandlung in die Ausgangseinheiten wie 'in', 'cm', 'pt' u. a. für diese fast exakte Bruchanteile zurückliefern (s. o. zur Division von Längenmaßen durch Ganzzahlen).

Sind `\figwidth` und `\figheight` Breite und Höhe einer Figur, die so vergrößert werden soll, dass sie die Textbreite der Seite ausfüllt, dann kann deren Höhe mit

```
\setlength{\scaledht}{\figheight*\ratio{\textwidth}{figwidth}}
```

entsprechend skaliert werden.

Bei der Multiplikation von elastischen Längenmaßen mit der `\real`-Funkion verschwinden jedoch die elatischen Anteile. Die LaTeX-Zuweisung

```
\setlength{\parskip}{5pt plus2pt minus1pt * \real{1.5}}
```

ergibt für `\parskip` den Wert von `7.5pt` ohne zusätzliche Dehn- und Schrumpfanteile.

Im Juni 1998 wurden dem Ergänzungspaket `calc.sty` als weitere Bestimmungsstrukturen für Textabmessungen

`\widthof{`*text*`}` `\heightof{emphtext}` `\depthof{` *text*`}`

zugefügt, die Breite, Höhe und Tiefe des übergebenen Textes *text* zurückliefern, die dann als entsprechende Längen in den vorab beschriebenen arithmetischen Ausdrücken auftreten dürfen, z. B.

```
\setlength{\columnwidth}{\widthof{Dieser Beispieltext}
                                          * \real{0.667}}
```

1.3.6 Ergänzung der enumerate-Umgebung

Das Ergänzungspaket `enumerate.sty` (Autor: DAVID P. CARLISLE) gestattet eine flexiblere Handhabung der `enumerate`-Umgebung. Die `enumerate`-Umgebung des Ergänzungspakets kennt einen optionalen Parameter der Form

`\begin{enumerate}[{`*opt_atxt*`}` *k* `{`*opt_etxt*`}] ... \end{enumerate}`

Hierin steht *k* für eines der Kennzeichen `A`, `a`, `I`, `i` oder `1`, womit die Zählweise der eingeschlossenen `\item`-Befehle mit fortlaufenden Großbuchstaben (`A`), Kleinbuchstaben (`a`), großen römischen Zahlen (`I`), kleinen römischen Zahlen (`i`) oder mit arabischen Zahlen (`1`) erfolgt. Der Zählerkennung kann ein optionaler Text vorangestellt `{`*opt_atxt*`}` und/oder nachgestellt `{`*opt_etxt*`}` werden, der dann ebenfalls mit allen `\item`-Befehlen erscheint. Textzeichen in solchem optionalen Text, die mit den Zeichen für die Zählerkennung übereinstimmen, müssen in geschweiften Klammern eingegeben werden. Es empfiehlt sich deshalb, solchen optionalen Text stets in `{}`-Paare einzuschließen.

```
\begin{enumerate}[{Beisp.} a)]    ... \end{enumerate}  und
\begin{enumerate}[1. {Beispiel}] ... \end{enumerate}
```

gibt im ersten Fall die `\item`-Befehle nacheinander als Beisp. a), Beisp. b), Beisp. c), ... aus, während sie im zweiten Fall als 1. Beispiel, 2. Beispiel, 3. Beispiel, ... erscheinen.

Innerhalb der erweiterten `enumerate`-Umgebung können, wie bei ihrer Standardform, mit `\label`-Befehlen Markierungen angebracht werden, die sich auf den Zählerstand des jeweils vorangehenden `\item`-Befehls beziehen. Referenzierungen mit `\ref`-Befehlen erscheinen in der eingestellten Zählweise, so beim ersten Beispiel als a, b, c, ..., bzw. als 1, 2, 3, ... beim zweiten Beispiel. Die optionalen Texteinträge erscheinen bei den Referenzierungen dagegen nicht. Sie müssten bei Bedarf manuell zugefügt werden, z. B. wie `s.~Beisp.~\ref{...}`.

1.3.7 Das Ergänzungspaket indentfirst.sty

Der Name dieses Ergänzungspakets beschreibt bereits seine Wirkung. Mit ihm erscheinen alle ersten Absätze nach einer Gliederungsüberschrift mit den Befehlen `\chapter{...}`, `\section{...}`, ... ebenfalls eingerückt, was standardmäßig nicht der Fall ist, da die vorangehende Gliederungsüberschrift den nachfolgenden Text hinreichend deutlich als neuen Absatz kennzeichnet. Soll der erste Absatz trotzdem eingerückt erscheinen, wie nach der vorangehenden Überschrift, so ist `\usepackage{indentfirst}` im Vorspann anzugeben. Eine direkte Lösung ist sonst nur mit geänderten Makrodefinitionen für die Gliederungsbefehle zu erreichen, was die Mehrzahl der Anwender sicher überfordert.

1.3.8 Mehrspaltenformatierungen mit multicol.sty

Das Ergänzungspaket `multicol.sty` von FRANK MITTELBACH wurde bereits als Stilfile für LaTeX 2.09 bereitgestellt und ist von dorther vielleicht bekannt. Es stellt eine Verallgemeinerung des LaTeX-Befehls `\twocolumn` dar, mit der

1. eine n-spaltige Seitenaufteilung erreicht werden kann, bei der
2. der Text *gleichmäßig* auf die n Spalten aufgeteilt wird und
3. auf einer Seite mehrfach zwischen ein- und mehrspaltiger Formatierung umgeschaltet werden kann.

Die beiden nachfolgenden Beispiele demonstrieren und erläutern die Haupteigenschaft der mit `multicol.sty` bereitgestellten `multicols`-Umgebung.

Beispiel für dreispaltigen Textsatz:

Der mehrspaltig zu formatierende Text ist mit

`\begin{multicols}{`*n*`}`
mehrspaltiger Text
`\end{multicols}`

einzuschließen, wobei die Zahlenangabe für n die Anzahl der Spalten bestimmt. (In diesem Beispiel $n = 3$.)

Der Aufruf kennt einen optionalen Parameter im Anschluss an den Spaltenparameter `{`*n*`}`

`{`*n*`}[`*volltext*`]`

mit dem der Inhalt von *volltext* über die volle Seitenbreite oberhalb der *b* Spalten angeordnet wird.

Der erzeugende Text für diese Spalten braucht nicht erläutert zu werden. Ausnahme: Der optionale Text ist bei einer Schriftänderung, wie hier für die Fettschrift

`[{{\bf Beispiel...}}]`

in geschweifte Doppelklammern einzuschließen!

Beispiel für zweispaltigen Textsatz:

Ein guter Zeilenumbruch wird für schmale Spalten sehr erschwert. Der seit TEX 3.0 neue Befehl

`\emergencystretch`*maß*

kann sich hier als nützlich erweisen. Wird ihm ein Maß größer 0 pt zugewiesen, so führt TEX bei der Absatzformatierung einen dritten Umbruchversuch durch, wenn der Satz mit den Standardregeln nicht ordnungsgemäß zu erreichen ist. Bei diesem dritten Umbruchversuch kann der Gesamtzwischenraum einer Zeile bis zu dem an `\emergencystretch` übergebenen Maß zusätzlich erweitert werden.

Das Ergänzungspaket `multicol.sty` macht intern hiervon bereits Gebrauch, indem `\emergencystretch` auf $4 \times n$ pt gesetzt wird, wobei n die übergebene Spaltenanzahl bedeutet. Frühere TEX-Versionen bleiben hiervon unbeeinflusst.

Der Erzeugungstext für die vorangehenden drei- und zweispaltigen Beispiele wurde im laufenden Text als

```
\begin{multicols}{3}[\noindent\textbf{Beispiel f"ur dreispaltigen ...}]
   fortlaufender Spaltentext  \end{multicols}
\begin{multicols}{2}[\nonident\textbf{Beispiel f"ur zweispaltigen ...}]
   fortlaufender Spaltentext  \end{multicols}
```

eingegeben[2]. Bei Eintritt in die `multicols`-Umgebung wird geprüft, ob auf der laufenden Seite noch vertikaler Platz vom Betrag `\premulticols` (= 50 pt) zur Verfügung steht. Ist das nicht der Fall, so findet für den vorangehenden Text ein Seitenumbruch statt. Anderenfalls wird zwischen dem vorangehenden Text und dem anschließenden n-spaltigen Text der vertikale Zwischenraum `\multicolsep` (= 12 pt plus 4 pt minus 3 pt) eingefügt. Am Ende der `multicols`-Umgebung wird geprüft, ob auf der laufenden Seite noch vertikaler Platz vom Betrag `\postmulticols` (= 20 pt) vorhanden ist. Falls nicht, findet ein Seitenumbruch vor dem nachfolgenden Text statt, anderenfalls wird wiederum vertikaler Zwischenraum vom Betrag `\mulicolsep` zum nachfolgenden Text eingefügt.

Die obigen Standardwerte für `\premulticols`, `\postmulticols` und `\multicolsep` können vom Anwender vor Eintritt in die `multicols`-Umgebung durch Längenzuweisungen geändert werden. Dies wird häufig bei gemeinsamen Überschriften mit dem optionalen Überschriftparameter erforderlich, insbesondere wenn die Überschrift sehr kurz oder sehr lang ist, so dass der Standardwert `\premulticols` (= 50 pt) hierfür eigentlich zu groß oder zu klein ist. Zur Vereinfachung kennt die `multicols`-Umgebung einen zweiten optionalen Parameter

`\begin{multicols}{`*n*`}[`*überschrift*`][`*maß_angabe*`]`

mit einer Maßangabe für *maß_angabe*. Sie bewirkt, dass das übergebene Maß so verwendet wird, als wäre für diese Umgebung der Wert für `\premulticols` lokal mit *maß_angabe* eingestellt worden, während für alle anderen `multicols`-Umgebungen die globale Vorgabe für `\premulticols` gilt.

Mit den LATEX-Erklärungen `\columnsep` und `\columnseprule` kann der Spaltenzwischenraum bzw. die Stärke eines vertikalen Trennstrichs zwischen den Spalten eingestellt

[2]Die Schriftumschaltung verlangte in LATEX 2.09 den Einschluss in ein doppeltes geschweiftes Klammerpaar als

```
\begin{multicols}[\noindent{{\bf Beispiel für ... }}]
```

da eine Schriftumschaltung innerhalb der optionalen Gesamtüberschrift global und damit auch für den nachfolgenden Text wirkt. Erst bei Einschluss in ein geschweiftes Doppelklammerpaar beschränkte sich die Schriftumschaltung auf die Überschrift! Mit den LATEX 2ε-Schriftbefehlen `\text`*xx*`{`*text_arg*`}` entfällt dieses Problem.

werden, die standardmäßig mit 10 pt für den Zwischenraum und 0 pt für die Strichstärke besetzt sind.

Randnotizen und spaltenweise Gleitumgebungen, also `\marginpar`-Befehle sowie `table`- und `figure`-Umgebungen, sind in ihrer Standardform in einer `multicols`-Umgebung nicht erlaubt. Dagegen sind Gleitumgebungen in der *-Form zulässig, da deren Gleitobjekte am Seitenanfang gemeinsam über alle Spalten reichen.

Das Ausbalancieren eines Textes auf gleiche Höhen für alle Spalten gelingt in einer `multicols`-Umgebung nicht immer, insbesondere wenn der eingeschlossene Text über keinen oder nur geringen vertikalen Zwischenraum verfügt. Man stelle sich z. B. vor, dass der eingeschlossene Text einer dreispaltigen Umgebung insgesamt zehn Zeilen erzeugt, zwischen denen keine Absatzunterteilungen auftreten. Diese lassen sich auf drei Spalten nur als zweimal drei und einmal vier Zeilen aufteilen.

Bei mehrspaltigen Strukturen mit relativ vielen Zeilen kann das vertikale Ausbalancieren durch Zuweisung eines elastischen Dehnmaßes an `\multicolbaselineskip` erleichtert werden. Dieses spezielle Register ist mit 0 pt vorbesetzt und wird dem Standardzeilenabstand `\baselineskip` innerhalb der `multicols`-Umgebung zuaddiert. Mit `\setlength{\multicolbaselineskip}{0pt plus1pt}` erhält der Zeilenabstand eine Dehnelastizität von 1 pt, was das vertikale Ausbalancieren erleichtert.

Das `multicol`-Ergänzungspaket erlaubt die lokalen Optionsangaben `errorshow`, `infoshow`, `balancingshow`, `markshow` und `debugshow` beim `\usepackage`-Befehl. Damit können unterschiedlich umfangreiche Terminalmeldungen während der Bearbeitung generiert werden, die die internen Abläufe bei der Einrichtung der Einzelspalten widerspiegeln. Der Protokollierungsumfang steigt mit der angegebenen Optionsreihenfolge. So schließt die letzte Option `debugshow` alle vorangehenden mit ein.

1.3.9 Das Ergänzungspaket ftnright.sty

Fußnoten bei der Klassenoption `twoside` oder innerhalb der `multicols`-Umgebung werden am unteren Ende der Seite gesammelt und reichen über die ganze Seitenbreite.[3] Als Alternative hat FRANK MITTELBACH das Ergänzungspaket `ftnright` bereitgestellt. Dieses war ursprünglich für die LaTeX-Klassenoption `twocolumn` entwickelt worden und bewirkt, dass Fußnoten auf jeder Seite am unteren Ende der rechten Spalte eingerichtet werden.[3] `ftnright` kann aber auch mit dem Ergänzungspaket `multicol` verknüpft werden, wenn eine `multicols`-Umgebung über mehrere Seiten reicht oder eine Seite bis zum unteren Seitenende prägt.

Die Anordnung der Fußnoten bei mehrspaltigem Text in dieser Form wird vielen Anwendern zweckmäßiger erscheinen.[4] Der Leser möge dies selbst beurteilen. Zur Demonstration sind die Fußnoten hier zweimal platziert worden, einmal in der Standardform am unteren Seitenende und zum anderen am Ende der rechten Spalte, wie es durch das Ergänzungspaket `fntright` erreicht wird.

Mit `\columnseprule0.4pt` wird zusätzlich der sichtbare Spaltentrennstrich demonstriert.

3. Was mit der alternativen Platzierung der Fußnote an dieser Stelle demonstriert wird.

4. Dies hat auch strukturelle Vorteile. Beim Auftreten vieler Fußnoten kann es bei der Standardanordnung gelegentlich vorkommen, dass als Folge des komplizierten Balancierungsvorgangs zur gleichmäßigen vertikalen Ausfüllung der Spalten mit gleichzeitigem Seitenumbruch eine Fußnote fehlerhaft erst auf der nächsten Seite erscheint. Diese Schwäche wird mit dem Ergänzungspaket `ftnright.sty` vermieden.

[3] Was mit der Fußnote an dieser Stelle demonstriert wird.

[4] Dies hat auch strukturelle Vorteile. Beim Auftreten vieler Fußnoten kann es bei der Standardanordnung gelegentlich vorkommen, dass als Folge des komplizierten Balancierungsvorgangs zur gleichmäßigen vertikalen Ausfüllung der Spalten mit gleichzeitigem Seitenumbruch eine Fußnote fehlerhaft erst auf der nächsten Seite erscheint. Diese Schwäche wird mit dem Ergänzungspaket `ftnright.sty` vermieden.

1.3.10 Erweiterte Regelsätze mit theorem.sty

Das Ergänzungspaket `theorem.sty` von FRANK MITTELBACH ermöglicht variablere Regelsatzstrukuren gegenüber dem LaTeX-Standard. Beim Durchlesen dieses Abschnitts sollte sich der Leser nochmals die Eigenschaften des LaTeX-Definitionsbefehls `\newtheorem` vor Augen führen. Diese sind in [5a, Abschn. 4.5] dargestellt. Der Befehl kennt drei Syntaxformen

`\newtheorem{`*strukt_name*`}{`*regel_begriff*`}`
`\newtheorem{`*strukt_name*`}{`*regel_begriff*`}[`*zusatz_zähler*`]`
`\newtheorem{`*strukt_name*`}[`*ersatz_zähler*`]{`*regel_begriff*`}`

Die Befehle richten neue Umgebungen mit dem Namen *pstrukt_name* ein, die dann mit

`\begin{`*strukt_name*`}[`*zusatz*`]` *regel_text* `\end{`*strukt_name*`}`

angesprochen werden. Mit `\newtheorem{satz}{Satz}` werden Regelsätze der Form

Satz 1 (Bolzano-Weierstraß). *Jede beschränkte unendliche Punktmenge besitzt mindestens einen Häufungspunkt.*

möglich, die mit der Eingabe wie

```
\begin{satz}[Bolzano-Weierstra"s] Jede beschr"ankte unendl...\end{satz}
```

erzeugt werden.

Mit jedem neuen Aufruf `\begin{satz}` wird die laufende Satznummer um eins erhöht und dem Regelbegriff **Satz** nachgefügt. Enthält der Aufruf die optionale Angabe [*zusatz*] wie bei dem Beispiel `Bolzano-Weierstra"s`, so folgt dieser Zusatz in Klammern und ebenfalls in Fettdruck dem durchnummerierten Regelbegriff. Der Regeltext erscheint in der Schriftart `\it` bzw. in LaTeX 2_ε mit dem Formattribut `itshape`.

Bei der zweiten Syntaxform, bei der *zusatz_zähler* ein Gliederungszähler wie `chapter` oder `section` ist, wird der Inhalt dieses Gliederungszählers dem Regelzähler, durch einen Punkt getrennt, vorangestellt. Bei der dritten Syntaxform wird als Regelzähler der Zähler einer anderen Regelstruktur verwendet. Mit

```
\newtheorem{hilfs}[satz]{Hilfssatz}
```

wird die Regelumgebung `hilfs` eingerichtet, mit deren Aufruf als Regelbegriff **Hilfssatz** erscheint, dessen Nummerierung aber durch den Regelzähler von `satz` erfolgt.

Mit dem Ergänzungspaket `theorem.sty`, das mit `\usepackage{theorem}` zusammen mit seinen weiteren Hilfs-`.sty`-Files aktiviert wird, können diese Regelstrukturen gegenüber dem Standard weitgehend verändert werden. Mit den Erklärungen

`\theorembodyfont{\`*schrift*`}` *und* `\theoremheaderfont{\`*schrift*`}`

können die Schriften für den Regeltext und den Regelbegriff eingestellt werden. Für den Regeltext wird die Schrift verwendet, die zum Zeitpunkt der zugehörigen Definition mit `\newtheorem` aktiv war. Mit

```
{\theorembodyfont{\sf}  \newtheorem{satz}{Satz}}
{\theorembodyfont{\sl}  \newtheorem{hilfs}[satz]{Hilfssatz}}
```

erscheint der Regeltext der Regelumgebung `satz` in `\sf` und der der Regelumgebung `hilfs` in `\sl`. Mit LaTeX 2_ε wird man hier zweckmäßiger `\sffamily` bzw. `\slshape` einsetzen. Die Schrift für den Regelbegriff kann für alle Regelstrukturen nur *einheitlich* gewählt werden.

Ihre Erklärung darf nur *einmal* im Vorspann erscheinen. Mit `\theoremheaderfont{\sc}` (mit LATEX 2ε wird `\sc` besser durch `\scshape` ersetzt) erscheinen alle Regelbegriffe in der Schriftart `\sc` (bzw. mit LATEX 2εmit dem Formattribut `scshape`).

Die Anordnung des Regelbegriffs mit der Nummerierung und bezüglich des nachfolgenden Regeltextes kann mit Erklärungen von

`\theoremstyle{`*stil*`}`

gesteuert werden. Für *stil* können gewählt werden:

`plain` Bewirkt Regelsätze entsprechend dem LATEX-Standard.

`break` Der Regeltext beginnt in einer neuen Zeile unterhalb des darüber stehenden Regelbegriffs.

`marginbreak` Die laufende Nummer des Regelbegriffs erscheint im linken Rand vor dem linksbündigen Regelbegriff. Der Regeltext beginnt mit einer neuen Zeile wie bei `break`.

`changebreak` Die laufende Nummer erscheint linksbündig *vor* dem Regelbegriff. Der Regeltext beginnt mit einer neuen Zeile wie bei `break`.

`change` Die laufende Nummer erscheint *vor* dem Regelbegriff, an den sich der Regeltext in der gleichen Zeile anschließt.

`margin` Die laufende Nummer erscheint im linken Rand vor dem linksbündigen Regelbegriff. Der Regeltext füllt zunächst die gleiche Zeile bis zum evtl. rechtsbündigen Umbruch wie bei `plain` und `change`.

Die jeweils aktuelle Einstellung von `\theoremstyle` bestimmt das Verhalten der anschließend mit `\newtheorem` eingerichteten Regelumgebungen. Mit

```
\theoremstyle{break}  \newtheorem{satz}{Satz}
                      \newtheorem{lem}{Lemma}[chapter]
\theoremstyle{change} \newtheorem{hilfs}[satz]{Hilfssatz}
```

werden die Regelumgebungen `satz` und `lem` im Stil `break` und die Umgebung `hilfs` im Stil `change` gesetzt. Die Einstellung der Schriften für die Regeltexte kann hiervon unabhängig mit `\theorembodyfont` erfolgen, wie bereits oben dargestellt.

Die Erklärungen von `\newtheorem`, `\theoremstyle`, `\theorembodyfont` und `\theoremheaderfont` sind nur im Vorspann eines LATEX-Files erlaubt, wobei die letzte nur einmal auftreten darf. Ohne eine explizite Angabe der Einstellerklärungen werden Standardeinstellungen gewählt, z. B. `plain` für die Stileinstellung. Ohne explizite Einstellungen der Schriften für den Regeltext werden hierfür Standardschriften mit den Stileinstellungen vorgegeben, nämlich `\itshape` für den Stil `plain` und `\slshape` für alle anderen Stilarten. Das Standardschriftattribut für die Regelbegriffe ist `\bfseries`.

`theorem.sty` kennt noch zwei weitere Einstellbefehle für den vertikalen Zwischenraum *vor* und *nach* einer Regelumgebung zum umgebenden Text. Dies sind (mit gleichzeitiger Angabe ihrer Standardwerte):

```
\theorempreskipamount  = 12pt plus5pt minus3pt  und
\theorempostskipamount =  8pt plus3pt minus1.5pt
```

Änderungserklärungen mit diesen Befehlen sind an beliebigen Stellen im Text erlaubt. Die elastischen Maßzuweisungen erfolgen mit `\setlength`. Die neuen Einstellungen gelten für *alle* nachfolgenden Regelumgebungen.

Für weitere Information empfehle ich, das Dokumentationsfile `theorem.dtx` mit LaTeX zu bearbeiten. Es enthält neben der Programmdokumentation etliche Beispiele für Regelsatzformate, die ich hier nicht wiederholen will. Die LaTeX-Bearbeitung von `theorem.drv` stellt gleichzeitig einen Test für `theorem.sty` mit seinen Hilfsfiles `thb.sty`, `thc.sty`, `thcb.sty`, `chm.sty`, `chmb.sty` und `thp.sty` dar.

1.3.11 Erweiterung von Querverweisen

Die neue LaTeX-Version stellt zur Erweiterung von Querverweisen die beiden Ergänzungspakete `varioref.sty` von FRANK MITTELBACH und `xr.sty` von D. P. CARLISLE bereit.

1.3.11.1 Das Ergänzungspaket varioref.sty

Das Ergänzungspaket `varioref.sty` stellt als Ergänzung zu den Standardreferenzbefehlen `\ref` und `\pageref` zusätzlich `\vref` und `\vpageref` sowie als Variante zu `\vref` noch `\fullref` zur Verfügung. Die Syntax von `\vref` und `\fullref` lautet wie bei den Standardbefehlen

`\vref{`*marke*`}` bzw. `\fullref{`*marke*`}`

mit dem Eintrag für *marke*, wie er in `\label{`*marke*`}` auftritt, auf den sich die neuen Referenzbefehle beziehen. In der Wirkung entspricht `\fullref` der Befehlsdefinition

```
\newcommand{\fullref}[1]{\ref{#1} auf Seite \pageref{#1}}
```

Er ruft also seinerseits die LaTeX-Standardbefehle `\ref` und `\pageref` mit dem gleichen Argument *marke* auf und verknüpft sie mit dem Text „auf Seite".

Der Befehl `\vref{`*marke*`}` hat die gleiche Wirkung, wenn er bei der Textausgabe zwei oder mehr Seiten vom markierenden `\label{`*marke*`}`-Befehl entfernt liegt. Fallen `\vref{`*marke*`}` und `\label{`*marke*`}` auf die gleiche Ausgabeseite, so ist der `\vref`-Aufruf gleichwertig mit `\ref{`*marke*`}`, da eine Seitenangabe für die laufende Seite überflüssig, wenn nicht gar irritierend ist.

Stehen `\vref`-Befehle und die zugehörige Markierung `\label` auf unmittelbar benachbarten Seiten, so führt der Aufruf von `\vref{`*marke*`}` zur Ausgabe „`\ref{`*marke*`}` auf der vorherigen Seite" bzw. „`\ref{`*marke*`}` auf der nächsten Seite", je nachdem ob der `\vref`-Befehl seiner `\label`-Markierung vorangeht oder ihr nachfolgt. Bei der Einbindung des `\vref`-Befehls in einen erläuternden Text sollte der entstehende Gesamttext bedacht werden, um sprachliche Holprigkeiten zu vermeiden. So wäre die Eingabe „Das vorherige Beispiel `\vref{`*marke*`}` zeigt ..." mit dem Ergebnis „Das vorherige Beispiel xxx auf der vorherigen Seite zeigt ..." sicherlich nicht der Text, an den der Autor ursprünglich dachte. Bei der Klassenoption `twoside` erscheint evtl. „auf der gegenüber liegenden Seite", wenn `\label` und `\vref` um eine Seite differieren und beide Befehle in einem *aufgeschlagenen* Seitenpaar auftreten.

Erfolgt die Seitennummerierung als Folge eines `\pagenumbering{`*num_stil*`}` mit einem anderen Eintrag als `arabic` für *num_stil*, z. B. mit `roman` in kleinen römischen Ziffern, so entfällt die spezielle Seitenreferenz für Bezüge auf die Nachbarseiten. Hier bleibt es bei der Angabe „auf Seite nn" mit der speziellen Nummerierung für nn.

Die `\vref`-Befehle erzeugen bei jedem Aufruf intern zwei Makronamen zur Buchhaltung der Seitenzuordnungen. Dies kann bei intensivem Gebrauch von Querverweisen mit `\vref` zum Überlaufen interner TeX-Pufferspeicher führen. Ist man sicher, dass der zugeordnete `\label`-Befehl *mindestens* zwei Ausgabeseiten entfernt liegt, so ist der Referenzbefehl `\fullref` vorzuziehen, da dieser keine zusätzlichen internen Befehlsstrukturen erzeugt.

Der Befehl `\vpageref{`*marke*`}` erzeugt einen Seitenbezug mit den gleichen Variationen wie der `\vref`-Befehl, ohne dessen intern aufgerufenen und vorangestellten `\ref`-Befehl. Steht der Referenzbefehl `\vpageref` auf der gleichen Ausgabeseite wie der zugehörige Markierungsbefehl `\label`, so erzeugt er die Referenzangabe „auf dieser Seite“. Beim Referenzbefehl `\vref` unterblieb in diesem Fall der Seitenbezug.

Der `\vpageref`-Befehl kennt eine erweiterte Syntax, mit der die vorgestellte Ausgabe aufrufspezifisch verändert werden kann:

`\vpageref[`*gl_seite*`][`*fr_seite*`]{`*marke*`}`

Mit dem ersten optionalen Argument *gl_seite* kann die Standardausgabe für die Angabe „auf dieser Seite“ bei `\vpageref` und zugehörigem `\label` auf der gleichen Seite überschrieben werden. In Englisch ist die Eingabe “The example `\vpageref[above]{`*marke*`}`” vernünftig. Sie erzeugt in Abhängigkeit vom Abstand zwischen `\vpageref` und zugehörigem `\label` “The example above”, “The example on the previous page”, “The example on the next page”, evtl. “The example on the facing page” oder “The example on page *nn*”. In Deutsch würde dagegen „Das Beispiel `\vpageref[oben]{`*marke*`}`“ mit den Ausgaben „Das Beispiel oben“, „Das Beispiel auf der vorherigen Seite“ usw. zwar verstanden werden, hier würde man aber eine Unterscheidung als „Das obige Beispiel“ und „Das Beispiel auf ...“ vorziehen. Das kann mit der Verwendung der beiden optionalen Parameter erreicht werden. Mit „Das `\vpageref[obige Beispiel][Beispiel]{`*marke*`}`“ erzielt man bei gleicher Markierung/Referenzseite „Das obige Beispiel“ bzw. „Das Beispiel auf der vorherigen Seite“ bzw. „Das Beispiel auf Seite *nn*“.

Das Ergänzungspaket `varioref` kennt optionale Sprachargumente. Bei der vorangegangenen Darstellung war stillschweigend davon ausgegangen worden, dass der Vorspannaufruf `\usepackage[german]{varioref}` lautete, wobei statt `german` auch eine andere Sprachkennung erlaubt ist. Formal sind alle Sprachoption des Babel-Pakets (s. 1.4.2) zulässig, auch wenn einige davon noch nicht sprachspezifisch implementiert sind. Solche führen dann zu einer Warnung über die noch nicht implementierte Sprache und der Ersetzung durch die entsprechenden englischen Varianten.

Die mit `\vref` und `\vpageref` erzeugten Textstrukturen werden intern durch die folgenden Befehle gesteuert:

`\reftextfaceafter` Ausgabetext für aufgeschlagenes Seitenpaar mit Referenzbefehl auf linker und Markierungsbefehl auf rechter Seite.

`\reftextfacebefore` Ausgabetext für aufgeschlagenes Seitenpaar mit Referenzbefehl auf rechter und Markierungsbefehl auf linker Seite.

`\reftextafter` Ausgabetext für Referenzbefehl, wenn Markierungsbefehl auf nachfolgender Seite steht.

`\reftextbefore` Ausgabetext für Referenzbefehl, wenn Markierungsbefehl auf unmittelbar vorangehender Seite steht.

`\reftextcurrent` Ausgabetext für `\vpageref`-Befehl, wenn der Markierungsbefehl auf der gleichen Seite steht.

`\reftextfaraway` Ausgabetext für Referenzbefehl, wenn der Markierungsbefehl um zwei oder mehr Seiten entfernt liegt. Der Befehl enthält zusätzlich einen Parameter, mit dem die übergebene Markierung an `\pageref` weitergeleitet wird.

In `varioref.sty` erfolgt die Zuordnung für die Option `german` als

```
\def\reftextfaceafter {auf der n\"achsten Seite}
\def\reftextfacebefore{auf der vorherigen Seite}
\let\reftextafter      \reftextfaceafter
\let\reftextbefore     \reftextfacebefore
\def\reftextcurrent    {auf dieser Seite}
\def\reftextfaraway##1{auf Seite~\pageref{##1}}
```

Damit entfällt bei der deutschen Sprachoption eine Differenzierung zwischen benachbarten, aufgeschlagenen Seiten bei der Klassenoption `twoside` und den sonstigen Einseitendifferenzen bei Referenz- und Markierungsbefehlen, wie sie bei den englischen Äquivalenten erfolgt. Falls deutschsprachige Anwender eine entsprechende Änderung wünschen, können sie diese durch eigene Definition der vorstehenden Befehle erhalten. Mit

```
\renewcommand{\reftextfaceafter}{auf der rechten Seite}
\renewcommand{\reftextfacebefore}{auf der linken Seite}
\renewcommand{\reftextafter}{auf der nachfolgenden Seite}
\renewcommand{\reftextbefore}{auf der vorangehenden Seite}
```

erscheint eine stärkere Differenzierung als beim deutschen Standard für `varioref`. Das Ergänzungspaket kennt als zusätzlichen Variationsbefehl noch

`\reftextvario{`*text_var_1*`}{`*text_var_2*`}`

der innerhalb der Einträge für die obigen Textbefehle auftreten darf. Mit

```
\renewcommand{\reftextfacebefore}{auf der
    \reftextvario{gegen\"uber liegenden Seite}{Nachbarseite}}
```

würde bei Aufruf der Referenzbefehle für den Fall des Markierungsbefehls auf der rechten Nachbarseite eine der beiden Textvarianten gewählt. Die einzelnen Referenzbefehle werden intern mitgezählt. Ist die laufende Nummer ungerade, so wird die erste, anderenfalls die zweite Textvariante gewählt, um einen gewissen Ausdruckswechsel im laufenden Text zu erhalten. Der Leser möge in das File `varioref.sty` hineinsehen. Er findet dort knapp 30 `\DeclareOption{`*sprache*`}`-Makrogruppen, innerhalb derer die vorstehenden Befehle sprachspezifisch gesetzt werden. Das Beispiel für die englische Sprachversion wird ihm alle Varianten erschließen.

1.3.11.2 Das Ergänzungspaket xr.sty

Die LaTeX-Referenzbefehle `\ref` und `\pageref` korrespondieren mit den Markierungen aus den `\label`-Befehlen nur *innerhalb* eines Dokuments. Das Gesamtdokument darf zwar aus mehreren Files bestehen, doch müssen diese mit `\input`- oder `\include`-Befehlen innerhalb `\begin{document} ... \end{document}` eingelesen werden. Die Markierungen aus den `\label`-Befehlen eines anderen Dokuments bleiben für die Referenzbefehle bei einer normalen LaTeX-Bearbeitung unzugänglich.

Der Text dieses Buches enthält viele Verweise auf Band 1 und Band 3 der Buchserie. Diese musste ich bisher manuell eintragen, mit dem Risiko, dass sich bei einer Überarbeitung von Band 1 und 3 bei einer späteren Auflage dieses Bandes hier Referenzfehler einschleichen, wenn nicht alle manuellen Einträge ebenfalls korrigiert werden. Hier wird mir das neue Ergänzungspaket `xr.sty` eine große Hilfe sein, da es Verweise mit `\ref`-

und `\pageref`-Befehlen auf andere Dokumente möglich macht. Nach der Aktivierung mit `\usepackage{xr}` können mit einem oder mehreren Vorspannbefehlen

`\externaldocument[`*K*`]{`*ext_file_grd_name*`}`

der oder die Filegrundnamen der externen Dokumente bekannt gemacht werden. Nunmehr kann im Textteil des zu bearbeitenden Dokuments mit `\ref`- und `\pageref`-Befehlen auf alle mit `\label`-Befehlen gesetzten Markierungen der externen Files zurückgegriffen werden.

Treten in verschiedenen externen Files und im aktuellen Dokument gleichnamige Markierungen auf, so führt dies zu dem gleichen Fehler, wie er bei mehreren `\label`-Befehlen mit gleichen Markierungen innerhalb eines Dokuments auftritt. Die Gefahr gleichnamiger Markierungen ist bei mehreren externen Files eines Autors zweifellos höher, da dieser vermutlich seine persönliche Systematik bei den Markierungen wiederholen wird.

Dieses Problem kann mit dem optionalen Argument *K* gelöst werden. Hiermit können den externen Files beliebige Kurzkennungen *K* zugeordnet werden, auf die dann mit Referenzbefehlen in der Form `\ref{`*Kmarke*`}` problemlos zurückgegriffen werden. Die Grundnamen der Hauptbearbeitungsfiles für die drei Bände dieser Serie lauten `latexa`, `latexb` und `latexc`. Mit dem Vorspannbefehl `\externaldocument[A-]{latexa}` kann ich dann mit den Referenzbefehlen `\ref{A-`*marke*`}` und `\pageref{A-`*marke*`}` auf Makierungen in Band 1 verweisen, auch wenn gleichnamige Markierungen im laufenden oder in Band 3 auftreten.

1.3.12 Das Ergänzungspaket verbatim.sty

Der eingeschlossene Text der `verbatim`-Standardumgebung wird bei deren LaTeX-Bearbeitung vorab als Ganzes eingelesen, bevor sie zur Ausgabe kommt. Bei umfangreichen Inhalten kann dies zum Überlaufen des hierfür bereitgestellten Pufferspeichers kommen. Mit `verbatim.sty` wird dieser Bearbeitungsfehler vermieden, da hiermit der eingeschlossene Text beliebig lang sein darf.

Die ursprüngliche Version von `verbatim.sty` stammt von RAINER M. SCHÖPF. Ergänzungen und Verbesserungen stammen von BERND RAICHLE, Uni Stuttgart, und CHRIS ROWLEY, Parsifal College, London, so dass alle drei nunmehr als Programmautoren genannt sind. Das Ergänzungspaket `verbatim.sty` erlaubt neben der Verwendung der `verbatim`-Umgebung in der gewohnten Form

`\begin{verbatim}` *Originaltext* `\end{verbatim}` oder
`\begin{verbatim*}` *Originaltext* `\end{verbatim*}`

auch die Definition von anwendereigenen Umgebungen zur Ausgabe von Originaltext. Zusätzlich stellt es den Befehl

`\verbatiminput{`*file_name*`}`

bereit, der ein File mit dem Namen *file_name* einliest und seinen Inhalt im Original ausgibt. Typisch für eine solche Originalausgabe ist z. B. der Quellkode eines Programms. Dieser liegt im Allgemeinen als eigenes File vor. Eine Originalausgabe kann mit den LaTeX-Standardbefehlen nur durch einen Eingriff in das File selbst erreicht werden, indem man dem Programmtext die Zeile `\begin{verbatim}` voransetzt und das Ende des Files mit `\end{verbatim}` abschließt. Vergisst man, im Anschluss an die LaTeX-Bearbeitung, diese Zeilen zu entfernen, so wird bei der nächsten Übersetzung vermutlich der Compiler diese

Zeilen bemängeln.[5] Der Filelesebefehl steht auch in der *-Form als `\verbatiminput*` zur Verfügung, so dass Leerzeichen im eingelesenen File bei der Ausgabe als ␣ erscheinen.

Neben dem Befehl `\verbatiminput` enthält die Dokumentation aus `verbatim.dtx` Beispiele für die Einrichtung weiterer Befehle die Definitionen für `\verbatiminputlineno` und `\verbatimboxed`. Das erste Beispiel liest ein File mit dem übergebenen Filenamen ein und gibt es wie beim Original, aber mit vorangestellten Zeilennummern, aus. Das zweite Beispiel umgibt den Inhalt der `verbatim`-Umgebung mit einem Rahmen. Die Dokumentation aus `verbatim.dtx` enthält den erforderlichen Definitionstext für diese sicher nützlichen Erweiterungen. Der Anwender möge sie bei Bedarf durch Entfernen der Kommentarzeichen oder mit einem eigenen kleinen Ergänzungspaket mit den dortigen Hinweisen bereitstellen.

Mit dem `verbatim`-Ergänzungspaket können nun auch anwendereigene Umgebungen definiert werden. Mit

```
\newenvironment{myverbatim}[1]%
  {\par\noindent#1:\par\verbatim\small\itshape}{\endverbatim}
```

wird die Umgebung `myverbatim` mit einem Übergabeparameter eingerichtet, in der der eingeschlossene Text in der kleinen kursiven Schreibmaschinenschrift `\itshape` unverändert ausgegeben wird. Die Eingabe

```
\begin{myverbatim}{\today}Mein Originaltext ...\end{myverbatim}
```

führt zur Ausgabe
19. April 2002:

`Mein Originaltext vom heutigen Tage!`

Bei eigenen `verbatim`-Umgebungen ist darauf zu achten, dass der Rückgriff auf die eigentliche `verbatim`-Umgebung in der Form `{...\verbatim ...}{\endverbatim}` erfolgt. Der vermeintlich äquivalente Aufruf `\begin{verbatim} ... \end{verbatim}` ist innerhalb der eigenen Umgebungsdefinition nicht erlaubt. Befehlsaufrufe nach dem einleitenden `\verbatim`-Aufruf werden vorab ausgeführt, wie dies mit `\small\itshape` beim angegebenen Beispiel demonstriert wurde, während sie innerhalb der `verbatim`-Umgebung zur Befehlsnamensausgabe führen.

Als weitere Umgebung wird `\begin{comment}` *text* `\end{comment}` bereitgestellt. Der gesamte Text innerhalb dieser Umgebung wird als Kommentar betrachtet und bei der LaTeX-Behandlung *überlesen*. Diese Struktur hat auf den ersten Blick scheinbar nichts mit der Originalausgabe zu tun. Die internen Abläufe bei der TeX-Bearbeitung zur Erkennung eines Textes zur anschließenden unbearbeiteten Direktausgabe *oder* zur Unterdrückung sind aber so ähnlich, dass RAINER SCHÖPF die `comment`-Umgebung in `verbatim.sty` fast zwangsläufig beigefügt hat.

Die neue `verbatim`-Umgebung hat *zwei* geringfügige Syntaxabweichungen gegenüber dem Original. Beim Original darf zwischen `\end` und `{verbatim}` kein Leerzeichen auftreten, was bei der neuen Umgebung erlaubt ist. Beim Original wird etwaiger Text, der auf `\end{verbatim}` in der gleichen Zeile folgt, so behandelt, als stände er in der folgenden Zeile. Bei der neuen `verbatim`-Umgebung wird solcher Text unterdrückt, was mit einer Bildschirmwarnung begleitet wird.

[5] Bei genügender Plattenkapazität könnte man daran denken, das Originalfile mit dem Quellenprogramm zu kopieren und die zusätzlichen LaTeX-Zeilen in der Kopie zuzufügen. Es ist dann nur eine Frage der Zeit, bis Quellen- und Dokumentationskode voneinander abweichen, da man beim Quellenkode sicher nicht daran denkt, jede Programmänderung unverzüglich auch in der Kopie nachzuvollziehen.

1.3.13 Die verbleibenden Zusatzwerkzeuge

Die auf S. 18 aufgelisteten Standard-Ergänzungspakete verwiesen noch auf `layout.sty`, `fontsmpl.sty`, `rawfonts.sty`, `showkeys.sty`, `somedefs.sty` und `xspace.sty` sowie auf sechs kleine Hilfsfiles `e.tex` bis `x.tex`, die bei der Installation aus `fileerr.dtx` entstanden. Die hier genannten Files sind keine Ergänzungspakete zur endgültigen Textformatierung, sondern Hilfswerkzeuge zur Aufdeckung oder Vermeidung von Layoutmängeln oder -fehlern, die später entfallen können. Sie werden deshalb hier gebündelt dargestellt.

1.3.13.1 Bearbeitungsfortsetzung mit den Hilfsfiles aus fileerr.dtx

Trifft LaTeX bei der Bearbeitung eines Text- oder Makrofiles auf einen Filelesebefehl, so wird dieser ausgeführt, wenn das angegebene File existiert und von LaTeX zu finden ist. Anderenfalls hält LaTeX die Bearbeitung an und fordert den Anwender auf, einen gültigen Filenamen einzugeben. Eine versuchsweise Fortsetzung der Bearbeitung ist ohne korrekte Beantwortung nach einem existierenden und von LaTeX akzeptierten Files nicht möglich. Versuche mit den herkömmlichen Fehlerreaktionen, wie der Betätigung der Returntaste oder der Antwort mit E, H, Q, R, S oder X bleiben fruchtlos, da diese als Grundnamen für das einzulesende File interpretiert werden, das mit dem zugefügten Anhang `.tex` gesucht wird. Das gelingt natürlich nicht, falls nicht zufällig ein solches File tatsächlich existiert, was aber die Folgen möglicherweise noch verschlimmert.

Mit der LaTeX-Bearbeitung des dokumentierten Makropakets `fileerr.dtx` von FRANK MITTELBACH werden genau solche Files mit den Grundnamen `e`, `h`, `q`, `r`, `s` sowie `x` und dem Anhang `.tex` bereitgestellt, die entsprechend der versuchsweisen Fehlerreaktion als File eingelesen werden und deren einzige Aufgabe darin liegt, eine herkömmliche Fehlerreaktion mit der eingegebenen Reakionskennung einzuleiten und ablaufen zu lassen. Damit wird in solchen Fällen eine gezielte Programmfortsetzung entsprechend der gewählten Reaktionskennung wie bei der gewohnten LaTeX-Fehlerreaktion möglich, s. [5a, 9.1].

1.3.13.2 Zeichensatzbeurteilungen mit fontsmpl.sty

Bei der Installation der Ergänzungswerkzeuge mit der LaTeX-Bearbeitung von `tools.ins` entstand neben dem Ergänzungspaket `fontsmpl.sty` auch das Textfile `fontsmpl.tex`. Seine LaTeX-Bearbeitung verlangt die interaktive Eingabe einer Zeichensatzfamilien-Kennung, für die ein mehrzeiliger Mustertext sowie eine Reihe von Zeilen mit Sonderzeichen zusammen mit ihrer LaTeX-Eingabenotation gefolgt von mehreren Zeilen mit akzentuierten Buchstaben-generiert werden. Das Ergänzungspaket `fontsmpl.sty` wird dabei intern eingelesen und ist für sonstige Anwendungen irrelevant.

Der Mustertext zusammen mit den Sonderzeichen und akzentuierten Beispielzeilen wird dann für die gewählte Zeichenfamilie nacheinander mit verschiedenen Zeichensatzattributen ausgegeben, und zwar jeweils abwechselnd für die Kodierattribute T1 und OT1 zunächst aufrecht (`\upshape`) und dann jeweils für das Formattribut `\itshape`, `\slshape` und `\scshape`. Diese Attributsätze werden anschließend nochmals für das Serienattribut `\bfseries` wiederholt, was zu insgesamt 16 Zeichensätzen führt.

Falls es nach der Angabe einer Zeichensatzfamilie zu einer Fehlermeldung kommt, was für eine ältere Version von `fontsmpl.sty` der Fall war, sollte hierauf mit 'q' reagiert werden, da für einige der abgerufenen Kodierattribute die angeforderten Symbole nicht existieren und deshalb entsprechende Fehlerstopps dann vielfach auftreten. Mit der Fehlerreaktion 'q' werden alle nachfolgenden Fehlermeldungen ignoriert. Beim Ausdruck des Bearbeitungsergebnisses sieht man dann, dass einige der dortigen Symbole leer bleiben, die man für den entsprechenden Zeichensatz dort auch gar nicht erwartet hätte. Bei der aktuellen Version von `fontsmpl.sty` werden fehlende Zeichen im ausgegebenen Beispieltext durch Fragezeichen ersetzt, ohne dass es deswegen zu Fehlermeldungen während der Bearbeitung kommt.

1.3.13.3 Die Darstellung des Seitenlayouts mit layout.sty

Das Ergänzungspaket `layout.sty` stellt den Befehl `\layout` zur Verfügung, der an der Stelle seines Auftretens zur Ausgabe einer (bei der Klassenoption `onesided`) oder zwei (bei der Klassenoption `twosided`) Seiten mit einer grafischen Darstellung des aktuellen Seitenlayouts sowie den zugehörigen Einstellwerten führt. Die ausgegebenen Seiten bleiben unnummeriert und beeinflussen nicht die Seitenzählung für das Gesamtdokument. Für das vorliegende Buch führt der Befehl `\layout` zur Ausgabe von zwei Seiten mit der Darstellung des Seitenlayouts für die linken und rechten Seiten, wie dies für letztere mit der Seitengrafik der Folgeseite demonstriert wird. Die Wiedergabe der entsprechenden Grafik für die linken Seiten kann hier entfallen, da dort lediglich das Feld für die Randnotizen, bei ansonsten identischen Einstellvorgaben, auf der linken Seitenhälfte angeordnet ist.

1.3.13.4 Aufruf interner Zeichensatzbefehle aus LaTeX 2.09

Die internen Zeichensatz-Befehlsnamen aus LaTeX 2.09, wie `\ninit`, `\tenrm`, `elvbf` usw., existieren nicht mehr in LaTeX 2$_\varepsilon$. Die Verwendung solcher Befehlsnamen sollte vermieden werden. Ist das nicht möglich, sollte man sie mit `\newfont`-Befehlen im Vorspann erklären. Alternativ kann das Ergänzungspaket `rawfonts.sty` zugefügt werden, womit, wie in LaTeX 2.09, 70 Zeichensätze zusätzlich geladen werden, von denen vermutlich nur wenige tatsächlich benötigt werden. Eine Beschränkung auf weniger Zeichensätze ist mit der Optionsangabe

`\usepackage[only,`zs_1`,`zs_2`,...]{rawfonts}`

möglich, bei der die benötigten Zeichensätze mit ihren alten Namen zs_1, zs_2, ... explizit anzugeben sind. Das Ergänzungspaket `rawfont.sty` greift seinerseits auf `somedefs.sty` zurück.

1.3.13.5 Ausgabe von Markierungs- und Referenzbefehlen

Mit dem Ergänzungspaket `showkeys` werden die Markierungen aus `\label`- und `\bibitem`-Befehlen im Seitenrand ausgegeben. Die Markierungen aus `\ref`-, `\pageref`- und `\cite`-Befehlen erscheinen in der Größe der Fußnotenschrift zwischen den Textzeilen an der Stelle dieser Befehle, z. B. wie hier für showkeys 1.3.11.5 als Ergebnis von `\ref{showkeys}`. Für weitere Beispiele möge sich der Leser das LaTeX-Bearbeitungsergebnis von `showkeys.dtx` ausdrucken.

1.3.13.6 Vermeidung von Zwischenraumfehlern nach Befehlsnamen

Viele LaTeX-Befehle ohne Argumente, wie z. B. die Logo-Befehle `\LaTeX` oder `\TeX`, interpretieren ein nachfolgedes Leerzeichen als Ende der Befehlseingabe und unterdrücken den

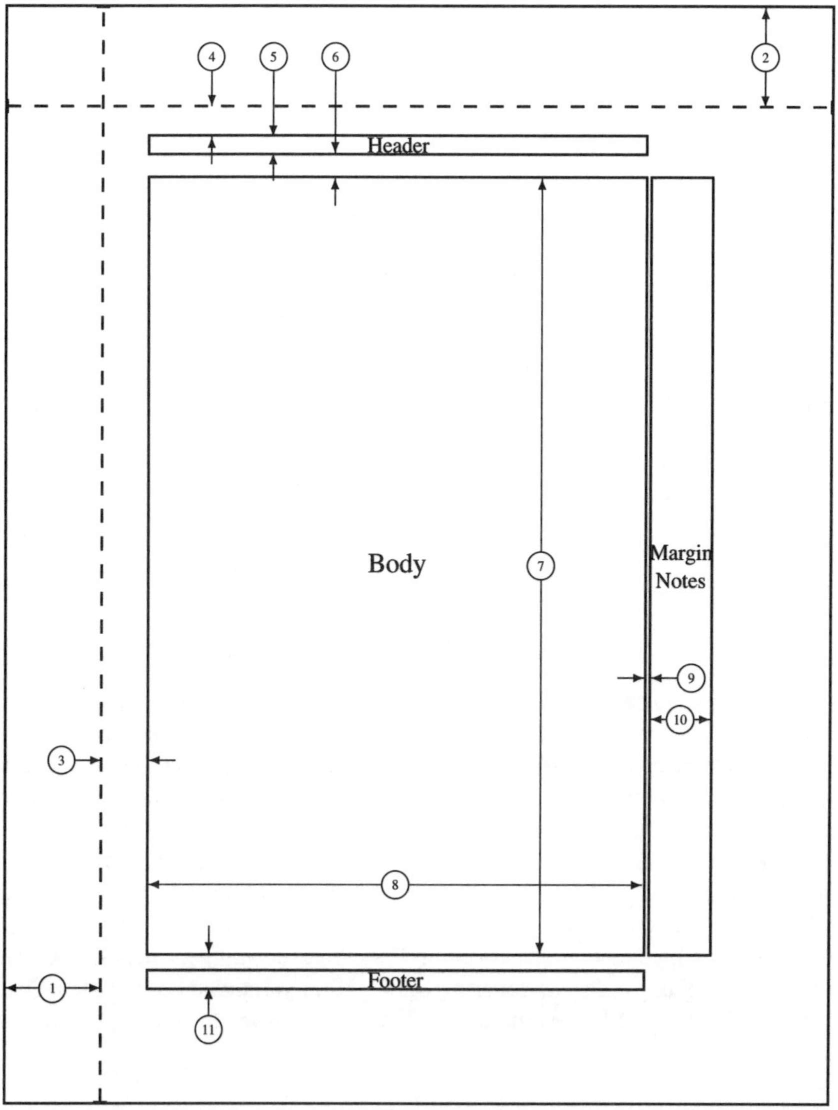

1	one inch + \hoffset	2	one inch + \voffset
3	\oddsidemargin = 35pt	4	\topmargin = 22pt
5	\headheight = 12pt	6	\headsep = 18pt
7	\textheight = 562pt	8	\textwidth = 369pt
9	\marginparsep = 5pt	10	\marginparwidth = 44pt
11	\footskip = 25pt		\marginparpush = 5pt (not shown)
	\hoffset = 0pt		\voffset = 0pt
	\paperwidth = 614pt		\paperheight = 794pt

Zwischenraum zum nachfolgenden Text. Die Lösung liegt bekanntlich in der Einschachtelung des Befehlsaufrufs in ein geschweiftes Klammerpaar oder in dem Anhängen von \␣ an den Befehlsnamen. Bei anwendereigenen einfachen Makrodefinitionen ist mit `xspace.sty` der

Abschluss des Definitionstextes mit `\xspace` möglich, womit dieser Fehler vermieden wird. Nach

```
\newcommand{\de}{Deutschland\xspace}
```

wird nach dem Aufruf von `\de` ein Leerzeichen zum nachfolgenden Text automatisch eingefügt, falls auf den Befehlsaufruf nicht ein Satzzeichen folgt.

1.3.13.7 Das Ergänzungspaket somedefs.sty

Dieses Ergänzungspaket ist für LaTeX-Anwender gedacht, die eigene Ergänzungspakete entwickeln wollen. Solche Ergänzungspakete definieren häufig eine große Zahl von Makros, die Speicherplatz belegen, auch wenn für die konkrete Nutzung nur einige wenige Makros benötigt werden. Wird im eigenen Ergänzungspaket `mypack.sty` mit `\RequirePackages{somedefs}` das Ergänzungspaket `somedefs.sty` angefordert, so lässt das eigene Ergänzunspaket mit

`\usepackage[only,`*makro_a*`,`*makro_b*`,...]{mypack}`

eine effizientere Speicherplatzverwaltung zu, da dann nur die tatsächlich angeforderten Makros *makro_a*, *makro_b*, ... definiert werden und Speicherplatz belegen.

1.3.14 Alternative Erstellung der Kurzbeschreibung aus den .dtx-Files

Im vorstehenden Teil wurde bei den Installations- und Nutzungsbeschreibungen mehrfach auf die eingebaute Dokumentation der `.dtx`-Makrofiles hingewiesen und empfohlen, sich zumindest die dort verfügbare Kurzbeschreibung (kurze Nutzungsbeschreibung) durch Aktivierung des impliziten Treiberkodes zu erstellen. Die hierzu evtl. erforderlichen Maßnahmen wurden in 1.2.2 auf S. 8 im Prinzip dargestellt. Viele Anwender scheuen jedoch den dort beschriebenen Eingriff in das zugehörige `.dtx`-Makrofile, zumal der auf S. 8 aufgelistete implizite Treiberkode nur beispielhaft gilt und bei den einzelnen dokumentierten Makropaketen evtl. kürzer oder umfangreicher ist.

Ich gebe deshalb hier eine Alternative zur Erstellung der eingebauten Kurzbeschreibung durch Bereitstellung oder Erweiterung eines Konfigurationsfiles mit dem Namen `ltxdoc.cfg`. Wird ein solches Konfigurationsfile beim Anwender mit dem Inhalt oder Zusatz

```
\AtBeginDocument{\OnlyDescription}
```

erstellt oder erweitert, so entsteht mit der LaTeX-Bearbeitung des in Betracht kommenden `.dtx`-Files dessen interne Kurzbeschreibung als `.dvi`-File mit dem gleichen Grundnamen wie das bearbeitete `.dtx`-File ohne direkten Eingriff in letzteres. Die LaTeX-Bearbeitung des `.dtx`-Files sollte zweimal erfolgen, um alle interen Querbezüge aufzulösen.

Entstehen bei dieser LaTeX-Bearbeitung neben dem `.dvi`-File noch ein `.idx`- und/oder `.glo`-File mit dem gleichen Ausgangsgrundnamen, so sind letztere vor dem abschließenden Ausdruck gemäß den Hinweisen aus 1.2.2 auf S. 7 mit MakeIndex zu bearbeiten. Nach einem anschließenden letzten LaTeX-Bearbeitungsaufruf für das zugehörige `.dtx`-File kann der Ausdruck dieser Kurzbeschreibung mit einem evtl. beigefügten Stichwortverzeichnis (Indexregister) sowie einer Entwicklungsgeschichte erfolgen.

1.4 Das Babel-Paket für multilinguale Anwendungen

Das Ergänzungspaket `babel.sty` stammt von JOHANNES BRAAMS aus den Niederlanden und dient zur LaTeX-Bearbeitung mehrsprachiger Texte. Es wurde nach dem Vorbild des deutschsprachigen Anpassungsfiles `german.sty` entwickelt, dem es in der Anwendung ähnelt, so dass seine Anwendung deutschsprachigen LaTeX-Nutzern leicht fallen sollte.

1.4.1 Aktivierung von babel.sty

Das Ergänzungspaket `babel.sty` wird in gewohnter Weise mit `\usepackage` in der Form

`\usepackage[`*sprache_1, sprache_2, ..., sprache_n*`]{babel}`

aktiviert, wobei die Optionsliste *sprache_1, sprache_2, ..., sprache_n* für die englischsprachige Namensliste (s. u.) der Sprachen steht, die im zu bearbeitenden Text zur Anwendung kommen. Die letzte in dieser Optionsliste angegebene Sprache ist diejenige, die mit `\begin{document}` zur aktiven Sprache erklärt wird. Mit

```
\usepackage[dutch,french,english,german]{babel}
```

wird somit das Babel-Paket zur Bearbeitung von niederländischen, französischen, englischen und deutschen Texten aktiviert, wobei mit `\begin{document}` zunächst die Sprachoption zur Bearbeitung in Deutsch vorausgesetzt wird.

Nach dem Klassenoptionsmechanismus von LaTeX kann alternativ auch

`\documentclass[...,dutch,french,english,german,...]{`*bearb_klasse*`}`
`\usepackage{babel}`

gewählt werden, da alle in `\documentclass` aufgeführten Optionen auch global allen nachfolgend eingebundenen Ergänzungspaketen angeboten werden. Folgt hierauf z. B. noch das Ergänzungspaket `\varioref.sty`, so werden diesem die Sprachoptionen ebenfalls angeboten und von ihm genutzt (s. 1.3.11.1 auf S. 45).

1.4.2 Die zulässigen Sprachoptionen für das Babel-Paket

Das Ergänzungspaket `babel.sty` unterstützt derzeit (Version 3.6z vom 9. September 1999) 35 verschiedene Sprachen, einige davon mit zusätzlichen Dialekten, wie dies aus `german.sty` für Deutsch und Österreichisch der Fall ist. Die zulässigen Sprachoptionsnamen sind

Sprache	Optionsname	zus. Dialekte
Bahasa	`bahasa`	
Bretonisch	`breton`	
Dänisch	`danish`	
Deutsch	`germanb, german`	`austrian`
	`ngerman`	`naustrian`
Englisch	`english, USenglish, american`	`UKenglish, british`
Esperanto	`esperanto`	
Estnisch	`estonian`	

Sprache	Optionsname	zus. Dialekte
Finnisch	`finnish`	
Französisch	`french, francais`	
Hebräisch	`hebrew`	
Galizisch	`galician`	
Griechisch	`greek, polutonikogreek`	
Irisch-Gälisch	`irish`	
Italienisch	`italian`	
Katalanisch	`catalan`	
Kroatisch	`croatian`	
Niederländisch	`dutch`	`afrikaans`
Niedersorbisch	`lowersorbian`	
Norwegisch	`norsk`	`nynorsk`
Obersorbisch	`uppersorbian`	
Polnisch	`polish`	
Portugiesisch	`portuges, portuguese`	`brazil, brazilian`
Rumänisch	`romanian`	
Russisch	`russian`	
Schottisch-Gälisch	`scottish`	
Spanisch	`spanish`	
Slowakisch	`slovak`	
Slowenisch	`slovene`	
Schwedisch	`swedish`	
Tschechisch	`czech`	
Türkisch	`turkish`	
Ukrainisch	`ukrainian`	
Ungarisch	`magyar, hungerian`	
Wallisisch	`welsh`	

Die für jede Sprache der vorstehenden Tabelle erforderlichen sprachspezifischen Bearbeitungsstrukturen werden durch jeweils ein *sprache*`.ldf`-File (language definition file) bereitgestellt, dessen Grundname *sprache* mit dem evtl. auf acht Buchstaben gekürzten ersten oder alleinigen Optionsnamen der zweiten Spalte übereinstimmt.

Für die deutsche Sprache enthält die vorstehende Tabelle die Optionsnamen `germanb` und `ngerman` in zwei Zeilen. Dies soll darauf hinweisen, dass hierfür zwei verschiedene realisierende `.ldf`-Files, nämlich `germanb.ldf` und `ngerman.ldf` existieren, und zwar mit `germanb.ldf` für die traditionelle sowie mit `ngerman.ldf` für die neue deutsche Rechtschreibung. Damit stehen gewissermaßen zwei verschiedene deutsche Sprachversionen zur Verfügung.

Bei mehreren Optionsnamen für eine Sprache kann mit meistens gleicher Wirkung einer davon als Optionsname im aufrufenden `\usepackage[`*sprach_opt*`]{babel}`-Befehl bzw. global mit `\documentclass[`...,*sprach_opt*,...`]{`*bearb_klasse*`}` (s. 1.4.1) gewählt werden. Soweit in der vorstehenden Tabelle für einzelne Sprachen ein weiterer Optionsname in der dritten Spalte ‚zus. Dialekte' auftritt, soll darauf verwiesen werden, dass hiermit gewöhnlich eine Dialektbearbeitung verbunden ist, bei der für den Dialekt dieselben Basiseigenschaften wie für die in der vorangehenden Spalte zugeordneten Hauptsprache verwendet werden, insbesondere deren Trennmustersatz. Als Beispiel sei hierfür der mit `austrian` zu wählende österreichische Dialekt erwähnt, dessen Bearbeitungseigenschaften sich gegenüber der zugeordneten deutschen Grundsprache nur bei der Datumsausgabe unterscheiden, nämlich zwischen dem Monatsnamen ‚Januar' (deutsch) und ‚Jänner' (österreichisch).

Die beschriebene Dialektbehandlung gilt bei neueren Versionen bezüglich des gemeinsamen Trennmustersatzes für Dialekt und Hauptsprache nur als Sollempfehlung. Tatsächlich können bei der Einrichtung des Babelsystems bei der Erzeugung der Sprachdefinitionsfiles *sprache*`.ldf` andere Behandlungszuordnungen zwischen Dialekt und Hauptsprache vorgegeben werden (s. 1.4.5 auf 60), z. B. wenn für die Hauptsprache kein eigenes Trennmuster im benutzten Formatfile existiert, womit in LaTeX Trennungen standardmäßig ganz unterbleiben.

1.4.3 Die Babel-Nutzungsbefehle für den Anwender

Innerhalb des Eingabetextes kann mit dem Sprachumschaltbefehl

`\selectlanguage{`*sprache_i*`}`

auf jede andere Sprache *sprache_i* aus der globalen oder lokalen Sprachoptionsliste umgeschaltet werden. Die Umschaltung bleibt so lange wirksam, bis sie durch einen weiteren Sprachumschaltbefehl abgelöst wird bzw. eine umfassende Umgebung endet. Alternativ kann mit der Umgebung

`\begin{otherlanguage}{`*sprache_i*`}` *fremdspr_text* `\end{otherlanguage}`

lokal für den eingeschlossenen Text auf die zugehörige Sprachbearbeitung umgeschaltet werden.

Die Umschaltung auf eine andere Sprache bewirkt, dass das Datum mit `\today` sowie eine Reihe von automatisch erscheinenden Begriffen, wie „Inhaltsverzeichnis", „Kapitel", „Literatur" u. a., statt mit ihren englischen Äquivalenten "Contents", "Chapter", "Bibliography" mit den sprachspezifischen Übersetzungen auftreten. Zusätzlich werden für die verschiedenen Sprachen weitere Kurzbefehle bereitgestellt, wie sie dem Anwender von `german.sty` mit `"a`, `"o`, `"u`, `"A`, `"O`, `"U` und `"s` zur einfacheren Erzeugung der Umlaute und des ß her bekannt sind.

Die speziellen Kurzbefehle und ihre Wirkungen sollten für die verschiedenen Sprachen der beigefügten Dokumentation aus `babel.drv` bzw. `user.drv` gemäß 1.2.5 auf S. 12f. entnommen werden, da deren vollständige Auflistung und Beschreibung den Rahmen dieses Abschnitts übersteigen würde. Mit den Erfahrungen aus `german.sty` für dessen spezielle Kurzbefehle sollten die Erläuterungen aus der beigefügten Dokumentation verständlich sein.

Die `otherlanguage`-Umgebung steht auch in einer *-Form als

`\begin{otherlanguage*}{`*sprache_i*`}` *kurz_text* `\end{otherlanguage*}`

zur Verfügung, die zur fremdsprachigen Bearbeitung kürzerer Texte geeignet ist. Bei der *-Form dieser Umgebung stehen alle Kurzbefehle der gewählten Sprache zur Verfügung. Die automatisch erscheinenden Begriffe wie „Inhaltsverzeichnis", „Kapitel" usw. erscheinen dagegen in der Sprache, die außerhalb der `otherlanguage*`-Umgebung aktiv ist. Für kurze fremdsprachige Textpassagen kann eine gleichartige Umschaltung wie mit der `otherlanguage*`-Umgebung auch mit dem Befehl

`\foreignlanguage}{`*sprache_i*`}{`*kurz_text*`}`

erzielt werden.

Bei lokaler Sprachumschaltung mit `\selectlanguage`, `\foreignlanguage` oder der `otherlanguage`-Umgebung ist genau einer der Sprachoptions- oder Dialektnamen aus 1.4.2 anzugeben. Hierbei ist zu beachten, dass eine lokale Sprachumschaltung innerhalb eines Dokuments nur für solche Sprachen erlaubt ist, die bei der Aktivierung von `babel.sty` in der dortigen Sprachoptionsliste auftreten.

Als weitere Anwenderbefehle aus dem Babel-System kommen für Normalanwender in Betracht

`\languagename`

der den gerade aktiven Sprachauswahlnamen zurückliefert sowie der bedingungsabhängige Ausführungsbefehl

`\iflanguage{`*sprache_i*`}{`*dann_zweig*`}{`*sonst_zweig*`}`

Ist an der Stelle dieses Befehls *sprache_i* die aktive Sprache, dann wird der übergebene *dann_zweig* mit den Einstellvorgaben für diese Sprache ausgeführt. Anderenfalls kommt es zur Ausführung von *sonst_zweig* mit den Vorgaben für die momentan aktive Sprache.

Als weitere Anwenderbefehle aus dem Babel-System, die für Normalanwender seltener in Betracht kommen, stehen noch zur Verfügung:

`\useshorthands{`*kz*`}` Initialisierungsbefehl zur Bereitstellung eines anwendereigenen Kurzbefehls, womit das übergebene Kurzzeichen *kz* zum aktiven Zeichen (Befehlszeichen) erklärt wird.

`\defineshorthand{`*kbef*`}{`*ausf_kode*`}` Definitionsbefehl zur Erzeugung eines Kurzbefehls *kbef*, der entweder aus dem aktiven Kurzzeichen *kz* oder aus der Zeichenfolge *kz zeichen*, also dem aktiven Kurzzeichen *kz* und einem nachfolgenden anderen Zeichen besteht. Das anschließende zweite Argument *ausf_kode* steht für den Ausführungskode, der bei Aufruf des Kurzbefehls *kbef* ablaufen soll.

`\aliasshorthand{`*kz*`}{`*akz*`}` Auswechselbefehl mit dem das aktuelle Kurzzeichen *kz* durch ein alternatives Kurzzeichen ersetzt wird. Beispiel: `\aliasshorthand{"}{/}` ersetzt das standardmäßige Kurzzeichen " durch den Schrägstrich / als aktives Zeichen.

`\languageshorthands{`*sprache*`}` Wechselt zu den Kurzbefehlen für die angegebene *Sprache*. Dieser Umschaltbefehl entfaltet seine Wirkung nur, wenn der angegebene Wert für *sprache* bei der Aktivierung von `babel.sty` in der dortigen Sprachoptionsliste auftritt.

`\shorthandoff{`*kz*`}` Abschaltung des aktuellen aktiven Kurzzeichens *kz* in ein Zeichen mit dem Bedeutungswert `\catcode'\`*kz*`=12` bis zum rückkehrenden Wiederanschaltbefehl `\shorthandon{`*kz*`}`.

`\shorthandon{`*kz*`}` Rückschaltbefehl des vorübergehend als *anderes* Zeichen erklärte Kurzzeichen *kz* in ein *aktives* Zeichen mit dem Bedeutungswert `\catcode'\`*kz*`=13`. Beide Umschaltbefehle entfalten ihre Wirkung nur für vorab definierte Kurzzeichen.

Der Bedarf zur Erzeugung oder Manipulation von anwendereigenen Kurzbefehlen besteht in einem normalen Babel-LATEX-Bearbeitungfile kaum. Am ehesten kämen hierfür noch die drei letzten Befehle in Betracht. Ein Bedarf zur Initialisierung und Definition von zusätzlichen Babel-Kurzbefehlen ist eine typische Aufgabe zur Erstellung oder Erweiterung von `.ldf`-Files, was vertiefte Babel-Kenntnisse beim Ersteller voraussetzt.

1.4.4 Der strukturelle Aufbau des Babel-Systems

Die Installation des Babel-Systems wurde bereits in 1.2.5 vorgestellt. Von den bei dieser Installation entstehenden Files nenne ich hier nur das eigentliche Ergänzungspaket `babel.sty` und die Definitionsfiles `babel.def` und `switch.def` sowie die Sprachdefinitionsfiles mit den englischen Grundnamen für die entsprechenden Sprachen und dem Anhang `.ldf` (language definition file), da nur diese in ihrem Zusammenspiel bei einer LaTeX 2_ε-Bearbeitung auftreten.

Das Definitionsfile `plain.def` aus der Installation wird bei einer reinen TeX-Bearbeitung benötigt, die für LaTeX-Betreiber, an die sich dieses Buch wendet, ohne Bedeutung bleibt. Die sog. Stilfiles *sprache*`.sty` mit den gleichen Grundnamen *sprache* wie für die Sprachdefinitionsfiles (`.ldf`-Files) werden nur in Verbindung mit LaTeX 2.09 bzw. im Kompatibilitätsmodus von LaTeX 2_ε benötigt. Sie lesen ihrerseits die zugehörigen `.ldf`-Files ein und bleiben hier für eine eigene Erörterung unberücksichtigt.

Das Ergänzungspaket `babel.sty` stellt die Schnittstelle zwischen dem Anwender un/d dem gesamten Babel-System bereit, die gemäß 1.4.1 aktiviert wird. Das File `babel.sty` erklärt alle zulässigen Sprachoptionen gemäß 1.4.2 und legt die dafür erforderlichen Aktionen fest. Diese bestehen hauptsächlich in dem Einlesen der zugehörigen Sprachdefinitionsfiles *sprache*`.ldf`. Dies geschieht in `babel.sty` mit einer Vielzahl von Erklährungsbefehlen

`\DeclareOption{`*sprach_opt_name*`}{\input{`*sprache*`.ldf}}`

Hiermit werden die zulässigen Sprachoptionsnamen mit dem ersten Befehlsargument bekannt gemacht und im zweiten Befehlsargument die Aktionen angekündigt, die ablaufen, wenn die entsprechende Sprachoption bei der Babel-Aktivierung gemäß 1.4.1 in der dortigen Optionsliste auftritt, womit hier die jeweils zugehörigen `.ldf`-Files eingelesen werden.

Als Sprachoptionsnamen *sprach_opt_name* treten in entsprechenden Erklärungsbefehlen insgesamt alle in der Tabelle aus 1.4.2 in den dortigen Spalten zwei und drei genannten Sprach- und Optionsnamen auf. Als Filenamen *sprache*`.ldf` treten hierbei die zugehörigen Namen der zugehörigen Sprachdefinitionsfiles auf, wie sie unmittelbar im Anschluss an die Tabelle aus 1.4.2 dargestellt werden.

Schließlich werden in `babel.sty` mit dem Befehl `\ProcessOptions*` die Aktionen durchgeführt, die für die in der Optionsliste bei der Babel-Aktivierung gemäß 1.4.1 genannten Sprachoptionen erforderlich werden. Entsprechend den oben genannten Erklärungsbefehlen `\DeclareOption` führt dies hier zum Einlesen der entsprechenden `.ldf`-Files.

Vorab aber, nämlich unmittelbar zu Beginn von `babel.sty`, erfolgt eine Abfrage, ob weitere Babel-Definitionsfiles benötigt werden:

```
\ifx\LdfInit\@undefined \input babel.def\relax \fi
```

Der Babel-Befehl `\LdfInit` ist normalerweise nach der Standardaktivierung des Babel-Systems gemäß 1.4.1 unbekannt, so dass es hier zum Einlesen des Definitionsfiles `babel.def` kommt. Dieses definiert einmal diesen Initialisierungsbefehl, der in den `.ldf`-Files benötigt wird (s. 1.4.5). Zum anderen werden dort weitere Babel-Strukturen definiert, wie z. B. einige der in 1.4.3 vorgestellten Anwenderbefehle.

Zusätzlich erfolgt in `babel.def` eine Abfrage, ob noch weitere Babel-Definionsfiles erforderlich werden, und zwar mit der Abfrage, ob der Anwenderbefehl `\iflanguage` aus 1.4.3 noch unbekannt ist. Ist das der Fall, so wird das weitere Definitionsfile `switch.def` eingelesen, das weitere Babel-Befehle und Strukturen bereitstellt. Die Makropakete aus `babel.sty`, `babel.def` und `switch.def` bilden den sog. Babel-Kern, mit dem alle Babel-Strukturen für den Anwender sowie für den Entwickler weiterer Sprachdefinitionsgenschaften und damit zusätzlicher Sprachoptionen für das Babel-System zur Verfügung gestellt werden. Neben den bereits in 1.4.3 vorgestellten Anwenderbefehlen aus dem Babel-Kern werden einige weitere Strukturen und Befehle im nächsten Abschnitt vorgestellt, die zur Ergänzung von Spracheigenschaften oder zur Entwicklung weiterer Sprachdefinitionsfiles bereitgestellt werden.

1.4.5 Zur Struktur der Sprachdefinitionsfiles

LATEX-Betreiber, die das Babel-System nur aus der Anwendersicht nutzen wollen, können den Inhalt dieses Abschnitts überspringen, da er sich vorrangig an solche Anwender richtet, die die vorgegebenen Eigenschaften eines `.ldf`-Files ändern oder ergänzen wollen, z. B. durch Bereitstellung eines Sprachkonfigurationsfiles *sprache*`.cfg` (s. u.), oder die Sprachdefinitionsfiles für weitere Sprachen beisteuern wollen.

Für alle Sprachen, die entsprechend der Tabelle aus 1.4.2 auf S. 53f. nur einen Optionsnamen kennen, beginnen die zugehörigen Sprachdefinitionsfiles (`.ldf`-Files) mit der Befehlsstruktur

`\LdfInit{`*sprache*`}{captions`*sprache*`}`

mit dem aufrufenden Standard-Optionsnamen *sprache* dieser Tabelle. Hiermit erfolgen einige Prüfungen und evtl. Reaktionen zur Initialisierung des zugehörigen Sprachdefinitionsfiles (`.ldf`-File), z. B. die Prüfung, ob das betrachtete `.ldf`-File schon einmal eingelesen wurde, womit ein erneutes Einlesen unterbleibt. Weiterhin erfolgt eine Speicherung für den aktuellen Bedeutungswert (`\catcode`) für das `@`-Zeichen, das anschließend zu einem Buchstaben erklärt wird, damit es innerhalb des `.ldf`-Files in Befehlsnamen auftreten kann.

Für Sprachen des Babel-Systems, die gemäß der Tabelle aus 1.4.2 auf S. 53 mehrere Optionsnamen kennen, lautet die entsprechende Initialisierungsstruktur

`\LdfInit{\CurrentOption}{captions\CurrentOption}`

womit der aktuelle Sprachoptionsname an Stelle des obigen Standardnamens *sprache* hier und in weiteren Babel-Sprachstrukturen eingesetzt wird.

Hiernach folgt in den `.ldf`-Files üblicherweiese die Abfrage, ob für die gewählte Sprachoption ein entsprechendes Trennmuster im benutzten LATEX-Formatfile eingebunden wurde und was geschieht, wenn dies nicht der Fall ist:

```
\ifx\l@sprache\@undefined
    \@nopatterns{sprache} \adddialect\l@sprache0
\fi
```

Der hier auftretende interne Befehl `\l@`*sprache* führt bei seiner Auflösung zu einer reinen Sprachkennzahl. Für die erste in einem Formatfile zugeordnete Sprache lautet diese Kennzahl '0', für jede weitere Sprache wird die nächste verfügbare Kennzahl mit dem TEX-Befehl `\newlanguage` um eins erhöht. Die Verknüpfung der Sprachkennzahl mit dem zugeordneten TEX-Sprachgrundbefehl `\language` erfolgt innerhalb eines Trennmuster-Konfigurationsfiles zur Erstellung des Formatfiles gewöhnlich mit Zuweisungen der Form '`\language=\l@`*sprache*' (s. z. B. [5a, Anh. F.2.1]).

Ist der interne Sprachbefehl `\l@`*sprache* an der Stelle der obigen Abfrage undefiniert, was z. B. der Fall ist, wenn diese Sprachkennung nicht mit einem zugehörigen Trennmustersatz im aktuellen LATEX-Formatfile eingebunden wurde, so führt dies zunächst zu der interne Babel-Mitteilung, dass für diese Sprache kein Trennmusterfile existiert (`\@nopatterns{`*sprache*`}`). Zusätzlich wird dann mit

`\adddialect{\l@`*dialekt_spr*`}{\l@`*haupt_spr*`}`

eine bestimmte Sprache `\l@`*dialekt_spr* zum Dialekt einer Hauptsprache `\l@`*haupt_spr* erklärt, deren Trennmuster für den Dialekt zur Anwendung kommt. In dieser Syntaxvorstellung wird die Struktur dieses Befehls `\adddialect` aus `switch.def` als Befehl mit zwei Argumenten deutlicher als in der obigen Abfragestruktur mit der abkürzenden TEX-Notation `\adddialect\l@`*sprache*`0`. Im Ergebnis wird hiermit der hier unbekannte Sprachkennungsbefehl `\l@`*sprache* zum Dialekt der Hauptsprache mit der Kennzahl '0' erklärt, also der Sprache, deren Trennmuster bei der Formaterstellung als Erstes in das Formatfile eingebunden wurde. Dies gilt für alle Sprachen aus dem Babel-Paket, für die im Formatfile kein eigener Trennmustersatz eingegebunden wurde.

Im deutschen Sprachdefinitionsfile `germanb.ldf` kommt der Dialektbefehl in der oben beschriebenen allgemeinen Form mit `\adddialect{\l@austrian}{\l@german}` zur Anwendung, d. h., für LATEX-Bearbeitung ‚österreichischer' Eingabetexte kommt bei der Ermittlung von Trennstellen der deutsche Trennmustersatz zur Anwendung.

Hiernach kommt es in den Sprachdefinitionsfiles üblicherweise zur Einrichtung derjenigen Textstrukturen, die LATEX automatisch ausgibt, und zwar standardmäßig in Englisch, wie z. B. "Chapter", "Appendix", "Contents" u. Ä. Hierzu wird der Befehl `\captions`*sprache* eingerichtet, der seinerseits 20 Namensbefehle mit sprachspezifischen Inhalten füllt. Bei diesen Namensbefehlen handelt es sich um:

`\abstractname`	`\chaptername`	`\indexname`	`\prefacename`
`\alsoname`	`\contentsname`	`\listfigurename`	`\proofname`
`\appendixname`	`\enclname`	`\listtablename`	`\refname`
`\bibname`	`\figurename`	`\pagename`	`\seename`
`\ccname`	`\headtoname`	`\partname`	`\tablename`

Die Einrichtung des Oberbefehls `\captions`*sprache* erfolgt in den `.ldf`-Files, bei denen der Initialisierungsbefehl `\LdfInit` in der Form `\LdfInit{`*sprache*`}{captions`*sprache*`}` auftritt (s. o.), mit dem speziellen Definitions- und Ergänzungsbefehl aus dem Babel-Paket

`\addto{\`*bef_name*`}{`*erg_kode*`}`

Ist der hier angegebene Befehlsnahme `\`*bef_name* unbekannt, also noch nicht definiert, so wirkt `\addto` wie der LATEX-Definitionsbefehl `\newcommand{\`*bef_name*`}{`*erg_kode*`}`. Ist `\`*bef_name* dagegen bekannt, so wird dieser Befehl in seinem Ausführungsteil um den angegebenen Zusatzkode *erg_kode* ergänzt. Ein solcher Erweiterungs- oder Ergänzungsbefehl ist in LATEX standardmäßig nicht verfügbar.

`.ldf`-Files, die den Initialisierungsbefehl in der Form `\LdfInit{\CurrentOption}{captions\CurrentOption}` enthalten (s. o.), definieren den `\captions`*sprache*-Befehl mit einer anderen Definitionsstruktur, nämlich mit `\@namedef` in der Form

`\@namedef{captions\CurrentOption}{`*ausf_kode*`}`

In beiden Fällen wird der Oberbefehl `\captions`*sprache* eingerichtet und mit den anschließenden Ausführungsstrukturen *erg_kode* bzw. *ausf_kode* gefüllt:

```
\addto{captionssprache}{
   \def\abstractname{zusammenfassung}
   . . . . . . . . . . . . . . .          bis
   \def\tablename{tabelle}  }             bzw.
```

```
\@namedef{captions\CurrentOption}{
   \def\abstractname{zusammenfassung}
   . . . . . . . . . . . . . . . .          bis
   \def\tablename{tabelle} }
```

mit den jeweils sprachspezifischen Begriffen für *zusammenfassung* bis *tabelle*. Für die Sprachen Englisch, Niederländisch, Französisch und Deutsch wären diese z. B,:

Namensbefehl	Englisch	Niederländisch	Französisch	Deutsch
`\abstractname`	Abstract	Samenvattning	Résumé	Zusammenfassung
`\alsoname`	see also	zie ook	voir aussi	siehe auch
`\appendixname`	Appendix	Bijlage	Annexe	Anhang
`\bibname`	Bibliography	Bibliographie	Bibliographie	Literaturverzeichnis
`\ccname`	cc	cc	Copie à	Verteiler
`\chaptername`	Chapter	Hoofdstuk	Chapitre	Kapitel
`\contentsname`	Contents	Inhoudsopgave	Table de matières	Inhaltsverzeichnis
`\enclname`	encl	Bijlage(n)	P. J.	Anlage(n)
`\figurename`	Figure	Figuur	Figure	Abbildung
`\headtoname`	To	Aan	A	An
`\indexname`	Index	Index	Index	Index
`\listfigurename`	List of Figures	Lijst van figuren	Liste des figures	Abbildungsverzeichnis
`\listtablename`	List of Tables	Lijst van tabellen	Liste des tablaux	Tabellenverzeichnis
`\pagename`	Page	Pagina	Page	Seite
`\partname`	Part	Deel	Partie	Teil
`\prefacename`	Preface	Voorwoord	Préface	Vorwort
`\proofname`	Proof	Bewijs	Démonstration	Beweis
`\refname`	References	Referenties	Références	Literatur
`\seename`	see	zie	voir	siehe
`\tablename`	Table	Tabel	Tableau	Tabelle

Auf die Inhaltszuweisung der Namensbefehle folgt in den Sprachdefinitionsfiles für die meisten Sprachen dann die Definition des Datumsbefehls `\date`*sprache*, der seinerseits den Befehl `\today` sprachspezifisch neu definiert. Für Esperanto geschieht dies z. B. mit:

```
\def\dateesperanto{%
   \def\today{\number\day{--a}~de~\ifcase\month\or
      januaro\or februaro\or marto\or aprilo\or majo\or
      junio\or julio\or a\u{u}gusto\or septembro\or
      octobro\or novembro\or decembro\fi,\space
      \number\year}}
```

Auf die Definitionen von `\date`*sprache* und `\today` folgen in den Sprachdefinitionsfiles noch die Definitionen für die beiden Befehle `\extras`*sprache* und `\noextras`*sprache*, mit denen gewisse Besonderheiten für die betreffende Sprache ein- und ausgeschaltet werden können. Die Definition oder Ergänzung für diese beiden Befehle erfolgt in den Sprachdefinitionsfiles mit einer der auf der vorangegangenen Seite vorgestellten Definitionsstrukturen `\addto` oder `\@namedef`.

Ein typischer Vertreter für solche `\extras`- und `\noextras`-Strukturen ist das An- bzw. Abschalten von Zusatzzwischenraum nach Satzzeichen mit `\nonfrenchspacing` bzw. `\frenchspacing`. Für diese LaTeX-Erklärungen stellt das Babel-System zwei äquivalente interne Erklärungsbefehle mit `\bbl@frenchspacing` und `\bbl@nonfranchspacing` zur Verfügung, die in den `.ldf`-Files deshalb bevorzugt werden:

```
\@namedef{extras\CurrentOption{\bbl@frenchspacing}
\addto{\noextrasgerman}{\bbl@nofrenchspacing}
```

In vielen `.ldf`-Files werden Befehle `\`*sprache*`hyphenmins` in der Form

`\def\`*sprache*`hyphenmins{`n_l n_r`}`

definiert. Hiermit werden den LaTeX-Trennvorgaben `\lefthyphenmin` und `\righthyphenmin` die Werte n_l und n_r für die Mindestanzahl von Buchstaben vor und nach dem Ende einer etwaigen Trennung innerhalb eines Wortes festgelegt, ohne dass es der expliziten Zuweisungen für diese LaTeX-Trennvorgaben innerhalb der `.ldf`-Files bedarf. Beispiel: `\def\norskhyphenmins{\@ne\tw@}`, womit als Einstellvorgabe für die norwegische Sprache `\lefthyphenmin` mit 1 (`\@ne`) und `\righthyphenmin` mit 2 (`\tw@`) besetzt werden.

Alle in diesem Unterabschnitt vorgestellten Babel-Strukturen kommen in jedem der bereitgestellten Sprachdefinitionsfiles vor. Sie sind damit gewissermaßen die Mindestvorgaben für ein Definitionsfile, zu denen noch eine Anfangsstruktur zur Selbstidentifikation und eine Endstruktur zur Durchführung aller standardmäßigen Abschlussmaßnahmen kommt:

`\ProvidesLanguage{`*sprache*`}[`*opt. Datum und Versionsnummer sowie sonstiger Kurzhinweise*`]`
`\ldf@finish{`*sprache*`}` oder `ldf@finish\CurrentOption`

Der `\ProvidesLanguage`-Befehl zur Selbstidentifikation beschreibt sich mit seiner Syntaxvorstellung ausreichend selbst. Der Abschlussbefehl `\ldf@finish`, dessen Argument *sprache* explizit übergeben wird, wenn das Babel-System für diese Sprache nur einen Optionsnamen gemäß der Tabelle aus 1.4.2 kennt. Bei mehreren zulässigen Sprachoptionsnamen tritt der Abschlussbefehl in den zugehörigen `.ldf`-Files in der zweiten Syntaxform auf.

Mit dem Abschlussbefehl `\ldf@finish` wird einmal die Umschaltung des Bedeutungswertes (`\catcode`) für das `@`-Zeichens das mit dem Startbefehl `\LdfInit` (s. o.) zu einem Buchstaben erklärt wurde, damit es innerhalb der Sprachdefinitionsfiles innerhalb von Befehlsnamen auftreten darf, in seinen Ursprungswert zurückgesetzt. Weiterhin wird ein Konfigurationsfile *sprache*`.cfg`, mit dem die Vorgaben aus dem aktiven *sprache*`.ldf`-File modifiziert werden können, eingelesen, wenn ein solches existiert. Schließlich sorgt dieser Abschlussbefehl dafür, dass zu Beginn von `\begin{document}` die mit der Aktivierung des Babel-Systems gemäß 1.4.1 gewählte Anfangssprache dort eingestellt wird.

Mit den in diesem Unterabschnitt vorgestellten Strukturen könnte sich der Anwender für jede Sprache ein Konfigurationsfile *sprache*`.cfg` erstellen, mit dem diese Strukturen gegenüber den Vorgaben aus dem Standard-`.ldf`-File modifiziert werden können, also die sprachspezifischen Textvorgaben für `\captions`*sprache* (s. o), für das Datum sowie für die `\extras`- und `\nonextras`-Vorgaben. Außerdem könnten hiermit weitere Sprachdefinitionsfiles erstellt werden, wenn deren Aufgaben sich auf die hier beschriebenen Strukturen beschränken. Für diesen Fall müsste allerdings das Babel-Ergänzungspaket `babel.sty` um einen weiteren Befehl `\DeclareOption` gemäß 1.4.4 für diese neue Sprache erweitert werden.

Vor einer solchen Aufgabe möge der Anwender Einblick in ein bestehendes `.ldf`-File mit einer entsprechend einfachen Struktur nehmen, wie dies z. B. für `irish.ldf` oder `scottisch.ldf` der Fall ist, also in ein `.ldf`-File, für das das Babel-Paket entsprechend 1.4.2 nur einen Sprachoptionsnamen kennt und das keine eigenen Kurzbefehle zur Verfügung stellt.

Sprachdefinitionsfiles mit der nächsteinfacheren Struktur sind solche, die unter mehreren Optionsnamen gemäß 1.4.2, S. 54, aktiviert werden können, selbst aber keine eigenen Kurzbefehle bereitstellen, wie dies z.Ḃ. für `english.ldf` der Fall ist. Hier wird die standardmäßige Abfrage `\ifx\l@`*sprache*`\undefined`, wie sie zu Beginn dieses Abschnitts auf S. 59 vorgestellt wurde, durch eine für mehrere Sprachoptionsnamen verschachtelte Abfrage ersetzt, z. B. in `english.ldf` mit

```
\ifx\l@english\@undefined
  \ifx\l@UKenglish\@undefined
    \ifx\l@british\@undefined
      \@nopatterns{English}\adddialect\l@english0
    \else \let\l@english\l@british \fi
  \else \let\l@english \l@UKenglish \fi \fi
\ifx\l@british\@undefined \let\l@british\l@english \fi
\ifx\l@american\@undefined
  \ifx@\l@USenglish\@undefined
    \adddialect\l@amrican\l@english
  \else \let\l@american\l@USenglish \fi fi
```

Hier wird also zunächst abgefragt, ob die Sprachzähler `\l@english`, `\l@UKenglish` und `l@british` allesamt undefiniert sind, was nur dann der Fall ist, wenn für keine der zugehörigen Sprachen ein eigener Trennmustersatz im LaTeX-Formantfile eingebunden wurde. In diesem Fall wird dies mit einer Bildschirmnachricht als Folge von `\@nopatterns{English}` mitgeteilt. Die genaue Bildschirmmitteilung lautet dann

```
No hyphenation patterns were loaded for the language ‘English’
I will use the patterns loaded for \language=0 instead
```

wobei die hier mit der zweiten Zeile angekündigte Aktion eine Folge der anschließenden Anweisung `\adddialect\l@english0` in der Mittelzeile der obigen verschachtelten Abfragestruktur ist.

Nach dem Durchlaufen des ersten dreifachen Abfrageblocks ist der Sprachzähler `\l@english` entweder als Dialekt der Sprache mit dem Sprachzählerwert ‘0’ gleichgesetzt oder einer der Sprachzähler `\l@british` oder `\l@UKenglish` war bekannt, womit dann `\l@english` dann ebenfalls gleichgesetzt wird. `\l@english` wird damit in jedem Fall bekannt und ist mit einem Sprachzählerwert versehen.

Hiernach folgt in einer eigenen Abfrage, ob `\l@british` noch undefiniert ist. Für diesen Fall wird dann dessen Sprachzähler mit dem Wert von `\l@english` gleichgesetzt. In einer weiteren eigenen Doppelabfrage wird dann geprüft, ob sowohl `\l@american` und `\l@USenglish` undefiniert sind, was dann zur Erklärung von `\l@american` als Dialekt zum Hauptsprachzähler `\l@english` führt und anderenfalls, nämlich wenn `\l@USenglish` definiert ist, der bis dahin unbekannte Sprachzähler `\l@american` mit diesem gleichgesetzt wird.

Hiernach sind sämtliche Sprachoptionsnamen mit ihren zugehörigen Zählern aus `english.ldf` abgearbeitet und bekannt, auch wenn diese evtl. auf null gesetzt sind, weil keiner von ihnen im ersten Abfrageblock bekannt war. Hiermit soll standardmäßig erreicht werden, dass statt einer Trennunterdrückung für die aktuelle Sprache der erste Trennmustersatz des Formatfiles zur Ermittlung geeigneter Trennstellen ersatzweise zur Anwendung kommt (s. o.).

Der Zahlenwert Null kann aber auch dann für `\@english` auftreten, wenn dieser als definiert erkannt wurde, nämlich dann, wenn der Trennmustersatz für die englische Sprache als erstes Trennmuster in das LaTeX-Formatfile eingebunden wurde, was bei vielen Anwender mit typischerweise englischen und deutschen Bearbeitungstexten sogar der Fall sein wird.

Die Behandlung mehrerer Sprachoptionsnamen bzw. Sprachzählerbefehle ist im englischen Sprachdefinitionsfile `english.ldf` am umfangreichsten und gleichzeitig komplexesten, weshalb die Auswahl- und Behandlungsanweisungen hier vollständig angegeben und kurz erläutert wurden. Damit sollte es möglich sein, entsprechende Behandlungsanweisungen für alle Sprachdefinitionsfiles mit mehreren Sprachoptionsnamen zu versehen oder bei Bedarf mit einem zugehörigen Konfigurationsfile *sprache*`.cfg` zu ergänzen oder für neue `.lfd`-Files zu entwickeln.

1.4.6 Kurzbefehle in den Sprachdefinitionsfiles

Viele der Sprachdefinitionsfiles enthalten neben den bis hier vorgestellten Abfrage- und Definitionsbefehlen noch zusätzlich Definitionen für sog. Kurzbefehle nach dem Muster des Sonderzeichens `"`, wie es allen deutschprachigen Anwendern aus `german.sty` bekannt ist. Bei der Bearbeitung deutschsprachiger Texte wird das `"`-Zeichen bekanntlich als spezielles Befehlsanfangszeichen zur einfacheren Eingabe der Umlaute, des ß, von Trennhilfen, den deutschen Anführungszeichen u. a. genutzt.

Welche Kurzbefehle mit welchen Wirkungen in den Sprachdefinitionsfiles des Babel-Systems zur Verfügung stehen, kann der Kurzdokumentation aus der LaTeX-Bearbeitung von `user.drv` gemäß 1.2.5 auf S. 12 entnommen werden. Besteht beim Anwender kein Bedarf an der Erstellung eigener Kurzbefehle, so kann auch hier der Hinweis aus dem ersten Absatz aus dem vorangegangenen Abschnitt übernommen werden und der Rest dieses Abschnitts übersprungen werden.

Zur Einrichtung von Kurzbefehlen aus der Anwenderebene heraus wurden in 1.4.3 auf S. 56 mit `\usershorthands`, `\defineshorthand`, `\languageshorthands` u. a. genannt und ihre Syntax vorgestellt. Mit Ausnahme von `\languageshorthands` kommen die dortigen Einrichtungsbefehle in den `.ldf`-Files nicht zur Anwedung, dort werden zur Einrichtung von Kurzbefehlen vielmehr einige interne Einrichtungsbefehle des Babel-Pakets genutzt, die ich hier kurz vorstelle und für deren weitere Erläuterung ich auf Abschnitt 5 aus der Babel-Dokumentation `babel.drv` oder `user.drv` verweise.

Die Initialisierung eines Zeichen als Kurzbefehl oder Kurzbefehleinleitungszeichen erfolgt mit dem internen Einrichtungsbefehl

`\initiate@active@char{`*az*`}` z. B. `\initiate@active@char{"}`

womit die Bereitstellung des Zeichens *az* als aktives Zeichen `\catcode'\`*az*`=13` eingeleitet wird. In den meisten Sprachdefinitionsfiles wird zur Bereitstellung von Kurzbefehlen das `"`-Zeichen zum aktiven Zeichen erklärt, wobei in einigen Fällen auch andere Zeichen diese Aufgabe übernehmen, so z. B. das Zeichen `^` in `esperant.ldf`. Bei einigen Sprachen werden in den zugehörigen Sprachdefinitionsfiles auch mehrere Zeichen als aktive Zeichen eingerichtet, so z. B. in `breton.ldf` die doppelten Satzzeichen `:`, `;`, `!` und `?`.

Der vorstehende Initialisierungsbefehl steht in den Zeichensatzdefinitionsfiles stets in Kombination mit `\bbl@activate{`*az*`}` oder `\bbl@deactivate{`*az*`}`, mit dem das oben eingleitete Kurzbefehlszeichen bei seinen Aufrufen zum aktiven bzw. normalen aufgelöst wird. Diese beiden Auflösungsbefehle werden üblicherweise mittels einer `\extras`*sprache*- bzw. `\noextras`*sprache*-Struktur in einem `.ldf`-File eingerichtet, nachdem vorab dort mit `\languageshorthands{`*sprache*`}` die Einrichtung von Kurzbefehlen angefordert wird. Die vorstehende Befehlsfolge läuft am Beispiel von `esperant.ldf` so ab:

```
\initiate@active@char{^}
\addto\extrasesperanto{\languageshorthands{esperanto}}
\addto\extrasesperanto{\bbl@activate{^}}
\addto\noextrasesperanto{\bbl@deactivate{^}}
```

Zur Definition von Kurzbefehlen in den Sprachdefinitionsfiles stellt das Babel-System den Einrichtungsbefehl

`\declare@shorthand{`*sprache*`}{`*kbef*`}{`*ausf_kode*`}`

bereit, in dem *sprache* für die Namenskennung der betrachteten Sprache, *kbef* für die Kurzbefehlskennung und *ausf_kode* für den Ausführungskode dieses Kurzbefehls steht. Die Kurzbefehlskennung steht hierbei für ein oder zwei Zeichen, nämlich für das mit `\initiate@active@char` eingeführte Befehlseinleitungszeichen allein oder aus diesem und einem folgenden normalen Zeichen. Ein Beispiel für den ersten Fall sind z. B. die in `breton.ldf` verwendeten Kurzbefehle, :, ;, ! und ?, die dort als einstellige Kurzbefehle bereitgestellt werden, deren Ausführung zur Ausgabe dieser Satzzeichen führt und denen ein gewisser horizontaler Zwischenraum voran- und nachgestellt wird.

Da viele der in den Sprachdefinitionsfiles bereitgestellten Kurzbefehle häufig sowohl in normalen Textmodi als auch in mathematischen Bearbeitungsmodi zur Anwendung kommen sollen, ist dies bei der Angabe von *ausf_kode* entsprechend zu berücksichtigen. Um die hierfür erforderliche Ausführungsansangabe zu vereinfachen, steht der Umsetzungsbefehl

`\textormath{`*t_ausf_kode*`}{`*m_ausf_kode*`}`

zur Verfügung, worin *t_ausf_kode* für den Ausführungskode in normalen Textmodi und *m_ausf_kode* für diesen in mathematischen Bearbeitungsmodi steht. Als Beispiel für die Befehlserklärung `"i` in `germanb.ldf` tritt dort auf:

```
\declare@shorthand{german}{"i}{\textormath{\"{\i}}{\ddot \imath}}
```

Für Umlaute oder allgemeiner für akzentuierte Zeichen, kann mit der Angabe `\allowhyphens` unmittelbar nach dem Ausführungskode für Textmodi eine Trennvorgabe eingerichtet werden, wie dies in `germanb.ldf` mit

```
\declare@shorthand{german}{"a}{\textormath{\"{a}\allowhyphens}
                                          {\ddot a}}
```

geschieht, wobei dort neben `a` in gleicher Weise auch `o`, `u`, `A`, `O` und `U` auftreten.

Trennhilfen stehen für etliche Sprachen in deren `.ldf`-Files oft in Form geeigneter Kurzbefehle für Trennbesonderheiten zur Verfügung, wie sie deutsche Anwender für das ‚ck' oder einige Doppelkonsonanten in zusammengesetzten Wörtern aus dem deutschen Anpassungspaket `german.sty` kennt. So werden im Deutschen mit der Eingabe `Drucker` und

`Bettuch` ‚Drucker' und ‚Bettuch' im Falle einer Trennung als ‚Druk-ker' und ‚Bett-tuch' ausgegeben. Zur einfacheren Einrichtung solcher Trennhilfen stellt das Babel-System den Einrichtungsbefehl

`\bbl@disc{`*o_trenn*`}{`*v_trenn*`}`

bereit, worin *v_trenn* der Buchstabe oder die Buchstabengruppe steht, die für den Fall einer Trennung vor dem Trennstrich ausgegeben wird, während *o_trenn* an deren Stelle bei fehlender Trennung tritt. Beispiel aus `germanb.ldf`:

```
\declare@shorthand{german}{"c}{\textormath{bbl@disc{c}{k}}{c}
\declare@shorthand{german}{"t}{\textormath{bbl@disc{t}{tt}}{t}
```

Der Leser möge die Wirkung dieser beiden Kurzbefehlsdefinitionen für die beiden oben genannten Wörter ‚Drucker' und ‚Bettuch' nachvollziehen. Weitere Erläuterung zu Einrichtungsmöglichkeiten für Kurzbefehle unterbleiben hier, da solche, die über die hier beschriebenen hinausgehen, vertiefte TeX-, LaTeX- und Babel-Strukturkenntnisse verlangen.

1.4.7 Nichtlateinischen Schriften und das Babel-System

Das Babel-System stellt zur Nutzung aller in 1.4.2 genannten Sprachen die erforderlichen Makros bezüglich automatischer Textausgaben, des Datums, sprachspezifischer Besonderheiten wie Einhaltung bestimmter Satzzeichenabstände, gewisse Mindesttrennvorgaben u. Ä. sowie die evtl. Bereitstellung von Kurzbefehlen zur einfacheren Texteingabe gewisser sprachspezifischer Zeichen und Eigenheiten bereit. Dies gilt auch für Fremdsprachen mit eigenen Schriften, wie Russisch und Ukrainisch sowie Griechisch und Hebräisch, deren Zeichensätze jedoch nicht Bestandteil des Babel-Systems sind. Für deren Beschaffung, Einrichtung und Nutzung (bis auf hebräische Schriften) wird auf 1.2.5 auf S. 11 sowie auf 1.2.6 verwiesen.

1.5 Erweiterter Formelsatz mit AMS-LaTeX

Die amerikanische Gesellschaft für Mathematik (American Mathematical Society) kennzeichnet sich und ihre Produkte mit dem Logo AMS. Von der AMS wurde bereits kurz nach der Bereitstellung von TeX 82 das Makropaket `amstex.tex` zur Erstellung eines eigenen Formatfiles `amstex.fmt` entwickelt und mit [17] (Michael Spivak, *The Joy or TeX*) beschrieben. Mit AMS-TeX wird die bereits sehr hohe Formatierungsleistung für den mathematischen Formelsatz mit PLAIN-TeX nochmals deutlich erweitert und in der Anwendung vereinfacht.

AMS-TeX ist jedoch kein Dokument-Aufbereitungssystem im Sinne von LaTeX, das die Layoutvorgaben für das Endergebnis aus dem logischen Aufbau des Dokuments entnimmt und aufbereitet. AMS-TeX entspricht, abgesehen von seinen Zusatzmöglichkeiten für den Formalsatz, dem Nutzungsverfahren von PLAIN-TeX.

Die große Akzeptanz von TeX als Textformatierungsprogramm wurde ganz wesentlich durch die Bereitstellung von LaTeX als anwendungsfreundliches Zugangsprogramm zu TeX bestimmt. Damit wurde die AMS von Autoren zunehmend gebeten, die erweiterten Möglichkeiten für den Formelsatz auch für LaTeX verfügbar zu machen. Als Folge wurde 1987 das AMS-LaTeX-Projekt gegründet und drei Jahre später mit der AMS-LaTeX-Version 1.0 von FRANK MITTELBACH und RAINER M. SCHÖPF mit Unterstützung durch MICHAEL DOWNES von der AMS realisiert.

1.5.1 Strukturbeschreibung des AMS-Pakets

Die Installation sowie die beigefügte Dokumentation des AMS-Pakets wurde bereits in 1.2.7 vorgestellt. Auf diesen Abschnitt sollte bei Bedarf zurückgegriffen werden. Die derzeit (Januar 2001) aktuelle Version ist 2.12 mit dem Versionsdatum vom 6. Juni 2000. Bei der Installation entstanden die Klassenfiles `amsbook.cls`, `amsart.cls` und `amsproc.cls` sowie `amsldoc.cls` und `amsdtx.cls`. Die ersten drei Klassenfiles entsprechen den LaTeX-Standardklassen `book.cls`, `article.cls` und `proc.cls`, jedoch mit der Berücksichtigung der Layoutvorgaben und den Erweiterungen des AMS-Pakets für die Bearbeitung von Veröffentlichungen bei der AMS. Sie können natürlich auch für sonstige Publikationen mit mathematischen Strukturen genutzt werden.

Die beiden anderen Klassenfiles `amsldoc.cls` und `amsdtx.cls` werden dagegen kaum direkt genutzt. Sie dienen zur Aufbereitung der beigefügten Dokumentation `amsldoc.tex` oder zur Erstellung der Dokumentation der dokumentierten Makroquellenfiles. Bei der LaTeX-Bearbeitung dieser `.tex`- oder `.dtx`-Files werden die angeforderten Klassenfiles automatisch eingebunden.

Neben den genannten Klassenfiles entstanden bei der Installation die Ergänzungspakete:

`amsmath.sty` ist das Hauptergänzungspaket für AMS-LaTeX, das die meisten Zusatzbefehle zum Formellayout bereitstellt.

`amsgen.sty` wird von einigen der nachfolgenden Ergänzungspakete implizit eingelesen, und definiert einige Makros, die dort vorausgesetzt werden.

`amstext.sty` wird von `amsmath.sty` implizit eingelesen. Es stellt den Umschaltbefehl `\text{`*text*`}` zur Einbindung kurzer Textpassagen innerhalb von mathematischen Formeln bereit.

`amsbsy.sty` wird von `amsmath.sty` implizit eingelesen. Es stellt die Schriftumschaltbefehle `\boldsymbol` undi `\pmb` (poor man's bold) bereit.

`amsopn.sty` wird von `amsmath.sty` implizit eingelesen. Es stellt den Definitionsbefehl `\DeclareMathOperator` zur Einrichtung von Funktionsnamen wie `\sin` oder `\log` bereit.

`amsthm.sty` stellt die `proof`-Umgebung sowie Erweiterungen für den `\newtheorem`-Befehl bereit.

`amscd.sty` stellt die `CD`-Umgebung zur Erzeugung kommutativer Diagramme bereit.

`amsxtra.sty` dient zur Kompatibilitätssicherung mit Version 1.1 des AMS-LaTeX-Pakets.

`upref.sty` bewirkt, dass Kreuzbezüge unabhängig von der momentan aktiven Schrift stets mit `\normalfont` erscheinen.

`amstex.sty` ist dem AMS-LaTeX-Paket zur Sicherung der Bearbeitung älterer Texte beigefügt, die auf dieses Ergänzungspaket Bezug nehmen. Für neue Eingabetexte sollte es nicht mehr genutzt werden.

All diese Ergänzungspakete können in gewohnter Weise mit `\usepackage{`*erg_paket*`}` aktiviert werden, was für `amstext`, `amsbsy` und `amsopn` seltener der Fall sein wird, da diese vom Hauptergänzungspaket `amsmath.sty` implizit eingelesen werden.

1.5.2 Das $\mathcal{A}_\mathcal{M}\mathcal{S}$-LaTeX-Hauptergänzungspaket amsmath.sty

Das Hauptergänzungspaket `amsmath.sty` kennt einige Optionen, die in der Optionsliste von

`\usepackage[`*opt_liste*`]{amsmath}`

angegeben werden können. Dies sind zum einen die paarweise alternativen Optionen, wobei die unterstrichenen den Standardeinstellungen entsprechen, die ohne explizite Optionsangabe ebenfalls zur Anwendung kommen:

<u>`centertags`</u> | `tbtags` Mit `centertags` werden Gleichungsnummern bei mehrzeiligen Formeln der `split`-Umgebung (S. 84) vertikal zentriert. Umgekehrt werden mit `tbtags` Formelnummern dort auf die letzte bzw. erste Formelzeile ausgerichtet, wenn die Formelnummern rechtsbündig bzw. mit `fleqn` linksbündig ausgegeben werden.

<u>`sumlimits`</u> | `nosumlimits` Anfangs- und Endgrenzen erscheinen mit `sumlimits` in abgesetzten Formeln unterhalb und oberhalb des $\sum$-Zeichens. Umgekehrt werden diese Grenzangaben mit `nosumlimits` unten und oben hinter dem Summenzeichen angeordnet. Obere und untere Grenzangaben werden wie gewohnt mit den `^`-Hoch- und `_`-Tiefstellungsbefehlen eingegeben.

Die Grenzangaben werden in gleicher Weise mit den Produkt-, Vereinigungs-, Durchschnitts- und einigen weiteren Symbolen verknüpft, genau genommen mit $\sum$, $\prod$, $\coprod$, $\bigcup$, $\biguplus$, $\bigcap$, $\bigsqcup$, $\bigvee$, $\bigwedge$, $\bigodot$, $\bigotimes$ und $\bigoplus$. Integralzeichen bleiben dagegen von diesem alternativen Optionspaar unberührt.

`sumlimits` `nosumlimits`

$$\sum_{n=0}^{\infty}\frac{1}{2^n}=2;\ \prod_{i=0}^{m-1} n-i=\frac{n!}{(n-m)!} \qquad \sum\nolimits_{n=0}^{\infty}\frac{1}{2^n}=2;\ \prod\nolimits_{i=0}^{m-1} n-i=\frac{n!}{(n-m)!}$$

Die Eingabe erfolgt in beiden Fällen mit

```
\[ \sum_{n=0}^\infty \frac{1}{2^n} = 2;\;
   \prod_{i=0}^{m-1} n - i = \frac{n!}{(n-m)!} \]
```

`intlimits` | <u>`nointlimits`</u> steuert in entsprechender Weise die Grenzangaben unter- und oberhalb von bzw. unten nach und oben nach Integralzeichen,

`intlimits`

$$\int\limits_0^a \sqrt{a^2-x^2}\,dx = \int\limits_{\arcsin 0}^{\arcsin 1} a^2\sqrt{1-\sin^2 t}\,d\sin t = a^2\int\limits_0^{\pi/2}\cos^2 t\,dt = \frac{\pi a^2}{4}$$

`nointlimits`

$$\int_0^a \sqrt{a^2-x^2}\,dx = \int_{\arcsin 0}^{\arcsin 1} a^2\sqrt{1-\sin^2 t}\,d\sin t = a^2\int_0^{\pi/2}\cos^2 t\,dt = \frac{\pi a^2}{4}$$

wobei auch hier die Erzeugungseingabe für beide Fälle die gleiche ist. Zur Erinnerung sei nochmals vermerkt, dass Grenzangaben für Integrale von LaTeX standardmäßig nachgestellt werden, wie es auch der `nointlimits`-Option entspricht.

namelimits | nonamelimits Die Funktionsnamen `\det`, `\gcd`, `\inf`, `\lim`, `\liminf`, `\limsup` `\max`, `\min`, `\Pr` und `\sup` werden häufig mit unteren Grenzangaben verknüpft. In abgesetzten Formeln erscheinen solche Grenzangaben standardmäßig sowie mit der Option `namelimits` unterhalb des Funktionsnamens bzw. mit der Option `nonamelimits` nach dem Funktionsnamen unten rechts.

namelimits	nonamelimits
$\lim\limits_{x\to\infty}\left(1+\frac{1}{x}\right)^x = e = 2.71828\ldots$	$\lim\nolimits_{x\to\infty}\left(1+\frac{1}{x}\right)^x = e = 2.71828\ldots$

```
\[ \lim_{x\to\infty}\left(1 + \frac{1}{{x}\right)^x=e= ... \]
```

Die vorstehenden Grenzoptionen wirken mit ihrer jeweiligen Einstellwirkung auf das ganze Dokument. Für einzelne Symbole kann deren Wirkung lokal mit `\limits` bzw. `\nolimits` umgeschaltet werden, wie dies aus Standard-LaTeX bekannt sein sollte.

Neben diesen Grenzoptionen kennt `amsmath.sty` noch die Optionen zur Positionierung von Gleichungsnummern sowie zur linksbündigen Ausrichtung von abgesetzten Formeln:

leqno | reqno Mit `leqno` werden etwaige Formelnummern linksbündig vor die Formel gesetzt, mit `reqno` dagegen rechtsbündig der Formel nachgestellt.

fleqn Alle abgesetzten Formeln werden mit einem durch `\mathindent` festgelegten Einzug linksbündig angeordnet.

Die letzten beiden Optionsgruppen werden häufig bereits mit dem Klassenfile angefordert, so dass dann ihre explizite Angabe in der Optionsliste von `\usepackage[`*opt_liste*`]{amsmath}` entfallen kann.

1.5.3 Weitere Schriftumschaltbefehle in Formeln

Standardmäßig stellt LaTeX zur lokalen Schriftumschaltung innerhalb von mathematischen Formeln die argumentbehafteten Umschaltbefehle `\mathcal`, `\mathrm`, `\mathsf`, `\mathtt`, `mathbf`, `\mathit` und `\mathnormal` [5a, 5.5.4] bereit. Mit `amsmath` (genauer `amsbsy`, das jedoch implizit mit `amsmath` eingelesen wird) werden zusätzlich die Schriftumschaltbefehle

`\boldsymbol{`*symbol*`}` und `\pmb{`*symbol*`}`

bereitgestellt. Mit `\boldsymbol` erscheint das eingeschlossene Symbol fett, falls es für dieses einen geeigneten fetten Zeichensatz gibt. Mit `\mathbf` erscheinen bekanntlich nur lateinische Buchstaben, Ziffern und griechische Großbuchstaben fett, während griechische Kleinbuchstaben und sonstige mathematische Symbole unbeeinflusst bleiben. Man beachte das Ergebnis von `$\mathbf{\nabla\times V\,d\sigma}$` mit '$\mathbf{\nabla\times V\,d\sigma}$' gegenüber dem von `$\boldsymbol{\nabla\times V\,d\sigma}$` mit '$\boldsymbol{\nabla\times V\,d\sigma}$'. Mit dem LaTeX-Standardbefehl `\mathbf` erscheinen nur das ‚V' und das ‚d' fett, die anderen Symbole dagegen in normaler Stärke. Außerdem sind V und d der aufrechten Romanschrift entnommen und nicht, wie es dem internationalen Standard entspräche, einer fetten Kursivschrift. Mit `\boldsymbol` erscheinen dagegen alle Symbole fett und bleiben kursiv.

Lediglich solche Symbole, für die es keinen zugehörigen fetten Zeichensatz gibt, bleiben auch mit `\boldsymbol` in normaler Stärke. Das ist z. B. für die Symbole in zwei Größen aus dem cmex-Zeichensatz der Fall, also für $\sum$, $\int$, $\bigcup$ u. a., sowie für solche, die aus anderen Symbolen durch Kombination erzeugt werden, wie z. B. $\triangle$. Für solche Symbole kann mit `\pmb` eine Verstärkung durch Mehrfachausdruck mit geringen Verschiebungen annäherungsweise nachgebildet werden. Man vergleiche `$\sum\;\int\;\bigcup\;\triangle$` mit $\sum\;\int\;\bigcup\;\triangle$ gegenüber `$\pmb{\sum\;\int\;\bigcup\;\triangle}$` mit $\pmb{\sum\;\int\;\bigcup\;\triangle}$. In abgesetzten Formeln bezieht sich der Befehl auf die äquivalenten Großformen dieser Zeichen.

Mit `\text{`*t_phrase*`}` kann ein Wort oder eine kurze Textphrase innerhalb einer Formel als Normaltext ausgegeben werden, wie dies in Standard-LaTeX mit dem Befehl `\mbox{`*t_phrase*`}` innerhalb mathematischer Bearbeitungsmodi geschieht. Die Umschaltung erfolgt dabei auf die außerhalb der Formel aktive Textschrift. Im Gegensatz zu `\mbox` berücksichtigt `\text` jedoch die innerhalb der Formel angeforderte Schriftgröße. So wird mit '`..._{\text{Wort oder Phrase}}...`' der Text '$_{\text{Wort oder Phrase}}$' tiefgestellt und erscheint in der Schriftgröße `\scriptsize`. Mit `\mbox` hätte hierfür explizit '`..._{\mbox{\scriptsize Wort oder Phrase}}...`' eingegeben werden müssen. Außerdem ist der Befehlsname `\text` für den damit verbundenen Zweck einleuchtender als der Standardbefehl `\mbox`.

Ein weiterer Befehl zur Einfügung von Textpassagen in eine abgesetzte Formelgruppe lautet

`\intertext{`*einf_text*`}`

Damit kann in einer abgesetzten Formelgruppe eine kurze Textpassage als eigene Zeilengruppe linksbündig zwischengefügt werden. Eine etwaige Ausrichtung der einzelnen Formelzeilen unter Berücksichtigung der ganzen Formelgruppe bleibt dabei erhalten, was standardmäßig mit Beendigung der abgesetzten Formel, der eingefügten Textpassage und der anschließenden Neuöffnung der abgesetzten Formel nicht garantiert wird. Beispiel:

$$\begin{aligned}(x+iy)(x-iy) &= x^2 - ixy + ixy - i^2y^2\\ &= y^2 + y^2 \quad\text{da}\quad i^2 = -1 \quad\text{ist.}\end{aligned}$$

Dagegen ist

$$\begin{aligned}(x+iy)^2 &= x^2 + 2ixy + i^2y^2 = x^2 + 2ixy - y^2\\ (x-iy)^2 &= x^2 - 2ixy + i^2y^2 = x^2 - 2ixy - y^2\end{aligned}$$

```
\begin{align*}
  (x+iy)(x-iy) & = x^2 - ixy + ixy - i^2y^2\\
               & = y^2 - y^2 \quad\text{da}\quad i^2 = -1
   \quad\text{ist.}\\ \intertext{Dagegen ist}
    (x + iy}^2 & = x^2 + 2ixy + i^2y^2 = x^2 + 2ixy - y^2
    (x - iy)^2 & = x^2 - 2ixy + i^2y^2 = x^2 - 2ixy - y^2
\end{align*}
```

Die Ausrichtung nach dem ersten Gleichheitszeichen bleibt trotz Unterbrechung durch die zugefügte Textzeile „dagegen ist" erhalten. Die hier verwendete Ausrichtungsumgebung `align` ist eine von mehreren, die das AMS-LaTeX-Paket zum Ersatz für die LaTeX-Standardumgebung `eqnarray` anbietet (s. 1.5.8). Zu beachten ist, dass der Befehl `\intertext` nur unmittelbar nach dem `\\`-Zeilenumbruchbefehl verwendet werden darf.

1.5.4 Mathematische Mehrfachsymbole

In mathematischen Formeln sollen häufig mehrere gleiche Symbole wie Mehrfachintegrale oder mehrfach aufgestockte Symbole, Pfeile über und unter mathematischen Ausdrücken und einige andere Wiederholungen erfolgen, wobei der Abstand zwischen solchen Symbolen ggf. von der mathematischen Bedeutung abhängt, die LATEX nicht automatisch erkennen kann. Das Ergänzungspaket `amsmath.sty` bzw. die von ihm implizit eingelesenen Pakete stellen hierfür eine Reihe von Strukturen bereit, die den Anwender von mühevollen Positionierungsversuchen befreien.

Mehrfachintegrale Zur Ausgabe von Mehrfachintegralen stellt `amsmath.sty` die Befehle `\iint`, `\iiint`, `\iiiint` und `\idotsint` bereit, die in gewohnter Weise mit Grenzangaben zu verknüpfen sind. Diese Befehle erzeugen in Textformeln $\iint$, $\iiint$, $\iiiint$ und $\idotsint$ bzw. in abgesetzten Formeln:

$$\iint\limits_S f(x,y)\,dS$$ `\[ \iint\limits_S f(x,y)\,dS \]`

$$\iiint\limits_V f(x,y,z)\,dV$$ `\[ \iiint\limits_V f(x,y,z)\,dV \]`

$$\iiiint\limits_G f(x,y,z,t)\,dG$$ `\[ \iiiint\limits_G f(x,y,z,t)\,dG \]`

$$\idotsint\limits_U f(x_1,\ldots,x_k)\,dU$$

```
\[ \idotsint\limits_U
   f(x_1,\ldots,x_k)\,dU \]
```

wobei der Befehl `\limits` bei Verwendung der Paketoption `intlimits` für das Ergänzungspaket `amsmath` entfallen kann.

Mehrzeilige Grenzangaben Bei Summationen und zur Indizierung werden häufig mehrzeilige Grenz- oder Indexangaben verlangt, etwa wie bei den nachfolgenden Beispielen.

zweizeiliges Indexfeld	zweizeilige untere Summengrenze
$\Delta_{\substack{p_1p_2\cdots p_{n-k}\\q_1q_2\cdots q_{n-k}}}$	$\sum\limits_{\substack{k_0,k_1,\ldots\geq 0\\k_0+k_1+\cdots=0}} a_{0k_0}a_{1k_1}\cdots$

Das `amsmath`-Ergänzungspaket stellt hierfür den Befehl `\substack` mit der Syntax

`\substack{`*1. Indexzeile*`\\` *2. Indexzeile*`\\ ...\\` *letzte Indexzeile*`}`

bereit, wobei der `\substack`-Befehl nach den `^`- oder `_`-Umstellungsbefehlen als Ganzes in ein `{ }`-Paar einzuschließen ist. Das Indexfeld des ersten Beispiels wurde damit als

```
\Delta_{\substack{p_1p_2\cdots p_{n-k}\\q_1q_2\cdots q_{n-k}}}
```

eingegeben.

Mehrzeilige Hoch- oder Tiefstellungen (Exponenten und Indizes bzw. Grenzangaben) werden mit `\substack` gegeneinander horizontal zentriert, wie das zweite Beispiel mit

```
\[ \sum_{\substack{k_0,k_1,\ldots\ge0\\ k_0+\k_1+\cdots=0}}
        a_{0k_0} a_{1k_1}\cdots \]
```

deutlicher zeigt. Eine etwas allgemeinere Anordnung wird mit der `subarray`-Umgebung aus `amsmath.sty` angeboten:

`\begin{subarray}{`*pos*`}`*1. Indexzeile*`\\` *2. Indexzeile*`\\`
`...` `\\` *letzte Indexzeile* `\end{subarray}`

Hier kann die Ausrichtung der einzelnen Indexzeilen mit *pos* gesteuert werden, wofür derzeit (Version 2.12) `c` und `l` gewählt werden kann. Mit `c` erfolgt die Ausrichtung der Zeilen wie mit `\substack` zentriert, mit `l` dagegen linksbündig.

$$\sum_{\begin{subarray}{l} i\in\Lambda\\ i<j<n \end{subarray}} P(i,j)$$

```
\[ \sum_{\begin{subarray}{l} i\in\Lambda\\
        i<j<n \end{subarray}} P(i,j) \]]
```

Spezielle Grenzangaben Soll einem Summensymbol ohne Grenzangaben ein Ableitungsstrich nachgestellt werden, wie in $\sum' E_n$, so kann das in abgesetzten Formeln leicht mit

```
\[ \sum\nolimits' E_n \]
```

$$\sum\nolimits' E_n$$

erreicht werden. Soll unterhalb und/oder oberhalb des Summensymbols eine Grenzangabe angeordnet werden, so ist ein nachfolgend angeforderter Ableitungsstrich standardmäßig nur mühevoll richtig zu positionieren. Hier bietet der Befehl `\sideset` aus `amsmath.sty` eine Erleichterung:

$$\sideset{}{'}\sum_{n=0}^\infty (2n+1) E_{2n+1}$$

```
\[ \sideset{}{'}\sum_{n=0}^\infty
    (2n+1) E_{2n+1} \]
```

Die genaue Syntax für diesen Befehl lautet:

`\sideset{`*vor*`}{`*nach*`}\`*symb_befehl*

Die Einträge *vor* und *nach* werden dem Symbol `\`*symb_befehl* voran- bzw. nachgestellt, wobei *vor* und *nach* ihrerseits `_`-Tief- und/oder `^`-Hochstellungsbefehle enthalten darf.

Mit `\sideset{_*^*}{_*^*}\prod` wird dem $\prod$-Produktsymbol ein * jeweils oben und unten voran- und nachgestellt (s. nebenstehendes Beispiel). $\sideset{_*^*}{_*^*}\prod$

Als weitere Verschiebebefehle seien hier noch

`\overset{`*o_symbol*`}{`*zeichen*`}` und `\underset{`*u_symbol*`}{`*zeichen*`}`

angeführt, mit denen ein beliebiges Symbol *o_symbol* bzw. *u_symbol* in der Größe von Exponenten bzw. Indizes oberhalb bzw. unterhalb eines anderen Zeichens *zeichen* angeordnet wird. Damit erzeugt `$\overset{*}{X}$` $\overset{*}{X}$ und `$\underset{*}{X}$` $\underset{*}{X}$.

Verlängerte Pfeilsymbole Das Ergänzungspaket `amsmath.sty` stellt eine Reihe von Befehlen zur Erzeugung verlängerter Pfeile zur Kombination mit verschiedenen mathematischen Teilformeln zur Verfügung. Die Befehle

`\overleftarrow{`*teilformel*`}` `\underleftarrow{`*teilformel*`}`
`\overrightarrow{`*teilformel*`}` `\underrightarrow{`*teilformel*`}`
`\overleftrightarrow{`*teilformel*`}` `\underleftrightarrow{`*teilformel*`}`

erzeugen linke, rechte oder Doppelpfeile ober- bzw. unterhalb der als Argument eingeschlossenen Teilformel.

$$\overrightarrow{ABCD} = \underrightarrow{AB} + \underrightarrow{BC} + \underrightarrow{CD}$$
$$\overleftarrow{ABCD} = \underleftarrow{DC} + \underleftarrow{CB} + \underleftarrow{BA}$$
$$\overleftrightarrow{ABCD} = \underleftrightarrow{DCAB}$$

```
\begin{eqnarray*} \overrightarrow{ABCD} =
  \underrightarrow{AB} + \underrightarrow{BC}
  + \underrightarrow{CD}
\overleftarrow{ABCD} = \underleftarrow{DC} ...
  = \underleftrigharrow{DCAB} \end{eqnarray}
```

Hierbei stehen insbesondere die unteren Pfeile zu dicht unterhalb der jeweiligen Teilformel, wie die rechte Seite der letzten Formelzeile erkennen lässt. Dies wäre auch bei den Teilformeln der rechten Seiten der ersten beiden Formelzeilen mit dem angegebenen Eingabekode der Fall. Den größeren Abstand habe ich dort mit dem Voranstellen einer Stütze mit geeigneter Unterlänge erzwungen, indem dort tatsächlich

`\underrightarrow{\rule[-2pt]{0pt}{10pt}AB} ...` und
`\underleftarrow{\rule[-2pt]{0pt}{10pt}DC} ...`

eingegeben wurde. Bei häufiger Verwendung solcher evtl. verschobener Pfeile sollte man sich zur Abkürzung Eigendefinitionen bereitstellen, z. B. mit

```
\newcommand{\ura}[1]{\underrightarrow{\rule[-2pt]{0pt}{10pt}#1}
```

In Exponenten und Indizes bzw. Grenzangaben werden die Pfeile der kleineren Schrift entsprechend angepasst:

$$\int_{\overrightarrow{0,2\pi}} r\,d\varphi = 2\pi r$$

```
\int_{\overrightarrow{0,2\pi}} r\,d\varphi = 2\pi r
```

Zwei weitere horizontale Pfeile stehen mit

`\xleftarrow[`*unten*`]{`*oben*`}` `\xrightarrow[`*unten*`]{`*oben*`}`

zur Verfügung. Diese Befehle erzeugen linke bzw. rechte horizontale Pfeile, oberhalb derer der zwingende Eintrag von *oben* in der Größe von einfachen Hochstellungen (Exponenten) steht. Ein möglicher Eintrag für das optionale Argument *unten* erscheint in der Größe von einfachen Tiefstellungen (Indizes) unterhalb des Pfeils. Die Pfeillänge wird aus dem längeren dieser Einträge bestimmt.

$$A \xleftarrow{n+\mu-1} B \xrightarrow[T]{n\pm i-1} C$$

```
\[ A \xleftarrow{n+\mu-1} B
     \xrightarrow[T]{n\pm i-1} C \]
```

Das Ergänzungspaket `amscd.sty` stellt eine Reihe weiterer Pfeilbefehle mit Textkombinationen bereit, die in 1.5.10 vorgestellt werden.

Aufgestockte Akzente Der Versuch, mehrere Akzente übereinanderzustocken, z. B. mit `$\hat{\hat{A}}$`, führt mit Standard-LaTeX zur Fehlpositionierung $\hat{\hat{A}}$. Entsprechendes gilt für die anderen mathematischen Akzentbefehle `\check`, `\breve`, `\acute`, `\grave`, `\tilde`, `\bar`, `\vec`, `\dot` und `\ddot`. Das Ergänzungspaket `amsmath.sty` stellt deshalb die gleichnamigen Akzentbefehle mit einem großen Anfangsbuchstaben

```
\Hat     \Breve   \Grave   \Bar   \Dot
\Check   \Acute   \Tilde   \Vec   \Ddot
```

bereit, die beliebig miteinander verschachtelt werden können und zur erwarteten Positionierung führen: `$\Hat{\Hat{A}}$`, `$\Breve{\Bar{B}}$` und `$\Tilde{\Tilde{C}}$` ergeben nun $\Hat{\Hat{A}}$, $\Breve{\Bar{B}}$ bzw. $\Tilde{\Tilde{C}}$.

Die Mehrfachpositionierung von Akzenten ist rechenintensiv. Werden solche Mehrfachakzente vielmals benötigt, dann kann mit dem Ergänzungspaket `amsxtra.sty` mit dem Definitionsbefehl

`\accentedsymbol{\`*akz_bef_name*`}{`*defintion*`}`

eine Beschleunigung erreicht werden. Dieser Definitionsbefehl greift auf eine Kombination von `\newcommand` und `\savebox` zurück, bei dem unter Befehlsnamen `\`*akz_bef_name* das Bearbeitungsergebnis der übergebenen Definition in eine Box mit diesem Namen abgelegt wird. Mit `\accentedsymbol{\Ahathat}{\Hat{\Hat A}}` geben anschließende `\Ahathat`-Aufrufe das obige $\Hat{\Hat{A}}$ deutlich schneller aus als mit wiederholten `\Hat{\Hat{A}}`-Aufrufen.

Drei oder vier nebeneinander stehende Punkte als Akzent oberhalb einzelner Zeichen, die gewöhnlich für drei- und vierfache zeitliche Ableitungen benötigt werden, können mit den Befehlen

`\dddot{`*z*`}`   `\ddddot{`*z*`}`

erzeugt werden. So erzeugt `$\dddot{u}$` $\dddot{u}$ und `$\ddddot{w}$` $\ddddot{w}$.

Alternativen zu Breitakzenten Standard-LaTeX stellt mit den Befehlen `\widehat` und `\widetilde` zwei Breitakzente vor, die über Formelteile wie $\widehat{1-x}$ oder $\widetilde{xyz}$ mit `$\widehat{1-x}$` bzw. `$\widetilde{xyz}$` angebracht werden. Die Weite des jeweiligen Breitakzentes hängt bis zu einer gewissen Maximalweite vom eingeschlossenen Argument ab, s. $\widetilde{x}$, $\widetilde{xy}$ und $\widetilde{xyz}$.

Bei längeren Teilformeln reicht die Maximalweite des Breitakzents nicht aus, um die gesamte Teilformel zu überspannen. So erscheint `$\widehat{AmSWH}$` als $\widehat{AmSWH}$ und `$\widetilde{AmSWT}$` als $\widetilde{AmSWT}$, was nicht besonders gut aussieht. Als Alternative empfiehlt die $\mathcal{A}_{\mathcal{M}}\mathcal{S}$ für solche Fälle die Notation $(AmSWH)^\wedge$ bzw. $(AmSWT)^\sim$ zu wählen.

Zur einfacheren Erzeugung dieser Akzentalternativen stellt das Ergänzungspaket `amsxtra.sty` die Befehle `\sphat` und `\sptilde` bereit, mit denen die vorstehenden Alternativakzente mit `$(AmSWH)\sphat$` bzw. `$(AmSWT)\sptilde$` erzeugt werden. Zusätzlich stellt es noch `\spcheck`, `\spdot`, `\spddot`, `\spdddot` und `\spbreve` bereit, mit denen die äquivalenten Notationen $(AmSCH)^\vee$, $(AmSD)^\cdot$, $(AmSDD)^{\cdot\cdot}$, $(AmSDDD)^{\cdot\cdot\cdot}$ bzw. $(AmSBR)^\smile$ mit `$(AmSCH)\spcheck$`, `$(AmSD)\spdot$`, `$(SmSDD)\spddot$`, `$(AmSDDD)\spdddot$` und `$(AmSBR)\spbreve$` erzeugt werden können.

Fortsetzungspunkte Standard-LATEX stellt hierfür die Befehle `\ldots` und `\cdots` bereit, die drei Fortsetzungspunkte auf der Grundlinie bzw. in der Höhe des Minuszeichens erzeugen. AMS-LATEX stellt eine Reihe weiterer Befehle zur Erzeugung von Fortsetzungspunkten bereit. Mit `\dots` werden drei Fortsetzungspunkte erzeugt, deren vertikale Positionierung vom nachfolgenden Zeichen abhängt. Ist dieses das Gleichheitszeichen oder ein binärer Operator, wie das +- oder −-Zeichen, so werden die Fortsetzungpunkte angehoben wie beim Standardbefehl `\cdots`. Für alle anderen Folgezeichen erscheinen die Fortsetzungspunkte auf der Grundlinie wie mit `\ldots`.

`$a_0+a_1+\dots+a_n$` erzeugen damit $a_0 + a_1 + \cdots + a_n$, während `$a_0,a_1,\dots,a_n$` zu $a_0, a_1, \ldots, a_n$ führt. Stehen die Fortsetzungspunkte am Ende einer mathematischen Formel, so folgt hierauf kein Zeichen, das die vertikale Positionierung bestimmt. Diese muss dann mit den Befehlen `\dotsc`, `\dotsb`, `\dotsm` oder `\dotsi` bestimmt werden.

Mit `\dotsc` werden Fortsetzungspunkte in Kommahöhe erzeugt, `$A_1,A_2,\dotsc$`: $A_1, A_2, \ldots$ (das c am Namensende soll an das englische Wort 'comma' erinnern. Mit `\dotsb` stehen die Fortsetzungspunkte in Höhe der binären Operatoren, `$A_1+A_2+\dotsb$`: $A_1 + A_2 + \cdots$ (das b am Namensende soll an 'binary' erinnern). Das Ergebnis von `\dotsm` ist bis auf geringfügige Unterschiede im horizontalen Abstand zum vorangehenden Zeichen identisch mit `\dotsb`, `$A_1A_2\dotsm$`: $A_1 A_2 \cdots$ (das m am Namensende soll an 'multiplication dots' erinnern). Schließlich werden mit `\dotsi` die Fortsetzungspunkte auf die vertikale Mitte von vorangehenden Integralzeichen ausgerichtet

```
\[ \int_{A_1}\int_{A_2}\dotsi \]
```

$$\int_{A_1}\int_{A_2}\cdots$$

1.5.5 Bruchstrukturen

Die TEX-Bruchstrukturen `\over`, `\overwidthdelim`, `\atop`, `\atopwidhlimits`, `\above` und `\abovewidthlimits` sind grundsätzlich auch mit Standard-LATEX erlaubt, obwohl sie dort kaum zur Anwendung kommen, da Bruchstrukturen bevorzugt mit dem `\frac`-LATEX-Befehl erzeugt werden. In AMS-LATEX sind die vorstehenden TEX-Originalbefehle dagegen verboten. Dafür stellt `amsmath.sty` geeignete eigene Bruchstrukturen zur Verfügung.

Die Bruch-Grundbefehle Neben dem LATEX-Standardbefehl `\frac{`*zähler*`}{`*nenner*`}` stellt `amsmath.sty` zusätzlich die Bruchbefehle `\dfrac` und `\tfrac` mit gleicher Syntax wie beim `\frac`-Befehl zur Verfügung. Diese Zusatzbefehle sind nichts weiter als `\frac`-Befehle, denen `\displaystyle` bzw. `\textstyle` vorangestellt und zusammen mit dem nachfolgenden `\frac`-Befehl von einer namenlosen Umgebung, also einem `{ }`-Paar, umschlossen wird. Zur Wirkung der mathematischen Schriftgrößenbefehle `\displaystyle` bzw. `\textstyle` auf den nachfolgenden `\frac`-Befehl verweise ich auf [5a, Abschn. 5.5.2] und demonstriere sie kurz mit den Beispielen aus dem User's Guide von AMS-LATEX:

```
\[ \frac{1}{k}\log_2 c(f)\qquad\tfrac{1}{k}\log_2 c(f)\qquad
   \sqrt{\frac{1}{k}\log_2 c(f)}\qquad
   \sqrt{\dfrac{1}{k}\log_2 c(f)}  \]
```

$$\frac{1}{k}\log_2 c(f)\qquad\tfrac{1}{k}\log_2 c(f)\qquad\sqrt{\frac{1}{k}\log_2 c(f)}\qquad\sqrt{\dfrac{1}{k}\log_2 c(f)}$$

Binomialausdrücke Binomialausdrücke entsprechen optisch einem Bruch, der von einem großen runden Klammerpaar umschlossen ist und bei dem der Bruchstrich entfernt wird. `amsmath.sty` stellt hierfür einmal den Grundbefehl

`\binom{`*oben*`}{`*unten*`}`

sowie in Analogie zu `\dfrac` und `\tfrac` auch `\dbinom` und `\tbinom` mit gleicher Syntax wie für `\binom` bereit.

`\[ \binom{n+1}{k} = \binom{n}{k}`
`+ \binom{n}{k-1 \]` erzeugt damit

$$\binom{n+1}{k} = \binom{n}{k} + \binom{n}{k-1}$$

Ein Beispiel für die äquivalenten Befehle `\dbinom` und `\tbinom` kann hier entfallen. Diese Befehle sind vor allem bei verschachtelten Bruchstrukturen zur individuellen Steuerung der Schriftgrößen in den Teilstrukturen von Interesse.

Anwendereigene Bruchstrukturen Das Ergänzungspaket `amsmath.sty` stellt einen leistungsfähigen Erzeugungsbefehl zur Definition von anwendereigenen Bruchstrukturen bereit:

`\genfrac{`*lkl_symb*`}{`*rkl_symb*`}{`*bstr_stärke*`}{`*schriftgröße*`}{`*zähler*`}{`*nenner*`}`

Hierin steht *lkl_symb* und *rkl_symb* für ein linkes bzw. rechtes Klammersymbol, das die Bruchstruktur ggf. umschließen soll. Für *bstr_stärke* ist bei Bedarf ein Längenmaß anzugeben, das die Stärke des Bruchstrichs bestimmt. Die Schriftgröße ist in Form einer Kennzahl 0–3 für *schriftgröße* zu wählen. Dabei bedeutet die Kennzahl 0 die Schriftgröße `\displaystyle`, 1 `\textstyle`, 2 `\scriptstyle` und 3 `\scriptscriptstyle`.

Bleibt die Angabe für *bstr_stärke* leer, so wird die Standardstärke für den LaTeX-Bruchstrich gewählt. Entfällt eine explizite Kennzahl für *schriftgröße*, so bestimmt LaTeX die aktuelle Schriftgröße nach seinen eigenen Regeln bezüglich der Schachtelungstiefe. Die Einträge für *zähler* und *nenner* erfolgen gewöhnlich mit den Parameterangaben **#*n***. Statt weiterer Erläuterungen werden hier die Definitionen für `\frac`, `\dfrac`, `\tfrac` und `\binom` aus `amsmath.sty` angegeben:

```
\newcommand{\frac}[2]{\genfrac{}{}{}{}{#1}{#2}}
\newcommand{\dfrac}[2]{\genfrac{}{}{}{0}{#1}{#2}}
\newcommand{\tfrac}[2]{\genfrac{}{}{}{1}{#1}{#2}}
\nercommand{\binom}[2]{\genfrac{(}{)}{0pt}{}{#1}{#2}
```

Nach diesem Muster kann sich der Anwender leicht eigene weitere Bruchstrukturen selbst definieren. Mit

```
\renewcommand{\frac}[3][]{\genfrac{}{}{#1}{}{#2}{#3}}
```

würde der `\frac`-Befehl neu definiert, so dass nunmehr mit dem ersten optionalen Argument die Stärke des Bruchstrichs vorgegeben werden kann. Die beiden nachfolgenden zwingenden Argumente sind wie gewohnt die Angaben für Zähler und Nenner. Damit würde

`\[ \binom{n}{m} = \frac[1pt]{n!}{M!(n-m)!} \]`

nunmehr wie nebenstehend erscheinen.

$$\binom{n}{m} = \frac{n!}{M!(n-m)!}$$

Ein weiteres Beispiel für ein anwendereigenes Bruchmakro sei mit

```
\newcommand{\pfrac}[2]{\genfrac{(}{)}{.8pt}{}{#1}{#2}}
```

genannt. Damit könnte

$$\frac{1}{2} + \left(\frac{2}{3}\right)^4 + \left(\frac{3}{4}\right)^9 + \dots + \left(\frac{n}{n+1}\right)^{n^2} + \cdots \quad \text{konvergiert da} \quad \lim_{n\to\infty} \sqrt[n]{\left(\frac{n}{n+1}\right)^{n^2}} = \frac{1}{e} < 1$$

einfacher mit

```
\[ \frac{1}{2} + \pfrac{2}{3}^4 + \pfrac{3}{4}^9 + \dots
   + \pfrac{n}{n+1}^{n^2} + \dotsb\quad\text{konvergiert da}\quad
  \lim_{n\to\infty}\sqrt[n]{\pfrac{n}{n+1}^{n^2}}=\frac{1}{e}<1 \]
```

eingegeben werden.

Kettenbrüche Zur Bildung von Kettenbrüchen stellt `amsmath.sty` den Befehl

`\cfrac` [*pos*] {*zähler*}{*nenner*}

bereit, wobei für *nenner* gewöhnlich eine verschachtelte Folge weiterer `\cfrac`-Befehle steht.

```
\[ a_0 + \cfrac{1}{a_1 + \cfrac{1}{a_2 +
         \cfrac{1}{a_3 + \cfrac{1}{a_4 +
         \dotsb }}}} \]
```

$$a_0 + \cfrac{1}{a_1 + \cfrac{1}{a_2 + \cfrac{1}{a_3 + \cfrac{1}{a_4 + \cdots}}}}$$

Entfällt das optionale Argument *pos*, so wird der nachfolgende Zähler auf die horizontale Mitte des Bruchstrichs ausgerichtet. Mit der Angabe `l` für *pos* steht der Zähler linksbündig, mit `r` rechtsbündig zum zugehörigen Bruchstrich.

1.5.6 Feldstrukturen

Zur Erzeugung von Feldstrukturen stellt Standard-LaTeX die `array`-Umgebung bereit. Das Ergänzungspaket `amsmath.sty` stellt als weitere Feldumgebungen `pmatrix`, `bmatrix`, `Bmatrix`, `vmatrix` und `Vmatrix` zur Verfügung, mit denen die Umklammerung für Matrizen, Determinanten, Normen u. a. mit (), [], {}, | | und || || automatisch zugefügt und in der Größe dem eingeschlossenen Feld angepasst wird. Aus Gründen der Namenssystematik gibt es noch die `matrix`-Umgebung, die ein Feld ohne Umklammerung erzeugt.

Im Gegensatz zur `array`-Umgebung benötigen die Feldumgebungen aus `amsmath.sty` keine explizite Erklärung für das Spaltenformatierungsfeld. Alle angeführten Feldumgebungen sind standardmäßig zur Aufnahme von bis zu zehn Feldspalten vorbereitet, deren Einträge jeweils horizontal zentriert erscheinen. Die maximale Spaltenzahl kann mit

`\setcounter{MaxMatrixCols}{`*n*`}` oder
`\addtocounter{MaxMatrixCols}{`*n*`}`

bei Bedarf beliebig abgeändert werden. Ansonsten stimmt die Syntax der inneren Eingabestrukturen der *x*`matrix`-Umgebungen weitgehend mit derjenigen aus der `array`-Umgebung überein.

Das folgende Beispiel aus [5a, Abschn. 5.4.3] soll hier nochmals wiederholt und mit den Mitteln aus $\mathcal{A}_{\mathcal{M}}\mathcal{S}$-LaTeX verbessert umgesetzt werden.

$$\sum_{p_1<p_2<\dots<p_{n-k}}^{(1,2,\dots,n)} \Delta_{\substack{p_1p_2\dots p_{n-k}\\p_1p_2\dots p_{n-k}}} \sum_{q_1<q_2<\dots<q_k} \begin{vmatrix} a_{q_1q_1} & a_{q_1q_2} & \dots & a_{q_1q_k}\\ a_{q_2q_1} & a_{q_2q_2} & \dots & a_{q_2q_k}\\ \hdotsfor[2.0]{4}\\ a_{q_kq_1} & a_{q_kq_2} & \dots & a_{q_kq_k} \end{vmatrix}$$

```
\[ \sum_{p_1<p_2<\dots<p_{n-k}}^{(1,2,\dots,n)}
   \Delta_{\substack{p_1p_2\dots p_{n-k}\\p_1p_2\dots p_{n-k}}}
   \sum_{q_1<q_2<\dots<q_k}
   \begin{vmatrix}
     a_{q_1q_1} & a_{q_1q_2} & \dots & a_{q_1q_k}\\
     a_{q_2q_1} & a_{q_2q_2} & \dots & a_{q_2q_k}\\
     \hdotsfor[2.0]{4}\\
     a_{q_kq_1} & a_{q_kq_2} & \dots & a_{q_kq_k}
   \end{vmatrix}                \]
```

Man vergleiche diesen Eingabekode mit demjenigen aus [5a, Abschn. 5.4.3]. Die hiesige Eingabe ist einsichtiger und einfacher. Hier trat jedoch der bisher nicht vorgestellte Befehl `\hdotsfor` auf. Seine Syntax lautet

`\hdotsfor[`*dehn_faktor*`]{`*n*`}`

mit dem die nächsten *n* Spalten der aktuellen Zeile mit Fortsetzungspunkten aufgefüllt werden. Das optionale Argument *dehn_faktor* ist ein Dehnungsfaktor, der den Abstand der Einzelpunkte bestimmt. Ohne eine explizite Angabe wird intern als Faktor 1.0 gewählt.

```
\[ \begin{matrix} a & b & c & d & e\\
                  x & \hdotsfor{3} & z
   \end{matrix}  \]
```

ergibt:

$$\begin{matrix} a & b & c & d & e\\ x & \hdotsfor{3} & z \end{matrix}$$

Man vergleiche den Standardpunktabstand aus `\hdotsfor` bei diesem Beispiel mit demjenigen aus `\hdotsfor[2.0]` beim vorangegangenen Beispiel.

Der Anfangsbuchstabe der verschiedenen *x*`matrix`-Umgebungen soll bei `pmatrix` an 'parenthesis' (engl. runde Klammern), bei `bmatrix` an 'brackets' (engl. eckige Klammern), bei `Bmatrix` an 'braces' (engl. geschweifte Klammern), bei `vmatrix` an „vertikale Linien" und bei `Vmatrix` an „vertikale Doppellinien" erinnern. Demzufolge wurden die folgenden Feldstrukturen

$$\begin{matrix} r & s & t\\ u & v & w\\ x & y & z \end{matrix} \quad \begin{pmatrix} r & s & t\\ u & v & w\\ x & y & z \end{pmatrix} \quad \begin{bmatrix} r & s & t\\ u & v & w\\ x & y & z \end{bmatrix} \quad \begin{Bmatrix} r & s & t\\ u & v & w\\ x & y & z \end{Bmatrix} \quad \begin{vmatrix} r & s & t\\ u & v & w\\ x & y & z \end{vmatrix} \quad \begin{Vmatrix} r & s & t\\ u & v & w\\ x & y & z \end{Vmatrix}$$

mit

```
\[ \begin{xmatrix} r & s & t\\ u & v & w\\ x & y & z
   \end{xmatrix}  \]
```

erzeugt, worin *x*`matrix` nacheinander mit `matrix`, `pmatrix`, `bmatrix`, `Bmatrix`, `vmatrix` und `Vmatrix` gewählt wurde.

Für kleine Feldstrukturen innerhalb von Textformeln steht schließlich noch die Umgebung `smallmatrix` zur Verfügung. Mit ihr kann $\left(\begin{smallmatrix} a & b & c\\ e & m & r \end{smallmatrix}\right)$ mit

```
$ \bigl( \begin{smallmatrix} a & b & c\\ e & m & r
         \end{smallmatrix} \bigr) $
```

erzeugt werden.

1.5.7 Anwendererweiterungen und Feinjustierungen

Funktionsnamen Standard-LaTeX kennt die Funktionsnamen arccos, arcsin, arctan, arg, cos, cosh, cot, coth, csc, deg, det, dim, exp, gcd, hom, inf, ker, lg, lim, liminf, limsup, ln, log, max, min, Pr, sec, sin, sinh, sup, tan, tanh, denen die gleichnamigen Eingabebefehle mit einem vorangestellten Rückstrich (backslash) \ entsprechen. Funktionsnamen werden dem internationalen Standard entsprechend in mathematischen Formeln in der Schriftart Roman ausgegeben. Zwischen vorangehenden und nachfolgenden Teilformeln wird bei Bedarf automatisch ein kleiner horizontaler Zwischenraum eingefügt. Ein etwaiges nachfolgendes Argument erscheint mit einem kleinen Zwischenraum nach dem Funktionsnamen.

Das Ergänzungspaket `amsmath.sty` stellt zusätzlich die Funktionsnamensbefehle `\varlimsup`, `\varliminf`, `\varinjlim` und `\varprojlim` zur Verfügung, die Varianten zum Namensbefehl `\lim` bereitstellen, und zwar in der Form

`\varlimsup`	$\varlimsup$	`\varinjlim`	$\varinjlim$
`\varliminf`	$\varliminf$	`\varprojlim`	$\varprojlim$

Diesen Funktionen können Grenzangaben mit dem `_`-Tiefstellungsbefehl und/oder `^`-Hochstellungsbefehl zugewiesen werden, z. B. mit `\varliminf_{n\to\infty}` für $\varliminf_{n\to\infty}$.

Zur Ausgabe von Modulo-Ausdrücken stellt LaTeX standardmäßig die Funktionsnamen `\bmod` und `\pmod` zur Verfügung, wobei `\pmod` mit `amsmath.sty` um `\mod` und `\pod` ergänzt wird. Damit sind Modulo-Ausdrücke der Form

$\gcd(n, m \bmod n)$	`\gcd(n,m\bmod n)`
$z \equiv x + y \pmod{n^2}$	`z \equiv x+y \pmod{n^2}`
$z \equiv x + y \mod{n^2}$	`z \equiv x+y \mod{n^2}`
$z \equiv y + y \pod{n^2}$	`z \equiv x+y \pod{n^2}`

möglich. Der automatische Umschluss mit runden Klammern bei `\pmod` entfällt bei der Ergänzung `\mod`, während diese bei `\pod` erhalten bleiben, dort aber die Namensangabe 'mod' entfällt. Außerdem ändert `amsmath.sty` die Definition von pmod für Textformeln, so dass dort der vorangestellte Leerraum verkleinert wird `$y\pmod{a+b}$`: $y \pmod{a+b}$.

Zusätzlich stellt `amsmath.sty` den Einrichtungsbefehl

`\DeclareMathOperator{`*\befehls_name*`}{`*funktions_name*`}`

zur Einrichtung anwendereigener Funktionsnamensbefehle zur Verfügung. Dieser Einrichtungsbefehl ist ein Vorspannbefehl, d. h., er darf nur *vor* `\begin{document}` zur Anwendung kommen. Mit ihm könnte z. B. der Namensbefehl `\xxx` mit

```
\DeclareMathOperator{\xxx}{xxx}
```

zur Ausgabe des Funktionsnamens 'xxx' eingerichtet werden, bei dem automatisch horizontaler Zwischenraum zum vorangehenden und nachfolgenden Formelteil eingefügt wird: `$A\xxx B$` ergibt $A \operatorname{xxx} B$.

Auf diese Weise können vom Anwender beliebige Funktionsnamensbefehle nach seinen Anforderungen eingerichtet werden. Sollen solche anwendereigenen Namensbefehle obere und untere Grenzangaben zulassen, so ist der Einrichtungsbefehl in seiner *-Form zu verwenden, z. B.

```
\DeclareMathOperator*{\Lim}{Lim}
```

Dem hiermit eingerichteten Funktionsnamensbefehl `\Lim` können nun Grenzangaben zugewiesen werden, so dass `\Lim_{n\to-\infty}^{n\to+\infty}` zu $\mathrm{Lim}_{n\to-\infty}^{n\to+\infty}$ führt.

Feinjustierungen an Wurzelzeichen Die Positionierung eines Wurzelexponenten erscheint mit Standard-LaTeX nicht immer optimal. In $\sqrt[\beta]{k}$ würde man den Exponenten β vielleicht etwas höher und ggf. leicht nach rechts verschoben wünschen. Hierzu stellt `amsmath.sty` die Verschiebebefehle

`\leftroot{`*drift_num*`}` `\uproot{`*drift_num*`}`

bereit. Das Argument *drift_num* ist als reiner Zahlenwert anzugeben, der auf eine sehr kleine interne Längeneinheit zurückgreift, damit hier eine feine Positionierung möglich wird. Ein positiver Wert führt zu einer Verschiebung nach links bzw. oben, ein negativer zu einer Verschiebung nach rechts bzw. unten. Man vergleiche das Ergebnis des Standards `\sqrt[\beta]` gegenüber dem von `$\sqrt[\leftroot{-1}\uproot{3}\beta]{k}$`: $\sqrt[\beta]{k}$ zu $\sqrt[\leftroot{-1}\uproot{3}\beta]{k}$.

Die Größe des Wurzelzeichens hängt vom eingeschlossenen Radikanten ab. Hat dieser eine Unterlänge, so ragt die untere Spitze des Wurzelzeichens tiefer als bei solchen ohne Unterlänge. Man achte z. B. auf die unteren Spitzen beim Ergebnis von `$\sqrt{x} + \sqrt{y} + \sqrt{z}$`: $\sqrt{x} + \sqrt{y} + \sqrt{z}$. Manche Verlage verlangen hierfür eine einheitliche Ausrichtung wie bei $\sqrt{x} + \sqrt{\smash[b]{y}} + \sqrt{z}$. TeX kennt einen Boxbefehl `\smash{`*inhalt*`}`, der den übergebenen Inhalt ausgibt, der umschließenden internen Box aber die Höhe und Tiefe 0 pt zuordnet. Für die nutzende Umgebung dieser Box hat diese damit keine Höhe und Tiefe.

Das Ergänzungspaket `amsmath.sty` erweitert den `\smash`-Befehl um das optionale Argument `\smash[`*pos*`]{`*inhalt*`}`. Für *pos* ist `b` oder `t` erlaubt, womit `\smash[b]{`*inhalt*`}` bzw. `\smash[t]{`*inhalt*`}` beide Male seinen Inhalt ausgibt, diesem aber keine Tiefe bei `b` bzw. Höhe bei `t` zuordnet, während sich die verbleibende Höhe bzw. Tiefe aus *inhalt* ergibt. Hiermit wird die geforderte Feinjustierung möglich: `$\sqrt{x} + \sqrt{\smash[b]{y}} + \sqrt{z}$`, da nun das y ohne Tiefe angenommen wird und damit in der Tiefe mit x und z übereinstimmt.

Abstandsjustierungen Standard-LaTeX stellt zur Einfügung kleiner horizontaler Zwischenräume die Zwischenraumbefehle `\,`, `\:`, `\;`, `\quad` und `\qquad` sowie zu einer kleinen Rückpositionierung den negativen Zwischenraumbefehl `\!` zur Verfügung, s. [5a, Abschn. 5.5.1]. Das Ergänzungspaket `amsmath.sty` lässt die vorstehenden Kurzbefehle `\,`, `\:`, `\;` und `\!` auch über die selbsterklärenden Befehlsnamen `\thinspace`, `\medspace`, `\thickspace` sowie `\negthinspace` ansprechen, zu denen sich noch einige weitere gesellen.

Insgesamt stehen mit `amsmath.sty` die Zwischenraumbefehle der nachfolgenden Tabelle zur Verfügung:

Kurzform	Namensbefehl	Weitendemo	Kurzform	Namensbefehl	Weitendemo
`\,`	`\thinspace`	⌋⌊	`\!`	`\negthinspace`	⌋⌊
`\:`	`\medspace`	⌋⌊		`\negmedspace`	⌋⌊
`\;`	`\thickspace`	⌋⌊		`\negthickspace`	⌋⌊
	`\quad`	⌋ ⌊			
	`\qquad`	⌋ ⌊			

Als allgemeinen Zwischenraumbefehl gibt es noch

`\mspace{`*mu_maß*`}`

der als Argument für *mu_maß* eine Maßangabe mit der mathematischen Maßeinheit 'mu' (18 mu = 1 em) erwartet. Mit `\mspace{-18mu}` würde ein negativer Zwischenraum von $-18\,\text{mu} = -1\,\text{em} = -1$ `\quad` eingefügt, was eine Rückpositionierung um diesen Betrag bewirkt.

Manuelle Größenwahl von Klammersymbolen Zur automatischen Größenwahl von Klammersymbolen um Formeln oder Teilformeln stellt LaTeX bekanntlich die Befehle `\left` und `\right` bereit, die den öffnenden bzw. schließenden Klammersymbolen voranzustellen sind. Die automatische Größenwahl entspricht nicht immer den Vorstellungen des Autors, der dann eine manuelle Feinjustierung mit den Befehlen `\big`, `\Big`, `\bigg` oder `\Bigg` bzw. deren `\`*big*`l`- und `\`*big*`r`-Varianten vornehmen kann [5a, Abschn. 5.5.3].

Es gibt drei typische Fälle, bei denen eine manuelle Größenjustierung der Klammersymbole sinnvoll ist:

1. Die Klammersymbole erscheinen zu groß. Dies ist meistens der Fall, wenn die eingeschlossenen Teilformeln untere und/oder obere Grenzen enthalten und/oder die abschließenden Klammersymbole selbst mit solchen Grenzangaben enden. So ergibt

```
\[ \left[\sum_i a_i\left\lvert\sum_j x_{ij}
   \right\rvert^p\right]^{1/p}  \]
```

$$\left[\sum_i a_i\left\lvert\sum_j x_{ij}\right\rvert^p\right]^{1/p}$$ Besser wäre hier $$\bigl[\sum_i a_i\Bigl\lvert\sum_j x_{ij}\Bigr\rvert^p\biggr]^{1/p}$$

Die verbesserte Form erhält man mit

```
\[ \bigl[\sum_i a_i\Bigl\lvert\sum_j x{ij}
   \Bigr\rvert^p\biggl]^{1/p}  \]
```

2. Die Klammerpaare von verschachtelten Strukturen erscheinen gleich groß, so dass die Verschachtelungen unübersichtlich werden. So würde das Ergebnis von

```
\[  \left((a_1 b_1) - (a_2 b_2)\right)
    \left((a_2 b_1) + (a_1 b_2)\right)  \]
```

$$((a_1b_1) - (a_2b_2))\,((a_2b_1) + (a_1b_2))$$ übersichtlicher, wenn es als

$$\bigl((a_1b_1) - (a_2b_2)\bigr)\bigl((a_2b_1) + (a_1b_2)\bigr)$$

erschiene, was mit

```
\[ \bigl((a_1 b_1) - (a_2 b_2)\bigr)
   \bigl((a_2 b_1) + (a_1 b_2)\bigr)
```

erreicht werden kann.

3. In Textformeln erscheinen die mit `\left` und `\right` erzeugten Klammersymbole oft etwas zu groß, wie hier $\left|\frac{f'}{h'}\right|$, so dass benachbarte Zeilen mit einem vergrößerten Zeilenabstand ausgegeben werden. Werden die Absolutklammern dagegen mit `\bigl` und `\bigr` gemäß `$\bigl|\frac{f'}{h'}\bigr|$` erzeugt, so passt das Ergebnis $\bigl|\frac{f'}{h'}\bigr|$ besser in die Textzeile.

In Standard-LaTeX werden die mit `\big`, `\Big`, `\bigg` oder `\Bigg` vergrößerten Klammersymbole nicht für *alle* Schriftgrößen richtig sklaliert. Das Ergänzungspaket `amsmath.sty` beseitigt diese Schwäche, so dass die Skalierung nun für alle verfügbaren Schriftgrößen richtig erfolgt.

Alternativbefehle für vertikale Striche In Standard-LaTeX können die Symbole | und || in mathematischen Bearbeitungsmodi mit der |-Taste bzw. mit dem Befehl `\|` erzeugt werden. Diese Symbole können in der Mathematik eine ganz unterschiedliche Bedeutung haben, wobei ggf. ihr Abstand zum nachfolgenden oder vorangehenden Symbol zu berücksichtigen ist. Das Ergänzungspaket `amsmath.sty` stellt für einfache vertikale Striche deshalb die alternativen Befehle `\lvert` und `\rvert` bereit, die bei linken oder rechten vertikalen Strichen um ein Symbol bevorzugt werden sollten. Zur Erzeugung von vertikalen Doppelstrichen gibt es die äquivalenten Befehle `\lVert` und `\rVert`.

Die $\mathcal{A}\mathcal{M}\mathcal{S}$ empfiehlt, mathematische Strukturen, die mit vertikalen Strichen umrandet werden, durch eigene LaTeX-Befehle zu realisieren, z. B. als

```
\newcommand{\abs}[1]{\lvert#1\rvert}
\newcommand{\norm}[1]{\lVert#1\rVert}
```

um den Eingabetext besser zu strukturieren und leichter lesbar zu machen. Mit diesen Definitionen erzeugt dann `\abs{z}` $|z|$ und `\norm{v}` ergibt $\|v\|$.

Umrahmte Formeln Das Ergänzungspaket `amsmath` stellt den Befehl

`\boxed{`*umr_formel*`}`

bereit, mit dem die als Argument übergebene Formel *umr_formel* umrahmt wird. So erzeugt

```
\[ \boxed{\int_0^\infty g(x)\,dx \approx \sum_{i=1}^n
    w_i e^{x_i} g(x_i)}  \]
```

$$\boxed{\int_0^\infty g(x)\,dx \approx \sum_{i=1}^n w_i e^{x_i} g(x_i)}$$

1.5.8 Mehrzeilige Formeln

Zur Erzeugung mehrzeiliger Formeln mit gewissen Ausrichtungsmöglichkeiten der Einzelzeilen stellt Standard-LATEX die `eqnarray`-Umgebung in einer Standard- und in einer *-Form bereit (s. [5a, Abschn. 5.4.7]). AMS-LATEX stellt zusätzlich eine ganze Reihe weiterer Ausrichtungsumgebungen für mehrzeilige Formeln zur Verfügung:

```
align  gather  falign  multline  alignat  split
```

Diese Umgebungen stehen mit Ausnahme von `split` jeweils in einer Standard- und in einer *-Form bereit. Die Standardformen fügen automatisch fortlaufende Formelnummern hinzu, die bei den *-Formen unterbleiben. Die LATEX-Standardumgebung `equation` wird in `amsmath.sty` geringfügig modifiziert und steht in einer Standard- und einer *-Form zur Verfügung. Sie kann nunmehr auch auf Mehrzeilenumgebungen zurückgreifen (s. u.)

Gemeinsamkeiten der Ausrichtungsumgebungen Bis auf die `split`-Umgebung schalten alle anderen der vorstehend aufgelisteten Ausrichtungsumgebungen auf den abgesetzten mathematischen Bearbeitungsmodus um und am Umgebungsende in den Textmodus zurück. Der Zeilenumbruch ist für den eingeschlossenen Formeltext vom Anwender mit `\\`-Umbruchbefehlen an den gewünschten Stellen vorzunehmen. Der `\\`-Umbruchbefehl kann in gewohnter Weise auch mit dem optionalen Argument `\\[`*abst*`]` erfolgen, wenn der vertikale Standardabstand zur nächsten Formelzeile verändert werden soll.

Soweit bei den Standardformen der Ausrichtungsumgebungen laufende Formelnummen zugefügt werden, können diese im Einzelfall durch `\notag`-Befehle vor den jeweiligen `\\`-Umbruchbefehlen unterdrückt werden. Alternativ kann mit dem Befehl `\tag{`*kennung*`}` vor dem `\\`-Umbruchbefehl eine eigene Formelkennung *kennung*, z. B. in der Form $(***)$ mit `\tag{***}`, erreicht werden, die an der Stelle der Formelnummer erscheint. Diesen Befehl gibt es auch in der *-Form als `\tag*{`*kennung*`}`, womit das umschließende ( )-Paar bei der Ausgabe entfällt.

Die vertikale Positionierung der Formelnummer oder Formelkennung bezüglich der zugehörigen Formel oder Formelgruppe kann bei Bedarf gegenüber dem Positionierungsstandard mit

`\raisetag{`*längen_maß*`}`

verschoben werden. Ein positives Längenmaß führt zu einer Verschiebung nach oben, ein negatives nach unten.

Die multline-Umgebung Die `multline`-Umgebung stellt eine Variante der `equation`-Umgebung für eine Formel dar, die so lang ist, dass sie nicht in eine Zeile passt und deshalb umbrochen werden muss. Der Umbruch einer langen Formel erfolgt in der `multline`-Umgebung an den vom Anwender vorgenommenen `\\`-Umbruchbefehlen. Damit wird die erste Formelzeile linksbündig, die letzte Formelzeile rechtsbündig und etwaige Zwischenzeilen horizontal zentriert ausgegeben. Mit der Klassenoption `fleqn` erscheinen dagegen alle Teilzeilen der Gesamtformel linksbündig.

Eine etwaige Formelnummer erscheint standardmäßig bzw. mit der Option `reqno` rechtsbündig hinter der *letzen* Formelzeile, mit der Option `leqno` dagegen linksbündig vor der *ersten* Formelzeile.

Es ist möglich, einzelne Zeilen links- oder rechtsbündig zu verschieben. Dies kann mit den Verschiebebefehlen `\shoveleft{`*formel_zeile*`}` und `\shoveright{`*formel_zeile*`}` erreicht werden, wobei die zu verschiebende Formelzeile als Ganzes bis auf den `\\`-Umbruchbefehl als Argument einzutragen ist.

Der Einzug für den linken und rechten Rand einer solchen umbrochenen Formel wird durch das Längenregister `\multlinegap` bestimmt. Dieses ist standardmäßig mit 10 pt besetzt, kann aber jederzeit vom Anwender mit

`\setlength{\multlinegap}{`*längen_maß*`}` oder
`\addtolength{\multlinegap}{`*längen_maß*`}`

verändert werden.

Eine insgesamt fünfzeilige Formel könnte z. B. entsprechend der folgenden Grafik umbrochen werden.

erste Formelzeile – linksbündig
zweite Formelzeile – horizontal zentriert
dritte Formelzeile – nach links verschoben
vierte Formelzeile – nach rechts verschoben
letzte Formelzeile – rechtsbündig (1.1)

```
\begin{multline}
  \framebox[.75\columnwidth]{erste Formelzeile -- linksb"undig}\\
  \framebox[.6\columnwidth]{zweite Formelzeile -- hor. zentriert}\\
  \shoveleft{\framebox[.6\columnwidth]{dritte Formelzeile --
       nach links verschoben}}\\
  \shoveright{\framebox[.6\columnwidth]{dritte Formelzeile --
       nach rechts verschoben}}\\
  \framebox[.75\columnwidth]{letzte Formelzeile -- rechtsb"undig}
\end{multline}
```

In einer realen mehrzeiligen Formel sind statt der verwendeten `\framebox`-Befehle natürlich die jeweiligen Formeltexte für die Teilformeln der einzelnen Formelzeilen anzugeben.

Die split-Umgebung Diese Umgebung dient wie die `multline`-Umgebung zum Umbruch von Formeln, die mehr als eine Ausgabezeile benötigen. Die einzelnen Zeilen werden mit `\\`-Befehlen umbrochen und können dabei mit &-Spaltenformatierungszeichen gegeneinander ausgerichtet werden. Dabei steht in jeder Zeile der Text vor dem &-Ausrichtungsbefehl rechtsbündig zur Ausrichtungsstelle, der hierauf folgende Text dagegen hierzu linksbündig.

Die `split`-Umgebung bewirkt keine eigenständige Umschaltung in den abgesetzen mathematischen Bearbeitungsmodus, sondern setzt diese Umschaltung durch eine entsprechende äußere Umgebung wie der `equation`-Umgebung oder einem umschließenden `\[...\]`-Befehlspaar voraus.

Eine etwaige Formelnummer wird damit durch die äußere Umschaltumgebung bestimmt. War dies die `equation`-Umgebung in ihrer Standardform, so erhält die mehrzeilige Formel eine Formelnummer, während diese bei `equation*`-Umgebung, ebenso wie bei der Umschaltung mit dem `\[...\]`-Befehlspaar entfällt. Eine Formelnummer erscheint dabei zur gesamten Formelgruppe standardmäßig bzw. mit der Paketoption `centertags` vertikal zentriert. Die Paketoption `tbtabs` für `amsmath.sty` führt standardmäßig bzw. mit der Option `reqno` zu einer rechtsbündigen Formelnummer nach der *letzten* Formelzeile bzw. mit `leqno` zur einer linksbündigen Formelnummer vor der *ersten* Formelzeile.

$$\begin{split} H_c&=\frac{1}{2n}\sum_{l=0}^n (-1)^l (k-l)^{p-2} \sum_{l_1+\dots+l_p=l} \prod_{i=1}^p \binom{n_i}{l_i}\\ &\quad\times[(k-l) - (k_i-k_i)]^{k_i-l_i}\times \Bigl[(k-l)^2 - \sum_{j=1}^p (k_i-l_i)^2\Bigr] \end{split} \tag{1.2}$$

```
\begin{equation}\begin{split}
  H_c&=\frac{1}{2n}\sum_{l=0}^n (-1)^l (k-l)^{p-2}
       \sum_{l_1+\dots+l_p=l} \prod_{i=1}^p \binom{n_i}{l_i}\\
     &\quad\times[(k-l) - (k_i-k_i)]^{k_i-l_i}\times
       \Bigl[(k-l)^2 - \sum_{j=1}^p (k_i-l_i)^2\Bigr]
\end{split}\end{equation}
```

Als Ausrichtungsstelle wurde hier das Gleichheitszeichen gewählt. In der zweiten Formelzeile blieb der Eintrag vor dem Ausrichtungszeichen `&` leer und nach diesem folgte zunächst der Zwischenraumbefehl `\quad`. Ohne diesen Zwischenraumbefehl wäre das $\times$-Multiplikationszeichen genau unter dem Gleichheitszeichen der ersten Formelzeile eingeordnet worden, was für eine umbrochene Gleichung oder Funktionsdefinition nicht sachgerecht wäre. Die Formelnummer erscheint zur gesamten Formelgruppe entsprechend dem Einstellungsstandard vertikal zentriert.

Die gather-Umgebung Diese Umgebung dient zur Gestaltung von Formelgruppen ohne gegenseitige Ausrichtung. Jede einzelne Formelzeile, die gegeneinander durch `\\`-Umbruchbefehle getrennt wird, erscheint für sich horizontal zentriert, wobei mit der Standardumgebung jede Formelzeile eine eigene fortlaufende Formelnummer enthält. Bei der *-Form dieser Umgebung entfallen die Formelnummern.

$$\frac{1}{2}+\left(\frac{2}{3}\right)^4+\left(\frac{3}{4}\right)^9+\cdots+\left(\frac{n}{n+1}\right)^{n^2}+\cdots=\sum_{n=1}^{\infty}\left(\frac{n}{n+1}\right)^{n^2} \tag{1.3}$$

$$\text{konvergiert, da}\quad \lim_{n\to\infty}\sqrt[n]{\left(\frac{n}{n+1}\right)^{n^2}}=\lim_{n\to\infty}\left(\frac{1}{1+\dfrac{1}{n}}\right)^n=\frac{1}{e}<1\quad\text{Wurzelkriterium}$$

$$2+\frac{3}{4}+\frac{4}{9}+\cdots+\frac{n+1}{n^2}+\cdots=\sum_{n=1}^{\infty}\frac{n+1}{n^2} \tag{1.4}$$

$$\text{divergiert, da}\quad \int_c^\infty\frac{x+1}{x^2}\,dx=\left[\ln x-\frac{1}{x}\right]_c^\infty=\infty\quad\text{(Integralkriterium)}$$

```
\begin{gather}
  \frac{1}{2} + \left(\frac{2}{3}\right)^4 + \left(\frac{3}{4}
  \right)^9 + \dots + \left(\frac{n}{n+1}\right)^{n^2} + \dotsb
  = \sum_{n=1}^\infty \left(\frac{n}{n+1}\right)^{n^2} \\
  \text{konvergiert, da}\quad\lim_{n\to\infty}
  \sqrt[n]{\left(\frac{n}{n+1} \right)^{n^2}} = \lim_{n\to\infty}
  \left(\frac{1}{1 + \dfrac{1}{n}}\right)^n = \frac{1}{e} < 1
  \tag*{Wurzelkriterium}\\
  2 + \frac{3}{4} + \frac{4}{9} + \dots + \frac{n+1}{n^2} + \dotsb
  = \sum_{n=1}^\infty \frac{n+1}{n^2}\\
  \text{divergiert, da}\quad\int_c^\infty \frac{x+1}{x^2}\,dx
  = \left[ \ln x -\frac{1}{x}\right]_c^\infty = \infty
  \tag{Integralkriterium}
\end{gather}
```

Man beachte hier die Verwendung des `\tag`- bzw. `\tag*`-Befehls gemäß S. 83 zur individuellen Formelkennung in der zweiten und vierten Formelzeile.

Die align-Umgebung Diese Umgebung dient zur Gestaltung einer oder mehrerer Formelgruppen, deren vertikale Gruppen jeweils für sich gegeneinander ausgerichtet werden können. Die Ausrichtung erfolgt in Form von Spaltenpaaren, deren Einzelspalten jeweils links- und rechtsbündig zum zugehörigen &-Spaltentrennzeichen stehen. Im Vergleich zur `tabular`-Umgebung entspricht dies dem Spaltenformatierungsfeld `{rl lr lr...}`.

$$\begin{aligned}
\left(x^n\right)' &= nx^{n-1} & \left(e^x\right)' &= e^x & (\sin x)' &= \cos x \\
\left(\frac{1}{x^n}\right)' &= -\frac{n}{x^{n+1}} & \left(a^x\right)' &= a^x\ln a & (\cos x)' &= -\sin x\\
\left(\sqrt[n]{x}\right)' &= \frac{1}{n\sqrt[n]{x^n -1}} & (\ln x)' &= \frac{1}{x} & (\tan x)' &= \frac{1}{\cos^2 x}\\
& & (\log_a x)' &= \frac{1}{x\ln a} & (\cot x)' &= -\frac{1}{\sin^2 x}
\end{aligned}$$

```
\begin{align*}
  \left(x^n\right)' &= nx^{n-1} & \left(e^x\right)' &= e^x &
  (\sin x)'         &= \cos x   \\
  \left(\frac{1}{x^n}\right)' &= -\frac{n}{x^{n+1}} &
  \left(a^x\right)' &= a^x\ln a & (\cos x)'  &= -\sin x\\
  \left(\sqrt[n]{x}\right)'   &= \frac{1}{n\sqrt[n]{x^n -1}} &
  (\ln x)'          &= \frac{1}{x} & (\tan x)' &= \frac{1}{\cos^2 x}\\
  & &   (\log_a x)' &= \frac{1}{x\ln a} &
          (\cot x)' &= -\frac{1}{\sin^2 x}
\end{align*}
```

Hier kam die `align`-Umgebung in ihrer *-Form zur Anwendung, womit die zeilenweise Zufügung von Formelnummern unterblieb, da eine solche für die hier in vertikalen Doppelspalten gesammelten Strukturen unsachgerecht wäre. Die Ausrichtung innerhalb der drei vertikalen Doppelspalten erfolgte jeweils zum Gleichheitszeichen. Der Eingabekode für die letzte Formelzeile beginnt mit zwei &&-Zeichen, da der Inhalt für die erste Doppelspalte leer ist.

Gelegentlich sollen Formelgruppen nach mehreren Gleichheitszeichen so ausgerichtet werden, dass nur vor dem ersten Gleichheitszeichen ein eigener Eintrag steht, wie z. B. für die nachfolgende Struktur, die die Formeln für das Volumen V, das Trägheitsmoment I_z und die Masse M eines Körpers in allgemeiner Form sowie in kartesischen, Zylinder- und Kugelkoordinaten angibt.

$$V = \int\limits_V dv \quad = \iiint dx\,dy\,dz \quad = \iiint \rho\,dx\,d\rho\,d\varphi \quad = \iiint r^2 \sin\theta\,dr\,d\theta\,d\varphi \tag{1.5}$$

$$I_z = \int\limits_V \rho^2\,dv = \iiint (x^2 + y^2)\,dx\,dy\,dz = \iiint \rho^3\,dz\,d\rho\,d\varphi = \iiint r^4\sin^3\theta\,dr\,d\theta\,d\varphi \tag{1.6}$$

$$M = \int\limits_V \delta\,dv \quad = \iiint \delta\,dx\,dy\,dz \quad = \iiint \delta\rho\,dz\,d\rho\,d\varphi = \iiint \delta r^2\sin\theta\,dr\,d\theta\,d\varphi \tag{1.7}$$

Bei diesem Beispiel wurden die Gleichheitszeichen für die zweite bis vierte Gruppe jeweils mit `&&=` eingeleitet, womit die Aufteilung in Doppelspalten jeweils mit einer leeren linken Teilspalte beginnt.

```
\begin{align}
V   &= \int\limits_V dv              &&= \iiint dx\,dy\,dz
    &&= \iiint \rho\,dx\,d\rho\,d\varphi
    &&= \iiint r^2 \sin\theta\,dr\,d\theta\,d\varphi\\
I_z &= \int\limits_V \rho^2\,dv     &&=\iiint (x^2 + y^2)\,dx\,dy\,dz
    &&= \iiint \rho^3\,dz\,d\rho\,d\varphi
    &&= \iiint r^4\sin^3\theta\,dr\,d\theta\,d\varphi\\
M   &= \int\limits_V \delta\,dv     &&= \iiint \delta\,dx\,dy\,dz
    &&= \iiint \delta\rho\,dz\,d\rho\,d\varphi
    &&= \iiint \delta r^2\sin\theta\,dr\,d\theta\,d\varphi
\end{align}
```

Zur `align`-Umgebung gibt es zwei Umgebungsvarianten `falign` und `alignat`. Die `falign`-Umgebung hat die gleiche Syntax wie die `align`-Umgebung. Ihr Bearbeitungsergebnis unterscheidet sich von Letzterer dadurch, dass zwischen den Doppelspalten soviel Leerraum eingefügt wird, dass die erste linke und letzte rechte Teilspalte jeweils bündig zum umgebenden Text erscheinen und somit die vorgegebene Zeilenbreite ausfüllen.

Die `alignat`-Umgebung verlangt als zwingendes Argument die Anzahl der eingeschlossenen Doppelspalten. Zwischen den jeweiligen Doppelspalten wird kein horizontaler Zusatzzwischenraum eingefügt, wie dies bei der `align`-Umgebung der Fall ist. Die obige Formelgruppe mit den Formeln für das Volumen, das Trägheitsmoment und die Masse eines Körpers könnte damit auch mit

`\begin{alignat}{4}` *formel_text* `\end{alignat}`

erstellt werden[6], wobei der gleiche Eingabetext für *formel_text* wie bei der `align`-Umgebung zur Anwendung kommen kann.

[6] Die abgedruckte Formelgruppe wurde abschließend auch genau hiermit erstellt, da das Ergebnis der ursprünglich verwendeten `align`-Umgebung wegen ihres Zusatzleerraums zwischen den Doppelspalten etwas über den rechten Textrand hinausragte.

Soll bei der `alignat`-Umgebung zwischen den Doppelspalten zusätzlicher Leerraum eingefügt werden, so muss dies durch explizite Zufügung von mathematischen Zwischenraumbefehlen gemäß S. 81 nach den `&`-Positionierungszeichen für die jeweiligen Doppelspalten geschehen.

Zu der `align`-Umgebung und ihren Varianten bleibt festzuhalten: Das erste, dritte, fünfte usw. `@`-Positionierungszeichen bezieht sich auf die Trennstelle zwischen den jeweiligen Teilspalten, das zweite, vierte, sechste usw. `@`-Zeichen dagegen auf die Trennstelle zwischen den Doppelspalten.

Verschachtelte Ausrichtungsumgebungen Die Verwendung der `split`-Umgebung innerhalb einer `equation`-Umgebung wurde bereits auf S. 84 vorgestellt. Das Ergänzungspaket `amsmath.sty` stellt mit `aligned` und `gathered` zwei weitere Umgebungen bereit, die mit der `equation`-Umgebung verschachtelt werden können und innerhalb der verschachtelten Teilstruktur die Ausrichtung gemäß der `align`- bzw. `gather`-Umgebung bewirken.

Diese beiden Ausrichtungs-Unterumgebungen gestatten mit der Angabe eines optionalen Positionierungsparameters *pos* in der Form

`\begin{aligned}[`*pos*`]` *teil_strukt* `\end{aligned}` bzw.
`\begin{gathered}[`*pos*`]` *teil_strukt* `\end{gathered}`

eine Steuerung der vertikalen Positionierung bezüglich der Nachbarstrukturen. Mit `t` bzw. `b` für *pos* wird die erste bzw. letzte Formelzeile der Teilstruktur auf die Nachbarstruktur ausgerichtet. Standardmäßig, also ohne eine solche Angabe für *pos*, erfolgt die Ausrichtung der vertikalen Mitte auf die Nachbarschaft. Damit kann

$$\begin{aligned} \alpha&=aa\\ \beta&=bbbbb\\ \gamma&=g \end{aligned} \qquad\text{gegen}\qquad \begin{aligned}[t] \delta&=dd\\ \eta&=eeeeee\\ \varphi&=f \end{aligned} \qquad\text{gegen}\qquad \begin{gathered}[b] s= x+y\\ d= u - v - w\\ p = x\circ y \end{gathered}$$

mit

```
\begin{equation*}
  \begin{aligned} \alpha&=aa\\ \beta&=bbbbb\\ \gamma&=g \end{aligned}
  \qquad\text{gegen}\qquad
  \begin{aligned}[t] \delta&=dd\\ \eta&=eeeeee\\ \varphi&=f \end{aligned}
  \qquad\text{gegen}\qquad
  \begin{gathered}[b] s= x+y\\ d= u - v - w\\ p = x\circ y \end{gathered}
\end{equation*}
```

erzeugt werden.

Die case-Umgebung Eine Form wie

$$P_{r-j} = \begin{cases} 0 & \text{wenn } r-j \text{ ungerade ist,} \\ r!\,(-1)^{(r-j)/2} & \text{wenn } r-j \text{ gerade ist.} \end{cases} \tag{1.8}$$

kann im Prinzip auch mit den Mitteln aus Standard-LaTeX erzeugt werden, wie ein ähnliches Beispiel in [5a, Abschn. 5.4.1] zeigt. Die `case`-Umgebung aus `amsmath.sty` gestattet jedoch eine einfachere Eingabe:

```
\begin{equation}
 P_{r-j}=\begin{cases} 0 & \text{wenn $r-j$ ungerade ist,}\\
      r!\,(-1)^{(r-j)/2} & \text{wenn $r-j$ gerade ist.}
         \end{cases}
\end{equation}
```

Die Fallunterscheidung darf mehr als zwei Fälle enthalten, wie mit dem zitierten Beispiel aus [5a] hier gezeigt wird:

$$y = \begin{cases} -1 & : \quad x<0 \\ 0 & : \quad x=0 \\ +1 & : \quad x>0 \end{cases}$$

```
\[ y = \begin{cases} -1 &:\quad x<0\\
          0 &:\quad x=0\\ +1 &:\quad x>0
       \end{cases} \]
```

Formelnummerierung Mit den Standardklassenfiles aus LaTeX erfolgt die Formelnummerierung bei der Bearbeitungsklasse `book` und `report` zweigliedrig mit der laufenden Kapitelnummer und einer für das jeweilige Kapitel fortlaufenden Formelnummer, bei der Bearbeitungsklasse `article` mit einer einheitlich fortlaufenden Formelnummer für den gesamten Artikel.

Soll die Formelnummerierung auch bei der Bearbeitungsklasse `article` zweigliedrig mit der vorangestellten Abschnittsnummer erfolgen, so kann das mit dem `amsmath`-Befehl

```
\numberwithin{equation}{section}
```

erreicht werden. Der Formelzähler `equation` wird dabei mit jedem neuen Abschnitt, also mit jedem `\section`-Befehl, auf null zurückgesetzt. Der `\numberwithin`-Befehl wirkt ab der Stelle seines Auftretens. Für eine einheitliche Formelnummerierung sollte man ihn deshalb im Vorspann, also vor `\begin{document}`, setzen.

Mit diesem Befehl könnte man bei den Bearbeitungsklassen `book` und `report` eine dreigliedrige Formelnummerierung (*kap.abschn.formel_nr*) erreichen. Bei diesen Bearbeitungsklassen sollte man dann jedoch vorab mit

```
\renewcommand{\theequation}{\arabic{equation}}
\numberwithin{equation}{section}
```

den `\theequation`-Befehl wie angegeben umdefinieren, da der Befehl `\numberwithin` auf dessen aktuelle Bedeutung zurückgreift, die aber in den Bearbeitungsklassen `book` und `report` hiervon abweicht.

Das Ergänzungspaket `amsmath.sty` stellt außerdem noch die `subequations`-Umgebung bereit. Alle von dieser Umgebung umschlossenen Formeln erhalten einen fortlaufenden Nummerierungsanhang a, b, c, ..., dem der um eins erhöhte Wert der letzten Formelnummer vor Eintritt in diese Umgebung vorangestellt wird. Nachdem die letzte aktuelle Formelnummer für diesen Text (1.8) war, würden alle in

`\begin{subequations}` *weitere Formeln* `\end{subequations}`

eingeschlossenen weiteren Formeln mit (1.9a), (1.9b), (1.9c), ... nummeriert.

Innerhalb der `subequation`-Umgebung kann auf den Formelzählerstand vor Eintritt in diese Umgebung mit `\theparentequation` zurückgegriffen werden. Mit

```
\begin{subequationis}
\renewcommand{\theequation}{\theparentequation\roman{equation}}
 ... \end{subequations}
```

erfolgt in dieser `subequation`-Umgebung der Nummerierungsanhang nunmehr als fortlaufende kleine römische Zahl.

Querverweise auf Formelnummern Werden in den Ausrichtungsumgebungen für abgesetzte Formeln `\label{`*bezug*`}`-Befehle gesetzt, so kann auf die hier eingerichteten Bezugswörter *bezug* an anderen Stellen mit `\ref{`*bezug*`}` Bezug genommen werden, wobei der `\ref`-Bezugsbefehl die dortige Formelnummer ausgibt. Das Ergänzungspaket `amsmath.sty` stellt zusätzlich den Bezugsbefehl `\eqref{`*bezug*`}` bereit, bei dem die referierte Formelnummer zusätzlich mit einem ( )-Klammerpaar umschlossen wird, was den Bezug auf eine Formelnummer deutlicher macht.

Erscheint ein `\label`-Befehl unmittelbar nach Eintritt in die `subequation`-Umgebung, so bezieht sich ein `\ref` oder `\eqref`-Befehl mit dem dortigen Bezugswort auf die Gleichungsnummer vor Eintritt in diese Umgebung. Der Bezug auf unternummerierte Formeln erfolgt erst für `\label`-Befehle, die dort innerhalb der jeweiligen Formelausrichtungsumgebung erscheinen.

Seitenumbruch innerhalb mehrzeiliger Formeln Innerhalb der aufgelisteten Ausrichtungsumgebungen kann standardmäßig kein Seitenumbruch erfolgen. Soll ein solcher innerhalb einer längeren mehrzeiligen Formel trotzdem erzwungen werden, so kann dies vor dem `\\`-Umbruchbefehl mit dem Befehl

`\displaybreak[`*n*`]`

empfohlen oder erzwungen werden. Ohne das optionale Argument `[`*n*`]` wird der Umbruch erzwungen, mit $n = 1$, 2, 3 oder 4 stellt er eine Umbruchempfehlung unterschiedlicher Dringlichkeit dar, wobei $n = 4$ gleichbedeutend mit zwingend ist, wie dies auch für den allgemeinen Seitenumbruchbefehl `\pagebreak[`*n*`]` der Fall ist.

Das standardmäßige Seitenumbruchverbot innerhalb von mehrzeiligen Formeln kann mit dem Vorspannbefehl `\allowdisplaybreaks` aufgehoben werden. LaTeX bestimmt die erforderliche Umbruchstelle dann aufgrund seiner eingebauten Seitenumbruchregeln. Auch dieser Vorspannbefehl kann in seiner Wirkung mit `\allowdisplaybreak[`*n*`]` feiner gesteuert werden. $n = 1$ lässt einen Seitenumbruch nach einer Formelzeile zwar grundsätzlich zu, vermeidet ihn jedoch nach Möglichkeit. $n = 2$, 3 oder 4 erlauben einen Seitenumbruch nach den einzelnen Formelzeilen mit zunehmender Erleichterung.

Nach dem Vorspannbefehl `\allowdisplaybreaks` kann ein möglicher Seitenumbruch nach einem `\\`-Zeilenumbruchbefehl durch dessen *-Form mit `\\*` an dieser Stelle umgekehrt verboten werden, wenn ein Seitenumbruch nach einer solchen Formelzeile unsachgerecht wäre, z. B. weil dann das Verständnis für die Gesamtformel zu sehr gestört würde.

Hiermit endet der längere Unterabschnitt über die Gestaltung und Ausrichtung mehrzeiliger Formeln mit dem `amsmath`-Ergänzungspaket. Die bereitgestellten Ausrichtungsumgebungen sollten beliebig geartete Ausrichtungsforderungen von mehrzeiligen Formeln und Formelgruppen in relativ einfacher Weise erlauben. Die angeführten Beispiele sollten die Variationsmöglichkeiten der einzelnen Ausrichtungsumgebungen hinreichend erkennen lassen.

1.5.9 Regelsätze

In mathematischen Veröffentlichungen treten Textstrukturen wie

Satz 2 (Bolzano-Weierstraß). *Jede beschränkte unendliche Punktmenge besitzt mindestens einen Häufungspunkt.*

oder

Axiom 1.5.1. *Die natürlichen Zahlen bilden eine Menge Z von unterschiedlichen Elementen. Je zwei ihrer Elemente* a, b *sind entweder identisch,* $a = b$*, oder voneinander verschieden,* $a \neq b$*.*

besonders häufig auf. Standard-LaTeX unterstützt die Erstellung solcher Regelsätze mit dem Definitionsbefehl `\newtheorem`, mit dem geeignete Regelumgebungen eingerichtet werden können (s. [5a, Abschn. 4.5]).

Das in 1.3.10 vorgestellte Ergänzungspaket `theorem.sty` von FRANK MITTELBACH gestattet die Einrichtung erweiterter Regelsätze. Das AMS-LaTeX-Paket stellt mit dem Ergänzungspaket `amsthm.sty` eine andere Alternative zur Einrichtung erweiterter Regelsätze bereit.

Dieses Ergänzungspaket stellt den `\newtheorem`-Befehl nunmehr in einer Standard- und in einer *-Form zur Verfügung, wobei die Syntax der Standardform vollständig mit derjenigen dieses Befehls aus Standard-LaTeX übereinstimmt, die hier als bekannt vorausgesetzt wird. Mit

`\newtheorem*{`*strukt_name*`}{`*regel_begriff*`}`

wird eine Regelumgebung *strukt_name* eingerichtet, mit der eine laufende Nummerierung für den Regelbegriff unterbleibt.

Änderung des Darstellungsstils für Regelumgebungen `amsthm.sty` gestattet die Einrichtung von Regelumgebungen mit unterschiedlichen Darstellungsstilen. Dies geschieht mit dem Befehl

`\theoremstyle{`*stil*`}`

wobei für *stil* `plain`, `definition` oder `remark` gewählt werden kann. Alle nach diesem Befehl mit `\newtheorem` eingerichteten Regelumgebungen beziehen sich auf diesen Darstellungsstil. Mit einem weiteren `\theoremstyle`-Befehl mit einem geänderten Eintrag für *stil* beziehen sich die dann mit `\newtheorem` eingerichteten Regelumgebungen auf den neuen Stil.

```
\theoremstyle{plain}
   \newtheorem{satz}{Satz}
   \newtheorem{hilfs}[satz]{Hilfsatz}
   \newtheorem{lemma}{Lemma}
   \newtheorem{corol}{Folgesatz}  % oder {Korollar}
   \newtheorem{hilbert*}{Hilbert Axiom}
\theoremstyle{definition}
   \newtheorem{defn}{Definition}
   \newtheorem{exmpl}{Beispiel}[section]
```

```
    \newtheorem{conject}{Vermutung}
\theoremstyle{remark}
    \newtheorem{rem}{Bemerkung}
    \newtheorem{com}{Kommentar}
    \newtheorem{case}{Fall}
```

stellen die Regelumgebung `satz`, `hilfs`, `lemma`, `corol` und `hilbert` mit dem Stil `plain`, `defn`, `exmpl` und `conject` mit dem Stil `definition` sowie `rem`, `com` und `case` mit dem Stil `remark` bereit, deren Regelbegriff aus dem jeweils zweiten zwingenden Argument ersichtlich ist.

Der Darstellungsstil `plain` entspricht den Standardvorgaben für Regelsätze, wie ihn der vorangegangene Satz von Bolzano-Weierstraß demonstriert, der mit

```
\begin{satz}[Bolzano-Weierstra"s] Jede beschr"ankte unendliche
  Punktmenge besitzt mindestens einen H"aufungspunkt.\end{satz}
```

eingegeben wurde.

Beim Darstellungstyp `plain` erscheint der Regelbegriff, hier „Satz“, einschließlich eines evtl. optionalen Zusatzes, hier „Bolzano-Weierstraß“, in aufrechter Fettschrift. Der Regeltext wird in Kursivschrift ausgegeben.

Beim Darstellungstyp `definition` erscheint der Regelbegriff ebenfalls in aufrechter Fettschrift. Für den Regeltext wird die Roman-Normalschrift gewählt. Beispiel:

Definition 1. Unter einem *algebraischen Ausdruck* versteht man eine oder mehrere algebraische Größen (Zahlen oder Buchstabensymbole), die miteinander durch Zeichen der algebraischen Operationen ($+$, $-$, $/$, $\surd$ usw.) und verschiedene Arten von Klammern zur Kennzeichnung der Operationsfolge miteinander verknüpft sind.

```
\begin{defn} Unter einem \emph{algebraischen Ausdruck} versteht man
  eine oder mehrere algebraische Gr"o"sen ... ... ...    \end{defn}
```

Beim Darstellungstyp `remark` erscheint der Regelbegriff in normalstarker Kursivschrift und der Regeltext in Roman-Normalschrift. Die laufende Regelnummer wird mit einem Punkt abgeschlossen. Beispiel:

Die Anzahl der reellen Lösungen einer normierten kubischen Gleichung $y^3 + 3py + 2q = 0$ hängt vom Vorzeichen der Diskriminante $D = q^2 + p^3$ ab:

Fall 1. $D > 0$, es gibt eine Lösung (eine reelle und zwei komplexe Wurzeln).

Fall 2. $D < 0$, es gibt drei Lösungen (drei verschiedene reelle Wurzeln).

Fall 3. $D = 0$, es gibt eine Lösung für $p = q = 0$ (dreifache Wurzel $y_1 = y_2 = y_3 = \frac{b}{3a}$) und zwei Lösungen für $p^3 = -q^2 \neq 0$ (von den drei reellen Wurzeln stimmen zwei überein).

```
\begin{case} $D>0$, es gibt eine L"osung (eine reelle und zwei
     komplexe Wurzeln).\end{case}
\begin{case} $D<0$, es gibt drei L"osungen (drei verschiedene
     reelle Wurzeln).\end{case}
\begin{case} $D=0$, es gibt eine L"osung f"ur $p=q=0$ ... \end{case}
```

Bei einem erneuten Aufruf der `case`-Umgebung würde als Regelbegriff *Fall 4* erscheinen, was für eine Fallaufzählung, die sich auf eine spezielle Struktur bezieht, unsachgerecht wäre. Hierfür müsste der zugehörige Regelzähler zurückgesetzt werden. Dazu muss man wissen, dass mit jedem `\newtheorem{`*strukt_name*`}` ein LaTeX-Zähler mit dem gleichen Namen eingerichtet wird. Für die `case`-Umgebung kann damit der zugehörige Zähler dann mit

```
\setcounter{case}{0}
```

auf null zurückgesetzt werden.

Gelegentlich soll für bestimmte Typen von Regelsätzen die laufende Regelnummer vor dem Regelbegriff angeordnet werden. Eine solche Forderung ist bei deutschen Veröffentlichungen kaum zu erwarten, kann aber für englischsprachige Veröffentlichungen vorkommen. Dics kann mit dem Befehl `\swapnumbers` vor der Gruppe der hierfür vorgesehenen `\newtheorem`-Definitionsbefehle erreicht werden.

```
\swapnumbers
\theoremstyle{plain}  \newtheorem{thm}{Theorem}
\theoremstyle{remark} \newtheorem{rem}{Remark}
```

Die hiermit eingerichteten Regelumgebungen würden dann ihre Regelberiffe in der Form **1 Theorem, 2 Theorem**, ... bzw. *1 Remark, 2 Remark*, ... ausgeben.

Die proof-Umgebung Das Ergänzungspaket `amsthm.sty` stellt zusätzlich die `proof`-Umgebung zur Verfügung. Diese Umgebung setzt dem eingeschlossenen Text das Wort "Proof" bzw. „Beweis“ voran und schließt den ausgegebenen Beweistext mit dem q.e.d.-Symbol □ ab (q.e.d.: quod erat demonstrandum, lat. „was zu beweisen war“). Beispiel:

Satz 3. *Die Anzahl der Primzahlen ist unbegrenzt, d. h., es gibt unendlich viele Primzahlen.*

Beweis. (indirekt) Angenommen, es gäbe nur endlich viele Primzahlen. Dann gäbe es eine größte p_m. Man bilde das Produkt *aller* Primzahlen von $p_1 p_2 \cdots p_m$ und erhöhe es um eins: $P = \prod p_i + 1$. Da P teilerfremd zu allen Primzahlen p_i und $P > p_m$ ist, ist es eine neue Primzahl, womit die Anfangsannahme falsch sein muss. □

```
\begin{proof} (indirekt) Angenommen, es g"abe nur endlich viele
Primzahlen. Dann g"abe es eine gr"o"ste $p_m$.  .....  \end{proof}
```

In Verbindung mit dem Babel-Paket wird der sprachspezifische Begriff für das englische Wort 'Proof' automatisch für die aktivierte Sprache ausgewählt, was für das Ergänzungspaket `german.sty` nicht der Fall ist. Dies kann jedoch leicht mit der Neudefinition von

```
\renewcommand{\proofname}{Beweis}
```

erreicht werden. Ebenso kann mit der Neudefinition von `\qedsymbol` ein anderes q.e.d.-Symbol, z. B. die Buchstabengruppe q.e.d., zugeordnet werden. Mit

```
\renewcommand{\qedsymbol}{\fbox{q.e.d.}}
```

wird anstelle des □-Symbols nun die umrandete Abkürzung q.e.d. ausgegeben.

Die `proof`-Umgebung erlaubt mit der Angabe eines optionalen Arguments

`\begin{proof}[`*erw_vor_text*`] ..... \end{proof}`

die Ausgabe eines erweiterten Vortextes anstelle des vorangestellten Wortes "Proof" oder „Beweis". Mit `\begin{quote}[Beweis des 1. Hauptsatzes]` stellt die `proof`-Umgebung dem Beweis den Vortext *„Beweis des 1. Hauptsatzes."* voran.

Längere Beweise wird man häufig als eigenen Abschnitt oder Unterabschnitt gestalten, womit die `proof`-Umgebung entfällt. Hier kann mit dem Befehlsaufruf `\qed` das q.e.d.-Symbol an der vom Anwender gewünschten Stelle ausgegeben werden.

Ist das Ende einer `proof`-Umgebung eine abgesetzte Formel, dann kann die automatische Platzierung des q.e.d.-Symbols zu Problemen führen. Hier kann man mit dem Befehlsaufruf `\qed` am Ende der abgesetzten Formel und der lokalen Umdefinition für `\qed` am Ende der `proof`-Umgebung Abhilfe schaffen:

```
\begin{proof} ... ...
\begin{equation} ..... \qed\end{equation}
\renewcommand{\qed}{}\end{proof}
```

1.5.10 Kommutative Diagramme

Das AMS-LATEX-Paket enthält das Ergänzungspaket `amscd.sty` zur Erzeugung einfacher kommutativer Diagramme wie nebenstehend. `amscd.sty` muss im Vorspann explizit mit

```
\usepackage{amscd}
```

aktiviert werden.

$$\begin{CD}
S^{\mathcal{W}_\Lambda}\otimes T @>j>> T\\
@VVV @VV{\text{End } P}V\\
(S\otimes T)/I @= (Z\otimes T)/J
\end{CD}$$

Zur Erstellung solcher Diagramme stellt `amscd.sty` die `CD`-Umgebung sowie einige zusätzliche Pfeilbefehle zur Verfügung. Die zusätzlichen Pfeilbefehle tragen die etwas ungewohnten Befehlsnamen `@>>>`, `@<<<`, `@AAA` und `@VVV`, die links-, rechts-, aufwärts- bzw. abwärtsgerichtete Pfeile erzeugen. Außerdem wird noch der Befehl `@=` zur Ausgabe von horizontalen Doppelstrichen (verlängerte Gleichheitszeichen) angeboten.

Eine Text- oder Symbolangabe zwischen dem ersten und zweiten `>` oder `<` der horizontalen Pfeilbefehle führt zur übergestellten Ausgabe dieses Textes oder Symbols in der mathematischen Schriftgröße `\scriptstyle` für einfache Hochstellungen (Exponenten) oberhalb des Pfeils. Ein Text- oder Symbolzeichen zwischen dem zweiten und dritten `>` oder `<` führt zur untergestellten Ausgabe unter dem zugehörigen Pfeil.

Bei vertikalen Pfeilen führt entsprechend die Text- oder Symbolangabe zwischen dem ersten und zweiten `A` bzw. `V` zur vertikal zentrierten Ausgabe des Textes oder Symbols *vor* dem Pfeil, eine solche zwischen dem zweiten und dritten `A` bzw. `V` zur Ausgabe *nach* dem Pfeil. Als Schriftgröße wird hierfür ebenfalls `\scriptstyle` gewählt.

Mit diesen Erläuterungen sollte der Erzeugungstext für das obige kommutative Diagramm verständlich sein:

```
\[ \begin{CD}
   S^{\mathcal{W}_\Lambda}\otimes T @>j>>  T\\
   @VVV                             @VV{\End P}V\\
   (S\otimes T)/I                   @= (Z\otimes T)/J
   \end{CD}  \]
```

Der Befehl `\End` zur Erzeugung des Funktionsnamens 'End' ist standardmäßig nicht definiert. Er musste für das Beispiel deshalb mit `\DeclareMathOperator{\End}{End}` eingerichtet werden.

Mit dem Ergänzungspaket `amscd.sty` können nur einfache kommutative Diagramme mit horizontalen und vertikalen Pfeilen erstellt werden, diese jedoch sehr viel einfacher als mit der universelleren `picture`-Umgebung aus Standard-LATEX. Für komplexere Diagramme stellen die TEX-Fileserver unter `/tex-archive/macros/generic/diagrams` weitere Makropakete in eigenen Unterverzeichnissen zur Verfügung, von denen ich hier nur `./barr`, `./borceux`, `./xypic`, und `./taylor` nenne.

Das Unterverzeichnis `./xypic` enthält das XY-pic-System von KRISTOFFER H. ROSE, das auf der 7. europäischen TEX-Tagung 1992 in Prag vorgestellt wurde. `./barr` enthält das Diagrammsystem von MICHAEL BARR, das kleiner ist als alle anderen Systeme zur Erstellung kommutativer Diagramme, `./borceux` das „Diagram 3-System“von FRANCIS BORCEUX und `./taylor` das System „Commutative Diagram“ von PAUL TAYLOR. Alle Unterverzeichnisse enthalten neben den eigentlichen Makropaketen auch die zugehörige Dokumentation mit ausführlichen Nutzungsmanualen, auf die bei Bedarf zurückgegriffen werden sollte.

1.5.11 Fehlermeldungen aus AMS-LATEX

Die Ergänzungspakete aus dem AMS-LATEX-Programmpaket enthalten die Fehler- und Hilfetexte für Eingabe- oder Syntaxfehler von Strukturen dieser Pakete. Fehlermeldungen aus diesen Paketen beginnen stets mit dem Hinweis auf das zugeordnete Ergänzungspaket, z. B.

```
! Package amsmath Error: \begin{split} won't work here
 ...
l.8 \begin{split}
?
```

Mit der Anwenderreaktion `h` auf den `?`-Eingabeprompt erfolgt eine Hilfeempfehlung, die hier lautet:

```
Did you forget a preceding \begin{equation}?
If not, perhaps the 'aligned' environment is what you want.
```

Die Fehler- und Hilfemeldungen aus dem AMS-LATEX-Paket sind alle recht präzise und selbsterklärend, so dass die Ursache schnell gefunden werden sollte. Bei Bedarf verweise ich auf die beigefügte Dokumentation des dortigen "User's Guide" (`amsdoc.tex`), der in Anhang B.2 eine Auflistung aller Fehlermeldungen aus dem AMS-LATEX-Paket mit zusätzlichen Beispielen und möglichen Ursachen enthält.

Eine ganz anders geartete Fehlerquelle mit Fehlermeldungen des Typs

```
! TeX capacity exceeded, sorry [...].
```

könnte darin liegen, dass das zugrunde liegende TEX-System nicht ausreichend große Pufferspeicher zur Nutzung der AMS-LATEX-Makros bereitstellt. Zur Nutzung von AMS-LATEX wird deshalb eine BIGTEX-Version empfohlen, wie dies standardmäßig für TEX unter UNIX oder für die ausführbaren TEX-Programme ab 386er Prozessoren aus dem emTEX-Paket der Fall ist. Anhang A.5 aus dem "User's Guide" des AMS-LATEX-Pakets zeigt mit der dortigen Tabelle A.1, welche Pufferspeichergrößen angemessen sind, die von BIGTEX-Versionen gewöhnlich erfüllt werden.

1.5.12 AMS-Zeichensätze

Von der AMS stammen einen Reihe weiterer Zeichensätze mit zusätzlichen mathematischen Symbolen und mathematische Frakturschriften. Einige mathematische cm-Standardschriften werden in zusätzlichen Entwurfsgrößen bereitgestellt, was zu einer besseren Ausgabequalität als mit entsprechend skalierten Druckerzeichensätzen führt. Schließlich gehören zu den AMS-Zusatzschriften noch etliche Zeichensätze für kyrillische Schriften, auf die ich im Zusammenhang zum erweiterten Formelsatz mit AMS-LaTeX nicht eingehe.

Die Zeichensätze der AMS sind nicht Bestandteil des AMS-LaTeX-Pakets. Man muss sie sich bei Bedarf eigenständig beschaffen. Auf den öffentlichen Fileservern findet man sie unter `/tex-archive/fonts/amsfonts` mit einer eigenen Unterverzeichnisstruktur. Die erweiterten AMS-Zeichensätze können auch mit Standard-LaTeX genutzt werden. Sie setzen damit nicht die Installation des AMS-LaTeX-Pakets voraus. Die Vorstellung dieser Zeichensätze und die Werkzeuge zu ihrer Nutzung erfolgt deshalb eigenständig in 2.2. Mit den dortigen Hinweisen können sie natürlich auch in Kombination mit AMS-LaTeX genutzt werden, wozu lediglich im Vorspann in Ergänzung zu

`\usepackage[`*ams_optionen*`]{amsmath,...}` noch
`\usepackage{amssymb}`

zu aktivieren ist. Alle Nutzungshinweise aus 2.2 können ohne Einschränkungen auch für die Kombination mit AMS-LaTeX übernommen werden.

1.6 Die AMS-Klassenfiles

Bei der Installation des AMS-LaTeX-Pakets entstanden auch die Klassenfiles `amsart.cls`, `amsbook.cls` und `amsproc.cls`. Sie stellen gewissermaßen Erweiterungen der LaTeX-Standardklassenfiles `article.cls`, `book.cls` bzw. `proc.cls` dar. Alle Gestaltungseigenschaften der LaTeX-Standardklassenfiles finden sich auch in den AMS-Klassenfiles wieder, die jedoch um Eigenschaften von AMS-LaTeX erweitert werden, womit die expliziten `\usepackage`-Befehle für die Ergänzungspakete `amsmath.sty` und `amsthm.sty` aus AMS-LaTeX entfallen können. Außerdem aktivieren die AMS-Klassenfiles auch die zusätzlichen mathematischen AMS-Zeichensätze, auf die bereits in 1.5.12 kurz hingewiesen wurde. Zur Bedienung dieser Zusatzzeichensätze wird das Ergänzungspaket `amsfonts.sty` ebenfalls standardmäßig hinzugeladen.

1.6.1 Klassenoptionen der AMS-Klassenfiles

Neben den Klassenoptionen der LaTeX-Standardklassenfiles kennen die AMS-Klassenfiles einige zusätzliche Optionen, die in der Optionsliste von

`\documentclass[`*opt_liste*`]{ams`*klasse*`}`

ebenfalls auftreten dürfen und vom AMS-Klassenfile dann verarbeitet werden. Diese zusätzlichen Klassenoptionen sind:

`8pt | 9pt |, ...` Ergänzung zu den alternativen Standard-Größenoptionen `10pt` | *11pt* | `12pt` zur Einstellung der Normalgröße `\normalsize` für das Gesamtdokument.

`noamsfonts` bewirkt, dass das Hinzuladen der AMS-Zusatzzeichensätze und dessen Bedienungspaket `amsfonts.sty` unterbleibt.

`psamsfonts` bewirkt, dass PostScript-Versionen der AMS-Zeichensätze zur Anwendung kommen. Dies setzt die Verfügbarkeit dieser PostScript-Versionen voraus, die als kommerzielles Lizenzprodukt gekauft werden müssen. Lizenzgeber: Y&Y, Inc. und Blue Sky Research.

`nomath` bewirkt, dass das automatische Hinzuladen von `amsmath.sty` unterbleibt.

Da das AMS-LaTeX-Ergänzungspaket `amsmath.sty` automatisch eingelesen wird, können dessen Optionsmöglichkeiten aus 1.5.2 auch in der Optionsliste des `\documentclass`-Befehls angegeben werden, die dann an `amsmath.sty` weitergereicht werden.

1.6.2 Schriftgrößenbefehle der AMS-Klassenfiles

Die Schriftgrößenbefehle `\tiny` bis `\Huge` aus den LaTeX-Standardklassenfiles werden auch mit den AMS-LaTeX-Klassenfiles bereitgestellt. Hier führt der Größenbefehl `\tiny` jedoch zur absoluten Schriftgröße von 6 pt, während dieser bei den Standardklassenfiles mit 5 pt verknüpft ist. Bei der Schriftgrößenoption `10pt` wird `\large` in den AMS-Klassenfiles mit den 11 pt-Schriften und in den Standardklassenfiles mit 12 pt verknüpft. In allen anderen Fällen sind die Schriftgrößenbefehle aus den AMS-LaTeX-Klassenfiles mit denen aus den Standardklassenfiles identisch.

Die AMS-LaTeX-Klassenfiles stellen einige der Schriftgrößenbefehle auch noch unter einem alternativen Namen bereit, nämlich `\footnotesize` unter `\Small` und `\sriptsize` unter `\SMALL`. Der Originalbefehl `\tiny` mit der Verknüpfung zu den 5 pt-Schriften kann hier mit `\Tiny` angesprochen werden.

Zusätzlich stellen die AMS-LaTeX-Klassenfiles noch die relativen Schriftgrößen-Umschaltbefehle `\larger` und `\smaller` bereit, die eine Größenumschaltung von der augenblicklichen Schriftgröße um eine Stufe nach oben bzw. nach unten bewirken. Ist z. B. die momentane Schriftgröße `\small`, so bewirkt `\larger` die Umschaltung auf `\normalsize` und `\smaller` die Umschaltung auf `\footnotesize` bzw. `\Small`.

Die relativen Umschaltbefehle erlauben auch die Angabe eines optionalen Arguments in der Form `larger{`*n*`}` bzw. `\smaller{`*n*`}`, worin n für eine ganze Zahl steht, die angibt, um wie viele Stufen die aktuelle Schriftgröße herauf- oder herabgeschaltet werden soll. Nach `\normalsize` führt `\smaller{3}` zu `\scriptsize` bzw. `\SMALL` und ein nachträgliches `\larger{5}` zu `\Large`.

1.6.3 Titelvorspann für AMS-Veröffentlichungen

Ein Titelvorspann oder eine eigene Titelseite kann auch bei den AMS-LaTeX-Klassenfiles mit dem Befehl `\maketitle` aus den vorangestellten Einträgen für die Befehle `\title`, `\author` und `\date` erstellt werden, wie dies aus Standard-LaTeX her bekannt sein sollte [5a, Abschn. 3.3.1]. Hier können jedoch weitere Autoreninformationen angegeben werden. Der `\author`-Befehl wird mit einem optionalen Zusatzargument bereitgestellt:

`\author[`*kurz_name*`]{`*voll_name*`}`

worin die Kurzform *kurz_name* z. B. für die Vornamen nur deren Anfangsbuchstaben enthält, während diese bei der vollständigen Form *voll_name* ausgeschrieben werden. Bei der Bearbeitung wird dann bei Bedarf die Kurzform verwendet, wenn die Langform hier zu Formatierungsproblemen führen würde.

Bei Veröffentlichungen von mehreren Autoren ist für jeden Autor ein eigener `\author`-Befehl zu verwenden, die bei der Bearbeitung in geeigneter Weise zusammengefügt werden. Für jeden Autor ist seine Anschrift mit einem nachfolgenden `\address{...}`-Befehl anzugeben, wobei nach den Regeln der AMS hier die Anschrift des Instituts anzugeben ist, in dem das Forschungsergebnis entstand. Weicht diese von der derzeitigen Anschrift des Autors ab, so kann diese Anschrift mit einem nachfolgenden `\curraddr{...}`-Befehl eingegeben werden. Soweit die Anschrift in mehrere Zeilen zu umbrechen ist, kann dies mit expliziten `\\`-Befehlen für die Einträge von `\address` und `\curraddr` geschehen.

Eine etwaige E-Mail-Anschrift ist dann anschließend für jeden Autor mit `\email{...}` einzugeben. Verfügt der Autor über eine WWW-Adresse (World Wide Web), so ist diese mit `\urladdr{...}` einzugeben. Diese Adressangaben sind, falls vorhanden, für jeden Autor nach dessen `\author`-Befehl in der angegebenen Reihenfolge einzugeben.

Eine etwaige Widmung der Veröffentlichung kann mit dem Befehl

`\dedicatory{`*widmung*`}`

bekannt gemacht werden, z. B. „Herrn Prof. R. Lüst zum 75. Geburtstag gewidmet" für *widmung*. Falls es sich bei der Veröffentlichung um eine Übersetzung aus einer anderen Sprache handelt, dann kann der/die Übersetzer/in mit

`\translator{`*übersetzer*`}`

bekannt gemacht werden.

Schließlich können für die Veröffentlichung Ordnungsbegriffe in Form einer durch Kommata getrennten Liste von Schlüsselwörten mit

`\keywords{`*ordn_liste*`}`

eingegeben werden. Eine etwaige Klassifizierungsangabe kann mit

`\subjclass{Primary` *haupt_eintrag*`; Secondary` *neben_eintrag*`}`

angegeben werden, deren Einträge von der verwendeten Klassifizierungsvorschrift abhängen. Bei diesem Befehl ist mindestens ein Haupteintrag mit `Primary` zwingend, weitere Haupt- sowie Nebeneinträge mit `Secondary` sind optional und können ggf. entfallen.

Die sonstigen Titelinformationen mit `\title{...}`, `\thanks{...}` und `\date{...}` entsprechen vollständig denjenigen aus den Standardklassenfiles, ebenso wie eine etwaige Zusammenfassung mit der `abstract`-Umgebung. Nach Eingabe der gewünschten Informationen mit den vorstehenden Befehlen gestaltet dann der Ausgabebefehl `\maketitle` den Titelvorspann oder die Titelseite mit der Verarbeitung der übergebenen Information.

Dabei sind für die AMS-Klassenfiles zur Erstellung des Titelvorspanns mit `\maketitle` die Informationen aus `\title`, `\author` und `\address` zwingend. Die Einträge für die anderen Informationsbefehle sind dagegen optional, ihr Fehlen führt zu keinerlei Beanstandungen. Eine etwaige Zusammenfassung mit der `abstract`-Umgebung wird von der AMS nur für die Bearbeitungsklassen `amsart.cls` und `amsproc.cls` vorgesehen, nicht dagegen für `amsbook.cls`.

1.6.4 Sonstige Gestaltungsstrukturen der AMS-Klassenfiles

Hiermit sind die eigenständigen Gestaltungsmöglichkeiten der AMS-LATEX-Klassenfiles weitgehend vorgestellt. Zu diesen kommen natürlich noch alle Gestaltungsmöglichkeiten aus den LATEX-Standardklassenfiles, soweit diese nicht von den AMS-Klassenfiles in der vorgestellten Form modifiziert wurden.

Außerdem gehören zu den Gestaltungsmöglichkeiten der AMS-Klassenfiles auch die in 1.5.2–1.5.9 vorgestellten Strukturen aus dem AMS-LATEX-Paket, da die Ergänzungspakete `amsmath.sty` und `amsthm.sty` von den AMS-Klassenfiles implizit eingelesen werden, falls das Klassenfile nicht mit der Option `nomath` angefordert wurde. Soweit kommutative Diagramme mit den Mitteln aus `amscd.sty` auch bei den AMS-Klassenfiles erstellt werden sollen, ist dieses Ergänzungspaket hier mit `\usepackage` zusätzlich anzufordern. Das gilt auch für etwaige Strukturen aus `amsxtra.sty`, z. B. für den dortigen Definitionsbefehl `\accentedsymbol` gemäß S. 74.

1.7 Beschaffungsquellen für die LATEX-Ergänzungen

1.7.1 Internet-Beschffungsmöglichkeiten

Der einfachste und wirkungsvollste Zugang zu allen TEX- und LATEX-Werkzeugen besteht für Anwender mit Internetzugang. Diese können die angeforderten Grund- und Ergänzungswerkzeuge leicht von den TEX-Fileservern vieler Hochschulen und Universitäten bzw. von den offiziellen Fileservern der TEX-Anwendervereinigungen, z. B. demjenigen der „deutschsprachigen TEX-Anwendervereinigung, DANTE e. V.“, abrufen, dessen Internetadresse lauten:

ftp	`ftp.dante.de` (IP-Nr. `134.93.8.251`)
E-Mail	`ftpmail@dante.de`
WWW	`http://www.dante.de/`

Der von DANTE e. V. bereitgestellte TEX-Fileserver ist mit den gleichartigen Filesevern der internationalen "TEX Users Group (TUG)" in den USA sowie der "enlischen TeX-Anwenderbvereinigung (UK-TUG)" so vernetzt, dass Änderungen oder Ergänzungen auf einem von ihnen innerhalb von 24 Stunden auch auf den beiden anderen erscheinen, so dass sie gewissermaßen Spiegelbilder von einander sind. Die ftp-Adressen dieser Fileser sind:

US-TUG:	`pip.shsu.edu`	(IP-Nr. `192.92.115.10`)
UK-TUG:	`ftp.tex.ac.uk`	(IP-Nr. `134.151.79.32`)

Die von den Rechenzentren vieler Hochschulen vorgehaltenen TEX-Fileserver sind entweder ebenfalls Abbilder der offiziellen TEX-Fileserver oder Teile hiervon, ggf. mit eigenen Zusatzentwicklungen. Die offiziellen TEX-Fileserver basieren auf Rechnern unter UNIX, die entsprechend der UNIX-Notation aufgebaut sind. Das zugehörige Eingangsverzeichnis lautet dort üblicherweise `tex-archive`. Die aufgeführten offiziellen TEX-Fileserver enthalten unter dem Eingangsverzeichnis ein Unterverzeichnis `./help`, in dem sich u. a. das File `TeX-index` befindet. Es stellt einen Katalog mit Herkunfts- und Aufgabenbeschreibung der wichtigsten TEX- und LATEX-Programme und -Makropaketen dar.

Die möglichen Such- und Filetransferbefehle mit dem `ftp`-Programm sind für die drei offiziellen TEX-Fileserver identisch. Sie werden ausführlich in [5a, Anhang F.5.1] vorgestellt.

1.7.2 Beschaffungsmöglichkeiten über DANTE e. V.

DANTE e. V., die deutschsprachige TeX-Anwendervereinigung, versendet seit einigen Jahren im jährlichen Rhythmus an ihre Mitglieder kostenlos einen CD-Satz mit einem weitgehenden Abbild der offiziellen TeX-Fileserver. Ein gleicher CD-Satz (drei CDs) wird von der Fachbuchhandlung Lehmanns (s. u.) zum Preis von 39,90 DM angeboten.

Zusätzlich erscheint dort jährlich eine weitere CD mit dem Titel TeX Live n mit n für eine laufende Nummer, mit $n = 6$ Ende 2001. Diese CD enthält für eine Vielzahl von Rechnern und Betriebssystemen die lauffähigen Programme des gesamten TeX-Programmpakets sowie nahezu alle in diesem Buch vorgestellten LaTeX-Grund- und Ergänzungspakete. Die aktuelle CD TeX Live 6b ist mit Genehmigung von DANTE e. V. diesem Buch ab der überarbeiteten und erweiterten 3. Auflage beigefügt, deren Inhalts- und Nutzungsbeschreibung im nachfolgenden Unterabschnitt errfolgt.

Neben diesen CDs als kostenlose Vereinsleistung erscheint für die Mitglieder viermal im Jahr die 64-seitige Vereinsmitteilung „Die TeXnische Kommödie" mit vielen nützlichen Tipps und Erläuterungen von LaTeX-Makros und Neuerungen. Auch die Bereitstellung des DANTE-TeX-Fileservers ist eine Vereinsleistung, die zwar allen Internet-Nutzern zur Verfügung steht, die aber aus den Beiträgen der DANTE-Mitglieder finanziert wird, so dass die Vereinsmitgliedschaft auch für solche Nutzer in Betracht gezogen werden sollte. Die Summe der Vereinsleistungen wiegen aus meiner Sicht den jährlichen Mitgliedsbeitrag mit Sicherheit auf.

DANTE, Deutschsprachige
Anwendervereinigung TeX e. V.
Postfach 101 840
D-69008 Heidelberg

E-Mail:	dante@dante.de
Fax:	06221-16 79 06
Tel.:	06221-2 97 66
	(Mo, Mi-Fr, 10^{00} – 12^{00} Uhr)
WWW:	http://www.dante.de/

Lehmanns Fachbuchhandlung GmbH
– Abteilung Versand –
Hardenbergstraße 11
10623 Berlin

E-Mail:	bestellung@lehmanns.de
Fax:	030-61 79 11-33
Tel.:	0800-2 66 26 65
WWW:	http://www.lob.de

1.7.3 Die CD-ROM-Buchbeilage

Diesem Buch ist mit Genehmigung von DANTE e. V. die im letzten Unterabschnitt erwähnte CD TeX Live 6b beigelegt. Koordinator und Editor dieser CD ist SEBASTIAN RAHTZ, UK, desssen Zustimmung der Verlag für die CD-Buchbeilage ebenfalls eingeholt hat. Die Nutzung der CD TeX Live 6b verlangt die Unterstützung der so genannten Joliot-Erweiterungen für das CD-Laufwerk beim Anwender. Unter 32-bit-WINDOWS-Systemen kann das leicht geprüft werden, indem man sich den Inhalt der CD-ROM im Explorer anzeigen lässt. Erscheinen dabei lange Dateinamen in Klein/Großschreibung, so ist das System zur Verarbeitung der CD-ROM geeignet. Unter LINUX/UNIX sollte das CD-ROM-Laufwerk mit dem Befehl

```
mount -t iso9660 /dev/cdrom /cdrom
```

auf das Verzeichnis `/cdrom` „gemountet" werden. Wird dieser `mount`-Befehl fehlerfrei ausgeführt, so sind auch hier die Joliot-Erweiterungen verfügbar, so dass die CD problemlos genutzt werden kann.

Statt einer längern Nutzungsbeschreibung für die CD TEX Live 6b verweise ich auf deren Eigendokumentation der. Unter dem Verzeichnis der CD-ROM

`/cdrom/texmf/doc/tldoc/deutsch`

findet man neben einer Reihe von `html`-Dokumentationsdateien in deutscher Sprache auch das File `live.pdf`. Der Anwender möge sich dieses File ausdrucken. Es erzeugt eine 57-seitige Nutzungsanleitung für die CD TEX Live 6b. Falls beim Anwender der Ausdruck von `.pdf`-Dateien, ggf. über den Acrobat-Reader nach Umwandlung in ein `.ps`-File nicht möglich ist, so stellt das File `live.html` eine Alternative für den Browser des Anwenders zur Dokumentationsausgabe dar.

Die Eigendokumentation mit dem Titel „Anleitung zur **TEXLive** CD-ROM, Version 6“ wird dem Anwender alle Nutzungsmöglichkeiten, beginnend mit der Installation eines gesamten TEX- und METAFONT-System für seinen Rechner und Betriebssystem bis hin zur gezielten Installation einzelner Programmpakete erschließen.

Kapitel 2

TEX-Zusatzzeichensätze

Die cm-Zeichensätze von DONALD KNUTH sind gewissermaßen die TEX-Originalschriften, da sie vom TEX-Programmautor selbst entworfen und dem TEX-Programm von Anbeginn zugeordnet wurden. Inzwischen wurden viele weitere Zeichensätze mit METAFONTentwickelt, die vorrangig, wenn nicht ausschließlich, zur Nutzung mit TEX vorgesehen sind. Sie werden in diesem Kapitel deshalb als TEX-Zusatzzeichensätze bezeichnet. Sie unterscheiden sich in diesem Sinne von Schriften, die völlig unabhängig von TEX entwickelt wurden und deshalb mit vielen anderen Programmen genutzt werden können, wie z. B. die im übernächsten Kapitel vorgestellten PostScript-Schriften und deren Nutzung mit TEX.

2.1 Erweiterte Zeichensätze für TEX 3.x

Die Ausschöpfung der erweiterten Möglichkeiten ab TEX 3.0 setzt die Bereitstellung von erweiterten Zeichensätzen voraus, in denen die diakritischen Zeichen, also die Kombination von Buchstaben mit Akzenten oder sonstigen Anhängen, wie Cedille oder Ogonek (Krummhaken), als eigene Buchstabenzeichen verfügbar sind.

2.1.1 Grenzen und Mängel der cm-Schriften

Viele, aber keineswegs alle in europäischen Sprachen auftretenden diakritischen Zeichen in lateinischer Grundschrift lassen sich aus den cm-Zeichensätzen durch Kombination des Grundbuchstabens mit dem Akzent oder Anhang durch *Übereinanderschieben* erzeugen. Soweit diese nicht bereits durch LATEX mit einem eigenen Befehlsnamen bereitgestellt werden, lassen sich weitere Kombinationen durch anwendereigene Makros erzeugen, z. B. mit

```
\newcommand{\Dk}{%
   D\hspace{-0.7em}\rule[0.8ex]{0.30em}{0.08ex}\hspace{0.40em}}
\newcommand{\dk}{%
   d\hspace{-0.35em}\rule[1.2ex]{0.3em}{0.08ex}\hspace{0.05em}}
```

für die im Serbokroatischen auftretenden diakritischen Zeichen Đ und đ, die dann mit den Aufrufen `\Dk` bzw. `\dk` erzeugt werden. Diakritische Zeichen mit einem Krummhaken (Ogonek), wie sie bei polnischen oder litauischen Texten als Ą, ą, Ę und ę benötigt werden, lassen sich aus den cm-Schriften nicht konstruieren, da in diesen das Zeichen für den Krummhaken nicht enthalten ist.

Die Erzeugung von diakritischen Zeichen als Kombination von Buchstaben mit Sonderzeichen hat für die TEX-Bearbeitung einen gravierenden Nachteil: Wörter mit solchen Kombinationszeichen können nicht an den Silben mit diesen Zeichen getrennt werden, da die Trennmuster in den Trennmusterfiles nur eigenständige Zeichen erlauben. Zur Einbeziehung von diakritischen Zeichen in die Trennmusterfiles, z. B. unserer Umlaute in ein deutsches Trennmusterfile `dehyphn.tex` oder `dehypht.tex`, sind diese als eigenständige Zeichen in den Zeichensätzen bereitzustellen.

Neben den diakritischen Zeichen kennen etliche europäische Sprachen zusätzlich zu den lateinischen Grundbuchstaben einige nationale Sonderbuchstaben, wie z. B. das deutsche ß oder die französischen oder skandinavischen Zeichen Æ, æ, Œ, œ, Ø und ø. Diese Sonderbuchstaben sind zwar Bestandteil der cm-Schriften, weitere europäische Sonderbuchstaben wie Ŋ, ŋ, Þ, þ oder ð fehlen dagegen.

2.1.2 Der Erweiterungsvorschlag von Cork

Auf der internationalen TEX-Konferenz in Cork, Irland, wurde deshalb 1990 eine Zeichensatzbelegung mit einem erweiterten lateinischen Zeichensatz von 256 Zeichen vorgeschlagen und allgemein akzeptiert. Bei diesem erweiterten Zeichensatz sind für die Mehrzahl der auf der lateinischen Schrift aufbauenden Schriftsprachen deren Sonder- und diakritische Zeichen als eigenständige Symbole vorhanden. Die folgenden Sprachen sind mit diesem Zeichensatz vollständig abgedeckt:

> Afrikaans, Albanisch, Bretonisch, Dänisch, Deutsch, Englisch, Estnisch, Färöisch, Finnisch, Französisch, Friesisch, Galizisch, Gälisch, Indonesisch (Bahasa), Irisch, Isländisch, Italienisch, Katalanisch, Madagassisch, Niederländisch, Niedersorbisch, Norwegisch, Obersorbisch, Polnisch, Portugiesisch, Rätoromanisch, Rumänisch, Schwedisch, Serbokroatisch, Slowakisch, Slowenisch, Somali, Spanisch, Suaheli, Tschechisch, Türkisch und Ungarisch.

Bei diesen Sprachen können alle Sonder- und diakritischen Zeichen in zugehörige Trennmusterfiles eingebunden und damit eine optimale Trenntechnik bei der TEX- und LATEX-Bearbeitung erzielt werden.

Der vorgeschlagene erweiterte Zeichensatz enthält die meisten der auftretenden Akzente auch als eigenständige Symbole. Damit ist es möglich, weitere diakritische Zeichen, die nicht als eigenständige Zeichen bereitgestellt werden, zusätzlich, wie bei den cm-Schriften, als Kombination aus Buchstaben und Akzentzeichen zu erstellen, freilich mit dem Mangel der Trennmöglichkeit für diese Zeichen. Bei den folgenden Sprachen sind einige der auftretenden diakritischen Zeichen zusätzlich als Kombination zu erzeugen:

> Baskisch, Esperanto, Lettisch, Litauisch, Maltesisch, Samoanisch, Tagalog und Walisisch.

Das Verhältnis von eigenständigen diakritischen Zeichen zu solchen, die als Kombination zu bilden sind, ist für die genannten Sprachen recht unterschiedlich. So enthält der erweiterte Zeichensatz für die lettische Sprache lediglich 6 eigenständige diakritische Zeichen, während weitere 18 aus Kombinationen zu bilden sind. Für Tagalog, der Hauptsprache auf den Philippinen, sind 30 eigenständige Zeichen vorhanden, lediglich 2 sind als Kombination zu erzeugen.

Die vietnamesische Schrift wird mit dem erweiterten Zeichensatz nicht vollständig abgedeckt, da diese diakritische Zeichen kennt, deren Akzente nicht vorhanden sind, so dass sie auch nicht als Kombination zu erzeugen sind.

Zeichensätze, die dem Vorschlag der TEX-Tagung von Cork entsprechen, sollen durch die Anfangsbuchstaben 'ec' für 'Extended Computer' statt 'cm' für die klassischen 'Computer Modern'-Schriften gekennzeichnet werden.

2.1.3 Installation der ec-Schriften

Auf den öffentlichen TEX-Fileservern findet man die METAFONT-Quellen- und `.tfm`-Files für die erweiterten Schriften unter den Eingangsverzeichnissen

```
/tex-archive/fonts/ec
```

in den dort jeweils eigenen Unterverzeichnissen `./src` und `./tfm`, die sich auf etwaigen Diskettenkopien vermutlich unter den gleichen Verzeichnisnamen wiederfinden. In `.src`-Quellenverzeichnissen findet man die `.tex`-Files `ecstdedt.tex` und `tcstdedt.tex` (s. 2.1.9) sowie die `.mf`-Grundquellenfiles.

Die Nomenklatur für die diversen `.mf`-Grundquellenfiles wird in 2.1.8 nachgereicht. Sie ist für die umfassende Installation der erweiterten Schriften hier ohne Belang. Für die Installation ist zunächst das TEX-File `ecstdedt.tex` mit TEX aus dem `./src`-Quellenverzeichnis heraus zu bearbeiten, was gewöhnlich mit dem Programmaufruf '`tex ecstdedt`' geschieht. Damit werden die Quellenfiles für die erweiterten Schriften in den Entwurfsskalierungen

0500, 0600, 0700, 0800, 0900, 1000, 1095,
1200, 1440, 1728, 2074, 2488, 2986, 3583

aus ihren Erzeugungsfiles aufgebaut. Diese Skalierungswerte stellen das Hundertfache der Entwurfsgröße in der Maßeinheit pt dar. Aus dem Grundfile `ecrm.mf` entstehen damit `ecrm0500.mf` bis `ecrm3583.mf`, aus denen dann mit METAFONT die zugehörigen Druckerzeichensätze erstellt werden können. Zeichenumfang und Belegung wird mit der nachfolgenden Tabelle auf S. 105 für den Zeichensatz `ecrm1000` demonstriert.

Die endgültigen Druckerzeichensätze wird man, falls der Druckertreiber dazu in der Lage ist, erst bei der ersten aktuellen Anforderung erstellen, was für `dvips` sowie die Druckertreiber aus dem emTEX-Paket der Fall ist. Bei der METAFONT-Bearbeitung der Quellenfiles entstehen neben den Druckerzeichensätzen auch die zugehörigen `.tfm`-Files. Die Metrikzeichensätze werden aber auch mit dem `./tfm`-Verzeichnis für die Zeichensätze in den angegebenen Entwurfsgrößen angeboten. Diese `.tfm`-Files sollte man deshalb sofort in den Verzeichnisbaum kopieren, unter dem TEX bzw. LATEX die Metrikfiles erwartet, damit eine TEX- oder LATEX-Bearbeitung für evtl. angeforderte erweiterte Zeichensätze von Anbeginn ohne Unterbrechung möglich wird.

Die TEX-Aufbereitungsprogramme `ecdstedt.tex` enthalten eine Reihe von Befehlsaufrufen der Form

```
\makefont ecxx  (5[0500] 6[0600] 7[0700] 8[0800] 9[0900] 10[1000]
                 10.95[1095] 12[1200] 14.4[1440] 17.28[1728]
                 20.74[2074] 24.88[2488] 29.86[2986] 35.83[3583])
```

Hierin steht jeweils die Zahl vor der öffnenden eckigen Klammer für die Entwurfsgröße in pt und die durch das eckige Klammerpaar umschlossene Zahl für die zugehörige Skalierung, die

Bestandteil des Filenamens wird. Diese Befehlsargumente können bei Bedarf editiert werden. Soll z. B. ein Zeichensatz-Quellenfile auch in der Entwurfsgröße 7.5 pt bereitgestellt werden, so wäre dort `7.5[0750]` hinzuzufügen.

Die Aufbereitungsprogramme enthalten für die Grundzeichensätze `ecff`, `ecfi` und `ecfb` entsprechende Befehlsaufrufe, die herauskommentiert sind. Für diese Zeichensätze werden deshalb noch keine METAFONT-Quellenfiles aufgebaut. Mit der Entfernung der Kommentarzeichen können die Quellenfiles für die Schriften ‘Funny Font’, ‘Funny Italic’ und ‘Fibonacci’ in den angegebenen Entwurfsgrößen ebenfalls generiert werden.

Die `./src`-Quellenverzeichenisse enthalten ein weiteres Erzeugungsfile `ecbm.mf` für eine Roman-Fettschriftvariante. Mit einem weiterem Befehl `\makefont ecbm (...)` in dem Aufbereitungsprogramm `ecstdedt.tex` können die zugehörigen METAFONT-Quellenfiles auch für diese Schrift in den gewünschten Entwurfsgrößen eingerichtet werden.

2.1.4 Das Ordnungsprinzip der erweiterten Schriften

Die ec-Schriften sind in ihrer Anordnung so aufgebaut, dass die Stellen 0–12 bzw. "00–"0C (hex.) mit eigenständigen Akzenten besetzt sind. Auf diese folgen an den Stellen 13–22 bzw. "0D–"16 die Satzzeichen. Die Stelle 23 bzw. "17 ist leer und wird bei Worttrennungen *ohne* Trennzeichen benutzt. 24 bzw. "18 ist mit einer kleinen Null besetzt, durch die das %-Zeichen zum ‰-Zeichen ergänzt werden kann. Die beiden nächsten Stellen 25 und 26 bzw. "19 und "1A enthalten das punktlose ı bzw. ȷ, die mit den Akzenten aus 0–12 zu weiteren diakritischen Symbolen kombiniert werden können, soweit sie nicht im späteren Teil durch eigenständige Zeichen realisiert sind. Auf 27–31 bzw. "1B–"1F sind die Ligaturen ff, fi, fl, ffi und ffl angeordnet, die bei den cm-Schriften die Plätze 11 bis 15 einnehmen.

Die Stellen 32–126 bzw. "20–"7E entsprechen der Kodebelegung der ISO Latin 1-Norm. Diese entspricht für 33–126 der herkömmlichen ASCII-Tabelle. Das ASCII-Leerzeichen von 32 bzw. "20 wird bei der angeführten Norm durch das Leerzeichensymbol ␣ und das ASCII-Steuerzeichen DEL auf 127 bzw. "7F durch den Trennstrich - ergänzt.

Auf den Plätzen 128–255 bzw. "80–"FF folgen die diakritischen und nationalen Sonderzeichen. Die Zeichen auf 192–255 bzw. "C0–"FF entsprechen ebenfalls der ISO Latin 1-Norm, während diejenigen auf 160–191 bzw. "A0–"BF teilweise von dieser Norm abweichen und die Zeichen von 128–159 bzw. "80–"9F diese ergänzen.

Zeichenumfang und Belegung der erweiterten ec-Schriften werden in der Tabelle auf der nächsten Seite demonstriert.

2.1.5 Aktivierung der ec-Schriften

Die ec-Schriften werden mit der Einbindung eines der Ergänzungspakete `t1enc.sty` oder `fontenc.sty`, die Bestandteil eines jeden LaTeX-Grundsystems sind, mit

`\usepackage{t1enc}` bzw. `\usepackage[T1]{fontenc}`

anstelle der äquivalenten cm-Schriften aktiviert. Mit diesen Ergänzungspaketen werden die Schriftfamilien `\rmfamily`, `\sffamily` und `\ttfamily` mit den erweiterten Zeichensätzen dieser Familien verknüpft, indem ihnen nun das Kodierattribut `\fontencoding{T1}` zugeordnet wird. Damit bleiben Eingabefiles, die bisher zur LaTeX-Bearbeitung mit den klassischen cm-Zeichensätzen vorgesehen waren, ohne sonstige Änderung voll bearbeitungsfähig.

okt.	0	1	2	3	4	5	6	7	hex.
'00x	` 0	´ 1	ˆ 2	˜ 3	¨ 4	˝ 5	˚ 6	ˇ 7	"0x
'01x	˘ 8	¯ 9	˙ 10	¸ 11	˛ 12	‚ 13	‹ 14	› 15	
'02x	“ 16	” 17	„ 18	« 19	» 20	– 21	— 22	23	"1x
'03x	0 24	ı 25	ȷ 26	ff 27	fi 28	fl 29	ffi 30	ffl 31	
'04x	␣ 32	! 33	" 34	# 35	$ 36	% 37	& 38	’ 39	"2x
'05x	(40	) 41	* 42	+ 43	, 44	- 45	. 46	/ 47	
'06x	0 48	1 49	2 50	3 51	4 52	5 53	6 54	7 55	"3x
'07x	8 56	9 57	: 58	; 59	< 60	= 61	> 62	? 63	
'10x	@ 64	A 65	B 66	C 67	D 68	E 69	F 70	G 71	"4x
'11x	H 72	I 73	J 74	K 75	L 76	M 77	N 78	O 79	
'12x	P 80	Q 81	R 82	S 83	T 84	U 85	V 86	W 87	"5x
'13x	X 88	Y 89	Z 90	[91	\ 92	] 93	^ 94	_ 95	
'14x	‘ 96	a 97	b 98	c 99	d 100	e 101	f 102	g 103	"6x
'15x	h 104	i 105	j 106	k 107	l 108	m 109	n 110	o 111	
'16x	p 112	q 113	r 114	s 115	t 116	u 117	v 118	w 119	"7x
'17x	x 120	y 121	z 122	{ 123	| 124	} 125	~ 126	- 127	
'20x	Ă 128	Ą 129	Ć 130	Č 131	Ď 132	Ě 133	Ę 134	Ğ 135	"8x
'21x	Ĺ 136	Ľ 137	Ł 138	Ń 139	Ň 140	Ŋ 141	Ő 142	Ŕ 143	
'22x	Ř 144	Ś 145	Š 146	Ş 147	Ť 148	Ţ 149	Ű 150	Ů 151	"9x
'23x	Ÿ 152	Ź 153	Ž 154	Ż 155	IJ 156	İ 157	đ 158	§ 159	
'24x	ă 160	ą 161	ć 162	č 163	ď 164	ě 165	ę 166	ğ 167	"Ax
'25x	ĺ 168	ľ 169	ł 170	ń 171	ň 172	ŋ 173	ő 174	ŕ 175	
'26x	ř 176	ś 177	š 178	ş 179	ť 180	ţ 181	ű 182	ů 183	"Bx
'27x	ÿ 184	ź 185	ž 186	ż 187	ij 188	¡ 189	¿ 190	£ 191	
'30x	À 192	Á 193	Â 194	Ã 195	Ä 196	Å 197	Æ 198	Ç 199	"Cx
'31x	È 200	É 201	Ê 202	Ë 203	Ì 204	Í 205	Î 206	Ï 207	
'32x	Đ 208	Ñ 209	Ò 210	Ó 211	Ô 212	Õ 213	Ö 214	Œ 215	"Dx
'33x	Ø 216	Ù 217	Ú 218	Û 219	Ü 220	Ý 221	Þ 222	SS 223	
'34x	à 224	á 225	â 226	ã 227	ä 228	å 229	æ 230	ç 231	"Ex
'35x	è 232	é 233	ê 234	ë 235	ì 236	í 237	î 238	ï 239	
'36x	ð 240	ñ 241	ò 242	ó 243	ô 244	õ 245	ö 246	œ 247	"Fx
'37x	ø 248	ù 249	ú 250	û 251	ü 252	ý 253	þ 254	ß 255	
okt.	8	9	A	B	C	D	E	F	hex.

Zeichenumfang und Belegung für den erweiterten Zeichensatz ecrm1000.
Alle ec-Schriften variieren nur im Schrifttyp und in der Entwurfsgröße. Die einzelnen Zeichen und ihre Anordnung stimmen, anders als bei den cm-Schriften (s. [5a, C.6, Tab. 1–4]), in ihrer Bedeutung mit dieser Tabelle überein.

Der einzige Bearbeitungsunterschied mag darin liegen, dass nun für die Eingabefiles eine präzisere Trennung erfolgt, da die ec-Zeichensätze die Umlaute als eigene Zeichen bereitstellen, an denen Trennungen möglich sind, während die cm-Zeichensätze die Umlaute durch Übereinandersetzen von Umlautakzent und Vokal nachbilden und der von TEX bereitgestellte Trennungsalgorithmus Trennungen an solchen Kombinationszeichen nicht vornimmt. Die Eingabe in Form von `"u` bzw. die direkte Umlaut-Tasteneingabe bleiben hiervon unberührt.

Zur Eingabe des Ogonek (Krummhakens) wird mit den obigen Ergänzungspaketen der Befehle `\k` bereitgestellt, mit dem ę und Ę als `\k{e}` bzw. `\k{E}` einzugeben sind. Ähnlich führt `\r{u}` und `\r{A}` nun zu den eigenständigen Zeichen ů bzw. Å, wie überhaupt alle LATEX-Akzentbefehle zu entsprechenden eigenständigen akzentuierten Zeichen führen, falls es solche in den erweiterten Zeichensätzen gibt.

Für Kombinationen von Akzentbefehlen mit Buchstaben, für die es keine eigenständigen Zeichen gibt, bleibt es bei der Konstruktion von geeignet verschobenen Akzenten mit den Grundzeichen als so genannte diakritisches Zeichen, z. B. ı̊ für `\r{\i}`.

Die Sonderbuchstaben ð, Ð, đ, ŋ, Ŋ, þ und Þ für isländische, kroatische, lappische u. a. Texte können mit den Befehlen

`\dh`, `\DH`	für die Zeichen eth und Eth (ð, Ð)
`\dj`, `\DJ`	für d und D mit dem Querstrich (đ, Đ)
`\ng`, `\NG`	für die Zeichen eng und Eng (ŋ, Ŋ)
`\th`, `\TH`	für die Zeichen thorn und Thorn (þ, Þ)

erzeugt werden.

Die Zeichenkombination `ff`, `fi`, `fl`, `ffi`, `ffl`, `!‘`, `?‘` `--` und `---` sowie `‘‘` und `’’` führen bei den cm-Schriften zu den Ligaturen ff, fi, fl, ffi, ffl, ¡, ¿ – und — bzw. zu den Unterschneidungen “ und ” für die einzelnen ‘- bzw. ’-Zeichen, die zur Eingabe der englischen Anführungszeichen bzw. des schließenden deutschen Anführungszeichens benutzt werden können. Die aufgezählten Ligaturen entfallen bei den Schreibmaschinenschriften mit fester Zeichenbreite.

Das Gleiche gilt auch für die ec-Schriften. Für diese führen die Zeichenkombinationen `,,` `<<` und `>>` zusätzlich noch zu den Unterschneidungen „, « und », die für die deutschen öffnenden bzw. für die französischen Anführungszeichen genutzt werden können. Die cm-Schriften ergeben für diese Zeichenpaare zwar ähnliche, aber nicht optimale Ergebnisse zur Nutzung als Anführungszeichen. Die Ligaturen `!‘` und `?‘` bleiben bei den ec-Schreibmaschinenschriften mit ¡ und ¿ erhalten und `--`, `---`, `‘‘`, `’’`, `<<`, `>>` und `,,` führen für diese zu -, --, “, ”, «, » und „.

2.1.6 Standardgemäße Nutzung der ec-Schriften mit LATEX

Die soeben vorgestellte Aktivierung der ec-Schriften mit den Ergänzungspaketen `t1enc.sty` oder `fontenc.sty` kann entfallen, wenn die Zuordnung der ec-Schriften bereits mit dem LATEX-Formatfile erfolgt. Dies wird in absehbarer Zeit auch bei der Standardinstallation von LATEX der Fall sein, spätestens dann, wenn auch für die mathematischen cm-Zeichensätze äquivalente ec-Zeichensätze existieren. Es gibt gute Gründe, das schon heute zu tun, auch wenn man damit noch nicht auf die zusätzlich vorzuhaltenden cm-Textzeichensätze verzichten kann.

Zur Vorbereitung eines solchen LATEX-Formatfiles möge sich der Anwender ein kleines File mit dem Namen `fonttext.cfg` und dem Inhalt

```
%% This files is fonttext.cfg
\fontencoding{T1}
\begingroup
  \nfss@catcodes
  \input{t1cmss.fd}
  \input{t1cmtt.fd}
\endgroup
\DeclareErrorFont{T1}{cmr}{m}{n}{10}
```

in demjenigen Verzeichnis einrichten, das die LaTeX-Installationsfiles wie z. B. das zugehörige `fonttext.ltx` sowie die sonstigen `.ltx`-Installationsfiles enthält. Mit einer erneuten INITEX-Bearbeitung von `latex.ltx` wird nun ein Formatfile erzeugt, das die ec-Zeichensätze als Standardschriften bereitstellt, die mit `\begin{document}` verfügbar sind und mit den Schriftbefehlen `\text`*xx*`{`*text*`}` sowie den Schrifterklärungen, wie `\rmfamily`, `\bfseries`, `\itshape` usw. lokal angesprochen werden, ohne dass hierzu eines der Ergänzungspakete `t1enc.sty` oder `fontenc.sty` zu aktivieren wäre.

Hier taucht vielleicht die Frage auf, warum für ein solches Formatfile nun nicht gänzlich auf die cm-Textschriften verzichtet werden kann. Der Grund liegt darin, dass in dem benachbarten File `fontmath.ltx` bei der Einrichtung der Befehle `\mathrm`, `\mathsf` usw. die Verknüpfung mit den zugehörigen Schriften über das Kodierattribut `OT1` erfolgt. Dieses darf dort nicht in `T1` abgeändert werden, da in den cm-Textschriften auf den Plätzen 0–10 die großen griechischen Buchstaben stehen, die in den ec-Zeichensätzen ganz fehlen und dort durch eigenständige Akzentbefehle ersetzt sind. Würde man in `fontmath.ltx` die Definitionen der mathematischen Textschriften mit `T1` als Kodierattribut vornehmen, so hätte das zur Folge, dass `$\Theta$` als ˆ statt Θ erscheinen würde!

Die Verwendung der ec-Schriften als LaTeX-Standardschriften gehört zum Entwicklungsziel für das LaTeX 3-Projekt. Eine entsprechende Vorgabe für LaTeX 2_ε wird vermutlich dann erfolgen, wenn die mathematischen Zeichensätze auch als ec-Schriften zur Verfügung stehen und die großen griechischen Buchstaben dann innerhalb der mathematischen ec-Schriften bereitstehen.

2.1.7 Entwicklungsgeschichte der ec-Schriften

Der Vorschlag für den erweiterten Zeichensatz gemäß der Empfehlung von Cork wurde von NORBERT SCHWARZ, Universität Bochum, bereits im selben Jahr durch die Entwicklung geeigneter METAFONT-Quellenfiles realisiert und auf dem 9. Treffen der deutschsprachigen TeX-Anwender 1990 in Göttingen vorgestellt. Die Filenamen der METAFONT-Quellenfiles für die erweiterten Zeichensätze trugen die Namen

`dc`*xxnn*`.mf`   *xx* = Schriftstilkodierung, *nn* = Entwurfsgröße

Die Kennzeichnung mit 'dc' wurde von NORBERT SCHWARZ als Vorläufer der ec-Schriften gewählt, da seine Schriften nach seiner Meinung in ihrer Feinstruktur noch verbessert werden könnten. Zeichenauswahl und Anordnung entsprechen jedoch vollständig dem Vorschlag von Cork und damit den endgültigen ec-Schriften.

Die Kennzeichnung *xx* für den Schrifttyp entsprach dabei zunächst derjenigen der cm-Schriften, d. h., sie erfolgte in Form einer ein- bis vierstelligen Buchstabengruppe, wobei alle Schrifttypen der cm-Schriften nun als erweiterte dc-Schriften bereitgestellt wurden. Auch die Größenkennzeichnung durch eine ein- oder zweistellige Zahl entsprach der cm-Nomenklatur (s. [5a, C.2 und C.8.1]), wobei die cm-METAFONT-Quellenfiles aber von Anbeginn in mehr Entwurfsgrößen zur Verfügung standen, als dies für die cm-Schriften der Fall ist.

Die dc-Schriften wurden von 1990–1996 mehrfach überarbeitet und ab 1993 zusätzlich von JÖRG KNAPPEN, Universität Mainz, betreut und erschienen in mehreren Versionen, deren letzte mit 1.3 im Mai 1996 erschien. Ab dem 1. Januar 1997 werden die engültigen ec-Zeichensätze auf den TEX-Filservern angeboten. Mit dem Übergang von Version 1.1 nach Version 1.2 änderte sich bei den dc-Zeichensätzen die Kennzeichnung für den Schriftstil *xx* und die Schriftgröße *nn*. Die Schriftstilkennzeichnung erfolgt ab Version 1.2 in Form eines oder maximal zwei Buchstaben, deren Bedeutung im nächsten Unterabschnitt aufgelistet wird. Die Kennzeichnung der Schriftgröße erfolgt nun in Form einer vierstelligen Zahl, die das Hundertfache der Entwurfsgröße bedeutet. Die Entwurfsgrößen 8 pt, 10.95 pt, 14.4 pt werden nun bei den dc- und ec-Schriften mit 0800, 1095 bzw. 1440 gekennzeichnet.

2.1.8 Die Namenskonventionen der ec-Schriften

Die Filenamen der METAFONT-Quellenfiles für die ec-Schriften tragen die Namen:

`ec`*xxnnnn* *xx* = Schriftstilkodierung, *nnnn* = Skalierungsfaktor

Die Schriftstilkodierung für die einzelnen ec-Schriften besteht aus Buchstabenpaaren, deren Kennungen anschließend aufgelistet werden, gefolgt von dem Skalierungsfaktor. Der Skalierungsfaktor ist eine vierstellige Zahl, die das Hundertfache der Entwurfsgröße in pt darstellt. Als Schriftstil-Kennbuchstabenpaare kommen in Betracht:

Roman-Familie mit

- `rm` für die Roman-Normalschrift bzw. mit `r` für die ec-Schriften,
- `rb` (roman bold) für die fette Roman-Schrift gleicher Weite bzw. mit `b` für die ec-Schriften,
- `bx` (bold extended) für die fette und geweitete Roman-Schrift,
- `sl` (slanted) für die geneigte Roman-Schrift,
- `bl` (bold extended slanted) für die fette, geneigte und geweitete Roman-Schrift,
- `cc` (caps and small caps) für die Kapitälchenvariante der Roman-Normalschrift,
- `xc` (bold extended caps and small caps) für die Kapitälchenvariante der fetten geweiteten Roman-Schrift,
- `sc` (slanted caps and small caps) für die Kapitälchenvariante der geneigten Roman-Schrift,
- `oc` (obliqe (bold extended slanted) caps and small caps) für die fette und geweitete geneigte Roman-Schrift,
- `ti` (text italic) für die Roman-Kursivschrift (*Italic*),
- `bi` (bold extended italic) für die fette und geweitete Roman-Kursivschrift,
- `ui` (unslanted italic) für die aufrecht gestellte Roman-Kursivschrift bzw. mit `u` für die ec-Schriften,
- `ci` (classical italic) für eine neue Variante der Roman-Kursivschrift;

Sans-Serif-Familie mit

- `ss` (sans serif) für die Sans-Serif-Normalschrift,
- `si` (sans serif inclined) für die geneigte Sans-Serif-Schrift,
- `sx` (sans serif bold extended) für die fette und geweitete Sans-Serif-Schrift,
- `so` (sans serif bold extended oblique) für die geneigte, fette und geweitete Sans-Serif-Schrift;

Familie der Schreibmaschinenschriften mit

- `tt` (typewriter) für die normale Schreibmaschinenschrift,
- `tc` (typewriter caps and small caps) für normale Schreibmaschinen-Kapitälchenschrift,
- `st` (slanted typewriter) für die geneigte Schreibmaschinenschrift,
- `it` (italic typewriter) für die kursive Schreibmaschinenschrift,
- `vt` (variable width typewriter) für die normale Schreibmaschinenschrift mit variabler Zeichenweite,
- `vi` (variable width italic typewriter) für die kursive Schreibmaschinenschrift mit variabler Zeichenweite;

sonstige Schriften mit

- `bm` (variant bold roman) für eine Variante der fetten Roman-Schrift,
- `dh` (dunhill) für die Dunhill-Schrift,
- `fb` (Fibonacci) für die Schrift mit den Fibonaccischen Zahlen für die kennzeichnenden Parameter,
- `ff` (funny font) für eine eigenwillige Schrift mit negativer Neigung,
- `fi` (funny italic) für eine eigenwillige Kursivschrift geringer Neigung.

Zeichensatznamen wie `ecrm1000`, `ecbl1200`, `ecsi0800` u. Ä. sollten damit entschlüsselbar sein (Roman-Normalschrift in 10 pt, fette, geneigte und geweitete Roman-Schrift in 12 pt bzw. geneigte Sans-Serif-Schrift in 8 pt Entwurfsgröße). Für die reine Anwendung ist diese Entschlüsselungskenntnis nicht erforderlich, da die Anforderung der verschiedenen Schriften in gewohnter Weise mit den Schriftauswahlbefehlen der Anwenderebene, wie `\sffamily`, `\bfseries`, `\itshape`, `\texttt{`*text*`}` usw., erfolgt, wobei die Zuordnung zu den zugehörigen Zeichensatzfiles mit den `.fd`-Files vorgenommen wird.

Bei den ec-Zeichensätzen weichen einige Zeichensätze, die es nur in einer Entwurfsgröße gibt, in ihren Namen von der vorstehenden Nomenklatur ab. Diese sind:

- `ecssdc10` (sans serif demi-bold condensed) halbfette komprimiert Sans-Serif-Schrift in 10 pt Entwurfsgröße,
- `ecsq8` (sans serif quotation) Sans-Serif-Schrift in 8 pt Entwurfsgröße mit vergrößerten Kleinbuchstaben,
- `ecqi8` (sans serif quotation inclined) dto., jedoch geneigt,
- `eclq8` (latex sans serif quotation) dto.,
- `ecli8` (latex sans serif quotation inclined) dto., geneigt,
- `eclb8` (latex sans serif quotation bold) dto., fett,
- `eclo8` (laetx sans serif quotation bold obliqe) dto., fett geneigt,
- `ieclq8` (invisible latex sans serif quotation) dto., unsichtbar,
- `iecli8` (invisible latex sans serif quotation inclined) dto., unsichtbar, geneigt,
- `ieclb8` (invisible latex sans serif quotation bold) dto., unsichtbar, fett,
- `ieclo8` (invisible latex sans serif quotation bold obliqe) dto., unsichtbar, fett geneigt.

Die letzten acht dieser Zeichensätze kommen bei der Bearbeitungsklasse `slides` zur Erstellung von Folienvorlagen zur Anwendung.

2.1.9 Die tc-Schriftergänzungen

1993 begann in den Kreisen der TEX-Zeichensatz-Entwickler eine Diskussion über erweiterte mathematische Zeichensätze mit 256 Zeichen. Dabei kam zum Ausdruck, dass bestimmte Zeichen der mathematischen cm-Zeichensätze vorrangig in normalen Texten verwendet werden. In Bezug auf die erweiterten dc/ec-Textschriften wurde vorgeschlagen, eine weitere Zeichengruppe mit der Anfangskennung tc in ihren Namen zu kennzeichnen, wobei tc für 'text companion' (Text-Begleiter) steht. Inzwischen gibt es für alle dc/ec-Zeichensätze entsprechende tc-Ergänzungszeichensätze. Die tc-Zeichensätze bestehen derzeit jeweils aus 125 Zeichen. Zu ihnen gehören etwas höher gestellte Akzente zur besseren Kombination mit Großbuchstaben, die Ziffern im alten Stil (`\oldstyle`), einige Währungssymbole im alten und neuen Stil, die Symbole für Ohm und Mho, (Ω und $\mho$), einige weitere Symbole aus `cmmi` sowie einige Zusatzsymbole, die sonst aus mehreren Einzelzeichen durch Kombination wie © und ® erstellt werden.

Die tc-Zeichensätze findet man auf den TEX-Fileservern unter demselben Eingangsverzeichnis wie die ec-Zeichensätze, also unter `/tex-archive/fonts/ec` mit den dortigen jeweils eigenen Unterverzeichnissen `./src` und `.tfm`, wie bereits in 2.1.3 beschrieben. Dort wurde neben dem ec-Installationsfile `ecstdedt.tex` auch das äquivalente tc-Installationsfile `tcstdedt.tex` erwähnt, das genauso aufgebaut ist wie das erstere, d. h., es enthält eine Reihe von Befehlsaufrufen

```
\makefont tcxx  (5[0500] 6[0600] 7[0700] 8[0800] 9[0900] 10[1000]
                 10.95[1095] 12[1200] 14.4[1440] 17.28[1728]
                 20.74[2074] 24.88[2488] 29.86[2986] 35.83[3583])
```

Die TEX-Bearbeitung von `tcstdedt` führt damit für die Grundfiles `tc`*xx* zu den `.mf`-Quellenfiles `tc`*xx*`0500.mf` bis `tc`*xx*`3583.mf`, wie dies für die ec-Zeichensätze in 2.1.3 auf S. 103 beschrieben wurde. Als Buchstabenpaare *xx* für die Schriftstilkodierung sind für die obigen `\makefont tc`*xx*-Befehlsaufrufe alle in 2.1.8 aufgeführten Kennungspaare erlaubt.

Zur Nutzung der tc-Zeichensätze gibt es ein Ergänzungspaket `textcomp.sty`, das auf den öffentlichen Fileservern unter `/tex-archive/fonts/postscript/tc1` zu finden ist. Dieses Ergänzungspaket soll für alle Zeichen aus den tc-Zeichensätzen Aufrufbefehle mit weitgehend selbsterklärenden Namen bereitstellen, was vermutlich jedoch nur für eine Frühstufe der tc-Zeichensätze der Fall war, da die aktuellen Versionen der letzteren den 17. März 1997 aufweisen, das Ergänzungspaket `textcomp.sty` dagegen bereits vom 11. Dezember 1995 stammt. So enthält es z. B. keinen Aufrufbefehl für das Euro-Währungzeichen von Platz 191 oder oct. '277 sowie einige weitere Symbole aus der nebenstehenden Umfangs- und Belegungstabelle.

Eine individuelle Anpassung von `textcomp.sty` an die aktuelle Version der tc-Zeichensätze ist unter Bezug auf die nebenstehende Umfangs- und Belegungstabelle leicht möglich. Das Ergänzungspaket `textcomp.sty` enthält für die allermeisten Zeichen ein Befehlsdefinitionspaar

`\DeclareTextSymbol{\text`*bef_name*`}{TS1}{'`*okt_nr*`}`
`\DeclareTextSymbolDefault{\text`*bef_name*`}{TS1}`

in denen *bef_name* für eine geeignete Kennzeichnung des betreffenden Zeichens steht, das innerhalb des tc-Zeichensatzes auf der oktalen Position *okt_nr* steht, wobei in dieser Befehlsdefinition dafür auch die Dezimalangabe *dez_nr* ohne die vorangestellte `'`-Oktalkennzeichnung

okt.	0	1	2	3	4	5	6	7	hex.
'00x	` 0	´ 1	^ 2	~ 3	¨ 4	˝ 5	˚ 6	ˇ 7	"0x
'01x	˘ 8	¯ 9	˙ 10	¸ 11	˛ 12	‚ 13	14	15	
'02x	16	17	„ 18	19	20	— 21	— 22	23	"1x
'03x	← 24	→ 25	⁀ 26	⁀ 27	⁀ 28	⁀ 29	30	31	
'04x	␢ 32	33	34	35	$ 36	37	38	' 39	"2x
'05x	40	41	* 42	43	, 44	= 45	. 46	/ 47	
'06x	0 48	1 49	2 50	3 51	4 52	5 53	6 54	7 55	"3x
'07x	8 56	9 57	58	59	〈 60	— 61	〉 62	63	
'10x	64	65	66	67	68	69	70	71	"4x
'11x	72	73	74	75	76	℧ 77	78	◯ 79	
'12x	80	81	82	83	84	85	86	Ω 87	"5x
'13x	88	89	90	⟦ 91	92	⟧ 93	↑ 94	↓ 95	
'14x	` 96	97	★ 98	⚮ 99	† 100	101	102	103	"6x
'15x	104	105	106	107	🍃 108	⚭ 109	♪ 110	111	
'16x	112	113	114	115	116	117	118	119	"7x
'17x	120	121	122	123	124	125	~ 126	= 127	
'20x	˘ 128	ˇ 129	″ 130	‶ 131	† 132	‡ 133	‖ 134	‰ 135	"8x
'21x	• 136	℃ 137	$ 138	¢ 139	ƒ 140	₡ 141	₩ 142	₦ 143	
'22x	₲ 144	₱ 145	₤ 146	℞ 147	‽ 148	⸘ 149	₫ 150	™ 151	"9x
'23x	‱ 152	¶ 153	฿ 154	№ 155	⁒ 156	℮ 157	◦ 158	℠ 159	
'24x	⁅ 160	⁆ 161	¢ 162	£ 163	¤ 164	¥ 165	¦ 166	§ 167	"Ax
'25x	¨ 168	© 169	ª 170	🄯 171	¬ 172	℗ 173	® 174	¯ 175	
'26x	° 176	± 177	² 178	³ 179	´ 180	µ 181	¶ 182	· 183	"Bx
'27x	※ 184	¹ 185	º 186	√ 187	¼ 188	½ 189	¾ 190	€ 191	
'30x	192	193	194	195	196	197	198	199	"Cx
'31x	200	201	202	203	204	205	206	207	
'32x	208	209	210	211	212	213	× 214	215	"Dx
'33x	216	217	218	219	220	221	222	223	
'34x	224	225	226	227	228	229	230	231	"Ex
'35x	232	233	234	235	236	237	238	239	
'36x	240	241	242	243	244	245	÷ 246	247	"Fx
'37x	248	249	250	251	252	253	254	255	
okt.	8	9	A	B	C	D	E	F	hex.

Zeichenumfang und Belegung für den Zeichensatz tcrm1000.
Alle tc-Zeichensätze stimmen in Zeichenumfang und -belegung mit dem hier abgebildeten Zeichensatz `tcrm1000` überein.

zulässig ist. Die Einführung des kennzeichnenden Befehls `\texteuro` für den Euro verlangt damit die Angabe

```
\DeclareTextSymbol{\texteuro}{TS1}{'277}    oder
\DeclareTextSymbol{\texteuro}{TS1}{191}     und
\DeclareTextSymbolDefault{\texteuro}{TS1}
```

in dem angepassten Ergänzungspaket `mytxtcmp.sty`. Damit kann im Eingabefile mit `\texteuro` das Eurosymbol € an der Stelle dieses Befehls ausgegeben werden. Für die Entwicklung eines eigenen `textcomp`-Ergänzungspakets sollte das `textcomp.sty`-Standardpaket mit der vorstehenden Umfangs- und Belegungstabelle verglichen werden und dort vorhandene Zeichen, für deren Belegungsnummer kein Befehlsdefinitionspaar in `textcomp.sty` existiert, durch solche am Muster der `\texteuro`-Befehls zugefügt werden.

2.1.10 Erstellung von Zeichensatzbelegungstabellen

Zu jeder TEX-Installation gehört das File `testfont.tex`, dessen TEX-Bearbeitung mit dem Aufruf '`tex testfont`' einen interaktiven Dialog einleitet, der mit der Aufforderung

```
Name of the font to test =
```

beginnt. Nach Eingabe des Grundnamens für den zu testenden Zeichensatz, z. B. `ecrm1000` für den Zeichensatz der Umfangs- und Belegungstabelle aus `ecrm1000` auf S. 105, erscheint als nächste Aufforderung

```
Now type a test command (\help for help:))
*
```

Zur Erstellung einer Umfangs- und Belegungstabelle ist `\table` an der Stelle des Eingabeprompts '`*`' einzugeben. Weitere mögliche Eingabebefehle können, wie der vorstehenden Eingabeaufforderung zu entnehmen ist, mit `\help` abgerufen werden. Ich beschränke mich hier entsprechend der Abschnittsüberschrift auf `\table` zur Erstellung einer Umfangs- und Belegungstabelle. Nach kurzer Bearbeitungsdauer erscheint ein neuer Eingabeprompt '`*`', dessen Beantwortung mit `\bye` die Bearbeitung mit der Erzeugung des Files `testfont.dvi` beendet. Dieses `.dvi`-Ausgabefile kann in gewohnter Weise über den Druckertreiber oder den Previewer auf dem Drucker oder Bildschirm ausgegeben werden.

Mit der Eingabe von `\init` nach dem `*`-Eingabeprompt beginnt das Eingabespiel mit der erneuten Eingabeaufforderung '`Name of the font to test =`', womit ein weiterer Zeichensatz mit einem TEX-Bearbeitungsaufruf getestet werden kann, wobei für jede Zeichensatz-Belegungstabelle eine eigene Seite bereitgestellt wird, bis auch hier die Gesamtbearbeitung mit '`\bye`' beendet wird.

Die mit dem `testfont`-Programm erstellten Umfangs- und Belegungstabellen entsprechen weitgehend den auf S. 105 und S. 111 abgedruckten Tabellen für `ecrm1000` und `tcrm1000`, nur dass die dezimale Positionsangabe neben den einzelnen Zeichen entfällt und nur deren oktale sowie hexdezimale Positionskennung an den Tabellenrändern wie bei den ausgedruckten Tabellen erscheint.

Das Zeichensatz-Testprogramm `testfont.tex` wurde hier so ausführlich vorgestellt, damit der Anwender mit diesem bei Bedarf die bisher vorgestellten sowie die in den nachfolgenden Abschnitten beschriebenen Zusatzzeichensätze bezüglich ihres Umfangs und ihrer Belegung sowie weiterer Darstellungbeispiele testen und ausgeben kann.

2.2 Mathematische Zusatzzeichensätze der AMS

Die amerikanische Gesellschaft für Mathematik (American Mathematical Society, AMS) hat eine Reihe von mathematischen Zusatzschriften entwickelt, auf die bereits in 1.5.12 hingewiesen wurde. Diese Zusatzzeichensätze waren primär zur Nutzung mit dem Makropaket `amstex.tex` [17] bzw. dem entsprechenden LaTeX-Ergänzungspaket `amsmath.sty` gedacht. Sie können jedoch auch mit Standard-LaTeX genutzt werden, so dass sie hier mit einem eigenen Abschnitt vorgestellt werden.

Die Gesamtheit der AMS-Zusatzzeichensätze und ihrer Nutzungswerkzeuge findet man auf den TeX-Fileservern unter `/tex-archive/fonts/amsfonts` mit einer eigenen Unterverzeichnisstruktur:

```
./doc   ./latex   ./plaintex   ./pk-files   ./sources   ./tfm
```

Zusätzlich steht dort noch das Unterverzeichnis `./cyr-alt`, auf das ich erst im nächsten Abschnitt eingehe. Ein etwaiger Satz von Diskettenkopien sollte ähnlich gegliedert sein. Das Unterverzeichnis `./doc` enthält die beigefügte Dokumentation, `./latex` die LaTeX-Ergänzungspakete und `.fd`-Files zur Nutzung der AMS-Zusatzzeichensätze und `plaintex` einige TeX-Makropakete zur Nutzung der Zeichensätze mit PLAINTeX.

Das Unterverzeichnis `./sources` enthält zunächst eine weitere Gliederungsebene

```
./cyrillic   ./euler   ./extracm   ./symbols
```

sowie die Files `dummy.mf`, `modes.mf` und `READ.ME`. Die vier aufgelisteten Unterverzeichnisse enthalten die METAFONT-Quellenfiles für die Zeichensätze dieser Gruppen, die in den nachfolgenden Unterabschnitten vorgestellt werden.

Das Unterverzeichnis `./tfm` enthält die Metrikfiles aller AMS-Zusatzzeichensätze, die beim Anwender in den bei ihm vorgehaltenen Verzeichnisbaum für seine `.tfm`-Files zu verschieben sind. Das Unterverzeichnis `./pk-files` ist zunächst weiter untergliedert in Druckerauflösungen, wie `./300dpi`, `./600dpi` usw., wobei jeder einzelne Zeichensatz für die entsprechende Auflösung in jeweils sieben Skalierungsstufen angeboten wird. Falls beim Anwender METAFONT verfügbar ist, was eigenlich für jede TeX-Installation der Fall sein sollte, kann von dem Transfer dieses Unterverzeichnisses abgesehen werden, insbesondere wenn der Druckertreiber die Druckerzeichensätze mit der ersten Bedarfsanforderung automatisch erstellt (wie `dvips` und die Druckertreiber aus dem emTeX-Paket), weil dies zu einer effizienteren Festplattenausnutzung führt. So benötigen die pk-Files für das Unterverzeichnis `./600dpi` rund 10 MByte und `./300dpi` immer noch 5.6 MByte, obwohl viele von ihnen nie zur Anwendung kommen.

2.2.1 AMS-Symbolzeichensätze

Die Symbolzeichensätze stellen eine Vielzahl weiterer mathematischer Symbole bereit. Das Unterverzeichnis `./sources/symbols` enthält die METAFONT-Quellenfiles `msam`n`.mf` und `msbm`n`.mf` (n = 5, 6, 7, 8, 9, 10). Nach der METAFONT-Bearbeitung können diese Zeichensätze auch von LaTeX 2_ε genutzt werden. Dies wird mit dem Ergänzungspaket `amssymb.sty` durch

```
\usepackage{amssymb}
```

möglich, das seinerseits `amsfonts.sty` einliest.[1] Beide `.sty`-Files findet man im $\mathcal{A}\mathcal{M}\mathcal{S}$-Zeichensatzpaket im dortigen Unterverzeichnis `./latex`. Dort stehen auch die erforderlichen `.fd`-Files, die gemeinsam mit den `.sty`-Files in das TEX-Makroverzeichnis zu verschieben sind. Nach dem TDS-Vorschlag aus 1.2.1 sollte das `.../texmf/tex/latex` sein.

Die nachfolgend vorgestellten mathematischen Symbole werden innerhalb mathematischer Bearbeitungsmodi mit den zugehörigen Befehlsnamen, wie sie hinter den Symbolen stehen, erzeugt.

2.2.1.1 Blackboard-Großbuchstaben

In mathematischen Vorlesungen werden häufig fette Buchstaben an der Tafel als $\mathbb{A} \ldots \mathbb{Z}$ symbolisiert. In der Mengenlehre werden sie z. T. als spezielle Symbole benutzt. Der Wunsch, diese Symbole auch für den Textsatz bereitzustellen, ist verständlich. Mit `amssymb.sty` werden solche Symbole innerhalb von Formeln mit dem Befehl `\mathbb{`*N*`}` erzeugt, in dem *N* für einen oder mehrere Großbuchstaben steht.

$$\mathbb{A}\ \mathbb{B}\ \mathbb{C}\ \mathbb{D}\ \mathbb{E}\ \mathbb{F}\ \mathbb{G}\ \mathbb{H}\ \mathbb{I}\ \mathbb{J}\ \mathbb{K}\ \mathbb{L}\ \mathbb{M}\ \mathbb{N}\ \mathbb{O}\ \mathbb{P}\ \mathbb{Q}\ \mathbb{R}\ \mathbb{S}\ \mathbb{T}\ \mathbb{U}\ \mathbb{V}\ \mathbb{W}\ \mathbb{X}\ \mathbb{Y}\ \mathbb{Z}$$

Bei häufiger Verwendung dieser Blackboard-Symbole sollte man sie mit eigenen Kurzbefehlen wie

```
\newcommand{\A}{\mathbb{A} \newcommand{\B}{\mathbb{B} ...
```

bereitstellen. Damit erzeugen

`$\mathbb{ABC}$` und `$\X + \Y$ = \Z$` $\mathbb{ABC}$ bzw. $\mathbb{X} + \mathbb{Y} = \mathbb{Z}$.

2.2.1.2 Binäre Operatoren

$\ltimes$	`\ltimes`	$\leftthreetimes$	`\leftthreetimes`	$\circledcirc$	`\circledcirc`
$\rtimes$	`\rtimes`	$\rightthreetimes$	`\rightthreetimes`	$\circledast$	`\circledast`
$\curlywedge$	`\curlywedge`	$\barwedge$	`\barwedge`	$\circleddash$	`\circleddash`
$\curlyvee$	`\curlyvee`	$\veebar$	`\veebar`	$\boxplus$	`\boxplus`
$\Cap$	`\Cap`, `\doublecap`	$\doublebarwedge$	`\doublebarwedge`	$\boxminus$	`\boxminus`
$\Cup$	`\Cup`, `\doublecup`	$\dotplus$	`\dotplus`	$\boxtimes$	`\boxtimes`
$\centerdot$	`\centerdot`	$\smallsetminus$	`\smallsetminus`	$\boxdot$	`\boxdot`
$\intercal$	`\intercal`	$\divideontimes$	`\divideontimes`		

2.2.1.3 Vergleichsoperatoren

$\leqq$	`\leqq`	$\geqq$	`\geqq`	$\doteqdot$	`\doteqdot`, `\Doteq`
$\leqslant$	`\leqslant`	$\geqslant$	`\geqslant`	$\circeq$	`\circeq`
$\eqslantless$	`\eqslantless`	$\eqslantgtr$	`\eqslantgtr`	$\eqcirc$	`\eqcirc`
$\lesssim$	`\lesssim`	$\gtrsim$	`\gtrsim`	$\triangleq$	`\triangleq`

[1] Unter LATEX 2.09 mussten mit `\input`-Befehlen die beiden Files `amsym.def` und `amsym.tex` eingelesen werden. Diese sind im neuen $\mathcal{A}\mathcal{M}\mathcal{S}$TEX-Paket nicht mehr enthalten. Die Nutzung von `amssymb.sty` per Stiloption für LATEX 2.09 setzt voraus, dass NFSS für LATEX 2.09 bereitgestellt wurde.

$\lessapprox$	`\lessapprox`	$\gtrapprox$	`\gtrapprox`	$\risingdotseq$	`\risingdotseq`
$\lessdot$	`\lessdot`	$\gtrdot$	`\gtrdot`	$\fallingdotseq$	`\fallingdotseq`
$\lll$	`\lll`, `\llless`	$\ggg$	`\ggg`, `\gggtr`	$\backsim$	`\backsim`
$\lessgtr$	`\lessgtr`	$\gtrless$	`\gtrless`	$\backsimeq$	`\backsimeq`
$\lesseqgtr$	`\lesseqgtr`	$\gtreqless$	`\gtreqless`	$\thicksim$	`\thicksim`
$\lesseqqgtr$	`\lesseqqgtr`	$\gtreqqless$	`\gtreqqless`	$\thickapprox$	`\thickapprox`
$\subseteqq$	`\subseteqq`	$\supseteqq$	`\supseteqq`	$\approxeq$	`\approxeq`
$\Subset$	`\Subset`	$\Supset$	`\Supset`	$\bumpeq$	`\bumpeq`
$\sqsubset$	`\sqsubset`	$\sqsupset$	`\sqsupset`	$\Bumpeq$	`\Bumpeq`
$\preccurlyeq$	`\preccurlyeq`	$\succcurlyeq$	`\succcurlyeq`	$\between$	`\between`
$\curlyeqprec$	`\curlyeqprec`	$\curlyeqsucc$	`\curlyeqsucc`	$\pitchfork$	`\pitchfork`
$\precsim$	`\precsim`	$\succsim$	`\succsim`	$\varpropto$	`\varpropto`
$\precapprox$	`\precapprox`	$\succapprox$	`\succapprox`	$\backepsilon$	`\backepsilon`
$\vartriangleleft$	`\vartriangleleft`	$\vartriangleright$	`\vartriangleright`	$\blacktriangleleft$	`\blacktriangleleft`
$\trianglelefteq$	`\trianglelefteq`	$\trianglerighteq$	`\trianglerighteq`	$\blacktriangleright$	`\blacktriangleright`
$\vDash$	`\vDash`	$\Vdash$	`\Vdash`	$\Vvdash$	`\Vvdash`
$\smallsmile$	`\smallsmile`	$\shortmid$	`\shortmid`	$\therefore$	`\therefore`
$\smallfrown$	`\smallfrown`	$\shortparallel$	`\shortparallel`	$\because$	`\because`

2.2.1.4 Negierte Vergleichssymbole

$\nless$	`\nless`	$\ngtr$	`\ngtr`	$\nsim$	`\nsim`
$\nleq$	`\nleq`	$\ngeq$	`\ngeq`	$\ncong$	`\ncong`
$\nleqslant$	`\nleqslant`	$\ngeqslant$	`\ngeqslant`	$\nshortmid$	`\nshortmid`
$\nleqq$	`\nleqq`	$\ngeqq$	`\ngeqq`	$\nshortparallel$	`\nshortparallel`
$\lneq$	`\lneq`	$\gneq$	`\gneq`	$\nmid$	`\nmid`
$\lneqq$	`\lneqq`	$\gneqq$	`\gneqq`	$\nparallel$	`\nparallel`
$\lvertneqq$	`\lvertneqq`	$\gvertneqq$	`\gvertneqq`	$\nvdash$	`\nvdash`
$\lnsim$	`\lnsim`	$\gnsim$	`\gnsim`	$\nvDash$	`\nvDash`
$\lnapprox$	`\lnapprox`	$\gnapprox$	`\gnapprox`	$\nVdash$	`\nVdash`
$\nprec$	`\nprec`	$\nsucc$	`\nsucc`	$\nVDash$	`\nVDash`
$\npreceq$	`\npreceq`	$\nsucceq$	`\nsucceq`	$\ntriangleleft$	`\ntriangleleft`
$\precneqq$	`\precneqq`	$\succneqq$	`\succneqq`	$\ntriangleright$	`\ntriangleright`
$\precnsim$	`\precnsim`	$\succnsim$	`\succnsim`	$\ntrianglelefteq$	`\ntrianglelefteq`
$\precnapprox$	`\precnapprox`	$\succnapprox$	`\succnapprox`	$\ntrianglerighteq$	`\ntrianglerighteq`
$\nsubseteq$	`\nsubseteq`	$\nsupseteq$	`\nsupseteq`	$\varsubsetneq$	`\varsubsetneq`
$\nsubseteqq$	`\nsubseteqq`	$\nsupseteqq$	`\nsupseteqq`	$\varsupsetneq$	`\varsupsetneq`
$\subsetneq$	`\subsetneq`	$\supsetneq$	`\supsetneq`	$\varsubsetneqq$	`\varsubsetneqq`
$\subsetneqq$	`\subsetneqq`	$\supsetneqq$	`\supsetneqq`	$\varsupsetneqq$	`\varsupsetneqq`

2.2.1.5 Zeigersymbole

$\leftleftarrows$	\leftleftarrows	$\rightrightarrows$	\rigthrightarrows	$\Lleftarrow$	\Lleftarrow
$\leftrightarrows$	\leftrightarrows	$\rightleftarrows$	\rightleftarrows	$\Rrightarrow$	\Rrightarrow
$\twoheadleftarrow$	\twoheadleftarrow	$\twoheadrightarrow$	\twoheadrightarrow	$\looparrowleft$	\looparrowleft
$\leftarrowtail$	\leftarrowtail	$\rightarrowtail$	\rightarrowtail	$\looparrowright$	\looparrowright
$\curvearrowleft$	\curvearrowleft	$\curvearrowright$	\curvearrowright	$\Lsh$	\Lsh
$\circlearrowleft$	\circlearrowleft	$\circlearrowright$	\circlearrowright	$\Rsh$	\Rsh
$\leftrightharpoons$	\leftrightharpoons	$\rightleftharpoons$	\rightleftharpoons	$\multimap$	\multimap
$\upharpoonleft$	\upharpoonleft	$\upharpoonright$	\upharpoonright	$\upuparrows$	\upuparrows
$\downharpoonleft$	\downharpoonleft	$\downharpoonright$	\downharpoonright	$\downdownarrows$	\downdownarrows
$\rightsquigarrow$	\rightsquigarrow	$\leftrightsquigarrow$	\leftrightsquigarrow	$\restriction$	\restriction
$\nleftarrow$	\nleftarrow	$\nrightarrow$	\nrightarrow	$\nleftrightarrow$	\nleftrightarrow
$\nLeftarrow$	\nLeftarrow	$\nRightarrow$	\nRightarrow	$\nLeftrightarrow$	\nLeftrightarrow

2.2.1.6 Sonstige AMS-Symbole

Allgemeine Zeichen:

$\square$	\square	$\blacksquare$	\blacksquare	$\varnothing$	\varnothing
$\vartriangle$	\vartriangle	$\blacktriangle$	\blacktriangle	$\circledS$	\circledS
$\triangledown$	\triangledown	$\blacktriangledown$	\blacktriangledown	$\mho$	\mho
$\lozenge$	\lozenge	$\blacklozenge$	\blacklozenge	$\bigstar$	\bigstar
$\angle$	\angle	$\measuredangle$	\measuredangle	$\sphericalangle$	\sphericalangle
$\backprime$	\backprime	$\nexists$	\nexists	$\complement$	\complement
$\hbar$	\hbar	$\hslash$	\hslash	$\eth$	\eth
$\digamma$	\digamma	$\varkappa$	\varkappa	$\diagup$	\diagup
$\Finv$	\Finv	$\Game$	\Game	$\diagdown$	\diagdown
$\beth$	\beth	$\daleth$	\daleth	$\gimel$	\gimel

Gestrichelte Pfeile:

$\dashrightarrow$ \dashrightarrow, \dasharrow $\dashleftarrow$ \dashleftarrow

Klammersymbole:

$\ulcorner$	\ulcorner	$\urcorner$	\urcorner
$\llcorner$	\llcorner	$\lrcorner$	\lrcorner

Textsymbole:

Sämtliche bisher vorgestellten AMS-TEX-Zusatzsymbole sind nur in mathematischen Bearbeitungsmodi, also nur als Symbole in mathematischen Formeln erlaubt. Zusätzlich stellt AMS-TEX vier weitere Symbole bereit, die sowohl in normalen Textmodi als auch in mathematischen Bearbeitungsmodi verwendet werden können. Diese sind

$\checkmark$	\checkmark	®	\circledR	✠	\maltese	¥	\yen

Achtung: Bei der Verwendung von `german.sty` ist vor Aufruf dieser Textsymbole mit `\originalTeX` vorübergehend in den Originalbearbeitungsmodus zurückzuschalten!

Einige wenige der vorstehenden Symbole standen unter denselben Namen bereits in LaTeX 2.09 zur Verfügung. Wenn das File `amssymb` eingelesen ist, werden die Zeichen aus den $\mathcal{A}\!\mathcal{M}\!\mathcal{S}$-Files statt der Originalzeichen benutzt. In LaTeX 2ε werden die speziellen mathematischen LaTeX-Symbole mit dem Ergänzungspaket `latexsym.sty` [5a, Abschn. 5.3.3] bereitgestellt. Das umfassendere Ergänzungspaket `amssymb.sty` macht `latexsym.sty` damit überflüssig.

2.2.2 Frakturschriften – Eulersche Schriften

In älteren deutschen naturwissenschaftlichen Büchern sind Vektoren und Tensoren häufig mit Frakturbuchstaben (gotische Buchstaben) dargestellt. Auch heute werden gelegentlich Frakturbuchstaben zur Kennzeichnung und Unterscheidung bestimmter mathematischer Elemente gewünscht. $\mathcal{A}\!\mathcal{M}\!\mathcal{S}$ stellt sie unter den Eulerschen Schriften bereit. Innerhalb von Formeln können sie mit `\mathfrak{`x`}` erzeugt werden. Die Eingabe von `$\mathfrak{Goethe}$` und `$\mathfrak{Schiller}$` und `$\mathfrak{X=G+S}$` erzeugt: $\mathfrak{Goethe}$ und $\mathfrak{Schiller}$ bzw. $\mathfrak{X} = \mathfrak{G} + \mathfrak{S}$.

Die Frakturschrift kann innerhalb von Formeln auch als Index und Exponent verwendet werden. Die hoch- und tiefgestellten Zeichen der Frakturschrift erscheinen entsprechend der Umstellungsstufe verkleinert: `$\mathfrak{A^{2i}_{m_k,n_l}}$` erzeugt $\mathfrak{A^{2i}_{m_k,n_l}}$. Die automatische Größenanpassung für Exponenten und Indizes erfolgt neben den Zeichen der Frakturschrift auch für alle in 2.2.1.1–2.2.1.6 vorgestellten $\mathcal{A}\!\mathcal{M}\!\mathcal{S}$-Symbole.

Die vorgestellte Frakturschrift wird von der $\mathcal{A}\!\mathcal{M}\!\mathcal{S}$ unter der Gruppe der Eulerschen Schriften bereitgestellt. Diese besteht zum einen aus der normalen (`eufm`n) und fetten (`eufb`n) Frakturschrift sowie der normalen (`eurm`n) und fetten (`eurb`n) Eulerschen Roman-Schrift, die eigentlich eine ungeneigte Italic-Schrift darstellt. Beide Schriftgruppen enthalten die Klein- und Großbuchstaben sowie die Ziffern. Die Frakturschriften enthalten auf den Stellen 0–7 Varianten einiger Kleinbuchstaben. Die Eulerschen Roman-Schriften stellen zusätzlich die griechischen Groß- und Kleinbuchstaben als eigene Variante für den Formelsatz bereit. Beide Zeichensatzgruppen enthalten zusätzlich einige Satzzeichen. Insgesamt besteht der Zeichenvorrat dieser Zeichensätze aus:

𝔄𝔅ℭ𝔇𝔈𝔉𝔊ℌℑ𝔍𝔎𝔏𝔐𝔑𝔒𝔓𝔔ℜ𝔖𝔗𝔘𝔙𝔚𝔛𝔜ℨ 0123456789
𝔞𝔟𝔠𝔡𝔢𝔣𝔤𝔥𝔦𝔧𝔨𝔩𝔪𝔫𝔬𝔭𝔮𝔯𝔰𝔱𝔲𝔳𝔴𝔵𝔶𝔷 𝔟𝔡𝔣𝔣𝔤𝔨𝔱𝔲 ‘’!&'()*+,−./:;=?[]^"1

`eufm10`

ABCDEFGHIJKLMNOPQRSTUVWXYZ ΓΔΘΛΞΠΣΥΦΨΩ 0123456789
abcdefghijklmnopqrstuvwxyz ıȷ℘ αβγδεζηθικλμνξπρστυφχψωεϑϖφ .,</>

`eurm10`

Zusätzlich wird mit `eusm`n und `eusb`n die normale bzw. fette so genannte Script-Schrift bereitgestellt, die als Ergänzung der kalligrafischen Buchstaben aus dem Standardzeichensatz für mathematische Formeln betrachtet werden kann. Sie enthält nur Großbuchstaben (Versalien) und einige Zusatzzeichen:

$\mathscr{ABCDEFGHIJKLMNOPQRSTUVWXYZ}$ ℜℑℵ § $-\sim\neg\wedge\vee\{\}|\backslash$

`eusm10`

Die Fettversionen dieser Zeichensätze enthalten die gleichen Zeichen wie die hier abgedruckten Zeichensätze der Normalversionen. Bei den angegebenen Zeichensatznamen `eu`$xx\ n$ steht n für 5, 6, 7, 8, 9 und 10, mit denen die Entwurfsgröße der entsprechenden Zeichensätze gekennzeichnet wird.

Schließlich werden die vielen Symbole, die beim normalen Formelsatz mit der Schrift `cmex10` bereitgestellt werden, zur Anpassung an die Stärke der Eulerschen Schriften mit `euex`n ($n = 7,\ 8,\ 9,\ 10$) für die Entwurfsgrößen 7 pt, 8 pt, 9 pt und 10 pt wiederholt.

Die Eulerschen Zeichensätze wurden von HERMANN ZAPF, einem weltweit bekannten deutschen Zeichensatzdesigner, im Auftrag der $\mathcal{AMS}$ für die Verwendung beim Formelsatz entworfen. Für die `eufm`-Zeichensatzgruppe wird in `amsfonts.sty` unter dem Namen `\mathfrak` das Umschaltmakro für die normale Frakturschrift beim Formelsatz bereitgestellt. Mit dem Umschaltbefehl `\mathversion{bold}` beziehen sich die `\mathfrak`-Befehle auf die fetten Versionen der Eulerschen Frakturschriften.

Alternativ stellt das $\mathcal{AMS}$-Zeichensatzpaket mit den erweiterten Zeichensätzen das Ergänzungspaket `eufrak.sty` zur Verfügung, das genutzt werden kann, wenn das Ergänzungspaket `amssymb.sty`, das seinerseits `amsfonts.sty` einliest, nicht zur Anwendung kommt. `eufrak.sty` erklärt lediglich das mathematische Alphabet `\EuFrak` und aktiviert dieses mit dem Befehl `\mathfrak`.

Das $\mathcal{AMS}$-Zeichensatzpaket enthält ferner das Ergänzungspaket `eucal.sty`. Mit seiner Aktivierung durch '`usepackage{eucal}`' bezieht sich der mathematische Schriftbefehl `\mathcal{`*XYZ*`}` auf die kalligrafischen Buchstaben aus den `eusm`n-Schriften, die sich von den kalligrafischen Standardbuchstaben deutlich unterscheiden.

`cmsy10`	$\mathcal{ABCDEFGHIJKLMNOPQRSTUVWXYZ}$
`eusm10`	$\mathscr{ABCDEFGHIJKLMNOPQRSTUVWXYZ}$

Das Ergänzungspaket `eucal.sty` kann auch mit der Option

```
\usepackage[mathscr]{eucal}
```

aktiviert werden. Damit bezieht sich `\mathcal` auf die kalligrafischen Buchstaben aus den cm-Standardschriften. Dafür können die kalligrafischen Buchstaben aus `emsm`n nun mit `\mathscr{`*XYZ*`}` angesprochen werden.

Das $\mathcal{AMS}$-Zeichensatzpaket enthält derzeit kein Unterstützungswerkzeug zum Ansprechen der `eurm`n-Zeichensätze aus LaTeX heraus. Ein solches kann man sich aber leicht nach dem Muster von `eufrak.sty` selbst erstellen, z. B. für ein Ergänzungspaket `eurm.sty` mit

```
\NeedsTeXFormat{LaTeX2e}
\ProvidesPackage{eurm}[datum u. vers_no Euler Roman font]
\DeclareMathAlphabet{\EuRoman}{U}{eur}{m}{n}
\SetMathAlphabet{\EuRoman}{bold}{U}{eur}{b}{n}
\newcommand{\matheurm}{\EuRoman}
```

Mit diesem kleinen Ergänzungspaket kann nun innerhalb mathematischer Bearbeitungsmodi mit `\matheurm{`*math_text*`}` für den eingeschachtelten Text *math_text* auf die Eulersche Roman-Schrift `emrm`n zurückgegriffen werden, so wie das mit den verwandten Befehlen wie `\mathrm`, `\mathbf` `\mathsf` usw. für die cm-Standardschriften geschieht. Nach dem Umschaltbefehl `\mathversion{bold}` bezieht sich `\matheurm` auf die fetten Schriftversionen von `eurb`n. Die zugehörigen `.fd`-Files müssen nicht generiert werden, weil die

`.fd`-Files für alle Eulerschen Schriften sowie die zusätzlichen Symbolschriften dem $\mathcal{AMS}$-Zeichensatzpaket in seinem Unterverzeichnis `./latex` beigefügt sind.

Ein relativ umfassendes Unterstützungswerkzeug zur Nutzung der Eulerschen Schriften ist das Ergänzungspaket `euler.sty`, das man auf den TeX-Fileservern unter

```
/tex-archive/macros/latex/contrib/supported/euler
```

findet. Dieses Verzeichnis enthält die beiden Files `euler.dtx` und `euler.ins`. Mit der LaTeX-Bearbeitung von `euler.ins` entsteht das Ergänzungspaket `euler.sty`, das für den mathematischen Formelsatz die verschiedenen Eulerschen Schriften entsprechend der jeweiligen Formelkomponente automatisch auswählt. Dieses Ergänzungspaket ist in erster Linie in Kombination mit dem Ergänzungspaket `beton.sty` aus dem gleichnamigen Parallelverzeichnis vorgesehen, mit dem als Textschriften die so genannten Concrete-Schriften gemäß 2.2.4 von DONALD E. KNUTH als Standardschriften für die LaTeX-Bearbeitung genutzt werden.

2.2.3 $\mathcal{AMS}$-Ergänzungen zu den cm-Zeichensätzen und Dokumentation

Der Standardumfang der cm-Schriften enthält die Zeichensätze `cmcsc`, `cmmib`, `cmbsy` und `cmex`, also die Roman-Kapitälchen, die fetten mathematischen Text- und Symbolzeichensätze und den Zeichensatz für die Symbole in mehreren Größen, nur in der Entwurfsgröße für 10 pt. Deren METAFONT-Quellenfiles liegen somit nur als `cmcsc10.mf`, `cmmib10.mf`, `cmbsy10.mf` und `cmex10.mf` vor.

Das $\mathcal{AMS}$-Zeichensatzpaket enthält für diese Schriften METAFONT-Quellenfiles für weitere Entwurfsgrößen, und zwar `cmcsc`n`.mf` mit $n = 8$ und 9, `cmmib`n`.mf` und `cmbsy`n`.mf` mit $n = 5, 6, 7, 8$ und 9 sowie `cmex`n`.mf` mit $n = 7, 8$ und 9. Die Nutzung dieser Zeichensätze erhöht die Ausgabequalität gegenüber den skalierten Originalzeichensätzen der 10 pt-Standardschriften.

Das $\mathcal{AMS}$-Zeichensatzpaket enthält noch den METAFONT-Quellkode für den Zeichensatz `dummy.mf` sowie das zugehörige Metrikfile `dummy.tfm`. Dies ist ein leerer Zeichensatz, dessen METAFONT-Berarbeitung keinen Druckerzeichensatz mit grafischem Inhalt generiert. Dieser Zeichensatz war dazu gedacht, für das Makropaket `amstex.sty` einen speziellen und schnelleren Bearbeitungsmodus zur Syntaxüberprüfung zu realisieren. Für LaTeX 2_ε ist dieser Zeichensatz obsolet geworden, da eine schnelle Syntaxüberprüfung hier mit dem effizienteren Ergänzungspaket `syntonly.sty` [5a, Abschn. 9.3.4] angeboten wird.

Das $\mathcal{AMS}$-Zeichensatzpaket enthält das File `amsfndoc.tex`, dessen TeX-Bearbeitung eine Dokumentation mit dem Titel "User's Guide to $\mathcal{AMS}$Fonts Version 2.2" erstellt. `amsfndoc.tex` liest während der TeX-Bearbeitung die weiteren Dokumentationsfiles `amsfndoc.cyr`, `amsfndoc.def`, `amsfndoc.ins` und `amsfndoc.fnt` ein. Das letzte File kann auch eigenständig mit TeX bearbeitet werden. Es dokumentiert alle 10 pt-Zeichensätze in Form einer Belegungstabelle für die vorhandenen Zeichen, wie sie auch im Anhang der erstgenannten Dokumentation erscheinen.

2.2.4 Concrete-Zeichensätze

DONALD E. KNUTH, von dem die TeX-Standardzeichensätze der cm-Schriften stammen, hat für das Buch "Concrete Mathematics" als Koautor eine weitere Zeichensatzgruppe entwickelt. HERMANN ZAPF, ein weltweit bekannter deutscher Zeichensatzdesigner, hatte für die amerikanische mathematische Gesellschaft ($\mathcal{AMS}$) eine neue Gruppe von Zeichensätzen für den Formelsatz entwickelt, die unter dem Namen „Eulersche Zeichensätze“ zur Verfügung stehen.

Die Kombination der cm-Zeichensätze mit den Eulerschen Schriften für den Formelsatz erzeugt im Verhältnis zu den cm-Schriften zu kräftige Formeln, was ganz besonders bei Textformeln unangenehm auffällt. Um ein harmonischeres Druckbild zwischen Formeln und Text zu erhalten, hat DONALD E. KNUTH die Zeichensatzklasse der „Concrete-Schriften“ entwickelt, deren Filenamen mit ‘cc’ beginnen und ansonsten bei den Namen mit den cm-Schriften übereinstimmen. Auch die Belegung innerhalb der Zeichensätze stimmt mit den in [5a, C.6, Tab. 1 – Tab. 3] vorgestellten Belegungsmustern überein. Verbesserte Lesbarkeit galt als weiteres Entwicklungskriterium der cc-Schriften, was als gelungen zu bezeichnen ist.

ABCDEFGHIJKLMNOPQRSTUVWXYZ ÆŒØ @#$%&
abcedfghijklmnopqrstuvwxyz ﬀ ﬁ ﬂ ﬃ ﬄ æœøßıȷ 0123456789
ΓΔΘΛΞΠΣΥΦΨΩ ` ´ ˇ ˘ ¯ ˚ ^ ˙ ¨ ˝ ˜ ¸ - . , ; : ¿ ? ¡ ! ‘ ’ “ ” - – — * + / = ( ) [ ]

`ccr10`

ABCDEFGHIJKLMNOPQRSTUVWXYZ ÆŒØ @#$%&
ABCEDFGHIJKLMNOPQRSTUVWXYZ FF FI FL FFI FFL ÆŒØSSIJ 0123456789
ΓΔΘΛΞΠΣΥΦΨΩ ` ´ ˇ ˘ ¯ ˚ ^ ˙ ¨ ˝ ˜ ¸ - . , ; : > ? < ! ‘ ’ “ ” - – — * + / = ( ) [ ]

`cccsc10`

ABCDEFGHIJKLMNOPQRSTUVWXYZ ÆŒØ @#$%&
abcedfghijklmnopqrstuvwxyz ﬀ ﬁ ﬂ ﬃ ﬄ æœøßıȷ 0123456789
*ΓΔΘΛΞΠΣΥΦΨΩ ` ´ ˇ ˘ ¯ ˚ ^ ˙ ¨ ˝ ˜ ¸ - . , ; : ¿ ? ¡ ! ‘ ’ “ ” - – — * + / = ( ) [ ]*

`ccsl10`

ABCDEFGHIJKLMNOPQRSTUVWXYZ ÆŒØ @#$%&
abcedfghijklmnopqrstuvwxyz ﬀ ﬁ ﬂ ﬃ ﬄ æœøßıȷ 0123456789
*ΓΔΘΛΞΠΣΥΦΨΩ ` ´ ˇ ˘ ¯ ˚ ^ ˙ ¨ ˝ ˜ ¸ - . , ; : ¿ ? ¡ ! ‘ ’ “ ” - – — * + / = ( ) [ ]*

`ccslc9`

ABCDEFGHIJKLMNOPQRSTUVWXYZ ÆŒØ @#$%&
abcedfghijklmnopqrstuvwxyz ﬀ ﬁ ﬂ ﬃ ﬄ æœøßıȷ 0123456789
*ΓΔΘΛΞΠΣΥΦΨΩ ` ´ ˇ ˘ ¯ ˚ ^ ˙ ¨ ˝ ˜ ¸ - . , ; : ¿ ? ¡ ! ‘ ’ “ ” - – — * + / = ( ) [ ]*

`ccti10`

ΓΔΘΛΞΠΣΥΦΨΩαβγδεζηθικλμνξπρστυφχψωεϑϖϱςφ↼↽⇀⇁‘’▷◁
0123456789., </> ⋆ ∂ *ABCDEFGHIJKLMNOPQRSTUVWXYZ*
♭♮♯⌣⌢ℓ*abcdefghijklmnopqrstuvwxyzıȷ℘*⃗ ⁀

`ccmi10`

Die METAFONT-Quellenfiles für `cccsc`, `ccti` und `ccmi` stehen nur in der Entwurfsgröße 10 pt als `cccsc10.mf`, `ccti10.mf` und `ccmi10.mf` zur Verfügung. Die geneigte Schrift steht als `ccsl10.mf` (normal) und `ccslc9.mf` (schmal) bereit und für die Roman-Schrift gibt es `ccr5.mf` – `ccr10.mf`, abgestuft in 1 pt-Schritten. Das Unterverzeichnis für diese Zeichensätze lautet auf dem DANTE-TEX-Server naheliegend: `/tex-archive/fonts/concrete`. Es enthält neben den METAFONT-Quellenfiles das

Makropaket `gkpmac.tex`, das die Makros zur Kombination der Eulerschen Zeichensätze mit den Concrete-Schriften sowie die Einführung geeigneter Befehlsnamen für die Schriftenaufrufe bereitstellt. Dieses Makropaket verweist auf weitere TeX-Schriften, die auf den TeX-Fileservern etwas isoliert unter `/tex-archive/systems/knuth/local/cm` abgelegt sind. Die vorstehenden Concrete-Zeichensatzquellenfiles sind dort um einige Entwurfsgrößen erweitert ebenfalls vorhanden. Zusätzliche Informationen zu den cc-Schriften können dem Artikel von DONALD E. KNUTH "Typesetting Concrete Mathematics" aus [22, Vol. 10, S. 31–36] entnommen werden.

Ein geeignetes Ergänzungspaket zur Einbindung der Concrete-Zeichensätze in eine LaTeX-Bearbeitung steht auf den TeX-Fileservern unter

`/tex-archive/macros/latex/contrib/supported/beton.`

Die LaTeX-Bearbeitung des dortigen Installationsfiles `beton.ins` erzeugt das Ergänzungspaket `beton.sty`. Ein weiteres Ergänzungspaket, das auf die Kombination von `beton.sty` und `euler.sty` (s. 2.2.2) zurückgreift, findet man auf den TeX-Fileservern benachbart unter `.../contrib/other/misc` mit `concrete.sty`, womit die Textteile mit Concrete-Schriften und mathematische Formeln mit den Eulerschen Schriften gebildet werden.

Die erforderlichen `.fd`-Definitionsfiles können bereits mit dem LaTeX-Grundpaket aus `.../latex/base` mit dem Bearbeitungsaufruf '`latex cmextra.ins`' erstellt werden, wenn dieses geringfügig modifiziert wird. Das File `cmextra.ins` aus dem LaTeX-Grundpaket enthält im oberern Drittel eine Gruppe von Zeilen, die herauskommentiert sind:

```
% Concrete font support removed: Use the contributed package available
% from ctan tex-archive/macros/latex/contrib/supported/ccfonts.
%
% Ask\answer{%
% . . . . . . . . . . . . . . . . . . . . . . . . . . . . . . . .
% {\ifx\answer\y
% . . . . . . . . . . . . . . . . . . . . . . . . . . . . . . . .
% \fi}
```

Das erste Zeilenpaar verweist zunächst auf die Ersatzmakros für die herauskommentierten Makros in `tex-archive/macros/latex/contrib/supported/ccfonts` Durch Entfernen des Kommentarzeichens für die aufgelistete Makrogruppe in `cmextra.ins` kann jedoch das Bearbeitungsoriginal wiederhergestellt und problemlos mit TeX bearbeitet werden. Andernfalls muss zur Nutzung der Concrete-Schriften auf die alternativen Ersatzmakros aus dem angegebenen Verzeichnis zurückgegriffen werden.

Der Aufruf '`tex cmextra.ins`' führt dann zu der Bildschirmabfrage

```
* Do you have the Concrete Roman fonts installed on your system,
* or do you intend to install them?
*
* If so please answer with 'y' otherwise with 'n' below.
```

Wird hierauf mit 'y' (ja) geantwortet, so entstehen die Fontdefinitionsfiles `omlccm.fd`, `ot1ccr.fd` und `t1ccr.fd`, die für das oben genannte Ergänzungspaket `concrete.sty` benötigt werden. Anschließend wiederholt sich ein weiterer Abfragedialog für die kyrillischen Zeichensätze der 'Washington State University' (s. 2.4.1). Bei der Beantwortung mit 'n' (nein) unterbleibt die jeweilige Erzeugung der zugeordneten `.fd`-Files.

2.3 Altdeutsche Schriften

Die meisten der im modernen Buchdruck verwendeten Schriften werden als Antiqua-Schriften klassifiziert. Dies ist für den schriftsetzerischen Laien zunächst überraschend, da diese Bezeichnung im wörtlichen Sinne „alte Schriften" bedeutet. In Deutschland werden die Druckschriften durch DIN 16 518 (Klassifikation der Schriften) in 11 Klassen eingeteilt, von denen allein 8 Klassen den so genannte Antiqua-Schriften zugeordnet sind, die hierdurch entsprechend untergliedert werden.

Die bereits im Altertum und seit dem frühen Mittelalter im romanischen Sprachraum verwendeten Antiqua-Schriften gehen mit ihren Kleinbuchstaben auf die so genannte karolingischen Minuskeln (Kleinbuchstaben) und mit ihren Großbuchstaben auf die lateinischen Kapitalien (Majuskeln) zurück.

Daneben entwickelte sich schon frühzeitig die gotische Schrift. Die erste Bibelübersetzung in die gotische Sprache von Bischof Ulfila (†338) erfolgte in frühgotischer Schrift. Eine Abschrift aus dem Jahr um 500 ist in großen Teilen als „Silberbibel" (Codex Argenteus) in silberner und teilweise goldener gotischer Schrift auf Purpurpergament erhalten geblieben und stellt den größten Buchschatz der Universitätsbibliothek Uppsala dar.

Im Gegensatz zu den flüssigen und runden Formen der Antiqua-Schriften zeichnen sich die gotischen Schriften durch strenge, hochstrebende Zeichen aus, bei der die runden Schriftzüge der Antiqua-Schriften durch gebrochene gerade Linien ersetzt sind, die zumindest formale Verwandtschaft zu den Runenzeichen nahelegen. Die DIN-Klassifikation fasst diese in die Klasse X als „gebrochene Schriften" zusammen, die ihrerseits in die Unterklassen Xa (gotische Schriften), Xb (rundgotische Schriften), Xc (Schwabacher Schriften) und Xd (Fraktur-Schriften) untergliedert sind, die in einem historischen Entwicklungszusammenhang stehen.

Im germanischen und teilweise auch im slawischen Sprachraum beherrschten die gebrochenen Schriften das Druckbild seit dem ausgehenden Mittelalter bis ins 20. Jahrhundert. Für die deutsche Sprache war bis 1941 Fraktur die beherrschende Druckschrift, die erst 1941 durch Anordnung 2/41 der Reichsleitung der damaligen Staatspartei NSDAP bekämpft und untersagt wurde.

Die Wiederbereitstellung von gebrochenen altdeutschen Schriften ist ein vielgehegter Wunsch von Germanisten, Historikern, Theologen und vielen anderen geisteswissenschaftlichen Disziplinen. Es ist das Verdienst von YANNIS HARALAMBOUS, altdeutsche Schriften in Gotischer-, Schwabacher- und Fraktur-Variante mit METAFONT nachgebildet und wiederbelebt zu haben. Außerdem stammt von ihm ein wunderschöner Satz von Initialen, also von ausgeschmückten Großbuchstaben, mit denen in alten Schriften häufig Kapitelanfänge eingeleitet wurden. Für die kostenfreie Bereitstellung auf den öffentlichen Fileservern gebührt ihm zusätzlicher Dank. Die deutschsprachige TEX-Anwendervereinigung DANTE e. V. hat ihren Dank durch die Ehrenmitgliedschaft für YANNIS HARALAMBOUS zum Ausdruck gebracht.

Das unter `tex-archive/macros/latex/contrib/supported` findet man auf den TEX-Fileservern in dem dortigen Unterverzeichnis `./mfnfss` das Installationsfile `oldgerm.ins`. Seine LATEX-Bearbeitung erzeugt das Ergänzungspaket `oldgerm.sty` sowie die Zeichensatz-Definitionsfiles `uygoth.fd`, `uyfrak.fd`, `uyswab.fd` und `uyinit.fd`. Das Ergänzungspaket `oldgerm.sty` stellt die Schrifterklärungen (Schriftumschaltbefehle) `\gothfamily`, `\frakfamily` und `\swabfamily` sowie die argumentbehafteten Schriftbefehle `\textgoth{...}`, `\textfrak{...}` und `\textswab{...}` bereit, mit denen die entsprechenden altdeutschen Schriften aktiviert werden. Die zugehörigen Zeichensatzfiles findet man auf den TEX-Fileservern unter `/tex-archive/fonts/gothic`.

2.3.1 Gotische Schrift

Die von YANNIS HARALAMBOUS bereitgestellte gotische Schrift entspricht mit ihren Kleinbuchstaben und Ligaturen der von Johannes Gutenberg für den ersten Bibeldruck verwendeten Schrift. Die Großbuchstaben sind dagegen einer anderen Quelle, aber auch aus dem 15. Jahrhundert, entnommen. Zur Verdeutlichung der Einzelheiten drucke ich diese Schriften in vergrößerter Form als 14 pt-Schrift ab.

A B C D E F G H J K L M N O P Q R S T U V W X Y Z

a b c d e f g h i j k l m n o p q r ſ s t u v w x y z   ä ë ö ü

ae ba be bo ch ck ct da de do ha he ho ff fi fl ffi ffl ij ll oe pa pe po pp qq qz

ſſ ſſi ſt ß tz va ve vu   ſſ ſſi ſt   ı ȷ   0 1 2 3 4 5 6 7 8 9   . , : ; ! ? :

Die gotische Schrift besteht, wie alle gebrochenen Schriften, aus 25 Großbuchstaben und 27 Kleinbuchstaben. Bei den Großbuchstaben wird nicht zwischen ‚I‘ und ‚J‘ unterschieden. Andererseits enthalten die Kleinbuchstaben zwei Formen für das ‚s‘, das so genannte „lange s“ ſ und das „runde oder Schluß-s“ s. Das lange ſ wird im Wortinnern und am Wortanfang, das runde s am Wortende verwendet. Bei den vielen zusammengesetzten Wörtern der deutschen Sprache ist jedoch zu beachten, dass diese die s-Grundeigenschaften mitbringen, z. B. Ausgang aber Anſpruch.

Da ein Rechnerprogramm diese Regeln kaum voll beherrschen kann, muss zwischen beiden Formen bei der Eingabe unterschieden werden. Dies geschieht durch ein nachgestelltes ‚:‘ für das runde ‚s‘ gemäß `Aus:gang` aber `Anspruch`.

Die gotische Schrift kennt eine große Zahl von Ligaturen, die in der dritten und zu Beginn der vierten Zeile vorgestellt werden. Die Eingabe erfolgt als `ae ba be bo ch ck ct da de do ha he ho ff fi fl ffi ffl ij ll oe pa pe po pp qq qz` (3. Zeile) und `ss ssi st sz tz va ve vu` (4. Zeile). Die Ligaturen können wie beim LaTeX-Standard durch den zwischengeschalteten Befehl `\/` aufgehoben werden: `c\/t` erzeugt ct statt der Ligatur ct als Folge von `ct`.

Die drei Ligaturen ſſ ſſi ſt stehen auch in einer Variantenform als ſſ ſſi ſt zur Verfügung. Diese können mit `\symbol{'052}`, `\symbol{'057}` und `\symbol{'075}` bzw. mit ihrem Dezimaläquivalent `\symbol{42}`, `\symbol{47}` oder `\symbol{61}` entsprechend ihrer Stellung im Zeichensatz `ygoth` angesprochen werden.

Die Umlaute ä ë ö ü werden mit `"a "e "o` und `"u` eingegeben. Ihre interne Realisierung erfolgt als Ligatur der Zeichenfolgen `"` und Vokal und damit nicht nach den Mechanismen des Ergänzungspakets `german.sty`. Wird `german.sty` verwendet, so muss zur korrekten Erzeugung der Umlaute für die gotische Schrift vorab mit `\originalTeX` auf die TeX-Originalbehandlung zurückgeschaltet werden. (Dies gilt für alle gebrochenen Schriften von YANNIS HARALAMBOUS.) Das ß kann alternativ als Buchstabenfolge `sz` oder wie bei `german.sty` als `"s` eingegeben werden.

Der Zeichensatz für die gotische Schrift enthält neben den Ziffern und Satzzeichen noch die punktlosen ı und ȷ, die wie beim Standard als `\i` bzw. `\j` einzugeben sind. Zusätzlich enthält der Zeichensatz noch einige Klammer- und Akzentsymbole, die dem Roman-Zeichensatz entnommen sind und deshalb hier nicht wiedergegeben werden. Die altdeutschen Schriften unterscheiden nicht zwischen den Großbuchstaben ‚I‘ und ‚J‘. Demzufolge enthält die gotische Schrift das gleiche Zeichen J für die Eingabe von I wie für J.

2.3.2 Schwabacher Schrift

Gegen Ende des 15. und zu Beginn des 16. Jahrhunderts kam zusätzlich die Schwabacher Schrift auf, bei der die strengen gebrochenen Linien teilweise in runde Formen mit gewissen handschriftlichen Charakteristika übergingen, so z. B. beim ‚a' und ‚d'. Aber auch bei ihr wechseln sich Rundungen mit scharfen Kanten ab, so dass sie zu Recht zu den gebrochenen Schriften gezählt wird. Die Schwabacher Schrift gilt als kräftige, volkstümliche Schrift.

A B C D E F G H I K L M N O P Q R S T U V W X Y Z
a b c d e f g h i j k l m n o p q r ſ s t u v w x y z aͤ eͤ oͤ uͤ ä ë ö ü
ch ck ff ſf ſſ ſt ß ı ȷ § 0 1 2 3 4 5 6 7 8 9 . , : ! ? -

Die Schwabacher Schrift hat nur 7 Ligaturen ch ck ff ſf ſſ ſt ß, die als `tt`, `ch`, `ck`, `ff`, `sf`, `ss`, `st` und `sz` bzw. `"s` einzugeben sind. Die Umlaute erscheinen in zwei Varianten. Die neuere Form mit den darüberstehenden Doppelpunkten ä ë ö ü wird erwartungsgemäß als `"a` `"e` `"o` und `"u` eingegeben. Die ältere Form mit einem sehr kleinen übergestellten ‚e', wie besser aus der nebenstehenden stark vergrößerten Form erkennbar, kann mit `*a` `*e` `*o` und `*u` erzeugt werden. aͤ eͤ oͤ uͤ

Der Zeichensatz für die Schwabacher Schrift enthält neben schriftspezifischen Satzzeichen und den Ziffern noch die punktlosen ı und ȷ sowie ein spezielles Paragraf-Symbol §, das mit `\symbol{60}` ausgegeben werden kann. Das Trennungszeichen erscheint als -. Weitere Zeichen für Klammern, Akzente, Striche und sonstige Sonderzeichen wie % oder # sind dem Roman-Zeichensatz entnommen und hier nicht ausgedruckt.

2.3.3 Fraktur-Schrift

Die volkstümliche Schwabacher Schrift galt für das ästhetische Gefühl der damaligen Zeit möglicherweise als zu derb und zu einfach. Parallel zu ihr entwickelte sich seit dem Beginn des 16. Jahrhunderts die Frakturschrift mit weniger Rundungen und sehr schmalen Kleinbuchstaben. Viele Großbuchstaben wurden zusätzlich durch den so genannten Elefantenrüssel ausgeschmückt, so z. B. beim A, B, M, N und weiteren Großbuchstaben dieser Schrift.

Die erste Frakturschrift für den Buchdruck wurde bereits 1513 von Johann Schönsperger in Augsburg entworfen. Ihre ästhetische Vollendung erfuhr sie durch Schriftschneider im 18. Jahrhundert wie G. I. Breitkopf und J. F. Unger. Die von YANNIS HARALAMBOUS für die TEX-Welt bereitgestellte Frakturschrift geht auf Vorlagen von Gottlob Immanuel Breitkopf (1719–1794) zurück.

A B C D E F G H I K L M N O P Q R S T U V W X Y Z
a b c d e f g h i j k l m n o p q r ſ s t u v w x y z aͤ eͤ oͤ uͤ ä ë ö ü
ch ck ff ſf ſſ ſt ß tz J x ı ȷ § 0 1 2 3 4 5 6 7 8 9 . , : ; ! ? -

Die Frakturschrift enthält alle Zeichen der Schwabacher Schrift und zusätzlich die Ligatur tz als Folge von `tz`. Das Zeichen J wurde gelegentlich benutzt, um das J vom I zu unterscheiden. Es kann mit `\symbol{36}` eingegeben werden. Die unterschiedlichen Zeichen für I und J als I bzw. J wurden jedoch nie Allgemeingut.

Das Symbol ꝛc (`\symbol{201}`) wurde in frühen Zeiten der Frakturschrift gelegentlich für die Abkürzung „etc." (usw.) benutzt. Für die Varianten der Umlaute gelten dieselben Hinweise wie bei der Schwabacher Schrift. Die Fraktur enthält noch das Semikolon als eigenes Satzzeichen. Fraktur und Schwabacher Schrift wurden gelegentlich in Texten kombiniert, wobei die viel kräftigere Schwabacher Schrift die hervorhebende Rolle einer zugeordneten Fettschrift annahm. Ein Textbeispiel folgt am Ende dieses Unterabschnitts.

2.3.4 Initialen

In alten Schriften ist der Anfangsbuchstabe eines neuen Abschnitts oder Kapitels häufig als besonders kunstvolle Initiale herausgehoben. Solche Ausschmückungen findet man heute noch häufig in älteren Gesangs- und Gebetbüchern, die in den Kirchen im Umlauf sind. Das Ergebnis des METAFONT-Initialenfiles `yinit` von YANNIS HARALAMBOUS ist ebenfalls eher als Kunstwerk denn als profanes Rechnerprogramm zu bezeichnen:

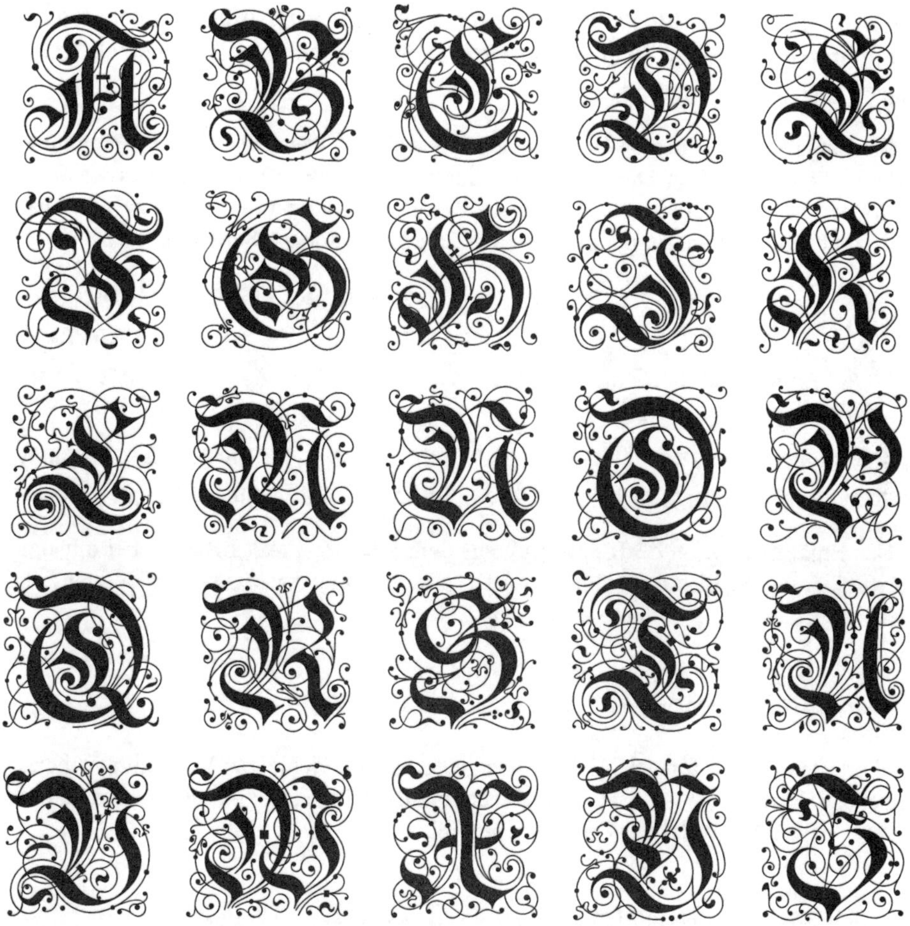

Die vorstehenden Initialen wurden aus dem Quellenfile `yinit.mf` mit METAFONT in der Vergrößerung von 1.44 erzeugt und ausgedruckt.

2.3.5 Beispiel mit altdeutschen Schriften

Die METAFONT-Quellenfiles der altdeutschen Schriften stehen in der Entwurfsgröße für 10 pt unter den Namen `ygoth.mf`, `yswab.mf`, `yfrak.mf` und `yinit.mf` zur Verfügung. Mit METAFONT können sie in jeder gewünschten Vergrößerungsstufe erzeugt werden.

Die folgenden Beispiele stammen von YANNIS HARALAMBOUS. Sie benutzen die altdeutschen Schriften in der Skalierungsstufe 1440. Das erste Beispiel gibt den ersten Absatz aus Luthers Taufbüchlein in gotischer Schrift in der Originalorthographie wieder:

Weyl ich teglich sehe vnd hore wie gar mit vnvleyß vnd wenigem ernst will nicht sagen mit leychtfertickeit man das hohe heylige trostlich sacrament der tauffe handellt vber den kindeln wilchs vrsach ich achte der auch eyne sey das die so da bey stehen nichts dauon verstehen was da geredt vnd gehandellt wirt Dunckt michs nicht alleyne nütz sondern auch not seyn das mans ynn deutsche sprache thue. Vnd habe darumb solchs wie biß her zu latin geschehen verdeutscht anzufahen auff deutsch zu teuffen da mit die paten vnn beystehende deste mehr zum glauben vnnd ernstlicher andacht gereytzt werden vnnd die priester so da teuffen deste mehr vleyß vmb der zuhörer willen haben müssen.

Die Eingabe erfolgt für die Umlaute in der gewohnten Weise als `"u`. Zur Erzeugung des runden s ist `s:` einzugeben. Die vielfältigen Ligaturen entstehen automatisch aus den eingegebenen Buchstabenkombinationen. Das zweite Beispiel verknüpft Fraktur mit der Schwabacher Schrift und den Initialen. Es stammt aus einer Schrift von Johann Sebastian Bach.

Die **Orgel**, der **Flügel**, das **Fortepiano** und das **Clavicord** sind die gebräuchlichsten Clavierinstrumente zum Accompagnement. Es ist Schade, daß die schöne Erfindung des **Holfeldischen Bogenclaviers** noch nicht gemeinnützig geworden ist; man kann dahero dessen besondere Vorzüge hierinnen noch nicht genau bestimmen. Es ist gewiß zu glauben, daß es sich auch bey der Begleitung gut ausnehmen werde.

Das Ergänzungspaket `oldgerm.sty` aus dem LaTeX 2ε-Paket habe ich bei mir um die Schrifterklärung (Schriftumschaltbefehl) `\initfamily` und den argumentbehafteten Schriftbefehl `\textinit{...}` durch die beiden Zeilen

```
\newcommand\initfamily{\usefont{U}{yinit}{m}{n}}
\DeclareTextFontCommand{\textinit}{\initfamily}
```

erweitert, damit auch für die Initialen geeignete Schriftbefehle zur Verfügung stehen. Zur einfacheren Eingabe eines Absatzes mit einer vorangestellten Initiale, wie beim vorstehenden Beispiel, habe ich dort das Makro `\initpar` mit

```
\newdimen\ytmp
\newcommand{\yinitpar}[1]{\setbox0=\hbox{\textinit{#1}}%
\hangindent=\wd0\hangafter=-4 \advance\hangindent by .25em
\ytmp=-.8\ht0 \hskip-\wd0 \hskip-.25em
\raisebox{\ytmp}[0pt][0pt]{\unhbox0}\hskip.25em}
```

ebenfalls zugefügt. Die Eingabe für das vorangegangene Beispiel erfolgt nach Umstellung der Schriftgröße mit `\fontsize{14.4}{15pt}` dann einfach als

```
\yinitpar{D}{\frakfamily ie \textswab{Orgel}, der \textswab{Fl*ugel},
das: \textswab{Fortepiano} und das: \textswab{Clavicord} sind die
gebr*auchlichsten Clavierinstrumente zum Accompagnement. Es: ist Schade,
da"s die sch*one Erfindung des: \textswab{Holfeldischen Bogenclaviers:
noch nicht gemeinn*utzig geworden ist; man kann dahero dessen besondere
Vorz*uge hierinnen noch nicht genau bestimmen. Es: ist gewi"s zu
glauben, da"s es: sich auch bey der Begleitung gut aus:nehmen werde.}
```

Das Makro `\yinitpar` übernimmt als Argument den Buchstaben für die Initiale. Es formatiert den nächsten Absatz so, dass seine ersten vier Zeilen um den Betrag der Breite der Initiale plus .25 em nach rechts eingerückt werden. Die erste Zeile wird dann genau um diesen Betrag nach links verschoben, so dass sie mit der vorangestellten Initiale wieder linksbündig wird. Die Initiale wird um das 0.8fache ihrer Höhe nach unten verschoben, so dass ihre Oberkante ungefähr mit der Oberkante der nachfolgenden Textzeile und ihre Unterkante mit der Grundlinie der vierten Zeile übereinstimmt. Weitere Textzeilen reichen über die gesamte Textbreite. Die Wirkung des Makros endet mit dem Ende des laufenden Absatzes.

2.3.6 Sütterlin-Schrift

Das Unterverzeichnis `.../oldgerman` der TEX-Fileserver enthält zusätzlich noch zwei Varianten der Sütterlin-Schrift. Sie stammen von BERTHOLD LUDEWIG, Universität Siegen. Diese Zuordnung erfolgte vermutlich unter dem Gesichtspunkt, dass die Sütterlin-Schrift ebenfalls der Vergangenheit angehört. Sie wurde von dem deutschen Pädagogen und Grafiker Ludwig Sütterlin (1865–1917) entworfen und 1915 in Preußen und später auch in anderen deutschen Ländern als Schreibschrift in den Schulen eingeführt. Mir wurde sie noch in meinen allerersten Schuljahren beigebracht; 1941 wurde sie in den deutschen Schulen durch die Lateinische Schreibschrift abgelöst.

Die beiden Varianten der Sütterlin-Schriften werden mit den METAFONT-Quellenfiles `suet14.mf` und `schwell.mf` bereitgestellt. Die erste Form ist die eigentliche Sütterlin-Schreibschrift, die eine Feder mit runder Spitze voraussetzt und fast aufrecht geschrieben wird. Die zweite Form ist geneigter und betont die Ober- und Unterlängen. Als Schreibgerät wird eine schräggestellte Feder vorausgesetzt, die den so genannten Schwellzug bewirkt.

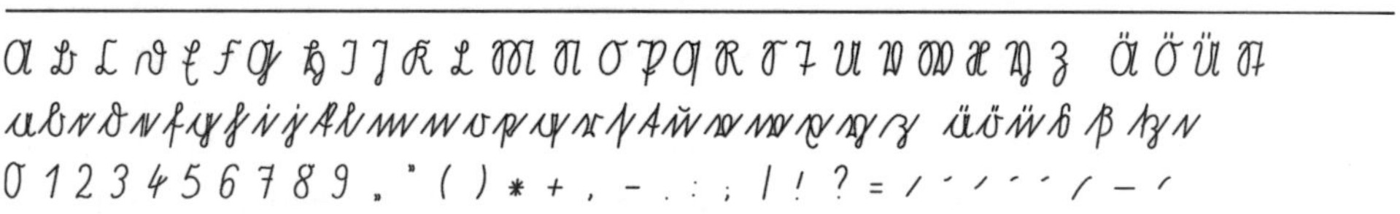

suet14

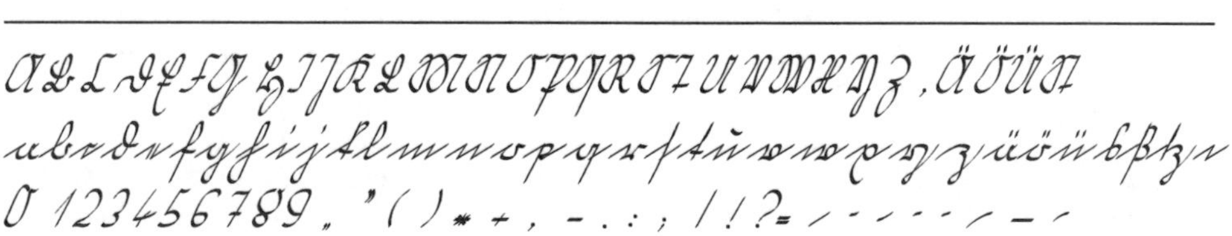

schwell

Die letzten acht Zeichen der jeweils dritten Zeile werden als Verbindungsstriche zwischen den Buchstaben der Schreibschrift benutzt. Beide Zeichensätze enthalten eine Vielzahl von zweistelligen Zeichenkombinationen, denen als vorangesetzte, zwischengefügte oder nachfolgende Ligatur der entsprechende Verbindungsstrich zugeordnet wird. Vorangestellt oder angefügt werden Verbindungsstriche evtl. dann, wenn ihnen ein Leerzeichen vorangeht oder folgt, da Leerzeichen bei den Ligaturkombinationen mitberücksichtigt werden. Einige Buchstabenkombinationen wie `tz` und `St` stehen als eigenständige Ligatur tz bzw. St bereit. Beispiel: `Stadt` und `Katze` als Stadt und Katze. Das Zeichen e wird statt des e in Kombination mit dem h wie in Schule und Dach (`Schule` bzw. `Dach`) benutzt.

Das ‚s' erscheint bei gleicher Eingabe von `s` am Wortanfang und im Wortinneren als *langes* ſ und am Wortende als *rundes* s. So erzeugt ‚`sie ist aus`:' ſie iſt aus. Das runde s muss aber auch bei Wortverbindungen aus seinem Wortstamm beibehalten werden. So ist die Ausgabe von `Hauskauf` oder `aussitzen` als Hauſkauf bzw. auſſitzen falsch; sie müssen richtig als Hauskauf bzw. ausſitzen erscheinen. Das runde s hat den Kodewert 28 ('34, "1c). Eine Möglichkeit zur richtigen Ausgabe für Hauskauf oder ausſitzen könnte damit durch `Hau\symbol{28}kauf` bzw. `au\symbol{28}sitzen` erfolgen.

Eine bessere Lösung wäre meines Erachtens die Übernahme der Ligatur `s:` wie bei den altdeutschen Schriften von Yannis Haralambous. Dies verlangt die Eingabe `s\/:`, falls auf das lange s tatsächlich ein Doppelpunkt folgt, was jedoch bei `\textfrak` und `\textswab` ebenfalls erforderlich ist und somit bei allen altdeutschen Schriften angestrebt werden sollte, zumal die Kombination ſ: orthografisch kaum zulässig sein dürfte.

Die Umlaute und das ß sowie die Satzzeichen sind bei den Sütterlin-Schriften entsprechend dem Vorschlag von Cork angeordnet. Mit dem Ergänzungspaket `t1enc.sty` für die ec-Zeichensätze können sie damit als `"`*u* bzw. `"s` eingegeben werden, z. B. `s"u"s` für ſüß.

Die Sütterlin-Schriften können nach `\newfont{\suet}{suet14 scaled` *nnnn*`}` und `\newfont{\schwell}{schwell scaled` *nnnn*`}` mit den Umschaltungen `\suet` oder `\schwell` aktiviert werden. LaTeX 2ε gestattet aber elegantere Lösungen. Für LaTeX 2ε sollte man sich vorab das Definitionsfile `t1suet.fd` mit dem Inhalt

```
\ProvidesFile{t1suet.fd}[datum Sueterlin font definitions]
\DeclareFontFamily{T1}{suet}
\DeclareFontShape{T1}{suet}{m}{n}{%
  <8> <9> <10> <10.95> <12> <14.4> <17.28> <20.74> <24.88> suet14}{}
\DeclareFontShape{T1}{suet}{bx}{n}{%
  <8> <9> <10> <10.95> <12> <14.4> <17.28> <20.74> <24.88> schwell}{}
```

erstellen. Diesem Kode sollte evtl. ein Vorspannkommentar mit Zusatzerläuterungen vorangestellt werden.

Wird LaTeX 2ε bereits standardmäßig mit den ec-Zeichensätzen genutzt, so genügt die Umdefinition `\renewcommand{\rmdefault}{suet}` im Vorspann, damit der gesamte Bearbeitungstext in der Standard-Sütterlin-Schrift erscheint. Mit der Umschaltung `\bfseries` kann zusätzlich die `schwell`-Variante aktiviert oder mit `\textbf{...}` für kurze Hervorhebungen lokal umgeschaltet werden. Wird LaTeX 2ε dagegen mit den cm-Schriften genutzt, so verlangt die Nutzung der Sütterlin-Schrift das Einlesen des Ergänzungspakets `t1enc.sty` im Vorspann.

Alternativ und zielgerichteter kann man auch ein Ergänzungspaket `suettlin.sty` bereitstellen. Neben einem kurzen Vorspann mit Versions- und Datumsangaben sowie einer Selbstidentifikation besteht es lediglich aus den Kodezeilen

```
\def\fileversion{1.0} \def\filedate{yy/mm/dd}
\NeedsTeXFormat{LaTeX2e}
\ProvidePackage{suettlin}[\filedate\space\fileversion\space
    \LaTeX2e package for suetterlin fonts]
\ProvideOption{suetonly}{%
  \renewcommand{\encodingdefault{T1}
  \renewcommand{\rmdefault}{suet}}
\ProvideOption{suetpart}{%
  \providecommand{\suetfont}{\usefont{T1}{suet}{m}{n}}
  \providecommand{\schwfont}{\usefont{T1}{suet}{m}{sl}}
  \DeclareTextFontCommand{\textsuet}{\suetfont}
  \DeclareTextFontCommand{\textschw}{\schwfont}}
\ExecuteOptions{suetpart}
\ProcessOptions
\endinput
```

Das Ergänzungspaket `suettlin` kennt die lokalen Optionen `suetonly` und `suetpart`, wobei die letzte standardmäßig, also auch ohne explizite Optionsangabe, wirkt. Hiermit werden die Schrifterklärungen (Umschaltbefehle) `\suetfont` und `\schwfont` sowie die argumentbehafteten Schriftbefehle `\textsuet{...}` und `\textschw{...}` bereitgestellt, mit denen innerhalb eines Blocks bzw. für das Textargument auf die Sütterlin-Schriften umgeschaltet werden kann. Außerhalb dieser Befehle gelten die cm- oder ec-TeX-Standardschriften. Mit `\textsuet{S"utterlin-Schrift}` erscheint Sütterlin-Schrift und die Schwell-Variante entsteht mit `\textschw{Schwell-Variante}`.

Mit dem Aufruf `\usepackage[suetonly]{suettlin}` wird die lokale Option `suetonly` aktiviert. Sie bewirkt, dass der gesamte zu bearbeitende Text in der Sütterlin-Schrift gesetzt wird. Mit den Aufrufen `\bfseries` und `\textbf{...}` kann überdies global oder lokal die Schwellvariante aktiviert werden. Für weitere Erläuterungen zum Inhalt von `suettlin.sty` sollten die äquivalenten Erläuterungen für `cyrillic.sty` auf S. 132 herangezogen werden.

2.4 Kyrillische Zeichensätze

2.4.1 Kyrillische Zeichensätze der $\mathcal{AMS}$

Die ersten TeX-Zeichensätze für kyrillische Schriften standen bereits Mitte der 80er Jahre zur TeX-Bearbeitung von Texten für Sprachen mit kyrillischen Schriften zur Verfügung. Der erste Satz von kyrillischen Zeichensätzen stammt von der 'University of Washington', der Ende der 80er Jahre nochmals überarbeitet und seitdem unverändert auf den TeX-Fileservern von der amerikanischen Gesellschaft für Mathematik $\mathcal{AMS}$ angeboten wird.

Die zugehörigen METAFONT-Quellenfiles stehen als aufrechte, fette und kursive Schriften in den Entwurfsgrößen 5 pt, 6 pt, 7 pt, 8 pt, 9 pt und 10 pt unter den Namen `wncyr5.mf`, ..., `wncyr10.mf`, `wncyb5.mf`, ..., `wncyb10.mf` und `wncyi5.mf`, ..., `wncyi10.mf` zur Verfügung. Zusätzlich stehen sie als serifenlose Schriften in den Entwurfsgrößen 8 pt, 9 pt und 10 pt mit `wncyss8.mf`, `wncyss9.mf` und `wncyss10.mf` sowie als Kapitälchenschrift in 10 pt mit `wncysc10.mf` bereit. Diese Zeichensätze enthalten wie die klassischen cm-Schriften jeweils 128 Zeichen (Lettern), für deren Anordnung LaTeX 2$_\varepsilon$ als Kodierattribut OT2 bereithält.

Die TEX-Textzeichensätze mit 128 Zeichen enthalten an den Stellen '040 bis '126 (okt) bzw. 32 bis 126 (dez) weitgehehend den ASCII-Kode, der mit einer ASCII-Tastatur angesprochen werden kann. Die TEX-Schreibmaschinenschriften `cmttxx` enthalten auf diesen Stellen den genauen ASCII-Kode (s. [5a, C.6, Tab.4]). Diese Zeichen können auch über jede nationale Tastatur angesprochen werden, wobei einige dieser Zeichen dann über geeignete Umschalttasten zu erreichen sind.

Die Stellen '000 bis '037 und '177 (okt) bzw 00 bis 32 und 127 enthalten weitere druckbare Zeichen, denen keine Eingabetaste direkt zugeordnet ist, die jedoch in LATEX mit der Eingabe von `\symbol{n}` ebenfalls angesprochen werden können, wobei *n* für die zugehörige Stellennummer steht. Damit können alle Zeichen eines beliebigen TEX-Zeichensatzes direkt (durch einfache Tasteneingabe) oder indirekt durch Bezug auf seine Stellennummer angesprochen werden, ungeachtet dessen, welches Zeichen auf den zugehörigen Stellennummern steht.

Umfang und Belegung der krillischen Zeichensätze der $\mathcal{AMS}$ werden mit der nachfolgenden Tabelle mit ihren oktalen, hexadezimalen und dezimalen Kodewerten dargestellt. Nach Aktivierung eines kyrillischen Zeichensatzes, z. B. mit `\newfont{\cyrrm}{wmcyr10}` oder `\newfont{cyrsf}{wncyss10}`, kann mit `{\cyrsf z}` oder `{\cyrrm \symbol{n}}` mit der Tasteneingabe '*z*' oder der Kenn-Nummer '*n*' jedes kyrillische Zeichen ausgegeben werden: `{\cyrsf I}` = И oder `{\cyrrm \symbol{4}}` = I. Die Taste 'I' einer ASCII-Tastatur verweist auf die Kenn-Nummer 72, auf der beim kyrillischen Zeichensatz das И steht, während die Kenn-Nummereingabe '4' dort das Zeichen I enthält.

okt.	0	1	2	3	4	5	6	7	hex.
'00x	Њ 0	Љ 1	Џ 2	Э 3	I 4	Є 5	Ђ 6	Ћ 7	"0x
'01x	њ 8	љ 9	џ 10	э 11	i 12	є 13	ђ 14	ћ 15	
'02x	Ю 16	Ж 17	Й 18	Ё 19	Ѵ 20	Ѳ 21	S 22	Я 23	"1x
'03x	ю 24	ж 25	й 26	ё 27	ѵ 28	ѳ 29	s 30	я 31	
'04x	¨ 32	! 33	" 34	Ѣ 35	˘ 36	% 37	´ 38	' 39	"2x
'05x	(40	) 41	* 42	ѣ 43	, 44	- 45	. 46	/ 47	
'06x	0 48	1 49	2 50	3 51	4 52	5 53	6 54	7 55	"3x
'07x	8 56	9 57	: 58	; 59	« 60	ı 61	» 62	? 63	
'10x	˘ 64	А 65	Б 66	Ц 67	Д 68	Е 69	Ф 70	Г 71	"4x
'11x	Х 72	И 73	J 74	К 75	Л 76	М 77	Н 78	О 79	
'12x	П 80	Ч 81	Р 82	С 83	Т 84	У 85	В 86	Щ 87	"5x
'13x	Ш 88	Ы 89	З 90	[91	" 92	] 93	Ь 94	Ъ 95	
'14x	' 96	а 97	б 98	ц 99	д 100	е 101	ф 102	г 103	"6x
'15x	х 104	и 105	j 106	к 107	л 108	м 109	н 110	о 111	
'16x	п 112	ч 113	р 114	с 115	т 116	у 117	в 118	щ 119	"7x
'17x	ш 120	ы 121	з 122	– 123	— 124	№ 125	ь 126	ъ 127	
okt.	8	9	A	B	C	D	E	F	hex.

Zeichenumfang und Belegung für den kyrillischen Zeichensatz wncyr10.
Alle kyrillischen Schriften der $\mathcal{AMS}$ variieren nur im Schrifttyp und in der Entwurfsgröße. Die einzelnen Zeichen und ihre Anordnung stimmen, anders als bei den TEX-cm-Schriften (s. [5a, C.6, Tab. 1–4]), bei allen `wncy`*x*-Zeichensätzen inhaltlich mit dieser Tabelle überein.

Die Eingabe der Zeichenkennzahl mit `\symbol{`*n*`}` für die Zeichen, die nicht direkt durch eine Eingabetaste erreichbar sind, wäre auf Dauer recht mühevoll. Dies ist für die meisten Zeichen mit den Kennzahlen '000 bis '037 (okt.) bzw. 00 bis 31 auch nicht erforderlich, da diese als Ligaturen für bestimmte Zeichenkombinationen in den `wncy`-Zeichensätzen bereitgestellt werden, ähnlich wie dies dem Anwender für die Eingabe `fi` oder `ffi` für die eigenen Ausgabezeichen ‚fi' oder ‚ffi' bei den TeX-Textstandard-Zeichensätzen bekannt ist.

Die nachfolgende Tabelle zeigt die Tastenzuordnung einer herkömmlichen ASCII-Tastatur zu den kyrillischen Zeichen. Die erste Doppelspalte enthält die kyrillischen Groß- und Kleinbuchstaben, die zweite die erforderliche Tasteneingabe und die dritte eine evtl. mögliche Alternativeingabe. Das Problem der größeren Zahl von kyrillischen Buchstaben im Vergleich zu lateinischen (das russisch-kyrillische Alphabet kennt 32 Klein- und Großbuchstaben) wird bei der Eingabe über eine ASCII-Tastatur durch die Behandlung als Ligatur oder als spezieller Zeichenbefehl gelöst.

Kyrillische Zeichenzuordnung der wncy-Files											
cyr		Eingabe		Alt.		cyr		Eingabe		Alt.	
А	а	A	a			Р	р	R	r		
Б	б	B	b			С	с	S	s		
В	в	V	v			Т	т	T	t		
Г	г	G	g			Ћ	ћ	\'C	\'c	C1	c1
Д	д	D	d			Ќ	ќ	\'K	\'k		
Ђ	ђ	Dj	dj	D1	d1	У	у	U	u		
Ѓ	ѓ	\'G	\'g			Ў	ў	\u{U}	\u{u}		
Е	е	E	e			Ф	ф	F	f		
Ё	ё	\"E	\"e			Х	х	Kh	kh	H	h
Є	є	\=E	\=e	E2	e2	Ц	ц	Ts	ts	C	c
Ж	ж	Zh	zh	Z1	z1	Ч	ч	Ch	ch	Q	q
З	з	Z	z			Џ	џ	\Dzh	\dzh	D2	d2
И	и	I	i			Ш	ш	Sh	sh	X	x
І	і	\=I	\=i	I1	i1	Щ	щ	Shch	shch	W	w
Ї	ї	\"I	\"i			Ъ	ъ	\Cdprime	\cdprime	P2	p2
Ј	ј	J	j			Ы	ы	Y	y		
Й	й	\u{I}	\u{i}			Ь	ь	\Cprime	\cprime	P1	p1
К	к	K	k			Э	э	\`E	\`e	E1	e1
Л	л	L	l			Ю	ю	Yu	yu	J2	j2
Љ	љ	Lj	lj	L1	l1	Я	я	Ya	ya	J1	j1
М	м	M	m			Ѕ	ѕ	\Dz	\dz	D3	d3
Н	н	N	n			№				NO	
Њ	њ	Nj	nj	N1	n1	«		<			
О	о	O	o			»		>			
П	п	P	p								

Bestimmte Zeichen- und Buchstabengruppen wie z. B. `Dj`, `Zh`, `sh`, `shch` u. a. werden als kyrillische Ligatur betrachtet und ergeben die Ausgabezeichen Ђ, Ж, ш, щ usw. Die Zuordnung dieser Ligaturzeichen erfolgt automatisch, da die Ligaturen für die zugehörigen Eingabegruppen bereits mit den METAFONT-Quellenfiles bereitgestellt werden. Die in der vorhergehenden Eingabetabelle auftretenden Akzent- und Zeichenbefehle wie `` \` ``, `\'`, `\"`, `\=` und `\u{`*z*`}` sowie `\Dzh`, `\dzh`, `\Dz`, `\dz`, `\Cprime`, `\cprime`, `\Cdprime` und `\cdprime` müssen dagegen explizit definiert werden, was z. B. in dem kyrillischen Zeichensatzpaket der $\mathcal{AMS}$ in dem beigefügten Definitionsfile `cyracc.def` geschieht. Das weiter unten vorgestellte Ergänzungspaket `cyrillic.sty` definiert diese Akzent- und Zeichenbefehle unter den gleichen Namen, jedoch mit effizienteren LaTeX 2ε-Mitteln. Für die Gruppe der eben genannten Zeichenbefehle besteht jedoch die Möglichkeit der automatischen Behandlung als Ligatur mit der Alternativeingabe `D2`, `d2`, `D3`, `d3`, `P1`, `p1`, `P2` bzw. `p2`.

Kyrillische Ligaturen können durch das Zwischenstellen des Befehls `\cydot` innerhalb der Eingabegruppe aufgelöst werden. So erzeugt `t\cydot s` oder `t{\cydot}s` тс statt ц mit `ts` und `sh\cydot ch` oder `sh{\cydot}ch` führt zu шч statt щ für `shch`.

Die kyrillischen Zeichensätze der $\mathcal{AMS}$ sind sehr umfassend. So enthalten sie zum Beispiel auch die nur im Serbischen verwendeten kyrillischen Zeichen Ђ, ђ, J, j, Љ, љ, Њ, њ, Ћ, ћ, die, bis auf J und j, entsprechend der vorhergehenden Eingabetabelle ebenfalls über Ligaturen entstehen.

2.4.2 Vorschlag für ein einfaches cyrillic-Ergänzungspaket

Ein Ergänzungspaket `cyrillic.sty`, das mit LaTeX 2ε in gewohnter Weise mittels `\usepackage{cyrillic}` zur Aktivierung der kyrillischen Schriften der $\mathcal{AMS}$ genutzt werden kann, habe ich auf dem DANTE-TeX-Fileserver bisher nicht gefunden. Das $\mathcal{AMS}$-Unterstützungspaket `cyracc.def` verlangt zur Aktivierung der kyrillischen Schriften den alten Befehl aus LaTeX 2.09 `\newfont{\`*zs_befname*`}{`*zs_filename*`}`, der auch in LaTeX 2ε genutzt, aber dort durch die flexibleren Attributauswahlbefehle gemäß [5a, 4.1.3, 4.1.4 und 8.5] ersetzt werden sollte. Hierfür stelle ich deshalb einen Vorschlag für ein `cyrillic.sty`-Ergänzungspaket vor, das eine Teilmenge der Befehlsstrukturen aus `cyracc.def` unter den gleichen Befehlsnamen, aber mit effizienteren Strukturen aus LaTeX 2ε bereitstellt.

Dieses `cyrillic.sty`-Ergänzungspaket stelle ich als unkommentiertes Makrofile vor. Der reine Makrocode wird nachfolgend in kleiner Schreibmaschinenschrift dargestellt, dessen Zeilen durch einige Erläuterungen für den Leser in Roman-Schrift und teilweise vermischt mit normaler Schreibmaschinenschrift ergänzt werden. Für das damit vorgestellte Ergänzungspaket `cyrillic.sty` sind dagegen nur die Zeilen in kleiner Schreibmaschinenschrift zu verwenden. Mit einigen Kenntnissen über dokumentierte Makrofiles [5c, Abschnitt 2.2.2] kann der Leser versuchen, das Paket für sich als dokumentiertes Makrofile `cyrillic.dtx` zu erstellen und es mit dem LaTeX-Basiswerkzeug `docstrip.tex` zur Beseitigung der Begleitkommentare in das reine Makrofile umzuwandeln.

Jedes Ergänzungspaket sollte stets mit einer Selbstidentifikation beginnen und die Verfügbarkeit von LaTeX 2ε prüfen. Dies geschieht mit den Befehlszeilen:

```
\def\filedate{2000/12/31} \def\fileversion{1.0}
\NeedsTeXFormat{LaTeX2e}
\ProvidesPackage{cyrillic}[\filedate\space\fileversion\space
    LaTeX2e Package for AmS cyrillic fonts]
\DeclareFontEncoding{OT2}{}{}
```

Neben der Selbstidentifikation mit `\ProvidesPackage` wird hier mit dem vorangehenden Befehl `\NeedsTeXFormat{LaTeX2e}` die Verfügbarkeit von LaTeX 2ε geprüft. Anschließend wird mit `\DeclareFontencoding{OT2}{}{}` das Kodierattribut OT2 erklärt, das den kyrillischen Schriften mit 128 Einzelzeichen zugeordnet wird.

Hiernach sollen einige Akzent- und Zeichenbefehle für das Kodierattribut OT2 kodespezifisch eingerichtet werden, die LaTeX standardmäßig unterschiedlich bereitstellt und die nach Rückkehr zum Kodierattribut OT1 wieder in ihrer ursprünglichen Bedeutung zur Verfügung stehen, was mit der nachfolgenden Makrogruppe erreicht wird:

```
\DeclareTextAccent{\'}{OT2}{"26}
\DeclareTextComposite{\'}{OT2}{C}{"07}
\DeclareTextComposite{\'}{OT2}{c}{"0F}
\DeclareTextCommand{\`}{OT2}[1]{#1}
\DeclareTextComposite{\`}{OT2}{E}{"03}
\DeclareTextComposite{\`}{OT2}{e}{"0B}
\DeclareTextCommand{\=}{OT2}[1]{#1}
\DeclareTextComposite{\=}{OT2}{E}{"05}
\DeclareTextComposite{\=}{OT2}{e}{"0D}
\DeclareTextComposite{\=}{OT2}{I}{"04}
\DeclareTextComposite{\=}{OT2}{i}{"0C}
\DeclareTextComposite{\=}{OT2}{\i}{"0C}
\DeclareTextAccent{\"}{OT2}{"20}
\DeclareTextComposite{\"}{OT2}{B}{"13}
\DeclareTextComposite{\"}{OT2}{b}{"1B}
\DeclareTextCompositeCommand{\"}{OT2}{I}{\accent"20 \char"04}
\DeclareTextCompositeCommand{\"}{OT2}{i}{\accent"20 \char"3D}
\DeclareTextAccent{\u}{OT2}{"40}
\DeclareTextComposite{\u}{OT2}{I}{"12}
\DeclareTextComposite{\u}{OT2}{i}{"1A}
\DeclareTextComposite{\u}{OT2}{\i}{"1A}
\DeclareTextCommand{\cydot}{OT2}{{\kern0pt}}
\DeclareTextSymbol{\Cprime}{OT2}{"5E}
\DeclareTextSymbol{\cprime}{OT2}{"7E}
\DeclareTextSymbol{\Cdprime}{OT2}{"5F}
\DeclareTextSymbol{\cdprime}{OT2}{"7F}
\DeclareTextSymbol{\Dz}{OT2}{"16}
\DeclareTextSymbol{\dz}{OT2}{"1E}
\DeclareTextSymbol{\Dzh}{OT2}{"02}
\DeclareTextSymbol{\dzh}{OT2}{"0A}
```

Anwender, denen die vorhergehenden LaTeX 2ε-Definitionsstrukturen bekannt sind, können die sechs nachfolgenden Erläuterungsabsätze überspringen, die hierfür eine Kurzbeschreibung enthalten:

`\DeclareTextCommand{\`*bef*`}{`*code*`}[`*narg*`][`*standard*`]{`*definition*`}`
`\DeclareTextAccent{\`*akz_bef*`}{`*code*`}{`*akz_zeich_nr*`}`
`\DeclareTextComposite{\`*bef_name*`}{`*code*`}{`*buchst*`}{`*zeich_nr*`}`
`\DeclareTextSymbol{\`*symb_bef*`}{`*code*`}{`*zeich_nr*`}`

Mit `\DeclareTextCommand` wird eine Definitionsstruktur bereitgestellt, die weitgehend mit `\newcommand` (siehe [5a, 7.2]) übereinstimmt, soweit es die hier angegebenen Syntaxteile

`\`*bef*, *narg*, *standard* und *definition* betrifft. Der Unterschied zu `\newcommand` besteht darin, dass der mit `\DeclareTextCommand` eingerichtete Befehl mit seiner Definition *definition* nur dann abläuft, wenn das angegebene Kodierattribut *code* aktiv ist.

Mit `\DeclareTextAccent` wird ein Akzentbefehl `\`*akz_bef* eingerichtet, der den nachfolgenden Eingabebuchstaben mit dem Akzentzeichen der zugehörigen Schrift mit der Positionsnummer *akz_zeich_nr* kombiniert, vorausgesetzt, das angegebene Kodierattribut *code* ist bei seinem Aufruf aktiv.

Mit `\DeclareTextComposite` wird der Folge eines der vorstehend eingerichteten Akzent- oder Zeichenbefehls `\`*bef_name* mit dem nachfolgenden Buchstaben *buchst* durch das Zeichen mit der Positionsnummer *zeich_nr* aus der Schrift mit *code* zugehörigem Kodierattribut ausgewählt. Der Befehl `\DeclareTextCompositeCommand` ist eine Verallgemeinerung des hier erläuterten Befehls `\DeclareTextComposite`, bei dem die dortige Zeichennummer *zeich_nr* durch eine allgemeine Zeichengruppe oder Befehlsdefinition ersetzt werden darf.

Mit `\DeclareTextSymbol` wird schließlich der damit eingerichtete Symbolbefehl `\`*symb_bef* durch das Zeichen mit der Positionsnummer *zeich_nr* aus der zugehörigen Schrift für das Kodierattribut *code* ersetzt, wenn Letzteres beim Aufruf dieses Symbolbefehls aktiv ist.

Für weitere Informationen über die hier auftretenden `\Declare`-Definitionsstrukturen verweise ich auf die dem LaTeX 2_ε-Grundpaket beigefügte Erläuterungsdokumentation `fntguide.tex`, deren LaTeX-Bearbeitung einen wohl formatierten Führer für diese Definitionsstrukturen speziell mit dem dortigen Abschnitt 5 zur Verfügung stellt.

Zum Abschluss des hier vorgestellten einfachen Ergänzungspakets `cyrillic.sty` sind zur einfacheren Eingabe noch einige Schriftumschaltbefehle einzurichten. Der Kode für das vorgestellte Ergänzungspaket `cyrillic.sty` endet mit `\endinput` in der fünften Zeile der abschließenden Makrogruppe.

```
\DeclareRobustCommand{\cyr}{\fontencoding{OT2}\selectfont}
\DeclareRobustCommand{\latin}{\fontendocing{OT1}\selcetfont}
\DeclareTextFontCommand{\textcyr}{\cyr}
\DeclareTextFontCommand{\textlatin}{\latin}
\endinput
```

Der Einrichtungsbefehl `\DeclareRobustCommand{\`*bef*`}{`*definition*`}` entspricht dem LaTeX-Definitionsbefehl `\newcommand` mit der Zusatzwirkung, dass der hiermit eingerichtete Befehl robust ist, selbst wenn in seinem Definitionsteil *definition* zerbrechliche Teile auftreten. Der Einrichtungsbefehl `\DeclareTextFontCommand` richtet einen argumentbehafteten Schriftumschaltbefehl wie beispielsweise `\textrm` oder `\textit` ein, der dem LaTeX-Anwender für die LaTeX-Standardschriften bekannt ist.

Mit dem obigen `\DeclareRobustCommand`-Paar werden die alternativen Schrifterklärungen `\cyr` und `\latin` bereitgestellt, die das Kodierattribut OT2 bzw. OT1 auswählen und aktivieren. Nach Aufruf einer dieser beiden Schrifterklärungen sind entweder die kyrillischen oder die lateinischen Schriften aktiv, bis sie durch die gegenteilige Schrifterklärung abgelöst werden oder die umschließende Umgebung endet.

Mit den argumentbehafteten Befehlen `\textcyr{`*text*`}` sowie `\textlatin{`*text*`}` werden kurze Textteile *text* in kyrillischer bzw. lateinischer Schrift ausgegeben. Bei beiden der alternativen Befehlspaare wird nur das jeweils zugehörige Kodierattribut OT2 bzw. OT1 gewechselt. Alle anderen Schriftattribute bleiben hiervon unberührt.

Nach der Schrifterklärung mit `\cyr` oder `\latin` zur Umschaltung auf die kyrillischen oder lateinischen Schriften bleiben die sonstigen Attribute `\fontfamily{`*fam*`}`, `\fontseries{`*st_br*`}`, `\fontshape{`*form*`}` und `\fontsize{`*größe*`}{`*z_abst*`}` mit ihren aktuellen Einstellvorgaben *fam*, *st_br*, *form* und *größe* sowie *z_abst* erhalten (siehe [5a, Abschnitt 8.5.1]). Sie können mit geänderten Einstellvorgaben für die ausgewählte kyrillische oder lateinische Schrift jederzeit aktualisiert werden.

Wurde z. B. mit der Erklärung `\cyr` auf die kyrillische Standardschrift `OT2/cmr/m/n` (Familie Roman, normale Stärke und aufrechte Form) umgeschaltet (Zeichensatz `wncyr`), dann wird mit der zusätzlichen Erklärung `\fontfamily{cmss}` nunmehr die kyrillische Serifenschrift aktiviert, die mit dem Zeichensatz `wncyss` bereitgestellt wird. Entsprechendes gilt für die anderen Attributauswahlbefehle, wobei für die kyrillischen Schriften der $\mathcal{AMS}$ nur die Kennungen `cmr` und `cmss` für das Familienattribut *fam*, `m` und `b` für das Serienattribut *st_br* sowie `n`, `it` und `sc` für das Formattribut *form* sinnvoll sind, da nur für diese geeignete Zeichensätze mit `wncyr`, `wncyss`, `wncyb`, `wncyi` und `wncysc` bereitstehen.

Statt der direkten Attributauswahlbefehle können mit gleicher Wirkung auch die anwendernäheren Schrifterklärungen `\rmfamily` und `\sffamily`, `\bfseries` und `\mdseries`, `\itshape`, `\scshape` und `\upshape` gemäß [5a, Abschnitt 4.1.3] genutzt werden, ebenso wie ihre argumentbehafteten Äquivalente `\textrm` und `\textsf`, `\textbf` und `\textmd` sowie `\textit`, `\textsc` und `\textup` gemäß [5a, Abschnitt 4.1.4].

Die Auswahlkennungen bzw. die Schriftauswahlbefehle für die Familien-, Serien- und Formattribute sind damit für die lateinischen wie für die kyrillischen Schriften identisch, was den Leser zunächst vielleicht überrascht. Mit den Hinweisen aus [5a, Abschnitt 8.5] zum Prinzip des Zeichensatzauswahlverfahrens in LaTeX 2$_\varepsilon$ mittels der fünf voneinander *unabhängigen* Attribute sollte diese Eigenschaft jedoch verständlich, wenn nicht gar selbstverständlich werden.

Das hier vorgestellte einfache Ergänzungspaket `cyrillic.sty` entspricht mit seinen Akzent- und Zeichenbefehlen den gleichnamigen Befehlen aus dem Makrofile `cyracc.def`, das der kyrillischen Schriftengruppe der $\mathcal{AMS}$ beigefügt ist, so dass es das Letztere ersetzt. Damit können alle kyrillischen Zeichen und Ligaturen entsprechend der Tabelle auf S. 131 angesprochen und ausgegeben werden. `cyracc.def` stellt zusätzlich noch den Kurzbefehl `\!` bereit, der, vor einen Vokal gestellt, über diesen Vokal ein Betonungszeichen setzt.

In normalen kyrillischen Schriftstücken und Publikationen entfällt eine solche Betonungskennung, so dass in solchen Anwendungen kein Bedarf für diesen Betonungsbefehl `\!` besteht. Ich habe ihn deshalb nicht in `cyrillic.sty` integriert, da seine Definition in `cyracc.def` auf mehrere weitere interne Befehlsdefinitionen zurückgreift, deren Verständnis vertiefte TeX-Kenntnisse voraussetzt und die vom Umfang her gut die Hälfte des Makrocodes aus `cyracc.def` ausmachen.

In unserem Hause hat PATRIK W. DALY, mein Kollege und Koautor von [6], ein Ergänzungspaket zur Nutzung der kyrillischen Schriften der $\mathcal{AMS}$ als dokumentiertes Makrofile `cyr.dtx` bereitgestellt, das in voller Äquivalenz zum Makro-Definitionsfile `cyracc.def` der $\mathcal{AMS}$ steht und dessen Befehlsstrukturen unter den gleichen Befehlsnamen bereitstellt, diese jedoch mit LaTeX 2$_\varepsilon$-Mitteln realisiert. Zusätzlich ergänzt es einige der Standardbefehlsnamen aus `cyracc.def` durch gleichwertige Kurzbefehle, wie z. B. `\.` als zusätzliches Äquivalent für `\cydot` zur Aufhebung von Ligaturen.

Solche ergänzenden Kurzbefehle kann der Anwender des vorgeschlagenen Ergänzungspakets `cyrillic.sty` auch für dieses beistellen, z. B. mit der nochmaligen Definition `\DeclareTextCommand{\.}{OT2}{{\kern0pt}}` in Ergänzung zu `\cydot`. Weitere zusätzliche Kurzbefehle könnten z. B. für die Befehle der kyrillischen Ableitungssymbole `\Cprime`, `\cprime`, `Cdprime` und `\cdprime` eingerichtet werden, wie in dem kyrillischen Ergänzungspaket von PATRIK W. DALY. Interessenten für sein dokumentiertes Makrofile `cyr.dtx` können dieses sicherlich als E-Mail von ihm bekommen, da er seine E-Mail-Adresse im Vorspann seines Makrofiles angibt: `daly@linmpi.mpg.de`.

2.4.3 Nutzungsvoraussetzungen für cyrillic.sty

Die Zuordnung der LaTeX-Schriftauswahlbefehle zu den gestaltenden Zeichensatzfiles erfolgt bekanntlich über so genannte Schriftdefinitionsfiles, die für die LaTeX-Standardschriften die Namen `OT1`*fam*`.fd` sowie `T1`*fam*`.fd` tragen. Für die kyrillischen Schriften der $\mathcal{AMS}$ werden hierfür die beiden Files `OT2cmr.fd` und `OT2cmss.fd` benötigt. Das zugehörige Erzeugungsfile wird bereits mit dem LaTeX 2_ε-Grundpaket bereitgestellt, und zwar mit dem dortigen File `cmextra.ins`.

Die TeX-Bearbeitung dieses Installationsfiles führt zu einem interaktiven Dialog, bei dem u. a. die Bildschirmmitteilung

```
**********************************************************************
* Do you have the cyrillic fonts from the University of Washington *
* installed on your system, or do you intend to install them ?     *
* If so answer with ‘y’ otherwise with ‘n’ below.                  *
* You can easily redo this installation later in case you change   *
* your mind.                                                       *
**********************************************************************
```

erscheint, gefolgt von dem Eingabeprompt `\answer=`, der die Eingabe `y` (ja) oder `n` (nein) erwartet. Mit der Eingabe von `y` erfolgt die Erzeugung von `OT2cmr.fd` und `OT2cmss.fd` unter Rückgriff auf das File `cmfonts.fdd`, das ebenfalls zur LaTeX 2_ε-Grundausstattung gehört. Die TeX-Bearbeitung des Installationsfiles `cmextra.ins` wurde bereits in 2.2.4 auf S. 121 bei der Einrichtung der so genannten `concrete`-Schriften erwähnt.

Zum Abschluss des obigen Bearbeitungsdialogs erfolgt die Mitteilung, dass die erzeugten `.fd`-Files in ein Verzeichnis verschoben werden sollten, dass von TeX standardmäßig nach solchen Zeichensatzdefinitionsfiles durchsucht wird, wozu auf die Hinweise zum TeX-Filesystem in 1.2.1 verwiesen wird. Auf meinem LINUX-System ist das z. B. `.../teTeX/texmf/tex/latex/cyrillic/ams`.

Hiernach kann das Ergänzungspaket `cyrillic.sty` in gewohnter Weise mit dem Vorspannbefehl `\usepackage{cyrillic}` eingebunden und genutzt werden. Die obigen `.fd`-Files werden dabei in den LaTeX-Bearbeitungsaufruf durch entsprechende Schriftanforderungen automatisch eingebunden.

2.4.4 Das Cyrillic-Bündel der CyrTUG

Seit Dezember 1998 wurde den LaTeX-Standardergänzungen aus dem Verzeichnisbaum `.../latex/required` unter dem dortigen Unterverzeichnis `./cyrillic` das so genannte Cyrillic-Bündel beigefügt. Dieses besteht aus den dokumentierten Makrofiles `cyinpenc.dtx`, `cyoutenc.dtx`, `lcy.dtx` und `ot2.dtx`, den Aufbereitungsfiles für die Zeichensatzdefinitionsfiles `lcycmlh.fdd`, `ot2cmams.fdd`, `ot2cmlh.fdd` und `t2lhfnt.fdd`, dem Installationsfile `cyrlatex.ins` sowie den Textfiles `00readme.txt`, `changes.txt` und `manifest.txt`.

Von der CyrTUG stammt als Alternative zu den kyrillischen Zeichensätzen der AMS (s. 2.4.1) eine große Zahl von kyrillischen Zeichensätzen mit 256 Zeichen unterschiedlicher Zeichenbelegung und Schriftstile sowie mit 128 Zeichen und der gleichen Belegung wie die kyrillischen AMS-Schriften, aber für mehr Schriftstile.

Das so genannte Cyrillic-Bündel stammt ebenfalls von der russischen TeX-Anwendervereinigung CyrTUG und stellt für deren Zeichensätze geeignete Unterstützungsmakros zur Verfügung. Das oben angeführte Textfile `00readme.txt` enthält eine kurze Aufbereitungsbeschreibung für das so genannte Cyrillic-Bündel und `manifest.txt` listet den Inhalt mit einer kurzen Aufgabenbeschreibung auf. Nutzungshinweise für diese Unterstützungsmakros werden mit dem Führer `cyrguide.tex`, der bereits dem LaTeX-Grundpaket `.../latex/base` beigefügt ist, bereitgestellt.

2.4.4.1 Die Installation des Cyrillic-Bündels

Die Installation des Cyrillic-Bündels erfolgt mit der LaTeX-Bearbeitung des Installationsfiles `cyrlatex.ins`. Damit entstehen eine Reihe von Eingabedekodierfiles *eing_kode*`.def` sowie die Ausgabedekodierfiles *ausg_kode*`enc.def`, die mit den Aktivierungsaufrufen

`\usepackage[`*eing_kode*`]{inputenc}` sowie
`\usepackage[`*ausg_kode*`]{fontenc}`

für die Ergänzungspakete `inputenc.sty` und `fontenc.sty`, ihrerseits dann über die Optionsangaben *eing_kode* und *ausg_kode* die zugehörigen Eingabekodier- bzw. Ausgabekodier-Definitionsfiles einlesen (siehe unten).

Weiterhin entstehen mit dem obigen Installationsaufruf eine Vielzahl von Zeichensatz-Definitionsfiles *kode_fam*`.fd`, bei denen *kode* für das zugehörigen Zeichensatz-Kodierattribut wie `OT2` oder `T2`*x* steht, unmittelbar gefolgt von der Kennzeichnung *fam* für das zugehörige Familienattribut. Die Zeichensatz-Definitionsfiles tragen damit Namen wie `ot2cmr.fd` oder `t2acmss.fd`.

2.4.4.2 Die Eingabedekodierfiles des Cyrillic-Bündels

Die bei der oben vorgestellten Installation des Cyrillic-Bündels entstehenden Eingabedekodierfiles *eing_kode*`.def` werden über die Kodieroption des Ergänzungspakets `inpenc.sty` bei dessen Einbindung mit `\usepackage[`*eing_kode*`]{inputenc}` automatisch eingelesen. Mit der Optionsangabe `cp1251` wird z. B. das gleichnamige Eingabekodierfile `cp1251.def` eingelesen, das die internen Zeichenbefehlsnamen für MS-Windows und den zugehörigen Tastaturtreiber für eine russisch-kyrillische Tastatur bereitstellt. Als Optionsangaben sind für *eing_kode* zur Nutzung der kyrillischen Zeichensätze der CyrTUG insgesamt erlaubt:

- `cp855` – die MS-DOS Standard-Kodeseite für kyrillische Schriften.
- `cp866` – die MS-DOS Standard-Kodeseite für russische Texte. Hierfür existieren weitere Kodeseiten, die sich nur in den Tasten-Kodenummern 242–254 für die Eingabetasten unterscheiden:
  - `cp866av` – eine alternative Kodeseite als Variante für die Standardcodeseite `cp866`.

  - `cp866mav` – ebenso, wobei `mav` für 'Modified Alternative Variant' steht.
  - `cp866nav` – ebenso, wobei `nav` für 'New Alternative Variant' steht.
  - `cp866tat` – ebenso, für eine experimentelle tatarische Kodeseite vorgesehen.

- `cp1251` – die MS-Windows Standard-Kodeseite für kyrillische Schriften.
- `koi8-r` – die UNIX-Standard-Kodeseite für russische Eingabetexte. Auch hierfür existieren verschiedene Varianten:
  - `koi8-u` – alternative Kodeseite zur Unterstützung ukrainischer Eingabetexte mit entsprechenden kyrillischen Schriften.
  - `koi8-ru` – alternative Kodeseite zur Nutzung von Zeichensatzfiles innerhalb der ukrainischen Internet-Gruppe, die in einem vorläufigen RFC-Dokument festgelegt ist.
  - `isoir111` – alternative Kodeseite definiert als ISO-IR-111 ECMA für kyrillische Schriften.
- `iso88595` – die ISO 8859-5 kyrillische Kodeseite.
- `maccyr` – die kyrillische Kodeseite für Apple-Macintosh-Systeme.
- Für mongolische Sprachen mit kyrillischen Schriften existieren als weitere Eingabeoptionen für *eing_kode* `ctt`, `dbk`, `mnk`, `mos`, `ncc` und `mls`. Für weitere Informationen wird auf die Dokumentation `cyrguide.tex` aus dem LaTeX-Basispaket verwiesen.

Für jede dieser Optionskennungen für das Ergänzungspaket `inpenc.sty` existiert ein Eingabedekodierfile mit dem gleichen Grundnamen und dem Anhang `.def`. Diese `.def`-Files bestehen neben einer Selbstidentifikation im Wesentlichen aus einer Vielzahl von Erklärungen der Form

`\DeclareInputText{`*eing_zeich_nr*`}{\`*zeich_bef*`}`

wie z. B. `\DeclareInputText{225}{\CYRA}` und `\DeclareInputText{193}{\cyra}` oder `\DeclareInputText{191}{\copyrighet}` aus dem File `koi8-r.def`. Hiermit werden den Eingabetasten mit den Zeichennummern 225, 193 und 191 die Zeichenbefehle `\CYRA`, `\cyra` bzw. `\copyright` zugeordnet. Der Leser möge sich die Wirkung an dem seinem Betriebssystem entsprechenden Vorgang für eine deutsche Tastatur und den dafür passenden Eingabedekodierfiles `cp850.def` unter DOS, `ansinew.def` unter WINDOWS 95 und Nachfolger oder `latin1.def` unter LINUX verdeutlichen. Diese Eingabedekodierfiles enthalten z. B. für die Ä- und ä-Umlauttasten oder die ß-Eingabetaste die folgenden Erklärungen:

`\DeclareInputText{142}{\"A}`	`\DeclareInputText{132}{\"a}`
`\DeclareInputText{225}{\ss}`	für die Kodeseite `cp850` unter DOS
`\DeclareInputText{196}{\"A}`	`\DeclareInputText{228}{\"a}`
`\DeclareInputText{223}{\ss}`	für die Kodeseite `ansinew` unter WINDOWS*xx* ebenso wie für die Kodeseite `latin1` unter LINUX

Ähnlich wie bei Verwendung einer deutschen Tastatur ein so genannter Tastaturtreiber einzurichten ist, z. B. mit dem Systembefehl `keyb gr` unter DOS bzw. intern bei der Installation des Betriebssystems wie unterWINDOWS*xx* oder LINUX mit den dortigen Einrichtungsabfragen, ist dies bei Verwendung einer kyrillischen Tastatur entsprechend vorzunehmen. Aufgrund fehlender Kenntnis der lokalen Gegebenheiten beim Anwender kann ich nicht darauf eingehen, sondern muss ihn auf die dortige Dokumentation zur Einrichtung seines Betriebssystems verweisen.

2.4.4.3 Die Ausgabedekodierfiles des Cyrillic-Bündels

Wie bereits bei der Installation des Cyrillic-Bündels in 2.4.4.1 erwähnt, entstehen dort die Ausgabedekodierfiles *ausg_kode*`enc.def`, die mit der gleichnamigen Optionsangabe für *ausg_kode* bei der Aktivierung des Ergänzungspakets `fontenc.sty` mittels

`\usepackage[`*ausg_kode*`]{fontenc}`

dann automatisch eingelesen werden. Als Ausgabekodeoption *ausg_kode* können hierbei für das Cyrillic-Bündel gewählt werden: `t2a`, `t2b`, `t2c`, `x2`, `lcy` und `ot2`. Die zugehörigen Ausgabedekodierfiles tragen im ersten Teil ihres Namens *ausg_kode*`enc.def` dieselbe Kennung, also `t2aenc.def` bis `ot2enc.def`. Mit Ausnahme von `ot2enc.def` beziehen sich diese auf so genannte 8 bit-Zeichensätze, also auf Zeichensätze mit jeweils bis zu 256 Zeichen, während sich `ot2enc.def` auf den gleichen Typ von Zeichensätzen bezieht, wie er bereits von der $\mathcal{AMS}$ (s. 2.4.1) bereitgestellt wurde. Eine Auflistung aller Sprachen, die mit diesen Ausgabedekodierfiles bearbeitet werden können, kann der Dokumentation zum LaTeX-Grundpaket `cyrguide.tex` im dortigen Kapitel 4 entnommen werden.

Die eben angeführten Ausgabedekodierfiles beginnen alle mit einer Selbstidentifikation mittels `\ProvidesFile{`*file_name*`}[`*vers_info*`]`, wobei *file_name* für einen der Namen `t2aenc.def` bis `ot2enc.def` steht. Das optionale Argument *vers_info* steht für eine evtl. Versionsinformation. Hierauf folgen zwei weitere Erklärungen mit

`\DeclareFontEncoding{`*ausg_kode*`}{}{}` sowie
`\DeclareFontSubstitution{`*ausg_kode*`}{`*fam*`}{`*serie*`}{`*form*`}`

zur Einstellung des zugehörigen Kodierattributs *ausg_kode* und der Schriftattributkombination, die gewählt wird, wenn für eine angeforderte Attributkombination keine geeignete Schrift gefunden wird.

Auf diese bei allen Ausgabedekodierfiles auftretenden Befehle folgen eine Reihe weiterer Definitionsstrukturen mit

`\DeclareTextCommand{\`*bef*`}{`*code*`}[`*narg*`][`*standard*`]{`*definition*`}`
`\DeclareTextAccent{\`*akz_bef*`}{`*code*`}{`*akz_zeich_nr*`}`
`\DeclareTextComposite{\`*bef_name*`}{`*code*`}{`*buchst*`}{`*zeich_nr*`}`
`\DeclareTextSymbol{\`*symb_bef*`}{`*code*`}{`*zeich_nr*`}`

Zur Bedeutung dieser Definitionsstrukturen verweise ich auf deren Erläuterung aus 2.4.2 auf S. 133 sowie auf die der LaTeX-Standardinstallation `.../latex/base` beigefügte Dokumentation `fntguide.tex` und deren LaTeX-Aufbereitung.

Dem Cyrillic-Bündel der CyrTUG liegen bisher keine eigenen Ergänzungspakete zur Nutzung der obigen Ausgabekodes bei. Für OT2 kann der Vorschlag aus 2.4.2, S. 132ff. für dieses Kodierattribut auch aus dem Cyrillic-Bündel mitgenutzt werden, wenn nicht ein vereinfachtes Cyrillic-Ergänzungspaket vom Anwender nach dem dortigen Muster erstellt wird, da das zugehörige Dekodierfile `ot2enc.def` des Cyrillic-Bündels viele der dortigen Erklärungen (s. S. 133) wiederholt, die in einem vereinfachten Ergänzungspaket genutzt werden könnten.

2.4.4.4 Die Zeichensatzdefinitionsfiles des Cyrillic-Bündels

Bei der Installation des Cyrillic-Bündels entstehen, wie bereits in 2.4.4.1 erwähnt, eine Vielzahl von Zeichensatzdefinitionsfiles, die durch den Anhang `.fd` gekennzeichnet sind. Damit werden alle von der CyrTUG entwickelten kyrillischen Zeichensätze unterstützt. Diese Zeichensatzdefinitionsfiles tragen die Namen *ausg_kode_fam*`.fd` mit den Kodierkennungen `t2a`, `t2b`, `t2c`, `x2`, `lcy` und `ot2` für *ausg_kode* und den Familienattributkennungen `cmdh`, `cmfib`, `cmfr`, `cmr`, `cmss`, `cmtt`, `cmvtt`, `lcmss` und `lcmtt` für *fam*, also z. B. `ot2cmr.fd` oder `t2acmss.fd`.

Zum Aufbau und zur Erläuterung der Befehle aus den `.fd`-Files verweise ich auf [5c, 2.4.4] sowie auf die dem LATEX-Grundpaket beigefügte Dokumentation `fntguide.tex` und dort insbesondere auf deren Abschnitt 4.

2.4.5 Die kyrillischen Zeichensätze der CyrTUG

Die russische TEX-Benutzervereinigung CyrTUG (cyrillic TEX Users Group) stellt in Ergänzung zum so genannten Cyrillic-Bündel eine Vielzahl von kyrillischen Zeichensätzen mit ihren METAFONT-Quellenfiles zur Aufbereitung bereit. Das Ausgangspaket befindet sich auf den offiziellen TEX-Fileservern unter `/tex-archive/fonts/cyrillic/lh`. Dieses sollte man sich von dort als gepacktes Verzeichnis, z. B. als `lh.zip`, kopieren und dann auf dem eigenen Rechner unter einem geeigneten temporären Verzeichnis entpacken, z. B. unter `./tmp/cyrillic`. Unter diesem Entpackungsverzeichnis entstehen mit dem Entpacken dann das Eingangsverzeichnis `./lh` und hierunter die Files der ersten Zeile bzw. die Verzeichnisse der zweiten Zeile:

```
INSTALL   dvidrv.mfj   inst-lh.sh
./doc     ./mf         ./tex
```

Das File `INSTALL` enthält Installationshinweise zur Einrichtung und Aufbereitung der kyrillischen METAFONT-Quellenfiles der CyrTUG für TEX unter LINUX und emTEX[2], die weitestgehend jedoch auch zur manuellen Einrichtung unter den meisten gängigen Betriebssystemen genutzt werden können. Das File `inst-lh.sh` ist ein UNIX/LINUX-Shell-Script, dessen Aufruf eine automatische Einrichtung des gesamten kyrillischen METAFONT-Zeichensatzpakets bewirkt.

2.4.5.1 Automatische Installation mit dem beigefügten Shell-Script

Mit dem Aufruf des Shell-Scripts `inst-lh.sh` aus dem obigen Einrichtungsverzeichnis `.lh` heraus entsteht unter UNIX/LINUX als Betriebssystem das Zeichensatzeingangsverzeichnis `.../teTeX/texmf/fonts/source/lh` mit den dortigen Unterverzeichnissen

```
./lh-t2a  ./lh-t2b}  ./lh-t2c  ./lh-t2d  ./lh-x2
./lh-lcy  ./lh-ot2
```

und den in diesen Unterverzeichnissen abgelegten endgültigen METAFONT-Quellenfiles, geordnet nach den Ausgabekodes `t2a` bis `ot2` gemäß Abschnitt 2.4.4.3. Die hiermit erzeugten METAFONT-Quellenfiles tragen in den ersten fünf dieser Unterverzeichnisse Namen der

[2] In den Nachfolgestaaten der ehemaligen Sowjetunion stellt das kostenfreie TEX-Paket von Eberhard Mattes das dort verbreitetste PC-TEX-System dar.

Form *lk_ff_nnnn*`.mf`, wobei *lk* für die Kodierkennungen `la`, `lb`, `lc`, `ld` bzw. `rx` entsprechend den Kodierattributen `t2a`, `t2b`, `t2c`, `t2d` bzw. `x2` und *ff* für eine Familienkennung wie `rm`, `tt`, `ss` u. a. steht, die mit etwas Fantasie die zugehörige Familie erkennen lassen. Diese Kennungen bestehen, wie die angeführten Beispiele zeigen, jeweils aus zwei Buchstaben. Die anschließende Kennung *nnnn* steht für eine vierstellige Zahl, die den Skalierungsfaktor als Hundertfaches der Entwurfsgröße widerspiegelt. Als Skalierungsfaktoren treten hierbei auf

```
0500  0600  0700  0800  0900  1000  1095
1200  1440  1728  2074  2488  2986  3583
```

womit Filenamen wie `larm0800.mf`, `lcss1200.mf`, `rxsc1000.mf` usw. gebildet werden.

Die METAFONT-Quellenfiles für die Unterverzeichnisse `./lh-lcy` und `lh-ot2` haben mit *kk_fam_nn*`.mf` einen anderen Namensaufbau. Der Kodierkennung mit einem Buchstabenpaar *kk* am Namensanfang folgt eine Familienkennung *fam*, bestehend aus ein bis vier Buchstaben, an die sich eine ein- oder zweistellige Zahl *nn* zur Kennzeichnung der Entwurfsgröße anschließt. Dabei stehen viel weniger Entwurfsgrößen zur Verfügung als Skalierungsfaktoren bei den vorangegangenen Quellenfiles aus den Verzeichnissen `./lh-t2a` bis `./lh-x2`.

Das Buchstabenpaar *kk* zur Kodierkennung lautet `lh` für die METAFONT-Quellenfiles aus `./lh-lcy` und `wn` für diejenigen aus `./lh-ot2`. Die Familienkennungen lassen sich mit ihren ein- bis vierstelligen Buchstabengruppen leicht erahnen, z. B. mit '`r`' für ‚Roman-Schriften', '`ss`' für ‚serifenlose Schriften', '`dunh`' für ‚Dunhill-Schriften', '`bx`' für ‚geweitete Fettschriften' (expanded bold), '`scs`' für ‚Kapitälchenschriften' (small caps) u. Ä.

Bis auf eine spezielle Gruppe (siehe unten) stehen alle bereitgestellten METAFONT-Quellenfiles aus diesen beiden Unterverzeichnissen in der Entwurfsgröße 10 pt zur Verfügung, wobei die Sondergruppe die Entwurfsgröße 8 pt betrifft. Einge METAFONT-Quellenfiles stehen in mehreren Entwurfsgrößen zur Verfügung, z. B. in 8 pt, 9 pt und 10 pt oder zusätzlich auch noch 5 pt, 6 pt, 7 pt sowie 12 pt oder gar 17 pt. Damit treten in diesen Verzeichnissen Filenamen wie

> `lhr5.mf` bis `lhr12.mf`, `lhscs8.mf` bis `lhcsc10.mf` oder `lhdunh10.mf` bzw.
> `wnr5.mf` bis `wnr12.mf`, `wnscs8.mf` bis `wncsc10.mf` oder `wndunh10.mf`

und weitere zur Benennung der METAFONT-Quellenfiles auf.

Die CyrTUG stellt zusätzlich noch für alle ihre Kodierattribute für die Bearbeitungsklasse `slides` zur Erstellung von Projektionsfolien (siehe [5a, Anhang E]) jeweils fünf unsichtbare und sichtbare Zeichensätze zur Verfügung. Deren Filenamen für die zugehörigen METAFONT-Quellenfiles lauten für die Kodierattribute `t2a` bis `t2d` für die unsichtbaren Zeichensätze `il`*k*`l`*s*`8.mf` und für die sichtbaren Zeichensätze `l`*k*`l`*s*`8.mf`. Hierbei steht die Kodierkennung *k* für einen der vier Kennbuchstaben `a`, `b`, `c` oder `d` und die Schriftstilkennung *s* für `b`, `i`, `o`, `q` bzw. `tt` zur Kennung einer fetten, kursiven, geneigten, aufrechten oder Schreibmaschinen-Schrift. Deren Filenamen sind damit `ilalb8.mf`, `lalb8.mf`, `ildlq8.mf`, `ldlq8.mf` usw.

Die Namen für das Kodierattribut `x2` lauten entsprechend `irxl`*s*`8.mf` bzw. `rxl`*s*`8.mf` mit den gleichen Kennungsmöglichkeiten `b`, `i`, `o`, `q` bzw. `tt` für *s*, wobei die erste Gruppe mit dem `i` als Anfangsbuchstaben für die unsichtbaren und die andere Gruppe für die sichtbaren Zeichensätze steht.

Die Filenamen für die entsprechenden Zeichensätze der Kodierattribute `lcy` und `ot2` weichen hiervon geringfügig ab, sind aber gleichfalls leicht zuordbar. Die unsichtbaren Zeichensätze haben hier zum einen die Namen `illh`*ss*`8.mf` für das Kodierattribut `lcy` und `ilwn`*ss*`8.mf` für das Kodierattribut `ot2`, denen gleichnamige Filenamen *ohne* das Anfangs-`i` für die sichtbaren Zeichensätze zugeordnet sind. Die Schriftstilkennung *ss* steht hierbei für `ss`, `ssb` und `ssi`.

Zusätzlich werden mit den Filenamen `ilhcsc10.mf` und `ilhtt8.mf` für das Kodierattribut `lcy` bzw. `iwncsc10.mf` und `iwntt8.mf` für das Kodierattribut `ot2` je zwei weitere unsichtbare Zeichensätze bereitgestellt, deren sichtbare Äquivalente bereits von den Standard-METAFONT-Quellenfiles mit den gleichen Namen *ohne* das Anfangs-`i` abgedeckt werden.

Schließlich gehören zu den kyrillischen METAFONT-Quellenfiles für alle der sieben Kodierattribute noch die Files *lk*`codes.mf` und *lk*`liker.mf` mit `la`, `lb`, `lc`, `ld`, `rx`, `lh` bzw. `wn` für *lk* als Kodekennung für die Kodierattribute `t2a`, `t2b`, `t2c`, `t2d`, `x2`, `lcy` und `ot2`. Die Files *lk*`codes` und *lk*`liker.mf` stellen Verknüpfungsinformationen zwischen Positionsangaben und METAFONT-Befehlsnamen bzw. Ligatur- und Kerninginformationen bereit.

Die Kenntnis dieser Filenamen für die zugehörigen METAFONT-Quellenfiles wird für Normalanwendungen nicht benötigt, da die Schriftauswahl auf der Anwenderebene mit den LaTeX-Attributauswahlbefehlen durchgeführt wird, deren physikalische Filerealisierung über die zugehörigen `.fd`-Zeichensatzdefinitionsfiles erfolgt (s. 2.4.4.4), ohne dass der Anwender deren interne Filenamen kennen muss. Die hier vorgestellten Filenamen für die METAFONT-Quellenfiles der CyrTUG werden nur vorübergehend von Anwendern benötigt, die die METAFONT-Quellenfiles gemäß dem nachfolgenden Unterabschnitt manuell einrichten wollen.

2.4.5.2 Manuelle Installation der METAFONT-Quellenfiles der CyrTUG

Für Anwender, die mit ihrem Betriebssystem das vorstehende Shell-Script `inst-lh.sh` nicht nutzen können, folgen hier einige Hinweise zur manuellen Aufbereitung und Einrichtung der METAFONT-Zeichensätze der CyrTUG. Dazu vorab einige Hinweise zum Inhalt der oben aufgelisteten Unterverzeichnisse `./doc`, `./mf` und `./tex`, deren Namen bereits auf ihre Inhalte schließen lassen, auf die ich hier nur teilweise eingehe.

Das Unterverzeichnis `.../mf` enthält mit den dortigen Unterverzeichnissen `./base`, `./nont2` und `./specific` die METAFONT-Grunddateien, die für die anschließende Aufbereitung intern aufgerufen und genutzt werden, und zwar mit TeX-Programmen aus dem Verzeichnis `.../tex`. Dieses Verzeichnis sollte der Anwender zunächst zum aktuellen Arbeitsverzeichnis machen, indem er in dieses wechselt.

Nach den Hinweisen aus dem oben angeführten File `INSTALL` sollte die manuelle Installation durch die TeX-Bearbeitung des Files `99allenc.tex` aus dem Verzeichnis `./tex` heraus, also mit dem Aufruf '`tex 99allenc`' erfolgen. Dieser Aufruf führt auch zu einer fehlerlosen Bearbeitung und erzeugt mit seinem Bearbeitungsfortschritt viele Seiten von Bearbeitungsmitteilungen, wobei das Bearbeitungsprotokoll `99allenc.log` mehr als 55 KB in Anspruch nimmt. Gleichzeitig entsteht mit dieser Bearbeitung unterhalb des dortigen Bearbeitungsverzeichnisses `./tex` als weiteres Unterverzeichnis `./wrk`, in dem die entstehenden `.mf`-Quellenfiles abgelegt werden. Hierbei handelt es sich um einige Hundert `.mf`-Quellenfiles sowie die drei Zusatzfiles `99allenc.chr`, `99allenc.ulc` und `all-enc.mfj`.

Die hiermit erzeugten METAFONT-Quellenfiles entsprechen jedoch nicht vollständig denjenigen, die unter UNIX/LINUX mit dem Shell-Script `inst-lh.sh` entstehen. So fehlen z. B. die sicht- und unsichtbaren Zeichensätze, die für die Bearbeitungsklasse `slides` benötigt werden (siehe hierzu die Hinweise aus dem vorangegangenen Unterabschnitt auf S. 141).

Ich stelle deshalb eine Alternative zur manuellen Installation der METAFONT-Quellenfiles der CyrTUG vor, die den Installationsumfang mit dem Shell-Script `inst-lh.sh` voll abdeckt. Dazu führt der Anwender innerhalb des gleichen Arbeitsverzeichnisses `.tex` nacheinander die folgenden Bearbeitungsaufrufe

```
tex 12ex-la,  tex 13ex-lb,  tex 14ex-lc,  tex 15ex-ld,
tex 11ex-rx,  tex 01cm-lh,  tex 03cm-wn
```

aus. Damit entstehen ebenfalls im Unterverzeichnis `./tex/wrk` viele Hundert METAFONT-Quellenfiles, die nunmehr denjenigen, die unter LINUX mit `inst-lh.sh` erzeugt werden, vollständig entsprechen.

Die mit dem vorstehenden Bearbeitungsaufruf entstandenen und in `./tex/wrk` abgelegten METAFONT-Quellenfiles sollten anschließend auf eine geeignete Filestruktur innerhalb des TeX-Zeichensatz-Verzeichnisbaums aufgeteilt werden. Hierzu kann die Verzeichnisstruktur, die mit der Ausführung des Shell-Scripts `inst-lh.sh` gemäß dem vorangegangenen Unterabschnitt 2.4.5.1 dargestellt wurde, als Muster dienen.

Ist das TeX-System des Anwenders entsprechend dem TDS-Standard (TeX Directory Structure) gemäß [5a, F.1.4] eingerichtet worden, so gibt es dort unterhalb des TeX-Eingangsverzeichnisses `.../texmf` einen Verzweichniszweig der Form

```
.../texmf/fonts/source
```

Hierunter sollte sich der Anwender das Eingangsverzeichnis `./lh` und darunter die Unterverzeichnisse

```
./lh-t2a  ./lh-t2b  ./lh-t2c  ./lh-t2d  ./lh-x2
./lh-lcy  ./lh-ot2
```

einrichten. Nunmehr können die in dem Unterverzeichnis `./wrk` des aktuellen Verzeichnisses, aus dem die obigen Bearbeitungsaufrufe '`tex 12ex-la`' bis '`tex 01cm-lh`' erfolgten, gesammelten METAFONT-Quellenfiles geordnet verschoben werden. Dazu sind von dort nacheinander die Files, die mit den Buchstabenpaaren bzw. -Tripeln

1. `la` und `ila` beginnen, nach `.../lh/lh-t2a`
2. `lb` und `ilb` beginnen, nach `.../lh/lh-t2b`
3. `lc` und `ilc` beginnen, nach `.../lh/lh-t2c`
4. `ld` und `ild` beginnen, nach `.../lh/lh-t2d`
5. `rx` und `irx` beginnen, nach `.../lh/lh-x2`
6. `lh` und `ilh` beginnen, nach `.../lh/lh-lcy`
7. `wn`, `lwn`, `iwn` und `ilw` beginnen, nach `.../lh/lh-ot2`

zu verschieben. Diese Einrichtung kann noch etwas vereinfacht werden, wenn das Sammelverzeichnis `./tex/wrk` zunächst vollständig geleert und dann zunächst nur der Bearbeitungsaufruf '`tex 12ex-la`' ausgeführt wird. Die Namen der hiermit erzeugten METAFONT-Quellenfiles beginnen alle mit dem Buchstabenpaar `la` bzw. dem Buchstabentripel `ila` und werden in `./tex/wrk` abgelegt, so dass *alle* Files hieraus in das endgültige Zielverzeichnis `.../lh/lh-t2a` verschoben werden können.

Nach dieser Verschiebung sollte das Verzeichnis `./tex/wrk` wieder leer sein oder nochmals geleert werden. Anschließend kann mit dem zweiten Aufruf '`tex 13ex-lb`' fortgefahren werden, und die nunmehr in `./tex/wrk` abgelegten METAFONT-Quellenfiles, deren Namen nun alle mit `lb` bzw. `ilb` beginnen, können ohne Namensselektion vollständig nach `.../lh/lh-t2b` verschoben werden.

Das Verfahren kann nacheinander bis zum letzten Aufruf '`tex 03cm wn`' fortgesetzt und jedes Mal das ganze Sammelverzeichnis `./tex/wrk` in das zugehörige endgültige Zielverzeichnis `.../lh/lh-ot2` ohne Selektion nach Namensbeginn verschoben werden.

Zum Abschluss sollten schließlich noch die Files aus dem `./mf`-Verzeichnis des Installationspakets mit seiner internen Filestruktur `./mf/base`, `./mf/nont2` und `./mf/specific` nach `.../texmf/fonts/source/lh` verschoben werden, d. h., dass dort die Unterverzeichnisse `./base`, `./nont2` und `./specific` mit ihren Inhalten eingerichtet werden.

2.4.5.3 Dokumentationen zu den METAFONT-Quellenfiles der CyrTUG

Das Installationspaket für die METAFONT-Quellenfiles der CyrTUG enthält eine Reihe von Dokumentations- und Testdateien, die unter dem dortigen Eingangsverzeichnis `./doc` angeboten werden. Dieses Verzeichnis gliedert sich dort nochmals in die Unterverzeichnisse `./doc/beresta`, `./doc/fonttest` und `./doc/lhpack`

Das Unterverzeichnis `./beresta` enthält als Hauptbearbeitungsfile das gleichnamige File `beresta.tex` sowie weitere `.tex`-Files, die bei der TEX-Bearbeitung des ersten eingelesen werden. Der Bearbeitungsaufruf '`tex beresta`' leitet einen interaktiven Dialog ein, dessen erste Frage die Wahl der Darstellungssprache festlegt und mit `\eng` oder `\rus` beantwortet werden kann. Hiernach folgt eine weitere Abfrage nach dem Dokumentationsumfang, die mit `\poor` oder `\full` beantwortet werden kann.

Die Auswahl der Kurzdokumentation mit `\poor` erzeugt ein immer noch 19-seitiges Dokument mit der Ausgabe aller Symbole aus den Zeichensätzen der T2-Kodierung, die sich der Anwender bei Bedarf erstellen und ausdrucken kann.

Auf weitere Möglichkeiten bezüglich der bereitgestellten Dokumentation gehe ich hier nicht ein. Sie mag für Slawisten und sonstige Anwender von kyrillischen Zeichensätzen von Bedeutung sein, die die mit diesem Dokumentationsverzeichnis angebotenen Möglichkeiten selbst herausfinden mögen.

2.4.6 Erstellung von Belegungstabellen der CyrTUG-Zeichensätze

Die Erstellung von Belegungstabellen für die verschiedenen Kodierattribute der angebotenen METAFONT-Quellenfiles mag eine häufigere Anwenderforderung sein. Hierzu stellt jede TEX-Installation geeignete Werkzeuge zur Verfügung, von denen ich nur an `testfont.tex` erinnere, dessen Nutzung bereits in 2.1.10 vorgestellt und beschrieben wurde. Mit dem Aufruf '`tex testfont`' und den Antworten `larm1000` sowie `\table` auf die anschließenden Dialoganfragen (Antworten durch geneigte Schreibmaschinenschrift symbolisiert)

```
Name of the font to test = larm1000
Now type a test command (\help for help):)  \table
```

wird ein DVI-File zur Ausgabe einer Belegungstabelle für den Zeichensatz `larm1000.mf` erzeugt, die in etwa der Tabelle der folgenden Seite entspricht.[3] Der Anwender kann sich bei Bedarf die Belegungstabellen für die äquivalenten Zeichensätze `lbrm1000`, `lcrm1000`, `ldrm1000`, `rxrm1000`, `lhr10` und `wnr10` der Kodierattribute `t2b`, `t2c`, `t2d`, `x2`, `lcy` und `ot2` erstellen.

[3]Die mit dem TEX-Programm `testfont.tex` erzeugten Belegungstabellen entsprechen der folgenden Ausgabetabelle bis auf die neben den einzelnen Zeichen stehenden dezimalen Kodewerte.

okt.	0	1	2	3	4	5	6	7	hex.
’00x	` 0	´ 1	ˆ 2	˜ 3	¨ 4	˝ 5	˚ 6	ˇ 7	"0x
’01x	˘ 8	¯ 9	˙ 10	¸ 11	˛ 12	I 13	⟨ 14	⟩ 15	
’02x	“ 16	” 17	⁀ 18	‶ 19	˘ 20	– 21	— 22	23	"1x
’03x	0 24	1 25	ȷ 26	ff 27	fi 28	fl 29	ffi 30	ffl 31	
’04x	␣ 32	! 33	" 34	# 35	$ 36	% 37	& 38	’ 39	"2x
’05x	(40	) 41	* 42	+ 43	, 44	- 45	. 46	/ 47	
’06x	0 48	1 49	2 50	3 51	4 52	5 53	6 54	7 55	"3x
’07x	8 56	9 57	: 58	; 59	< 60	= 61	> 62	? 63	
’10x	@ 64	A 65	B 66	C 67	D 68	E 69	F 70	G 71	"4x
’11x	H 72	I 73	J 74	K 75	L 76	M 77	N 78	O 79	
’12x	P 80	Q 81	R 82	S 83	T 84	U 85	V 86	W 87	"5x
’13x	X 88	Y 89	Z 90	[91	\ 92	] 93	^ 94	_ 95	
’14x	‘ 96	a 97	b 98	c 99	d 100	e 101	f 102	g 103	"6x
’15x	h 104	i 105	j 106	k 107	l 108	m 109	n 110	o 111	
’16x	p 112	q 113	r 114	s 115	t 116	u 117	v 118	w 119	"7x
’17x	x 120	y 121	z 122	{ 123	| 124	} 125	~ 126	- 127	
’20x	Ґ 128	Ғ 129	Ћ 130	Ђ 131	Һ 132	Җ 133	Ҙ 134	Љ 135	"8x
’21x	Ї 136	Қ 137	Ҝ 138	Ҡ 139	Ӕ 140	Ң 141	Ҥ 142	Ѕ 143	
’22x	Ө 144	Ҫ 145	Ў 146	Ү 147	Ұ 148	Ҳ 149	Џ 150	Ҹ 151	"9x
’23x	Ҷ 152	Є 153	Ә 154	Њ 155	Ё 156	№ 157	¤ 158	§ 159	
’24x	ґ 160	ғ 161	ћ 162	ђ 163	һ 164	җ 165	ҙ 166	љ 167	"Ax
’25x	ї 168	қ 169	ҝ 170	ҡ 171	ӕ 172	ң 173	ҥ 174	ѕ 175	
’26x	ө 176	ҫ 177	ў 178	ү 179	ұ 180	ҳ 181	џ 182	ҹ 183	"Bx
’27x	ҷ 184	є 185	ә 186	њ 187	ё 188	„ 189	« 190	» 191	
’30x	А 192	Б 193	В 194	Г 195	Д 196	Е 197	Ж 198	З 199	"Cx
’31x	И 200	Й 201	К 202	Л 203	М 204	Н 205	О 206	П 207	
’32x	Р 208	С 209	Т 210	У 211	Ф 212	Х 213	Ц 214	Ч 215	"Dx
’33x	Ш 216	Щ 217	Ъ 218	Ы 219	Ь 220	Э 221	Ю 222	Я 223	
’34x	а 224	б 225	в 226	г 227	д 228	е 229	ж 230	з 231	"Ex
’35x	и 232	й 233	к 234	л 235	м 236	н 237	о 238	п 239	
’36x	р 240	с 241	т 242	у 243	ф 244	х 245	ц 246	ч 247	"Fx
’37x	ш 248	щ 249	ъ 250	ы 251	ь 252	э 253	ю 254	я 255	
okt.	8	9	A	B	C	D	E	F	hex.

Zeichenumfang und Belegung für den kyrillischen Zeichensatz larm1000.

Alle kyrillischen Zeichensätze mit dem Kodierattribut `t2a` (erkennbar an den Anfangsbuchstaben ‘la’ in ihren METAFONT-Filenamen) stimmen in Umfang und Anordnung mit dieser Tabelle überein, was für andere Kodierattribute nicht der Fall ist.

2.5 Die internationale Lautschrift

Die Washington State University (WSU) hat die TEX-Zeichensätze für die internationale Lautschrift entwickelt und der Allgemeinheit zur Verfügung gestellt. Als Grundlage diente das Buch *Phonetic Symbol Guide* von GEOFFREY K. PULLUM und WILLIAM A. LADUSAW. Die Zeichensätze stehen in drei Varianten als aufrechte, geneigte und aufrecht fette Schrift zur Verfügung, wobei alle drei Varianten in den Entwurfsgrößen 8 pt, 9 pt, 10 pt, 11 pt, 12 pt und 17 pt bereitstehen. Die Quellenfiles tragen die Namen `wsuipa`*nn*`.mf`, `wslipa`*nn*`.mf` und `wbxipa`*nn*`.mf`, wobei *nn* für eine der genannten Maßzahlen 8, . . . , 17 steht. Die phonetischen Zeichensätze der WSU findet man auf den TEX-Fileservern im Unterverzeichnis `/tex-archive/fonts/wsuipa`.

Dem Schriftpaket mit den METAFONT-Quellenfiles ist das Makropaket `ipamacs.tex` beigefügt, das die einzelnen Symbole der internationalen Lautschrift unter geeigneten Befehlsnamen ansprechen lässt. Die Befehlsnamen gehen weitgehend auf die verbale Bezeichnung der Symbole aus dem oben genannten *Phonetic Symbol Guide* zurück. Linguisten, denen diese Bezeichnungen vertraut sind, werden die Befehlsnamen leicht wiedererkennen. Diese Zeichenbefehle aktivieren intern jeweils einen Zeichensatz unter dem Namen `\ipa`. In `ipamacs.tex` ist `\ipa` vorab mit dem Zeichensatz `wsuipa12` belegt. Der Aufruf `[\eng]` erzeugt damit das Symbol [ŋ] aus dem aufrechten Lautschrift-Zeichensatz in der Entwurfsgröße 12 pt, ohne dass es einer expliziten Schriftumschaltung bedarf.

Das Zeichensatzpaket der WSU enthält das Dokumentationsfile `ipaman.ltx`, dessen LaTEX-Bearbeitung eine 27-seitige Dokumentation mit dem Titel "Using the WSU International Phonetic Alphabet" erstellt. Diese enthält eine Auflistung aller Befehlsnamen mit der Zuordnung des entsprechenden phonetischen Symbols und seiner Anordnung innerhalb des Zeichensatzes, ähnlich wie die nachfolgende Tabelle. Zusätzlich stellt sie einige Makrovorschläge zur erweiterten Nutzung der phonetischen Zeichensätze vor.

Internationale Lautschrift der WSU

hex. Kode	phon. Symbol	Befehlsname nach WSU-Vorschlag	PULLUM und LADUSAW Bezeichnung (engl.)
"00	ɐ	`\inva`	turned a
"01	ɑ	`\scripta`	script a
"02	α	`\nialpha`	lowercase non-italic alpha
"03	ɒ	`\invscripta`	turned script a
"04	ʌ	`\invv`	inverted v
"05	ƀ	`\crossb`	crossed b
"06	ƀ	`\barb`	barred b
"07	b̸	`\slashb`	slashed b
"08	ɓ	`\hookb`	hooktop b
"09	β	`\nibeta`	non-italic lowercase beta
"0a	¢	`\slashc`	slashed c
"0b	ɕ	`\curlyc`	curly-tail c
"0c	ʗ	`\clickc`	stretched c
"0d	đ	`\crossd`	crossed d
"0e	đ	`\bard`	barred d
"0f	d̸	`\shlashd`	slashed d

hex. Kode	phon. Symbol	Befehlsname nach WSU-Vorschlag	PULLUM und LADUSAW Bezeichnung (engl.)
"10	ɗ	\hookd	hooktop d
"11	ɖ	\taild	right-tail d
"12	ʤ	\dz	d-yogh ligature
"13	ð	\eth	eth
"14	ᴅ	\scd	small capital D
"15	ə	\schwa	schwa
"16	ɚ	\er	right-hook schwa
"17	ɘ	\reve	reversed e
"18	ɛ	\niepsilon	non-italic greek epsilon
"19	ɜ	\revepsilon	reversed non-italic epsilon
"1a	ɝ	\hookrevepsilon	right-hook reversed non-italic epsilon
"1b	ɞ	\closedrevepsilon	closed reversed non-italic epsilon
"1c	ɡ	\scriptg	lowercase variant g
"1d	ɠ	\hookg	hooktop g
"1d	ɢ	\scg	small capital G
"1f	γ	\nigamma	non-italic gamma
"20	ɣ	\ipagamma	IPA Gamma
"21	ɤ	\babygamma	baby gamma
"22	ƕ	\hv	h-v ligature
"23	ħ	\crossh	crossed h
"24	ɠ	\hookg	hooktop g
"25	ɦ	\hookheng	hooktop heng
"26	ɥ	\invh	turned h
"27	ɨ	\bari	barred i
"28	ɨ	\dlbari	barred dotless i
"29	ι	\niiota	non-italic greek iota
"2a	ɪ	\sci	small capital I
"2b	ᵻ	\barsci	barred small capital I
"2c	ɟ	\invf	barred dotless j
"2d	ɫ	\tildel	l with tilde
"2e	ł	\barl	barred l
"2f	ɬ	\latfric	belted l
"30	ɭ	\taill	l with right tail
"31	ɮ	\lz	l-yogh ligature
"32	λ	\nilambda	non-italic greek lambda
"33	ƛ	\crossnilambda	crossed lambda
"34	ɱ	\labdentalnas	m with leftward tail at right
"35	ɯ	\invm	turned m
"36	ɰ	\legm	turned m with long right leg
"37	ɲ	\nj	n with leftward hook at left
"38	ŋ	\eng	eng
"39	ɳ	\tailn	n with right tail

hex. Kode	phon. Symbol	Befehlsname nach WSU-Vorschlag	PULLUM und LADUSAW Bezeichnung (engl.)
"3a	ɴ	\scn	small capital N
"3b	ʘ	\clickb	bull's eye
"3c	ɵ	\baro	barred o
"3d	ɔ	\openo	open o
"3e	ω	\niomega	non-italic lowercase greek omega
"3f	ɷ	\closedniomega	closed omega
"40	ꝏ	\oo	double o
"41	ᵽ	\barp	barred p
"42	þ	\thorn	thorn
"43	ɸ	\niphi	non-italic lowercase greek phi
"44	ɾ	\flapr	fish hook r
"45	ɼ	\legr	r with long leg
"46	ɽ	\tailr	r with right tail
"47	ɹ	\invr	turned r
"48	ɻ	\tailinvr	turned r with right tail
"49	ɺ	\invlegr	turned long-legged r
"4a	ʀ	\scr	small capital R
"4b	ʁ	\invscr	inverted small capital R
"4c	ʂ	\tails	s with right tail
"4d	ʃ	\esh	esh
"4e	ʆ	\curlyesh	curly-tail esh
"4f	σ	\nisigma	non-italic lowercase greek sigma
"50	ʈ	\tailt	t with right tail
"51	ʧ	\tesh	t-esh ligature
"52	ʇ	\clickt	turned t
"53	θ	\nitheta	non-italic lowercase greek theta
"54	ʉ	\baru	barred u
"55	ɥ̸	\slashu	slashed u
"56	ʊ	\niupsilon	non-italic lowercase greek upsilon
"57	ᴜ	\scu	small capital U
"58	ᵾ	\barscu	barred small capital U
"59	ʋ	\scriptv	script v
"5a	ʍ	\invw	inverted w
"5b	χ	\nichi	non-italic lowercase greek chi
"5c	ʎ	\invy	turned y
"5d	ʏ	\scy	small capital Y
"5e	ʑ	\curlyz	curly-tail z
"5f	ʐ	\tailz	z with right tail
"60	ʒ	\yogh	yogh
"61	ʓ	\curlyyogh	curly-tail yogh
"62	ʔ	\glotstop	glottal stop
"63	ʕ	\revglotstop	reversed glottal stop

hex. Kode	phon. Symbol	Befehlsname nach WSU-Vorschlag	PULLUM und LADUSAW Bezeichnung (engl.)
"64	ʖ	`\invglotstop`	inverted glottal stop
"65	ʔ	`\ejective`	ejective
"66	ʕ	`\reveject`	reversed ejective
"67	◌̪	`\dental#1`	subscript bridge
"68	ˈ	`\stress`	vertical stroke (superior)
"69	ˌ	`\secstress`	vertical stroke (inferior)
"6a	◌̩	`\syllabic`	syllabicity mark
"6b	˺	`\corner`	corner
"6c	⊥	`\upt`	IPA pointer
"6d	⊤	`\downt`	IPA pointer
"6e	⊣	`\leftt`	IPA pointer
"6f	⊢	`\rightt`	IPA pointer
"70	ˑ	`\halflength`	half-length mark
"71	ː	`\length`	length mark
"72	◌̤	`\underdots`	subscript umlaut
"73	ʿ	`\ain`	reversed apostrophe
"74	˄	`\upp`	pointer
"75	˅	`\downp`	pointer
"76	˂	`\leftp`	pointer
"77	˃	`\rightp`	pointer
"78	˚	`\overring`	over-ring
"79	◌̥	`\underring`	under-ring
"7a	◌̜	`\open`	subscript left half ring
"7b	~	`\midtilde`	superimposed (mid-) tilde
"7c	◌̰	`\undertilde`	subscript tilde
"7d	◌̬	`\underwedge`	subscript wedge
"7e	◌̨	`\polishhook`	polish hook
"7f	◌̯	`\underarch#1`	subscript arch

Die Verwendung der angegebenen Befehlsnamen für die phonetischen Symbole verlangt vorab, zweckmäßig im Vorspann, das Einlesen des Files `ipamacs.tex`, was mit `\input{ipamacs}` geschehen kann. Jeder dieser Symbolbefehle speichert den jeweils aktiven Zeichensatz ab, ruft dann intern einen Zeichensatz mit dem Befehlsnamen `\ipa` auf, aus dem das angeforderte Symbol entnommen wird, und reaktiviert anschließend den zwischengespeicherten Zeichensatz. Unter dem Befehlsnamen `\ipa` wird in `ipamacs.tex` der Zeichensatz `wsuipa12`, also der aufrechte phonetische Zeichensatz in der Entwurfsgröße 12 pt, voreingestellt. Damit erscheinen, unabhängig von der umgebenden Schriftgröße oder von der Größenoption des Dokumentstilbefehls, die phonetischen Symbole aus diesem Zeichensatz.

Der Anwender kann natürlich global oder lokal mit der Umdefinition von `\ipa` eine andere Version oder Größe einstellen, die dann mit den Symbolbefehlen verwendet wird:

```
\newfont{\zs_bef_name}{wnniparr scaled ssss}
\renewcommand{\ipa}{\zs_bef_name}
```

bewirkt eine solche Umdefinition von `\ipa`, wobei *nn* für die Zeichensatzversion `su`, `sl` oder `bx` und *rr* für die Entwurfsgröße von 8 bis 17 steht. Die beigefügte Dokumentation aus `ipaman.ltx` enthält auf S. 10 einen universelleren Änderungsvorschlag, nach dem entsprechend der umgebenden Schrift als `\rm`, `\it` oder `\bf` die phonetischen Symbole automatisch den aufrechten, geneigten oder fetten phonetischen Zeichensätzen in der Entwurfsgröße 12 pt entnommen werden. Eine Änderung dieses Vorschlags auf eine andere Entwurfsgröße sollte keine Schwierigkeiten bereiten. Ich gehe hierauf nicht weiter ein, da ich unten einen noch flexibleren Vorschlag zur Nutzung der phonetischen Zeichensätze mit LaTeX 2_ε vorstelle.

Die phonetischen Zeichensätze enthalten an den Stellen "67–"7f Akzente, die mit den phonetischen Hauptsymbolen sowie den Zeichen aus den cm-Zeichensätzen verknüpft werden können, ebenso wie die Akzente der cm-Zeichensätze zwanglos mit den phonetischen Symbolen verwendet werden können. So erscheint mit `[\~\scripta]` die Tilde zur Kennzeichnung des nasalen ɑ als [ɑ̃] und `[\^\openo]` erzeugt [ɔ̂].

Die Zeichenbefehle `\dental` und `\underarch` sind als Befehle mit einem Argument eingerichtet. So erscheint `[\dental{\reve}]` als [ɘ̪] und `[\underarch{e}]` als [e̯]. Die LaTeX-Akzentbefehle werden in `lplain.tex` als

`\def\`*akz_bef*`#1{{\accent"`*hex_code*`\#1}}`

definiert. Sie bewirken, dass das Akzentzeichen mit dem hexadezimalen Kode *hex_code* mit dem Aufruf *akz_bef*{*zeichen*} über das als Argument übergebene Zeichen gesetzt wird. In gleicher Weise können Akzentbefehle zur Anordnung von Akzentzeichen aus den phonetischen Zeichensätzen oberhalb des nachfolgenden Symbols definiert werden. Mit

```
\def\ocirc#1{{\edef\next{\the\font}\ipa\accent"78\next#1}}
```

wird das Symbol `"78`, das mit `[\overring]` als [˚] bereitgestellt wird, über das nachfolgende Argument angeordnet. Mit der Schachtelung von `{\edef\next{\the\font} ... \next}` wird der aktuelle Zeichensatz zwischengespeichert und nach der Bereitstellung des phonetischen Symbols anschließend wieder aktiviert. In genau dieser Weise werden alle Symbolbefehle aus `ipamacs.tex` realisiert. Anschließend kann mit `[\ocirc{y}]` oder `[\ocirc{\eng}]` dieser *Ring*akzent als [ẙ] bzw. [ŋ̊] ausgegeben werden.

Die meisten diakritischen Zeichen der phonetischen Zeichensätze sind zur Anordnung unterhalb des nachfolgenden Symbols vorgesehen. `lplain.tex` sieht hierfür die Befehle `\oalign` in Verbindung mit `\hidewidth` und dem TeX-Grundbefehl `\crcr` in der Kombination

`\def\`*u_bef*`{\oalign{#1\crcr\hidewidth` *z* `\hidewidth}}`

vor. Hierin steht *z* für das Zeichen, das unter dem übergebenen Argument angeordnet wird. Der Befehl `\d` zur Erzeugung eines Unterpunkts ụ (`\d{u}`) ist genau auf diese Weise in `lplain.tex` definiert worden, wobei an Stelle von *z* der '`.`' steht. Ebenso wird mit

```
\def\ucirc#1{\oalign{#1\crcr\hidewidth\underring\hidewidth}}
```

ein entsprechender Unterakzentbefehl für den Unterring bereitgestellt, so dass `[\ucirc{r}]` oder `[\ucirc{\schwa}]` [r̥] bzw. [ə̥] erzeugen. Entsprechende Akzent- und Unterakzentbefehle können für alle weiteren diakritischen Zeichen aus den phonetischen Zeichensätzen bei Bedarf eingerichtet werden.

Das Makropaket `ipamacs.tex` stellt ein Makro mit der Syntax `\diatop[`*arg_o* | *arg_g*`]` bereit. Es setzt das erste Argument *arg_o* über das Grundzeichen, das mit dem zweiten Argument *arg_g* übergeben wird. Der Einschluss der Argumente in ein eckiges Klammerpaar und ihre Trennung durch das |-Zeichen sind zwingender Bestandteil der Syntax, die im Ergebnis nicht erscheinen. So erzeugt `\diatop[\overring|g]` g̊ und nicht [g̊]. Zur Ausgabe der umschließenden eckigen Klammern muss der obige Aufruf selbst wiederum in eckige Klammern eingeschlossen werden.

Der `\diatop`-Befehl macht eigenständige Akzentbefehle für die phonetischen Akzente entbehrlich, falls die eigenwillige Syntax nicht stört. `\diatop`-Befehle können verschachtelt werden. Die Eingabe `\diatop[{\diatop[\^|\overring]}|s]` ist erlaubt und erzeugt s̊̂ . In Analogie zu `\diatop` könnte man sich auch einen allgemeinen Unterakzent-Befehl mit

```
\def\diabot[#1|#2]{\oalign{#2\crcr\hidewidth#1\hidewidth}}
```

erstellen. Er erlaubt die Eingabe `[\diabot[\underring|\openo]]` mit dem Ergebnis [ɔ̥], womit ein spezieller `\ucirc`-Befehl evtl. entbehrlich wird. Auch für `\diabot` ist eine Verschachtelung mit sich selbst oder mit `\diatop` erlaubt. Die sicherlich sehr spezielle Anforderung [r̥̊] könnte z. B. mit `[\diatop[\overring|{\diabot[\underring|r]}]]` erzeugt werden.

Phonetische Zeichensätze mit LaTeX 2ε Zur Nutzung der phonetischen Zeichensätze der WSU sollte vorab das Zeichensatzdefinitionsfile `ot3cmr.fd` eingerichtet werden:

```
\ProvidesFile{ot3cmr.fd}[datum Phonetic font definitions]
\DeclareFontFamily{OT3}{cmr}{}
\DeclareFontShape{OT3}{cmr}{m}{n}{<8> <9> <10> <11> <12> gen * wsuipa
        <14.4> wsuipa12   <17.28> <20.74> <24.88> wsuipa17}{}
\DeclareFontShape{OT3}{cmr}{bx}{n}{<8> <9> <10> <11> <12> gen * wbxipa
        <14.4> wbxipa12   <17.28> <20.74> <24.88> wbxipa17}{}
\DeclareFontShape{OT3}{cmr}{m}{sl}{<8> <9> <10> <11> <12> gen * wslipa
        <14.4> wslipa12   <17.28> <20.74> <24.88> wslipa17}{}
\DeclareFontShape{OT3}{cmr}{m}{it}{<-> sub * cmr/m/sl}{}
\endinput
```

Die phonetischen Zeichensätze werden mit dem Ergänzungspaket `ipa.sty` für die LaTeX 2ε-Bearbeitung bereitgestellt. Es beginnt mit einem analogen Vorspann wie dem auf S. 132 für `cyrillic.sty` vorgestellten:

```
\def\filedate{2001/01/02} \fileversion{1.0}
\NeedsTeXFormat{LaTeX2e}
\ProvidesPackage{ipa}[\filedate\space\fileversion\space
    LaTeX2e Package for IPA phonitic fonts]
\DeclareFontEncoding{OT3}{hyphenchar\font=-1}{}
\def\ipa#1\next{{\fontencoding{OT3}\selectfont#1}}
```

An diesen Kode wird nun der Inhalt von `ipamacs.tex` angehängt, z. B. unter LINUX mit `cat ipamacs.tex >> ipa.sty` oder unter DOS mit `COPY IPA.STY+IPAMACS.TEX`. Aus dem angehängten Kode sind die zwei benachbarten Zeilen aus dem dortigen Anfangsteil '`\font\ipatwelverm=wsuipa12`' und '`\def\ipa{\ipatwelverm}`' zu entfernen.

Falls gewünscht, könnte andererseits die oben vorgeschlagene Makrodefinition für `\diabot` hinzugefügt werden. Das ursprüngliche Makropaket `ipamacs.tex` enthält insgesamt 126 Makrodefinitionen der Form

```
\def\sym_bef{\edef\next{\the\font}\ipa\char'xxx\next}
```

die nach dem Kopieren nun auch in `ipa.sty` stehen. Mit der vorangegangenen Definition für `\ipa` sind die `\edef\next{\the\font}`-Anteile überflüssig geworden. Sie sind deshalb zu entfernen. Die beiden Symbolbefehle `\dental` und `\underarch` sind als Befehl mit einem Argument definiert. Bei diesen ist der interne Aufruf `{\ipa\char'xxx}` mit `\next` als `{\ipa\char'nnn\next}` abzuschließen. Zum Abschluss wird das File `ipa.sty` mit der zusätzlichen Zeile `\endinput` beendet.

Mit dem Vorspannbefehl `\usepackage{ipa}` können die phonetischen Zeichenbefehle nun unmittelbar genutzt werden. Sie stehen ab `\begin{document}` zur Verfügung und verwenden standardmäßig die Symbole aus dem aufrechten phonetischen Zeichensatz `wsuipa`. Nach einer Schriftumschaltung mit `\bfseries` bzw. `\slshape` oder `\itshape` sowie innerhalb von `\textbf{...}`, `\textsl{...}`, `\textit{...}` und `\emph{...}` erscheinen auch die phonetischen Symbole in fetter bzw. geneigter Version.

2.6 Sonderschriften

Auf den öffentlichen TeX-Fileservern findet man inzwischen für nahezu alle Anwendungen geeignete Schriften. Dies gilt auch für Spezialanwendungen, wie Preisauszeichnungen mit dem so genannten Strichkode (barcode), astronomische Sonderzeichen, germanische Runen und vieles mehr. Für die drei genannten Anwendungszwecke stelle ich Sonderzeichensätze beispielhaft vor. Nach diesen Beispielen können vom Anwender weitere, für ihn wichtige Sonderschriften in analoger Weise in die LaTeX-Bearbeitung einbezogen werden. Auch die in den beiden Folgekapiteln vorgestellten Zeichensätze zur Schachdokumentation und zum Musiknotensatz sind solche Sonderschriften. Sie werden nur deshalb eigenständig dargestellt, weil dort gleichzeitig die umfangreichen Ergänzungspakete zu ihrer Nutzung beschrieben werden.

2.6.1 Die Nutzung von Sonderschriften mit LaTeX 2ε

Zur Nutzung der in den nachfolgenden Unterabschnitten vorgestellten Sonderschriften sollte sich der Anfwender für jeden Sonderzeichensatz ein kleines Definitionsfile mit dem Inhalt

```
\ProvidesFile{Ufam.fd}[datum  zs_fam font definitions]
\DeclareFontFamily{U}{fam}{\hypenchar\font=-1}
\DeclareFontShape{U}{fam}{m}{n}{<5> <6> <7> <8> <9> <10>
     <10.95> <12> <14.4> <17.28> <20.74> <24.88> zs_name}{}
\endinput
```

unter dem Namen *Ufam*`.fd` einrichten, wobei *fam* für eine vom Anwender zu wählende Familienkennung steht. Zusätzlich wird ein kleines Ergänzungspaket mit dem Inhalt

```
\ProvidesPackage{zs_paket}[datum  kurz_vorstellung]
\newcommand{\zs_erkl}{\usefont{U}{fam}{m}{n}}
\DeclareTextFontCommand{\textzs}{\zs_erkl} \endinput
```

benötigt, das man zweckmäßig unter dem Namen *zs_paket*.sty ablegt. Für *fam* ist die gleiche Kennung wie beim zugehörigen .fd-File zu verwenden. Beiden Files sollte ein kurzer Vorspann mit Versionsangaben, Erstellungsdatum, Bildschirmhinweisen u. ä. vorangestellt werden. Für die .fd-Files kann der Vorspann für `OT3cmr.fd` auf S. 151 und für die .sty-Files derjenige für `cyrillic.sty` auf S. 132 oder für `ipa.sty` auf S. 151 als Muster dienen.

2.6.2 Strichkode-Zeichensatz

Die TEX-Fileserver enthalten unter dem Unterverzeichnisnamen `.../barcodes` einen Zeichensatz für den so genannten Strichkode (barcode). Sein METAFONT-Quellenfile hat den Namen `barcodes.mf`, woraus der Zeichensatz mit dem gleichen Grundnamen entsteht. Er stammt von DIMITRI VULIS, Stanford, und enthält für die Großbuchstaben, die Ziffern 0–9 und die Zeichen `+ - . / * $ %` sowie das Leerzeichen ␣ den zugehörigen Strichkode.

A: B: ... Z: 0: 1: ... 9: +: −: ... ␣:

Die hier abgedruckten Zeichen entsprechen dem Zeichensatz in der Entwurfsgröße. Mit dem oben vorgeschlagenen Definitionsfile unter dem naheliegenden Namen `Ubar.fd` werden sie in dort vorgegebenen Abstufungen ab halber Größe bis zur ungefähr 2,5-fachen Größe vorausgesetzt.

Als Befehlsnamen *zs_befehl* für LATEX 2.09 bzw. als Zeichensatzerklärung *zs_erkl* für LATEX 2ε wird man zweckmäßig `\barcode` und als argumentbehafteten Textbefehl `\textbar{...}` wählen. Zur Familienkennung bietet sich `bar` an. Der Strichkode für das Leerzeichen muss mit `\symbol{32}` aufgerufen werden. Hier bietet es sich an, eine einfache Befehlsdefinition, z. B. `\newcommand{\ws}{\symbol{32}}` (white space), in das Ergänzungspaket `barcode.sty` aufzunehmen. Damit könnte in LATEX 2ε die Kennzeichnung ‚2,52 DM –2%' als `\textbar{2.52\ws DM\ws-2\%}` eingegeben werden, was als Ausgabe Folgendes ergibt:

2.6.3 Sonderzeichensatz für astronomische Symbole

Unter dem Unterverzeichnis `.../astro` findet man auf den TEX-Fileservern ein Zeichensatz-Quellenfile mit dem Namen `astrosym.mf`. Es stammt von PETER SCHMITT, Universität Wien, und stellt die astronomischen Planeten- und Tierkreissymbole in drei Varianten bereit:

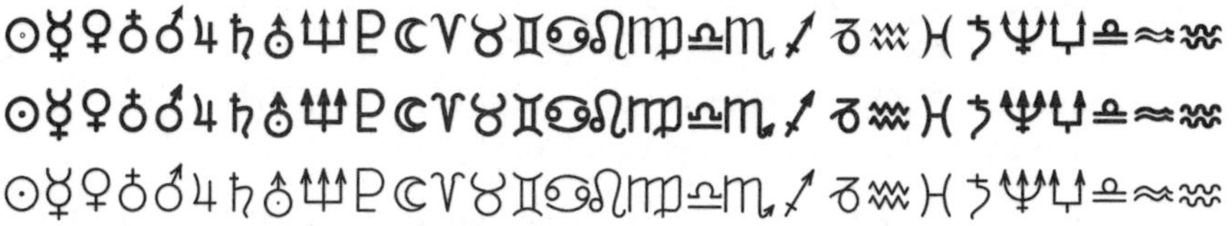

Die Symbole der ersten Zeile werden im Quellenfile als die kalligraphische Version bezeichnet. Sie haben die Zeichenkodewerte 0–28. Die Symbole der zweiten und dritten Zeile werden intern als die fette bzw. dünne Version bezeichnet und haben die Kodewerte 100–128 bzw. 200–228. Die astronomischen Symbole wurden hier als das 0,8-fache ihrer Entwurfsgröße ausgedruckt.

Astronomische Symbole							
Planeten-Symbole				Tierkreis-Symbole			
dez. Kode	Symbol	deutscher Name	astron. Bezeichn.	dez. Kode	Symbol	deutscher Name	astron. Bezeichn.
0	☉	Sonne	Sol	11	♈	Widder	Aries
1	☿	Merkur	Mercurius	12	♉	Stier	Taurus
2	♀	Venus	Venus	13	♊	Zwillinge	Gemini
3	♁	Erde	Terra	14	♋	Krebs	Cancer
4	♂	Mars	Mars	15	♌	Löwe	Leo
5	♃	Jupiter	Iupiter	16	♍	Jungfrau	Virgo
6	♄	Saturn	Saturnus	17	♎	Waage	Libra
7	⛢	Uranus	Uranus	18	♏	Skorpion	Scorpio
8	♆	Neptun	Neptunus	19	♐	Schütze	Sagittarius
9	♇	Pluto	Pluto	20	♑	Steinbock	Capricornus
10	☾	Mond	Luna	21	♒	Wassermann	Aquarius
Planeten-Varianten				22	♓	Fische	Pisces
23	♄	Saturn	Saturnus	Tierkreis-Varianten			
24	♆	Neptun	Neptunus	26	♎	Waage	Libra
25	♇	Pluto	Pluto	27	♒	Wassermann	Aquarius
				28	♒	Wassermann	Aquarius

Die fetten und dünnen Varianten haben dieselbe Anordnung, nur dass ihre Kodewerte um 100 bzw. 200 erhöht sind. Für LaTeX 2_ε wird man den Zeichensatz zweckmäßig durch das Familienattribut `ast` kennzeichnen und mit dem File `Uast.fd` definieren. Das zugehörige Ergänzungspaket, z. B. `astrosym.sty`, wird zunächst lediglich die Schrifterklärung `\astrosym` und den argumentbehafteten Schriftbefehl `\textast{...}` bereitstellen. Nach lokaler Umschaltung mit `\astrosym` oder innerhalb von `\textast`-Befehlen können die astronomischen Symbole mit `\symbol{`n`}` ausgegeben werden, wobei n für einen der Zahlenwerte 0–28, 100–128 oder 200–228 steht.

Bei intensiverer Nutzung der astronomischen Symbole wird eine solche Eingabe rasch als lästig empfunden. Mit der Bereitstellung von Symbolbefehlen in `astrosym.sty`, z. B. als

```
\newcommand{\sol}{\textast{0}}                    usw. bis
\newcommand{\pisces}{\textast{22}}                    sowie
\newcommand{\varsaturnus}{\textast{23}}           usw. bis
\newcommand{\varaquarius}{\textast{28}}
```

können die astronomischen Symbole mit speziellen Befehlen ausgegeben werden. Dies gilt zunächst nur für die kalligraphische Version der astronomischen Symbole. Man könnte in Erwägung ziehen, für die fette bzw. dünne Version zweimal je 29 analoge Symbolbefehle bereitzustellen. Da man innerhalb eines Textes die Versionen kaum mischen wird, ist es zu empfehlen, für die gewünschte Version einen Erklärungsbefehl einzurichten und die Auswahl bei Verwendung nur eines Befehlssatzes an LaTeX zu übertragen.

Hierfür sind mehrere Lösungen möglich. Ich beschränke mich auf einen Vorschlag, der mit Ausnahme von `\def`-Befehlen nur LaTeX-Strukturen verwendet, obwohl mit TeX-Strukturen evtl. kürzere Realisierungen denkbar sind. Es wird in `astrosymb.sty` eine Versionserklärung `\astroversion{`*vers*`}` hinzugefügt, bei der für *vers* `cal`, `bold` oder `thin` gewählt werden darf. Entsprechend der gewählten Version erscheinen dann mit nachfolgenden Symbolbefehlen `\sol`, `\mercurius`, ... die zugeordneten astronomischen Symbole in der eingestellten Schriftversion.

```
\newcommand{\astroversion}[1]{%
  \ifthenelse{\equal{#1}{cal}}{\def\sol{\textast{0}}
    \def\mercurius{\textast{1}} . . . . \def\varaquarius{\textast{28}}}{%
  \ifthenelse{\equal{#1}{bold}{\def\sol{\textast{100}}
    \def\mercurius{\textast{101}} . . . \def\varaquarius{\textast{128}}}{%
  \ifthenelse{\equal{#1}{thin}{\def\sol{\textast{200}}
    \def\mercurius{\textast{201}} . . . \def\varaquarius{\textast{228}}}{%
  \typeout{Warning: Unknown astroversion '#1'. Astroversion not changed!}}

\astroversion{cal}  % Default will be 'cal'
```

Der Aufruf von `\astroversion` bewirkt die Definition eines Satzes von astronomischen Symbolbefehlen, und zwar für die Schriftversion, die als Argument angegeben wird. Bei einer fehlerhaften Versionsangabe, also einem anderen Argument als `cal`, `bold` oder `thin`, erscheinen eine Bildschirmwarnung und der Hinweis, dass die bestehende astronomische Version nicht geändert wurde. Der anschließende Aufruf von `\astroversion{cal}` in `astrosym.sty` bewirkt, dass die Symbolbefehle definiert sind, und zwar als Standard für die Version `cal`. Der Anwender kann damit unmittelbar nach `\begin{document}` über die Symbolbefehle verfügen und bei Bedarf die Version mit eigenen `\astroversion`-Aufrufen wechseln.

Auf den TeX-Fileservern findet man ein weiteres Unterverzeichnis `.../cmastro`, das METAFONT-Quellenfiles für die Planetensymbole sowie die Symbole für den aufsteigenden und absteigenden Ekliptikknoten (Drachenkopf und -schwanz) und die Frühjahrs- und Herbst-Äquinoktien (Stier und Waage) in den Entwurfsgrößen 5–10 pt bereitstellt. Es enthält zusätzlich ein kleines Ergänzungspaket `astro.sty`, das Symbolbefehle mit ihren englischen Bezeichnungen definiert.

2.6.4 Runen als Sonderschriften

Auf den TeX-Fileservern findet man mehrere Unterverzeichnisse wie `.../futhark`, `.../futhorc`, `.../rune` und `.../srune` mit Runen-Zeichensätzen. Ich stelle hier nur den letzten Symbolsatz `srune.mf` von JOBST-HARTMUT LÜDDECKE, Hamburg, vor. Als Lautschriften gehören sie eigentlich nicht in die hier vorgestellte Kategorie der Sonderschriften, sondern eher in die der nicht-lateinischen Sprachschriften. Andererseits stellten Runen ursprünglich Symbole für eigenständige Begriffe dar, deren Anlaute die phonetische Bedeutung der Runen übernahmen. Der Name *Runa* bedeutet in der gotischen Sprache „Geheimnis“. Es gibt Runeninschriften, die zur Geheimnisbewahrung verschlüsselt wurden, wobei bestimmte Runenzeichen als Zahlen verwendet wurden. Eine Form der Verschlüsselung bestand darin, dass Runenpaare als Zahlenpaare interpretiert wurden, die auf die Runen im dreizeilig angeordneten Futhark-Alphabet verweisen (Geheimrunen). Auch die so genannte Runenmagie mag ihre Zuordnung zu den Sonderschriften rechtfertigen.

Der Runensatz `srune.mf` von JOBST-HARTMUT LÜDDECKE enthält einmal das alte Futharc-Alphabet (bezeichnet nach der Anordnung der ersten sechs Runenzeichen f, u, th, a, r und c) der sächsischen Runen. Sie werden ergänzt um weitere angelsächsische und markomannische Runen sowie Wiking-Runen (f u th a r k mit dem k an sechster Stelle). [4]

`f u th a r c g w h n i j ee p z s t b e m l ng d o`

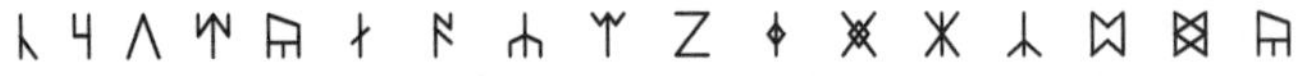

`k q v x y aa ae ck ea eo ge gg io rr st ts ue`

Die Runen der ersten Zeile enthalten die Runen des ursprünglichen sächsischen Futharc-Alphabets. In der zweiten Zeile stehen die oben genannten Ergänzungen. Die genannten Runen können mit Klein- oder Großbuchstaben angesprochen werden. Etliche Runen verlangen die Eingabe von Doppelbuchstaben, die im Runen-Alphabet als Ligatur behandelt werden. Statt `ee` und `aa` sind als Eingaben auch `eh` und `ah` erlaubt, deren Ligaturen zu den gleichen Runenzeichen führen.

Einige Runen können auch die Bedeutung von Zahlen annehmen (umstritten). Dabei gilt folgende Zuordnung:

ᚠ 1 [F]	ᚢ 2 [U]	ᚦ 3 [TH]	ᚨ 4 [A]	ᚱ 5 [R]
ᚴ 6 [K]	ᛡ 7 [IO]	ᚾ 8 [N]	ᛁ 9 [I]	◊ 0 ?

Diese Runen können nach Umschaltung auf den Runenzeichensatz auch mit 0–9 ausgegeben werden. Beim Zahlenwert 0 habe ich Zweifel, da die Null erst im 15. Jahrhundert in Europa durch die Arbeiten der Rechenmeister, wie Adam Riese, Allgemeingut wurde.

Die Erstellung eines Definitionsfiles `Urune.fd` und eines Ergänzungspakets `rune.sty` zur Nutzung der Runen mit LaTeX 2ε kann mit den Angaben aus 2.6.1 sofort nachvollzogen und bei Bedarf modifiziert werden:

```
\ProvidesFile{Urune.fd}[datum Runic font defenitions]
\DeclareFontFamily{U}{rune}{\hypenchar\font=-1}
\DeclareFontShape{U}{rune}{m}{n}{<8><9><10><10.95><12> srune}{}
\endinput
```

```
\ProvidesPackage{rune}[darum LaTeX2e package for runic fonts]
\newcommand{\runefnt}{\usefont{U}{rune}{m}{n}}
\DeclareTextFontCommand{\textrune}{\runefont} \endinput
```

Die vorstehende Auswahl an Sonderschriften erfolgte ganz willkürlich. Sie enthält keine Bedeutungswertung, sondern entstand nach einem kurzen Blick in das Unterverzeichnis `/tex-archive/fonts` im DANTE-TEX-Fileserver. Hätte ich dort einen Zeichensatz mit meteorologischen Zeichen gefunden, so hätte ich vermutlich Letzteren statt des Runen-Zeichensatzes vorgestellt, da ich hierfür einen Anwendungsbedarf habe. Ich bin sicher, dass es TEX-Zeichensätze für meteorologische Anwendungen gibt, auch wenn ich auf dem DANTE-Fileserver bisher keinen gefunden habe. Die ganz unterschiedlichen Sonderschriften sind als Muster für eine einheitliche Nutzung in LaTeX 2ε ausgewählt und vorgestellt worden.

---

[4] Ein Hinweis zum etymologischen Einfluss der Runen auf unsere Sprachen: Der vertikale Hauptstrich der Runen hieß im Altgermanischen *stab*, was in unserem Wort *Buchstabe* erhalten blieb. Das englische Wort 'write' geht auf die ursprüngliche Bedeutung *ritzen* zurück, weil Runen in Holz oder Stein *eingeritzt* wurden.

2.7 Zusatzschriften mit LaTeX 2ε

LaTeX 2ε ist bereits auf viele der vorgestellten Zusatzschriften vorbereitet, für die es geeignete Ergänzungspakete und Zeichensatzdefinitionsfiles bereitstellt. Bei anderen Schriften, wie z. B. den kyrillischen und den phonetischen Schriften, wurden Vorschläge für anwendereigene Ergänzungspakete vorgestellt. Professionellere Ergänzungspakete für diese Schriften werden sicherlich in einiger Zeit auf den TeX-Fileservern zur Verfügung stehen.

Die nachfolgenden Tabellen geben wieder, welche Attributkombinationen zu welchen Zeichensätzen führen. Bei allen anderen Attributkombinationen erfolgt eine Ersatzstrategie, die für jedes Kodierattribut mit `\DeclareFontSubstitution`-Befehlen bereits im LaTeX 2ε-Kern oder in zugefügten Ergänzungspaketen vorgegeben wird. Bleibt die Suche nach einem ersetzenden Zeichensatz erfolglos, so wird für eine solche Attributkombination der an gleicher Stelle mit `\DeclareErrorFont` vorgegebene Zeichensatz verwendet.

Attributzuordnungen für die ec-Schriften

Schrift-name	*Attributzuordnung*				*Schrift-name*	*Attributzuordnung*			
	code	*fam*	*ser*	*form*		*code*	*fam*	*ser*	*form*
ecrm*n*	T1	cmr	m	n	ecss*n*	T1	cmss	m	n
ecsl*n*	T1	cmr	m	sl	ecsi*n*	T1	cmss	m	sl
ecti*n*	T1	cmr	m	it	ecsi*n*	T1	cmss	m	it
eccc*n*	T1	cmr	m	sc	ecssdc10	T1	cmss	sbc	n
ecui*n*	T1	cmr	m	ui	ecsx*n*	T1	cmss	bx	n
ecrb*n*	T1	cmr	b	n	ecso*n*	T1	cmss	bx	sl
ecbx*n*	T1	cmr	bx	n	ecso*n*	T1	cmtt	m	it
ecbl*n*	T1	cmr	bx	sl	ectt*n*	T1	cmtt	m	n
ecbi*n*	T1	cmr	bx	it	ecst*n*	T1	cmtt	m	sl
ecfb*n*	T1	cmfib	m	n	ecit*n*	T1	cmtt	m	it
ecfs*n*	T1	cmfib	m	sl	ectc*n*	T1	cmtt	m	sc
ecff*n*	T1	cmfr	m	n	ecvt*n*	T1	cmvtt	m	n
ecfi*n*	T1	cmfr	m	it	ecvi*n*	T1	cmvtt	m	it
ecdh*n*	T1	cmdh	m	n					

Für die tc-Schriftergänzungen gemäß 2.1.9 kann die gleiche Tabelle für deren Attributzuordnungen genutzt werden, wenn in Spalte eins bei den Schriftfilenamen überall `ec` durch `tc` und in Spalte zwei als Kodekennung `T1` durch `TS1` ersetzt wird, während alle sonstigen Attributzuordnungen unverändert bleiben.

Bei Verwendung der ec-Zeichensätze werden beim Formelsatz einige cm-*Text*zeichensätze zusätzlich benötigt, um große griechische Buchstaben bereitzustellen.

Außerdem verlangen die ec-Zeichensätze für den Formelsatz bisher noch die Bereitstellung der *mathematischen* cm-Zeichensätze. Für diese existieren Zeichensatzdefinitionsfiles, die die nebenstehenden Attributkombinationen mit Zeichensatzfiles verknüpfen und sowohl mit den ec-Zeichensätzen als auch mit den cm-Textzeichensätzen beim Formelsatz verwendet werden.

Mathematische Zeichensätze

Schrift-name	*Attributzuordnung*			
	code	*fam*	*ser*	*form*
cmmi*n*	OML	cmm	m	it
cmmib[*n*]	OML	cmm	b	it
cmsy*n*	OMS	cmsy	m	n
cmbsy[*n*]	OMS	cmsy	b	n
cmex[*n*]	OMX	cmex	m	n

Bei den Angaben für die Schriftnamen in den vorangehenden und der nachfolgenden Tabelle bedeutet ein angehängtes n, dass Zeichensatzfiles in verschiedenen Entwurfsgrößen existieren und in deren Namen als vierstellige Zahl für normierte Entwursfgrößen, z. B. `ecrm0500` bis `ecrm2488`, oder als einfache Zahl zur direkten Kennzeichnung der Entwurfsgröße in pt, auftreten, wie in `msam5` bis `msam10`. Schriftnamen ohne den Anhang n existieren nur in einer Entwurfsgröße, die entweder durch die nachfolgende Zahl direkt gekennzeichnet wird oder implizit im METAFONT-Quellenfile festgelegt wurde. Die Anhänge $[n]$ kennzeichnen Zeichensatzfiles, die als Standard nur in 10 pt zur Verfügung stehen, für die aber die $\mathcal{AMS}$ Zeichensätze auch in weiteren Entwurfsgrößen bereitstellt (siehe 2.2.3).

Attributzuordnungen der Zusatzschriften

Schrift-name	*Attributzuordnung* code	fam	ser	form	*Schrift-name*	*Attributzuordnung* code	fam	ser	form
msa*n*	U	msa	m	n	ccr*n*	OT1	ccr	m	n
msb*n*	U	msb	m	n	ccsl10	OT1	ccr	m	sl
eurm*n*	U	eur	m	n	ccit10	OT1	ccr	m	it
eurb*n*	U	eur	b	n	cccsc10	OT1	ccr	m	sc
eufm*n*	U	euf	m	n	ccslc9	OT1	ccr	c	sl
eufb*n*	U	euf	b	n	ccmi10	OML	ccm	m	it
eusm*n*	U	eus	m	n	suet14	T1	suet	m	m
eusb*n*	U	eus	b	n	schwell	T1	suet	b	n
wncyr*n*	OT2	cmr	m	n	yfrak	U	yfrak	m	n
wncyb*n*	OT2	cmr	b	n	ygoth	U	ygoth	m	n
wncyi*n*	OT2	cmr	m	it	yswab	U	yswab	m	n
wncysc10	OT2	cmr	m	sc	yinit	U	yinit	m	n
wncyss*n*	OT2	cmss	m	n	wsuipa*n*	OT3	cmr	m	n
astrosym	U	ast	m	n	wbxipa*n*	OT3	cmr	bx	n
srune	U	rune	m	n	wslipa*n*	OT3	cmr	m	sl

Falls es die Concrete-Schriften auch als erweiterte ec-Schriften gibt, so sind ihre Schriftnamen durch ein vorangestelltes e gekennzeichnet. Ihre Attributzuordnung unterscheidet sich von der Tabelle nur durch das Kodierattribut `T1` statt `OT1`.

In welchen Größen die Schriften mit LaTeX 2_ε bereitgestellt werden, lässt sich durch einen Blick in die zugehörigen `.fd`-Definitionsfiles feststellen. Sie tragen Namen, die aus den Kode- und Familienkennungen zusammengesetzt sind, z. B. `Umsb.fd`, `T1cmr.fd`, `OT2cmss.fd` usw. Für jede Kode-Familien-Kombination existiert genau ein `.fd`-File, dessen Inhalt in den vorhergehenden Tabellen durch horizontale Trennlinien gekennzeichnet ist.

Jeder in LaTeX 2_ε verwendete Zeichensatz erhält intern einen Befehlsnamen, der sich, durch Schrägstriche getrennt, aus den in den Tabellen aufgelisteten Atttributkennungen zusammensetzt, z. B. `T1/cmr/m/n` für den Standard-Roman-Zeichensatz aus den ec-Schriften. Diese internen Zeichensatznamen werden auf dem Bildschirm und im Protokollfile ausgegeben, wenn zur Fehlersuche der Befehl `\showthe\font` eingesetzt wird.

Kapitel 3

Spiele-Dokumentation

Die Darstellung und Dokumentation von Brett- und Kartenspielen und deren Abläufen ist eine langjährige Praxis im Druckwesen. Es verwundert deshalb nicht, dass schon bald nach der Bereitstellung von LaTeX geeignete Werkzeuge zur Erstellung solcher Dokumentationen mit LaTeX erschienen. Die Werkzeuge zur Darstellung solcher Spiele und ihrer Abläufe bestehen aus mindestens zwei Grundbestandteilen. Zum einen erfordern sie die Bereitstellung geeigneter Grafikmuster zur Darstellung von Spieldiagrammen und zum anderen geeignete Spielfortschrittsbefehle zur einfachen Dokumentation der Spielabläufe.

Die Lösung der ersten Aufgabe erfolgt durch Aufteilung der erforderlichen Diagramme in kleine Teildiagramme, die als Einzelzeichen eines oder mehrerer Pseudozeichensätze angesehen werden. Das Gesamtdiagramm wird dann wie ein Wort oder Satz aus den Einzelzeichen aufgebaut. Die zweite Aufgabe wird als LaTeX-Makrosatz realisiert, dessen Einzelmakros oder Makrogruppen den Spielfortschritt realisieren und geeignet darstellen.

Das vorliegende Kapitel stellt solche Darstellungswerkzeuge für Schach, Go, Backgammon sowie Kartenspiele vor, ergänzt um die Erstellung von Kreuzworträtseln, die formal zwar keine Spiele im ursprünglichen Sinne sind, deren interne LaTeX-Darstellung hiermit jedoch eng verwandt ist. Die Quellen dieser Darstellungswerkzeuge werden zusammen mit ihren Adressen auf den öffentlichen TeX-Fileservern beschrieben.

3.1 Schach-Dokumentation mit LaTeX

Auf den öffentlichen TeX-Fileservern findet man gleich mehrere Angebote zur Schachdokumentation, von denen ich mich hier auf eines beschränke, das es mir als das am weitesten verbreitete und aufgefeiltesten erscheint. Es wurde von dem niederländischen Schach-Enthusiasten und gleichzeitigen TeX-Experten PIET TUTELAERS entwickelt und der Allgemeinheit kostenlos zur Verfügung gestellt, wobei es seinerseits auf Ideen von WOLGANG APPELT aus dem Jahre 1988 zurückgreift.

Eine Ergänzung dieser Schachdokumentation zur Unterstützung von Fernschachaufgaben bis hin zur Erstellung geeigneter Versandpostkarten stammt von FRANK HASSEL und wird im Verlauf dieses Abschnitts ebenfalls vorgestellt. Beide LaTeX-Lösungsprodukte werden auf den öffentlichen TeX-Fileservern unter CTAN`./fonts/chess` angeboten.

3.1.1 Schachzeichen

Schachspieler wünschen zur Dokumentation oder Interpretation die Bereitstellung spezieller Zeichensätze, mit denen sie eine Situation auf dem Schachbrett wiedergeben und/oder im Text als Figuren ansprechen können.

Zur vollständigen Darstellung einer gegebenen Situation auf dem Schachbrett sind 26 Zeichen erforderlich: die sechs weißen und schwarzen Schachfiguren jeweils auf einem weißen und einem schwarzen Feld sowie je ein weißes und schwarzes Leerfeld.

Ein schöner Satz von Schachzeichen stammt von PIET TUTELAERS aus den Niederlanden. Dessen Symbole sind den folgenden Buchstaben zugeordnet:

P	♙	O	♙	p	♟	o	♟	(Pawn)
N	♘	M	♘	n	♞	m	♞	(kNight)
B	♗	A	♗	b	♝	a	♝	(Bishop)
R	♖	S	♖	r	♜	s	♜	(Rook)
Q	♕	L	♕	q	♛	l	♛	(Queen)
K	♔	J	♔	k	♚	j	♚	(King)
				0		Z		(Empty)

Die Schachzeichen auf weißen Feldern sind den Anfangsbuchstaben der englischsprachigen Schachfiguren (bis auf kNight für den Springer) zugeordnet. Für die weißen Figuren werden die Großbuchstaben, für die schwarzen Figuren die Kleinbuchstaben verwendet. Für die entsprechenden Schachzeichen auf dunklen Feldern wurde, bis auf Q/L und R/S, der jeweils vorangehende Buchstabe gewählt.

PIET TUTELAERS hat die vorgestellten Schachzeichen in den drei Entwurfsgrößen 10 pt, 20 pt und 30 pt als METAFONT-Quellenfiles

`chess10.mf chess20.mf chess30.mf` sowie `chessf10.mf`

zur Verfügung gestellt. Sie stehen auf den TEX-Fileservern unter

`/tex-archive/fonts/chess/mf`

bereit. Innerhalb des Textes werden die sechs Schachfiguren mit geänderten Referenzpunkten benötigt, um Darstellungen wie 12.♗×e5 zu ermöglichen. Diese Zeichen werden mit `chessf10.mf` als K: ♔, Q: ♕, R: ♖, B: ♗, N: ♘ und p: ♙ bereitgestellt.

Achtung: Man beachte den Kleinbuchstaben ‘p’ zur Erzeugung des Bauernsymbols. Dieses wird nach der üblichen Schachkonvention kaum verwendet, da mit Bauern besetzte Felder üblicherweise nur durch die Feldangabe wie ‘e3’ oder ‘h5’ gekennzeichnet werden.

Anmerkung: PIET TUTELAERS weist in der beigefügten Dokumentation `TUGboat.ltx` darauf hin, dass das Design dieser Schachzeichen nicht von ihm stammt. Er hatte den Zeichensatz lange zuvor als Pixelfile von einem holländischen Schachhändler gekauft und es war ihm nicht möglich, den Designer des Originals zu ermitteln. Vom Nachfolger des Verkäufers wurde ihm gestattet, seine METAFONT-Files zu publizieren, da die Originalzeichen nicht mehr verkauft werden. Hinweis: Die Zeitschrift „Stern“ verwendet bei ihren veröffentlichten Schachaufgaben offensichtlich dieselben Zeichen!

Mit den vorgestellten Schachzeichen ließe sich jede Situation auf dem Schachbrett wiedergeben. Mit

```
\newfont{\chess}{chess20}
\newcommand{\chf}{\baselineskip20pt\lineskip0pt]\chess}
{\chf rmblkans\\ opopopop\\ 0Z0Z0Z0Z\\ Z0Z0Z0Z0\\
      0Z0Z0Z0Z\\ Z0Z0Z0Z9\\ POPOPOPO\\ SNAQJBAR}
```

könnte durch explizite Angaben der Kennungszeichen für die Schachfiguren und leeren Felder die Anfangsposition erzeugt werden. In gleicher Weise lässt sich jede beliebige Situation auf dem Schachbrett nachstellen. Auf Dauer wäre diese Art der Positionsnachbildung aber ermüdend und fehleranfällig. Durch Nutzung der Programmierfähigkeit von TeX lassen sich Makros bilden, die den Anwender entlasten.

PIET TUTELAERS stellte mit dem Ergänzungspaket `chess.sty` das entsprechende Werkzeug bereit. WOLFGANG APPELT hatte in [schach 1][1] eine Reihe von Makros zur Positionierung von Schachfiguren auf dem Schachbrett sowie zur Dokumentation vorgestellt. Die dortigen Ideen wurden von PIET TUTELAERS in `chess.sty` aufgegriffen und ergänzt bzw. erweitert.

`chess.sty` greift seinerseits auf `babel.sty` von JOHANNES BRAAMS zurück (siehe 1.4), das zur Internationalisierung von LaTeX dient. Ein verkleinertes Babel-System ist dem Schach-Programmpaket beigefügt. Es gestattet die Schachdokumentation in Deutsch, Englisch, Französisch und Holländisch. Für deutsche Anwender wird das Schach-Makropaket unter LaTeX 2_ε durch den Vorspannbefehl

```
\usepackage{germanb, chess}
```

bzw. im LaTeX 2.09-Kompatibilitätsmodus oder unter dem veralteten LaTeX 2.09 mit

`\documentstyle[...,germanb,chess,...]{`*haupt_stil*`}`

aktiviert. Dadurch wird das File `germanb.sty` zusätzlich eingelesen, das sich von dem standardmäßigen deutschen Stilfile `german.sty` teilweise unterscheidet. In den Anwendungseigenschaften zur vereinfachten Eingabe der Umlaute und des ß sowie der Trennhilfen, Anführungsstriche u. a. stimmen sie jedoch überein.

Mit der Angabe `germanb` im Dokumentstilbefehl werden die Schachfiguren mit den Anfangsbuchstaben ihrer deutschen Namen als 'K/k' (König), 'D/d' (Dame), 'T/t' (Turm), 'L/l' (Läufer), 'S/s' (Springer) und 'B/b' (Bauer) gekennzeichnet. Ohne eine Sprachangabe im Dokumentstilbefehl wird auf Englisch geschaltet, so dass die Figuren als 'K/k' (King), 'Q/q' (Queen), 'R/r' (Rook), 'B/b' (Bishop), 'N/n' (kNight) bzw. 'P/p' (Pawn) anzusprechen sind. Auf die entsprechenden Kennzeichnungen für die französische oder holländische Sprache wird hier verzichtet.

Als Alternative stelle ich in 3.1.5 eine Änderung von `chess.sty` als `gchess.sty` vor, die mit dem üblicherweise verwendeten deutschen Ergänzungspaket `german.sty` die Umschaltung auf die deutschen Schachnamen bewirkt, wobei mit dem eigenen Sprachschalter `\selectlanguage{`*sprache*`}` aus `german.sty` aber auch auf die englischen und französischen Schachbegriffe umgeschaltet werden kann.

---

[1] In diesem Abschnitt treten häufig Literaturhinweise in der Form [schach n] auf. Sie beziehen sich auf Abschnitt 3.1.7, S. 175, der ein kurzes Verzeichnis für die in diesem Abschnitt angesprochenen Literaturstellen enthält. Eine Aufnahme dieser Literaturstellen in das allgemeine Literaturverzeichnis dieses Buches schien mir angesichts der sehr speziellen Natur nicht passend.

3.1.2 Schachdokumentation mit chess.sty

3.1.2.1 Spielbeginn und Schachbrettausgabe

Ein neues Spiel wird mit dem Befehl

```
\newgame
```

initialisiert. Das Schachbrett mit dem aktuellen Spielstand kann jederzeit mit dem Befehl

```
\showboard
```

ausgegeben werden. Mit der Befehlsfolge

```
\newgame \showboard
```

erfolgt die nebenstehende Ausgabe. Die horizontale und vertikale Randmarkierung mit a–h bzw. 1–8 unterbleibt, da sie jedem Schachspieler hinreichend vertraut ist.

3.1.2.2 Zugdokumentation

Für die Darstellung der Schachzüge werden die Makros

`\move` *w_zug s_zug*		für Zugpaare und
`\ply` *w_zug*	bzw. `\ply` *s_zug*	für Halbzüge

bereitgestellt. Hierbei steht *w_zug* bzw. *s_zug* für die Angaben des weißen bzw. schwarzen Zuges in der Form *von_nach*, wobei für *von_nach* die Positionsangaben

[a-h1-8][a-h1-8] *opt_fig opt_comment*

zu wählen sind. Die in der Syntax in eckigen Klammern angeführten Positionsangaben sind *zwingend*. Zulässige Angaben für *von_nach* sind damit: `e2e4` oder `g8e7`. Auf diese Angaben kann optional eine Figurenangabe der Form `D|T|L|S` (`|` steht für *oder*), die bei Erreichen der gegnerischen Grundlinie durch einen Bauern für den Austausch erforderlich wird, und/oder ein Bewertungskommentar wie `!` für einen guten bzw. `?` für einen schlechten Zug oder gar `!!` bzw. `??` sowie das + für die Schachwarnung folgen.

Nach `\newgame` erzeugen die Angaben	die folgende Dokumentation:		
`\move e2e4 e7e5`	1.	e2–e4	e7–e5
`\move f2f4 e5f4`	2.	f2–f4	e5×f4
`\move g1f3 d7d5`	3.	♘g1–f3	d7–d5
`\move e4d5 f8d6`	4.	e4×d5	♗f8–d6
`\move b1c3 g8e7`	5.	♘b1–c3	♘g8–e7
`\move d2d4 e8g8`	6.	d2–d4	0–0
`\move f1d3 b8d7`	7.	♗f1–d3	♘b8–d7
`\ply e1g1`	8.	0–0	

Die Dokumentation erfolgt als dreispaltige Tabelle, deren erste Spalte die laufende Zugnummer enthält. Bei der *von_nach*-Positionierungsangabe wird der Bindestrich oder das Schlagsymbol × eingefügt. Letzteres geschieht automatisch, da der `\move`- oder `\ply`-Befehl erkennt, ob sich auf dem Zielfeld eine gegnerische Figur befindet (siehe 2s und 4w). Eine Prüfung auf Zulässigkeit der angegebenen Züge findet allerdings nicht statt.

Ebenso wird das Figurensymbol des Ausgangsfeldes (*von*-Position), mit Ausnahme des Bauernsymbols, der Zugangabe vorangestellt. Schließlich erkennen beide Befehle, dass es sich bei einer Zugangabe `e1g1` bzw. `e8g8` um die kleine Rochade handelt, falls sich auf dem Ausgangsfeld der jeweilige König befindet. Die kleine Rochade wird in der Schachliteratur als 0–0 gekennzeichnet. Ebenso würde `e1c1` bzw. `e8c8` mit dem König in Anfangsposition als große Rochade erkannt und mit 0–0–0 in der Dokumentation symbolisiert.

Mit `\showboard` im Anschluss an den Zug 8w wird die aktuelle Situation, wie nebenstehend, ausgegeben:

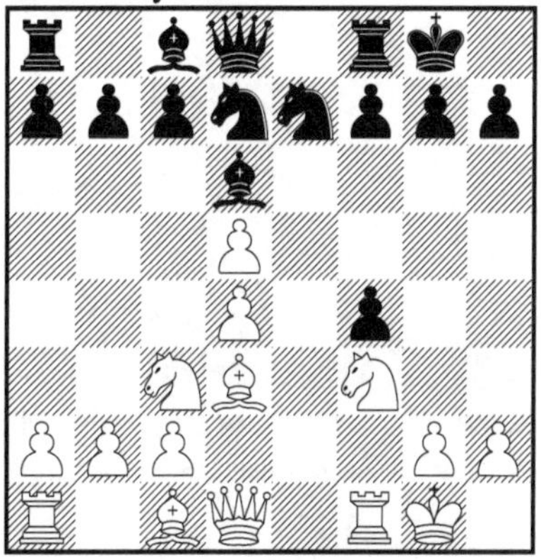

(Die abgebildete Eröffnung entstammt der Partie von Spassky-Bronstein 1960 und wird Königs-Gambit genannt.)

Anschließend kann die Dokumentation mit der Angabe der weiteren Züge fortgesetzt werden. Da im vorangegangenen Teil die Darstellung mit dem Halbzugbefehl `\ply` endete, muss mit einem weiteren `\ply`-Befehl zunächst die Antwort von Schwarz benannt werden.

`\ply`	`h7h6?`	8.	…	h7–h6?
`\move c3e4`	`e7d5`	9.	♘c3–e4	♘e7×d5
`\move c2c4`	`d5e3`	10.	c2–c4	♘d5–e3
`\move c1e3`	`f4e3`	11.	♗c1×e3	f4×e3
`\move c4c5`	`d6e7`	12.	c4–c5	♗d6–e7
`\move d3c2!`	`f8e8`	13.	♗d3–c2!	♖f8–e8
`\move d1d3`	`e3e2`	14.	♕d1–d3	e3–e2
`\move e4d6!?`	`d7f8?`	15.	♘e4–d6!?	♘d7–f8?

Hier unterlief Schwarz ein Entscheidungsfehler, der die anschließende schöne Kombination ermöglichte. Richtig wäre hier 15. …, ♗×d6 gewesen.

Die prompte Antwort ließ nicht auf sich warten:

16. ♘d6×f7! e2×f1♕+

erscheint als Folge der Eingabe

```
\move d6f7! e2f1D+
```

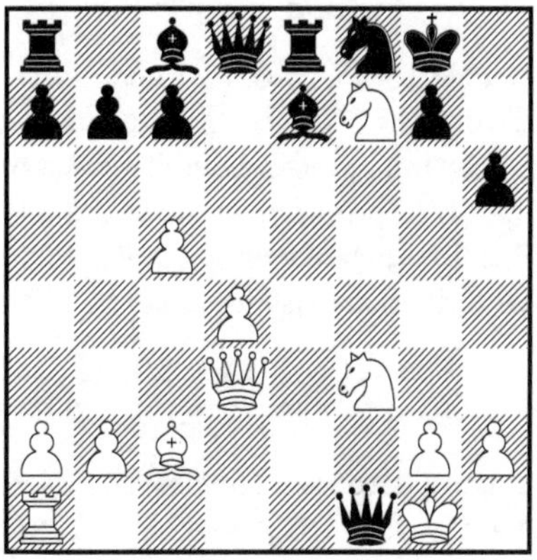

Zur Erbauung der Schachfreunde hier nochmals die aktuelle Situation mit

```
\showboard
```

Der scheinbare Figurenvorteil von Schwarz wird durch den Positionsvorteil von Weiß mehr als ausgeglichen!

Mit dem letzten Zug 16. . . ., e2×f1 erreicht der schwarze Bauer die gegnerische Grundlinie. Diesem Zug muss deshalb das Austauschkennzeichen `D|T|L|S` für die auszutauschende Figur angehängt werden, evtl. mit einem nachfolgenden Kommentar. Im vorliegenden Fall lautete die schwarze Zugbewegung im `\move`-Befehl deshalb `e2f1D+`. Ohne Angabe der Austauschfigur wird standardmäßig die Dame eingesetzt. Mit der Angabe `e2f1` wäre bei der Ausgabe ebenfalls 16. . . ., e2×f1♛ erzeugt worden.

Zur Vollständigkeit hier der Fortgang der Partie:

```
\move a1f1  c8f5    \move d3f5  d8d7    \move f5f4  e7f6
\move f3e5  d7e7    \move c2b3  f6e5    \move f7e5+ g8h7
\ply  f4e4+         \showboard
```

17.	♖a1×f1	♗c8–f5
18.	♕d3×f5	♕d8–d7
19.	♕f5–f4	♗e7–f6
20.	♘f3–e5	♕d7–e7
21.	♗c2–b3	♗f6×e5
22.	♘f7×e5+	♔g8–h7
23.	♕f4–e4+	

Schwarz gibt hiernach auf, da das Matt nach spätestens zwei Zügen unausweichlich ist.

3.1.2.3 Partielle Spieldokumentation

Das vorhergehende Beispiel stellte die gesamte Partie, beginnend mit der Initialisierung durch `\newgame`, vom ersten bis zum letzten Zug mit den Zugbefehlen `\move` und `\ply` dar.

In der Schachliteratur wird häufig der Spielverlauf ab einer bestimmten Phase dargestellt und kommentiert, ohne auf die Entstehungsgeschichte einzugehen. Dies verlangt die Einstellung einer bestimmten Position als Anfangsstellung. Hierzu dient die `position`-Umgebung:

```
\begin{position}
  \White{w_pos_liste}
  \Black{s_pos_liste}
\end{position}
```

Dabei stehen *w_pos_liste* und *s_pos_liste* für die weiße und die schwarze Positionierungsliste, die die durch Kommata getrennte Stellung der einzelnen Figuren enthält. Die Figurenkennung erfolgt mit `germanb` durch die Buchstaben 'K' (König), 'D' (Dame), 'T' (Turm), 'L' (Läufer) und 'S' (Springer), an die sich die Positionsangabe, wie `c3` oder `g7`, unmittelbar anschließt. Positionsangaben ohne vorangehende Figurenkennung legen die Bauernpositionen fest. Die vorletzte Schachstellung auf S. 163 hätte damit auch durch

```
\White(Ta1,Kg1,a2,b2,Lc2,g2,h2,Dd3,Sf3,d4,c5,Sf7)
\Black(Ta8,Lc8,Dd8,Te8,Sf8,Kg8,a7,b7,c7,Le7,g7,h6,Df1)
```

eingestellt werden können. Im Anschluss an die `position`-Umgebung sind, vor dem nächsten `\move`- oder `\ply`-Befehl, die beiden folgenden Erklärungen zu setzen:

`\Whitetrue` oder `\Whitefalse`

abhängig davon, ob die Partie mit einem weißen oder schwarzen Zug fortgesetzt wird. Mit der anderen Erklärung wird die Nummer des letzten Zuges mitgeteilt:

`\movecount=`n

Nunmehr kann die Partie mit `\move`- und `\ply`-Befehlen fortgesetzt und der aktuelle Stand mit `\showboard` ausgegeben werden.

Die `position`-Umgebung mit der Positionseinstellung durch `\White` und `\Black` ist erforderlich, wenn der Fortgang der Partie mit `\move`- und `\ply`-Befehlen dokumentiert werden soll. Für die Wiedergabe einer bestimmten Spielposition, z. B. der beliebten Schachaufgaben wie Matt in n Zügen, stellt `chess.sty` zusätzlich den Befehl `\board` bereit. Dieser hat die Syntax

```
\board{zeile_1}
      {zeile_2}
      ........
      {zeile_8}
```

Jede Zeile *zeile_n* besteht aus genau 8 Zeichen, die aus ␣, `*`, `K`, `k`, `D`, `d`, `T`, `t`, `L`, `l`, `S`, `s`, `B` und `b` zu wählen sind. Das Leerzeichen ␣ steht für ein weißes Leerfeld, der `*` für ein schwarzes Leerfeld. Die Kennbuchstaben sind selbst erklärend, wobei die Großbuchstaben den weißen Figuren und die Kleinbuchstaben den schwarzen Figuren entsprechen. Die Zeile

ist damit als `␣*␣s␣*L*` einzugeben.

```
\board{ *T* * *}
      {*s*b* * }
      {K* S * T}
      {*bBk* *B}
      { * *tB *}
      {S * L *L}
      { * * *D*}
      {l * s *l}
```

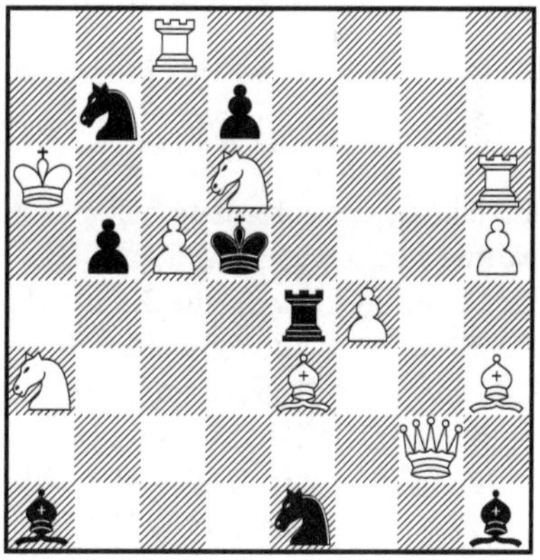

definiert das nebenstehende *Matt in 2 Zügen*-Problem.
Quelle: Stern Nr. 43 1991

3.1.3 Schachkommentierung

In der Schachliteratur wird gewünscht, innerhalb des erläuternden oder kommentierenden Textes Darstellungen wie 12. ♗×e5, 15. ..., ♗×d6, 20. ..., e2×f1♕+ u. ä. in einfacher Weise zu ermöglichen. `chess.sty` gestattet dies durch einfache Einschachtelung mit `|...|`. Der eingeschachtelte Text wird als spezielle Schachdarstellung interpretiert. So erscheint der Text

```
Korrekt w"are gewesen: |14. Le3!, Sc5; 15. Dh5!, Tg6|
(falls |15.: L*a4, dann 16. L*a7, e*d5; 17. Tae1+) 16. Tae1!|
wonach alle wei"sen Figuren den schwarzen K"onig attackieren.
```

als

> Korrekt wäre gewesen: 14. ♗e3!, ♘c5; 15. ♕h5!, ♖g6 (falls 15. . . ., ♗×a4, dann 16. ♗×a7, e×d5; 17. ♖ae1+) 16. ♖ae1! wonach alle weißen Figuren den schwarzen König attackieren.

Innerhalb der `|...|` erscheinen die Angaben `14. Le3!, Sc5;` erwartungsgemäß als 14. ♗e3!, ♘c5;. Das Schlagsymbol wird mit `*` eingegeben, z. B. `16. L*a7, e*d5` für 16. ♗×a7, e×d5. Der Doppelpunkt erscheint als Folge von drei Punkten, gefolgt von einem Komma, wie bei `15.: L*a4` als 15. . . ., ♗×a4.

Soll das Zeichen `|` für LaTeX seine Originalbedeutung zurückerhalten, z. B. innerhalb der `tabular`-Umgebung für die Spaltenformatierung, aber auch bei der Direktausgabe in `\verb`-Befehlen oder innerhalb der `verbatim`-Umgebung, dann müssen solche Strukturen bei Verwendung der Dokumentstiloption `chess` mit:

```
\begin{nochess} ... \end{nochess}
```

eingeschachtelt werden. Bei der vorangegangenen Ausgabe `Korrekt w"are ...` war die erzeugende `verbatim`-Umgebung deshalb ihrerseits in eine `nochess`-Umgebung eingefasst worden.

Im Anhang wird auf eine Reihe von Symbolen verwiesen, die als Kurzzeichen in der Schachliteratur verwendet werden [schach 5, S. 10–12]. `chess.sty` stellt sie unter selbst erklärenden Befehlsnamen zur Verfügung.

3.1.4 Installation von chess.sty

Auf den öffentlichen TeX-Fileservern finden Sie das gesamte Schachpaket unter

```
/tex-archive/fonts/chess
```

Es enthält die Informationsfiles `CHANGES12`, `CopyRight`, `INSTALLATION`, `README` und `Makefile` sowie die weiteren Unterverzeichnisse `./doc`, `./fonts`, `./inputs`, `./mf` und `./pkfonts` sowie (siehe 3.1.6) `./bdfchess`.

`CHANGES12` dokumentiert die Änderungen zwischen Version 1.1 und 1.2. `README` und `INSTALLATION` enthalten Informationen zum Programm und seiner Einrichtung. `Makefile` enthält die UNIX-Anweisungen zur Einrichtung mit dem UNIX-Werkzeug `make`. Die Einrichtung kann jedoch leicht von jedem Anwender eigenhändig vorgenommen werden.

Die METAFONT-Quellenfiles befinden sich im Unterverzeichnis `../mf`. Ist METAFONT auf dem Rechner des Anwenders verfügbar, dann sollte er mindestens die Zeichensätze `chess20.mf` und `chessf10.mf` in der Entwurfsgröße und in den Skalierungsstufen 1095 und 1200, also mit `magstep0.5` und `magstep1` erzeugen. Die entstehenden Files `chess20.tfm` und `chessf10.tfm` sind in das TeX-Standardverzeichnis mit den `.tfm`-Files und die `.pk`-Druckerfiles in das zugehörige `.pk`-Dateiensystem zu verschieben.

Das Ergänzungspaket `chess.sty` verwendet eigenständig nur die Zeichensätze `chess20` und `chessf10`. Die Zeichensätze `chess10` und `chess30` werden nur benötigt, falls sie der Anwender mit eigenen `\newfont`-Erklärungen in seinen Texten aktiviert.

Ist METAFONT beim Anwender nicht verfügbar, so kann er die `.tfm`-Files dem beigefügten Unterverzeichnis `../fonts` entnehmen. Für Drucker vom Typ Canon CX (z. B. Apple Laser Writer, HP Laserjet u. a.) mit einer Auflösung von 300 dpi können die Druckerzeichensätze in der Entwurfsgröße dem Unterverzeichnis `../pkfonts` entnommen werden. Skalierte Zeichensätze für die Größenoptionen 11 pt und 12 pt stehen dort aber nicht zur Verfügung.

Das Schach-Ergänzungspaket `chess.sty` ist in `./inputs` abgelegt. Es muss in das TeX-Standardverzeichnis für die Ergänzungspakete kopiert oder zu verschoben werden. Ist beim Anwender bereits das Babel-System installiert, so kann die Schachoption `chess` zusammen mit einer etwaigen Sprachoption `germanb` sogleich benutzt werden. Die Verwendung der deutschen Sprachoption `germanb` für das Babel-System verlangt vorab eine kleine Korrektur in `chess.sty`. Das deutsche Ergänzungsfile des Babel-Systems trägt den Namen `germanb.sty`, um es vom deutschen Original `german.sty` zu unterscheiden. In `chess.sty` erfolgt aber eine Abfrage der Sprachoption `german`. Das geschieht in `chess.sty` an zwei Stellen jeweils mit dem Befehl

```
\ifcurrentlanguage{german}{...}
```

Dies ist in `\ifcurrentlanguage{germanb}{...}` zu ändern, um eine korrekte Zusammenarbeit mit dem Babel-System sicherzustellen.

Im Unterverzeichnis `../inputs` findet sich ein verkleinertes Babel-System, das genutzt werden kann, wenn das Original-Babel-System beim Anwender noch nicht eingerichtet wurde. Das für deutschsprachige Anwender besonders wichtige Anpassungsfile `germanb.sty` ist seit Mai 1994 nicht mehr Bestandteil des verkleinerten Systems. Deutschsprachige Anwender, deren fremdsprachige Anforderungen nicht über Englisch und Französisch hinausgehen, können auf das Babel-System zur Nutzung von `chess.sty` verzichten, wenn dort die nachfolgend beschriebenen Änderungen vorgenommen werden.

3.1.5 Spezialanpassung für deutsche Anwender

Das im deutschsprachigen Raum gebräuchliche Ergänzungspaket `german.sty` ist zum Babel-System inkompatibel, auch wenn dessen deutsches Anpassungsfile weitgehend auf das deutsche Originalfile zurückgeht. Das Schachprogramm `chess.sty` greift seinerseits auf das Babel-System zurück. Mit einer geringfügigen Modifikation in `chess.sty` ist es jedoch für deutschsprachige Anwendungen möglich, auf das Babel-System zu verzichten. Dazu ist in `chess.sty` in der im Anschluss an den Kommentar

```
% Do we have language support? Otherwise take default language!
```

folgenden Programmzeile

```
\ifx\undefined\babel@core@loaded\input english.sty\fi
```

`\babel@core@loaded` durch `\mdqon` zu ersetzen. Die letzte Zeile in `chess.sty` lautet `\resetat`. Dieser Befehl ist durch `\makeatother` zu ersetzen.

Erfolgt die LaTeX-Bearbeitung ohne die Sprachauswahl `\usepackage{german}`, so wird Englisch als Standardsprache vorausgesetzt und das Babel-File `english.sty` eingelesen. Dieses lädt seinerseits `babel.sty` und `babel.switch` hinzu, mit denen die Bearbeitung dann unter Nutzung des Babel-Systems erfolgt. Dazu sind aus dem Schachpaket die Files `babel.sty` und `babel.switch`[2] sowie mindestens `english.sty` in das Standardverzeichnis für die Stilfiles zu kopieren. Wird außerdem noch `dutch.sty` und `french.sty` dorthin kopiert, dann können mit `\usepackage{dutch}` oder `\usepackage{french}` auch korrekte Bearbeitungen für diese Sprachen erfolgen.

Wählt dagegen das Sprachergänzungspaket `german`, so erfolgt die Bearbeitung mit dem deutschen Anpassungsfile `german.sty` *ohne* Rückgriff auf das Babel-System. Mit den vorgeschlagenen Änderungen in `chess.sty` arbeitet Letzteres auch einwandfrei mit Ersterem zusammen. Dies setzt das File `german.sty` in der Version 2.4a oder später voraus. Außerdem muss die im letzten Abschnitt genannte Korrektur von `german` nach `germanb` in `chess.sty` hier natürlich unterbleiben, da genau nach der Sprache `german` abzufragen ist.

Das File `german.sty` stellt zusätzlich die Umschaltbefehle

`\selectlanguage{`*sprache*`}` und
`\originalTeX` bzw. `\germanTeX`

zur vorübergehenden Umschaltung auf eine andere Sprache oder auf das LaTeX-Original bereit. Eine solche Umschaltung führt in Verbindung mit `chess.sty` zu Schwierigkeiten. Die Kombination von `german` und `chess` verlangt im Dokumentstilbefehl oder in den `\usepackage`-Vorspannbefehlen zwingend die Reihenfolge `...german,chess...`, wodurch zunächst das File `german.sty` und erst danach `chess.sty` eingelesen wird.

Bei der Initialisierung von `chess` werden die anfänglichen Vorgaben aus `german` benutzt. Eine spätere Sprachumschaltung führt dann zu Widersprüchen mit dem initialisierten Schachsystem. Abhilfe schafft hier nur ein nochmaliges Einlesen von `chess.sty` im Anschluss an einen Sprachumschaltbefehl durch

```
\input chess.sty
```

Die gleiche Schwierigkeit würde auch mit dem Babel-System bei vorübergehender Umschaltung auf eine andere Sprache auftreten, so dass dies nicht als Mangel des deutschen Standardfiles `german.sty` angesehen werden kann.

Verwendet der Anwender zur Textbearbeitung ausschließlich LaTeX so sind keine weitere Änderungen erforderlich. Erfolgt die Textbearbeitung dagegen auch mit TeX oder genauer unter Verwendung von `plain.tex`, dann bedarf es einer weiteren Änderung. Das File `chess.sty` beginnt mit der Definition `\def\format{plain}`, an die sich eine verschachtelte `\ifx`-Abfrage anschließt. Innerhalb dieser ist die Zeile

`\gdef\resetat{\catcode‘@=12\relax}` durch
`\gdef\makeatother{\catcode‘@=12\relax}`

zu ersetzen.

Achtung: Die vorgeschlagene Änderung in `chess.sty` ist für eine private Nutzung zulässig. Eine Weitergabe des Schachpakets von Piet Tutelaers ist entsprechend den Copyright-Hinweisen jedoch nur im Original und vollständig erlaubt. Eine entsprechende Anpassung muss also von deutschsprachigen Anwendern jeweils eigenständig vorgenommen werden.

[2]Anwender, die immer mit einem TeX-System vor 3.0 arbeiten, müssen `babel22.switch` verwenden, das zu diesem Zweck in `babel.switch` umzubenennen ist.

3.1.6 Fernschach mit bdfchess.sty

Das Unterverzeichnis `/tex-archive/fonts/chess/bdfchess` enthält das Ergänzungspaket `bdfchess.sty`[3] von FRANK HASSEL, Wörrstadt, das vorrangig zur Gestaltung von Fernschach-Postkarten gedacht ist, wobei einige seiner Ergänzungen aber auch zur allgemeinen Schachdokumentation genutzt werden können. Der zusätzliche Zeichensatz `chess15` wird für die Postkartendarstellung benötigt. Er ist als METAFONT-Quellenfile sowie als `.tfm`- und `.pk`-File für 300 dpi-Drucker beigefügt. Das Gleiche gilt für den Zeichensatz `chess10f`, der als Alternative zu `chessf10` bei der Schachkommentierung gedacht ist. Mit `bdfengl.tex` und `bdfgerm.tex` ist eine englisch- bzw. deutschsprachige Erläuterung beigefügt.

`bdfchess.sty` stellt als Ergänzung zur Brettausgabe mit `\showboard` die weiteren Ausgabebefehle `\showboardwithnotation`, `\showinversboardwithnotation` und `\showinversboard` bereit. Die ersten beiden Befehle erzeugen zu Spielbeginn ein Schachbrettdiagramm mit horizontaler und vertikaler Randnotation a–h bzw. 1–8, und zwar das Standarddiagramm aus der Sicht des weißen Spielers mit dem ersten Befehl und das inverse Diagramm aus der Sicht des schwarzen Spielers mit dem zweiten Befehl:

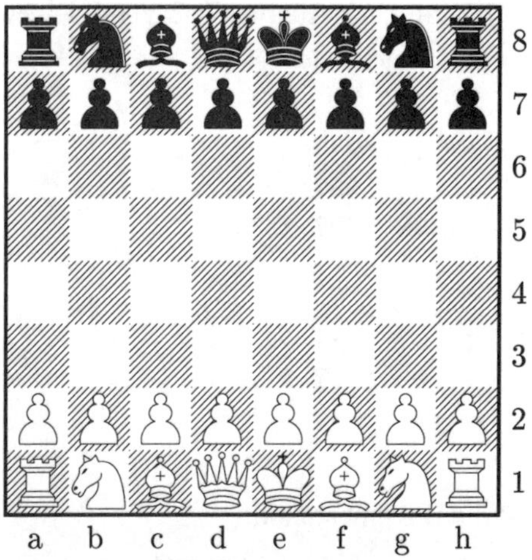

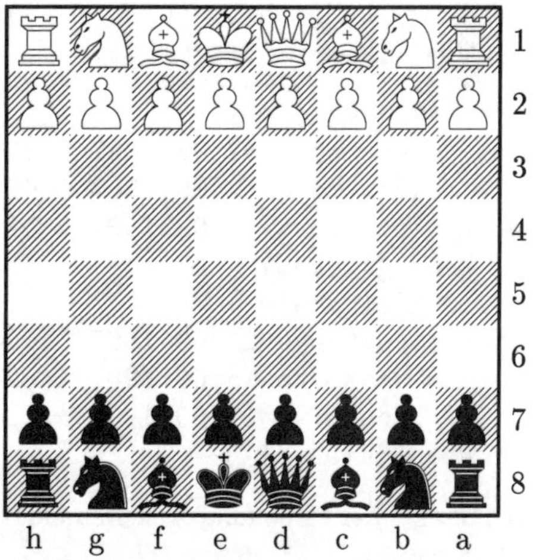

Der Befehl `\showinversboard` ist der Komplementärbefehl zu `\showboard` zur inversen Brettausgabe *ohne* Randnotation. Alle drei Befehle können, wie `\showboard`, innerhalb der Schachpartie an beliebigen Stellen abgesetzt werden, womit sie den jeweils aktuellen Spielstand dokumentieren.

Zur Beschreibung des Spielverlaufs von Fernschachpartien stellt `\bdfchess` die Befehle

`\postply` *empf_dat␣bed_zeit␣zug*
`\postmove`␣*w_dat␣w_zeit␣w_zug␣s_zug␣s_dat␣s_zeit*

zur Verfügung. Hierin bedeuten *empf_dat* das Empfangsdatum des letzten gegnerischen Zuges im Format *dd.mm.yyyy*, *bed_zeit* die vom Empfänger hierauf angeforderte Bedenkzeit

[3] Das aktuelle Ergänzungspaket `bdfchess.sty` (März 2001) des CTAN-Servers enthält den Befehl `\xiipt`, der nur in LaTeX 2.09 intern bekannt war und in LaTeX 2_ε nicht existiert. Mit der Bereitstellung eines eigenen Befehls

```
\DeclareFixedFont{\xiipt}{OT1}{cmr}{m}{n}
```

beim Anwender kann diese Inkompatibilität beseitigt werden.

bed_zeit in Tagen und *zug* die Reaktion auf den letzten gegnerischen Zug. Die Angabe für *zug* entspricht genau der in 3.1.2.2 auf S. 162 für `\move` und `\ply` beschriebenen Zugsyntax. Die entsprechenden Angaben beim Vollzug `\postmove` für den weißen und schwarzen Spieler bedürfen keiner Zusatzerklärung. Die explizit gekennzeichneten Leerstellen ␣ sind als Argumenttrennzeichen syntaktisch zwingend. Die alternative Übergabe innerhalb von `{ }`-Paaren, wie sie die allgemeine LaTeX-Syntax empfehlen würde, führt zu Fehlermeldungen.

In Fernschachturnieren spielt jeder Spieler zwei Partien, nämlich sowohl Weiß und parallel dazu auch Schwarz. Hierfür stellt `bdfchess.sty` die Umgebungen `gameone` und `gametwo` bereit. Innerhalb dieser Umgebungen werden beide Fernschachpartien mit eigenständigen `\postmove`- und/oder `\postply`-Befehlen dokumentiert.

Mit `\begin{gameone}` bzw. `\begin{gametwo}` wird intern jeweils `\newgame` aufgerufen, womit innerhalb beider Umgebungen jeweils der Spielanfang initialisiert wird. Die Spielfortschritte werden mit den nachfolgenden `\postmove`- und/oder `\postply`-Befehlen beschrieben. Mit `\end{gameone}` bzw. `\end{gametwo}` werden die internen Befehle `\savegameone` und `\savegametwo` abgesetzt, die die aktuellen Spielzustände nach dem jeweils letzten `\postmove`- oder `\postply`-Befehl abspeichern *und* gleichzeitig die jeweils letzten Zugangaben zusammen mit ihren Empfangs- und Versendedaten in TeX-Boxen ablegen. Das nachfolgende Beispiel stammt von Frank Hassel; der Abdruck erfolgt mit seiner freundlichen Genehmigung:

```
\begin{gameone}
  \postmove 03.09.1987 0 e2e4 d7d6 11.09.1987 0
  \postmove 12.09.1987 2 d2d4 g8f6 15.09.1987 1
  \postmove 17.09.1987 2 b1c3 g7g6 21.09.1987 1
\end{gameone}
\begin{gametwo}
  \postmove 11.09.1987 0 d2d4 g8f6 12.09.1987 2
  \postmove 15.09.1987 1 c2c4 g7g6 17.09.1987 2
  \postply  21.09.1987 1 b1c3
\end{gametwo}
```

Bei der LaTeX-Bearbeitung entsteht hieraus zunächst die Dokumentation:

Datum						Datum		
Ankunft	Abgang	$\sum$	**Weiß**		**Schwarz**	Ankunft	Abgang	$\sum$
3.9.87	3.9.87	0	e2–e4	1.	d7–d6	11.9.87	11.9.87	0
12.9.87	14.9.87	2	d2–d4	2.	♘g8–f6	15.9.87	16.9.87	1
17.9.87	19.9.87	4	♘b1–c3	3.	g7–g6	21.9.87	22.9.87	2

Datum						Datum		
Ankunft	Abgang	$\sum$	**Weiß**		**Schwarz**	Ankunft	Abgang	$\sum$
11.9.87	11.9.87	0	d2–d4	1.	♘g8–f6	12.9.87	14.9.87	2
15.9.87	16.9.87	1	c2–c4	2.	g7–g6	17.9.87	19.9.87	4
21.9.87	22.9.87	2	♘b1–c3	3.				

Das jeweilige Abgangsdatum wird aus dem Ankunftsdatum und der verbrauchten Bedenkzeit errechnet. In den mit $\sum$ überschriebenen Spalten erscheint die bis dahin angefallene Gesamtbedenkzeit. Die mittlere Spalte kennzeichnet die jeweilige Zugnummer. Diesen Dokumentationstabellen kann eine Überschrift vorangestellt werden, indem innerhalb der `gameone`-

bzw. `gametwo`-Umgebungen als erster Befehl `\centerline{`*überschrift*`}` mit geeigneten Überschriften, z. B. in der Form `\textbf{`*s_spieler – w_spieler*`}` für die erste Partie und `\textbf{`*w_spieler – s_spieler* `}` für die zweite, gewählt wird.

Die Rückseite der Fernschachkarte wird mit dem Befehl `\postcard[f]`(*x_dim,y_dim*) ausgegeben. Die optionale Angabe `[f]` bewirkt eine Postkartenumrandung; die nachfolgende Maßangabe stellt die horizontale und vertikale Verschiebung für die ausgegebene Postkarte ein. Mit `\postcard[f](0mm,0mm)` entsteht folgende Karte:

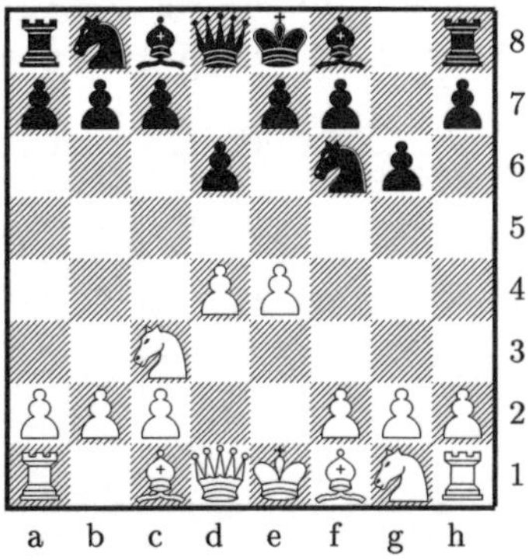

Partie 1

Nr.	Ihr Zug	Nr.	Mein Zug
3	♘b1–c3	3	g7–g6

Empfangen am 21.9.87
Beantwortet am 22.9.87
Meine Bedenkzeit 1 Tag(e)
Meine Gesamtbedenkzeit 2 Tage

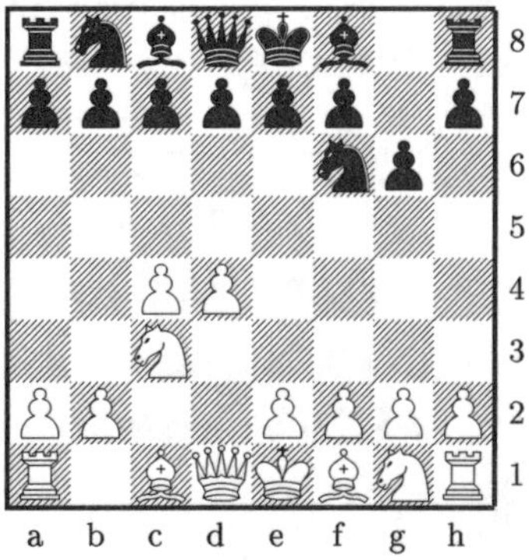

Partie 2

Nr.	Ihr Zug	Nr.	Mein Zug
2	g7–g6	3	♘b1–c3

Ihr Poststempeldatum 19.9.87
Ihre Bedenkzeit 2 Tag(e)
Ihre Gesamtbedenkzeit 4 Tage

Freundliche Grüße

Die Brettdiagramme sowie die sonstigen Angaben auf dieser Postkarte entstehen automatisch aus den vorhergehenden Angaben der `gameone`- und `gametwo`-Umgebungen. Die Zugvorschläge werden bei Partie 1 dem letzten `\postmove`-Befehl und bei Partie 2 dem zweiten Halbzug aus dem vorangehenden `\postmove`- sowie dem letzten `\postply`-Befehl entnommen.

Eine Postkarte benötigt auch eine Vorderseite. Für deren Gestaltung stellt `bdfchess.sty` die drei Befehle

`\sender{`*abs_name*`\\`*abs_anschrift*`}`
`\receiver{`*empf_name*`\\`*empf_anschrift*`}`
`\cardmessage{`*zus_nachricht*`}`

bereit. Das übergebene Argument unterliegt keiner Syntaxvorschrift. Die hier beispielhaft angegebenen Argumente werden der Regelfall sein, wobei die jeweiligen Anschriften durch weitere Zeilenendbefehle in Straßen- und Ortsangaben aufgeteilt werden. Das Beispiel von FRANK HASSEL enthält hier Folgendes:

```
\receiver{\parskip5mm\bfseries\Large Dante e.\,V.\\[-5mm]\hrule
   Postfach 10 18 40\\[-5mm]\hrule 69008 Heidelberg\\[-5mm]\hrule}
```

```
\sender{\begin{minipage}{55mm}\centering{\small Absender}\\[1ex]
    \large\bfseries Frank Hassel\\[1ex]
    Im Kirschgarten 14\\ 55286 W"orrstadt\end{minipage}}
\cardmessage{\noindent Ich habe Urlaub vom\\30.09.87 bis 14.10.87}
```

Die Postkartenvorderseite wird mit dem Befehl `\postcardaddress[tf]`(*x_dim,y_dim*) ausgegeben. Die Bedeutung seiner Argumente ist gleich denjenigen beim `\postcard`-Befehl. Der zusätzliche optionale Parameter `t` teilt die Karte durch eine senkrechte Linie und fügt das Wort „Postkarte" oberhalb des Adressfeldes hinzu. Mit den vorhergehenden Angaben für `\sender`, `\receiver` und `\cardmessage` erzeugt `\postcardaddress[tf]{0mm,0mm}` folgende Karte:

Absender

Frank Hassel

Im Kirschgarten 14
55286 Wörrstadt

Postkarte

Ich habe Urlaub vom
30.09.87 bis 14.10.87

Dante e. V.

Postfach 10 18 40

69008 Heidelberg

Die Kombination der Ergänzungspakete verlangt die Einhaltung der Reihenfolge *sprache*, `chess`, `bdfchess`, also z. B.

```
\usepackage{german} ... \usepackage{chess,bdfchess}
```

mit LaTeX 2_ε. Mit der Einbindung von `german.sty` überrascht es nicht, dass die Nachrichten auf der Rückseite der Fernschachpostkarte in Deutsch erscheinen. Auch die Zug- und Kommentareingabe erwartet die deutsche Kennzeichnung. Bei der Einbindung von `english.sty` bzw. `french.sty` aus dem Babel-Paket erfolgt die Eingabe in der entsprechenden Sprachnotation und die Mitteilungen auf der Rückseite der Fernschachpostkarte erscheinen in der gewählten Sprache.[4] `bdfchess.sty` stellt als zusätzlichen Befehl

[4]Mit LaTeX 2_ε kann bei Verwendung des Ergänzungspakets `german.sty` ohne Rückgriff auf die Babel-Files `english.sty` bzw. `french.sty` dauerhaft auf Englisch oder Französisch umgeschaltet werden, indem nach `\usepackage{german}` zunächst mit `\selectlanguage{`*sprache*`}` *vor* dem nachfolgenden `\usepackage{chess,bdfchess}` die gewünschte Sprache eingestellt wird.

`\postcardlanguage{`*sprache*`}`

bereit. Er gestattet es, die eigentliche Schachbearbeitung in der als Ergänzungspaket oder Dokumentstiloption gewählten Sprache vorzunehmen, die Postkartenrückseite aber in einer anderen Sprache auszugeben. `bdfchess` ist für eine solche lokale Sprachumschaltung in die deutsche, englische und französische Sprache mit den Angaben `german`, `english` und `french` für *sprache* bei obigem Befehl vorbereitet. Eine Erweiterung auf andere Sprachen ist leicht möglich. `bdfchess.sty` enthält bereits entsprechende Leerdefinitionen für die fiktive Sprache `xxxx`. Es müssen lediglich alle mit `xxxx` gekennzeichneten Stellen durch die entsprechenden sprachspezifischen Namen oder Begriffe ersetzt werden. `bdfchess` stellt einige weitere Befehle bereit, die hier kurz aufgelistet werden:

`\holidaywhite` n Hiermit kann die Gesamtbedenkzeit für den weißen Spieler korrigiert werden, falls zwischen Ankunft und Abgabe des Zuges eine n-tägige Unterbrechung durch Urlaub, Dienstreise, Krankheit u. Ä. auftrat.

`\holidayblack` n Entsprechende Regelung für den schwarzen Spieler.

`\ifmove`xxx Beim Fernschach werden dem gegnerischen Spieler häufig Eventualzugfolgen vorgeschlagen und die eigene Antwort auf diese Eventualzüge mitgeteilt. xxx steht dabei für `one` bzw. `two` mit entsprechenden Vorschlägen für die Partie 1 bzw. 2. Die Eingabe muss im Kommentarmodus (siehe 3.1.3) erfolgen, also in `|...|` eingeschlossen werden. Beispiel: `| \ifmoveone 5 Sf3-g5 5 h7-h6 |`.

Auf der Postkartenrückseite reicht der vorhandene Platz für maximal zwei Eventualzugfolgen für jede der beiden Partien. Eventuelle weitere Vorschläge können auf der Vorderseite mit `\cardmessage{`*vorschlag*`}` angebracht werden. `\ifmove`xxx-Befehle sind außerhalb der `game`xxx-Umgebungen anzuordnen.

`\acceptmove`xxx Akzeptierte Eventualzugfolgen müssen auf der Antwortkarte wiederholt werden, wozu dieser Befehl dient. Die Syntax entspricht dem `\ifmove`xxx-Befehl, wobei wiederum xxx für `one` oder `two` steht. Auf der Postkarte erscheinen seine Angaben vor der jeweils letzten Zugentscheidung.

`\finishgame`xxx Das zuerst beendete Spiel einer Doppelfernschachpartie ist mit diesem Befehl abzuschließen (`one` bzw. `two` für xxx). Beim verbleibenden Spiel erscheint die beendete Partie auf der Postkarte als Anfangsdiagramm.

`\tabularheader` Bei einer längeren Partie, deren Dokumentation sich über mehrere Seiten erstreckt, kann mit diesem Befehl für die neue Seite ein weiterer Tabellenkopf vorangestellt werden.

`\storeboard{`*file_name*`}` Innerhalb der `game`xxx-Umgebungen kann die aktuelle Figurenstellung mit diesem Befehl als File abgespeichert werden. Die Figurenstellung wird als `position`-Umgebung mit anschließendem `\White`*info* und `\movecount=`n abgespeichert (siehe 3.1.2.3). Diesen Speicherbefehl wird man zweckmäßig unmittelbar vor `\end{gameone}` und `\end{gametwo}` anbringen, um den jeweils letzten Stand eines Fernschachturniers als File für andere Bearbeitungs- und Darstellungszwecke bereitzuhalten. Bei einer späteren Nutzung des erzeugten Files ist `chess.sty` mit derselben Spracheinstellung zu verwenden, die bei seiner Erstellung aktiv war!

Die meisten der soeben vorgestellten Befehle sollen in einem abschließenden Beispiel demonstriert und mit einer Fernschachpostkarte in französischer Sprache ausgegeben werden:

```
\postcardlanguage{french}\finishgametwo
\begin{gameone}
\postmove 24.02.1990 2 c2c4 e7e5 27.02.1990 2
\postmove 02.03.1990 1 b1c3 g8f6 04.03.1990 1
\postmove 02.03.1990 2 g1f3 b8c6 11.03.1990 1
\holidaywhite 7 \postmove 14.03.1990 9 d2d4 e5e4 28.03.1990 1
\centerline{\textbf{Zugvorschlag}} | \ifmoveone 5 Sf3-g5 5 h7-h6 |
\end{gameone}\par \postcard[f]{0mm,5mm}
```

Datum						Datum		
Ankunft	Abgang	$\sum$	**Weiß**		**Schwarz**	Ankunft	Abgang	$\sum$
24.2.90	26.2.90	2	c2–c4	1.	e7–e5	27.2.90	1.3.90	2
2.3.90	3.3.90	3	♘b1–c3	2.	♘g8–f6	4.3.90	5.3.90	3
2.3.90	4.3.90	5	♘g1–f3	3.	♘b8–c6	11.3.90	12.3.90	4
14.3.90	23.3.90	7	d2–d4	4.	e5–e4	28.3.90	29.3.90	5
			Zugvorschlag					
		5	♘f3–g5	5	h7–h6			

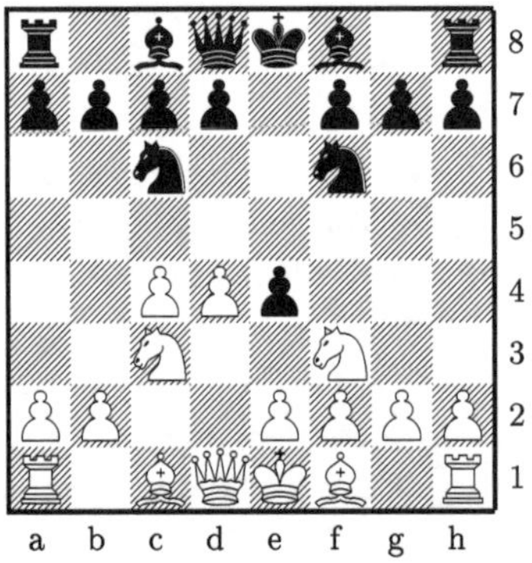

Partie 1

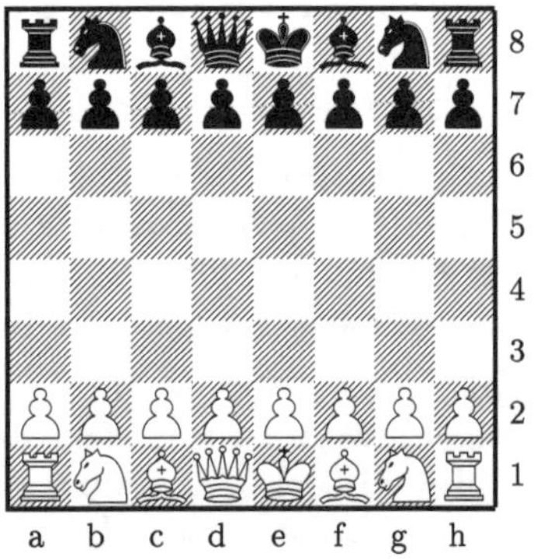

No.	Votre coup	No.	Mon coup
4	d2–d4	4	e5–e4
que 5	♘f3–g5	5	h7–h6

Arrivée 28.3.90
Départ 29.3.90
Mon temps 1 jour(s)
Mon temps total 5 jours

Votre date de la poste 23.3.90
Votre temps 2 jour(s)
Votre temps total 7 jours

Salutations

Die in 3.1.2.3 vorgestellte `position`-Umgebung kann, zusammen mit `\White`*info* und `\movecount=`n, auch innerhalb der `game`xxx-Umgebungen zur Initialisierung verwendet werden. Damit fehlt aber die bis dahin angelaufene Gesamtbedenkzeit. Diese muss mit

`\global\considersumwhite=`x und `\global\considersumblack=`x

angegeben werden, bevor mit anschließenden `\postmove`- bzw. `\postply`-Befehlen die Fernschachdokumentation fortgesetzt wird.

Hinweis zum Zeichensatz `chess10f`: Der Zeichensatz ist als Alternative zum Zeichensatz `chessf10` gedacht. Seine sechs Schachsymbole stehen etwas höher als beim Original und der Springer schaut nach rechts statt nach links (vgl. ♔♕♖♗♘♙ aus `chess10f` mit ♔♕♖♗♘♙ aus `chessf10`).

Hinweis zur Anwenderanpassung von bdfchess.sty: Erfolgt die Nutzung von `chess.sty` unter Rückgriff auf das Babel-System, dann kann `bdfchess.sty` für die Sprachen Deutsch, Englisch und Französisch sofort verwendet werden. Wird für Französisch auf das File `french.sty` aus dem verkleinerten Babel-System des `chess`-Pakets zurückgegriffen, so ist dessen vorletzter Befehlsaufruf `\setlanguage{french}` durch `\selectlanguage{french}` zu ersetzen. Wird das Schachpaket entsprechend dem Vorschlag aus 3.1.5 als `gchess.sty` genutzt, dann ist in `bdfchess.sty` der Name `germanb` überall durch `german` zu ersetzen.

3.1.7 Schach-Literaturreferenzen

1. Appelt, Wolfgang. *Typesetting Chess.* TUGboat 9#3 pp. 284–287, 1988.

2. Tutelaers, Piet. *A Font and a Style for Typesetting Chess using LATEX or TEX.* TUGboat 13#1 pp. 85–90, 1992. Die Veröffentlichung ist gleichzeitig unter dem Unterverzeichnis `./doc` als LATEX-File `tugboat.ltx` beigefügt.

3. Hassel, Frank. *Schachfigurensatz mit TEX und LATEX.* Die TEXnische Komödie 1993/4, S. 11–25, 1994.

4. Hassel, Frank. *Erweiterung des CHESS-STYLES für Fernschachspieler.* Interne Dokumentation des `bdfchess`-Pakets als TEX-File `bdfgerm.tex`. Die Dokumentation steht auch in englischer Sprache als `bdfengl.tex` zur Verfügung.

5. *Chess Informant 51*, ed. by Aleksander Matanović, Šahovski Informator, Belgrade, 1991.

3.1.8 Das Informator-Kode-System

In [schach 5, S. 10–12] werden ca. 40 Symbole empfohlen, die zur Schachdokumentation und Schachkommentierung verwendet werden sollten. Sie stehen in `chess.sty` unter weitgehend selbst erklärenden Befehlsnamen zur Verfügung. Mit der LATEX-Bearbeitung des Files `symbols.ltx` aus dem Unterverzeichnis `./doc` können sie in Form einer dreispaltigen Tabelle ausgegeben werden:

symbol	**(La)TeX**	**meaning**
$\pm$	`\wbetter`	White stands slightly better
$\mp$	`\bbetter`	Black stands slightly better
. . . . .	. . . .	. . . .
—	`\see`	see

Der Schach spielende Anwender sollte davon Gebrauch machen und die bereitgestellten Symbole in seinen Kommentaren verwenden.

3.2 Backgammon

Das Backgammon-Einrichtungspaket zur LaTeX-Nutzung wird auf den öffentlichen TeX-Fileservern unter `/tex-archive/macros/latex/contrib/other/bg` angeboten und stammt von Jörg Richter. Das Einrichtungspaket besteht aus einem `README`-File mit der reinen Inhaltsauflistung, dem eigentlichen LaTeX-Ergänzungspaket `bg.sty`, einem Beispielfile `sampletext.tex` sowie einer Nutzungsbeschreibung im PostScript-Format `description.ps`, die auf einem PostScript-Drucker unmittelbar ausgegeben werden kann.

Zusätzlich enthält es einige Zeichensatzfiles in verschiedenen Formaten, und zwar einmal das METAFONT-Quellenfile `bg.mf`, das zugehörige Metrikfile `bg.tfm` sowie deren Druckerzeichensätze in den Auflösungen `bg.75pk`, `bg.150pk` und `bg.225pk` und den internen Zwischenformaten `bg.75gf`, `bg.150gf` und `bg.225gf`. Diese Druckerzeichensätze wurden mit der beigefügten Befehlsdatei `make_font` erzeugt, die bei Bedarf zur Erzeugung weiterer Druckerzeichensätze in anderen Auflösungsstufen editiert werden kann.

Auf das Kopieren dieser speziellen Druckerzeichensätze kann man jedoch verzichten, da die modernen DVI-Druckertreiber die erforderlichen Druckerzeichensätze bei Bedarf dynamisch in den geforderten Auflösungsstufen aus dem METAFONT-Quellenfile `bg.mf` automatisch erzeugen.

3.2.1 Namens- und Positionskonventionen

In der deutschen Backgammon-Literatur werden häufig unterschiedliche Begriffsbezeichnungen für die Spielstrukturen verwendet, so dass ich vorab die hier benutzten Begriffe vorstelle. Ein Backgammon-Spielbrett ist in 24 spitzwinklige Dreiecksfelder unterteilt, von denen jeweils zwölf vom oberen bzw. unteren Rand mit der Spitze zur Mitte zeigen. Diese Dreiecksfelder sollen hier als Spitzen bezeichnet werden. In der englischen Backgammon-Literatur werden sie 'points' genannt.

Backgammon-Spieldiagramme zur anschließenden Begriffserläuterung

schwarzer Außenhof

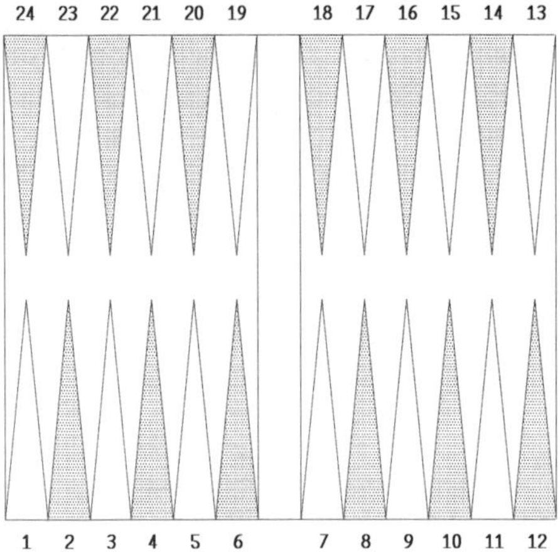

schwarzes Heimfeld

Positionierung aus schwarzer Sicht

weißes Heimfeld

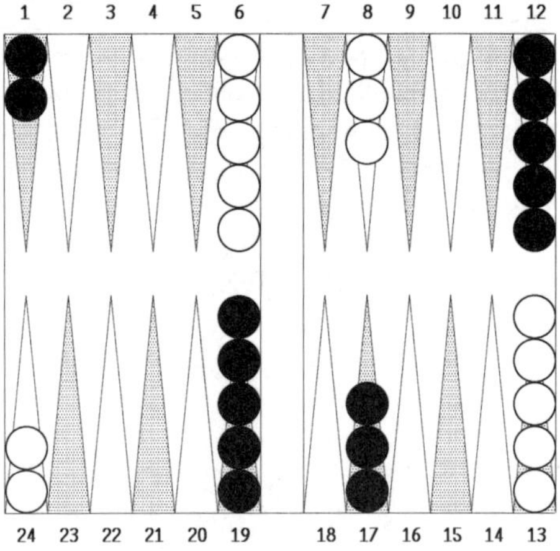

weißer Außenhof

Positionierung aus weißer Sicht

Die einzelnen Spitzen werden zur Positionierungskennung von 1 bis 24 durchnummeriert, wie die beiden vorstehenden Brettdiagramme zeigen. Diese Nummerierungskennung verläuft für die Spieler mit den schwarzen bzw. weißen Steinen jeweils gegenläufig, und zwar aus weißer Sicht von oben links im Uhrzeigersinn um den Spielrand herum nach unten links und aus schwarzer Sicht von unten links entgegen dem Uhrzeiger nach oben links. Die Zugrichtung für die einzelnen Steine erfolgt dabei von größeren zu kleineren Kenn-Nummern, also für die scharzen Steine im Uhrzeigersinn und für die weißen Steine entgegengesetzt.

Die beiden Brettdiagramme zeigen links ein leeres Brett und rechts die Anfangspositionen der jeweils 15 schwarzen und weißen Spielsteine. Der obere linke Quadrant des Spielbretts wird „weißes Heimfeld", der untere linke Quadrant „schwarzes Heimfeld" genannt. Statt Heimfeld findet man gelegentlich auch die Bezeichnung Zielfeld, weil sie das jeweilige Zielfeld für die weißen und schwarzen Steine sind. Dem weißen Heimfeld entspricht umgekehrt das schwarze Außenfeld bzw. dem schwarzen Heimfeld das weiße Außenfeld, weil die am weitesten zu ziehenden schwarzen bzw. weißen Spielsteine dort ihre Ausgangspositionen haben. Die obere Hälfte des Spielbretts wird gelegentlich auch als die weiße Seite und die untere Hälfte als die schwarze Seite bezeichnet.

Zwischen der linken und rechten Spielhälfte des Backgammon-Diagramms befindet sich ein von unten bis oben reichender Streifen, der als Parkstreifen zur vorübergehenden Aufnahme gefangener Spielsteine dient. Von dort können sie über das jeweils zugehörige Außenfeld wieder ins Spiel gelangen. Dieser Parkstreifen wird in englischen Backgammonbeschreibungen 'bar' genannt. Diese Bezeichnung wird hier unübersetzt mit „Bar" übernommen.

3.2.2 Nutzungsbeschreibung von bg.sty

Das LaTeX-Ergänzungspaket `bg.sty` wird in gewohnter Weise mit dem Vorspannbefehl `\usepackage{bg}` für die LaTeX-Bearbeitung aktiviert. Zur Dokumentation des Spielstands sowie des Spielfortschritts stellt es die beiden Umgebungen `position` und `game` bereit.

Die erste dieser Umgebungen dient zur Dokumentation eines bestimmten Spielstands. Mit

`\begin{position} ... \end{position}`

wird ein leeres Backgammon-Spielbrett initialisiert, auf dem mit den nachfolgend vorgestellten Befehlen die Spielsteine positioniert werden können. Zusätzlich gibt es einige Befehle, mit denen die Spieldokumentationen den Wünschen des Anwenders angepasst werden können. Der aktuelle Spielstand wird dann mit Erreichen des Umgebungsendes als Spieldiagramm ausgegeben. Mit den Befehlen

`\blackpoint{`*pos*`}{`*n*`}` und `\whitepoint{`*pos*`}{`*n*`}`

werden *n* Spielsteine auf dem Feld mit der Positionskennung *pos* angebracht, wobei *pos* für eine Zahl von 1 bis 24 steht, die für die schwarzen und weißen Steine jeweils gegenläufig anzugeben sind, wie bei den vorangehenden Erläuterungsdiagrammen beschrieben wurde.

`\blackbar{`*n*`}` und `\whitebar{`*n*`}`

dienen zur Anbringung von *n* schwarzen bzw. weißen Spielsteinen auf dem Parkstreifen (Bar), und zwar auf der schwarzen bzw. weißen Spielseite. Mit

`\blackcube{`*n*`}` `\whitecube{`*n*`}` `\middlecube{`*n*`}`
`\showcube` bzw. `\dontshowcube`

kann ein Würfelwert *n* gesetzt werden. Dieser Wert erscheint in einem Würfelsymbol, das rechts neben dem Spieldiagramm auf der schwarzen oder weißen Seite oder in deren Mitte angeordnet wird. Die Würfelausgabe wird mit dem Befehl `\dontshowcube` unterdrückt.

Die nachfolgenden Einstellbefehle dienen zur Anpassung des Backgammon-Spieldiagramms an die Wünsche des Anwenders:

```
\smallboard    \normalboard       \bigboard
\fullboard     \halfboard
\blackonmove   \whiteonmove
\shownumbers   \dontshownumbers   \togglenumbers
```

Die Mehrzahl dieser Befehle sind selbst erklärend. Mit den Befehlen der ersten Zeile wird die Größe des Backgammon-Diagramms ausgewählt, wobei mit den Befehlen der zweiten Zeile das volle Diagramm (`\fullboard`) bzw. nur dessen linke Hälfte zusammen mit dem Parkstreifen (Bar) (`\halfboard`) eingestellt wird.

Mit dem Auswahlpaar der dritten Zeile wird festgelegt, welche Spielfarbe für den nächsten Zug zur Anwendung kommt. Dieser Befehl bestimmt auch die Zuordnung der Positionskennwerte am oberen und unteren Spielrand, wie bei den obigen Erläuterungsdiagrammen zu sehen ist. Die Ausgabe der Positionskennungen kann mit den Befehlen der vierten Zeile angefordert oder unterdrückt werden sowie mit dem dortigen dritten Befehl `\togglenumbers` zwischen schwarz und weiß bzw. umgekehrt gewechselt werden.

Schließlich lässt sich jedes Backgammon-Spieldiagramm mit einer erläuternden Unterschrift versehen:

`\boardcaption{`*unterschr_text*`}`

Für die meisten dieser alternativen Einstellbefehle kommen Standardvorgaben zur Anwendung, wenn sie nicht explizit gesetzt werden. Die Standardvorgaben sind:

```
\middlecube{1}   \showcube
\normalboard     \fullboard     \shownumbers
\boardcaption{}  \blackonmove
```

Mit Beginn einer neuen `position`-Umgebung werden nur `\boardcaption{}` und `middlecube{1}` neu gesetzt. Sonstige Einstellungen aus vorangegangenen `position`-Umgebungen bleiben dagegen erhalten, um für das Bearbeitungsdokument ein einheitliches Darstellungsdiagramm zu bewirken. Wurde z. B. in einer vorangegangenen `position`-Umgebung `\smallboard` gesetzt, so erscheint mit einer neuen `position`-Umgebung deren Brettdiagramm ohne exlizite Größenangaben ebenfalls in kleiner Form. Geänderte Einstellvorgaben innerhalb einer neuen `position`-Umgebung werden dagegen berücksichtigt.

```
\begin{position}
\whitepoint{3}{2}    \whitepoint{4}{2}    \whitepoint{5}{2}    \whitepoint{6}{3}
\whitepoint{7}{2}    \whitepoint{8}{1}    \whitepoint{22}{1}   \whitebar{2}
\blackpoint{24}{1}   \blackpoint{13}{2}   \blackpoint{10}{1}   \blackpoint{8}{1}
\blackpoint{7}{2}    \blackpoint{6}{2}    \blackpoint{6}{3}    \blackpoint{5}{2}
\blackpoint{4}{2}    \blackbar{1}
\middlecube{2}       \whiteonmove         \boardcaption{Wei"s ist am Zug}
\end{position}
```

erzeugt das Backgammon-Diagramm

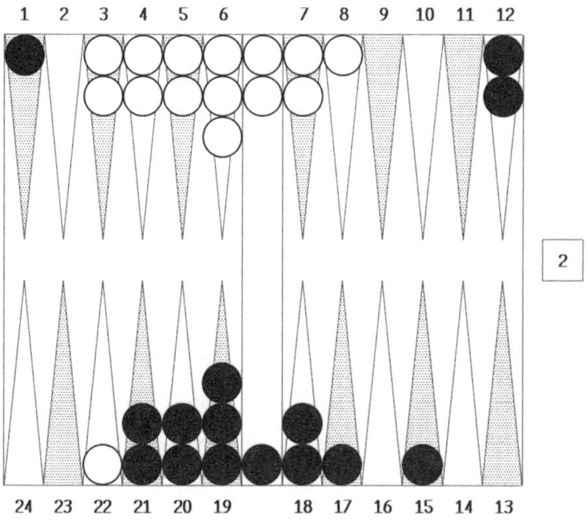

Weiß ist am Zug

Mit der `game`-Umgebung kann der Backgammon-Spielverlauf dokumentiert und mit einem Zwischen- oder Endstanddiagramm abgeschlossen werden. Die `game`-Umgebung wird mit zwei Aufrufargumenten eingerichtet:

`\begin{game}{`*s_vorsp*`}{`*w_vorsp*`} ... ... \end{game}`

Der Dokumentation des Spielablaufs wird hiermit eine Zeile mit den Angaben *s_vorsp* für die schwarzen und *w_vorsp* für die weißen Züge als Vorpann vorangestellt. Die Spieldokumentation der einzelnen Züge erfolgt innerhalb der `game`-Umgebung mit `\move`-Befehlen der Form

`\move{`*wurf*`}{`*zug_darst*`}`

Hierbei steht *wurf* für eine zweistellige Zahl, die das Wurfergebnis des vorangegangenen Würfelpaares darstellt. Die Zugdarstellung *zug_darst* erfolgt für normale Wurfergebnisse in der Form p_{a_1}-p_{e_1},p_{a_2}-p_{e_2}, worin p_a die Kenn-Nummer für die Anfangsposition des zu ziehenden Steins und p_e seine Endposition darstellt. Ist $p_{e_1} = p_{a_2}$, so bedeutet das einen Doppelzug für einen Stein, während $p_{e_1} \neq p_{a_2}$ die Einzelzüge für zwei Steine beschreibt. Die Angabe `\move{64}{24-18,18-14}` beschreibt also das Wurfergenis einer 6 und einer 4 des Würfelpaares und den zugehörigen Gesamtzug eines Einzelsteins von 24 über 18 nach 14.

Mit einem Pasch als Wurfergebnis (zwei gleiche Würfelzahlen) können bis zu vier Spielsteine bewegt werden. Deren Zugdarstellung mit p_{a_1}-p_{e_1},p_{a_2}-p_{e_2},p_{a_3}-p_{e_3},p_{a_4} sollte nach den vorangegangenen Erläuterungen für Normalzüge leicht nachvollziehbar sein. `\move{55}{6-1,6-1,8-3,8-3}` realisiert den Fünfer-Pasch durch das Ziehen von zwei Steinen von der Spitze 6 (Position 6) zur Spitze 1 und weiteren zwei Steinen von 8 nach 3.

Nach jedem `\move`-Befehl wechselt die Spielsteinfarbe. Nach der `game`-Umgebungseröffnung kann die Anfangsspielfarbe mit

`\blackonmove` bzw. `\whiteonmove`

eingestellt werden, wobei `\blackonmove` auch die Standardvorgabe ist. Nach dem ersten `\move`-Befehl wird auf die Alternativfarbe umgeschaltet, die damit für den nächsten `\move`-Befehl gilt, usw. Je zwei aufeinander folgende `\move`Befehle dokumentieren damit den Spielablauf für beide Spielsteinfarben. Diese *Doppel*züge werden gemeinsam durchnummeriert, beginnend bei 1 für den ersten Doppelzug.

Ergänzend zur Zugdokumentation mit `\move`-Befehlspaaren gibt es zur Ausgabe von Zugtexten noch den Darstellungsbefehl `\textmove{`*text*`}`, der gewöhnlich ebenfalls paarweise zur Anwendung kommt und dem gleichfalls die fortlaufende Paarnummer vorangestellt wird. Ein einzelner `\textmove`-Befehl kann auch nach einem vorangehenden einzelnen `\move`-Befehl genutzt werden, um die Spielfarbe zu wechseln, wenn der Spieler dieser Farbe für sein Würfelergebnis keine Zugmöglichkeit hat, was mit einem geeigneten `\textmove`-Befehl bei gleichzeitigem Farbwechsel mitgeteilt werden kann.

Mit der Eröffnung der `game`-Umgebung wird intern die Anfangseinstellung für das Backgammon-Spielbrett eingerichtet, wie sie im linken Erläuterungsdiagramm unten auf S. 176 vorgestellt wurde. Der erste `\move`-Befehl bezieht sich dann mit seiner Anfangsfarbe auf diese Anfangseinstellung.

Nach den gewünschten `\move`- und `\textmove`-Befehlen zur Darstellung des Spielablaufs in Form einer zweispaltigen Tabelle kann mit `\printboard` der aktuelle Spielstand als Backgammon-Diagramm ausgegeben werden.

Neben den hier vorgestellten Befehlen für die Beschreibung des Spielanfangs und des Spielfortschritts kennt die `game`-Umgebung einige weitere Anpaßbefehle, wie sie bereits bei der Nutzungsbeschreibung der `position`-Umgebung vorgestellt wurden. Für die `game`-Umgebung können davon übernommen werden:

```
\bigboard        \normalboard         \smallboard
\showcube        \dontshowcube
\shownumbers     \dontshownumbers     \togglenumbers
\boardcaption{text}
```

Zusätzlich und begrenzt auf die `game`-Umgebung gibt es zu weiteren Gestaltungseinstellungen die Befehle

```
\halfincr  \indentwhite      \showmoves       \takecube
\fullincr  \dontindentwhite  \dontshowmoves   \rawboard
```

Die Einstellbefehle der ersten Spalte legen die Nummerierung der Zugdarstellungen fest. Mit `\halfincr` werden die jeweiligen Doppelzüge fortlaufend durchnummeriert (Standard), also für jedes `\move`-Doppelpaar, während `\fullincr` diese Nummerierung für jeden Einzelzug und damit für jeden einzelnen `\move`-Befehl bewirkt.

Das Befehlspaar der zweiten Spalte bewirkt das Einrücken (Standard) bzw. Nichteinrücken für die weißen Züge in der Zugdarstellung für die `\move`- und `\textmove`-Befehle. Das Nichteinrücken empfiehlt sich in Verbindung mit `\fullincr`.

Mit `\showmoves` (Standard) und `\dontshowmoves` kann die fortlaufende Zugdokumentation ein- bzw. abgeschaltet werden. Sie wird aber intern fortgesetzt, so dass zum Zeitpunkt einer Brettausgabe mit `\printboard` der aktuelle Spielstand dargestellt wird.

`\takecube` bewirkt die Zuordnung des Verdopplungswürfels an den aktiven Spieler mit dem letzten `\move`-Befehls neben dem rechten Brettrand auf der zugehörigen Brettseite. Gleichzeitig findet eine Erhöhung des Wertes für den Verdopplungswürfel um eine Stufe statt.

Neben dem Diagrammausgabebefehl `\printboard` gibt es noch den Befehl `\rawboard`, der die Brettausgabe in eine `\mbox` einschließt, so dass diese innerhalb des horizontalen Bearbeitungsmodus eingefügt wird.

Zur Demonstration der `game`-Umgebung und ihrer Gestaltungsmöglichkeiten dient das folgende kurze Beispiel, wobei der Leser die Standardvorgaben für einige der nicht explizit angegebenen Einstellbefehle berücksichtigen möge.

```
\begin{game}{E. A. M"uller -- Schwarz}{G. Meier -- Wei"s}
\whiteonmove \normalboard
\move{64}{24-18,18-14}    \move{55}{6-1,6-1,8-3,8-3}
\textmove{Verdopplung}    \textmove{Angenommen}
\boardcaption{Spielstand nach zwei Z"ugen}
\takecube    \printboard
\end{game}
```

erzeugt:

• E. A. Müller – Schwarz ◦ G. Meier – Weiß

1. ◦ 64 : 24–18, 18–14

1. • 55 : 6–1*, 6–1, 8–3, 8–3

2. ◦ Verdopplung

2. • Angenommen

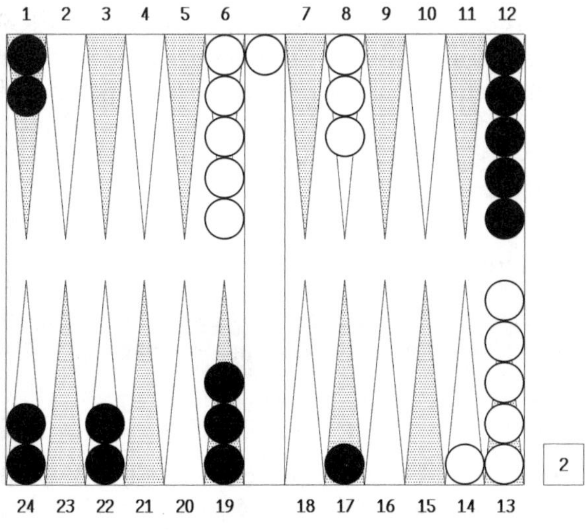

Spielstand nach zwei Zügen

Der Leser möge diese Spielfortschrittsdokumentation und Brettausgabe durch Verwendung der alternativen Einstellbefehle `\dontindentwhite`, `\fullincr` und `\rawboard` modifizieren, um sich deren Gestaltungswirkung zu demonstrieren.

Nach einem Brettausgabebefehl `\printboard` oder `\rawboard` kann der Spielfortgang mit weiteren `\move`- und `\textmove`- und gegebenenfalls `\takecube`-Befehlen fortgesetzt und mit eigenen `\printboard`- oder `\rawboard`-Brettausgabebefehlen dokumentiert werden.

3.3 Go

Gemessen an der Zahl der aktiven Spieler ist Go das vermutlich weltweit beliebteste Brettspiel. Es ist im gesamten ostasiatischen Raum verbreitet. Gleichzeitig scheint es das älteste praktizierte Brettspiel überhaupt zu sein, da es bereits 2000 v. Chr. in China entwickelt wurde und dort seine erste Blütezeit im 6.–9. Jahrhundert n. Chr. erfuhr. Im 5. Jahrhundert gelangte es über Korea nach Japan, wo sich durch Gründung eigener Go-Schulen im 17. Jahrhundert die japanische Vormachtstellung in Theorie und Praxis des Go-Spiels entwickelte, deren Gesamtpublikationen sich mit denen der Schachliteratur der westlichen Welt messen können.

In Europa wurde Go bereits im 17. Jahrhundert von italienischen Jesuiten erwähnt und um 1710 von dem deutschen Philosophen und Mathematiker G. W. LEIBNITZ beschrieben. Damit verwundert es nicht, dass zu seiner Dokumentation inzwischen auch geeignete LaTeX-Werkzeuge einschließlich der erforderlichen Grafiksymbole als METAFONT-Zeichensätze zur Verfügung stehen. Diese findet man auf den öffentlichen TeX-Fileservern unter `/tex-archive/fonts/go`.

Das dort angebotene Go-Paket besteht aus dem Makropaket `go.sty`, dem LaTeX-Nutzungs- und Erläuterungsfile `gomaps.ltx`, dessen LaTeX-Bearbeitung eine wohl formatierte Dokumentation erstellt, und einem eigenen `./mf`-Unterverzeichnis mit ca. 20 METAFONT-Quellenfiles zur Bereitstellung der erforderlichen Go-Grafiken wie Spieldiagramme und Spielsteine in mehreren Größen. Das Paket stammt von HANNA KOLODZIEJSKA, Warschau.

Das Go-Spielbrett besteht aus einer Gitterstruktur mit 19×19 horizontalen und vertikalen Linien, auf denen ca. 2 cm große, kreisförmige schwarze und weiße Spielsteine von den beiden Spielpartnern nacheinander gesetzt werden. Die schwarzen und weißen Spielsteine können dabei durch eine jeweils laufende Nummer in der Reihenfolge ihres Setzens oder durch einzelne Symbole wie Quadrat und Dreieck gekennzeichnet werden. Verschiebungen der einmal gesetzten Spielsteine gibt es nicht, dagegen können gesetzte Steine durch gegnerisches Setzen geschlagen und entfernt werden.

3.3.1 Nutzungsbeschreibung von go.sty

Das Ergänzungspaket `go.sty` sollte wie alle LaTeX-Ergänzungspakete mit dem Vorspannbefehl `\usepackage{go}` aktiviert werden.[5] Zur Initialisierung der Go-Dokumentation stellt es den Befehl

```
\inifulldiagram
```

bereit, mit dem ein leeres 19×19-Gitternetz für die interne LaTeX-Bearbeitung zur Erstellung der Go-Dokumentation eingerichtet wird. Die Ausgabe eines Spieldiagramms nach dem Setzen diverser Spielsteine erfolgt demgegenüber mit dem Befehl

```
\showfulldiagram
```

Die Positionskennung innerhalb des Go-Gitternetzes erfolgt durch ein Buchstaben-Zahlenpaar, das die vertikale und horizontale Positionierung innerhalb des Gitternetzes beschreibt, wie mit dem folgenden Diagramm demonstriert wird.

[5] Das Makropaket `go.sty` ist kein echtes LaTeX-Ergänzungspaket, sondern wurde ursprünglich zur Nutzung mit PLAINTeX bereitgestellt. Die Aktivierung mit `\usepackage{go}` kann versucht werden und ist gewöhnlich auch erfolgreich. In Verbindung mit weiteren LaTeX-Ergänzungspaketen kann es jedoch zu Inkompatibilitäten und damit zum Bearbeitungsabbruch kommen. Hinweise über Ursachen und Abhilfe werden in 3.3.2 nachgereicht.

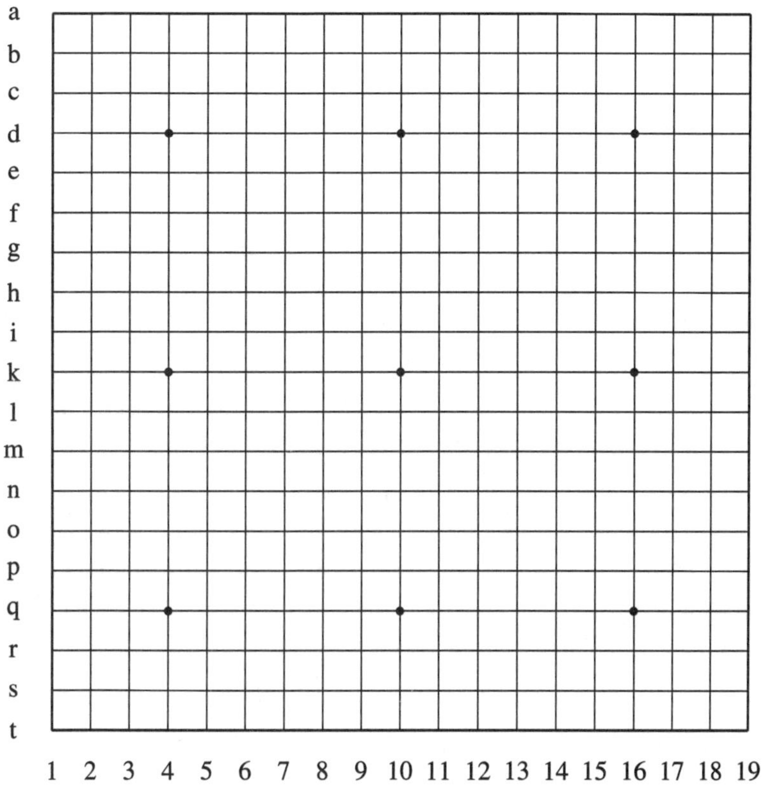

Ein solches leeres Go-Diagramm, allerdings ohne die Kennkoordinaten am linken und unteren Bildrand, würde der Befehl \showfulldiagram unmittelbar nach der Initialisierung mit \initfulldiagram erzeugen. Dies schließt die schwarzen Hilfspunkte an den Schnittstellen d4, d10, d16, k4, k10, k16, q4, q10 und q16 ein, deren Positionierungskennungen hier zur Demonstration aufgelistet wurden.

Das Go-Paket stellt die Diagramme und Spielsteinsymbole in drei verschiedenen Größen zur Verfügung. Diese lassen sich mit dem Auswahlbefehl

\gofontsize{*größe*}

und den Zahlenwerten 10, 15 und 20 für *größe* einstellen, wobei der Zahlenwert dem Linienabstand der Darstellungsdiagramme in der Maßeinheit 'pt' entspricht. Das obige Anfangsdiagramm entspricht demnach der Einstellvorgabe \gofontsize{15}.

Die Auswahl und Positionierung von Spielsteinen erfolgt mit Befehlen der Form

\pos{*vert_pos*}{*hor_pos*}=*spiel_symb*{*kennung*}

wobei *vert_pos* für einen der Kleinbuchstaben a, b, ... t und *hor_pos* für eine der Zahlen 1 bis 19 steht. Man beachte, dass in der Buchstabenkennung für die vertikale Positionierung der Buchstabe 'j' entsprechend dem obigen Diagramm nicht auftritt.

Für *spiel_symb* kann \black, \white, \letter oder \symbol gewählt werden, denen eine Kennung in Form eines Buchstabens, einer Zahl oder eines Grafiksymbols für *kennung* zugeordnet wird. Spielsteinsymbole in Form eines weißen oder schwarzen kreisförmigen

Steins können mit der Kennung durch einen Punkt '.', eine Zahl oder durch die Grafiksymbolbefehle `\triangle` und `\square` gekennzeichnet werden, was im ersten Fall zu dem reinen Spielsteinsymbol und in den beiden anderen Fällen zu einem solchen mit der innenliegenden Kennung führt: ●, ○, ❸, ⑮, ▲, ▢ u. Ä.

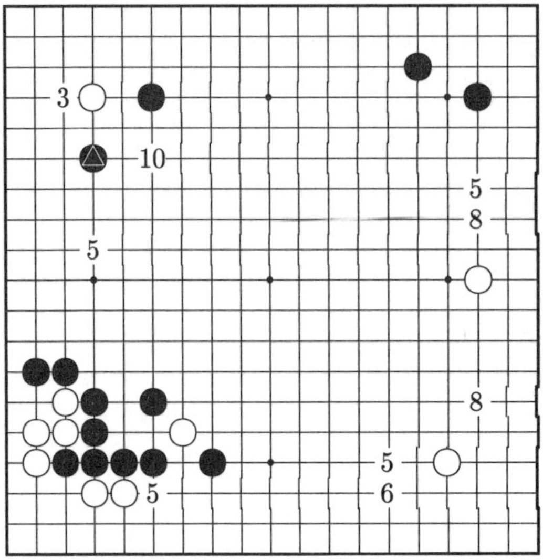

Das nebenstehende Go-Diagramm demonstriert einen Spielzustand zusammen mit einigen Zahlenhinweisen in einem relativ frühen Stadium. Die Interpretation dieses Diagramms setzt die Kenntnis des Go-Spiels voraus, dessen Vorstellung nicht zum Darstellungsbereich dieses Buches gehört.

Die Darstellungsgröße wurde hier mit `\gofontsize{10}` gewählt. Die leichten Grafikfehler im rechten Diagrammteil stammen aus dem bei mir verwendeten `go.sty`-Programm. Bei der Darstellungsgröße `\gofontsize{15}` sind sie dagegen kaum mehr sichtbar.

Das vorstehende Go-Spielzustandsdiagramm wurde mit den nachfolgenden Befehlseingaben erzeugt:

```
\inifulldiagram \gofontsize{10}
\pos{c}{15}=\black{.} \pos{d}{3}=\letter{3} \pos{d}{4}=\white{.}
\pos{d}{6}=\black{.}  \pos{d}{17}=\black{.} \pos{f}{4}=\black{\triangle}
\pos{f}{6}=\letter{10}\pos{g}{17}=\letter{5}\pos{h}{17}=\letter{8}
\pos{i}{4}=\letter{5} \pos{k}{17}=\white{.} \pos{n}{2}=\black{.}
\pos{n}{3}=\black{.}  \pos{o}{3}=\white{.}  \pos{o}{4}=\black{.}
\pos{o}{6}=\black{.}  \pos{o}{17}=\letter{8}\pos{p}{2}=\white{.}
\pos{p}{3}=\white{.}  \pos{p}{4}=\black{.}  \pos{p}{7}=\white{.}
\pos{q}{2}=\white{.}  \pos{q}{3}=\black{.}  \pos{q}{4}=\black{.}
\pos{q}{5}=\black{.}  \pos{q}{6}=\black{.}  \pos{q}{8}=\black{.}
\pos{q}{14}=\letter{5}\pos{q}{16}=\white{.} \pos{r}{4}=\white{.}
\pos{r}{5}=\white{.}  \pos{r}{6}=\letter{5} \pos{r}{14}=\letter{6}
\showfulldiagram
```

In diesem Beispiel trat der Go-Befehl `\symbol` nicht auf. Dieser ist in Wirkung und Syntax identisch mit dem hier verwendeten Befehl `\letter` und kann deshalb entfallen (siehe hierzu auch 3.3.2).

Die Darstellung von Go-Problemen erfolgt häufig in einem übersichtlicheren Teildiagramm als dem vollständigen 19 × 19-Diagramm. Hierzu stellt `go.sty` noch die Initialisierungs- und Darstellungsbefehle

`\inidiagram` ␣v_a-v_e:h_a-h_e␣   sowie
`\showdiagram`␣v_a-v_e:h_a-h_e␣

bereit, in denen v_a und v_e sowie h_a und h_e für die Anfangs- und Endkennungen der vertikalen und horizontalen Teilkoordinaten aus den Buchstaben- und Zahlenwerten a bis t und 1 bis 19 stehen. Die Eingaben `\inifulldiagram` und `\inidiagram␣a-t:1-19␣` sowie `\showfulldiagram` und `\showdiagram␣a-t:1-19␣` sind dabei jeweils gleichwertig.

Die eigenwilligen, aber syntaktisch zwingenden Leerzeichen (hier durch ␣ symbolisiert), gehen auf die ursprüngliche Entwicklung von `go.sty` als PLAINTeX-Makropaket zurück. In LaTeX würde man hier gewohnheitsmäßig den Einschluss in `{}`-Paare erwarten, die hier verwendete TeX-Syntax wird jedoch auch von LaTeX akzeptiert.

Die Darstellung eines Go-Problems mit der Dokumentation durch ein Go-Teildiagramm erzeugt mit der Eingabe

```
\initfulldiagram \gofontsize{20}
\pos{a}{5}=\white{.} \pos{a}{6}=\black{.}
\pos{b}{1}=\black{1} \pos{b}{3}=\white{.} \pos{b}{4}=\white{.}
\pos{b}{5}=\white{.} \pos{b}{6}=\white{.}
\pos{c}{2}=\letter{b}\pos{c}{3}=\white{.} \pos{c}{4}=\black{.}
\pos{c}{5}=\black{.} \pos{d}{2}=\letter{a}\pos{d}{3}=\white{.}
\pos{e}{2}=\black{.} \pos{e}{3}=\black{.} \pos{e}{4}=\black{.}
\pos{e}{6}=\black{\triangle}  \showdiagram a-f:1-7
```

das folgende Ausgabediagramm:

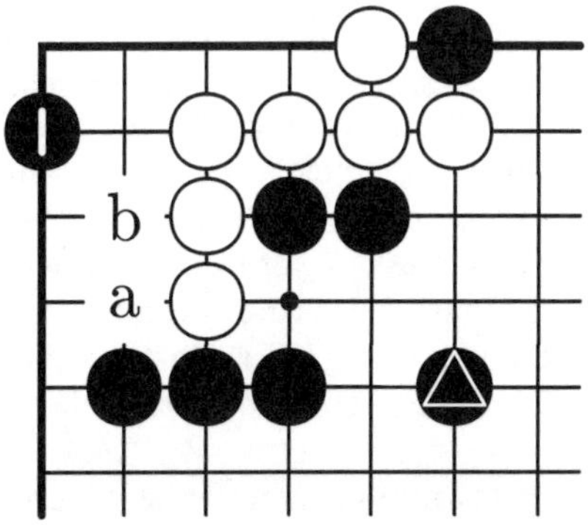

Die kreuzweise Kombination von
`\inifulldiagram` mit
`\showdiagram␣`v_a`-`v_e`:`h_a`-`h_e`␣`
und umgekehrt von
`\inidiagram␣`v_a`-`v_e`:`h_a`-`h_e`␣` mit
`\showfulldiagram`
ist erlaubt, wie für den ersten Fall mit dem nebenstehenden Beispiel bereits demonstriert wurde. Der zweite Fall kommt in Betracht, wenn eine bereits fortgeschrittene Go-Beschreibung für einen Teilbereich nochmals initialisiert und dann das Volldiagramm ausgegeben werden soll.

Zur Ausgabe von Spielsteinsymbolen im laufenden Text stellt `go.sty` noch die beiden Befehle

`\textblack{`*kennung*`}` und `\textwhite{`*kennung*`}`

bereit, in denen *kennung* für die gleichen Kennwerte steht, die bereits bei der Vorstellung der Spielsteinbefehle `\black` und `\white` genannt wurden. Die Symbolfolge ●, ○, ❸, ⑮, ▲ und □ oben auf der Seite 184 wurde dort mit `\textblack{.}`, `\textwhite{.}`, `\textblack{3}`, `\textwhite{15}`, `\textblack{\triangle}` und `\textwhite{\square}` erzeugt.

Im ostasiatischen Raum (China, Korea, Japan) gibt es für das Go-Spiel ein eigenes Schriftzeichen. Das Go-Paket stellt hierfür den METAFONT-Zeichensatz `gosign50.mf` bereit, worin die Zahl 50 auf die Entwurfsgröße von 50 pt verweisen soll. Dieser Zeichensatz enthält nur ein einziges Zeichen an der Zeichensatzposition '0' für das dortige Go-Schriftzeichen. Mit

```
\newfont{\gosfnt}{gosign50}
\newcommand{\gosymbol}{\gosfnt\symbol{0}}
\parbox{20mm}{\fbox{\gosymbol}}
```

wird das eingerahmte Go-Symbol wie nebenstehend ausgegeben.

3.3.2 Mögliche Probleme bei der Nutzung von go.sty

In der Einleitung zu diesem Abschnitt wurde bereits erwähnt, dass `go.sty` kein LaTeX-Ergänzungspaket, sondern ein TeX-Makropaket darstellt, das zur ursprünglichen Nutzung mit PLAINTeX gedacht war. Wird für die LaTeX-Bearbeitung eines Anwendertextes kein weiteres Makropaket benötigt, dann kann `go.sty` in gewohnter Weise mit `\usepackage{go}` in die LaTeX-Bearbeitung eingebunden werden.

Bei der Kombination mehrerer Ergänzungspakete kann es dagegen zu Kombinationsproblemen zwischen `go.sty` und weiteren Ergänzungspaketen kommen, wobei diese teilweise auch von der Reihenfolge der Einbindungen abhängen. So führt z. B. die linke Befehlsfolge

```
\documentclass{article}      \documentclass{article}
\usepackage{go}              \usepackage{german}
\usepackage{german}          \usepackate{go}
```

zu einer Fehlermeldung mit Abbruch, während die rechte Befehlsfolge zu einer einwandfreien LaTeX-Bearbeitung des nachfolgenden Textes führt. Die Aktivierung von `go.sty` mit anderen LaTeX-Makropaketen durch einen gemeinsamen `\usepackage`-Befehl sollte dagegen grundsätzlich vermieden werden.

Ist eine friedvolle Zusammenarbeit von `go.sty` mit weiteren LaTeX-Ergänzungspaketen auch durch Änderung der Aktivierungsreihenfolge nicht zu erzielen, dann kann versucht werden, `go.sty` lokal mit dem TeX-Lesebefehl `\input go.sty` einzulesen. Bei der Vielzahl von Ergänzungspaketen, die zur LaTeX-Bearbeitung des vorliegenden Buchtextes eingebunden wurden, erwies sich `go.sty` als inkompatibel, um es ebenfalls mit `\usepackage{go}` im Vorspann zu aktivieren. Die lokale Einbindung innerhalb dieses Abschnitts mit `\input go.sty` war jedoch möglich und führte zur problemlosen Vorstellung der hier beschriebenen Go-Befehle und Beispiele.

Auf eine mögliche Inkompatibilität sei hier für den Befehl `\symbol` hingewiesen. Dieser LaTeX-Standardbefehl wird in `go.sty` mit einer eigenen Definition überschrieben. Da die Go-Befehle `\letter` und `\symbol` gleichbedeutend sind, kann auf Letzteren verzichtet werden. Man sollte deshalb nach der Aktivierung von `go.sty` die Bedeutung von `\symbol` mit

```
\renewcommand{\symbol}[1]{\char#1\relax}
```

wieder herstellen, um ihn in gewohnter Weise mit LaTeX zu nutzen.

Der Go-Befehl `\letter` führt zu der naheliegenden Konsequenz, dass `go.sty` nicht mit der Bearbeitungsklasse `letter` kombiniert werden kann, was vermutlich jedoch nicht als unakzeptable Einschränkung anzusehen ist. Sollte ein Go-Problem mit einem Brief versand werden, dann kann dessen Dokumentation mit einem eigenen kleinen File und der Bearbeitungsklasse `article` erstellt und dem Brief als Anlage beigefügt werden.

Der Befehl `\empty` aus PLAINTeX, der auch in LaTeX bekannt ist, wird in `go.sty` neu definiert. Dies kann möglicherweise zu unvorhersehbaren Nebenwirkungen führen, für die ich keine Abhilfe anbieten kann, ohne `go.sty` weitgehend abzuändern. Bei der Nutzung von `go.sty` im vorliegenden Buchtext traten solche Nebenwirkungen jedoch nicht auf.

3.4 Kartenspiele

Die Kartensymbole $\clubsuit$, $\spadesuit$, $\heartsuit$ und $\diamondsuit$ sind Bestandteil der mathematischen TeX-Zeichensätze `cmsy`*n* in den angebotenen Vergrößerungsstufen *n*. Sie stehen damit bei jeder TeX-Installation innerhalb mathematischer Bearbeitungsmodi mit den Ausgabebefehlen `\clubsuit`, `\spadesuit`, `\heartsuit` und `\diamondsuit` zur Verfügung.

Die direkte Nutzung dieser Symbole in Kombination für weitere Kartenkennungen wie $\spadesuit$K, $\clubsuit$A, $\diamondsuit$7 u. Ä. würde sich als recht mühsam erweisen. Auf den CTAN-Fileservern findet man unter

```
/tex-archive/macros/latex/contrib/other/bridge
```

das Textfile `bridge.tex`, das einen Artikel mit dem Titel „Typesetting Bridge" von C. G. VAN DER LAAN, Groningen, über die Dokumentation von Bridge zusammen mit einigen Makrovorschlägen und deren Wirkungsbeschreibungen enthält. Die nachfolgenden Hinweise und Vorschläge basieren auf diesem Artikel.

Fertige Ergänzungspakete zur Dokumentation von Kartenspielen habe ich auf den CTAN-Fileservern nicht gefunden. Die Erstellung geeigneter Darstellungsmakros sollte mit den vorgestellten Beispielen auch für LaTeX-Normalanwender möglich sein. Versiertere Anwender, die über Darstellungsmakros oder gar Ergänzungspakete für die bei uns populären Kartenspiele wie Skat, Doppelkopf usw. verfügen, mögen diese über DANTE veröffentlichen.

3.4.1 Anwendereigene Hilfsmakros

Die originären TeX-Kartenspielsymbole in beliebigen Bearbeitungsmodi und unter einfacheren Namen können mit den Befehlsdefinitionen

```
\newcommand{\club}{\ensuremath{\clubsuit}}
\newcommand{\spade}{\ensuremath{\spadesuit}}
\newcommand{\heart}{\ensuremath{\heartsuit}}
\newcommand{\diam}{\ensuremath{\diamondsuit}}
```

eingerichtet werden. Für rein deutsche Anwendungen könnten statt der Befehlsnamen `\club`, `\spade`, `\heart` und `\diam` hier auch `\kreuz`, `\pik`, `\herz` und `\karo` gewählt werden.

Zur Darstellung der Karten in der Hand eines Spielers kann mit der nebenstehenden Befehlsdefinition das Makro `\hand` eingerichtet werden. Es erlaubt Eingaben wie

```
\hand{A 10 9}{K B}{D 8 7}{B A}
```

zur Ausgabe von $\spadesuit$ A 10 9
$\heartsuit$ K B
$\diamondsuit$ D 8 7
$\clubsuit$ B A

```
\newcommand{\hand}[4]{%
 \begin{minipage}[t]{8em}
  \begin{tabbing}
   \spade\ \= #1 \\
   \heart  \> #2 \\
   \diam   \> #3 \\
   \club   \> #4 \\
  \end{tabbing}
 \end{minipage} }% end \hand
```

Die vier Argumente dieses `\hand`-Makros beziehen sich auf die Spielkartenwerte der vier Farben $\spadesuit$, $\heartsuit$, $\diamondsuit$ und $\clubsuit$, und zwar in dieser Reihenfolge. Für die einzelnen Spielkartenwerte sollten deren Zahlen oder die Anfangsbuchstaben der Figuren verwendet werden, wobei darauf zu achten ist, dass Letztere eindeutig sind, z. B. 'K' für König, 'D' für Dame, 'B' für Bauer und 'A' für As. Dagegen wäre ein 'J' als Kennzeichnung für Junge oder Joker ohne ausdrückliche Zuordnungserklärung verwechselbar.

Die mit diesem `\hand`-Makro bereitgestellte Farbreihenfolge ♠, ♡, ♢ und ♣ ist zur Dokumentation von Poker oder Bridge geeignet. Für Kartenspiele mit einer anderen Rangfolge wie z. B ♣, ♠, ♡ und ♢ sollte die Definitionsänderung vom Anwender leicht vorzunehmen sein.

3.4.2 Bridge – Kartenverteilung und Spielphase

Der eingangs genannte Artikel „Typesetting Bridge" von Kees van der Laan schlägt zur Dokumentation von Spielabläufen Diagramme in Form von vier Teildiagrammen vor, wie sie mit dem vorhergehenden `\hand`-Makro erzeugt werden. Diese werden um ein Quadratfeld mit den Randmarkierungen 'N', 'O', 'S' und 'W' als Abkürzungen für die Sitzpositionen Nord, Ost, Süd und West angeordnet, evtl. ergänzt um die Information über den Kartengeber und den Spielzustand.

Der Bridge-Artikel schlägt hierzu ein Gestaltungsmakro `\crdima` mit sechs Argumenten und der Syntax

`\crdima{`*geber*`}{`*info*`}{`*nord*`}{`*west*`}{`*ost*`}{`*süd*`}`

vor, mit dem Spielanfang und Spielfortschritt dargestellt werden können. Hierbei steht *geber* für die Kennzeichnung des Kartengebers und seine Angreifbarkeit (engl. vulnerability), *info* für eine evtl. Information zum Spielzustand und *nord*, *west*, *ost* sowie *süd* für die Kartensätze der Spieler auf diesen so gekennzeichneten Sitzpositionen. Die Kartensätze für die vier Sitzpositionen sind mit `\hand`-Befehlen zu übergeben.

N/Keine	♠ B 7 4 ♡ A B ♢ D B 10 2 ♣ D 8 7 4	Spielanfang
♠ A 3 ♡ K 7 6 ♢ 9 6 3 ♣ K B 9 5 2	N W O S	♠ K 8 6 ♡ 10 9 5 4 2 ♢ 8 7 4 ♣ 10 3
	♠ D 10 9 5 2 ♡ D 8 3 ♢ A K 5 ♣ A 6	

```
\crdima{N/Keine}{Spielanfang}
   {\hand{B 7 4}{A B}
          {D B 10 2}{D 8 7 4}}
   {\hand{A 3}{K 7 6}{9 6 3}
          {K B 9 5 2}}%
   {\hand{K 8 6}{10 9 5 4 2}
          {8 7 4}{10 3}}%
   {\hand{D 10 9 5 2}{D 8 3}
          {A K 5}{A 6}}
```

Ein Eintrag für das zweite Argument *info*, der sich bei der Ausgabe über mehrere Zeilen erstrecken soll, ist in eine Absatzbox (`\parbox` oder Minipage) zu fassen.

Als Definition für das `\crdima`-Makro schlägt der Bridge-Artikel vor:

```
\newsavebox{\NESW}
\savebox{\NESW}[4em]{\raisebox{-1.5\baselineskip}%
   {\fbox{\small W \raisebox{2.6ex}{N} \hspace*{-1em}
          \raisebox{-2.6ex}{S} O} } }% end \NESW
\newcommand{\crdima}[6]{\begin{tabular}[t]{lll}
          #1 & #3            & #2\\
          #4 & \usebox{\NESW} & #5\\
             & #             \end{tabular} }% end \crdima
```

Zur Darstellung von Verteidigungssituationen werden oft nur die Kartenverteilungen des Spielers und eines Strohmanns dargestellt. Hierzu sind die Eingabewerte für die anderen Spieler durch Leerargumente im `\crdima`-Makro anzugeben.

N/Keine ♠ B 7 O spielt ♠ 6
♡ A B
♢ D B 10 2
♣ D 8 7

♠ 3
♡ K 7 6
♢ 9 6 3
♣ B 9 5 2

N / W O / S

```
\crdima{N/Keine}
  {O spielt \spade\ 6}
  {\hand{B 7}{A B}
        {D B 10 2}{D 8 7}}%
  {\hand{3}{K 7 6}
        {9 6 3}{B 9 5 2}}%
  {}{}
```

Mit zunehmendem Spielfortschritt kommt es immer häufiger zu der Situation, dass einige Spielkartenfarben bei einzelnen Spielern nicht mehr verfügbar sind. Dies kann durch die Angabe von '`--`' bei dem entsprechenden Argument für den zugehörigen `\hand`-Befehl gekennzeichnet werden.

♠ B 7 S spielt
♡ A ♣ A aus
♢ –
♣ –

♠ 3 ♠ K
♡ K 7 ♡ 9
♢ – ♢ 10
♣ – ♣ –

N / W O / S

♠ 5
♡ 8
♢ –
♣ A

```
\crdima{}{\parbox[t]{8em}{
   S spielt\\ \club\ A aus
      } }%
  {\hand{B 7}{A}{--}{--}}
  {\hand{3}{K 7}{--}{--}}
  {\hand{K}{9}{10}{--}}
  {\hand{5}{8}{--}{A}}
```

Dieses Beispiel zeigt gleichzeitig auch eine zweizeilige Ausgabe beim zweiten `\crdima}`-Argument durch Einschachteln in eine Absatzbox.

Zur Erörterung bestimmter Spieltechniken werden häufig nur die Verteilungen einzelner Spielfarben angezeigt. Dies kann durch Ersetzen der `\hand`-Befehle durch direkte Kartenbefehle beim Aufruf des `\crdima`-Makros versucht werden.

♣ A D
♣ B 5 ♣ K 6
N / W O / S
♣ 7 4

```
\crdima{}{}{\club\ A D}{\club\ B 5}
  {\club\ K 6}{\club\ 7 4}
```

Das hiermit erzielte Ergebnis entspricht jedoch vermutlich nicht den Darstellungswünschen des Anwenders für diese Aufgabe.

Eine verbesserte Darstellung kann mit einer `tabular`-Umgebung erzielt werden. Ein geeigneter Makrovorschlag wird in [3, Abschn. 8.6.1] mit

```
\newcommand{\crdexa}[5]{{\renewcommand{\arraystretch{1.2}}%
  \begin{tabular}{l|@{}c@{}|l}
    \multicolumn{1}{c}{} & \multicolumn{1}{c}{#1 #2}  \\ \cline{2-2}
       & N & \\   #1 #2 &\,W\hfill O\,& #1 #4\\ & S &\\ \cline{2-2}
    \multicolumn{1}{c}{} & \multicolumn{1}{c}{#1 #5}
  \end{tabular}}}
```

vorgestellt, dessen Aufrufsyntax lautet:

`\cdrexa{`*k_farbe*`}{`*nord*`}{`*west*`}{`*ost*`}{`*süd*`}`

Hierin steht *k_farbe* für die auszuwählende Kartenfarbe, also für `\club` `\heart`, `\diam` oder `\spade`. Die anderen vier Parameter *nord*, *west*, *ost* und *süd* stehen für die zugehörigen Sitzpositionen, denen die zugehörigen Zahlen- oder Symbolwerte der Spielkarten für die ausgewählte Kartenfarbe zuzuweisen sind.

Der Aufruf

```
\crdexa{\club}{A D}{B 5}{K 6}{7 4}
```

erzeugt nunmehr das harmonischere Ausgabebild:

	♣A D	
♣A D	N W O S	♣K 6
	♣7 4	

3.4.3 Bridge – Reizphase

Die Reizphase bestimmt beim Bridge-Spiel die Paarbildung zwischen den vier Spielern. Der Bridgeartikel `bridge.tex` stellt zur Dokumentation der Reizphase die `bidding`-Umgebung vor. Ihre Nutzung wird mit dem nachfolgenden Beispiel erläutert und demonstriert.

```
\begin{bidding}
  -- \> 1\club \> no \> 1\spade\\
  no \> 2\spade\> no \> 4\spade\\
  a.p.
\end{bidding}
```

West	North	East	South
–	1♣	no	1♠
no	2♠	no	4♠
a.p.			

Die Definition der `bidding`-Umgebung erfolgte hierbei mit

```
\newenvironment{bidding}%
  {\begin{tabbing}
     xxxxxx\=xxxxxx\=3xxxxxx\=xxxxxx \kill
     West  \>North \>East   \>South\\
  }{\end{tabbing} }% end bidding
```

Für rein deutsche Anwendungen würde man hier sinnvollerweise die Positionsangaben `West`, `North`, `East` und `South` in dieser Umgebungsdefinition durch ihre deutschen Äquivalente `West`, `Nord`, `Ost` und `S\"ud` ersetzen.

In der Bridge-Literatur wird bei der Erörterung der Reiztheorie solch ein Reizdiagramm häufig in Verbindung mit dem Kartensatz in der Hand eines Spielers gezeigt. Dies kann durch das Nebeneinanderstellen des `\hand`-Befehls mit der `bidding`-Umgebung innerhalb einer Absatzbox erreicht werden, da der `\hand`-Befehl selbst intern eine `minipage`-Umgebung mit der Ausrichtung seiner obersten Zeile darstellt (siehe die entsprechende Definition in

3.4.1). Ein Kombinationsdiagramm wie

	West	Nord	Ost	Süd
♠ 3 2				
♡ K J 10 8 5 2	–	1♢	1♡	no
♢ D 6 3	2♡			
♣ K 3				

kann deshalb leicht mit einer Eingabestruktur wie nebenstehend erzeugt werden. Man beachte hierbei den Ausrichtungsparameter t, der implizit auch bei der \hand-Struktur zur Anwendung kommt.

```
\hand{..}{..}{..}{..}\qquad
\begin{minipage}[t]{45mm}
  \begin{bidding} ... ...
  \end{bidding}
\end{minipage}
```

Die begrenzten Makroangebote zur Dokumentation von Kartenspielen auf den öffentlichen TEX-Fileservern sind vielleicht darin begründet, dass sie mit relativ einfachen anwendereigenen Makros aus dem TEX-Standardangebot realisiert werden können, wie hier mit dem Bridge-Artikel dargelegt. Die darin vorgeschlagenen Makros können für LATEX-Darstellungen anderer Kartenspiele als Muster für Modifikationen übernommen und genutzt werden. Ansonsten sind versierte TEX-Anwender, wie bereits eingangs dieses Abschnitts erwähnt, aufgefordert, solche Makropakete zu entwickeln und auf den TEX-Fileservern anzubieten.

3.5 Kreuzworträtsel

Ein LATEX-Makropaket zur Gestaltung von Kreuzworträtseln wurde bereits 1990 von BRIAN HAMILTON KELLY bereitgestellt und in [22, Vol. 11, 1990] beschrieben. Zur Erzeugung von Kreuzworträtseln beschränkt sich dieses Makropaket auf quadratische Diagramme, die aus gleich vielen horizontalen und vertikalen Feldern bestehen.

Ein universellerer Makrosatz mit beliebig rechteckigen Rätseldiagrammen und verschiedenen Ausfüllformen stammt von GERD NEUGEBAUER, dem derzeitig verantwortlichen Redakteur der DANTE-Vereinszeitschrift „Die TEXnische Kommödie“. Er hat diesen Makrosatz in [23, 1996/2, 3] mit einem schönen Beispiel vorgestellt.

Beide Makropakete findet man auf den TEX-Fileservern unter dem gemeinsamen Oberverzeichnis `/tex-archive/macros/latex/contrib/other` in jeweils einem eigenen Unterverzeichnis, und zwar das Paket von B. H. KELLY unter `./crosswrd` und das von G. NEUGEBAUER unter `./crossword`. Ich beschränke mich bei der Darstellung der Gestaltung von Kreuzworträtseln auf das zweite, da es die Gestaltungsmöglichkeiten des ersten umfasst und über dieses hinausgeht.

3.5.1 Installation und Dokumentation von cwpuzzle

Das auf den TEX-Fileservern unter dem angeführten Unterverzeichnis `./crossword` angebotene Paket besteht aus einem `README`-Textfile sowie dem File `cwpuzzle.dtx` mit dem dokumentierten Makrocode und dem Installationsfile `cwpuzzle.ins`. Mit der TEX-Bearbeitung des Installationsfiles, also dem Programmaufruf '`tex cwpuzzle.ins`' entsteht das Ergänzungspaket `cwpuzzle.sty`, das in gewohnter Weise mit dem Vorspannbefehl `\uspackage{cwpuzzle}` beim Anwender aktiviert werden kann.

Das dokumentierte Makrofile `cwpuzzle.dtx` enthält implizit eine Nutzungsbeschreibung mit erläuternden Beispielen. Es kann durch zweimalige LaTeX-Bearbeitung von `cwpuzzle.dtx`, also den Aufrufen '`latex cwpuzzle.dtx`' und einer anschließenden MakeIndex-Bearbeitung der hierbei erzeugten Files `cwpuzzle.idx` und `cwpuzzle.glo` in der Form

```
makeindx -s gind.ist cwpuzzle    und
makeindx -s gglo.ist cwpuzzle.gls
```

vorbereitet werden (siehe hierzu auch 1.2.2). Abschließend ist `cwpuzzle.dtx` ein drittes Mal mit LaTeX zu bearbeiten, wobei nun das endgültige Bearbeitungsergebnis einschließlich eines Stichwortverzeichnisses und der Entwicklungsgeschichte entsteht. Das nach dem dritten LaTeX-Durchgang entstandene File `cwpuzzle.dvi` kann nun als endgültiges Dokumentationsendergebnis ausgedruckt werden.

3.5.2 Kreuzworträtsel in Standardform

Das Ergänzungspaket `cwpuzzle.sty` stellt zur Erstellung und Aufbereitung von Kreuzworträtsel-Diagrammen die `Puzzle`-Umgebung bereit, deren zwei Aufrufargumente

`\begin{Puzzle}{`*spalten_zahl*`}{`*zeilen_zahl*`}`

die Anzahl der Spalten und Zeilen für das Diagramm vorgeben. Die `Puzzle`-Umgebung greift intern auf die LaTeX-Umgebung `picture` zu, die ihrerseits das Kreuzwortdiagramm konstruiert. Die einzelnen Felder dieses Diagramms werden innerhalb der `Puzzle`-Umgebung durch `|`-Eingaben getrennt, zwischen denen mit einer `*`-Eingabe ein schwarzes Trennfeld und mit einer Buchstabeneingabe ein weißes Eingabefeld mit dem Lösungsbuchstaben gekennzeichnet wird. Vor der Buchstabeneingabe kann in einem eckigen Klammerpaar eine Positionszahl eingetragen werden, die links oben als kleine Zahl in dem Lösungsfeld erscheint. Die einzelnen Feldzeilen werden mit einem Punktzeichen abgeschlossen.

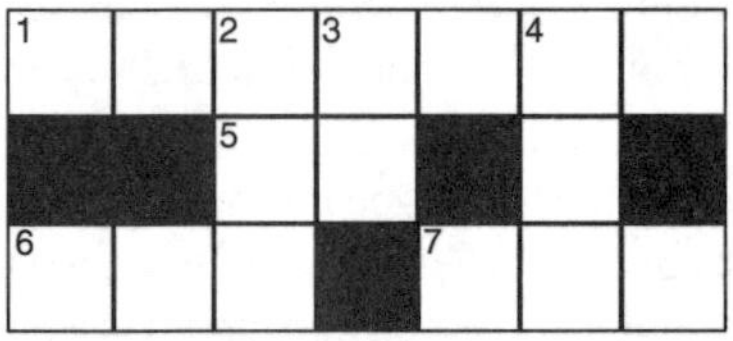


```
\begin{Puzzle}{7}{3}
|[1]T|A  |[2]B|[3]U|L   |[3]A|R  |.
|*   |*  |[5]I|M    |*   |B   |*  |.
|[6]A|B  |O   |*    |[7]E|T   |A  |.
\end{Puzzle}
```

Die Angabe der Lösungsbuchstaben bei der Beschreibung des Kreuzwortdiagramms erscheint hier zunächst unverständlich, zumal diese in dem zugehörigen ungelösten Diagramm nicht erscheinen, wie das Ausgabebeispiel zeigt. Sie bekommen ihren Sinn erst mit dem Lösungsdiagramm, dass später gezeigt wird und mit der gleichen Eingabe realisiert werden kann, ohne dazu deren redundante Diagrammangaben nochmals vorzunehmen.

Zu jedem Kreuzworträtsel gehört eine Liste mit der Beschreibung der Lösungswörter an den mit den Eingabezahlen gekennzeichneten Diagrammfeldern. Hierzu dient die `PuzzleClues`-Umgebung, die mit einem Argument als Listenvorwort anzugeben ist.

`\begin{PuzzleClues}{`*vorwort*`}`

Eine solche Lösungsliste ist sowohl für die horizontale als auch für die verikale Lösungsbeschreibung anzugeben, so dass für deren Voreintrag *vorwort* die Angaben ‚Waagerecht' und ‚Senkrecht' oder 'Across' und 'Down' bei englischsprachigen Kreuzworträtseln üblich sind. Innerhalb der `PuzzleClue`-Umgebung selbst werden die Lösungsbegriffe mit `\Clue`-Befehlen eingerichtet. Deren Syntax lautet:

`\Clue{`*num*`}{`*lös_wort*`}{`*kurz_beschr*`}`

wobei *num* für die Positionsnummer im Kreuzwortdiagramm, *lös_wort* für das Lösungswort und *kurz_beschr* für eine Kurzbeschreibung des gesuchten Lösungsworts steht. Die Angabe für das Lösungswort bleibt für die interne Verarbeitung derzeit noch unberücksichtigt, sie mag bei einer späteren Version zur internen Kontrolle für die im Diagramm verwendeten Lösungsbuchstaben genutzt werden.

Die `PuzzleClues`-Umgebung erzeugt eine Liste mit einer Textbreite, die knapp die Hälfte der eingestellten Seitentextbreite einnimmt. Zwei aufeinander folgende `PuzzleClues`-Umgebungen, die gewöhnlich die horizontalen und vertikalen Lösungswörter beschreiben, werden horizontal nebeneinander gestellt. Diese Listen mit den Lösungsbeschreibungen erscheinen in der gleichen Größe wie Fußnoten. Die passende Eingabe für das obige Kreuzworträtseldiagramm mit

```
\begin{PuzzleClues}{\textbf{Waagerecht}:}
  \Clue{1}{TABULAR}{Umgebungsname f"ur Tabellen}
  \Clue{5}{IM}{Kurzform f"ur `in dem'}
  \Clue{6}{ABO}{Kurzwort f"ur Dauerbezug von Zeitschriften}
  \Clue{7}{ETA}{Griechischer Buchstabe}
\end{PuzzleClues}
\begin{PuzzleClues}{\textbf{Senkrecht}:}
  \Clue{2}{BIO}{Vorsilbe (griech.) f"ur Leben(s)-}
  \Clue{3}{UM}{\ldots\ herum}
  \Clue{4}{AXT}{Spaltwerkzeug}
\end{PuzzleClues}
```

erzeugt:

Waagerecht: 1 Umgebungsname für Tabellen 5 Kurzform für 'in dem' 6 Kurzwort für Dauerbezug von Zeitschriften 7 Griechischer Buchstabe

Senkrecht: 2 Vorsilbe (griech.) für Leben(s)- 3 ... herum 4 Spaltwerkzeug

Auf die `Puzzle`-Umgebung zur Erzeugung des Kreuzwortdiagramms wird man zweckmäßig das `PuzzleClues`-Umgebungspaar mit den Lösungslistenbeschreibungen für die horizontalen und vertikalen Lösungswörter folgen lassen, damit beide in der Ausgabe unmittelbar aufeinander folgen, also die Lösungbeschreibungen unmittelbar unter dem Kreuzwortdiagramm.

Mit der Befehlserklärung `\PuzzleSolution` wird erreicht, dass alle nachfolgenden Kreuzwortdiagramme mit ihren eingetragenen Lösungsbuchstaben ausgegeben werden, bis dieses Verhalten durch die aufhebende Erklärung `\PuzzleUnsolved` beendet wird. Parallel zu der Umschaltung auf die gelösten Kreuzwortdiagramme wird die Ausgabe der Lösungsbeschreibung mit den `PuzzleClues`-Umgebungen unterdrückt, da diese für die Kreuzwortdiagramme mit den eingetragenen Lösungsdiagrammen ihren Sinn verlieren.

Die Befehlserklärung zur Ausgabe von Kreuzwortdiagrammen mit den Lösungsbuchstaben kennt zwei alternative Varianten durch Beistellung eines optionalen Arguments

`\PuzzleSolution[`*m/o_num*`]`

womit das Lösungsdiagramm gleichzeitig *mit* oder *ohne* die zugehörigen Kennzeichnungen mit den Feldnummern erscheint. Als Argumenteintrag ist hierfür nur `true` oder `false` erlaubt, mit der Wirkung, dass `true` zur Ausgabe der zusätzlichen Feldnummern führt und `false` (Standardeinstellung) diese unterdrückt. Demzufolge führt `\PuzzleSolution` für das obige Kreuzwort-Beispieldiagramm zu dem linken und `\PuzzleSolution[true]` zu dem rechten Ausgabediagramm

T	A	B	U	L	A	R
■	■	I	M	■	B	■
A	B	O	■	E	T	A

1 T	A	2 B	3 U	L	4 A	R
■	■	5 I	M	■	B	■
6 A	B	O	■	7 E	T	A

Innerhalb der |-Eingaben zur Trennung der Einzelfelder eines Kreuzwortdiagramms erfolgt die Einrichtung eines schwarzen Feldes mit * und eines weißen Feldes mit der Angabe des dortigen Lösungsbuchstabens, dem optional mit [*n*] eine Feldkennzahl vorangestellt werden kann, wie bereits bei der Vorstellung der `Puzzle`-Umgebung auf S. 193 dargestellt wurde. Zusätzlich kann innerhalb der |-Trennpaare ein leeres `{}`-Klammerpaar zur Feldkennzeichnung angegeben werden, was zu einem Leerfeld *ohne* Umrandung führt. Damit können in einem Kreuzwortdiagramm Felder ausgespart werden, womit auch nichtrechteckige Diagramme konstruiert werden können.

```
\PuzzleSolution[true]
\begin{Puzzle}{5}{5}
  |{}    |{}    |[1]S|.
  |{}    |[2]M|I     |[3]D|.
  |[4]T|I     |M     |E     |S     |.
  |{}    |[5]N|E     |G     |.
  |{}    |{}    |Q     |.
\end{Puzzle}
```

führt zu

		1 S		
	2 M	I	3 D	
4 T	I	M	E	S
	5 N	E	G	
		Q		

Mit dieser Technik können auch größere Felder im Innern eines rechteckigen Kreuzwortdiagramms ausgespart werden. Zur anschließenden Füllung von solchen ausgesparten rechteckigen Feldern dient der Befehl `\Frame`. Dessen Syntax lautet:

`\Frame{`*l*`}{`*u*`}{`*w*`}{`*h*`}{`*inhalt*`}`

Hierbei steht das erste Parameterpaar *l* und *u* zur Kennzeichnung der linken unteren Ecke des ausgesparten Rechtecks, gezählt in Einzelfeldern von der linken unteren Ecke des Gesamtdiagramms. Das zweite Parameterpaar *w* und *h* kennzeichnet die Weite und Höhe des ausgesparten Rechtecks, ebenfalls gezählt in Einzelfeldern. Der letzte Parameter *inhalt* bestimmt den Textinhalt für das ausgesparte Rechteck, der dort zentriert und umrahmt erscheint.

```
\begin{Puzzle}{8}{6}
% \Frame{2}{2}{4}{2}{\textsf{Kreuzwort-\\R"atsel}}
  |[1]E|*    |[2]N |U     |L     |[3]L |*     |[4]V|.
  |[5]T|[6]R|I     |A     |N     |G     |[7]L|E     |.
```

```
|A   |U    |{}    |{}   |{}   |{}    |[8]C|C   |.
|*   |L    |{}    |{}   |{}   |{}    |E   |*   |.
|[9]B|E    |T     |[10]A|*    |[11]L|I   |M   |.
|E   |*    |[12]L|A    |B    |E    |L   |*   |.
\end{Puzzle}
```

führt zu

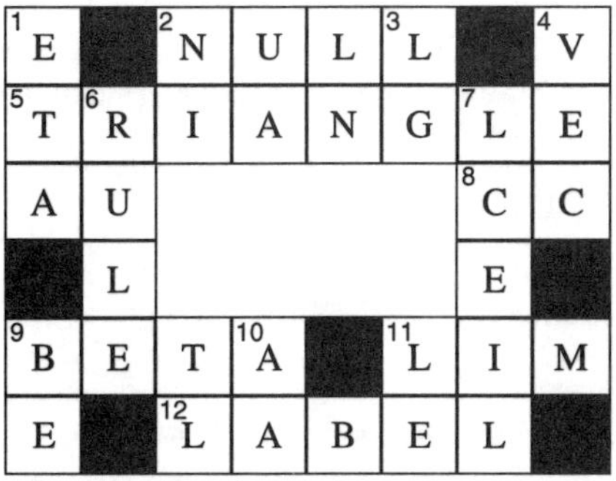

Beim linken Diagramm war der `\Frame`-Befehl herauskommentiert, der beim rechten Diagramm benutzt wurde. Gleichzeitig war beim linken Diagramm der Lösungsmodus `\PuzzleSolution[true]` aktiv, während rechts die Standardeinstellung und damit `\PuzzleUnsolved` zur Anwendung kam.

3.5.3 Kreuzworträtsel-Sonderformen

Das Ergänzungspaket `cwpuzzle.sty` bietet zwei Sonderformen zur Erzeugung von Kreuzworträtseln an: Kreuzwort-Nummernrätsel und Kreuzwort-Ausfüllungsrätsel. Beide Sonderformen werden in gewohnter Weise mit der `Puzzle`-Umgebung erzeugt, die durch einige Zusatzbefehle ergänzt wird.

Unter einem Kreuzwort-Nummernrätsel versteht man ein Kreuzwort-Diagramm, bei dem *jedes* Feld durch eine Zahl gekennzeichnet wird, wobei gleichen Lösungsbuchstaben gleiche Zahlen entsprechen. Eine Liste mit Lösungsbeschreibungen mittels der `PuzzleClues`-Umgebung entfällt und wird ersetzt durch eine einzeilige Feldreihe zum Eintragen der gefundenen Lösungsbuchstaben sowie einer Auflistung aller in Betracht kommenden Buchstaben in meistens alphabetischer Reihenfolge.

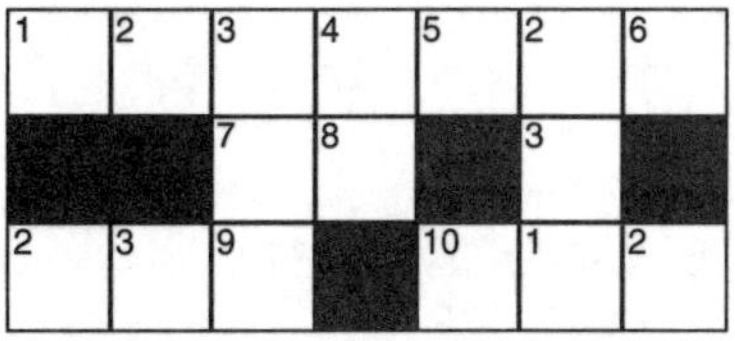

The following letters are used: ABEILMORTU

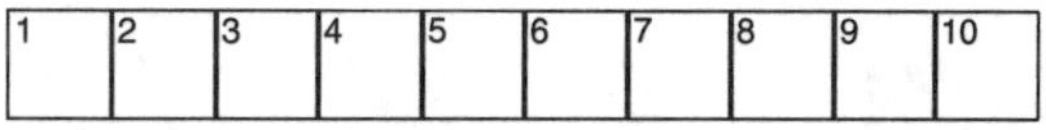

Das Kreuzwortdiagramm wird hierbei in gewohnter Weise durch die `Puzzle`-Umgebung eingerichtet, wobei jedes weiße Feld durch eine Nummer zu kennzeichnen ist, so dass gleiche Nummern auf gleiche Lösungsbuchstaben verweisen. Zur Gestaltung der rechten Seite im obigen Gesamtdiagramm stehen die beiden Befehle

\PuzzleLetters{*buchst_folge*}
\PuzzleNumbers{*lösungs_folge*}

zur Verfügung, wobei *buchst_folge* für die Liste aller in Betracht kommenden Buchstaben steht (obere Zeile im rechten Diagrammteil) und *lösungs_folge* die Zuordnung der Lösungsbuchstaben zu den Lösungsnummern bestimmt, woraus zunächst nur die Anzahl der erforderlichen Felder ermittelt wird (untere Zeile im rechten Diagrammteil).

Der Eingabetext für die obige Diagrammstruktur erfolgte innerhalb zweier `minipage`-Umgebungen mit den Breiten 50 mm für das linke Kreuzwort-Nummerndiagramm und 70 mm für die rechte Seite mit der Auflistung der in Betracht kommenden Lösungsbuchstaben und der Nummernfeldzeile. Die Eingabe für die rechte Seite erfolgt hierbei mit

```
\PuzzleLetters{ABEILMORTU}\medskip\par
\PuzzleNumbers{TABULRIMOE}
```

Beide Diagramme erscheinen mit der Lösungsumschaltung `\PuzzleSolution[true]` als

1 T	2 A	3 B	4 U	5 L	2 A	6 R
■	■	7 I	8 M	■	3 B	■
2 A	3 B	9 O	■	10 E	1 T	2 A

The following letters are used: ABEILMORTU

1 T	2 A	3 B	4 U	5 L	6 R	7 I	8 M	9 O	10 E

Der Eingabetext für das Kreuzwort-Nummerndiagramm mittels der `Puzzle`-Umgebung kann aus dem Lösungsdiagramm sofort abgeleitet werden und braucht deshalb hier nicht explizit angegeben zu werden.

Bei umfangreicheren Kreuzwort-Nummernrätseln werden häufig einige Lösungswörter in das ungelöste Diagramm als Lösungshilfe eingetragen. Das Ergänzungspaket `cwpuzzle.sty` enthält hierfür keine direkte Befehlsstruktur. Eines solche kann jedoch vom Anwender ergänzt werden, worauf in im nächsten Unterabschnitt eingehe. Das Gleiche gilt für die erforderliche Modifikation, um den Text "The following letters are used:", der automatisch mit dem `\PuzzleLetters`-Befehl ausgegeben wird, durch ein passendes deutsches Äquivalent zu ersetzen.

Die zweite Kreuzworträtsel-Sonderform wurde oben als Kreuzwort-Ausfüllungsrätsel bezeichnet. Bei diesem besteht das Kreuzwortdiagramm nur aus scharzen Trennfeldern und weißen leeren Eintragfeldern. Die zugehörige Lösungsaufgabe wird dann durch die Angabe der Lösungswörter der verschiedenen Längen aufgelistet, die widerspruchsfrei in das Kreuzwortdiagramm einzutragen sind.

■	■			■		■
			■			

Words of length 2: IM UM
Words of length 3: ABO BIO ABT ETA
Words of length 7: TABULAR

Das Kreuzwortdiagramm wird auch hier mit der `Puzzle`-Umgebung erzeugt, wobei die `|`-Eingabetrennpaare nur die Angaben '`*`' oder die Lösungsbuchstaben einschließen. Zur Beschreibung der Lösungsaufgabe dient die Umgebung `PuzzleWords`, die mit

\begin{PuzzleWords}{*w_länge*} ... ... \end{PuzzleWords}

das Eingabeargument *w_länge* für die jeweilige Wortlänge festlegt. Für jede der vorhandenen Wortlängen ist eine solche PuzzleWords-Umgebung einzurichten, innerhalb derer mit Befehlen der Form \Word{*wort*} die Lösungswörter dieser Länge aufzulisten sind. Im vorhergehenden Beispiel wurden so für die Wortlänge von drei Buchstaben

```
\begin{PuzzleWords}{3}
  \Word{ABO} \Word{BIO} \Word{ABT} \Word{ETA}
\end{PuzzleWords}
```

eingerichtet. Für deutsche Anwender ist die PuzzleWords-Umgebung mit den Hinweisen des nächsten Abschnitts zu modifizieren, damit für die Textausgabe "Words of length *n*:" deren deutsches Äquivalent erscheint.

3.5.4 Anwendereigene Einstellmöglichkeiten und Anpassungen

Das Ergänzungspaket cwpuzzle.sty richtet intern ein Längenregister (Längenbefehl) \PuzzleUnitLength ein, das dort mit dem Längenmaß von 20 pt initialisiert ist. Dieses Längenregister bestimmt die Kantenlänge der weißen und schwarzen Felder innerhalb des Kreuzwortdiagramms.

Die Puzzle-Umgebung aktiviert ihrerseits die LaTeX-picture-Umgebung, mit deren Mitteln das Kreuzwortdiagramm konstruiert wird. Die Positionierungskoordinaten der picture-Umgebung sind Vielfache der dortigen Längeneinheit \unitlength, (siehe [5a, 6.1]), die zur Konstruktion der Kreuzwortdiagramme mit \PuzzleUnitLength gleichgesetzt wird. Mit der Neuzuweisung einer Maßangabe mittels

\setlength{\PuzzleUnitLength}{*maßangabe*}

kann die Kantenlänge der weißen und schwarzen Elementarfelder vom Anwender jederzeit verändert werden, was zu einer proportionalen Größenänderung des gesamten Kreuzwortdiagramms führt.

Zur Einstellung der in Kreuzworträtseln verwendeten Zeichensätze stellt das Ergänzungspaket cwpuzzle.sty drei Zeichensatzbefehle bereit: \PuzzleFont zur Einstellung der Schrift für die Lösungsbuchstaben und \PuzzleNumberFont zur Einstellung der Schrift für die Nummern in den Kreuzwortdiagrammen sowie \PuzzleClueFont zur Einstellung der Schrift in der Lösungsbeschreibung mittels der PuzzleClue-Umgebung. Diese Zeichensatzbefehle werden in cwpuzzle.sty mit

```
\newcommand{\PuzzleFont}{\rm\normalsize}
\newcommand{\PuzzleNumberFont}{\sf\scriptsize}
\newcommand{\PuzzleClueFont}{\footnotesize}
```

definiert. Sie können bei Bedarf vom Anwender mit \renewcommand-Befehlen umdefiniert werden.

Bei Kreuzwort-Nummern- und Kreuzwort-Ausfüllungsrätseln erzeugt der dort verwendete Befehl \PuzzleLetters bzw. die PuzzleWords-Umgebung u. a. die Ausgabetexte "The following letters are used:" bzw. "Words of length *n*" (s. o). Diese werden durch die internen Textbefehle mit den Definitionen

```
\newcommand{\PuzzleLettersText}{The following letters are used: }
\newcommand{\PuzzleWordsText}[1]{Words of length #1: }
```

bereitgestellt, die für deutsche Anwendungen mit umdefinierenden `\renewcommand`-Befehlen durch ihre deutschen Äquivalente ersetzt werden können.

Am Ende der `Puzzle`-Umgebung wird der interne Befehl `\PuzzleHook` aufgerufen und zur Ausführung gebracht. Dieser ist standardmäßig ein Leerbefehl, der somit keinerlei Wirkung hat. Mit einer Eigendefinition des Anwenders kann er jedoch Wirkungen entfalten und damit innerhalb des Kreuzwortdiagramms Strukturergänzungen erzeugen. Die Dokumentation aus `cwpuzzle.dtx` zeigt in ihrem Abschnitt 3 ein Beispiel, bei dem in einem Kreuzwortdiagramm geneigte Umrandungslinien erscheinen.

Bei Kreuzwort-Nummernrätseln sollen gelegentlich einige Felder mit Lösungsbuchstaben vorgegeben werden, die als Lösungshilfe dienen. Hierzu ein Beispiel mit dem bereits mehrfach benutzten 7 × 3-Diagramm, dessen erzeugende `Puzzle`-Umgebung von oben übernommen werden kann.

```
\newcommand{\PuzzleHook}{%
  \put(0,0){\makebox(1,1){A}}
  \put(1,0){\makebox(1,1){B}}
  \put(2,0){\makebox(1,1){O}}
  \put(3,2){\makebox(1,1){U}}
  \put(3,1){\makebox(1,1){M}}}
```

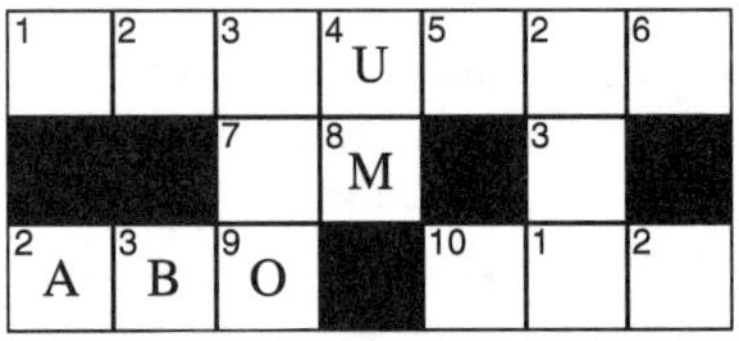

Wie bereits weiter oben schon einmal erwähnt, erfolgt die Zählung der Positionierungskoordinaten innerhalb der erzeugenden `picture`-Umgebung von der unteren linken Ecke, deren (x,y)-Koordinaten (0,0) sind und nach rechts für x (Horizontalkoordinate) und nach oben für y (Vertikalkoordinate) ansteigen, (siehe [5a, 6.1–6.3]).

Kapitel 4

Musiknotensatz mit LaTeX

Trotz der Erfindung der Druckkunst mit beweglichen Lettern durch Gutenberg vor mehr als 550 Jahren gelang es nicht, ein vergleichbares Verfahren für den Notensatz zu entwickeln, das die Qualitätsanforderungen der Drucker und die praktischen Erfordernisse der Setzer gleichermaßen erfüllt. Selbst mit der Bereitstellung leistungsfähiger Satzautomaten blieb die Erstellung der Druckvorlagen für den Notensatz bis in die jüngste Zeit ein manueller Vorgang. Für die praktische Nutzung hatten sich zwei Verfahren entwickelt: der *Plattenstich* und die *Autographie*.

Beim Plattenstich erfolgt nach der *Rastrierung* der Notenlinien in hochglänzende Kupfer-, Zinn- oder Zinkplatten das Einschlagen von Noten, Zeichen und Buchstaben mit Stahlstempeln. Anschließend erfolgt das eigentliche *Stechen* der Taktstriche, Stiele, Balken, Crescendozeichen und Bögen. Die Autographie ist ein zeichnerisches Verfahren, bei dem die Noten in eine Zeichenpapiervorlage von Hand eingezeichnet und anschließend auf lichtempfindliche Offset-Druckplatten kopiert werden. Beide Verfahren sind arbeitsaufwendig und damit kostspielig. Der Arbeitsaufwand ist bei der Autographie zwar geringer als beim Plattenstich, dafür bleibt ihre Qualität aber auch deutlich unter derjenigen des Plattenstichs.

4.1 Automatischer Notensatz mit TeX

Der Grund für das Scheitern mechanischer Automaten für den Notensatz liegt in der Vielfalt der Notenschriftelemente und ihrer zweidimensionalen Anordnung auf dem Notenblatt zusammen mit einer Vielzahl zusätzlicher Schriftzeichen. Ein wirklich brauchbarer Lösungsansatz für einen automatischen Notensatz wurde erst mit der Bereitstellung von TeX möglich. Die Erzeugung von klaren und ausreichend vielen *Lettern* für den Notensatz ist für METAFONT kein Problem. Deren Kombination und präzise Positionierung ist dann die Aufgabe für TeX. Die Hauptaufgabe für den Notensatz mit TeX liegt in der Entwicklung einer Eingabesprache, die alle Anforderungen für den Notensatz abdeckt und in die erforderlichen TeX-Anweisungen übersetzt.

Auf den öffentlichen TeX-Fileservern existieren seit einigen Jahren drei Notensatzprogramme einschließlich der zu ihrer Nutzung erforderlichen speziellen Zeichensätze: mtex, musictex und musixtex. mtex baut auf den Diplomarbeiten von ANGELIKA SCHOFER und ANDREA STEINBACH, Universität Bonn, auf. Die Entwicklung der Eingabesprache für den

Notensatz erfolgt mit den Methoden der Informatik auf der Grundlage der formalen Sprachen mit einer kontextfreien eindeutigen Grammatik. Die Syntax der Eingabesprache kann präzise in der sog. Backus-Naur-Form dargestellt werden. Da die Mehrzahl der LaTeX-Anwender nicht über ein Informatik-Fachstudium verfügt, sehe ich von weiteren Details ab, zumal der erforderliche Präprozessor zur Umsetzung dieser Syntax in die gestaltenden TeX-Befehle nicht existiert. Außerdem ist es inkompatibel mit LaTeX 2ε.

Das zweite System musictex stammt von DANIEL TAUPIN, Frankreich. Es baut auf dem ersten auf und gestattet es, hochkomplizierte Musikstücke (polyphone und Instrumentalmusik) mit mehreren (bis zu neun) Liniensystemen professionell zu setzen. Der Autor arbeitet hauptberuflich in einem Forschungsinstitut für Festkörperphysik, komponiert aber auch eigene Klavier- und Orgelwerke, die neben klassischen Beispielen im Programmpaket vorgestellt werden. Das dritte System musixtex stellt eine Erweiterung von musictex dar, das unter Mitautorenschaft von ROSS MITCHELL, Australien, und ANDREAS EGLER, Bonn, entwickelt wurde.

Ich beschränke mich hier auf die Vorstellung von musixtex mit dem kennzeichnenden Logo MusiXTeX, das mit TeX, LaTeX 2.09 und LaTeX 2ε kombiniert werden kann und gleichzeitig das leistungsfähigste der drei genannten Systeme für den Musiknotensatz ist.

4.2 Das MusiXTeX-Paket

4.2.1 Strukturbeschreibung und Installation von MusiXTeX

Das MusiXTeX-Paket findet man auf den offiziellen TeX-Fileservern unter dem Eingangsverzeichnis `/tex-archive/macros/musixtex/taupin`. Von den dort angebotenen Files benötigt man zur vollständigen Einrichtung die `.zip`-gepackten Dateien `musixtex.zip` und `musixflx.zip`. Empfehlenswert ist auch die dort angebotene Datei `musixexa.zip`, die eine Reihe von TeX-Eingabefiles mit Beispielen bis hin zu ganzen Partituren enthält. Das erforderliche unzip-Entpackungsprogramm kann bei nahezu allen gebräuchlichen Rechnern und Betriebssystemen als verfügbar vorausgesetzt werden.

Steht beim Anwender ein PostScript-Drucker zur Verfügung, dann sollte vom obigen TeX-Fileserver auch die Datei `musixdoc_ps.zip` kopiert werden, die nach dem Entpacken das PostScriptfile `musixdoc.ps` bereitstellt, dessen Ausdruck eine 117seitige englischsprachige Dokumentation und Nutzungsbeschreibung ergibt.

Mit dem Entpacken von `musixtex.zip` entstehen die LaTeX 2ε-Ergänzungspakete `musixtex.sty`, `musixfll.sty`, `musixcpt.sty` und `musixdoc.sty` sowie die gleichnamigen `.tex`-Files, also TeX-Makrofiles mit den gleichen Grundnamen wie die aufgelisteten `.sty`-Files und dem Anhang `.tex`. Zusätzlich werden rund 25 weitere TeX-Makrofiles entpackt, deren Grundnamen alle mit `musix` beginnen, bevor zwei oder drei weitere Buchstaben zur Namenskennung folgen und der Anhang `.tex` folgen.

Diese `.sty`- und `.tex`-Files sollten beim Anwender unter dem kennzeichnenden Verzeichnisnamen `./musixtex` innerhalb seines TeX-Dateiensystems eingerichtet werden, unter dem dort die TeX-Makropakete angeordnet sind. Bei meinem LINUX-System ist das z. B. `/usr/lib/teTeX/texmf/tex/generic/musixtex`.

Neben diesen TeX-Makropaketen entstehen beim Entpacken von `musixtex.zip` eine größere Zahl von Zeichensätzen als `.tfm`-Files sowie deren METAFONT-Quellenfiles. Hiermit werden alle für den Musiknotensatz erforderlichen Zeichen und Symbole in den Entwurfsgrößen 16 pt, 20 pt, 24 pt und 28.8 pt bereitgestellt.

Diese `.tfm`- und `.mf`-Zeichensatzfiles sind zweckmäßig ebenfalls unter einem mit `./musixtex` gekennzeichneten Verzeichnis im TEX-Dateiensystem dort einzurichten, wo das TEX-System des Anwenders die Zeichensatzfiles erwartet. Bei meinem LINUX-System sind das

`/usr/lib/teTeX/texmf/fonts/tfm/public/musixtex` sowie
`/usr/lib/teTeX/texmf/fonts/source/public/musixtex`

und beim Anwender bis auf das Eingangsverzeichnis `/usr/lib/teTeX` wahrscheinlich eine gleichartige Unterverzeichnisstruktur.

Unter den beim Entpacken von `musixtex.zip` entstehenden `.tex`-Files befindet sich auch das File `musixdoc.tex`, das den TEX-Eingabetext für die beigefügte Dokumentation enthält, dessen PostScript-Druckerausgabefile `musixdoc.ps` bereits oben erwähnt wurde. Für Anwender ohne einen PostScript-Drucker könnte mit der LATEX-Bearbeitung von `musixdoc.tex` unter Nutzung des Ergänzungspakets `musixdoc.sty` die aufbereitete Dokumentation eigenständig erstellt werden, was jedoch voraussetzt, dass das MusiXTEX-Paket vorab installiert wurde.

Zur Erleichterung für Anwender ohne PostScript-Drucker wird aber mit dem Entpacken von `musixtex.zip` auch das LATEX-Bearbeitungsergebnis der Dokumentation als `musixdoc.dvi` ausgegeben, das dann mit dem lokalen Druckertreiber oder Previewer ausgegeben werden kann. Dazu müssen lediglich die oben erwähnten MusiXTEX-Zeichensatzfiles beim Anwender installliert sein.

Ich empfehle jedem Anwender mit Aufgaben für den Musiknotensatz die Dokumentation `musixdoc` auf dem eigenen Drucker auszugeben und als ergänzende Literatur zu der hier vorgestellten Anwendungs- und Nutzungsbeschreibung zu verwenden, da sie das gesamte Nutzungs- und Gestaltungsspektrum von MusiXTEX enthält, während in diesem Kapitel hierfür nur eine Einführung angeboten wird.

Im ersten Absatz dieses Abschnitts wurde als zweites erforderliches Paket zur Nutzung von MusiXTEX `musixflx.zip` erwähnt, dessen Entpackung eine Vielzahl von Verzeichnissen mit jeweils einem ausführbaren Programm namens `musixflx` oder `musixflx.exe` für eine Vielzahl von Rechnern und Betriebsystemen enthält. Rechnertyp oder Betriebssystem sind dabei aus dem entpackten Verzeichnisnamen zu entschlüsseln, z. B. `Linux-I86` für LINUX auf einem PC oder `Win32` für 32 bit-Windows.

Das ausführbare Programm `musixflx` wird dabei für insgesamt 15 Rechner bzw. Betriebssysteme angeboten, so dass vermutlich jeder Anwender, selbst mit relativ seltenen Rechnertypen, bedient werden sollte. Zusätzlich enthält das `musixflx`-Paket auch den zugehörigen Programm-C-Quellencode, so das als letzte Möglichkeit die Kompilation des C-Programms mit dem lokalen C-Compiler verbleibt. Der Anwender möge das oder die ausführbaren Programme für seinen Rechner auswählen und einrichten.

Das ausführbare Programm `musixflx` wird für den Dreistufenprozess zur Bearbeitung von Eingabetexten zwischen zwei vor- und nachgestellten TEX- oder LATEX-Bearbeitungen des Notensatz-Eingabefiles benötigt, wie im übernächsten Unterabschnitt beschrieben wird.

MusiXTEX wurde von seinen Autoren mehrfach aktualisiert und verbessert. Die derzeit (Mai 2001) aktuellste Version ist T.102 mit dem Erstellungsdatum vom 19. Februar 2001.

Mit der Auflistung der Entpackungsergebnisse aus `musixtex.zip` und `musixflx.zip` und deren kurzer Aufgabenbeschreibung sollte die Installation, d. h. die Zuordnung der zugehörigen `.sty`-, `.tex`-, `.tfm`- und `.mf`-Files im TEX-Verzeichnisbaum beim Anwender leicht möglich sein, ebenso wie die Unterbringung des ausführbaren Programms `musixflx`.

Beim Entpacken von `musixtex.zip` tritt unter LINUX und UNIX das Problem auf, dass alle entpackten Files in ihren Namen nur mit Großbuchstaben erscheinen. Dies lässt die Vermutung aufkommen, dass das Packen von `musixtex.zip` unter einem Betriebssystem vorgenommen wurde, bei dem keine Unterscheidung von Groß- und Kleinbuchstaben bei Filenamen erfolgt, wie dies z. B. unter DOS der Fall ist. Dies ist für LINUX und UNIX nicht sachgerecht, da hierin zwischen Groß- und Kleinbuchstaben in Filenamen unterschieden wird und die betreffenden `.tfm`- und `.mf`-Zeichensatzfiles dort typischerweise nur in Kleinschreibung zur Anwendung kommen. Das Gleiche gilt auch für die meisten TeX-Makrofiles mit dem Namensanhang `.tex`.

Man steht nach dem Entpacken von `musixtex.zip` unter LINUX also vor der Aufgabe, alle Großbuchstaben in den erzeugten Filenamen durch die entsprechenden Kleinbuchstaben zu ersetzen. Eine manuelle Umbenennung mit dem LINUX-Fileumbenennungsbefehl '`mv`' wäre für die große Zahl von entpackten Files extrem mühselig und fehleranfällig. Sie sollte deshalb durch ein kleines Shellscript an LINUX selbst übertragen werden. Ein geeignetes Shellscript mit dem Namen '`up2low`' kann mit

```
#! /bin/sh
for i in "$@"; do
    NEW=$( echo $i | tr "A-Z" "a-z" )
    mv $i $NEW
done
```

und der anschließenden Erklärung als *ausführbare* Datei mit '`chmod 755 up2low`' erreicht werden. Mit dem Aufruf '`up2low *`' aus dem Verzeichnis mit den großgeschriebenen Filenamen heraus kann dann deren Namensumwandlung in Kleinbuchstaben automatisch erfolgen.

4.2.2 Nutzung von MusiXTeX mit LaTeX und TeX

MusiXTeX kann sowohl mit LaTeX als auch mit TeX genutzt werden. Die Nutzung mit LaTeX bietet sich für die Erstellung von Musikliteratur an, bei der der eingeschlossene Notensatz als Beispiel, Demonstration, Dokumentation u. Ä. für den zusätzlichen Erläuterungstext dient. Dagegen sollte die Erstellung reiner Notensätze, z. B. für Partituren, mit einem eigenen MusiXTeX-Formatfile erfolgen, wie weiter unten vorgeschlagen wird.

Zur Nutzung von MusiXTeX mit LaTeX steht das Ergänzungspaket `musixtex.sty` zur Verfügung, das in gewohnter Weise mit dem Vorspannbefehl `\usepackage{musixtex}` aktiviert wird. Dieses Ergänzungspaket besteht nur aus den beiden Filelesebefehlen `\input{musixtex}` und `\input{musixltx}`, mit denen die beiden TeX-Makrofiles gleichen Grundnamens und dem Anhang `.tex` eingelesen werden.

Die beim Entpacken von `musixtex.zip` entstehenden beiden anderen Ergänzungspakete `musixcpt.sty` und `musixfll.sty` können nur in Verbindung mit `musixtex.sty` sinnvoll genutzt werden, sei es durch deren zusätzliche Angabe im aktivierenden `\usepackage`-Befehl, wie z. B. mit `\usepackage{musixtex,musixcpt,musixfll,...}`, oder mit eigenen, zusätzlichen `\usepackage`-Befehlen unter Einhaltung der gleichen Aktivierungsreihenfolge. Ihre Aufgaben werden in 4.9.1 und 4.9.2 erläutert.

Neben diesen Ergänzungspaketen entstehen beim Entpacken von `musixtex.zip` eine Vielzahl weiterer TeX-Makrofiles, deren Namensstruktur alle lauten: `musix`*sss*`.tex`. Diese MusiXTeX-Makropakete bieten weitere Notensatz-Gestaltungsmöglichkeiten, die über das `musixtex.sty`-Grundpaket hinausgehen und deren Eigenschaften und Aufgaben in 4.9.2

dargestellt werden. Sie sind bei Bedarf mit eigenen Filelesebefehlen `\input{musix...}` vor ihrer ersten Nutzung einzulesen.

Soll MusiXTEX zusammen mit PostScript-Textzeichensätzen genutzt werden, so sind Letztere mit ihren aktivierenden `\usepackage`-Befehlen *nach* `\usepackage{musixtex}` anzufordern. Beim vorliegenden Eingabetext für dieses Buch mit den PostScript-Schriften Times-Roman und Helvetica lautet die aktivierende Reihenfolge bei mir deshalb

```
\usepackage{musixtex} ... \usepackage{times}
```

Ein Noteneingabefile zur LATEX-Bearbeitung unter Nutzung des MusiXTEX-Pakets hat dann die typische Eingabestruktur

`\documentclass[`*optionen*`]{`*bearb_klasse*`}`	
`\usepackage{musixsty,...}`	mit evtl. weiteren `.sty`-Fileangaben wie `musixfll` und `musixltx`
`\usepackage{german}`	falls auch deutsche Texte vorkommen
`\usepackage{......}`	falls weitere Ergänzungspakete erforderlich sind
`\input{musix`*rrr*`}`	falls weitere MusiXTEX-Makropakete
`\input{musix`*sss*`} ...`	gem. 4.9.2 in die LATEX-Bearbeitung eingebunden werden sollen
`\begin{document}`	
Eingabetext vermischt mit lokal wirkenden LATEX-Befehlen sowie mit Eingabestrukturen aus MusiXTEX.	
`\end{document`	

MusiXTEX kann auch mit dem veralteten LATEX 2.09 genutzt werden. Dazu ist der Grundname des Ergänzungspakets `musixtex.sty` als Option in dem eröffnenden LATEX-Stilbefehl als `\documentstyle[...,musixtex,...]{`*stil*`}` anzugeben.

Die Erstellung reiner Notensatz-Drucksätze, wie z. B. ganzer Partituren, sollte wie oben erwähnt mit einem eigenen MusiXTEX-Formatfile und einer geigneten Befehlsdatei statt mit LATEX erfolgen. Die hierfür erforderlichen Installationsvorgänge werden deshalb hier kurz aufgelistet. Der Anwender möge sich hierfür ein Eingabefile `musixtex.ini` mit dem Inhalt

`\input plain \input musixtex`	und evtl. weiterere MusiXTEX-Makrofiles gem. 4.9.2 bis
`\input musixcpt`	als letzten Lesebefehl, falls auch musictex-Eingabetexte bearbeitet werden sollen
`\def\fmtname{musixtex}\def\fmtversion{T.102} \dump`	

erstellen. Der letzte Lesebefehl für das Makropaket `musixcpt.tex` wird für Neueinsteiger in den Musiknotensatz meistens entfallen, da diese kaum Noteneingabefiles für das Vorgängerpaket musictex entwickeln werden, da es mit dem Erscheinen von musixtex als veraltet gilt und überdies deutlich weniger leistungsfähig ist. Einsteiger für die Erstellung von Musiknotensätzen sollten sich zunächst mit dem Einbinden von `musixtex.tex` neben `plain.tex` zur Erstellung eines eigenen MusiXTEX-Formatfiles beschränken und weitere MusiXTEX-Makrofiles aus der MusiXTEX-Makrobibliothek gemäß 4.9.2 erst dann zusätzlich einbinden, wenn sie sich mit den dortigen Möglichkeiten hinreichend vertraut gemacht haben.

Die Erstellung des MusiXTEX-Formatfiles erfolgt dann mit der INITEX-Bearbeitung von `musixtex.ini`, also mit dem Bearbeitungsaufruf `initex musixtex.ini` oder `tex -i musixtex.ini`

wie in [5a, Anh. F.1.1] ausführlich beschrieben. Als Bearbeitungsergebnis entsteht hiermit das File `musixtex.fmt`, dass dann mit

`virtex &musixtex` *noten_eing_file*	unter DOS sowie WINDOWS	bzw.
`virtex \&musixtex` *noten_eing_file*	unter LINUX	

zur TEX-Bearbeitung eines Noteneingabefiles wie ein normales TEX-Eingabefile in die TEX-Bearbeitung eingebunden werden kann. Statt des vorherigen Befehlsaufrufs mit der expliziten Angabe des einzubindenden Formatfiles ist es benutzerfreundlicher, sich für DOS und WINDOWS eine kleine Befehlsdatei `musixtex.bat` mit dem Inhalt

```
virtex &musixtex %1
```

zu erstellen. Anschließend kann dann mit dem Aufruf '`musixtex` *noten_eing_file*' die LATEX-Bearbeitung des Noteneingabefiles vorgenommen werden. Für LINUX kann mit dem symbolischen Link '`ln -s virtex musixtex`' ein in der Wirkung gleicher Befehlsaufruf eingerichtet werden.

4.2.3 Der dreistufige Bearbeitungsprozess für MusiXTEX

Ein Noteneingabefile besteht, wie bereits oben erwähnt, aus normalem Eingabetext, LATEX-Strukturen wie Befehle und Umgebungen sowie zusätzlichen Befehlsstrukturen aus MusiXTEX, die in den nächsten Abschnitten vorgestellt werden. Ein solches Eingabefile hat gewöhnlich die Anhangskennzeichnung `.tex`, womit beim LATEX- oder TEX-Bearbeitungsaufruf wie bei jedem LATEX- und TEX-Eingabefile nur der Filegrundname anzugeben ist.

Diese LATEX- oder TEX-Bearbeitung des Noteneingabefiles stellt den ersten Bearbeitungsschritt des insgesamt dreistufigen Bearbeitungsvorgangs dar. Mit dem ersten Bearbeitungsschritt entsteht wie bei jeder LATEX- oder TEX-Bearbeitung zum einen ein File mit dem gleichen Grundnamen wie der des Eingabefiles und dem Anhang `.dvi`. Neben diesem `.dvi`-File entsteht für ein Noteneingabefile als Folge des eingebundenen `musixtex.sty`-Ergänzungspakets oder des `musixtex`-Formatfiles mit seiner Befehlsdatei ein weiteres File mit dem Grundnamen des Noteneingabefiles und dem Anhang `.mx1`.

Dieses `.mx1`-File ist dann zunächst mit dem ausführbaren Programm `musixflx` zu bearbeiten, wobei auch hier wieder nur der Grundname des Noteneingabefiles erforderlich ist, dem bei der Ausführung von `musixflx` automatisch der Anhang `.mx1` zugeordnet wird. Bei diesem Programmaufruf ist natürlich auch der gesamte Filename einschließlich des Anhangs `.mx1` erlaubt:

`musixflx` *noten_eing_file* [*debug_opt*] oder
`musixflx` *noten_eing_file*`.mx1` [*debug_opt*]

Die Angabe *debug_opt* ist optional und kann zur Erzeugung von Fehlersuchinformationen dienen. Für *debug_opt* können die drei Buchstaben `d`, `f` oder `s` gewählt werden:

- `d`: zur Erzeugung von Fehlersuchinformationen auf dem Bildschirm
- `f`: zur Ablage von Fehlersuchinformationen im `.mx1`-File
- `s`: zur Erzeugung der Zeileninformation der `musixflx`-Bearbeitung auf dem Bildschirm

In diesem zweiten Bearbeitungsschritt entsteht als Bearbeitungsergebnis ein weiteres File mit dem gleichen Grundnamen und dem Anhang `.mx2`.

Nach diesem Zwischenschritt ist das Noteneingabefile noch einmal mit LaTeX oder TeX zu bearbeiten, womit das `.mx2`-Bearbeitungsergebnis eingelesen und für die Notenformatierung berücksichtigt wird. Das `.dvi`-Bearbeitungsergebnis dieses dritten Bearbeitungsschritts kann dann als Endergebnis auf dem Drucker oder als Preview ausgegeben werden.

Die beiden `.mx1`- und `.mx2`-Zwischenfiles enthalten Informationen über die anfänglichen und daraus abgeleiteten optimalen Notenabstände, damit ein Zeilenumbruch von Notenlinien an Taktgrenzen erfolgt. Der normale TeX-Algorithmus zur Bestimmung von Zeilenumbrüchen aus den Gesamtelastizitäten eines Absatzes versagt beim Setzen von Notenlinien, da die natürliche Elastizität innerhalb von Einzeltakten und deren Summe für eine Notenlinie im Vergleich zu den Elastizitäten nach den Wörtern eines gewöhnlichen Textes innerhalb einer Textzeile viel zu klein ist, um auch für den Umbruch von Notenlinien einen vergleichbaren Umbruchalgorithmus zu nutzen.

Ein Beispiel für die Wirkung der Zwischenbearbeitung mit `musixflx` wird in Abschnitt 4.6.8 nachgereicht, nachdem die MusiXTeX-Strukturen zur Erzeugung von geeigneten Musikstücken vorgestellt wurden.

4.2.4 Grundlagen von MusiXTeX

Das MusiXTeX-Programmpaket ist standardmäßig für polyphonen Musiksatz mit bis zu sechs Instrumenten vorbereitet, die bei Bedarf auf bis zu zwölf Instrumente erweitert werden können. Für ein einzelnes Instrument können bis zu vier Liniensysteme eingerichtet werden. Orchestermusiker lesen Partituren nicht innerhalb eines Liniensystems von links nach rechts, sondern zunächst Notengruppen für die verschiedenen Instrumente oder die mehrfachen Liniensysteme einzelner Instrumente von oben nach unten und erst nach deren geistiger oder musikalischer Verarbeitung die nächste vertikale Notengruppe.

Notengruppe 1.1	Notengruppe 2.1	Notengruppe 3.1	Notengruppe 4.1
Notengruppe 1.2	Notengruppe 2.2	Notengruppe 3.2	Notengruppe 4.2
Notengruppe 1.3	Notengruppe 2.3	Notengruppe 3.3	Notengruppe 4.3

MusiXTeX stellt für die vertikale Anordnung von Notengruppen die Struktur

`\notes ... & ... & ... & ... \enotes` oder `\en`

bereit, bei der die &-Zeichen als Trennungszeichen für die Notengruppen in den übereinanderstehenden Instrumentensystemen verwendet werden. Der erste Eintrag bezieht sich auf das unterste Instrument, derjenige nach dem ersten Trennungszeichen auf das zweitunterste usw. Der Eintrag nach dem letzten Trennungszeichen kommt in das oberste Instrumentensystem. Enthält die Partitur bei einigen Instrumenten für das Einzelinstrument selbst mehrere Liniensysteme, so ist für deren vertikale Einträge als Trennungszeichen | statt & zu verwenden:

`\notes ... | ... | ... & ... \enotes` oder `\en`

Für den Beendigungsbefehl `\enotes` kann in beiden Fällen auch die gleichwertige Kurzform `\en` verwendet werden. Die Anzahl der Instrumentensysteme und deren evtl. Einzelliniensysteme wird mit den unten vorgestellten Erklärungen von `\instrumentsnumber` und `\setstaffs` eingestellt.

Die Befehlsstruktur `\notes ... \enotes` hat gleichzeitig eine zweite Aufgabe: Sie bestimmt den horizontalen Anfangsabstand der Einzelnoten innerhalb der jeweiligen Notengruppe. Insgesamt stehen für die *notes*-Einleitungsbefehle

Eingabe	*Abstd.*		*empfohlen für*
`\znotes ... & ... & ... \enotes`	kein		spezielle Anwendungen
`\notes ... & ... & ... \enotes`	2.0 LE	𝅘𝅥𝅯	sechzehntel Noten
`\notesp ... & ... & ... \enotes`	2.5 LE	𝅘𝅥𝅯.	16tel 1 Pkt., achtel 3 Pkt.
`\Notes ... & ... & ... \enotes`	3.0 LE	𝅘𝅥𝅮	achtel Noten
`\Notesp ... & ... & ... \enotes`	3.5 LE	𝅘𝅥𝅮.	achtel 1 Pkt., viertel 3 Pkt.
`\NOtes ... & ... & ... \enotes`	4.0 LE	𝅘𝅥	viertel Noten
`\NOtesp ... & ... & ... \enotes`	4.5 LE	𝅘𝅥.	viertel 1 Pkt., halbe 3 Pkt.
`\NOTes ... & ... & ... \enotes`	5.0 LE	𝅗𝅥	halbe Noten
`\NOTesp ... & ... & ... \enotes`	5.5 LE	𝅗𝅥.	halbe 1 Pkt.
`\NOTEs ... & ... & ... \enotes`	6.00 LE	𝅝	ganze Noten

zur Verfügung. Als Längeneinheit LE findet hier der Wert des internen Maßregisters `\elemskip` Anwendung, das standardmäßig mit 10 pt voreingestellt ist. Der Anwender kann es mit einer Längenzuweisung `\setlength{\elemskip}{`*maß*`}` jederzeit verändern. Der Notenabstand zwischen den Einzelnoten innerhalb der *notes* `... \enotes`-Strukturen erfolgt mit dem internen Maßregister `\noteskip`, dessen aktueller Wert jeweils das entsprechend Vielfache von `\elemskip` gemäß Spalte zwei der obigen Tabelle ist. Die Kurzangaben ‚1 Pkt.' und ‚3 Pkt.' in der letzten Tabellenspalte sollen auf einen bzw. drei nachgestellte Verlängerungspunkte hinter dem Notensymbol verweisen.

Die Umschaltung vom normalen Textsatz auf Musiknotensatz erfolgt mit der Umgebung

`\begin{music}` *system_erkl* *noten_eing* `\end{music}`

Sie beginnt gewöhnlich mit so genannten Systemerklärungen *system_erkl*, z. B. der Wahl für die Anzahl der Liniensysteme und ihre Aufteilung auf die verschiedenen Instrumente, deren Notenschlüssel und Tonarten u. ä. Erst hiernach erfolgt die eigentliche Noteneingabe *noten_eing*, eventuell mit zwischengestellten Taktunterteilungen, Wiederholungszeichen u. ä. Die eigentliche Noteneingabe erfolgt innerhalb der *notes* `... \enotes`-Strukturen.

4.2.5 Systemerklärungen

Die Systemerklärungen beginnen üblicherweise mit der Einstellung der Notensatzgröße, für deren Auswahl `\normalmusicsize`, `\smallmusicsize`, `\largemusicsize` und `\Largemusicsize` zur Verfügung stehen, wobei `\normalmusicsize` die Standardeinstellung ist, die auch ohne deren explizite Erklärung von MusiXTeX gewählt wird.

Mit `\normalmusicsize` werden die Notensatz-Zeichensätze in 20 pt Entwurfsgröße, mit `\smallmusicsize` die in 16 pt, mit `\largemusicsize` die in 24 pt und mit `\Largemusicsize` die in 28.8 pt Entwurfsgröße bereitgestellten Zeichensätze benutzt. Dabei bezieht sich die Entwurfsgröße von 16 pt, 20 pt, 24 pt bzw. 28.8 pt auf die Höhe des Notenliniensystems, aus dem dann auch alle anderen Notensatzsymbole abgeleitet werden.

Nach der Notensatz-Größeneinstellung (explizit oder standardmäßig) wird als nächste Systemerklärung

`\instrumentnumber{`*n*`}`

verlangt. Mit der Zahlenangabe für *n* wird das Notensystem für die Anzahl der Instrumente definiert. Diese Systemerklärung kann bei nur einem Instrument entfallen. Standardmäßig darf für *n* ein Zahlenwert von 1–6 gewählt werden, der mit dem zusätzlichen MusiXTEX-Makropaket `musixadd.tex` auf 1–9 und mit `musixmad.tex` auf 1–12 erhöht werden kann (s. 4.9.2).

Werden für einzelne Instrumente mehrere Liniensysteme benötigt, so müssen diese anschließend mit

`\setstaffs{`*n*`}{`*s*`}`

vorgegeben werden. Hierin steht *n* für das *n*-te Instrument in Form einer entsprechenden Zahlenangabe[1] und *s* für die Anzahl der für das zugehörige Instrument einzurichtenden Liniensysteme. Für jedes Instrument können mit dem obigen Befehl bis zu $s = 4$ Liniensysteme eingerichtet werden. Sie werden am Zeilenbeginn jeweils durch eine vorangestellte, große, geschweifte, öffnende Klammer miteinander verbunden.

Die Angabe `\setstaffs{1}{`*s*`}` bezieht sich damit auf das erste Instrument, das im Liniensystem am unteren Ende beginnt. Für die Instrumentenauswahl *n* können so viele verschiedene Werte auftreten, wie bei `\instrumentnumber{`*n*`}` vorgegeben wurden. Bei Instrumenten mit nur einem Liniensystem kann die zugehörige `\setstaffs`-Erklärung entfallen. Ein reales Beispiel folgt in Kürze.

Die Angabe `\setstaffs{`*n*`}{0}` ist erlaubt. Bei dem hiermit angesprochenen fiktiven Instrument *n* entfällt das Liniensystem. Der freibleibende Platz kann zur Aufnahme von Liedtexten genutzt werden, wie in einem Beispiel weiter unten gezeigt wird.

Mehrfache Liniensysteme für ein Instrument werden durch eine vorangestellte, große, geschweifte, öffnende Klammer zusammengefasst. Beim Chorgesang ist es üblich, die einzelnen Stimmen als Instrumente zu definieren und deren Liniensysteme am linken Seitenrand durch einen vertikalen stärkeren Balken zu verbinden. Dies wird mit

`\songbottom{`*u*`}` `\songtop{`*o*`}`

erreicht, bzw. *u* und *o* die Instrumentenkennzahlen für die unterste bzw. oberste Instrumentenstimme bedeuten.

Als Notenschlüssel wird standardmäßig der Violinschlüssel für die einzelnen Liniensysteme gewählt. Soll hiervon abgewichen werden, so kann dies mit den Einstellungen

`\setclef{`*n*`}{`$s_1 s_2 s_3 s_4$`}`

[1] In der MusiXTEX-Dokumentation `musixdoc.tex` entfällt der Einschluss der Zahlenangabe für *n* in einem geschweiften Klammerpaar bei der dortigen Vorstellung des `\setstaffs`-Befehls. Dies ist eine abkürzende TEX-Schreibweise für die Übergabe von Befehlsargumenten, soweit diese nur aus einem Zeichen bestehen. Die übliche LATEX-Konvention zur Argumentübergabe in einem geschweiften Klammerpaar ist einsichtiger und kann auch bei den MusiXTEX-Befehlen übernommen werden, was ich in dieser MusiXTEX-Vorstellung befolge, zumal die Übergabe für das zehnte bis zwölfte Instrument ohne Klammereinschluss nicht zulässig wäre.

erreicht werden. Hierin steht *n* wie beim vorangegangenen Befehl `\setstaffs` für eine Zahlenangabe zur Auswahl des *n*-ten Instruments, dessen Notenschlüssel individuell festgelegt werden sollen. Die Angaben $s_1, \ldots, s_4$ stehen für die Notenschlüssel der maximal vier Liniensysteme des *n*-ten Instruments, wobei s_1 für das unterste, s_2 für das zweitunterste usw. Liniensystem des Instruments verwendet wird.

Für s_i ist eine Zahl von 0 bis 9 einzutragen. Mit 0 wird der Violinschlüssel, mit 6 der Bass-Schlüssel gekennzeichnet. Die Zahlenwerte 1–4 stellen den C-Schlüssel auf die entsprechende Linie, mit der Zählweise von unten nach oben. Ihnen entsprechen somit Sopranschlüssel (1), Mezzosopranschlüssel (2), Altschlüssel (3) und Tenorschlüssel (4). Mit 5 wird der Bass-Schlüssel auf die Mittellinie (Baritonschlüssel) und schließlich mit 7 der Bass-Schlüssel auf die fünften Notenlinie (Unterbass) gestellt. $s_i = 8$ bleibt wirkungslos und $s_i = 9$ stellt den Violinschlüssel auf die unterste Notenlinie (französischer Violinschlüssel).

Die vierziffrige Angabe beim zweiten Argument des `\setclef`-Befehls ist stets erlaubt, auch wenn für das Instrument *n* weniger als vier Liniensysteme mit `\setstaffs{`*n*`}{`*s*`}` eingestellt wurden. In diesem Fall haben nur die entsprechenden ersten Ziffern Einstellwirkung für die Tonschlüssel. Enthält das zweite Argument des `\setclef`-Befehls weniger als vier Angaben, z. B. nur für s_1, so wird für s_2, s_3 und s_4 implizit der Einstellwert 0 und damit der Violinschlüssel gewählt, wobei die letzten dieser Vorgaben natürlich wirkungslos bleiben, wenn für das zugehörige Instrument weniger als vier Liniensysteme eingerichtet wurden.

Gibt es z. B. für das Instrument 2 nur ein Liniensystem, für das der Bass-Schlüssel gewählt werden soll, so kann dies mit `\setclef{2}{6000}` oder auch `\setclef{2}{6}` erfolgen, wobei im ersten Fall nur die erste Ziffer 6 zum Tragen kommt.

Die Auswahl des Notenschlüssels kann für den Violinschlüssel auch mit `\treble` im zweiten Argument des `\setclef`-Befehls erfolgen, also mit `\setclef{`*n*`}{\treble}`, womit für alle Liniensysteme des *n*-ten Instruments der Violinschlüssel eingesetzt wird, was aber auch die Standardwahl ohne die exlizite Einstellung mit einem `\setclef`-Befehl der Fall ist. Für das jeweils unterste Liniensystem eines Instruments *n* kann mit

`\setclef{`*n*`}{\alto}` bzw. `\setclef{`*n*`}{\bass}`

der Alt- bzw. der Bass-Schlüssel gewählt werden, während für weitere Liniensysteme des Instruments *n* dann der Standard-Violinschlüssel eingesetzt wird.

Als Tonart wird standardmäßig für das Gesamtsystem, also ohne explizite Vorgabe mit dem nachfolgenden Befehl, C-Dur bzw. a-Moll gewählt. Mit

`\generalsignature{`*t*`}`

kann die Tonart für das Gesamtsystem eingestellt werden. Für *t* ist eine positive oder negative ganze Zahl anzugeben, die die Anzahl der ♯ ($t > 0$) oder ♭ ($t < 0$) bestimmt. Soll für einzelne Instrumente die Tonart gewechselt werden, so geschieht das mit

`\setsign{`*n*`}{`*t*`}`

mit der gleichen Bedeutung für *t* wie beim `\generalsignature`-Befehl. Die Angabe der Instrumentennummer *n* bedarf ebenfalls keiner weiteren Erklärung. Verschiedene Tonarten in verschiedenen Linien *eines* Instruments sind nicht möglich. Diese Forderung wird in der Musik auch kaum vorkommen.

Soll das Liniensystem zu Beginn zusätzlich eine Taktangabe erhalten, so kann das mit dem Aufruf

```
\generalmeter{takt_erkl}
```

erreicht werden. Für die übliche Taktangabe in Form einer Bruchangabe ist für *takt_erkl* der Befehl `\meterfrac{`*z*`}{`*n*`}` anzugeben. Die 3/4-Taktangabe für das gesamte System wird also mit

```
\generalmeter{\meterfrac{3}{4}}%
```

erreicht. Soll im Zähler und/oder Nenner der Bruchangabe eine Summe auftreten, wie z. B. $\frac{3+2+3}{8}$, so kann das mit zwischengeschalteten `\meterplus`-Befehlen in den Argumenten des `\meterfrac`-Befehls erreicht werden:

```
\generalmeter{\meterfrac{3\meterplus2\meterplus3}{8}}
```

Für die speziellen Taktsymbole ¢, C, CↃ und Ↄ̸ sind diese mit den Befehlen `\allabreve`, `\meterC`, `\reverseC` und `\reverseallabreve` für *takt_erkl* anzugeben.

Soll für einzelne Liniensysteme eine andere Taktangabe gewählt werden, so geschieht dies mit

`\setmeter{`*n*`}{{`m_1`}{`m_2`}{`m_3`}{`m_4`}}`

wobei m_i die gleiche Bedeutung wie *takt_erkl* beim globalen Befehl `\generalmeter` hat und die Taktvorgaben für die bis zu vier Liniensysteme des Instruments *n* bestimmt, wobei sich m_1 auf das erste, unterste und m_4 auf das vierte, oberste Liniensystem bezieht. Bei weniger als vier Liniensystemen für ein Einzelsystem sind nur die zugehörigen Angaben ab m_1 bis zum zugehörigen Endliniensystem erforderlich. Für die m_i sind dieselben Angaben wie für *takt_erkl* beim `\generalmeter`-Befehl erlaubt. So erklärt

```
\setstaffs{3}{2}
\setmeter{3}{{\meterfrac{12}{8}}{\allabreve}}
```

für das Instrument 3 zwei Liniensysteme, deren erstes (das untere) die Taktangabe 12/8 und deren zweites (das obere) die Taktangabe *alla breve* zugewiesen bekommt. Angaben für m_3 und m_4 können entfallen, da es hierzu keine eigenen Liniensysteme gibt.

Die Befehle `\setclef`, `\setsign` und `\setmeter` wurden hier als Befehle beschrieben, mit denen zu Beginn der `music`-Umgebung die Einstellungen der Systeme für das ganze Musikstück vorgenommen werden. Sie können aber auch nach Beginn der eigentlichen Noteneingabe zwischen *\notes* ... `\enotes`-Strukturen auftreten, um *innerhalb* der Partitur Systemeinstellungen zu verändern. Solche Änderungen werden für die Tonart aber erst mit dem Befehl `\changesignature` und für die Notenschlüssel mit dem Befehl `\changeclefs` an der Stelle dieser Befehle wirksam. Mit dem Befehl `\changecontext` werden evtl. Tonart- und Taktänderungen nach dem hiermit ebenfalls erzeugten einfachen Taktstrich wirksam, ebenso wie mit `\Changecontext` nach dem hiermit gleichzeitig erzeugten Doppeltaktstrich. Mit `\zchangecontext` wird diese Änderung ohne zusätzlichen Taktstrich unverzüglich wirksam.

Häufig soll beim polyphonen Notensatz zu Beginn der Partitur den Liniensystemen der Name der Instrumente und/oder der Stimmen vorangestellt werden. Dies kann mit

```
\setname{n}{instr_name}
```

erreicht werden, wobei *n* wieder für die Kenn-Nummer des *n*-ten Instruments und *instr_name* für den Instrumenten- oder Stimmennamen stehen. Dabei empfiehlt es sich, innerhalb der `music`-Umgebung den Wert für `\parindent`, der in MusiXTEX standardmäßig mit 0 pt eingestellt ist, zu vergrößern, damit die vorangestellten Instrumentennamen nicht zu weit in den linken Seitenrand hineinragen. In MusiXTEX bewirkt der Wert von `\parindent` die Einrücktiefe für die jeweils erste Notenzeile des Gesamtliniensystems, die als eine Textzeile betrachtet wird.

Die Systemeinstellungen innerhalb der `music`-Umgebung enden gewöhnlich mit dem Befehl `\startpiece`. Nach diesem Befehl beginnt die eigentliche Partitureingabe, die ihrerseits mit dem Befehl `\endpiece` oder `\stoppiece` bzw. `\Endpiece` oder `\Stoppiece` (siehe 4.6.1, 4.6.7 und 4.8.2) beendet wird. Das vorgestellte Befehlspaar zur Einleitung und Beendigung der Partitureingabe ist für den Satz ganzer Musikstücke gedacht. Häufig soll innerhalb des umgebenden Textes als Beispiel ein kurzer Notenauszug vorgestellt werden. Für diesen Zweck steht innerhalb der `music`-Umgebung das Befehlspaar `\startextract` und `\endextract` zur Verfügung. Das damit eingeschlossene Beispiel erscheint mit seinem Liniensystem dann horizontal zentriert.

Das nachfolgende Beispiel verwendet fast alle der vorgestellten Systemerklärungen und demonstriert ihre Wirkung:

```
\begin{music}
    \instrumentnumber{2}\setstaffs{2}{2}
    \generalmeter{\meterfrac{4}{4}}
    \setmeter{1}{{\meterfrac{3\meterplus2
                      \meterplus3}{8}}}
    \generalsignature{0}
    \setclef{1}{6}\setclef{2}{60}
    \setlength{\parindent}{10mm}
    \setname{1}{Ba"s}\setname{2}{Piano}
    \startextract    % Starting the score
    \NOtes ... & ... | ... \enotes
    \endextract
\end{music}
```

Die hier verwendete `music`-Umgebung steht in einer 50 mm breiten `minipage`-Umgebung. Als Folge des Befehlspaars `\startextract` und `\endextract` erscheint das ausgegebene Beispiel innerhalb seiner `minipage`-Umgebung horizontal zentriert. Die Angabe `\generalsignature{0}` hätte auch entfallen können, da dies die Standardeinstellung ist.

4.3 Noten- und Pauseneingaben

Die Noteneingabe erfolgt, wie bereits in 4.2.4 auf S. 206 beschrieben, üblicherweise innerhalb von *notes* ... `\enotes`-Strukturen, wobei *notes* für `\notes`, `\notesp` `\Notes`, ... `\NOTEs` steht.

4.3.1 Noteneingabe zur Melodiekennzeichnung

Zur Noteneingabe sind Dauer und Höhe des Tons zu kennzeichnen. Das geschieht mit Befehlen der Form *td*{*h*}, also durch einen Befehlsnamen, der die Notendauer bestimmt, gefolgt von einem Argument in Form eines oder mehrerer Buchstaben zur Kennzeichnung der Tonhöhe:

`\wh{`*h*`}` : Ganze Note der Tonhöhe *h*.
`\hu{`*h*`}` : Halbe Note der Tonhöhe *h* mit Notenhals oben (up).
`\hl{`*h*`}` : Halbe Note der Tonhöhe *h* mit Notenhals unten (low).
`\ha{`*h*`}` : Halbe Note der Tonhöhe *h* mit automatischer Notenhalswahl (automatic).[2]
`\qu{`*h*`}` : Viertelnote der Tonöhe *h* mit Notenhals oben.
`\ql{`*h*`}` : Viertelnote der Tonhöhe *h* mit Notenhals unten.
`\qa{`*h*`}` : Viertelnote der Tonhöhe *h* mit automatischer Notenhalswahl.
`\cu{`*h*`}` : Achtelnote[3] der Tonhöhe *h* mit Notenhals und Fähnchen oben.
`\cl{`*h*`}` : Achtelnote der Tonhöhe *h* mit Notenhals und Fähnchen unten.
`\ca{`*h*`}` : Achtelnote der Tonhöhe *h* mit automatischer Notenhals- und Fähnchenwahl.
`\ccu{`*h*`}` : Sechzehntelnote der Tonhöhe *h* mit Hals und Doppelfähnchen oben.

. . . .

`\ccccl{`*h*`}` : Vierundsechzigstelnote der Tonhöhe *h* mit Notenhals und Vierfachfähnchen unten.
`\cccca{`*h*`}` : Vierundsechzigstelnote der Tonhöhe *h* mit automatischer Notenhals- und Vierfachfähnchenwahl.

Die ausgelassenen Befehlsnamen `\ccl`, `\cca`, `\cccu`, `\cccl`, `\ccca` und `\ccccu` sind nach der vorangegangenen Aufzählung selbsterklärend. Sie erzeugen in der Reihenfolge ihrer Vorstellung und ohne Berücksichtigung der Tonhöhe die Notensymbole:

Nach den mit diesen Notenbefehlen erzeugten Notensymbolen wird innerhalb der Notenliniensysteme automatisch horizontaler Leerraum mit dem internen Befehl `\noteskip` zugefügt, dessen Weite von der umgebenden `\`*notes*`...\enotes`-Struktur abhängt (siehe 4.2.4).

Neben diesen auch Nichtmusikern noch aus dem Schulunterricht geläufigen Notensymbolen kennt MusiXTEX noch einige weitere Notensymbole für längere als ganze Noten:

`\breve{`*h*`}` : Brevisnote ( ) der Tonhöhe *h*
`\longa{`*h*`}` : Longanote ( ) der Tonhöhe *h*
`\longaa{`*h*`}` : Longanote mit automatischer Notenhalsausrichtung
`\zmaxima{`*h*`}` : Maximanote ( ) der Tonhöhe *h*
`\wq{`*h*`}` : Notensymbol für Noten beliebiger Länge sowie zur Alternativdarstellung von Brevisnoten ( ) der Tonhöhe *h*
`\wqq{`*h*`}` : Langes Notensymbol für Noten beliebiger Länge sowie zur Alternativdarstellung von Longanoten ( ) der Tonhöhe *h*

Die Notenhöhe *h* wird beim Violinschlüssel mit einem kleinen Buchstaben `a` bis `z` gekennzeichnet, wobei alternativ statt `h` bis `n` auch `'a` bis `'g` (eingestrichenes a–g), statt `o` bis `u` auch `''a` bis `''g` (zweigestrichenes a–g) und statt `v` bis `z` auch `'''a` bis `'''e` (dreigestrichenes a–e) gewählt werden kann.

[2] Bei den Notenbefehlen mit automatischer Ausrichtung des Notenhalses wird dieser ab der dritten und höheren Notenlinie nach oben und unterhalb der dritten Notenlinie nach unten ausgerichtet.

[3] Die Anfangskennung `\c` bei diesem und den nachfolgenden Notenbefehlen verweist auf das französische Wort ‚croche' (Haken), mit dem im Französischen auch Achtelnoten bezeichnet werden. Die Anfangskennungen `\cc`, `\ccc`, ... stehen für ‚double croche', ‚triple croche' usw.

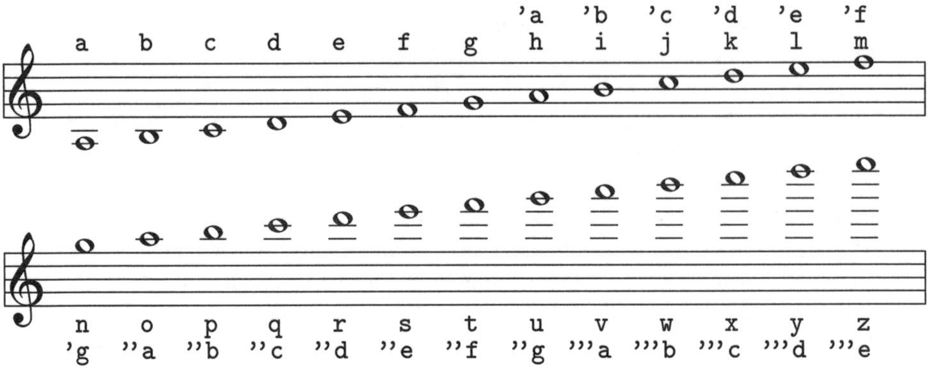

Die Höheneingabe h entspricht der Note für den Kammerton a′ mit der Frequenz 440 Hz und die Eingabe a dem eine Oktave tieferen Ton a. Tiefere Töne können mit der Höheneingabe als Großbuchstabe A bis N gekennzeichnet werden. Dabei entspricht der Eingabe A der Ton, der um drei Oktaven unter dem Kammerton a′ liegt (55 Hz). Dies ist die unterste Oktave eines modernen Klaviers. Noten für noch tiefere Töne können als absolute Höheneingabe in Form einer negativen Zahl erzeugt werden (s. u.).

Beim Bass-Schlüssel erfolgt die Höheneingabe als `A bis `G, A bis N und a bis e, wobei statt H bis N altenativ auch 'A bis 'G verwendet werden kann, was zu folgender Notenausgabe führt:

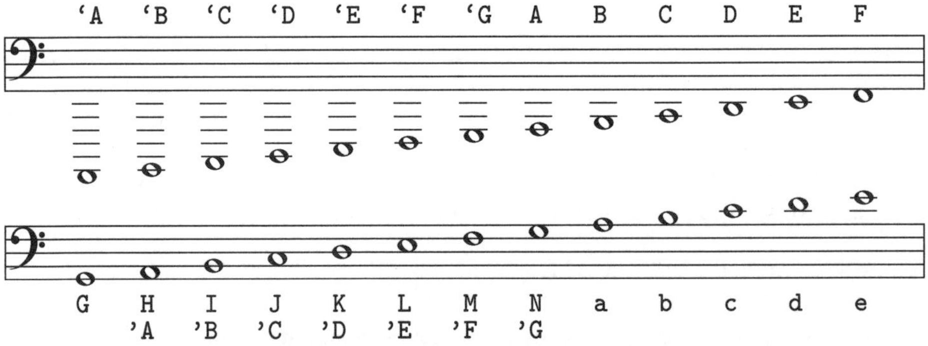

Die Höheneingabe kann auch in absoluter Form als negative oder positive Zahl erfolgen. Diese Form ist unabhängig vom gewählten Notenschlüssel. Der Zahlenwert 0 entspricht der Anordnung des Notenkopfs auf der untersten Linie, also dem Notenwert e beim Violinschlüssel, der Wert 8 dem Notenwert 'f beim Violinschlüssel bzw. dem Notenwert a beim Bass-Schlüssel. Die Zahleneingabe -4 entspricht wieder dem Ton a beim Violinschlüssel bzw. dem Tonwert C beim Bass-Schlüssel.

Wie schon oben erwähnt, bewirken die Notenbefehle \wh bis \cccca einen nachfolgenden Zwischenraum durch den internen Aufruf des Befehls \noteskip. Der hiermit erzeugte Notenabstand hängt von der gewählten *notes* ... \enotes-Struktur ab, wie das nachfolgende Beispiel demonstriert:

```
\begin{music}
   \instrumentnumber{1}\startextract
   \NOTEs\hu{c}\hl{j}\en\bar\NOTes\qu{c}\ql{j}\en\bar
   \NOtes\qu{c}\ql{j}\enotes\endextract
```

```
    \startextract\barno=4
    \Notes\ccu{c}\ccl{jk}\ccu{d}\en\bar
    \notesp\cccu{c}\cccl{jk}\cccu{d}\en\bar
    \notes\ccccu{c}\ccccl{jk}\ccccu{d}\en\bar
    \notes\ccccu{c}\hsk\ccccl{j}\enotes
    \endextract
\end{music}
```

Das Beispiel enthält zusätzlich den bisher noch nicht vorgestellten Befehl `\bar`. Er erzeugt einen vertikalen Taktstrich, der ab dem zweiten Takt gleichzeitig durchlaufend nummeriert wird. Das Beispiel zeigt weiter, dass der Abstand in `\notes ... \enotes`-Strukturen zu gering ausfällt, wenn Noten mit Fähnchen in der Folge oben/unten nebeneinander stehen (Takt 6). Mit dem zwischengeschalteten Befehl `\hsk` kann zusätzlicher Zwischenraum von der Hälfte des aktuellen Wertes von *noteskip* eingefügt werden (Takt 7). Das Beispiel zeigt weiter, dass die jeweiligen Notenköpfe gleich weit voneinander platziert werden.

Die zwei Notenzeilen dieses Beispiels wurden mit zwei `\startextract ... \endextract`-Paaren erzeugt. Sie starten den Taktzähler jeweils neu, so dass dieser in der zweiten Zeile standardmäßig nach dem ersten vertikalen Taktstrich wieder mit 2 begonnen würde. Mit der Angabe `\barno=4` wurde er für die zweite Zeile als Takt 4 für den Zeilenanfang voreingestellt, um die Nummerierung korrekt fortzusetzen. Diese manuelle Korrektur ist nur für nachfolgende `\startextract ...\endextract`-Strukturen erforderlich. Bei der Eingabe der Partitur innerhalb von `\startpiece ... \endpiece` (siehe S. 210) erfolgt ein automatischer Zeilenumbruch der Liniensysteme mit fortlaufender Taktnummerierung durch die gesamte Partitur.

Achtung: Innerhalb der *notes* `... \enotes`-Strukturen sind Leerzeichen nach den übergebenen Notenbefehlen und deren Argumenten zu unterlassen, da solche nach der Bearbeitung mit `musixflx` im dritten Bearbeitungsschritt des dreistufigen LaTeX-Prozesses zu `Overfull \hbox`-Warnungen führen, die zur endgültigen korrekten Bearbeitung dann mühevoll beseitigt werden müssen!

Durch einen nachgestellten Punkt wird die Tondauer der Noten um die Hälfte ihres Grundwertes verlängert. Dies kann durch das *Voran*stellen eines Punkts vor die Tonhöhenangabe bei den Notenbefehlen erreicht werden, z. B. als `\ql{.i}` wie beim nachfolgenden realen Beispiel für eine Melodie (Hugo Distler: „Lobe den Herren").

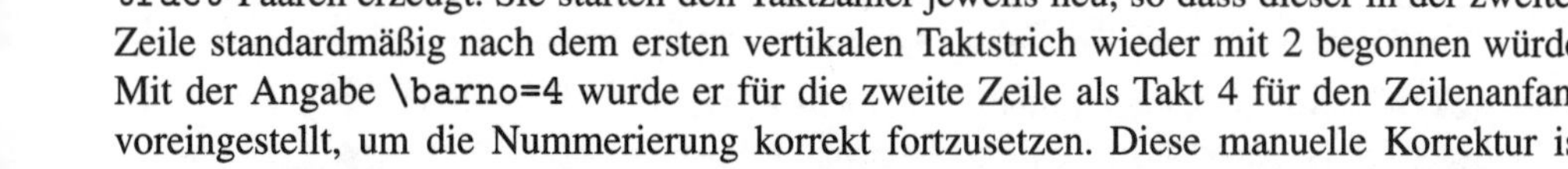

Der Eingabetext hierfür lautete (bis auf den Haltebogen der beiden f-Noten von Takt 4 nach Takt 5):

```
\begin{music}\parindent1.25cm
  \instrumentnumber{1}\generalsignature{1}
  \generalmeter{\meterfrac{3}{4}}
  \setname{1}{Sopran}\startextract
  \Notes\qu{gg}\ql{k}\enotes\bar
  \Notes\ql{.i}\cu{h}\qu{g}\enotes\bar
  \Notes\qu{fed}\enotes\bar
  \Notes\hu{e}\qu{f}\enotes
  \setmeter{1}{{\meterfrac{2}{4}}}\changecontext
  \Notes\qu{fg}\enotes
  \setmeter{1}{{\meterfrac{4}{4}}}\changecontext
  \Notes\hu{hg}\enotes
  \setrightrepeat\endextract
\end{music}
```

Zur Erläuterung der lokalen Taktänderungen 2/4 und 4/4 mit `\setmeter{1}` und deren Aktivierung nach dem nächsten Taktstrich durch `\changecontext` wird auf die Beschreibung dieser Befehle auf S. 209 verwiesen. Das Wiederholungszeichen am Ende der Zeile ist eine Folge von `\setrightrepeat` und der anschließenden Beendigung mit `\endextract`.

Das Beispiel zeigt weiter, dass für aufeinander folgende *gleiche* Notensymbole nur ein Notenbefehl erforderlich ist, dem *mehrere* Tonhöhenargumente zuzuweisen sind, wie mit `\qu{gg}` oder `\qu{fed}` gezeigt wird.

4.3.2 Noteneingabe zur Bildung von Akkorden

Zur Bildung von Akkorden werden Notenbefehle verlangt, nach denen keine horizontale Positionsänderung erfolgt. MusiXTEX kennt hierfür die Befehle

`\zw{`*h*`}` : Notenkopf der Tonhöhe *h* für ganze Noten
`\zh{`*h*`}` : Notenkopf der Tonhöhe *h* für halbe Noten
`\zq{`*h*`}` : Notenkopf der Tonhöhe *h* für Viertelnoten

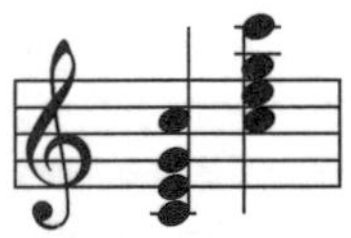

Der nebenstehende Akkord kann damit durch `\zq{ceg}\qu{j}` bzw. `\zq{lnq}\ql{j}` erzeugt werden. Die Noteneingabe für einen Akkord schließt mit einem der Notenbefehle mit anschließendem Zwischenraum ab. Die Abschlussnoten mit oberem Notenhals `\hu`, `\qu`, `\cu`, ..., `\ccccu` sollten sich auf die höchste Note des Akkords und diejenigen mit unterem Notenhals `\hl`, `\ql`, ..., `\cl`, `\ccccl` auf die tiefste Note des Akkords beziehen. Die Anordnung des Notenhalses bei Akkorden wird durch die Stellung der am weitesten von der Mittellinie entfernten Note bestimmt, die deshalb als *Bezugsnote* bezeichnet wird. Liegt diese oberhalb oder auf der Mittellinie, so ist der Notenhals nach unten zu richten, liegt die Bezugsnote unterhalb der Mittellinie, so ist der Notenhals mit dem abschließenden Notenbefehl nach oben auszurichten. Liegen die entferntesten Noten bezüglich der Mittellinie gleich weit, so ist der absteigende Notenhals zu wählen. Das nachfolgende Beispiel, bei dem die jeweilige Bezugsnote als Viertelnote gekennzeichnet ist, verdeutlicht diese Regel:

Das Beispiel enthält mit den linken und rechten Notenköpfen bei absteigenden bzw. aufsteigenden Notenhälsen weitere Notenstrukturen. Diese sind:

`\rw{`*h*`}` : Ganze Note der Tonhöhe *h* um Kopfbreite nach rechts verschoben.
`\lw{`*h*`}` : Ganze Note der Tonhöhe *h* um Kopfbreite nach links verschoben.
`\rh{`*h*`}` : Halbe Note der Tonhöhe *h* um Kopfbreite nach rechts verschoben.
`\lh{`*h*`}` : Halbe Note der Tonhöhe *h* um Kopfbreite nach links verschoben.
`\rq{`*h*`}` : Viertelnote der Tonhöhe *h* um Kopfbreite nach rechts verschoben.
`\lq{`*h*`}` : Viertelnote der Tonhöhe *h* um Kopfbreite nach links verschoben.

Zusätzlicher Zwischenraum unterbleibt nach diesen sechs Befehlen. Die vorstehenden Akkorde wurden, innerhalb von `\NOtesp ... \enotes`-Strukturen, als

`\zq{e}\zh{h}\rh{g}\hu{j}`, `\zq{n}\zh{k}\lh{m}\hl{i}`,
`\zq{m}\zh{j}\lh{f}\ql{e}`, `\zq{e}\zh{i}\rh{j}\hu{k}` bzw.
`\zq{.m}\lh{l}\hl{.i}`

eingegeben. Der Verlängerungspunkt wird, wie oben beschrieben, durch einen vorangestellten Punkt *vor* der Höhenangabe im Notenbefehl erzeugt. Für Akkorde mit oberem Notenhals gibt es zusätzlich die Abschlussbefehle

`\rhu{`*h*`}` : Halbe Note *h* mit rechtem Kopf am oberen Notenhals.
`\rqu{`*h*`}` : Viertelnote *h* mit rechtem Kopf am oberen Notenhals.

Als Abschlussbefehle für Akkorde fügen beide Befehle anschließenden Leerraum mit einem internen `\noteskip` hinzu. Der erste und vierte Akkord bei dem vorangegangenen Beispiel hätte hiermit etwas einfacher als `\zq{e}\zh{hj}\rhu{g}` bzw. `\zq{e}\zh{ik}\rhu{j}` eingegeben werden können.

Die auf S. 211 vorgestellten Noteneingabebefehle `\hu{`*h*`}`, `\qu{`*h*`}`, `\cu{`*h*`}`, ..., `\ccccu{`*h*`}` sowie `\hl{`*h*`}`, `\ql{`*h*`}`, `\cl{`*h*`}`, ..., `\ccccl{`*h*`}` mit nachgestelltem Leerraum stehen auch als Befehle *ohne* nachfolgenden Abstand zur Verfügung. Ihre Namen sind durch ein vorangestelltes `z` als `\zhu{`*h*`}` bis `\zccccu{`*h*`}` sowie `\zhl{`*h*`}` bis `\zccccl{`*h*`}` gekennzeichnet. Sie werden benötigt, um übereinander stehende Einzelnoten ausgeben zu können, z. B. als

```
\zql{h}\qu{j}\zql{i}\qu{i}\zcl{g}\cu{j}%
   \zcu{k}\cl{h}\zhu{k}\hl{h}
```

Solche Darstellungen fallen häufig bei einer zweistimmigen Gesangsmelodie in einem Liniensystem an. Hierbei gilt die Regel, dass die Noten der Oberstimme nach oben, die der Unterstimme nach unten zu stielen sind. Geht die Zweistimmigkeit vorübergehend in Einstimmigkeit über, so sind deren Noten nach oben *und* unten zu stielen.

Ein weiterer `z`-Befehl ist `\zqb{`*h*`}`, der zur Ausgabe von Viertelnotensymbolen ohne nachfolgenden Leerraum bei verbalkten Notengruppen (siehe 4.4.1) genutzt werden kann.

Als Ergänzung zu diesen `\z`-Befehlen gibt es noch so genannte `\l`- und `\r`-Befehle, deren Befehlsnamen also mit `l` bzw. `r` beginnen:

`\lhu{`*h*`}`, `\lqu{`*h*`}`, `\lcu{`*h*`}` : Halb-, Viertel- und Achtelnoten der Tonhöhe *h* ohne nachfolgenden Leerraum mit Notenhals *oben*, dessen Notenkopf um die Kopfbreite nach *links* versetzt ist.

`\lhl{`*h*`}`, `\lql{`*h*`}`, `\lcl{`*h*`}` : Halb-, Viertel- und Achtelnoten der Tonhöhe *h* ohne nachfolgenden Leerraum mit Notenhals *unten*, dessen Notenkopf um die Kopfbreite nach *links* versetzt ist.

`\rhu{h}`, `\rqu{h}`, `\rcu{h}` : Halb-, Viertel- und Achtelnoten der Tonhöhe *h* ohne nachfolgenden Leerraum mit Notenhals *oben*, dessen Notenkopf um die Kopfbreitei nach *rechts* versetzt ist.

`\rhl{h}`, `\rql{h}`, `\rcl{h}` : Halb-, Viertel- und Achtelnoten der Tonhöhe *h* ohne nachfolgenden Leerraum mit Notenhals *unten*, dessen Notenkopf um die Kopfbreite nach *rechts* versetzt ist.

Diese Befehle entsprechen somit den obigen `\z`-Befehlen `\zhu`- bis `\zccccl`- mit dem Unterschied, dass bei den äquivalenten `\l`-Befehlen der Notenkopf um die Kopfbreite nach links und bei den `\r`-Befehlen nach rechts versetzt ist.

Zusätzlich stellt MusicTeX noch die vier Notenbefehle für Längen oberhalb ganzer Noten *ohne* nachfolgenden Abstand zur Verfügung:

`\zwq{h}` : Note beliebiger Dauer ( ) der Tonhöhe *h*
`\zbreve{h}` : Brevisnote ( ) der Tonhöhe *h*.
`\zlonga{h}` : Longanote ( ) der Tonhöhe *h*
`\zmaxima{l}` : Maximanote ( ) der Tonhöhe *h*

Diese Befehle entsprechen den bereits in 4.3.1 vorgestellten Befehlen `\breve`, `\longa` und `\wq`, denen ebenfalls kein Leerraum nachgestellt wird. Ein evtl. geforderter anschließender Leerraum muss mit expliziten Zwischenraumbefehlen, wie z. B. `\noteskip` oder `\sk` angefordert werden.

In Ausnahmefällen werden gelegentlich Halb- oder Viertelnoten *ohne* Notenhals, also nur deren Notenkopf angefordert. Dies kann mit

`\nh{h}` : Notenkopf von Halbnoten der Tonhöhe *h* ohne Notenhals
`\nq{h}` : Notenkopf von Viertelnoten der Tonhöhe *h* ohne Notenhals

erreicht werden. Diese Notenbefehle richten nach dem ausgebenen Notensymbol einen Leerraum der Größe `\noteskip` ein, der mit den äquivalenten `\z`-Befehlen `\znh{h}` und `\znq{h}` unterdrückt werden kann. Als Beispiel für eine relativ ungewöhliche Notenfolge folgen hiermit zum Abschluss deren `\notes`...`\enotes`-Eingaben:

```
\notes\nq{c}\nq{j}\enotes\bar
\Notes\nh{c}\nh{j}\enotes\bar
\notes\nq{cdef}\enotes
```

Anmerkungen zur Tonhöheneingabe: Bei den vorgestellten Noteneingabebefehlen wurde deren Tonhöhe als ein in geschweiften Klammern zu übergebendes Argument dargestellt. Besteht die Tonhöhen-Kennungsangabe nur aus einem einzelnen Zeichen, so darf das umschließende Klammerpaar auch fortgelassen werden, was der TeX-Notation zur Übergabe einfacher Argumentzeichen entspricht. So ist z. B. `\qu{c}` oder `\ccl{8}` gleichbedeutend mit `\qu c` und `\ccl8`.

Diese Kurzeingabe ist undeutlicher als die LaTeX-Notation mit Einschluss von Befehlsargumenten in einem geschweiften Klammerpaar, die deshalb bevorzugt werden sollte. Außerdem ist die Kurzeingabe bei Übergabe mehrerer Tonhöhenargumente oder einer absoluten Tonhöhenangabe größer neun oder mit einer negativen Zahlenangabe nicht erlaubt. Ich habe sie hier nur erwähnt, um solche Tonhöhenangaben in beigefügten Beispielen aus `musixexa.zip` für den Leser verständlich zu machen.

4.3.3 Tonverlängerungen

Ein, zwei oder drei nachgestellte Punkte verlängern die Notendauer um die Hälfte, drei Viertel bzw. sieben Achtel ihres eingestellten Grundwertes. Das Nachstellen eines Punkts kann durch einen der Tonhöhenangabe *vorangestellten* Punkt bei den Noteneingabebefehlen, z. B. als `\qu{.c.d}`, erfolgen, wie bereits in einigen der vorangegangenen Musikbeispiele dargestellt wurde.

Den auf S. 211 vorgestellten Notenbefehlen `\wh`, ..., `\cl` kann im Namen jeweils ein, zwei oder drei 'p' angehängt werden, mit der Wirkung, dass den damit erzeugten Noten ein, zwei oder drei Punkte folgen, z. B. `\clp{`*h*`}`, `\qupp{`*h*`}`, `\hlppp{`*h*`}` usw.[4] Das Anhängen von bis zu drei `p` ist auch bei den äquivalenten z-Befehlen ohne anschließenden Leerraum zulässig, z. B. `\zhupp{`*h*`}`. Dies gilt gleichermaßen auch für die bei Akkorden auftretenden Befehle `\zh` und `\zq` als `\zhp{`*h*`}` bis `\zqppp{`*h*`}`. Das Anhängen von `p` ist nicht erlaubt bei den Notenbefehlen, deren Namen mit `l` oder `r` beginnen, sowie bei kürzeren als Achtelnoten.

MusiXTEX stellt zusätzlich die Befehle `\pt{`*h*`}`, `\ppt{`*h*`}` und `\pppt{`*h*`}` bereit, die vor *jeden* Noteneingabebefehl gestellt werden können und die ein, zwei oder drei Punkte in der übergebenen Tonhöhe *h* nach der nachfolgenden Note erzeugen. Diese Befehle können auch den mit `l` und `r` beginnenden Notenbefehlen sowie den Notenbefehlen für 16tel-, 32tel- und 64tel-Noten vorangestellt werden, um korrekte Verlängerungspunkte zu erzeugen.

Eine Überprüfung über die gleiche Höhenangabe für den Verlängerungspunktbefehl und den nachfolgenden Noteneingabebefehl findet nicht statt. So ist `\pppt{e}\qu{f}` als Eingabe erlaubt und führt zu dem sicher unerwünschten Ergebnis, dass das Verlängerungs-Punktetripel in der Tonhöhe 'e' nach der darauffolgenden Viertelnote der Tonhöhe 'f' ausgegeben wird.

Das folgende Beispiel enthält alle Variationen von verlängerten Noten und deren Eingabemöglichkeiten:

```
\whp{c}\hupp{d}\quppp{e}
\clpp{j}\pt{k}\ccl{k}
\zqp{ceg}\qup{j}
\ppt{l}\lq{l}\zqpp{i}\qlpp{mi}
```

Für Notenköpfe, die zwischen zwei Linien des Notenliniensystems fallen, erscheinen die anschließenden Verlängerungspunkte genau in Höhe des Notenkopfs. Für linienzentrierte Notenköpfe erscheinen sie dagegen etwas angehoben, damit sie sich von der Linie durch den vorangehenden Notenkopf deutlicher abheben.

Für zweistimmige Gesangsmelodien in einem gemeinsamen Notenliniensystem erscheinen die Notenverlängerungspunkte gegenüber linienzentrierten Notenköpfen für die Oberstimme nach oben und für die Unterstimme nach unten verschoben, so dass sie besser lesbar zwischen die zugehörigen Linien fallen.

4.3.4 Pausen

Zu jeder Tondauer, die mit den Notenzeichen unterschiedlicher Länge gekennzeichnet wird, gibt es eine äquivalente Pause mit den Pausenzeichen:

[4]Das Anhängen von ppp mit der Wirkung der Ausgabe eines nachgestellten Punktetripels nach dem zugehörigen Notenkopf verlangt das Aktivieren des MusiXTEX-Makropakets `musixtri.tex` (s. 4.9.2).

Für ganze und halbe Pausen gibt es zusätzlich noch die verlängerten Pausenbefehle `\pausep` (▬·) und `\hpausep` (▬·) mit einem nachgestellten Verlängerungspunkt. Alle der vorstehenden Pausenbefehle fügen anschließenden Leerraum mit dem internen Befehl `\noteskip` ein. Die vertikale Stellung der Pausenzeichen ist im Notenliniensystem festgelegt. Sie können ggf. mit `\raisebox`-Befehlen in der Höhe verschoben werden. Für ganze und halbe Pausen stellt MusiXTEX hierfür auch eigene Befehle bereit:

> `\liftpause{`*h*`}` : verschiebt das Zeichen für ganze Pausen ▬ um *n* Einzellinien
> `\lifthpause{`*h*`}` : verschiebt das Zeichen für halbe Pausen ▬ um *n* Einzellinien

Mit $n > 0$ erfolgt eine Verschiebung nach oben und mit $n < 0$ nach unten und zwar gegenüber der Standardanordnung der `\pause`- bzw. `\hpause`-Befehle. Beide Verschiebebefehle existieren mit `\liftpausep{`*n*`}` und `\lifthpausep{`*n*`}` für die Pausensymbole mit einem nachgestellten Verlängerungspunkt.

4.3.5 Versetzungszeichen

Die Musikzeichensätze `musix`*n* stellen als Versetzungszeichen die Erhöhungszeichen ♯ und × (Kreuz und Doppelkreuz, engl. *sharp*), die Erniedrigungszeichen ♭ und 𝄫 (B und Doppel-B, engl. *flat*) sowie das Auflösungszeichen (engl. *natural*) ♮ bereit. Sie können mit speziellen Befehlen `\`*vz*`{`*h*`}` für die Notenhöhe *h* angesprochen werden und erscheinen in dieser Höhe vor der nachfolgenden Note, die mit dem Notenbefehl `\`*nb*`{`*h*`}` erzeugt wird. Eine Kontrolle, dass für beide Befehle die gleiche Höhenangabe *h* gewählt wird, unterbleibt. Alternativ und sicherer können Versetzungszeichen auch innerhalb der Notenbefehle mit speziellen Versetzungskennungen, die der Notenhöhe voranzustellen sind, erzeugt werden. Bei dieser Form `\`*nb*`{`$!_1 h_1 !_2 h_2 \ldots$`}`, in der $!_i$ für die Versetzungskennung zur Höhenangabe h_i steht, erscheint das zugehörige Versetzungszeichen automatisch in der richtigen Notenhöhe.

Als Versetzungsbefehle vor den Notenbefehlen bzw. als Versetzungskennungen (VK) innerhalb der Notenbefehle stehen zur Verfügung:

> `\sh{`*h*`}` bzw. ^ als VK: erzeugt ein ♯ vor der Note der Tonhöhe *h*
> `\dsh{`*h*`}` bzw. > als VK: erzeugt ein × vor der Note der Tonhöhe *h*
> `\fl{`*h*`}` bzw. _ als VK: erzeugt ein ♭ vor der Note der Tonhöhe *h*
> `\dfl{`*h*`}` bzw. < als VK: erzeugt ein 𝄫 vor der Note der Tonhöhe *h*
> `\na{`*h*`}` bzw. = als VK: erzeugt ein ♮ vor der Note der Tonhöhe *h*

Die folgenden Eingaben sind somit gleichwertig und führen zum nebenstehenden Ergebnis:

```
\sh{g}\qu{g}\dsh{h}\qu{h}\na{i}\ql{i}
\fl{j}\ql{j}\dfl{k}\ql{k}  bzw.
\qu{^g>h}\ql{=i_j<k}
```

Die obigen fünf Versetzungsbefehle stehen auch mit einem vorangestellten `l` in ihren Namen als `\lsh{`*h*`}`, `\ldsh{`*h*`}`, `\lfl{`*h*`}`, `\ldfl{`*h*`}` und `\lna{`*h*`}` zur Verfügung. Sie unterscheiden sich von den vorangegangenen Versetzungsbefehlen lediglich dadurch, dass das Versetzungszeichen um die Breite eines Notenkopfs nach links versetzt wird. Dies wird erforderlich, wenn bei Akkorden mit absteigendem Notenhals Noten vor dem Notenhals angeordnet werden.

Die mit den vorgestellten Befehlen erzeugten Versetzungszeichen können in zwei Größen als ♯ oder ♯, 𝄪 oder ×, ♭ oder ♭, 𝄫 oder 𝄫 sowie ♮ oder ♮ erscheinen. Die Auswahl der Größen erfolgt normalerweise durch MusiXTEX in Abhängigkeit vom Notenabstand in den *notes* ... `\enotes`-Strukturen. Bei kleinem Notenabstand werden naturgemäß die kleinen Symbole gewählt. Soll von dieser automatischen Auswahl abgewichen werden, so kann dies durch Verwendung von `\big`*vz*- oder `\small`*vz*-Befehlen erreicht werden, in deren Namen *vz* für die vorangegangenen Namen der Versetzungsbefehle steht, z. B. `\bigfl` oder `\smallna`. Innerhalb der `music`-Umgebung kann mit den Erklärungsbefehlen `\bigaccid` die ausschließliche Verwendung der großen Symbole oder mit `\smallaccid` die der kleinen Symbole erzwungen werden. Mit der Erklärung `\varaccid` kann anschließend wieder auf das Normalverhalten der variablen Auswahl zurückgestellt werden.

Die kleinen Versetzungsbefehle können für die einfachen Versetzungszeichen und das Auflösungszeichen mit `\uppersh{`*h*`}`, `\upperfl{`*h*`}` und `\upperna{`*h*`}` auch oberhalb des nachfolgenden Notenbefehls mit der Notenhöhe *h* angeordnet werden:

```
\Notes%
   \uppersh{l}\hl{l}%
   \upperna{m}\hl{m}%
   \upperfl{l}\hl{l}%
\enotes
```

Schließlich können die Versetzungszeichen in ihrer kleinen Variante noch zur Vorwarnung eingesetzt werden, indem den Versetzungsbefehlen in ihren Namen ein `c` vorangestellt wird:

```
\NOtes\qsk\csh{g}\qu{g}\cfl{h}\qu{h}%
      \cna{i}\ql{i}%
      \cdsh{j}\ql{j}\cdfl{k}\ql{k}\enotes
```

4.3.6 Notenabstände

Noten werden innerhalb von *notes* ... `\enotes`-Strukturen mit den in 4.3.1 und 4.3.2 vorgestellten Befehlen erzeugt, wobei die Notenbefehle aus 4.3.1 nach jeder erzeugten Note intern den Befehl `\noteskip` ausführen und damit den Abstand zur nächsten Note anfügen. Je nach Wahl von *notes* als `\notes`, `\notesp`, `\Notes`, ..., `NOTES` wird mit `\noteskip` ein steigender Abstand erzeugt, der aus dem aktuellen Wert des internen Längenregisters `\elemskip` abgeleitet wird, wie zahlenmäßig in der Tabelle auf S. 206 aufgelistet.

Das Längenregister `\elemskip` wird mit dem halben Wert der Größenerklärungen `\smallmusicsize`, `\normalmusicsize`, `\largemusicsize` bzw. `\Largemusicsize` initialisiert, denen gemäß 4.2.5 die Zeichensatzentwurfsgrößen 16 pt, 20 pt, 24 pt bzw. 28.8 pt zugeordnet sind, womit `\elemskip` je nach Größenwahl mit 8 pt, 10 pt, 12 pt oder 14.4 pt voreingestellt ist. Da ohne explizite Größenwahl `\normalmusicsize` standarmäßig zur Anwendung kommt, heißt dies, dass `\elemskip` standardmäßig mit 10 pt voreingestellt wird.

Mit `\setlength{\elemskip}{`*maß_ang*`}` kann diesem Register jederzeit ein neuer Wert zugeordnet werden. Mit der Änderung von `\elemskip` wird der Notenabstand für die verschiedenen \notes-Befehle durch deren `\noteskip`-Aufrufe geändert, wobei die Abstandsverhältnisse zwischen den einzelnen \notes-Strukturen gemäß der Tabelle auf S. 206 erhalten bleiben. Soll `\noteskip` für einzelne \notes-Befehle verändert werden, so verlangt dies die Neudefinition von

`\renewcommand{\`*notes*`}{\vnotes{`*q*`}\elemskip}` bzw.
`\def\`*notes*`{\vnotes`*q*`\elemskip}`

mit einem geeigneten Dezimalbruch für q. Mit `\def\NOtes{\vnotes5.34\elemskip}` würde dem Abstandsbefehl `\NOtes` der neue Wert 5.34×`\elemskip` zugewiesen.

Der Abstandsunterschied zwischen den einzelnen \notes-Stufen erfolgt standardmäßig in gleichen Werten von 0.5×`\elemskip`, also in einer arithmetischen Folge. Bei dem Vorgängerpaket MusicTEX erfolgte die Abstufung als geometrische Folge mit dem Quotienten

$$\texttt{\textbackslash notes} : \texttt{\textbackslash Notes} : \texttt{\textbackslash NOtes} : \texttt{\textbackslash NOTes} : \texttt{\textbackslash NOTEs} = 1 : \sqrt{2} \approx 1 : 1.41421$$

und damit von `\notes` : `\NOtes` : `\NOTEs` $= 1 : 2$. Eine geometrische Abstufung mit dem gleichen Quotienten kann in MusiXTEX auch mit der Systemerklärung `\geometricskipscale` ein- und mit `\arithmeticskipscale` wieder abgeschaltet werden. Da MusiXTEX mit den punktierten \notesp weitere Abstandsbefehle bereitstellt, wird deren Quotient zu den benachbarten Abstandsbefehlen mit `\notes` : `\notesp` : `\Notes` : ... $= 1 : \sqrt{\sqrt{2}} \approx 1 : 1.18921$ eingestellt.

Eine Änderung der Notenabstände mit einer der vorgstellten Systemerklärungen wirkt für alle nachfolgenden `music`-Umgebungen bis zu einer evtl. aufhebenden Systemerklärung gleichen Typs. Erfolgt eine solche Systemerklärung innerhalb einer `music`-Umgebung, dann ist sie auf diese Umgebung beschränkt. Innerhalb von \notes ... `\enotes`-Strukturen bleiben solche Systemerklärungen dagegen wirkungslos.

Eine Notenausgabe wie die nachfolgende, bei der in einem Zweiliniensystem für ein Instrument die unteren Achtelnoten den Notenabstand bestimmen, verlangt für die Viertelnoten im oberen Liniensystem, dass auf die erste Note eine unsichtbare *Phantomnote* folgt, damit die nächste Viertelnote mit der dritten Achtelnote aus dem unteren Liniensystem vertikal übereinstimmt. Dies kann mit einem zwischengeschalteten `\sk` erreicht werden.

Die Eingabe erfolgte damit, unter Fortlassung der `music`-Umgebung, als

```
\instrumentnumber{1}\setstaffs{1}{2}
\startextract
\Notes\cu{cgeg}|\ql{l}\sk\ql{n}\enotes
\endextract
```

Der Befehl `\sk` zur Einfügung einer unsichtbaren Phantomnote ist nur innerhalb von \notes ... `\enotes`-Strukturen erlaubt. Realisiert wird dieser Befehl durch das zusätzliche Einfügen eines horizontalen Zwischenraums vom Betrag eines `\noteskip`. Entsprechendes gilt auch für die Abstandsbefehle `\hsk` und `\bsk`, mit denen Zusatzzwischenraum vom Betrag 0.5×`\noteskip` bzw. −`\noteskip` eingefügt wird, was für `\bsk` ein entsprechendes Rücksetzen zur Folge hat.

Ein weiterer Abstandsbefehl ist `\qsk`, mit dem zwischen den einzelnen Noten ein zusätzlicher Zwischenraum von der Breite des Notenkopfs eingefügt wird. Dies wird gelegentlich bei Akkorden erforderlich, wenn bei diesen *nach* aufsteigenden bzw. *vor* absteigenden Notenhälsen zusätzliche Notenköpfe mit den mit `\l` oder `\r` beginnenden Notenbefehlen (siehe 4.3.2) angebracht werden. Ein verwandter Abstandsbefehl ist `\hqsk`, der Zusatzzwischenraum von der halben Breite eines Notenkopfs erzeugt.

Schließlich kann noch mit `\off{`*abst_maß*`}` innerhalb und außerhalb von `\`*notes* `...` `\enotes`-Paaren ein beliebiger Abstand vom Betrag *abst_maß* zugefügt werden. Eine negative Maßangabe führt zu einem entsprechenden Zurücksetzen für die Folgenote. Ich habe diesen Rücksetzungsbefehl in der Form `\off{-13\noteskip}` bei dem Notendiagramm zur Darstellung der Höhenkennungen oben auf S. 212 nach den jeweils 13 Noteneinträgen der aufeinander folgenden Noten benutzt, um nach der Rücksetzung die dazugehörigen Höhenkennungen `a` bis `m` und `n` bis `z` ober- bzw. unterhalb der Notensysteme mit den Texteingabebefehlen des nächsten Unterabschnitts zu erzeugen.

Neben den Abstands- und Zwischenraumbefehlen vor Noteneingaben kennt MusiXTEX noch einige Notenverschiebebefehle. Mit

`\roff{`*noten_symb*`}` bzw. `\loff{`*noten_symb*`}`

kann ein Noten- oder Musiksymbol um die Weite eines Notenkopfs nach rechts bzw. nach links verschoben werden. Die beiden Befehle gibt es auch noch als `\hroff{`*noten_symb*`}`- sowie `\hloff{`*noten_symb*`}`-Variante mit der Verschiebung um die Weite eines halben Notenkopfs nach rechts bzw. links.

kann erzeugt werden mit

```
\NOtes\roff{\zwh{g}}\qu{gh}%
       \loff{\zwh{i}}\qu{i}\enotes
```

Ein weiteres Notenverschiebepaar um beliebige Verschiebewerte wird mit

`\roffset{`*fakt*`}{`*noten_symb*`}` bzw. `\loffset{`*fakt*`}{`*noten_symb*`}`

bereitgestellt. Hierbei steht *fakt* für einen Multiplikationsfaktor in Form einer ganzen Zahl oder eines Dezimalbruchs, der angibt, um das Wievielfache eines Notenkopfs die Verschiebung erfolgen soll, z. B.

wurde erzeugt mit

```
\NOtes\roffset{1.5}{\zwh{g}}\qu{gh}%
       \loffset{1.5}{\zwh{i}}\qu{i}\en
```

Diese Verschiebebefehle erzeugen keinen anschließenden Leerraum. Der Abstand zwischen der vorangehenden und der Folgenote wird allein durch den internen Aufruf von `\noteskip` gemäß der umschließenden `\`*notes* `...` `\enotes`-Struktur bestimmt.

4.3.7 Textuntermalungen

Die einfachste Möglichkeit einer Partitur für Chormusik mit zugefügter Lyrik besteht darin, jede der unterschiedlichen Stimmen als Doppelinstrument zu betrachten. Für n unterschiedliche Stimmen ist damit `\instrumentnumber{`$2n$`}` vorzugeben und mit `\setstaffs{1}{0}`, `\setstaffs{3}{0}`, ... für die ungeraden, also die unteren Systeme eines jeden Instrumentenpaars, das zugehörige Liniensystem zu unterdrücken. Nunmehr kann mit

`\notes` t_1 `&` m_1 `&` t_2 `&` m_2 `&` `...` `&` t_n `&` m_n `\enotes`

Text und Melodie in einfacher Weise eingegeben werden. Hierbei steht t_i für eine beliebige Texteingabe, die vertikal mit der ersten Noteneingabe aus m_i übereinstimmt. Mit

```
\instrumentnumber{2}\setstaffs{1}{0}
```

können Text und Melodie für das Lied „Lobe den Herren" von S. 213 auf einfache Weise verknüpft werden:

```
\NOtes  Lo-&\qu{g}\enotes
\NOtes   be&\qu{g}\enotes
\NOtes  den&\ql{k}\enotes\bar
\NOtes Her-&\ql{.i}\enotes
\NOtes ren,&\cu{h}\enotes
\NOtes  den&\qu{g}\enotes\bar
```

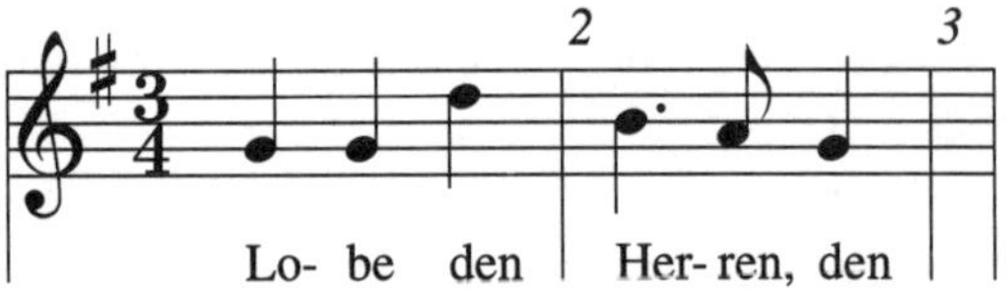

Die Einfachheit beschränkt sich auf einzeilige Texteinträge. Für mehrzeilige Textteile muss die Eingabe mittels einer TeX- oder LaTeX-Struktur erfolgen, die intern eine sog. vertikale TeX-Box bereitstellt. Dies könnte z. B. mit der `tabular`-Umgebung geschehen. Zur einfacheren Nutzung empfiehlt es sich, sie als Befehl mit Argumenten zu definieren, so dass die einzelnen Argumente den Texteinträgen der einzelnen Zeilen entsprechen:

```
\newcommand{\mlt}[2]{\begin{tabular}{@{}l@{}}#1\\#2\end{tabular}}
```

Hiermit könnte der zweizeilige Text zusammen mit den zugehörigen Noten für das obige Lied als `\NOtes\mlt{Lo-}{Mei-} &\qu{g}\enotes` usw. eingegeben werden. Die Erweiterung auf mehr als zweizeilige Texteinträge sollte nicht schwerfallen. In beiden Fällen ist darauf zu achten, dass nach den Textteilen zum nachfolgenden Linienumschaltzeichen & kein Leerraum auftritt.

Die Besetzung von zwei Liniensystemen erweist sich bei mehrstimmiger Musik mit gleichzeitiger Instrumentenbegleitung schnell als Nachteil, da die Höchstzahl von sechs Instrumenten[5] bereits bei einer dreistimmigen Partitur erreicht wird und die Notensätze einer etwaigen Instrumentenbegleitung nicht mehr unterzubringen sind. MusiXTeX stellt deshalb weitere Möglichkeiten zur Texteingabe mit den Befehlen

`\zcharnote{`*h*`}{`*text*`}` `\lcharnote{`*h*`}{`*text*`}` `\ccharnote{`*h*`}{`*text*`}`

bereit. Hierbei steht *h* für eine Höhenangabe wie bei den richtigen Notenbefehlen. Der mit *text* übergebene Text wird innerhalb des Liniensystems in der Höhe *h* angebracht. Diese Befehle sind nur innerhalb von *notes*`...\enotes`-Strukturen erlaubt. Diese Befehle wirken wie die Notenbefehle *ohne* anschließenden Leerraum `\zwh ... \zcccl`, so dass der übergebende Text an Stelle des fiktiven Notenkopfs angeordnet wird, und zwar so, dass er mit `\zcharnote` dort beginnt und sich nach rechts erstreckt, mit `\lcharnote` dort endet und nach links hineinragt sowie mit `\ccharnote` an der Stelle des fiktiven Notenkopfs horizontal zentriert erscheint.

Damit Lyrik mit den Melodienoten zusammenpasst, ist der jeweilige Eingabetextteil mit den vorstehenden Texteingabebefehlen mit einem Noteneingabebefehl mit nachfolgendem Abstand `\wh{`*h*`} ... \cccl{`*h*`}` abzuschließen, wie mit dem nachfolgenden Beispiel demonstriert wird. Für mehrzeiligen Text sind entsprechend viele der *x*`charnote`-Befehle nacheinander einzugeben und dann gemeinsam mit dem Notenabschlussbefehl zu beenden.

[5]Mit dem Zusatzpaket `musixadd.tex` kann die Zahl der möglichen Instrumente auf neun und zusätzlich mit `musixmad.tex` auf zwölf erhöht werden.

```
\begin{music}
  \instrumentnumber{1}\generalsignature{1}
  \generalmeter{\meterfrac{3}{4}}\startextract
  \NOtes\lcharnote{15}{Schnell}\ccharnote{10}{\emph{mf}}%
     \zcharnote{-6}{Lo-}\zcharnote{-10}{Mei-}\qu{g}\enotes
  \NOtes\zcharnote{-6}{be}\zcharnote{-10}{ne}\cu{g}\enotes
  \NOtes\zcharnote{-6}{den}\zcharnote{-10}{ge-}\ql{k}\enotes\bar
  \NOtes\zcharnote{-6}{Her-}\zcharnote{-10}{lie-}\ql{.i}\enotes
  \NOtes\zcharnote{-6}{ren,}\zcharnote{-10}{be-}\cu{h}\enotes
  \NOtes\zcharnote{-10}{te}\zcharnote{-6}{den}\qu{g}\enotes\bar
   ..... \enotes\endextract
\end{music}
```

Noten- und Texteingabe erfolgen ab Zeile vier. In dieser und der nächsten Zeile treten alle drei der vorgestellten Texteingabebefehle auf. Die Höhenangabe bei den `\`*x*`charnote`-Befehlen erfolgte hier in absoluter Form als positive oder negative Zahl. Sie kann aber auch durch eine Buchstabenkennung, wie bei den Notenbefehlen üblich, vorgenommen werden (siehe hierzu die Hinweise zur absoluten Höhenangabe auf S. 212). Die vorgestellten Texteingabebefehle gibt es auch noch als zweite Variante mit

`\zchar{`*h*`}{`*text*`}` `\lchar{`*h*`}{`*text*`}` `\cchar{`*h*`}{`*text*`}` }

Der Unterschied zu den `\`*x*`charnote`-Befehlen besteht nur darin, dass bei der hiesigen Befehlsgruppe die Höhenangabe *h* nur in absoluter Form als Zahl erfolgen darf. Diese Zahl darf aber auch ein Dezimalbruch sein, womit eine Feinpositionierung bezüglich der Höhe zum zugehörigen Liniensystem vorgenommen werden kann. Die horizontale Positionierung des mit diesen Befehlen übergebenen Textteils bezüglich der zugehörigen Melodienote kann entsprechend des Anfangsbuchstaben `\z` (rechts ausgerichtet), `\l` (links ausgerichtet) bzw. `c` (zentriert) den dortigen Beschreibungen zu `\`*x*`charnote` entnommen werden.

Eine noch einfachere Texteingabe unterhalb der Melodiekennung ist mit den Befehlen

`\zsong{`*text*`}` `\lsong{`*text*`}` `\csong{`*text*`}`

innerhalb der `\`*note* `...` `\enotes`-Struktur für das zugehörige Singinstrument möglich, da hier eine Höhenkennzeichung für den Eingabetext entfällt. So wird das Anfangsbeispiel mit dem einzeiligen Text „Lobe den Herren" hier für Text und Melodie einfach mit

```
\begin{music}
   \instrumentnumber{1}\generalsignature{1}
   \generalmeter{\meterfrac{3}{4}}\startextract
   \NOtes\zsong{Lo-}\qu{g}\zsong{be}\qu{g}\zsong{den}\ql{k}\en\bar
   \NOtes\zsong{Her-}\ql{.i}\zsong{ren,}\cu{h}\zsong{den}\qu{g}\en\bar
   \NOtes\csong{m"ach-}\qu{f}\zsong{ti-}\qu{e}\zsong{gen}\qu{d}\en\bar
   \NOtes\zsong{K"o-}\hu{e}\zsong{nig}\qu{f}\en\bar
   \endextract
\end{music}
```

eingegeben, was die folgende Ausgabe bewirkt:

Bei Partituren mit mehreren Instrumenten und Singstimmen erscheint der mit den \xsong-Befehlen eingegebene Text unterhalb des zugehörigen Liniensystems, wie es innerhalb

\notes ... &\xsong{..}\noten_bef& ... \enotes oder
\notes ... |\xsong{..}\noten_bef& ... \enotes

angesprochen wird (siehe 4.2.4). Die Wirkungsunterschiede für die \xsong-Befehle mit den unterschiedlichen Anfangsbuchstaben `z`, `l` bzw. `c` für *x* können den entsprechenden Erläuterungen zu den \xcharnote- und \xchar-Befehlen entnommen werden.

Bei der Bereitstellung des letzten Beispiels wurde eine manuelle Änderung erforderlich. Zur Ausgabe des unterlegten Textes hatte ich zunächst nur `\zsong`-Befehle verwendet, mit der Folge, dass die Textsilbe ‚mäch-' nach dem dritten Takt bis unter die nachfolgende e-Note ragte und sich damit mit deren unterlegtem Text ‚ti-' überschnitt. Durch das Zentrieren von ‚mäch-' durch `\csong{m"ach-}` konnte diese Textüberschneidung unterbunden werden.

Die Einfachheit der Texteingabe mit den \xsong-Befehlen wird also durch gelegentliche nachträgliche Eingabekorrekturen beeinträchtigt. Bei den \xcharnote- und \xchar-Befehlen führt eine über `\noteskip` hinausgehende Textlänge zu einer automatischen Verschiebung der Folgenote, wie das vorletzte Beispiel an der zugehörigen Stelle zeigt.

Bei Tasteninstrumenten, die beim Notensatz üblicherweise mit zwei Liniensystemen durch `\setstaffs{`*n*`}{2}` bereitgestellt werden, kann zwischen beiden Liniensystemen mit

`\zmidstaff{`*text*`}`	Textausrichtung nach rechts
`\lmidstaff{`*text*`}`	Textausrichtung nach links
`\cmidstaff{`*text*`}`	zentrierter Textausrichtung

der übergebene Text bezüglich der zugeordneten Melodienote angebracht werden. Wichtig ist, dass diese beiden Befehle in der einschließenden \note... `\enote`-Struktur im unteren Liniensystem anzuordnen sind! Zur Textausgabe oberhalb des Liniensystems dienen schließlich noch:

`\uptext{`*text*`}`	positioniert *text* bei der absoluten Höhe $h = 10$
`\Uptext{`*text*`}`	positioniert *text* bei der absoluten Höhe $h = 14$

Der dreistufige Bearbeitungsvorgang für MusiXTEX mit der Zwischenschaltung des ausführbaren Programms `musixflx` nach der ersten TEX- oder LATEX-Bearbeitung und der dann nochmaligen TEX- oder LATEX-Bearbeitung steht in einem gewissen Widerspruch zur Mischung von Text- und Noteneingabe. Mit dem zwischengeschalteten `musixflx`-Programm wird der Zeilenumbruch der Notenliniensysteme bezüglich der Notenfolge optimiert. Der zugehörige Platzbedarf für etwaige Textuntermalungen bleibt hierbei jedoch unberücksichtigt, was häufig mühevolle nachträgliche Bearbeitungseingriffe erforderlich macht.

Für die hierzu evtl. erforderlichen Layout-Änderungsmöglichkeiten verweise ich auf 4.8.1 sowie auf die beigefügte Originaldokumentation von MusiXTEX mit `musixdoc.tex`. Dort werden auch die Möglichkeiten für einen manuellen Zeilenumbruch vorgestellt, so dass die automatische Optimierung mit `musixflx` evtl. unterbleiben kann.

4.4 Notenverbalkungen

Bei mehreren nebeneinanderstehenden kurzen Noten wird deren Dauer gewöhnlich durch Verbalkungen statt der Fähnchen gekennzeichnet. Die Balkenrichtung soll dabei der Hauptneigung der verbalkten Notenfolge entsprechen.

4.4.1 Horizontale Verbalkungen

Soll eine Notengruppe miteinander verbalkt werden, so ist der ersten bzw. letzten Note dieser Gruppe ein *Balkenstart-* bzw. *Balkenende*-Befehl voranzustellen. Die Balkenstartbefehle für horizontale Balken haben die Syntax

`\ib`*b*`l{`*n*`}{`*h*`}{0}` oder kürzer `\i`*b*`l`*nh*`0` sowie
`\i`*b*`u{`*n*`}{`*h*`}{0}` oder kürzer `\i`*b*`u`*hn*`0`

Hierin steht *b* für ein bis vier b, also für `\ibl`, `\ibbl`, `\ibbbl`, `\ibbbbl` bzw. `\ibu`, `\ibbu`, `\ibbbu`, `\ibbbbu`, womit ein bis vier Balken eingeleitet (initiiert) werden, denen bis zu 64tel-Noten entsprechen.[6] Die Befehle der ersten Gruppe mit dem Endbuchstaben `l` (engl. lower) ordnen die Balken *unterhalb*, diejenigen der zweiten Gruppe mit dem Endbuchstaben `u` (engl. upper) *oberhalb* der Noten an.

Die Angabe *n* steht für eine Zahlenkennzeichnung $0,\ldots,5$.[7] Diese Kennzeichnung hat nur für Mehrliniensysteme Bedeutung. Sollen in einem Mehrliniensystem mehrere Notengruppen, die in verschiedenen Systemen übereinander stehen, verbalkt werden, so sind sie durch eine jeweils eigene Kennzahl voneinander zu unterscheiden. Diese Zahlenkennzeichnung ist nicht gleichzusetzen mit den Instrumentennummern aus `\instrumentnumber{`*n*`}` oder deren Untersysteme aus `\setstaffs{`*n*`}{`*s*`}`. Sie dient lediglich zur Unterscheidung der Verbalkungen in verschiedenen Liniensystemen. Aus Gründen der Übersichtlichkeit sollte man sich aber an eine eigene Systematik halten, z. B. als Kennzeichnung für das betrachtete unterste Liniensystem stets die 0, für das darüber liegende die 1 usw. zu verwenden.

Die Angabe für *h* bezieht sich auf die Höhe des zugeordneten Notenkopfs. Bei den Einbalkenbefehlen erscheinen die Balken um drei Linien höher oder tiefer als die angegebenen Notenhöhen. Bei Mehrbalkenbefehlen bezieht sich die Verschiebung um drei Linien auf den jeweils innersten Balken. Die Höhenangabe kann mit einem Notenwert oder in absoluter Form als positive oder negative ganze Zahl erfolgen (s. S. 212).

Die Verbalkung, die mit den obigen Befehlen bei der nachfolgenden Note beginnt, wird mit den Befehlen

`\tbu{`*n*`}` bzw. `\tbl{`*n*`}` oder kürzer `\tbu`*n* bzw. `\tbl`*n*

vor der letzten verbalkten Note beendet. Dies gilt unabhängig davon, wie viele Balken mit vorangegangenen Balkenstartbefehlen eingerichtet wurden. Die Zahlenkennzeichnung *n* muss gleich derjenigen für den zugehörigen Balkenstartbefehl gewählt werden.

Damit die Notenhälse korrekt mit den Balken verbunden werden, sind die bisherigen Notenbefehle `\qu{`*h*`}` und `\ql{`*h*`}` innerhalb von Verbalkungen durch den neuen Notenbefehl

[6] Bei Verwendung des MusiXTEX-Makropakets `musixbm.tex` können bis zu fünf `b` und damit bis zu fünf Balken eingeleitet werden, die bei zusätzlicher Verwendung von `musixbbm.tex` auf sechs Balken erhöht werden können, den bis zu 128tel- bzw. 256tel-Noten entsprechen.

[7] Bei Verwendung des MusiXTEX-Zusatzpakets `musicadd.tex` kann die Kennzeichnung auf $0,\ldots,8$ und mit `musixmad.tex` auf $0,\ldots,11$ ausgedehnt werden.

`\qb{n}{h}` oder kürzer als `qbn{h}` zu ersetzen, worbei *n* für die gleiche Kenn-Nummer wie bei den zugehörigen Balkenbefehlen steht. Dieser Befehl steht auch in der Version `\zqb{n}{h}` oder kürzer als `\zqn{h}` zur Verfügung, nach denen, anderes als bei den `qb`-Befehlen, kein anschließender Abstandsleerraum zugefügt wird.

```
\notes\ibl0M0\qb0{KNN}\tbl0\qb0{N}|
   \ibu1j0\qb1{ikm}\tbu1\qb1{k}%
   \en\bar
\notes\qp|\ibbl0m0\qb0{nmn}\tbl0%
   \qb0{m}\en
\notes\ibbl1N0\qb1{NMN}\tbl1\qb1{M}|
  \ibbu0f0\qb0{gfg}\tbu0\qb0{f}\en
```

Die vorgestellten Balken- und Notenbefehle wurden hierbei in ihrer Kurzform verwendet. Statt `\ibl0M0`, `\tbl0` und `\qb0{N}` hätte man syntaktisch klarer auch `\ibl{0}{M}{0}`, `\tbl{0}` bzw. `\qb{0}{N}` schreiben können. Das Liniensystem enthält im unteren Liniensatz den Bass-Schlüssel und im oberen den Violinschlüssel. Erfolgt die Höhenangabe bei den Balkenstartbefehlen durch eine Buchstabenkennung, so ist der Notenschlüssel zu berücksichtigen; beim Bass-Schlüssel entspricht der absoluten Höhe `0` die Buchstabenkennung `G`, während sie beim Violinschlüssel als `e` erscheint (s. hierzu S. 212). Eine Höhenangabe in absoluter Form durch eine positive oder negative Zahl ist unabhängig vom vorgegebenen Notenschlüssel; `0` bedeutet stets die unterste und `8` die oberste der fünf Standardlinien.

Da auf die Balkenabschlussbefehle `\tbu` und `\tbl` gewöhnlich ein `\qb`- oder `\zqb`-Befehl, jeweils mit gleicher Systemkennung *n* folgt, stellt MusiXTEX für diese Befehlsfolge geeignete Gemeinschaftsbefehle *mit* und *ohne* Folgeabstand bereit:

`\tqb{n}{h}` oder kürzer `\tqbnh` als Äquivalent für `\tbl{n}\qb{n}{h}`
`\tqh{n}{h}` oder kürzer `\tqhnh` als Äquivalent für `\tbu{n}\qb{n}{h}`
`\ztqb{n}{h}` oder kürzer `\ztqbnh` als Äquivalent für `\tbl{n}\zqb{n}{h}`
`\ztqh{n}{h}` oder kürzer `\ztqhnh` als Äquivalent für `\tbu{n}\zqb{n}{h}`

Mit diesen Abschlussbefehlen könnte die Noteneingabe für das obige Beispiel etwas einfacher erfolgen:

```
\notes\ibl0M0\qb0{KNN}\tqbl0N|\ibu1j0\qb1{ikm}\tqh1k\en\bar
\notes\qp|\ibbl0m0\qb0{nmn}\tqb0m\en
\notes\ibbl1N0\qb1{NMN}\tqb1M|\ibbu0f0\qb0{gfg}\tqh0f\en
```

Der Leser möge bei obiger Ausgabe für dieses Beispiel überprüfen, ob bei den Einbalkenbefehlen im ersten Takt der Balken um drei Linien über oder unter der jeweiligen Höhenangabe liegt, was bei den Zweibalkenbefehlen für den jeweils inneren Balken gilt. Beim ersten Takt findet in beiden Liniensätzen eine Verbalkung statt. Demzufolge mussten ihre Befehle durch die Kennungen `0` und `1` unterschieden werden. Im zweiten Takt erscheint eine Verbalkung bei der ersten Notengruppe nur im oberen Liniensatz; ihre Kennzeichnung erfolgte mit `0`. Bei der nächsten Notengruppe erfolgt eine Verbalkung wieder in beiden Liniensätzen. Hier wurde die Unterscheidungskennzeichnung nunmehr mit `1` für das untere und `0` für das obere vorgenommen. Dies soll demonstrieren, dass es sich bei der Kennzeichnung nur um das Unterscheidungsmerkmal handelt, das mit der eigentlichen Nummerierung der Liniensysteme nichts zu tun hat. Die im Beispiel getroffene Wahl widerspricht der obigen Empfehlung, nach der die Kennzeichnung besser stets mit `0` für den unteren und mit `1` für den oberen Liniensatz (oder umgekehrt, aber dann durchgehend) erfolgen sollte.

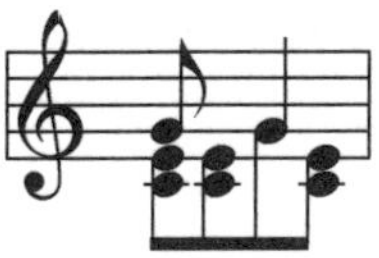

Verbalkte Akkorde sollten ebenfalls keine Eingabeschwierigkeiten bereiten, da die `\z`-Notenbefehle mit den `\qb`-Befehlen mischbar sind:

```
\notes\ibl{0}{0}{0}\zcu{g}\zq{c}\qb0{e}\zq{c}\qb0{e}%
    \zqu{g}\qb0{g}\tbl{0}\zq{c}\qb{e}\enotes
```

Die hier gewählte absolute Höhenangabe `\ibl{0}{0}{0}` bzw. ihre Kurzform `ibl000` bedarf nach den vorangegangenen Erläuterungen keiner zusätzlichen Erklärung. MusiXTEX stellt neben den oben beschriebenen Balkenstartbefehlen `\ibu` ... `\ibbbbl` zusätzlich noch die Befehle

```
\nbbl{n}   \nbbbl{n}   \nbbbbl{n}
\nbbu{b}   \nbbbu{n}   \nbbbbu{n}
```

bzw. deren Kurzformen `\nbbl`*n* ... `\nbbbbl`*n* und `\nbbu`*n* ... `\nbbbbu`*n* bereit. Mit ihnen kann die Balkenanzahl, die mit dem Balkenstartbefehl eingeleitet wurde, innerhalb der Notengruppe bei späteren Noten vergrößert werden. Dies erlaubt Verbalkungen wie

```
\notes\ibu0h0\qb0{e}\nbbu0\qb0{e}\nbbbu0\qb0{e}%
  \nbbbbu0\qb0{e}\tbu0\qh0{e}\enotes
```

Eine mit `\ib`*b*`u` bzw. `\ib`*b*`l` eingeleitete Balkengruppe darf mit dem gegensätzlichen Endbefehl `\tbl` bzw. `\tbu` beendet werden:

```
\Notes\ibl0p0\qb0{p}\nbbl0\qb0{p}%
      \nbbbl0\qb0{p}\tbu0\qb0{e}\enotes
```

Die umgekehrte Anforderung, nämlich eine nur teilweise Beendigung einer Mehrbalkengruppe, kann mit den Befehlen `\tbbl{`*n*`}` und `\tbbu{`*n*`}`, `\tbbbl{`*n*`}` bzw. `\tbbbu{`*n*`}` und `\tbbbbl{`*n*`}` bzw. `\tbbbbu{`*n*`}` erreicht werden. Die Befehle aus dem ersten Paar beenden alle Balken einer Mehrbalkengruppe mit Ausnahme des äußersten Balkens für die Achtelnoten (oberster Balken bei `\tbbu` bzw. unterster Balken bei `\tbbl`). Die Befehle aus dem zweiten Paar `\tbbbl` bzw. `\tbbbu` beenden alle Balken mit Ausnahme derjenigen für die Achtel- und Sechzehntelnoten usw. Die Zulässigkeit der Kurzformen für diese Befehle, also die Zahlenkennzeichnung ohne Einschluss in ein `{ }`-Paar, bedarf keiner besonderen Erwähnung.

```
\notes\ibbbbl0m0\qb0{m}\tbbbbl0\qb0{m}\tbbbl0%
\qb0{m}\tbbl0\qb0{m}\tbl0\qb0{m}\enotes
```

Auf ein Beispiel für die entsprechende Struktur mit oben angeordneten Balken kann verzichtet werden. Die vorhergehenden Befehle zur partiellen Beendigung einer Balkengruppe entfalten eine andere Wirkung, wenn mit ihnen Balken beendet werden sollen, die nicht begonnen wurden. Wird z. B. eine Notengruppe, die mit `\ibu` eingeleitet wurde, die also nur einfach verbalkt wird, partiell mit `\tbbu` beendet, so erzeugt dieser Befehl bei der nachfolgenden Note einen zweiten Balken von der Breite des Notenkopfs. Bei einem mit `\ibbu` eingeleiteten Doppelbalkensystem führt `\tbbbu` zu entsprechenden Zusatzbalken usw. Nach diesen Erläuterungen bedürfen die nebenstehenden Beispiele keiner weiteren Erklärung:

```
\Notes\ibu0g0\qb0{e}\tbbu0\qb0{e}\tbbu0\tbu0%
\qh0{e}\ibbl0j0\qb0{j}\tbbbu0\tbu0\qb0{j}\enotes
```

Die Anordnung eines kurzen Zusatzbalkens in der vorangehenden Note ist ebenfalls möglich. Dies verlangt den Einsatz des Verschiebebefehls `\roff` von S. 221 mit dem Balkenendbefehl als Argument.

```
\Notes\ibbl0j\roff{\tbbl0}\qb0{j}\tbl0\qu0{j}\en
\Notes\ibbbu0j\roff{\tbbbu0}\qh0{j}\tbu0\qu{j}\en
```

Den Notenbefehlen `\qb` und `\zqb` zur Erzeugung von Notensymbolen innerhalb verbalkter Gruppen können im Befehlsnamen ein bis drei `p` angehängt werden, mit der Wirkung, dass die erzeugten Notensymbole mit bis zu drei Verlängerungspunkten erscheinen. Hierzu deshalb noch ein abschließendes Beispiel für horizontale Verbalkungsgruppen.

```
\Notesp\ibbu0f0\roff{\tbbbu0}\qbp0{f}\en
\Notes\tbbu0\qb0{f}\tbu0\qb0{f}\en
\Notes\ibbu0f0\roff{\tbbu0}\qb0{f}\en
\NOtesp\qbppp0{f}\tbbbu0\tbbu0\tqh0f\en
```

Man beachte in der letzten Notengruppe den Abschlusskombinationsbefehl `\tqh0f`, der nach den Hinweisen von S. 226 mit der Befehlsfolge `\tbu0\qb0{f}` äquivalent ist.

4.4.2 Geneigte Balken

Soll eine vorrangig aufsteigende oder absteigende Notenfolge verbalkt werden, so sollen die Balken der Hauptneigung der Notenfolge entsprechen. Dies verlangt die Bereitstellung von geneigten Balken. Bei den im letzten Unterabschnitt vorgestellten Balkenstartbefehlen war das dritte Argument stets 0, ohne dass hierfür eine Erklärung erfolgte. Die vollständige Syntax der Balkenstartbefehle lautet

`\ibl{`*n*`}{`*h*`}{`*s*`}`	oder kürzer	`\ibl`*nhs*	bzw.	`\ibl`*nh*`{`*s*`}`	sowie
`\ibu{`*n*`}{`*h*`}{`*s*`}`	oder kürzer	`\ibu`*nhs*	bzw.	`\ibu`*nh*`{`*s*`}`	

worin s für eine ganze Zahl von -9 bis $+9$ steht, wobei das Pluszeichen bei positiven Zahlen entfallen darf bzw. bei der ersten Kurzform für $1, \ldots, 9$ entfallen muss. Bei negativen Werten von s ist nur die zweite Kurzform erlaubt. Die angegebene Zahl s führt zu einer Balkenneigung von $s \times 0.05$. Damit können Balkenneigungen von -0.45 % bis $+0.45$ % angefordert werden.

Der Höhenabstand Δh von unmittelbar in der Höhe benachbarten Noten beträgt standardmäßig (`\normalmusicsize`) 2.5 pt. Der horizontale Notenabstand in pt ist $f\times$`\elemskip`, wobei `\elemskip` standardmäßig mit 10 pt eingestellt ist. Der Faktor f beträgt innerhalb `\notes ... \enotes` 2.0 und steigt in den Stufen 2.5, 3.0 bis 6.0 mit `\notesp` bis `\NOTEs` gemäß der Tabelle von S. 206. Für andere Größenvorgaben wie `\smallmusicsize` und `\largemusicsize` ändern sich zwar die Werte für Δh. Das Gleiche gilt aber auch für die Anfangseinstellung von `\elemskip`, so dass deren Verhältnis für unterschiedliche Musikgrößenvorgaben erhalten bleibt.

Damit lässt sich die erforderliche Steigung bzw. Steigungskennzahl s leicht als $5/f$ ermitteln. Die Verbalkung von vorrangig aufsteigenden oder absteigenden Notengruppen erfolgt ansonsten genauso wie bei den horizontalen Verbalkungen, so dass hierzu keine weiteren Befehlsstrukturen erforderlich werden. Ich beschränke mich deshalb auf die Vorstellung eines Beispiels:

```
\notesp\ibl0d0\qb0{f}\zq{d}\qb0{f}\sk\zq{d}\qb0{f}\sk\zq{d}\tbl0\qb0{f}|%
   \ibu1o{-2}\qbp1{o}\sk\tbbu1\tbu1\qb1{n}%
   \ibbu1m{-5}\qb1{mlk}\tbu1\qb1{j}\enotes\bar
\Notesp\ibl0N5\qb0{N}\nbbl0\qb0{b}\tbl0\qb0{c}|\zq{k}\zq{i}\ql{g}\enotes
\Notesp\ibl0d{-7}\qb0{d}\tbl0\qb0{b}|\ds\zq{p}\zq{m}\cl{k}\enotes\bar
\notesp\ibl{0}{N}{5}\qb0{N}\nbbl{0}\qb0{c}\tbl{0}\qb0{d}|%
   \ibl{1}{l}{5}\zq{q}\qb1{l}\nbbl{1}\qb1{q}\tbl{1}\qb1{p}\enotes
\notesp\ibl{0}{e}{-5}\qb{0}{.e}\sk\tbbl{0}\tbl{0}\qb{0}{c}|%
   \ibbl{1}{p}{4}\qb{1}{qpq}\tbl{1}\qb{1}{s}\enotes
```

In den ersten beiden Takten wurden die Balkenbefehle in ihren Kurzformen gewählt. Im dritten Takt stehen die Balkenstart- und -endbefehle in ihrer ausführlichen Form, wogegen in der ersten Notengruppe die Notenanbindungsbefehle `\qb`n in der Kurzform und in der zweiten Notengruppe ebenfalls in der ausführlichen Form auftreten.

4.4.3 Automatische Neigungsauswahl

Die vorangehend vorgestellte Auswahl und Einstellung der Balkenneigung war bei den ersten Versionen von MusicTEX die einzige Möglichkeit zur Erzeugung geneigter Verbalkungen. Bei späteren Versionen erfolgte jedoch bald eine Verbesserung mit weitgehend automatischer Einstellung der Neigungen, die mit weiteren Erleichterungen natürlich auch Bestandteil von MusiXTEX sind. Diese bestehen in einer weiteren Gruppe von Balkenstartbefehlen:

\I*b*l{n}{h_a}{h_e}{m} oder kürzer \I*b*lnh_ah_em
\I*b*u{n}{h_a}{h_e}{m} oder kürzer \I*b*unh_ah_em

Hierbei steht *b* wie bei den Standardstartbefehlen für 1 bis 4 weitere b, so dass sich ihre Namen nur durch die Großschreibung des Anfangsbuchstabens von den Standardnamen unterscheiden. Ebenso hat *n* die gleiche Bedeutung als Unterscheidungskennzeichnung für verschiedene Liniensysteme. Mit h_a wird die Balkenhöhe für die Anfangsnote gekennzeichnet, wobei, wie bei den Standardbefehlen, der jeweils innere Balken um drei Linien über bzw. unter der angegebenen Notenhöhe erscheint. h_e kennzeichnet die Höhe für die Endnote der Verbalkung, die wiederum drei Linien unterhalb bzw. oberhalb des inneren Balkens liegt.

Das letzte Argument m bedeutet das m-fache von `\noteskip`, womit insgesamt $m+1$ Noten verbalkt werden. Aus diesen Angaben stellt MusicTEX dann die jeweils *steilsten* Balken bereit, deren Neigung $(h_e - h_a)/m \times$ `\noteskip`) *nicht* überschreitet. Der Anwender braucht damit die Steigungskennzahl nicht selbst zu ermitteln. Die steilsten verfügbaren Balken haben eine Neigung von 45 % bzw. −45 %. Werden mit dem vorhergehenden Algorithmus steilere Balken angefordert, so werden die 45 %-Balken eingesetzt und die Balkenhöhe für die Anfangsnote wird so verändert, dass mit diesen Balken die vorgegebene Endhöhe genau erreicht wird.

Das vorhergehende Beispiel mit geneigten Balken kann mit den automatischen Startbefehlen bei sonst gleichen Folgebefehlen innerhalb der *notes* ... `\enotes`-Strukturen als

```
\notesp\Ibl0dd5\qb0{f}\zq{d}\qb0{f}\sk\zq{d}\qb0{f}\sk\zq{d}\tqb0f|%
   \Ibu1on2\qbp1{o}\sk\tbbu1\tqh1n\Ibbu1mj3\qb1{mlk}\tqh1j\en\bar
\Notesp\Ibl0Nc2\qb0{N}\nbbl0\qb0{b}\tqb0c|\zq{k}\zq{i}\ql{g}\en
\Notesp\Ibl0db1\qb0{d}\tqb0b|\ds\zq{p}\zq{m}\cl{k}\enotes\bar
\notesp\Ibl{0}{N}{d}{2}\qb0{N}\nbbl{0}\qb0{c}\tbl0\qb0{d}|%
   \Ibl{1}{l}{p}{2}\zq{q}\qb1{l}\nbbl{1}\qb1{q}\tbl{1}\qb1{p}\enotes
\notesp\Ibl{0}{e}{c}{2}\qbp{0}{e}\sk\tbbl{0}\tbl{0}\qb{0}{c}|%
   \Ibbl{1}{p}{r}{2}\qb{1}{qpq}\tbl{1}\qb{1}{s}\enotes
```

eingegeben werden und führt zu einer ganz ähnlichen Ausgabe wie die vorangegangene mit den manuellen Steigungsangaben.

Bei der MusiXTEX-Eingabe wurden für die ersten beiden Takte die automatischen Balkeninitiierungsbefehle `\Ib...` in ihren Kurzformen und im dritten Takt in der Standardform verwendet. Außerden kamen in den ersten beiden Takten die kombinierten Balkenabschlussbefehle `\tq...` statt `\tb..\qb..` (S. 226) zur Anwendung. Bei genauem Vergleich zwischen dem manuell und dem automatisch erzeugten Notenausdruck wird man feststellen, dass im dritten Takt die automatisch erzeugten Steigungen etwas größer ausfallen als bei den manuell fixierten Steigungsangaben!

Zur Ausgabe von einfach und zweifach verbalkten Gruppen von zwei, drei und vier Noten mit automatischer Balkenneigung stellt MusiXTEX zusätzlich die einfacher zu handhabenden Befehle

`\Dqbu␣`$h_1 h_2$	`\Dqbbu␣`$h_1 h_2$	Einfach- und Doppelbalken über Notenpaare
`\Dqbl␣`$h_1 h_2$	`\Dqbbl␣`$h_1 h_2$	Einfach- und Doppelbalken unter Notenpaare
`\Tqbu␣`$h_1 h_2 h_3$	`\Tqbbu␣`$h_1 h_2 h_3$	Einfach- und Doppelbalken über Notentripel
`\Tqbl␣`$h_1 h_2 h_3$	`\Tqbbl␣`$h_1 h_2 h_3$	Einfach- und Doppelbalken unter Notentripel
`\Qqbu␣`$h_1 h_2 h_3 h_4$	`\Qqbbu␣`$h_1 h_2 h_3 h_4$	Einf.- und Doppelbalken über Notenquadrupel
`\Qqbl␣`$h_1 h_2 h_3 h_4$	`\Qqbbl␣`$h_1 h_2 h_3 h_4$	Einf.- und Doppelbalken unter Notenquadrupel

bereit. Die mit ␣ gekennzeichneten Leerzeichen sind syntaktisch zwingend und dienen zur Abgrenzung des Befehlsnahmens von der anschließenden Höhenkennzeichnung $h_1 h_2$ für Notenpaare, $h_1 h_2 h_3$ für Notentripel und $h_1 h_2 h_3 h_4$ für Notenquadrupel. Der Einschluss dieser Höhenkennzeichnungsgruppen in ein geschweiftes Klammerpaar führt bei mir zu einem Bearbeitungsfehler mit Speicherüberlauf und Programmabbruch.

Diese Befehle können auch in Mehrliniensystemen zur Anwendung kommen, ohne dass hierfür jeweils eine Linienkennummer wie bei den `\ib...`- und `\Ib...`-Befehlen anzugeben ist. Ebenso entfällt für diese Balkengruppenbefehle ein expliziter Balkenendebefehl.

```
\begin{music}\instrumentnumber{1}\setstaffs{1}{2}\startextract
  \Notes\Dqbu gh|\Dqbl jh\en \notes\Dqbbu fg|\Dqbbl hk\en\bar
  \Notes\Tqbu ghi|\Tqbl mmj\en \notes\Tqbbu fgj|\Tqbbl njh\en\bar
  \Notes\Qqbu ghjh|\Qqbl jifh\en \notes\Qqbbu fgge|\Qqbbl jhgi\en
\endextract\end{music}
```

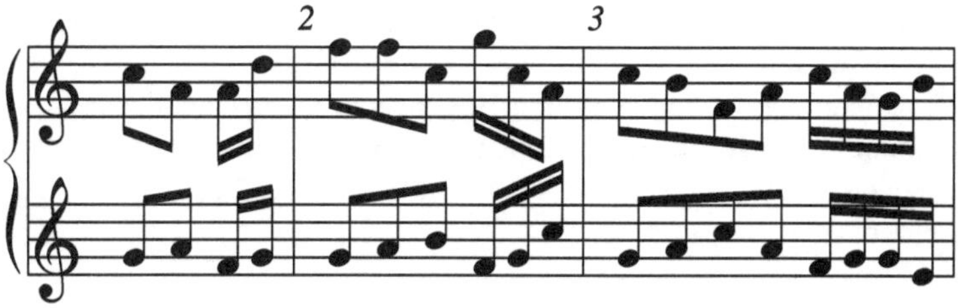

4.4.4 Verbalkte halbe und ganze Noten

Üblicherweise werden nur Viertelnoten zu kürzeren Notenwerten verbalkt. Formal ist es zulässig, auch halbe und ganze Noten durch Verbalkung zu verkürzen, was zumindest bei halben Noten gelegentlich auch zu finden ist. Zur Anbindung von halben Noten an unten bzw. oben angeordnete Balken stellt MusiXTEX zusätzlich den Notenbefehl `\hb`*n*`{`*h*`}` bereit, der in völliger Analogie zu `\qb` für Viertelnoten steht. Das folgende Beispiel ist eigentlich überflüssig, da alle `\hb`-Befehle in den vorangegangenen Beispielen an Stelle der `\qb`-Befehle eingesetzt werden können.

```
\notes\ibbl0j{-3}\hb0{ji}\tbbl0\hb0{h}\enotes
\Notes\ibbbu0e4\hb0{e}\tbbbbu0\tbu0\hb0{g}\enotes
```

Noch ungewöhnlicher ist die Verbalkung von ganzen Noten. Wegen des fehlenden Notenhalses unterbleibt eine Anbindung an den über- oder untergestellten Balken. Damit sind spezielle Bindungsbefehle wie bei den Viertel- und halben Noten nicht erforderlich, die herkömmlichen Notenbefehle für ganze Noten `\wh{`*h*`}`, `\zw{`*h*`}`, `\lw{`*h*`}` oder `\rw{`*h*`}` werden einfach zwischen Balkenstart- und Balkenendebefehl eingefügt:

```
\Notes\ibbl0j{-3}\wh{j}\tbl0\wh{i}\enotes
\Notes\ibbbu0e4\wh{e}\tbbbbu0\tbu0\wh{g}\enotes
```

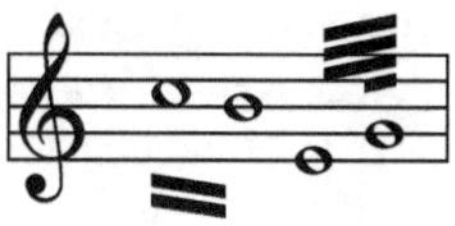

Die Überlappung der Balken mit der Anfangsnote beim ersten Notenpaar bzw. der Endnote beim zweiten Notenpaar sieht etwas unschön aus. Mit

```
\Notes\lw{j}\ibbl0j{-3}\sk\tbl0\wh{i}\enotes
\Notes\ibbbu0e4\wh{e}\tbbbbu0\tbu0\rw{g}\sk\enotes
```

lässt sich ein besseres Aussehen erreichen.
Die eigenwillige nebenstehende Verbalkungsform wird erreicht mit:

```
\NOtes\loffset{0.5}{\ibl0j9}\roffset{0.5}{\tbl0}\zhl{h}%
      \loffset{0.5}{\ibu0g9}\roffset{0.5}{\tbu0}\hu{j}\en
\NOtes\loffset{0.5}{\ibbl0k9}\roffset{0.5}{\tbl0}\zhl{h}%
      \loffset{0.5}{\ibbu0f9}\roffset{0.5}{\tbu0}\hu{j}\en
```

4.5 Notenverbindungsbögen

Einer der Hauptunterschiede zwischen MusiXTeX und dem Vorgängerpaket MusicTeX liegt in der Bereitstellung vielfältiger horizontaler und geneigter Verbindungsbögen beliebiger Länge in optisch ansprechender Form, während das Vorgängerpaket hierfür nur horizontale Bögen in teilweise technisch anmutenden Erscheinungsformen anbot.

Intern werden Verbindungsbögen in MusiXTeX entweder als Einzelzeichen aus den Musikbögen-Zeichensätzen bereitgestellt oder sie werden als Kombinationsbögen aus drei Teilstücken, Bogenanfang, Mittelbogen und Bogenende, unterschiedlicher Neigungen und Längen zusammengesetzt. Die internen Konstruktionsdetails braucht der Anwender jedoch nicht zu überblicken, da sie aus den bereitgestellten MusiXTeX-Makros automatisch zusammengesetzt werden.

4.5.1 Haltebögen

Längere Töne, die über die Taktgrenze hinausreichen, sind in zwei Noten gleicher Höhe aufzuteilen, so dass die Tondauer der ersten Note die Taktforderung erfüllt und die Dauer der zweiten Note am Beginn des nächsten Takts die gesamte Tondauer abdeckt. Beide Noten sind dann durch einen Haltebogen (Tenutobogen) (engl. tie) zu verknüpfen. Für den Musiker bedeutet dies, den Ton über die Taktgrenze hinweg *ohne* Unterbrechung, bei einem Tasteninstrument also ohne erneuten Anschlag, fortzusetzen. Das Beispiel „Lobe den Herren“ auf S. 213 enthielt von Takt 4 nach Takt 5 für die f-Note einen solchen Haltebogen, ohne dass dieser beim dort abgedruckten Erzeugungstext angegeben wurde.

Haltebögen sind durch einen Bogenstart- und einen Bogenende-Befehl zu kennzeichnen. Dies geschieht mit den Befehlen

`\itied{`*n*`}{`*h*`}`	bzw. kürzer	`\itied`*nh*	für den Start unterer (konkaver)
`\itieu{`*n*`}{`*h*`}`	bzw. kürzer	`\itieu`*nh*	für den Start oberer (konvexer)

Bögen und

`\ttie{`*n*`}` bzw. kürzer `\ttie`*n* für das Bogenende.

Die Zahlenkennzeichnung $n = 0, \ldots, 5$ (bzw. $n = 0, \ldots, 8$ mit `musixadd.tex` und $n = 0, \ldots, 11$ mit `musixmad.tex`) steht, wie bei den Balkenbefehlen, nur zur Unterscheidung dieser Befehle in Ein- oder Mehrliniensystemen, wenn mehrere Bögen vertikal übereinander auftreten. Es ist aber sorgfältig darauf zu achten, dass der zugeordnete Beendigungsbefehl die gleiche Kenn-Nummer wie der Startbefehl zugewiesen bekommt.

Die Höhenangabe h bezieht sich auf die Höhe für die Spitze des Bogenanfangs. Der Startbefehl muss *vor* der Note angebracht werden, an der der Haltebogen beginnt. Umgekehrt ist der Endbefehl *vor* der Note anzubringen, an der der Haltebogen endet. Die genauen Erzeugungszeilen mit dem Haltebogen für die auf S. 213 abgedruckte Melodie des Liedes „Lobe den Herren“ lauten damit:

```
\Notes\hu{e}\itied0d\qu{f}\enotes
\setmeter{1}{{\meterfrac{2}{4}}}\changecontext
\Notes\ttie0\qu{fg}\enotes
```

Haltebögen für Noten mit dem Notenhals nach oben werden als konkave Bögen mit `\itied` *unterhalb* und für Noten mit dem Notenhals nach unten als konvexe Bögen mit `\itieu` *oberhalb* der Notenköpfe angebracht.

4.5.2 Legatobögen

Die Notengruppe für eine Tonfolge *ohne* Absetzungen (Unterbrechungen) wird mit einem Legatobogen (Bindebogen) (engl. slur) zusammengebunden. Die hierfür bereitgestellten Befehle unterscheiden sich von denjenigen der Haltebögen darin, dass Legatobögen Töne unterschiedlicher Höhe miteinander verbinden können und damit jeweils eigene Höhenangaben für die Bogenstart- und Bogenendebefehle verlangen. Namen und Syntax für Bindebögen lauten:

`\islurd{`*n*`}{`*h*`}`	bzw. kürzer	`\islurd`*nh*	für den Start unterer (konkaver)
`\isluru{`*n*`}{`*h*`}`	bzw. kürzer	`\isluru`*nh*	für den Start oberer (konvexer)
`\isslurd{`*n*`}{`*h*`}`	bzw. kürzer	`\isslurd`*nh*	für den Start unterer verkürzter
`\issluru{`*n*`}{`*h*`}`	bzw. kürzer	`\issluru`*nh*	für den Start oberer verkürzter

Bögen und

`\tslur{`*n*`}{`*h*`}`	bzw. kürzer	`\tslur`*nh*
`\tsslur{`*n*`}{`*h*`}`	bzw. kürzer	`\tsslur`*nh*

für das Bogenende. Hierin steht $n = 0, \ldots, 5$ für eine Kennzeichnung zur Unterscheidung von übereinander stehenden Bögen in einem oder mehreren Liniensystemen, wie sie auch bei den Notenverbalkungen und den Haltebögen erfolgte.[8] Mit der Tonhöhenangabe h wird die Höhenanordnung des Bogenanfangs gewählt, dem gewöhnlich ein Notenbefehl mit gleicher Notenhöhe folgt.

Mit dem ersten Befehlspaar für den Bogenstart erscheinen die Bogenanfänge *unter*- oder *ober*halb des mit dem nachfolgenden Notenbefehl ausgegebenen Notenkopfs. Während die Bogenstartbefehle die Bogenanordnung mit dem letzten Buchstaben des Befehlsnamens '`d`' (down) oder '`u`' (up) explizit kennzeichnen, entfällt eine solche Kennzeichnung bei den Bogenabschlussbefehlen. Sie positionieren das Bogenende bei konkaven Bögen stets *unter* und bei konvexen Bögen stets *über* dem Notenkopf der nachfolgenden Note aus einem Notenbefehl mit gleicher Höhenangabe wie beim Bogenabschlussbefehl.

Das zweite Befehlspaar für den Bogenstart von so genannten verkürzten Bögen dient zur Erzeugung von Legatobögen *hinter* dem zugehörigen Notenkopf von Akkorden aus dem nachfolgenden Notenbefehl gleicher Notenhöhe wie beim Bogenstartbefehl sowie für das Bogenende *vor* dem nachfolgenden Notenbefehl gleicher Notenhöhe wie beim Bogenendebefehl, wie die nachfolgende Beispielgruppe gleich deutlich machen wird.

Neben diesen Bogenstart- und Bogenendebefehlen mit der Bogenausrichtung über oder unter des zugehörigen Notenkopfs gibt es noch eine Bogenvariante mit der Anordnung der Legatobögen *ober*- oder *unterhalb* des Notenhalses der nachfolgenden bzw. vorangehenden Note

`\ibslurd{`*n*`}{`*h*`}`	bzw. kürzer	`\ibslurd`*nh*	für den Start unterer (konkaver)
`\ibsluru{`*n*`}{`*h*`}`	bzw. kürzer	`\ibsluru`*nh*	für den Start oberer (konvexer)

angeordnet, jeweils am zugehörigen Notenhalsende des nachfolgenden Notenbefehls gleicher Höhenangabe h. Die zugehörigen Bogenabschlussbefehle sind:

`\tbslurd{`*n*`}{`*h*`}`	bzw. kürzer	`\tbslurd`*nh*	für das zugehörige Bogenende
`\tbsluru{`*n*`}{`*h*`}`	bzw. kürzer	`\tbsluru`*nh*	für das zugehörige Bogenende

[8] Mit dem MusiXTEX-Zusatzmakropaket `musixadd.tex` kann die Kennzeichnung auf $n = 0, \ldots, 8$ und mit dem weiteren Zusatzpaket `musixtex.mad` auf $n = 0, \ldots, 11$ erweitert werden, wie bereits für eine analoge Erweiterung für Verbalkungen in Fußnote 7 auf S. 225 erwähnt wurde.

Die Standardpaarung von Bogenstart- und Bogenabschlussbefehlen lassen sich aus deren Namen sofort ablesen, also `\islurd` und `\isluru` mit `\tslur` oder `\isslurd` und `\issluru` mit `\tsslur`. Diese Kombinationen sind aber nicht zwingend. So ist es durchaus erlaubt, den Startbefehl `\tbsluru` mit einem Bogenstart am oberen Notenhals mit `\tslur` und damit dem zugehörigen Notenende über dem nachfolgenden Notenkopf abzuschließen.

Das nachfolgende Bogenbeispiel enthält alle der vorgestellten Bindungs- und Haltbögenbefehle

und wurde erzeugt mit

```
\begin{music}\startextract
  \NOTes\isluru{0}{g}\hl{g}\tslur{0}{h}\hl{h}\en
  \NOTes\islurd0c\issluru1g\zh{ce}\hu{g}\tslur0d\tsslur1h\hu{h}\en
  \NOTes\ibsluru0g\islurd1g\hu{g}\tbsluru0h\hu{h}\en
  \NOTes\itieu{0}{k}\hl{k}\ttie{0}\tbslurd{1}{f}\hl{k}\en
\endextract\end{music}
```

Als weiteres reales Beispiel für Legato- und Haltebögen folgt der Notensatz für das gesamte Lied „Lobe den Herren" von Hugo Distler. Hiermit wird gleichzeitig ein Beispiel für ein vollständiges Musikstück vorgestellt, das den automatischen Zeilenumbruch beim Notensatz demonstriert.

```
\begin{music}\parindent1.25cm
\instrumentnumber{1}\generalsignature{1}\nobarnumbers
\generalmeter{\meterfrac{3}{4}}\setname{1}{Sopran}\startpiece
\Notes\lcharnote{15}{Schnell}\zcharnote{10}{\emph{mf}}\qu{gg}\ql{k}\en\bar
\Notes\qlp{i}\cu{h}\qu{g}\en\bar
\Notes\qu{fed}\en\bar\Notes\hu{e}\itied0f\qu{f}\en
\setmeter{1}{{\meterfrac{2}{4}}}\changecontext
\Notes\ttie0\qu{fg}\en \setmeter{1}{{\meterfrac{4}{4}}}\changecontext
\Notes\hu{hg}\en\setrightrepeat
\setmeter{1}{{\meterfrac{3}{4}}}\changecontext
\Notes\zcharnote{10}{\emph{f}}\ql{kkk}\en\bar
```

```
\Notes\hlp{l}\en\bar\Notes\ql{ijj}\itieu0k\isluru1k\ql{k}\en\bar
\Notes\ttie0\Ibl0ki3\qb0{klk}\tbl0\qb0{i}\itieu2k\ql{k}\en\bar
\Notes\ttie2\Ibl0kl1\qb0{k}\tbl0\qb0{i}\qlp{k}\en\bar
\Notes\tslur1k\ql{.kji}\en\bar\Notes\zcharnote{10}{\emph{p}}%
   \hu{h}\Ibu0ig1\qh0{i}\tbu0\qh0{g}\en\bar
\Notes\lsf{h}\hu{h}\zcharnote{12}{\small zart}%
   \Ibu0ig1\qh0{i}\tbu0\qh0{g}\en\bar
\Notes\usf{k}\hlp{k}\en\bar
\Notes\zcharnote{10}{\emph{f}}\qu{d.e}\cu{f}\en
\setmeter{1}{{\meterfrac{4}{4}}}\changecontext
\Notes\hu{g}\qu{h}\qu{i}\en
\setmeter{1}{{\meterfrac{7}{4}}{}{}{}}\changecontext
\Notes\ibslurd0j\hl{j}\ql{.i}\cu{h}\qu{g}\tslur0j\hu{h}\en
\setmeter{1}{{\meterfrac{3}{4}}}\changecontext \Notes\hup{g}\en
\Endpiece\end{music}
```

Dieses Beispiel enthält einige Befehle, die bisher noch nicht erklärt wurden. Mit `\nobarnumbers` in der zweiten Zeile wird erreicht, dass die automatische Taktnummerierung unterbleibt. In der 17. bzw. 19. Zeile treten die Befehle `\lsf{h}` und `\usf{k}` auf. Sie bewirken das Unter- bzw. Überstellen des *Sforzato*-Zeichens (Hervorhebung) bei der nachfolgenden Note gleicher Höhe.

Das Beispiel enthält von Takt 9 nach 10 und von 10 nach 11 je einen Haltebogen, über die sich gleichzeitig ein Legatobogen von Takt 9 nach Takt 12 erstreckt. Dies verlangt für den Bindebogen eine andere Kennzahl als für die überdeckten Haltebögen. Das ist der Grund, dass dort zweimal `\itieu0` für die Haltebögen, aber `\isluru1` für den Legatobogen gewählt wurde.

Der Befehl `\changecontext` wurde bereits in 4.2.5 auf S. 209 vorgestellt und bewirkt die Ausgabe eines Taktstrichs mit nachfolgender Takt- und/oder Tonartumstellung aus einem vorangegangenen `\setmeter`- bzw. `\setsign`-Umstellbefehl. Der Befehl `\Endpiece` am Ende der umschließenden `music`-Umgebung bewirkt den Abschluss des Liniensystems mit einem Doppelbalken.

Der abgedruckte Notensatz für dieses Lied ist das Ergebnis des dreistufigen Bearbeitungsvorgangs, also mit der zwischengeschalteten `musixflx`-Bearbeitung gemäß 4.2.3 und der abschließenden zweiten LaTeX-Bearbeitung, was zu einem akzeptablen Notenzeilenumbruch führt.

Der Leser möge zur Übung diesen Notensatz durch den unterlegten Liedtext ergänzen. Die Hinweise aus 4.3.7 lassen mehrere Möglichkeiten zu. Dabei möge er die ihm genehmste Form wählen. Bei den dortigen Beispielen sind die Anfangsformen dieses Lieds bereits angeführt. Falls der gesamte Liedtext nicht geläufig ist, kann er aus dem folgenden Zitat entnommen werden:

> Lo- be den | Her- ren den | mäch- ti- gen | Kö- nig | – der | Eh- ren :|
> Mei- ne ge- | lie- be- te | See- le das | ist mein | – Be- geh- ren |
> kom- met zu | Hauf' | Psal- ter und Har- | – – | – – | – fe wacht | auf, wacht |
> auf, wacht | auf, | las- set den | Lob- ge- sang | hö- – – – | ren

Für die Textuntermalung ist der Notenabstand aus den `\Notes ... \en`-Strukturen zu gering. Diese sind deshalb zur Kombination mit den Textteilen durch `\NOtes ... \en` oder gar `\NOTes ... \en` im vorangehenden Eingabetext zu ersetzen, was dann natürlich auch zu einem anderen Notenzeilenumbruch führt.

4.5.3 Anwenderbeinflussungen für Verbindungsbögen

Mit den vorgestellten Bogenstart- und Bogenabschlussbefehlen werden die zugehörigen Verbindungsbögen automatisch als Einzel- oder Kombinationsbogen nach den intern eingebauten Regeln konstruiert. Bei Bedarf kann der Anwender von diesen internen Aufbauregeln abweichen und damit die Bogenformen beeinflussen.

4.5.3.1 Bogenbegrenzungen

MusiXTEX gestattet es Bogenanfang und Bogenende mit bis zu 16 Notenhöhendifferenzen zu positionieren (`16\Internote`). Für noch größere Notenhöhendifferenzen wird der Bogenanfang so verschoben, dass die maximale Differenz von 16 Notenhöhen erhalten bleibt:

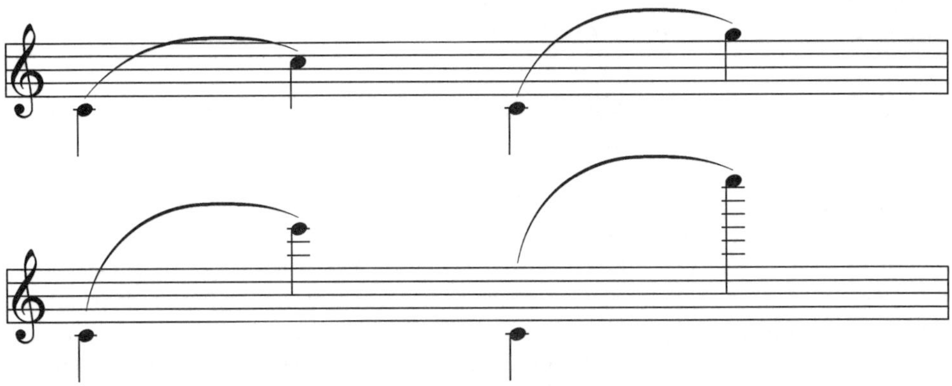

Die hier verwendeten Verbindungsbögen starten jeweils mit der Notenhöhe 'c' und enden beim ersten Bogen bei der Notenhöhe 'j', beim zweiten Bogen bei 'n', beim dritten Bogen bei 's' und beim vierten Bogen bei 'z', denen die Notenhöhendifferenzen 7 ($j - c$), 11 ($n - c$), 16 ($s - c$) und 23 ($z - c$) entsprechen.

```
\begin{music}\startextract
   \NOTes\multnoteskip{3}\isluru0c\ql{c}\tslur0j\ql{j}%
         \isluru0c\ql{c}\tslur0n\ql{n}\enotes
   \endextract\startextract
   \NOTes\multnoteskip{3}\isluru0c\ql{c}\tslur0s\ql{s}%
         \isluru0c\ql{c}\tslur0z\ql{z}\en
\endextract \end{music}
```

Der hier verwendete Befehl `\multnoteskip{`*f*`}` bewirkt eine Vergrößerung des Standardnotenabstands `\noteskip` um den Faktor *f* auf das *f*-fache, im vorhergehenden Beispiel also auf das Dreifache.

Die Ausführung des vorhergehenden Beispiels ohne Vergrößerung des Notenabstands mit

`\multnoteskip{`*f*`}`

führt zu dem sicher unerwarteten, aber in sich konsequenten Ergebnis:

4.5.3.2 Punktierte Verbindungsbögen

Punktierte Bögen werden durch das Voranstellen des Befehls `\dotted` vor dem zugehörigen Bogenstartbefehl erzeugt, wie mit dem nachfolgenden Beispiel gezeigt wird.

Der Eingabecode hierfür war ohne die umschließende `music`-Umgebung und deren Systemerklärungen

```
\NOtes\dotted\islurd0g\qu{g}\tslur0j\qu{j}\en
\NOtes\dotted\isluru0l\Ibl0li3\qb0{lkj}\tslur0i\tqb0i\en\bar
\NOtes\dotted\islurd0h\qu{h}\tslur0f\qu{f}\hu{g}\en
```

4.5.3.3 Beeinflussung von Bogenan- und -abstiegen

Bei Kombinationsbögen, die sich aus drei Teilstücken zusammensetzen (s. S. 232), beträgt die Höhendifferenz zwischen den Bogenspitzen und Bogenober- oder -unterkante standardmäßig bis zu drei Tonhöhendifferenzen.

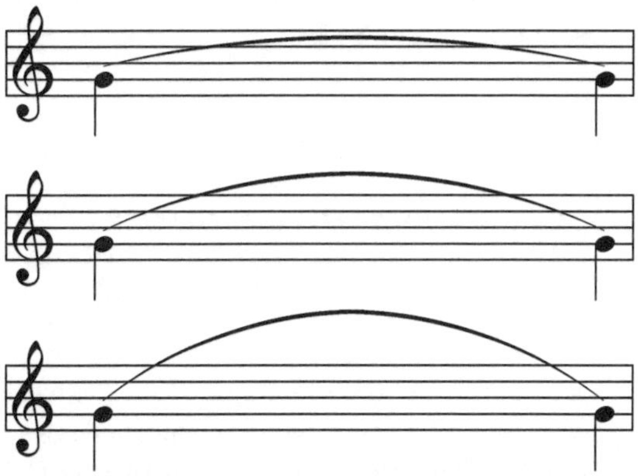

Diese Differenz kann vom Anwender bei Bedarf vergrößert werden, wie die drei nebenstehenden Beispiele zeigen. Das obere Bogenbeispiel entspricht dem Standardbogen ohne Anwendereingriff. Hier wurde lediglich, wie bei den beiden folgenden Beispielen, der Notenabstand mit

`\multnoteskip{8}`

auf das Achtfache des `\noteskip`-Standardabstands vergrößert.

Zur Änderung dieser Tonhöhendifferenz stellt MusiXTEX den Befehl `\midslur{`*h*`}` bereit, mit dem diese Differenz auf $h\times$`\internote`, also auf das *h*-fache der kleinsten Tonhöhendifferenz, eingestellt werden kann. Dieser Befehl ist vor dem zugehörigen Bogenabschlussbefehl anzubringen. Für das vorhergehende Beispiel wurde deshalb Folgendes eingegeben:

```
\begin{music}\startextract
\NOtes\multnoteskip{8}\isluru0g\ql{g}\en\notes\tslur0g\ql{g}\en
\endextract\startextract
\NOtes\multnoteskip{8}\isluru0g\ql{g}\en\notes\midslur{7}\tslur0g\ql{g}\en
\endextract\startextract
\NOtes\multnoteskip{8}\isluru0g\ql{g}\en\notes\midslur{11}\tslur0g\ql{g}\en
\endextract\end{music}
```

Die Einrichtung einer neuen `\notes ... \enotes`-Struktur zur Aufnahme des jeweiligen Bogenabschlussbefehls mit dem vorangestellten `\midslur`-Befehl erfolgte hier, damit der mit `\multnoteskip{8}` vergrößerte Notenfolgeabstand beim Bogenanfang nicht auch nach dem Bogenende mit dessen zugehörigem Notensymbol wirksam wird, was eine unerwünschte Endausdehnung des Liniensystems zur Folge hätte.

4.5.3.4 Beeinflussung der Bogenkrümmung

Der Krümmungsgrad eines Bogens wird hauptsächlich durch die Steigung der Bogenspitzen am Bogenanfang und Bogenende bestimmt. Zu deren Beeinflussung bietet MusiXTEX den Einstellbefehl `\curve{`h`}{`s_a`}{`s_e`}` oder kürzer `\curve` hs_as_e.

Das hier mit h gekennzeichnete erste Argument hat dieselbe Bedeutung wie das ebenso gekennzeichnete Argument des obigen `\midslur`-Befehls. Es legt damit die Höhenausdehnung zwischen den Bogenspitzen und der Bogenober- oder -unterkante fest. Die beiden anderen Argumente s_a und s_e kennzeichnen die Steigung der Bogenspitzen am Bogenanfang und Bogenende. Deren Steigungsmaß erfolgt hier aber nicht im geometrischen Sinne, sondern nur relativ, als das Vielfache der Horizontalausdehnung der Spitze bezüglich ihrer Vertikalausdehnung, die standardmäßig mit vier vorgegeben ist, womit die Horizontalausdehnung einer Bogenspitze das Vierfache ihrer Vertikalausdehnung beträgt. Damit gilt umgekehrt: „Je kleiner die Horizontalausdehnung einer Spitze im Vergleich zu ihrer Vertikalausdehung ist, umso steiler ist die zugehörige Spitze".

Der Befehl `curve` ist mit seinen Einstellwerten unmittelbar vor dem Bogenabschlussbefehl anzubringen. Die hier vorgestellten Bogenbeeinflussungsbefehle können sowohl auf Legatobögen wie auf Haltebögen wirken. Die Standardeinstellung für die Kurvenkrümmung entspricht der Vorgabe `\curve{3}{4}{4}` oder kurz `\curve344`.

```
\begin{music}\startextract
\NOtes\multnoteskip{8}\itieu0g\ql{g}\en\notes\ttie0\ql{g}\en
\endextract\startextract
\NOtes\multnoteskip{8}\itieu1g\ql{g}\en\notes\curve322\ttie1\ql{g}\en
\endextract\startextract
\NOtes\multnoteskip{8}\itieu1g\ql{g}\en\notes\curve111\ttie1\ql{g}\en
\endextract\end{music}
```

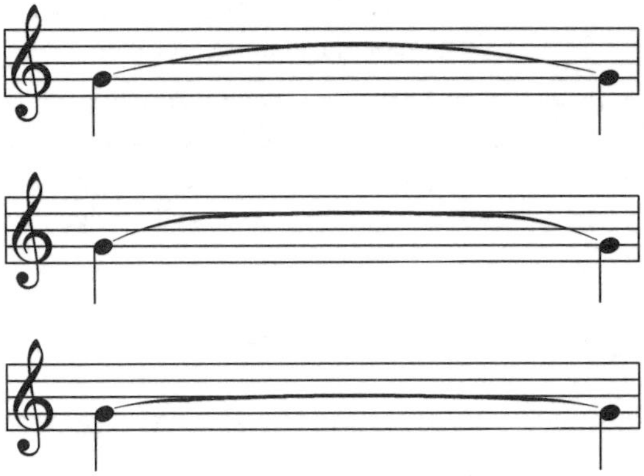

Der oberste Bogen entspricht der Standardausführung für Haltebögen über den mit `\multnoteskip{8}` eingestellten Notenabstand mit dem implizit eingestellten Wert `\curve344`.
Der mittlere Bogen wurde mit `\curve322` beeinflusst. Man erkennt hier die deutlich steileren Bogenspitzen (Bogenanfangsteil und Bogenendteil) mit der Folgewirkung einer Abflachung des Bogenmittelteils.

Beim dritten Beispiel verläuft der Bogen noch flacher. Die nochmalige Steigungserhöhung der Bogenspitzen mit der hier nochmals halbierten Angabe von '1' für deren Horizontalausdehnung muss mit der gleichzeitigen Verminderung der Höhendifferenz zwischen Bogenspitzen und Bogenoberkante auf ebenfalls '1' betrachtet werden. Das führt zu einer entsprechenden Verminderung der Vertikalausdehnung der Bogenspitzen, was deren geometrische Steigung entsprechend kompensiert. Dies demonstriert damit die Wirkung von s_a und s_e als relatives Steigungsmaß.

4.5.3.5 Gewundene Legatobögen

Bei Tasteninstrumenten mit zwei Notenliniensystemen benötigt man gelegentlich Bindebögen, die in dem einen Liniensystem beginnen und in dem anderen enden. Hierzu stellt MusiXTEX den Befehl `\invertslur{`n`}` oder kurz `\invertslur`n bereit, bei dem das Argument n die gewohnte Kenn-Nummer wie bei allen Bogenbefehlen ist. Das nachstehende Beispiel demonstriert diese Bogenstruktur.

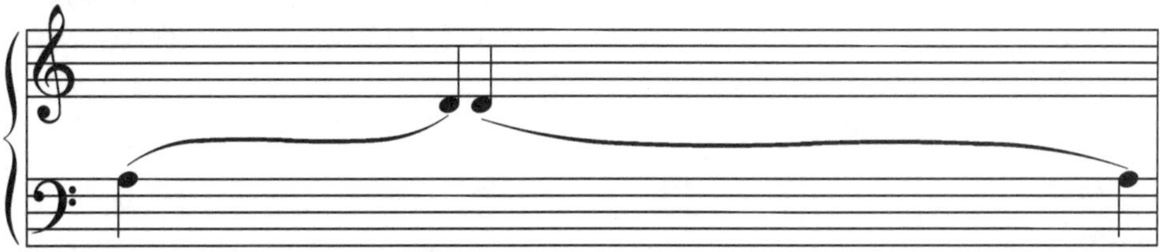

```
\setstaffs{1}{2}\setclef{1}{\bass}\startextract
\NOtes\multnoteskip{5}\isluru0a\ql{a}\en
\notes\invertslur0\curve311\tslur0g|\qu{d}\en
\NOtes\multnoteskip{10}\islurd0d\sk|\qu{d}\en
\notes\invertslur0\curve333\tslur0d\ql{a}\en
\endextract
```

Bei diesem Beispiel ist zu beachten, dass die verwendeten Bögen zu dem unteren Liniensystem gehören, womit dessen Höhenkennungen dem zugehörigen Bass-Schlüssel folgen (s. S. 212).

Hiermit können aufsteigende Noten (Noten mit oberem Notenhals) des einen Liniensystems mit absteigenden Noten (Noten mit unterem Notenhals) in dem anderen Liniensystem und umgekehrt mit gewundenen Legatobögen verbunden werden. Die Verbindung von gleich steigenden Noten in beiden Liniensystemen ist damit nicht möglich. Umgekehrt können Notenköpfe innerhalb eines Liniensystems nur bei gleicher Notenhalsrichtung mit den herkömmlichen Bogenbefehlen verbunden werden. Für solche gegensätzlichen Ausrichtungen werden trotzdem gelegentlich Verbindungsbögen wie folgt gefordert.

Hierfür stellt MusiXTEX die folgenden Befehle bereit, mit denen das obige Beispiel erzeugt wurde:

`\Tslurbreak{`n`}{`h`}` unterbricht den Bogen mit der Kenn-Nummer n bei der Höhe h.

`\Islurubreak{`n`}{`h`}` vervollständigt einen oberen Bogen mit der Kenn-Nummer n ab der Höhe h.

`\Islurdbreak{`n`}{`h`}` vervollständigt einen unteren Bogen mit der Kenn-Nummer n ab der Höhe h.

```
\begin{music}\startextract
   \NOtes\multnoteskip{3}\isluru0a\ql{a}\Tslurbreak0d\Islurdbreak0d\sk\en
   \Notes\tslur0h\qu{h}\en
   \NOTes\multnoteskip{3}\islurd0a\ql{a}\Tslurbreak0d\Islurubreak0d\sk\en
   \Notes\tslur0h\qu{h}\en
\endextract\end{music}
```

Zum Abschluss folgt hier noch ein komplexeres, aber reales Beispiel aus der Beispielsammlung von DANIEL TAUPIN mit der dortigen Partitur `pacifiqb.tex` und deren Auszug ab Taktmitte 130 bis zum zugehörigen Linienende für Takt 133.

Die Initialisierung innerhalb der `music`-Umgebung mit

```
\setstaffs{1}{2}\setclef{1}{6000}%
\generalsignature{-4}\generalmeter{\allabreve}%
\interstaff{11}\startbarno=130\startextract
```

enthält mit Ausnahme der dritten Zeile nur bereits vorgestellte Befehle, die nicht erläutert werden müssen. Mit `\interstaff{11}` wird der Abstand zwischen den beiden Liniensystemen des Instruments größer gewählt, und zwar im Verhältnis 11/9, da standardmäßig `\interstaff{9}` eingestellt ist. Mit dem nächsten Befehl `\startbarno=130` wird der Taktzähler für den hier abgedruckten Auszug auf 130 gesetzt, wie in 4.6.3 erläutert wird. Die Noteneingabe ab Taktmitte 130 beginnt mit den Halbpausenzeichen `\hpause` sowie den Fermatasymbolen 𝄐 in beiden Liniensystemen. Letztere werden mit `\fermataup{`*h*`}` bei der Notenhöhe *h* eingerichtet und in 4.7 vorgestellt.

Die sonstigen Noteneingabebefehle für die Akkorde und verbalkten Noten können vom Leser leicht nachvollzogen werden. Nach der nächsten `\notes ... \enotes`-Eingabestruktur für Takt 131 wird zunächst der Legatobogen-Eröffnungsbefehl `\isluru0{f}` gestartet. Die hiesige Höhenkennung 'f' bezieht sich auf das untere Liniensystem mit dem Bass-Schlüssel, dessen Höhenkennungen gemäß 4.3.1 auf S. 212 vorzunehmen sind.

Die Noteneingabe des Takts 131 besteht aus zwei `notes ... \enotes`-Strukturen, auf die zunächst ein Taktstrichbefehl `\bar` folgt. Der anschließende `\notes`-Öffnungsbefehl startet dann mit dem Befehlspaar `\Tslurbreak{d}\Islurdbreak{d}`, gefolgt von dem Noteneingabebefehl für den unteren Halbnotenakkord und der oberen Achtelnotenverbalkung. Der zugehörige Bogenabschlussbefehl `\tslur0{g}` erfolgt schließlich nach dem `\Notes`-Öffnungsbefehl zu Beginn von Takt 133.

Im weiteren Verlauf für den Takt 133 folgt im oberen Liniensystem vor dem verbalkten Achtelnotenpaar ein weiterer Bogenöffnungsbefehl `\islurd0{-8}` für einen Legatobogen, der sich bis in die Mitte von Takt 136 erstreckt. Am Ende des laufenden Takts 133 erfolgt jedoch ein Linienumbruch, mit der Wirkung, dass der zuvor eröffnete Bogen bis zum Linienumbruch als Haltebogen ausgegeben wird, um danach im nachfolgenden Liniensystem bei derselben Anfangshöhe wie beim Bogenstartbefehl erneut zu starten.

Alternativ kann mit dem Befehl `\breakslur`n{h} eine Höhenvorgabe für die Umbruchstelle erfolgen, dem sich dann mit `\Liftslur`n{Δh} eine Höhenänderung Δh für den Fortsetzungsbogen aufzwingen lässt. Die Zuweisung dieser Höhenänderung für das nachfolgende Liniensystem erfolgt gewöhnlich mit

`\def\atnextline{\Liftslur`n{Δh}`}` z. B.
`\def\atnextline{\Liftslur0{6}}`

was beim angeführten Beispiel zu einer Anhebung des Fortsetzungsbogen um sechs Notenhöhen gegenüber der Bogeneinleitung führen würde.

4.5.4 Vereinfachte Bogenbefehle

Wie bereits zu Beginn dieses Abschnitts erwähnt (s. S. 232), bestehen die verwendeten Bögen entweder aus einem Stück als Einzelzeichen der Bogenzeichensätze oder sie werden als Kombinationsbögen aus Bogenanfang, Mittelbogen und Bogenende zusammengesetzt. Die Auswahl als Einzel- oder Kombinationsbogen und dessen Konstruktion erfolgt mit den vorgestellten Bogenbefehlen durch MusiXTEX nach dessen intern eingebauten Regeln, ohne dass der Anwender diese zu kennen braucht.

Zur direkten Auswahl von Einzelbögen stellt MusiXTEX noch einige einfacher zu handhabende Befehle bereit. Hierzu sollte man jedoch wissen, dass die verfügbaren Legato-Einzelbögen auf eine maximale horizontale Länge von 68 pt und die Halte-Einzelbögen auf 220 pt begrenzt sind. Die hierfür angebotenen vereinfachten Bogenbefehle sind:

`\slur`{h_a}{h_e}{r}{m}	oder kürzer `\slur` $h_a h_e r m$	für normale Legatobögen
`\sslur`{h_a}{h_e}{r}{m}	oder kürzer `\slur` $h_a h_e r m$	für verkürzte Legatobögen
`\tie`{h}{r}{m}	oder kürzer `\tie` hrm	für Haltebögen
`\stie`{h}{r}{m}	oder kürzer `\stie` hrm	für verkürzte Haltebögen

Hierin steht h_a und h_e für die Höhenkennung von Bogenanfang und Bogenende bei Legatobögen bzw. h für die einheitliche Höhenkennung von Haltebögen. Mit r wird die Bogenanordnung durch u für obere und d für untere Bögen bestimmt. Die horizontale Bogenausdehnung wird mit m als das m-fache des Notenabstands `\noteskip` eingestellt. Der Befehl `\sslur` dient zur Erstellung von verkürzten Legatobögen zur Verbindung von Notenköpfen in Akkorden und ist somit das Äquivalent für das Befehlspaar `\isslur`r ... `\tsslur`. Entsprechendes gilt für `\stie` zur Erstellung von verkürzten Haltebögen.

```
\begin{music}\startextract\nobarnumbers
   \NOtes\slur{c}{e}{d}{1}\qu{ce}\en \NOtes\slur lju1\ql{lj}\en
   \notes\slur dgd3\Ibu0dg3\qb0{def}\tbu0\qb0{g}\en
   \notes\sk\slur{m}{j}{u}{3}\Ibl0mj3\qb0{mlk}\tbl0\qb0{j}\sk\en
   \NOtes\slur ded1\sslur ghu1\zq{ce}\qu{g}\zq{df}\qu{h}\en
   \NOtes\tie{c}{d}{1.5}\qu{c}\en\bar\NOtes\qu{c}\en
\endextract\end{music}
```

erzeugt damit

Die letzte Eingabezeile für den Haltebogen zeigt, dass der Abstandsvervielfacher m auch ein Dezimalbruch sein darf. Die Vergrößerung von 1 auf 1.5 wurde hier erforderlich, um den zwischengeschalteten Taktstrich durch einen verlängerten Haltebogen zu überbrücken.

4.6 Takte und Wiederholungen

4.6.1 Taktstriche

In den vorangegangenen Beispielen wurde der Befehl `\bar`, dessen Befehlsname von dem englischen Wort *bar* (musik. Bedeutung: Taktstrich) abgeleitet ist, zur Erzeugung von Taktstrichen bereits mehrfach verwendet und bei seiner ersten Nutzung im Beispiel auf S. 213 kurz erläutert. Der Befehl hat eine weitere wichtige Eigenschaft: Er stellt eine mögliche Umbruchstelle für den Zeilen- und Seitenumbruch beim Notensatz bereit. Standardmäßig kann ein solcher Umbruch nur an einer Taktgrenze erfolgen. Die endgültige Entscheidung über die Zeilen- und Seitenumbrüche trifft das ausführbare Programm `musixflx` anhand dieser Taktvorgaben für die abschließende LaTeX-Berabeitung, wie in 4.6.8 demonstriert wird. Soll ein Umbruch an einer bestimmten Taktgrenze verboten werden, so ist zur Erzeugung des Taktstrichs der Befehl `\xbar` zu verwenden.

Der Taktstrichbefehl `\bar` aus MusiXTeX hat eine Kehrseite: TeX und LaTeX stellen einen gleichnamigen Befehl in mathematischen Bearbeitungsmodi mit ganz anderer Bedeutung zur Verfügung. Damit beide Befehle konfliktfrei genutzt werden können, wird seine TeX-LaTeX-Originalbedeutung innerhalb der MusiXTeX-Strukturen `\startpiece ... \endpiece` und `\startextract ... \endextract` aufgehoben und dort durch den MusiXTeX-Taktstrichbefehl ersetzt. Außerhalb dieser MusiXTeX-Umschaltstrukturen bleibt es bei der TeX-LaTeX-Bedeutung.[9]

Der Taktstrichbefehl `\bar` muss außerhalb von *notes* `... \enotes`-Strukturen angebracht werden. Bei allen vorangegangenen Beispielen wurde er gewöhnlich unmittelbar nach einem `\enotes` angeordnet. Der Befehl `\endextract` schließt das Ende des vorangehenden Notenbeispiels ebenfalls mit einem Taktstrich ab, ohne dass es des `\bar`-Befehls nach dem letzten `\enote` bedarf. Das Gleiche gilt bei vollständigeren Musikstücken für den dann verwendeten Abschlussbefehl `\endpiece` oder `\stoppiece` als Gegenstück zum dortigen Eröffnungsbefehl `\startpiece` (s. hierzu auch 4.2.5 auf S. 210).

Das Ende eines Musikstücks wird mit einem doppelten Taktstrich abgeschlossen, bei dem der zweite Taktstrich fetter als der erste ist. Ein solcher Abschluss-Doppelstrich erscheint automatisch mit dem Aufruf von `\Endpiece`, mit dem die Noteneingabe für ein Musikstück gewöhnlich abgeschlossen wird. Soll die Noteneingabe lediglich unterbrochen werden, z. B. um erläuternden oder kommentierenden Text einzufügen, so ist sie mit `\endpiece` zu un-

[9] Dies erfüllt praktisch alle Nutzungsanforderungen, da innerhalb der dargestellten MusiXTeX-Strukturen zur realen Notenausgabe kaum Anforderungen auf gleichzeitige mathematische Formeldarstellungen gestellt werden. Trotzdem könnten solche exotischen Forderungen bei Bedarf erfüllt werden, indem innerhalb der genannten MusiXTeX-Strukturen lokal mit `\endcatcodemusic ... \bar ... \catcodemusic` auf den TeX-LaTeX-Originalbefehl zurückgeschaltet wird.

terbrechen, was zu einem einfachen Taktstrich am Ende der vorangehenden Noteneingabe führt. Die Fortsetzung der Noteneingabe für das Liniensystem verlangt dann lediglich die Wiedereröffnung mit `\contpiece` oder `\Contpiece`, wobei der letzte Fortsetzungsbefehl mit einer Einrückung vom Betrag `\parindent` für das Fortsetzungsliniensystem startet.

Soll statt des einfachen Taktstrichs ein dünnes Doppelquerstrichpaar erscheinen, so kann dies mit dem Befehl `\doublebar` erreicht werden. Alternativ kann dem nächsten `\bar`-Befehl (bzw. dem unterbrechenden `\endpiece`) die Erklärung `\setdoublebar` vorangestellt werden, was dann beim nächsten Taktstrich ebenfalls zu einem Doppeltaktstrich führt. Schließlich kann ein Musikliniensystem ohne Endtaktstrich mit dem Befehl `\zstoppiece` beendet oder unterbrochen werden.

Im Vergleich zum normalen Zeilenumbruch beim Blocksatz gewöhnlicher Texte mit elastischen Wortzwischenräumen stellen beim Notensatz die Taktstriche unter MusicTEX mit ihrem umgebenden elastischen Leerraum das Pendant zu den Wortzwischenräumen und die einzelnen Notensymbole mit dem nachfolgenden Abstand die einzelnen Buchstaben, deren Notengruppen innerhalb eines Takts einem Wort entsprechen. Mit dieser bildlichen Beschreibung wird das zugehörige Umbruchproblem deutlich: Notenlinien enthalten wegen der geringen Zahl von Einzeltakten innerhalb der Linienweite nur wenig Summenelastizität, um einen geeigneten Umbruch zu realisieren. Im Vergleich zu einem Zeilenumbruch gewöhnlicher Texte entspricht das dem Umbruchproblem für schmale Textspalten. Auf die unter MusicTEX deshalb vielfach erforderlichen manuellen Umbruchhilfen gehe ich hier nicht mehr ein.

Unter MusiXTEX wurde der die Taktstriche umgebende elastische Zwischenraum durch einen festen Leerraum ersetzt, womit die Elastizität innerhalb der Notenliniensysteme ganz entfällt. Stattdessen variiert das ausführbare Programm `musixflx` die einzelnen Notenabstände so, dass ein akzeptabler Linienumbruch an geeigneten Taktstrichen unter Berücksichtigung von zusätzlichen Anwendervorgaben automatisch errechnet wird. Dieser kommt dann bei der abschließenden TEX-LATEX-Bearbeitung zur Anwendung.

Verglichen mit normalem Textsatz würde das bedeuten, die einzelnen Buchstabenabstände innerhalb der Worte geringfügig zu modifizieren, was aus der Sicht von professionellen Setzern eine Todsünde gegen die Regeln der Satz- und Druckerkunst darstellen würde. Innerhalb des Satzes von Notenblättern wurden solche Variationen jedoch auch in der Vergangenheit des Notendrucks akzeptiert.

4.6.2 Unterbrochene Taktstriche

Bei einem Mehrliniensystem erstrecken sich die Takt-, Doppeltakt-, Wiederholungs- und Endstriche standardmäßig *ohne* Unterbrechung vom untersten bis zum obersten Liniensystem. Mit der Erklärung `\sepbarrules` wird erreicht, dass die zuvor aufgezählten Striche zwischen den Liniensystemen der einzelnen Instrumente unterbrochen werden. Für Instrumente, denen mehrere Liniensysteme zugeordnet sind, bleibt es innerhalb der Systeme für das einzelne Instrument bei den durchgezogenen Strichen. Mit der Erklärung `\stdbarrules` wird wieder auf das Standardverhalten der vollständig durchgezogenen Striche zurückgeschaltet.

4.6.3 Taktnummerierung

Takte werden standardmäßig durchnummeriert, wobei die laufende Taktnummer oberhalb des Taktstrichs beim obersten Liniensystem angeordnet wird. Häufig wird es gewünscht, die

Takte zwar intern mitzuzählen, die laufende Taktnummer aber nur bei jedem fünften oder zehnten Taktstrich auszugeben. Dies kann mit der Definition

`\def\freqbarno{`Δn`}`

erreicht werden, in der für Δn die Differenz für die Taktnummern anzugeben ist, die ausgegeben werden sollen. Die Ausgabe der Taktnummern kann mit der Systemerklärung `\nobarnumbers` vor dem Eröffnungsbefehl `\startpiece` oder `\startextract` unterbunden werden und bei Bedarf bei einem späteren `\startpiece` oder `\startextract` mit `\barnumbers` wieder fortgesetzt werden.

Der interne Taktzähler von MusicTeX trägt den Namen `\barno`. Dies ist ein TeX- und leider kein LaTeX-Zähler. Man kann auf ihn mit den TeX-Zählerbefehlen zurückgreifen, ihn z. B. auf einen anderen Anfangswert als 1 mit `\barno=`n einstellen, oder seinen aktuellen Stand mit `\the\barno` ausgeben. Ein LaTeX-Zugriff mit `\setcounter`, `\addtocounter` oder `\value{barno}` ist dagegen nicht möglich. Bei Auszügen aus Musikstücken kann jedoch mit der Zuweisung `\startbarno=`n dem Taktzähler ein Wert n zugewiesen werden, der mit jedem anschließenden Taktstrich um eins erhöht und evtl. ausgegeben wird.

4.6.4 Taktüberschreitende Notenverbalkungen

Bis zum Beginn des 19. Jahrhunderts beschränkten sich Notenverbalkungen auf den Bereich innerhalb der umgebenden Taktstriche. Spätere Komponisten wie BRAHMS, SCRIABIN, GRIEG u. a. verwendeten in ihren Kompositionen auch taktüberschreitende Verbalkungen. Dies ist in MusiXTeX ohne Probleme ebenfalls möglich, wie das folgende Beispiel aus BRAHMs Intermezzo, op. 118, 1 aus der MusiXTeX-Dokumentation `musixdoc.tex` zeigt:

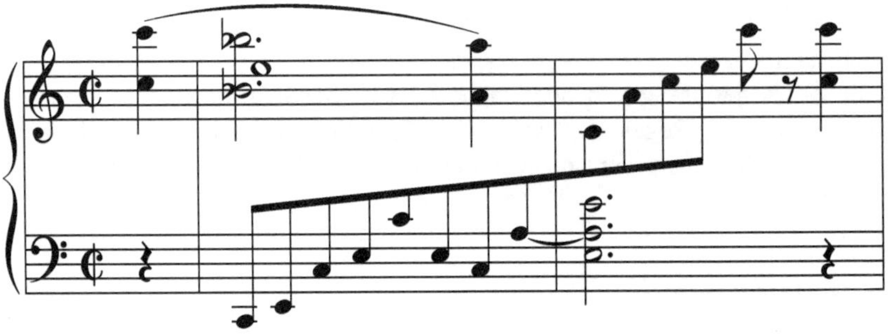

Der zugehörige Eingabecode lautet:

```
\begin{music}
   \nobarnumbers\interstaff{12}
   \instrumentnumber{1}\setstaffs{1}{2}\setclef{1}{\bass}
   \generalmeter{\allabreve}\startextract
   \NOtes\qp\nextstaff\isluru0q\zq{q}\ql{j}\enotes\bar\nspace
   \Notes\ibu0L2\qb0{CEJLcL}\nextstaff\roff{\zw{l}}\pt{p}\zh{_p}%
        \pt{i}\hl{_i}\enotes
   \Notes\qb0J\itied1a\qb0a\nextstaff\tslur0o\zq{o}\ql{h}\enotes\bar
   \Notes\ttie1\zh{.L.a}\hl{.e}|\qb0{chj}\tbl0\qb0l\cl{q}\ds\enotes
   \NOtes\qp\nextstaff\zq{q}\ql{j}\enotes\endextract
\end{music}
```

Dieses Beispiel enthält zwei bisher noch nicht vorgestellte MusiXTEX-Befehle. Mit `\nextstaff` wird innerhalb der gemeinsamen Liniensysteme eines Instruments in das nächsthöhere geschaltet. Damit ist dieser Befehl völlig gleichwertig mit dem Umschaltbefehl | in den *\notes*... `\enotes`-Strukturen zur Umschaltung zwischen den Liniensystemen eines Instruments, wie bereits in 4.2.4 dargestellt. Die Mischung von |- und `\nextstaff`-Befehlen wie im dargestellten Beispiel ist möglich, aber schlechter Kodierstil und sollte deshalb unterbleiben.

Mit `\nspace` kann außerhalb der *\notes*... `\enotes`-Strukturen Leerraum, z. B. nach einem Taktstrich, von der halben Weite eines Notenkopfs eingefügt werden (s. die fünfte Beispielzeile). Mit dem verwandten Befehl `\qspace` wird gleichermaßen Leerraum von der vollen Weite eines Notenkopfs eingefügt. Diese beiden Befehle unterscheiden sich von den in der Anfangswirkung ähnlichen Leerraumbefehlen `\hqsk` und `\qsk` aus 4.3.6 auf S. 221 dadurch, dass Letztere nur innerhalb von *\notes*... `\enotes`-Strukturen erlaubt sind und dort bei der Zwischenbearbeitung mit `musixflx` zur Erzielung eines optimalen Seiten- und Linienumbruchs eine Skalierung erfahren, während `\qspace` und `\nspace` als feste Zwischenraumbefehle hiervon unverändert bleiben.

4.6.5 Wiederholungsstriche

MusiXTEX stellt mehrere Befehle und Methoden zur Erzeugung von Wiederholungssymbolen bereit, je nachdem, ob diese Symbole *innerhalb* eines Takts oder am Takt*ende* angebracht werden sollen. Alle Befehle zur Erzeugung von Wiederholungsstrichen sind *außerhalb* von *\notes* ... `\enotes`-Strukturen anzubringen:

```
\notes\hu{g}\enotes\leftrepeatsymbol
\notes\hu{h}\enotes\leftrightrepeatsymbol
\notes\hu{i}\enotes\rightrepeatsymbol
```

Die hier benutzten Befehle `\...repeatsymbol` dienen zur Erzeugung von Wiederholungsbalken innerhalb eines Takts und sind mit ihren Namen selbsterklärend. Soll ein Wiederholungsbalken am Taktende mit fortgesetzter Taktzählung angebracht werden, so ist einer der Befehle `\setleftrepeat`, `\setrightrepeat` oder `\setleftrightrepeat` vor dem nächsten Aufruf zur Ausgabe des Taktstrichs `\bar` zu setzen, womit dieser durch den entsprechenden Wiederholungsbalken ersetzt wird.

```
\notes\hu{g}\enotes\setleftrepeat\bar
\notes\hu{h}\enotes\setleftrightrepeat\bar
\notes\hu{i}\enotes\setrightrepeat
```

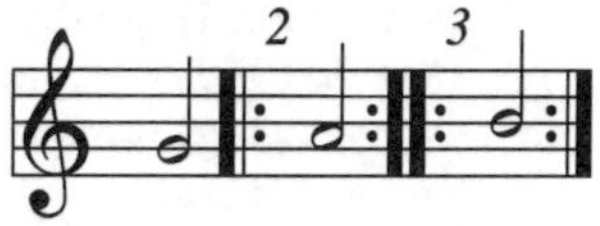

Nach der letzten *\notes* ...`\enotes`-Struktur kann der Befehl `\bar` entfallen, da der Abschlussbalken automatisch mit dem Beendigungsbefehl `\endextract` in der angeforderten Form gesetzt wird. Nach einem `\bar`-Befehl kann ein Zeilenumbruch im Liniensystem erfolgen. An solchen Stellen ist nur der rechte Wiederholungsbalken sinnvoll, da ein anschließendes linkes Wiederholungssymbol in die nächste Zeile gehört. MusiXTEX stellt deshalb noch die Befehle `\leftrepeat`, `\rightrepeat` und `\leftrightrepeat` bereit, die statt des Taktbefehls `\bar` verwendet werden und den richtigen Zeilenabschluss bzw. nächsten Zeilenbeginn bewirken. Da sie als Taktende auch innerhalb einer Zeile wie die vorangegangenen Befehlspaare `\set...repeat\bar` wirken, sollten sie bevorzugt verwendet werden, da sie auch am Zeilenende zum richtigen Ergebnis führen.

4.6.6 Wiederholung mit Verschiebungen

Gelegentlich soll eine längere Musikpassage ein- oder mehrfach wiederholt werden, wobei zwischen den ersten Durchgängen und dem letzten Durchgang ein Unterschied bei den letzten Takten auftritt. Dies kann durch das Voranstellen von `\setvolta{`*eintrag*`}`[10] vor den zugehörigen `\bar`-Befehlen gekennzeichnet werden:

```
\starttextract\Notes\qu{ghij}\enotes\setvolta{1.--3}\bar
    \Notes\qu{hijk}\enotes\setvolta{4}\setrightrepeat\bar
    \Notes\qu{ijkl}\enotes\bar\NOtes\wh{j}\enotes\endextract
```

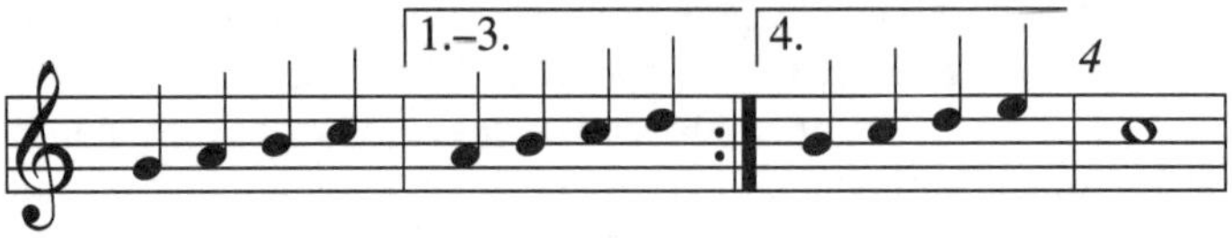

Dieser Verschiebehaken überdeckt genau eine Taktlänge. Für die darunterliegenden Taktbalken unterbleibt eine etwaige Nummerierungsausgabe, die sich auf die vorangehenden und nachfolgenden Taktstriche beschränkt, wie im vorhergehenden Beispiel für den vierten Taktstrich, wobei der interne Taktzähler jedoch korrekt mitgezählt wird.

Soll sich ein Verschiebehaken über mehr als eine Taktlänge erstrecken, so ist er mit `\Setvolta{`*eintrag*`}` einzuleiten. Dieser Einleitungsbefehl verlangt dann aber zwingend den Abschlussbefehl `\setendvolta` vor dem zugehörigen Abschluss-Taktstrichbefehl. Dieser Abschlussbefehl existiert auch in der Variante `\setendvoltabox`, bei der der Verschiebehaken am Ende mit einem weiteren nach unten gerichteten Haken gleicher Länge wie am Anfang endet.

```
\startextract\NOtes\wh{a}\en\doublebar
    \NOtes\wh{b}\en\leftrepeat\NOtes\wh{c}\en\Setvolta{1}\bar
    \NOtes\wh{d}\en\bar\NOtes\wh{e}\en\bar\NOtes\wh{f}\en
    \Setvolta{2}\setendvolta\rightrepeat
    \NOtes\wh{g}\en\bar\NOtes\wh{h}\en\bar\NOtes\wh{i}\en
    \setendvoltabox\setdoubleBAR\endextract
```

Der hier in der ersten Eingabezeile auftretende Befehl `\doublebar` war bereits in 4.6.1 vorgestellt worden und soll hier nur in seiner Wirkung vor Takt 2 demonstriert werden. Zusätzlich tritt in der letzten Eingabezeile der Befehl `\setdoubleBAR` auf, der das Notenliniensystem am Ende mit einem fetten Doppelbalken abschließt, wie dies standardmäßig für den Notensatz eines ganzen Musikstücks als Ergebnis des hierfür vorgesehenen Abschlussbefehls `\Endpiece` oder `Stoppiece` erfolgt (s. 4.2.5). Mit `\setdoubleBAR` kann dieser fette Abschlussdoppelbalken auch für Auszüge mit der `\startextract ... \endextract`-Struktur beendet werden.

[10] Aus dem Italienischen: *volta* bedeutet „Mal" wie „erstes Mal", „zweites Mal" usw.

Die Abschlussbefehle `\setendvolta` und `\setendvoltabox` stehen mit gleicher Wirkung auch unter dem Befehlsnamen `\endvolta` und `\endvoltabox` zur Verfügung. Der Verschiebeabwärtshaken kann auch mit dem Einleitungsbefehl `\setvoltabox` eingeleitet werden. Dieser muss jedoch stets mit dem zugehörigen Endbefehl `\endvolta` oder `\endvoltabox` abgeschlossen werden, auch wenn der Verschiebehaken sich nur auf eine Taktweite beschränkt. Die Nennung dieser alternativen Befehlsnamen erfolgten hier nur aus Gründen der Aufzählungsvollständigkeit. Zur Erzeugung ihrer Strukturen empfehle ich wegen der besseren Übersichtlichkeit die Beschränkung auf die in den Beispielen vorgestellten Befehle.

4.6.7 Hinweise zum Linien- und Seitenumbruch

Einige Hinweise zum Linien- und Seitenumbruch erfolgten verstreut im vorangegangenen Text. Sie werden hier nochmals zusammengefasst und systematisiert. Linien- und Seitenumbrüche sind normalerweise nur nach Takt- oder Wiederholungsstrichen, also nach einfachen `\bar`-Befehlen oder solchen, denen ein `\set`*xxx*`repeat` vorangestellt ist, möglich. Zusätzlich stellt MusiXTEX mit `\zbar` eine mögliche Umbruchstelle *ohne* zugehörigen Taktstrich bereit. Mit `\xbar` wird umgekehrt ein Taktstrich ausgegeben, an dem ein Umbruch untersagt ist.

Dabei wird der gesamte Eingabetext für eine vollständige oder Teilpartitur innerhalb einer `\startpiece ... \endpiece`-Struktur bezüglich Zeilen- und Seitenumbruch als eine Einheit angesehen und behandelt. Die genaue Entscheidung über die Zeilen- und Seitenumbrüche wird nach der ersten TEX- oder LATEX-Bearbeitung mit der anschließenden `musixflx`-Bearbeitung des `.mx1`-Zwischenergebnis vorbereitet und dann mit der abschließenden TEX- oder LATEX-Bearbeitung vollzogen.

Für den normalen Textsatz gibt es einige Befehle, mit denen ein Zeilen- oder Seitenumbruch vom Anwender an von ihm vorgegebenen Stellen erzwungen werden kann. Dies gilt auch für Umbrüche beim Notensatz. Mit `\alaligne` wird die Ausgabe eines Taktstrichs mit gleichzeitigem Zeilenumbruch erzwungen. Entsprechendes gilt mit `\alapage` für einen Seitenumbruch. Schließlich kann in Analogie zu einem möglichen Umbruch *ohne* Taktstrich mit `\zbar` ein entsprechender Zeilen- oder Seitenumbruch mit `\zalaligne` bzw. `\zalapage` an der Stelle dieser Befehle erzwungen werden. Ein Seitenumbruch innerhalb eines Takts ohne vorangehenden Takt- oder Wiederholungsstrich kann für einen Klavierspieler z. B. an solchen Stellen erwünscht sein, wo er eine Hand zum Umblättern frei hat.

Wie bereits erwähnt, wird die gesamte MusiXTEX-Eingabe zwischen `\startpiece` und `\endpiece` oder seiner Abschlussäquivalente `\stoppiece`, `\Endpiece` oder `\Stoppiece` für die internen Entscheidungen zum Linien- und Seitenumbruch als Einheit angesehen, wobei die Abschlussbefehle die letzte Zeile gleichzeitig durch einen einfachen oder fetten Doppeltaktstrich beenden. Falls dies ausnahmsweise unterbleiben soll, so ist als Partiturabschlussbefehl `\zstoppiece` zu wählen.

Die Fortsetzung einer mit `\endpiece` oder `\stoppiece` beendeten Teilpartitur kann mit `\contpiece` oder `\Contpiece` fortgesetzt werden (s. auch 4.6.1). Zwischen dem vorangehenden Beendigungsbefehl und dem Wiedereröffnungsbefehl darf dann jedoch keine Änderung der Tonart mit dem Befehl `\generalsignature` (s. 4.2.5) vorgenommen werden. Soll eine solche zwischen den Teilpartituren erfolgen, so muss vor Beendigung des vorangehenden Partiturteils der Taktzähler `\barno` gerettet werden, z. B. unter LATEX mit

```
\newcounter{savebarno} \setcounter{savebarno}{\barno}
```

und dann die Partitur erneut mit `\startpiece` eröffnet werden, wonach die alten Systemerklärungen gemäß 4.2.5 wiederholt werden müssen und die Taktanfangseinstellung mit

```
\startbarno=\value{savebarno}
```

wiederherzustellen ist.

Für weitere Einflussmöglichkeiten zur Seitengestaltung verweise ich auf die dem MusiX-TEX-Paket beigefügte Originaldokumentation `musixdoc.tex` und ihre Aufbereitung als `musixdoc.dvi` oder `musixdoc.ps` und dort insbesondere auf den Abschnitt 2.14 mit dem Titel „Managing the layout of your score“.

4.6.8 Ein Beispiel für das musixflx-Bearbeitungsresultat

Das bereits in 4.2.3 angekündigte Beispiel für den dreistufigen MusiXTEX-Bearbeitungsvorgang soll nun hier nachgetragen werden. Als Eingabebeispiel wird das bereits in 4.5.2 auf S. 234f. mit seinem Eingabecode vorgestellte Musikstück „Lobe den Herren“ von Hugo Distler verwendet. Für ein Nachvollziehen der vorliegenden Bearbeitungsdemonstration möge der dortige Eingabecode in einem eigenen kleinen LATEX-Eingabefile `distler.tex` als

```
\documentclass{article}
\usepackage{musixtex,musixcpt}
\setlength{\textwidth}{130mm}
\begin{document}
    MusiXTEX-Eingabekode für das Lied
    „Lobe den Herren“ von Hugo Distler
\end{document}
```

abgespeichert werden. Mit der ersten LATEX-Bearbeitung dieses Files, also mit dem Aufruf `latex distler`, entsteht neben dem File `distler.dvi` auch das File `distler.mx1`. Die Druckausgabe von `distler.dvi` aus diesem ersten LATEX-Bearbeitungsdurchgang ergibt:

Nach dem ersten LaTeX-Durchgang ist das erzeugte `.mx1`-File, hier also das File `distler.mx1`, mit dem ausführbaren Programm `musixflx` zu bearbeiten, was mit dem Aufruf

`musixflx distler.mx1` oder auch nur `musixflx distler`

geschieht. Für den Bearbeitungsaufruf genügt also die Angabe des zu bearbeitenden Filegrundnamens. Der zugehörige Anhang `.mx1` wird bei Bedarf automatisch zugefügt. Für weitere Aufrufoptionen verweise ich auf die Hinweise aus 4.2.3. Die `musixflx`-Bearbeitung des `.mx1`-Files erzeugt ein File mit dem gleichen Grundnamen und dem Anhang `.mx2`, hier also `distler.mx2`. Das Eingabefile `distler.tex` ist abschließend nochmals mit LaTeX zu bearbeiten, wobei das erzeugte Zwischenfile `distler.mx2` eingelesen und die endgültigen Zeilenumbrüche für die Notenlinien bestimmt werden. Das endgültige Bearbeitungsergebnis für das Lied „Lobe den Herren“ wurde bereits in 4.5.2 auf S. 234 abgedruckt, was hier nochmals geschieht, um ein Zurückblättern zu vermeiden.

Innerhalb der `musix`-Umgebungen werden die mit `\startpiece ... \endpiece` oder deren Beendigungsäquivalente `\stoppiece`, `\zstoppiece`, `\Stoppiece`, `\Endpiece`, `\alaligne`, `\zalaligne`, `\alapage` oder `\zalapage` eingeschachtelten MusiXTeX-Strukturen als Bearbeitungseinheit betrachtet, für die dann der Zeilen- und Seitenumbruch so bestimmt wird, dass die durch `\elemskip` bestimmten Notenabstände innerhalb der Bearbeitungseinheit möglichst gleichmäßig ausfallen. Der Vorgang ähnelt der Bestimmung der Wortabstände beim Textsatz für die Absatzformatierung.

Bei der Absatzformatierung kann mit der TeX-Erklärung `\looseness=`n innerhalb eines Absatzes erreicht werden, dass der ganze Absatz so umbrochen wird, dass er um n Zeilen abgeändert wird, und zwar mit $n > 0$ um n Zeilen vergrößert bzw. mit $n < 0$ um n Zeilen vermindert wird, falls dies durch geeignete Vergrößerung oder Verkleinerung der Wortabstände überhaupt möglich ist. In Analogie hierzu kann mit der Erklärung `\mulooseness=`n ein Notenlinienumbruch für die Bearbeitungseinheit erreicht werden, der zu n mehr Notenlinien für $n > 0$ bzw. zu n weniger Notenlinien für $n < 0$ führt. Diese Erklärung ist innerhalb der `\startpiece ... \endpiece`-Strukturen anzubringen, zweckmäßig entweder unmittelbar *nach* `\startpiece` oder *vor* der zugeordneten Beendigungsstruktur `\endpiece`, `\Stoppiece` usw. wie oben aufgezählt.

Wird im obigen Beispiel die Erklärung `\mulooseness=1` unmittelbar vor dem `\Endpiece`-Abschlussbefehl eingefügt, so erzeugt nach der erneuten `musixflx`-Zwischenbearbeitung die abschließende LATEX-Bearbeitung nunmehr folgendes Ergebnis:

Achtung: Vor der erneuten `musixflx`-Bearbeitung ist das bisherige `.mx2`-File zunächst zu löschen. Nach der erneuten LATEX-Anfangsbearbeitung kann dann das neue `.mx1`-File mit `musixflx` zur Erstellung des abgeänderten `.mx2`-Files erfolgen, um dann mit der abschließenden LATEX-Bearbeitung den modifizierten Linienumbruch zu erstellen.

Mit der nochmals geänderten Erklärung `\mulooseness=-1` wird die Gesamtzahl der Notenlinien um eins vermindert, wie das nachfolgende Beispiel zeigt:

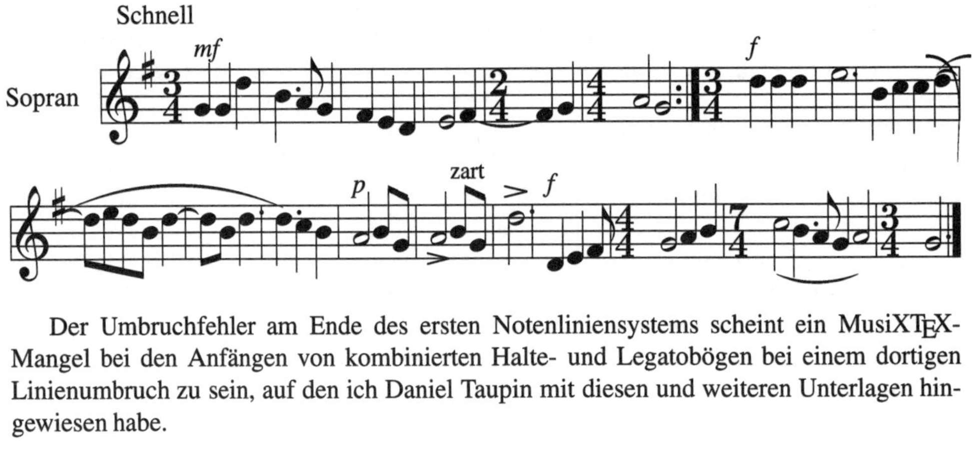

Der Umbruchfehler am Ende des ersten Notenliniensystems scheint ein MusiXTEX-Mangel bei den Anfängen von kombinierten Halte- und Legatobögen bei einem dortigen Linienumbruch zu sein, auf den ich Daniel Taupin mit diesen und weiteren Unterlagen hingewiesen habe.

Ein weiterer Umbruchfehler trat bei der versuchten Anpassung des abgedruckten Eingabecodes des vorangegangenen Liedes „Lobe den Herren“ von S. 234 an den reinen MusiXTEX-Code auf. Der dort abgedruckte Code enthält vier `\qh`-Befehle, die in MusicTEX zur Unterscheidung bei verbalkten Noten zwischen unteren `\qb` und oberen `\qh` Notenbalken zur Anwendung kamen und in MusiXTEX durch den einheitlichen Befehl `\qb` ersetzt wurden. Der vorgenommene Ersatz von `\qb` für die ursprünglichen `\qh`-Befehle führte zu einigen Umbruchänderungen nach der `musixflx`-Berarbeitung sowie zu weiteren Fehlern am Umbruchende bei den kombinierten Halte- und Legatotbögen.

Ich habe es deshalb vorgezogen, den ursprünglichen Code aus der vorangegangenen Auflage zu verwenden, was die zusätzliche Aktivierung von `musixcpt.sty` mittels `\usepackage` wie oben vorgesehen verlangte. Dieses Ergänzungspaket erlaubt den Rückgriff auf frühere MusicTEX-Strukturen auch unter MusiXTEX und soll dieses hier gleichzeitig demonstrieren.

4.7 Verzierungen – Ornamente

Dieser Abschnitt beschreibt die beim Notensatz auftretenden Verzierungen sowie einige sonstige Symbole und Strukturen, die im engeren Sinne zwar nicht zu den Verzierungen gehören, mir aus systematischen Gründen hier aber am besten aufgehoben erscheinen.

4.7.1 Klassische Verzierungen

`\arpeggio{`*h*`}{`*m*`}` Gebrochene Akkorde werden durch das Voranstellen eines Arpeggios gekennzeichnet. Das Arpeggio-Symbol erscheint in der Notenhöhe *h*, seine Höhenausdehnung wird durch den Vervielfacher *m* als ganze Zahl bestimmt, die angibt, über wie viele Notenlinien sich das Symbol erstrecken soll. Beispiel: `\arpeggio{-1}{1}` und `\arpeggio{d}{3}` erzeugen bzw. , jeweils auf der d-Linie beginnend.

Der `\arpeggio`-Befehl kennt die Variante `\larpeggio` mit gleicher Syntax, der das Symbol etwa einen Notenkopf weiter links vor dem nachfolgenden Akkord anordnet. Dies vermeidet eine Kollision mit einem eventuell vorangestellten Versetzungszeichen.

Die Arpeggio-Symbole bewirken keinen anschließenden Leerraum. Ein solcher muss mit einem anschließenden expliziten Leerraumbefehl wie `\sk` u. a. eingefügt oder mit einem anschließenden Notenbefehl mit nachfolgendem Leerraum erzeugt werden, was normalerweise der Standardfall ist, da Arpeggio-Symbole *vor* einer Akkordeingabe eingegeben werden.

`\trille{`*h*`}{`*n*`}` erzeugt ein Triller-Symbol auf der Notehöhe *h* von der Länge des *l*-fachen des aktuellen Wertes von `\noteskip`. Es gibt hierzu auch die Variante mit gleicher Syntax `\Trille{`*h*`}{`*l*`}`, die vor dem Trillersymbol die Buchstabenkennung *tr* erzeugt. Mit der lokalen Einstellung von `\noteskip=1cm` erzeugt `\trille{1}{1}` `\Trille{1}{2}` bzw. *tr* .

Längere Trillersymbole, die sich über mehrere Taktstriche oder über Linienumbrüche erstrecken sollen, können alternativ mit `\Itrille{`*n*`}{h}` oder `\ITrille{`*n*`}{`*h*`}` eingeleitet werden, wobei mit *n* eine Referenznummer $0 \leq n < 6 =$`\maxtrills` zur Unterscheidung mehrerer überlagerter Trillersymbole gegeben ist und *h* die Notenhöhe für das Trillersymbol angibt. Die zweite Befehlsversion `\ITrille` setzt vor das Trillersymbol gleichzeitig die Buchstabenkennung *tr*. Die mit diesen Trillerbefehlen eingeleiteten Trillersymbole werden mit dem Abschlussbefehl `\Ttrille{n}` beendet.

Anmerkung: Die Befehle `\trille` und `\Trille` existieren auch in MusicTEX, dort aber mit anderer Syntax. Wird das Kompatibilitätspaket `musixcpt.sty` aktiviert, so werden diese beiden Trillerbefehle in ihrer alten MusicTEX-Form angesprochen. Zur Lösung können alternativ die Befehle `\trilleC` und `\TrilleC` zur Aktivierung der MusicTEX- und `\trilleX` und `\TrilleX` für die MusiXTEX-Eigenschaften genutzt werden, und zwar auch bei Aktivierung von `musixcpt.sty`.

`\mordent{h}` erzeugt das Praller-Symbol bei der Notenhöhe *h* (Mordent). Eine Befehlsvariante steht mit `\Mordent{h}` zur Erzeugung von zur Verfügung.

`\shake{h}` erzeugt das Schneller-Symbol. Auch dieses Symbol kennt etliche Varianten, nämlich: `\Shake{h}` für sowie `\Shakel{h}` für , `\Shakesw{h}` für , `\Shakene{h}` für und `\Shakenw{h}` für .

`\turn{h}` erzeugt das Symbol bei der Notenhöhe *h* für eine Rolle oder einen Doppelschlag.

`\backturn{h}` erzeugt das inverse Symbol bei der Notenhöhe *h*.

`\upz{h}` erzeugt einen Punkt *oberhalb* des nachfolgenden Notenkopfs in der Höhe *h* (oberer Pizzicato, *pizzicato* = gezupft).

`\lpz{h}` erzeugt einen Punkt *unterhalb* des nachfolgenden Notenkopfs in der Höhe *h* (unterer Pizzicato).

`\uppz{h}` erzeugt einen Apostroph *oberhalb* des nachfolgenden Notenkopfs in der Höhe *h* (oberer starker Pizzicato).

`\lppz{h}` erzeugt einen umgekehrten Apostroph *unterhalb* des nachfolgenden Notenkopfs in der Höhe *h* (unterer starker Pizzicato).

`\usf{h}` erzeugt das Verstärkungs-Symbol > *oberhalb* des nachfolgenden Notenkopfs in der Höhe *h* (oberer Sforzando).

`\lsf{h}` erzeugt das Verstärkungs-Symbol > *unterhalb* des nachfolgenden Notenkopfs in der Höhe *h* (unterer Sforzando).

`\usfz{h}` erzeugt das Verstärkungssymbol ∧ *oberhalb* des nachfolgenden Notenkopfs in der Höhe *h* (oberer Sforzato).

`\lsfz{h}` erzeugt das Verstärkungssymbol ∨ *unterhalb* des nachfolgenden Notenkopfs in der Höhe *h* (unterer Sforzato).

`\ust{h}` erzeugt einen horizontalen Strich *oberhalb* des nachfolgenden Notenkopfs in der Höhe *h* (oberer Staccato oder Portato).

`\lst{h}` erzeugt einen horizontalen Strich *unterhalb* des nachfolgenden Notenkopfs in der Höhe *h* (unterer Staccato oder Portato).

`\upzst{h}` erzeugt einen horizontalen Strich mit darunter liegendem Punkt *oberhalb* des nachfolgenden Notenkopfs in der Höhe *h* (oberer Kombinations-Staccato/Portato).

`\lpzst{h}` erzeugt einen horizontalen Strich mit darüber liegendem Punkt *unterhalb* des nachfolgenden Notenkopfs in der Höhe *h* (unterer Kombinations-Staccato/Portato).

`\flageolett{`*h*`}` erzeugt einen kleinen Kreis ○ oberhalb eines Notenkopfs bei der Tonhöhe *h*.

`\upbow` erzeugt das Streichbogensymbol V in *Aufwärts*richtung. Eine vertikale Positionierung kann mit `\zcharnote{`*h*`}{\upbow}` erfolgen.

`\downbow` erzeugt das Streichbogensymbol ⊓ in *Abwärts*richtung. Eine vertikale Positionierung kann mit `\zcharnote{`*h*`}{\downbow}` erfolgen.

`\cbreath` erzeugt ein großes Komma als Signal für eine Atemholgelegenheit ’ bei Gesängen in der Mitte des Abstands `\noteskip` zwischen den umgebenden Noten. Der Alternativbefehl `\zbreath` erzeugt dasselbe Symbol, jedoch ohne anschließenden Leerraum. Eine vertikale Positionierung kann für beide Befehle mit `\zcharnote{`*h*`}{\`*x*`breath}` erfolgen.

`\caesura` erzeugt einen kleinen Schrägstrich /. Eine vertikale Positionierung kann mit `\zcharnote{`*h*`}{\caesura}` erfolgen.

`\fermataup{`*h*`}` erzeugt das Fermata-Symbol 𝄐 bei der Notenhöhe *h*. Anschließender Zwischenraum entfällt wie bei den `\z`-Notenbefehlen.

`\fermatadown{`*h*`}` erzeugt das umgekehrte Fermata-Symbol 𝄑 bei der Notenhöhe *h*. Anschließender Zwischenraum entfällt wie bei den `\z`-Notenbefehlen.

`\Fermataup{`*h*`}` erzeugt das Fermata-Symbol 𝄐 bei der Notenhöhe *h*, und zwar horizontal zentriert oberhalb ganzer und längerer Noten wie Brevis u. Ä. Anschließender Zwischenraum entfällt wie bei den `\z`-Notenbefehlen.

`\Fermatadown{`*h*`}` erzeugt das umgekehrte Fermata-Symbol 𝄑 bei der Notenhöhe *h*, und zwar horizontal zentriert unterhalb ganzer und längerer Noten wie Brevis u. Ä. Anschließender Zwischenraum entfällt wie bei den `\z`-Notenbefehlen.

`\coda{`*h*`}` erzeugt das Wiederholungs-Symbol (Coda) 𝄌 oberhalb der Notenhöhe *h*. Der Alternativbefehl `\Coda{`*h*`}` erzeugt ⌗ oberhalb der Notenhöhe *h*. Beide Befehle enthalten keinen umschließenden Leerraum.

`\segno{`*h*`}` erzeugt das Wiederholungs-Symbol (Segno) 𝄋 oberhalb der Notenhöhe *h*. Auch dieser Befehl kennt die Alternative `\Segno`, dem kein eigenes Notenhöhenargument zugeordnet ist. Das hiermit erzeugte große Wiederholungssymbol erscheint vertikal zum fünfzeiligen Notenliniensystem zentriert. Das nachfolgende Beispiel enthält alle der vier vorgestellten Wiederholungssymbole in einem Notenliniensystem.

```
\NOtes\segno{m}\enotes\bar
\NOtes\coda{m}\enotes
\NOtes\Segno\enotes\bar
\NOtes\Coda{m}\enotes
```

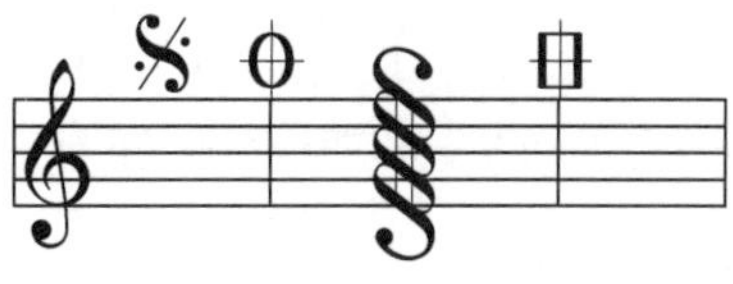

`\PED` setzt das Pedal-Kommando 𝆮. unter das Liniensystem. Hierzu existiert auch der Alternativbefehl `\sPED`, der das Kurzsymbol 𝆮 unter das Liniensystem setzt.

`\DEP` setzt das Pedal-Lösekommando ✻ unter das Liniensystem. Der Alternativbefehl `\sDEP` erzeugt das ähnliche Pedal-Löse-Symbol ❋.

Die Pedalsetz- und Lösesymbole werden standardmäßig bei der absoluten Tonhöhe −5 und damit unter dem zugehörigen Notenliniensystem angeordnet, was intern durch die MusiXTeX-Befehlsdefinition `\def\raiseped{-5}` bewirkt wird. Der Anwender kann bei Bedarf diesen Befehl umdefinieren, um die Pedalsymbole in anderer Höhe anzuordnen.

Sollen vereinzelte Pedalsymbole an unterschiedlichen Höhenpositionen angebracht werden, so empfiehlt es sich, deren Positionierung mit `\zcharnote{`*h*`}{\`*ped_bef*`}` oder `\zchar{`*h*`}{\`*ped_bef*`}` vorzunehmen.

4.7.2 Kadenzen und sonstige Ornamente

Kadenzen und sonstige Ornamente sollen in kleineren Noten gesetzt werden. MusiXTeX gestattet eine Umschaltung der Notengröße mit den Aufrufen `\smallnotesize` oder `\tinynotesize`. Mit `\normalnotesize` kann auf die Normalgröße zurückgeschaltet werden. Erfolgt eine solche Umschaltung außerhalb einer *notes* `...` `\enotes`-Struktur, so bleibt sie so lange gültig, bis sie mit `\normalnotesize` aufgehoben wird. Innerhalb einer *notes* `...` `\enotes`-Struktur erfolgt die Umschaltung lokal. Nach dem nächsten `\enotes`-Befehl gilt wieder die bisherige Notengröße.

Die hier vorgestellten Notengrößenbefehle `\tinynotesize`, `\smallnotesize` und `\normalnotesize` unterscheiden sich von den bereits in 4.2.5 angesprochenen Musikgrößenbefehlen `\smallmusicsize` bis `\Largemusicsize` dadurch, dass letztere sich auf alle Musikstrukturen, wie z. B. auch das Musikliniensystem, beziehen, während Erstere nur die Größe der Notensymbole verändern, wie das nachfolgende Beispiel demonstrieren wird.

Dieses Beispiel habe ich der ursprünglichen Dokumentation von MusicTeX entnommen, das den Anfang der Schöpfungsarie von Joseph Haydn für Orgel enthielt. Das dortige Beispiel habe ich hier für MusiXTeX umgesetzt.

Es wurde erzeugt mit:

```
\Notes\zw{N}\ibl0c0\qb0{e}|\qu{j}\enotes
\notes\qb0{c}|\tinynotesize\noteskip=6pt%
  \Ibbu1ki2\qb1{kj}\tbu1\qb1{i}\qsk\enotes
\Notes\qb0{e}\tbl0\qb0{c}|\qu{j}\enotes
```

4.7.3 Vorschlagnoten

Vorschlagnoten sind eine besondere Form von Ziernoten (engl. grace notes), die stets mit einem schrägen Strich durch die Fahne als Achtelnoten kodiert werden. Sie werden mit eigenen Notenbefehlen `\grcu{`*h*`}` und `\grcl{`*h*`}` bereitgestellt. Die Vorschlagnoten sollen meistens in kleinerer Größe vor der nachfolgenden Hauptnote erscheinen:

```
\notes\qsk\hu{h}\sk\smallnotesize\grcu{j}
     \normalnotesize\hu{i}\enotes\bar
\notes\tinynotesize\qsk\zq{h}\grcl{j}%
     \normalnotesize\wh{i}\enotes
```

Die Ziernotenbefehle `\grcl` und `\grcu` können auch mit den in 4.3.2 vorgestellten `\z`-Notenbefehlen kombiniert werden, um entsprechende Ziernotenakkorde zu erzeugen.

4.7.4 Metronomische Anzeigen

Die Ausgabe einer metronomischen Anzeige oberhalb des Liniensystems, wie 𝅗𝅥. = 60, kann mit

`\Uptext{\metron{\`*noten_bef*`}{`*zahl*`}}` z. B. `\Uptext{\metron{\hup}{60}}`

erfolgen, wobei das nachgestellte Beispiel die Ausgabe 𝅗𝅥. = 60 bewirkt. Der Aufruf steht gewöhnlich innerhalb einer `\`*notes* `...` `\enotes`-Struktur. Zur Bedeutung des Positionierungsbefehls `\Uptext` verweise ich auf 4.3.7.

4.7.5 Lautstärkeschwellungen

Eine anschwellende oder abschwellende Tonfolge wird durch Crescendo- oder Diminuendo-Symbole entsprechender Länge unterlegt. Hierfür stehen einmal die Befehle

`\crescendo{`*l*`}` und `\decrescendo{`*l*`}`

zur Verfügung, mit denen an- und abschwellende Lautstärkesymbole der Länge *l* erzeugt werden. Die Längenangabe kann als direktes Längenmaß erfolgen, wie 1 cm oder 25 mm oder als Bezug auf ein anderes Längenregister, wie z. B. *n*`\noteskip`, womit das *n*-fache des aktuellen Wertes von `\noteskip` eingestellt wird. Die Höhenpositionierung dieser Schwellsymbole soll mit den Positionierungsbefehlen `\zcharnote`, `\zchar`, `\uptext` oder `\zmidstaff` erfolgen (s. hierzu 4.3.7 auf S. 222f.).

```
\Notes\zchar{-4}{\crescendo{%
   3.5\noteskip}}\qa{efgh}\enotes\bar
\Notes\zchar{-4}{\decrescendo{%
   3.5\noteskip}}\qa{hgfe}\enotes
```

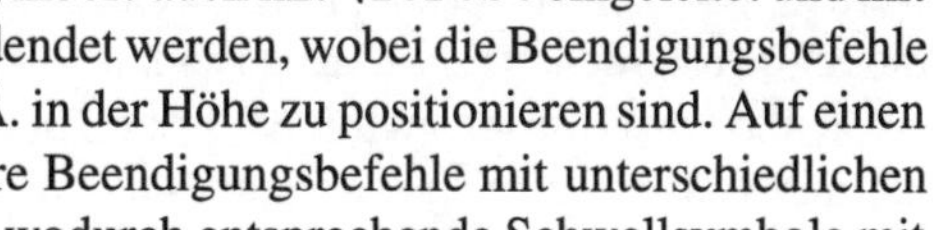

Die Maximallänge für Schwellsymbole, die mit diesen Befehlen erzielt werden können, liegt bei ungefähr 68 mm.

Alternativ können an- und abschwellende Symbole auch mit `\icresc` eingeleitet und mit `\tcresc` bzw. `\tdecresc` ausgewählt und bedendet werden, wobei die Beendigungsbefehle mit `\zmidstaff`, `\zcharnote`, `\uptext` u. Ä. in der Höhe zu positionieren sind. Auf einen `\icresc`-Initialisierungsbefehl können mehrere Beendigungsbefehle mit unterschiedlichen Höhen und an unterschiedlichen Enden folgen, wodurch entsprechende Schwellsymbole mit gleichen horizontalen Anfangspositionen entstehen.

Den Schwellsymbolen werden häufig Intensitätskennungen voran- und nachgeordnet. Als Intensitätskennungen sind

pppp, ppp, pp, p, mp, mf, fp, sf, ff, fff, ffff

gebräuchlich, die mit `\pppp`, `\ppp`, `\pp`, `\p`, `\mp`, `\mf`, `\fp`, `\sF`, `\ff`, `\fff` bzw. `\ffff` erzeugt werden, wobei für `\mp` zur Vermeidung der Kollision mit dem gleichnamigen mathematischen Befehl auch `\mezzopiano` verwendet werden kann.

Das nachfolgende Beispiel erfolgt allein aus strukturellen Gesichtspunkten. Der damit verbundene Missklang oder musikalische Unsinn soll deshalb übersehen bzw. überhört werden.

```
\begin{music}\interstaff{12}
  \generalmeter{\meterfrac{12}{8}}\setstaffs1{2}\startextract
  \Notes\cchar{11}{\fff}\ca{m}|\cchar{-6}{\ppp}\ca{c}\enotes
  \Notes\icresc\ca{lkjihhgfe}|\ca{defgh'abcd}\enotes
  \Notes\zcharnote{12}{\td//ecresc}\ca{d}|\ca{'e}\enotes
  \Notes\cchar{11}{\ppp}\ca{c}%
       |\Uptext{\tcresc}\cchar{-6}{\fff}\ca{'f}\enotes
\endextract\end{music}
```

4.7.6 Unterschiedliche Liniensysteme für Einzelinstrumente

Die Größeneinstellung für den Musiknotensatz einer Partitur erfolgt gewöhnlich mit einer der Systemerklärungen `\smallmusicsize`, `\normalmusicsize`, `\largmusicsize` oder `\Largemusicsize` gemäß 4.2.5. Hiermit werden zunächst die Notenliniensysteme für alle Instrumente einer Partitur gemeinsam eingestellt. Unabhängig hiervon kann mit der Einstellung von

`\setsize{`n`}{\`*gr_fakt*`}`

für das Instrument mit der Kenn-Nummer n ein mit `\tinyvalue` (0.64), `\smallvalue` (0.8), `\normalvalue` (1.0), `\largevalue` (1.2) oder `\Largevalue` (1.44) bereitgestellter Größenfaktor *gr_fakt* ausgewählt werden, der dann ein entsprechend skaliertes Liniensystem für n-te einrichtet, in dem dann auch alle dort verwendeten Musiksymbole richtig skaliert werden. Die hiermit verknüpften Faktoren 0.64, 0.8, 1.0, 1.2 und 1.44 beziehen sich dabei auf die Standardgröße `\normalmusicsize`.

Enthält das Instrument mit der Kenn-Nummer n seinerseits mehrere Notenliniensysteme, die mit `\setcleffs{`n`}{`s`}` eingestellt wurden (s. 4.2.5), so erscheinen diese gemeinsam in der mit `\setzize` für dieses Instrument gewählten Größe. Für jedes Instrument, dessen Liniensystemgröße von der obigen Anfangseinstellung abweichen soll, ist dabei je ein eigener `\setsize`-Befehl anzugeben. Für verschiedene Instrumente können mit zugehörigen `\setsize`-Befehlen natürlich auch unterschiedliche Größen gewählt werden.

Der selektive Größeneinstellbefehl `\setsize` muss innerhalb einer `music`-Umgebung vor dem `\startpiece`- oder `\startextract`-Befehl erfolgen, da er nicht nur den reinen Linienabstand verändert, sondern alle Musiksymbole in den zugehörigen Größen bereitstellen muss, was nur vor Eintritt in das Musikstück oder seinem Auszug möglich ist.

Das nachfolgende Beispiel enthält nur die Einrichtung unterschiedlicher Notenliniensysteme für verschiedene Instrumente mit teilweise unsinnigen Noteninhalten. Es soll hier lediglich die formale Einrichtung von Notenliniensystemen für mehrere Instrumente in unterschiedlichen Größen demonstrieren.

```
\begin{music}
   \instrumentnumber{4}
   \generalmeter{\meterC}
   \setsize{4}{\tinyvalue}
   \setsize{3}{\smallvalue}
   \setsize{1}{\largevalue}
   \setstaffs{3}{2}\setclef{3}{\bass}
   \sepbarrules\startextract
   \notes\hpause&\wh{f}&\hl{c}%
        |\qa{hl}&\hu{h}\enotes
   \notes\hu{g}&&\hl{c}%
        |\qa{hl}&\ha{j}\enotes\bar
   \notes\hpause&\wh{g}&\hl{a}%
        |\qa{hl}&\hu{h}\enotes
   \notes\hu{h}&&\hl{a}%
        |\qa{hl}&\ha{j}\enotes
   \endextract
\end{music}
```

Dieses Beispiel demonstriert mit den oben vorgestellten Größenfaktorbefehlen die Einrichtung von mehreren unterschiedlich großen Liniensystemen. Zusätzlich enthält es den bisher noch nicht vorgestellten Befehl `\sepbarrules`. Bei einer Partitur mit mehreren Instrumenten werden Taktstriche von den Liniensystemen für das unterste bis zum obersten Instrument standardmäßig vertikal durchgezogen. Mit der Systemerklärung `\sepbarrules` werden die Taktstriche zwischen den Liniensystemen der verschiedenen Instrumente dagegen unterbrochen, wobei die Taktstriche für mehrere Liniensysteme eines Instruments nach wie vor durchlaufen.

4.7.7 Lokale Notenschlüsseländerungen

MusicTEX kennt die drei Notenschlüsselsymbole auch in einer kleinen Variante als `\smalltrebleclef` (Violinschlüssel), `\smallbassclef` (Bass-Schlüssel) und `\smallaltoclef` (Altschlüssel). Diese Befehle können innerhalb von *\notes* ... `\enotes`-Umgebungen eingegeben werden. Sie erzeugen an der Stelle ihres Auftretens den entsprechenden Notenschlüssel. Eine solche Eingabe erfolgt zweckmäßig als `\zchar{`*n*`}{\`*schlüssel*`}\sk`, damit ein anschließender Zwischenraum wie bei einer normalen Noteneingabe eingefügt wird. Der Notenwert für die anschließend eingegebenen Noten wird hierdurch nicht beeinflusst. Für diese gilt nach wie vor der eingestellte Systemschlüssel (s. 4.2.5 auf S. 209).

Das nebenstehende Beispiel aus einer älteren Dokumentation von DANIEL TAUPIN macht das deutlich. Trotz des lokalen Violinschlüssels im unteren Liniensystem sind die nachfolgenden Noten als `\zq{EG}\qbO{L}...` einzugeben, da immer noch der Bass-Schlüssel als Systemschlüssel gilt.

```
\begin{music}\setstaffs{1}{2}\setclef{1}{6000}
  \generalsignature{-3}\startextract
  \Notes\arpeggio{E}{5}\zq{EI}\qu{N}\zchar{2}{\smalltrebleclef}\sk%
       |\ibl0e{-2}\zq{eg}\qb0{l}\zq{d}\qb0{k}\enotes
  \Notes\tbu0\zq{EG}\qb0{L}|\zq{sn}\cl{l}\enotes
  \Notes\zq{DG}\qu{K}|\zq{sn}\ql{l}\enotes
  \Notes\zchar{6}{\smallbassclef}\sk\zq{E}\cu{I}%
       |\sk\ibbu1h{-2}\zq{ae}\qb1{h}\tbu1\zq{N}\qb1{g}\enotes
\endextract\end{music}
```

Mit der Befehlsfolge \setclef{n}{$s_1s_2s_3s_4$}\changeclefs (s. 4.2.5 auf S. 209) kann ein geänderter lokaler Schlüssel gesetzt werden, bei dem gleichzeitig der Systemschlüssel in seiner Wirkung umgeschaltet wird. Ein solcher Schlüsselwechsel muss außerhalb der *notes* ... \enotes-Strukturen erfolgen. Das damit verknüpfte Notenschlüsselsymbol erscheint innerhalb der nächsten *notes* ... \enotes-Struktur, und zwar in seiner kleinen Variante wie mit den obigen \small*schlüssel*clef-Befehlen sowie in der richtigen Linienhöhe, ohne dass es der Positionierung mit \zchar bedarf.

Der Leser möge sich hierzu die \Notes ... \enotes-Strukturen aus dem vorangegangenen Beispiel durch

```
\Notes\arpeggio{E}{5}\zq{EI}\qu{N}|\ibl0e{-2}\zq{eg}\qb0{l}\enotes
\setclef{1}{0000}\changeclefs\Notes|\loff{\zq{d}\qb0{k}}\enotes
\Notes\tbu0\zq{ce}\qb0{j}|\zq{sn}\cl{l}\enotes
\Notes\zq{be}\qu{i}|\zq{sn}\ql{l}\enotes\setclef{1}{6000}\changeclefs
\Notes\zq{E}\cu{I}|\ibbu1h{-2}\zq{ae}\qb1{h}\tbu1\zq{N}\qb1{g}\enotes
```

ersetzen und hierbei sein Augenmerk auf die dritte und vierte Notes-Zeile mit den neuen Höhenangaben \zq{ce}\qb{j} und \zq{be}\qu{i} statt der ursprünglichen Vorgaben mit \zq{EG}\qb{L} und \zq{DG}\qu{K} richten.

4.7.8 Tonhöhenverschiebungen

Tonhöhenverschiebungen um eine Oktave werden auf einem Notenblatt durch eine gestrichelte Linie mit einem Endhaken und einer vorangestellten 8 über die Länge der Verschiebung oberhalb oder unterhalb des Notenliniensystems gekennzeichnet. MusiXTeX stellt hierfür die beiden Befehle

\octfinup{h}{l} und \octfindown{h}{l}

bereit, in denen h für die Höhe der Verschiebkennzeichnung und l für deren Länge als Vielfaches von \noteskip steht. Die beiden nebenstehenden Beispiele wurden innerhalb eines jeweiligen \startextract ... \endextract-Paares mit

```
\NOtes\octfinup{10}{3.5}\qu{abcd}\en bzw.
\NOTes\octfindown{-5}{2.6}\ql{jil}\en
```

erzeugt.

Eine verfeinerte Kennung statt der vorangestellten 8 kann mit einer lokalen Neudefinition von \octnumber mittels \def (TeX) oder \renewcommand (LaTeX) erreicht werden.

```
\NOtes\renewcommand{\octnumber}{\ppffsixteen8%
    $^{va}$}\octfinup{10}{3.5}\qu{abcd}\en
```

```
\NOTes\def\octnumber{\ppffsixteen8$^{va\,
     bassa}$}\octfindown{-6}{2.6}\ql{jil}\en
```

erzeugen, jeweils in einem eigenen `\startextract` ... `\endextract`-Paar, das nebenstehende Notenliniensystem. Mit `\ppffsixteen` wird ein spezieller MusiXTEX-Textzeichensatz für halbfette Auszeichnungen aktiviert.

Dieser halbfette Auszeichnungszeichensatz steht auch in zwei weiteren Größen mit `\ppfftwenty` und `\ppfftwentyfour` zur Verfügung. Von dem ersten wurde, ohne dass dies dort erkennbar war, mit den Intensitätskennungen für Tonstärkeschwellungen aus 4.7.5 mit den dortigen Befehlen `\pppp` bis `\ffff` Gebrauch gemacht, da die dortigen Befehle intern auf `\ppfftwenty` zurückgreifen. Die etwas eigenwillige Namenskennung am Befehlsanfang mit `\ppff` für diese Zeichensätze verweist auf die dortige Nutzung.

Für eine längere Kennzeichnung der Tonhöhenverschiebung um eine Oktave, die sich eventuell auch über mehrere umbrochene Notenliniensysteme erstreckt, stehen die Initialisierungsbefehle

`\Ioctfinup{`n`}{`h`}` und `\Ioctfindown{`n`}{`h`}`

zur Verfügung. Darin steht n für eine Kennzahl zur Kennzeichnung des zugehörigen Notenliniensystems, wie sie auch bei den Verbalkungs- und Bogenbefehlen zur Anwendung kommt (s. 4.4 und 4.5). Wie dort erwähnt, kann n standardmäßig mit $0, \ldots, 5$ und mit den Zusatzpaketen `musixadd.tex` mit $0, \ldots, 8$ sowie `musixmad.tex` mit $0, \ldots, 11$ eingestellt werden. Das zweite Argument h bei diesen Initialisierungsbefehlen steht für die Notenhöhe, in der die oktave Verschiebungskennung angebracht werden soll.

Die Beendigung der Verschiebungskennung erfolgt mit `\Toctfin{`n`}`. Zwischen Initialisierungs- und Beendigungsbefehl dürfen beliebig viele *notes* ... `\enotes`-Strukturen stehen. Das nachfolgende Beispiel

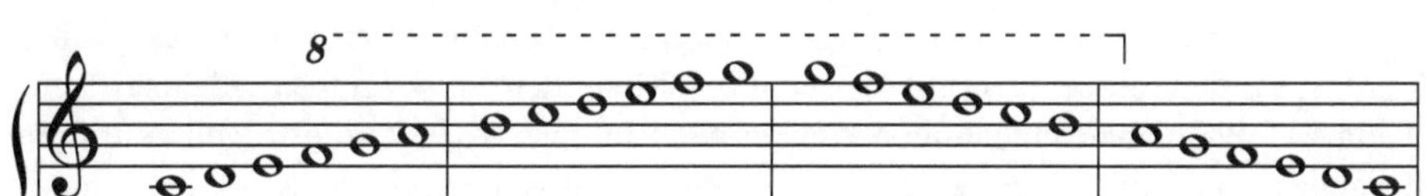

wurde erzeugt mit

```
\begin{music}\nobarnumbers
\setstaffs{1}{2}\setclef{1}{6000}\startextract
\notes\wh{CDEFGH}|\wh{cde}\Ioctfinup{1}{10}\wh{fgh}\enotes\bar
\notes\Ioctfindown{2}{-6}\wh{IJKLMN}|\wh{ijklmn}\enotes\bar
\notes\wh{NMLKJI}|\wh{nmlkji}\Toctfin{1}\enotes\bar
\notes\wh{HGFED}\Toctfin{2}\wh{C}|\wh{hgfedc}\enotes
\endextract\end{music}
```

MusiXTeX gestattet mit dem Aufruf `\transpose=`n eine Tonhöhenverschiebung um n Tonstufen bei der Noteneingabe, und zwar für $n > 0$ nach oben und für $n < 0$ nach unten. So erscheinen nach `\transpose=7` alle Noten gegenüber der Eingabe h um eine Oktave höher, `\qa{c}` erzeugt damit eine Viertelnote, wie sie ohne Verschiebung mit `\qa{j}` erzeugt würde.

Eine Tonhöhenverschiebung mit `\transpose=`n kann außerhalb und innerhalb von *notes* ... `\enotes`-Strukturen erfolgen. Im ersten Fall wirkt die Verschiebung so lange, bis sie durch eine aufhebende oder geänderte `\transpose`-Erklärung (Registersetzung) entsprechend modifiziert wird. Innerhalb einer *notes* ... `\enotes`-Struktur ist die Wirkung von `\transpose` lokal, womit die Wirkung einer Tonhöhenverschiebung mit dem abschließenden `\enotes`-Befehl endet.

Nach einer `\transpose`-Erklärung erhalten die Notenbefehle mit automatischer Ausrichtung des Notenhalses wie `\qa` die Ausrichtung entsprechend der eingestellten Tonhöhenverschiebung, beim obigen Beispiel führt `\qa{c}` also zur Viertelnote mit dem Notenkopf bei der Notenhöhe 'j', die standardmäßig nach unten gestielt wird. Bei den Notenbefehlen mit vorgegebener Halsrichtung wie `\qu` bzw. `\ql` bleibt dagegen die damit verbundene Notenhalsrichtung auch nach der Tonhöhenverschiebung erhalten.

Die Tonhöhenverschiebung mittels der `\transpose`-Erklärung wirkt nur auf Notenausgabebefehle, wenn deren Notenhöhe mit Höhenkennbuchstaben vorgegeben wird. Bei Notenausgabebefehlen mit absoluten Höhenangaben in Form einer positiven oder negativen Zahl bleibt eine vorangehende Tonhöhenverschiebung wirkungslos.

Tonhöhenverschiebungen mittels `\transpose` können zur Bildung eigener Akkordbefehle mit festen Tonpaaren genutzt werden. So wird mit

```
\newcommand{\soq}[1]{\zq{#1}{\transpose=7 \qa{#1}}}
```

ein Oktaventonpaarbefehl eingerichtet, dessen Notenhalsausrichtung von der um eine Oktave gegenüber dem Tonhöhenargument höheren Viertelnote bestimmt wird. Man beachte die lokale Wirkung der Tonhöhenverschiebung durch den expliziten Einschluss des Verschiebebefehls `{\tanspose=7 ...}` in einem eigenen Klammerpaar innerhalb der vorstehenden Befehlsdefinition. In gleicher Weise könnten Akkordtonpaarbefehle für Quinten, Quarten und Terzen eingerichtet werden. Soweit hierfür entsprechend der gewählten Tonart Versetzungzeichen zugeordnet werden müssen, so sind diese mit den Methoden aus 4.3.5 manuell zuzufügen.

Oktave Tonhöhenverschiebungen können auch in einer Kurzform erfolgen. Wird einer Höhenangabe ein `'` oder `` ` `` vorangestellt, so werden alle weiteren lokalen Höhenkennungen bei der Notenausgabe um eine Oktave nach oben (`'`) bzw. nach unten (`` ` ``) verschoben. So ist z. B. `\qa{'abc}` gleichwertig mit `\qa{hij}` und ``\qu{`klm}`` gleichwertig mit `\qu{def}`. Beide Kurzbefehle zur Tonhöhenverschiebung haben sammelnde (akkumulierende) Wirkung, so dass ``\qu{''A'A`A}`` gleichwertig mit `\qu{aha}` ist.

Innerhalb eines einfachen Notenliniensystems bleibt die Wirkung einer Höhenverschiebung in der Kurzform bis zum Abschluss der laufenden *notes* ... `\enotes`-Struktur, also bis zum nächsten `\enotes`- oder `\en`-Befehl erhalten.

```
\Notes\qu{cde}%
      \qa{'cde}\qa{cde}\en
```

Bei Notensätzen für mehrere Instrumente oder Mehrliniensysteme für Einzelinstrumente endet die Wirkung der Höhenverschiebung in der Kurzform mit dem nächsten

|- oder &-Umschaltbefehl in das nächsthöhere Liniensystem. Dort gilt dann wieder die eventuell globale Höhenverschiebung, wie sie mittels `\transpose=`*n* vor Eintritt in die \notes ... `\enotes`-Struktur bestand.[11]

Um in Mehrliniensystemen mit mehrfachen Höhenverschiebungen Verwirrungen über die gerade aktive Verschiebung zu verringern, gibt es mit ! eine weitere Kurzform, mit der die nachfolgende Höhenangabe auf die globale Verschiebung vor Eintritt in die \notes ... `\enotes`-Struktur zurückgesetzt wird. Mit `\qu{!a'a}` wird je eine Viertelnote in der Höhe a gefolgt von der Höhe h ausgegeben, wenn vor dem \notes-Einrittsbefehl `\transpose=0` wirksam war. War dort dagegen z. B. `\transpose=3` gesetzt, so erzeugt `\qu{!a'a}` dasselbe Notenpaar wie `\qu{dk}`.

4.8 Layout-Einstellungen

4.8.1 Layout-Parameter

MusiXTEX benutzt intern eine Reihe von Layout-Parametern, die vom Anwender nur in Ausnahmefällen benötigt werden. Die in der nachfolgenden Liste mit einem hochgestellten * gekennzeichneten Parameter sollten vom Anwender nicht durch direkte Wertzuweisungen geändert werden, da sie intern durch Rückgriff auf andere Parameter definiert werden. Falls doch eine Änderung verlangt wird, sollte vorab die Definition in `musixtex.tex` zu Rate gezogen werden, um die Wechselwirkung mit anderen Parametern zu erkennen.

`\Interligne`* Der vertikale Abstand benachbarter Linien im Notenliniensystem des momentanen Instruments. Dieser wird mit der Größenauswahl durch `\smallmusicsize`, `\normalmusicsize`, `\largemusicsize` oder `\Largemusicsize` zu 4 pt, 5 pt, 6 pt oder 7.2 pt eingestellt. Eine etwaige lokale Notenlinien-Systemänderung mittels `\setsize{`*n*`}{`*gr_fakt*`}` gemäß 4.7.6 hat keinen Einfluss auf den eingestellten Wert von `\Interligne`.

`\Internote`* Die Höhendifferenz zweier benachbarter Noten des momentanen Instruments *ohne* Berücksichtigung einer etwaigen Veränderung mit `\setsize{`*n*`}{`*gr_fakt*`}`. Das hiermit verknüpfte Längenmaß ist stets 0.5×`\Interligne`.

`\internote`* Die Höhendifferenz zweier benachbarter Noten des momentanen Instruments unter Berücksichtigung einer etwaigen Lokaländerung mit `\setsize{`*n*`}{`*gr_fakt*`}`.

`\staffbotmarg` Der vertikale Leerraum *unterhalb* des untersten Liniensystems eines einfachen oder mehrfachen Notenliniensystems (unterer Rand). Sein vorgegebener Standardwert ist 3×`\Interligne`.

`\stafftopmarg` Der vertikale Leerraum *oberhalb* des obersten Liniensystems eines einfachen oder mehrfachen Notenliniensystems (oberer Rand). Sein vorgegebener Standardwert ist 3×`\Interligne`.

`\interbeam`* Der vertikale Abstand benachbarter Balken bei einer Mehrfachverbalkung. MusiXTEX setzt ihn standardmäßig auf 0.75×`\internote`.

[11] Das Verschiebungsregister `\transpose` ist ohne explizite Einstellung mit dem Wert 0 besetzt. Es ist also stets mit einem Wert versehen.

`\interportee` Der Abstand zwischen den Grundlinien zweier benachbarter Liniensysteme eines Instruments. MusiXTEX setzt diesen Parameter auf `2\interstaff\internote` (s. u.), wobei der interne Faktor `\interstaff` von MusiXTEX standardmäßig mit dem Wert 9 voreingestellt wird.

`\interinstrument` Der Zusatzabstand benachbarter Liniensysteme von zwei Instrumenten. Der Gesamtabstand zwischen dem untersten System eines Instruments und dem obersten System des darunter liegenden Instruments beträgt `\interportee + \interinstrument`. Der Wert von `\interinstrument` ist standardmäßig 0 pt, d. h., zwischen den Abständen der Liniensysteme eines Instruments und denen verschiedener Instrumente besteht kein Unterschied. Mit einer Maßvorgabe, wie z. B. `\interinstrument=10pt` oder `\interinstrument=6\internote`, kann zur besseren Unterscheidung ein solcher Zusatzzwischenraum für *alle* Instrumente eingerichtet werden.

Für Einzelinstrumente kann diese Globaleinstellung mit `\setinstrument{`*r*`}{`*maß*`}` nochmals individuell mit einer eigenen Maßangabe für das Instrument mit der Kennzahl *r* abgeändert werden.

`\systemheight`* Die Höhe zwischen der untersten Linie des untersten Instruments und der obersten Linie des obersten Instruments, also die Gesamthöhe des Instrumentensystems. Über diese Höhe werden die vertikalen Linien, wie Takt- und Wiederholungsstriche u. a., durchgezogen.

Alle vorstehend aufgelisteten Parameter werden durch TEX-Maßregister realisiert, denen mit *maß_reg*=*maß* ein Wert zugewiesen werden kann. Die MusiXTEX-Originaldokumentation stellt in ihrem Abschnitt 2.20.1 einige weitere Layout-Parameter vor, die durch TEX-Makros realisiert werden, von denen ich hier nur `\stemfactor` beschreibe, da die anderen dort aufgelisteten Layout-Parameter mit dem ausdrücklichen Hinweis “*NOT to be changed*” versehen sind.

`\stemfactor` Ein Faktor, der die Länge der Notenstiele als `\stemfactor\interbeam` bestimmt. MusicTEX initialisiert ihn in der Wirkung mit `\def\stemfactor{4.66}`, auch wenn die interne Definition hiervon abweicht. Damit werden die Notenstiele standardmäßig ungefähr 3.5×`\Interligne` lang.

Der wirksame Wert von `\stemfactor` kann mit der Zuweisung eines Zahlenwertes an ein weiteres internes Makro mittels `\stemlength{`*zahl_faktor*`}` vom Anwender leicht nach eigenen Bedürfnissen eingestellt werden.

4.8.2 Layout-Änderungen

Ein Instrumentensystem wird innerhalb der `music`-Umgebung mit `\startpiece` eingeleitet oder mit `\contpiece` fortgesetzt und mit `\stoppiece` oder `\endpiece` beendet. Der Eröffnung eines Instrumentensystems gehen die in 4.2.5 vorgestellten Systemerklärungen voran, die dann für das Instrumentensystem gelten. Die meisten der vorangegangenen Layout-Parameter können ebenfalls vor `\startpiece` oder `\contpiece` geändert werden und entfalten dann ihre Wirkung mit ihren geänderten Werten für das nachfolgende Instrumentensystem.

Nach `\stoppiece` oder `\endpiece` können alle Systemerklärungen und Layout-Parameter neu gesetzt werden. Mit dem nächsten `\startpiece` oder `\contpiece` wird ein neues Instrumentensystem gestartet, für das die neuen Einstellungen gelten. Ansonsten besteht der Unterschied für `\startpiece` und `\contpiece` nur darin, dass mit Ersterem der Taktzähler erneut mit 1 gestartet wird, während er mit Letzterem mit seinem vorangegangenen Wert fortgesetzt wird.

Nach jedem horizontalen Umbruch des aktuellen Instrumentensystems, der durch einen expliziten `\alaligne`-Befehl erzwungen oder durch die Vorgaben aus dem `musixflx`-Bearbeitungsergebnis bestimmt wurde, erfolgt ein interner Aufruf von `\atnextline`. In MusiXTEX ist dieses Makro zunächst *leer*. Es kann vom Anwender nach seinem Bedarf neu definiert werden. Dies können z. B. Änderungen der Layout-Parameter sein, so weit diese durch TEX-Register realisiert werden.

Mit `\def\atnextline{\stafftopmarg=5\Interligne}` wird der Layout-Parameter `\stafftopmarg` neu gesetzt, und zwar mit dem Wert von 5×`\Interligne`. Diese Parameteränderung wirkt dann bereits nach dem nächsten Linienumbruch des momentanen Notenliniensystems und nicht erst nach dem nächsten `\startpiece`- oder `\contpiece`-Befehl. Mit einer entsprechenden Neudefinition von `\atnextline` können bei Bedarf auch mehrere Layout-Parameteränderungen gleichzeitig vorgenommen werden, die dann ab dem nächsten Linienumbruch zur Anwendung kommen.

Bei der obigen Beschreibung des Layout-Parameters `\interportee` wurde auf den internen Zahlenfaktor `\interstaff` verwiesen, dem mit dem Aufruf `\interstaff{`n`}` ein Zahlenwert n zugewiesen werden kann, was standardmäßig mit der Vorgabe von `\interstaff{9}` der Fall ist. Damit wird der Höhenabstand zwischen den Liniensystemen eines Instruments als n×`\internote` eingestellt. Der eingestellte Zahlenfaktor n gilt für alle Instrumente gemeinsam, doch können für unterschiedliche Instrumente unterschiedliche Werte für `\internote` mittels `\setsize{`n`}{`*gr_fakt*`}` eingestellt werden (s. 4.7.6 sowie die obige Beschreibung von `\internote`).

Eine Änderung kann nach `\stoppiece` oder `\endpiece` vorgenommen werden und kommt dann nach dem nächsten `\startpiece` oder `\contpiece` zur Anwendung. Ebenso kann mit einer Zahlzuweisung innerhalb von `\def\atnextline{\interstaff{`n`}}` eine Werteänderung vorgenommen werden, die bereits mit dem nächsten Linienumbruch wirksam wird.

Zu Beginn eines neuen Notenliniensystems mittels `\startpiece` wird stets auch das Makro `\everystaff` aufgerufen, das standardmäßig leer ist. Mit einer anwendereigenen Neudefinition von `\everystaff` können Anfangseinstellungen eingerichtet werden, die dann mit jedem Neustart eines Liniensystems mittels `\startpiece` oder `\startextract` zur Anwendung kommen. Typisch für eine solche Neudefinition von `\everystaff` ist:

```
\def\everystaff{\znotes ...|...&...\enotes}
```

also der Aufruf einer *notes* ... `\enotes`-Struktur, und zwar hier wegen der Einleitung mit `\znotes` einer solchen *ohne* horizontalen Leerraum. Damit können für jedes Liniensystem des Instrumentensystems die gewünschten Anfangseinstellungen vorgegeben werden.

Die dem MusiXTEX-Paket beigefügte Dokumentation `musisdoc.tex` enthält in ihrem Unterabschnitt 2.17.10 ein Beispiel für eine Neudefinition von `\everystaff`, mit der ein Notenliniensystem für vier Instrumente eingerichtet wird, bei dem für zwei der Anfangsnotenschlüssel den dortigen Violinschlüsseln eine Transpositionskennung, also eine Tonhöhenverschiebung um eine Oktave durch eine untergestellte 8, zugefügt wird, was mit dem Einrichtungsbefehl für den Notenschlüssel `\setclef` nicht direkt möglich ist. Ich übernehme das dortige Beispiel hier in einer vereinfachten Form für zwei Instrumente.

```
\begin{music}
\instrumentnumber{2}\setclef{1}\bass
\def\everystaff{\znotes%
  &\zchar{-6}{\footnotesize\kern -2.5\Interligne8}%
\startextract\NOtes\ha{HI}&\ha{ef}\en\endextract
\end{music}
```

Mit dem Makroaufruf `\resetlayout` werden alle Layout-Parameter auf ihre Standardeinstellwerte zurückgesetzt, falls sie zwischenzeitlich verändert wurden. Dieser Rücksetzbefehl wird implizit auch mit jeder neuen `music`-Umgebung, also mit `\begin{music}` ausgeführt, so dass zu Beginn einer `music`-Umgebung stets die Layout-Parameterstandardwerte eingestellt sind.

4.9 MusiXTEX-Ergänzungen

In 4.2.2 wurden in der Einführungsbeschreibung von MusiXTEX mittels LaTeX die drei Ergänzungspakete `musixtex.sty`, `musixcpt.sty` und `musixfll.sty` erwähnt, die in gewohnter Weise mit `\usepackage{musixtex,musixcpt,musixfll,...}` unter Einhaltung der hier angegebenen Reihenfolge aktiviert werden, wobei nur das erste Ergänzungspaket `musixtex.sty` zwingend ist.

Neben diesen Ergänzungspaketen mit dem kennzeichnenden Anhang `.sty` gibt es gut zwanzig weitere MusiXTEX-Makrofiles mit den Namen `musix`*sss*`.tex`, worin *sss* bis auf eine Ausnahne für eine aus drei Buchstaben bestehende Kurzkennung wie `ltx`, `add` u. a. sowie die Ausnahme `bm` steht. Die meisten der mit diesen TEX-Makrofiles angebotenen MusiXTEX-Ergänzungen werden im übernächsten Unterabschnitt kurz vorgestellt. Ihre Aktivierung erfolgt mit `\input{musix`*sss*`}` im Vorspann oder im laufenden Text, von wo ab sie dann zusammen mit dem Ergänzungspaket `musixtex.sty` genutzt werden können.

Die im ersten Absatz erwähnten Ergänzungspakete `musixcpt.sty` und `musixfll.sty` bestehen übrigens nur aus einem `\input`-Eingabebefehl mit dem Aufruf des `.tex`-Files mit dem gleichen Grundnamen wie das Ergänzungspaket selbst, also nur aus `\input{musixcpt}` bzw. `\input{musixfll}`, während das MusiXTEX-Hauptergänzungspaket `musixtex.sty` aus den beiden Lesebefehlen `\input{musixtex}` und `\input{musixltx}` besteht.

4.9.1 Kompatibilitätsergänzung für MusicTEX-Anforderungen

LaTeX-Anwender, die bereits Musiknotensätze mit dem Vorgängerpaket MusicTEX erstellt haben und nun das leistungsfähigere MusiXTEX-Paket nutzen, wünschen vermutlich, bisherige Notensatz-Eingabefiles zur erneuten und gegebenenfalls modifizierten LaTeX-Bearbeitung mit dem neuen Notensatzpaket vorzunehmen. Dies ist möglich und verlangt lediglich die zusätzliche Aktivierung von `musixcpt.sty` in Verbindung mit `musixtex.sty` z. B. mit dem Vorspannbefehl `\usepackage{musixtex,musixcpt}`.

Die Unterschiede zwischen MusicTEX und MusiXTEX liegen zum einen in der Verwendung etlicher Notensatzbefehle mit französischer Herkunft und teilweise formal geänderter Syntax. Solche Notensatzbefehle, wie z. B. `\debutextrait` und `\finextrait` werden mit `musixcpt.sty` durch einfache `\let`-TEX-Zuweisungen den äquivalenten MusiXTEX-

Befehlen `\startextract` und `\endextract` zugeordnet. Befehle mit gleichzeitig unterschiedlicher Formalsyntax, wie z. B. `\nbporteesr` mit einer römischen Zahlenangabe für *r* zur Kennzeichnung des *r*-ten Instruments, dem dann mit der Zuweisung `\nbporteesr=s` die Anzahl der Liniensysteme für dieses Instrument zugewiesen wird, können eindeutig in die äquivalenten MusiXTEX-Befehle umgewandelt werden, wie bei diesem Beispiel in `\setcleff{n}{s}`, bei dem neben dem Namen zusätzlich die römische Zahlenangabe *r* in die arabische Zahlenangabe *n* umzuwandeln ist, was als Aufgabe leicht an TEX zu übertragen ist.

Diese Umwandlungsaufgaben werden mittels `musixcpt.sty` problemlos zur Bearbeitung ehemaliger MusicTEX-Notensatzfiles erledigt. Bei anderen sind dagegen Beschränkungen oder besondere Aufmerksamkeit geboten. So erlaubt MusiXTEX die Erstellung deutlich verbesserter und auch geneigter Verbindungsbögen, und zwar durch Verwendung eigener und weiterer Musikzeichensätze als dies bei MusicTEX der Fall ist.

Bei der Erstellung von Haltebögen ist die Umwandlung der ursprünglichen MusicTEX-Befehle in die äquivalenten MusiXTEX-Befehle zwar noch einfach möglich, weil deren Befehlssyntax mit

`\itenl{n}{h}`, `\itenu{n}{h}` und `\tten{n}`	für MusicTEX bzw.
`\itied{n}{h}`, `\itieu{n}{h}` und `\ttie{n}`	für MusiXTEX

eindeutig übereinstimmt und deshalb leicht mit `\let`-TEX-Zuweisungen umgeformt werden können. Die MusicTEX-Befehle zur Erstellung von Legatobögen unterscheiden sich dagegen in ihrer Syntax auch inhaltlich von denen aus MusiXTEX:

`\ilegl{n}{h}`, `\ilegu{n}{h}` und `\tleg{n}`	für MusicTEX bzw.
`\islurd{n}{h}`, `\isluru{n}{h}` und `\tslur{n}{h}`	für MusiXTEX

In MusicTEX enthalten nur die Bogenstartbefehle `\ilegl` und `\ilegu` Höhenkennungen *h* zur Höhenfestlegung der Bogenanfänge, die bei gleicher Höhe enden. Dies ist für MusicTEX sachgerecht, da dort nur horizontale Verbindungsbögen bereitgestellt werden, womit eine explizite Höhenangabe bei dem zugehörigen Bogenendbefehl überflüssig wird. Dies hat jedoch zur Folge, dass bei der automatischen Umwandlung in die äquivalenten Bogenstart- und Endbefehle `\islurd`, `\isluru` und `\tslur` gleiche Höheneinträge eingerichtet werden, was dann ebenfalls nur zu horizontalen Verbindungsbögen führt. Diese werden dann zwar aus den eigenen Musikzeichensätzen aus MusiXTEX aufgebaut, was zu gefälligeren Bögen als unter MusicTEX führt. Sollen dagegen frühere Noteneingabefiles zur Ausgabe von geneigten Verbindungsbögen modifiziert werden, dann sind die entsprechenden Bogenstart- und Beendigungsbefehle aus MusiXTEX manuell abzuändern.

Der zweite grundsätzliche Unterschied zwischen MusicTEX und MusiXTEX liegt in der Bestimmung der Notenlinienumbrüche. In MusicTEX entsprachen diese Umbrüche im Prinzip den Zeilenumbrüchen beim normalen Textsatz. So wie dort zunächst der Text eines gesamten Absatzes eingelesen und dann in Zeilen so umbrochen wird, dass die Wortabstände der einzelnen Zeilen unter Berücksichtigung der verfügbaren Summenelastizität so gering wie möglich in den einzelnen Absatzzeilen voneinander abweichen, gilt eine ähnliche Strategie für die Notenlinienumbrüche in MusicTEX, da hier die Taktstriche mit horizontaler Elastizität versehen sind. Die verfügbare Elastizität kann zusätzlich mit `\temps`-Befehlen erhöht oder mit expliziten `\hspace`-Befehlen und einfachen Leerzeichen erweitert werden.

Während sich beim normalen Textsatz die jeweilige Umbrucheinheit eines Absatzes kaum über mehr als eine Seite erstreckt, ist die Bearbeitungseinheit einer Noteneingabe zur Ermittlung der Linienumbrüche der gesamte zwischen `\startextract` und `\endextract` (in MusicTeX `\debutextrait` und `\finextrait`) eingegebene Noteneingabetext. Dieser kann sich, insbesondere bei Partituren für mehrere Instrumente mit jeweils mehrfachen Liniensystemen, über etliche Seiten erstrecken, was die Gefahr von Fehlerabbrüchen mit der Meldung "TeX-capacity exceeded, sorry ... " in sich birgt. Abhilfe schafft dann eine manuelle Unterstützung zur Gewinnung von Umbrüchen, z. B. mittels `\alaligne` und `\alapage`.

Weiterhin gestattet es MusicTeX, die Ermittlung geeigneter Notenabstände für einen sachgerechten Notenlinienumbruch mittels der Anwendervorgabe

`\autolines{`*z*`}{`*t*`}{`*s*`}` oder kürzer `\autolines` *zts*

an das Programm zu übertragen. Hierin bedeutet *z* die *durchschnittliche* Anzahl der Noten mit nachfolgendem Zwischenraum pro Takt, *t* die Zahl der Takte pro Linie und *s* die Anzahl der Instrumentensysteme pro Seite. Ein Instrumentensystem besteht dabei aus der Gesamtzahl von Notenzeilen für die in der Partitur zusammengefassten Instrumente. MuicTeX ermittelt hieraus den Wert für `\elemskip`, also den Notenzwischenraum, der mit diesem Wert innerhalb von `\notes ... \enotes` auftreten würde. Dies ist bei der Angabe für *z* zu beachten. Wird z. B. innerhalb der Partitur `\NOtes ... \enotes` bevorzugt verwendet, so ist die tatsächliche, durchschnittliche Notenzahl pro Takt nur halb so groß, als sie für *z* beim vorstehenden `\autolines`-Befehl einzugeben ist. Zahlenangaben in Form der Kurzfassung des `\autoline`-Befehls sind nur für einstellige Werte zulässig.

Die Einstellvorgabe mittels `\autolines` ist im MusicTeX-Kompatibilitätsmodus auch mit MusiXTeX erlaubt und wirksam, obwohl sie hier durch das leistungsfähigere ausführbare Zwischenprogramm musixflx zur Bestimmung geeigneter Notenabstände für die einzelnen Instrumentensysteme überflüssig geworden ist. Andere Elastizitätsvorgaben, wie z. B. `\temps`, sind im Kompatibilitätsmodus Leereinstellungen.

Explizite Zwischenraumbefehle wie `\hspace` oder Leerzeichen sollten dringend unterbleiben. Letzteres ist auch beim Abschluss von Noteneingabezeilen innerhalb von *notes* `... \enotes`-Strukturen mit Zeilenschaltungen zu beachten. Hier sollte vor der Zeilenschaltung das Zeileneingabeende stets mit einem `%`-Zeichen abgeschlossen werden. Solche horizontalen Zwischenraumeingaben führen mit MusiXTeX meistens zu unerwünschten `Overfull \hbox ...`-Warnungen mit entsprechenden rechten Randüberschreitungen bei der Druckausgabe. Die Einhaltung dieser Empfehlung verlangt deshalb häufig eine manuelle Überarbeitung ehemaliger MusicTeX-Eingabefiles zur MusiXTeX-Bearbeitung im Kompatibilitätsmodus.

4.9.2 MusiXTeX-Erweiterungsbibliothek

In der Einleitung zu diesem Abschnitt 4.9 wurde bereits auf die MusiXTeX-Makrofiles mit den Namen `musix`*sss*`.tex` hingewiesen, die mit `\input{musix`*sss*`}` im Vorspann oder im laufenden Eingabetext eingebunden werden können, von wo an sie dann wirksam sind. Steht ein solcher Lesebefehl innerhalb einer LaTeX-Umgebung, dann ist das zugehörige Makropaket natürlich nur innerhalb dieser Umgebung verfügbar. Die Aufgabe der wichtigsten dieser MusiXTeX-Ergänzungen wird in diesem Unterabschnitt kurz aufgelistet.

In dieser Auflistung erscheint in der Listenkennung nur der Grundname des Makrofiles, dessen Gesamtname mit dem Anhang `.tex` bei Bedarf zu ergänzen ist, wobei im aktivierenden `\input`-Befehl die Angabe des Grundnamens genügt, auch wenn dort die Angabe des Gesamtnamens zulässig ist.

`musixadd` Erweitert die Anzahl von zulässigen Instrumenten innerhalb einer Partitur mittels `\instrumentnumber{`*n*`}` gemäß 4.2.5 sowie deren Kennungen für Notenverbalkungen gemäß 4.4 und Verbindungsbögen gemäß 4.5 von sechs (Standard) auf bis zu neun für *n*.

`musixmad` Erweitert die Anzahl von zulässigen Instrumenten innerhalb einer Partitur mittels `\instrumentnumber{`*n*`}` sowie deren Kennungen für Notenverbalkungen und Verbindungsbögen zusätzlich auf bis zu zwölf für *n*.

`musixbm` Stellt 128tel Noten sowohl für Einzelnoten mit Fähnchen wie für Notengruppen mittels Verbalkungen bereit. Die zugehörigen Befehle sind `\cccccu`, `\ccccca`, `\zcccccu` und `\zccccca` für Einzelnoten (s. hierzu auch 4.3.1) sowie `\ibbbbbu`, `\ibbbbbl`, `\nbbbbbu`, `\nbbbbbl`, `\tbbbbbu` und `\tbbbbbl` für verbalkte Notengruppen in Analogie zu den entsprechenden Befehlen aus 4.4.1 als auch `\Ibbbbbu` und `\Ibbbbbl` zur automatischen Neigungsauswahl bei geneigten Verbalkungen entsprechend 4.4.3.

`musixbbm` Stellt 256 tel Noten sowohl für Einzelnoten mit Fähnchen wie für Notengruppen mittels Verbalkungen bereit. Die zugehörigen Befehle sind `\ccccccu`, `\cccccca`, `\zccccccu` und `\zcccccca` für Einzelnoten (s. hierzu auch 4.3.1) sowie `\ibbbbbbu`, `\ibbbbbbl`, `\nbbbbbbu`, `\nbbbbbbl`, `\tbbbbbbu` und `\tbbbbbbl` für verbalkte Notengruppen in Analogie zu den entsprechenden Befehlen aus 4.4.1 als auch `\Ibbbbbbu` und `\Ibbbbbbl` zur automatischen Neigungsauswahl bei geneigten Verbalkungen entsprechend 4.4.3.

`musixcho` Stellt einige Zusatzbefehle zur Verbindung von Gesangstexten mit den zugehörigen Notenlinien verschiedener Stimmlagen für Chormusik bereit. Für Detailinformationen verweise ich auf Abschnitt 2.26.4 in der Originaldokumentation von `musixdoc.tex` mit dem dort abgedruckten Beispiel und dessen Erzeugungscode aus diesem `.tex`-File.

`musixdat` Stellt das aktuelle Datum mit dem `\today`-Befehl für verschiedene Sprachen bereit. Diese MusiXTEX-Ergänzung ist für deutschsprachige Anwender überflüssig, da die mit diesem Makropaket bereitgestellten Einstellerklärungen `\dateUSengslish`, `\dateenglish`, `\dategerman`, `\datefrench` und `\dateaustrian` identisch mit den gleichnamigen Einstellerklärungen aus dem deutschsprachigen Ergänzungspaket `german.sty` sind.

`musixeng` Stellt für die Befehlsnamen der Pausensymbole aus MusiXTEX, die z. T. aus dem Französischen oder Deutschen stammen, deren englische Namensäquivalente bereit. Mit diesem Makropaket werden keine neuen Eigenschaften, sondern lediglich weitere Befehlsnamen für die Originalbefehlsnamen angeboten, wie z. B. `\wr` (whole rest) oder `\wrp` (whole rest pointed) anstelle von `\pause` oder `\pausep`. Für die Auflistung aller zusätzlichen englischen Befehlsnamen verweise ich auf Abschnitt 2.26.8 der Originaldokumentation `musixdoc.tex`.

`musixfll` Bei Noten mit Notenhöhen außerhalb des Hauptliniensystems werden deren Notenköpfe zur besseren Höhenzuordnung mit zugehörigen kurzen Hilfslinien versehen. Diese Hilfslinien überragen die Notenköpfe nach beiden Seiten um ungefähr ein Viertel der Notenkopfweite. Für eine Gruppe von eng gesetzten Noten würde dies zu durchgezogenen Linien für die gesamte Notengruppe führen, was zur Fehlinterpretation solcher durchgezogenen Hilfslinien mit dem Hauptliniensystem führen könnte.

MusiXTEX verkürzt deshalb standardmäßig die Hilfslinien, wenn die Notenabstände innerhalb einer Notengruppe zu eng ausfallen, was dann jedoch zu einer schwierigeren Höhenzuordnung führt. Mit `musixfll.tex` kann der Anwender die automatische Verkürzung der Hilfslinien nach seinen Bedürfnissen ein- und abschalten, wozu ihm dieses Makropaket die Schaltererklärungen `\autoledgerline` und `\longledgerlines` bereitstellt.

Mit der Aktivierung von `musixfll.tex` wird die standardmäßige Verkürzung von Hilfslinien bei engen Notenabständen abgeschaltet, was dem Schalterwert `\longledgerlines` entspricht. Diese Eigenschaft kann umgekehrt mit dem Setzen von `\autoledgerlines` wieder aufgehoben werden. Die Schalterumstellung kann anschließend beliebig gewechselt werden.

autoledgerlines

longledgerlines

Das obige Beispiel zeigt, dass enge Notengruppen mit `\autoledgerlines` besser aussehen, während die Hilfslinien von Einzelnoten besser mit `\longledgerlines` aussehen.

Wie bereits zu Beginn dieses Abschnitts erwähnt, steht das TEX-Makropaket `musixfll.tex` steht auch als LATEX-Ergänzungspaket `musixfll.sty` zur Verfügung, das alternativ mit dem LATEX-Vorspannbefehl `\usepackage{musixtex,musixfll}` in gewohnter Weise in Ergänzung zu `musixtex.sty` aktiviert werden kann.

`musixpoi` Stellt weitere Notenbefehle zur Ausgabe von Notensymbolen mit einem oder zwei nachgestellten Verlängerungspunkten bereit: `\ccup`, `\cclp` `\zccup`, `\zcclp`, `\cccup`, `\ccclp`, `\zcccup`, `\zccclp`, `\ccccup`, `\cccclp`, `\zccccup` und `\zcccclp` mit einem Verlängerungspunkt sowie `\ccupp`, `\cclpp`, `\zccupp`, `\zcclpp`, `\zccupp`, `\cccupp`, `\ccclpp`, `\zcccupp`, `\zccclpp`, `\ccccupp`, `\cccclpp`, `\zccccupp` und `\zcccclpp` mit zwei Verlängerungspunkten.

Die Wirkung dieser Notenbefehle entsprechen den gleichnamigen Standardnotenbefehlen ohne die abschließenden p- oder pp-Kennungen, die in 4.3.1 und 4.3.2 vorgestellt wurden, mit der Ergänzung, dass den dortigen Notensymbolen ein oder zwei Verlängerungspunkte nachgestellt werden.

`musixtri` Stellt weitere Notenbefehle zur Ausgabe von Notensymbolen mit drei nachgestellten Verlängerungspunkten bereit: `\lpppt`, `\whppp`, `\zwppp` `\huppp`, `\hlppp`, `\zhppp`, `\zhuppp`, `\zhlppp`, `\quppp`, `\qlppp`, `\zquppp`, `\zqlppp`, `\zqppp`, `\cuppp`, `\zcuppp`, `\clppp`,`\zclppp`, `\qbppp` und `\zqbppp`. Diese Befehle wurden bereits in 4.3.3 vorgestellt und können bei Bedarf dort nochmals nachgelesen werden.

`musixstr` Dieses Makropaket stammt von WERNER ICKING und stellt eine Reihe spezieller Anweisungssymbole für Streichinstrumente bereit. Für deren Auflistung und Darstellung verweise ich auf die Originaldokumentation `musixdoc` in derem Unterabschnitt 2.26.16.

`musixsty` Dieses Makropaket hat nur mittelbar mit dem Notensatz zu tun. Es stellt für erläuternde Musiktexte einige Auswahlbefehle zur Verfügung, z. B. zur Auswahl von Typ und Größe von Textzeichensätzen. Die hiermit verbundenen Möglichkeiten werden von LaTeX 2ε jedoch leistungsfähiger und einsichtiger realisiert, so dass für LaTeX 2ε-Anwender diese Zusatzbefehle kaum benötigt werden.

Zusätzlich stellt `musixsty.tex` mit `\author`, `\fullauthor`, `\shortauthor`, `\fulltitle`, `\subtitle`, `\shorttitle`, `\othermention` und `\maketitle` einige Befehle zur Erstellung einer Titelseite oder eines Titelvorspanns bereit, die einige der entsprechenden LaTeX-Strukturen ergänzen oder erweitern. Normalerweise reichen jedoch die LaTeX-Standardstrukturen zur Gestaltung einer Titelseite oder eines Titelvorspanns aus.

Schließlich stellt `musixsty.tex` mit `\Footnote` und `\vfootnote` zwei spezielle Fußnotenbefehle zur Verfügung. Für die Mehrzahl der LaTeX-Anwender werden diese Zusatzstrukturen vermutlich nicht zur Anwendung kommen, da sie diese mit den LaTeX-Standardeigenschaften bereits weitgehend abdecken. Ansonsten möge sich der Anwender die hiermit bereitgestellten Möglichkeiten in Abschnitt 2.26.17 der Originaldokumentation `musixdoc` einsehen.

4.9.3 Notensatz-Sonderaufgaben

MusiXTEX gestattet in Verbindung mit weiteren speziellen Makropaketen Notensatz-Sonderaufgaben, wie den Notensatz für Gregorianische Musik mit ihren speziellen Notensymbolen, den sog. Neumen, und deren eigenen Notenschlüsseln in Vierliniensystemen. Auch der Notensatz für Schlagzeuginstrumente mit nur einer Linie sowie die Ausgabe von Griffdiagrammen für Gitarrenbegleitung ist möglich. Wegen der speziellen Natur dieser Notensätze verweise ich auf die Originaldokumentation `musixdoc.tex`, deren Gliederung ich im Folgenden mit einer kurzen Inhaltsbeschreibung anführe.

4.9.3.1 Notensatz für Gregorianische Musik

Der Notensatz für Gregorianische Musik verlangt für MusiXTEX die zusätzliche Aktivierung von `musixgre.tex`, das mit `\input{musixgre}` eingelesen wird. In der MusiXTEX-Originaldokumentation wird diese Notensatzaufgabe in dessen sechsseitigen Unterabschnitt 2.26.10 vorgestellt, der in die weiteren Unterunterabschnitte 2.26.10.1 bis 2.26.10.4 untergliedert ist. Zusätzlich enthält der dortige Unterabschnitt 2.21.1 ein Beispiel mit dem Eingabecode für vier Notenliniensysteme, die jeweils aus *vier* Horizontallinien bestehen und mit speziellen gregorianischen Notenschlüsseln starten, gefolgt von jeweils einer Notengruppe aus neun quadratischen Notensymbolen in aufsteigender Höhe.

Im Unterabschnitt 2.26.10.1 werden die beiden Befehle `\gregorianCclef` und `\gregorianFclef` zur Erzeugung der gregorianischen C- und F-Schlüssel vorgestellt, die mit `\setclefsymbol{`*n*`}{\`*greg_schlüssel*`}` dem Instrument mit der Kenn-Nummer *n* zugewiesen werden.

Die Höhenanordnung dieser Notenschlüssel erfolgt mit dem bekannten MusiXTeX-Befehl `\setclef{`*n*`}{`*s*`}` aus 4.2.5 mit *n* für die Instrumentenkenn-Nummer und *s* für die Höhenpositionierung des Schlüssels. Die Zahlenwerte 1 bis 4 positionieren das Zentrum des zugehörigen Schlüssels auf den Horizontallinien 1 bis 4 (von unten nach oben gezählt). Zur Verdeutlichung verweise ich hier nochmals auf das Beispiel in 2.21.1 der Originaldokumentation.

Im dortigen Unterabschnitt 2.26.10.2 werden Befehle zur Ausgabe einzelner Notensymbole in Form der Neumen vorgestellt. Diese Befehle haben ein Argument zur Angabe der Notenhöhe, z. B. `\virga` *h* oder `\virga{`*h*`}` zur Ausgabe von .

Die Höhenangabe kann in Form eines Buchstabens von a bis z erfolgen. Die Höhenkennung c entspricht dann der Höhenlinie, auf der das vertikale Zentrum des Notenschlüssels liegt, was mit dem obigen `\setclef`-Befehl eingestellt wurde. Die Höhenkennungen a und b liegen dann um zwei bzw. eine Höhenstufe tiefer als c. Entsprechend liegen die darauf folgenden Kennungen d, e, f usw. jeweils um eine weitere Tonhöhenstufe darüber. Bei den in 2.26.10.2 aus `musixdoc.tex` vorgestellten Notensymbolbefehlen darf innerhalb eines in geschweiften Klammern eingeschlossenen Arguments auch eine Gruppe von Höhenkennungen liegen. `\virgo{abcdefghi}` erzeugt damit neun horizontal benachbarte Notensymbole der Form `\virgo`. Zur Verdeutlichung dieser Höhenkennungen in Verbindung mit dem zugehörigen Notenschlüssel möge der Leser nochmals das Beispiel aus 2.21.1 der Originaldokumentation betrachten.

Der nächste Unterabschnitt 2.26.10.3 aus `musixdoc.tex` stellt eine ganze Reihe von Notenbefehlen zur Ausgabe von Notenpaaren, Notentripel und Notenquadrupel vor, nämlich `\bivirga`, `\trivirga`, … , `\trigonus`. Diese Befehle haben zwei bis vier Argumente und werden in der Dokumentation mit ihrer Syntax als `\bivirga` *n p*, `\trivirga` *n p q* usw. angegeben und mit einigen Ausgabebeispielen vorgestellt, ohne dass deren Erzeugungscode explizit angegeben wird.

Diese Syntaxdarstellung bleibt etwas unverständlich. Sie sollte beim Leser deshalb in `\bivirga{`h_1`}{`h_2`}`, `\trivirga{`h_1`}{`h_2`}{`h_3`}` umgedeutet werden, mit h_1 für *n*, h_2 für *p* und h_3 für *q* der Originalsyntaxdarstellung. In dieser Form wird leichter erkennbar, dass *n*, *p* und *q* für Höhenkennungen in Form von einstelligen Kennbuchstaben stehen.

Der letzte Unterabschnitt 2.26.10.4 aus `musixdoc.tex` stellt mit `\clivisaucup` *n p* bis `\scandicusdminut` *n p q* eine Reihe weiterer Befehle zur Erzeugung komplexerer Notensymbolpaare oder -tripel zusammen mit den zugehörigen Ausgabebeispielen vor.

So weit bei den Vorstellungen der Originaldokumentation einige Beispiele unverständlich bleiben, sollte der Leser den entsprechenden Erzeugungscode in `musixdoc.tex` einsehen. Auf diese Weise wurden sie mir meistens verständlich, was seinen Niederschlag in einigen der hier gegebenen Zusatzerläuterungen fand.

4.9.3.2 Notensatz für barocke und romantische Originalmusik

Das Makropaket `musixlit.tex` umfasst einige Befehle und Symbole zur Ausgabe von barocken und romantischen Originalnotensätzen, die eine Zwischenform zwischen gregorianischen und modernen Notensätzen darstellen.

Eigenschaften und Befehlsstrukturen aus `musixlit.tex` werden in Unterabschnitt 2.26.12 der Originaldokumentation aus `musixdoc.sty` vorgestellt. Die dortige Darstellung bereitet keinerlei Verständnisschwierigkeiten, so dass hier eine zusätzliche Erläuterung entfallen kann.

4.9.3.3 Schlagzeugnotationen

Das Makropaket `musixper.tex` stellt Befehle und Symbole für Schlagzeugnotationen in Zusammenhang mit dem normalen fünfzeiligen Notensystem oder mit einem eigenen einzeiligen Notensystem bereit. Deren Vorstellung erfolgt in Unterabschnitt 2.26.14 der Originaldokumentation aus `musixdoc.tex`.

Die bereitgestellten Befehle korrespondieren alle mit den MusiXTEX-Standardbefehlen `\qu`, `\qb`, `\cu` usw. gemäß 4.3.1, denen spezielle Buchstabengruppen wie `dc`, `dh`, `do` u. a. im Befehlsnamen vorangestellt werden, womit Notensymbole der gleichen Originaltypen aber unterschiedlicher Kopfform erzeugt werden.

`musixper.tex` lädt seinerseits implizit das weitere Makropaket `musixdia.tex` hinzu. Dieses stellt zwei weitere Notenkopfsymbole in Form eines gefüllten oder offenen Rombus bereit. Die Namen der zugehörigen Befehle beginnen mit einem `y` (gefüllter Rombus) oder `d` (offener Rombus) vor den Standardnotenbefehlen `\qu`, `\qb`, `\cu` usw., denen sie vom Typ her entsprechen. Notensymbole dieser Kopfform, aber *ohne* Notenhals, werden mit den Befehlen `\ynq` (gefüllter Rombus) und `\dnq` (offener Rombus) erzeugt. Gleichartige Notenköpfe *ohne* anschließenden Leerraum werden schließlich mit `\zynq` und `\dznq` erzeugt. Zur Auflistung aller rombusartigen Kopfformbefehle verweise ich auf Abschnitt 2.26.6 der Originaldokumentation `musixdoc.tex`.

Neben der Auflistung und Kurzvorstellung dieser speziellen Notenbefehle an den angegebenen Stellen werden in 2.21.2.3 und 2.21.3 der Originaldokumentation zwei Beispiele für Schlagzeugnotationen dargestellt, die ich hier vereinfacht wiedergebe. Das erste Beispiel enthält den Notensatz für eine Trommel in einem einzeiligen Notensystem zusammen mit dem speziellen Trommelschlüssel in Form eines kurzen vertikalen Balkenpaares:

```
\setlines{1}{1}\nobarnumbers
\generalmeter{\meterfrac24}
\setclefsymbol{1}{\drumclef}\startextract
\Notes\dnq{4}\en\bar\Notes\qp\ynq{4}\en
\Notes\dnq{4}\en \endextract
```

Das zweite Beispiel verbindet die Schlagzeugnotation zusammen mit Notensymbolen in einem fünfzeiligen Standardnotensatz, was ich hier vereinfacht wiedergebe. Für seinen Erzeugungscode verweise ich auf Abschnitt 2.21.3 in der Originaldokumentation, in der im Gegensatz zu dem hier abgedruckten Beispiel die verbalkten Schlagzeugnoten jeweils doppelt im 4/4-Takt auftreten.

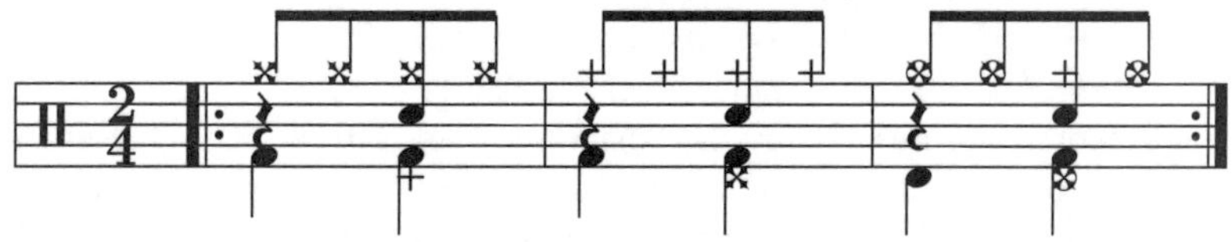

4.9.3.4 Gitarren-Griffdiagramme

Das Makropaket `musixgui.tex` erlaubt den normalen Melodienotensatz, z. B. eines Gesangsstücks, mit Griffdiagrammen für eine Gitarrenbegleitung zu kombinieren. Die Originaldokumentation enthält hierzu das folgende Beispiel:

Ein Gitarrengriffdiagramm besteht aus einem rechteckigen 6×6-Zellenfeld, dessen vertikale Linien von links nach rechts den sechs Gitarrensaiten von oben nach unten entsprechen. Die horizontalen Linien kennzeichnen die Griffstege (Bünde) von hinten nach vorn, relativ zur Lage der obersten Linie des Diagramms. Zur Erzeugung dieser Gitterfelder stellt `musixgui.tex` das Makro `\guitar` mit acht Argumenten bereit:

`\guitar` $a\ n\ z_1\ z_2\ z_3\ z_4\ z_5\ z_6$

Hierin bedeutet a den Akkordnamen, der oberhalb des Griffdiagramms steht, wie z. B. mit G bzw. C für die beiden ersten im obigen Beispiel. Besteht der Akkordname aus mehr als einem Zeichen, wie z. B. e/H für das dritte Diagramm des Beispiels, so ist eine solche Zeichengruppe in einem geschweiften Klammerpaar zu übergeben.

Das zweite mit n gekennzeichnete Argument steht für die Lagekennung in Form einer Zahl, die rechts oben hinter dem Diagramm angebracht wird, wie z. B. mit 5 für das zweite bis vierte Griffdiagramm. Für die Null-Lage entfällt üblicherweise eine explizite Lagekennung, womit das zugehörige Argument als leeres geschweiftes Klammerpaar zu übergeben ist. Viele Gitarrenspieler bevorzugen die Lagekennung mittels einer römischen Zahl, die als solche ebenfalls für das zweite Argument übergeben werden kann.

Die nächsten sechs Argumente kennzeichnen die bespielten, optional gespielten oder unbespielten Saiten mittels den Kennungen `-`, `o` oder `x`, die für die beiden letzten Fälle als kleines `o` oder `x` oberhalb des Griffdiagramms über den entsprechenden Saitenlinien erscheinen. Man betrachte hierzu als Beispiele die obigen G-, D/c- oder D^7-Akkorde, die dort mit `o-----`, `xo----` bzw. `xo---x` eingegeben wurden.

Mit dem Befehl `\gbarre{`v`}` wird die Position v eines Barré-Griffs (Quergriff) in Form eines horizontalen Balkens unterhalb der Steglinie v im Griffdiagramm eingetragen. Die einzelnen Griffpositionen werden mit `\gdot{`s`}{`v`}` in der damit gekennzeichneten Gitterzelle als dickes Punktsymbol eingetragen.

Noten und Griffdiagramme werden beim Notensatz in gewohnter Weise innerhalb der *notes* ... `\enotes`-Strukturen eingerichtet, wobei die konventionellen Notenbefehle aus MusiXTeX mit den hier vorgestellten Diagrammbefehlen `\guitar`, `\gbarre` und `\cdot` kombiniert werden können. Zu deren Demonstration stelle ich den Eingabecode für die ersten fünf Takte des obigen Beispiels ohne den dortigen Liedtext vor:

```
\NOtes\qa{d}\en\bar \NOtes\guitar G{}o-----%
   \gbarre{3}\gdot{2}{5}\gdot{3}{5}\gdot{4}{4}\qa{g}\en
\NOtes\ca{ghgf}\en\bar \NOtes\guitar C5o-----%
   \gbarre{4}\gdot{2}{6}\gdot{2}{6}\gdot{3}{5}\qa{e}\en
\NOtes\qa{e}\en \NOtes\guitar {e/H}5o-----%
   \gbarre{3}\gdot{3}{5}\gdot{4}{5}\gdot{5}{4}\qa{e}\en\bar
\NOtes\guitar {A$\!^7$}5o-----\gbarre{1}\gdot{2}{3}\gdot{4}{1}\en
\NOtes\ca{ihig}\en NOtes\guitar D{}xxo---%
   \cdot{4}{2}\gdot{5}{3}\gdot{6}{2}\qa{f}\en
\NOtes\ca{d}\en\zbar \NOtes\guitar {D/c}{}xo-----%
   \cdot{2}{3}\gdot{4}{2}\gdot{5}{3}\gdot{6}{2}\qa{d}\en\bar
```

Falls die Griffdiagramme für einzelne Akkorde in einem MusiXTEX-Eingabefile mehrfach auftreten, empfiehlt es sich, hierfür eigene LATEX-Befehle einzurichten, z. B.

```
\newcommand{\Dmajor}{\guitar D{}x-----%
                  \gdot{4}{2}\gdot{5}{3}\gdot{6}{2}}
```

Zur vertikalen Positionierung der Griffdiagramme in Bezug auf das zugehörige Notenliniensystem stellt `musixgui.tex` den Befehl `\raiseguitar{`*n*`}` zur Verfügung. Damit werden die Griffdiagramme um den Betrag von $n\times$`\internote` oberhalb der untersten Linie des zugehörigen Notenliniensystems (Null-Linie) angeordnet. Beim obigen Ausgabebeispiel geschah dies mit `\raiseguitar{20}`.

Bei der Ausgabe von Griffdiagrammen wird es oft erforderlich, oberhalb des zugehörigen Notensystems zusätzlichen Leerraum bereitzustellen. Dies kann mit dem MusiXTEX-Befehl `\stafftopmarg` durch Zuweisung eines Maßes geschehen, wie z. B. beim obigen Beispiel mit `\stafftopmarg=10\Interligne`.

4.9.3.5 Notenlinien- und Notenschlüssel-Sondereinstellungen

Notenliniensysteme bestehen standardmäßig aus fünf horizontalen Linien. Für den Notensatz Gregorianischer Musik werden Notenliniensysteme mit vier horizontalen Linien benötigt. Solche Sondersysteme sind explizit einzurichten, wozu MusiXTEX den Befehl

`\setlines{`*n*`}{`*l*`}`

bereitstellt, mit dem für jedes Instrument n ein eigenes Sonderliniensystem mit l horizontalen Linien eingerichtet werden kann. Hierin steht n für die Instrumenten-Kenn-Nummer, wie sie dem MusiXTEX-Anwender aus den Systemeinstellbefehlen wie `\setstaff{`*n*`}{`*s*`}`, `\setclef{`*n*`}{`$s_1s_2s_3s_4$`}`, `\setsign{`*n*`}{`*t*`}` u. a. geläufig sein sollte (s. 4.2.5). Die jeweilige Linienanzahl für das zugehörige Instrument wird mit l vorgegeben. Für den Notensatz Gregorianischer Musik geschieht das mit `\setlines{`*n*`}{4}`.

Für den Notensatz einer Trommel wurde im vorletzten Unterabschnitt „Schlagzeugnotationen“ ein Beispiel mit nur einer horizontalen Linie gezeigt, das mit `\setlines{1}{1}` eingestellt wurde, ohne dass dieser Befehl dort erläutert wurde. Für mehrere unterschiedliche Schlagzeuginstrumente können so bei Bedarf Notenliniensysteme mit zwei, drei und weiteren Linien eingerichtet werden, bei denen die jeweiligen Schlagzeugnoten innerhalb dieser Linien den unterschiedlichen Instrumenten zuzuordnen sind, da Schlagzeuginstrumente selbst keine Tonhöhenveränderungen kennen.

Bei frühen barocken Musikstücken kamen gelegentlich Notenlinienssysteme mit sechs, sieben oder gar acht Horizontallinien vor, die bei Bedarf mit diesem Einstellbefehl eingerichtet werden können.

Weiterhin wurde in der vorangegangenen Vorstellung von Gregorianischer Musik sowie von Schlagzeugnoten das Setzen von zugehörigen Sondernotenschlüsseln dargestellt, was mit dem MusiXTEX-Einrichtungsbefehl

`\setclefsymbol{`*n*`}{`*\schl_symb*`}`

geschieht, worin n wieder für die zugehörige Instrumenten-Kenn-Nummer und *\schl_symb* für den auszuwählenden Sonderschlüsselbefehl wie `\gregorianCclef`, `\gregorianFclef` oder `\drumclef` steht. Ein weiteres Sonderschlüsselsymbol wird in `textlit.tex` für barocke und romantische Originalmusik mit `\oldGclef` angeboten.

Kapitel 5

PostScript-Schriften

PostScript hat sich im letzten Jahrzehnt zur beherrschenden Seitenbeschreibungssprache für Drucker entwickelt. Als Programmiersprache stellt PostScript dabei sog. *Grafikoperatoren* bereit, mit denen die *grafischen Objekte* behandelt werden. Grafische Objekte, die ihrerseits beliebig miteinander kombiniert werden können, sind:

Texte, die in einer Vielzahl von Schrifttypen ausgegeben und beliebig positioniert, skaliert und gedreht werden können.

Geometrische Figuren, die mit weiteren grafischen Operatoren aus einfachen Grundelementen zu beliebig komplexen Strukturen zusammengesetzt und mit Grautönen oder Farbe gefüllt werden können und als Ganzes ihrerseits wieder beliebig positioniert, skaliert und gedreht werden können.

Abbildungen, wie digitalisierte Fotos oder sonstige Scanner-Ergebnisse und Bitmuster, die wiederum beliebig positioniert, skaliert und gedreht werden können.

Als Programmiersprache stellt PostScript alle typischen Elemente wie Steuerstrukturen, Einrichtung von Variablen und Prozeduren verschiedenster Typen sowie die üblichen arithmetischen und logischen Verknüpfungen bereit. Die Datenverwaltung von PostScript erfolgt in sog. *stacks* (Stapelspeicher): $5 + 3$ ist somit als `5 3 add` anzugeben. Anwendern, die einmal mit einem Taschenrechner der Firma HP gearbeitet haben, ist dies als 'Reverse Polish Notation' bekannt.

Dieses Kapitel soll keine Einführung in PostScript als Programmiersprache werden. Eine solche würde den Rahmen des Buches sprengen, da bereits das reine PostScript-Referenz-Handbuch [21] 765 Seiten beansprucht. Ich werde in diesem Kapitel die Nutzung der PostScript-Standardschriften aus LaTeX heraus vorstellen und auf die Möglichkeiten zur Einbindung von PostScript-Grafiken eingehen.

Für die Druckausgabe setze ich voraus, dass der Anwender über einen PostScript-fähigen Drucker verfügt oder GhostScript (s. 5.4.2) installiert hat und als PostScript-Treiber dvips von Tomas Rokicki zur Anwendung kommt. Dieser Treiber steht zur freien Nutzung auf allen TeX-Fileservern für die Einrichtung unter den gebräuchlichsten Betriebssystemen UNIX, DOS, VMS und weiteren zur Verfügung. Er kann für nahezu alle gängigen PostScript-Drucker und Fotosatzanlagen konfiguriert werden. Es gibt weitere DVI-PostScript-Treiber, sowohl als Public-Domain-Angebot wie auch als lizenzierte kommerzielle Produkte. Über diese kann ich aus eigener Erfahrung nichts sagen.

5.1 Vorbereitung auf PostScript-Zeichensätze

Das Treiberpaket dvips hat nicht nur den Vorzug, Public Domain, also lizenzfrei und damit kostenlos zu sein, es enthält darüber hinaus alle erforderlichen Files, um die 35 PostScript-Standardzeichensätze mit LaTeX sofort zu nutzen.

Auf den öffentlichen TeX-Fileservern findet man in `/tex-archive/fonts/utilities` eine Reihe weiterer Unterverzeichnisse mit nützlichen Werkzeugen zur Umwandlung oder Beeinflussung von PostScript-Schriften. Ich nenne hier nur die Unterverzeichnisse `fontinst`, `ps2pk` und `ghostscript`, deren Namen bereits ihren Inhalt erahnen lassen. Diese Werkzeuge werden im weiteren Verlauf kurz vorgestellt (s. 5.2.7, 5.4.1 und 5.4.2).

5.1.1 Das Treiberpaket dvips

Man findet es auf den öffentlichen TeX-Fileservern unter `/tex-archive/dviware/dvips`. Die aktuelle Version ist (Stand September 2001) `dvips586e`. Die Erstellung der ausführbaren Programme `dvips` und `afm2tfm` wird in 5.1.3 angesprochen. PC-Anwender finden als Alternative die ausführbaren Programme als `.exe`-Files für MS-DOS-, OS/2- und 32 bit-WINDOWS-Systeme auf den TeX-Fileservern unterhalb von

`/tex-archive/systems/`*betr_sys*`/dviware/dvips`

Als weitere Quelle für die ausführbaren Programme `dvips` und `afm2tfm` nebst aller erforderlichen Makropakete und Zeichensatzfiles entsprechend den nachfolgenden Hinweisen kann die beiliegende CD TeX Live 6b dienen, die die ausführbaren Programme für die UNIX-Versionen der gebräuchlichsten Workstations sowie für PCs unter LINUX und 32 bit-WINDOWS-Systemen enthält.

Die meisten PostScript-Drucker enthalten die 35 Adobe-PostScript-Standardschriften als fest eingebaute Druckerfirmware. Diese Schriften werden für die Druckausgabe mittels `dvips` direkt aktiviert. Die Nutzung weiterer PostScript-Softwareschriften wird in 5.2 angesprochen.

Die TeX- und LaTeX-Bearbeitung verlangt zur Nutzung der TeX-Standard- oder Zusatzzeichensätze die Einbindung der zugehörigen Metrikfiles, also der `.tfm`-Files. Dies gilt gleichermaßen auch für die PostScript-Schriften. Die Metrikinformation der PostScript-Schriften wird zum einen mit dem PostScript-eigenen Format `afm` (Adobe-Font-Metrik) bereitgestellt. Diese speziellen `.afm`-Schriftfiles stehen, anders als die zugehörigen Druckerschriften, auf den TeX-Fileservern kostenlos zur Verfügung.

Mit dem bereits oben genannten Programm `afm2tfm` können diese `.afm`-Metrikfiles in die zugehörigen `.tfm`-Files umgewandelt werden, wie in 5.2.6 dargestellt wird. Inzwischen werden die fertigen `.tfm`-PostScript-Files für die Adobe-Standardschriften aber auch auf den TeX-Fileservern angeboten, ebenso wie die weiteren PostScript-Zeichensatzinformationsfiles mit den Anhangkennungen `.vf` und `.fd` (s. u). Deren Beschaffungs- bzw. Aufbereitungsquellen werden im nächsten Unterabschnitt 5.1.2 vorgestellt.

Für jede PostScript-Schrift werden zwei `.tfm`-Files bereitgestellt, z. B. `rptmr.tfm` und `ptmr.tfm` für die Times-Roman-Standardschrift. Dabei enthält `rptmr.tfm` die metrische Information für genau die Zeichen des Times-Roman-Standardzeichensatzes. Die PostScript-Zeichensätze enthalten *nicht* den gleichen Zeichenvorrat, wie ihn TeX für die cm-Schriften kennt. Außerdem sind die PostScript-Zeichensätze zum Teil anders belegt als die cm-Schriften.

TeX und LaTeX verwenden deshalb bei der Textbearbeitung am Beispiel der Times-Roman-Schrift den metrischen Zeichensatz `ptmr.tfm`. Dies ist ein sog. virtueller `.tfm`-Zeichensatz, dem TeX bei der Bearbeitung die metrischen Informationen im gewohnten Umfang und an den gewohnten Positionen entnimmt, selbst wenn bestimmte Zeichen in dem direkt zugeordneten PostScript-Zeichensatz gar nicht existieren, sondern aus einem anderen Zeichensatz entnommen oder eine Ligatur durch Zeichenverschiebung nachgebildet werden muss.

Dies verlangt für die Druckerausgabe weitere Informationsfiles, aus denen der Druckertreiber erfährt, aus welchen realen Zeichensätzen die Zeichen des virtuellen Zeichensatzes zu entnehmen sind bzw. wie sie als Kombination zusammenzusetzen sind. Diese zusätzlichen Informationsfiles werden mit den sog. virtuellen Zeichensätzen, die durch den Anhang `.vf` gekennzeichnet werden, bereitgestellt. Für die oben als Beispiel genannte Times-Roman-Schrift ist dies `ptmr.vf`, also ein File mit dem gleichen Grundnamen wie das bei der TeX-Bearbeitung verwendete `.tfm`-File, aber mit dem Anhang `.vf` für *virtual font*.

Die virtuellen `.tfm`-Zeichensätze beginnen mit dem Buchstaben `p`, dem eine drei- bis fünfstellige Buchstabengruppe folgt, die den Namen der angesprochenen PostScript-Schrift widerspiegelt. Die verwendete Namenskonvention wird ausführlich in 5.2.3 beschrieben. Die realen `.tfm`-Files mit den metrischen Informationen der Zeichen in den Positionen der PostScript-Zeichensätze tragen Namen, die mit einem `r` beginnen, gefolgt von dem Namensrest, der für die virtuellen `.tfm`-Files verwendet wird. Die zugehörigen `.vf`-Files tragen dieselben Grundnamen wie die virtuellen `.tfm`-Zeichensätze.

Beide Gruppen von `.tfm`-Files sind in das Verzeichnis zu kopieren oder verschieben, unter dem TeX beim Anwender die `.tfm`-Files erwartet, auf meinem PC unter LINUX z. B. `/usr/lib/teTeX/texmf/fonts/tfm`. Die zugehörigen `.vf`-Files sind in einem hierzu parallelen Verzeichnis abzulegen, bei mir ist das `/usr/lib/teTeX/texmf/fonts/vf`. Die Strukturbeschreibung über den Inhalt und Aufbau der `.vf`-Files wird in 5.2.4 nachgereicht.

Zur Nutzung der Adobe-PostScript-Standardschriften werden eine Reihe von LaTeX 2ε-Ergänzungspaketen bereitgestellt, die jeweils PostScript-Schriftgruppen mittels

`\usepackage{`*ps_stil*`}`

in die LaTeX-Bearbeitung einbinden. Hierin steht *ps_stil* zur Kennzeichnung einer PostScript-Schriftgruppe, die bestimmt, welche PostScript-Schriften mit den herkömmlichen LaTeX-Schriftauswahlbefehlen aktiviert werden. Beispiele für *ps_stil* sind `times`, `palatino`, `lucida` u. a., deren wichtigste im nächsten Unterabschnitt beschrieben werden.

Zur Bestimmung der mit dem Familien- und Kodierattribut gekennzeichneten Schriften benötigt LaTeX 2ε das zugehörige `.fd`-File, dessen Grundname sich aus dem Kodierattribut wie `OT1` oder `T1` und der Familienkennung wie z. B. `ptm` zu dem Gesamtnamen `OT1ptm.fd` zusammensetzt. Die Einrichtung dieser Ergänzungspakete und der zugehörigen `.fd`-Files wird zusammen mit der Ortsangabe ihrer endgültigen Ablage ebenfalls im nächsten Unterabschnitt beschrieben.

Zum Abschluss verweise ich auf das File `dvips.tex` aus dem `dvips`-Paket. Seine LaTeX-Bearbeitung erzeugt das 52-seitige englischsprachige Manual für dvips, das alle Möglichkeiten für diesen PostScript-Treiber vorstellt. Die beiliegende CD enthält unter `./texmf/doc/dvips` das entsprechenden Dokumentationsfile `dvips.pdf`. Als weitere Dokumentation über die 35 Adobe-PostScript-Standardschriften nenne ich hier das TeX-File `psnfss2e.tex` aus dem `psnfss`-Installationspaket bzw. von der CD Live 6b aus deren Verzeichnis `./texmf/doc/latex/psnfss`.

5.1.2 PostScript-Zeichensätze mit LaTeX

Das LaTeX 2_ε-Gesamtsystem ist in die Unterverzeichnisse `base`, `required` und `contrib` gegliedert. Das erste enthält das eigentliche LaTeX 2_ε-Paket, dessen Einrichtung bereits in [5a, Anh. F] vorgestellt wurde. Das zweite gliedert sich in weitere Unterverzeichnisse, zu denen auch `psnfss` gehört. Letzteres stammt von SEBASTIAN RAHTZ, Southampton. Die Installation der LaTeX-PostScript-Ergänzungspakete erfolgt mit der LaTeX-Bearbeitung von `psfonts.ins` aus dem Eingangsverzeichnis `./psfnss` heraus, also dem dortigen Aufruf `latex psfonts.ins`. Damit entstehen

`avant.sty`	`bookman.sty`	`helvet.sty`	`newcent.sty`
`palatino.sty`	`times.sty`	`pifont.sty`	`mathptm.sty`

Die ersten sechs `.sty`-Files aktivieren jeweils eine Schriftengruppe aus den PostScript-Firmware-Schriften entsprechend den Zuordnungen der nachfolgenden Tabelle:

ps_stil	`\rmdefault`	`\sfdefault`	`\ttdefault`
`avant`		Avant Garde	
`bookman`	Bookman	Avant Garde	Courier
`helvet`		Helvetica	
`newcent`	New Century Schoolbook	Avant Garde	Courier
`palatino`	Palatino	Helvetica	Courier
`times`	Times	Helvetica	Courier

Die für LaTeX 2_ε bereitgestellten PostScript-Ergänzungspakete sind sehr einfach. So besteht `times.sty` neben der Selbstidentifikation mit

`\ProvidePackage{times}[`*vers_datum, vers_nr*`]` nur aus

```
\renewcommand{\rmdefault}{ptm}
\renewcommand{\sfdefault}{phv}
\renewcommand{\ttdefault}{pcr}
```

Die anderen `.sty`-Files der umrandeten Tabelle sind analog aufgebaut. Sie definieren jeweils einen oder alle der Schriftinitialisierungsbefehle `\rmdefault`, `\sfdefault` und `\ttdefault` neu. Mit `\usepackage{`*ps_sty*`}` sollte nur eines dieser Ergänzungspakete aktiviert werden. Werden mehrere dieser `.sty`-Files aktiviert, so wirkt das jeweils letzte. Mit `\usepackage{times,palatino}` gelten die Neudefinitionen aus `palatino.sty`. Dagegen könnte `\usepackage{times,avant}` vom Anwender bewusst gewollt sein: Als serifenlose Schrift wird dann statt Helvetica Avant Garde gewählt. Die Roman- und Schreibmaschinenschriftfamilien aus `times.sty` bleiben dagegen mit der Familienkennung `ptm` und `pcr` erhalten, da diese mit `avant.sty` nicht überschrieben werden.

Das letzte in der Eingangsliste angeführte File `mathptm.sty` ist ein Spezialfall. Es kann und sollte mit `times.sty` kombiniert werden, dessen Wirkung, wie oben beschrieben, erhalten bleibt. Zusätzlich erfolgt der mathematische Formelsatz unter weitgehender Nutzung von PostScript-Symbol-, Zapf-Chancery- und Times-Schriften. Den mathematischen cm-Schriften werden nur solche Symbole entnommen, die mit den genannten PostScript-Schriften nicht zu realisieren sind.

Die Eingangsliste aus der LaTeX-Bearbeitung von `psfonts.ins` führt noch das Ergänzungspaket `pifont.sty` auf. Dieses kann mit den vorgestellten Ergänzungspaketen zur Schriftauswahl kombiniert werden. `pifont.sty` wird in 5.3.1 genauer vorgestellt. Es dient zur Nutzung von Symbolzeichensätzen, insbesondere von Zapf-Dingbats.

Das psnfss-Verzeichnis enthält einige weitere Installationsfiles, nämlich adobe.ins, charter.ins, lucida.ins, nimbus.ins und utopia.ins. Die LaTeX-Bearbeitung dieser Installationsfiles erzeugt Ergänzungspakete für weitere PostScript-Schriften, die zum Teil als lizenzierte Softwareprodukte gekauft werden müssen. Diese Ergänzungspakete sind alle nach dem Schema von times.sty aufgebaut. Eine Auflistung mit dem Editor lässt die mit ihnen angesprochenen PostScript-Schriftfamilien erkennen, so dass von einer weiteren Beschreibung abgesehen werden kann.

Als Folge der Neudefinitionen in den Ergänzungspaketen für die PostScript-Schriften sucht LaTeX nach den Files OT1*fam*.fd oder T1*fam*.fd, je nachdem, ob LaTeX bei der Installation für die Kodierung der cm-Schriften oder der erweiterten ec-Schriften eingerichtet wurde bzw. ob für die Standardinstallation das Ergänzungspaket t1enc.sty aktiviert wurde (s. 2.1.5 und 2.1.6).

Die angeforderten .fd-Files für die PostScript-Schriften sind im psnfss-Paket noch verpackt in lw35nfss.zip. Nach dem Entpacken mit dem Aufruf 'unzip lw35nfss' entsteht zum einen der Verzeichniszweig tex/latex/psnfss/ mit den .fd-Files für alle 35 PostScript-Schriften mit den Kodierattributen OT1, OML, OMS, T1 und TS1 sowie 8r und ggf. U.

Mit dem vorstehenden Entpackungsaufruf entsteht weiterhin der Verzeichniszweig fonts/tfm/ und fonts/vf/. Jeder dieser beiden Zweige ist weiter untergliedert in adobe/*ps_fam_name*, wobei *ps_fam_name* für die PostScript-Schriftfamilien wie times, helvetic, palatino usw. steht. Unterhalb dieser Endverzeichnisse liegen dann die .tfm- und .vf-Files für alle Schriften dieser Familien.

Beim Entpacken von lw35nfss.zip entsteht als viertes Verzeichnis dvips/psnfss/ mit den Informationsfiles config.*fam* und *fam*.map für den dvips-Treiber. Die beim Entpacken entstehende Verzeichnisstruktur für die .fd-, .tfm-, .vf-, config.*fam*- und *fam*.map-Files entspricht genau dem TDS-Vorschlag gem. 1.2.1 auf S. 4 unterhalb der .../texmf-Eingangsebene. Man sollte deshalb das gepackte File lw35nfss.zip nach .../texmf verschieben oder kopieren und den Entpackungsaufruf dann aus diesem Verzeichnis heraus starten. Damit werden die entpackten Files in den endgültigen Zielverzeichnissen abgelegt. Auf meinem PC unter LINUX damit unter /usr/lib/teTeX/texmf/.

Die eingangs vorgestellten PostScript-Ergänzungspakete von avant.sty bis mathptm.sty sowie etwaige weitere PostScript-Ergänzungspakete sind abschließend in demselben Verzeichnis einzurichten wie die .fd-Files, also in tex/latex/psnfss/ unterhalb von .../texmf/.

Die CD TeX Live 6b enthält bereits die entpackten Dateien aus dem ursprünglichen lw35nfss.zip. Diese findet man dort unterhalb ./texmf in einer gleichen Verzeichnisstruktur, wie sie vorstehend für die entpackten .tfm-, .vf- und .fd-Files sowie das dvips/psnfss-Verzeichnis aus lw35nfss.zip vorgestellt wurden.

Die Informationsfiles *fam*.map aus dem dvips/psnfss-Verzeichnis können dem dortigen File psfonts.map angefügt werden, z. B. mit

cat *fam*.map >> psfonts.map unter UNIX oder
copy psfonts.map + *fam*.map unter DOS

Alternativ kann der dvips-Aufruf mit der Option -P*fam* erfolgen (s. 5.1.5), womit beim Treiberaufruf das File config.*fam* mit eingelesen wird, das seinerseits dann das File *fam*.map einliest und seinen Inhalt dem dvips-Druckertreiber bekannt macht. Ich bevorzuge die erste Lösung, also die Zufügung der Inhalte aller *fam*.map-Files in das File psfonts.map, da dann dem Druckertreiber die erforderlichen Zeichensatzinformationen automatisch bekannt sind.

Die von S. RAHTZ bereitgestellten `.tfm`-Files beziehen sich einmal auf die rohen (originären) PostScript-Zeichensätze in 8 bit-Kodierung. Diese sind durch das Zeichenpaar `8r` am Ende ihrer Grundnamen gekennzeichnet. Zusätzlich werden virtuelle `.tfm`-Files bereitgestellt, die die PostScript-Zeichensätze in der TEX-Standardkodierung entsprechend der Belegung der cm- oder dc/ec-Schriften vorgeben. Diese virtuellen `.tfm`-Zeichensätze sind durch das Zeichenpaar `7t` (cm) bzw. `8t` (dc/ec) in ihren Grundnamen gekennzeichnet. Bei den mit `7t` in ihren Grundnamen gekennzeichneten, virtuellen `.tfm`-Files fehlen allerdings die großen griechischen Buchstaben der äquivalenten cm-Schriften.

Die Files aus dem `vf`-Eingangsverzeichnis tragen die gleichen Grundnamen wie die `.tfm`-Files für die virtuellen Zeichensätze und unterscheiden sich von diesen durch den Namensanhang `.vf`. Die Hauptbestandteile der Grundnamen für die `.tfm`- und `.vf`-Files folgen, mit Ausnahme der oben vorgestellten Zusatzkennungen `8r`, `7t` und `8t`, den in 5.2.3 vorgestellten Namensvorschlägen von KARL BERRY.

Die `.fd`-Files für die Kodierattribute `OT1` und `T1` sind für alle PostScript-Standardschriften relativ ähnlich aufgebaut. So besteht das File `T1ptm.fd` für die Times-Schriften in seinem Hauptteil aus:

```
\DeclareFontFamily{T1}{ptm}{}
\DeclareFontShape{T1}{ptm}{b}{n}{<-> ptmb8t}{}
\DeclareFontShape{T1}{ptm}{b}{sc}{<-> ptmbc8t}{}
\DeclareFontShape{T1}{ptm}{b}{sl}{<-> ptmbo8t}{}
\DeclareFontShape{T1}{ptm}{b}{it}{<-> ptmbi8t}{}
\DeclareFontShape{T1}{ptm}{m}{n}{<-> ptmr8t}{}
\DeclareFontShape{T1}{ptm}{m}{sc}{<-> ptmrc8t}{}
\DeclareFontShape{T1}{ptm}{m}{sl}{<-> ptmro8t}{}
\DeclareFontShape{T1}{ptm}{m}{it}{<-> prmri8t}{}
```

Das File `OT1ptm.fd` unterscheidet sich hiervon nur dadurch, dass an allen Stellen des Auftretens von `T1` bei diesem `OT1` steht und in den Filegrundnamen das letzte Zeichenpaar `8t` durch `7t` ersetzt ist. Zur Interpretation der verwendeten Zeichensatzfilenamen, wie `ptmb` oder `ptmri`, muss vorab auf 5.2.3 verwiesen werden. Bei genauerer Betrachtung der vorstehenden Zeichensatzerklärungen wird auffallen, dass die fetten Times-Schriften mit dem Serienattribut `b` gekennzeichnet werden. Dies ist sachgerecht, da die fetten Times-Schriften kompakter als die äquivalenten TEX-Schriften sind. Um diese Schriften mit den gewohnten Schriftbefehlen `\textbf{...}` oder `\bffamily` anzusprechen, enthalten `OT1ptm.fd` und `T1ptm.fd` zusätzlich noch die Substitutionserklärungen

```
\DeclareFontShape{T1}{ptm}{bx}{n}{<-> ssub * ptm/b/n}{}
\DeclareFontShape{T1}{ptm}{bx}{sc}{<-> ssub * ptm/b/sc}{}
\DeclareFontShape{T1}{ptm}{bx}{sl}{<-> ssub * ptm/b/sl}{}
\DeclareFontShape{T1}{ptm}{bx}{it}{<-> ssub * ptm/b/it}{}
```

Bei den PostScript-Schriften führt das Serienattribut `l` (light) evtl. zu leichteren Schriften. Für die Times-Familie ist das nicht der Fall. Hier führt das Serienattribut `l` in `T1ptm.fd` zu den Ersetzungen

```
\DeclareFontShape{T1}{ptm}{l}{n}{<-> ssub * ptm/m/n}{}
\DeclareFontShape{T1}{ptm}{l}{sc}{<-> ssub * ptm/m/sc}{}
\DeclareFontShape{T1}{ptm}{l}{sl}{<-> ssub * ptm/m/sl}{}
\DeclareFontShape{T1}{ptm}{l}{it}{<-> subb * ptm/m/it}{}
```

Die von S. RAHTZ bereitgestellten rohen und virtuellen `.tfm`-Files sowie die zugehörigen `.vf`- und `.fd`-Files für die PostScript-Schriftfamilien wurden mit dem LATEX-Makropaket `fontinst.sty` erzeugt, das in 5.2.7 vorgestellt wird. Die Ausgangsbasis zur Erstellung der erforderlichen LATEX-PostScript-Zeichensatzfiles sind die in den dortigen Unterverzeichnissen `./afm` abgelegten PostScript-Metrikfiles sowie spezielle Einstellvorgaben in `fontinst.sty`.

5.1.3 dvips-Installation

PC-Anwender, die sich ein lauffähiges dvips-Paket von den öffentlichen Fileservern oder aus sonstigen Quellen beschafft haben, können den nachfolgenden Teil dieses Abschnitts überspringen und stattdessen die Hinweise zur dvips-Alternativinstallation von der CD TEX Live 6b des nächsten Unterabschnitts befolgen oder wahrnehmen.

Das dvips-Gesamtpaket enthält den C-Quellenkode für die Programme `dvips` und `afm2tfm` sowie ein `Makefile` zur Kompilierung der lauffähigen Programme. Das `Makefile` des Hauptfiles ist zur Einrichtung der Programme unter UNIX vorgesehen. Das Paket enthält die Unterverzeichnisse `atari`, `pc`, `vms` und `vmcms`, die entsprechende Einrichtungswerkzeuge für `ATARI`, `MSDOS` und `OS2` (PC), `VMS` (VAX/Alpha) und `VM/CMS` (IBM) bereitstellen. Für PCs gibt es zwei `Makefile`-Ausführungen, und zwar für den GNU-`gcc`- und für den Borland-C-Compiler.

Ich beschränke mich auf Hinweise zur Einrichtung unter UNIX, die für andere Betriebssysteme unter Berücksichtigung der Systembesonderheiten sinngemäß übernommen werden können. Im beigefügten `Makefile` sollten einige Verzeichnis- und Pfadnamen an das TEX-Filesystem beim Anwender angepasst werden. So ist mit `TEXDIR=`*vollst_verz_name* der vollständige Verzeichnisname, unter dem sich das gesamte TEX-System befindet, anzugeben; bei mir z. B. `TEXDIR=/usr/local/lib/texmf`. Als Beispiel für ein weiteres lokales Verzeichnis zur Unterbringung von Zeichensätzen wird in `Makefile`

```
LOCALDIR = /LocalLibrary/Fonts/TeXFonts
```

vorgeschlagen. Unter diesem Verzeichnis werden z. B. fehlende Druckerzeichensätze, die beim Aufruf von dvips automatisch generiert werden, abgelegt. Der Anwender möge evtl. einen ihm hierfür geeigneteren Pfadnamen einsetzen. Auf beide Verzeichnisstrukturen bauen die Unterverzeichnisvorgaben

```
TFMPATH = .:$LOCALDIR/tfm:$TEXDIR/fonts/tfm
PKPATH  = .:$LOCALDIR/pk:$TEXDIR/fonts/pk
VFPATH  = .:$LOCALDIR/vf:$TEXDIR/fonts/vf
```

auf. UNIX verwendet als Trennungszeichen zwischen mehreren Verzeichnissen in Pfadvariablen den Doppelpunkt. Die `.tfm`-, `.pk`- und `.vf`-Files werden damit im jeweils aktuellen Verzeichnis (wegen `.:`) sowie in entsprechend benannten Verzeichnissen unterhalb der mit `LOCALDIR` und `TEXDIR` vorgegebenen Oberverzeichnisse gesucht. Der File-, Verzeichnis- und Pfadvorschlag

```
CONFIGDIR  = $TEXDIR/ps            HEADERDIR   = $TEXDIR/ps
CONFIGPATH = .:$CONFIGDIR          HEADERPATH  = .:$HEADERDIR
CONFIGFILE = config.ps             TEXMACRODIR= $TEXDIR/inputs
```

sollte an das TEX-Filesystem beim Anwender angepasst werden. Zur Erfüllung des TDS-Vorschlags gem. 1.2.1 auf S. 4 sollte `CONFIGDIR`, `HEADERDIR` und `TEXMACRODIR` mit `$TEXDIR/dvips` eingestellt werden. Hierunter erwartet `dvips` die sog. Konfigurations- und Headerfiles. Als Standardkonfigurationsfile wird `config.ps` eingerichtet, für das das Paket ein Beispiel vorgibt. Headerfiles sind alle mit dem Anhang `.pro` gekennzeichneten Files. Mit `TEXMACRODIR` wird das TEX-Standard-Eingabeverzeichnis vorgegeben. Dies ist nach dem TDS-Vorschlag für die TEX-Makrofiles aus dem dvips-Paket `.../texmf/tex/dvips`, was dann zu `TEXMACRODIR = $TEXDIR/tex/dvips` führt.

Der `Makefile` enthält mit `DEFS = ...` und `OPT = ...` einige Definitions- und Optionsvorgaben für den Compiler. Welche Vorgaben erlaubt und sinnvoll sind, muss der Dokumentation über den lokalen C-Compiler entnommen werden. Zu den Definitionsvorgaben im Original-`Makefile` gehört `-DDEFRES=400`. Damit wird die Standarddruckerauflösung mit 400 dpi eingestellt, was bei der Mehrzahl der Anwender sicherlich in `-DDEFRES=300` oder `-DEFRES=600` (Laserjet IV) abzuändern ist. Schließlich wird mit `FLIBS = -lNeXT_s -lsys_s` eine recht spezielle Vorgabe zur Einbindung von Systembibliotheken gemacht, die, wenn beim Anwender nicht gerade die UNIX-NeXT-Version verwendet wird, vermutlich in `FLIBS = -lm -lc` abzuändern ist.

Der Original-`Makefile` enthält keine Vorgabe für den zu verwendenden C-Compiler, was gleichwertig mit der Vorgabe `CC = cc` ist und zum Aufruf des systemeigenen C-Compilers führt. Falls beim

Anwender zusätzlich der gcc-Compiler der Free Software Foundation verfügbar ist, so empfehle ich, die Einstellung CC = gcc im Makefile zuzufügen. Mit diesem Compiler und den Definitions-, Options- und Bibliothekseinstellungen

```
DEFS = -DTPIC -DDEBUG -DHAVE_GETCWD -DDEFRES=600 -DCREATIONDATE
OPT = -O -funsigned-char    sowie    FLIBS= -lm -lc
```

erfolgte die Kompilierung und das Linken nach Aufruf von make auf Anhieb fehlerlos. Diese Erfahrung habe ich mit dem gcc-Compiler ganz allgemein bei der Installation aller TEX-Werkzeuge gemacht. Zwar konnte ich diese auch mit dem systemeigenen Compiler unter HP-UX einrichten, in vielen Fällen aber erst nach mehreren fehlerhaften Kompilierungsversuchen mit verschiedenen Einstellungsänderungen, begleitet vom intensiven Nachschlagen im Compiler-Handbuch.

Die anwenderspezifischen Anpassungen bei den Pfad- und Verzeichnisnamen sind in MakeTeXPK, soweit sie dort auftreten, zu wiederholen. Bei diesem File handelt es sich um ein sog. Shell-Script, das von dvips aufgerufen wird, wenn angeforderte Druckerzeichensätze fehlen, und das dann diese Zeichensätze vorab generiert und anschließend in $LOCALDIR/pk ablegt. Wird beim Anwender ein Drucker mit 600 dpi Auflösung (Laserjet IV) benutzt, dann sollte die erste Unterabfrage in dem mit if test "MODE" = "" then eingeleiteten Abfrageblock lauten:

```
if test $BDPI = 600 then MODE = ljfour
```

In der bisherigen ersten Abfrage if test $BDPI = 300 ist if durch elif zu ersetzen. Entsprechendes gilt für einen Drucker, dessen Auflösung nicht im vorstehenden Abfrageblock auftaucht.

Nach diesen Vorbereitungen können mit dem UNIX-Aufruf make all alle für den Einsatz von dvips erforderlichen Files erzeugt werden. Dies sind zum einen die ausführbaren Programme dvips und afm2tfm und zum anderen die PostScript-Header-Files tex.pro, texps.pro, texc.pro, special.pro, finclude.pro, color.pro und crop.pro. Anschließend kann mit make install die endgültige Installation vorgenommen werden. Damit werden die ausführbaren Programme dvips und afm2tfm sowie das Shell-Script MakeTeXPK in das mit BINDIR = /usr/bin vorgegebene Zielverzeichnis kopiert. Dies kann beim Editieren von Makefile ebenfalls nach Bedarf verändert werden. Die oben genannten PostScript-Headerfiles werden, zusammen mit psfonts.map (s. u.), in das mit HEADERDIR eingestellte Verzeichnis kopiert. In das mit TEXMACRODIR vorgegebene Verzeichnis werden die beigefügten Stilfiles epsf.sty, rotate.sty, colordvi.sty und blackdvi.sty sowie die gleichnamigen .tex-Files kopiert. Zum Abschluss können mit make clean oder make veryclean die im dvips-Verzeichnis mit make all entstandenen Files dort wieder gelöscht werden.

Auf die zur Nutzung der PostScript-Schriften erforderlichen .tfm-, .vf- und .sty-Files wurde bereits in 5.1.1 und 5.1.2 hingewiesen. Der Anwender möge diese Files spätestens jetzt entsprechend den dortigen Hinweisen einrichten, wenn er dies nicht bereits vorher getan hat.

5.1.4 dvips-Alternativinstallation

Die Mitglieder der deutschsprachigen TEX-Anwendervereinigung DANTE e. V. erhalten jährlich eine CD mit dem Titel TEX Live *v.n*, deren aktuelle Version (Sept. 2001) 6.b für *v.n* ist. Diese CD liegt auch diesem Buch bei. Hiermit kann neben mehreren vollständigen TEX- und LATEX-Systemen auch der PostScript-DVI-Treiber dvips mit einer verbesserten Suchstrategie mit seinen lauffähigen Programmen dvips und afm2tfm, den Shell-Scripts MakeTeXPK und mktexpk, allen erforderlichen Zeichensatz-Metrikfiles mit den Anhangkennungen .afm, .tfm und .vf sowie den sog. Konfigurationsfiles für eine Vielzahl von Druckern eingerichtet werden.

Die CD TEX Live 6b enthält als ein Anfangsverzeichnis ./bin, das die ausführbaren Programme für die gebräuchlichsten UNIX-Arbeitsplatzrechner (Workstations) sowie für PCs unter LINUX und 32 bit WINDOWS enthält. Für jeden dieser Rechner- oder Betriebssystemtypen wird unter ./bin zunächst ein weiteres Verzeichnis eingerichtet, wie

z. B. hppa2.0-hpux10.20 für HP-Workstations, i386-linux für PCs unter LINUX oder win32 für PCs unter 32 bit-WINDOWS-Systemen. Unter dem angewählten Verzeichnis für den eigenen Rechner findet man neben allen TEX- und METAFONT-relevanten Programmen für das dvips-Paket als ausführbare Programme dvips und afm2tfm sowie die Shell-Scripts MakeTeXPK und mktexpk.

Diese vier ausführbaren Programme sind in das Verzeichnis zu kopieren, unter dem das TEX-System die ausführbaren TEX-relevanten Programme erwartet. Auf meinem PC unter LINUX ist das z. B. /usr/lib/teTeX/bin. Ich empfehle, aus dem UNIX-Verzeichnis /usr/bin gleichzeitig symbolische Links auf diese kopierten Programme zu setzen, in /usr/bin also einmal die UNIX-Befehle

```
ln -s /usr/lib/teTeX/bin/dvips ...
ln -s /usr/lib/teTeX/bin/mktexpk mktexpk
```

auszuführen.

Die CD TEX Live 6b enthält als weiteres Eingangsverzeichnis ./texmf, unter dem sich alle TEX- und METAFONT-relevanten Werkzeuge und Makropakete, einschließlich einer Vielzahl von PostScript-Zeichensatzfiles, befinden. Letztere findet man dort unter der nächsten Verzeichnisebene ./fonts. Das Verzeichnis ./texmf/fonts ist weiter untergliedert, von denen ich für die Zwecke der dvips-Installation hier nur ./afm, ./tfm und ./vf nenne.

Diese drei Verzeichnisse enthalten ihrerseits eine weitgehend gleiche Unterstruktur, von denen ich hier unter Beschränkung auf die 35 PostScript-Standardschriften auf ./adobe als eine nächste Verzeichnisebene verweise. So enthält .../fonts/afm/adobe die .afm-Metrikfiles in den neun abschließenden Unterverzeichnissen ./bookman, ./courier, ./helvetic, ./palatino, ./symbol, ./times, ./zapfchan und ./zapfding. Man benötigt sie, wenn die zugehörigen .tfm- und .vf-Files mittels des Programms afm2tfm oder mit dem TEX-Makropaket fontinst.tex hieraus erstellt werden sollen. Letztere findet man aber für nahezu alle PostScript-Schriften fertig unter .../texm/fonts/tfm und .../texmf/fonts/vf.

Ich empfehle dem Anwender von PostScript-Schriften, sich mindestens die fertigen .tfm- und .vf-Zeichensatzfiles der 35 Adobe-Standardschriften zu kopieren, die auf der CD unter ./fonts/tfm/adobe und ./fonts/vf/adobe zu finden sind. Beide Verzeichnisse sind in gleicher Weise in Unterverzeichnisse untergliedert. Die 35 Adobe-Standardschriften befinden sich dort in den Unterverzeichnissen ./avantgar, ./bookman, ./helvetic, ./ncntrbsk, ./palatino, ./times sowie ./symbol, ./zapfchan und ./zapfding.

Unter den obigen ./adobe-Eingangsverzeichnissen findet man für die .tfm- und .vf-Zeichensätze weitere Unterverzeichnisse für zusätzliche Adobe-PostScript-Schriftgruppen, wie z. B. mit ./baskervi, ./bembo, ./utopia u. a. für die PostScript-Schriftgruppen 'Baskerville', 'Bembo' und 'Utopia'. Falls der PostScript-Drucker des Anwenders neben den obigen Adobe-Standardschriften mit seiner Firmware weitere Schriften anbietet oder falls solche als Softwareschriften verfügbar sind, sollten die entsprechenden .tfm- und .vf-Files von der CD kopiert werden.

Unterhalb der drei Eingangsverzeichnisse ./afm, ./tfm und ./vf findet man parallel zu den dortigen ./adobe-Verzeichnissen eine Reihe weiterer Verzeichnisse für zusätzliche PostScript-Schriften anderer Schriftanbieter, von denen die meisten jedoch Lizenzprodukte sind, deren Quellenfiles gekauft werden müssen, auch wenn die reinen Metrikfiles frei verfügbar sind. So befinden sich dort unter den jeweiligen Parallelverzeichnissen ./bh die beliebten Lucidaschriften von BIGGELOW und HOLMES. Für einige wenige frei verfügbare PostScript-Schriften befinden sich die Metrikfiles unter den jeweiligen `./public`-Parallelverzeichnissen. PostScript-Quellenfiles für frei verfügbare PostScript-Schriften findet man auf der CD TEX Live 6b unter `./fonts/type1` mit einer eigenen Unterstruktur für die zugehörigen Schriftgruppen.

Die Dateistruktur der mit der CD angebotenen PostScript-Zeichensätze sollte für deren Kopien mit `./texmf/fonts` und deren Unterverzeichnisse erhalten bleiben, da sie der TDS-Empfehlung (TEX Directory Struktur) entspricht, unter der ein TEX-Gesamtsystem eingerichtet werden soll. Beim Anwender ist dann der Ausgangspunkt für das TEX-Gesamtsystem zu bestimmen, dessen oberste Ebene dann mit `./texmf` beginnt. Auf meinem PC unter LINUX ist das `/usr/lib/teTeX`, an den sich der `./texmf` anschließt. Die `.tfm`- und `.vf`-Zeichensätze für die PostScript-Schriften von Adobe befinden sich bei mir somit unter

`/usr/lib/teTeX/texmf/fonts/tfm/adobe` bzw.
`/usr/lib/teTeX/texmf/fonts/vf/adobe`

mit Erhalt der hierunter angebotenen Unterstruktur der CD.

Das TEX-Eingangsverzeichnis der CD enthält mit `./texmf/dvips` einen weiteren Verzeichniszweig mit einer großen Zahl von Unterverzeichnissen, die für einen Einsteiger zur Nutzung von PostScript-Zeichensätzen in Inhalt und Aufgaben kaum überschaubar sind. Solchen Einsteigern empfehle ich zunächst die Beschränkung auf die PostScript-Adobe-Standardschriften, wofür zunächst nur die Files aus dem Unterverzeichnis `./base` kopiert und im eigenen TEX-Filesystem unterhalb von `.../texmf/dvips` einzurichten sind.

Zur Nutzung der Adobe-Standardschriften sind dann nur noch ein druckerspezifisches Konfigurationsfile sowie ein `.map`-File für diese Schriften einzurichten. Diese findet man unterhalb von `./texmf/dvips` in dem dortigen Verzeichnis `./config`. Für eine Vielzahl von Druckern findet man hier Files mit den Namen `config.`*drucker* mit `ljfour`, `deskjet`, `epson` und weitere für den Namensanhang *drucker*, deren Zuordnung für entsprechende Drucker leicht erkennbar ist.

Das Verzeichnis `./config` enthält als universelles Konfigurationsfile `config.ps`, das als solches für einen HP-Drucker Laserjet 4 gedacht ist und als Musterbeispiel für andere Konfigurationsfiles dienen kann. Die Aufgaben und Bestandteile des universellen sowie der speziellen Druckerkonfigrationsfiles `config.ps` und `config.`*drucker* werden in 5.1.6 beschrieben. Mit den dortigen Hinweisen sollte die Modifizierung von `config.ps` für andere Drucker möglich sein.

Das File `psfonts.map` aus dem `./config`-Verzeichnis enthält die Zuordnungsinformation zwischen den von dvips benutzten Zeichensatzkurznamen und den PostScript-Originalnamen sowie deren Kodieranordnungen für alle erdenklichen PostScript-Schriften, die bei der Mehrzahl der Anwender kaum zur Verfügung stehen. Zur Nutzung der Adobe-Standardschriften genügt es, das dortige File `lw35extra.mapfile` auf dem eigenen Rechner unter dem Namen `psfonts.map` unterhalb des dortigen `.../texmf/dvips`-Verzeichnisses zu kopieren.

Ein etwas leistungsfähigeres `.map`-File zur Nutzung der Adobe-Standardschriften wird unter dem zu `./config` parallelen Verzeichnis `./psnfss` mit `psnfss.map` angeboten. Dieses habe ich bei mir unter dem Namen `psfonts.map`, zusammen mit den vorstehenden Konfigurationsfiles `config.ljfour` und `config.ps` sowie den Files aus dem `./base`-Verzeichnis unter `.../texmf/dvips` eingerichtet. Damit konnte ich bisher alle bei mir benutzten PostScript-Schriften als PostScript-Ausgabefiles mittels dvips erzeugen und auf meinem HP-Laserjet 4000 ausdrucken. Dies schloss z. B. auch die PostScript-Satzvorlagen für den Druck dieses Buches ein.

Zusätzlich habe ich mir die als Typ-1-kodierten TEX-Standardschriften statt ihrer METAFONT-Quellenfiles von der CD TEX Live 6b kopiert. Diese findet man dort unter `./texmf/fonts/type1/bluesky/cm`. Zu dem hier genannten Endverzeichnis `./cm` gibt es dort noch die Parallelverzeichnisse `./cmextra` mit einigen TEX-CM-Zusatzschriften, `./cyrillic` mit den kyrillischen Zeichensätzen der $\mathcal{AMS}$ gem. Abschnitt 2.4.1, `./euler` mit den Eulerschen Schriften von HERMAN ZAPF gem. Abschnitt 2.2.2 und `./symbols` mit den mathematischen Zusatzsymbolen der $\mathcal{AMS}$ gem. Abschnitt 2.2. Diese Typ-1-kodierten TEX-Schriften habe ich unter Beibehaltung der Dateistruktur der CD für mein LINUX-System ebenfalls unterhalb `/usr/lib/teTeX/fonts/type1/bluesky` eingerichtet.

Die Typ-1-kodierten TEX-Schriften werden zur Ausgabe auf einem PostScript-Drucker nicht unbedingt benötigt, da dvips auch deren `.pk`-Files einbinden sowie bei Bedarf erzeugen kann. Ihre Nutzung als Typ-1-kodierte Schriften hat aber den Vorteil, dass ihre Anforderung in verschiedenen Größenstufen nicht jeweils als neue skalierte Versionen der zugehörigen `.pk`-Files angelegt werden müssen, da der Drucker solche PostScript-Schriften intern geeignet skaliert und modifiziert.

Die Nutzung von Typ-1-kodierten PostScript-Schriften mittels deren `.pfb`-Zeichensätzen wird in 5.2.2 dargestellt. Dort wird auch beschrieben, welche Ergänzungen zu ihrer Nutzung in `psfonts.map` anzubringen sind. Einen fertigen Satz für diese Ergänzungen findet man auf der CD TEX Live 6b unter `.../texmf/dvips/bluesky` mit dem File `bsr.map`, das man entweder dem File `psfonts.map` anhängt oder mittels des Konfigurations-Standardfile `config.ps` gem. 5.1.6 aktiviert.

5.1.5 Das Programm dvips

Der DVI-Treiber dvips für PostScript-Drucker von TOMAS ROKICKI kann die herkömmlichen TEX-Schriften in cm- oder ec-Kodierung wie auch die PostScript-eigenen Zeichensätze verarbeiten. Außerdem können PostScript-Grafikfiles als sog. gekapselte PostScript-Files (Encapsulated PostScript) in den umgebenden Text eingebunden werden (s. 5.3.3). Der Bearbeitungsaufruf erfolgt als

`dvips` *file_grundname*[`.dvi`] [*optionen*]

Das zu bearbeitende DVI-File braucht nur mit seinem Grundnamen angegeben zu werden. Der kennzeichnende Anhang `.dvi` kann entfallen. Optionsangaben bestehen aus einem Kennbuchstaben mit einem vorangestellten Minuszeichen und eventuell nachfolgenden Argumenten.

Mit dem alleinigen Aufruf `dvips` erscheint auf dem Bildschirm eine Tabelle mit allen möglichen Optionskennungen und einer Kurzbeschreibung. Eine ausführliche Beschreibung der Optionswirkungen findet man in Abschnitt 3.2.2 des beigefügten Treiber-Manuals "Dvips: A DVI-to-PostScript Translator" (TEX-Bearbeitungsergebnis von `dvips.tex` oder die fertige Dokumentation `dvips.pdf`). Ich stelle einige vor, die bei mir von Bedeutung waren:

`-A` Es werden nur die ungeradzahligen Seiten ausgedruckt. Die Option kann mit `-p` *e* `-l` *l* sowie mit `-pp` (s. u.) kombiniert werden.

`-B` Es werden nur die geradzahligen Seiten ausgedruckt. Erlaubte Optionskombinationen wie bei `-A`.

`-c` *n* Jede Seite wird jeweils *n*-mal ausgegeben.

`-C` *n* Der Gesamtausdruck wird *n*-mal wiederholt.

`-d` *n* Debug-Ausgabe: Für *n* kann eine der Zahlen (Zweierpotenzen) 1, 2, 4, 8, 16, 32, 64, ..., 8192 gewählt werden, womit eventuelle Fehler nach Typen ausgewählt und mit entsprechenden Meldungen ausgegeben werden. Kombinationen von Fehlertypen können durch eine Summenangabe der vorstehenden Zahlen, also z. B. $168 = 8 + 32 + 128$ protokolliert werden. Mit `-d -1` werden alle verfügbaren Fehlerklassen protokolliert. Für weitere Einzelheiten verweise ich auf Abschnitt 2.4.1 im dvips-Manual.

`-e` *n* Die interne Fehlerschranke `maxdrift` zur individuellen Zeichenpositionierung wird auf *n* Druckerpixel eingestellt[1]. Ein kleinerer Wert als die Standardvorgabe kann bei der Einbindung von Grafiken, wie z. B. mit bm2font (s. Kap. 6), erforderlich werden.

`-E` Das `.dvi`-File soll als gekapseltes PostScript-File unter dem mit der Option `-o` *name* vorgegebenen Filenamen abgelegt werden. Dieses PostScript-File kann dann in andere Texte zur LaTeX-Bearbeitung eingebunden werden. Viele der in Kap. 8 abgebildeten METAFONT-Beispiele wurden auf diese Weise erzeugt und anschließend in den umgebenden Text eingebunden. Das `.dvi`-File darf aber nur eine Druckerseite enthalten, oder es muss mit `-p` *s* `-l` *s* oder `-pp` *s* (s. u.) eine einzelne Seite *s* ausgewählt werden.

`-h` *file* Das mit dem Namen *file* angegebene File wird als zusätzliches PostScript-Headerfile zugefügt. Das File `draft.pro` mit dem Inhalt

```
/bop-hook{gsave 200 30 translate 65 rotate
/Times-Roman findfont 216 scalefont setfont 0 0 moveto
0.75 setgray (ENTWURF) show grestore}def
```

bewirkt mit `-h draft.pro`, dass jede Seite mit dem schräggestellten, grau schattierten Wort ENTWURF überdruckt wird.

`-i -S` *n* Jeweils *n* Seiten des `.dvi`-Files werden bei der Ausgabe unter dem mit der Option `-o` *name* vorgegebenen Namen, gefolgt von einer laufenden dreistelligen Zahl, als eigene PostScript-Files ausgegeben.

`-k` Die Ausgabeseiten werden mit vier Justiermarken in Form von kleinen Kreuzen umgeben.

`-o` *name* Das dvips-Bearbeitungsergebnis wird als File unter dem hier angegebenen Namen abgelegt. Mit `-o` ohne Namensangabe wird der Grundname des `.dvi`-Files mit dem Anhang `.ps` gewählt. Ohne diese Optionsangabe wird das Ergebnis durch die Vorgabe aus `config.ps` bestimmt.

`-O` *h_maß,v_maß* Der linke und obere Seitenrand werden um die mit *h_maß* und *v_maß* übergebenen Längenmaße horizontal und vertikal verschoben. Positive Maßangaben bewirken eine Verschiebung nach rechts bzw. nach unten; negative eine solche nach links bzw. nach oben.

[1] DVI-Treiber errechnen die Positionierung der einzelnen Zeichen aus den Abmessungen der vorangegangenen Zeichen auf der laufenden Seite und eventuellen expliziten Verschiebevorgaben aus dem `.dvi`-File. Explizite Positionierungsanweisungen an den Drucker können nur als ganzzahlige Pixelwerte erfolgen. Beim Aufsummieren gerundeter Pixelpositionen können sich Positionierungsfehler akkumulieren. Die Treiber errechnen die Positionierung aus den internen, sehr genauen `.dvi`-Maßeinheiten neu, wenn solche Akkumulierungsfehler die interne Schranke `maxdrift` überschreiten. Der Standardwert für `maxdrift` ist bei dvips von der Druckerauflösung abhängig, nämlich 3 für Auflösungen < 600 dpi, 6 für < 1200 dpi usw.

`-p` *e* `-l` *l* Die mit *e* angegebene Seitennummer ist die erste ausgedruckte Seite, gefolgt von den nachfolgenden Seiten bis einschließlich der mit *l* angegebenen Seitennummer. Bei dieser sind die von TeX erzeugten Seitennummern anzugeben. Diese Optionen können auch in der Form `-p=`*e* `-l=`*l* gewählt werden, die sich auf die relative Zählung der auszudruckenden Seiten beziehen. Enthält das `.dvi`-File z. B. die TeX-Ausgabe für die Seiten 101–130, dann führen `-p 105 -l 112` und gleichermaßen `-p=5 -l=12` zur Druckausgabe der Seiten 105–112.

`-pp` *seiten_liste* Die hier angegebene Seitenliste kann aus durch Kommata getrennten Einzelseiten und durch Doppelpunkte getrennten *von–bis*-Angaben bestehen:

```
-pp 103,107,110:115,118,121:130
```

führt zur Druckausgabe der Seiten 103, 107, 110–115, 118 und 121–130.

`-P` *cfg* Ein File mit dem Grundnamen `config` und dem mit *cfg* gekennzeichneten Anhang wird als zusätzliches Konfigurationsfile eingelesen. Das File `config.date` mit dem Inhalt (in dieser Form UNIX-spezifisch)

```
E echo /bop-hook \{save /Helvetica findfont 8 scalefont setfont
        72 756 moveto \('date'\) show restore\} def >.date
h .date
```

erzeugt mit `-P date` auf jeder Seite das aktuelle Datum und die momentane Uhrzeit in der Schriftart Helvetica in 8 pt Größe am oberen Seitenrand.

`-r` Der Ausdruck erfolgt in umgekehrter Seitenfolge; die letzte Seitennummer wird als erste Seite ausgedruckt, die erste Seitennummer erscheint als letzte Druckseite.

`-t` *papier_größe* Als Papiergröße darf einer der in den Konfigurationsfiles mit `@` definierten Papiergrößen-Namen (s. z. B. `config.ps`), wie `A4` oder `letter`, gewählt werden. Die Option ist nur sinnvoll für Drucker mit mehreren Papierboxen entsprechender Größen. Sie darf zusätzlich als `-t landscape` gewählt werden, was zur Druckausgabe im Querformat führt.

`-T` *h_maß*,*v_maß* Einstellung der angeforderten Papiergröße durch Angabe der Seitenbreite *h_maß* und Höhe *v_maß*.

`-x` *skal* Die Druckausgabe wird um den Faktor *skal*/1000 skaliert. `-x 800` führt zu einer Verkleinerung auf das 0.8fache, `-x 1500` zu einer Vergrößerung auf das 1.5fache gegenüber der unskalierten Standardausgabe.

`-Z` Bitmap-kodierte Zeichensätze werden komprimiert, bevor sie in den Drucker geladen werden. Diese Option ist besonders nützlich bei Druckern mit hoher Auflösung oder bei Verwendung besonders großer Zeichensätze, die bitmap-kodiert werden. Der Abdruck des Zeichensatzes `cminch` in [5a, Anh. C.3.2.4] war auf meinem 600 dpi-Drucker mit 4 MByte Druckerspeicher für die dortige Seite 310 nur mit der Option `-Z` möglich. Ohne die Z-Option entstand für diese Seite ein PostScript-File mit mehr als 2.5 MB, das mit `-Z` auf ca. 0.5 MB reduziert wurde. Komprimierte Bitmap-Zeichensätze müssen durch den Prozessor des Druckers entpackt werden, was evtl. zu einer verlangsamten Druckausgabe führt.

Eine Auflistung aller verfügbaren Optionsmöglichkeiten für den `dvips`-Aufruf findet man in Abschnitt 3.2.2 der dvips-Originaldokumentation. Einige der dort aufgelisteten Optionskennbuchstaben enthalten einen nachgestellten Stern `*`, der kenntlich machen soll, dass die entsprechende Optionseigenschaft durch eine nachgestellte `0`, wie z. B. `-r0`, explizit ausgeschaltet wird.

5.1.6 Konfigurationsmöglichkeiten für dvips

Beim Aufruf von `dvips` [*optionen*] *dvi_file* wird stets das File `config.ps` hinzugeladen, womit gewisse Standardvorgaben eingerichtet werden. Das in 5.1.4 erwähnte File `config.ps` ist ein Musterkonfigurationsfile, das für einen HP-Laserjet IV vorgesehen ist und das für andere Drucker geeignet zu modifizieren ist. Auf den öffentlichen TEX-Fileservern findet man unter `.../dviware/dvipsk/contrib` mit `config.proto` ein äquivalentes Musterkonfigurationsfile.

Die Aufgaben der verfügbaren Konfigurationsbefehle für `config.ps` werden in Abschnitt 3.4 und dort speziell in Unterabschnitt 3.4.2 der dvips-Originaldokumentation dargestellt, von denen ich hier nur einige wenige angebe, die im Musterkonfigurationsfile auftreten. Diese Erläuterungen erfolgen wegen ihrer spezielleren Natur entsprechend der Konvention dieser Buchserie in kleinerer Schrift.

Die jeweiligen Konfigurationseigenschaften werden durch eine Buchstabenkennung in Spalte 1 mit evtl. nachfolgenden Argumenten eingestellt, wobei dieser Kennbuchstabe und seine Wirkung in den meisten Fällen, aber nicht in allen, mit den Kennbuchstaben für die Optionseinstellung beim `dvips`-Befehlsaufruf gemäß dem vorangegangenen Abschnitt 5.1.5 übereinstimmt.

Zeilen, die mit einem Stern `*`, einem Gleichheitszeichen `=`, einem Prozentzeichen `%`, einem Pfundzeichen `£` oder einem Leerzeichen beginnen, werden ignoriert. Das Gleiche gilt für Leerzeilen. Einige der Konfigurationskennbuchstaben aus der oben zitierten Dokumentation erscheinen dort mit einem nachgestellten Stern `*` mit der gleichen Wirkung wie bei den Optionsangaben des `dvips`-Aufrufes, d. h. mit einer nachgestellten `0` wird deren Konfigurationseigenschaft explizit abgestellt.

Das Musterkonfigurationsfile `config.ps` für den Laserjet IV enthält die folgenden Konfigurationseinstellungen, die bei Bedarf durch den Anwender geeignet zu modifizieren sind:

`m 3500000` Vorgabe für die Größe des verfügbaren Druckerspeichers, hier mit 3.5 MByte angesetzt. Der hier konkret einzusetzende Wert hängt von der Größe des verfügbaren Druckerspeichers ab. Mit dem kleinen PostScript-File

```
%! PostScript-Testfile
/Times-Roman findfont 30 scalefont setfont 144 432 moveto
vmstatus exch sub 40 string cvs show pop showpage
```

wird nach Senden an den Drucker eine Seite mit der Angabe der verfügbaren Speichergröße ausgegeben. Für `m` *nnn* sollten 80–90 % des ausgedruckten Wertes angegeben werden.

`z0` Die Möglichkeit zur Ausführung externer Programme wird abgeschaltet bzw. mit `z1` eingeschaltet. Die genaue Wirkung ist mir nicht ganz klar. Das Musterkonfigurationsfile `config.ps` enthält hierzu den Erläuterungstext

> Execution of external programs is disabled by default. Set to `z1` if you want backticks in `\special` commands enabled.

Die dvips-Dokumentation enthält keinen Hinweis zu dem Konfigurationskennbuchstaben `z` und die gleichnamige Optionskennung mit `-z` für den `dvips`-Aufruf hat nach dessen Erläuterung eine andere Wirkung.

`o` Die Wirkung dieser Konfigurationskennung ist dieselbe wie mit der Option `-o` beim `dvips`-Programmaufruf. Ohne explizites Argument für die Kennung `o` wird das `dvips`-Bearbeitungsergebnis in ein File mit dem gleichen Grundnamen wie die des bearbeitenden `.dvi`-Files und dem Anhang `.ps` abgelegt. Folgt auf den o-Operator ein Filename, so wird das `dvips`-Bearbeitungsergebnis in einem File dieses Namens abgelegt. Die Konfigurationsangabe `o !lpr` oder `o |lpr` bewirkt die Ausgabe des `dvips`-Bearbeitungsergebnisses unmittelbar auf dem lokalen Drucker.

`D 600` Die Standardauflösung für die Druckausgabe wird mit 600 Pixel/Zoll (dpi = dots per inch) eingestellt. Mit `D` *nnn* kann ein geänderter Auflösungswert *nnn* gewählt werden.

`X 600` Die horizontale Auflösung beträgt für Drucker mit getrennten Einstellmöglichkeiten für die horizontale und vertikale Auflösung ebenfalls 600 Pixel/Zoll.

`Y 600` Die vertikale Auflösung wird ebenfalls mit 600 Pixel/Zoll eingestellt. Die beiden letzten Einstellvorgaben in dem Musterkonfigurationsfile `config.ps` für den HP-Laserjet IV sind wirkungslos, da dieser Drucker keine unterschiedliche horizontale und vertikale Auflösung kennt. Aber selbst für Drucker mit dieser Eigenschaft wäre die genannte Einstellvorgabe überflüssig, weil redundant zur Vorgabe `D 600`, die stets die gleich große Horizontal- und Vertikalauflösung abdeckt. Die obigen Einstellvorgaben wurden in `config.ps` vermutlich nur aufgenommen, um für entsprechende Drucker an die unterschiedlichen Einstellmöglichkeiten zu erinnern.

`M ljfour` Vorgabe des METAFONT-Gerätemakros mit `ljfour` bei der Erstellung von evtl. erforderlichen `.pk`-Zeichensatzfiles. Das Gerätemakro für den HP-Laserjet IV hat den Namen `ljfour`. Welche Namen für welche Drucker zu wählen sind, muss dem METAFONT-Geräteanpassungsfile `modes.mf` aus dem METAFONT-Paket entnommen werden, das gewöhnlich unter `.../texmf/metafont/misc` zu finden ist. Zu beachten ist, dass die Druckerauflösung für das gewählte Gerätemakro mit der gewählten Druckauflösung mittels der `M`-Einstellung im hiesigen Konfigurationsfile übereinstimmen muss. Bei mangelndem Verständnis zu den METAFONT-Befehlen für die Gerätemakros verweise ich auf Abschnitt 8.1.3.

`R 300 600` Bei der Suche nach `.pk`-Druckerfiles wird nach den Auflösungen 300 und 600 dpi als Auflösungsstandard gesucht. Die mit der Konfigurationsvorgabe `R` übergebene Auflösungsliste ist in aufsteigender Folge anzugeben. Anforderungen nach `.pk`-Files, die in der angeforderten Größe nicht existieren und auch nicht erzeugt werden können, werden dann mittels PostScript geeignet skaliert, wozu PostScript-fähige Drucker in der Lage sind. Der tatsächliche Skalierungsfaktor wird entsprechend der obigen Suchliste minimiert, um grafisch optimale Druckzeichen zu erzielen.

`O 0pt 0pt` Der linke und obere Seitenrand bleiben mit jeweils 0 pt unverschoben. Diese Konfigurationsvorgabe entspricht der gleichnamigen Option `-O` *h_maß,v_maß* beim `dvips`-Programmaufruf.

`Z` Bitmap-kodierte Zeichensätze wie die `.pk`-Druckerzeichensatzfiles werden komprimiert, bevor sie in den Drucker geladen werden. Diese Konfigurationsvorgabe entspricht der gleichnamigen Option `-Z` beim `dvips`-Programmaufruf.

`j` Diese Konfigurationsvorgabe bewirkt, dass von den angeforderten Typ-1-kodierten Zeichensätzen *nur* diejenigen Zeichen in den Drucker geladen werden, die im auszugebenden Text tatsächlich auftreten.

`p psfonts.map` Diese Konfigurationsvorgabe mit der allgemeinen Syntax `D` *name.anh* bewirkt das Einlesen eines Files mit dem Grundnamen *name* und dem Anhang *anh* als `.map`-Standardfile, hier also `psfonts.map` (s. 5.1.4 auf S. 284). Dem übergebenen Filenamen kann ein `+`-Zeichen vorangesetzt werden, womit das zugehörige File an das `.map`-Standardfile angehängt wird. Das Musterkonfigurationsfile `config.ps` enthält hierfür die weiteren Angaben:

`p +lw35extra.mapfile` womit das File mit diesem Namen an das obige `psfonts.map`-Standardfile angehängt wird.

`p +bsr.map` womit zusätzlich das File `bsr.map` zur Nutzung der Typ-1-kodierten TEX-Standardzeichensätze gemäß 5.1.4 auf S. 285 an das `psfonts.map`-Standardfile angehängt wird. Das Musterkonfigurationsfile `config.ps` enthält noch einige weitere `.map`-Files, die an das `psfonts.map`-Standardfile angehängt werden bzw. als denkbare Alternativen gegen erstere herauskommentiert sind und bei Bedarf gegen diese ausgewechselt werden können. Für deren Einzelheiten verweise ich auf das Musterkonfigurationsfile `config.ps`.

`@ a4 210mm 297mm` womit das Papierformat a4 zum Standard erklärt wird. Allgemein lautet die Syntax für die Einstellung des Papierformats `@` *p_format p_weite p_höhe*, worin die Angaben für die Papierweite und Papierhöhe als Längenangaben zu erfolgen haben, während das erste Argument *p_format* zur Formatkennung dient, wie im vorliegenden Fall mit `a4`.

Das Konfigurationsfile kann mehrere `@`-Operatoren zur Bereitstellung mehrerer Papierformate enthalten, von denen der erste `@`-Eintrag das Standardformat und die weiteren `@-Einträge` alternative Papierformate bereitstellen, die dann mit der `-t`-Option beim `dvips`-Programmaufruf aktiviert werden können. Mehrere unterschiedliche Papierformateinstellungen sind nur sinnvoll für Drucker, die über mehrere Papierformateinschübe verfügen.

Auf die Papierformateinstellungen mit dem `@`-Operator folgen gewöhnlich eine oder mehrere Zeilen, bei denen nach dem `@`-Operator unmittelbar ein `+`-Zeichen folgt. Diese bewirken, dass der nachfolgende Zeilentext unter Fortfall eventuell führender Leerzeichen als PostScript-Kode an den Drucker gesandt wird. So folgen z. B. nach der obigen Konfigurationsvorgabe `@ a4 210mm 297mm` die Zeilen:

```
@+ !%%DocumentPaperSize: a4
@+ %%BeginPaperSize: a4
@+ a4
@+ %%EndPaperSize
```

Das Musterkonfigurationsfile `config.ps` enthält einige weitere `@`-Operatoren mit zusätzlichen Papierformatvorgaben wie `letter`, `legal` u. a. zusammen mit dem zugehörigen PostScript-Kode mittels entsprechenden `@+`-Operatoren. Ein Einblick in `config.ps` gibt hierüber Auskunft, so dass ein Abdruck entfallen kann, zumal dessen Nutzung entsprechende Zusatzeinschübe beim benutzten Drucker voraussetzt. Für eine etwaige Anpassung für den eigenen Drucker sollten die hier gemachten Erläuterungen ausreichen.

Der letzte Satz gilt gleichermaßen für alle anwenderspezifischen Konfigurationsanpassungen zur Nutzung des `dvips`-Programms, wozu bei Bedarf auch die Originaldokumentation „Dvips: A DVI-to-PostScript Translator" herangezogen werden sollte.

Neben dem Konfigurationsbasisfile `config.ps` werden mit dem `dvips`-Programmaufruf meist weitere Konfigurationsfiles eingelesen, sei es durch entsprechende Optionsangaben beim dortigen Programmaufruf oder durch die Wirkung gewisser gesetzter Umgebungsvariablen. Ist z. B. die Umgebungsvariable `DVIPSRC` mit dem Namen eines weiteren Konfigurationsfiles gesetzt, so wird dieses als anwenderindividuelles Startup-File eingelesen und überschreibt oder ergänzt mit seinen Konfigurationsvorgaben diejenigen des Konfigurationsbasisfiles `config.ps`. Ein solches Startup-File kann alle Konfigurationsvorgaben enthalten, wie sie für das Standardkonfigurationsfile oben oder mit Abschnitt 3.4.2 der Originaldokumentation vorgestellt wurden.

Gibt es keine explizite Umgebungsvariable `DVIPSRC`, so wird unter UNIX als Startup-File `$HOME/.dvipsrc`, also das File `.dvipsrc` im anwenderspezifischen Anfangsverzeichnis, ausgeführt, falls es dort existiert. Unter MS-DOS und WINDOWS *nn* wird nach `dvips.ini` als ergänzendes Konfigurationsfile gesucht und für den Fall des Vorhandenseins eingelesen.

Mit der Optionsangabe `-P drucker` beim `dvips`-Programmaufruf wird anschließend, also nach dem Konfigurationsbasisfile `config.ps` und dem evtl. Startup-Konfigurationsfile als Wirkung der `DVIPSRC`-Umgebungsvariable, `config.`*drucker* als druckerspezifisches Konfigurationsfile aktiviert.

Entfallen beim `dvips`-Programmaufruf die Opionsangaben `-P`, `-o` und/oder `-f`, so wird abschließend die Umgebungsvariable `PRINTER` ausgewertet, die, falls sie gesetzt ist, auf den Namensanhang *drucker* verweist, womit zum Schluss das Konfigurationsfile `config.$PRINTER`, also `config.`*drucker* zur Anwendung kommt.

5.1.7 dvips-Umgebungsvariable

Dieser und der nachfolgende Unterabschnitt stellen einige weitere Werkzeuge zur individuellen Konfiguration von dvips und dessen Nutzung vor. Bei einer Standardinstallation und dvips-Normalanwendung werden diese Konfigurationsinstrumente kaum zur Anwendung kommen. Bei meinem PC unter LINUX und dem HP-Laserjet IV als PostScript-Drucker war bisher keines der hier vorgestellten Konfigurationsinstrumente erforderlich geworden. Dies schließt die Erstellung der PostScript-Satzvorlagen meiner LaTeX-Buchserie für eine hochauflösende Lichtsatzanlage ein. Angesichts der speziellen Natur der hier vorgestellten Konfigurationsinstrumente erscheint entsprechend der Konvention dieser Buchserie der zugehörige Vorstellungstext in verkleinerter Schrift, der bei Normalanwendungen zunächst übersprungen werden kann.

Gegen Ende des letzten Unterabschnitts wurden bereits die Umgebungsvariablen `DVIPSRC` und `PRINTER` erwähnt, die, wenn sie gesetzt sind, gewisse Konfigurationsvorgaben bewirken. Das `dvips`-Programm kennt eine ganze Reihe solcher Umgebungsvariablen, deren Wirkungen hier kurz zusammengefasst werden. Die Mehrzahl dieser Umgebungsvariablen werden in den meisten Fällen mit den angeforderten Pfad- oder Filenamen besetzt, wobei die Besetzung von Umgebungsvariablen unter UNIX/LINUX bekanntlich auf der Befehlseingabeanforderung mittels *u_var*=*z_folge*, also der Zuweisung der Umgebungsvariablen *u_var* über die Gleichsetzung mit der Zeichenfolge *z_folge* erfolgt. Enthält die zuzuweisende Zeichenfolge Leer- oder Sonderzeichen, so ist sie in einfache oder doppelte Hochkommata einzuschließen: *u_var*='*z_folge*' oder *u_var*="*z_folge*". Unter WINDOWS *nn* werden Umgebungsvariablen mittels der `SET`-Zuweisung bei sonst gleicher Syntax in der Form `SET` *u_var*=*z_folge* gesetzt.

`DVIPSFONTS` Diese Umgebungsvariable bestimmt den Standardpfad bei der Suche nach Zeichensatzfiles. Dieser überstimmt etwaige Pfadangaben zur Zeichensatzsuche aus vorangegangenen Konfigurationsfiles.

`DVIPSHEADERS` Diese Umgebungsvariable bestimmt den Standardpfad bei der Suche nach sog. PostScript-Headerfiles. Dieser überstimmt etwaige Pfadangaben der `H`-Konfigurationsvorgabe aus Konfigurationsfiles entsprechend dem vorangegangenen Unterabschnitt. Headerfiles enthalten ein Stückchen PostScript-Programmtext, der dem `.ps`-File des `dvips`-Bearbeitungsergebnisses zugefügt wird. Eine Reihe von dvips-Headerfiles werden bei der dvips-Installation gemäß 5.1.3 bereitgestellt, die durch den Namensanhang `.pro` gekennzeichnet sind. Bei der `dvips`-Alternativinstallation gemäß 5.1.4 werden sie mit dem Verzeichnis `.../texmf/dvips/base` bereitgestellt.

`DVIPSMAKEPK` Mit dem Inhalt dieser Umgebungsvariablen kann das Standardprogramm `mktexpk` zur Erzeugung fehlender `.pk`-Zeichensätze aus deren METAFONT-Quellen durch ein anderes Erzeugungsprogramm ersetzt werden. Die diesem oder dem Standardprogramm `mktexpk` übergebene Argumentfolge kann mit der Umgebungsvariable `MAKETEXPK` verändert werden. Obwohl `dvips` bei mir der wichtigste und am häufigsten zur Anwendung kommende DVI-Treiber ist, bestand für mich noch nie ein Bedarf für eine individuelle Anpassung mittels dieser Umgebungsvariablen gegenüber der Standardinstallation gemäß 5.1.3 oder 5.1.4.

`DVIPSRC` Diese Umgebungsvariable enthält den Namen eines sog. Startup-Konfigurationsfiles, das nach dem Standardkonfigurationsfile `config.ps`, aber vor den druckerspezifischen Konfigurationsfiles `config.`*drucker* (bzw. *drucker*`.cfg` unter MS-DOS) ausgeführt wird.

`DVIPSSIZES` Der Inhalt dieser Umgebungsvariablen entspricht der Argumentfolge für die Konfigurationsvorgabe `R` aus einem Konfigurationsfile und überstimmt eine solche (s. 5.1.6 auf S. 289). Die Umgebungsvariable `DVIPSSIZES` kann auch durch die gleichwertige Umgebungsvariable `TEXSIZES` ersetzt werden.

`PRINTER` Diese Umgebungsvariable verweist auf eine druckerspezifische Kennung *drucker*, wie z. B. `ljfour` für den HP-Laserjet IV. Sie entfaltet ihre Wirkung aber nur, wenn der `dvips`-Programmaufruf keine der Aufrufoptionen `-P`, `-f` oder `-o` enthält. Kommt `PRINTER` zur Wirkung, so wird das druckerspezifische Konfigurationsfile `config.$PRINTER` (unter MS-DOS `$PRINTER.cfg`) eingelesen.

`TEXCONFIG` Diese Umgebungsvariable verweist auf die Pfadangabe zur Suche nach druckerspezifischen Konfigurationsfiles *config.drucker* (*drucker*`.cfg` unter MS-DOS) sowie dem Standardkonfigurationsfile `config.ps`. Mit dem Setzen dieser Konfigurationsumgebung können Anwender in einem Rechenzentrum auf spezielle Konfigurationsfiles für individuelle Drucker verweisen.

`TEXPICTS` Diese Umgebungsvariable verweist auf die Pfadangabe zur Suche nach Grafikfiles. Ist diese Umgebungsvariable gesetzt, so überstimmt sie eine etwaige S-Konfigurationsvorgabe aus einem Konfigurationsfile. Ist sie nicht gesetzt, so wird `TEXINPUTS` (s. u.) ausgewertet.

`TEXFONTS` Diese Umgebungsvariable verweist auf die Pfadangabe zur Suche nach Zeichensatzfiles, und zwar sowohl von `.tfm`- als auch `.pk`-Files. Ist sie gesetzt, so überstimmt sie etwaige Konfigurationsvorgaben `P` und `T` aus Konfigurationsfiles. Diese Umgebungsvariable deckt die beiden nachfolgenden gemeinsam ab.

`TEXPKS` Diese Umgebungsvariable verweist auf die Pfadangabe zur Suche nach `.pk`-Zeichensatzfiles. Ist sie gesetzt, so überstimmt sie eine etwaige Konfigurationsvorgabe `P` aus einem Konfigurationsfile. Die Umgebungsvariable `TEXPKS` kann auch durch die gleichwertigen Umgebungsvariablen `PKFONTS` und `GLYPHFONTS` ersetzt werden.

`TFMFONTS` Diese Umgebungsvariable verweist auf die Pfadangabe zur Suche nach `.tfm`-Zeichensatzfiles. Ist sie gesetzt, so überstimmt sie eine etwaige Konfigurationsvorgabe `T` aus einem Konfigurationsfile.

`TEXINPUTS` Diese Umgebungsvariable verweist auf die Pfadangabe zur Suche nach `PostScript`-Files, und zwar sowohl allgemeinen `.ps`-Files wie auch gekapselten `.eps`-Grafikfiles. Sie deckt damit die Umgebungsvariable `TEXPICTS` ab. Ist sie gesetzt, so überstimmt sie eine etwaige Konfigurationsvorgabe `S` aus einem Konfigurationsfile.

5.1.8 dvips-Anweisungen aus LaTeX-Eingabefiles

Mit dem LaTeX-Befehl `\special{`*eintrag*`}` werden bekanntlich beliebige Text- oder Befehlseinträge *eintrag* bei der LaTeX-Bearbeitung unverändert an das `.dvi`-Ausgabefile weitergereicht. Es ist dann Aufgabe des DVI-Treibers, die mit den `\special`-Befehlen übergebenen Einträge zu interpretieren und ggf. in die zugehörigen Ausgabeaktivitäten umzusetzen. Auch der `dvips`-Treiber kennt eine Reihe von `\special`-Befehlen, deren wichtigste hier mit ihren Eintragsmöglichkeiten *eintrag* aufgelistet werden.

Die Mehrzahl dieser `\special`-Befehle setzt für ihre Einträge vertiefte PostScript-Programmierkenntnisse voraus. In 5.3.2–5.3.8 werden LaTeX-Ergänzungspakete zur Nutzung grafischer PostScript-Möglichkeiten vorstellt, die aus der LaTeX-Bearbeitung heraus die `\special`-Befehle mit den erforderlichen Einträgen automatisch und, abhängig von der gewählten Treiberoption, druckerspezifisch generieren. Mit diesen Ergänzungspaketen wird die Einbindung von PostScript-Grafiken, deren Skalierung und Drehung sowie etwaige Farbgestaltung zur LaTeX-Ausgabe erklärt und gelöst. Für solche Aufgaben sollten diese LaTeX-Ergänzungspakete gegenüber einer direkten Verwendung von äquivalenten `\special`-Befehlen bevorzugt werden.

Der nachfolgende Erläuterungstext für die vorgestellten `\special`-Befehle erfolgt wegen ihrer speziellen Natur entsprechend der Konvention dieser Buchreihe in verkleinerter Schrift, der für Normalanwendungen zunächst übersprungen werden kann und nur zur Realisierung von Sonderforderungen an **dvips** zu nutzen ist.

`\special{papersize=`*breite*`,`*höhe*`}` Die PostScript-Anweisung `papersize` stellt mit ihren beiden nachfolgenden Argumenten in Form von Maßangaben für *breite* und *höhe* die Papiergröße bezüglich der Seitenbreite und Seitenhöhe ein. Wird für die Seitenbreite ein größeres Maß als für die Seitenhöhe gewählt, so führt dies bei der Druckausgabe gleichzeitig zu einer Drehung der Einzelzeichen um 90° und damit zur Ausgabe im Querformat. Beispiel: `\special{papersize=298mm,210mm}` für das bei uns gebräuchliche DIN A4-Format.

Die hiermit übergebenen Anweisungen für die Seitenbreite und Seitenhöhe beziehen sich nur auf die Druckerausgabe. Für die eigentliche LaTeX-Bearbeitung zum zugehörigen Zeilen- und Seitenumbruch sind sie durch entsprechende Seitenerklärungen mit `\paperwidth`, `\paperheight`, `\textwidth`, `\textheight` u. a. gemäß [5a, Abschn. 3.2.5] einzurichten.

`\special{landscape}` PostScript-Alternativanweisung zur Drehung der Ausgabezeichen um 90° *ohne* gleichzeitige Einstellung der Papiergröße, also zur Druckausgabe im Querformat (Landscape-Format). In beiden Fällen erfolgt die Drehung entgegen dem Uhrzeigersinn. Mit

`\special{! /landplus90 true store}` wird eine Drehung der Ausgabestruktur im Uhrzeigersinn erzielt.

`\special{header=`*ps_header_file*`}` Dieser `\special`-Befehl bewirkt die Einbindung des Headerfiles *ps_header_file* im Vorspann des mit `dvips` aus dem `.dvi`-LaTeX-Ausgabefiles erzeugten `.ps`-Ausgabefiles. Zu Inhalt und Struktur von Headerfiles verweise ich auf die Erläuterungen zur `DVIPSHEADERS`-Umgebungsvariablen im vorangegangenen Unterabschnitt. Headerfiles werden üblicherweise durch den Namensanhang `.pro` gekennzeichnet. Dies ist aber nicht zwingend. So wird z. B. mit `\special{header=putr8a.pfb}` der PostScript-Software-Zeichensatz `putr8.pfb` im Vorspann des `.ps`-Ausgabefiles eingebunden.

`\special{psfile=`*file_grundname*`.ps` [*schlüssel=wert*] ...`}` Das File *font_grundname*`.ps` mit PostScript-Strukturen, die üblicherweise eine Grafik bestimmen, wird an der Stelle dieses `\special`-Befehls in den Ausgabekode der **dvips**-Bearbeitung eingefügt. Mit den anschließenden optionalen Zuweisungspaaren *schlüssel=wert* kann die eingefügte Grafik beeinflusst werden:

Schlüssel	*Bedeutung*	*Std-Wert*
`hoffset`	horizontale Verschiebung des Koordinatenursprungs der Grafik	0
`voffset`	vertikale Verschiebung des Koordinatenursprungs der Grafik	0
`hsize`	Fensterweite der übergebenen Grafik	612
`vsize`	Fensterhöhe der übergebenen Grafik	792
`hscale`	horizontaler Skalierungswert für die Grafik	100
`vscale`	vertikaler Skalierungswert für die Grafik	100
`angle`	Drehung der Grafik um den Koordinatenursprung	0
`clip`	Unterdrückung von Grafikteilen außerhalb des Bildfensters (Clipping)	

Die Wertangaben für die zulässigen Zuweisungspaare *schlüssel=wert* erfolgen als reine Zahlen, die als Maßzahlen für je nach dem zugehörigen Schlüssel unterschiedliche Größeneinheiten interpretiert werden. Für die Schlüssel `hoffset`, `voffset`, `hsize` und `vsize` bezieht sich die zugewiesene Maßzahl auf die PostScript-Längeneinheit: 72 PS-LE = 1 Zoll. Die PostScript-Längeneinheit entspricht somit der TeX-Längeneinheit 'bp' (big point): 72 bp = 1 in, während für die gebräuchlichere TeX-Längeneinheit 'pt' gilt: 72.27 pt = 1 in.

Die Maßzahl für `hscale` und `vscale` wird als Prozentangabe für den Skalierungswert interpretiert, was für Werte < 100 zu einer Verkleinerung und für Werte > 100 zu einer Vergrößerung der übergebenen Grafik führt. Die Maßzahl für `angle` wird als Drehwinkel entgegen dem Uhrzeigersinn in Grad interpretiert. Der Schlüssel `clip` bleibt ohne Wertzuweisung. Er aktiviert lediglich ein Clipping der das Grafikfenster überschreitenden Bildanteile.

Für unterbleibende Zuweisungspaare *schlüssel=wert* wird der in der vorstehenden Tabelle angegebene Standardwert eingestellt. Mehrere Zuweisungspaare werden gegeneinander durch Leerzeichen getrennt, Beispiel:

```
\special{psfile=plot.ps hoffset=36 hscale=90 vscale=80}
```

womit die mit dem File `plot.ps` übergebene PostScript-Struktur (Grafik) um 36 PostScript-Längeneinheiten verschoben wird und das Darstellungsfenster für die Originalgrafik in horizontaler Richtung auf 90 % und in vertikaler Richtung auf 80 % skaliert wird. Wegen des fehlenden Schlüssels `clip` unterbleibt eine etwaige Unterdrückung von Bildanteilen, die außerhalb der Darstellungsfensters liegen.

Die Reihenfolge bei der Ausführung der Beeinflussungsschlüssel erfolgt als 1. Drehung um den Original-Koordinatenursprung, 2. Skalierung und 3. Verschiebung des Koordinatenursprungs.

`\special{"`*ps_code*`}` Ein `\special`-Befehl, der mit einem `"`-Zeichen beginnt, interpretiert den nachfolgenden Text bis zur schließenden `}`-Klammer als eigentlichen PostScript-Kode (engl. Literal PostScript), der an das dvips-Bearbeitungsergebnis weitergereicht wird. So erzeugt

```
\special{" newpath 0 0 moveto 40 50
   lineto 120 0 lineto closepath gsave
   0.8 setgray fill grestore stroke}
```

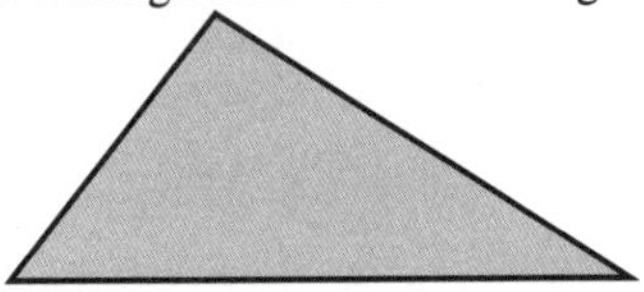

das nebenstehende grau gefüllte Dreieck:

Die Bereitstellung von horizontalen und vertikalen Leerräumen für die Ausgabe der PostScript-Grafik bezüglich des umgebenden Textes liegt in der Verantwortung des Anwenders. Deshalb empfiehlt es sich, den vorstehenden `\special`-Befehl innerhalb einer Parbox oder Minipage geeigneter Breite und Höhe einzubinden.

In Verbindung mit dem `german`- oder `ngerman`-Ergänzungspaket ist vor Ausgabe dieses `\special`-Befehls vorab mit `originalTeX` auf die TeX-Originalbearbeitung zurückzuschalten (s. [5a, Anh. D.1.8]), da mit diesen Ergänzungspaketen das `"`-Zeichen als aktives Zeichen erklärt wird, das damit die Wirkung eines Befehlseinleitungszeichens erhält. Mit der lokalen Umschaltung durch `\originalTeX` wird diese `"`-Besonderheit vorübergehend aufgehoben, womit dieser `\special`-Befehl korrekt weitergereicht und bei der Ausgabe abgearbeitet wird.

`\special{!`*ps_header_code*`}` Dieser `\special`-Befehl dient zur Ausgabe von sog. PostScript-Headerkode, der vielen PostScript-Strukturen vorangestellt wird. Solcher Headerkode bezieht sich häufig auf die PostScript-Struktur `userdict`, die ihrerseits häufig mit `bop-hook` (begin of page), `eop-hook` (end of page), `start-hook` oder `end-hook` gewisse PostScript-Strukturen zu Beginn und Ende einer jeden Seite bzw. der Dokument-Gesamtausgabe ausführt. So bewirkt

```
\special{!userdict begin bop-hook{gsave 200 30 translate 65 rotate
         /Times-Roman findfont 216 scalefont setfont 0 0 moveto
         0.7 setgray (ENTWURF) show grestore}\def end}
```

den Überdruck des schräg gestellten und sehr vergrößerten Wortes ENTWURF in leichtem Grauton über den Ausgabetext einer jeden Seite. Nach dem gleichen Prinzip kann mit

```
\special{! userdict begin /bop-hook {gsave /Helvetica findfont
          8 scalefont setfont 10 10 moveto (typeset on \today)
          show grestore } \def end}
```

auf jeder Ausgabeseite am unteren Seitenrand das aktuelle Datum der letzten LaTeX-Bearbeitung in der Schriftart Helvetica in 8 pt Größe ausgegeben werden.

Das dvips-Programm umgibt den PostScript-Ausgabekode aus den vorgestellten \special-Befehlen mit einem save/restore-Paar, was sicherstellt, dass der ausgegebene PostScript-Kode keine Rückwirkung auf andere Teile des Dokumenttextes hat. Dieser Schutzschild entfällt für den PostScript-Ausgabekode mittels des folgenden \special-Befehls und seiner Varianten.

\special{ps:*ps_kode*} Dieser \special-Befehl dient zur Ausgabe von ungeschütztem PostScript-Kode (ohne umgebenden save/restore-Schutzschild). Er kennt mehrere Varianten, die aus der historischen Entwicklungsgeschichte von dvips stammen. Diese sind

\special{ps::*ps_kode*} zum Auffüllen von PostScript-Kode, der mit der Standardvariante \special{ps:*ps_kode*} begonnen wurde.

\special{ps::[begin] *ps_kode*} zum Start von PostScript-Ausgabekode, der mit weiteren \special{ps::*ps_kode*}-Befehlen fortgesetzt und mit

\special{ps::[end] *ps_kode*} abgeschlossen werden kann.

Als letzte Variante steht noch

\special{ps: plotfile *ps_kode*} zur Verfügung, womit ein File mit dem angegebenen Namen als PostScript-Inhalt unverändert eingefügt wird. Enthält dieses File Zeilen, die mit %-Zeichen beginnen, so werden diese Zeilen als PostScript-Kode unterdrückt!

Für die vorgestellten \special-Befehle zur Einfügung von PostScript-Kode und/oder PostScript-Headerkode sind zumindest elementare Kenntnisse von PostScript als Seitenbeschreibungssprache erforderlich, die sich der LaTeX-Anwender aus der PostScript-Einführungsliteratur selbst aneignen muss.

Eine zweite Gruppe von \special-Befehlen, mit denen dvips die Erstellung von Querbezügen und deren Texteinsichten über das WWW (World Wide Web) unterstützt, wird hier kurz vorgestellt. Ihre Nutzung setzt die Grundkenntnisse der Struktur und Syntax der sog. "Hypertext Links" voraus, wie sie z. B. mit [4] bzw. [4a] aus dem Literaturverzeichnis dieses Buches angeboten werden. Die Aufnahme ins WWW verlangt zudem die Umwandlung des dvips-Bearbeitungsergebnisses als .ps-File in ein .pdf-File, z. B. mit dem Adobe-Acrobat-Distiller. Die hierfür bereitgestellten \special-Befehle sind:

\special{html:<a name="*anker_name*">} Innerhalb eines Textfiles kann an beliebigen Stellen mit diesem \special-Befehl eine Textverankerung vorgenommen werden, der der Name *anker_name* zugeordnet wird. Das mit dieser Verankerung eingeleitete Textintervall reicht bis zum zugehörigen Abschlussbefehl \special{html:</a>}. Auf verankerte Textteile kann Bezug und damit Einsicht genommen werden, und zwar durch Setzen eines Links mittels:

\special{html:<a href="*url*">} Hierin steht *url* für die "Postadresse" im WWW (Universal Resource Locator), die sich in ihrer vollständigen Form als

Protokoll://*Rechnername*[:*Port*]/*Pfad*/*Dateiname*[#*Ankername*]

aufbaut. Auf das Setzen eines Links mit dem vorstehenden \special-Befehl folgt ein Wort oder Kennungstext *ref_klick* als Referenzkennung, die dann mit \special{html:</a>} abzuschließen ist. Beispiel: \special{html:<a href="http://www.dante.de/">} DANTE \special{html:</a>}. Das hier gewählte http-Protokoll (Hypertext Transport Protocol) ist das Standardprotokoll beim Zugang ins WWW. Der weitere Teil der URL besteht hier nur aus dem Rechnernamen der deutschsprachigen TeX-Anwendervereinigung DANTE e. V. Als Referenzkennung wurde hier das Wort DANTE gewählt. Wird beim Preview des Bearbeitungstextes auf diese Kennung geklickt, so wird die Homepage von DANTE e. V. heruntergeladen und erscheint in einem eigenen Fenster auf dem Anwenderbildschirm.

Soll innerhalb eines Textfiles, in dem mit dem ersten \special-Befehl eine Textverankerung vorgenommen wurde, von anderen Stellen aus Bezug genommen werden, so kann dies mit

\special{html:<a href="#*anker_name*">} Zieltext \special{html:</a}

erfolgen. Mit einem Klick auf das Wort 'Zieltext' beim Preview erscheint der verankerte Text dann in einem eigenen Fenster. Auf weitere Beispiele zum Aufbau einer URL wird hier verzichtet.

Abschlussanmerkung: Die Nutzung der `html-\special`-Befehle durch Umwandlung in `pdfmark`-PostScript-Operatoren verlangt beim dvips-Aurfuf die Optionseinstellung `-z`. Ohne diese Optionsvorgabe bleiben die `html-\special`-Befehle wirkungslos!

5.2 PostScript-Schrifterweiterungen

Anwender, die lediglich die 35 PostScript-Standardzeichensätze mit dvips nutzen wollen, können diesen Abschnitt überspringen. Die nachfolgenden Unterabschnitte enthalten Hinweise, die zur Nutzung weiterer PostScript-Schriften und/oder zur Umkodierung von PostScript-Schriften dienen. Wegen der spezielleren Natur erscheint der weitere Text dieses Abschnitts, entsprechend der Konvention dieser Buchserie, in kleinerer Schrift.

5.2.1 Standardzeichensätze

Auf einem PostScript-Drucker stehen standardmäßig 35 PostScript-Schrifttypen zur Verfügung. Die Standardschriften sind Bestandteil der sog. Drucker-Firmware, d. h. sie sind im ROM (Read-Only-Memory) des Druckers gespeichert und brauchen, anders als die TEX-Standardzeichensätze, bei Bedarf nicht in den Drucker geladen zu werden, sondern können nach Einschalten des Druckers stets sofort angesprochen werden. Diese Standard-Schrifttypen können vielfältig variiert werden. So haben sie, anders als die TEX-cm-Schriften, keine festen Entwurfsgrößen (wenn man von ihrer internen Bereitstellung in 1 pt absieht), sondern können beliebig skaliert werden. Außerdem können sie beliebig geneigt und gedehnt oder komprimiert werden. Schließlich können die sog. Kapitälchen aus ihnen abgeleitet werden, indem die Kleinbuchstaben als verkleinerte Großbuchstaben aus den Originalschriften abgeleitet werden. Die PostScript-Namen der Standardzeichensätze sind, zusammen mit ihren Kurzformen für dvips, in der Tabelle am Ende von Abschnitt 5.2.3 auf S. 299 aufgelistet.

5.2.2 Software-Zeichensätze

PostScript stellt viele weitere Schriften als zusätzlich ladbare *Software*-Zeichensätze bereit. Sie sind jedoch, anders als die TEX-eigenen Zeichensätze, Lizenzprodukte und müssen bezahlt werden. Dies gilt zumindest – von den cm- und ec-Schriften abgesehen – für nahezu alle der sog. Typ-1-kodierten Schriften. Der Lizenzhalter von PostScript, die Firma Adobe Systems Inc., hat dieses Kodierschema entwickelt und für die eigenen Schriften verwendet. So sind die im vorangegangenen Abschnitt genannten PostScript-Standardzeichensätze nach diesem Verfahren kodiert. PostScript kennt ein zweites, einfacheres Kodierverfahren, das als Typ-3-Kode bezeichnet wird. Nach diesem Kodierverfahren können weitere Schriften mit ausreichenden PostScript-Kenntnissen eigenständig entwickelt werden.

PostScript-Drucker können Zeichensätze, die in `bitmap`-Kodierung zur Verfügung stehen, ebenfalls verarbeiten. Die in [5a, C.7.3] vorgestellte Pixel-Kodierung ist im Prinzip eine solche `bitmap`-Kodierung. Die TEX-cm- und ec-Schriften stehen als Druckerzeichensätze üblicherweise als `.pk`-kodierte Schriften zur Verfügung [5a, C.7.4]. Als solche entstehen sie aus der METAFONT-Bearbeitung und anschließender Umwandlung mit dem METAFONT-Zusatzwerkzeug gftopk. Der DVI-Treiber dvips wandelt die `.pk`-kodierten TEX-Schriften in die erforderliche `bitmap`-Kodierung um, so dass sie auf den PostScript-Druckern in herkömmlicher Weise genutzt werden können.

Inzwischen stehen die klassischen TEX-Schriften auf den öffentlichen Fileservern auch als Typ-1- und Typ-3-PostScript-Schriften zur Verfügung. Ihre Files sind zwar deutlich größer als die `.pk`-kodierten Files, doch sind sie in diesem Kode, unabhängig von der Druckerauflösung und der auszugebenden Größe, nur jeweils einmal vorzuhalten.

Eine beliebter Schrifttyp, dessen Zeichensätze als PostScript-Softwareschriften vom Typ-1 verfügbar sind, wird unter dem Namen LucidaBright angeboten. Diese Schriftgruppe besteht aus insgesamt

22 Zeichensätzen, die Roman-, Schreibmaschinen- und serifenlose Schriften einschließen. Außerdem gehören zu ihr mathematische Zeichensätze, die alle mathematischen TeX-, LaTeX- und AMS-Symbole enthalten, wobei diese in der Stärke harmonisch an die LucidaBright-Textschriften angepasst sind. Die LucidaBright-Schriften wurden von Charles Bigelow und Chris Holmes entworfen, die sie als Lizenzprodukt vertreiben. Die im Literaturverzeichnis unter [6] und [2] angeführten Bücher stellen Beispiele für die Nutzung der LucidaBright-Schriften beim Buchdruck dar, deren Satzvorlage von den Autoren als PostScript-Files selbst erstellt wurden.

Auch die 35 PostScript-Standardschriften, die normalerweise als Firmware in PostScript-Druckern bereitgestellt werden, können als Software-Zeichensätze von der Firma Adobe Systems Incorporated bezogen werden. In dieser Form müssen die Zeichensätze z. B. vorgehalten werden, wenn beim Rechner des Anwenders ein PostScript-Interpreter für einen normalen Drucker existiert, der PostScript-Files in die Druckersprache des lokalen Druckers umwandelt.

PostScript-Softwarezeichensätze werden durch den Anhang `.pfa` oder `.pfb` gekennzeichnet. Die mit `.pfa` gekennzeichneten Files sind reine ASCII-Files, die ohne Probleme als E-Mail versandt werden können. Die `.pfb`-Files liegen dagegen als binäre Files vor. In 5.4.1 wird in Fußnote 10 auf wechselseitige Umwandlungsprogramme hingewiesen.

In 5.4.1 wird das Programm **ps2pk** von Piet Tutelaers vorgestellt, das PostScript-Softwarezeichensätze vom Typ 1 in `.pk`-kodierte Zeichensatzfiles umwandelt. Anschließend können sie wie TeX-Zusatzzeichensätze mit den herkömmlichen DVI-Treibern mit einfachen Laser-, Tintenstrahl- und Nadeldruckern genutzt werden.

Für den PostScript-Schreibmaschinenschrifttyp `Courier` stehen die Softwarezeichensätze `Courier.pfa`, `CourierOblique.pfa`, `CourierBold.pfa` und `Courier-BoldOblique.pfa` als lizenzfreie Probeschriften auf den TeX-Fileservern zur Verfügung. Das Gleiche gilt für den Schrifttyp `Utopia` mit den Zeichensatzfiles `Utopia-Regular.pfa`, `Utopia-Italic.pfa`, `Utopia-Bold.pfa` und `Utopia-BoldItalic.pfa`.

5.2.3 Vereinfachte Namenskonvention

Die PostScript-Schriften sind gewöhnlich durch lange selbsterklärende Namen gekennzeichnet, die von vielen Betriebssystemen als Filenamen in dieser Länge nicht akzeptiert werden. Verschiedene Hersteller bieten Schriften unter gleichen Namen an, die sich in Details jedoch häufig unterscheiden. Karl Berry, der internationale Koordinator für TeX unter UNIX, hat einen Vorschlag für eine TeX-geeignete Namenskonvention unterbreitet [22, Vol. 11,#4], den Tomas Rokicki für **dvips** übernommen hat und der inzwischen auch seinen Niederschlag in den LaTeX 2_ε-Ergänzungspaketen für die PostScript-Schriften gefunden hat. Die vorgeschlagenen Namen zur Kennzeichnung der Schriften enthalten maximal acht Zeichen und können damit bei allen Betriebssystemen auch eindeutig als Grundname der zugeordneten Zeichensatzfiles dienen.

Nach diesem Vorschlag werden die Zeichensatznamen als Folge von Einzelzeichen in der Form *f tf w v e ds* gebildet, jedoch ohne die zur Verdeutlichung zwischengefügten Leerzeichen. Hiermit kennzeichnet

- *f* den Zeichensatzersteller, ihre Herkunft oder den Lieferanten (engl. foundry),
- *tf* den Schrifttyp (engl. typeface) als Zweizeichenkombination, bei der das erste Zeichen ein Buchstabe sein muss,
- *w* die Zeichensatzstärke (engl. weight),
- *v* die Zeichensatzvariante (engl. variant),
- *e* die Zeichendehnung oder Zeichenstauchung (engl. expansion) und
- *ds* die Entwurfsgröße (engl. design size) als maximal zweistellige Zahl in der Maßeinheit pt.

Zur Kennzeichnung sind die folgenden Buchstaben oder Buchstabengruppen nach dem Vorschlag von Karl Berry bereits vergeben:

Herkunft (Foundry)

`a`	Autologic	`g`	Free Software Foundation (GNU)	`p`	Adobe (PostScript)
`b`	Bitstream	`h`	Bigelow & Holmes	`r`	Reserviert (s. u.)
`c`	Compugraphic	`i`	International Typeface Corporation	`s`	Sun

Schrifttyp (Typeface)

`ad`	Adobe Garamond	`cl`	Cloister	`op`	Optima
`ag`	Avant Garde	`cr`	Courier	`pl`	Palatino
`ao`	Antique Olive	`cn`	Century	`pp`	Perpetua
`at`	American Typewriter	`cs`	Century Schoolbook	`rw`	Rockwell
`bb`	Bembo	`hv`	Helvetia	`st`	Stone
`bd`	Bodoni	`gm`	Garamond	`sy`	Symbol
`bg`	Benguiat	`go`	Goudy Oldstyle	`tm`	Times
`bk`	Bookman	`gs`	Gill Sans	`un`	Univers
`bl`	Balloon	`jo`	Joanna	`ut`	Utopia
`bv`	Baskerville	`lc`	Lucida	`uy`	University
`bw`	Broadway	`lt`	Lutetia	`zc`	Zapf Chancery
`cb`	Cooper Black	`nc`	New Century Schoolbook	`zd`	Zapf Dingbats

Stärke (Weight)

leichte Schriften		*fette Schriften*	
`a`	hairline	`d`	demibold
`t`	thin	`s`	semibold
`i`	extra light	`b`	bold
`l`	light	`x`	extra bold
`k`	book	`h`	heavy
`r`	regular	`c`	black
`m`	medium	`u`	ultra

Zeichensatzvarianten

`a`	alternate	`n`	informal
`b`	bright	`o`	oblique (slanted)
`c`	small caps	`r`	normal (regular)
`e`	engraved	`s`	sans serif
`g`	grooved	`t`	typewriter
`h`	shadow	`u`	unslanted italic
`i`	italic	`x`	expert
`l`	outline		

Ausdehnung, Weite

`o`	extra condensed
`c`	condensed (by hand)
`n`	narrow (automatic)
`r`	regular, normal, medium (kann meistens entfallen)
`x`	extended (by hand)
`e`	expanded (automatic)
`w`	wide

Bei den namentlichen Angaben der vorstehenden Kennungen habe ich von einer Übersetzung der englischen Begriffe abgesehen. Bei der Herkunfts- und Schrifttypkennung sind es weitgehend Eigennamen, die sich nicht übersetzen lassen. Die Stärkekennungen sollten auch ohne Übersetzung verständlich sein, wobei letztlich nur zu beachten ist, dass die Stärke in beiden Gruppen von oben nach unten zunimmt und die Steigerung von 'medium' nach 'demi' kontinuierlich fortgesetzt wird.

Bei den letzten beiden Kennungen (Varianten und Weiten) wäre eine Übersetzung nur sinnvoll, wenn sie in die typografischen Fachbegriffe erfolgte, die im Deutschen aber nicht oder nicht voll den angeführten Klassifizierungen entsprechen. Bei der Ausdehnungskennung wird zwischen *narrow* und *expanded* mit der Zusatzangabe (automatic) und *condensed* und *extended* mit der Zusatzangabe (by hand) unterschieden. Damit ist Folgendes gemeint: In PostScript kann die Stauchung und Dehnung der Zeichen eines vorgegebenen Zeichensatzes mit dem Operator scale automatisch erfolgen. Solche gedehnten oder gestauchten Zeichensätze sollten mit '`n`' bzw. '`e`' gekennzeichnet werden. Andere Zeichensätze, wie z. B. alle mit METAFONT erzeugten, verlangen entsprechende manuelle Vorgaben in ihren Quellenfiles. Sie sollen deshalb mit '`c`' bzw. '`x`' markiert werden.

Ist die Variantenkennung '`r`' und die Ausdehnungskennung ebenfalls '`r`', so können beide entfallen. Die Variantenkennung '`s`' für serifenlose Schriften ist nur für Schrifttypen zu verwenden, die sowohl Serifen-Zeichensätze als auch serifenlose Zeichensätze unter der gleichen Schrifttypkennung bereitstellen. Schrifttypen, wie z. B. Helvetica, deren Zeichensätze ausschließlich serifenlos sind, sind mit der

Variantenkennung 'r' zu kennzeichnen. Mit der Kennung 'a' für *alternate* werden solche PostScript-Schriften markiert, die gegenüber Schriften gleichen Namens Ausschmückungen und zusätzliche Ligaturen enthalten. Die Variante 'x' für *expert* ist für PostScript-Schriften gedacht, deren Zahlen in alter Form als 123456789 erscheinen und die eigenständige Kapitälchen enthalten.

Einige PostScript-Schriften verlangen mehrfache Variantenkennungen, wie z. B. "Stone Informal Italic". Dies erfordert mehrere Variantenkennbuchstaben, deren Reihenfolge dann so zu wählen ist, dass der letzte Kennbuchstabe nicht mit einem gleichen Buchstaben für die Ausdehnung übereinstimmt. Für das genannte Beispiel käme damit `pstni` in Betracht, weil 'i' als Weitenkennung nicht existiert. Die Auswahl `pstin` würde dagegen das letzte 'n' als Weitenkennung `narrow` suggerieren.

Die 35 Adobe-Firmware-Zeichensätze

Kurz-Name	vollständiger PostScript-Schriftname	Kurz-Name	vollständiger PostScript-Schriftname
`pagk`	AvantGarde-Book	`phvrrn`	Helvetica-Narrow
`pagko`	AvantGarde-BookOblique	`phvron`	Helvetica-NarrowOblique
`pagd`	AvantGarde-Demi	`pncb`	NewCenturySchbk-Bold
`pagdo`	AvandGarde-DemiOblique	`pncbi`	NewCenturySchbk-BoldItalic
`pbkd`	Bookman-Demi	`pncri`	NewCenturySchbk-Italic
`pbkdi`	Bookman-DemiItalic	`pncr`	NewCentury-Roman
`pbkl`	Bookman-Light	`pplb`	Palatino-Bold
`pbkli`	Bookman-LightItalic	`pplbi`	Palatino-BoldItalic
`pcrb`	Courier-Bold	`pplri`	Palatino-Italic
`pcrbo`	Courier-BoldOblique	`pplr`	Palatino-Roman
`pcrr`	Courier	`psyr`	Symbol
`pcrro`	Courier-Oblique	`ptmb`	Times-Bold
`phvb`	Helvetica-Bold	`ptmbi`	Times-BoldItalic
`phvbo`	Helvetica-BoldOblique	`ptmi`	Times-Italic
`phvbrn`	Helvetica-NarrowBold	`ptmr`	Times-Roman
`phvbon`	Helvetica-NarrowBoldOblique	`pzcmi`	ZapfChancery-MediumItalic
`phvr`	Helvetica	`pzdr`	ZapfDingbats
`phvro`	Helvetica-Oblique		

5.2.4 Virtuelle Zeichensätze

Bei der TeX- oder LaTeX-Bearbeitung eines beliebigen Textes werden für die angeforderten Schriften nur die `.tfm`-Zeichensatzfiles[2] mit den metrischen Informationen über den jeweiligen Zeichensatz benutzt. Diese Informationen stehen im `.tfm`-File in sehr komprimierter Form, die nur maschinenlesbar ist. Für jedes erlaubte Eingabezeichen entnimmt TeX aus einer internen Tabelle, wo dieses Zeichen innerhalb des Zeichensatzes positioniert ist, d. h., welchem internen Zahlenkode das Zeichen zugeordnet ist. Diese Kodetabelle wird bei der IniTeX-Bearbeitung in das Formatfile eingebunden und bezieht sich gewöhnlich auf die Kodierungen der `cm`- und/oder der `dc`-Zeichensätze. Die `.tfm`-Files können mit dem TeX-Hilfswerkzeug **tftopl** les- und interpretierbar gemacht werden [5c, Anh. B.3.4]. Die hiermit erzeugten Files mit den gleichen Grundnamen und dem Anhang `.pl` (property list) können mit jedem Texteditor gelesen und durchmustert werden.

---

[2] Die `.tfm`-Files enthalten für die Zeichen des Zeichensatzes die Abmessungen ihrer *Zeichenboxen*, also ihrer Höhe über und evtl. der Tiefe unter der Grundlinie sowie deren Breite. Bei kursiven oder geneigten Zeichensätzen wird jedes Zeichen zusätzlich durch die sog. Italic-Korrektur ergänzt [5a, 3.5.1.4]. Bestimmte Zeichenkombinationen werden als Ligatur bereitgestellt, während bei anderen die Zeichen zusätzlichen positiven oder negativen Abstand zwischen ihren Zeichenboxen erhalten. Solche Zeichenkombinationen werden im `.tfm`-File durch eine Ligatur- und Abstandstabelle (Kerning) gekennzeichnet. Schließlich enthält ein `.tfm`-File noch die Entwurfsgröße (`DESIGNSIZE`) sowie mindestens noch den Neigungsfaktor, den natürlichen Wortabstand, dessen maximalen Dehn- und Schrumpfwert, die x-Höhe und die em-Weite für den betrachteten Zeichensatz.

Die `.tfm`-Files enthalten keinerlei Information über die grafischen Muster der Zeichen des verwendeten Zeichensatzes. Diese ist für die TEX- oder LATEX-Bearbeitung auch irrelevant. Dort werden die Zeichen eines Absatzes mit ihren grafisch leeren Zeichenboxen nebeneinander gestellt, wobei gewisse Zeichenkombinationen durch eine Ligaturzeichenbox ersetzt oder durch positiven oder negativen Zusatzzwischenraum ergänzt werden. Diese Kette nebeneinander stehender Zeichenboxen eines Absatzes wird dann nach den TEX-Regeln in Zeilenboxen umbrochen.

Die grafischen Muster der Zeichen eines Zeichensatzes werden erst bei der Druckausgabe oder beim Preview benötigt. Dies kann mit einem ladbaren Druckerzeichensatzfile oder einem fest im Drucker vorgegebenen Zeichensatz geschehen. Ein ladbarer oder fester Zeichensatz hat denselben Grundnamen wie das zugehörige `.tfm`-File, wobei die Zeichenpositionierung, also der interne Zahlenkode für die einzelnen Zeichen, im `.tfm`-File und im Druckerzeichensatz übereinstimmen. Eine solche Kombination aus `.tfm`-File und Druckerzeichensatz soll als *realer* Zeichensatz bezeichnet werden.

Ein *virtueller* Zeichensatz verfügt über ein `.tfm`-File, aus dem TEX an den erwarteten Positionen (cm- oder ec-Kodierung) die metrischen Informationen entnimmt und wie bei einem realen Zeichensatz zur Textformatierung benutzt. Ein gleichnamiger Druckerzeichensatz fehlt dagegen. Stattdessen gibt es ein File mit dem gleichen Grundnamen und dem Anhang `.vf`. Es enthält die Informationen, aus denen der Druckertreiber entnehmen kann, wo die einzelnen Zeichen des virtuellen `.tfm`-Files zu finden oder wie sie ggf. zu konstruieren sind.

Die Information eines `.vf`-Files ist, ähnlich wie bei `.tfm`-Files, in sehr komprimierter Form abgelegt, so dass `.vf`-Files nur maschinenlesbar sind. Ab TEX 3.0 gibt es das Hilfsprogramm **vftovp**, das ein `.vf`-File in ein File mit dem gleichen Grundnamen und dem Anhang `.vpl` (virtual property list) umwandelt und damit für den Anwender les- und interpretierbar macht [5c, Anh. B.3.5]. Der Strukturumfang der `.vf`- bzw. `.vpl`-Files ist eine Obermenge derjenigen aus den `.tfm`- bzw. `.pl`-Files.

Ein `.vpl`-File enthält gegenüber dem `.pl`-File mindestens die zusätzliche Struktur

`(MAPFONT D 0 (FONTNAME )`*z_satz_0*`))` und evtl. weitere
`(MAPFONT D 1 (FONTNAME )`*z_satz_1*`))` ...

worin *z_satz_n* für die Grundnamen realer Zeichensätze steht. Ein `.pl`-File enthält für jedes Zeichen die Gruppe

`(CHARACTER` *c z* `(CHARWD` *c w*`)(CHARHT` *c h*`)...)`

worin *c* für `C`, `D`, `O`, `H` oder `R` steht, womit das nachfolgende Argument *z* als ASCII-Zeichen (`C`), ganze positive Zahl $0, \ldots, 255$ (`D`), Oktalzahl $< 2^{32}$ (`O`), Hexadezimalzahl $< 2^{32}$ (`H`) oder als positive oder negative Dezimalzahl, deren Absolutbetrag kleiner als 2048 ist (`R`), interpretiert wird. Als Maßeinheit für die Zahlenangaben *w* und *h* bei `CHARWD` (Zeichenbreite) bzw. `CHARHT` (Zeichenhöhe) gilt die Entwurfsgröße (`DESIGNSIZE`). Weitere Angaben für die Zeichenbox könnten sein `CHARDP` (Zeichentiefe) und `CHARIC` (Italic Korrektur). Fehlen diese, so werden sie als Null vorausgesetzt. Das 'A' im Times-Roman-Zeichensatz wird im zugehörigen `.pl`-File mit `(CHARACTER C A (CHARWD R 0.722) (CHARHT R 0.668))` charakterisiert. TEX entnimmt hieraus als Weite 7.22 pt und als Höhe über der Grundlinie 6.68 pt, da die Entwurfsgröße im `.pl`- und ebenso im `.tfm`-File (`DESIGNSIZE`) mit 10 pt vorgegeben ist. Das entsprechende `.vpl`-File wiederholt diese Zeichenvorgaben und ergänzt sie durch

`(CHARACTER` *c z* `(CHARWD` *c w*`)(CHARHT` *c h*`) ...`
`(MAP (SELECTFONT D` *n*`)(SETCHAR` *c z'*`)))` oder auch nur
`(CHARACTER` *c z* `(CHARWD` *c w*`)(CHARHT` *c h*`) ... (MAP (SETCHAR` *c z'*`)))`

Bei der ersten Form wird das angeforderte Zeichen *z* aus dem virtuellen Zeichensatz durch das Zeichen *z'* aus dem mit `(MAPFONT D` *n* `(FONTNAME )`*z_satz_n*`))` als *n* gekennzeichneten realen Zeichensatz *z_satz_n* realisiert. Bei der zweiten Form, in der die Angabe `(SELECTFONT D` *n*`)` entfällt, wird der mit `(MAPFONT D 0 (FONTNAME` *z_satz_0* `))` vorgegebene reale Zeichensatz gewählt.

Mit dieser Darstellung sollte dem Leser das Prinzip eines virtuellen Zeichensatzes deutlich geworden sein, auch wenn virtuelle Zeichensätze viele weitere Möglichkeiten zu ihrer Realisierung erlauben. Falls beim Anwender die Quellenfiles eines TEX-Gesamtsystems und das ausführbare Programm weave existieren, möge er mit dem Aufruf `weave vptovf` das File `vptovf.tex` erzeugen, dessen anschließende TEX-Bearbeitung alle Möglichkeiten und die Syntax der virtuellen Zeichensätze dokumentiert. Ansonsten verweise ich für eine Vertiefung auf [5c, Anh. B.3.6].

Als weiteres Beispiel für die Möglichkeiten virtueller Files gebe ich einen Auszug aus `ptmr.vf`, dem virtuellen File für die PostScript-Times-Roman-Schrift in cm-Kodierung (OT1) von S. RAHTZ wieder. Die cm-Roman-Zeichensätze enthalten an den Stellen '0–'12 (oktal) die großen griechischen Buchstaben, die im PostScript-Zeichensatz fehlen. Es gibt unter den 35 PostScript-Standardschriften den Zeichensatz Symbol, der u. a. griechische Großbuchstaben enthält. Das File `ptmr.vpl` enthält deshalb (bei einer vorangegangenen Version)

```
(MAPFONT D 0 (FONTNAME ptmr0) (FONTDSIZE R 10.0) ... )
(MAPFONT D 1 (FONTNAME psyr) (FONTDSIZE R 10.0) ... )
```

Hierin stehen `ptmrr0` und `psyr` für die PostScript-Originalschriften 'Times-Roman' und 'Symbol', die dem dvips-Treiber unter diesen Kurznamen mit dem File `psfonts.map` bekannt gemacht werden. Die Angabe `(FONTDSIZE R 10.0)` hätte entfallen können, da dies auch deren Standardvorgabe ist. Sie bezieht sich auf die Entwurfsgröße (`DESIGNSIZE`) der Originalschriften, die in `ptmr8r.tfm` und `psyr.tfm` ebenfalls mit 10 pt vorgegeben sind.

Das obige `.vpl`-Original enthält an den mit `...` gekennzeichneten Stellen noch die Vorgaben `(FONTCHECKSUM O` *nnn*`)` und `(FONTAT R 1.0)`, die ebenfalls nur Standardvorgaben wiederholen, nämlich die Prüfsummen der Original-`tfm`-Files bzw. den Skalierungsfaktor 1.0. Letzterer bekommt dann Bedeutung, wenn der referierte Zeichensatz abweichend von 1.0 skaliert werden soll.

Mit diesen Vorgaben nimmt der virtuelle Zeichensatz dann Bezug auf die Zeichen '0–'12:

```
(CHARACTER O 0 (CHARWD R 0.603) (CHARHT R 0.682)
   (MAP (SELECTFONT D 1) (SETCHAR C G)))
. . . . . . . . . . . . . . . . . . . . . . . . .
(CHARACTER O 12 (CHARWD R 0.768) (CHARHT R 0.682)
   (MAP (SELECTFONT D 1) (SETCHAR C W)))
```

Diese Zuordnungen bedürfen nach dem Hinweis, dass in dem mit `(SELECTFONT D 1)` referierten Zeichensatz `psyr` an den mit 'G' bzw. 'W' angesprochenen Stellen die griechischen Buchstaben Γ bzw. Ω stehen, keiner weiteren Erläuterung.

Die cm-Roman-Zeichensätze enthalten an den Stellen '13–'17 die Ligaturen ff, fi, fl, ffi und ffl. PostScript-Times-Roman kennt als eigenständige Ligaturen dagegen nur fi und fl, und diese befinden sich dort auf den Plätzen '256 und '257. Der virtuelle Zeichensatz löst dieses Problem folgendermaßen. Zunächst enthält er die Ligaturtabelle

```
(LIGTABLE (LABEL O 13) (LIG C i O 16) (LIG C l O 17) ... (STOP) ...
    (LABEL C f) (LIG C i O 14) (LIG C f O 13) (LIG C l O 15) ... )
```

die mit der zweiten Zeile besagt: Wenn auf ein f ein i folgt, so sollen beide Buchstaben durch das Zeichen von Position '14 ersetzt werden – und weiter: Wenn auf ein f ein weiteres f folgt, so sollen beide durch das Zeichen von Position '13 ersetzt werden, usw. Aus der ersten Zeile folgt: Wenn auf das Zeichen aus Position '13 ein i oder l folgt, so sollen beide Kombinationen durch das Zeichen aus Position '16 bzw. '17 ersetzt werden.

Der PostScript-Times-Roman-Zeichensatz enthält an den Stellen '13–'17 aber gar keine Zeichen. Der virtuelle Zeichensatz erklärt deshalb:

```
(CHARACTER O 13 (CHARWD R 0.641)(CHARHT R 0.682)
   (MAP (SETCHAR C f)(MOVERIGHT R -0.025)(SETCHAR C f)))
(CHARACTER O 14 (CHARWD R 0.556)(CHARHT R 0.682)(MAP (SETCHAR O 256)))
(CHARACTER O 15 (CHARWD R 0.556)(CHARHT R 0.682)(MAP (SETCHAR O 257)))
(CHARACTER O 16 (CHARWD R 0.864)(CHARHT R 0.682)
   (MAP (SETCHAR C f)(MOVERIGHT R -0.025)(SETCHAR O 256)))
```

Das auf der Position '13 angeforderte Zeichen wird durch ein f aus dem Standardsatz (`MAPFONT D 0`), also aus `ptmr0` realisiert. Anschließend wird es um 0.25 pt nach links zurückpositioniert (wegen der negativen Angabe in `(MOVERIGHT R -0.025)`) und dort ein weiteres f ausgegeben, womit die zwei enggestellten f die ff-Ligatur aus cm-Roman nachbilden.

Das Zeichen auf '14 wird durch '256 aus `ptmr0` realisiert, also durch die Ligatur fi aus Times-Roman, die nunmehr aber unter Position '14 wie bei cm-Roman angesprochen wird. Das Gleiche gilt für '15 bezüglich der Ligatur fl. Das Zeichen auf Position '16 wird durch das enger gestellte Zeichenpaar f und fi als ffi realisiert. Die entsprechende `.vpl`-Angabe für ffl kann vom Leser leicht nachvollzogen werden.

Ein virtueller Zeichensatz kann grafische Linienanweisungen enthalten. So gibt es in den meisten PostScript-Zeichensätzen kein punktloses ȷ, wie es im cm-Roman-Zeichensatz auf Platz '21 erscheint. Der virtuelle Zeichensatz `ptmr.vpl` enthält hier

```
(CHARACTER O 21 (CHARWD R 0.278)(CHARHT R 0.455)(CHARDP R 0.2165)
   (MAP (MOVEDOWN R 0.218)(SETRULE R 0.678 R 0.278)(MOVEUP R 0.218)
        (SPECIAL Warning: missing glyph 'dotless j')))
```

Die Eingabe von `\j`, die bei den cm-Schriften zur Ausgabe des punktlosen ȷ führt, erzeugt mit dem gleichen Aufruf für Times-Roman nunmehr ▮, also ein schwarzes Rechteck von den Abmessungen des fehlenden Zeichens. Gleichzeitig erfolgt die Bildschirmwarnung "Warning: missing glyph 'dotless j' ".

Über den `SPECIAL`-Eintrag können in einem virtuellen Zeichensatz sogar PostScript-Befehle weitergereicht werden. Mit der alternativen Angabe

```
(CHARACTER O 21 (CHARWD R 0.278)(CHARHT R 0.455)(CHARDP R 0.2165)
   (MAP (PUSH)(SETCHAR C j)(POP)(SPECIAL " 1 setgray
        1.25 6.25 1.25 0 360 arc fill)))
```

würde der reale Punkt über dem j aus dem Times-Roman-Zeichensatz entfernt (mit weißer Farbe wegen `1 setgray` überdeckt) ȷ. Mit `(PUSH)` werden die aktuellen Koordinaten der laufenden Seitenposition abgespeichert, also des Bezugspunktes *vor* der Ausgabe des j. Nach der Ausgabe des j wird mit `(POP)` die abgespeicherte Koordinatenposition wiederhergestellt. Bezogen auf diesen Koordinatenpunkt wird nun ein Vollkreis mit dem Radius 1.25 pt, dessen Mittelpunkt um 6.25 pt nach oben und 1.25 pt nach rechts versetzt ist, mit weißer Farbe gefüllt, womit der ursprüngliche Punkt unsichtbar wird.

Das Beispiel sollte nur zeigen, was mit einem virtuellen Zeichensatz möglich wird. Für die praktische Anwendung hat es einen gravierenden Mangel. Soll ein Akzent über dem punktlosen ȷ angebracht werden (und nur dafür wird es benötigt), z. B. für `\H{\j}` als ȷ̋ (s. [5a, 2.5.7]), so gibt TeX zunächst den Akzent aus und setzt anschließend das j darunter. Erst danach wird der Punkt und damit auch der Akzent mit dem weiß gefüllten Kreis überdeckt. Eine bessere Lösung stammt von SEBASTIAN RAHTZ und ist in [22, Vol. 14#3, S. 281] abgedruckt.

Die Ligaturtabellen der virtuellen Zeichensätze enthalten neben den eigentlichen Ligaturanweisungen mit `(LABEL` $c\ z$ `(LIG` $c\ z'\ \ c\ z''$`)...)`, deren Wirkung bereits oben erläutert wurde, meistens auch noch `(LABEL` $c\ z$ `... (KRN` $c\ z'$ `R` k'`)(KRN` $c\ z''$ `R` k''`) ...)`. Die Wirkung ist: Folgt auf das Zeichen z ein z', so wird zwischen ihnen Leerraum vom Betrag k' eingefügt, folgt ein z'', so wird Leerraum vom Betrag k'' eingefügt, usw. Der Dezimalbruch k, dem ein $+$ oder $-$ vorangestellt werden darf, bezieht sich auf die Entwurfsgröße. Damit führt `(LABEL C V ... (KRN C A R -0.135) ...))` bei der Eingabe von V, gefolgt von einem A, zu VA, während beide Buchstaben mit ihrer natürlichen Weite VA ergeben würden. Der Normalabstand wurde wegen des negativen Vorzeichens und der Entwicklungsgröße von 10 pt um 1.35 pt verkleinert.

Die Ligaturanweisung `(LIG` $z'\ \ z''$`)` kennt noch die Varianten `/LIG`, `LIG/`, `/LIG/`, `/LIG>`, `LIG/>`, `/LIG/>` und `/LIG/>>`, jeweils mit den nachgestellten Folge- und Ersetzungszeichen z' und z''. Die Bedeutung dieser Variationen kann den äquivalenten Ligaturanweisungen aus METAFONT in Kap. 8 auf S. 489 entnommen werden. `.vpl`-Files enthalten häufig die Struktur `(COMMENT` $xxx\ yyy$`...)`. Dies ist reiner Kommentar, der im virtuellen Zeichensatz ohne Wirkung bleibt.

5.2.5 Beispiel für benutzerspezifische virtuelle Zeichensätze

Ein Anwendungsfeld für benutzerspezifische virtuelle Zeichensätze könnte sich aus folgender Situation ergeben: Auf dem eigenen PC ist TeX installiert, z. B. mit dem emTeX-Paket. Ein PostScript-fähiger Drucker oder Previewer fehlt dagegen bei der häuslichen Anlage. Der Eingabetext soll unter Verwendung von PostScript-Schriften LaTeX-bearbeitet werden. Dies verlangt lediglich, dass die `.tfm`- und `.vf`-Files der PostScript-Schriften, zusammen mit den passenden Ergänzungspaketen, z. B. `times.sty` (s. 5.1.2) auf dem eigenen PC einzurichten sind. Damit entsteht als TeX- oder LaTeX-Bearbeitungsergebnis das `.dvi`-File mit den entsprechenden Zeichensatzanforderungen. Dieses kann jedoch nicht auf dem eigenen Drucker oder als Preview auf dem Bildschirm ausgegeben werden.

Wurde auf dem eigenen PC zusätzlich **dvips** installiert, dann können damit auch die PostScript-Ausgabefiles erstellt werden, die, auf Disketten kopiert, dann auf einer professionelleren Anlage ausgedruckt oder an eine Verlagsdruckerei zur endgültigen Produktion versandt werden. In einer solchen Situation wird man sich wünschen, zumindest einen ungefähren Ausdruck auf dem eigenen einfachen Nadel- oder Laserdrucker zu erhalten sowie als Preview darstellen zu können. Dies wird mit eigenen virtuellen Zeichensätzen leicht möglich.

Als Beispiel gehe ich von der Verwendung des Ergänzungspakets `times.sty` aus. Mit LaTeX 2_ε führt dies zur Verwendung der Times-Roman-Schriften für das `cmr`-Familienattribut, Helvetica für `cmss` und Courier für `cmtt`. Die internen Schriftnamen können mit den Hinweisen aus 5.2.3 leicht ermittelt werden. Für die angeforderten PostScript-Schriften sind zunächst die zugehörigen `.tfm`- und `.vf`-Files in ein eigenes Arbeitsverzeichnis zu kopieren. Anschließend erfolgt aus diesem Arbeitsverzeichnis der Aufruf `vftovp` *schrift*, z. B. `vftovp ptmr`.

Damit werden aus den `.tfm`- und `.vf`-Files zusätzlich die zugeordneten `.vpl`-Files wie z. B. `ptmr.vpl` erzeugt. Diese Files sind nun mit dem Editor zu überarbeiten. Die dortigen Anweisungen

`(MAPFONT D 0 (FONTNAME ptmr) ... )`	und
`(MAPFONT D 1 (FONTNAME psyr) ... )`	sind zu entfernen und durch
`(MAPFONT D 0 (FONTNAME cmr10) ...)`	zu ersetzen.

Außerdem sind alle `CHARACTER`-Anweisungen in

`(CHARACTER` *c z* `... (MAP (SETCHAR` *c z*`))`

zu vereinfachen, wobei die jeweiligen Angaben *c z* nach `CHARACTER` und `SETCHAR` nunmehr übereinstimmen. Wichtig ist, dass alle Angaben für `CHARWD`, `CHARHT`, `CHARDP` und `CHARIC` unverändert bleiben. Je nach Herkunftsquelle der `.tfm`- und `.vf`-Files muss evtl. auch die Ligaturtabelle überarbeitet werden. Für die cm- bzw. ec-kodierten (OT1 bzw. T1) PostScript-Zeichensätze von SEBASTIAN RAHTZ ist dies nicht erforderlich. Die dortigen Ligaturtabellen können übernommen werden. Entsprechende Überarbeitungen sind für alle `.vpl`-Files vorzunehmen, wobei Helvetica durch `cmss10` und Courier durch `cmtt10` zu ersetzen sind.

Nach der Überarbeitung der `.vpl`-Files werden mit dem inversen Programm **vptovf** durch die Aufrufe `vptovf` *schrift* neue `.tfm`- und `.vf`-Files erzeugt, wobei die `.tfm`-Files wegen der unveränderten Maßangaben in ihrer Metrik erhalten bleiben. Die Treiber aus dem emTeX-Paket können virtuelle Zeichensätze verarbeiten. Mit ihnen können die PostScript-formatierten `.dvi`-Files auf dem lokalen Drucker bzw. als Preview ausgegeben werden. Die hierbei verwendeten Zeichen aus den zugeordneten cm-Schriften erscheinen dabei häufig zu eng nebeneinander stehend oder zu weit auseinander gezogen, da sie so positioniert werden, wie es für die entsprechenden Zeichen aus den PostScript-Schriften korrekt wäre. Für einen Probeausdruck und ein evtl. Korrekturlesen mag das aber akzeptabel sein.

Als vollwertige, aber kostenträchtige Alternative könnten die PostScript-Schriften als Software-Versionen in Betracht gezogen werden. Aus ihnen können mit dem in 5.4.1 vorgestellten Programm **ps2pk** herkömmliche `.pk`-Files erzeugt werden, die dann auf einfachen Druckern mit dem zugehörigen DVI-Treiber zu nutzen sind.

5.2.6 Das Programm afm2tfm

Anwender bei denen nur die 35 PostScript-Standardzeichensätze aus der Druckerfirmware eines PostScript-Druckers genutzt werden, können diesen Unterabschnitt zunächst überspringen, da alle hierfür erforderlichen TEX-Metrik-Zeichensätze mit der Installation des dvips-Pakets bereitgestellt werden. Für ein vertieftes Verständnis bei der Nutzung von PostScript-Zeichensätzen sollte es jedoch zu einem späteren Zeitpunkt nachgearbeitet werden, da es weitere Nutzungsmodifikationen vorstellt und solche bei Bedarf möglich macht.

Zu jedem PostScript-Zeichensatz gibt es ein File mit PostScript-spezifischen metrischen Informationen für den jeweiligen Zeichensatz. Auf der CD TeX Live 6b findet man sie unter `./texmf/fonts/afm` mit einer weiteren Unterstruktur. Die PostScript-Metrikfiles stehen dort unter Filenamen der Namenskurzform gemäß 5.2.3, an die sich die Zeichengruppe `8a.afm` anschließt, zur Verfügung, z. B. `ptmr8a.afm` für die Times-Roman-Standardschrift. Die Anhangskennung `.afm` steht für "Adobe Font Metric", die gewissermaßen das Pendant zur "TEX Font Metric" ist. Die PostScript-Metrikfiles sind lizenzfrei. Sie können bei Bedarf von den TEX-Fileservern abgerufen werden.

Zur Nutzung durch TEX und LATEX müssen die metrischen Informationen der PostScript-Zeichensätze als `.tfm`-Files bereitgestellt werden. Da Zeichenumfang und Anordnung der Zeichen innerhalb der PostScript-Zeichensätze von der für TEX erwarteten Form abweichen, ist, wie in 5.1.1 beschrieben, ein `.tfm`- und ein `.vf`-File für einen virtuellen PostScript-Zeichensatz bereitzustellen, so als enthielte dieser an den von TEX erwarteten Stellen die entsprechenden Zeichen der `cm`- oder `ec`-Zeichensätze. Zusätzlich sind `.tfm`-Files für die realen PostScript-Zeichensätze vorzuhalten.

Diese Files können aus den metrischen PostScript-Files mit dem Programm afm2tfm erzeugt werden. Der Bearbeitungsaufruf erfolgt gewöhnlich in der Form

`afm2tfm` *afm_file* [*zus_opt*] `-v` *virt_file r_tfm_file*

Hier steht *afm_file* für den Grundnamen des metrischen PostScript-Files, z. B. `ptmr8a`. Die wichtigsten Zusatzoptionen *zus_opt* werden mit ihrer Syntax im Anschluss vorgestellt. Der Grundname für den virtuellen Zeichensatz wird mit *virt_file* vorgegeben und *r_tfm_file* steht für den Grundnamen des `.tfm`-Files für den realen PostScript-Zeichensatz, der auch als *rohes* (engl. *raw*) `.tfm`-File bezeichnet wird.

Mit diesem Aufruf entstehen zwei Files mit den Namen *virt_file*`.vpl` und *r_tfm_file*`.tfm`. Das erste File enthält die sog. *virtuelle Eigenschaftenliste* (engl. *virtual property list*), deren Hauptstrukturen in 5.2.4 vorgestellt wurden. Mit

`vptovf` *virt_file* oder allgemeiner `vptovf` *vpl_file vf_file tfm_file*

entstehen die Files *virt_file*`.vf` und *virt_file*`.tfm` bzw. bei der allgemeineren Aufrufform die mit *vf_file* und *tfm_file* explizit vorgegebenen vollständigen Namen, wobei *vpl_file* der vollständige Name des Files mit der virtuellen Eigenschaftenliste ist. Waren z. B. mit dem Aufruf

```
afm2tfm ptmr8a -v ptmr rptmr
```

die Files `ptmr.vpl` und `rptmr.tfm` erzeugt worden, so entsteht mit dem anschließenden Aufruf

```
vptovf ptmr.vpl ptmr.vf ptmr.tfm
```

das virtuelle Zeichensatzpaar `ptmr.vf` und `ptmr.tfm`. Wie bereits in 5.1.1 erwähnt, enthält das `dvips`-Paket von TOMAS ROKICKI für die 35 Adobe-Standardschriften sowie weitere PostScript-Softwareschriften die erforderlichen virtuellen und rohen `.tfm`- und zugehörigen `.vf`-Files unter der Voraussetzung der cm-Standardkodierung. Für diese rate ich von einer eigenständigen Erzeugung ab, da die beigefügten Files durch eine Feinkorrektur der internen `.vpl`-Files verbessert wurden, was mit der formalen Behandlung in der vorstehend beschriebenen Form nicht geschieht.

Wie bereits oben erwähnt, unterscheiden sich die PostScript-Zeichensätze im Umfang und in der Anordnung der Zeichen von der von TEX erwarteten Zeichenanordnung entsprechend der TEX-Computer-Modern-Zeichensätze. Dies erfordert eine wechselseitige Zuordnung bei der Druckausgabe des LATEX-DVI-Ausgabefiles und der endgültigen Druckausgabe für die angeforderten PostScript-Zeichensätze.

Mit dem vorstehenden `afm2tfm`-Aufruf erfolgt diese wechelseitige Zuordnung zwischen der TEX-Standardpositionierung und den zugehörigen Adobe-Positionierung über deren `afm`-Files automatisch. Die Zeichenanordnung innerhalb der einzelnen Zeichensätze wird in der TEX- und PostScript-Literatur auch als deren Kodierung bezeichnet. Den Vorgang der wechselseitigen Umpositionierung wird deshalb im weiteren Verlauf dieser Erläuterung als Dekodierung bezeichnet. Die mit dem obigen `afm2tfm`-Aufruf vorgenommene Standarddekodierung kann durch weitere Optionsangaben vom Anwender auch gezielt und nach seinen Wünschen gesteuert werden.

Mit den Optionskennungen `-t`, `-p` bzw. `-T`, jeweils gefolgt von dem Filenamen eines so genannten Dekodierfiles *decode_file* als Zusatz zu dem oben vorgestellten `afm2tfm`-Aufruf erfolgt eine Umkodierung, und zwar mit

- `-t` *decode_file* so, als seien die Positionsangaben im DVI-File entsprechend den Vorgaben aus *decode_file* vorgenommen worden, während für die Druckausgabe die PostScript-Standardkodierung angesetzt wird,
- `-p` *decode_file* so, dass für die Druckausgabe eine Kodierung der PostScript-Zeichensätze gemäß *decode_file* vorausgesetzt wird, während im DVI-File die TEX-Standardkodierung angesetzt wird,
- `-T` *decode_file* so, als wären beide Optionen `-t` und `-p` mit dem gleichen Dekodierfile gleichzeitig gesetzt.

Bei der 7-bit-TEX-Standardkodierung besteht jeder Zeichensatz aus 128 Zeichen, die auf den Positionen 0 bis 127 angeordnet sind. Die erweiterten TEX-EC- oder TEX-DC-Zeichensätze enthalten 256 Zeichen, deren Positionen mit 0 bis 255 bestimmt sind. Bei den PostScript-Zeichensätzen können die Zeichenpositionen umgestellt werden, da dort jedes Zeichen gleichzeitig auch durch einen eindeutigen Zeichennamen gekennzeichnet wird. Für die Groß- und Kleinbuchstaben sind deren Zeichennamen mit den zugehörigen Buchstaben und einem vorangestellten Schrägstrich identisch, wie `/A` oder `/s`. Die Zeichenamen der Ziffern von 0 bis 9 lauten `/zero`, `/one` bis `/nine`. Alle anderen Zeichennamen sind teilweise Abkürzungen ihrer englischen Bezeichnungen wie `/question` und `/exclam` für das Fragezeichen bzw. das Ausrufzeichen.

Ein Dekodierfile besteht aus der Zuordnung der PostScript-Zeichennamen zu den zugehörigen Zeichenpositionen in Form einer Auflistung von genau 256 PostScript-Zeichennamen, wobei der erste Namenseintrag der Position 0, der n-te Namenseintrag der Position $n-1$ und der letzte Namenseintrag der Position 255 zugeordnet ist. Ein Dekodierfile kann weitere Informationen über eventuelle Ligaturen und Zeichensonderabstände (Kerning) enthalten. Für das Verständnis zur Nutzung von `afm2tfm` werden weitere Kenntnisse über den Aufbau von Dekodierfiles nicht benötigt. Für solche Kenntnisse verweise ich auf Abschnitt 6.3.1.5 mit dem Titel "Encoding file format" aus der dvips-Originaldokumentation.

TOMAS ROKICKI hat dem dvips-Paket unter dem Unterverzeichnis `./reencode` einige Dekodierfiles beigefügt, die alle mit dem Namensanhang `.enc` gekennzeichnet sind. So enthält `extex.enc` die Dekodieranweisungen, mit denen die virtuellen `.tfm`- und `.vf`-Files für die PostScript-Zeichensätze entsprechend der erweiterten TEX-Kodierung von Cork weitgehend erzeugt werden können. Als alternative Dekodierfiles werden hierfür auch `dc.enc` und `ec.enc` angeboten.

Für eine LATEX 2ε-Installation mit dem Standard der erweiterten Zeichensatzkodierung von Cork können die erforderlichen rohen und virtuellen `.tfm`- und `.vf`-Files damit durch den Programmaufruf

`afm2tfm` *afm_file* `-T extex.enc -v` *virt_file r_tfm_file*

erzeugt werden, worin `extex.enc` auch durch `ec.enc` oder `dc.enc` ersetzt werden kann. Die Angaben für *afm_file*, *virt_file* und *r_tfm_file* entsprechen den vorangegangenen Namensvorschlägen.

Ein Blick in das File `psfonts.map` lässt die Filenamen erkennen, für die der vorstehende Bearbeitungsaufruf erforderlich wird. Das File enthält, neben weiteren, 35 Zeilen, die nur aus den zwei Grundnamen mit der Bedeutung

r_tfm_file afm_file z. B. `rpagko AvantGarde-BookOblique`

bestehen. Für das angeführte Beispiel lautet der Bearbeitungsaufruf dann

`afm2tfm pagko8a -T extex.enc -v pagko rpagko` und
`vptovf pagko.vpl pagko.vf pagko.tfm`

Die Grundnamen für die virtuellen `.tfm`- und `.vf`-Files entstehen aus *r_tfm_file* durch Fortlassen des ersten Buchstabens `r`. Nach Erzeugung eines solchen Filetrios ist die entsprechende Zeile in `psfonts.map` durch den Zusatz `"ExtEncoding ReEncodeFont" <extex.enc` zu ergänzen, dort also

```
rpagko AvantGarde-BookOblique "ExtEncoding ReEncodeFont" <extex.enc
```

einzusetzen. Soweit die `.afm`-Files beim Anwender andere Grundnamen als die hier erwähnten tragen, sind jene in den Beispielen einzusetzen.

Die hier vorgestellte Namensempfehlung für die Grundnamen der virtuellen `.tfm`- und `.vf`-Files und der rohen `.tfm`-Files durch ein vorangestelltes `r` bestand bei den anfänglichen dvips-Paketen. Unter diesen Namen sind sie auch immer noch auf den öffentlichen Fileservern sowie auf der CD TEX Live 6b zu finden. Neuerdings sind sie dort durch einsichtigere Filenamen ergänzt worden. So gibt es unter beiden Beschaffungsquellen nun auch die Files mit Namen wie `ptmr8r.tfm` für den rohen Times-Roman-Zeichensatz und die zugehörigen virtuellen Zeichensätze `ptmr7t.tfm` und `ptmr7t.vf` für die 7-bit CM- sowie `ptmr8t.tfm` und `ptmr8t.vf` für die 8-bit EC-PostScript-Zeichensatzäquivalente. Entsprechendes gilt für alle anderen der 35 PostScript-Zeichensätze. Die rohen *pnn*`8r.tfm`-Zeichensätze wurden dabei mittels `afm2tfm` mit dem Dekodierfile `8r.enc` erzeugt.

PostScript-Zeichensätze können geneigt, gedehnt und gestaucht sowie als Kapitälchenschrift gestaltet werden. Beim afm2tfm-Aufruf geschieht dies durch die Optionsangabe:

`-s` *neigung*: Die Zeichen werden um den Dezimalbruch *neigung* geneigt. Ein positiver Wert bedeutet eine Neigung nach rechts, ein negativer eine Neigung nach links. `-s 0.15` meint: Geht man innerhalb eines Zeichens um 1 pt nach oben, so ist das Zeichen in dieser Höhe um 0.15 pt nach rechts verschoben. Mit `-s -0.175` wird das Zeichen entsprechend nach links geneigt. Die jeweilige Neigung bezieht sich auf die Ausgangsschrift. Bei einer *Italic*-Schrift führt die vorstehende Neigungsangabe zu einer nahezu aufrechten Schrift.

`-e` *dehnung*: Der Zahlenfaktor *dehnung* führt für Werte > 1.00 zu einer horizontalen Dehnung, für Werte < 1.00 zu einer horizontalen Stauchung um den vorgegebenen Betrag.

`-c` *kl_skal*: Die Kleinbuchstaben des Zeichensatzes werden durch die um den Skalierungsfaktor *kl_skal* verkleinerten Großbuchstaben ersetzt. Mit `-c 0.75` erscheinen die Kleinbuchstaben als die auf drei Viertel ihrer Sollgröße verkleinerten Großbuchstaben.

`-V`: Kapitälchenschrift mit dem intern vorgegebenen Skalierungsfaktor von 0.8.

Nach dem Aufruf von afm2tfm erscheint auf dem Bildschirm eine Zeile, die genau in dieser Form dem File `psfonts.map` zuzufügen ist:

```
afm2tfm ptmr8a -s .167 -v ptmro rptmro
rptmro Times-Roman ".167 SlantFont"   oder
afm2tfm ptmr8a -e .8 -T ec.enc -v ptmrnq rptmrnq
rptmrnq Times-Roman ".8 ExtendFont ECEncoding ReEncodeFont"<ec.enc
```

Der erste Aufruf führt zur geneigten Times-Roman-Schrift mit dem Neigungsfaktor 0.167. Auf dem Bildschirm erscheint daraufhin die zur Verdeutlichung in kursiver Schreibmaschinenschrift wiedergegebene Zeile. Mit dem zweiten Aufruf wird die Times-Roman-Schrift um den Faktor 0.8 gestaucht und entsprechend dem Dekodierfile `ec.enc` ausgelesen. Die anschließende kursive Zeile ist, gemeinsam mit derjenigen für die geneigte Times-Roman-Schrift, dem File `psfonts.map` zuzufügen. Unter DOS und UNIX kann dies mit dem Umleitungsoperator `>>` durch die vorstehenden Aufrufe in der Form `afm2tfm` *afm* [*opt*] *vpl r_tfm* `>>`[*ps_pfad*]`psfonts.map` automatisch erfolgen.

Sollen die mit afm2tfm erzeugten realen und virtuellen Zeichensätze für eine LaTeX 2_ε-Bearbeitung genutzt werden, so muss für jede aktivierte PostScript-Schriftfamilie *fam* ein Definitionsfile `OT1`*fam*`.fd` für eine äquivalente cm-Kodierung bzw. `T1`*fam*`.fd` für die entsprechende ec-Kodierung eingerichtet werden, deren Fundstätten in 5.1.2 angeführt wurden.

5.2.7 Zeichensatzinstallation mit fontinst

Auf den TeX-Fileservern findet man unter `/tex-archive/fonts/utilities` das Paket fontinst von ALAN JEFFREY, Sussex. Ebenso ist es auf der CD-Buchbeilage enthalten. Es kann als leistungsfähige Alternative zu afm2tfm zur Erstellung der realen und virtuellen Zeichensätze für PostScript-Schriften mit vorgegebener TeX-Kodierung angesehen werden, das gleichzeitig für jede Schriftfamilie die zugehörigen `.fd`-Files erzeugt. Das Programm kann aus vorgegebenen `.afm`- oder `.pl`-Files `.vpl`-Files[3] für jede geforderte Kodiertabelle erzeugen. Das Paket enthält die Informationsvorgaben, um für alle PostScript-Schriften virtuelle Zeichensätze sowohl in OT1- als auch in T1-Kodierung, also entsprechend den cm-TeX-Standardschriften bzw. den erweiterten ec-Schriften, zu erstellen.

Das fontinst-Programm ist als TeX-Makrosatz realisiert, so dass es auf allen Rechnern, auf denen TeX installiert ist, unverzüglich und ohne systemspezifische Anpassungen genutzt werden kann. Das Ausgangsverzeichnis `.../fontinst` gliedert sich in die Unterverzeichnisse `./doc`, `./examples`, `./inputs` und `./source`. Das Verzeichnis `./inputs` ist nochmals in die Unterverzeichnisse `./tex`, `./etx` und `./mtx` gegliedert. Die Files aus `./inputs` sind in das TeX-Eingabeverzeichnis des Anwenders zu kopieren. Benötigt werden mindestens die beiden Stilfiles `fontdoc.sty` und `fontinst.sty` sowie die sog. Metrikfiles mit dem Anhang `.mtx` und die Kodierfiles mit dem Anhang `.etx`.

Auf der beiliegenden CD TeX Live 6b ist das fontinst-Paket zweigeteilt. Seine Dokumentation wird dort unter `./texmf/doc/fontinst` mit den beiden Unterverzeichnissen `./base` und `./examples` angeboten. Unter dem ersten Unterverzeichnis befinden sich die beiden `.pdf`-Files `fisource.pdf` und `fontinst.pdf` sowie das Dokumentationseingabefile `fontinst.tex`. Der Anwender des fontinst-Pakets sollte sich auf jeden Fall das File `fontinst.pdf` auf seinem Drucker ausgeben. Es enthält die englischsprachige Nutzungs- und Inhaltsbeschreibung des Pakets.

Die Makrofiles des Pakets werden auf der CD TeX Live 6b unter `./texmf/tex/fontinst` in den dortigen Unterverzeichnissen `./tex`, `./etx` und `./mtx` angeboten. Sein Inhalt entspricht damit dem obigen Verzeichnis `.../fontinst/inputs` auf den öffentlichen TeX-Fileservern. Das Makrofile `fontinst.sty` ist das eigentliche Arbeitswerkzeug zur Erzeugung der rohen und virtuellen Zeichensätze und der zugehörigen `.fd`-Files.

Auf der CD TeX Live 6b findet man unter `./texmf/source/fontinst` die eigentlichen Quellenfiles als dokumentierte `.dtx`-Makrofiles zusammen mit dem Installationsfile `fontinst.ins`. Aus ihnen könnten die aufbereiteten Makrofiles erstellt werden, wozu jedoch kaum ein Anlass besteht, da Letztere wie oben dargestellt, auf den TeX-Fileservern sowie auf der CD bereits angeboten werden.

Die Nutzung des Makropakets `fontinst.sty` erwartet die Verfügbarkeit der Adobe-Metrikfiles unter den Namen *pnnt*`8a.afm`, worin *pnnt* für die Namensbestandteile der in 5.2.3 vorgestellten Namenskonvention von KARL BERRY steht, an die ein `8a` angehängt wird. Für Adobe-Times-Roman wird das zugehörige Adobe-Metrikfile also unter dem Namen `ptmr8a.afm` erwartet. Die CD TeX Live 6b bietet die Adobe-Metrikfiles unter dem Verzeichnis `./texmf/fonts/afm` mit einer darunter liegenden Unterstruktur genau unter den erwarteten Namen an. Das ist für die entsprechenden Metrikfiles auf den öffentlichen Fileservern leider nicht der Fall. Zwar findet man unter `/tex-archive/fonts/psfonts/adobeafm/base35` für die 35 Adobe-PostScript-Standardsätze die zugehörigen Metrikfiles. Sie tragen dort etwas kryptische Namen, z. B. `tib_____.afm` für den Times-Roman-Standardzeichensatz. Diesen müsste man zur Nutzung mit `fontinst.sty` in `ptmr8a.afm` umbenennen.

Das Makropaket `fontinst.sty` kann, wie bereits im ersten Absatz dieses Abschnitts erwähnt, auch TeX-Metrikfiles verarbeiten, um z. B. virtuelle Filepaare mit geänderten Kodierungen zu erzeugen. Hierzu müssen die entsprechenden `.tfm`-Files zunächst mit dem Programm `tftopl` in die zugehörigen `.pl`-Files umgewandelt werden (s. hierzu auch 5.2.4). Die `.pl`-Files können dann wie die Adobe-Metrikfiles von `fontinst.sty` in die Bearbeitung einbezogen werden.

---

[3] Die Aufgabe der `.afm`-Files wurde bereits im vorangegangenen Unterabschnitt 5.2.6 vorgestellt. `pl`-Files sind das Bearbeitungsergebnis des TeX-Zusatzwerkzeugs tftopl auf ein `.tfm`-File, dessen Inhalt ebenso wie derjenige eines `.vpl`-Files in 5.2.4 angesprochen wurde.

Das Makropaket `fontinst.sty` greift seinerseits auf das Ergänzungspaket `trig.sty` zurück, das nicht zum Bestandteil des fontinst-Gesamtpakets gehört. Es wird mit den graphics-Standardergänzungen bereitgestellt, auf das bereits in Unterabschnitt 1.2.8 verwiesen wurde und dessen Einrichung in 5.3.2 vorgestellt wird.

Die `.afm`-, `.pl`-, `.etx`- und `.mtx`-Files müssen bei der TeX-Bearbeitung von `fontinst.sty` oder eines Zeichensatzinstallationsfiles (s. u.) von TeX gefunden werden. Da das jeweilige Arbeitsverzeichnis stets ein erlaubtes Eingabeverzeichnis darstellt, kann man die Metrik- und Kodierfiles zunächst in das Arbeitsverzeichnis kopieren, aus dem man den Bearbeitungsaufruf startet. Werden sie in das endgültige Zeichensatz-Filesystem, wie oben vorgeschlagen, kopiert, so muss TeX darüber informiert werden, z. B. durch entsprechende Ergänzungen in der TeX-Umgebungsvariablen TEXFONTS.

Die einfachste und für die meisten Anwender ausreichende Nutzung von `fontinst.sty` besteht in der TeX-Bearbeitung dieses Pakets, also dem Aufruf `tex fontinst.sty`. Nach einer Selbstidentifikation meldet sich TeX mit seinem Eingabeprompt `*`. Die Antwort sollte lauten

`\latinfamily{`*fam*`}{`*lade_erkl*`}`

mit der Kennungseingabe *fam* für das Familienattribut. Der Eintrag für *lade_erkl* wird meistens leer bleiben. Hier sind alle Eintragungen zulässig, die für das gleiche Argument beim LaTeX-Befehl `\DeclareFontFamily` sinnvoll wären. Mit der Eingabe `\latinfamily{ptm}{}` entstehen die Property-List-Files mit dem Anhang `.pl` und den Grundnamen

```
ptmb8r  ptmbi8r  ptmbo8r  ptmr8r  ptmri8r  ptmro8r
ptmb8a  ptmbi8a           ptmr8a  ptmri8a
```

für die rohen Times-Zeichensätze in 8-bit-Kodierung (erste Zeile) sowie in der Adobe-Originalkodierung (zweite Zeile). Zeichenumfang und -belegung werden in den Tabellen auf S. 312 und S. 313. gezeigt.

Außerdem entstehen die Virtual-Property-List-Files mit dem Anhang `.vpl` und den Grundnamen

```
ptmb7t ptmbc7t ptmbi7t ptmbo7t ptmr7t ptmrc7t ptmri7t ptmro7t
ptmb8t ptmbc8t ptmbi8t ptmbo8t ptmr8t ptmrc8t ptmri8t ptmro8t
ptmb8c         ptmbi8c ptmbo8c ptmr8c         ptmri8c ptmro8c
```

für die virtuellen Zeichensätze in cm-Kodierung (erste Zeile mit den Abschlusszeichen `7t`) sowie in ec-Kodierung (zweite Zeile mit den Abschlusszeichen `8t`). Die Zeichensätze der dritten Zeile mit den Abschlusszeichen `8c` bilden die Zeichen der `tc`-Zeichensätze (text companion) so weit wie möglich nach, s. [5a, Anhang C.7.6, Tabelle 10].

Für die drei Kodierungen entstehen schließlich noch die Definitionsfiles `OT1ptm.fd`, `T1ptm.fd` und `TS1.fd`. Die Umwandlung in die zugehörigen `.tfm`- und `.vf`-Files erfolgt mit den TeX-Zusatzwerkzeugen pltotf und vptovf durch die Bearbeitungsaufrufe

`pltotf` *pl_gr_name*`.pl` *pl_gr_name*`.tfm` sowie
`vptovf` *vpl_gr_name*`.vpl` *vpl_gr_name*`.vf` *vpl_gr_name*`.tfm`

Damit entstehen die `.tfm`-Files mit den Grundnamen der `.pl`-Files sowie der `.vpl`-Files und für die Letzteren zusätzlich deren `.vf`-Files.

Dem Druckertreiber müssen die Kurznamen der rohen (realen) PostScript-Files bekannt gemacht werden. Für dvips geschieht dies mit dem File `psfonts.map`. Für die mit fontinst erzeugten Zeichensätze der Times-Familie in 8r-Kodierung wäre `psfonts.map` durch die Zeilen

```
ptmr8r  Times-Roman       "TeXBase1Encoding ReEncodeFont" <8r.enc
ptmri8r Times-Italic      "TeXBase1Encoding ReEncodeFont" <8r.enc
ptmb8r  Times-Bold        "TeXBase1Encoding ReEncodeFont" <8r.enc
ptmbi8r Times-BoldItalic  "TeXBase1Encoding ReEncodeFont" <8r.enc
ptmro8r Times-Roman ".167 SlantFont TeXBase1Encoding ReencodeFont" <8r.enc
ptmbo8r Times-Bold  ".167 SlantFont TeXBase1Encoding ReencodeFont" <8r.enc
```

zu ergänzen. Falls auch auf die rohen Zeichensätze in der Adobe-Originalkodierung zurückgegriffen werden soll, so sind hierfür in `psfonts.map` zusätzlich die Einträge

```
ptmr8a  Times-Roman        ptmb8a  Times-Bold
ptmri8a Times-Italic       ptmbi8a Times-BoldItalic
```

vorzunehmen, und zwar für die Angaben beider Spalten jeweils als eigene Zeilen.

Die Erstellung der `.pl-` `.vpl-` und `.fd`-Files wird durch entsprechende Bildschirmnachrichten mitgeteilt. Anschließend meldet sich TEX mit seinem Eingabeprompt `*` zurück. Die nächste Eingabe `\latinfamily{phv}{}` bewirkt die Erzeugung der entsprechenden `.pl-`, `.vpl-` und `.fd`-Files für die Helvetica-Schriftfamilie. Die Eingabe `\latinfamily{pcr}{\hyphenchar\font=-1}` führt zur Erzeugung der entsprechenden Files für die Schreibmaschinen-Schriftfamilie Courier, für die, wegen `\hyphenchar\font=-1` für *lade_erkl*, Worttrennungen untersagt werden. In gleicher Weise können für alle weiteren PostScript-Schriften die `.pl-`, `.vpl-` und `.fd`-Files erstellt werden.

Die TEX-Bearbeitung von `fontinst.sty` wird mit der Antwort `\bye` auf den TEX-Eingabeprompt `*` beendet. Wenn durch vorangegangene Mehrfacheingaben von `\latinfamily`{*fam*}{*lade_erkl*} eine Vielzahl von `.pl-` und `.vpl`-Files erzeugt wurden, so sollte deren Umwandlung in die endgültigen `.tfm-` und `.vf`-Files durch eine kleine Befehlsdatei oder ein Shell-Script unterstützt werden. Für UNIX kann dies mit dem nebenstehenden Shell-Script erreicht werden. Wird es mit dem Namen `make-metric` zu einem *ausführbaren* File erklärt, so führt sein Aufruf zur Erzeugung von `.tfm`-Files für alle im Arbeitsverzeichnis enthaltenen `.pl`-Files. Anschließend werden die vorhandenen `.pl`-Files, ebenso wie die Files mit den gleichen Grundnamen und dem Anhang `.mtx` gelöscht. Diese `.mtx`-Files entstehen als Zwischenprodukt bei der Abarbeitung der `\latinfamily`-Befehle.

Der anschließende analoge Ablauf für die `.vpl`-Files mit der Erzeugung seiner `.vf-` und `.tfm`-Files braucht nicht nochmals erläutert zu werden.

```
for i in $1*.pl
do
  B=‘basename $i .pl‘
  pltotf $B.pl $B.tfm
  rm $B.pl; rm $B.mtx
done
for i in $1*.vpl
do
  B=‘basename $i .vpl‘
  vptovf $B.vpl $B.vf $B.tfm
  rm $B.vpl
done
```

Die Anordnung der Zeichen im rohen Times-Roman-PostScript-Zeichensatz ist auf S. 312 abgebildet. Das virtuelle Zeichensatzpaar für diese Schrift in der cm-Kodierung `ptmr7t.tfm` und `ptmr7t.vf` entspricht dort dem benachbarten Diagramm mit Ausnahme der großen griechischen Buchstaben auf den Positionen "0–"a, die in `ptmr7t.vf` durch ein schwarzes Rechteck mit den Abmessungen der fehlenden griechischen Großbuchstaben ersetzt werden. Das virtuelle Zeichensatzpaar `ptmr8t.tfm` und `ptmr8t.vf` entspricht weitestgehend dem dritten Diagramm auf S. 312. Es fehlen lediglich die dort auftretenden Zeichen ‰ und Đ, die in `ptmr8t.vf` durch ein schwarzes Rechteck mit äquivalenten Abmessungen ersetzt werden.

Mit diesen Hinweisen werden auch die Grenzen des sehr einfachen Befehlsaufrufs `\latinfamily` deutlich. Mit der Bereitstellung von Zeichensatzinstallationsfiles kann `fontinst.sty` sehr viel mehr. Ein Zeichensatzinstallationsfile besteht mindestens aus den Anweisungen

`\input fontinst.sty` `\needsfontinstversion`{*vers_nr*}
`\installfonts` *inst_befehle* `\endinstallfonts` `\bye`

Für das Programm `fontinst.sty` wird die mit *vers_nr* vorgegebene oder eine spätere Versionsnummer gefordert. Die wichtigsten Installationsbefehle für *inst_befehle* sind

`\installfamily`{*code*}{*fam*}{*lade_erkl*} und
`\installfont`{*zs_name*}{*eing_file_liste*}{*etx*}{*code*}{*fam*}{*serie*}{*form*}{*lade_info*}

Die Bedeutung der Argumente *code*, *fam*, *lade_erkl*, *serie*, *form* und *lade_info* entspricht vollständig den gleichnamigen Argumenten der LATEX-Erklärungsbefehle [5c, Abschn. 2.4.4] `\DeclareFontFamily` und `\DeclareFontShape`. Für *fam* sind hier natürlich die spezifischen Kennungen für die PostScript-Familien zu wählen. Sie bestehen jeweils aus drei Buchstaben, nämlich dem Buchstaben für die Herkunft, gefolgt von dem Buchstabenpaar für die Schrift gemäß der Namenskonvention aus 5.2.3.

Mit *zs_name* wird der Grundname für das zu erzeugende `.vpl`-File gekennzeichnet. *eing_file_liste* steht für eine Liste von Eingabefiles, aus denen die realen und virtuellen Ausgabefiles konstruiert werden sollen. Hierzu gehört zu Beginn stets ein oder mehrere `.afm`-Files sowie ein so genanntes Metrikfile, das durch den Anhang `.mtx` gekennzeichnet ist. In der Eingabeliste können diese Files auf ihre Grundnamen verkürzt werden.

Das mit *etx* symbolisierte Argument erwartet als Eingabe den Grundnamen des gewählten Kodierfiles, der durch den Anhang `.etx` gekennzeichnet ist. ALAN JEFFREY hat dem fontinst-Paket die für die Hauptanwendungen bedeutsamen Kodier- und Metrikfiles beigefügt, die bei der Installation ins TEX-Standardeingabeverzeichnis kopiert wurden. Die wichtigsten hiervon sind:

`.etx`-Files für TEX-Standardkode

`ot1`	Normale Textschrift
`ot1c`	Kapitälchen-Textschrift
`ot1i`	Italic-Textschrift
`ot1tt`	normale Schreibmaschinenschrift
`ot1itt`	kursive Schreibmaschinenschrift
`ot1ctt`	Schreibmaschinen-Kapitälchenschrift

`.etx`-Files für erweiterten Kode nach Cork u. a.

`t1`	Normale Textschrift
`ts1`	tc-Schriften (text companion)
`8r`	roher 8-bit Adobe-Kodiervektor
`8y`	roher 8-bit ANSI-Kodiervektor

Metrikfiles (Anhang `.mtx`)

`latin`	lateinische Schrift
`latinsc`	Spezialfall von `latin`
`kernon`	Kerning aktivieren
`kernoff`	Kerning deaktivieren
`8r`	Spezialfall für `8r`-Kode
`8y`	Spezialfall für `8y`-Kode

Weitere Metrikfiles für vergleichsweise spezielle Zwecke bleiben hier unerwähnt. Deren Aufgaben kann durch Einsicht der ersten Zeilen aus diesen `.mtx`-Files erschlossen werden.

Zusätzlich gibt es einige Kodierfiles in einer zweiten Version, die durch ein `j` als letzten Buchstaben des Grundnamens gekennzeichnet sind, wie z. B. `ot1j`. Sie führen zu äquivalenten Textschriften, deren Ziffern jedoch als 0123456789 (*altgestylt*) erscheinen. Ebenso gibt es für den erweiterten 8-bit-Kode die Varianten `t1c`, `t1i` und `ts1i` sowie deren `j`-Versionen, deren Bedeutung aus den unter `ot1` aufgelisteten Varianten übernommen werden kann. Für alle lateinischen Textschriften soll, unabhängig vom gewählten Kodierfile, `latin` als Metrikfile in *eing_file_liste* angegeben werden.

Das fontinst-Paket enthält im Unterverzeichnis `examples` etliche Beispiele für Installationsfiles, die der Anwender mit dem Editor durchmustern und analysieren kann. Ich gebe hier beispielhaft ein Installationsfile `stdtime.tex` für die TEX-Standardkodierung der Times-Familie wieder:

```
\input fontinst.sty  \needsfontinstversion{1.332}
\installfonts
   \installfamily{OT1}{ptm}{}
   \installfont{ptmr}{ptmr8a,psyr,latin}{ot1}{OT1}{ptm}{m}{n}{}
   \installfont{ptmrc}{ptmr8a,psyr,latin}{ot1c}{OT1}{ptm}{m}{sc}{}
   \installfont{ptmri}{ptmri8a,pysr,latin}{ot1i}{OT1}{ptm}{m}{it}{}
   \installfont{ptmb}{ptmb8a,psyr,latin}{ot1}{OT1}{ptm}{bx}{n}{}
   \installfont{ptmbc}{ptmb8a,psyr,latin}{ot1c}{OT1}{ptm}{bx}{sc}{}
   \installfont{ptmbi}{ptmbi8a,psyr,latin}{ot1i}{OT1}{ptm}{bx}{it}{}
\endinstallfonts \bye
```

Seine TEX-Bearbeitung erzeugt entsprechend den Angaben für *zs_name* die `.vpl`-Files `ptmr.vpl`, `ptmrc.vpl`, `ptmri.vpl`, `ptmb.vpl`, `ptmbc.vpl` und `ptmbi.vpl`. Entsprechend den Eingaben für die zu verwendenden `.afm`-Files entstehen zusätzlich `ptmr8a.pl`, `ptmri8a.pl`, `ptmb8a.pl`, `ptmbi8a.pl` und `psyr.pl`. Als Folge der Zusatzangabe `psyr` in *eing_file_liste* sowie `ot1`[x] im *etx*-Feld bei den `\installfont`-Aufrufen beziehen sich die Positionen 0–10 in den virtuellen Zeichensätzen nunmehr auf die großen griechischen Buchstaben aus `psyr`. Schließlich entsteht noch als Folge der Eingaben für `\installfamily` das Zeichensatz-Definitionsfile `ot1ptm.fd`.

Die Zeichen aus dem Symbolzeichensatz `psyr` stehen aufrecht und sind bezüglich ihrer Stärke Normalzeichen. In dieser Form werden sie auch den kursiven und fetten Times-Roman-Schriften zugeordnet. Dies kann verbessert werden. PostScript-Schriften können geneigt und gedehnt oder gestaucht werden. Eine Dehnung führt gleichzeitig zu einer horizontalen Verstärkung der Zeichen. fontinst unterstützt die Transformation von PostScript-Schriften mit dem Installationsbefehl

`\transformfont{`*zs_name*`}{`*transf_zs*`}`

Die Syntaxbeschreibung der Eingabestruktur *transf_zs* für transformierte Zeichensätze erfolgt am prägnantesten durch die so genannte Backus-Naur-Form:

transf_zs ⟶ `\fromafm{`*afm_file*`}` | `\frompl{`*pl_file*`}` | `\scalefont{`*skal_fakt*`}{`*transf_zs*`}`
| `\xscalefont{`*skal_fakt*`}{`*transf_zs*`}` | `\yscalefont{`*scal_fakt*`}{`*transf_zs*`}`
| `\slantfont{`*neig_fakt*`}{`*transf_zs*`}` | `\reencodefont{`*etx_file*`}{`*transf_zs*`}`

Der vertikale Strich hat die Bedeutung eines *oder* für die nachfolgende Struktur. Die links vom Pfeil ⟶ stehende Struktur *transf_zs* wird durch die rechts davon aufgezählten Möglichkeiten definiert. Dort tritt die zu definierende Struktur mehrfach auf, mit der Folge, dass die rechts stehenden Befehle verschachtelt werden können, bis keine erneute *transf_zs*-Angabe erscheint. Die anschließenden Beispiele machen die Möglichkeiten auch dem Nichtinformatiker deutlich.

Die Angaben für *skal_fakt* und *neig_fakt* sind als das 1000fache der tatsächlichen Skalierungs- und Neigungsfaktoren als ganze Zahlen zu wählen. Ein Neigungsfaktor von 0.25 ist damit als 250 einzugeben. Beispiele:

```
\transformfont{psyri}{\slantfont{277}{\fromafm{psyr}}}
\transformfont{psyrb}{\xscalefont{1500}{\fromafm{psyr}}}
\transformfont{psyrbi}{\xscalefont{1500}{
                       \slantfont{267}{fromafm{psyr}}}}
```

Die TeX-Bearbeitung eines Installationsfiles mit diesen Installationsbefehlen erzeugt die Files `psyri.pl`, `psyrb.pl` und `psyrbi.pl` sowie die Metrikfiles `psyri.mtx`, `psyrb.mtx` und `psyrbi.mtx`. Sie führen zu den horizontal verstärkten und/oder geneigten PostScript-Nachbildungen beim Symbolzeichensatz `psyr`. Diese können dann im `\installfont`-Befehl als Eingabefiles in *eing_file_liste* angegeben werden und führen zur Einbindung der verstärkten oder geneigten Symbole in den entsprechenden virtuellen Files, z. B. mit

```
\installfont{ptmbi}{ptmb8a,psyrbi,latin}{ot1i}{OT1}{ptm}{bx}{it}{}
```

im obigen Installationsfile `stdtime.tex` statt der dort angegebenen entsprechenden Ursprungszeile. Die Änderungen für `ptmri`, `ptmb` und `ptmbc` können leicht nachvollzogen werden.

Abschließend sind die transformierten PostScript-Zeichensätze als rohe (reale) `.tfm`-Files mit dem Programm pltotf zu erzeugen und dem Treiber bekanntzumachen. Für dvips geschieht dies mit dem File `psfonts.map`. Diesem sind für die vorstehenden rohen Symbol-Zeichensätze die Zeilen

```
psyri  Symbol ".277 SlantFont"
psyrb  Symbol "1.5 ExtendFont"
psyrbi Symbol "1.5 Extendfont .267 SlantFont"
```

zuzufügen. Geneigte und skalierte Schriften können in der beschriebenen Weise für alle PostScript-Zeichensätze generiert werden. Das Unterverzeichnis `examples` aus dem fontinst-Paket enthält u. a. das Installationsfile `fontstnd.tex`, mit dem die Schriftfamilien Times-Roman, Helvetica und Courier in der TeX-Standard- und in der erweiterten Cork-Kodierung eingerichtet werden, wobei diese Schriften auch als Kapitälchen *ohne* explizite PostScript-Zeichensätze virtuell generiert werden. Das Installationsfile erzeugt zusätzlich virtuelle Zeichensätze, die das NFSS-Formattribut `ui` realisieren sollen. Hiermit werden entsprechend der NFSS-Konvention *aufrechte* Italic-Schriften gekennzeichnet. Das Ergebnis von `fontstnd.tex` führt dagegen zur aufrechten Roman-Schrift, bei der lediglich das $-Zeichen durch ein aufrechtes £-Zeichen ersetzt wird.

Mit den vorangegangenen Beispielen sollte es dem Anwender möglich sein, die kursiven PostScript-Schriften Times-Italic, Times-BoldItalic usw. mit einem negativen Neigungsfaktor aufrecht zu stellen und deren reale (rohe) `.tfm`-Files zur Nutzung der virtuellen Zeichensätze einzurichten. Mit

```
\transformfont{ptmru0}{\slantfont{-277}{\fromafm{ptmri8a}}}
\installfont{ptmru}{ptmru0,psyr,latin}{OT1i}{OT1}{ptm}{m}{ui}{}
```

wird zunächst ein nach links um -0.277 geneigter und damit aufrechter, realer Zeichensatz `ptmru0.pl` aus `ptmri8a.afm` erzeugt, der dann für das virtuelle File `ptmru.vpl` zur Verfügung steht.

Bei den vorgestellten Beispielen blieb die Angabe für *lade_info* im `\installfont`-Befehl leer. Dies hat zur Folge, dass die Größeninformation für den realisierenden Zeichensatz mit `<->` gewählt wird [5c, Abschn. 2.4.4], womit der Zeichensatz in beliebiger Größe abgerufen werden kann. Der Eintrag für *lade_info* wird, wie alle anderen Attributparameter, intern an den gleichnamigen Parameter in `\DeclareFontShape` weitergereicht, so dass dessen Syntax beim `\installfont`-Befehl vollständig übernommen werden kann.

Zum Abschluss stelle ich das Ergebnis der Umkodierungen für die Times-Roman-Schrift vor, wie sie im Vergleich zum Original als Ergebnis der virtuellen Zeichensätze aus der Sicht von TeX erscheinen und angesprochen werden.

Times-Roman-Originalkodierung

	0	1	2	3	4	5	6	7	8	9	a	b	c	d	e	f
2		!	"	#	$	%	&	’	(	)	*	+	,	-	.	/
3	0	1	2	3	4	5	6	7	8	9	:	;	<	=	>	?
4	@	A	B	C	D	E	F	G	H	I	J	K	L	M	N	O
5	P	Q	R	S	T	U	V	W	X	Y	Z	[	\	]	^	_
6	‘	a	b	c	d	e	f	g	h	i	j	k	l	m	n	o
7	p	q	r	s	t	u	v	w	x	y	z	{	|	}	~	
a		¡	¢	£	⁄	¥	ƒ	§	¤	'	“	«	‹	›	ﬁ	ﬂ
b		–	†	‡	·		¶	•	‚	„	”	»	…	‰		¿
c		`	´	ˆ	˜	¯	˘	˙	¨		˚	¸		˝	˛	ˇ
d	—															
e		Æ		ª					Ł	Ø	Œ	º				
f		æ				ı			ł	ø	œ	ß				

Times-Roman-TeX-Standardkodierung

	0	1	2	3	4	5	6	7	8	9	a	b	c	d	e	f
0	Γ	Δ	Θ	Λ	Ξ	Π	Σ	ϒ	Φ	Ψ	Ω	ﬀ	ﬁ	ﬂ	ﬃ	ﬄ
1	ı	▮	`	´	ˇ	˘	¯	˚	¸	ß	æ	œ	ø	Æ	Œ	Ø
2	■	!	”	#	$	%	&	’	(	)	*	+	,	-	.	/
3	0	1	2	3	4	5	6	7	8	9	:	;	¡	=	¿	?
4	@	A	B	C	D	E	F	G	H	I	J	K	L	M	N	O
5	P	Q	R	S	T	U	V	W	X	Y	Z	[	“	]	ˆ	˙
6	‘	a	b	c	d	e	f	g	h	i	j	k	l	m	n	o
7	p	q	r	s	t	u	v	w	x	y	z	–	—	˝	˜	¨
8											Ł					
9																
a											ł					
b																

Der Times-Roman-Zeichensatz ist an den Positionen "00–"20 (00–32 dez.) und "80–"a0 (128–160) sowie an etlichen weiteren leer. An eigenständigen Ligaturen stehen nur fi und fl bereit. Andererseits gibt es eine Reihe von Zeichen, die in TeX unbekannt sind.

Der cmr-TeX-Zeichensatz ist von "00–"7f belegt. Auf "00–"0a stehen die großen griechischen Buchstaben. Die Akzentzeichen sind anders positioniert als bei der Adobe-Kodierung. Innerhalb des virtuellen Zeichensatzes `ptmr.vpl` wird die TeX-Standardkodierung nahezu perfekt nachgebildet. Es fehlt lediglich das punktlose ȷ auf Position "11 und der kurze Schrägstrich ˗ auf "20, den TeX in cmr zur Bildung von Ł und ł benutzt. Letztere sind im Adobe-Zeichensatz eigenständige Zeichen, die deshalb dem virtuellen Zeichensatz auf den Positionen "8a und "aa zugefügt wurden und dort als Ligatur angesprochen werden.

Times-Roman – erweiterte TeX-Kodierung

	0	1	2	3	4	5	6	7	8	9	a	b	c	d	e	f
0	`	´	ˆ	˜	¨	˝	˚	ˇ	˘	¯	˙	¸	˛	‚	‹	›
1	“	”	„	«	»	–	—		■	ı	▮	ﬀ	ﬁ	ﬂ	ﬃ	ﬄ
2	␣	!	"	#	$	%	&	’	(	)	*	+	,	-	.	/
3	0	1	2	3	4	5	6	7	8	9	:	;	<	=	>	?
4	@	A	B	C	D	E	F	G	H	I	J	K	L	M	N	O
5	P	Q	R	S	T	U	V	W	X	Y	Z	[	\	]	^	_
6	‘	a	b	c	d	e	f	g	h	i	j	k	l	m	n	o
7	p	q	r	s	t	u	v	w	x	y	z	{	|	}	~	-
8	Ă	Ą	Ć	Č	Ď	Ě	Ę	Ğ	Ĺ	Ľ	Ł	Ń	Ň	■	Ő	Ŕ
9	Ř	Ś	Š	Ş	Ť	Ţ	Ű	Ů	Ÿ	Ź	Ž	Ż	Ĳ	İ	đ	§
a	ă	ą	ć	č	ď	ě	ę	ğ	ĺ	ľ	ł	ń	ň	■	ő	ŕ
b	ř	ś	š	ş	ť	ţ	ű	ů	ÿ	ź	ž	ż	ĳ	¡	¿	£
c	À	Á	Â	Ã	Ä	Å	Æ	Ç	È	É	Ê	Ë	Ì	Í	Î	Ï
d	Ð	Ñ	Ò	Ó	Ô	Õ	Ö	Œ	Ø	Ù	Ú	Û	Ü	Ý	Þ	SS
e	à	á	â	ã	ä	å	æ	ç	è	é	ê	ë	ì	í	î	ï
f	ð	ñ	ò	ó	ô	õ	ö	œ	ø	ù	ú	û	ü	ý	þ	ß

Der virtuelle Zeichensatz `ptmr8t.vf` für die erweiterte TEX-Kodierung entsprechend den ec-Zeichensätzen bildet diese Kodierung ebenfalls weitgehend nach. Es fehlen lediglich an den mit einem schwarzen Rechteck gefüllten Positionen die entsprechenden Zeichen aus den ec-Zeichensätzen, nämlich ȷ, Ŋ und ŋ. Beim Original `ptmr8t.vpl` fehlt zudem noch das ec-Originalzeichen o.

Das Originalzeichen o der ec-Zeichensätze wurde vorrangig zur Nutzung mit dem %-Zeichen zur Bildung des Promille-Zeichens ‰ eingefügt. Es fehlt zwar bei den PostScript-Schriften; diese enthalten jedoch ein eigenständiges Promille-Zeichen. Es erscheint mir daher sinnvoll, bei den ec-kodierten PostScript-Zeichensätzen an der Position des o das Promille-Zeichen einzufügen und es als Ligatur mit der Eingabe `\%0` zu realisieren. Für das ‰-Zeichen wurde die Ligaturtabelle um

```
(LABEL H 25 (LIG C 0 H 18) STOP)
```

erweitert und Position "18 dann mit

```
(CHARACTER H 18 (CHARWD R 1.0) (CHARHT R 0.706) (CHARDP R 0.019)
   (MAP (SETCHAR H 89)))
```

besetzt, womit das Zeichen auf Position "89 aus dem Zeichensatz `ptmr8r`, auf den das virtuelle File `ptmr8t.vf` verweist, dort der Postition "18 zugeordnet wird. Die hier angegebenen Größenangaben für das ‰-Zeichen sind ebenfalls aus `ptmr8r` übernommen worden. Dies ist gleichzeitig ein Beispiel für eine manuelle Feinabstimmung eines virtuellen Zeichensatzes. Für weitere Erläuterungen der hier angeführten `vpl`-Strukturen verweise ich auf Abschnitt 5.2.4.

Die PostScript-Originalzeichensätze lassen sich auch mit einer 8-bit-Kodierung abrufen, wie dies mit den rohen PostScript-Zeichensätzen aus dem neuen psnfss-Paket geschieht. Sie zeigen dann, dass die PostScript-Originalzeichensätze deutlich mehr Zeichen enthalten, wie im nebenstehenden Ausdruck für den Times-Roman-Standardzeichensatz `ptmr8r` gezeigt wird.

Times-Roman – 8 bit-Originalkodierung

	0	1	2	3	4	5	6	7	8	9	a	b	c	d	e	f
0		˙	fi	fl	⁄	˝	Ł	ł	˛	˚		˘	–		Ž	ž
1	ˇ	ı													`	'
2		!	"	#	$	%	&	’	(	)	*	+	,	-	.	/
3	0	1	2	3	4	5	6	7	8	9	:	;	<	=	>	?
4	@	A	B	C	D	E	F	G	H	I	J	K	L	M	N	O
5	P	Q	R	S	T	U	V	W	X	Y	Z	[	\	]	^	_
6	‘	a	b	c	d	e	f	g	h	i	j	k	l	m	n	o
7	p	q	r	s	t	u	v	w	x	y	z	{	|	}	~	
8			‚	ƒ	„	…	†	‡	ˆ	‰	Š	‹	Œ			
9				“	”	•	–	—	˜	™	š	›	œ			Ÿ
a		¡	¢	£	¤	¥	¦	§	¨	©	ª	«	¬	-	®	¯
b	°	±	²	³	´	µ	¶	·	¸	¹	º	»	¼	½	¾	¿
c	À	Á	Â	Ã	Ä	Å	Æ	Ç	È	É	Ê	Ë	Ì	Í	Î	Ï
d	Ð	Ñ	Ò	Ó	Ô	Õ	Ö	×	Ø	Ù	Ú	Û	Ü	Ý	Þ	ß
e	à	á	â	ã	ä	å	æ	ç	è	é	ê	ë	ì	í	î	ï
f	ð	ñ	ò	ó	ô	õ	ö	÷	ø	ù	ú	û	ü	ý	þ	ÿ

Die 8-bit-Belegungskodierung wird bei den neuen Zeichensätzen aus dem psnfss-Paket durch das Zeichenpaar `8r` am Namensende gekennzeichnet. Auf diese 8-bit-kodierten realen (rohen) PostSript-Zeichensätze greifen alle virtuellen Zeichensätze zurück, unabhängig davon, ob TEX-Standard- (cm) oder die erweiterte Cork-Kodierung (dc/ec) nachgebildet werden sollen. Die jeweilige Kodierung für die virtuellen Zeichensätze aus dem psnfss-Paket wird durch das Zeichenpaar `7t` bzw. `8t` am Namensende der Filegrundnamen gekennzeichnet.

Im Ergebnis entsprechen die Zeichensätze `ptmr7t` und `ptmr8t` aus dem neuen psnfss-Paket genau denjenigen, wie sie mit dem fontinst-Paket bei der Erstellung der beiden Tabellen für die TEX-Standard- und für die erweiterte TEX-Kodierung erzeugt wurden, nur dass hier die großen griechischen Buchstaben bei der Standard- und das ‰-Zeichen bei der erweiterten Kodierung entfallen.

Zum Abschluss verweise ich auf das Installationsfile `fontptcm.tex`, das ALAN JEFFREY im Unterverzeichnis `examples` bereitgestellt hat. Seine TEX-Bearbeitung erzeugt die realen und virtuellen Zeichensätze, die das Ergänzungspaket `mathptm.sty` von SEBASTIAN RAHTZ benötigt (s. 5.1.2). Vor dem Aufruf `tex fontptcm` ist sicherzustellen, dass die `.pl`-Files aus dem Verzeichnis `.../fontinst/pl` in ein Verzeichnis kopiert werden, das von TEX als Eingabeverzeichnis durchmustert wird, was z. B. stets für das aktuelle Arbeitsverzeichnis der Fall ist, aus dem der TEX-Aufruf erfolgt. Mit der TEX-Bearbeitung von `fontptcm.tex` entstehen die folgenden Property- und Virtual-Property-List-Files sowie Definitionsfiles.

```
psyr.pl        ptmr8r.pl      ptmri8r.pl     pzcmi8r.pl
zptmcmr.vpl    zptmcmrm.vpl   zpzccmry.vpl   zpsycmrv.vpl
OT1ptmcm.fd    OMLptmcm.fd    OMSpzccm.fd    OMXpsycm.fd
```

Der virtuelle Zeichensatz `zptmcmr.vpl` stellt die Zeichen bereit, die beim Formelsatz für Funktionsnamen benötigt werden (`operators`). Der virtuelle Zeichensatz greift seinerseits auf die realen (rohen) Zeichensätze `ptmr8r`, `psyr` und `cmr10` zurück. Dem virtuellen Zeichensatz `zptmcmrm.vpl` werden die Zeichen für mathematische Variablen und die griechischen Kleinbuchstaben entnommen (`letters`). Er greift dabei auf die realen Zeichensätze `psyr`, `cmmi10` und `ptmri8r` zurück. Die speziellen mathematischen Symbole (`symbols`) werden mit dem virtuellen Zeichensatz `zpzccmry.vpl` geliefert, der sie sich aus den realen Zeichensätzen `cmsy10`, `psyr`, `ptmr8r` und `pzcmi8r` holt. Symbole, die in mehreren Größen benötigt werden (`largesymbols`), werden mit `zpsycmrv.vpl` angeboten und den realen Zeichensätzen `cmex9`, `cmex10` und `psyr` in den Skalierungen 1000 und 1440 entnommen.

Zum tieferen Verständnis der Zuordnung mathematischer Zeichen zu den verschiedenen Zeichensätzen verweise ich auf die mathematischen Interface-Befehle für NFSS in [5c, Abschn. 2.4.7] und dort besonders auf die Hinweise zum Befehl `\DeclareSymbolFont`. Das Ergänzungspaket `mathptm.sty` macht von diesen Befehlen zur Zuordnung der obigen Schriften ausführlich Gebrauch. Damit werden beim mathematischen Formelsatz, so weit dies möglich ist, PostScript-Schriften verwendet. Dies führt zu einem harmonischeren Schriftbild als die reine Mischung von PostScript-Schriften aus `times.sty` für die Textteile und TeX-cm-Schriften für Formeln. Eine weitere Verbesserung wäre mit der zusätzlichen Neigung für den Symbolzeichensatz als `psyro` denkbar.

5.3 Weitere PostScript-Ergänzungen

Die wichtigsten Ergänzungspakete zur Nutzung der PostScript-Schriften wurden bereits in 5.1.2 angesprochen und die mit ihnen standardmäßig bereitgestellten Schriftgruppen tabellarisch zusammengestellt. In diesem Abschnitt werden weitere Hilfswerkzeuge zur Nutzung von PostScript-Schriften vorgestellt.

5.3.1 Das Ergänzungspaket pifont

Zeichensätze, deren Zeichen statt der Buchstaben, Ziffern und Satzzeichen spezielle Symbole bereitstellen, werden in der anglo-amerikanischen Computerliteratur als *Pi fonts* bezeichnet. Die 35 Standard-PostScript-Schriften stellen mit Symbol und ZapfDingbats zwei solcher Pi Fonts bereit. Das Ergänzungspaket `pifont.sty` von SEBASTIAN RAHTZ, das mit

```
\usepackage{pifont}
```

in die LaTeX 2_ε-Bearbeitung eingebunden wird, gestattet den erleichterten Zugang zu solchen Symbolzeichensätzen. Es ist primär auf die Nutzung des ZapfDingbats-Zeichensatzes (Kurzform `pzdr`) zugeschnitten, stellt aber weitere Erzeugungsbefehle bereit, mit denen anwendereigene äquivalente Befehle für andere Symbolzeichensätze erzeugt werden können. Mit der Einbindung von `pifont.sty` stehen folgende Zusatzbefehle und -umgebungen zur Verfügung

`\ding{`*z_num*`}`   `\dingline{`*z_num*`}`   `\dingfill{`*z_num*`}`
`\begin{dinglist}{`*z_num*`}` *Listeneinträge* `\end{dinglist}`
`\begin{dingautolist}{`*z_num*`}` *Listeneinträge* `\end{dingautolist}`

Zeichenbelegung in ZapfDingbats

okt.	0	1	2	3	4	5	6	7	hex.
'04x	32	✁ 33	✂ 34	✃ 35	✄ 36	☎ 37	✆ 38	✇ 39	"2x
'05x	✈ 40	✉ 41	☛ 42	☞ 43	✌ 44	✍ 45	✎ 46	✏ 47	
'06x	✐ 48	✑ 49	✒ 50	✓ 51	✔ 52	✕ 53	✖ 54	✗ 55	"3x
'07x	✘ 56	✙ 57	✚ 58	✛ 59	✜ 60	✝ 61	✞ 62	✟ 63	
'10x	✠ 64	✡ 65	✢ 66	✣ 67	✤ 68	✥ 69	✦ 70	✧ 71	"4x
'11x	★ 72	✩ 73	✪ 74	✫ 75	✬ 76	✭ 77	✮ 78	✯ 79	
'12x	✰ 80	✱ 81	✲ 82	✳ 83	✴ 84	✵ 85	✶ 86	✷ 87	"5x
'13x	✸ 88	✹ 89	✺ 90	✻ 91	✼ 92	✽ 93	✾ 94	✿ 95	
'14x	❀ 96	❁ 97	❂ 98	❃ 99	❄ 100	❅ 101	❆ 102	❇ 103	"6x
'15x	❈ 104	❉ 105	❊ 106	❋ 107	● 108	❍ 109	■ 110	❏ 111	
'16x	❐ 112	❑ 113	❒ 114	▲ 115	▼ 116	◆ 117	❖ 118	◗ 119	"7x
'17x	❘ 120	❙ 121	❚ 122	❛ 123	❜ 124	❝ 125	❞ 126	127	
'24x	160	❡ 161	❢ 162	❣ 163	❤ 164	❥ 165	❦ 166	❧ 167	"Ax
'25x	♣ 168	♦ 169	♥ 170	♠ 171	① 172	② 173	③ 174	④ 175	
'26x	⑤ 176	⑥ 177	⑦ 178	⑧ 179	⑨ 180	⑩ 181	❶ 182	❷ 183	"Bx
'27x	❸ 184	❹ 185	❺ 186	❻ 187	❼ 188	❽ 189	❾ 190	❿ 191	
'30x	➀ 192	➁ 193	➂ 194	➃ 195	➄ 196	➅ 197	➆ 198	➇ 199	"Cx
'31x	➈ 200	➉ 201	➊ 202	➋ 203	➌ 204	➍ 205	➎ 206	➏ 207	
'32x	➐ 208	➑ 209	➒ 210	➓ 211	➔ 212	→ 213	↔ 214	↕ 215	"Dx
'33x	➘ 216	➙ 217	➚ 218	➛ 219	➜ 220	➝ 221	➞ 222	➟ 223	
'34x	➠ 224	➡ 225	➢ 226	➣ 227	➤ 228	➥ 229	➦ 230	➧ 231	"Ex
'35x	➨ 232	➩ 233	➪ 234	➫ 235	➬ 236	➭ 237	➮ 238	➯ 239	
'36x	240	➱ 241	➲ 242	➳ 243	➴ 244	➵ 245	➶ 246	➷ 247	"Fx
'37x	➸ 248	➹ 249	➺ 250	➻ 251	➼ 252	➽ 253	➾ 254	255	
okt.	8	9	A	B	C	D	E	F	hex.

Hierin bedeutet *z_num* die Belegungszahl, unter der das gewünschte Zeichen in ZapfDingbats positioniert ist. Die obige Tabelle gibt die Belegungszahlen aller Zeichen in oktaler, hexadezimaler und dezimaler Zählung wieder. So erscheint mit `\ding{37}` das Telefonsymbol ☎ und mit `\ding{42}` der gestreckte Finger ☛.

`\dingline{`*z_num*`}` startet eine neue Zeile und füllt diese unter Berücksichtigung einer beidseitigen Einrückung von 0.5 in (= 12.7 mm) mit nebeneinander stehenden Symbolen *z_num*, z. B. `\dingline{33}`:

✁ ✁ ✁ ✁ ✁ ✁ ✁ ✁ ✁ ✁ ✁ ✁ ✁ ✁ ✁ ✁ ✁ ✁ ✁

Mit `\dingfill{`*z_num*`}` wird der verfügbare Leeraum einer Zeile mit dem gewählten Symbol gefüllt: `\dingfill{34} Abschlusstext` ✂ ✂ ✂ ✂ ✂ ✂ ✂ Abschlusstext.

Die Umgebung `dinglist` wirkt wie die LaTeX-Umgebung `itemize`, wobei als Markierung das mit *z_num* gewählte Symbol verwendet wird.

☞ Erster Listeneintrag

☞ Nächster Listeneintrag

☞ Letzter Listeneintrag

```
\begin{dinglist}{43}
  \item Erster Listeneintrag
  \item N"achster Listeneintrag
  \item Letzter Listeneintrag
\end{dinglist}
```

Die Umgebung `dingautolist` entspricht der LaTeX-Umgebung `enumerate`, wobei mit *z_num* die Markierungskennung für den ersten `\item`-Befehl vorgegeben wird. Jeder weitere `\item`-Befehl wählt das jeweils nächste Zeichen aus ZapfDingbats als Markierung. Referenzen auf die einzelnen Einträge erscheinen mit den gleichen Symbolen.

① Erste Referenzmarkierung

② Zweite Referenzmarkierung

③ Dritte Referenzmarkierung

Die Referenzen erscheinen als ①, ② und ③.

```
\begin{dingautolist}{172} %%
\item Erste Referenzmarkierung\label{dl.a}
\item Zweite Referenzmarkierung\label{dl.b}
\item Dritte Referenzmarkierung\label{dl.c}
\end{dingautolist}
Die Referenzen erscheinen als \ref{dl.a},
\ref{dl.b} und \ref{dl.c}.
```

Das Ergänzungspaket pifont stellt weitere Definitionsbefehle bereit, mit denen der Anwender eigene Befehle für weitere Symbolzeichensätze erzeugen kann:

`\Pifont{`*fam*`}` `\Pisymbol{`*fam*`}{`*z_num*`}`
`\Piline{`*fam*`}{`*z_num*`}` `\Pifill{`*fam*`}{`*z_num*`}`
`\begin{Pilist}{`*fam*`}{`*z_num*`}` *Listeneinträge* `\end{Pilist}`
`\begin{Piautolist}{`*fam*`}{`*z_num*`}` *Listeneinträge* `\end{Piautolist}`

Diese Definitionsbefehle sind Verallgemeinerungen der oben vorgestellten Symbolbefehle für den ZapfDingbats-Zeichensatz. So sind z. B. `\ding{`*z_num*`}` und `\dingline{`*z_num*`}` als

```
\newcommand{\ding}[1]{\Pisymbol{pzd}{#1}}  bzw
\newcommand{\dingline}[1]{\Piline{pzd}{#1}}
```

definiert, und die `dinglist`-Umgebung wurde mit

```
\newenvironment{dinglist}[1]{\begin{Pilist}{pzd}{#1}}%
                            {\end{Pilist}}
```

eingerichtet. Damit sollten die allgemeinen Definitionsstrukturen ohne weitere Erläuterungen verständlich sein. Der angesprochene Symbolzeichensatz wird durch seine Familienkennzeichnung *fam* ausgewählt, z. B. durch `psy` für den PostScript-Zeichensatz 'Symbol'.

```
\begin{Piautolist}{psy}{97}
\item Die Markierung erfolgt in
\item griechischen Kleinbuchstaben.
\item Das kleine \emph{alpha} hat im
\item Zeichensatz 'Symbol' die
\item Position 97.
\end{Piautolist}
```

α Die Markierung erfolgt in

β griechischen Kleinbuchstaben.

χ Das kleine *alpha* hat im

δ Zeichensatz 'Symbol' die

ε Position 97.

Bei häufiger Verwendung solcher Befehle aus einem speziellen Symbolzeichensatz sollte man sich in Analogie zu den `ding`-Strukturen entsprechende Befehle und Umgebungen einrichten. Der Befehl `\Pifont{`*fam*`}` macht den angesprochenen Symbolsatz zum aktiven Zeichensatz. Er ist äquivalent zu dem LaTeX-Standardbefehl `\usefont` [5a, Abschn. 8.5.1], und zwar in der Form `\usefont{U}{`*fam*`}{m}{n}`.

5.3.2 Vorbereitungen zur Grafikeinbindung

Zu den LaTeX-Standarderweiterungen gehört das Verzeichnis `./required/graphics`, das Bearbeitungswerkzeuge zur Grafikeinbindung bereitstellt. Die Installation erfolgt mit der LaTeX-Bearbeitung des Installationsfiles `graphics.ins`. Damit entstehen:

color.sty	epsfig.sty	graphics.sty	graphicx.sty	keyval.sty
lscape.sty	pstcol.sty	trig.sty		
dvi2ps.def	dvialw.def	dvilaser.def	dvipsnam.def	dvipsone.def
dvips.def	dvitops.def	dviwin.def	emtex.def	ln.def
oztex.def	pctex32.def	pctexhp.def	pctexps.def	pctexwin.def
psprint.def	pubps.def	tcidvi.def	textures.def	truetex.def

sowie eventuell weitere für zukünftige Versionen des `graphics`-Pakets. Von den Ergänzungspaketen der ersten zwei Zeilen werden `keyval.sty` und `trig.sty` kaum je vom Anwender selbst aktiviert, da sie von einigen der anderen Ergänzungspakete implizit eingebunden werden.

Da die Grafikergänzungen dieser Pakete spezielle Druckereigenschaften ansprechen, die LaTeX selbst nicht kennt, erwarten diese Ergänzungspakete bei ihrer Aktivierung die Angabe des Ausgabegerätes (Drucker) über seinen DVI-Treiber in der Form

`\usepackage[`*drucker*`]{`*grafik_paket*`}`

wobei zur Kennzeichnung des Ausgabegerätes *drucker* der Grundname eines der aufgelisteten `.def`-Files oder `xdvi` gewählt werden kann. Die `.def`-Files stellen die druckerspezifischen `\special`-Befehle [5a, Abschn. 8.1.5] zum Ansprechen der Grafikeigenschaften bereit, so dass der Anwender deren Syntaxvorschriften selbst nicht kennen muss.

Bei der Mehrzahl der Anwender kommt sicher nur ein Drucker zur Anwendung, aber selbst bei der Verfügbarkeit mehrerer Drucker wird vermutlich einer von ihnen zur Ausgabe von PostScript-Grafiken bevorzugt. Hierfür sollten zwei Konfigurationsfiles `color.cfg` und `graphics.cfg` mit dem Inhalt

```
\DeclareOption{drucker}{\def\Gin@driver{drucker.def}}
\ExecuteOptions{drucker}
```

eingerichtet werden, und zwar in einem Verzeichnis, das von TeX bei der Suche nach Makropaketen standardmäßig durchsucht wird. Damit wird das zugehörige `.def`-File eingelesen, ohne dass die Geräteangabe beim aktivierenden `\usepackage`-Befehl zu wiederholen ist, falls dieser Standarddrucker zur Anwendung kommen soll.

Zu dem Satz der Ergänzungspakete gehört eine Kurzbeschreibung, die mit der beigefügten Dokumentation `grfguide.tex` durch deren LaTeX-Bearbeitung erstellt werden kann. Gleichzeitig ist die aufbereitete Dokumentation mit dem PostScript-File `grfguide.ps` beigefügt. Sie sollte als Begleittext für die nachfolgenden Abschnitte genutzt werden.

Die mit den Grafikergänzungspaketen bereitgestellten Grafikbefehle können nicht von allen Druckern über ihre `.def`-Files in vollem Umfang realisiert werden. Solche im Eingabetext auftretenden, aber vom Drucker nicht unterstützten Grafikbefehle bleiben wirkungslos und führen zu einer Bildschirmwarnung. Bei einer früheren Version des Grafikbündels enthielt die Dokumentation eine tabellarische Auflistung der von den verschiedenen unterstützten Druckern bereitgestellten Grafikeigenschaften. Ich habe sie von dort übernommen und etwas aktualisiert.

Name	Betriebssystem	Grafik-Einb.	Skalierung	Drehung	Farbe
dvi2ps	Unix	○	○	?	?
dvialw	Unix	○	○	?	?
dvilaser	DOS	○	?	?	?
dvipdf		●	●	●	●
dvips	Unix, DOS u. a.	●	●	●	●
dvipsone	DOS	●	●	●	●
dvitops	Unix, DOS u. a.	●	?	?	?
dvitps	Unix	?	?	?	?
dviwin	Windows	●	×	×	×
dviwindo	Windows	●	×	×	●
emtex	DOS	●	×	×	×
ln3		○	–	–	–
oztex	Mac	●	×	×	×
pctexps		●	×	×	×
pctex32		●	●	●	●
pctexwin		●	?	?	?
pctexhp		●	–	–	–
psprint	VMS	○	?	?	?
pubps	Unix	○	?	?	?
tcidvi		●	–	–	●
textures	Mac	●	●	?	●
truetex		●	–	–	●

Symbolschlüssel:

- ● Verfügbar und getestet.
- ○ TeX-Kode beigefügt, aber nicht getestet.
- ? Geeigneter TeX-Kode kann vermutlich erstellt werden.
- × Wahrscheinlich nicht zu implementieren.
- – Derzeit offen, da mir nicht bekannt.

Bei den von mir vorgenommenen Nachträgen fehlt die Angabe des Betriebssystems.

5.3.3 Grafikeinbindung mit epsfig

Das Ergänzungspaket `epsfig.sty` dient zur Einbindung von gekapselten PostScript-Files in den umgebenden Text und wird in gewohnter Weise mit

```
\documentclass[...,dr_opt,...]{bearb_klasse}
\usepackage{epsfig}   oder mit
\usepackage[dr_opt]{epsfig}
```

aktiviert. Hierin steht *dr_opt* für die Kennzeichnung des Druckertreibers sowie evtl. noch `draft` oder `final`. Der Druckertreiber wird dabei mit dem Grundnamen eines der im vorangegangenen Unterabschnitt angeführten `.def`-Files angegeben. Das Ergänzungspaket epsfig stellt den Befehl

```
\epsfig{file=epsf_name,scale=faktor,height=höhe,width=breite,%
        angle=winkel,bbllx=lux,bblly=luy,bburx=rox,bbury=roy,clip=}
```

bereit, mit dem eine Grafik, die als gekapseltes PostScript-File *epsf_name* (Encapsulated PostScript) vorliegt, in den umgebenden Text eingebunden wird. Bei diesem Befehl sind mit Ausnahme von `file=`*epsf_name* alle weiteren Argumente optional. Zu ihrer Erläuterung erfolgt vorab ein Hinweis: Jede als gekapseltes PostScript-File vorliegende Grafik enthält ihre natürliche Abmessung in einer der ersten Zeilen in der Form

`%%Bounding Box:` *llx lly urx ury*

mit Zahlenangaben, die sich auf die Koordinaten der unteren linken (lower left) und oberen rechten (upper right) Ecke der Grafik beziehen. Als interne Maßeinheiten werden dabei sog. Big Points verwendet (72 bp = 1 in). Die Grafik ist damit $(urx - llx)$ bp breit und $(ury - lly)$ bp hoch. Die erste Zeile eines gekapselten PostScript-Files kennzeichnet sich mit `%!PS-Adobe-2.0 EPSF-2.0` als 'Encapsulated PostScript File'. Die Zahlenangabe 2.0 bezieht sich dabei auf die PostScript-Versionsnummer. Das vollständige Format für ein gekapseltes PostScript-File wird im Anhang H des PostScript-Referenz-Handbuches [21] dokumentiert. Der Unterschied zu einem normalen PostScript-File liegt letztlich nur darin, dass ein gekapseltes PostScript-File zur Einbindung in ein solches gedacht ist. Gekapselte PostScript-Files entstehen üblicherweise aus dem Aufruf spezieller Grafikprogramme, z. B. für einen Scanner. Der Treiber dvips kann mit der Option `-E` aus einem `.dvi`-File ein eigenständiges gekapseltes PostScript-File erstellen (s. 5.1.5).[4]

Die Argumente des `\epsfig`-Befehls, der mit der gleichen Syntax auch unter dem Namen `\psfig` zur Verfügung steht, haben die Bedeutung:

`file=`*epsf_name* kennzeichnet das an der Aufrufstelle einzubindende gekapselte PostScript-File. Statt `file=`*epsf_name* kann auch `figure=`*epsf_name* verwendet werden.

`scale=`*faktor* Die Abmessungen der Umgebungsbox werden mit dem Wert von *faktor* multipliziert, womit die Abbildung gegenüber ihren natürlichen Maßen aus der Umgebungsbox vergrößert ($faktor > 1.0$) oder verkleinert ($faktor < 1.0$) wird.

`height=`*höhe* Mit dieser Angabe wird die Höhe der Abbildung gegenüber ihrer natürlichen Höhe (aus den internen Angaben der Umgebungsbox) auf den angegebenen Wert skaliert. Für *höhe* sind alle in TeX erlaubten Maßangaben zulässig. Eine reine Zahlenangabe greift auf die interne Maßeinheit bp (Big Point) zurück. Bei fehlender Angabe von `height`, aber einer Vorgabe für `width`, wird die Höhe im gleichen Maße skaliert, wie dies zur Erreichung der verlangten Breite gegenüber der Originalbreite aus den Angaben der Umgebungsbox erfolgt.

`width=`*breite* Mit dieser Angabe wird die Breite der Abbildung gegenüber ihrer natürlichen Breite (aus den internen Angaben der Umgebungsbox) auf den angegebenen Wert skaliert. Für *breite* sind alle in TeX erlaubten Maßangaben zulässig. Eine reine Zahlenangabe greift auf die interne Maßeinheit bp zurück. Bei fehlender Angabe von `width`, aber einer Vorgabe für `height`, wird die Breite im gleichen Maße skaliert, wie dies zur Erreichung der verlangten Höhe gegenüber der Originalhöhe aus der Umgebungsbox erfolgt.

---

[4] Ein so erstelltes gekapseltes PostScript-File besteht eventuell nur aus TeX-formatiertem Text, der aus Sicht von PostScript ebenfalls eine Grafik darstellt. Die untere Formelgruppe aus [5a, Abschn. 5.5.5] mit der Wirkung des Ergänzungspakets exscale wurde zunächst als eigenständiges LaTeX-File unter Einschluss von `\usepackage{exscale}` mit LaTeX bearbeitet. Sein `.dvi`-File wurde anschließend mit dvips als gekapseltes PostScript-File `exadd.eps` abgelegt. Das File für den Gesamttext enthält im dortigen Abschnitt dann den Aufruf

```
\begin{raggedright} \epsfig{file=exadd.eps} \end{raggedright}
```

Damit wurde es möglich, die Wirkung der An- und Abwesenheit von `exscale.sty` auf einer Textseite zu demonstrieren.

Mit gleichzeitiger Angabe für `height` und `width` können die Bildhöhe und Bildbreite unterschiedlich skaliert werden.

`angle=`*winkel* Die Grafik wird um den vorgegebenen Winkel gedreht. Drehpunkt ist der linke untere Eckpunkt der Umgebungsbox.[5] Als Maßeinheit für die Zahlenangabe werden Winkelgrade gewählt. Eine positive Angabe führt zur Drehung entgegen dem Uhrzeiger, eine negative Angabe zur Drehung mit dem Uhrzeiger.

`bbllx=`*lux* x-Koordinate der linken unteren Ecke der Umgebungsbox für die Abbildung.

`bblly=`*luy* y-Koordinate der linken unteren Ecke der Umgebungsbox für die Abbildung.

`bburx=`*rox* x-Koordinate der rechten oberen Ecke der Umgebungsbox für die Abbildung.

`bbury=`*roy* y-Koordinate der rechten oberen Ecke der Umgebungsbox für die Abbildung.

Einträge für `bbllx`, `bblly`, `bburx` und `bbury` entfallen normalerweise, da sie mit den Vorgaben für `Bounding Box` im Grafikfile vorhanden sind. Mit expliziten Angaben können fehlende oder fehlerhafte Vorgaben für die Umgebungsbox vorgenommen oder korrigiert werden. Die vorstehenden Einträge sollten in `\epsfig` *vor* dem Eintrag für `file=`*epsf_name* vorgenommen werden.

`clip=` Enthält ein gekapseltes PostScript-File Bildanteile, die über die Grenzen der Umgebungsbox hinausragen, was bei einem wohl konditionierten EPS-File nicht auftreten sollte, so ragen diese Bildanteile eventuell in den umgebenden Text hinein, da mit dem `\epsfig`-Befehl für die Grafik nur Platz in Größe der evtl. skalierten Umgebungsbox freigehalten wird. Mit der Angabe `clip=` kann in solchen Fällen die Ausgabe von Bildanteilen, die außerhalb der zugeordneten Umgebungsbox liegen, unterdrückt werden. Das Argument `clip=` kennt keine Wertzuweisung. Trotzdem ist das nachfolgende Gleichheitszeichen syntaktisch zwingend.

Die eingangs erwähnte Option `draft` bewirkt in Verbindung mit dem Ergänzungspaket `epsfig.sty`, dass gekapselte PostScipt-Files *nicht* als endgültige Grafik in der Ausgabe erscheinen. An den Stellen der `\epsfig`-Befehle wird nur eine gerahmte Box mit den Abmessungen der evtl. skalierten Umgebungsbox ausgegeben, in der lediglich der Name des einzulesenden gekapselten PostScript-Files wiederholt wird. Diese Option bewirkt in der Entwicklungsphase für das zu bearbeitende Dokument eine deutlich schnellere Druckausgabe. Eine Grafik mit den Abmessungen $b = 25\,\text{mm}$ und $h = 30\,\text{mm}$ für das File `muster.eps` erscheint mit der Option `draft` und der Eingabe

```
\parbox{30mm}{\epsfig{file=muster.eps}}
```

in der Ausgabe wie nebenstehend als

muster.eps

Die Option `draft` schaltet die Grafikausgabe für alle gekapselten PostScript-Files des gesamten Dokuments ab. Ohne diese Option können innerhalb des Eingabetextes mit der Erklärung `\psdraft` alle nachfolgenden `\epsfig` *lokal* in gleicher Weise unterdrückt und durch die gerahmte Umgebungsbox ersetzt werden, bis diese Wirkung durch `\psfull` wieder abgeschaltet wird. Auch die globale Treiberoption beim `\documentclass`-Befehl kann innerhalb des Dokuments mit dem Befehl `\psfigdriver{`*dr_opt*`}` lokal nachgereicht werden.

[5] Enthält das gekapselte PostScript-File Texte, die auf cm- oder ec-Zeichensätze zurückgreifen, so werden diese mit dvips ebenfalls um den angegebenen Winkel gedreht, was TeX normalerweise gar nicht vorsieht.

Die Option `final` ist gleichwertig mit dem Fortlassen von `draft`. Sie wird deshalb meistens entfallen. Eine explizite Angabe kann lokal mit `\usepackage[final]{epsfig}` sinnvoll sein, wenn `draft` global beim `\documentclass`-Befehl gesetzt ist.

Das Ergänzungspaket `epsfig.sty` lädt intern die Ergänzungspakete `graphicx.sty`, `keyval.sty` und `graphics.sty` hinzu und reicht die gewählte Treiberoption an diese weiter. Das Paket `graphics.sty` stellt die tiefer liegenden TEX-Makros zum Einlesen der Grafikfiles und zu deren Skalierung und Drehung bereit, die ihrerseits die mathematischen TEX-Makros aus `trig.sty` nutzen, um die erforderlichen Transformationen zu errechnen. Die gewählte Treiberoption bestimmt dann die Syntax und Inhalte der `\special`-Befehle, die die erforderlichen Zusatzanweisungen an die Treiber weitergeben.

5.3.4 Das graphics-Ergänzungspaket

Das Grafikbasispaket ist `graphics.sty`. Seine Aktivierung erfolgt in bekannter Weise durch

`\usepackage[`*drucker,sonst_opt*`]{graphics}`

Neben der Angabe für *drucker* können als weitere Optionen *sonst_opt* gewählt werden:

`debugshow` Bewirkt umfassendere Protokollmitteilungen auf dem Bildschirm, die nur bei vertieften Kenntnissen von Nutzen sind, so dass diese Option beim Normalanwender entfallen kann.

`draft` Hiermit werden die angeforderten Grafikeigenschaften unterdrückt und nur die Abmessungen der zugehörigen Grafik in Form eines gerahmten Rechtecks mit dem Namen des Grafikfiles bezüglich des umgebenden Textes berücksichtigt.

`final` Dies ist auch die Standardvorgabe, die alle angeforderten Grafikeigenschaften berücksichtigt. Eine explizite Optionsangabe von `final` kann sinnvoll sein, wenn `draft` als Globaloption beim `\documentclass`-Befehl gesetzt wurde und deren Wirkung für das Ergänzungspaket lokal abgeschaltet werden soll.

`hiderotate` Eine Grafikstruktur, die gedreht werden soll, wird beim Ausdruck und nur in ihren Abmessungen bezüglich des umgebenden Textes berücksichtigt.

`hidescale` Eine Grafikstruktur, die skaliert werden soll, wird beim Ausdruck und nur in ihren Abmessungen bezüglich des umgebenden Textes berücksichtigt.

`hiresbox` Sucht im Grafikfile nach der Zeile `%%HiResBoundingBox` statt nach der Standardzeile `%%BoundingBox`, aus der dann die Grafikabmessungen bestimmt werden.

Textskalierung Mit dem Befehl

`\scalebox{`*h_skal*`}[`*v_skal*`]{`*text*`}`

wird der übergebene Text *text* in horizontaler und vertikaler Richtung um die Faktoren *h_skal* und *v_skal* skaliert, wie hier mit `\scalebox{2.5}[1]{wie hier}` wie hier gezeigt wird. Entfällt das zweite optionale Argument *v_skal*, so wird für die vertikale Skalierung der gleiche Faktor wie für die horizontale Skalierung verwendet. Ansonsten entspricht der Befehl `\scalebox` dem LATEX-Standardbefehl `\mbox` [5a, Abschn. 4.7.1] `\mbox`. Wie dort kann auch in `\scalebox` mit den Registern `\height`, `\width`, `\depth` und `\totalheight` auf die natürlichen Abmessungen des übergebenen Textes zurückgegriffen werden. Der Befehl

`\reflectbox{`*text*`}`

ist eine Abkürzung für `\scalebox{-1}[1]{`*text*`}`. Der übergebene Text erscheint damit in Spiegelschrift wie hier mit `\reflectbox{wie hier}`: ɹəiɥ əiw. Der Grafikbefehl

`\resizebox{`*h_länge*`}{`*v_länge*`}{`*text*`}`

skaliert den übergebenen Text *text* so, dass seine Weite und Höhe die angegebenen Maßwerte *h_länge* und *v_länge* ausfüllen. Für das erste oder zweite Längenargument kann als Eintrag auch ! gewählt werden. In diesem Fall bestimmt die Längenvorgabe des jeweils anderen Längenmaßes die Skalierung in beiden Richtungen.

`\resizebox{3cm}{\height}{Etwas Text}`: Etwas Text
`\resizebox{3cm}{!}{Etwas Text}`: Etwas Text

Beim ersten Beispiel wurde mit `\height` auf die natürliche Höhe des übergebenen Textes zurückgegriffen. Beim zweiten Beispiel bewirkt das ! im zweiten Argument, dass die Höhe um den gleichen Faktor skaliert wurde, wie er für die horizontale Skalierung zum Erreichen der Weite von 3 cm erforderlich war.

Der letzte Befehl `\resizebox` existiert auch als *-Form. Der Unterschied zur Standardform liegt darin, dass sich das vorgegebene Höhenmaß *h_länge* auf die Höhe und Tiefe des übergebenen Textes bezieht, während es sich für die Standardform auf die Boxhöhe, also deren Abmessung von der Grundlinie bis zur Boxoberkante, bezieht.

Textdrehung Texte können um einen beliebigen Winkel gedreht werden. Dies geschieht mit dem Grafikbefehl

`\rotatebox{`*winkel*`}{`*text*`}`

Für *winkel* ist eine Zahlenangabe zu wählen, die als Drehwinkel gegen den Uhrzeigersinn in Grad interpretiert wird. Als Drehpunkt wird der Bezugspunkt der internen LR-Box gewählt. Der Bezugspunkt einer LR-Box ist stets der Schnittpunkt ihrer Grundlinie mit der Boxvorderkante.

```
Anfangstext
\rotatebox{30}{gedrehter Text}
Abschlusstext\\
Anfangstext
\rotatebox{-60}{gedrehter Text}
Abschlusstext
```

Anfangstext gedrehter Text Abschlusstext
Anfangstext gedrehter Text Abschlusstext

Die horizontalen und vertikalen Abmessungen der den gedrehten Text umschließenden Minimalbox werden bezüglich des umgebenden Textes berücksichtigt, wie das Beispiel deutlich zeigt.

Statt der kurzen gedrehten Textzeilen des vorangegangenen Beispiels können in `\rotatebox` für *text* auch vertikale Boxen mit `\parbox`-Befehlen oder `minipage`-Umgebungen übergeben werden. Dabei sollte dem Anwender der Bezugspunkt einer vertikalen Box bewusst sein. Er hängt von der Wahl des vertikalen Positionierungsparameters ab (s. [5a, 4.7.3]).

Mit `\parbox[t]{...}{...}` liegt er am Schnittpunkt der Grundlinie der *obersten* Textzeile mit der Vorderkante der Absatzbox; mit `\parbox[b]{...}{...}` dagegen am Schnittpunkt der Grundlinie der *untersten* Textzeile mit der Vorderkante. Die Standardform `\parbox{...}{...}` führt zum Bezugspunkt bei der vertikalen Mitte der Vorderkante.

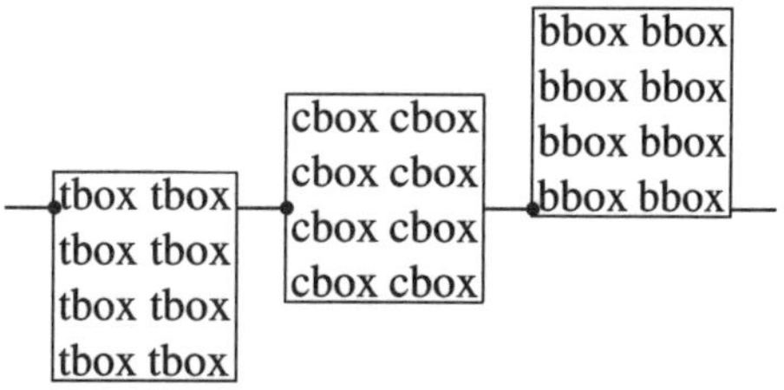

Der Bezugspunkt der Absatzboxen wurde in diesem Beispiel durch einen verstärkten Punkt als • gekennzeichnet, der sich auf der Grundlinie der umgebenden Textzeile befindet, die mit den horizontalen Strichen __ symbolisiert wurde. Dieser Bezugspunkt der Absatzbox ist gleichzeitig der Drehpunkt, der auf der umgebenden Zeile erhalten bleibt, wenn sie mit einer Drehumgebung eingeschachtelt wird. Die gedrehte Absatzbox wird dann ihrerseits in eine umgebende Minimalbox eingeschlossen, die den Abstand zum vorangehenden und nachfolgenden Text bestimmt. Der Drehpunkt wird damit gegenüber dem umgebenden Text evtl. horizontal verschoben, wie das nebenstehende Beispiel deutlich macht. Es zeigt zunächst die um $-30°$ gedrehte Absatzbox mit ihrem Bezugspunkt in stärkerer Umrandung. Sie wird anschließend mit einer minimalen Umgebungsbox umfasst, die durch die dünnere Umrandung gekennzeichnet ist. Diese Umgebungsbox bestimmt dann den Abstand zum vorangehenden und nachfolgenden Text, dessen Grundlinie wieder durch die horizontalen Striche __ symbolisiert ist.

Nach dieser Erläuterung sollte das Ergebnis beliebiger Drehungen von Absatzboxen innerhalb des `\rotatebox`-Befehls in Bezug auf den umgebenden Text voraussehbar sein. Das nachfolgende Beispiel sollte deshalb nicht überraschen.

```
\newcommand{\drehbox}{A B C D E F G H I J K L M N O P Q R S T U V W X Y Z}
Anfang \rotatebox{45}{\parbox[t]{16mm}{\drehbox}} gefolgt von
       \rotatebox{45}{\parbox{16mm}{\drehbox}} und weiter mit
       \rotatebox{45}{\parbox[b]{16mm}{\drehbox}}.
```

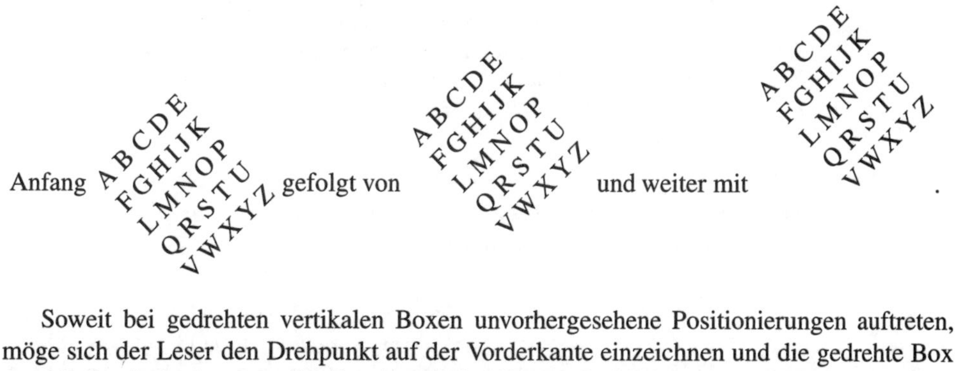

Soweit bei gedrehten vertikalen Boxen unvorhergesehene Positionierungen auftreten, möge sich der Leser den Drehpunkt auf der Vorderkante einzeichnen und die gedrehte Box anschließend mit einer umschreibenden Minimalbox gedanklich umfassen. Die vorgestellten Beispiele enthielten Absatzboxen innerhalb des `\rotatebox`-Befehls. Drehbefehle dürfen aber auch innerhalb von Absatzboxen verwendet werden, womit verschachtelte Textdrehungen möglich werden.

In diesem Beispiel wird die 40 mm breite `minipage`-Umgebung um 60° gedreht. Innerhalb ihres Textes er- LaTeX scheint das quergestellte Symbol als Folge eines internen `\rotatebox`-Befehls.

```
\rotatebox{60}{\begin{minipage}{40mm}
In diesem Beispiel wird die 40 mm breite
texttt{minipage}-Umgebung um $60^\circ$
gedreht. Innerhalb ihres Textes erscheint
das quergestellte \rotatebox{90}{\LaTeX}
Symbol als Folge eines internen
\texttt{\symbol{92}rotatebox}-Befehls.
\end{minipage}}
```

Tabellen, die mit der `tabular`-Umgebung eingerichtet werden, stellen strukturell ebenfalls eine vertikale Box dar, die mit `\rotatebox` um den vorgegebenen Winkel als Ganzes gedreht werden. Zusätzlich oder alternativ können `\rotatebox`-Befehle innerhalb der Tabelle auftreten, womit Teile der Tabelle, z. B. einzelne Spalteneinträge, gedreht werden. In der Tabelle unten auf S. 318 wurde hiervon für die Spaltenüberschriften „Grafik-Einb.“, „Skalierung“, „Drehung“ und „Farbe“ bereits Gebrauch gemacht.

Als Drehwinkel für Tabellen als Ganzes kommt vorwiegend 90° in Betracht. Innerhalb der Tabelle selbst sind häufig andere Drehwinkel wünschenswert. Hierfür einige einfache Beispiele:

Wort	Häufigkeit
Hallo	33
Tschüss	34

```
\rotatebox{90}{\begin{tabular}{|lr|}
\hline \emph{Wort} &
\rotatebox{90}{H"aufigkeit}\\ \hline
  Hallo & 33\\Tsch"uss & 34\\ \hline
\end{tabular}}
```

Spalte 1	Spalte 2	Spalte 3
1	2	3
4	5	6
7	8	9

```
\begin{tabular}{rrr}
  \rotatebox{45}{Spalte 1} &
  \rotatebox{45}{Spalte 2} &
  \rotatebox{45}{Spalte 3}\\ \hline
  1 & 2 & 3\\ 4 & 5 & 6\\ 7 & 8 9\\ \hline
\end{tabular}
```

Die Spaltenbreite wird für die gedrehten Einträge der obersten Zeile aus deren umschließenden Minimalboxen bestimmt. Geneigte Spalteneinträge wird man häufig in vielspaltigen Tabellen zur Platzeinsparung anbringen, wie z. B. beim nächsten Beispiel.

Spalte 1	Spalte 2	Spalte 3
1	2	3
4	5	6
7	8	9

```
\begin{tabular}{ccc}\rule{0pt}{12mm}%
  \rotatebox{45}{\makebox[0pt][l]{Spalte 1}} &
  \rotatebox{45}{\makebox[0pt][l]{Spalte 2}} &
  \rotatebox{45}{\makebox[0pt][l]{Spalte 3}}\\
  \hline
  1 & 2 & 3\\ 4 & 5 & 6\\ 7 & 8 & 9\\ \hline
\end{tabular}
```

Durch den Einschluss der Einträge für die erste Zeile als LR-Box (s. [5a, Abschn. 4.7.1] mit der Breite von 0 pt `\makebox[0pt][l]{`*text*`}` wird für deren Beitenabmessung die Weite von 0 pt vorgetäuscht, was dann natürlich auch zu einer entsprechend kleinen umschließenden Minimalbox führt. Zur Kompensation der fehlenden Höhe für die erste Tabellenzeile wurde deshalb die Stütze `\rule{0pt}{12mm}` im ersten Spalteneintrag zugefügt.

Als Beispiel für eine um 90° gedrehte komplexere Struktur folgt der Auszug aus DIN 476, mit der die Norm für Papierformatgrößen festgelegt wird:

Papierformate in mm gemäß DIN 478			
	Haupt-	Zusatzreihen	
	Reihe A	B	C
0	**841×1189**	1000×1414	917×1297
1	**594×841**	707×1000	648×917
2	**420×594**	500×707	458×648
3	**297×420**	353×500	324×458
4	**210×297**	250×352	229×324
5	**148×210**	176×250	162×229
6	**105×148**	125×176	114×162
7	**74×105**	88×125	81×114
8	**52×74**	62×88	57×81
Formatbezeichnung 9	**37×52**	44×62	

Anwendungen der B- und C-Reihe:

Die Formate der Zusatzreihen B und C gelten nur für abhängige Papiergrößen wie
Briefhüllen (DIN 678)
Fensterbriefhüllen (DIN 680)
Mappen, Aktendeckel usw.

```
\rotatebox{90}{\begin{tabular}[t]{|l|c|
   >{\bfseries}r@{$\times$}>{\bfseries}|
   *{2}{r@{$\times$}l|}}\hline
\multicolumn{8}{|c|}{\textbf{Papierformate
  in mm gem"a"s DIN 478}}\\\hline
\multicolumn{2}{|c|}{} &
\multicolumn{2}{c|}{\textbf{Haupt-}} &
\multicolumn{4}{c|}{Zusatzreihen}\\\
  \cline{4-8}
\multicolumn{2}{|c|}{} &
\multicolumn{2}{c|}{\textbf{Reihe A}}&
\multicolumn{2}{c|}{B} &
\multicolumn{2}{c|}{C}\\ \hline
& 0 & 841&1189&1000&1414 &917&1297\\
  \cline{2-8}
& 1 & 594&841 & 707&1000 & 648&917\\
  \cline{2-8}
. . . . . . . . . . . . . . . . . . . . . . .
& 8 &  52&74  &  62&88  &  57&81 \\
\cline{2-8}
\rotatebox{90}{\makebox[0pt][l]{
  \hspace*{5mm}Formatbezeichnung}}
  & 9 &  37&52  &  44&62  &
 \multicolumn{2}{c|}{}\\ \hline
\end{tabular} \parbox[t]{42mm}{\textbf{
Anwendungen der B- und C-Reihe}:\\[.75ex]
Die Formate der Zusatzreihen B und C
gelten nur f"ur abh"angige Papiergr"o"sen
wie\\  Briefh"ullen (DIN 678)\\
Fensterbriefh"ullen (DIN 680)\\
Mappen, Aktendeckel usw.} }
```

Bei diesem Beispiel wurde die `tabular`-Umgebung zusammen mit der nebenstehenden `\parbox` mit den Erläuterungen zur B- und C-Reihe als gemeinsames Argument an den äußeren `\rotatebox`-Befehl übergeben. Beide Vertikalstrukturen sind wegen des Positionierungsparameters `t` auf ihre obersten Zeilen ausgerichtet. Beide nebeneinander stehenden Vertikalstrukturen werden dann gemeinsam um 90° gedreht. Innerhalb der `tabular`-Umgebung bleibt der Eintrag für die Spalte 1 bis auf die letzte Tabellenzeile leer. Der Eintrag für Spalte 1 wird in der letzten Tabellenzeile nochmals mit `\rotatebox` um 90° gedreht, so dass er im Gesamtergebnis um 180° gedreht erscheint. Auch für diesen Eintrag wurde mit `\makebox[0pt][l]{...}` die Weite von 0 pt vorgetäuscht, damit er nicht den Abstand zur darüberliegenden Zeile beeinflusst.

Zum Abschluss noch ein Beispiel für Vielfachdrehungen:

```
\newcounter{grd}
\setcounter{grd}{180}
\whiledo{\value{grd}>-180}{%
  \rotatebox{\value{grd}}{%
     \makebox[0pt][l]{\smash{%
        .\hspace{12mm}Drehung um
        $\arabic{grd}^\circ$}}}%
  \addtocounter{grd}{-15}}
```

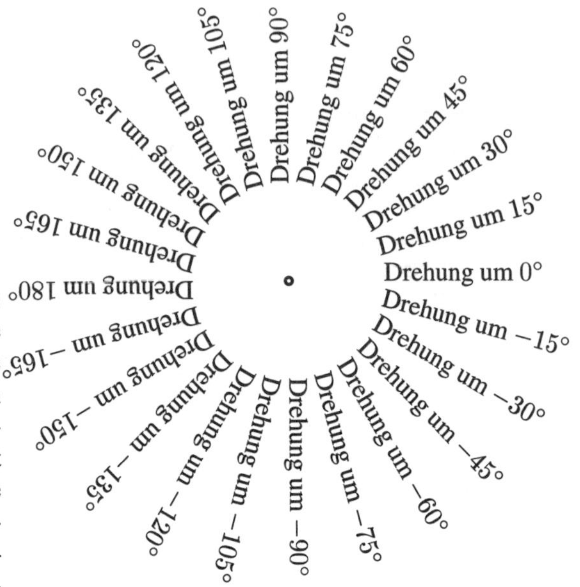

Der Befehl `\smash{`*arg*`}` stammt aus `plain.tex`. Er bewirkt die Ausgabe seines Arguments und weist diesem die Höhe und Tiefe von 0 pt zu. Da auch seine Weite wegen des umschließenden `\makebox[opt][l]{...}` mit 0 pt angenommen wird, haben die die gedrehten Texte umschließenden Minimalboxen ebenfalls nur Nullabmessungen, womit der Drehpunkt für alle Winkel an derselben Stelle erhalten bleibt.

Einbindung von Grafikfiles Hierfür dient der Befehl

`\includegraphics[`*lux,luy*`][`*rox,roy*`]{`*grafik_file*`}`

dessen optionale Argumente die Koordinaten für die untere linke *lux,luy* bzw. für die obere rechte Ecke *rox,roy* der Grafik bedeuten. Bestehen diese aus reinen Zahlenpaaren, so wird ihnen intern die Maßeinheit ‘bp’ (72 bp = 1 in) zugeordnet. Die Koordinatenangaben können aber auch als Längenmaße erfolgen, die dann zur Anwendung kommen, z. B. als `[1cm,15mm]`. Wird nur ein optionales Koordinatenpaar angegeben, so wird dieses als das der oberen rechten Ecke interpretiert und die untere linke Ecke intern bei `[0,0]` angesetzt.

Entfällt die Angabe der Koordinatenpaare, so werden die Grafikabmessungen aus einem externen File gewonnen, dessen Zuordnung weiter unten beschrieben wird. Enthält das Grafikfile *grafik_file* Bildelemente außerhalb der Eckkoordinaten, so werden diese ebenfalls ausgegeben und ragen damit evtl. in den umgebenden Text, da die Einbindung zum umgebenden Text unter der Annahme der übergebenen Eckkoordinaten erfolgt. Der `\includegraphics`-Befehl steht deshalb auch in der *-Form zur Verfügung, mit der solche, die angegebenen Abmessungen überschreitenden Bildelemente unterdrückt werden (clipping).

Die Suche nach den angeforderten Grafikfiles erfolgt standardmäßig in den Verzeichnissen, in denen TeX allgemein nach Makropaketen sucht. Mit

`\graphicpath{`*verz_liste*`}`

kann diese Suche auf andere Verzeichnisse ausgedehnt werden. Solche Verzeichnisse sind jeweils für sich in ein eigenes inneres `{ }`-Paar zu fassen, selbst wenn nur ein Suchverzeichnis angegeben wird. Mit `\graphicpath{{eps/}{tiff/}}` würden auch die Unterverzeichnisse `eps` und `tiff` des aktuellen Verzeichnisses durchsucht und mit

`\graphicpath{{../eps/}{../tiff/}` solche zum aktuellen Verzeichnis parallele Verzeichnisse dieser Namen durchmustert.

Bei den Angaben für die Verzeichnisliste *verz_liste* sind die Syntaxvorschriften des Betriebssystems für das Filesystem zu beachten. Die angeführten Beispiele entsprechen der UNIX-Syntax. Für DOS und OS2 wäre dort lediglich der Schrägstrich (/) durch den Rückstrich (\) zu ersetzen. Für den Macintosh wäre für das erste Beispiel `\graficpath{{:eps:}{:tiff:}}` zu wählen.

Wird beim `\includegraphics`-Befehl für das einzulesende Grafikfile der vollständige Filename, bestehend aus dem Grundnamen und dem Anhang, angegeben, so ist der Filename eindeutig bestimmt. Wird dort nur der Filegrundname angegeben, so wird nach Filenamen gesucht, deren Anhänge mit den Vorgaben aus den Treiberfiles (`.def`-Files) festgelegt werden. Mit

`\DeclareGraphicsExtensions{`*anh_liste*`}`

kann der Anwender weitere Namensanhänge vorgeben. Hierin steht *anh_liste* für eine durch Kommata getrennte List von Namensanhängen. Enthält der `\includegraphics`-Befehl nur den Filegrundnamen, so wird zunächst nach einem File mit diesem Grundnamen und dem ersten Anhang aus *anh_liste* gesucht. Wird ein solches File nicht gefunden, so wird nach einem File mit dem vorgegebenen Grundnamen und dem zweiten Anhang aus *anh_liste* gesucht usw.

Bei der Vorstellung von `\includegraphics` wurde erwähnt, dass die Grafikabmessungen aus einem externen File gewonnen werden, wenn dieser Befehl keine Eckkoordinaten enthält. Die Regeln, nach denen der Name dieses externen Files aus dem übergebenen Grafikfilenamen *grafik_file* gebildet wird, wird in den Treiberfiles (`.def`-Files) festgelegt. Sie können vom Anwender mit Erklärungen der Form

`\DeclareGraphicsRule{`*anh*`}{`*typ*`}{`*file_ext*`}{`*befehl*`}`

geändert oder erweitert werden. Hierin steht *anh* für den Namensanhang des Grafikfiles aus dem `\includegraphics`-Befehl. Mehrere verschiedene Namensanhänge können in den Treiberfiles zu einem gemeinsamen Typ zusammengefasst werden. In `dvips.def` geschieht das z. B. für die Anhänge `ps`, `eps`, `ps.gz` u. a. mit dem Typ `eps`. Eine solche Typkennung aus den Treiberfiles ist hier für *typ* anzugeben. Mit *file_ext* wird der Namensanhang für das File festgelegt, aus dem die Grafikabmessungen gewonnen werden, wenn diese nicht beim `\includegraphics`-Befehl angegeben werden. Deshalb wird *file_ext* häufig identisch mit *anh* sein, was aber nicht sein muss. Ist das Grafikfile beispielsweise gepackt, erkennbar etwa durch den Namensanhang `.gz`, und sind die Grafikabmessungen in einem kleinen Zusatzfile mit dem Namensanhang `.bb` abgelegt, so wird *file_ext* hier mit `bb` gekennzeichnet.

Der vollständige Name für das externe File, aus dem die Grafikabmessungen gewonnen werden, besteht aus dem Grundnamen des Grafikfiles aus dem `\includegraphics`-Befehl und dem hier mit *ext_file* gekennzeichneten Anhang. Das letzte Argument *befehl* aus der `\DeclareGraphicsRule`-Erklärung bleibt meistens leer. Hier könnte aber auch ein Programmaufruf stehen, z. B. `gunzip` zum Entpacken eines `.gz`-Files. Mit der Angabe `{gunzip #1}` für das letzte Argument würde das angegebene File entpackt und unter seinem Namen mit dem Anhang *ext_file* abgelegt.

Zum Abschluss folgen einige Beispiele zur Anwendung von `\includegraphics`, die der Dokumentation aus `grfguide.tex` entnommen sind. Die Grafik hat die Eckkoordinaten (100,100) und (172,172) und besteht aus einem durchkreuzten großen A. Der Aufruf erfolgt stets in der Form

```
\links---\fbox{\includegraphics[...][...]{a}}---rechts
```

so dass die Grafik selbst umrandet wird und die Wörter „links“ und „rechts“ zusammen mit einem langen Gedankenstrich voran- und nachgestellt werden. Das Grafikfile hat dabei den Namen `a.ps`.

Der Grundaufruf mit `\includegraphics{a}` erzeugt damit

Eine Skalierung (Verkleinerung oder Vergrößerung) kann durch Einschluss des `\includegraphics`-Befehls in einen `\scalebox`-Befehl erfolgen. So erzeugt

```
\scalebox{0.5}{\includegraphics{a}}
```

Beim aufrufenden `\includegraphics`-Befehl dürfen andere Eckkoordinaten gewählt werden, als sie das Grafikfile selbst enthält, womit Grafikausschnitte möglich werden. Mit dem Aufruf

```
\includegraphics[115,110][135,145]{a}
```

bezieht sich der Ausschnitt auf das angegebene Rechteck. Da die Grafik jedoch Bildanteile außerhalb dieses Rechtecks hat, die mit der Standardform von `\includgraphics` nicht unterdrückt werden, ragen diese Teile in den umgebenden Text. Um den hier laufenden Text nicht durch Überschneidung unleserlich zu machen, wurde deshalb ein ausreichend großer vertikaler Abstandsbefehl vorangestellt.

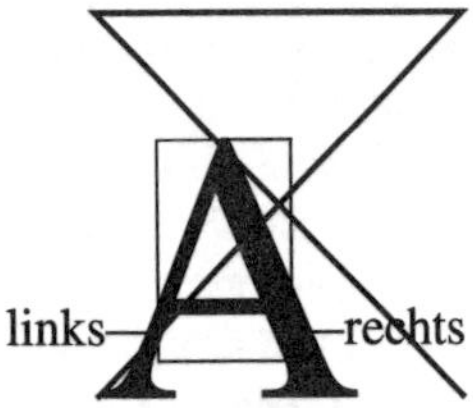

Die *-Form des `\includegraphics`-Befehls unterdrückt dagegen die Bildanteile außerhalb der angeforderten Umgebungsbox

```
\includegraphics*[115,110][135,145]{a}
```

Mit der Option `draft` für das Ergänzungspaket `graphics.sty` werden alle Grafiken beim Ausdruck suspendiert und lediglich in Form eines Rechtecks mit ihren Abmessungen symbolisiert. Eine etwaige Skalierung wird bei diesem Ersatzrechteck jedoch berücksichtigt. Außerdem enthält es den Namen des Grafikfiles wie hier mit

`\scalebox{0.5}{\includegraphics{a}}` zusammen mit `draft`

gezeigt wird.

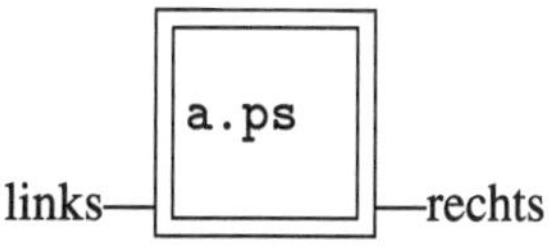

Hinweise zur lokalen Aktivierung der `draft`-Option erfolgen im nachfolgenden Unterabschnitt.

5.3.5 Das graphicx-Ergänzungspaket

Das Ergänzungspaket `graphicx.sty` liest seinerseits das Ergänzungspaket `graphics.sty` ein und verändert und erweitert die Syntax der Befehle `\rotatebox` sowie `\includegraphics` aus diesem Paket. Die neue Syntax lautet nun

`\rotatebox[`*schlüssel* = *wert*`, ...]{`*text*`}` sowie
`\includegraphics[`*schlüssel* = *wert*`, ...]{`*grafik_file*`}`

Hierin steht *schlüssel* für ein bestimmtes Schlüsselwort und *wert* für eine oder mehrere Wertzuweisungen, die mit diesem Schlüssel verbunden werden. Das optionale Argument kann eine ganze Liste von *schlüssel* = *wert*-Paaren enthalten, die durch Kommata voneinander zu trennen sind.

Für den `\rotatebox`-Befehl sind als Schlüsselwörter und Wertzuweisungen erlaubt:

`x=`*h_maß* bestimmt den horizontalen Abstand des Drehpunkts bezüglich des Referenzpunktes des übergebenen Textes. Der Referenzpunkt des übergebenen Textes ist standardmäßig seine untere linke Ecke.

`y=`*v_maß* bestimmt den vertikalen Abstand des Drehpunkts bezüglich des Referenzpunktes des übergebenen Textes. Ohne explizite Angaben sind `x=0pt` und `y=0pt` eingestellt.

`origin=`*pos* dem als Wert ein oder zwei Buchstaben aus `lrctbB` als Positionierungsparameter zugewiesen werden, womit der Referenzpunkt des übergebenen Textes bestimmt werden kann. Hierin steht `l` für 'left', `r` für 'right', `b` für 'bottom', `t` für 'top', `c` für 'center' und `B` für 'Baseline'. Mit `origin=lb` wird die linke untere Ecke des übergebenen Textes als Referenzpunkt eingestellt, mit `origin=rt` dagegen seine obere rechte Ecke. Andere Buchstabenkombinationen brauchen nicht zusätzlich erläutert werden. Ohne explizite Angaben für die Schlüsselwörter `x` und `y` ist der Referenzpunkt des übergebenen Textes gleichzeitig auch der Drehpunkt für den `\rotatebox`-Befehl.

`units=`*maßzahl* Die Zahlenangabe `360` für *maßzahl* bewirkt, dass die Winkelangabe beim `\rotatebox`-Befehl als Gradzahl entgegen dem Uhrzeigersinn interpretiert wird. Mit `6.283185` für *maßzahl* wird die Winkelangabe in Radian interpretiert, ebenfalls entgegen dem Uhrzeigersinn. Mit `-360` wird die Winkelangabe als Gradzahl interpretiert, nunmehr aber im Uhrzeigersinn. Mit `units=400` wird die Winkelangabe des `\rotatebox`-Befehls in Neugrad interpretiert.

Um die Wirkung unterschiedlicher Referenzpunkte für den übergebenen Text in Bezug auf die Drehung deutlich zu machen, soll der folgende Ablauf

`...\rotatebox[origin=`*rs*`]{180}{gedrehter Text}...`

für unterschiedliche Einstellungen von *rs* ausgeführt werden

[origin=c]	...gedrehter Text...
[origin=lb]	... gedrehter Text ...
	gedrehter Text
[origin=lt]	... ...
[origin=rb]	... gedrehter Text ...
	gedrehter Text
[origin=rt]	... ...
[origin=lB]	...gedrehter Text...
[origin=rB]	...gedrehter Text...

Für den `\includegraphics`-Befehl stehen sehr viel mehr Schlüsselwörter zur Verfügung. Diese sind zusammen mit ihren möglichen Wertzuweisungen:

`bb=`x_{lu} y_{lu} x_{ro} y_{ro} Auswahl des Bildausschnitts (Bounding Box) mit den Koordinatenangaben für die linke untere und rechte obere Ecke der Grafik. Die Wertzuweisung erfolgt durch vier Zahlen, die durch Leerzeichen voneinander zu trennen sind.

`bbllx=`x_{lu} x-Koordinate für die untere linke Ecke der Grafik.

`bblly=`y_{lu} y-Koordinate für die untere linke Ecke der Grafik.

`bburx=`x_{ro} x-Koordinate für die obere rechte Ecke der Grafik.

`bbury=`y_{ro} y-Koordinate für die obere rechte Ecke der Grafik.

Die letzten vier Schlüsselwörter sind zur Kompatibilitätssicherung zu älteren Versionen von `graphicx.sty` beigefügt, da das Schlüsselwort `bb` zusammen mit der Wertzuweisung als Zahlenquadrupel diese vier Schlüsselwörter bereits abdeckt.

`natheight=`n_h Einstellung der Bildhöhe.

`natwidth=`n_w Einstellung der Bildbreite.

Die Einstellvorgaben `natheight=`n_h`,natwidth=`n_w sind mit den Vorgaben für `bb=0 0` n_h n_w gleichwertig.

`viewport=`x_{lu} y_{lu} x_{ro} y_{ro} Auswahl eines Bildausschnitts relativ zu den Eckkoordinaten der Umgebungsbox aus `bb`. Um das Teilbild entsprechend dem linken unteren Quadrat mit der Kantenlänge von 1 in (1 Zoll) aus der Gesamtgrafik zu erhalten, ist `viewport= 0 0 72 72` zu wählen.

`trim=`Δx_{lu} Δy_{lu} Δx_{ro} Δy_{ro} Positive Zahlenwerte für Δx_{lu} Δy_{lu} Δx_{ro} und Δy_{ro} führen zu einer Verkleinerung des Bildausschnitts um die angegebenen Eckkoordinatendifferenzen. Negative Werte führen zu einer entsprechenden Vergrößerung des Bildausschnitts.

Alle bis hier aufgelisteten Koordinatenwertzuweisungen können als reine Zahlenwerte erfolgen, denen intern dann die Maßeinheit 'bp' (Big Point) (1 in = 72 bp) zugewiesen wird. Alternativ können die Koordinatenwerte auch als Längenmaße übergeben werden, die dann zur Anwendung kommen.

`angle=`*dreh_winkel* Die eingelesene Grafik wird um den übergebenen Winkelwert *dreh_winkel* gedreht.

`origin=`*pos* Bestimmt den Drehpunkt für eine zu drehende Grafik. Einstellwerte und deren Wirkung entsprechen vollständig dem gleichnamigen Schlüsselwort für den `\rotatebox`-Befehl.

`height=`*höhe* Bildhöhenvergrößerung auf diesen Wert.

`width=`*weite* Bildweitenvergrößerung auf diesen Wert.

Die Wirkung von `height=`*h_länge*`,width=`*v_länge* ist so, als wäre die Grafik mit dem Befehl `\resizebox{`*h_länge*`}{`*v_länge*`}{`*grafik*`}` skaliert worden (s. 5.3.4).

`totalheight=`*gesamt_höhe* (= Höhe + Tiefe) Bewirkt eine Bildhöhenvergrößerung um diesen Wert. Dieses Schlüsselwort sollte für eine Bildhöhenvergrößerung nach einer vorangegangenen Drehung bevorzugt werden, da sich die Höhe und Tiefe einer Abbildung nach einer Drehung verändern. Eine Grafik hat im Original gewöhnlich nur eine Höhe und keine Tiefe. Nach einer Drehung um 180° hat die Grafik eine Tiefe die der ursprünglichen Höhe entspricht, während ihre Höhe dann gewöhnlich 0 bp ist.

`scale=`*faktor* Die Grafik wird um den angegebenen Faktor skaliert.

`clip=`*log_wert* Als Werte können nur `true` oder `false` zugewiesen werden. Die alleinige Angabe des Schlüsselworts `clip` ohne explizite Wertzuweisung ist gleichwertig mit `clip=true`. Das Setzen dieses Schalters auf `true` bewirkt, dass Bildteile, die den angeforderten Bildausschnitt übersteigen, unterdrückt werden (clipping). Damit wird die *-Form des `\includegraphic`-Befehls überflüssig, obwohl sie zur Kompatibilitätssicherung für ältere Texte nach wie vor erlaubt ist.

`draft=`*log_wert* Die zulässigen Wertzuweisungen entsprechen genau denjenigen des Schlüsselworts `clip`. Wird dieser Schalter auf `true` gesetzt, wirkt er für die angeforderte Grafik so, als wäre die Paketoption `draft` aktiv. Mit dem Schlüsselwort `draft` kann diese Option für Einzelgrafiken aktiviert werden. Dies kam bei dem Beispiel von S. 329 zur Anwendung, indem dort tatsächlich

```
\scalebox{0.5}{\includegraphics[draft]{a}
```

eingegeben wurde.

`hiresbb=`*log_wert* Die zulässigen Wertzuweisungen entsprechen genau denjenigen des Schlüsselworts `clip`. Wird dieser Schalter auf `true` gesetzt, wirkt er für die angeforderte Grafik so, als wäre die Paketoption `hiresbox` aktiv (s. S. 321).

Das Ergänzungspaket `graphicx.sty` stellt noch vier weitere Schlüsselwörter zur Verfügung, die nur für Anwender mit vertieften Kenntnissen von Bedeutung sind. Sie realisieren lokal die Bedeutung der Erklärung `\DeclareGraphicsRule` von S. 327 und entsprechen den dort aufgelisteten Argumenten.

`type=`*typ* Bestimmt den Grafikfiletyp.

`ext=`*anh* Gilt nur in Verbindung mit `type`.

`read=`*file_ext* Gilt nur in Verbindung mit `type`.

`command=`*befehl* Gilt nur in Verbindung mit `type`.

5.3.6 PostScript-Farbmodelle

Als Seitenbeschreibungssprache stellt PostScript die Operatoren zum Aufruf und zur Mischung von Farben zur Verfügung. PostScript erlaubt die Verwendung verschiedener Farbmodelle, wobei das jeweils angemessene Farbmodell vom Gerätetyp (Bildschirm, Photobelichtung, Farbdrucker u. a.) abhängt. Die Definition der verschiedenen Farbmodelle erlaubt die Umrechnung der Parameter eines Modells in die äquivalenten Parameter eines anderen Modells, so dass die modellabhängige Farbdefinition keine Einschränkung der Allgemeinheit bedeutet, da ein geräteabhängiger Treiber die erforderliche Umrechnung grundsätzlich selbst vornehmen könnte. Die gebräuchlichsten Farbmodelle sind:

Additive Farbmischung mit RGB: Das Modell basiert auf der Überlagerung von drei Lichtquellen in den Grundfarben Rot, Grün und Blau und der Variation ihrer Intensitäten (Leuchtstärken). Das Modell kann physikalisch z. B. durch die Überlagerung von drei Projektoren mit Lampen in den genannten Grundfarben realisiert werden, wenn die drei Projektoren gleichzeitig eine unabhängige Helligkeitssteuerung von 0 (ganz dunkel) bis 1 (max. Helligkeit gleicher Stärke) zulassen. Die Überlagerung der drei Projektionslichter mit evtl. unterschiedlicher Helligkeitseinstellung auf die gemeinsame Leinwand erzeugt dort eine Mischfarbe, die durch das additive RGB-Modell mathematisch beschrieben wird. Bei diesem werden die drei Grundfarben je einer Koordinate in einem dreiachsigen Koordinatensystem zugeordnet, deren jeweilige Helligkeit als Koordinatenwert von 0 bis 1 variiert, womit gleichzeitig ein Einheitswürfel definiert wird, dessen Oberflächen aus den Mischungen von je zwei Grundfarben aufgebaut wird.

Die Mischung der drei Grundfarben in der Intensität 0 führt zum Ergebnis Schwarz, da alle drei Lichtquellen dann absolut dunkel sind. Die Mischung der drei Grundfarben in gleicher Maximalintensität 1 führt zum Ergebnis Weiß. Jede Mischfarbe kann durch Vorgabe ihres Koordinatentripels als $(\alpha_r, \alpha_g, \alpha_b)$ mit $0.0 \leq \alpha_i \leq 1.0$, also den Einstellwerten der drei Grundfarben r, g, b, definiert werden. Die Mischung der zwei Grundfarben Rot und Blau gleicher Intensität führt zu Purpurrot (engl. 'magenta'), die aus Rot und Grün zu Gelb und die aus Blau und Grün zu Blaugrün (engl. 'cyan').

Die Mischfarbe entlang der Würfeldiagonalen mit gleichen Einstellwerten von 0.0 bis 1.0 führt von Schwarz über Grau nach Weiß. Das additive RGB-Modell ist zur Ansteuerung eines Farbbildschirms sachgerecht, da die drei Elektronenkanonen die drei übereinander liegenden Fluoreszenzschirme in den Farben Rot, Grün und Blau in der angeforderten Intensität zum Leuchten bringen.

Subtraktive Farbmischung mit CMYK: Das Modell kann durch einen Projektor mit weißem Licht realisiert werden, in dessen Strahlengang hintereinander verschiedenfarbige Lichtfilter und gleichzeitig ein Graufilter zur Gesamtabschwächung eingeschoben werden. Die Auflösung des weißen Lichts in seine Spektralbestandteile wird beim Naturschauspiel des Regenbogens deutlich. Ein Farbfilter absorbiert (subtrahiert) bestimmte Spektralanteile des weißen Lichts, so dass nur diejenigen der Filterfarbe durchgelassen werden. Als Filtergrundfarben für das subtrakive CMY-Modell[6] werden gewöhnlich Blaugrün, Purpurrot und Gelb (engl. cyan, magenta, yellow) gewählt. Das K in CMYK steht für blac<u>k</u>, das zusätzliche Graufilter unterschiedlicher Durchlässigkeit von 0.0 (völlig lichtdurchlässig) bis 1.0 (absolut undurchlässig) kennzeichnet.

Mathematisch wird das CMYK-Modell durch ein vierdimensionales Koordinatensystem beschrieben, dessen erste drei Koordinaten den Filterfarben Cyan, Magenta und Yellow zugeordnet werden. Ihre Zahlencharakterisierung von 0 bis 1 bezieht sich auf die Intensität des gefilterten Lichts. Ein nur schwach getönter Rotfilter führt im Projektionslicht zu einem schwachen, fast weißlichen Rotton. Der Zahlenwert 0 bedeutet für alle Filterfarben völlige Durchlässigkeit für das weiße Licht, der Zahlenwert 1 vollständige Absorption aller Spektralanteile mit Ausnahme der Filterfarbe selbst. Die Kennzeichnung einer Farbe beim CMYK-Modell erfolgt damit als Quadrupel in der Form $(\delta_c, \delta_m, \delta_y, \delta_k)$ mit $0.0 \leq \delta_i \leq 1.0$).

---

[6] Physikalisch genauer müsste man bei diesem Modell eigentlich von einem *multiplikativen* Farbmodell sprechen.

Die subtraktive Mischung aller drei Filterfarben der Intensität 1 führt zu Schwarz. Diejenige aus Cyan und Gelb zu Grün. Die subtraktiv entstehenden Mischfarben sind allen aus dem Malunterricht der Schule mit dem Farbkasten vertraut. Tatsächlich wirken die Pigmentfarben eines bemalten Körpers dadurch, dass sie bestimmte Spektralanteile des einfallenden weißen Lichts absorbieren und nur die verbleibenden Anteile reflektieren, womit der entsprechende Farbeindruck entsteht. Da Farbdrucker durch die Auftragung verschiedener Farben arbeiten, denen zusätzlich ein gewisser Schwarzanteil zugefügt wird, ist die Farbdefinition für einen Drucker mit dem CMYK-Modell naheliegend.

Das HSB-Farbmodell: Es basiert auf den Grundeigenschaften Farbton (engl. 'hue'), Sättigung (engl. 'saturation') und Leuchtkraft (engl. 'brightness'). Den Farbton kann man sich durch eine Filterscheibe mit unterschiedlichen gefärbten Sektoren, beginnend mit Rot über Grün nach Blau und zurück nach Rot mit den dazwischen liegenden Mischfarben angeordnet denken. Der Farbton kann dann durch die Winkelangabe an dieser Filterscheibe gekennzeichnet werden. Das HSB-Farbmodell könnte dann durch folgende Geräteanordnung realisiert werden: Das austretende weiße Licht eines Projektors wird durch ein Spiegelpaar in zwei Strahlengänge zerlegt. In einen der beiden weißen Lichtstrahlen wird die Filterscheibe eingefügt und durch Drehung ein bestimmter Farbton herausgefiltert. Anschließend wird in beide Strahlengänge ein gemeinsamer Schieber eingefügt, der so wirkt, dass bei vollständiger Abdeckung des weißen Strahlenganges der farbgefilterte Strahlengang ganz offen ist. Mit zunehmender Öffnung des weißen Strahlenganges wird der farbgefilterte Strahlengang entsprechend abgedeckt, bis bei vollständiger Öffnung des weißen Strahlenganges der farbgefilterte Strahlengang ganz abgedeckt ist.

Beide Strahlengänge werden dann durch ein nachgestelltes Spiegelpaar wieder vereint, womit dem reinen Farbanteil ein Weißanteil überlagert wird. Die Stellung des vorgestellten Schiebers beschreibt die Sättigung, bei der der Zahlenwert 0.0 die vollständige Abdeckung des farbgefilterten Strahlenganges bei völliger Öffnung des weißen und 1.0 die vollständige Abdeckung des weißen bei völliger Öffnung des farbgefilterten Strahlengangs bedeutet. Die komplementäre Teilöffnung beider Strahlengänge wird durch die Zwischenwerte $0 < s < 1$ beschrieben.

In dem zusammengefügten Strahlengang mit dem Farb-Weiß-Gemisch wird nun eine Irisblende eingefügt, deren Öffnungsgröße die Gesamtleuchtkraft bestimmt. Ihr Zahlenwert 0.0 bedeutet die vollständige Schließung der Irisblende, der Wert 1.0 deren größte Öffnung.

Mathematisch wird das HSB-Modell durch Zylinderkoordinaten beschrieben, bei denen der Farbton als Drehwinkel, die Sättigung als Radiusabstand von der Zylindermitte und die Leuchtkraft durch die Zylinderhöhe charakterisiert wird. Die Kennzeichnung einer Farbe mit dem HSB-Modell erfolgt damit ebenfalls als Zahlentripel der Form (ϕ_t, r_s, z_b) mit $-180° \leq \phi_t \leq 180°$ und $0.0 \leq r_s \leq 1.0$ sowie $0.0 \leq z_b \leq 1.0$.

5.3.7 Farbdruck mit dvips

Das Treiberpaket dvips von TOMAS ROKICKI enthält das Stilfile `colordvi.sty` und erzeugt bei der Installation aus dem Quellenfile `color.lpro` ein PostScript-Headerfile `color.pro`. Das Stilfile `colordvi.sty` war zur Verwendung mit LaTeX 2.09 entwickelt worden. Es kann aber auch für LaTeX 2_ε mit `\usepackage{colordvi}` aktiviert werden. Mit ihm stehen dem Anwender für die LaTeX-Bearbeitung insgesamt 65 Farbnamen zum Aufruf von bunten Farben sowie zusätzlich `White`, `Gray` und `Black` zur Verfügung. Neben den konventionellen Farbnamen `Yellow`, `Orange`, `Red`, `Magenta`, `Green`, `Cyan`, `Blue` und `Brown` treten auch exotischere Namen wie `Goldenrod`, `Bittersweet`, `Rhodamin` u. a. auf. Die verfügbaren Farbnamen können den 68 Befehlen `\newColor` *Farbname* am Ende von `colordvi.sty` entnommen werden. Die Farbnamen beginnen alle mit einem Großbuchstaben!

Die PostScript-Farbdefinitionen für die bereitgestellten Farbnamen erfolgen in dem Headerfile `color.pro`, dessen Inhalt leichter an seinem Quellenfile `color.lpro` zu verdeutlichen ist. Seine Farbdefinitionen basieren auf dem subtraktiven CMYK-Modell. Der dortige Eintrag `Bittersweet {0 0.51 1 0.24 setcmykcolor}` definiert die Farbe Bittersweet mit den Anteilen 0 für Cyan, 0.51 für Magenta, 1 für Yellow und einem zusätzlichen Schwarzanteil von 0.24. `color.lpro` enthält für alle in `colordvi.sty` erklärten 68 Farbnamen entsprechende PostScript-CMYK-Farbdefinitionen.

Das Stilfile `colordvi.sty` stellt für alle der vorgestellten Farbnamen die lokalen und globalen Farbumschaltbefehle

Farbname{*übergebener Text*}	(local)
`\text`*Farbname* *nachfolgender Text*	(global)

bereit. Die lokalen Farbumschaltbefehle, mit denen der übergebene Text in der angegebenen Farbe ausgegeben wird, bestehen einfach aus einem der obigen Farbnamen, dem ein \ vorangestellt wird. Die Befehlsnamen der globalen Farbumschaltbefehle setzen dem Farbnamen ein `\text` voran.[7] Nach einem globalen Farbumschaltbefehl erscheint der nachfolgende Text in der gewählten Farbe, bis er durch einen anderen globalen Farbumschaltbefehl abgelöst wird. Lokale Farbumschaltbefehle unterbrechen die Wirkung des vorangegangenen letzten globalen Farbumschaltbefehls für ihren übergebenen Text. Anschließend gilt aber wieder die Farbe des vorangegangenen globalen Farbumschaltbefehls. In beiden Befehlsnamen ist der große Anfangsbuchstabe der Farbnamen beizubehalten!

```
\textGreen
Der Text erscheint in gr"uner Schrift, bevor hier \Red{eine
vor"ubergehende rote \Blue{und dann blau verschachtelte Schrift}
mit R"uckkehr nach rot erscheint}, wonach zur globalen gr"unen
Schrift zur"uckgeschaltet wird.
\textCyan
Die globale Farbeinstellung ist nunmehr cyan, die \Yellow{lokal
kurz nach gelb ge"andert wird}, aber dann global nach cyan
zur"uckkehrt.
```

Die Produktionsvorgaben für dieses Buch ließen leider keinen Farbdruck zu, so dass das Beispiel nicht demonstriert wird, sich aber selbst erklärt. Der Anwender kann weitere lokale oder globale Farbumschaltungen mit

`\Color{`$\delta_c\ \delta_m\ \delta_y\ \delta_k$`}{`*übergebener Text*`}`	(lokal)
`\textColor{`$\delta_c\ \delta_m\ \delta_y\ \delta_k$`}` *nachfolgender Text*	(global)

vornehmen. Die Zahlenwerte $0.0 \leq \delta_i \leq 1.0$ stellen hierbei die Farbanteile mit δ_c für Cyan, δ_m für Magenta, δ_y für Yellow und δ_k für den überlagerten Schwarzanteil ein. Mit

```
\Color{.5 .85 .4 .2}{Diese Farbe ist h"ubsch}  bzw.
\textColor{.5 .85 .4 .2}
Ab hier erscheint der Text in dieser h"ubschen Farbe.
```

erfolgt eine lokale bzw. globale Farbumschaltung auf eine Farbe, die aus der subtraktiven Farbmischung der Bestandteile 50 % Cyan, 85 % Magenta, 40 % Yellow und 20 % Schwarzüberdeckung entsteht.

---

[7] Dies ist leider inkonsistent zur Nomenklatur aus LaTeX 2_ε, bei der die mit `\text` beginnenden Befehlsnamen gerade umgekehrt die *lokalen* Schriftumschaltbefehle bereitstellen.

Mit dem Befehl `\background{`*Farbname*`}` kann die Hintergrundfarbe der gesamten Seite vorgegeben werden. Erscheinen auf einer Seite mehrere `\background`-Befehle, so gilt für die Hintergrundfarbe dieser Seite der letzte auf dieser Seite angetroffene Befehl. Er gilt global auch für die nachfolgenden Seiten, bis er durch einen weiteren `\background`-Befehl abgelöst wird, der dann ab der entsprechenden Seite gilt. Standardmäßig ist `\background{White}` voreingestellt.

Die vorstehenden Farbbefehle sind für die eigentliche Formatierung des Textes mit LaTeX irrelevant. Sie haben keinerlei Rückwirkung auf die Positionierung des Textes. Sie führen lediglich zu `\special`-Einträgen im DVI-File, die dvips dann in die entsprechenden PostScript-Befehle zur Farbumschaltung übersetzt. TOMAS ROKICKI weist im dvips-Manual darauf hin, dass bei einem Seitenumbruch innerhalb einer lokalen Farbumschaltung unerwünschte Nebeneffekte auftreten können, nämlich die Übernahme dieser lokalen Farbe in der Fußzeile der laufenden Seite (Seitennummer) oder in der Kopfzeile der Folgeseite. Sein Lösungsvorschlag mit der eigenen Farbeinstellung für `\headline` und `\footline` gilt nur für die reine TeX-Bearbeitung. Beide Befehlsstrukturen sind in LaTeX unbekannt. In LaTeX treten an ihre Stelle die internen Befehle `\@oddhead`, `\@evenhead`, `\@oddfoot` und `\@evenfoot`, zu denen der Normalanwender keinen Zugriff hat. Eine LaTeX-spezifische Lösung verlangt vertiefte Kenntnisse, die erst in [5c] vermittelt werden.

Sollten beim Anwender, der seine Texte farbig gestalten will, solche unerwünschten Nebeneffekte auftreten, so muss er sie vorab durch Kürzung der lokalen Farbumschaltung und eine eventuell anschließende explizite Seitenumschaltung mit `\newpage` oder `\pagebreak` manuell unterbinden, um dann mit einer erneuten lokalen Farbumschaltung auf der neuen Seite fortzufahren.

Anwender, die nicht über ein PostScript-fähiges Farbausgabegerät verfügen, werden sich fragen, was mit einem Textfile geschieht, in dem solche Farbumschaltbefehle auftreten und den sie evtl. weiterbearbeiten möchten. Ist bei einem solchen Anwender ein PostScript-fähiger Schwarzweißdrucker vorhanden, so sollte die Ausgabe mit dvips möglich sein, wobei die vorgegebenen Farbumschaltungen bei der Ausgabe in unterschiedliche Grauwerte umgesetzt werden. Ist das unerwünscht oder meldet der Drucker gar Fehler, so ist der Vorspannbefehl `\usepackage{colordvi}` durch `\usepackage{blackdvi}` zu ersetzen. In diesem Stilfile werden alle Farbbefehle durch `\relax` ersetzt, so dass sie formal für LaTeX bekannt sind, aber zu keinem Eintrag in das DVI-File führen. Dies kann auch für sonstige Drucker (Nicht-PostScript-Drucker) erforderlich werden.

5.3.8 Farbdruck mit dem color-Ergänzungspaket

Bei der in 5.3.2 beschriebenen Einrichtung des graphics-Pakets entsteht auch das Ergänzungspaket `color.sty`, das eine leistungsfähige Alternative zu `colordvi.sty` aus dem dvips-Paket darstellt. Die Aktivierung sollte mit

`\usepackage[`*drucker,sonst_opt*`,`*dr_opt*`]{color}`

erfolgen, wobei zur Kennzeichnung des Ausgabegerätes *drucker* der Grundname eines der beigefügten Treiberfiles (`.def`-Files) anzugeben ist. Die mit dem graphics-Paket unterstützten DVI-Treiber wurden bereits in der Tabelle auf S. 318 aufgelistet. Alternativ kann mit dem Konfigurationsfile `color.cfg`, das bereits in 5.3.2 auf S. 317 vorgestellt wurde, ein Drucker zum Standarddrucker erklärt werden, dessen Name im `\usepackage`-Befehl dann nicht mehr explizit angegeben werden muss.

Für *sonst_opt* können gewählt werden: `monochrome`, `dvipsnames`, `nodvippsname` und `usenames`. Die Option `monochrome` bewirkt die Suspendierung aller nachfolgend vorgestellten Farbbefehle. Dies Option kann z. B. für ein Preview zweckmäßig sein, wenn der Preview-Treiber keine Farbausgabe unterstützt. Der PostScript-Treiber DVIPS von TOMAS ROKICKI kennt, wie bereits im letzten Unterabschnitt erwähnt, 68 vordefinierte Farbnamen. Diese sind dem Ergänzungspaket `color.sty` ebenfalls bekannt. Werden diese vordefinierten Farbnamen nicht benötigt, dann können sie mit der Option `nodvipsnames` unbekannt gemacht werden, was Speicherplatz einspart.

Umgekehrt können mit der Option `dvipsnames` die vordefinierten Farbnamen des DVIPS-Treibers auch für andere Druckertreiber bekannt gemacht werden, wenn diese die vorbestimmten Farbnamen aus DVIPS nicht kennen. Die Wirkung der letzten Option `usenames` wird weiter unten vorgestellt.

Farbnamen können mit `color.sty` vorab erklärt werden. Dazu dient der Befehl

`\definecolor{`*farb_name*`}{`*model*`}{`*farb_def*`}`

Farbnamen können vom Anwender beliebig gewählt und als *farb_name* eingetragen werden. Als Eintrag für *model* ist das gewünschte Farbmodell (s. 5.3.6) zu wählen. Die zulässigen Modellnamen sind unter `rgb`, `cmyk`, `gray` und `named` bereitgestellt. Die ersten beiden Modellnamen sollten mit den Hinweisen aus 5.3.6 für das additive rgb- bzw. das subtraktive cmyk-Farbmodell verständlich sein. Das Modell `gray` erklärt sich mit seinem Namen selbst. Es führt zu einer unbunten Ausgabe mit unterschiedlichen Graustufen. Das Modell `named` bezieht sich auf spezielle Farbeinstellungen, die manche Drucker oder Druckertreiber kennen und gerätespezifisch realisieren. So kennt z. B. dvips von TOMAS ROKICKI 68 spezielle Farbeinstellungen, auf die mit dem Modell `named` zurückgegriffen werden kann.

Der Eintrag *farb_def* für die Farbdefinition ist modellabhängig. Beim rgb-Modell erfolgt er als Zahlentripel mit den Einstellwerten für die Farbanteile Rot, Grün und Blau, jeweils als Dezimalzahl zwischen 0.0 und 1.0, wobei die drei Dezimalzahlen durch Kommata voneinander getrennt werden, z. B. `0.5,0.85,0.33`. Der entsprechende Eintrag für das Farbmodell cmyk erfolgt in analoger Weise als Zahlenquadrupel für die Farbanteile Cyan, Magenta, Gelb und den überlagerten Schwarzanteil. Beim Farbmodell gray ist der Eintrag für *farb_def* eine einfache Dezimalzahl zwischen 0.0 und 1.0, mit der die Schwärzungstiefe vorgegeben wird. 0.0 führt dabei zur intensivsten Schwärzung, 1.0 zum unsichtbaren Weiß.

Das Farbmodell named erwartet als Eintrag für *farb_def* einen der speziellen Farbeinstellnamen, die es für den betrachteten Drucker gibt. Für dvips könnte der Anwender z. B. die Farbe Marineblau mit `\definecolor{Marineblau}{named}{NavyBlue}` erklären, die auf `NavyBlue` aus den vorhandenen 68 Farbvorgaben zurückgreift. Für alle vom Anwender erklärten Farbnamen kann nun mit den Umschaltbefehlen

`\color{`*farb_name*`}` *nachfolgender Text*	global	oder
`\textcolor{`*farb_name*`}{`*übergebener Text*`}`	lokal[8]	

[8]Der hier gewählte Befehlsname `\textcolor` für die lokale Farbumschaltung des eingeschlossenen Textes ist nunmehr LaTeX 2_ε-konform, da er die Konvention `\text`*xx*`{...}` zur lokalen Schriftumschaltung für den eingeschlossenen Text übernimmt. Die Kritik am globalen Farbumschaltungsbefehl `\textColor` aus `colordvi.sty` in Fußnote 7 auf S. 334 aus dem dvips-Paket wurde von SEBASTIAN RAHTZ offensichtlich ebenso gesehen. Auch die Nichtverwendung von Großbuchstaben in Befehlsnamen für normale Befehle aus der Anwenderebene entspricht der LaTeX 2_ε-Konvention, bei der Befehlsnamen mit gemischten Klein- und Großbuchstaben für die tiefer liegenden Interface-Befehle vorbehalten werden.

für den nachfolgenden oder übergebenen Text die entsprechende Farbe aktiviert werden. Beide Befehle kennen eine zweite Syntaxform, mit der sie ohne vorherige Erklärung eines Farbnamens eine Farbumschaltung vornehmen:

`\color[`*model*`]{`*farb_def*`}` *nachfolgender Text*
`\textcolor[`*model*`]{`*farb_def*`}{`*übergebener Text*`}`

Die hier vorzunehmenden Einträge für *model* und *farb_def* haben die gleiche Bedeutung wie für die gleichnamigen Einträge beim `\definecolor`-Befehl. Ein weiterer Farbeinstellbefehl ist

`\pagecolor{`*farb_name*`}` bzw. `\pagecolor[`*model*`]{`*farb_def*`}`

mit dem die Hintergrundfarbe für die ganze Seite eingestellt wird. Eine etwaige Farbumschaltung gegenüber einer früheren Seitenhintergrundfarbe wirkt auf die volle laufende und alle Folgeseiten, bis sie durch einen erneuten `\pagecolor`-Befehl abgelöst wird. Der Farbhintergrund für LaTeX-Boxen kann mit dem Befehl

`\colorbox{`*farb_name*`}{`*eingeschl. Text-Struktur*`}` bzw.
`\colorbox[`*model*`]{`*farb_def*`}{`*eingeschl. Text-Struktur*`}`

gewählt werden. Strukturell bildet `\colorbox` eine LaTeX-LR-Box wie `\mbox` (s. [5a, 4.7.1]), in der der übergebene Text als eine Zeile von links nach rechts ohne Zeilenumbruch angeordnet wird. Die LaTeX-LR-Box `\mbox` darf ihrerseits Absatzboxen, also `\parbox`-Befehle und `minipage`- oder `tabular`-Umgebungen, enthalten. Damit werden komplexere Textstrukturen mit einer gewählten Hintergrundfarbe möglich. Als Farbe für die eingeschlossene Textstruktur wird die außerhalb der `\colorbox` gültige globale Farbeinstellung übernommen. Alternativ kann innerhalb des `\colorbox`-Befehls eine lokale Farbumschaltung für die eingeschlossene Textstruktur mit `\color`- oder `\textcolor`-Befehlen vorgenommen werden, die jedoch keinen Einfluss auf die Hintergrundfarbe hat.

Mit der Paketoption `usenames` können die Farbnamen aus dem Farbmodell `named` bei den vorstehenden Farbumschaltbefehlen direkt für *farb_name* gewählt werden, ohne dass sie vorab mit eigenständigen `\definecolor`-Befehlen zu definieren sind.

Die vorliegende Buchproduktion ließ zwar keine Beispiele in Farbe zu. Das Farbmodell gray kann aber auch bei einem gewöhnlichen PostScript-fähigen Schwarzweißdrucker angesprochen werden. Damit soll zumindest ein entsprechendes Beispiel für `\colorbox` demonstriert werden:

```
\colorbox[gray]{0.85}{\parbox{50mm}{Der
hier "ubergebene Text wird als Absatzbox
mit einer Breite von 50 mm formatiert und
zur Hervorhebung mit einer Grauschattierung
der Stufe 0.85 unterlegt. Bei einem
Farbdrucker k"onnte die Unterlegung mit
einer beliebigen Farbe erfolgen. Ebenso
k"onnte die Abhebung einer Tabelle durch
Einschluss der \texttt{tabular}-Umgebung
erreicht werden.}}
```

Der hier übergebene Text wird als Absatzbox mit einer Breite von 50 mm formatiert und zur Hervorhebung mit einer Grauschattierung der Stufe 0.85 unterlegt. Bei einem Farbdrucker könnte die Unterlegung mit einer beliebigen Farbe erfolgen. Ebenso könnte die Abhebung einer Tabelle durch Einschluss der `tabular`-Umgebung erreicht werden.

Die zusätzliche Farbvorgabe für die Umrandung einer gerahmten Box wird mit

`\fcolorbox{`*farb_name_r*`}{`*farb_name_h*`}{`*eingeschl. Text-Struktur*`}` bzw.
`\fcolorbox[`*model*`]{`*farb_def_r*`}{`*farb_def_h*`}{`*eingeschl. Text-Struktur*`}`

erreicht. Die erste Farbvorgabe dieses Befehls bezieht sich auf die Farbe der Umrandung, die zweite auf die Farbe des Hintergrundes. Bei der zweiten Syntaxform ist für beide Farben das gleiche Farbmodell zu verwenden, aus dem dann unterschiedliche Farben definiert werden können.

```
\definecolor{light}{gray}{0.85}
\definecolor{heavy}{gray}{0.35}
\setlength{\fboxrule}{1mm}
\fcolorbox{heavy}{light}{\parbox{50mm}{
Der hier "ubergebene Text wird ebenfalls
als 50 mm breite Absatzbox formatiert
und mit einer Grauschattierung der Stufe
0.85 unterlegt. Zus"atzlich erfolgt eine
Umrahmung in der st"arkeren Graustufe
0.35.}}
```

Der hier übergebene Text wird ebenfalls als 50 mm breite Absatzbox formatiert und mit einer Grauschattierung der Stufe 0.85 unterlegt. Zusätzlich erfolgt eine Umrahmung in der stärkeren Graustufe 0.35.

5.4 Zusatzwerkzeuge zur PostScript-Nutzung

Auf den öffentlichen TeX-Fileservern findet man unter `/tex-archive/fonts/utilities` weitere Unterverzeichnisse mit Hilfs- und Ergänzungswerkzeugen zur Zeichensatznutzung oder -bearbeitung. Ich stelle einige von ihnen, die weitere Zugriffe auf PostScript-Schriften ermöglichen, hier vor.

5.4.1 Das Programm ps2pk

Es stammt von Piet Tutelaers, der in diesem Buch bereits in 3.1 als Autor der Schachfiguren-Zeichensätze und des Ergänzungspakets `chess.sty` vorgestellt wurde. Das Programm erlaubt die Umwandlung von PostScript-Zeichensatzfiles der Typ-1-Kodierung in herkömmliche `.pk`-Files, die dann auf beliebigen Druckern ausgegeben werden können. Dies setzt voraus, dass die PostScript-Schriften als Softwareschriften zur Verfügung stehen. PostScript-Schriften in Typ-1-Kodierung sind Lizenzprodukte, die gekauft werden müssen. Das gilt auch für die 35 Standardschriften, die üblicherweise in der Firmware eines PostScript-Druckers mitgeliefert werden, die aber auch als Softwareschriften von Adobe gekauft werden können. Für MS-Windows und Macintosh bietet Adobe Systems Inc. das Programm 'Adobe Type Manager' (ATM) an, das die 35 PostScript-Standardschriften als Softwareschriften enthält. Dieses Programm ist oft Bestandteil anderer PC-Grafikpakete, z. B. von Lotus, womit diese Schriften dann ebenfalls zur Verfügung stehen. Sie tragen dort eventuell etwas kryptische Namen, wie z. B. `tmr_____.pfb` für Times-Roman oder `sy______.pfb` für Symbol.

UNIX-Workstations, auf denen das Paket 'Display PostScript' installiert ist, verfügen ebenfalls über die lizenzierten PostScript-Softwareschriften. Man findet sie dort vermutlich unter `/usr/lib/dps`. Der kostenlose PostScript-Interpreter Ghostscript der Free Software Foundation (GNU) enthält die 35 PostScript-Standardzeichensätze in lizenzfreier Form. Sie wurden aus lizenzfreien Quellen abgeleitet und können in der Qualität nicht mit den lizenzierten Originalquellen konkurrieren.

Das Programm zur Umwandlung von PostScript-Zeichensätzen aus den PostScript-Software-Zeichensatzfiles erhielt von seinem Autor den Namen ps2pk. Die CD-Buchbeilage TEX Live 6b bietet unter dem Eingangsverzeichnis `./bin` für eine Vielzahl von Rechnern und Betriebssystemen ausführbare Programmversionen unter den Namen `ps2pk` bzw. `ps2pk.exe` an. Ich sehe deshalb von Beschaffungshinweisen aus den öffentlichen TEX-Fileservern und den daraus folgenden Installationshinweisen ab.

Auf der CD TEX Live 6b findet man unter dem Verzeichnis `./texmf/doc/manpages` das File `ps2pk.dvi`, dessen Ausgabe über den Druckertreiber die Nutzungsbeschreibung von `ps2pk` enthält. Eine solche wird unter `./texmf/doc/html/manpages` mit `ps2pk.html` auch als `.html`-File angeboten.

Die Umwandlung von PostScript-Softwarezeichensätzen, die durch die Anhänge `.pfa` oder `.pfb` gekennzeichnet sind, verlangt zusätzlich die PostScript-Metrikfiles, erkennbar an den Anhängen `.afm`, bei gleichen Grundnamen wie die zugehörigen `.pfa`- oder `.pfb`-Files.[9] Die Kennung `.pfa` verweist auf einen Softwarezeichensatz in reiner ASCII-Kodierung, die Kennung `.pfb` auf einen solchen mit binärer Kodierung für seine Einzelzeichen. Das Programm ps2pk kann beide Formate verarbeiten. Zusätzlich gibt es gegenseitige Umwandlungsprogramme.[10]

Die Firma Adobe bietet für die Schriftfamilien courier und utopia deren PostScript-Software-Zeichensätze als kostenfreie Versionen an. Diese findet man deshalb auch auf den öffentlichen TEX-Fileservern, ebenso wie auf der CD TEX Live 6b. Dort stehen deren `.pfb`-Zeichensätze unter dem Verzeichnis `./texmf/fonts/type1/adobe` in den Unterverzeichnissen `./courier` und `./utopia`. Sie tragen dort die Grundnamen `pcrr8a`, `pcri8a`, `pcrro8a`, `pcrb8a`, `pcrbi8a` und `pcrbo8a` für die courier-Familie und `putr8a`, `putri8a`, `putb8a` und `putbi8a` für die utopia-Familie.

Ich empfehle den Lesern, die das Umwandlungsprogramm `ps2pk` nutzen wollen, sich diese angebotenen PostScript-Software-Zeichensätze zu kopieren, um sich mit dem Programm vertraut zu machen. Mit dem Aufruf

`ps2pk` [*optionen*] *ps_soft_zs* [*pk_file_name*]

wird für den angegebenen PostScript-Softwarezeichensatz *ps_soft_zs*, z. B. `putr8a.pfb`, der `.pk`-kodierte Zeichensatz mit dem evtl. vorgegebenen Filenamen *pk_file_name* erzeugt. Ohne die optionale Namensvorgabe für das `.pk`-File wird hierfür ein Name gewählt, der sich aus dem Grundnamen des PostScript-Zeichensatzes unter Berücksichtigung etwaiger sonstiger Optionsangaben ableitet. An Optionen stehen zur Verfügung:

[9] Auf den TEX-Fileservern findet man unter `/tex-archive/fonts/utilities/t1tools` Umwandlungsprogramme von THOMAS WOLF, FU Berlin. Mit `makeafm` (UNIX) bzw. `makeafm.bat` (MS-DOS) und dem nachfolgenden Grundnamen eines `.pfb`-Files wird das zugehörige `.afm`-File aus dem Software-Typ-1-File generiert. Ich habe Zweifel, ob die erzeugten Metrikfiles optimale Kerning-Informationen für bestimmte Buchstabenkombinationen beisteuern, da diese nicht in den `.pfb`-Quellenfiles enthalten sind. Da die lizenzfreien `.afm`-Files für beliebige PostScript-Schriften über TEX-Fileserver oder DANTE leicht beschafft oder von der CD TEX Live 6b kopiert werden können, gehe ich auf die Selbsterzeugung nicht weiter ein.

[10] PIET TUTELAERS hat unter `/tex-archive/fonts/utilities/t1utils` geeignete Umwandlungsprogramme abgelegt. `T1ascii` wandelt `.pfb`-Files in `.pfa`-Files um. `T1binary` erzielt die umgekehrte Umwandlung. `T1disasm` wandelt `.pfa`- und `.pfb`-Files in eine leicht lesbare Form um, die mit `T1asm` wieder in das Originalformat zurückgewandelt werden. Zusätzlich wird dort mit `pfb2pfa` ein weiteres Umwandlungsprogramm angeboten, das `.pfb`-Files in `.pfa`-Files umwandelt. Die CD TEX Live 6b bietet diese Umwandlungsprogramme für die unterstützten Rechner und Betriebssysteme unter den gleichen Namen als ausführbare Programme an.

`-v` Der Bearbeitungsfortschritt wird auf dem Bildschirm mitgeteilt (verbose mode).

`-e` *code* Mit dem Namen eines Kodierfiles *code*. Standardmäßig erfolgt die Kodierung (Zeichenpositionierung) im `.pk`-File in gleicher Weise wie im PostScript-Originalzeichensatz. Mit dem Kodierfile `ec.enc` aus dem dvips-Paket wird ein `.pk`-File entsprechend der ec-Kodierung (s. 2.1.4) erzeugt.

`-X` *h_res* Vorgabe der horizontalen Druckerauflösung. Standardmäßig, also ohne explizite Optionsvorgabe, ist 300 dpi als Druckerauflösung voreingestellt. Die Auflösung erscheint unter UNIX als Anhang im `.pk`-Filenamen, wenn dieser nicht explizit vorgegeben wird.

`-Y` *v_res* Vorgabe der vertikalen Druckerauflösung. Standardmäßig wird sie der horizontalen Auflösung gleichgesetzt, was für die Mehrzahl der Drucker zutrifft.

`-P` *entw_gr* Vorgabe einer Entwurfsgröße in der Maßeinheit pt, die sich auf die vorgegebene Druckerauflösung bezieht. Standardmäßig ist 10 pt vorgegeben, was mit der expliziten Angabe `-P10` äquivalent ist. Die Entwurfsgröße erscheint mit ihrem ganzzahligen Anteil am Ende des PostScript-Grundnamens beim `.pk`-Filenamen, wenn dieser nicht explizit vorgegeben wird.

`-E` *skal* Das `.pk`-File wird für den mit dem Skalierungsfaktor *skal* gedehnten oder gestauchten PostScript-Zeichensatz erzeugt. Standardmäßig ist als Skalierungsfaktor 1.0 voreingestellt.

`-S` *neig* Die Zeichen aus dem PostScript-Zeichensatz werden im `.pk`-File um den Neigungsfaktor *neig* schräggestellt.

Für DVI-Treiber, die virtuelle Zeichensätze verarbeiten können, was z. B. für alle Treiber von E. MATTES aus dem emTEX-Paket gilt, kann von der Erzeugung umkodierter `.pk`-Files mit der Option `-e` *code* abgesehen werden. Stattdessen sind die realen und virtuellen `.tfm`-Files sowie die zugeordneten `.vf`-Files zu beschaffen oder zu erstellen. Zur Beschaffung verweise ich auf 5.1.2, zur Erstellung auf 5.2.6 bzw. 5.2.7. Außerdem sollte dem Anwender die in 5.2.3 vorgestellte TEX-übliche Namensgebung für die PostScript-Schriften vertraut sein.

Bei der Verwendung virtueller Zeichensätze sollte der Programmaufruf für `ps2pk` stets mit der Namensvorgabe für das zu erzeugende `.pk`-File erfolgen, da die automatische Namensgebung mit großer Sicherheit zu inkonsistenten Namen führt. Die realen (rohen) `.tfm`-Zeichensätze sind durch den Anfangsbuchstaben `r` gekennzeichnet, falls sie aus dem dvips-Paket übernommen oder mit afm2tfm generiert wurden. Bei der alternativen Quelle aus 5.1.2 oder der Erzeugung mit fontinst gemäß 5.2.7 sind sie durch das abschließende `8r` im Grundnamen gekennzeichnet. Die Grundnamen der `.pk`-Files sollen mit den Grundnamen der realen (rohen) `.tfm`-Files übereinstimmen.

Die Erstellung eines namenskonsistenten Filesatzes will ich an dem beigefügten und umbenannten File `putr.pfa` und `putr.afm` verdeutlichen. Bei Verwendung von afm2tfm ist zunächst mit

```
afm2tfm putr -v putr rputr
```

aus `putr.afm` `rputr.tfm` und `putr.vpl` zu erstellen, aus denen anschließend mit

```
vptovf putr.vpl putr.vf putr.tfm
```

das virtuelle Paar `putr.vf` und `putr.tfm` erzeugt wird (5.2.6). Beide `.tfm`-Files sind in das Standardverzeichnis für die Metrikfiles zu verschieben, bei emTEX z. B. nach `c:\emtex\tfm`. Ebenso ist `putr.vf` in das systemspezifische Zielverzeichnis für die `.vf`-Files zu verschieben, bei emTEX oft `c:\texfonts\vf`. Sollen nun `.pk`-Files für einen Laserjet IV mit 600 dpi Auflösung in den Skalierungsstufen 1000, 1095, 1200 und 1440 erstellt werden, so würde das für UNIX mit

```
ps2pk -v -X600 putr.pfb rputr.600pk
ps2pk -v -X657 putr.pfb rputr.657pk
ps2pk -v -X720 putr.pfb rputr.720pk
ps2pk -v -X864 putr.pfb rputr.864pk
```

geschehen. Anschließend werden sie in das oder die UNIX-spezifischen Zielverzeichnisse verschoben. MS-DOS lässt als Namensanhang nur drei Zeichen zu. Die Skalierungsstufe wird dann nicht im Filenamen, sondern in skalierungsspezifischen Unterverzeichnissen berücksichtigt. Unter MS-DOS würde man nach dem ersten Aufruf

```
ps2pk -v -X600 putr.pfb rputr.pk
```

das erzeugte File `rputr.pk` in das Unterverzeichnis `...\600dpi` verschieben. Beim zweiten Aufruf wird für die Auflösung `-X657` als `.pk`-Name wiederum `rputr.pk` vorgegeben, der anschließend nach `...\657dpi` verschoben wird usw.

Bei Verwendung von fontinst zur Erzeugung der realen und virtuellen Files würde gemäß 5.2.7 auf den TEX-Eingabeprompt `\latinfamily{put}{}` zu antworten sein. Damit entstehen `putr8r.tfm` als Metrikfile für den realen (rohen) Zeichensatz und `putr7t.vpl` sowie `putr8t.vpl` als Virtual-Property-List-Files für die cm- und dc/ec-Kodierung. Mit

```
vptovf putr7t.vpl putr7t.vf putr7t.tfm  und
vptovf putr8t.vpl putr8t.vf putr8t.tfm
```

entstehen die virtuellen Filepaare sowohl für die cm- als auch für die dc/ec-Kodierung. Das zugehörige `.pk`-File ist als rohes Abbild der PostScript-Standardkodierung für jede Skalierungsstufe nur einmal zu erzeugen. Der anzugebende Filegrundname für die `.pk`-Files würde bei den `ps2pk`-Aufrufen nunmehr `putr8r` lauten.

Nach der ausführlichen Darstellung am Beispiel des Utopia-Regular-Softwarezeichensatzes sollte die Erzeugung von weiteren virtuellen und realen Zeichensätzen und ihrer `.pk`-Druckerfiles für weitere PostScript-Softwareschriften keine Schwierigkeiten bereiten. Anwender, denen das Prinzip der virtuellen Zeichensätze bisher noch unbekannt ist, sollten sich mit 5.2.4 einen Überblick verschaffen. Die drei tabellarisch aufgelisteten Zeichensätze auf S. 312 zeigen den realen Zeichensatz für Times-Roman und gleichzeitig dessen cm- bzw. ec-Kodierung, die nur als virtuelle Zeichensätze bereitgestellt werden und auf die realen Zeichensätze Times-Roman und evtl. Symbol zurückgreifen.

Anwender, die Treiber aus dem emTEX-Paket benutzen, bisher aber noch keine virtuellen Zeichensätze verwendet haben, müssen wahrscheinlich ihr Konfigurationsfile *pr*`cnf` (mit *pr* für die Druckerkennung, z. B. `lj` für einen Laserjet) aufbereiten. Bei mir geschah das durch die Aufnahme bzw. Änderung der beiden Zeilen

```
/pv=%DVIDRVFONTS\vf  und  /pf=%DVIDRVFONTS\pixel.lj\$rdpi
```

Außerdem ist die Befehlsdatei `set-tex.bat` zu editieren, z. B. durch Aufnahme bzw. Änderung der Zeilen

```
SET TEXPKS=c:\texfonts\pixel.lj\%%ddpi\%%f.pk
SET VFFONTS=c:\texfonts\vf
SET TEXCONFIG=c:\emtex\ps
```

PIET TUTELAERS Absicht bei der Bereitstellung von ps2pk war es, die Verwendung von PostScript-Schriften bei einem normalen DVI-Previewer zu ermöglichen, da ihm selbst PostScript-fähige Drucker zur Verfügung standen. Ich persönlich verwende ps2pk genau unter dieser ursprünglichen Zielrichtung beim Preview mit EBERHARD MATTES dviscr. Die bei mir für `lj.cnf` erstellten `.pk`-Files könnten aber gleichermaßen für einen Standard-Laserjet (ohne PostScript-Zusatz) mit dem Treiber dvihplj von EBERHARD MATTES ausgegeben werden.

Die eigentliche Druckerausgabe erfolgt bei mir mit dvips von TOMAS ROKICKI. Dieser Treiber generiert fehlende `.pk`-Files automatisch durch Aufruf des Shell-Scripts `MakeTeXPK`. Bei den 35 PostScript-Standardschriften entfällt dies normalerweise, weil sie als Drucker-Firmware vorliegen. Die Kenntnis darüber erhält dvips aus dem Headerfile `psfonts.map` (s. 5.1.3).

PIET TUTELAERS hat dem ps2pk-Gesamtpaket mit dem Eingangsverzeichnis `./mtpk` die Quellenfiles für die Programme mtpk und pkfonts beigefügt. Das Programm pkfonts ist gewissermaßen das Pendant von `MakeTeXPK`. Es erzeugt für ein `.dvi`-File die angeforderten `.pk`-Files automatisch, wenn diese noch nicht existieren. Dieses Programm greift seinerseits auf mtpk zurück und übergibt diesem die erforderlichen Aufrufargumente. Auf diese Weise habe ich bei mir die angeforderten `.pk`-Files für die PostScript-Schriften dynamisch generiert.

Ein nützliches Werkzeug zum Testen von Zeichensätzen ist `testfont.tex`. Es gehört zur Standardbibliothek einer TeX-Installation. Es sollte daher stets verfügbar sein. Man findet es auf den öffentlichen TeX-Fileservern unter `/tex-archive/system/knuth/lib`. Die TeX-Bearbeitung `tex testfont`, also der Aufruf `tex testfont` meldet auf dem Bildschirm zunächst

```
Name of the font to test =
```

zurück und wartet auf die Eingabe des Grundnamens für den zu testenden Zeichensatz. Nach seiner Eingabe erfolgt die Aufforderung

```
Now type a test command (\help for help:)
*
```

Die Eingabe `\table` formatiert den Zeichensatz in Form einer Tabelle, aus der die Zeichenbelegung deutlich hervorgeht. Mit der Eingabe `\init` wiederholt sich das Spiel für einen weiteren Zeichensatz. Die Eingabe `\bye` beendet den TeX-Lauf. Der Anwender möge am Beispiel des Utopia-Regular-Zeichensatzes als Eingabe einmal `rputr` für den rohen und zum anderen `putr` für den virtuellen Zeichensatz wählen (bzw. `putr8r`, `putr7t` und `putr8t`, falls fontinst zur Anwendung kam) und das Ergebnis vergleichen.

Ein weiteres nützliches Testprogramm für die `.pk`-Files ist `pk2bm`. Ausführbare Programmversionen werden von der CD Live 6b für die unterstützten Rechner und Betriebssysteme unter dem binären Eingangssystem mit `pk2bm` und `pk2bm.exe` angeboten. Hierunter verbirgt sich ein allgemeines Testprogramm für `.pk`-Files, mit dem einzelne Zeichen eines `.pk`-Files auf dem Bildschirm vergrößert dargestellt werden können. Die Aufrufsyntax lautet

`pk2bm [-bh] [-W`*breite*`] [-H`*höhe*`] [-c`*zeichen*`]` *pk_file*

Standardmäßig, also ohne die Optionsangaben `-bh`, wird ein Bitmap-Kode zur Nutzung mit X-Windows (Vers. 11) erzeugt. Das mit `-c`*zeichen* angeforderte Zeichen kann damit in der mit `-W`*breite* und `-H`*höhe* verlangten Breite und Höhe auf dem Bildschirm ausgegeben werden. Die Option `-b` kann zur Ausgabe auf einem alphanumerischen Terminal genutzt werden. Hierbei erscheinen die schwarzen Pixel des Zeichens als `*`, die weißen als `.`, die Promille-Null aus `dcr5.300pk` z. B. wie nebenstehend. Neben dem grafischen Muster werden zusätzlich die Position im Zeichensatz (24), die Höhe (8) und Breite (7) in Pixeln sowie der Bezugspunkt (−2,6) des Zeichens, bezogen auf die linke obere Ecke, ausgegeben.

Die Option `-h` führt zu einem hexadezimalen Dump des erzeugten Bitmap-Formats auf dem Bildschirm. Die Zeichenvorgabe kann alternativ zur Angabe `-c`*zeichen* auch als oktale Positionsangabe als `-o`*pos* erfolgen. Das nebenstehende Beispiel entstand mit dem Aufruf

```
pk2bm -b -o30 dcr5.300pk
```

Das `.pk`-File ist stets mit seinem vollen Namen einschließlich des Anhangs beim Befehlsaufruf anzugeben.

```
  char : 24
height : 8
 width : 7
  xoff : -2
  yoff : 6

..***..
.**..*.
**....*
**....*
**....*
**....*
.**..*.
..***..
```

5.4.2 Der GhostScript-Interpreter

Die Free Software Foundation (GNU) stellt einen kostenlosen PostScript-Interpreter unter dem Namen GhostScript bereit. Er stammt von PETER L. DEUTSCH (Aladdin Enterprises). Man findet das Programmpaket auf den öffentlichen Fileservern unter

`/tex-archive/support/ghostscript`.

Dieses Eingangsverzeichnis enthält u. a. die beiden Unterverzeichnisse `./aladdin` und `./gnu`, die beide das GhostScript-Paket anbieten, jedoch mit etwas unterschiedlichen Lizenzbedingungen. Das erste Unterverzeichnis enthält neuere Versionen, so dass ich mich darauf beschränke. Sollte die Installation der neuesten Version durch Eigenkompilierung auf Schwierigkeiten stoßen, so mag der Rückgriff auf die `./gnu`-Version eine Alternative sein, da sie mir besser ausgetestet erscheint.

Die aktuellen Versionen (Anfang 2002) sind 6.50 oder 6.51 aus dem Jahr 2000. Für PC-Anwender unter MS-DOS, OS2 oder MS-Windows stehen lauffähige Versionen zur Verfügung. Ihre `.zip`-gepackten Ausgangsfiles tragen die Namen

`gs650dos.zip`	für MS-DOS
`gs650os2.zip`	für OS2 V2.1 oder Warp
`gs650w32.zip`	für MS-Windows (32-bit-Windows)
`gs650ini.zip`	wird von allen Systemen benötigt.
`gs650fn1.zip`	und `gs403fn2.zip` enthalten die GhostScript-Zeichensätze.

Zusätzlich enthält `gsview40.zip` das ausführbare Programm für den Previewer GSview, das zugleich einen komfortablen Zugang zu GhostScript bereitstellt. GSview steht auf dem PC unter OS2, Win32s, Windows NT und Windows 95 zur Verfügung.[11]

Nach dem Entpacken in ein eigenes Verzeichnis, z. B. `c:\gs650`, ist die Umgebungsvariable

[11] GSview geht auf das Originalprogramm Ghostview zurück, das von TIMOTHY O. THEISEN für X11 unter UNIX entwickelt wurde, so dass es in einer UNIX-Umgebung mit X11 ebenfalls zur Verfügung steht.

```
set GS_LIB=c:\gs650;c:\gs650\fonts
```

zu setzen und die Pfadvariable `PATH` um dieses Verzeichnis zu ergänzen:

```
set PATH=%PATH%;c:\gs650
```

Beide Anweisungen wird man zweckmäßig in `autoexec.bat` oder für emTEX in `set-tex.bat` einrichten. Alle Files, auch diejenigen für die MS-Windows-Version, werden in das vorstehende Verzeichnis entpackt. Ebenso ist das ausführbare Programm `gsview.exe` und die Datei `gsview.hlp` aus `gsview40.zip` in `gs650` einzurichten. Ghost-Script-Zeichensätze aus `gsi650fn1.zip` und `gs650fn2.zip` werden im Unterverzeichnis `..\fonts` entpackt.

Die CD-Buchbeilage TEX Live 6b bietet eine alternative Beschaffungs- und Einrichtungsmöglichkeit von GhostScript. Unter dem Eingangsverzeichnis `./support` werden mit dem Unterverzeichnis `./ghostscript` die Dateien

`ghostscript-6.51.tar.gz`		
`gnu-gs-fonts-std-6.0.tar.gz`	und	`gnu-gs-fonts-other-6.0.tar.gz`
`gs650dos.zip`	und	`gs650w32.exe`

angeboten. Das erste File `ghostscript-6.51.tar.gz` enthält das gepackte Archiv des gesamten GhostScript-Pakets. Die beiden nächsten Files enthalten die gepackten Archive für die GhostScript-eigenen Type1-PostScript-Zeichensätze. Mit `gs650w32.exe` wird das ausführbare GhostScript-Programm für 32-bit-WINDOWS-Systeme bereitgestellt. Das `.zip`-gepackte File `gs650dos.zip` liefert nach dem Entpacken in einer eigenen Verzeichnisstruktur unterhalb `./gs650/bin` die beiden ausführbaren Programme `gs386.exe` und `dos4gw.exe` sowie im Eingangsverzeichnis `./gs650` ein `readme`-File.

Die angebotenen ausführbaren GhostScript-Programm für DOS bzw. WINDOWS sollten beim Anwender unter dem verkürzten Namen `gs.exe` in ein Verzeichnis kopiert werden, das in der Umgebungsvariablen `PATH` aufgeführt wird. Die Nutzungs- und Aufrufmöglichkeiten werden weiter unten vorgestellt.

Die oben aufgeführten `.gz`-Files sind zunächst mit dem GNU-Entpackungsprogramm `gunzip` zu entpacken. Der Entpackungsaufruf für `.gz`-gepackte Files lautet '`gunzip` *file_name*`.gz`'. Nach der Programmausführung verbleibt das File *file_name* ohne den Anhang `.gz` in nunmehr entpackter Form, für das erste der drei obigen `.gz`-Files also `ghostscript-6.51.tar`, das nunmehr deutlich größer ist als das gepackte Original. Letzteres war in gepackter Form ca. 4.375 MByte groß und belegt in entpackter Form ca. 17.142 MByte.

Beim Entarchivieren von `ghostscript-6.51.tar` mit dem UNIX-Aufruf '`tar -xf ghostscript-6.51.tar`' entsteht das Verzeichnis `./ghostscript-6.51` mit allen Quellen-, Dokumentations- und Demonstrationsfiles in einer eigenen Unterverzeichnisstruktur `./doc`, `./examples`, `./lib`, `./man`, `./src` und `./toolbin`. Dieses entarchivierte GhostScript-Paket enthält keine ausführbaren lauffähigen Programme. Solche muss man sich aus den mit dem Unterverzeichnis `./src` bereitgestellten C-Quellenprogrammen durch Eigenkompilation erstellen.

Dies wäre im Prinzip auch für die DOS- und WINDOWS-Versionen möglich, die aber entfallen können, weil mit den oben aufgezählten Files `gs386.exe` und `gs650w32.exe` die lauffähigen Programme bereits angeboten werden. Auch für die meisten LINUX-Systeme kann die Eigenkompilation entfallen, da die mir bekannten LINUX-Systemlieferanten Red-Zack und SUSE auf ihren Installationsmedien die lauffähigen GhostScript-Programme enthalten.

Für GhostScript unter UNIX wird eine solche Eigenkompilation jedoch erforderlich. Das entpackte Archiv bietet hierfür eine Reihe von Unterstützungen an. So enthält das `./src`-Verzeichnis eine Vielzahl von Files mit dem Anhang `.mak`. Für UNIX kommen die beiden Files `unixansi.mak` und `unix-gcc.mak` in Betracht. Dies sind so genannte Prototypen für UNIX-Makefiles, wobei das erste für C-ANSI-Compiler und das zweite für den GNU-`gcc`-Compiler gedacht sind. Der Anwender möge das von ihm gewählte `.mak`-File in `Makefile` umbenennen.

Für GhostScript unter UNIX habe ich bei mir vor einigen Jahren auf einer HP-Workstation unter HP-UX eine solche Eigenkompilation vorgenommen, über deren Verlauf ich hier kurz berichte. Nach meinen positiven Erfahrungen bei der Einrichtung von TEX- und GNU-Werkzeugen mit dem `gcc`-Compiler habe ich mich für `unix-gcc.mak` als `Makefile` entschieden. Als anwenderspezifische Anpassung kommt stets die Einbindung von Gerätetreibern für den oder die beim Anwender bevorzugten Drucker und evtl. Grafikkarten in Betracht. Das Original-Makefile enthält die Zeile

```
DEVICE_DEF=X11.dev x11alpha.dev x11cmyk.def x11mono.dev
```

womit der Treiber zur Ausgabe eines Fensters mit auf X11 eingebunden wird, und zwar für einen alphanumerischen, einen Farb- und einen einfarbigen Bildschirm. Hierauf folgen sieben weitere Zeilen, die mit `DEVICE_DEF`x`=` beginnen, mit $x = 3, 4, 6, 7, 8, 9, 10$, mit denen eine Vielzahl von Treibern für die gebräuchlichsten Drucker und Grafikkarten berücksichtigt werden. Die Grundnamen der zugewiesenen `.dev`-Files lassen das zugehörige Ausgabegerät häufig direkt erkennen.

Falls dies beim Anwender nicht der Fall ist, möge er mit dem Editor das File `devs.mak` einsehen. Dort werden für praktisch alle auf dem Markt erhältlichen Drucker und Grafikkarten die Grundnamen für die zugehörigen `.dev`-Files aufgelistet. Außerdem kann man dort die Bedeutung der Endziffer in `DEVICE_DEF`n nachlesen. Da bei mir als Drucker nur der HP-LaserJet 4 zur Anwendung kommt, habe ich hier `DEVICE_DEF3=ljet4.dev` eingesetzt und alle anderen `DEVICE_DEF`x-Zeilen entfernt, da die Einbindung weiterer Treiberfiles nur unnötigen Programmspeicherplatz belegen würde.

Das Makefile enthält zwei Vorgaben für `XINCLUDE= ...` und `XLIBDIRS=...`, unter denen die X-Windows-Headerfiles bzw. ihre Bibliotheken zu finden sind. Die Originaleinträge sind beim Anwender evtl. entsprechend seinem UNIX-System zu modifizieren. Bei mir waren das für eine HP-Worksation 9000-715 z. B. `XINCLUDE=/usr/include/X11R5` und `XLIBDIRS=/usr/lib/X11R5`. Mit diesen Anpassungen wurde das große GhostScript-Programm problemlos kompiliert. Das Haupt-`Makefile` mit der Einbindung einer Reihe weiterer `.mak`-Files lässt eine aufwendige Übersetzungs- und Bindeprozedur erwarten. Die Übersetzung dauerte rund 15 Minuten, wobei eine Reihe von Bildschirmwarnungen erschienen, die aber beim Übersetzungsergebnis offensichtlich keine nachteiligen Folgen hatten. Das lauffähige Gesamtprogramm mit dem Namen gs setzt sich aus mehr als hundert Unterprogrammen zusammen und nimmt fast 5 MByte ein. Mit den beschriebenen Anpassungen wurde es bei mir auf Anhieb problemlos erstellt.

Nach der ersten erfolgreichen Kompilierung habe ich die Übersetzung noch einmal wiederholt, diesmal aber mit der Vorgabe '`CFLAGS=-O $(GCFLGS) $(XCFLAGS)`' im `Makefile`, womit die Debug-Eigenschaften beim ausführbaren Programm unterdrückt werden. Diese

Zeile ist im Makefile bereits vorhanden, aber herauskommentiert. Man muss dort lediglich das #-Kommentarzeichen entfernen und dafür die vorangehende Zeile 'CFLAGS=-g -O $(GCFLAGS) $(XCFLAG:S)' herauskommentieren. Die Übersetzung erfolgte nun doppelt so schnell und fiel mit einer Programmgröße von gut 1 MByte fast fünfmal kleiner aus.

Nach der Kompilierung kann die Installation mit dem Aufruf make install erfolgen. Das ausführbare Programm gs sowie die zusätzlich bereitgestellten Shell-Scripts werden unter /usr/local/bin abgelegt. Alle für seinen Ablauf erforderlichen Dateien gelangen nach /usr/local/lib/ghostscript/6.51. Falls beim Anwender eine andere Anordnung gewünscht wird, muss dies durch entsprechende Änderungen der Pfad- und Verzeichnisvorgaben im Makefile vorgenommen werden.

Nach der Installation von ghostscript-6.51 sind die GhostScript-Zeichensätze aus ghostscript-fonts-6.0.tar.gz zu entpacken und zu entarchivieren. Beim Entarchivieren entsteht das Verzeichnis fonts, das beim vorstehenden Dateiensystem als Unterverzeichnis /usr/local/lib/ghostscript/fonts einzurichten ist. Die Entarchivierung erfolgt deshalb zweckmäßig aus /usr/local/bib/ghostscript als Arbeitsverzeichnis, indem man ghostscript-fonts-6.0.tar dorthin kopiert und dann mit dem Aufruf tar xf ghostscript-fonts-6.0.tar entarchiviert.

GhostScript stellt hiermit die 35 Standardschriften eines PostScript-Druckers als lizenzfreie Schriften bereit. Sie tragen jedoch recht kryptische Namen, die aus einem Buchstaben, gefolgt von sechs Ziffern und dem l bestehen. Die Filetypkennung mit den Anhängen .afm und .pfb entspricht dagegen der PostScript-Konvention. Die .afm-Files sind reine ASCII-Files, die mit dem Editor eingesehen werden können. Sie enthalten in ihrem Anfangsteil eine Zeile, die mit FontName beginnt und dahinter den vollständigen PostScript-Schriftnamen enthält.

Die .pfb-Files enthalten in ihren ersten Zeilen ebenfalls ASCII-Text, dem mit der Zeile /FontType 1 def entnommen werden kann, dass es sich um Typ-1-kodierte Schriften handelt. Die Adobe-Originalzeichensätze enthalten sog. 'Hints' (in Deutsch am besten mit „Tipps“ übersetzt), mit denen die Schriften bei kleinen Ausführungen deutlich verbessert werden. Den lizenzfreien GhostScript-Schriften fehlen diese Tipps (PIET TUTELAERS nennt sie 'unhinted' gegenüber den 'hinted' Originalen). Ihre Qualität bleibt bei kleinen Ausführungen deshalb hinter den lizenzierten Originalen zurück. Dieser Kritik könnte man natürlich das Sprichwort vom geschenkten Gaul gegenüberstellen. Hinzu kommt, dass die lizenzfreien GhostScript-Schriften mit zunehmender Versionsnummer besser wurden und mit der Version 6.0 den PostScript-Originalen schon recht nahe kommen.

GhostScript entnimmt die Information über die verfügbaren Schriften dem File Fontmap, das im Original auf die 35 GhostScript-Schriften verweist. Ein Editoreinblick in dieses File macht deutlich, welche Schriften mit welchen Zeichensatzfiles mit den kryptischen Filenamen bereitgestellt werden und wie sie die PostScript-Standardschriften ersetzen.

GhostScript kann aber auch lizenzierte Typ-1-Softwareschriften mit den Anhängen .pfa und/oder .pfb verarbeiten. Anwender, die über das Programmpaket 'Adobe Type Manager' (ATM) verfügen, haben diese Softwareschriften. Sie sollten das File Fontmap.atm in Fontmap umbenennen. GhostScript verwendet dann die lizenzierten Adobe-Schriften für die Ausgabe. Der Aufruf von GhostScript erfolgt in der Form

gs [*optionen*] *ps_file_1 ps_file_2* ...

Welche Optionsangaben erlaubt sind, kann mit dem Auruf 'gs -h' oder 'gs -?' auf dem Bildschirm ausgegeben werden. Ohne Optionsangaben bearbeitet GhostScript die übergebenen PostScript-Files und gibt die erste Seite auf dem Bildschirm aus, gefolgt von der Mitteilung

```
>>showpage, press <return> to continue<<
```

Mit Betätigung der Return-Taste kann weitergeblättert werden. Am Ende aller bearbeiteten PostScript-Files wartet GhostScript auf weitere Anwendereingaben über die Tastatur. Mit der Eingabe von `quit`, gefolgt von der Return-Taste oder mit Control-C, also der gleichzeitigen Betätigung der Control- und der C-Taste, wird GhostScript verlassen.

Mit der Eingabe `(`*ps_file_n*`) run` wird ein weiteres PostScript-File *ps_file_n* eingelesen und bearbeitet. Bei dieser interaktiven Bearbeitung müssen Zeichenketten für Filenamen entsprechend der PostScript-Konvention in runden Klammern eingeschlossen werden. Mit der vorangestellten Eingabe `2 2 scale 0 421 translate` wird das anschließend eingelesene PostScript-File in doppelter Größe und um eine halbe DIN-A4-Seite nach unten verschoben auf dem Bildschirm erscheinen. Interaktive Eingaben am Ende der PostScript-Bearbeitungen müssen jeweils mit der Return-Taste abgeschlossen werden. Mit dem alleinigen Aufruf `gs` ohne Angabe eines PostScript-Eingabefiles schaltet man in den PostScript-Modus, aus dem die interaktive Eingabe dann von Anbeginn gestartet werden kann.

Unter MS-DOS tritt folgendes Problem auf: GhostScript schaltet in den Grafik-Modus, gibt die erste Seite aus und überschreibt anschließend den Seitentext mit seinen interaktiven Aufforderungsmeldungen. Unter UNIX wird dagegen zur Seitenausgabe ein neues X-Windows-Fenster geöffnet, während die anschließende Eingabeaufforderung im Terminalfenster, aus dem der gs-Aufruf erfolgte, abgelegt wird. Unter MS-DOS sollte der `gs`-Aufruf daher in der Form

`gs` *ps_file* `> gs.log` oder `gs -q` *ps_file*

erfolgen. Alle Meldungen aus GhostScript werden dann im ersten Fall in dem File `gs.log` abgelegt. Man sieht sie dann zwar nicht während der Bearbeitung zwischen den Seiten, sondern muss sie erahnen, was nach kurzer Praxis mit GhostScript aber nicht schwerfällt. Das Weiterblättern erfolgt wie vorher durch Betätigen der Return-Taste. Das File `gs.log` kann nach Verlassen von GhostScript bei Bedarf überprüft werden. Mit der zweiten Form des Befehlsaufrufs (quiet mode) unterbleiben die Terminal-Meldungen aus GhostScript.

Der Aufruf `gs -h` oder `gs -?` führt zu einer Bildschirmausgabe der Form (am Beispiel meiner UNIX-Installation):

```
Aladdin Ghostscript 3.33 (4/10/1995)
Coypright (C) 1995 Aladdin Enterprises, Menlo Park, CA. All rights reserved.
Usage: gs [switches] [file1.ps file2.ps ...]
Available devices:
        x11 x11alpha x11cmyk x11mono ljet4
Language Interpreters:
        PostSript PostScriptLevel1 PostSriptLevel2 PDF
Search Path:
    .
    /usr/local/lib/ghostscript/3.33:/usr/local/lib/ghostscript/fonts
Most frequently used switches: (You can # in place of =)
    -q quit              (as the last switch) exit after processing files
    -d<name>[=<token>]   define name as token, or true if no token given
    -dNOPAUSE            don't pause between pages
```

```
    -g<width>x<height>   set width and height ('geometry'), in pixels
    -q                   'quiet' mode, suppress most messages
    -r<res>              set resolution, in pixels per inch
    -s<name>=<string>    define name as string
    -sDEVICE=<devname>   select initial device
    -sOUTPUT=<file>      select output file: embed %d or %ld for page #,
                           - means stdout, use |command for pipe
    -                    read from stdin (e.g., a pipe) non-interactively
For more information, see the (plain text) file  use.doc  in the directory
        /usr/local/lib/ghostscript/3.33/doc.
```

und damit zu einer kurzen und prägnanten Nutzungsbeschreibung.

Die Ausgabe der GhostScript-Bearbeitung kann mit der Optionsangabe `-sDEVICE=`*ausg* für den mit der Kennung *ausg* gekennzeichneten Drucker formatiert werden. Welche Kennungen möglich sind, kann mit dem Aufruf `gs -h` oder `gs -?` auf dem Bildschirm angezeigt werden. Dort erscheint im Anschluss an die Zeile 'Available devices:' die Liste aller zulässigen Ausgabegeräte mit ihrem Kennnamen für *ausg*. Die Gesamtheit der erlaubten Drucker wird bei der Kompilierung aus den Vorgaben für `Makefile` bestimmt. Unter MS-DOS wird die verlangte Druckausgabe an `PRN` weitergereicht, so dass sie unmittelbar auf dem angeschlossenen Drucker erscheint. Unter UNIX wird sie dagegen für den angeforderten Drucker vorab in einem Scratch-File mit dem Namen `gs_`*xxxxx* unter `/tmp` abgelegt. Mit der zusätzlichen Optionsangabe `-sOutputFile=`*file_name* kann der Filename für das Ausgabefile vorgegeben werden.

Die Optionsangabe `-sOutputFile=`*gr_name*`%d.`*anh* erzeugt für jede Seite ein eigenes File, bei dem dem Grundnamen eine fortlaufende Zahl am Ende zugefügt wird. Schließlich kann mit der Option `-r`*xres* `x` *yres* die Druckerauflösung verringert werden. Mit `-r`*res* wird die gleiche horizontale und vertikale Druckerauflösung eingestellt. Beispiel: `-sDEVICE=ljet4 -r300` stellt den Laserjet IV, dessen Standardauflösung 600 dpi beträgt, auf 300 dpi ein.

Ist auf dem PC des Anwenders eine Super-VGA-Karte mit höherer Auflösung als eine Standard-VGA-Karte installiert, so kann diese ebenfalls durch eine Gerätevorgabe mit `-sDEVICE=`*gr_karte* in der maximalen Auflösung durch `-r`*xres* `x` *yres* beim Preview angesprochen werden. Mein PC ist mit einer ATI-Graphics-Ultra+-Karte bestückt. Mit der Optionsangabe `-sDEVICE=atiw -r1280x1024` beim `gs`-Aufruf kann ich diese Auflösung voll aktivieren. Mit der Gerätekennung `s3vga` wird auf SuperVGA-Karten mit dem S3-86C911-Chip verwiesen, wie z. B. das Diamond Stealth Board, mit `tseng` auf ET3000/4000 von Tsengs Labs, mit `tvga` auf Trident SuperVGA und mit `vesa` auf entsprechende Karten mit dem VESA-API-Treiber.

Die vorstehend angeführten Optionsbeispiele erscheinen beim `gs`-Aufruf gewöhnlich in der Befehlsaufrufzeile. Dies ist bei einer größeren Anzahl von Optionsangaben lästig und fehleranfällig. Der Aufruf kann deshalb auch in der Form

`gs @`*opt_file* [*ps_file_1 ps_file_2* ...]

erfolgen, wobei mit *opt_file* ein Filename angegeben wird, dessen Inhalt aus einer beliebigen Zahl zulässiger Optionsangaben besteht. Als Alternative kommen Befehlsdateien oder Shell-Scripts in Betracht, mit denen der Anwender `gs`-Aufrufe in beliebiger Komplexität in einfacher Weise vornehmen kann.

Für weitere Bedienungsmöglichkeiten verweise ich auf die beigefügte Dokumentation aus dem `./doc`-Eingangsverzeichnis. Dort findet man eine große Zahl von `html`-Files.

Ausführliche Installationshinweise zur Eigenkompilation werden z. B. mit `Make.htm` bereitgestellt. Eine ausführliche Nutzungsbeschreibung für das ausführbare `gs`-Programm erfolgt mit `Use.htm`. Beide `html`-Files sind mehr als 100 kByte groß, was den Umfang der Dokumentation erahnen lässt. Die UNIX-Version von GhostScript enthält eine Reihe von Shell-Scripts, mit denen ebenfalls eine komfortablere Bedienung möglich wird. `pv.sh` ermöglicht z. B. die Preview-Ausgabe speziell ausgewählter Seiten. Das Paket enthält eine Reihe von Demonstrationsfiles, wie `escher.ps`, `golfer.ps`, `snowflak.ps` und `tiger.ps`, die mit einem PostScript-Drucker direkt oder mit GhostScript als Preview und auf dem lokalen Drucker ausgegeben werden können.

5.5 Beispiel für eine Anwendervariation

Der Leser wird sicher bemerkt haben, dass als Roman-Familie für dieses Buch Times-Roman gewählt wurde und Helvetica für die serifenlosen Schriften verwendet wird. Für die Schreibmaschinenschriften wird dagegen auf die TEX-cm-Standardschriften zurückgegriffen. Bei der Kombination von `cmr`- mit `cmtt`-Schriften erscheint die Schreibmaschinenschrift deutlich kräftiger als die Standard-Roman-Schrift. Times-Roman ist kräftiger als die TEX-Roman-Schrift, so dass deren Kombination mit `cmtt` harmonischer wirkt. Hinzu kommt, dass `cmtt` kompakter als die PostScript-Schreibmaschinenschrift Courier ist, die ihrerseits im Vergleich zu Times-Roman wiederum zu leicht wirkt.

Wegen der größeren x-Höhe der Times-Roman-Schrift im Vergleich zu den TEX-cm-Schriften wirkt `cmtt` bei gleicher Entwurfsgröße gegenüber Times-Roman zu klein. Andererseits erscheint in der Kombination von Times-Roman mit Helvetica in gleicher Größenanforderung Letztere zu groß. Die Lösung kann sehr einfach mit der Bereitstellung eines Ergänzungspakets `vtimes.sty` aus der Kopie von `times.sty` und den Änderungen

```
\renewcommand{sfdefault}{phvv}   % ==> phv changed to phvv
\renewcommand{ttdefault}{cmttv}  % ==> pcr changed to cmttv
```

erfolgen. Die hier gewählten Familienkennungen `phvv` und `cmttv` haben zur Folge, dass LATEX nun nach den Zeichensatz-Definitionsfiles `OT1phvv.fd` und `OT1cmttv.fd` sucht. Diese erstellt man am einfachsten ebenfalls aus Kopien der Originale `OT1phv.fd` und `OT1cmtt.fd` mit den nachfolgenden Änderungen

```
\DeclareFontFamily{OT1}{phvv}{}
\DeclareFontShape{OT1}{phvv}{m}{n}{<->[0.95] phvr}{}%
\DeclareFontShapt{OT1}{phvv}{m}{it}{<->[0.95] phvro}{}%
  . . . . . . . . . . . . . . . . . . . . . . . . .
```

für `OT1phvv.fd` bzw.

```
\DeclareFontFamnily{OT1}{cmttv}{\hyphenchar\font\m@ne}
\DeclareFontShape{OT1}{cmttv}{m}{n}{<5><6><7><8> [1.05] cmtt8
    <9> [1.05] cmtt9 <10><10.95> [1.05] cmtt10
    <12><14.4><17.28><20.74><24.88> [1.05] cmtt12}{}
\DeclareFontShape{OT1}{cmttv}{m}{it}{<5><6><7><8><9><10>
    <10.95><12><14.4><17.28><20.74><24.88> [1.05] cmitt10}{}
  . . . . . . . . . . . . . . . . . . . . . . . . .
```

für `OT1cmttv`. Die ursprünglichen Familienkennungen `phv` bzw. `cmtt` wurden in allen Zeichensatz-Erklärungsbefehlen in `phvv` bzw. `cmttv` abgeändert. Außerdem wurde in `OT1phvv.fd` bei den Angaben für *lade_info* in den `\DeclareFontShape`-Befehlen (s. [5c, Abschn. 2.4.4]) der Skalierungsfaktor `[0.95]` und in `OT1cmttv` derjenige von `[1.05]` zugefügt. Damit erscheinen alle `phv`-Schriften gegenüber ihrer Sollgröße um den Faktor 0.95 verkleinert und alle `cmtt`-Schriften um den Faktor 1.05 vergrößert.

Dies waren alle lokalen Änderungen, mit denen die Formatierung und der anschließende Satz für dieses Buch erfolgte. Für die Erstellung der Drucksatzvorlagen erhielt der fertigende grafische Betrieb von mir die endgültigen PostScript-Files.

Kapitel 6

LaTeX und Grafik

Die Einbindung von Grafiken und Zeichnungen, die aus einem Plotprogramm oder aus einer Scanner- oder Videobearbeitung stammen, in ein TeX- oder LaTeX-Ausgabefile wurde in der Vergangenheit meistens über den TeX-Befehl `\special` vorgenommen. Der Nachteil der bisher vorgestellten Lösungen liegt in der starken Geräteabhängigkeit. Der TeX-Spezialbefehl `\special` wird bei der TeX-Bearbeitung vollständig übergangen und, mit einer speziellen DVI-Kodierung, unverändert an den Druckertreiber weitergereicht. Es liegt ausschließlich am Druckertreiber, die mit `\special` übergebene Information zu interpretieren und druckergerecht aufzubereiten.

6.1 Die Programmidee von bm2font

FRIEDHELM SOWA vom Rechenzentrum der Universität Düsseldorf stellt mit dem Programm `bm2font` eine Lösung vor, die eine Vielzahl von standardisierten Grafikformaten an die TeX- bzw. LaTeX-Bearbeitung zurücküberträgt und damit die Geräteunabhängigkeit sicherstellt. Die Grafikfiles enthalten die Gesamtinformation für das jeweilige Bild in einem geräte- oder programmspezifischen Format.

Das Programm `bm2font` erkennt das jeweilige Format aus dem Anhang des übergebenen Filenamens. Der Programmaufruf erfolgt mit dem zu bearbeitenden Plotfile *grafik.fmt* in der Form

`bm2font` *grafik.fmt* [*optionen*]

Die zulässigen Formate und Aufrufoptionen werden in 6.4 bzw. 6.5 vorgestellt. Das Programm dekodiert das spezielle Format und übernimmt das zugrunde liegende Pixelmuster. Dieses wird nun in Teilbilder mit den Maximalabmessungen von $\approx .5 \times .5$ in aufgeteilt. Jedem dieser Teilbilder wird intern ein Einzelzeichen (Buchstabe, Ziffer oder Sonderzeichen) als Kennung zugeordnet. Eine Gruppe dieser Kennungszeichen wird nun zu einem Zeichensatz zusammengefügt, für den ein `.tfm`-File und ein `.pk`-File entsprechend der Druckerauflösung eingerichtet wird.

Diese Files mit dem Anhang `.tfm` und `.pk` erhalten den gleichen Grundnamen wie das übergebene Grafikfile. Da für ein komplexes Bild aus einem Grafikfile meistens mehrere `.tfm`- und `.pk`-Files entstehen, werden sie durch die nachgestellten Buchstaben `a`, `b`, ... unterschieden. Lautete das Grafikfile z. B. `bild.tif`, so entstehen hieraus evtl. `bilda.tfm`, `bildb.tfm` und `bildc.tfm` sowie `bilda.pk`, `bildb.pk` und `bildc.pk`. Standardmäßig entstehen diese sowie das Zusatzfile `bild.tex` (s. u.) in dem Arbeitsverzeichnis, aus dem der Befehlsaufruf erfolgt. Mit den Umgebungsvariablen

`set texinputs=`*d*`:\`*tex_pfad*
`set texfonts=`*d*`:\`*tfm_pfad*
`set dirpixel=`*d*`:\`*pk_pfad* oder *pxl_pfad*

können die Platten *d*: und Verzeichnisse *xxx_pfad* vorgegeben werden, in denen die entstehenden Files dann automatisch abgelegt werden.

Zusätzlich erzeugt `bm2font` ein File mit dem Grundnamen des übergebenen Grafikfiles und dem Anhang `.tex`, aus `bild.tif` somit `bild.tex`. Dieses `.tex`-File enthält die TEX-Befehle, mit denen das Bild bei der TEX- oder LATEX-Bearbeitung zusammengesetzt wird. Diese bestehen aus der Einrichtung interner Befehlsnamen für die Zeichensätze, z. B. als `\font\bilda=bilda`, `\font\bildb=bildb` ....

`\font\`*zs_bef_name*`=`*zs_file_name* entspricht dem LATEX-Befehl
`\newfont{\`*zs_bef_name*`}{`*zs_file_name*`}`

Die weiteren Anweisungen im erzeugten `.tex`-File bestehen aus der Aktivierung der *Bildzeichensätze* und der Kombination ihrer *Bildzeichen* in nebeneinander stehende *Teilbildzeichen* und übereinander stehende *Bildzeilen*. Zur Ausgabe des Bildes wird der Befehl `\set`*grafik* bereitgestellt, im Beispiel für `bild.tex` damit `\setbild`.

Zur Bildausgabe geschieht dann nichts anderes als es z. B. mit

`\ttfamily abcdef\\012345\\*+,-./\\uvwxyz`

für die Buchstaben und Zahlen aus `\ttfamily` geschieht:

```
abcdef
012345
*+,-./
uvwxyz
```

Die einzelnen Zeichen werden in Zeilen nebeneinander und die Zeilen übereinander angeordnet, nur dass die Zeichen der Bildzeichensätze den Teilbildern entsprechen.

Bei der Textformatierung benötigen TEX und LATEX keine Information über Bedeutung und Aussehen der einzelnen Zeichen, sondern nur über deren Abmessungen bezüglich Breite, Höhe und Tiefe sowie den Bezugspunkt für das evtl. nachfolgende Zeichen. Damit ist für diesen Arbeitsschritt der grafische Inhalt der Teilbilder unbedeutend und deshalb nicht Bestandteil der `.tfm`-Files.

Die Umwandlung der Zeichen in ihren grafischen Wert erfolgt erst bei der Druckausgabe über den DVI-Treiber. Dieser informiert den Drucker für jedes verwendete Zeichen über dessen grafischen Inhalt in Form des zugehörigen Pixelmusters. Für den Drucker aber ist es gleichgültig, ob das Pixelmuster einen Buchstaben, ein mathematisches Symbol oder ein sonstiges grafisches Teilbild darstellt.

Die Pixelmuster der Zeichensätze werden üblicherweise als `.pk`-Files bereitgestellt. In diesem Format stellt auch `bm2font` die Pixelmuster der Teilbilder bereit, womit der DVI-Treiber die Bildausgabe dann vornehmen kann. Achtung: Zur Korrektur von Rundungsfehlern bei der Positionierung von Textzeichen arbeiten viele DVI-Treiber mit einer internen Einstellgröße `maxdrift`$\neq 0$. Für die Bildausgabe sollte eine Treiberoption verfügbar sein, mit der `maxdrift` auf Null gesetzt werden kann (s. Fußnote 1 auf S. 286).

bm2font kann mit seinem C-Quellenprogramm für eine Vielzahl von Rechnern und Betriebssystemen eingerichtet werden. Man findet es auf den TEX-Fileservern unter `/tex-archive/graphics`. Das Paket enthält zusätzlich lauffähige PC-Versionen für MS-DOS und OS-2.

6.2 Grafikeinbindung in LaTeX

Waren die mit `bm2font` erzeugten `.tfm`- und `.pk`-Files durch Setzen der Umgebungsvariablen `texfonts` und `dirpixel` bereits in den Verzeichnissen eingerichtet worden, unter denen TeX und der Druckertreiber diese Files erwarten, so steht ihrer Einbindung in die LaTeX-Bearbeitung und der anschließenden Druckerausgabe nichts im Wege. Andernfalls müssen sie aus dem gemeinsamen Arbeitsverzeichnis dorthin verschoben (oder kopiert) werden.

Alternativ kann evtl. das gemeinsame Arbeitsverzeichnis in geeigneten TeX- und Treiber-Umgebungsvariablen zusätzlich angegeben werden. Für emTeX kann dies z. B. in der Initialisierungsdatei `set-tex.bat` mit

```
set TEXTFM=.;%em_main_dir%\TFM
set DVIDRVFONTS=.;d:\texfonts
```

erreicht werden. Mit den vorangestellten `.;` wird beim Suchen der `tfm`- und `pk`-Files nunmehr stets zunächst das aktuelle Arbeitsverzeichnis nach den erforderlichen Files durchmustert. Bei der Installation aus dem C-Qellenfile kann durch entsprechende Vorgaben im `Makefile` das Standardverhalten des Befehlsaufrufs vom Einrichter nach seinen Wünschen festgelegt werden.

Die aus `bm2font` auf dem PC erzeugten Files können auch rechnerübergreifend auf einem anderen Rechner weiterverarbeitet werden, da sie aus TeX-Standardformaten bestehen. Für die LaTeX-Bearbeitung sind vorab die *grafik*`.tex`-Files mit `\input`-Lesebefehlen innerhalb des zu bearbeitenden LaTeX-Files einzulesen. Die Ausgabe der Bilder erfolgt dann mit `\set`*grafik* an den Stellen, an denen das jeweilige Bild im Text eingegliedert werden soll. Dies ist häufig eine Gleitumgebung der Form

`\begin{picture} \set`*grafik* `\caption{`*bild_titel*`} \end{picture}`

womit das mit `\set`*grafik* erzeugte Bild gegenüber dem umgebenden Text evtl. gleitet und gleichzeitig mit einer Bildunterschrift *bild_titel* versehen wird.

Die Abmessungen des Bildes sind aus den Informationen der `.tfm`-Files für TeX oder LaTeX intern bekannt und werden bei der Eingliederung in den umgebenden Text automatisch berücksichtigt.

Das nebenstehende Bild aus [8a, S. 184] wurde mit einem Scanner im TIFF-Format als `bibby.tif` erzeugt. Mit dem Aufruf `bm2font bibby.tif` entstanden hieraus

```
bibbya.tfm  bibbyb.tfm
bibbyc.tfm  bibbyd.tfm
```

sowie gleichnamige `.pk`-Files und das Bilderzeugungsfile `bibby.tex`.

Der laufende Text und das nebenstehende Bild wurden jeweils in einer eigenen `minipage`-Umgebung eingerichtet. Die Bildausgabe entstand dann aus den Befehlen, wie sie unterhalb des Bildes angeführt sind.

```
\begin{minipage}{60mm}
   \input bibby  \setbibby
\end{minipage}
```

Neben Strichzeichnungen wie dem vorangegangenen Bild lassen sich mit einem Scanner auch Halbton- und Farbbilder abtasten. Dabei können verschiedene Darstellungsformate gewählt werden, die in zwei Grundkategorien, nämlich *Rasterformate* bzw. *Intensitätsformate*, aufzuteilen sind.

Bei den Rasterformaten wird die Bildvorlage in kleine Felder aufgeteilt, die bei der Ausgabe durch mehrere neben- und übereinander stehende Einzelpixel gefüllt werden, z.B. durch ein 3×3-, 4×4- oder 8×8-Pixelfeld. In einem 3×3-Pixelfeld lassen sich zwischen 0–9 schwarze Pixel anordnen, womit 10 verschiedene Schwärzungsstufen nachgebildet werden können, z. B. als

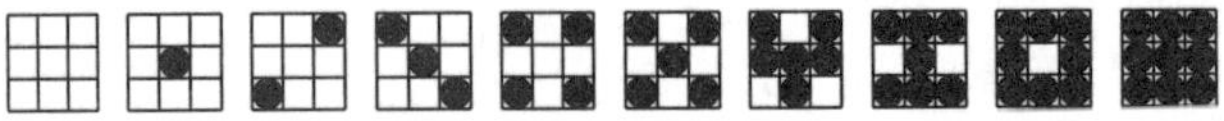

Entsprechend lassen sich mit einem 4×4-Feld 17 und mit einem 8×8-Feld 257 verschiedene Schwärzungsstufen darstellen. Andererseits nimmt mit zunehmender Feldgröße die *Bildschärfe* ab. Mit Ausnahme des Null- und des Vollfeldes lassen sich die teilgefüllten Felder in verschiedenen Pixelanordnungen realisieren.[1] Hiervon wird bei benachbarten Feldern gleichen Schwärzungsgrades häufig Gebrauch gemacht, um Pseudokonturen zu vermeiden.

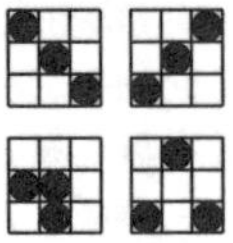

Beim 3×3-Feld würden mehrere Felder der Schwärzungsstufe 3, die von links oben nach rechts unten diagonal benachbart auftreten, zu einer scharfen Diagonallinie führen, wenn stets das nebenstehende erste Feld verwendet würde. Mit verschiedenen Pixelanordnungen für die Stufe 3, zwischen denen bei benachbarten Feldern gewechselt wird, können solche Pseudokonturen verhindert werden.

Beim HP-Scanjet Plus können, zusammen mit der mitgelieferten Software SCANNING GALLERY, die Rastermuster

normal, fein, sehr fein,
vertikal, horizontal und Diffusion

gewählt werden. Für das nebenstehende Bild entstand mit dem Raster 'normal' zunächst das TIFF-File `cheeta.tif`, das mit `bm2font` zu `cheetaa.tfm`, `cheetab.tfm`, `cheetaa.pk`, `cheetab.pk` und `cheeta.tex` führte. Nach Einlesen des letzteren in die nebenstehende Minipage erzeugt `\setcheeta` die Ausgabe.

Für Einzelheiten und weitere Einstellmöglichkeiten wird auf das Scanner-Handbuch verwiesen. Dieses enthält Hinweise, welche Rastertypen für welche Bildvorlagen besonders geeignet sind.

Erfolgt die Rasterung der Bildvorlage mit der Scannersoftware, dann bearbeitet `bm2font` das übergebene Grafikfile in gleicher Weise wie bei einer Strichzeichnung, indem das unterliegende Pixelmuster lediglich in Teilbilder aufgeteilt und in zugehörige `.tfm`- und `.pk`-Files umkodiert wird.

[1] Für die Schwärzungsstufe k gibt es in einer $n \times m$ Rasterzelle genau $\binom{n \times m}{k}$ unterschiedliche Anordnungsmöglickeiten für die k schwarzen Pixel. In einer 3×3-Zelle kann die Schwärzungsstufe 3 mit $\binom{9}{3} = \frac{9 \cdot 8 \cdot 7}{1 \cdot 2 \cdot 3} = 84$ Varianten realisiert werden.

6.3 Halbton- und Farbgrafiken

Der Scanner kann ein Bild auch mit seiner gerätespezifischen Auflösung abtasten und jedem Auflösungspunkt einen Grauwert in Form einer 4-Bit- oder 8-Bit-Zahl zuordnen, womit 16 bzw. 256 verschiedene Graustufenwerte angegeben werden (*Intensitätsformat*). Beim HP-Scanjet Plus ist hierzu als Bildtyp **16** oder **256 Graustufen** zu wählen. In ähnlicher Weise kann auch der Farbwert eines Punktes des Bildschirms oder aus einer Videoaufzeichnung als Zahl kodiert werden, der dann 16 bzw. 256 (oder allg. 2^{4n}) verschiedene Farben entsprechen.

Beim herkömmlichen Buchdruck werden die Graustufenwerte in ein Punktraster mit einer festen Anzahl von Punkten pro Längeneinheit umgewandelt, bei dem unterschiedliche Grauwerte durch unterschiedlich große Punkte realisiert werden.

Bei hinreichend kleinem Raster werden die unterschiedlich großen Punkte nur noch als Schwärzungsgrad im Zusammenhang mit den Nachbarpunkten empfunden. Beim Zeitungsdruck liegt die Rasterauflösung bei 60–80 Punkten/Zoll, die bei hochwertigem Buchdruck bis auf 150 Punkte/Zoll ansteigt.

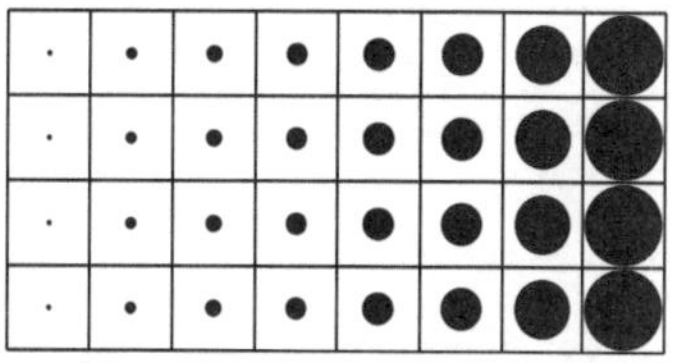

Bei den normalen Nadel- und Laserdruckern haben die einzelnen Pixel gleiche Größe und können nur voll oder leer erscheinen.[2] Um unterschiedliche Graustufen zu simulieren, werden deshalb benachbarte Druckerpixel zu einer Zelle zusammengefasst und dem Eingabepunkt zugeordnet. Mit einem 3×3-Pixelfeld lassen sich so 10 Intensitätsstufen darstellen, wie dies bereits bei der Eigenrasterung durch den Scanner dargestellt wurde. Der Unterschied zwischen der Eigenrasterung und dem Intensitätsformat liegt darin, dass die erforderliche Zellenrasterung für die Ausgabe auf dem Punktdrucker nun vorab von `bm2font` vorgenommen wird.

Hierzu muss dem Programm die Zellengröße für die Rasterung mitgeteilt werden. Dies geschieht mit den Optionsangaben `-u`h `-c`v, wobei h und v für die horizontale bzw. vertikale Pixelzahl einer Viertel-Rasterzelle steht. Mit `-u3 -c3` oder `-u3` wird ein 3×3-Teilzellenraster eingerichtet, da bei fehlender Angabe `-c`v die vertikale Ausdehnung gleich der horizontalen gesetzt wird. Für die Rasterung werden die Intensitätswerte von jeweils 2×2 benachbarten Eingabepunkten gemittelt und durch die Zellenrasterung eines $4 \times h \times v$-Feldes realisiert. Die Angabe `-u`h `-c`v bestimmt damit die Größe der Viertelzelle, so dass mit `-u3` die ganze Zelle aus 6×6 Pixeln besteht, mit der 36 Schwärzungsstufen realisiert werden können.

Die Viertelzellen r_1, r_2, r_3 und r_4 werden zur Auffüllung des Vollrasters in unterschiedlicher Reihenfolge angeordnet, um Pseudokonturen zu vermeiden. Die Viertelzellen werden in aufeinander folgenden Doppelzeilen gemäß der nebenstehenden Tabelle zu Vollzellen geordnet. Die 36 Graustufen eines $4 \times 3 \times 3$-Vollrasters erhalten die nachstehende Pixelrealisierung.

r_3	r_2	r_3	r_2	r_3	r_2	...
r_1	r_4	r_1	r_4	r_1	r_4	...
r_2	r_3	r_2	r_3	r_2	r_3	...
r_4	r_1	r_4	r_1	r_4	r_1	...
r_3	r_2	r_3	r_2	r_3	r_2	...
r_1	r_4	r_1	r_4	r_1	r_4	...

Die nachstehenden Diagramme sind der Originaldokumentation entnommen, die FRIEDHELM SOWA dem Programmpaket `bm2font` als `bm2fman.dvi` beigefügt hat. Dieses File kann über den Druckertreiber als Handbuch für die Benutzung von `bm2font` ausgegeben

[2] Der HP-Laserjet III lässt für die Einzelpixel eine gewisse Intensitätssteuerung zu. Der `.pk`-Code ist hierfür nicht vorbereitet, so dass von dieser Möglichkeit kein Gebrauch gemacht werden kann.

Grauwert	Raster r_1	r_2	r_3	r_4
1	●○○ ○○○ ○○○	○○○ ○○○ ○○○	○○○ ○○○ ○○○	○○○ ○○○ ○○○
2	●○○ ○○○ ○○○	○○○ ○○○ ○○●	○○○ ○○○ ○○○	○○○ ○○○ ○○○
3	●○○ ○○○ ○○○	○○○ ○○○ ○○●	○○○ ○○○ ●○○	○○○ ○○○ ○○○
4	●○○ ○○○ ○○○	○○○ ○○○ ○○●	○○○ ○○○ ●○○	○○● ○○○ ○○○
5	●○○ ●○○ ○○○	○○○ ○○○ ○○●	○○○ ○○○ ●○○	○○● ○○○ ○○○
6	●○○ ●○○ ○○○	○○○ ○○● ○○●	○○○ ○○○ ●○○	○○● ○○○ ○○○

⋮

. . .

Grauwert	Raster r_1	r_2	r_3	r_4
20	●●○ ●●○ ●○○	○○● ○●● ○●●	●○○ ●●○ ●●○	○●● ○●● ○○●
21	●●● ●●○ ●○○	○○● ○●● ○●●	●○○ ●●○ ●●○	○●● ○●● ○○●
22	●●● ●●○ ○●●	○○● ○●● ●●●	●○○ ●●○ ●●○	○●● ○●● ○○●
⋮	⋮	⋮	⋮	⋮
34	●●● ●●● ●●●	●●● ●●● ●●●	●●○ ●●● ●●●	●●● ●●● ○●●
35	●●● ●●● ●●●	●●● ●●● ●●●	●●● ●●● ●●●	●●● ●●● ○●●
36	●●● ●●● ●●●	●●● ●●● ●●●	●●● ●●● ●●●	●●● ●●● ●●●

werden. Der Leser möge sich anhand der Diagramme überlegen, welche Pixelmuster in benachbarten Vollzellen für den Grauwert 20 auftreten.

Die Maximalwerte für die mit `-u`h `-c`v einzustellende Viertelzelle sind $h \leq 7$ und $v \leq 7$, womit für die Ganzzelle $4 \times 7 \times 7 = 196$ Schwärzungsstufen möglich werden. Bei einer 4-Bit-Kodierung für die Intensität macht es wenig Sinn, größere Zellen als `-u2` zu wählen, da mit einer 4-Bit-Zahl 16 unterschiedliche Schwärzungsstufen zu kodieren sind. Das Zellenraster kann schließlich keine Verfeinerung der Graustufen erzeugen, die über die Originalinformation hinausgeht.

Die Auswahl der Rasterzellengröße beeinflusst unmittelbar auch die Bildgröße. Das Bild wird mit einer gerätespezifischen Auflösung abgetastet. Jeder Originalpunkt wird auf dem Drucker durch die gewählte $h \times v$-Viertelzelle und damit durch $h \times v$ Druckerpixel wiedergegeben. Die Wahl einer 4×4-Viertelzelle führt gegenüber einer 2×2-Teilzelle zu doppelt großen Abmessungen in Breite und Höhe.

Bei einer 8-Bit-Kodierung für die Graustufen führt die Wahl einer 3×3-Teilzelle zu einer Vergröberung der Grauabstufungen, da mit der zugehörigen Raster-Vollzelle maximal 36 verschiedene Graustufen dargestellt werden können. Das Programm `bm2font` empfiehlt als Bildschirmnachricht evtl. die Wahl der Option `-b`n, die zur Verminderung der maximal möglichen Graustufen für die gegebene Zellengröße um die Zahl n führt.

FRIEDHELM SOWA stellt sich in der beigefügten Dokumentation `bm2fman.dvi` mit einem kleinen Bild vor, das mit dem Videosystem ImagePro erzeugt und als CUT-Format mit 256 Graustufen bereitgestellt wurde. Die Rasterung durch `bm2font` erfolgte mit 36 Graustufen. Trotz der Kontrastminderung und der Kleinheit des Bildes ist sein Charakterkopf eindeutig dargestellt, was alle, die ihn kennen, bestätigen werden. Für viele Fotovorlagen sind 36 oder 64 Graustufen, also `u3` bzw. `u4` ausreichend.

Für einen Laserdrucker mit 600 dpi (z. B. Laserjet IV) ist `u3` ein guter Kompromiss zwischen Schärfe und Gradationsumfang. Die 6×6-Gesamtzelle ist 0.25 mm breit und hoch und damit für den Halbtondruck aus normalem Betrachtungsabstand mit dem Auge kaum noch auflösbar. Bei einem 300 dpi-Drucker ist eventuell `u2` vorzuziehen, wenn die Bildschärfe stärker als der Gradationsumfang gewichtet wird

6.4 Unterstützte Grafikformate

Die nachfolgende Auflistung der durch `bm2font` unterstützten Grafikformate ist der Dokumentation von FRIEDHELM SOWA [22, Vol. 12, S. 534] "Bitmaps and Halftones with BM2FONT" entnommen.

PCX: Grafikformat der Firma ZSOFT zur Speicherung von Bildschirmgrafiken. Es erlaubt bis zu 256 Farben (max. 16 Farben bis Version 3.0). Die Zeichenprogramme DELUXE PAINT II, PAINTBRUSH, PC PAINTBRUSH+ können das `.pcx`-Format erzeugen.

TIFF: Das 'Tag Image File Format' der Firma Aldus ist eines der verbreitetsten Grafikformate, das von den meisten Scannerprogrammen ebenfalls verwendet wird. Die bei diesem Format möglichen Formen der Datenkompression werden von `bm2font` nicht unterstützt.

IFF: Das Grafikformat der Firma Electronic Arts wurde ursprünglich für Amiga-Rechner entwickelt und später von weiterer PC-Software wie DELUXE PAINT und DELUXE PAINT II auch für die PC-Welt übernommen. Die Filekennung erfolgt durch den Anhang `.iff` oder `.lbm`.

GIF: Grafikformat der Firma CompuServe. Das 1987 eingeführte Format erlaubt es, mehrere Bilder in einem File abzuspeichern, von denen `bm2font` jedoch nur das jeweils erste akzeptiert.

BMP: Grafikformat aus der Windows-Welt. Es können bis zu 256 Farben verwendet werden. Neben der reinen Bitmap-Speicherung ist für 4-Bit- und 8-Bit-Pixel eine Datenkompression mit RLE (Run Length Encoding) möglich, die aber nicht durch `bm2font` unterstützt wird.

IMG: Das GEM Image File Format kann Grafikdaten in RLE-komprimiert oder als Bitmuster ablegen. Das Format wird auch von Grafikprogrammen auf Großrechnern verwendet.

CUT: Grafikformat zur Bildspeicherung des Videosystems ImagePro und anderer. Es erlaubt bis zu 256 Farben oder Graustufen und benutzt RLE.

Bitmaps: Anwenderspezielle Bitmap-Kodierung, die mit geeigneten Programmoptionen von `bm2font` dekodiert werden kann.

6.5 bm2font-Aufrufoptionen

`bm2font` kennt eine Reihe von Aufrufoptionen, die beim Programmaufruf durch ein vorangestelltes Minuszeichen und ein nachfolgendes Argument angegeben werden können. Erfolgt der Programmaufruf ohne einen Filenamen, so werden die möglichen Optionen sowie die eingestellten Standardwerte auf dem Bildschirm ausgegeben:

```
This is BitMapTOfont, version 2.0 of january 93
Converting Bitmap Files to TeX-Fonts
 usage is BM2FONT filename and parameters
 -f<name of picture for TeX>     (std filename)
 -h<horizontal resolution>       (pixel/inch, std 300)
 -v<vertical resolution>         (pixel/inch, std 300)
 -l<length of mapline>           (in bytes, only pure bitmaps)
```

```
-a<show pictures on screen>        (y or n, std n)
-e<stretch EGA pictures>           (y or n, std y)
-i<inversion of pixels>            (y or n, std n)
-g<greypixels in bitmap>           (y or n, std n)
-p<write pixel file>               (y or n, std n)
-w<let white be light grey>        (y or n, std y)
-d<distribute errors>              (y or n, std y)
-s<separation of grey dots>        (y or n, std n)
-r<repeat each grey pixel>         (y or n, std n)
-u<pixels for grey rectangle>      (less 8)
-c<vert. pixels for rectangle>     (less 8)
-x<bits per sample>                (0 < x < 9)
-b<reduce halftone colors>         (f.e by 1, less u*c*4, std 0)
-t<gradation value>                (in %, std 70)
-z<area of gradation>              (in %, std 70)
-m<width of picture on paper)      (in mm)
-n<height of picture on paper)     (in mm)
```

Die Optionen `-u`, `-c` und `-b` wurden bereits in 6.3 vorgestellt. Mit `-u3 -c4 -b2` werden $4 \times 3 \times 4 - 2 = 46$ Graustufen mit 3×4-Teilzellen realisiert. Die Verminderung der maximalen Stufenzahl von 48 um 2 durch `-b2` kann gelegentlich zur Aufhellung eines Bildes dienen.

Die mit `bm2font` erzeugten Files (`.tfm`, `.pk` und `.tex`) haben standardmäßig den gleichen Grundnamen wie das zu bearbeitende Grafikfile. Mit `-f`*name* kann für die Ergebnisfiles ein anderer Grundname gewählt werden. Mit `-h`x und `-v`y kann die horizontale und vertikale Druckerauflösung eingestellt werden. Die voreingestellten Standardwerte von 300 gelten für die üblichen Laserdrucker.

Die Optionen `-a`, `-e`, `-i`, `-g`, `-p`, `-w`, `-d`, `-s` und `-r` haben die Argumente `y` oder `n` für *ja* oder *nein*. Die obige Auflistung gibt die jeweilige Standardeinstellung wieder, die ohne explizite Optionsangabe gewählt wird. Mit `-iy` wird die Schwarzweißeinstellung der Einzelpixel umgekehrt, aus einem Positiv ein Negativ bzw. aus einem Negativ ein Positiv erzeugt. Die Strich- und Rasterbilder aus dem HP-Scanjet erscheinen standardmäßig für `bm2font` als Negativ. Die Beispiele in 6.2 wurden deshalb tatsächlich mit der Option `-iy` erzeugt.

Die Optionen `-l`, `-g` und `-x` sind für benutzereigene Bitmap-Kodierungen gedacht. Mit `-l`n wird die Byteanzahl n für eine horizontale Bildzeile angegeben. Mit `-gy` wird mitgeteilt, dass die Graustufen intensitätskodiert sind, wobei `-x`b die Bitanzahl für den Intensitätskode, z. B. `-x4` oder `-x8` für 4-Bit- bzw. 8-Bit-Zahlen, angibt. Mit `-gn` oder ohne diese Option wird ein Strich- oder selbst gerastertes Bild vorausgesetzt.

Die Druckerzeichensätze werden von `bm2font` standardmäßig als `.pk`-Files erstellt. Mit `-py` können sie alternativ im veralteten Pixel-Format als `.pxl`-Files eingerichtet werden, falls der Druckertreiber dieses Zeichensatzfileformat verlangt.

Bei der Rastererstellung durch `bm2font` werden 2×2 benachbarte Eingabepunkte vorab gemittelt und dann durch eine $4 \times h \times v$-Grauzelle ersetzt. Bei kleinen Bildvorlagen erscheint das Bild bei hochauflösenden Druckern damit evtl. zu klein. Mit `-ry` wird jede Bildzelle nochmals wiederholt, um die Verkleinerung durch die Eingangsmittelung zu kompensieren. Die Bildgröße auf dem Drucker kann auch mit `-m`b und `-n`h vorgegeben werden. Die Zahlenangaben für b und h bedeuten die Breite und Höhe in mm. Dies führt beim Ausgabebild zu wiederholten oder weggelassenen Grauzellen, was zur Änderung der Bildqualität führt. Wenn möglich, sollte die gewünschte Bildgröße bereits mit dem Ausgangsgrafikfile vorgegeben werden.

Das nebenstehende Bild stammt aus der Originaldokumentation von FRIEDHELM SOWA. Das ursprüngliche Bild hatte eine Auflösung von 1024 × 768 Pixel. Mit der Einstellung `-m75` wurde es entsprechend der Druckerauflösung von 300 Pixel/Zoll und unter Berücksichtigung der Eingangsmittelung über je 2 × 2 Originalpixeln auf 443 × 332 Pixel reduziert. Als Kompromiß zwischen Kontrast und Schärfe wurde die Zahl der Graustufen für dieses Bild auf 15 begrenzt.

Die Option `-ay` erzeugt zusätzlich eine Bildausgabe auf dem Bildschirm. Bei Verwendung einer EGA-Grafikkarte zur Bilderzeugung und Ausgabe mit einer VGA-Karte ist eine Aspektänderung erforderlich, die `bm2font` standardmäßig ausführt. Mit der Option `-en` kann diese automatische Aspektänderung abgeschaltet werden.

Bei manchen Druckern erscheinen die Einzelpixel größer, als es der Druckerauflösung entspricht, benachbarte Pixel fließen dabei gewissermaßen ineinander. In diesen Fällen kann eine Bildaufhellung durch die Option `-sy` versucht werden. Sie bewirkt, dass die schwarzen Rasterpunkte durch weiße Pixelzeilen und -spalten voneinander getrennt werden.

Bei den meisten Halbtonbildern weicht die Anzahl der Graustufen des Originalbildes von der Anzahl der Graustufen des erzeugten Rasterbildes ab. Bei der Umrechnung der Tonwerte in Rasterstufen sind Rundungen unvermeidbar. `bm2font` versucht, die Wirkung von Rundungsfehlern durch Aufteilung benachbarter Bildpunkte zu verteilen. Mit der Option `-dn` kann der Algorithmus zur internen Fehlerverteilung abgeschaltet werden.

Bei der Rasterung von Halbtonbildern werden weiße Bildstellen leicht grau getönt, was meistens zu einem besseren Gesamteindruck führt. Mit der Option `-wn` kann diese Grautönung abgeschaltet werden, was z. B. bei weiß unterlegten Schriften innerhalb eines Halbtonbildes genutzt werden kann.

6.6 Gradationsänderungen

Schwärzungsunterschiede empfindet unser Auge mit einem logarithmischen Maßstab. Der Kontrastunterschied einer Rasterzelle mit einem schwarzen Pixel gegenüber der mit zwei schwarzen Pixeln wird als gleich groß wie der von 2 : 4, 4 : 8, 8 : 16 usw. empfunden. Die lineare Verteilung der Graustufen durch 1 bis $4 \times h \times v$ schwarze Pixel im Zellenraster enthält im oberen Teil zu viele Möglichkeiten, die vom Auge kaum unterschieden werden. `bm2font` gleicht dies durch eine sog. Gradationskorrektur teilweise aus. Die Rasterauffüllung $y = f(x)$ als Funktion der Eingabeintensität $0 \leq x \leq 1$ (mit $x = 0$ für Schwarz und $x = 1$ für Weiß) erfolgt gemäß

$$f(x) = \begin{cases} \dfrac{1}{2x_0^\alpha} x^{1+\alpha} + \dfrac{1}{2} x_0^\alpha x^{1-\alpha} & 0 \leq x < x_0 \\ x & x \geq x_0 \end{cases}$$

Die Einstellwerte $\alpha = t/100$ und $x_0 = z/100$ können mit den Optionen `-t` und `-z` verändert werden. Standardmäßig wird $\alpha = 0.7$ und $x_0 = 0.7$ (`-t70 -z70`) verwendet.

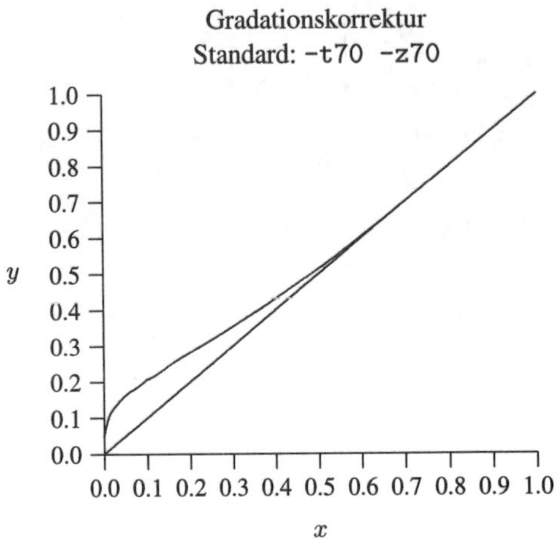

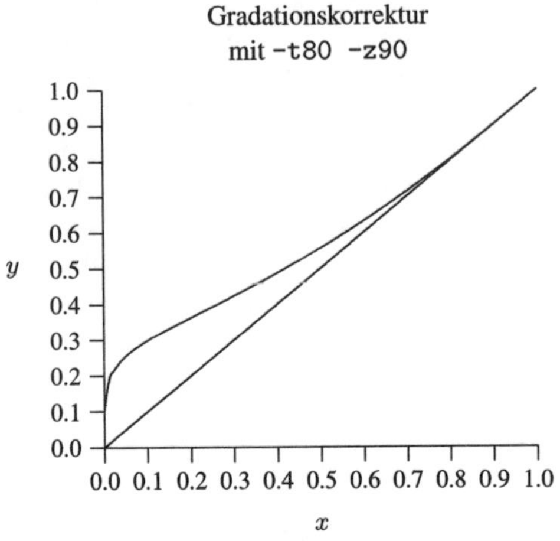

Im dunkleren Bereich des Bildes erfolgt damit eine unterschiedlich starke Aufhellung, die zu helleren Werten hin abnimmt und bei x_0 in die lineare Funktion übergeht. Mit `-t0` wird die Gradationskorrektur unterdrückt.

6.7 Ergänzungsprogramme

Von der Firma Hewlett-Packard wurde die Plottersprache HPGL entwickelt, die von den firmeneigenen Plottern zur Erzeugung von Zeichnungen verwendet wird. Diese Plottersprache wird inzwischen auch von vielen Plottern anderer Firmen akzeptiert. Auf den offiziellen TEX-Fileservern befindet sich unter `/tex-archiv/fonts/utilities` das Unterverzeichnis `hp2xx`, das ein nützliches Umwandlungsprogramm gleichen Namens `hp2xx.exe` enthält. Das Programm kann HPGL-Dateien in PCX-Dateien umwandeln, die anschließend mit `bm2font` zur LATEX-Bearbeitung bereitgestellt werden können. Dabei kann die gewünschte Bildgröße für die PCX-Bildeingabe vorgegeben werden, womit `bm2font` zur LATEX-Ausgabe optimale Resultate erzielen kann. Das genannte Unterverzeichnis enthält mit `hp2xxdoc.dvi` die Dokumentation und Nutzungsbeschreibung von `hp2xx`, die über den Druckertreiber ausgegeben werden kann.

Zusätzlich stammt von Hewlett-Packard die Druckersprache PCL, mit der Zeichnungen u. a. als Punktmuster auf einem Drucker ausgegeben werden können. Ein HPGL-Plotfile kann mit `hp2xx` auch direkt in einen PCL-Ausgabefile umgewandelt und ausgegeben werden. Die Treiber aus emTEX verstehen übrigens die PCL-Sprache, so dass bei diesen ein Zusammenbinden von `.dvi`- und `.pcl`-Files durch den Druckertreiber möglich ist. `hp2xx` stammt von HEINZ WERNTGES, Düsseldorf.

Kapitel 7

PICTEX

PICTEX ist ein Makropaket, das in Zusammenarbeit mit TEX die Erzeugung komplexer Grafiken und Zeichnungen gestattet und diese innerhalb des umgebenden Textes richtig anordnet. Das Programm wurde von MICHAEL J. WICHURA von der Universität von Chicago entwickelt und wird in [18] ausführlich beschrieben.

Mit PICTEX können Bilder und Diagramme wie die folgenden relativ leicht erzeugt und mit dem umgebenden Text in *einem* TEX-Lauf gemeinsam bearbeitet werden.

Dichteverteilung
$a(t) = 1/\left(\pi\sqrt{t(1-t)}\right)$
der arc sinus Regel

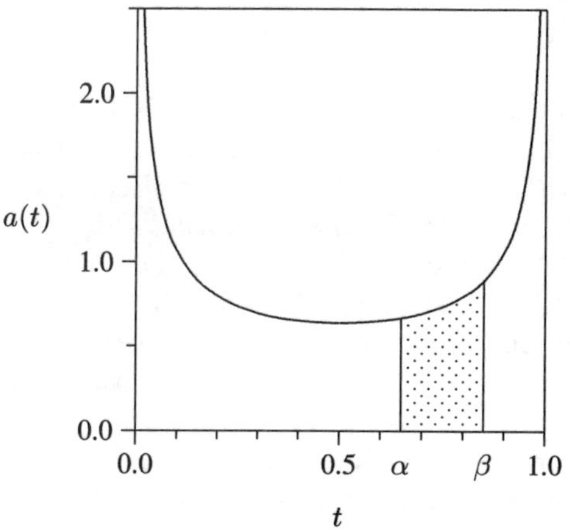

Die schattierte Fläche ist $\mathcal{A}(\beta) - \mathcal{A}(\alpha)$

Verteilungsfunktion
$\mathcal{A}(x) = \frac{2}{\pi}\arcsin(\sqrt{x}\,)$
der arc sinus Regel

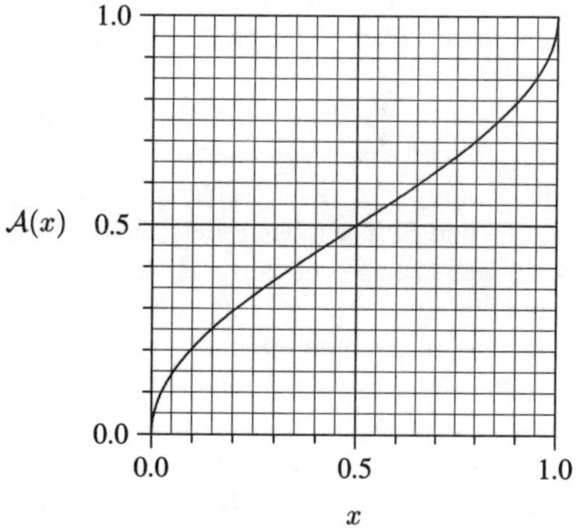

Die folgende Einführung in PICTEX soll den LATEX-Anwender in die Lage versetzen, das Programm zur Erzeugung von Abbildungen zu benutzen. Sie kann nicht das ganze Spektrum der PICTEX-Möglichkeiten ausleuchten, insbesondere da dann auch wesentliche TEX-Strukturen zur Anwendung kommen. Für einen vertieften Einstieg muss auf die Originalliteratur [18] sowie auf [10a], [11] und [12] verwiesen werden.

7.1 PICTEX und LATEX

PICTEX wurde als zusätzliches Makropaket zu TEX entwickelt, das, aus TEX aufgerufen, Text und Bilder als Bearbeitungseinheit betrachtet. PICTEX kann aber auch in harmonischer Weise mit LATEX verknüpft werden und es ist dann möglich, Bilder wie die vorstehenden aus LATEX heraus zu erzeugen. Dazu sind die folgenden drei Files im Vorspann oder innerhalb des Textes vor der ersten Nutzung von PICTEX mit

```
\input prepictex    \input pictex    \input postpictex
```

in genau der angegebenen Reihenfolge einzulesen. Die Files `prepictex.tex`, `pictex.tex` und `postpictex.tex` sind in der TEX-Makrobibliothek einzurichten, die je nach System wahrscheinlich `.../tex/inputs` oder `.../tex/macros` heißt.

PICTEX verwendet eine Reihe von Befehlsnamen, die auch in LATEX vorkommen, dort aber eine andere Bedeutung haben. Damit beide Programme konfliktfrei zusammenarbeiten, sind die Makropakete `prepictex.tex` und `postpictex.tex` erforderlich. Innerhalb eines LATEX-Dokuments wird zwischen LATEX und PICTEX mit

`\beginpicture` *PICture-Strukturen* `\endpicture`

hin- und zurückgeschaltet. Wird mit `\beginpicture` auf das Programm PICTEX umgeschaltet, so werden mit den in `prepictex.tex` enthaltenen Anweisungen diejenigen LATEX-Befehle, die mit PICTEX in Konflikt stehen – es sind dies im Wesentlichen die LATEX-Bildbefehle `\frame`, `\linethickness`, `\multiput` und `\put` –, vorübergehend umbenannt und durch die gleichnamigen PICTEX-Befehle abgelöst. Nach Zurückschalten auf LATEX mit `\endpicture` werden mit den in `postpictex.tex` geführten Anweisungen die entsprechenden LATEX-Befehle wieder mit ihren alten Namen bereitgestellt.

Die Verknüpfung von LATEX und PICTEX geht aber noch weiter. Aus PICTEX heraus können die LATEX-eigenen Bildelemente wie `\line`, `\vector`, `\circle` und `\oval` zusammen mit den Strichstärkenbefehlen `\thicklines` und `\thinlines` angesprochen und verwendet werden.

Zwar stehen diese LATEX-Bildelemente nur in einer beschränkten Zahl von Neigungen[1] bzw. Durchmessern[2] zur Verfügung, doch kann ihre Verwendung innerhalb von PICTEX die Bearbeitung erheblich beschleunigen. PICTEX kann Linien mit jeder beliebigen Neigung und Kreis- und Ellipsenbögen mit beliebigen Radien erzeugen. Dafür beansprucht PICTEX aber erheblich mehr Rechenleistung. Auf meiner UNIX-Workstation benötigt eine volle Seite für die LATEX-Bearbeitung je nach Komplexität 0,2–1 Sekunde. Reine Textseiten liegen an der unteren Grenze, seitenfüllende Tabellen mit vielen Spalten an der oberen Grenze. Die vorangegangene Seite mit der Erzeugung der Abbildungen mittels PICTEX benötigt zur vollständigen Bearbeitung dagegen 6 Sekunden.

Neben der erhöhten Rechnerleistung belegt PICTEX zusätzlich einen großen Teil des von TEX verwalteten Hauptpufferspeichers zur Bearbeitung einer Seite. Bei größeren, detailreichen Bildern oder in Kombination mit komplexen LATEX-Strukturen, wie Tabellen mit vielen Spalten und Zeilen, ist die Gefahr groß, dass die Bearbeitung mit der Mitteilung

[1] In LATEX gibt es für Linien insgesamt 48 und für Pfeile 24 verschiedene Neigungen, wobei die Pfeilspitzen in beide Richtungen weisen können. Außerdem müssen geneigte Linien und Pfeile die Mindestlänge von 10 pt haben.

[2] Offene Kreise stehen in LATEX für Durchmesser von 1 pt bis 16 pt in Stufen von je 1 pt und für Durchmesser von 20 pt bis 40 pt in Abstufungen von 4 pt zur Verfügung. Gefüllte Kreise gibt es für Durchmesser von 1 pt bis 15 pt in Abstufungen von 1 pt. Halb- und Viertelkreise sowie Ovale stehen mit Durchmessern von 4 pt bis 40 pt in Abstufungen von 4 pt bereit.

```
! TeX capacity exceeded, sorry [main memory size = 65536 bytes]
```

abbricht. Die in [5a, Abschn. 9.2] angegebenen Hinweise zur Vermeidung dieses Fehlers können versucht werden. Ist das Bild jedoch zu detailreich, kann es nicht bearbeitet werden.

Inzwischen gibt es TEX-Versionen unter dem Namen BIGTEX, die erheblich größere Pufferspeicher als die Standardversionen einrichten. Diese sind unter UNIX und den emTEX-Programmen für 386er- und höhere Prozessoren bereits Standard, so dass sie hier als verfügbar vorausgesetzt werden. Für eine eigenständige Installation von BIGTEX sollte ggf. [5a, Anh. F] zu Rate gezogen werden. Ist eine BIGTEX-Version vorhanden, so sollte PICTEX nur in Verbindung mit dieser verwendet werden.

Die oben aufgeführte Struktur zur Umschaltung nach PICTEX

`\beginpicture` *PICTEX Anweisungen* `\endpicture`

hat Ähnlichkeit zur LATEX `\begin{picture} ... \end{picture}`-Umgebung. Dies beschränkt sich nicht nur auf die Namensähnlichkeit, sondern gilt auch für den strukturellen Ablauf. Alle Erklärungen und Definitionen in der obigen PICTEX-Struktur sind nur innerhalb dieser Struktur bekannt und wirksam. Erklärungen und Definitionen, die außerhalb erfolgen, sind dagegen auch im Innern bekannt und nutzbar. Damit entspricht diese PICTEX-Struktur genau dem Begriff der Umgebung in LATEX. Im Folgenden soll deshalb diese PICTEX-Struktur auch Bild- oder PICture-Umgebung genannt werden.

Bei allen nachfolgenden Programmbeispielen ist stets der Befehl `\beginpicture` voranzustellen und das Beispiel mit `\endpicture` abzuschließen, ohne dass dies bei den Ausdrucken jedes Mal wiederholt würde.

Bei den folgenden Syntaxangaben können die in größeren [ ] eckigen Klammern eingeschlossenen Teile wahlweise benutzt oder fortgelassen werden. Erscheinen bei den Syntaxangaben eckige Klammern in Schreibmaschinenschrift `[ ]`, so sind sie Bestandteil der Syntax, d. h., sie müssen bei der Eingabe mitangegeben werden.

7.2 Koordinatensysteme

Für alle Bildumgebungen ist ein Koordinatensystem zu vereinbaren, auf das sich alle Maß- und Positionierungsangaben für die Bildelemente beziehen. Ein Koordinatensystem wird vereinbart mit

`\setcoordinatesystem units` <*x_einheit*,*y_einheit*> `point at` *x_ref y_ref*

Diese Erklärung kann sowohl innerhalb als auch außerhalb einer PICture-Umgebung erfolgen, mit der Wirkung, die zum Ende des vorangegangenen Abschnitts beschrieben wurde und die dem LATEX-Anwender als Umgebungseigenschaft vertraut ist.

Die Angaben für *x_einheit* und *y_einheit* stellen Maße dar, d. h. sie bestehen aus einer Zahl, gefolgt von einer Maßeinheit wie cm, mm, pt u. a. Maßangaben müssen bei allen PICTEX-Befehlen in ein Paar `< ... >` eingeschlossen werden. Zwischen dem vorangehenden Befehlsteil, hier `units`, und der öffnenden Klammer < sowie der schließenden Klammer > und dem folgenden Befehlsteil, hier `point at`, muss zwingend *mindestens* ein Leerzeichen angebracht sein! Dies unterscheidet PICTEX von der üblichen TEX- und LATEX-Syntax, bei der zwischen Befehlsteilen und anschließenden Klammersymbolen kein Leerzeichen erforderlich ist. Hierin liegt für den PICTEX-Novizen eine häufige Fehlerquelle.

Die Angabe von `point at` *x_ref y_ref* legt den *Referenzpunkt* für das Koordinatensystem fest, dessen Bedeutung gleich erläutert wird. Mit

```
\setcoordinatesystem units <1.5cm,0.5cm> point at 3 -2
```

wird das folgende Koordinatensystem vereinbart:

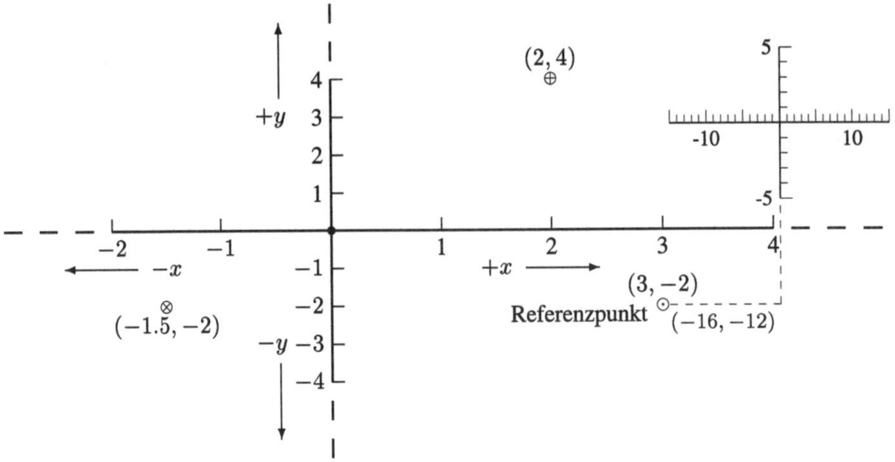

Hierin hat der mit ⊕ gekennzeichnete Punkt die Koordinatenwerte $x = 2$ und $y = 4$ oder kurz $(2, 4)$. Entsprechend haben die Punkte ⊗ und ⊙ die Koordinaten $(-1.5, -2)$ bzw. $(3, -2)$. Der *Nullpunkt* • mit den Koordinaten $(0, 0)$ ist der Bezugspunkt, auf den sich die einzelnen Koordinatenwerte beziehen.

Der Punkt ⊙ mit den Koordinaten $(3, -2)$ ist gleichzeitig der Referenzpunkt für das mit dem vorstehenden Befehl vereinbarte Koordinatensystem. So weit für eine PICture-Umgebung nur ein einziges Koordinatensystem festgelegt wird, hat der Referenzpunkt keine weitere Bedeutung, und die Angabe `point at` x_r y_r kann dabei auch entfallen (s. hierzu 7.8.3). Es ist jedoch möglich, innerhalb einer PICture-Umgebung weitere Koordinatensysteme zu vereinbaren. So wird mit dem weiteren Befehl

```
\setcoordinatesystem units <1mm,2mm> point at -16 -12
```

ein neues Koordinatensystem mit den geänderten Einheiten `<1mm,2mm>` vereinbart. Der Referenzpunkt dieses Koordinatensystems liegt in den neuen, systemeigenen Einheiten bei $(-16, -12)$. Die beiden Koordinatensysteme werden nun so gegeneinander ausgerichtet, dass ihre beiden Referenzpunkte zusammenfallen, d. h., die Referenzpunkte mehrerer Koordinatensysteme bilden den gemeinsamen Bezugspunkt für die Ausrichtung der Systeme gegeneinander.

Es wurde soeben erwähnt, dass die Anagabe `point at ...` ggf. entfallen darf. Tatsächlich lautet die genaue Syntax des `\setcoordinatesystem`-Befehls:

`\setcoordinatesystem`␣ [`units`␣<*x_einheit*,*y_einheit*>] ␣ [`point`␣`at`␣*x_ref*␣*y_ref*]

oder zur besseren Lesbarkeit

`\setcoordinatesystem` [`units` <*x_einheit*,*y_einheit*>] [`point at` *x_ref* *y_ref*]

Die ␣ Kennungen sollen darauf hinweisen, dass an diesen Stellen aus syntaktischen Gründen *zwingend* ein oder mehrere Leerzeichen anzubringen sind!

Entfällt eine der optionalen Angaben, so gilt die entsprechende Angabe aus dem letzten vollständigeren `\setcoordinatesystem`-Befehl weiter. Gab es einen solchen Befehl vorab noch nicht, so wählt PICTEX hierfür Standardwerte, und zwar `units <1pt,1pt>` für die Einheiten und `point at 0 0` für den Referenzpunkt.

Die Einführung eines neuen Koordinatensystems wirkt – bildlich gesprochen – wie die Bereitstellung eines quadratischen Blatts transparenten Zeichenpapiers mit der Kantenlänge von ca. 11.5×11.5 m, in dessen Mittelpunkt der Koordinaten-Nullpunkt angebracht ist. Auf diesem fiktiven quadratischen Zeichenblatt können die Bildelemente, vom Mittelpunkt aus gesehen, bis zum Absolutbetrag von ca. 5.75 m nach allen Seiten hin angeordnet werden. Der Grund für diese Eigenschaft liegt darin, dass PICTEX intern mit der Maßeinheit pt rechnet und die Koordinaten alle Werte zwischen $-2^{14} \dots 2^{14}$ annehmen dürfen. $2^{14} = 16\,384$ pt entsprechen ≈ 226.71 in (Zoll) oder ≈ 575.83 cm.

Werden in einer PICture-Umgebung mehrere Koordinatensysteme vereinbart, so entspricht jedem `\setcoordinatesystem` ein eigenes Blatt transparenten 11.5×11.5 m Zeichenpapiers. Das vollständige Bild entsteht durch *Übereinanderlegen* der Teilfolien mit einer Ausrichtung, so dass alle Referenzpunkte zusammenfallen. Die übereinander montierten und ausgerichteten Teilfolien bestimmen die Abmessungen des Gesamtbildes, und zwar so, als würde aus dem montierten Foliensatz ein Rechteck so ausgeschnitten, dass die entferntesten Bildelemente gerade noch enthalten sind, wobei die Kanten dieses Rechtecks parallel zu den x- und y-Achsen verlaufen. Die Bildgröße bestimmt sich also aus den Bildeintragungen selbst und muss nicht, wie bei der LaTeX-`picture`-Umgebung, vom Anwender explizit festgelegt werden.

Ist kein Koordinatensystem innerhalb einer PICture-Umgebung vereinbart worden, so gilt die letzte globale Vereinbarung, also die letzte außerhalb von PICture-Umgebungen getroffene Erklärung für das Koordinatensystem. Gibt es eine solche nicht, so setzt PICTEX das Standardsystem

```
\setcoordinatesystem units <1pt,1pt> point at 0 0
```

ein. Dies entspricht dem gleichen Verhalten für die Wahl oder das Fehlen der `\unitlength`-Erklärung für die LaTeX-Umgebung `picture`. Im Unterschied zu dieser LaTeX-Umgebung gestattet PICTEX die Wahl von *unterschiedlichen* Einheiten für die x- und y-Achse des Koordinatensystems. Dies wird sich als großer Vorteil bei der Konstruktion von Bildern und automatischen Achsenbezifferungen herausstellen. Das Gleiche gilt für die Möglichkeit der Vereinbarung mehrerer unterschiedlicher und ggf. gegeneinander verschobener Koordinatensysteme innerhalb einer PICture-Umgebung bei der Erstellung von Teilbildern.

7.3 Text als Bildelement

Das einfachste Bildelement ist ein Stück Text, den TEX in eine Box mit einem für TEX definierten linken und rechten, oberen und unteren Rand einfasst. Gleichzeitig kennt TEX den Mittelpunkt der umgebenden Box und die Grundlinie des eingeschlossenen Textes.

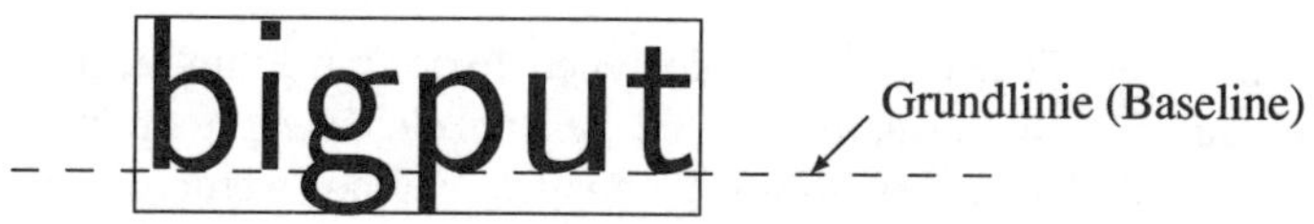

7.3.1 Einmalige Textanordnungen

Ein Stück *Text* kann an beliebiger Stelle im Bild mit dem Befehl

\put␣{*text*}␣at␣*x_coord*␣*y_coord*

angebracht werden. Die mit ␣ gekennzeichneten Leerzeichen sind *zwingender* Bestandteil der Syntax: An den gekennzeichneten Stellen *muss* mindestens ein Leerzeichen angebracht werden. *x_coord* und *y_coord* sind reine Zahlenangaben und bedeuten die Zahl der Maßeinheiten des vorangegangenen `\setcoordinatesystem`-Befehls. Wurden als Maßeinheiten z. B. *x_einheit* = 1 cm und *y_einheit* = 5 mm gewählt, so wird mit

```
\put {Mustertext} at 3.6 2.2
```

der Text „Mustertext" mit seinem *Mittelpunkt* 3.6 x-Einheiten, also 3.6 cm rechts und 2.2 y-Einheiten, also 11.1 mm oberhalb des Koordinaten-Nullpunktes angebracht. Die Koordinatenangabe bezieht sich bei der vorgestellten Form des Befehls stets auf den Mittelpunkt der umgebenden TEX-Box. Der `\put`-Befehl kennt die erweiterte Syntax

\put {*text*} [$p_x p_y$] at *x_coord* *y_coord*

mit den Positionierungsangaben p_x und p_y. Hierfür sind die folgenden Werte erlaubt

$$p_x = \begin{bmatrix} \texttt{l} \\ \texttt{r} \end{bmatrix} \quad \text{für} \quad \begin{bmatrix} \underline{\text{l}}\text{eft edge} \\ \underline{\text{r}}\text{ight edge} \end{bmatrix} \quad \text{also} \quad \begin{bmatrix} \text{linker Rand} \\ \text{rechter Rand} \end{bmatrix}$$

$$p_y = \begin{bmatrix} \texttt{t} \\ \texttt{b} \\ \texttt{B} \end{bmatrix} \quad \text{für} \quad \begin{bmatrix} \underline{\text{t}}\text{op edge} \\ \underline{\text{b}}\text{ottom edge} \\ \underline{\text{B}}\text{aseline} \end{bmatrix} \quad \text{also} \quad \begin{bmatrix} \text{oberer Rand} \\ \text{unterer Rand} \\ \text{Grundlinie} \end{bmatrix}$$

Die Positionierungsparameter sind mit den englischen Bezeichnungen selbst erklärend.

```
\put {Mustertext} [lt] at 3.6 2.2
```

würde statt des Mittelpunktes die linke obere Ecke der umgebenden TEX-Box an der durch $x = 3.6$ und $y = 2.2$ gekennzeichneten Stelle anbringen. Enthält die Positionierungsangabe nur einen Parameter [p_x] oder [p_y], so bezieht sich die anschließende Koordinatenangabe auf die jeweilige Mitte für den fehlenden Positionierungsparameter. Werden beide Parameter gesetzt, so ist die Reihenfolge gleichgültig, `[lt]` bzw. `[tl]` sind beide erlaubt und haben die gleiche Wirkung.

Schließlich kennt der `\put`-Befehl noch die Möglichkeit einer *Verschiebung* mit dem `\put`-Befehl in der Form

\put {*text*} [$p_x p_y$] <*x_s_maß*,*y_s_maß*> at *x_coord* *y_coord*

mit den Maßangaben *x_s_maß* und *y_s_maß*. Die Einheiten dieser Maßangaben können von den Maßangaben der Koordinateneinheiten beliebig abweichen.

```
\put {Mustertext} [rt] <2mm,-0.1in> at 3.6 2.2
```

ordnet die rechte obere Ecke des eingeschlossenen Textes um 2 mm rechts und 0.1 in (Zoll) unterhalb des durch $x = 3.6$ und $y = 2.2$ gekennzeichneten Koordinatenpaars an. Die vollständige Syntax des `\put`-Befehls soll nochmals wiederholt werden, wobei die zwingende Einfügung von mindestens einem Leerzeichen mit ␣ gekennzeichnet ist.

\put␣{*text*}␣[[[p_x][p_y]]]␣[<*x_s_maß*,*y_s_maß*>]␣at␣*x_coord*␣*y_coord*

Ein häufig auftretender Fehler liegt in einem fehlenden Leerzeichen zwischen dem `\put`-Befehl und dem anschließenden Klammerpaar `{ }` zur Aufnahme des Textes. Als eingeschachtelter Text darf jeder LaTeX-Text im LR-Modus stehen, also Text, der zeilenmäßig nicht gebrochen wird. Ebenso können hierfür mathematische Symbole gewählt werden. Ein eingeschlossener Text `{$\leadsto$} [l]` würde das Symbol $\leadsto$ mit seinem linken Ende beim Koordinatenpaar *x_coord y_coord* anordnen.

7.3.2 Wiederholte Textstellen

Soll ein und derselbe Text an mehreren Stellen im Bild erscheinen, so gestattet PiCTeX statt der mehrfachen `\put`-Anweisung eine einfachere Form

\multiput {*text*} [$p_x p_y$] <*x_s_maß*,*y_s_maß*> at *x_cord y_coord*
  **n x_incr y_incr* /

Die Parameter bis einschließlich *x_coord y_coord* wirken wie beim `\put`-Befehl. Dieser wird auch zunächst einmal mit den Koordinaten $x = x\_coord$ und $y = y\_coord$ ausgeführt. Danach wird das Koordinatenpaar x und y abgeändert in $x = x + x\_incr$ und $y = y + y\_incr$ und der `\put`-Befehl mit sonst ungeänderten Parametern wiederholt. Dieser Prozess wird so oft wiederholt, wie der Parameter $*n$ angibt. (Dies ist einmal mehr als beim gleichnamigen Befehl der LaTeX-`picture`-Umgebung!) Mit `*3` würde also der `\put`-Befehl nacheinander mit den Koordinaten

$$\begin{array}{ll} x = x\_coord & y = y\_coord \\ x = x\_coord + x\_incr & y = y\_coord + y\_incr \\ x = x\_coord + 2x\_incr & y = y\_coord + 2y\_incr \\ x = x\_coord + 3x\_incr & y = y\_coord + 3y\_incr \end{array}$$

ausgeführt. Hierzu ein einfaches Beispiel

```
\beginpicture
\setcoordinatesystem units <1mm,1mm>
\multiput {$\times$} at 0 0 *10 5 2.5 /
\endpicture
```

erzeugt das nebenstehende Bild.

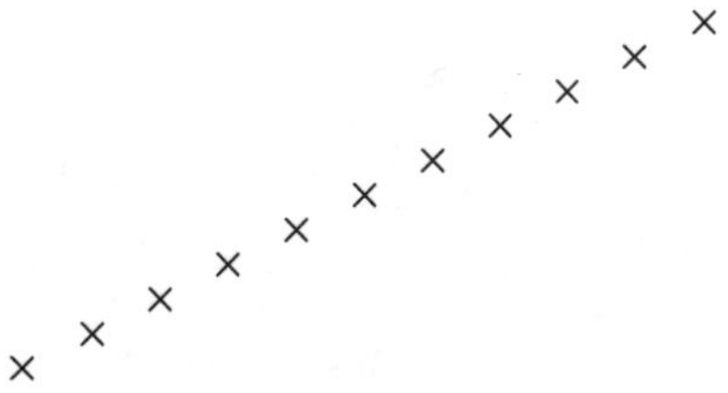

Das Koordinatenpaar *x_coord y_coord* und der Wiederholungsparameter $*n$, zusammen mit dem Inkrementierungspaar *x_incr y_incr*, dürfen im `\multiput`-Befehl mehrfach auftreten. Die Wirkung ist so, als wären mehrere `\multiput`-Befehle mit jeweils einer Angabe für die vorstehenden Parameter verwendet worden. Wird nur der Wiederholungsparameter zusammen mit dem Inkrementierungspaar mehrfach angegeben, so bezieht sich die jeweilige Inkrementierungsgruppe auf den letzten Koordinatenwert der vorangegangenen Inkrementierungsgruppe. Beispiel (ohne explizite Angabe der `\beginpicture`- und `\endpicture`-Befehle):

```
\setcoordinatesystem units <1mm,1mm>
\multiput {.} at 0 0  *10 2 2  *10 1 -3  *10 -3 1
  50 0  *100 0.2 0.2  *100 0.1 -0.3  *100 -0.3 0.1 /
```

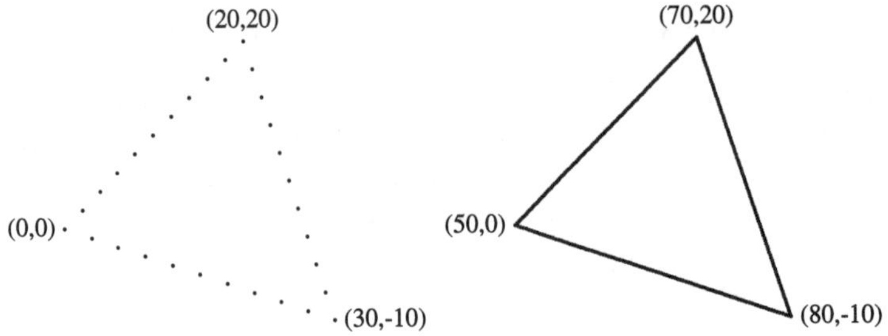

Der zu wiederholende Text besteht aus einem Punkt '.', der zuerst an der Stelle (0,0) angebracht wird. Von hier aus wird der Punkt zehnmal wiederholt, wobei die x- und y-Werte jeweils um 2 vergrößert werden. Der elfte Punkt hat damit die Koordinaten $x = 20$ und $y = 20$. Danach enthält der `\multiput`-Befehl die Wiederholungsgruppe `*10 1 -3`, d. h. der Punkt wird weitere zehnmal ausgegeben, diesmal bezogen auf die Stelle (20,20), von der aus die x-Koordinaten jeweils um 1 vergrößert und die y-Koordinaten um 3 verkleinert werden. Der letzte Punkt dieser Gruppe erhält damit die Koordinaten $x = 30$ und $y = -10$. Die nächste Wiederholungsgruppe `*10 -3 1` bezieht sich nunmehr auf diesen Punkt, wobei die Koordinaten für die nächsten Ausgabepunkte in x um 3 vermindert und in y um 1 erhöht werden. Der letzte Punkt dieser Gruppe erhält damit die Koordinaten $x = 0$ und $y = 0$ und stimmt mit dem allerersten ausgegebenen Punkt überein.

Danach werden die Koordinaten neu gesetzt, nämlich auf $x = 50$ und $y = 0$. Von dieser Stelle aus werden anschließend 100 weitere Punkte ausgegeben, bei denen die x- und y-Koordinaten jeweils um 0.1 Einheiten vergrößert werden. Der Rest der Wiederholungsangaben bedarf keiner weiteren Erläuterung. Die zehnmal engere Punktfolge führt beim zweiten Teilbild praktisch zu geschlossenen Linien bei gleicher Form wie im ersten Teilbild.

Die Koordinaten-, Wiederholungs- und Inkrementierungsangaben können auch in einem externen File abgelegt werden. Hat dieses den Namen *file_name*, so lautet der `\multiput`-Befehl hierfür

`\multiput {`*text*`} [`$p_x p_y$`] <`*x_s_maß*`,`*y_s_maß*`> at "`*file_name*`"`

Enthält das File `star.tex` die Zahlenangaben

```
0 0  *15  0.58799 -1.80902  *15 -1.53884  1.11803  *15 1.90211 0.0
     *15 -1.53884 -1.11803  *15  0.58779  1.80902
```

so erzeugt die Befehlsgruppe

```
\setcoordinatesystem units <1.5mm,1.5mm>
\multiput {$\star$} at "star.tex"
```

das nebenstehende Bild (wieder unter Fortlassen des umgebenden Umschaltpaars `\beginpicture` ... `\endpicture`).

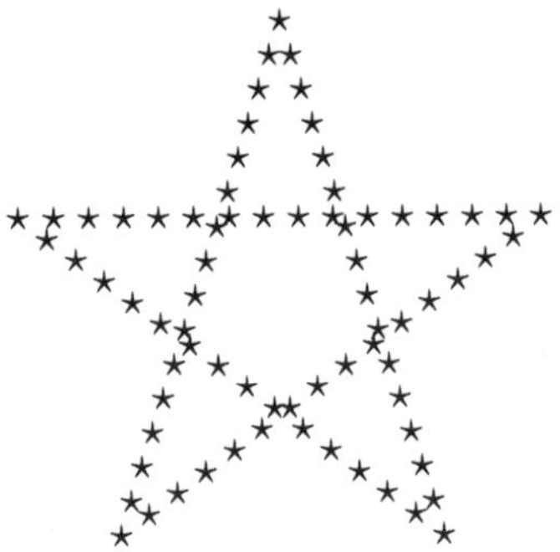

Achtung: Beim Einlesen der Daten aus einem eigenen File entfällt die sonst notwendige Endkennung mit / beim `\multiput`-Befehl.

7.3.3 Mehrzeiliger Text in Bildern

Mit den vorangegangenen Befehlen `\put` und `\multiput` konnte beliebiger Text an einer oder mehreren Stellen im Bild positioniert werden. Der übergebene Text wird dabei im LR-Modus bearbeitet, d. h., eine Zeilenumschaltung findet für den übergebenen Text *nicht* statt. Um auch mehrzeiligen Text übergeben zu können, stellt PICTEX den Befehl `\lines` bereit:

`\lines␣[[`*p*`]]␣{`*zeile_1*`\cr` *zeile_2*`\cr ... }`

Der optionale Positionierungsparameter *p* darf die Werte `l` oder `r` annehmen, womit die einzelnen Zeilen *links*- oder *rechts*bündig angeordnet werden. Entfällt dieser Parameter, so werden die Zeilen horizontal zentriert ausgegeben. Der LaTeX-Zeilenschaltbefehl `\\` bleibt innerhalb des PICTEX `\lines`-Befehls ohne Wirkung. Die Zeilenschaltung muss mit dem TeX-Originalbefehl `\cr` vorgenommen werden. Der `\lines`-Befehl kann seinerseits in `\put`- oder `\multiput`-Befehlen als Textangabe angebracht werden.

```
\put {\lines {Mehrere Zeilen\cr werden\cr
        im Bild angebracht}} [bl] at 2.5 5.0
```

Mehrere Zeilen
werden
im Bild angebracht

ordnet diesen Text so im Bild an, dass die linke untere Ecke der umgebenden Box bei $x = 2.5$ und $y = 5$ angebracht wird.

Enthält der Befehl `\put` den Positionierungsparameter p_y = `B`, so bezieht sich dieser bei der Texteingabe mit dem Befehl `\lines` auf die Grundlinie der *untersten* Zeile. Alternativ kennt PICTEX noch den Befehl `\Lines` mit identischer Syntax wie der `\lines`-Befehl. Der einzige Unterschied liegt darin, dass bei seiner Verwendung zur Textübergabe im `\put`-Befehl die Positionierung p_y = `B` auf die Grundlinie der *obersten* Zeile wirkt.

Der Zeilenabstand des mit `\lines` oder `\Lines` übergebenen Textes entspricht dem Standardwert `\baselineskip` der verwendeten Schrift. Bei übereinanderstehenden Einzelbuchstaben ist es häufig erwünscht, die Buchstaben mit geringstmöglichem Abstand anzuordnen. Dies kann mit dem Befehl

`\stack␣[[`*p*`]]␣[<`*abstand*`>]␣{`*liste*`}`

erreicht werden. Hierin ist *liste* eine durch Kommata getrennte Folge von Textteilen, die übereinander angeordnet werden. Mehrfache Kommata bewirken einen vergrößerten Abstand.

```
\stack {E,i,n,g,a,n,g,s,t,\"u,r}
```

erzeugt das rechte Ergebnis, während das linke mit dem `\lines`-Befehl erstellt wurde[3].

E E
i i
n n
g g
a a
n n
g g
s s
t t
ü ü
r r

Der Positionierungsparameter *p* hat die gleiche Bedeutung wie beim `\lines`-Befehl: Mit `l` werden die übereinander stehenden Textteile linksbündig und mit `r` rechtsbündig angeordnet. Ohne diesen Parameter erscheinen die Textteile gegeneinander horizontal zentriert.

Mit der optionalen Maßangabe *abstand* kann der Abstand der Textteile eingestellt werden. Dieser beträgt standardmäßig `0.17\baselineskip`. Mit der Angabe `<2pt>` im vorstehenden `\stack`-Befehl würde zwischen die Textteile jeweils 2pt Abstand eingefügt. Intern wird der Standardabstand durch den Wert des Maßes von `\stackleading` gesetzt (s. 7.4.6).

[3] Der `\stack`-Befehl setzt das LaTeX-Original voraus. Wird für deutsche Texte das Ergänzungspaket `german.sty` benutzt, so muss vorübergehend mit `\originalTeX` auf das Original zurückgeschaltet und die Umlaute und das ß müssen mit den TeX-Originalbefehlen erzeugt werden. Der `\lines`-Befehl hat diese Beschränkung nicht.

7.3.4 Die Nutzung von LATEX-Bildsymbolen

Die LATEX-Bildelemente `\line`, `\vector`, `\circle`, `\circle*` und `\oval` können als Textteil in den PICture-Befehlen `\put` und `\multiput` angebracht werden. Dabei sollte stets die Positionierung `Bl` gewählt werden, die Befehle also in der Form

`\put {`*LATEX-symbol*`} [Bl] at` *x_coord y_coord*

und entsprechend für `\multiput` verwendet werden. Dies stellt sicher, dass die LATEX-Symbole mit ihrem richtigen *Bezugspunkt* positioniert werden, nämlich

Symbol	*Positionierung*
line	Die Linie beginnt bei *x_coord y_coord.*
vector	Der Pfeil (Vector) beginnt bei *x_coord y_coord.*
circle/oval	Der Mittelpunkt von Kreis und Oval liegt bei *x_coord y_coord.*
Teil-circle/oval	Der Mittelpunkt der zugehörigen Vollstruktur liegt bei *x_coord y_coord.*

Auf diese Möglichkeit zur Bearbeitungsbeschleunigung wurde bereits in 7.1 hingewiesen. Trotz der begrenzten Anzahl der verfügbaren LATEX-Bildelemente (s. hierzu die Fußnoten auf Seite 362) sollte ihre Verwendung angestrebt werden, wenn die Bildanforderungen dies erlauben. Für die Strichstärke der LATEX-Symbole gilt die jeweils gültige Erklärung von `\thinlines` oder `\thicklines` und als Maßeinheit der aktuelle Wert von `\unitlength`. Diese LATEX-Erklärungen können auch innerhalb der PICture-Umgebung verändert werden.

```
\setcoordinatesystem units <10pt,5pt>   \unitlength1pt
\put {\line(-2,-1){40}} [Bl] at  6  9   \put {\line(2,-1){40}}  [Bl] at  6  9
\put {\line(0,1){46.7}} [Bl] at  6  9   \thicklines
\put {\line(3,5){40}}   [Bl] at  2  5   \put {\line(-3,5){40}}  [Bl] at 10  5
\put {\line(1,0){80}}   [Bl] at  2  5

\put {\vector(0,1){40}} [Bl] at 15 10   \put {\vector(1,0){40}} [Bl] at 15 10
\put {\vector(-1,-1){20}} [Bl] at 15 10 \thinlines

\put {\circle*{8}} [Bl] at 24 10        \put {\circle{12}} [Bl] at 24 10
\put {\circle{16}} [Bl] at 24 10        \put {\circle{20}} [Bl] at 24 10
\put {\circle{24}} [Bl] at 24 10        \put {\circle{32}} [Bl] at 24 10
\thicklines                             \put {\circle{40}} [Bl] at 24 10

\put {\oval(300,100)} [Bl] at 15 10     \thinlines
\multiput {\oval(50,15)} [Bl] at 6 2.5 *2 9 0 /
```

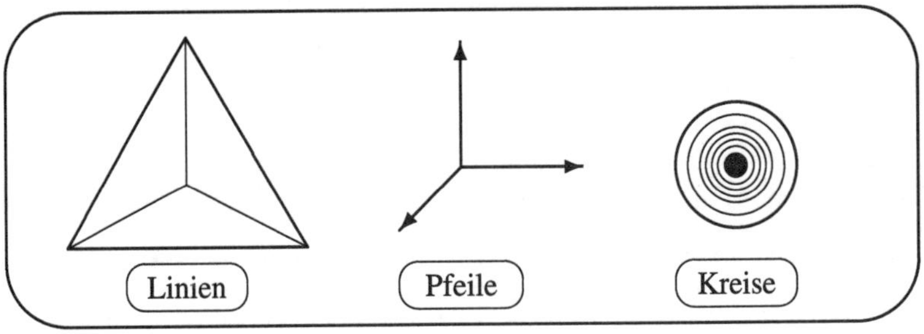

Die Kombination von PiCTeX und LaTeX kann noch verschachtelter erfolgen. Als Text für die PiCTeX-Befehle `\put` und `\multiput` kann eine LaTeX-Umgebung `picture` übergeben werden. Innerhalb dieser können dann ihrerseits die LaTeX-Befehle `\put` und `\multiput` mit völlig anderer Syntax und Wirkung angesprochen werden. Es sind also Strukturen wie

```
\beginpicture .......
\put {\begin{picture}(x_dimen,y_dimen)
        ... beliebige LaTeX-Bildstrukturen ...
        \end{picture} }   at  x_coord y_coord
...... weitere PiCTeX-Strukturen  \endpicture
```

erlaubt. Die Bedeutung der gleichnamigen PiCTeX- und LaTeX-Befehle `\put`, `\multiput`, `\frame` und `\linethickness` wird aus der jeweils aktiven Umgebung erkannt und umgebungsspezifisch abgearbeitet.

7.4 Bildachsen und Gitter mit Beschriftungen

Bilder enthalten häufig Randachsen oder Rahmen, teilweise mit bezifferten Markierungen und/oder unterlegten Gitternetzen, wie z. B.

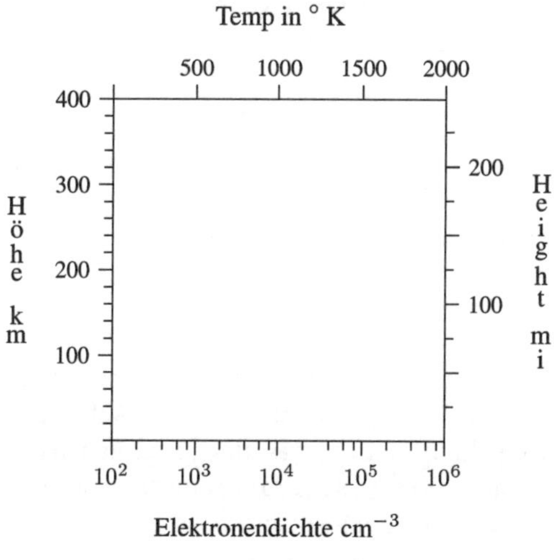

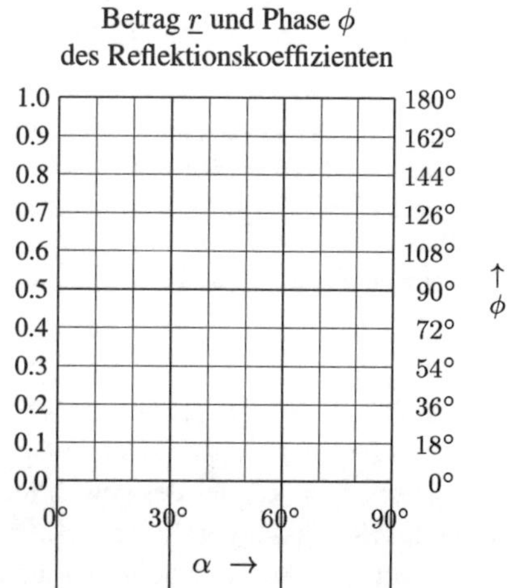

Es wäre sehr mühsam, solche Bildstrukturen mit `\put`- und `\multiput`-Befehlen mit den entsprechenden Text- und Bildelementen selbst zusammenzusetzen und richtig zu positionieren. PiCTeX gestattet mit dem `\axis`-Befehl und der Angabe einiger Schlüsselwörter die automatische Konstruktion solcher Umrandungen und Gitter.

7.4.1 Bildfensterdefinitionen

Die automatische Erzeugung von markierten und bezifferten Umrandungen und Gitternetzen sowie einige der später vorgestellten PiCTeX-Strukturen setzen ein vorher erklärtes *Bildfenster* (Plot Area) voraus. Die Bildfenster für die beiden obigen Beispiele der Umrandung oder das Gitter sind das jeweils Innere der Achsenumrandung. Ein Bildfenster wird mit dem Befehl

`\setplotarea x from` x_coord_l `to` x_coord_r`, y from` y_coord_b `to` y_coord_t

eingerichtet. Hierin bedeutet

x_coord_l	die x-Koordinate für den linken Rand (left),
x_coord_r	die x-Koordinate für den rechten Rand (right),
y_coord_b	die y-Koordinate für den unteren Rand (bottom) und
y_coord_t	die y-Koordinate für den oberen Rand (top).

Innerhalb einer PICture-Umgebung können mehrere Bildfenster erklärt werden. Die anschließenden Befehle `\axis`, `\grid` und `\plotheading` sowie einige der später folgenden Plotbefehle beziehen sich auf das zuletzt erklärte Bildfenster. Ebenso ist es möglich, in unterschiedlichen Koordinatensystemen übereinander liegende Bildfenster einzurichten, die evtl. unterschiedliche Einheiten für gleiche Bildbereiche verwenden.

7.4.2 Achsen mit linearer Unterteilung

Zur Erzeugung von Bildachsen, evtl. mit unterteilten Marken, Bezifferungen und Texterläuterungen, stellt PICTEX den Befehl `\axis` bereit. Dies ist der flexibelste, aber wegen seiner Vielzahl von optionalen Schlüsselwörtern auch der umfangreichste PICTEX-Befehl. Vor seiner vollständigen Syntaxdarstellung sollen deshalb eine Reihe von Beispielen vorangestellt werden. So weit nichts anderes erwähnt ist, wird in den folgenden Beispielen ein Koordinatensystem mit den Einheiten 1 mm für die x- und y-Achsen vorausgesetzt.

```
\setplotarea x from 0 to 30, y from 0 to 20
\axis bottom label {Unterkante}           /
\axis top    label {Oberkante}            /
\axis left   label {\stack {l,i,n,k,s} }  /
\axis right  label {\stack {r,e,c,h,t,s}} /
```

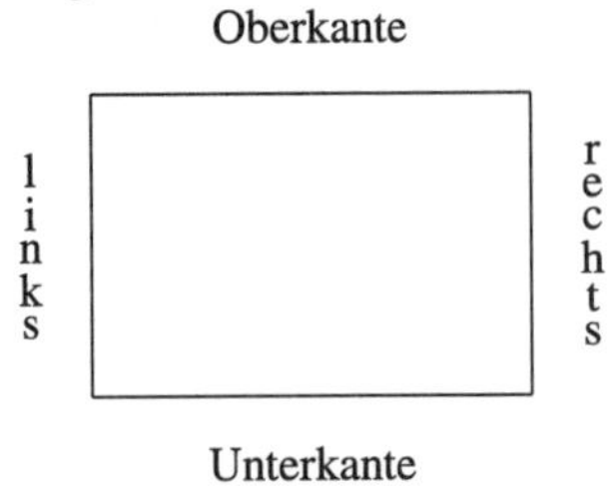

Auf den `\axis`-Befehl folgt als Erstes zwingend *genau* eines der Schlüsselwörter `bottom`, `top`, `left` oder `right`. Der entsprechende `\axis`-Befehl erzeugt damit die Achse des entsprechenden Randes des gewählten Bildfensters. Enthält der `\axis`-Befehl zusätzlich das optionale Schlüsselwort `label␣`{*text*} mit dem Eintrag {*text*}, so wird der eingetragene Text der jeweiligen Achse zugeordnet, und zwar der Achsenrichtung entsprechend zentriert. Der Text erscheint für die

`bottom`	Achse	*unterhalb*,	`left`	Achse	*links*
`top`	Achse	*oberhalb*,	`right`	Achse	*rechts*

der entsprechenden Achse, ohne dass der Anwender dies ausdrücklich angeben muss. Der Texteintrag für `label` kann weitere Befehle wie z. B. `\stack` enthalten, wenn für die linke und rechte Achse der Text vertikal aufgestockt ausgegeben werden soll. Ebenso kann der Befehl `\lines` verwendet werden, um einer Achse mehrzeiligen Text zuzuordnen.

Häufig sollen Achsen Unterteilungsmarkierungen enthalten. Dies wird mit dem Schlüsselwort `ticks` im `\axis`-Befehl erreicht. Auf das Schlüsselwort `ticks` folgen weitere Angaben, z. B. `quantity 7` beim `\axis bottom` Befehl im nachfolgenden Beispiel. Hiermit werden sieben Unterteilungsmarken (*tick marks*) erzeugt, die gleichmäßig verteilt an der unteren Achse angebracht sind.

```
\setplotarea x from 0 to 30, y from 0 to 20
\axis bottom label {Unterkante}
  ticks quantity 7                              /
\axis top    label {Oberkante}   ticks
  quantity 11   short quantity 31               /
\axis left   label {\stack {l,i,n,k,s} }
  ticks quantity 3
    short from  2.5 to  7.5 by 2.5
          from 12.5 to 17.5 by 2.5              /
\axis right  label {\stack {r,e,c,h,t,s}}
  ticks at 20 10 5 2.5 1.25 0 /                 /
```

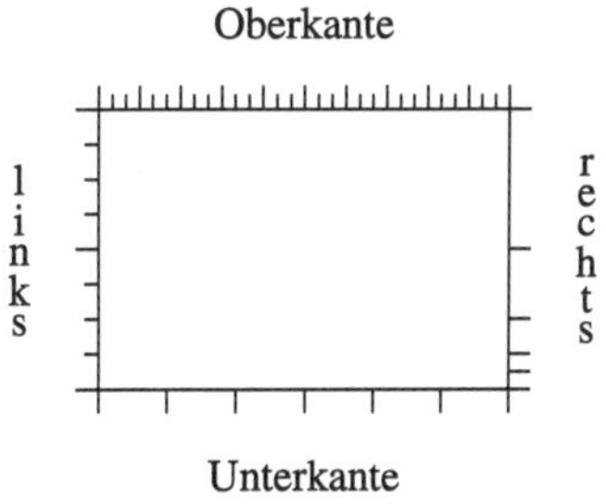

Beim `\axis top`-Befehl folgt auf das Schlüsselwort `ticks` zunächst `quantity 11`, womit nunmehr 11 gleichmäßig verteilte Tickmarken an der oberen Achse angebracht werden. Danach steht `short quantity 31`, womit nochmals 31 gleichmäßig verteilte Tickmarken erzeugt werden, die jedoch kürzer sind. Hierbei fallen die kurzen Tickmarken 1., 4., 7., ... mit den vorangegangenen 11 normalen Marken zusammen und bleiben damit unsichtbar.

Nach dem Schlüsselwort `short` werden alle weiteren Tickmarken als kurz erzeugt. Sollen an derselben Achse nochmals Marken in normaler Länge erzeugt werden, so ist dies mit der Umschaltung durch das Schlüsselwort `long` zu erreichen.

Beim `\axis left`-Befehl werden zunächst drei normale Tickmarken mit der Angabe `ticks quantity 3` erzeugt. Darauf folgt die Angabe `short from 2.5 to 7.5 by 2.5`. Hiermit werden kurze Tickmarken erzeugt, von denen die erste bei 2.5 angebracht ist. Anschließend wird 2.5 addiert und eine weitere Marke beim erhaltenen Wert von 5.0 angebracht. Die nochmalige Addition von 2.5 ergibt 7.5, und mit der hier angebrachten Marke endet die Wirkung `from 2.5 to 7.5 by 2.5`. Die anschließende Angabe `from 12.5 to 17.5 by 2.5` bedarf keiner weiteren Erläuterung.

Der `\axis right`-Befehl enthält eine nochmals andere Angabe zur Erzeugung der Tickmarken, nämlich `ticks at 20 10 5 2.5 1.25 /`. Hiermit können Marken an ganz beliebigen Stellen angebracht werden, und zwar bei denjenigen Koordinaten, die dem Wort `at` folgen. Da die folgende Koordinatenliste eine beliebige Zahl von Koordinaten enthalten kann, muss mit einem *Endzeichen* mitgeteilt werden, wann die Liste endet. Als Endzeichen wird der Schrägstrich / verwendet.

Da auch der `\axis`-Befehl eine unterschiedliche Zahl von nachfolgenden Schlüsselwörtern erlaubt, muss er mit dem Endzeichen / abgeschlossen werden. Dies ist der Grund für das Auftreten des Schrägstrichs am Ende der vorangegangenen `\axis`-Befehle.

Die Tickmarken werden an den Achsen des Bildfensters standardmäßig nach außen gerichtet angebracht. Mit dem Schlüsselwort `in` können sie nach innen gerichtet erzeugt werden. Bei den bisherigen Beispielen hätte es im Ergebnis übrigens keinen Unterschied gemacht, wenn andere Koordinateneinheiten und Fenster mit anderen Anfangs- und Endangaben, aber gleichen Breiten- und Höhenabmessungen verwendet worden wären:

```
\setcoordinatesystem units <1mm,1cm>
\setplotarea x from -15 to 15, y from 0 to 2
\axis bottom label {Unterkante} ticks in
  . . . . . . . . . . . . . . . . . . . .
    short from  .25 to  .75 by .25
          from 1.25 to 1.75 by .25              /
\axis right  label {\stack {r,e,c,h,t,s}}
  ticks in at 2 1 .5 .25 .125 /                 /
```

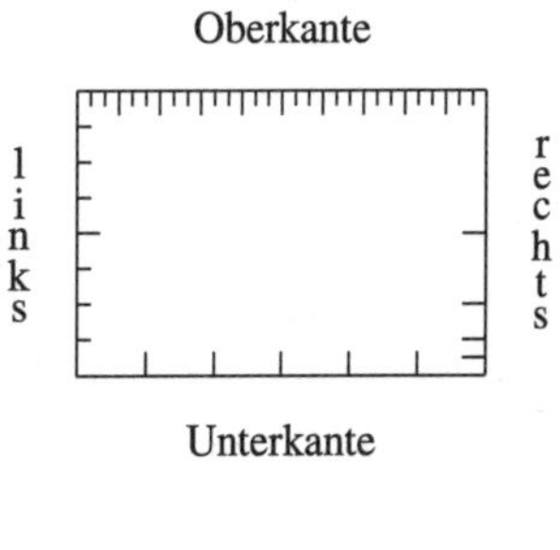

An der mit `. . . .` gekennzeichneten Stelle stehen die gleichen Anweisungen wie im vorherigen Beispiel, wobei nach den Schlüsselwörtern `ticks` lediglich das Wort `in` zugefügt wurde. Die Unterschiede bei den Koordinateneinheiten und Bildfenstergrenzen kommen erst bei der automatischen Nummerierung zum Tragen, wie die beiden folgenden Beispiele zeigen.

```
\setplotarea x from 0 to 30, y from 0 to 20
\axis bottom label {Unterkante}
  ticks numbered from 0 to 30 by 10
        unlabeled from 5 to 25 by 10          /
\axis top    label {Oberkante}   ticks
  withvalues 10 9 8 7 6 5 4 3 2 1 0
    quantity 11  short quantity 31            /
\axis left ticks numbered from 0 to 20 by 10
  unlabeled short from  2.5 to  7.5 by 2.5
                  from 12.5 to 17.5 by 2.5 /
\axis right  label {\stack {r,e,c,h,t,s}}
  ticks withvalues $1/1$ $1/2$ $1/4$ {}
    $1/16$ {} /  at 20 10 5 2.5 1.25 0 /  /
```

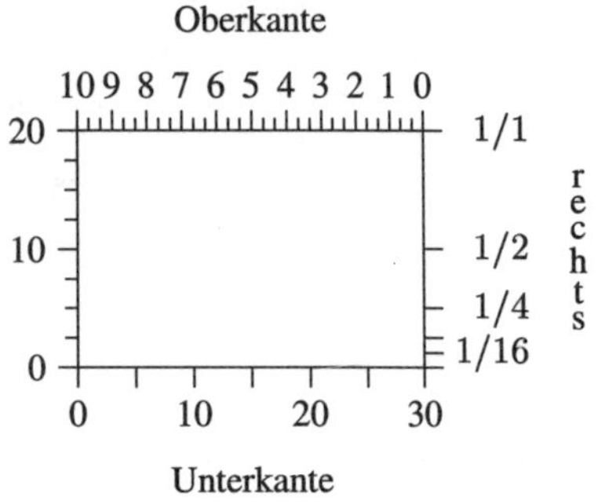

Das Schlüsselwort `numbered` nach der `ticks`-Anweisung erzeugt Tickmarken, die gleichzeitig beziffert werden. `numbered from 0 to 30 by 10` beim `\axis bottom`-Befehl erzeugt Tickmarken bei 0, 10, 20 und 30, denen gleichzeitig diese Zahlenwerte zugewiesen werden. Nach dem Schlüsselwort `numbered` würden alle weiteren Tickmarken ebenfalls nummeriert. Um die Bezifferung für die zwischenliegenden Marken bei 5, 15 und 25 zu unterdrücken, ist mit `unlabeled` vor der nächsten Ausgabe `from 5 to 25 by 10` auf die unnummerierte Tickausgabe zurückzuschalten.

Beim `\axis top`-Befehl folgt auf die `ticks`-Anweisung das Schlüsselwort `withvalues`. Hiermit werden Tickmarken erzeugt, denen beliebige Werte einer mit `/` abgeschlossenen Werteliste zugewiesen werden. Statt der Angaben `10 9 ... 0` hätte hier auch `a b c ... k` (s. nächstes Beispiel) stehen können.

Die Marken mit ihren Bezifferungen für die linke Achse erfolgen analog zur unteren Achse und bedürfen keiner weiteren Erläuterung. Wegen des Fortfalls der `label`-Angabe entfällt die bisherige Beschriftung „links“.

Die Bezifferung der rechten Achse erfolgt wieder mit `withvalues`. Die Liste enthält an vierter und letzter Stelle die Angabe `{}`. Dies ist eine Leerangabe, die an den entsprechenden Stellen der zugeordneten `at`-Liste nur die Tickmarke *ohne* Wertzuweisung erzeugt.

Mit den geänderten Werten für das Koordinatensystem und das Bildfenster, ähnlich dem vorletzten Beispiel, erhält man für

```
\setcoordinatesystem units <1mm,1cm>
\setplotarea x from -15 to 15, y from -1 to 1
\axis bottom label {Unterkante}
  ticks numbered from -15 to 15 by 10
  unlabeled from -10 to 10 by 10            /
  . . . . . . . . . . . . . . . . . . . . .
\axis left ticks numbered from -1 to 1 by 1
  unlabeled short from -.75 to .75 by .25   /
\footnotesize  \axis right  ticks in
  withvalues $1/1$ $1/2$ $1/4$ {} $1/16$ /
     at 1 0 -.5 -.75 -.875 /                /
```

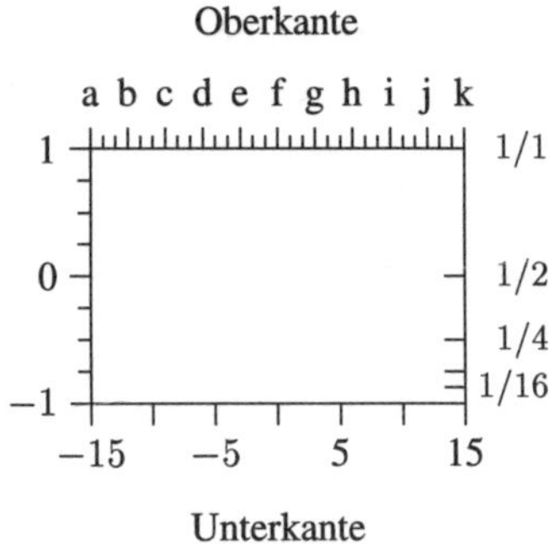

Das Beispiel bedarf keiner weiteren Erläuterungen. Als Folge des dem `\axis right`-Befehl vorangestellten LaTeX-Befehls `\footnotesize` erfolgt die Nummerierung für diese Achse in der kleineren Schrift.

Die vorgestellten Tickmarken wurden entweder in Standardlänge (`long`) oder als Kurzform (`short`) erzeugt. Mit den Angaben

`length` <*l_maß*> und/oder `width` <*w_maß*>

nach der `ticks`-Anweisung können Marken beliebiger Länge *l_maß* und Breite *w_maß* erzeugt werden. Eine Länge oder Breite von `0 pt` erzeugt *unsichtbare* Tickmarken.

Das Schlüsselwort `invisible` im `\axis`-Befehl unterdrückt das Auszeichnen der entsprechenden Achse. Die Tickmarken, einschließlich einer evtl. Bezifferung, werden aber ausgegeben.

Mit dem Schlüsselwort `andacross` nach der `ticks`-Aufforderung werden die Tickmarken wie vorher an der entsprechenden Achse angebracht und gleichzeitig über die Breite oder Höhe des gesamten Bildfensters verlängert.

```
\setcoordinatesystem units <0.4mm,4cm>
\setplotarea x from 0 to 90, y from 0 to 1
\axis bottom invisible  ticks andacross
  width <0.4pt> withvalues $0^\circ$
    $30^\circ$ $60^\circ$ $90^\circ$ /
    quantity 4
  width <0.2pt> length <0pt>
    from 10 to 20 by 10 from 40 to 50 by 10
    from 70 to 80 by 10                     /
\axis left invisible  ticks andacross
  width <0.4pt> numbered from 0 to 1 by 0.5
  width <0.2pt> length <0pt> unlabeled
    from 0.1 to 0.4 by 0.1
    from 0.6 to 0.9 by 0.1                  /
```

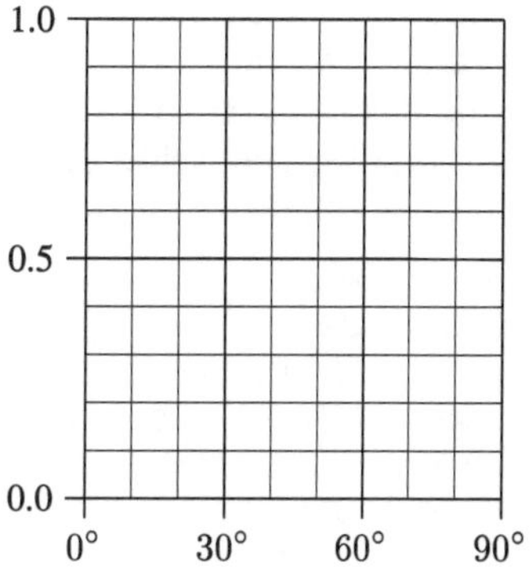

Als Folge der `andacross`-Angabe werden die Tickmarken an der unteren Achse bei 0, 30, 60 und 90 über die ganze Höhe ausgedehnt und erscheinen damit auch als linke und rechte Begrenzung des Bildfensters, obwohl die linke Bildachse mit `invisible` unterdrückt wurde und `\axis right` gar nicht auftritt. Entsprechendes gilt für die Ausdehnung der Tickmarken an der linken Bildachse bei 0.0, 0.5 und 1.0 über die ganze Breite des Bildfensters.

Der nachfolgende Umrechnungsmaßstab

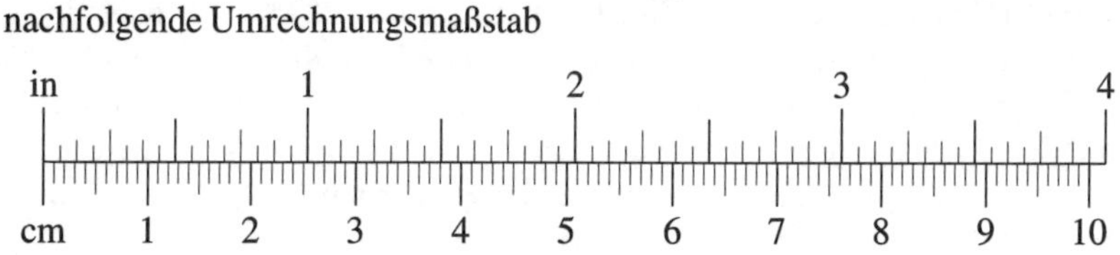

wurde erzeugt mit

```
\setcoordinatesystem units <1cm,1cm>
\setplotarea x from 0 to 10, y from 0 to 0
\axis bottom ticks width <0.4pt> length <4mm> withvalues cm / at 0 /
  numbered from 1 to 10 by 1 unlabeled width <0.2pt> length <3mm>
    from 0.5 to 9.5 by 1.0   length <2mm> quantity 101             /
\setcoordinatesystem units <1in,1in>
```

```
\setplotarea x from 0 to 4,  y from 0 to 0
\axis top ticks width <0.4pt>    length <5mm> withvalues in / at 0 /
  numbered from 1 to 4 by 1 unlabeled length <4mm> from 0.5 to 3.5 by 1.0
    width <0.2pt> length <3mm> from 0.25 to 3.75 by 0.50
                  length <2mm> from 0.125 to 3.875 by 0.250
                  length <1.5mm> from 0.0625 to 3.9375 by 0.1250      /
```

Das Beispiel mit seinen Weiten- und Längenangaben für die Tickmarken ist hinreichend selbst erläuternd. Der Leser möge sich dagegen die Wirkung der beiden übereinander liegenden Koordinatensysteme und Bildfenster klarmachen. Die Bildfenster wurden mit der Höhe "Null" definiert, da sie keine Höhenausdehnung benötigen, denn die Tickmarken weisen nach außen.

Hier muss auf eine PICTEX-Besonderheit hingewiesen werden. Enthalten die Angaben für `from ... to ... by ...` Dezimalzahlen, so müssen bei allen drei Angaben *gleich viele* Stellen nach dem Dezimalpunkt angegeben werden! `from 0.5 to 3.5 by 1` führt zu einer fehlerhaften Bildausgabe, ohne dass ein Bearbeitungsfehler mitgeteilt wird. Die vorstehende Angabe muss korrekt lauten `from 0.5 to 3.5 by 1.0`. Unter diesem Gesichtspunkt sollten die aufgeführten Dezimalangaben im vorstehenden Beispiel nochmals betrachtet werden.

Schließlich kennt der `\axis`-Befehl noch das Schlüsselwort `shiftedto`. Hiermit kann die entsprechende Achse durch Angabe von x=*x_coord* bzw. y=*y_coord* gegenüber dem definierten Bildfenster verschoben werden.

```
\setcoordinatesystem units <7.5mm,7.5mm>
\setplotarea x from -3 to 3, y from -2 to 2
\axis left shiftedto x=0 ticks in withvalues
   $-2$ $-1$ {} 1 2 / quantity 5          /
\axis bottom shiftedto y=0 ticks in numbered
   from -3 to -1 by 1 from 1 to 3 by 1    /
```

erzeugt das Achsenkreuz

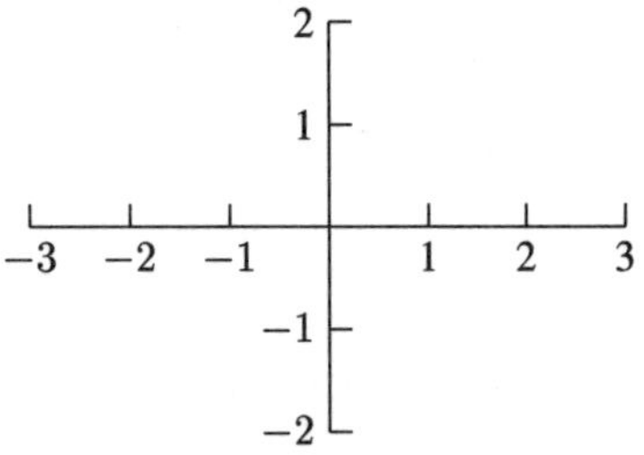

7.4.3 Achsen mit logarithmischer Unterteilung

Die Unterteilung der Achsen mit Tickmarken und Bezifferungen mit den Positionierungsangaben `from ... to ... by ...` oder `quantity` n erfolgt normalerweise *gleichmäßig*, d. h. *linear*. Mit den Angaben für die `at`-Liste lassen sich Marken an beliebigen Stellen, z. B. mit einer logarithmischen Verteilung, erzeugen und anordnen. Mit dem Schlüsselwort `logged` im `\axis`-Befehl nach der `ticks`-Anforderung lassen sich logarithmische Verteilungen durch PICTEX selbst errechnen: Die aus `from ... to ... by ...` bzw. `at ... /` folgenden Positionierungsangaben *p_coord* werden zunächst in $\log_{10}$ *p_coord* umgerechnet und mit ihrem $\log_{10}$-Wert am Bildfenster angebracht.

```
\setcoordinatesystem units <4cm,1mm>
\setplotarea x from 0 to 3, y from 0 to 0
\axis top label {logarithmische Verteilung} ticks logged numbered
  from 1 to 3 by 1  at 5 /  from 10 to 30 by 10  at 50 /
  from 100 to 300 by 100  at 500 1000 /  unlabeled at 4 / from 6 to 9 by 1
  at 40 / from 60 to 90 by 10  at 400 /  from 600 to 900 by 100      short
  from 3.5 to 4.5 by 1.0  from 35 to 45 by 10  from 350 to 450 by 100
```

```
from 1.2 to 2.8 by  .2  from 12.0 to 28.0 by 2.0 from 120 to 280 by 20 /
```

erzeugt

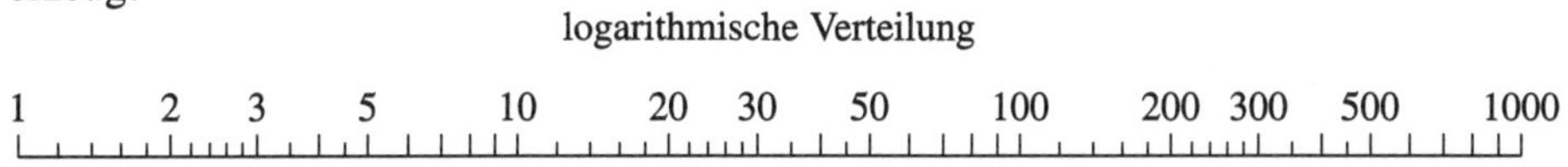

Die Positionierungsangaben 1, 10, 100 und 1000 werden zunächst in $\log 1 = 0, \log 10 = 1$, $\log 100 = 2$ und $\log 1000 = 3$ umgerechnet und am Achsenrand bei $x = 0$, $x = 1$, $x = 2$ und $x = 3$ angebracht. Für die Bezifferung werden dagegen die Ausgangswerte 1, 10, 100 und 1000 verwendet. Entsprechendes gilt für die sonstigen Positionierungs- und Nummerierungsangaben.

Mit der Änderung der beiden auf `\axis top ...` folgenden Zeilen in

```
withvalues $10^0$ 2 3 5 $10^1$ 2 3 5 $10^2$ 2 3 5 $10^3$ /
at 1 2 3 5 10 20 30 50 100 200 300 500 1000 / unlabeled at ...
```

wird stattdessen erzeugt:

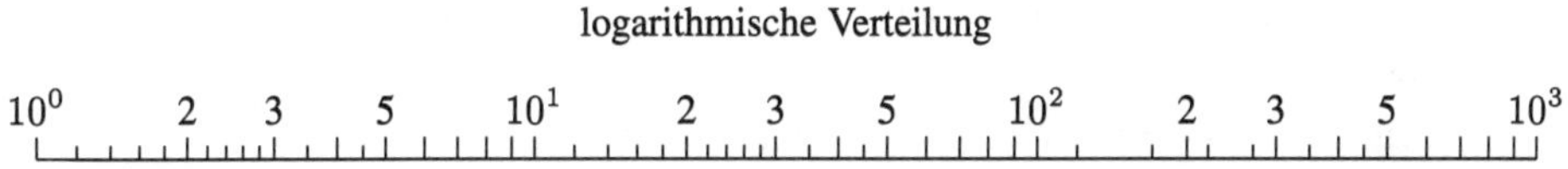

Erstreckt sich die logarithmische Unterteilung über mehrere Dekaden, so ist die Bezifferung mit `withvalues` und der Angabe von Zehnerpotenzen entsprechend dem zweiten Beispiel meistens geeigneter als die vollständigen Zahlenangaben.

```
\setcoordinatesystem units <1cm,2cm>
\setplotarea x from -1 to 3, y from -1 to 1
\axis bottom ticks logged andacross
  withvalues $10^{-1}$ $10^0$ $10^1$ $10^2$
    $10^3$ / at 0.1 1 10 100 1000 /
  unlabeled width <0.2pt> length <0pt>
    at 0.2 0.3 0.5  2 3 5  20 30 50
       200 300 500 /                        /
\axis left invisible ticks logged andacross
  numbered at 0.1 1 10 /
  unlabeled width <0.2pt> short
    from 0.2 to 0.6 by 0.1  at 0.8 /
    from 2   to 6   by 1    at 8   /
  length <0pt>  at 0.15 0.25 1.5 2.5 /      /
```

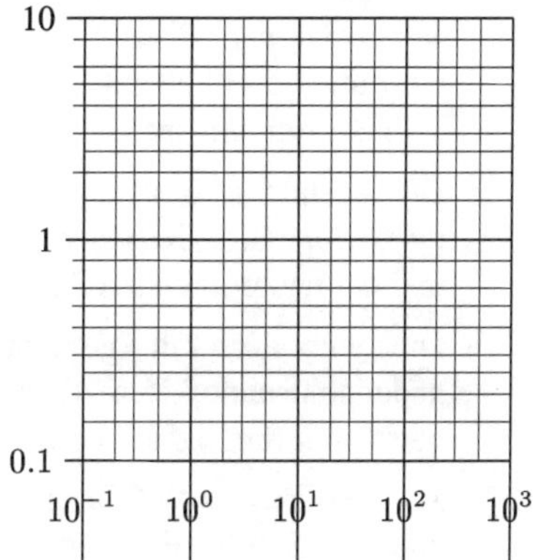

Und schließlich noch die Kombination von linear und logarithmisch unterteilten Achsen:

```
\setcoordinatesystem units <8mm,3cm>
\setplotarea x from 0 to 5, y from 0 to 1
\axis left invisible ticks logged andacross
  numbered at 1 2 3 5 10 / unlabeled  short
    at 4 / from 6 to 9 by 1   length <0pt>
  width <0.2pt> from 1.5 to 4.5 by 1.0
                from 1.25 to 2.75 by 0.50  /
\axis bottom invisible ticks andacross
  numbered from 0 to 5 by 1   unlabeled
  length <0pt> from 0.5 to 4.5 by 1.0       /
```

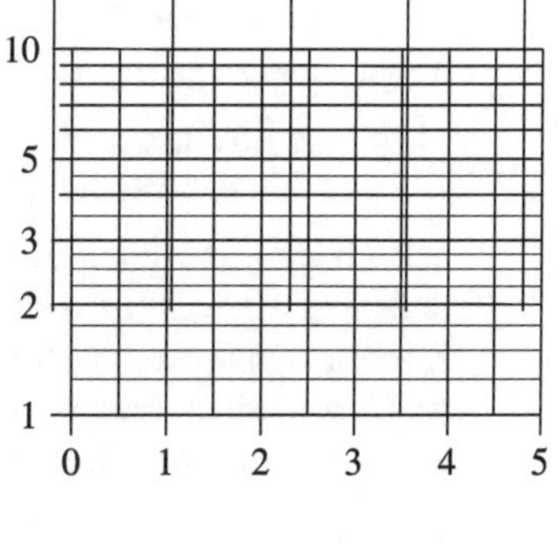

7.4.4 Die vollständige Syntax des `\axis`-Befehls

Die vielen optionalen Schlüsselwörter zur Anweisung der verschiedenartigen Achsenmarkierungen und Bezifferungen haben eine relativ umfangreiche Syntax für den `\axis`-Befehl zur Folge. Nach den vorangegangenen Beispielen sollte die Interpretation der Gesamtsyntax nicht allzu schwerfallen.

```
\axis [bottom]|[top]|[left]|[right]
  [shiftedto y=y_coord]|[shiftedto x=x_coord]
  [visible]|[invisible]
  [label {achsen_text}]
  [ticks]
    [out]|[in]
    [long]|[short]|[length <länge>]
    [width <breite>]
    [butnotacross]|[andacross]
    [unlabeled]|[numbered]|[withvalues wert1 wert2 ...  /]
    [unlogged]|[logged]
    [quantity n]|[from a_coord to e_coord by d_coord]
    |[at coord1 coord2 ...  /]
/
```

Erläuterungen

- Zwischen allen benutzten Schlüsselwörtern muss *zwingend* mindestens ein Leerzeichen gesetzt werden. Ebenso muss mindestens ein Leerzeichen zwischen einem Schlüsselwort und anschließenden Zusätzen, `label␣`{*text*} oder `at␣`c_1␣c_2␣..., auftreten und dem Beendigungszeichen muss mindestens ein Leerzeichen vorangehen ␣`/`.

  Die Ausnahme stellt die Verschiebungsangabe bei `shiftedto` mit `y=`*y_coord* oder `x=`*y_coord* dar. Zwischen dem Gleichheitszeichen und dem vorangehenden `x` oder `y` und der nachfolgenden Zahlenangabe darf kein Leerzeichen angebracht werden.

- Die symbolisch mit | getrennten Schlüsselwörter stellen sich ausschließende oder einander ablösende Alternativen dar. Bei der Eingabe erfolgt die Trennung zu den benachbarten nur durch das Leerzeichen.

- Auf den `\axis`-Befehl muss – durch mindestens ein Leerzeichen getrennt – genau eines der Schlüsselwörter `bottom`, `top`, `left` oder `right` folgen. Tickmarken werden unmittelbar an der Achse angebracht, darauf folgen mit voreingestelltem Abstand evtl. Bezifferungen und davon nochmals mit Abstand evtl. Textangaben. Die Ausrichtung dieser Zusätze erfolgt für die

`bottom`	Achse nach unten	`left`	Achse nach links
`top`	Achse nach oben	`right`	Achse nach rechts

- Mit `shiftedto` kann die `bottom`- und `top`-Achse um den angegebenen Koordinatenbetrag `y=`*y_coord* nach oben (positive Koordinatenangabe) oder unten (negative Koordinatenangabe) gegenüber dem unteren bzw. oberen Rand des Bildfensters verschoben werden. Entsprechend kann die `left`- und `right`-Achse um `x=`*x_coord* nach rechts (positiv) oder links (negativ) gegenüber dem Bildfenster verschoben werden.

- Mit `invisible` kann das Auszeichnen der zugehörigen Achse unterdrückt werden. Evtl. Tickmarken, Bezifferungen und Beschriftungen werden hierdurch nicht beeinflusst. Der Standard ist `visible`. (Zur Änderung des Standardverhaltens s. 7.4.6.)
- Der mit `\label` `{`*text*`}` übergebene Text wird in Bezug auf die Achse zentriert, und zwar horizontal für die `bottom`- und `top`-Achse und vertikal für die `left`- und `right`-Achse. Mehrzeiliger oder gestockter Text kann innerhalb des `{...}`-Paares mit `\lines` `{`*text*`}` oder `\stack{.,.,...}` übergeben werden.
- Ohne das Schlüsselwort `ticks` bleiben die Achsen unmarkiert und unbeziffert. Die Schlüsselwörter `shiftedto`, `invisible` und `label` können in beliebiger Reihenfolge auftreten, müssen aber einer `ticks`-Anforderung vorangehen. Die anschließend beschriebenen Schlüsselwörter dürfen nur im Anschluß an die `ticks`-Anforderung gesetzt werden.
- Tickmarken weisen standardmäßig in Bezug auf das Bildfenster nach außen. Mit dem Schlüsselwort `in` können sie nach innen gerichtet werden. War der umgekehrte Standard eingestellt (s. 7.4.6), so kann mit `out` die Umkehrung bewirkt werden.
- Tickmarken erscheinen standardmäßig als '|'. Mit `short` kann auf kurze Tickmarken 'ı' umgestellt werden. Erfolgte eine Umstellung auf kurze Tickmarken, so kann mit `long` auf die Standardlänge zurückgestellt werden. Mit `length` <*länge*> kann mit einer Maßangabe für *länge* jede Länge gewählt werden. Eine mit `long`, `short` oder `length` gewählte Länge für die gewählte Achse bleibt so lange wirksam, bis sie durch eine andere aus dieser Gruppe abgelöst wird.
- Tickmarken haben standardmäßig die Breite (Dicke) von 0.4 pt. Mit `width` <*breite*> kann mit einer Maßangabe für *breite* jede gewünschte Strichstärke gesetzt werden. Eine geänderte Strichstärke für die zu bearbeitende Achse bleibt so lange gültig, bis sie durch eine weitere `width`-Anforderung geändert wird.
- Tickmarken mit einer Länge oder Breite von 0 pt bleiben unsichtbar.
- Tickmarken können mit `andacross` über die Höhe oder Breite des Bildfensters verlängert werden. Diese Anweisung gilt für alle anschließend erzeugten Tickmarken, bis sie ggf. durch `butnotacross` aufgehoben wird.
- Tickmarken können mit drei verschiedenen Positionierungsangaben erzeugt werden:

  `quantity` n Die Achse wird mit n Tickmarken gleichmäßig unterteilt. Die erste Marke liegt am Achsenanfang, die n-te am Achsenende. Für $n \leq 1$ unterbleibt die Markierung.

  `at` $coord_1$ $coord_2$ ... `/` Tickmarken werden an den in der Positionierungsliste $coord_1$ $coord_2$ ... aufgeführten Stellen angebracht. $coord_i$ bedeutet für `bottom`- und `top`-Achsen x-Koordinaten und für `left`- und `right`-Achsen y-Koordinaten. Die Positionierungsliste muss mit ␣`/` abgeschlossen werden und ihre Werte müssen durch jeweils mindestens ein Leerzeichen voneinander getrennt sein.

  `from` *a_coord* `to` *e_coord* `by` *d_coord* Die erste Tickmarke erscheint bei *a_coord*, die zweite bei *a_coord* + *d_coord*, die nächste bei *a_coord* + 2 *d_coord* usw., bis schließlich *e_coord* erreicht wird, wo die letzte Marke erzeugt wird. Treten bei den Zahlenangaben Dezimalzahlen auf, so müssen alle drei Koordinatenangaben gleich viele Stellen nach dem Dezimalpunkt aufweisen!

- Tickmarken erscheinen standardmäßig ohne Bezifferung. Nach der Angabe `numbered` erscheinen alle mit anschließenden `from`- und `at`-Aufforderungen erzeugten Marken gleichzeitig mit den Werten der Positionierungsangaben der `from`- oder `at`-Angaben. Mit `unlabeled` kann auf die Erzeugung von unbezifferten Marken zurückgeschaltet werden. Die jeweilige Bezifferung erscheint ggf. mit Dezimalzahlen. Dabei werden genauso viele Stellen nach dem Dezimalpunkt ausgegeben, wie in der `for`-Angabe oder der `at`-Liste enthalten sind.

- Mit `withvalues` *Werteliste* `/` können beliebige Werte an den mit den anschließenden Positionierungsangaben erzeugten Tickmarken angebracht werden. Die erste Angabe der Werteliste erscheint bei der nächsten erzeugten Marke, die zweite bei der darauffolgenden usw., bis entweder alle Werte übergeben wurden oder mit `unlabeled` auf wertelose Tickmarken zurückgeschaltet oder das Endzeichen zur Achsenbearbeitung erreicht wurde. Die Einzelangaben der Werteliste müssen durch jeweils mindestens ein Leerzeichen voneinander getrennt sein und die Liste muss mit `␣/` abgeschlossen werden.

- Bezifferungen erscheinen mit einer einheitlichen Grundlinie bei `bottom`- und `top`-Achsen, wobei der Einzelwert horizontal zur Tickmarke zentriert ist. Bei `left`- und `right`-Achsen erscheint die Bezifferung in einer rechtsbündigen Box und vertikaler Zentrierung der Einzelwerte zur zugehörigen Marke.

- Mit der Option `logged` wird aus den aktuellen Positionierungswerten deren $\log_{10}$-Wert berechnet und die Markierung bei den logarithmierten Werten angeordnet. Die zugehörige Bezifferung erfolgt dagegen mit den ursprünglichen unlogarithmierten Werten. Die Positionierungsangabe `quantity` n ist für die `logged`-Option nicht erlaubt.

- Die *umschaltenden* Schlüsselwörter `in`, `short`, `length`, `width`, `andacross`, `logged`, `numbered` und `widthvalues` und ihre Rückschaltungen wie `long`, `unlabeled` u. ä. müssen den *Positionierungsangaben* `quantity`, `for` und `at`, auf die sie sich beziehen sollen, vorangehen.

- Der `\axis`-Befehl muss zwingend mit einem `␣/`-Endzeichen abgeschlossen werden.

7.4.5 Bildüberschriften und Gitter

Der vorstehend beschriebene `\axis`-Befehl gestattet in Verbindung mit der `andacross`-Anforderung die Erzeugung beliebiger Gitteranordnungen für das Bildfenster. Eine gleichförmige Gitterunterteilung wird recht häufig verlangt und kann einfacher mit dem Befehl

`\grid␣{`*s*`}␣{`*z*`}`

erzeugt werden. Hierin bedeutet s die Anzahl der *Spalten* und z die der *Zeilen* für das Gitter.

Mit dem Befehl

`\plotheading␣{`*Überschrift*`}`

wird eine horizontal zentrierte Überschrift über dem Bildfenster angebracht. Beispiel:

```
\setplotarea  x from 0 to 36, y from 0 to 24
\grid {12} {6}  \plotheading {\bf Ein Gitter}
```

Ein Gitter

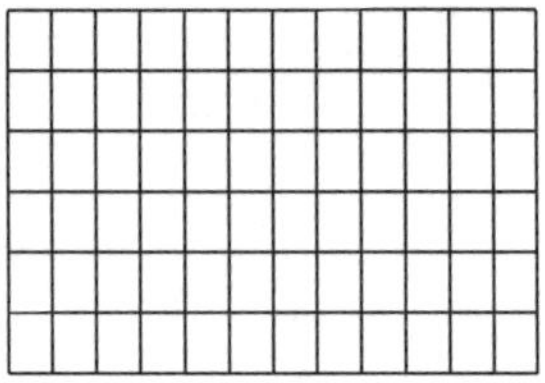

7.4.6 Änderung der Standardeinstellungen

Bei der Erzeugung der Bildachsen mit dem `\axis`-Befehl werden intern eine Reihe von Standardwerten benutzt, die vom Anwender bei Bedarf verändert werden können. Hierzu sind lediglich die Werte der entsprechenden Längen- oder Abstandsbefehle zu ändern. Die internen Namen für diese Befehle lauten:

`\longticklength` – Die Länge der Standardmarken `long`.

`\shortticklength` – Die Standardlänge von kurzen Tickmarken `short`.

`\linethickness` – Die Breite (Dicke) der Tickmarken und Achsen.

`\tickstovaluesleading` – Der Abstand zwischen den Tickmarken und der die Bezifferung umfassenden Box.

`\valuestolabelleading` – Der Abstand zwischen der Box, die die Bezifferung umschließt, und der Box, die die Achsenbeschriftung aus dem `\label`-Befehl umschließt.

`\headingtoplotskip` – Der Abstand zwischen der Grundlinie der Überschrift aus dem Befehl `\plotheading` und der `top`-Achse oder, falls vorhanden, der darüber angeordneten Box, die evtl. Tickmarken, Bezifferungen und Achsenbeschriftungen umfasst.

Die Wertzuweisungen erfolgen wie bei allen LaTeX-Längen einfach durch Anhängen einer Maßzahl, z. B. `\longticklength10pt` oder `\shortticklength6pt`. Vor einer Änderung sollte bekannt sein, welche Werte PiCTeX standardmäßig hierfür einsetzt:

```
\longticklength  .4\baselineskip    \tickstovaluesleading  .25\baselineskip
\shortticklength .4\baselineskip    \valuestolabelleading  .80\baselineskip
\linethickness   .4pt               \headingtoplotskip    1.50\baselineskip
                                    \stackleading          .17\baselineskip
```

Bei einer Änderung der Schriftgröße wird gleichzeitig auf einen anderen Wert für `\baselineskip` umgeschaltet. Die vorstehenden von `\baselinskip` abhängigen Erklärungen sind damit aber nicht automatisch umgeschaltet. Dies kann jedoch mit dem Befehl `\normalgraphs` nach der Schriftgrößenumschaltung erzwungen werden.

Das Standardverhalten für andere Eigenschaften, wie die Ausrichtung der Tickmarken nach außen u. a. wird durch den internen Aufruf der Schalterbefehle aus der ersten Zeile

```
\visibleaxes     \ticksout    \unloggedticks    \nogridlines
\invisibleaxes   \ticksin     \loggedticks      \gridlines
```

bewirkt. Die Befehle der zweiten Zeile bewirken jeweils das entgegengesetzte Standardverhalten. Mit dem Aufruf `\invisibleaxes` und `\gridlines` innerhalb oder außerhalb der PiCture-Umgebung wird für alle folgenden `\axis`-Befehle das Auszeichnen der Achsen unterdrückt und alle Tickmarken werden über die Ausdehnung des Bildfensters verlängert. Innerhalb des `\axis`-Befehls kann mit den Anweisungen `visible` und `butnotacross` im Einzelfall wieder in das Gegenteil zurückgeschaltet werden. Entsprechend werden mit `\ticksin` oder `\loggedticks` standardmäßig nach innen gerichtete Tickmarken oder deren logarithmische Verteilung bewirkt, für deren Gegenteil in den `\axis`-Befehlen nunmehr `out` bzw. `unlogged` aufzurufen wären.

7.5 Linien, Kurven und Diagramme

Innerhalb des gewählten Bildfensters können beliebige Symbole mit `\multiput`-Befehlen an beliebigen Stellen angebracht und wiederholt werden. Die Erzeugung von Linien, Kurven und sonstigen Diagrammen mit entsprechend vielen, dicht nebeneinander positionierten Koordinaten in `\multiput`-Befehlen wäre allerdings sehr mühsam, wenn auch möglich. PICTEX stellt deshalb den hierfür geeigneteren Befehl

$$\texttt{\textbackslash plot}\ \ x\_coord_0\ y\_coord_0 \quad x\_coord_1\ y\_coord_1 \quad x\_coord_2\ y\_coord_2$$
$$x\_coord_3\ y\_coord_3 \quad \ldots \quad /$$

bereit. Statt der expliziten Angabe der durch Leerzeichen getrennten Koordinatenpaare $x\_coord_i\ y\_coord_i$ kann alternativ die Eingabe durch ein File erfolgen, das die Koordinatenpaare enthält. Die Syntax für den `\plot`-Befehl lautet dann

`\plot "`*plotfile*`"`

mit dem entsprechenden Filenamen für *plotfile*. Das Endzeichen / entfällt beim Einlesen der Koordinaten durch ein File!

Standardmäßig werden die Punkte der Koordinatenliste oder des Koordinatenfiles durch den `\plot`-Befehl durch Geradenstücke miteinander verbunden. Der `\plot`-Befehl wird jedoch meist zusammen mit einem der folgenden Verbindungsbefehle benutzt.

7.5.1 Linienzüge

Wird dem `\plot`-Befehl der Aufruf `\setlinear` vorausgesetzt, so werden die Punkte der Koordinatenliste oder des Koordinatenfiles durch Geradenstücke miteinander verbunden. Dies ist auch das Standardverhalten des `\plot`-Befehls ohne einen vorangegangenen `\set`*connect*-Befehl. War auf eine andere Form der Verbindung geschaltet gewesen (s. u.), so kann mit `\setlinear` auf das Standardverhalten zurückgeschaltet werden.

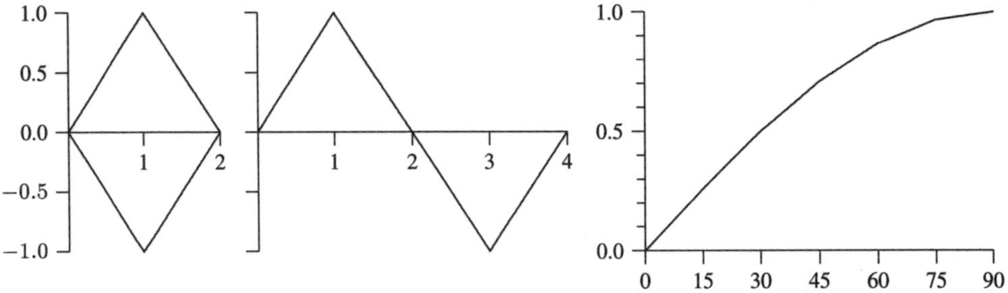

Dieses Beispiel enthält innerhalb einer PICture-Umgebung mehrere Koordinatensysteme und Bildfenster. Der erzeugende Code soll deshalb einmal vollständig angegeben werden. In späteren Beispielen wird dagegen meistens nur der für die Darstellung jeweils relevante Code angegeben. Am hier vorgeführten Beispiel können die äquivalenten, zusätzlich erforderlichen Befehle ggf. nachgesehen werden. Nach den vorangegangenen Erläuterungen bedarf der nachstehende Code keiner weiteren Erklärung.

```
\beginpicture   \footnotesize    \setlinear
\setcoordinatesystem units <10mm,15mm>              % 1. Koordinatensystem
\setplotarea x from 0 to 2, y from -1 to 1
\axis left ticks numbered from -1.0 to 1.0 by 0.5 /
\axis bottom shiftedto y=0 ticks numbered from 1 to 2 by 1 /
\plot 0 0  1 1  2 0  1 -1  0 0 /
\setcoordinatesystem point at -2.5 0                % 2. Koordinatensystem
\setplotarea x from 0 to 4, y from -1 to 1
\axis left ticks quantity 5 /
\axis bottom shiftedto y=0 ticks numbered from 1 to 4 by 1 /
\plot 0 0  1 1  2 0  3 -1  4 0 /
\setcoordinatesystem units <0.5mm,30mm> point at -150 0.5   % 3. K-system
\setplotarea x from 0 to 90, y from 0 to 1
\axis left ticks numbered from 0.0 to 1 by 0.5
  unlabeled short from 0.1 to 0.4 by 0.1  from 0.6 to 0.9 by 0.1 /
\axis bottom ticks numbered from 0 to 90 by 15 /
\plot 0 0  15 .25882  30 .50000  45 .70711  60 .86603  75 .96593  90 1.0 /
\endpicture
```

7.5.2 Kurvenzüge

Wird dem `\plot`-Befehl der Aufruf `\setquadratic` vorangesetzt, so werden seine Punkte durch Parabelstücke miteinander verbunden. Dabei werden nacheinander die Punktetripel

$$(x_0, y_0)\,(x_1, y_1)\,(x_2, y_2) \quad (x_2, y_2)\,(x_3, y_3)\,(x_4, y_4)$$
$$\ldots \quad (x_i, y_i)\,(x_{i+1}, y_{i+1})\,(x_{i+2}, y_{i+2}) \quad \ldots$$

durch Parabelbögen verbunden. Daraus folgt, dass die Koordinatenliste oder das Koordinatenfile stets eine *ungerade* Anzahl von Punkten (Koordinatenpaare) enthalten muss. Für den mathematisch interessierten Leser wird in 7.5.9 der mathematische Algorithmus für die quadratische Interpolation genauer dargestellt.

Wird im vorangegangenen Beispiel der Verbindungsbefehl `\setlinear` in der ersten Zeile durch `\setquadratic` ersetzt, so entsteht nunmehr das folgende Bild:

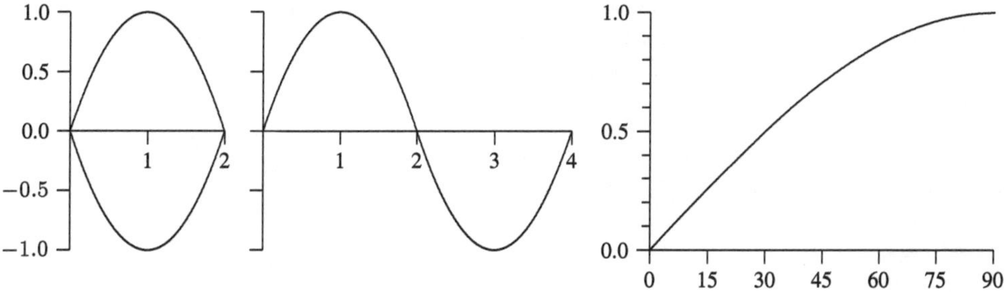

Der Befehl `\setquadratic` behält seine Wirkung so lange, bis er durch einen anderen wie z. B. den vorangegangenen `\setlinear` oder einen der folgenden `\set`*connect*-Befehle abgelöst wird. Diese Schalterwirkung gilt gleichermaßen für alle der vorgestellten `\set`*connect*-Befehle.

7.5.3 Rechtecke und Balken

Rechtecke werden mit PICTEX in allgemeiner Form mit dem Befehl

`\putrectangle corners at` x_coord_b y_coord_b `and` x_coord_d y_coord_d

erzeugt. Hierin sind x_coord_b y_coord_b die Koordinaten der *Bezugsecke* und x_coord_d y_coord_d die Koordinaten der der Bezugsecke diagonal gegenüberliegenden Ecke. Damit sind Lage und Abmessungen des Rechtecks eindeutig bestimmt.

Als Bezugsecke kann jede der vier Ecken eines Rechtecks gewählt werden. Dies hängt allein von den Werten der diagonal gegenüberliegenden Ecke ab, wie das nebenstehende Beispiel zeigt, bei dem die Bezugsecken mit • gekennzeichnet sind.

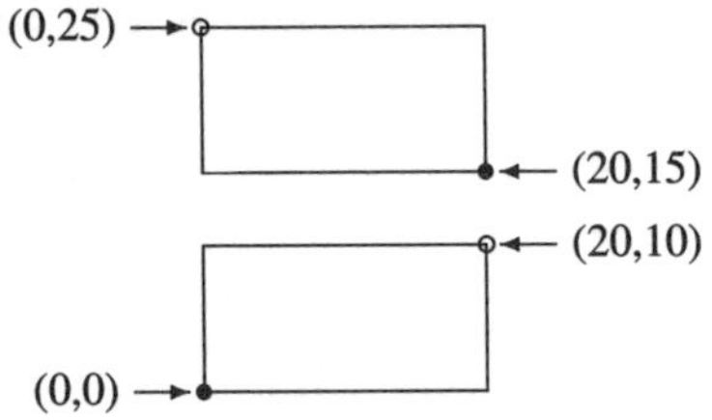


```
\putrectangle corners at  0 0 and 20 10
\putrectangle corners at 20 15 and 0 25
```

Zwischen dem Befehl `\putrectangle` und dem Folgewort `corners` kann eine Verschiebeangabe <*x_s_maß*`,`*y_s_maß*> mit derselben Wirkung wie beim `\put`-Befehl (s. 366) eingefügt werden.

Einen weiteren Befehl zur Erzeugung von Rechtecken stellt

`\putbar breadth` <*höhe*> x_coord_a y_coord_c `to` x_coord_e y_coord_c bzw.
`\putbar breadth` <*breite*> x_coord_c y_coord_a `to` x_coord_c y_coord_e

dar. Mit der ersten Form wird ein Rechteck erzeugt, dessen linker und rechter Rand bei x_coord_a bzw. x_coord_e und dessen vertikale Mitte bei y_coord_c liegt. Die Höhe dieses Rechtecks ist durch die Maßangabe für *höhe* festgelegt. Umgekehrt erscheint bei der zweiten Form das Rechteck mit der Unter- bzw. Oberkante bei y_coord_a und y_coord_e und der horizontalen Mitte bei x_coord_c mit der durch die Maßangabe für *breite* bestimmten Breite.

Schließlich erlaubt der Befehl `\putbar` zwischen dem Befehlsnamen und dem Folgewort `breadth` ebenfalls eine Verschiebeangabe <*x_s_maß*`,`*y_s_maß*> wie beim Befehl `\putrectangle`.

```
\putbar breadth <1.2cm> from 0 20 to 20 20
\putbar < -10mm,0pt> breadth <2cm>
                     from 10 0 to 10 10
\putbar <12.5mm,0pt> breadth <2.5cm>
                     from 10 0 to 10  8
```

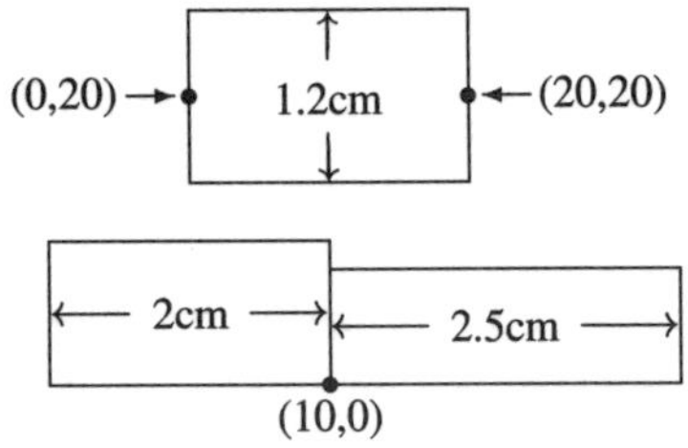

Das Beispiel enthält alle Variationen des `\putbar`-Befehls. Die Koordinateneinheiten sind für beide Achsen, wie bei allen unspezifizierten Beispielen, jeweils 1 mm.

Der Befehl

`\rectangle` <*breiten_maß*> <*höhen_maß*>

erzeugt ein Rechteck, dessen Breite und Höhe durch die übergebenen Maßangaben bestimmt ist, das mit `\put` beliebig positioniert werden kann. Eventuelle Positionierungsparameter im `\put`-Befehl beziehen sich auf die entsprechende Ecke des Rechtecks.

Einzeiliger Text oder Absatzboxen können mit dem Befehl

`\frame` [<*separation*>] {*text*}

mit einem Rechteck umrahmt werden. Der Abstand zwischen dem Text und dem umgebenden Rahmen kann mit der Maßangabe für *separation* gewählt werden. Ohne die optionale <*separation*> Angabe erfolgt die Umrahmung *ohne* Abstand. Der `\frame`-Befehl kann als Texteingabe im `\put`-Befehl verwendet und damit beliebig positioniert werden. Die Positionierungsoption `[B]` des `\put`-Befehls bezieht sich auch bei umrahmten Texten auf die Grundlinie des eingeschlossenen Textes bzw. der eingeschlossenen Absatzbox. `\frame <1mm> {Beispiel}` erzeugt: Beispiel

Der übergebene Text wird mit dem `\frame`-Befehl im LR-Modus bearbeitet, d. h. ein Zeilenumbruch findet nicht statt. Mehrzeiliger Text kann jedoch mit `\lines {...}` als Texteingabe im `\frame`-Befehl übergeben werden, womit mehrzeiliger Text als Ganzes in gleicher Weise umrandet wird.

Mit Druckerfarbe gefüllte Rechtecke, sog. Balken, werden mit den Befehlen

`\linethickness` *dicken_maß* oder besser
`\setlength{\linethickness}{`*dicken_maß*`}`
`\putrule from` x_coord_a y_coord_c `to` x_coord_e y_coord_c bzw.
`\putrule from` x_coord_c y_coord_a `to` x_coord_c y_coord_e

erzeugt. Die erste Form von `\putrule` ergibt einen horizontalen Balken, der von x_coord_a bis x_coord_e reicht und dessen vertikale Mitte bei y_coord_c liegt. Mit der zweiten Form wird stattdessen ein vertikaler Balken ausgegeben, der sich in der Höhe von y_coord_a bis y_coord_e erstreckt und dessen horizontale Mitte bei x_coord_c liegt. Die Dicke des Balkens kann mit einer vorangehenden Maßzuweisung für `\linethickness` beliebig gewählt werden.

```
\linethickness1cm    \putrule from 10 0 to 15 0
\linethickness1mm    \putrule from  0 0 to 25 0
```

Die mit `\linethickness` eingestellte Linienbreite gilt für alle nachfolgend erzeugten Linien. Nach der vorstehenden Erklärung `\linethickness1mm` würde ein nachfolgender `\putrectangle`-Befehl ein Rechteck mit 1 mm dicken Randlinien erzeugen. Der eingestellte Wert von `\linethickness` gilt so lange weiter, bis er durch einen anderen abgelöst wird, längstens aber, bis die laufende Umgebung endet.

Der `\putrule`-Befehl erlaubt schließlich noch, genau wie die Befehle `\putbar` und `\putrectangle`, eine Verschiebeangabe <*x_s_maß*,*y_s_maß*> zwischen dem Befehlsnamen und dem Folgewort `from` einzufügen. Die auf Seite 366 beschriebene Wirkung für die Verschiebung braucht hier nicht wiederholt zu werden.

Der `\putrule`-Befehl wirkt bezüglich seiner äußeren Umrandung genauso wie der `\putbar`-Befehl, wenn diesem mit <*höhe*> oder <*breite*> die gleiche Weite zugewiesen wird, wie sie für `\putrule` mit `\linethickness` eingestellt wurde. Wegen der Folgewirkung der `\linethickness`-Erklärung würde die Angabe

```
\setlength{\linethickness}{1cm}
   \putbar breadth <0pt> from 10 0 to 15 0
\setlength{\linethickness}{1mm}
   \putbar breadth <0pt> from  0 0 to 25 0
```

das gleiche Bild wie beim vorangegangenen Beispiel für den `\putrule`-Befehl erzeugen.

7.5.4 Histogramme

Histogramme bestehen strukturell aus einer Folge unmittelbar aneinander grenzender Rechtecke unterschiedlicher Breite und Höhe mit einer einheitlichen Grundlinie. Mit den soeben vorgestellten Befehlen zur Erzeugung von Rechtecken ließen sich solche Folgen erzeugen. PICTEX gestattet die Erzeugung von Histogrammen jedoch einfacher durch den Aufruf des Verbindungsbefehls `\sethistograms` und einen anschließenden `\plot`-Befehl.

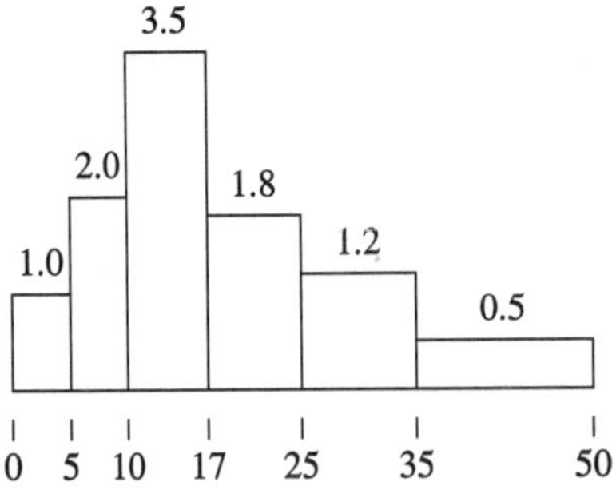

Das nebenstehende Rechteckdiagramm entstand mit den Koordinateneinheiten `<1mm,8mm>` aus

```
\sethistograms
\plot 0 0   5 1.0   10 2.0   17 3.5
            25 1.8  35 1.2   50 0.5   /
```

Die Einfachheit gegenüber einer Folge von individuellen Rechteckbefehlen geeigneter Höhe, Breite und Positionierung ist offenkundig.

Für die diagonal gegenüberliegenden Ecken der benachbarten Rechtecke werden nacheinander die folgenden Werte aus der Koordinatenliste des `\plot`-Befehls verwendet:

1. Rechteck	(x_0, y_0)	(x_1, y_1)
2. Rechteck	(x_1, y_0)	(x_2, y_2)
3. Rechteck	(x_2, y_0)	(x_3, y_3)
⋮	⋮	⋮
i. Rechteck	(x_{i-1}, y_0)	(x_i, y_i)

Negative y-Koordinaten in der Koordinatenliste erzeugen Rechteckdiagramme wie nebenstehend

```
\plot 0 0  7.5 1.0  15 -1.0  25 -0.5
           32.5 1.5  40  0.5  /
```

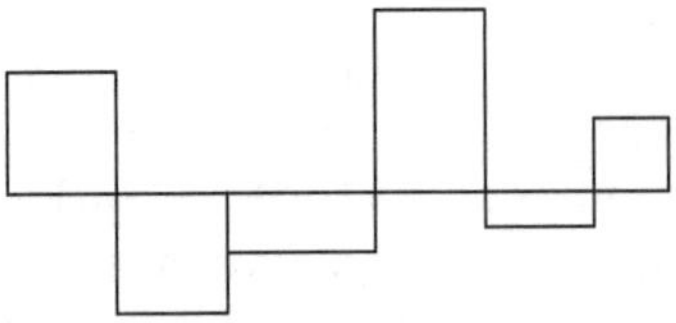

mit den Koordinateneinheiten `<1mm,8mm>` wie beim vorangegangenen Diagramm.

Das Anbringen von Achsen mit geeigneten Unterteilungen, Bezifferungen und Beschriftungen zur näheren Erläuterung der Histogramme sollte mit den `\axis`-Befehlen nicht schwerfallen. Sonstige Textangaben innerhalb der Histogramme können mit `\put`-Befehlen beliebig positioniert werden. Die Zahlenwerte im ersten Beispiel oberhalb der Rechtecke wurden auf diese Weise angebracht, beim ersten Rechteck z. B. mit `\put {1.0} [b] at 2.5 1.2`. Die Zahlenangaben und Markierungen unter diesem Histogramm wurden mit dem `\axis`-Befehl und der Option `invisible` erzeugt. Dem obigen `\sethistogram`-Beispiel ging voran

```
\setplotarea x from 0 to 50, y from -0.3 to 4.2
\axis bottom invisible ticks numbered at 0 5 10 17 25 35 50 / /
```

Wegen der Einfachheit der Konstruktion bedarf die Erzeugung von Histogrammen keiner weiteren Erläuterung. Weitere Gestaltungsmöglichkeiten, wie unterschiedliche Schattierung für die einzelnen Rechtecke u. a., werden später vorgestellt.

7.5.5 Balkendiagramme

Balkendiagramme sind ein beliebtes Darstellungselement bei Geschäftsgrafiken, statistischen Ergebnissen u. a. Mit den in 7.5.3 vorgestellten Befehlen `\putbar` und `\putrule` ließen sich Darstellungen wie folgende zusammensetzen:

Unfallursachen in % als Folge von Fahrerfehlern 1985

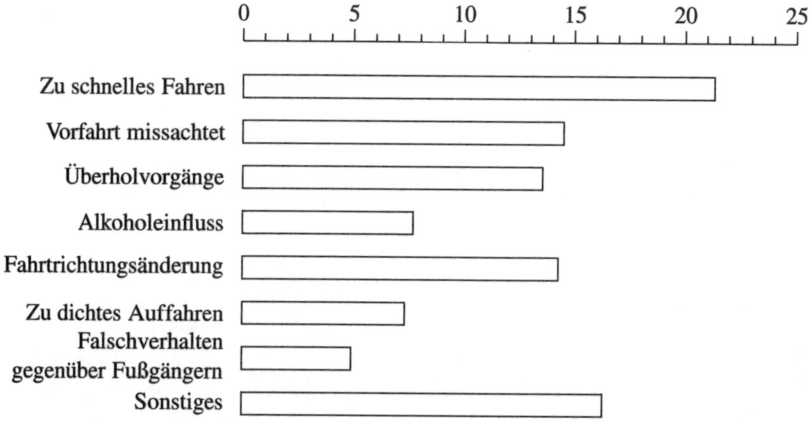

Wie zur Erstellung von Histogrammen stellt PICTEX aber auch zur Erzeugung von Balkendiagrammen ein einfacheres Verfahren bereit. Nach der Befehlsgruppe

```
\setbars breadth <höhe> baseline at x = x_corrd_b
\plot x_coord_1 y_coord_1   x_coord_2 y_coord_2   ...   x_coord_n y_coord_n /
```

läuft automatisch die Befehlsfolge

```
\putbar breadth <höhe> from x_coord_b y_coord_1 to x_coord_1 y_coord_1
\putbar breadth <höhe> from x_coord_b y_coord_2 to x_coord_2 y_coord_2
  ⋮
\putbar breadth <höhe> from x_coord_b y_coord_n to x_coord_n y_coord_n
```

ab. Mit der vorgestellten Form des `\setbars`-Befehls werden waagrechte Balkendiagramme entsprechend dem vorgestellten Beispiel erzeugt. Alternativ wird durch

```
\setbars breadth <breite> baseline at y = y_corrd_b
```

mit dem nachfolgenden `\plot`-Befehl die Ablauffolge

```
\putbar breadth <breite> from x_coord_1 y_coord_b to x_coord_1 y_coord_1
\putbar breadth <breite> from x_coord_2 y_coord_b to x_coord_2 y_coord_2
  ⋮
\putbar breadth <breite> from x_coord_n y_coord_b to x_coord_n y_coord_n
```

bewirkt, die vertikale Balkendiagramme erstellt.

Der `\setbars`-Befehl kennt einige Optionen, teilweise in Form zusätzlicher Schlüsselwörter. Wie bei den einzelnen Rechteckbefehlen gestattet auch der `\setbars`-Befehl die Angabe eines Verschiebemaßes <*x_s_maß*,*y_s_maß*> zwischen dem Befehlsnamen und dem folgenden `breadth`, mit dem die Grundlinie der Balkendiagramme gegenüber der `at`-Koordinatenangabe verschoben werden kann.

Auf den `\setbars`-Befehl in den vorgestellten Formen können die Schlüsselwörter `baselabels` und/oder `endlabels` mit den Eintragungen

`baselabels` ([[[p_x][p_y]]] [¡*x_s_maß*,*y_s_maß*>])
`endlabels` ([[[p_x][p_y]]] [¡*x_s_maß*,*y_s_maß*>])

folgen. Damit können an den einzelnen Balken Beschriftungen angebracht werden, und zwar einfach dadurch, dass in der Plotliste (oder in dem Plotfile) hinter den entsprechenden Koordinatenpaaren die jeweilige Beschriftung, in Anführungsstrichen eingeschlossen[4], zugefügt wird, z. B. `0 1 "Sonstiges"`.

Die Option `baselabels` bewirkt die Beschriftung für horizontale Balkendiagramme entsprechend der Positionierung p_xp_y bei den Koordinaten x_coord_b y_coord_i und für vertikale Diagramme bei x_coord_i y_coord_b. Die aus `endlabel` folgende Beschriftung erfolgt in beiden Fällen bei x_coord_i y_coord_i $(i = 1, 2, \ldots n)$.

Ohne Angabe einer Positionierung [p_xp_y] erfolgt die Beschriftung zentriert zu den angegebenen Koordinaten und ragt damit in die Balken hinein. Dies kann durch Angabe eines Verschiebemaßes <*x_s_maß*,*y_s_maß*> zur entsprechenden Option `...labels` kompensiert werden. Man beachte das runde Klammerpaar `(...)` zur Aufnahme der Parameter bei den `...labels`-Optionen.

Als Positionierungs- und Verschiebeparameter wird man meistens wählen:

	Balkenlage			
Option	horizontal		vertikal	
`baselabels`	[r]	<$-x_s$,0pt>	[B]	<0pt,$-y_s$>
`endlabels`	[l]	<$+x_s$,0pt>	[B]	<0pt,$+y_s$>

Wird beim `\setbars`-Befehl sowohl `baselabels` als auch `endlabels` angegeben, so müssen in der Plotliste des `\plot`-Befehls die Koordinaten und Beschriftungen in der Reihenfolge

x_coord_i y_coord_i "*base_label*$_i$" "*end_label*$_i$"

angegeben werden.

Nach diesen Erläuterungen nun der Text zur Erzeugung des vorangegangenen Balkendiagramms:

```
\setcoordinatesystem units <3mm,6mm>      \small
\setplotarea x from 0 to 25, y from 0 to 9
\axis top label {\bf Unfallursachen in \% als Folge von Fahrerfehlern 1985}
   ticks numbered from 0 to 25 by 5 unlabeled short from 1 to 24 by 1  /
\setbars breadth <3mm> baseline at x = 0 baselabels ([r] <-2.5mm,0pt>)
\plot 16.31 1  "Sonstiges"
       4.92 2  "\lines [r] {Falschverhalten\cr gegen\"uber ... }"
      . . . . . . . . . . . . . . . . . . . . . . . . . . . . . .
      21.34 -1 "Zu schnelles Fahren"                                  /
```

[4]Dies führt zur Inkompatibilität mit dem `german.sty`-File, da dort die Anführungszeichen die Bedeutung einer Befehlseinleitung erhalten. Eine Lösung wird am Ende dieses Abschnitts vorgeschlagen.

Mit dem Hinweis aus dem letzten Absatz von 7.5.3 ist zu folgern, dass mit der Änderung

```
\linethickness3mm
\setbars breadth <0mm> baseline at x = 0 baselabels ([r] <-2.5mm,0pt>)
```

im vorangegangenen Programm das gleiche Balkendiagramm, nunmehr aber mit schwarzgefüllten Balken, erzeugt wird. Hierzu noch ein weiteres Beispiel (ohne Angabe der `\axis`- und Überschriftbefehle):

```
\setcoordinatesystem units <3mm,0.012mm>  . . . . .
  \setbars <-1.25mm,0pt> breadth <2.5mm> baseline at y = 0
      baselabels ([B] <0pt,-4mm>)
  \plot 4 2706 "1960"  8 2690 "1970"  12 1652 "1980" 16 1523 "1985"    /
\setcoordinatesystem units <3mm,0.004mm>  . . . . .
  \linethickness2.5mm
  \setbars <1.25mm,0pt> breadth <0mm> baseline at y = 0
  \plot 4 4762  8 8441  12 7614  16 5294    /
```

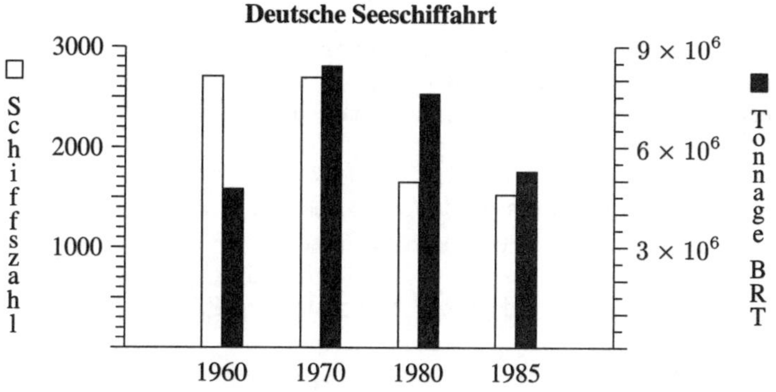

Vorschlag zur PICTEX-Änderung

Die Einschachtelung der Beschriftungen in Anführungsstrichen `"..."` bei den Balkendiagrammen führt zur Inkompatibilität mit dem `german.sty`-File. Man könnte daran denken, innerhalb der PICture-Umgebung mit `\originalTeX` auf die LATEX-Originalbearbeitung umzuschalten und die Umlaute und das ß mit den Originalbefehlen zu erzeugen. Dies ist möglich, vorausgesetzt, dass vor dem Einlesen der drei Files `prepictex`, `pictex` und `postpictex` ebenfalls mit `\originalTeX` umgeschaltet und nach dem Einlesen mit `\germanTeX` zurückgeschaltet wurde.

Als syntaktisches Element dienen die Anführungsstriche hierbei nur zur Kennung von Anfang und Ende der Beschriftungseingabe. Der Änderungsvorschlag lautet, hierfür ein anderes Kennungszeichen zu wählen, z. B. `;...;` oder `|...|`. Dazu sind lediglich die Anführungsstriche in den beiden PICTEX-Definitionen

```
\def\!!bardobaselabel "#1" { . . . .
\def\!!bardoendlabel "#1" { . . . .
```

durch das geänderte Zeichen zu ersetzen, also z. B `;#1;` oder `|#1|` statt `"#1"` einzusetzen. Danach kann die Beschriftungseingabe in der Plotliste z. B. als `2 0 ;Fu"sg"anger;` bzw. `2 0 |Fu"sg"anger|` problemlos auf `german.sty` zurückgreifen.

7.5.6 Kreise und Ellipsen

PICTEX erzeugt mit dem Befehl

`\circulararc` θ `degrees from` $x\_coord_s\ y\_coord_s$
`center at` $x\_coord_c\ y\_coord_c$

einen Kreisbogen, der beim Koordinatenpunkt $x\_coord_s\ y\_coord_s$ startet und der sich über den mit θ in Grad angegebenen Winkelbogen erstreckt. Der zugehörige Mittelpunkt des erzeugten Kreisbogens liegt bei $x\_coord_c\ y\_coord_c$. Eine positive Winkelangabe für θ bewirkt einen Kreisbogen entgegen dem Uhrzeiger, eine negative mit dem Uhrzeiger, jeweils beim Startpunkt $x\_coord_s\ y\_coord_s$ beginnend. Für θ sind alle Werte $-360 \leq \theta \leq 360$ erlaubt.

Der nebenstehende Kreisbogen über 45° entsteht mit

```
\circulararc  45 degrees from 25 20 center at 0 25
```

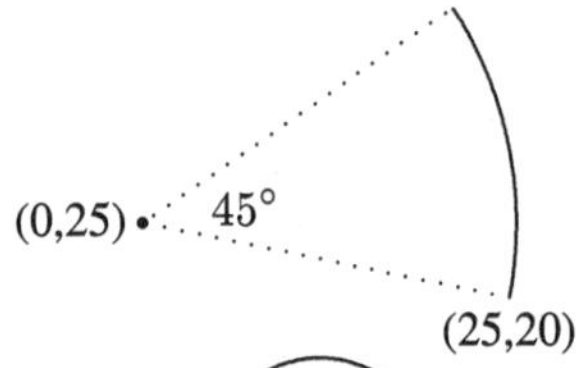

und die drei verschachtelten Vollkreise folgen aus

```
\circulararc  360 degrees from  0 0 center at  8 0
\circulararc  360 degrees from  8 0 center at 16 0
\circulararc -360 degrees from 12 0 center at 12 8
```

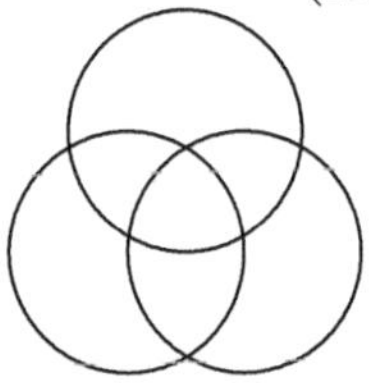

Der sich aus $r = \sqrt{(x_s - x_c)^2 + (y_s - y_c)^2}$ ergebende Radius für die Kreisbögen und Kreise darf, in Maßeinheiten umgerechnet, maximal 512 pt ≈ 180 mm betragen.

Zum Zeichnen von Ellipsen und Ellipsenbögen stellt PICTEX den Befehl

`\ellipticalarc axes ratio` $\xi{:}\eta$ θ `degrees from` $x\_coord_s\ y\_coord_s$
`center at` $x\_coord_c\ y\_coord_c$

bereit. Hierin bedeutet $\xi:\eta$ das Zahlenverhältnis der beiden Hauptachsen, die parallel zur x- und y-Achse verlaufen[5]. Die sonstigen Parameter haben die gleiche Bedeutung wie beim `\circulararc`-Befehl.

```
\ellipticalarc axes ratio 2:1 -60 degrees
   from 5 9  center at 0 0
```

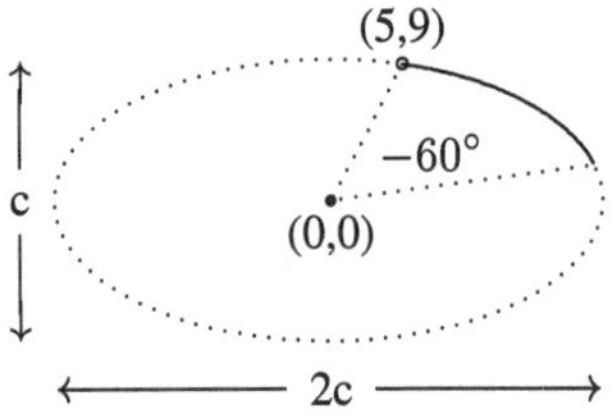

erzeugt den durchgezogenen Bogen der nebenstehenden Ellipse und für den punktierten Rest wurde eingegeben:

```
\setdots <1mm>
\ellipticalarc axes ratio 2:1 300 degrees
   from 5 9  center at 0 0
```

Auch für Ellipsen gilt eine ähnliche Größenbeschränkung wie bei den Kreisen, nämlich dass die in Maßeinheiten umgerechnete Größe $\sqrt{\left((x_s - x_c)/\xi\right)^2 + \left((y_s - y_c)/\eta\right)^2}$ den Wert 512 pt ≈ 180 mm nicht überschreiten darf.

[5] In 7.8.6 wird dargestellt, wie Bildteile beliebig gedreht werden können. Durch Drehung lassen sich dann Ellipsen beliebiger Orientierung erzeugen.

7.5.7 Pfeile

LaTeX stellt, insbesondere mit den mathematischen Symbolen der AMSTeX-Ergänzungen, eine Reihe von Pfeilen unterschiedlicher Länge und Richtung bereit. Zusätzlich liefert LaTeX mit dem Befehl `\vector(`ξ`,`η`){`l`}` aus der `picture`-Umgebung weitere Pfeilsymbole wählbarer Länge, Richtung und Strichstärke. Für die Mehrzahl der Anwendungen sollte hiermit eine ausreichende Variabilität zur Anbringung von Zeichensymbolen in Verbindung mit dem `\put`-Befehl gegeben sein.

So weit mit diesen Symbolen die gewünschte Pfeildarstellung nicht zu erreichen ist, können mit dem PiCture-Befehl

```
t \arrow <s_maß> [η,β] [<x_s_maß,y_s_maß>]
     from x_coord_a y_coord_a to x_coord_e y_coord_e
```

Pfeile beliebiger Länge, Richtung und eigens gestalteter Pfeilspitzen konstruiert werden. Hierin bedeuten

$A = (x\_coord_a, y\_coord_a)$, Pfeilanfang
$E = (x\_coord_e, y\_coord_e)$, Pfeilende
$s\_ma\beta$ = Länge der Pfeilspitze $\overline{SE}$
η und β sind Faktoren, die mit
$\beta \times s\_ma\beta$ die Breite $\overline{BB'}$ und mit
$\eta \times s\_ma\beta$ die *halbe* Breite $\overline{HH'}$
der Pfeilspitze bestimmen.

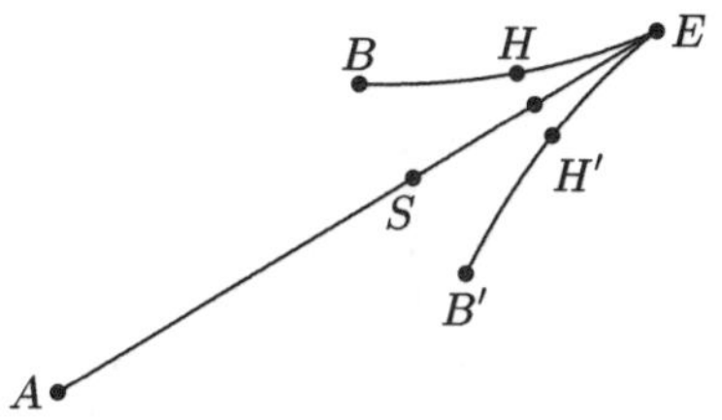

Die optionale Verschiebungsangabe *<x_s_maß,y_s_maß>* hat dieselbe Wirkung wie die entsprechende Angabe beim `\put`-Befehl (s. Seite 366). Beispiel:

```
\arrow <4mm> [0.25,0.75] <0pt,5mm> from 0 0 to 12 0
\arrow <4mm> [0.375,0.75]     from 12 0 to 0 0
\arrow <4mm> [0.50,0.75] <0pt,-5mm> from 0 0 to 12 0
```

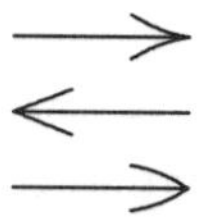

Die mit dem `\arrow` erzeugten Pfeile bestehen aus einer geraden Linie und zwei parabolischen Kurven für die Pfeilspitze. Dies ist erheblich zeitaufwendiger als die Verwendung der eingangs genannten mathematischen oder LaTeX-eigenen Pfeilsymbole.

In Bildern treten häufig Pfeilanwendungen wie nebenstehend auf. Es wäre mühsam, die Pfeile in Bezug auf den eingeschlossenen Text eigenhändig zu positionieren und in ihren Längen zu bestimmen. PiCTeX nimmt dem Anwender diese Arbeit mit dem Befehl

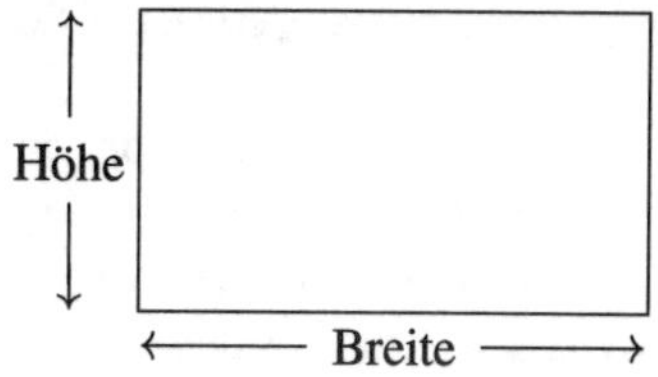


```
\betweenarrows {text} [[[p_x][p_y]]] [<x_s_maß,y_s_maß>]
     from x_coord_a y_coord_a to x_coord_e y_coord_e
```

ab. Die Positionierungs- und Verschiebeangaben entsprechen denen des `\put`-Befehls und sie beziehen sich auf den übergebenen *Text*. Für horizontale Pfeilpaare müssen y_coord_a und y_coord_e übereinstimmen und der Text wird mit seinem Positionierungspunkt in dieser Höhe – ggf. mit zusätzlicher Verschiebung – angebracht. Die Koordinaten x_coord_a und

x_coord_e bestimmen die Lage der Pfeilspitzen. Die Pfeile selbst sind jeweils vertikal zum eingeschlossenen Text zentriert und bestimmen ihre Länge aus dem eingeschlossenen Text selbst.

Für vertikale Pfeilpaare müssen dagegen x_coord_a und x_coord_e übereinstimmen. Auf diesen Wert ist der übergebene Text mit seinem Positionierungspunkt horizontal ausgerichtet – ebenfalls mit einer evtl. zusätzlichen Verschiebung. Die Pfeilspitzen liegen vertikal bei y_coord_a und y_coord_e und sind horizontal zum eingeschlossenen Text zentriert.

Das angegebene Beispiel wurde demzufolge mit

```
\setcoordinatesystem units <1mm,1mm>
\putrectangle corners at 0 0 and 35 20
\betweenarrows {Breite} [t] <0pt,-1mm> from 0 0 to 35 0
\betweenarrows {H"ohe}  [r] <-1mm,0pt> from 0 0 to 0 20
```

erzeugt und bedarf mit den vorangegangenen Beschreibungen keiner weiteren Erläuterung.

7.5.8 Sonstiges

In den vorangegangenen Unterabschnitten wurden PICTEX-Werkzeuge zur Erzeugung von Linienzügen, Kurven, Kreisen und Kreisbögen, Ellipsen und Ellipsenbögen, Rechtecken, Balken, Histogrammen und Balkendiagrammen vorgestellt. Damit sollte es möglich sein, auch komplizierte Bilder und Diagramme recht leicht zu produzieren. Im Folgenden sollen noch einige Ergänzungen zu den genannten Strukturen gebracht werden, die gelegentlich von Nutzen sein können.

7.5.8.1 Eigene Plotsymbole

Die mit dem `\plot`-Befehl erzeugten Linienzüge und Kurven sowie Kreis- und Ellipsenbögen entstehen aus einer hinreichend dichten Folge von Punkten. Als *Plotsymbol* für diese Punkte wird standardmäßig der Punkt aus dem 5 pt-Roman-Zeichensatz verwendet. Der Abstand für die Punktfolge mit diesem Plotsymbol ist mit 0.4 pt eingestellt. Das Standard-Plotsymbol kann mit dem Befehl

`\setplotsymbol ({`*symbol*`}` $\big[$`[[`p_x`][`p_y`]]`$\big]$ $\big[$`<`*x_s_maß*`,`*y_s_maß*`>`$\big]$`)`

verändert werden. Die optionalen Positionierungs- und Verschiebeangaben `[`$p_x p_y$`]` und `<`*x_s_maß*`,`*y_s_maß*`>` entsprechen in der Wirkung denjenigen des `\put`-Befehls.

Eine Eintragung wie `\vipt\rm.`, `\viipt\rm.`, ... `\xpt\rm.`[6] setzt als Plotsymbol jeweils den Punkt aus dem 6 pt-, 7 pt-, ... 10 pt-Roman-Zeichensatz, womit die Strichstärke der Linien und Kurven ensprechend stärker ausfällt. Für den Eintrag von *symbol* ist syntaktisch jeder Text, der in eine `\mbox` passt, erlaubt, obwohl meist nur ein einzelnes Text- oder Symbolzeichen sinnvoll ist. Unterschiedliche Plotsymbole für verschiedene Kurven können auch genutzt werden, um die zunächst standardmäßig erzeugten Kurven besonders zu kennzeichnen oder zu unterscheiden, wie im nächsten Beispiel gezeigt wird.

[6] In der neuen LaTeX-Version sind die internen Größenbefehle `\vipt`, ... nicht mehr definiert. Absolute Schriftgrößeneinstellungen für ein Plotsymbol müssen dort mit `\fontsize` vorgenommen werden.

Auch der 0.4 pt-Standardabstand für den Ausdruck der Plotsymbole kann verändert werden. Hierzu dient die Erklärung

`\plotsymbolspacing`*abstand_maß*

z. B. `\plotsymbolspacing2mm`. Und hier das angekündigte Beispiel:

```
\setquadratic \plot 0 0  15 5  30 20 /
\setlinear    \plot 30 20 50 0 /
\setplotsymbol {\circle*{1}} [Bl]
\plotsymbolspacing5mm
\setquadratic \plot 0 0  15 5  30 20 /
\setplotsymbol {\circle{1}} [Bl]
\setlinear    \plot 30 20 50 0 /
```

Die mit `\setplotsymbol` und `\plotsymbolspacing` veränderten Werte bleiben so lange gültig, bis sie durch eine weitere Erklärung der gleichen Art abgelöst werden. Soll nach einer vorgenommenen Änderung auf die ursprünglichen Standardwerte zurückgeschaltet werden, so muss dies explizit mit den Erklärungen

`\setplotsymbol ({\vpt\rm.})`   `\plotsymbolspacing0.4pt`

geschehen.

Wird eine stark gekrümmte Kurve nur durch wenige Punkte definiert, so mag das Ergebnis für einen geänderten Abstand überraschen:

```
\setplotsymbol ({\xpt\rm.})
\plotsymbolspacing5pt
\setquadratic  \plot -25 25  0 0  25 25 /
```

Der unterschiedliche Punkteabstand ist eine Folge des mathematischen Algorithmus zur quadratischen Interpolation. Abhilfe schafft die Angabe von mehr Koordinatenpaaren in der Liste des `\plot`-Befehls.

7.5.8.2 Clipping

Der `\setplotarea`-Befehl zur Definition eines Bildfensters war in 7.4.1 vorgestellt und in den anschließenden Unterabschnitten zur Erzeugung von Bildachsen in den Beispielen benutzt worden. Auch in den vorangegangenen Beispielen mit den Linien, Kurven und Diagrammen war stets ein Bildfenster mit `\setplotarea` definiert worden, ohne dass dies explizit angegeben wurde.

Auch wenn ein Bildfenster definiert wurde, kann mit dem `\plot`-Befehl eine Kurve oder ein Linienzug über die Grenzen des Bildfensters herausreichen, nämlich dann, wenn die Plotliste Koordinaten enthält, die außerhalb des definierten Bildfensters liegen.

```
\setplotarea x from -15 to 15, y from 0 to 20
\axis bottom ticks numbered from -15 to 15 by 15 /
\axis left   ticks numbered from 0 to 20 by 10   /
\axis right /  \axis top /
\setquadratic \plot -20 17.5  0 5  20 17.5 /
\setlinear    \plot  -5 -4    0 15         /
```

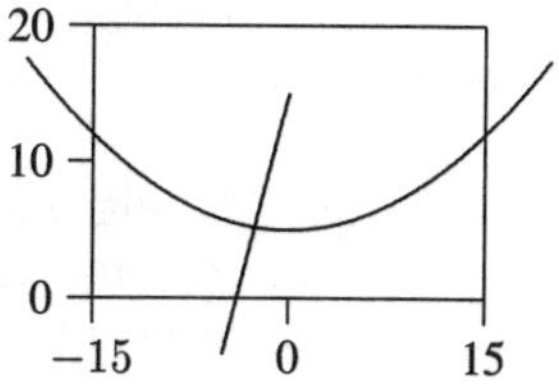

Dieses Verhalten ist meistens unerwünscht. Durch Vermeiden von Koordinatenwerten außerhalb des Bildfensters kann ein Überschreiten des Bildfensters natürlich verhindert werden. Gelegentlich soll aber zwischen Punkten interpoliert werden, wobei es schwierig oder bei Messwerten ggf. unmöglich ist, Koordinatenpaare am Rande des Bildfensters zu ermitteln. In diesen Fällen hilft der Befehl

```
\inboundscheckon
```

Nach dieser Erklärung werden die Kurventeile daraufhin geprüft, ob sie evtl. das gesetzte Bildfenster überschreiten. Ist das der Fall, so werden diese Kurventeile unterdrückt. Ein solches Abschneiden der das Bildfenster überschreitenden Bildteile wird im Computerjargon als "Clipping" bezeichnet. Da der Clipping-Algorithmus sehr rechenaufwendig ist, sollte dic Erklärung `\inboundscheck` nur für solche Bildteile aktiviert werden, die erkennbar das Bildfenster überschreiten.

Um die Clipping-Prüfung für diejenigen Bildteile wieder abzuschalten, die offenkundig innerhalb des Bildfensters liegen, gibt es den aufhebenden Befehl

```
\inboundscheckoff
```

Das vorangegangene Beispiel ergibt mit der Befehlsfolge

```
. . . . . . . . . . . . . . . . . . . . . . . . .
\inboundscheckon
\setquadratic \plot -20 17.5   0 5   20 17.5 /
\setlinear    \plot  -5 -4     0 15          /
```

nunmehr das Ergebnis

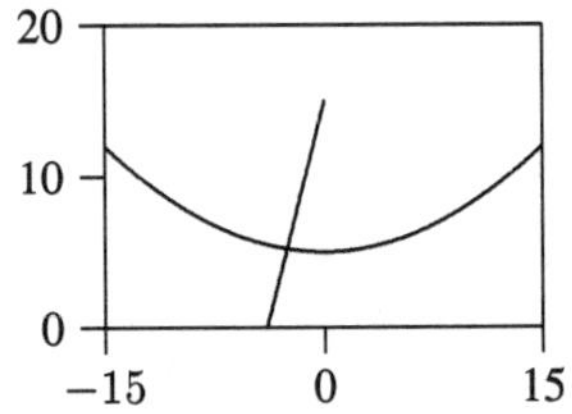

Zum Abschluß noch ein vollständig dargestelltes Beispiel:

```
\beginpicture \small
\setcoordinatesystem units <1.5cm,1.2cm>
\setplotarea x from 0 to 3, y from 0 to 5
\axis bottom ticks numbered from 0 to 3 by 1
  unlabeled from 0.5 to 2.5 by 1.0
  short quantity 31 /
\axis left   ticks numbered from 0 to 5 by 1
  short quantity 26 /          \axis right    /
\axis top label {$y=\mbox{csch}(x)=...$}      /
\inboundscheckon       \setquadratic
\plot 0.1 9.9834   0.16 6.2234   0.22 4.5090 /
\plot 2.0 0.2757   3.0  0.0998   4.0  0.0366 /
\inboundscheckoff
\plot 0.22 4.5090   0.30 3.2839   0.4 2.4346
      0.5  1.9190   0.60 1.5707   0.8 1.1260
      1.0  0.8509   1.50 0.4696   2.0 0.2757 /
\endpicture
```

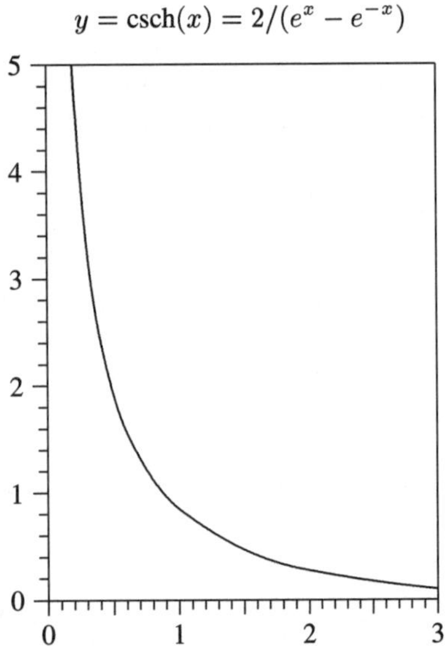

Wegen der langen Rechenzeiten für Linien und Kurven, insbesondere mit Clipping-Anforderungen, sollte während der Entstehungsphase eines Dokuments mit solchen Bildern eine der im Folgenden beschriebenen Methoden genutzt werden.

7.5.8.3 Teilbildspeicherungen

Die Erzeugung von Bildern mit geneigten Linienzügen und Kurven erfordert einen Rechenaufwand, der die Bearbeitung eines Textes mit vielen Bildern drastisch verlängert. Bei längeren Arbeiten wird das Ergebnis meist mehrfach geändert, korrigiert, erweitert und damit hoffentlich verbessert. Es ist lästig, wenn bei jeder Änderung immer wieder dieselben Bilder neu und rechenaufwendig erstellt werden müssen. Eine merkliche Kürzung der Bearbeitungszeit während der Editierphase kann erreicht werden, wenn rechenaufwendige Bildteile *einmal* bearbeitet werden und das Bearbeitungsergebnis abgespeichert wird. Dies kann mit dem Befehl

`\savelinesandcurves on "`*file_name*`"`

erreicht werden. Nach diesem Befehl werden alle Bildteile, die mit den folgenden Befehlen oder Befehlsfolgen erzeugt werden

```
\setlinear    \plot    \circulararc     \arrow
\setquadratic \plot    \ellipticalarc
```

mit ihrem PICTEX-Ergebnis in das mit *file_name* gekennzeichnete File abgespeichert. Danach können die vorstehenden erzeugenden Befehle entfernt oder besser durch % ausgeblendet werden. Stattdessen ist in dem zugehörigen Bild der Befehl

`\replot "`*file_name*`"`

anzubringen, mit dem die abgespeicherten Bildteile aus dem angegebenen File eingelesen und im Bild richtig angeordnet werden. Die Erzeugung der Gesamtbilder mit der Kopie der rechenintensiven Teile vermindert die Bearbeitungszeit merklich. Die Wirksamkeit hängt dabei vom jeweiligen Bildinhalt ab. So ist z. B. die Effizienz für gestrichelte Kurven größer als für durchgehende.

Ein einmal gesetzter `\savelinesandcurves` wirkt so lange, bis er durch den aufhebenden Befehl

`\dontsavelinesandcurves`

beendet wird. Die Speicherwirkung endet aber in jedem Fall mit dem Ende der laufenden PICture-Umgebung.

Ein Abspeichern von Bildteilen in der beschriebenen Form muss für jede PICture-Umgebung mit einem eigenen File geschehen. Es ist darauf zu achten, dass sich die Filenamen für die `\savelinesandcurves`-Befehle voneinander unterscheiden, da mit einem gleichen Filenamen für einen späteren Speicherbefehl das Ergebnis des vorangegangenen Speicherbefehls überschrieben wird und damit verloren geht.

Innerhalb einer PICture-Umgebung dürfen beliebig viele `\savelinesandcurves`-Speicherbefehle verwendet werden, jeder natürlich mit einem eigenen Filenamen. In *einen* File dürfen nur Linien und Kurven abgespeichert werden, die mit dem *gleichen* Plotsymbol erzeugt werden. Sollen Linien und Kurven mit verschiedenen Plotsymbolen abgespeichert werden, so muss dies jeweils mit einem eigenen Speicherbefehl erfolgen. Umgekehrt muss bei späteren Bearbeitungen jedes dieser Files mit eigenen `\replot`-Befehlen zurückgewonnen werden.

Auf die Besonderheiten bei verschachtelten PICture-Umgebungen, eine Möglichkeit, die in 7.8.4 vorgestellt wird, soll hier noch nicht eingegangen werden. Dies erfolgt später in Zusammenhang mit den verschachtelten Umgebungen.

Mit dem Befehl

`\writesavefile` {*text_notiz*}

wird der übergebene Text von *text_notiz* an den Anfang des mit dem letzten Speicherbefehl aktivierten Files geschrieben. Dabei wird dem übergebenen Text das Kommentarzeichen `%` vorangesetzt, so dass er bei der Wiederverwendung mit `\replot` keine Wirkung entfaltet. Dies kann benutzt werden, um eine kurze Beschreibung des abgespeicherten Teilbildes im File anzubringen.

Beim letzten Bild mit der $y = \mathrm{csch}(x)$-Kurve war für die anfängliche Bearbeitung zunächst geschrieben worden

```
\beginpicture  \small
\savelinesandcurves on "csch.tex"
\writesavefile {csch Kurve in 6.5.8.2}
 . . . . . . . . . . . . . . . . . . . .
```

und nach der korrekten Erzeugung des Bildes mit `%` ausgeblendet und dafür eingesetzt

```
\beginpicture  \small
% \savelinesandcurves on "csch.tex"
% \writesavefile {csch Kurve in 6.5.8.2}
 . . . . . . . . . . . . . . . . . . . . . . . . . . . . . .
  \replot "csch.tex"                   % replot the following subplot
% \inboundscheckon       \setquadratic
% \plot 0.1 9.9834  0.16 6.2234  0.22 4.5090 /
% \plot 2.0 0.2757  3.0  0.0998  4.0  0.0366 /
% \inboundscheckoff
% \plot 0.22 4.5090  0.3 3.2839  0.4 2.4346  0.5 1.9190
                     0.6 1.5707  0.8 1.1260  1.0 0.8509
%                    1.5 0.4696  2.0 0.2757 /
  \endpicture
```

Häufig treten bestimmte Bildteile in mehreren Bildern in gleicher Weise auf. Angenommen, es sollte ein weiteres Bild erzeugt werden, das neben der $\mathrm{csch}(x)$-Funktion auch $\mathrm{sch}(x)$ und $\mathrm{ctgh}(x)$ enthalten soll. Hier wäre die Idee naheliegend, die abgespeicherte $\mathrm{csch}(x)$-Funktion in dem neuen Bild nochmals mit `\replot "csch.tex"` einzulesen. Dies ist *nicht* erlaubt! Ein mit `\savelinesandcurves` abgespeichertes Teilbild darf mit dem `\replot`-Befehl nur in derjenigen PICture-Umgebung zurückgelesen werden, in der es entstanden ist!

7.5.8.4 Selektive Teilbildbearbeitung

Das Abspeichern von bearbeiteten Teilbildern und deren spätere Rückgewinnung mit dem `\replot`-Befehl verkürzt zwar die Bearbeitung gegenüber einer vollständigen Neuberechnung. Aber auch das Wiedereinlesen von abgespeicherten Teilbildern ist im Vergleich zur Bearbeitung eines reinen Textfiles immer noch erheblich zeitaufwendiger.

Es sollte daher in Betracht gezogen werden, während der Editierphase einer Veröffentlichung auf die Erzeugung der zeitaufwendigen Linienzüge und Kurven zunächst zu verzichten und nur die wenig Rechenzeit beanspruchenden Bildelemente anzubringen. So benötigen alle horizontalen und vertikalen Linien und Balken sowie alle daraus gebildeten Strukturen, wie Rechtecke und Achsen, nur geringen Rechenaufwand, ebenso wie die das Koordinatensystem und das Bildfenster definierenden Befehle `\setcoordinatesystem` und `\setplotarea`. Andererseits wird damit das Bild mit seinem Platzbedarf, den Beschriftungen und Achsen erstellt und in den Text eingegliedert. Die vollständigen Bilder mit allen Linienzügen und Kurven werden erst bei der endgültigen Bearbeitung benötigt.

Das bedeutet nicht, dass die verbleibenden Befehle erst in der Schlußphase zugefügt werden. Tatsächlich sollte jedes Bild schon zu Beginn *einmal* vollständig erzeugt werden, damit ggf. Bildkorrekturen angebracht werden können. Erst wenn das Gesamtbild den gewünschten Anforderungen entspricht, sollte es bis zur endgültigen Bearbeitung von den rechenaufwendigen Bestandteilen vorübergehend befreit werden. Dies kann mit den Befehlen

`\newif\iffinalplot` und `\finalplottrue` bzw. `\finalplotfalse`

im Vorspann und Bedingungsabfragen der Form

`\iffinalplot` *zeitaufwendige Anweisungen* `\fi`

bei den einzelnen PICture-Umgebungen erreicht werden.

Um das Gesamtbild einmal zu produzieren und evtl. noch zu korrigieren, wird man zunächst `\finalplottrue` im Vorspann setzen. Ist das Bild korrekt, so kann durch Austausch von `\finalplottrue` in `\finalplotfalse` bei den anschließenden Bearbeitungsphasen die zeitaufwendige Bearbeitung vermieden werden. Erst bei der endgültigen Bearbeitung wird schließlich wieder `\finalplottrue` aktiviert, um den vollständigen Ausdruck zu erhalten.

Ich persönlich habe mir in Verbindung mit der neuen LaTeX-Version ein kleines Ergänzungspaket `pictex.sty` erstellt, das die lokalen Optionen `final` und `draft` kennt und das mir mit dem Vorspannbefehl `\usepackage[`*option*`]{pictex}` PICTeX geeignet bereitstellt:

```
\NeedsTeXFormat{LaTeX2e}
\ProvidesPackage{pictex}[1994/06/15 PiCTeX input package]
\newif\iffinalplot
\newfont{\fiverm}{cmr5}     % \fiverm is used in pictex.tex but not
                            % defined in LaTeX2e
\DeclareOption{draft}{\finalplotfalse}
\DeclareOption{final}{\finalplottrue}
\ExecuteOptione{final}      % Default option is set to final
\ProcessOption
% Now input the original PiCTeX-files
\input prepictex  \input pictex  \input postpictex
% and customize for proper combination with german.sty
\catcode`!=11               % make ! a letter
\def\!!bardobaselabel |#1| {\put {#1}\!barbeselabelorientation{}
  at {\!basexarg} {\!baseyarg} \!bardoendlabel}
\def\!!bardoendlabel  |#1| {\put {#1}\!barendlabelorientation{}
  at {\!basexarg} {\!baseyarg} \!barfinish}
\catcode`!=12               % and reset ! to other
\endinput
```

Mit diesem Ergänzungspaket wird PICTeX aktiviert und gleichzeitig entsprechend dem Vorschlag von S. 389 zur Kombination mit `german.sty` angepasst.

7.5.9 Der quadratische Interpolationsalgorithmus

Dieser Abschnitt ist nur für den mathematisch interessierten Leser von Belang. Für die allgemeine Nutzung von PICTEX kann er übersprungen werden. Die Interpolation zwischen drei aufeinander folgenden Punkten

$$(x_{i-1}, y_{i-1}),\ (x_i, y_i) \text{ und } (x_{i+1}, y_{i+1})$$

erfolgt durch parametrisierte quadratische Kurven $x(t)$ und $y(t)$ über das t-Intervall $[-1, 1]$, wobei die Funktionen $x(t)$ und $y(t)$ für $t = -1$, 0 und 1 die Werte x_{i-1}, x_i und x_{i+1} bzw. y_{i-1}, y_i und y_{i+1} annehmen. Im Folgenden sollen die Indexwerte $i-1$, i und $i+1$ als -1, 0 und 1 abgekürzt werden. Damit lauten diese Funktionen

$$x(t) = x_0 + t\frac{\Delta x_0 + \Delta x_{-1}}{2} + \frac{t^2}{2}\Delta^2 x_{-1}$$

$$y(t) = y_0 + t\frac{\Delta y_0 + \Delta y_{-1}}{2} + \frac{t^2}{2}\Delta^2 y_{-1}$$

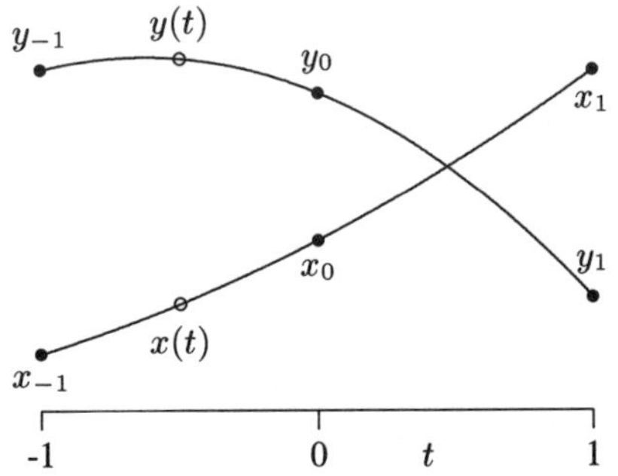

mit

$$\Delta f_0 = f_1 - f_0, \Delta f_{-1} = f_0 - f_{-1} \quad \text{und}$$
$$\Delta^2 f_{-1} = \Delta f_0 - \Delta f_{-1},$$

also

$$\Delta f_0 + \Delta f_{-1} = f_1 - f_{-1} \quad \text{und}$$
$$\Delta^2 f_{-1} = f_1 - 2f_0 + f_{-1}$$

für $f = x$ und $f = y$.

Die Bogenlänge der parametrisierten Kurve $\big(x(s), y(s)\big)$ zwischen 0 bis t ist

$$A(t) = \int_0^t a(s)\,ds \quad \text{mit} \quad a(s) = \sqrt{\big(x'(s)\big)^2 + \big(y'(s)\big)^2}$$

PICTEX approximiert die Bogenfunktion $A(t)$ mit Hilfe der Simpson-Regel. Für $t = \pm 1$ ergibt dies

$$A(1) \approx \alpha_1 = \frac{1}{6}\Big[a(0) + 4a(0.5) + a(1)\Big] \quad \text{und} \quad A(-1) \approx \alpha_{-1} = \frac{1}{6}\Big[a(0) + 4a(-0.5) + a(-1)\Big]$$

$B(u)$ möge die zu $A(t)$ inverse Funktion sein. PICTEX approximiert die inverse Funktion $B(u)$ wiederum durch eine quadratische Funktion $B^\circ(u)$ derart, dass

$$B^\circ(0) = 0, \quad B^\circ(\alpha_1) = 1 \quad \text{und} \quad B^\circ(-\alpha_{-1}) = -1$$

ist. Mit den diskreten Werten u_i im Abstand δ aus dem Intervall $-\alpha_{-1} \le u_i \le \alpha_1$ werden die Koordinaten mit

$$p_i = \Big(x\big(B^\circ(u_i)\big), y\big(B^\circ(u_i)\big)\Big)$$

bestimmt. Bei den mit diesen Koordinaten bestimmten Punkten bringt PICTEX dann das augenblickliche Plotsymbol an, also standardmäßig den Punkt (.) aus dem 5 pt-Roman-Zeichensatz. Der oben genannte Abstand δ für die Werte von u_i entspricht dem Wert von `\plotsymbolspacing`, der standardmäßig auf 0.4 pt eingestellt ist.

Die so bestimmten Koordinaten für p_i liegen auf der Kurve $C = \{(x(t), y(t))\}$. Entlang der Kurve liegen sie ungefähr im Abstand δ, jedenfalls solange $B^\circ(u)$ eine hinreichende Approximation für $B(u)$ darstellt, was durch Angabe von mehr Punkten in der Plotliste immer erreicht werden kann.

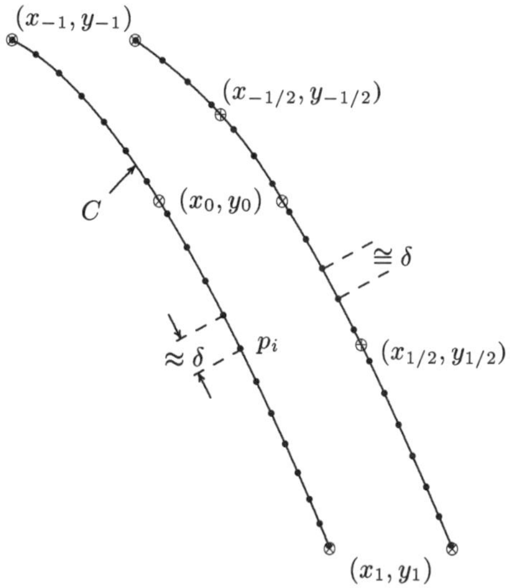

Die nebenstehende Kurve wurde durch die drei mit ⊗ gekennzeichneten Punkte definiert. Der Abstand δ für die mit • gekennzeichneten Punkte war mit

```
\plotsymbolspacing4mm
```

eingestellt worden. Die Punkte sind exakt auf der Kurvenlinie angeordnet. Ihre Abstände sind jedoch leicht unterschiedlich: an den Enden der Kurve etwas enger und in der Mitte etwas weiter als der vorgegebene Wert von 4 mm. Durch Angabe von zwei weiteren Punkten ⊕ zur Kurvendefinition an den Stellen $(x_{-1/2}, y_{-1/2})$ und $(x_{1/2}, y_{1/2})$ werden nunmehr zwei Näherungsfunktionen $B^\circ_-(u)$ und $B^\circ_+(u)$ ermittelt, die in den Intervallen $[-\alpha_{-1}, \alpha_0]$ bzw. $[\alpha_0, \alpha_1]$ die Umkehrfunktionen besser approximieren. In der rechten Kurve sind Abstandsunterschiede mit dem bloßen Auge nicht mehr zu erkennen.

Der angegebene Algorithmus zur Ermittlung annähernd gleicher Bogensegmente führt zu brauchbaren Ergebnissen nur, solange $2/3 \leq \alpha_{-1}/\alpha_1 \leq 3/2$ ist, wenn also (x_0, y_0) im mittleren Drittel des Kurvensegments durch (x_{-1}, y_{-1}), (x_0, y_0), (x_1, y_1) liegt. Wird diese Bedingung durchbrochen, so gibt PICTEX eine Warnung aus. Grundsätzlich sollte man zur Definition der Gesamtkurve die Punkte so eng wählen, dass die Kurve zwischen (x_{i-1}, y_{i-1}) und (x_{i+1}, y_{i+1}) nicht zu sehr von der durch diese beiden Punkte gehenden Sehne abweicht, wobei (x_i, y_i) in Nähe der Mitte der Sehne liegen sollte.

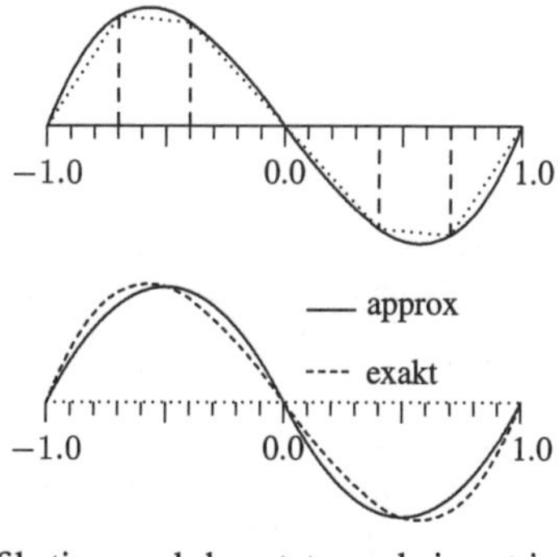

Zur Darstellung der kubischen Parabel $y = x(x^2 - 1)$ im Intervall $[-1, 1]$ genügt die Unterteilung in sechs Intervalle mit den Kurvenkoordinaten an den Intervallenden und in der jeweiligen Intervallmitte. Mit der Plotliste

```
-1 0   -.85 .2359   -.70 .3570   -.55 .3836
       -.40 .3360   -.20 .1920    0 0  . . . /
```

ist der Unterschied zur exakten Kurve innerhalb der Strichstärke nicht mehr zu erkennen. Die Unterteilung in nur zwei Intervalle ist dagegen zu grob: (s. rechts)

```
-1 0   -.5 .3750  0 0  .5 -.3750  1 0 /
```

Der beschriebene Algorithmus wird mit geringfügiger Modifikation auch benutzt, um bei gestrichelten Kurven gleiche Strichelungslänge entlang der Kurve zu erhalten. Auch wenn dieser Algorithmus zur Bestimmung annähernd gleicher Bogensegmente zwischen den einzelnen Plotsymbolen in seiner Einfachheit nicht zu unterbieten ist, benötigt PICTEX eine Weile, um bei gekrümmten Kurven die erforderlichen Rechnungen durchzuführen. Man bedenke, dass TEX nur Ganzzahlarithmetik kennt. Dezimalzahlen müssen zunächst durch Multiplikation mit einem entsprechenden Faktor in Ganzzahlen umgewandelt und nach der internen Ganzzahlberechnung in die entsprechenden Dezimalzahlen zurückgewandelt werden.

Auch der in 7.6.4 vorgestellte Befehl `\findlength` zur Bestimmung der Länge einer beliebigen Kurve greift intern auf den hier vorgestellten Algorithmus zurück. Auch für diesen Befehl ist deshalb ein erheblicher Rechenaufwand und damit eine verlängerte Bearbeitungszeit zu erwarten.

7.6 Linien- und Kurvenmuster

Linien, Kurven, Rechtecke und Balken erscheinen normalerweise durchgezogen. Es ist jedoch möglich, sie punktiert, gestrichelt oder nach einem beliebig vorgegebenen Muster auszugeben.

durchgezogen   punktiert   gestrichelt   gemustert

7.6.1 Punktierte Ausgabe

Mit dem Befehl

\setdots [<*abstand*>]

werden anschließend alle Linien, Kurven, Rechtecke und Balken punktiert ausgegeben, wobei der Abstand der Punkte durch die optionale Maßangabe *abstand* beim vorstehenden Befehl gewählt werden kann. Ohne explizite Abstandsangabe wird standardmäßig `<5pt>` benutzt.

Bei Linien, Kurven und Rechtecken entspricht jeder *Punkt* der punktierten Struktur dem gerade aktuellen Plotsymbol, wie er mit dem letzten `\setplotsymbol`-Befehl oder standardmäßig als Punkt aus dem 5 pt-Roman-Zeichensatz gewählt wurde. Bei Balken bedeutet ein *Punkt* ein gefülltes Rechteck, dessen eine Seite der mit `\linethickness` gewählten Strichstärke und dessen andere Seite dem momentanen Wert von `\plotsymbolspacing` (s. 7.5.8.1) entspricht.

Bei horizontalen Balken haben die Elementarrechtecke, die im gewählten Abstand nebeneinander stehen, die Breite von `\plotsymbolspacing` und die Höhe der momentan eingestellten Strichstärke. Vertikale punktierte Balken bestehen aus gefüllten Elementarrechtecken mit der Strichstärkenbreite und der aus `\plotsymbolspacing` folgenden Höhe, die im gewählten Abstand übereinander angebracht sind.

```
\plotsymbolspacing1mm \setdots <2mm>
\linethickness12mm \putrule from  0 8 to 24 8
\plotsymbolspacing0.5mm \setdots <1.5mm>
\linethickness5mm  \putrule from 30 0 to 30 16
```

Die punktierten Strukturen beginnen an ihrem Anfang stets mit dem aktuellen Plotsymbol als *Punkt*. Ob auch an ihrem Ende der Punkt auftritt, hängt davon ab, ob der gewählte Abstand ganzzahlig über die Gesamtlänge verteilt ist. Meistens erscheint der letzte Punkt vor dem Strukturende. Bei den mit `\plot`-Befehlen erzeugten Strukturen erscheint das aktuelle Plotsymbol *zentriert* zur Anfangskoordinate. Bei den Balken bestimmt dagegen die Anfangskoordinate den linken bzw. unteren Balkenrand. Beispiel:

```
\setplotsymbol ({\circle*{2.5}} [Bl])
\plotsymbolspacing2.5mm \linethickness2.5mm
\setdots <5mm> \plot 0 25  28 25 /
\putrule from  0 20 to 28 20
\setplotsymbol (.) \setdots <1.2mm>
\circulararc 360 degrees from 14 0 center at 14 6
```

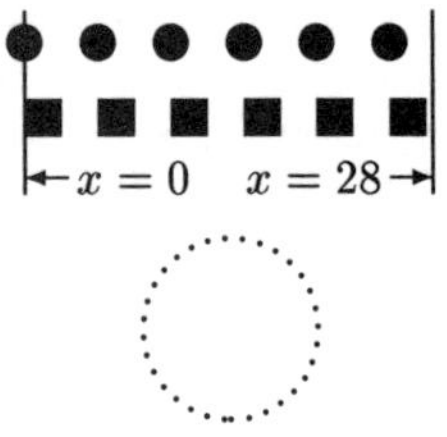

Das Beispiel demonstriert sowohl die unterschiedliche Anfangspositionierung von Balken- und Linienpunkten als auch deren Verteilung. Die Punkte erscheinen im eingestellten Abstand. Der letzte Punkt wird so angebracht, dass die zugehörige Strukturlänge nicht überschritten wird. Dies gilt auch für die geschlossene Kreisstruktur, bei der sich der Abstand zwischen dem End- und Anfangspunkt deutlich von den sonstigen Punktabständen unterscheidet. Dieser Effekt könnte dadurch vermieden werden, dass ein Punktabstand gewählt wird, bei dem mit einem ganzzahligen Vielfachen das Strukturende genau erreicht wird. PiCTeX gestattet mit dem Befehl

`\setdotsnear` <*abstand*> `for` <*struktur_länge*>

einen entsprechenden Abgleich, ohne explizite Berechnung für den genauen Abstand. Bei dem vorstehenden Befehl wird die Maßangabe *abstand* als ungefährer Abstand interpretiert, der von PiCTeX so abgeändert wird, dass der letzte Punkt mit dem Ende der Struktur zusammenfällt, deren Gesamtlänge mit dem angegebenen Maß für *struktur_länge* übereinstimmt.

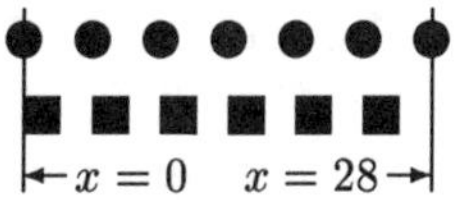

Werden die beiden `\setdots`-Befehle beim vorangegangenen Beispiel durch

`\setdotsnear <5mm> for <28mm>` und
`\setdotsnear <1.2mm> for <37.70mm>`

ersetzt, so erscheint das Ergebnis nunmehr genau so, als wäre

`\setdots <4.6667mm>` (28/6mm) und `\setdots <1.2081mm>` ($2\pi \times 6/32$mm)

eingegeben worden. Die Angabe von *struktur_länge* beim `\setdotsnear`-Befehl ist bei Linien und Balken unproblematisch, da sie vom Benutzer vorgegeben und ihm damit bekannt ist. Auch bei Kreisen oder Kreisbögen kann die Länge aus dem leicht zu ermittelnden Radius bestimmt werden, wie im Beispiel mit $37.70 \approx 2\pi \times 6\,\text{mm}$ geschehen. Bei Ellipsen oder allgemeinen gekrümmten Kurven verlangt dies die Ausführung der Integration für die Funktion $y = f(x)$ in der Form $\int_{x_a}^{x_e} \sqrt{1 + [f'(x)]^2}\, dx$. In 7.6.4 wird dargestellt, wie auch diese Aufgabe durch PiCTeX selbst gelöst werden kann.

War mit `\setdots` oder `\setdotsnear` auf eine punktierte Linien-, Kurven- oder Balkenausgabe umgeschaltet worden, so kann mit dem Befehl

`\setsolid`

auf die durchgehende Ausgabe zurückgeschaltet werden.

Die Erklärung von `\plotsymbolspacing` zur Einstellung einer bestimmten Balkenbreite oder -höhe wirkt von dem darauffolgenden `\setdots`-Befehl an. War mit `\setdots` auf eine punktierte Ausgabe umgeschaltet worden und soll danach der Wert von `\plotsymbolspacing` für eine erneute punktierte Ausgabe verändert werden, so muss anschließend ein weiterer `\setdots`-Befehl angegeben werden, selbst dann, wenn die Abstandslänge unverändert weiter gelten soll.

```
\plotsymbolspacing.75mm     \setdots <2.5mm>
\linethickness1.0mm         \putrule from 0 12 to 30 12
\plotsymbolspacing1.5mm     \putrule from 0  8 to 30  8
\setdots <2.5mm>            \putrule from 0  4 to 30  4
\setsolid                   \putrule from 0  0 to 30  0
```

7.6.2 Gestrichelte Ausgabe

Ähnlich wie zur Umschaltung auf eine punktierte Ausgabe mit dem `\setdots`-Befehl kann mit dem Befehl

`\setdashes` [<*strich_länge*>]

eine gestrichelte Ausgabe aller folgenden Linien, Kurven, Rechtecke und Balken erreicht werden. Die Strichelungslänge und die dazwischen liegenden Lücken werden gleich groß gewählt[7] und entsprechen dem übergebenen Maß für *strich_länge*. Ohne explizite Angabe der Strichelungslänge beim `\setdashes`-Befehl wird standardmäßig der Wert 5 pt gewählt.

```
\setdashes
\putrectangle corners at 20 15 and 40 24
\setdashes <1mm> \setlinear
\plot 20 0  30 12  40 0  20 0 /
\setdashes <0.6mm>
\ellipticalarc axes ratio 1:2 360 degrees
   from 6 0 center at 6 12
```

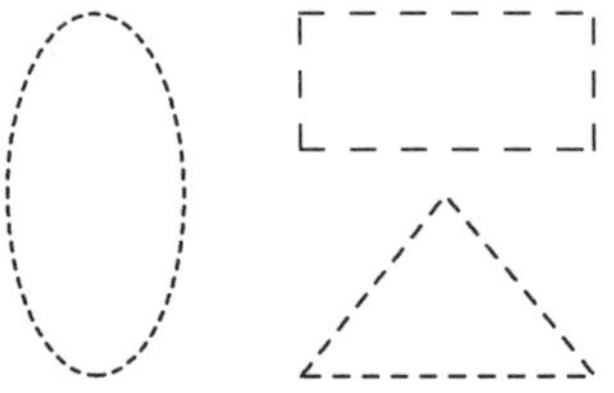

Wie bei der punktierten Ausgabe gilt auch hier, dass die ausgegebenen Strukturen mit einem Strich der angegebenen Länge beginnen. Der letzte Strich wird so gewählt, dass die Strukturlänge nicht überschritten wird, sie endet ggf. mit einer Lücke. Soll die ausgegebene Struktur stets mit einem Strich beginnen *und* enden, so kann dies durch eine geeignete Wahl der Strichlänge erreicht werden. Wie für die punktierte Ausgabe, gestattet PICTEX aber auch hier eine einfachere Lösung, mit dem Befehl

`\setdashesnear` <*approx_strich*> `for` <*struktur_länge*>

Der übergebene Wert *approx_strich* stellt ein ungefähres Maß für die Strichelungslänge dar. Der genaue Wert wird von PICTEX so gewählt, dass die Striche und Lücken gleichmäßig über die mit *struktur_länge* festgelegte Gesamtlänge verteilt werden, wobei die Struktur mit einem Strich beginnt und endet.

```
\setdashesnear <5pt> for <20mm>
\putrectangle corners at 20 15 and 40 24
\setdashesnear <1mm> for <15.62mm>
\plot 20 0  30 12 / \plot 30 12  20 40 /
\setdashesnear <1mm> for <20mm>
\plot 40 0  20 0 /
\setdashesnear <0.6mm> for <57.53mm>
\ellipticalarc axes ratio 1:2 360 degrees
   from 6 0 center at 6 12
```

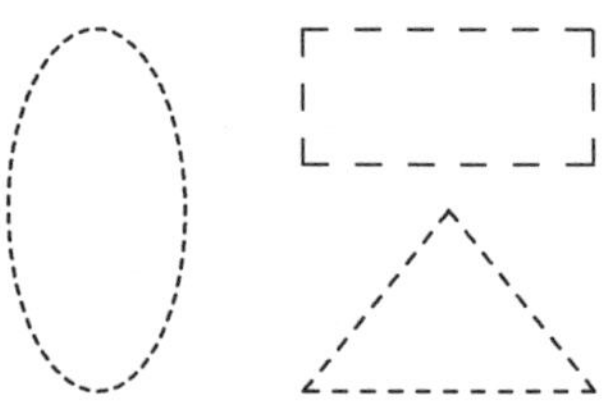

Bei diesem Beispiel wurde der Ellipsenumfang mit $\lambda = \frac{a-b}{a+b}$ aus der Reihenentwicklung $L = \pi(a+b)[1 + \lambda^2/2^2 + \lambda^4/2^6 + \lambda^6/2^8 + \lambda^8/2^{14} + \cdots]$ mit $a = 12, b = 6$ zu 58.13 mm ermittelt. Dieser Wert wurde um 0.6 mm vermindert, um eine Lücke von 0.6 mm am Ende übrig zu lassen. Die Längenbestimmung beliebiger Kurven kann aber auch an PICTEX übertragen werden, wie in 7.6.4 dargestellt wird.

[7] Die Größe des aktuellen Plotsymbols bleibt bei der internen Berechnung von Strichen und Lücken unberücksichtigt. Da das Plotsymbol mit seinem Zentrum am Anfang und Ende der Striche angebracht wird, fallen die Lücken bei größeren Plotsymbolen etwas kleiner als die Striche aus.

7.6.3 Anwendereigene Muster

Eine punktierte oder gestrichelte Linienausgabe kann beliebig verallgemeinert werden. Hierzu dient der Befehl

```
\setdashpattern <s1,l1,s2,l2,... >
```

mit dem ein beliebiges Strichmuster definiert werden kann. Das Muster beginnt mit einem Strich mit der Länge s_1, gefolgt von einer Lücke der Länge l_1. Darauf folgt ein Strich der Länge s_2 und dann eine Lücke l_2 usw. Die Angaben für s_i und l_i sind nichtnegative Maßangaben. Die Anzahl der Komponenten kann beliebig sein. Bei einer geraden Anzahl beginnt das Muster mit einem Strich und endet mit einer Lücke; bei einer ungeraden Anzahl beginnt und endet das Muster abwechselnd mit einem Strich und anschließend mit einer Lücke (s. u.).

```
\setdashpattern  <3mm,1mm,0.5mm,0.5mm,0.5mm,1mm>
\setquadratic
\plot 0 0  10 3.827  20 7.071  30 9.239  40 10 /
```

Das Muster wird so oft wiederholt, bis das Ende der Struktur erreicht ist, wobei das letzte Muster ggf. nur teilweise ausgegeben wird. Bei einer ungeraden Anzahl von Definitionsangaben werden bei aufeinander folgenden Mustern Striche und Lücken vertauscht, d. h., das zweite Muster beginnt mit einer Lücke der Länge von s_1, gefolgt von einem Strich der Länge von l_1 usw. (s. u.).

Wird mit dem LaTeX-Befehl `\newlength` ein eigener Längenbefehl eingerichtet und diesem mit `\setlength` eine Maßangabe zugewiesen, z. B.

```
\newlength{\basis}  \setlength{\basis}{2.5mm}
```

so kann das Muster auch in der Form <σ_i`\basis`,λ_i`\basis`> definiert werden. Hierin bedeuten σ_i und λ_i Dezimalzahlen, die das Vielfache oder den Bruchteil von `\basis` zur Musterdefinition bewirken.

```
\newlength{\radius}  \newlength{\umfang}
\newlength{\muster}  \setlength{\radius}{1.5cm}
\setlength{\umfang}{6.283185\radius}
\setlength{\muster}{0.125\umfang}
\setcoordinatesystem  units  <\radius,\radius>
\setdashpattern <0.5\muster,0.2\muster,
    0.1\muster,0.2\muster>
\circulararc 360 degrees from 1 0 center at 1 1
```

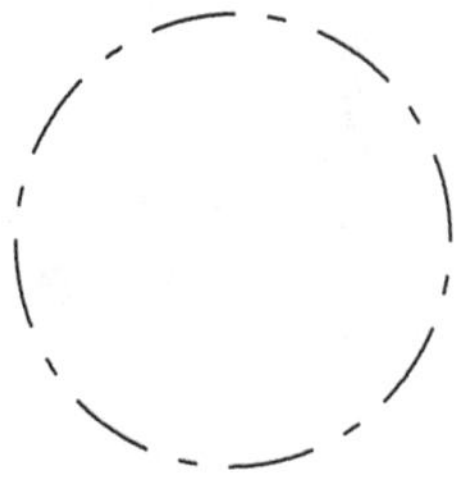

Als Beispiel für eine ungerade Anzahl von Definitionswerten und deren Wirkung folgt hier:

```
\putrectangle corners at 0 0 and 40 18
\setdashpattern <1mm,1mm,2mm,1mm,1mm>
\plot  8 0   8 18 /   \plot 16 0  16 18 /
\plot 24 0  24 18 /   \plot 32 0  32 18 /
\setdashpattern <2mm,1mm,4mm,1mm,2mm,0mm>
\plot  0 6  40 6  /   \plot 0 12  40 12 /
```

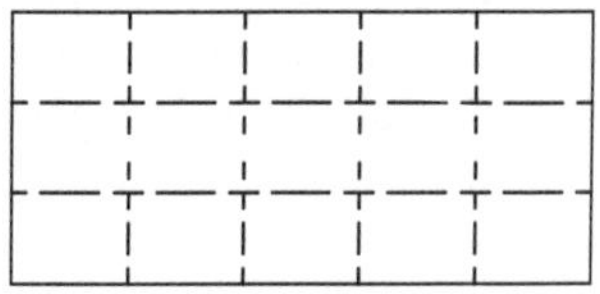

Als Folge der ungeraden Komponentenzahl erscheint bei den vertikalen Strichen das mittlere Muster invers zu den beiden äußeren. Wegen der letzten Lückenangabe von 0 mm für die horizontalen Striche werden der letzte und der erste Strich für das darauffolgende Muster unmittelbar aneinander gesetzt.

7.6.4 Längenbestimmung

Die in 7.6.1 und 7.6.2 vorgestellten Befehle `\setdotsnear` und `\setdashesnear` zur Verteilung von Punkten und Strichen, mit je einem Punkt oder Strich am Anfang und Ende der auszugebenden Struktur, verlangen die Kenntnis und Angabe der Strukturlänge. Dies ist bei Balken und horizontalen oder vertikalen Linien unproblematisch, da deren Länge aus den Anfangs- und Endkoordinaten sofort ermittelt werden kann. Bei geneigten Linien muss der Satz von Pythagoras herangezogen werden, der, ebenso wie Umfang oder Länge von Kreisen oder Kreisbögen nach $\frac{2}{360}\pi r \times \alpha$, noch mit dem Taschenrechner zu bewältigen ist. Die Bogenlänge von Ellipsenbögen oder beliebig gekrümmter Kurven verlangt jedoch die Ausführung von Integrationen der Form $\int_{i-1}^{i+1} \sqrt{[x'(s)]^2 + [y'(s)]^2}\, ds$, die nicht von allen LaTeX-Anwendern erwartet werden kann, zumal die quadratischen Funktionen $x(s)$ und $y(s)$ für die Parabelbögen aus den eingegebenen Punktetripeln vorab bestimmt werden müssten.

Die Aufgabe zur Bestimmung der Länge von Kurven und Linien kann aber an PICTEX übertragen werden. Hierzu dient der Befehl

`\findlength` {*kurven_befehle*}

Hierin steht *kurven_befehle* für dieselbe Befehlsfolge, die auch beim Ausdruck des entsprechenden Bildteils zur Anwendung kommt. Dies wird häufig ein `\plot`-Befehl mit anschließender Plotliste oder einem Filenamen sein. Aber auch andere gekrümmte Strukturen wie Kreis- und Ellipsenbögen sind als Parametereingabe erlaubt. Ebenso können lineare `\plot`-Befehle verwendet werden, auch wenn das Bedürfnis hierfür geringer sein dürfte.

Der Aufruf `\findlength` bestimmt die Länge der übergebenen Kurvendefinition und legt sie in einem Maßregister mit dem Namen `\totalarclength` ab. Durch den Aufruf dieses *Längenbefehls* kann dessen momentaner Wert als Parameter an andere Befehle weitergegeben werden.

```
\setlinear     \findlength { \plot 0 0  0 30 / }
\setdashesnear <1.5mm> for <\totalarclength>
\plot 0 0  0 30 /
\setdashesnear <1.5mm> for <20mm> \plot 0 0  20 0 /
\findlength { \ellipticalarc axes ratio 2:3
      90 degrees from 20 0 center at 0 0 }
\setdotsnear <1.0mm> for <\totalarclength>
\ellipticalarc axes ratio 2:3  90 degrees from 20 0
      center at 0 0
```

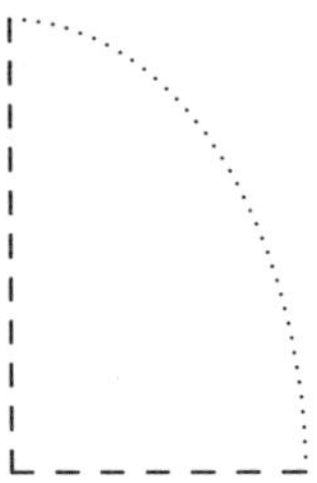

Der erste `\findlength`-Befehl liefert das triviale Ergebnis von 30 mm für den Längenbefehl `\totalarclength`. Dieser Wert hätte natürlich dem eingeschlossenen `\plot`-Befehl aus seiner angefügten Liste direkt entnommen werden können, wie für den zweiten `\plot`-Befehl geschehen. Bei geneigten Linien und unterschiedlichen Einheiten für die x- und y-Achse ist die Bestimmung des Längenmaßes mit dem Befehl `\findlength` vorzuziehen, da die erforderliche Koordinatenumrechnung von PICTEX selbst vorgenommen wird.

Grundsätzlich enthält `\totalarclength` stets die Länge der zuletzt ausgeführten Linie oder Kurve. Dies kann genutzt werden, wenn anschließend eine Kurve gleicher Länge erzeugt werden soll. Im folgenden Beispiel soll von 0 bis 90° die Sinuskurve durchgehend und die Cosinuskurve gestrichelt ausgegeben werden. Da die Kurven gleiche Länge haben, kann dies mit

```
\setcoordinatesystem units <0.4mm,2.5cm>
. . . . . . . . . . . . . . . . . . . . . .
\setquadratic
\plot 0 0  15 .25882  30 .50000  45 .70711
           60 .86603  75 .96593  90 1.0  /
\setdashesnear <1.2mm> <\totalarclength>
\plot 0 1  15 .96593  30 .86603  45 .70711
           60 .50000  75 .25882  90 0    /
```

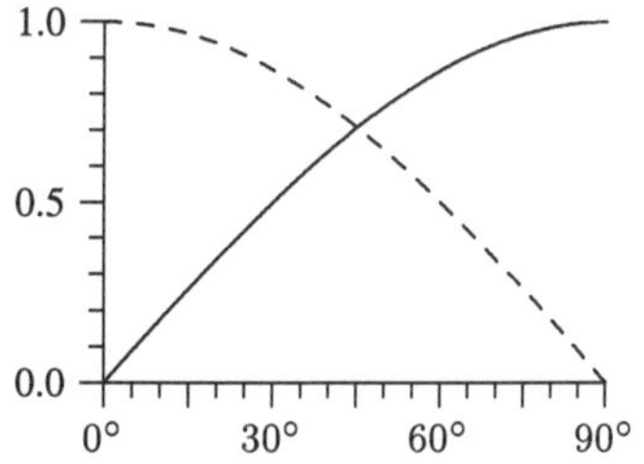

erreicht werden, ohne dass ein `\findlength`-Befehl explizit aufgerufen werden müsste.

Mit dem Maßregister `\totalarclength` werden häufig arithmetische Rechnungen durchgeführt, um Teilstrukturen an die Kurvenlänge anzupassen. Im folgenden Beispiel sollen die Strichmuster –·– und –··· zur Unterscheidung der Kurven $y = x^{3/2}$ und $y = x^{-3/2}$ verwendet werden, wobei die Kurven jeweils mit einem vollen Muster beginnen und enden sollen.

```
\newlength{\ml}  \setquadratic
\findlength {\plot "ep32.tex"}
\ml\totalarclength  \divide\ml by 15
\setdashpattern <.5\ml,.2\ml,.1\ml,.2\ml,
                 5\ml,0\ml>
\plot "ep32.tex"                  % $x^{3/2}$
\findlength {\plot "em32.tex"}
\ml\totalarclength  \divide\ml by 16
\setdashpattern <.4\ml,.2\ml,.1\ml,.2\ml,
                .1\ml,.2\ml,.4\ml,0\ml>
\plot "em32.tex"                  % $x^{-3/2}$
```

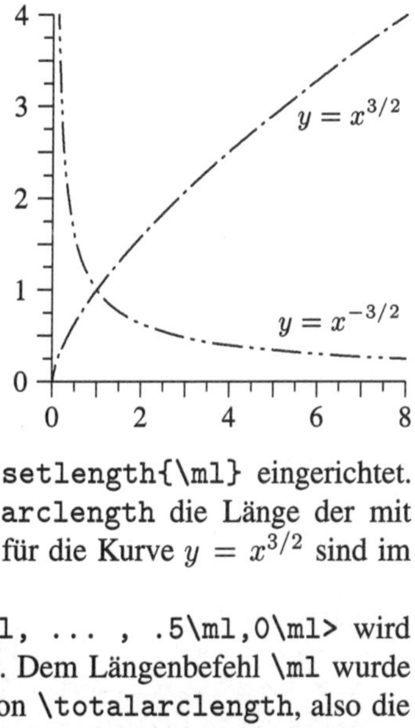

Hier wurde zunächst das Längenregister `\ml` mit `\setlength{\ml}` eingerichtet. Nach dem ersten `\findlength`-Befehl enthält `\totalarclength` die Länge der mit `\plot "ep32.tex"` definierten Kurve. Die Punktetripel für die Kurve $y = x^{3/2}$ sind im File `ep32.tex` abgespeichert.

Mit dem Befehl `\setdashpattern <.5\ml,.2\ml, ... , .5\ml,0\ml>` wird ein Muster definiert, dessen Gesamtlänge `1.5\ml` beträgt. Dem Längenbefehl `\ml` wurde zunächst mit `\ml\totalarclength` der aktuelle Wert von `\totalarclength`, also die Länge der Kurve $y = x^{3/2}$ von $x = 0$ bis $x = 8$, zugewiesen. Anschließend wurde `\ml` durch 15 geteilt, der Wert von `\ml` also auf $1/15$ der Kurvenlänge verkleinert. Da das oben definierte Muster genau `1.5\ml` lang ist, passt es nach dieser Rechnung genau zehnmal auf die Kurve. Als Folge der letzten Musterkomponente `0\ml` ist die letzte Lückenweite 0, d. h., innerhalb der Kurve erscheint der letzte lange Strich unmittelbar mit dem ersten Strich des darauffolgenden Musters verbunden.

Die Kurve $y = x^{-1/3}$, deren Punktetripel im File `em32.tex` gespeichert sind, wird in gleicher Weise behandelt. Das zugehörige Muster ist hierbei `1.6\ml` lang, so dass die Kurvenlänge durch 16 geteilt wurde, damit das Muster wieder genau zehnmal entlang der Kurve angebracht werden kann.

Die vorstehenden Rechnungen hätten auch direkt am `\totalarclength`-Register vorgenommen werden können. Die Einrichtung von `\ml` und das Kopieren von `\totalarclength` nach `\ml` erfolgte nur, um die Musterdefinition mit dem kürzeren Befehlsnamen `\ml` statt dem Original `\totalarclength` schreiben zu können.

7.6.5 Gemusterte Gitter und Achsen

Die Befehle \setdots, \setdashes und \setdashpattern wurden in den vorangegangenen Beispielen in Verbindung mit Linien, Kurven, Kreisen, Ellipsen, Balken und Rechtecken benutzt. Sie wirken in gleicher Weise aber auch auf anschließende \grid- oder \axis-Befehle.

```
\setplotarea x = from 0 to 36, y from 0 to 18
\grid 1 1
\setdashpattern <1mm,1mm,2mm,1mm,1mm,0mm>
\linethickness0.2pt      \grid 6 3
```

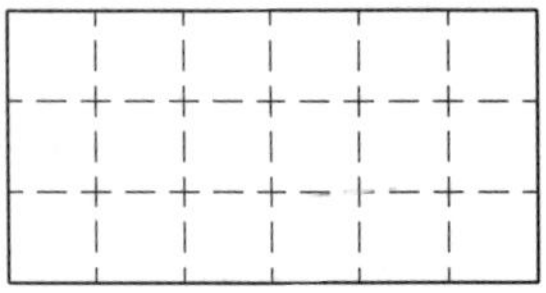

Beim vorstehenden \setdashpattern-Befehl hätte die letzte Komponente 0mm weggelassen werden können, ohne dass sich am Ausdruck des Gitters etwas geändert hätte. Dies ist ein Unterschied gegenüber dem \plot-Befehl zur Erzeugung von Linien und Kurven, bei denen bei ungerader Komponentenzahl die Muster abwechselnd invertieren. (Siehe S. 403, wo ein ähnliches Gitter mit \plot-Befehlen erzeugt wurde.)

Mit dem ersten Befehl \grid 1 1 wurde ein *Gitter* mit einer Spalte und einer Zeile, also der äußere Rahmen, erzeugt. Mit dem zweiten Befehl \grid 6 3 wurde das eigentliche Gitter erzeugt, bei dem auch der Rahmen gemustert erscheint, was aber durch das darüber liegende, durchgezogene erste Gitter überdeckt ist. Bei den vorstehenden \grid-Befehlen erfolgte die Angabe der Spalten- und Zeilenanzahl ohne Einschluß in geschweiften Klammern. Dies ist erlaubt, falls die Zahlenangaben einstellig sind.

Die Anpassung eines Musters wie beim vorstehenden Beispiel setzt voraus, dass ein ganzzahliges Vielfaches des Musters sowohl die Höhe als auch die Breite des umgebenden Rahmens ausfüllt. Ist dies nicht der Fall, so können unterschiedliche horizontale und vertikale Muster mit \axis-Befehlen angepasst werden.

```
\setplotarea x = from 0 to 40, y from 0 to 24
\grid 1 1   \linethickness0.2pt
\setdashpattern <1mm,1mm,2mm,1mm,1mm>
\axis bottom invisible ticks length <0mm>
  andacross from 8 to 32 by 8 /
\setdashpattern <1mm,1.5mm,3mm,1.5mm,1mm>
\axis left invisible ticks length <0mm>
  andacross from 6 to 18 by 6 /
```

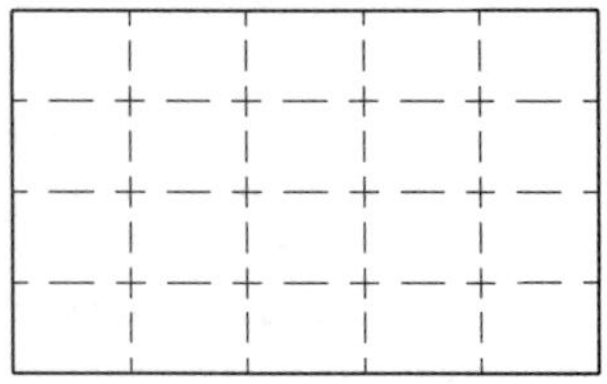

Die Musterlänge beträgt beim ersten \setdashpattern-Befehl 6 mm. Das Muster erscheint damit genau viermal über die Gesamthöhe von 24 y-Einheiten. Die Musterlänge des zweiten \setdashpattern-Befehls beträgt 8 mm, womit dieses Muster genau fünfmal über die Gesamtbreite von 40 x-Einheiten verteilt wird.[8] Wird in den vorstehenden Beispielen \setdashpattern durch \setdots oder \setdashes bzw. \setdotsnear oder \setdashesnear ersetzt, so entstehen punktierte oder gestrichelte Gitter mit vorgegebenem Punkteabstand oder vorgegebener Strichelungslänge. Mit dem Befehl \setsolid wird von allen gerade aktiven Musterungen stets auf durchgehende Linien zurückgeschaltet.

[8]Dies ergab sich aus der letzten globalen Einstellung für das Koordinatensystem mit 1 mm als x- und y-Einheiten. Die Kombination von globalen Koordinatensystemen mit lokalen Strichmusterdefinitionen ist nicht zu empfehlen, da Änderungen des ersteren meistens unvorhersehbare Auswirkungen auf die lokalen Anordnungen der Strichmuster haben. Für solche Kombinationen ist deshalb die lokale Definition eines Koordinatensystems vorzuziehen.

7.7 Schattierungen

PiCTeX gestattet die Schattierung von Teilflächen durch die Verteilung eines Schattierungssymbols über die ausgesuchte Fläche. Sowohl das *Schattierungssymbol* als auch das *Verteilungsgitter* für dieses Symbol kann vom Anwender frei gewählt werden, wenn vom Standard abgewichen werden soll.

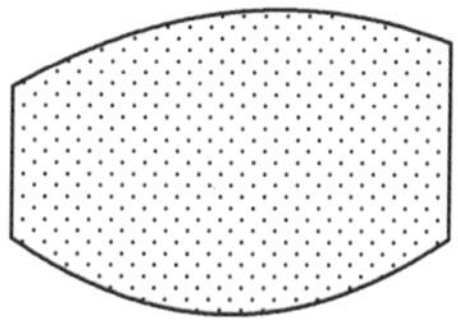

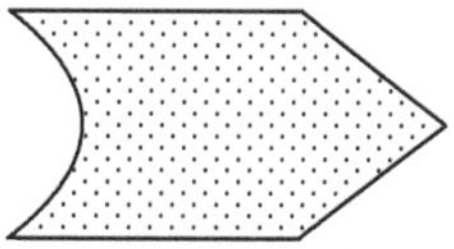

Es gibt zwei Bearbeitungsmodi für die Schattierung von Flächen: Im *vertikalen* Schattierungsmodus werden Flächen schattiert, deren obere und untere Begrenzung beliebige Kurven oder geneigte Linienzüge sein dürfen und deren linker und rechter Rand durch vertikale Linien begrenzt sind.

Im *horizontalen* Schattierungsmodus werden dagegen Flächen schattiert, deren linke und rechte Begrenzung beliebige Kurven und deren obere und untere Grenze horizontale Linien sind.

Das Standardschattierungssymbol ist in beiden Bearbeitungsmodi der Punkt aus dem 5 pt-Roman-Zeichensatz.

Flächen, die allseitig von einer geschlossenen Kurve begrenzt werden, müssen so in Teilflächen untergliedert werden, dass die Schattierung der Teilflächen im horizontalen oder vertikalen Schattierungsmodus erfolgen kann (s. u.).

Bei den in den folgenden Unterabschnitten beschriebenen Befehlen tritt häufig ein mit [<E>] oder [<E_i>] symbolisierter optionaler Parameter auf. Dies ist eine abkürzende Darstellung für

$$<\epsilon_l,\epsilon_r,\epsilon_u,\epsilon_o> \quad \texttt{bzw.} \quad <\epsilon_{l,i},\epsilon_{r,i},\epsilon_{u,i},\epsilon_{o,i}>$$

mit der Bedeutung der Mindestabstände des Schattierungssymbols zum umgebenden Rand, und zwar nach links, rechts, unten und oben.

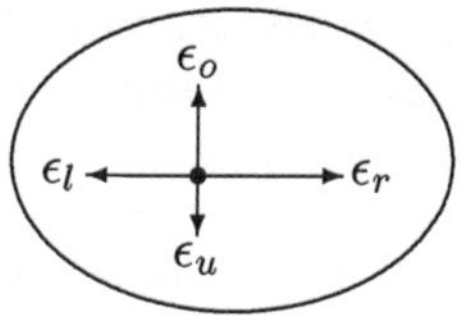

Die Maßangaben für ϵ bedeuten damit

ϵ_l	Mindestabstand zum *linken* Begrenzungsrand
ϵ_r	Mindestabstand zum *rechten* Begrenzungsrand
ϵ_u	Mindestabstand zum *unteren* Begrenzungsrand
ϵ_o	Mindestabstand zum *oberen* Begrenzungsrand

Entfällt der optionale Parameter <E>, so wählt PiCTeX geeignete Abstände als Standard, die von der Größe des aktuellen Schattierungssymbols abhängen. Entfallen innerhalb des Parameters <E> eine oder mehrere der Angaben von ϵ_x, z. B. bei `<0mm,,1mm,>`, so werden für die fehlenden Angaben die PiCTeX-Standardwerte benutzt. Im angegebenen Beispiel würden also der Mindestabstand zum linken Rand $\epsilon_l = 0$ mm und der Mindestabstand zum unteren Rand $\epsilon_u = 1$ mm betragen, während für ϵ_r und ϵ_o die PiCTeX-Standardwerte verwendet werden.

Wie sich bei den späteren Beispielen zeigen wird, sind Abstandsangaben von 0 mm recht häufig. Hierfür erlaubt PiCTeX die abkürzende Angabe `z` innerhalb des <E> Parameters. Das vorangegangene Beispiel hätte damit auch als `<z,,1mm,>` geschrieben werden können.

Eine sachgerechte Wahl für die verschiedenen Randabstände wird in den folgenden Unterabschnitten vorgestellt und dort verständlicher werden.

7.7.1 Der vertikale Schattierungsmodus

Im vertikalen Schattierungsmodus werden Flächen schattiert, deren obere und untere Grenze beliebige Linienzüge oder Kurven sein können und die links und rechts durch vertikale Linien begrenzt sind. Der Modus wird nochmals in einen *linearen* und *quadratischen* Bearbeitungsstil unterteilt. Der *lineare* Bearbeitungsstil wird mit dem vorangestellten `\setlinear`-Befehl angesprochen. Die Schattierung wird mit dem Befehl

$$\texttt{\textbackslash vshade}\ x_0\ y_0^{(b)}\ y_0^{(t)}\quad [\texttt{<}E_1\texttt{>}]\quad x_1\ y_1^{(b)}\ y_1^{(t)}\quad [\texttt{<}E_2\texttt{>}]\quad x_2\ y_2^{(b)}\ y_2^{(t)}$$
$$\ldots\quad \ldots\ldots\ldots$$
$$[\texttt{<}E_i\texttt{>}]\quad x_i\ y_i^{(b)}\ y_i^{(t)}\quad \ldots\quad \ldots\ldots\ \texttt{/}$$

erreicht. Für die Koordinatenpunkte $(x_i, y_i^{(b)})$ und $(x_i, y_i^{(t)})$ muss die Bedingung

$$x_0 < x_1 < x_2 < \cdots \quad \text{und} \quad y_i^{(b)} \le y_i^{(t)}, i = 0, 1, 2, \ldots$$

eingehalten werden. Mit dem vorstehenden Befehl `\vshade` werden horizontal aneinander grenzende Teilflächen

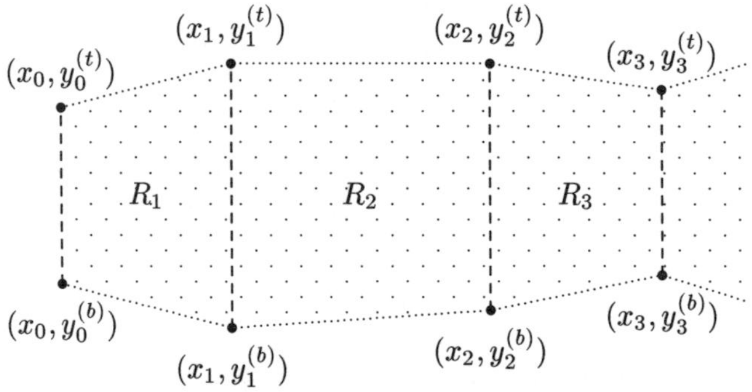

definiert, die mit dem aktuellen Schattierungssymbol und Verteilungsgitter schattiert werden.

Ohne die optionalen Parameter `<`E_i`>` halten die Schattierungssymbole für jede Teilfläche R_i bestimmte Mindestabstände vom oberen und unteren sowie vom linken und rechten Rand ein, die intern vorgegeben sind. Der Mindestabstand zum oberen und unteren Rand ist sinnvoll, nicht dagegen zum rechten Rand der ersten Teilfläche R_1 und zum linken Rand der angrenzenden zweiten Teilfläche R_2 sowie der evtl. weiteren, horizontal folgenden Teilflächen R_i. Es sollte durchaus möglich sein, dass Schattierungspunkte entlang der vertikalen Begrenzungslinien auftreten dürfen, da andernfalls evtl. Schattierungslücken zwischen benachbarten Teilflächen auftreten. Es empfiehlt sich deshalb, die Parameter `<`E_i`>` als

$$\texttt{<}E_1\texttt{>} = \texttt{<,z,,>} \quad \texttt{<}E_i\texttt{>} = \texttt{<z,z,,>}, i = 2, 3, \ldots n-1 \quad \texttt{<}E_n\texttt{>} = \texttt{<z,,,>}$$

zu wählen, wobei der Index n die letzte vertikale Begrenzungslinie kennzeichnen soll.

Die obigen punktierten oder gestrichelten Begrenzungslinien werden durch den `\vshade`-Befehl natürlich nicht erzeugt. Sie dienen nur zur Verdeutlichung der Schattierungsteilflächen. Sollen schattierte Flächen Begrenzungslinien erhalten, so müssen diese mit `\plot`-Befehlen explizit erzeugt werden.

Der *quadratische* Bearbeitungsstil wird mit einem vorangestellten `\setquadratic`-Befehl erreicht. Für diesen hat der Schattierungsbefehl `\vshade` eine geänderte Syntax, nämlich

$$
\begin{array}{llll}
\texttt{\textbackslash vshade}\ x_0\, y_0^{(b)}\, y_0^{(t)} & [<\!E_1\!>] & x_1\, y_1^{(b)}\, y_1^{(t)} & x_2\, y_2^{(b)}\, y_2^{(t)} \\
 & [<\!E_2\!>] & x_3\, y_3^{(b)}\, y_3^{(t)} & x_4\, y_4^{(b)}\, y_4^{(t)} \\
 & \ldots & \ldots\ldots\ldots & \\
 & [<\!E_i\!>] & x_{2i-1}\, y_{2i-1}^{(b)}\, y_{2i-1}^{(t)} & x_{2i}\, y_{2i}^{(b)}\, y_{2i}^{(t)}\ \ldots\ldots\ \texttt{/}
\end{array}
$$

Mit `\setquadratic \vshade ...` in der vorstehenden Form werden die Teilflächen

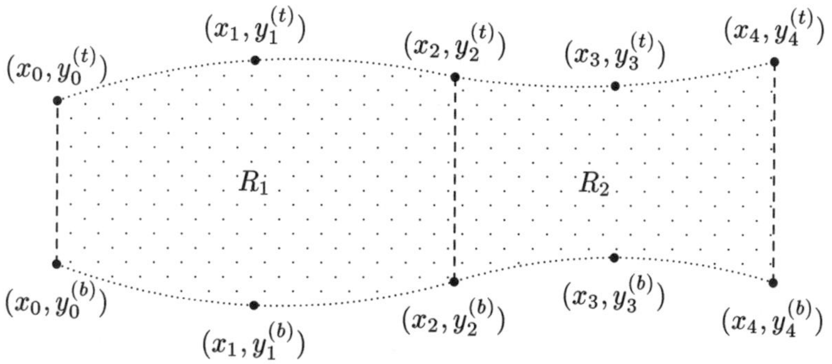

definiert und schattiert. Zur Wahl der optionalen Abstandsparameter $<\!E_i\!>$ gelten die Hinweise des linearen Bearbeitungsstils gleichermaßen.

Für die vorangegangenen linearen bzw. quadratischen vertikalen Schattierungsbearbeitungen wurden die folgenden beiden Befehlspaare benutzt:

```
\setlinear    \vshade 0 5 25 <,z,1pt,1pt> 20 0 30 <z,z,1pt,1pt> 50 2 30
                             <z,z,1pt,1pt> 70 6 27 <z,,1pt,1pt>  80 3 30 /
\setquadratic \vshade 0 5 25 <,z,1pt,1pt> 25 0 30  50 3 28
                              <z,,1pt,1pt> 70 6 27  90 3 30 /
```

7.7.2 Der horizontale Bearbeitungsmodus

Flächen mit einer horizontalen oberen und unteren Begrenzung und einem durch Linienzüge oder Kurven begrenzten linken und rechten Rand werden im horizontalen Bearbeitungsmodus schattiert. Auch beim horizontalen Schattierungsmodus gibt es wie beim vertikalen die lineare und quadratische Unterteilung. Für den linearen Bearbeitungsstil gilt die Befehlsfolge

$$
\begin{array}{llllll}
\multicolumn{6}{l}{\texttt{\textbackslash setlinear}} \\
\texttt{\textbackslash hshade}\ y_0\, x_0^{(l)}\, x_0^{(r)} & [<\!E_1\!>] & y_1\, x_1^{(l)}\, x_1^{(r)} & [<\!E_2\!>] & y_2\, x_2^{(l)}\, x_2^{(r)} & \\
 & \ldots & \ldots\ldots\ldots & & & \\
 & [<\!E_i\!>] & y_i\, x_i^{(l)}\, x_i^{(r)} & \ldots & \ldots\ldots\ \texttt{/} &
\end{array}
$$

Die Koordinatenpunkte $(x_i^{(l)}, y_i)$ und $(x_i^{(r)})$ müssen hierbei die Bedingungen

$$y_0 < y_1 < y_2 < \cdots \quad \text{und} \quad x_i^{(l)} \le x_i^{(r)}, i = 0, 1, 2, \ldots$$

einhalten. Damit wird die Fläche

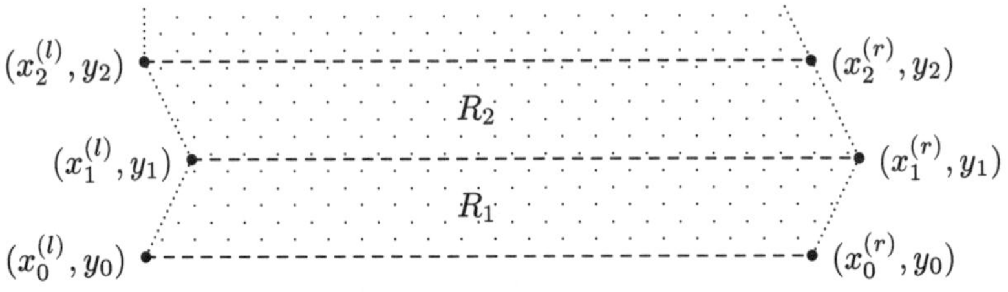

definiert und schattiert. Entsprechend den Anmerkungen zur vertikalen Bearbeitung sollten hier die Mindestabstände des Schattierungssymbols zu den horizontalen Grenzlinien der Teilflächen 0 pt betragen. Die Parameter für $<E_i>$ sollten also als

$$<E_1> = \texttt{<,,,z>} \quad <E_i> = \texttt{<,,z,z>},\ i = 2, 3, \ldots n-1 \quad <E_n> = \texttt{<,,z,>}$$

gewählt werden, evtl. mit einem vom Anwender geänderten Mindestabstand für den rechten und linken Rand.

Die Syntax für `\hshade` lautet bei quadratischer Bearbeitung

$$\begin{array}{llll}
\texttt{\textbackslash setquadratic} & & & \\
\texttt{\textbackslash hshade}\ y_0\ x_0^{(l)}\ x_0^{(r)} & [<E_1>] & y_1\ x_1^{(l)}\ x_1^{(r)} & y_2\ x_2^{(l)}\ x_2^{(r)} \\
 & [<E_2>] & y_3\ x_3^{(l)}\ x_3^{(r)} & y_4\ x_4^{(l)}\ x_4^{(r)} \\
 & \ldots & \ldots\ldots\ldots & \\
 & [<E_i>] & y_{2i-1}\ x_{2i-1}^{(l)}\ x_{2i-1}^{(r)} & y_{2i}\ y_{2i}^{(l)}\ y_{2i}^{(r)}\ \ldots\ldots\ /
\end{array}$$

womit

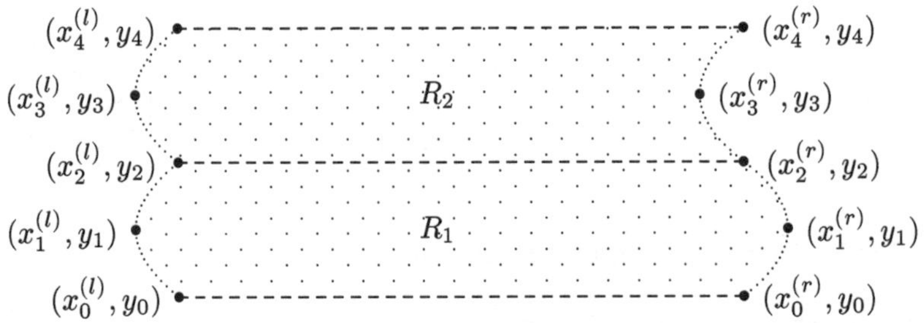

definiert und schattiert wird. Zum Abschluß auch hier die Schattierungsbefehle für die vorstehenden beiden Flächen:

```
\setlinear      \hshade 0 0 70 <1pt,1pt,,z> 10 5 75 <1pt,1pt,z,z> 20 0 70
                               <1pt,1pt,z,> 26 0 67  /
\setquadratic   \hshade 0 5 70 <1pt,1pt,,z> 7.5 0 75  15 5 70
                               <1pt,1pt,z,> 22.5 0 65  30 5 70 /
```

7.7.3 Schattierung geschlossener Kurveninhalte

Um die von geschlossenen Kurven (z. B. Kreis oder Ellipse) umgebene Fläche zu schattieren, muss die eingeschlossene Fläche so in Teilbereiche aufgeteilt werden, dass die Teilflächen entweder im vertikalen oder horizontalen Modus definiert und schattiert werden können. Dies soll am Beispiel des schattierten Viertelkreises und der Ellipse verdeutlicht werden.

```
\setcoordinatesystem units <2.5cm,2.5cm>   \setquadratic
\setplotarea x from 0 to 1, y from 0 to 1
\vshade 0  0 1 <1pt,z,1pt,1pt> .25  0 .9682  .5  0 .8660 /
\hshade 0 .5 1 <z,1pt,1pt,1pt> .43 .5 .9028  .8660 .5 .5 /
\circulararc 90 degrees from 1 0 center at 0 0
\axis bottom ticks numbered from 0.0 to 1.0 by 0.5 /
\putrule from 0 0 to 0 1
```

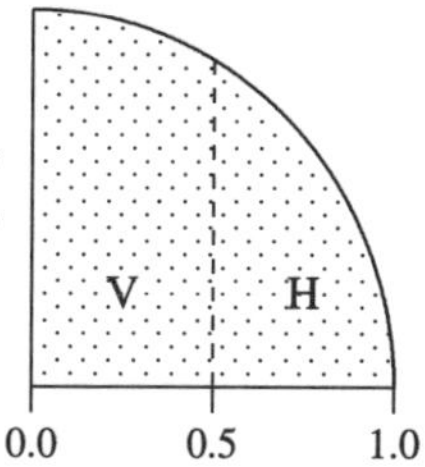

Im Intervall $0 \leq x \leq 0.5$ findet die Schattierung mit dem `\vshade`-Befehl und in $0.5 \leq x \leq 1$ mit `\hshade` statt. Im V-Intervall wurden die y-Werte nach $y_i = \sqrt{r^2 - x_i^2}$ und im H-Intervall die x-Werte nach $x_i = \sqrt{r^2 - y_i^2}$ mit $r = 1$ ermittelt. Obwohl die quadratische Interpolation die Kreisbögen, insbesondere für das rechte H-Intervall, nur grob approximiert, reicht die Unterteilung in nur zwei Parabelbögen aus, da die Ungenauigkeit innerhalb des Mindestabstands von 1 pt liegt.

```
\setcoordinatesystem units <4mm,4mm>
\ellipticalarc axes ratio 4:5 360 degrees
   from 0 5 center at 0 0
\setquadratic
\hshade -3.546 -2.828 -2.828 <1pt,z,1pt,1pt>
   0 -4 -2.828  3.546 -2.828 -2.828 /
\vshade -2.828 -3.546  3.546 <z,z,1pt,1pt>
   0 -5  5       2.828 -3.546 3.546 /
\hshade -3.546  2.828  2.828 <z,1pt,1pt,1pt>
   0  2.828 4    3.546  2.828 2.828 /
```

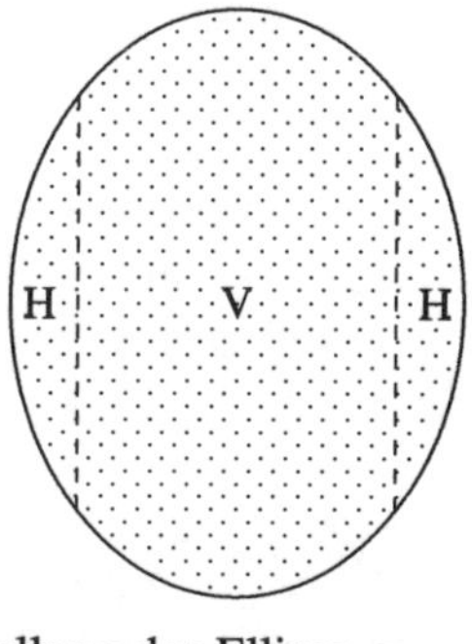

Die Ellipsenkoordinaten wurden hierbei aus der Parameterdarstellung der Ellipse $x = a \cos \varphi$, $y = b \sin \varphi$ mit $a = 4$ und $b = 5$ für $\varphi = \pm 45°$ ermittelt. Die Darstellung der Begrenzung der Ellipsenfläche mit nur $2 + 2$ Parabelapproximationen reicht aus, da die Abweichung der Parabelbögen von der Ellipse innerhalb des vorgegebenen Mindestabstands bleibt.

Die gestrichelten Linien zur Abgrenzung der H- und V-Bereiche dienen nur zur Verdeutlichung. Sie sind selbstverständlich keine Folge der `\hshade`- und `\vshade`-Befehle.

7.7.4 Schattierungssymbol und Verteilungsgitter

Als Schattierungssymbol verwendet PiCTeX standardmäßig den Punkt aus dem 5 pt-Roman-Zeichensatz. Mit dem Befehl

`\setshadesymbol [<`*E*`>] ( {`*s_symbol*`} [[[`p_x`][`p_y`]]] [<`*x_s_maß*`,`*y_s_maß*`>] )`

kann ein beliebiges Zeichen oder Symbol für *s_symbol* als Schattierungssymbol gewählt werden. Dieses ist so lange gültig, bis es durch einen weiteren `\setshadesymbol`-Befehl abgelöst wird, längstens aber bis zum Ende der PiCture-Umgebung.

`<`*E*`>` steht wieder als Abkürzung für den Abstandsvektor `<`ϵ_l`,`ϵ_r`,`ϵ_u`,`ϵ_o`>`. Wird dieser Parameter gesetzt, so gilt er für alle anschließenden Schattierungen mit diesem Schattierungssymbol, so weit nicht für einzelne Teilflächen bei den `\vshade`- und `\hshade`-Befehlen eigene `<`E_i`>` Abstandsvektoren gesetzt waren. Letztere haben Vorrang vor dem allgemeinen Abstandsvektor des `\setshadesymbol`-Befehls, sie gelten aber nur für die einzelne Teilfläche, für die sie gesetzt waren.

Die Positionierungsparameter p_x und p_y sowie die Verschiebemaße *x_s_maß* und *y_s_maß* entsprechen vollständig denen des `\put`-Befehls, wie in 7.3.1 auf S. 366 beschrieben.

Ein geändertes Schattierungssymbol und seine Wirkung gibt das folgende Programmsegment

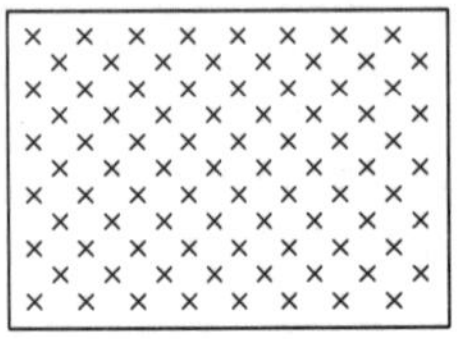

```
\setshadesymbol <1mm,1mm,1mm,1mm>
    ( {$\scriptscriptstyle\times$} )
\grid 1 1  \hshade 0 0 30  21 0 30 /
```

Das gewählte Schattierungssymbol wird in einem Diagonalgitter so angeordnet, dass benachbarte Symbole jeweils einen horizontalen *und* vertikalen Abstand von 5 pt haben. Auch dieser Gitterabstand kann vom Anwender verändert werden, und zwar mit dem Befehl

`\setshadegrid` [`span` <*gitter_abstand*>] [`point at` *x_coord y_coord*]

Entfällt die optionale Angabe für *gitter_abstand*, so gilt der letzte mit einem `\setshadegrid` gesetzte Wert weiter. War ein solcher nicht vorausgegangen, so wird hierfür der Standardwert 5 pt verwendet. Entsprechendes gilt für die optionale Angabe mit `point at` *x_coord y_coord*, mit der ein Bezugspunkt für das Gitter angegeben werden kann. Der PICTEX-interne Standardwert für den Bezugspunkt ist (0,0).

Mit diesem Befehl wird das nebenstehende Gitter definiert, bei dem das Schattierungssymbol an den mit • gekennzeichneten Stellen angebracht wird.

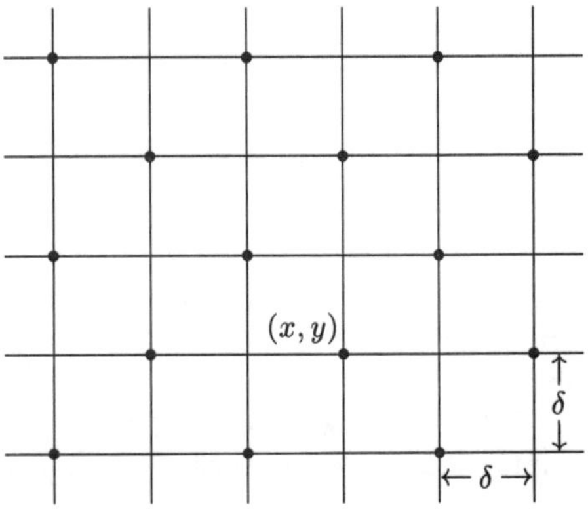

Ist (x, y) der Bezugspunkt für das Gitter, so wird an dieser Stelle das Schattierungssymbol angebracht und von hier werden nach links und rechts im Abstand $i\delta$ und nach oben und unten im Abstand $j\delta$ weitere Schattierungssymbole angeordnet, wobei die ganzzahligen Werte von i und j nur solche Werte annehmen dürfen, dass $i + j$ geradzahlig wird. δ entspricht dabei dem Wert von *gitter_abstand.*

Die Angabe eines Bezugspunkts bei `\setshadegrid` kann in den meisten Fällen entfallen, da der interne Standardwert $(0, 0)$ für die erzeugte Schattierung meist akzeptiert werden kann. Ein Bedarf für die Wahl eines eigenen Bezugspunkts kann z. B. dann vorliegen, wenn ein Kreis schattiert werden soll *und* verlangt wird, dass Schattierungspunkte genau entlang dem horizontalen und vertikalen Durchmesser erscheinen sollen. Liegt der Kreismittelpunkt bei (x_c, y_c), so kann man als Bezugspunkt für den `\setshadegrid`-Befehl die gleichen Koordinaten wählen, um die beschriebene Forderung zu erfüllen.

Die Schattierungsbeispiele in 7.7.1 und 7.7.2 benutzten die Standardwerte für das Schattierungssymbol und das Verteilungsgitter. Für die Beispiele in 7.7.3 war das Verteilungsgitter mit `\setshadegrid span <2.5pt>` gewählt worden. Weitere Beispiele für geänderte Schattierungssymbole und Verteilungsgitter erscheinen im nachfolgenden Unterabschnitt. Die Standardschattierung wird sich in den meisten Fällen als zu schwach erweisen, wie die Beispiele aus 7.7.1 und 7.7.2 erkennen lassen. Andererseits führt eine Halbierung der Gitterweite zur vierfachen Anzahl von Schattierungssymbolen, was eine merkliche Verlängerung der Bearbeitungszeit nach sich zieht.

7.7.5 Schattierte Rechtecke

In Verbindung mit `\setlinear` können mit `\hshade` oder `\vshade` Rechteckflächen definiert und schattiert werden. Da die Schattierung von Rechteckstrukturen, etwa bei Histogrammen oder Balkendiagrammen, recht häufig gewünscht wird, stellt PICTEX zur Schattierung von Rechteckstrukturen einen weiteren Befehl

```
\shaderectangleson
```

bereit. Wird dieser Befehl gesetzt, so werden alle nachfolgenden Rechtecke automatisch schattiert, die mit einem der Befehle `\putrectangle`, `\putbar`, `\frame` und `\rectangle` sowie `\plot` in Verbindung mit `\sethistograms` oder `\setbars` erzeugt werden. Die Schattierung erfolgt mit dem gerade aktiven Schattierungssymbol und Verteilungsgitter. Die Schattierung von solchen Rechtecken wird mit dem Befehl

```
\shaderectanglesoff
```

wieder abgeschaltet.

```
\setcoordinatesystem units <1mm,8mm>
\setshadegrid span <0.6mm>
\shaderectangleson  \sethistograms
\plot 0 0  5 1.0  10 2.0 /
\setshadegrid span <1mm>
\plot 10 0  17 3.5  25 1.8 /
\shaderectanglesoff
\plot 25 0  35 1.2  50 0.5 /
```

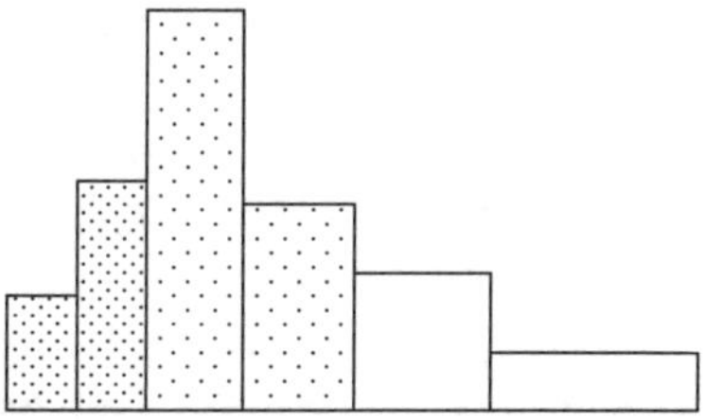

Sollen Teile eines Histogramms oder Balkendiagramms unterschiedlich schattiert werden, so muss es, wie im vorstehenden Beispiel dargestellt, in Teilbereiche mit jeweils eigenen `\plot`-Befehlen aufgeteilt werden, denen die Befehle zur Änderung des Plotsymbols und/oder des Verteilungsgitters voranzustellen sind.

Zum Abschluß noch ein Beispiel mit geändertem Plotsymbol und verschiedenen Gitterabständen:

```
\setshadesymbol <z,1mm,.5mm,.5mm>
   ({-} [l])
\setshadegrid span <1.5mm>
\shaderectangleson
\putrectangle corners at 0 0 and 20 40
\setshadegrid span <1.0mm>
\put {\rectangle <20mm> <20mm>} [lb]
   at 25 20
\setshadesymbol <1pt,1pt,1pt,1pt>
   ( circle{2} [Bl] )
\putbar breadth <15mm> from 25 7.5
                         to   45 7.5
```

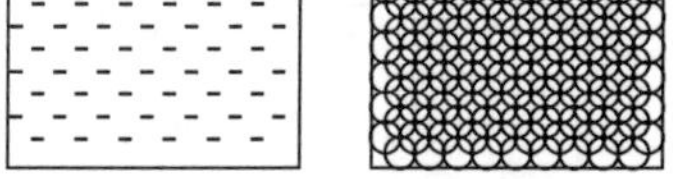

Als letztes Beispiel, das auch zur Abhebung bestimmter Textteile verwendet werden kann, eine textunterlegte Schattierung:

```
\setshadegrid span <1.5pt> \shaderectangleson
\frame <0.5mm> {\bf \lines{ Gerahmter Text\cr
          mit unterlegter\cr Schattierung } }
```

7.8 Positionierung und Schachtelung von Bildern

Bei den vorangegangenen Beispielen standen die Bilder häufig neben einem erläuternden Textblock oder dem Ausdruck für den erzeugenden Programmteil. Hierzu waren die Textteile und die PICture-Umgebung jeweils in eine eigene `minipage`-Umgebung geeigneter Breite gefasst und nebeneinander gestellt worden. Bei anderen Beispielen erschienen die Bilder zentriert. Die naheliegende Vermutung, dies könne durch Einschachtelung in die LATEX-Umgebung `center` erreicht werden, erweist sich leider als falsch.

7.8.1 Horizontal zentrierte Bilder

Soll ein mit der PICture-Umgebung erzeugtes Bild horizontal zentriert werden, so geschieht dies am einfachsten durch Einschachtelung der Umgebung in ein `\[ \]` Paar, wie zur Erzeugung abgesetzter Formeln

`\[ \beginpicture` *PICTEX-Befehle* `\endpicture \]`

Die LATEX-Umgebung `center`, zur horizontalen Zentrierung des eingeschachtelten, ggf. mehrzeiligen Textes, ist zur direkten Aufnahme der PICture-Umgebung ungeeignet. Ein solcher Versuch führt zu einer Flut von Fehlermeldungen und schließlich zum Programmabbruch. Wird die PICture-Umgebung dagegen in eine eigene LR-Box `\mbox{`*bild*`}` gefasst, so kann diese `\mbox` wie sonstiger Text von der `center`-Umgebung aufgenommen und ordnungsgemäß verarbeitet werden.

In [18] wird die Einschachtelung in ein Paar `$$ ... $$` vorgeschlagen, um ein Bild abgesetzt und horizontal zentriert auszugeben. Da die TEX-Struktur `$$ ... $$` das Pendant zur LATEX-Struktur `\[ ... \]` ist, möge der Leser die ihm geläufigere Struktur wählen.

7.8.2 Gleitende Bilder

Eine horizontale Zentrierung von Bildern in einer der beschriebenen Formen ist nur sinnvoll, wenn das Bild nur geringe vertikale Ausdehnung hat. Da bei der Mischung von PICture-Umgebungen mit normalem Text der Seitenumbruch zunächst nicht bekannt ist, wird bei Bildern mit größerer vertikaler Ausdehnung die Seite ggf. vor dem Bild gebrochen, wenn auf der laufenden Seite nicht mehr genügend Platz für das Bild verfügbar ist. Dies führt zu einer schlechten Formatierung für die laufende Seite. Es ist deshalb empfehlenswert, größere Bilder in die LATEX-Gleitumgebung `figure` zu fassen, also eine Struktur

```
\begin{figure}[gleit_pos] \beginpicture . . . .
                     . . . . \endpicture \end{figure}
```

zu wählen. Die `figure`-Umgebung mit den optionalen Gleitparametern *gleit_pos* ist ausführlich in [5, Abschn. 6.6] beschrieben und wird als bekannt vorausgesetzt. Damit werden Bilder automatisch dorthin positioniert, wo von LATEX unter Berücksichtigung der evtl. angegebenen Gleitparameter am ehesten Platz gefunden wird, wobei der nachfolgende Text ggf. vorgezogen wird.

Das an dieser Stelle definierte Bild

```
\begin{figure}[b] \[ \beginpicture
  \setcoordinatesystem units <6mm,1.5cm>
  \putrectangle corners at 0 0 and 10 1
  \put {Dieses Bild mag gleiten!} at 5 .5
\endpicture \] \end{figure}
```

erscheint als Folge der `figure`-Umgebung mit dem Gleitparameter `[b]` nunmehr unten am Seitenende und gleichzeitig als Folge der Einschachtelung in `\[ ... \]` horizontal zentriert.

Innerhalb der `figure`-Umgebung kann der eingeschlossenen PICture-Umgebung der Befehl `\capture{`*bild_text*`}` voran- oder nachgestellt werden. Damit erfolgt eine automatische Bildnummerierung mit dem für *bild_text* übergebenen Text als Über- oder Unterschrift. Gleichzeitig wird die Bildnummer mit dem Bildtext nach Aufruf von `\listoffigures` automatisch in ein Bildverzeichnis aufgenommen [5a, Abschn. 3.4].

7.8.3 Die PICTeX-Bildbox

Sollen Bilder ausschließlich mit einer der im vorangegangenen Unterabschnitt beschriebenen Möglichkeiten positioniert werden, so kann dieser Unterabschnitt überschlagen werden. Die folgenden Hinweise bekommen ihre Bedeutung, wenn Bilder horizontal mit umgebenden Textteilen verknüpft oder Teilbilder mit eigenen PICture-Umgebungen definiert und in größere Bilder eingebunden werden sollen.

Für jede PICture-Umgebung wird bei der PICTeX-Bearbeitung die kleinste umgebende Box ermittelt, die alle Bildelemente gerade einschließt. Die einzelnen Bildelemente sind aus der Sicht von TeX ebenfalls Boxen, die horizontal und vertikal oder ggf. überlappend gegeneinander ausgerichtet sind (s. Bild nächste Seite oben).

Aus der Sicht von TeX ist jede Box durch die Breite w, die Höhe h *über* der Grundlinie und die Ausdehnung d *unterhalb* der Grundlinie gekennzeichnet. Die Gesamthöhe einer Box ist damit $t = h + d$, wobei h und d auch negative Werte annehmen dürfen. Ein negativer Wert für h bedeutet, dass die Oberkante der Box unterhalb der Grundlinie liegt, ein negativer Wert für d tritt auf, wenn die Boxunterkante oberhalb der Grundlinie liegt.

Die Abmessungen der Boxen für die einzelnen Bildelemente ergeben sich zwangsläufig aus den Bildbefehlen `\setplotarea`, `\putrectangle`, `\putbar` und `\putrule`. Die Bildbefehle `\put` und `\multiput` definieren Boxen, deren Abmessungen PICTeX aus dem übergebenen Textteil selbst ermittelt. Auch die Grundlinien für diese Boxen sind durch die Bildbefehle bestimmt, z. B. die durch die Bezugskante gehende Linie beim Befehl `\putrectangle` und die y-Koordinate bei horizontalen Rechtecken und Balken bei den Befehlen `\putbar` und `\putrule`. Bei den Befehlen `\put` und `\multiput` wird die Grundlinie der erzeugten Boxen aus der übergebenen Textstruktur ermittelt.

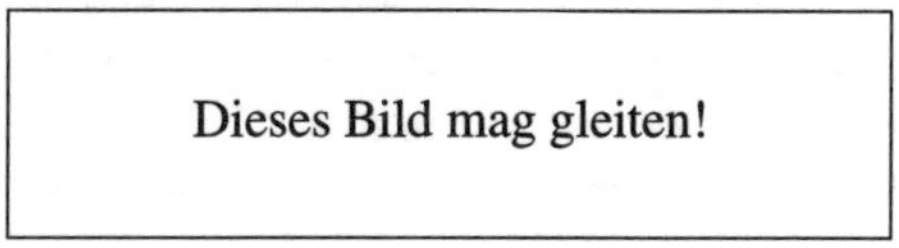

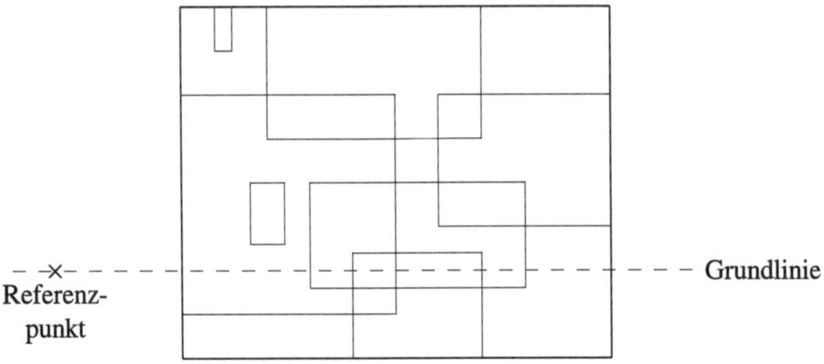

Wo aber liegt die Grundlinie der das Bild umschließenden Minimalbox? PICTEX trifft hierfür folgende Entscheidung: Wenn die Oberkante der Minimalbox unterhalb des gemeinsamen Referenzpunkts (s. 7.2) der eingeführten Koordinatensysteme liegt, so wird die Oberkante der Minimalbox als deren Grundlinie angesehen. Ist t die Gesamthöhe der Minimalbox, so folgt für diesen Fall $h = 0$ und $d = t$. Liegt dagegen die Unterkante der Minimalbox oberhalb des Referenzpunkts der Koordinatensysteme, so wird die Unterkante zur Grundlinie erklärt, also $h = t$ und $d = 0$ gewählt. In allen anderen Fällen geht die Grundlinie durch den Referenzpunkt und PICTEX ermittelt daraus die Werte für h und d und gibt diese an TEX weiter.

Mathematisch etwas präziser dargestellt: Ist t die Gesamthöhe der Minimalbox und r der vertikale Abstand zwischen ihrer Unterkante und dem Referenzpunkt, so gilt $h = \max(0, \min(t - r, t))$ und $d = t - h$.

Bei der PICTEX-Bearbeitung wird die Minimalbox zunächst mit der Teilbox für das erste Bildelement gleichgesetzt und mit jedem weiteren Bildelement, dem eine Box mit endlichen Abmessungen zugeordnet wird, entsprechend deren Positionierung zur ersten Teilbox ausgeweitet. Dieser Anpassungsmechanismus für die Minimalbox während der Abarbeitung der PICture-Umgebung kann mit den Befehlen

`\accountingoff` und `\accountingon`

ab- und wieder angeschaltet werden. Hierdurch kann die Bearbeitungsgeschwindigkeit geringfügig erhöht werden, wenn klar ist, dass zusätzlich zugefügte Bildelemente in einen Bereich fallen, für den bereits vorher eine Box berücksichtigt wurde. Dies ist z. B. der Fall, wenn mit `\setplotarea` eine Box definiert wurde und mit anschließenden Bildbefehlen weitere Bildelemente *innerhalb* des Bildfensters angebracht werden.

Wird das gesamte Bild mit der Umschaltung nach `\accountingoff` bearbeitet, so entsteht eine Minimalbox *ohne* Breiten- und Höhenabmessung, die von PICTEX am Referenzpunkt der gemeinsamen Koordinatensysteme angeordnet wird. Ebenso definieren `\plot`-Befehle in Verbindung mit `\setlinear` und `\setquadratic` keine Box mit endlichen Abmessungen. Als Folge würde ein Bild, das nur solche `\plot`-Befehle als Bildelemente enthält, von PICTEX als *Nullbox* betrachtet und am Referenzpunkt angebracht werden. Die endlichen Abmessungen solcher Bildelemente werden damit von TEX nicht erkannt und ragen ggf. in den umgebenden Text hinein. Aus diesem Grunde sollte in jeder PICture-Umgebung stets mindestens ein Bildfenster mit `\setplotarea` definiert werden.

7.8.4 Verschachtelte Bilder

Aus der Sicht von TEX stellt eine PICture-Umgebung einen ganz normalen Textblock dar, der von TEX weiterverarbeitet wird, indem die PICTEX-Befehle als TEX-Makros aufgelöst und abgearbeitet werden. Damit können PICture-Umgebungen auch als *Pseudotext* an `\put` und `\multiput`-Befehle weitergegeben werden. Auf diese Weise entstehen verschachtelte Bildstrukturen:

```
\beginpicture                                  Beginn des Hauptbildes
  \setcoordinatesystem . . .                   äußeres Koordinatensystem
  \put {\beginpicture                          Beginn Unterbild 1
          Bildbefehle für Unterbild 1
        \endpicture } at . . .                 Ende Unterbild 1
  \put {\beginpicture                          Beginn Unterbild 2
          Bildbefehle für Unterbild 2
        \endpicture } at . . .                 Ende Unterbild 2
  . . . . . . . . . . . . . . . . . . .
\endpicture                                    Ende des Hauptbildes
```

Enthalten Teilbilder eigene `\setcoordinatesystem`-Befehle, so legen diese die Koordinatensysteme für das jeweilige Teilbild fest. Außerhalb des Teilbildes sind die internen Koordinatensysteme unbekannt. Bei Teilbildern ohne eigene `\setcoordinatesystem`-Befehle gilt das letzte im äußeren Bild definierte Koordinatensystem auch für die folgenden Teilbilder.

Bei verschachtelten Bildern ist auf die richtige Positionierung zu achten. Das folgende geschachtelte Bild ruft auf den ersten Blick sicher Überraschung hervor:

```
\beginpicture   \setcoordinatesystem <1mm,1mm> point at 20 10
  \linethickness1mm
  \put {\beginpicture \putrule from 50 0 to 100 0 \endpicture} at 0 0
  \put {\beginpicture \setlinear \plot 30 0  80 0 /
       \endpicture } at 0 0
\endpicture
```

Hier wurde für das Hauptbild zunächst ein Koordinatensystem vereinbart, dessen Referenzpunkt um 20 x-Einheiten nach rechts und 10 y-Einheiten nach oben ausgerichtet ist. Dieses Koordinatensystem gilt auch für die inneren Teilbilder, da diese keine internen Koordinatensysteme definieren. Das erste Teilbild definiert mit dem Befehl `\putrule` eine Box, deren Breite $w = 50$ x-Einheiten (50 mm) einnimmt. Höhe h und Tiefe d dieser Box entsprechen der halben Linienbreite, wegen `\linethickness1mm` also jeweils 0.5 mm. Der umschließende `\put`-Befehl wird ohne Positionierungsparameter `[`p_xp_y`]` verwendet. Damit wird der übergebene *Text* horizontal und vertikal zentriert bei `at 0 0`, also bei $x = 0$, $y = 0$ angebracht. Der übergebene Text ist hier das erste Teilbild, dessen übergebene Box mit den Werten $w = 50$, $h = 0.5$ und $d = 0.5$ mm zentriert wird. Damit erscheint der Balken im Gesamtbild mit seinem linken Rand bei $x = -25$, dem rechten Rand bei $x = 25$ und der Unter- und Oberkante bei $y = -0.5$ bzw. $y = 0.5$.

Das zweite Teilbild enthält den Befehl `\plot` zur Erzeugung einer Linie von $(30, 0)$ nach $(80, 0)$. Dieses Teilbild wird von PICTEX als Nullbox betrachtet, die keinerlei Ausdehnung hat und die am gemeinsamen Referenzpunkt angebracht wird, also bei $x = 20$, $y = 10$. Als Folge des zweiten umschließenden `\put {...} at 0 0`-Befehls wird nun eine Verschiebung dieser Nullbox vorgenommen, so dass $(0,0)$ zentriert zum Referenzpunkt liegt, d. h., der Referenzpunkt wird an diesem Punkt gespiegelt und die Nullbox bei -20, -10 angebracht. Das als Nullbox übergebene Bildelement `\plot 30 0  80 0 /` hat jedoch endliche Abmessungen, es beginnt 30 x-Einheiten rechts von der Nullbox und reicht bis 80 x-Einheiten weit nach rechts und seine Höhe und Tiefe sind durch die des aktuellen Plotsymbols bestimmt. Damit erscheint diese Linie im Hauptbild so, als wäre sie dort mit `\plot 10 -10  60 -10 /` angebracht worden. Zur Verdeutlichung folgt hier das erzeugte Bild mit dem Referenzpunkt bei $x = 20$ und $y = 10$:

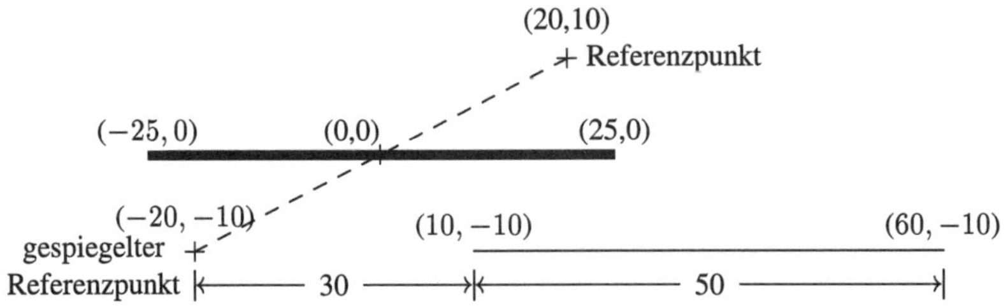

Das beschriebene Verhalten bei der Konstruktion von verschachtelten Bildern mag zunächst kompliziert erscheinen und dazu führen, von solchen Konstruktionen Abstand zu nehmen. Dennoch erweist es sich als sehr leistungsfähig und hilfreich. Außerdem kann die Bearbeitungsgeschwindigkeit erhöht werden. PICTEX kopiert gleiche Teilbilder mit dem `\multiput`-Befehl sehr viel schneller als die getrennte Erzeugung mit wiederholten Bildbefehlen.

```
\setcoordinatesystem units <7.5mm,7.5mm>
\multiput {\beginpicture
     \circulararc 360 degrees from 1 0 center at 0 0
           \endpicture } at 0 0  1 0  .5 .8660     /
```

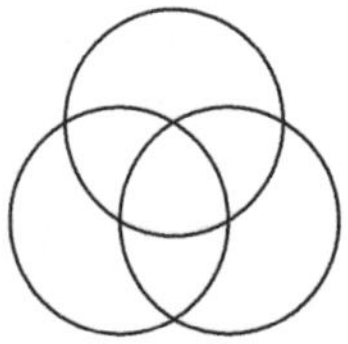

ist schneller als die Folge von drei einzelnen Kreisbefehlen mit Angabe der jeweiligen Anfangs- und Mittelpunkte.

Es ist möglich, den Referenzpunkt eines Teilbildes mit eigenen Koordinatensystemen im Hauptbild an eine beliebige Stelle zu positionieren. Angenommen, es sei R der Referenzpunkt des Teilbildes und Q der Schnittpunkt des linken Randes und der Grundlinie der umgebenden Minimalbox für das Teilbild. Der horizontale Abstand zwischen R und Q möge hierbei ξ und der vertikale Abstand η sein. Letzterer ist dann von Null verschieden, wenn entweder die Oberkante der Minimalbox unterhalb oder deren Unterkante oberhalb des Referenzpunkts liegt. Wird das Teilbild statt mit `\endpicture` nun mit

`\endpicturesave <`*x_reg*`,`*y_reg*`>`

abgeschlossen, so werden die Werte von ξ und η in den Maßregistern *x_reg* und *y_reg* abgelegt. Maßregister können in LaTeX mit dem Befehl `\newlength` eingerichtet werden. Mit den beiden Befehlen

`\newlength{\xreg}` und `\newlength{\yreg}`

werden die beiden Maßregister `\xreg` und `\yreg` eingerichtet, die im vorstehenden `\endpicturesave` dann als `<\xreg,\yreg>` eingegeben werden können. Im Hauptbild kann sodann geschrieben werden

```
\put {\beginpicture  \setcoordinatesystem point at x_r y_r
        Teilbildbefehle   \endpicturesave <\xreg,\yreg> }
     [Bl] <\xreg,\yreg> at 0 0
```

Hiermit wird der oben beschriebene Schnittpunkt Q des linken Randes mit der Grundlinie der Minimalbox für das Teilbild um die Werte von `\xreg` und `\yreg` gegenüber dem Punkt `at 0 0` verschoben. Mit

```
\put {\beginpicture  \setcoordinatesystem point at 15 25
        \putrectangle corners at 50 50 and 70 90
     \endpituresave <\xreg,\yreg> } [Bl] at 0 0
```

wird ein Rechteck erzeugt, dem im Hauptbild `\putrectangle corners at 35 25 and 55 65` entsprechen würde.

7.8.5 Horizontaler Text und Bilder

Aus der Sicht von TEX erzeugt eine PICture-Umgebung eine horizontale Box mit der Breite w, die in Bezug auf die momentane Grundlinie um h über und d unter die Grundlinie ragt. Diese Box wird mit ihrem Referenzpunkt dort angebracht, wo TEX hinter dem vorangehenden Text das nächste Zeichen anbringen würde. Das nächste Zeichen des nachfolgenden Textes wird mit seinem Referenzpunkt am Schnittpunkt des rechten Randes der Minimalbox für die PICture-Umgebung mit der Grundlinie angebracht.

Dies wird man gelegentlich nutzen, um spezielle Symbole, die TEX nicht kennt, als Bild zu erzeugen und mit dem laufenden Text zu vereinigen. In der Mathematik werden gelegentlich die Symbole $\therefore$ und $\because$ mit der Bedeutung „daher“ und „weil“ verwendet. Diese Symbole sind in den mathematischen TEX-Zeichensätzen nicht vorhanden (wohl aber in den zusätzlichen Zeichensätzen von $\mathcal{AMS}$TEX). Mit

```
\newcommand{\therefore}{\beginpicture \setplotsymbol ({.})
     \setcoordinatesystem units <1ex,1ex> point at 0 0
     \multiput {.} [B] at -.577 0  0 1  .577 0 / \endpicture}
\newcommand{\because}{\beginpicture   \setplotsymbol ({.})
     \setcoordinatesystem units <1ex,1ex> point at 0 0
     \multiput {.} [B] at -.577 1  0 0  .577 1 / \endpicture}
```

könnten die beiden Befehle `\therefore` und `\because` definiert werden, nach deren Aufruf nunmehr `\because\` = $\because$ und `\therefore\` = $\therefore$ ausgegeben werden. Mit

```
\newsavebox{\thereforesymbol}    \newsavebox{\becausesymbol}
\sbox{\thereforesymbol{\beginpicture   \setplotsybol ({.})
     \setcoordinatesystem <1ex,1ex> point at 0 0
     \multiput {.} [B] at -.577 0  0 1  .577 0 / \endpicture }
\newcommand{\therefore}{\usebox{\thereforesymbol}}
```

und entsprechend für `\becausesymbol` und `\because` könnten die Symbole in einer Box abgelegt werden, ohne dass bei jedem Aufruf das Bild neu erzeugt werden muss.

7.8.6 Drehung von Bildteilen

PICTEX gestattet es, bestimmte Bildelemente um einen vorzugebenden Winkel um einen ebenfalls vorzugebenden Punkt zu drehen. Dies geschieht mit dem Befehl

`\startrotation` $\big[$`by` $\cos(\theta)\ \sin(\theta)\big]\ \big[$`about` $x_r\ y_r\big]$

Hierin sind statt des Winkels θ, um den die folgenden Bildelemente gedreht werden sollen, dessen Sinus- und Cosinuswerte $\sin(\theta)$ und $\cos(\theta)$ anzugeben. Der Grund hierfür liegt darin, dass diese Werte mit jedem Taschenrechner schneller zu bestimmen sind, als es mit der Festpunktarithmetik aus TEX möglich wäre. x_r und y_r sind die Koordinaten des Punkts, um den die anschließenden Bildteile gedreht werden sollen (Rotationspunkt).

Entfällt die Angabe von '`by` $\cos(\theta)\ \sin(\theta)$', so werden die Werte der letzten Einstellung für `\startrotation` aus der Bildumgebung gewählt. War ein solcher Befehl noch nicht vorgekommen, so wird als Standardwert $\theta = 0$ und damit 1 und 0 eingesetzt. Entfällt die Angabe '`about` $x_r\ y_r$', so gilt die entsprechende Angabe aus dem vorangegangenen Rotationsbefehl bzw. $(0, 0)$, falls es einen solchen nicht gab.

Nach dem Befehl `\startrotation` werden von den nachfolgenden Bildelementen

- alle mit `\plot` erzeugten Linien- und Kurvenzüge,
- alle Kreise, Kreisbögen, Ellipsen und Ellipsenbögen und
- alle mit `\arrow` erzeugten Pfeile

um den vorgegebenen Winkel um den Rotationspunkt gedreht. Für alle anderen Befehle gilt:

- Bei den Befehlen `\put` und `\multiput` werden die auf `at` folgenden Koordinaten gedreht, der übergebene Text behält dagegen seine horizontale oder vertikale Richtung.
- Bei den Befehlen `\putbar` und `\putrule` werden die auf `from` folgenden Koordinaten gedreht, die Rahmen oder Balken behalten aber ihre horizontale oder vertikale Richtung.
- Schattierungen erfolgen innerhalb der gedrehten Flächen, die Schattierungssymbole selbst behalten aber ihre Richtung entsprechend ihrer ursprünglichen Definition.
- Andere PICTEX-Befehle sollten nach `\startrotation` nicht verwendet werden. So zerfallen z. B. Rechtecke nach diesem Befehl und die Unterteilung bei den `\axis`-Befehlen wird ungleichförmig.

Die Wirkung des `\startrotation`-Befehls auf die nachfolgenden Bildbefehle wird mit

```
\stoprotation
```

wieder abgeschaltet. Ein anschließender `\startrotation`-Befehl ohne sonstige Angaben aktiviert erneut die Drehung mit dem zuletzt definierten Winkel und Rotationspunkt.

```
\setcoordinatesystem units <1cm,1cm> point at 5 0
\setplotarea x from -2 to 2, y from 0 to 4.5    \setquadratic
\plot -2 4  0 0  2 4 /    \setlinear  \setdashesnear <1mm> for <1cm>
\plot 0 0  0 2 /  \put {$\bullet$} at 0 2  \put {(0,2)} <0pt,2mm> at 0 2
\setsolid
\arrow <2mm> [0.25,0.75] from 1 1 to 0.5 1.5 \plot 0.5 1.5  0 2 /
\arrow <2mm> [0.25,0.75] from 1 2 to 1 1.5   \plot 1 1.5  1 1  /
\setquadratic \setshadegrid span <.5mm>
\hshade 2.5 -1.5811 1.5811  3.0 -1.7321 1.7321  3.5 -1.8708 1.8708 /

\setcoordinatesystem point at 0 0   \startrotation by .8660 .5 about 0 2
  . . . . . . . . . . . . . . . . . . . . . . . . . . . . . . . .
\setcoordinatesystem point at -4 0  \startrotation by 0 -1    about 0 2
  . . . . . . . . . . . . . . . . . . . . . . . . . . . . . . . .
```

An den punktierten Zeilen stehen jeweils die gleichen mit `\setplotarea` beginnenden und mit `\hshade` endenden Programmteile, wie vorangehend ausgedruckt. Nach den `\startrotation`-Befehlen werden alle folgenden Bildelemente mit Ausnahme des Textes '(0,2)' gedreht, und zwar um 30° bzw. $-90°$, mit dem Punkt (0,2) als Drehpunkt.

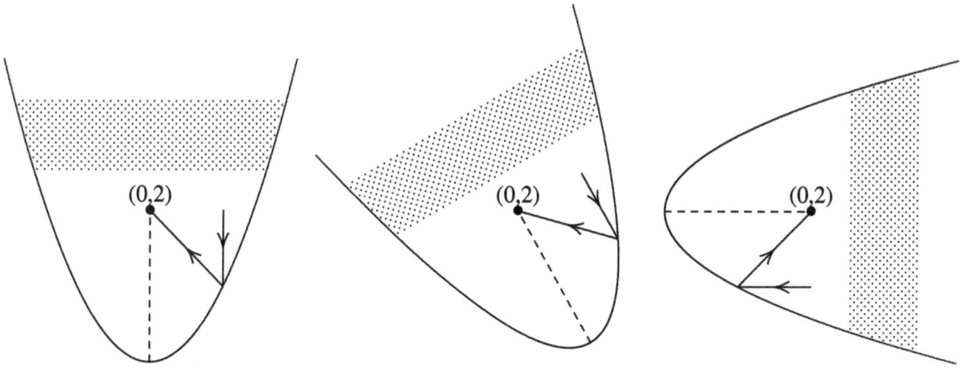

Wäre als Schattierungsymbol ein '-' oder '×' gewählt worden, so hätte man sehen können, dass das Symbol selbst in allen drei Fällen seine ursprüngliche Ausrichtung beibehalten würde. Zum Abschluß noch ein weiteres Beispiel mit einer Ellipse und einem Rechteck als Linienzug, die um ihren Mittelpunkt bzw. ihre linke untere Ecke um 25° gedreht werden.

```
\setcoordinatesystem units <8mm,8mm>
\setplotarea x from -2 to 2, y from -1 to 1
\startrotation by .9063 .4226
\ellipticalarc axes ratio 2:1 360 degrees
   from 2 0 center at 0 0
\stoprotation   \setcoordinatesystem point at 2 4
\setplotarea x from 0 to 4, y from 0 to 2
\axis bottom ticks numbered from 0 to 4 by 1 ... /
\axis left   ticks numbered from 0 to 2 by 1 ... /
\startrotation about 1 1
\plot 1 1  4 1  4 2  1 2  1 1 /   % Rechteckzug
```

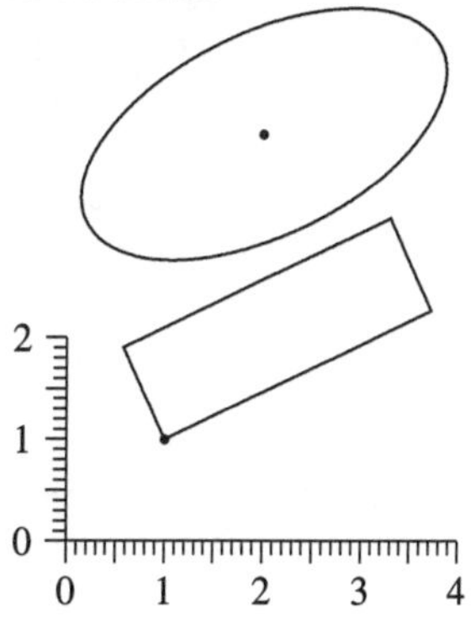

7.8.7 Register-Arithmetik

Bei einigen vorangegangenen Beispielen wurden Rechnungen mit Maßregistern vorgenommen. PiCTeX stellt z. B. ein internes Maßregister `\totalarclength` bereit, dessen Inhalt mit dem Längenwert der letzten mit `\plot` erzeugten Linie oder Kurve oder dem Ergebnis eines vorangegangenen `\findlength`-Befehls gefüllt ist. Weitere Maßregister können mit dem LaTeX-Befehl `\newlength` eingerichtet werden. Bei allen PiCTeX-Befehlen, die Maßangaben enthalten, bei denen also eine Angabe der Form <*maß_eingabe, …* > erlaubt ist, kann die Eingabe entweder in Form einer Maßzahl *oder* eines Maßregisters erfolgen. Für Letzteres ist statt der Maßzahl der Name des Maßregisters anzugeben.

Mit Maßregistern können Rechnungen durchgeführt werden. Die Zuweisung eines Wertes erfolgt einfach durch Anhängen einer Maßzahl. War z. B. mit `\newlength{\mi}` das Register `\mi` eingerichtet worden, so wird mit `\mi5mm` sein Wert auf 5 mm festgelegt. Alle Maßangaben werden intern in die Maßeinheit `pt` (Punkt) umgerechnet, wobei jeder Punkt in 65536 sp Teilpunkte (skalierte Punkte) unterteilt ist. Da 1 mm 2.84528 pt $\approx$ 186468 sp entspricht, ist der Zahlenwert von `\mi` nach der Zuweisung von 5 mm 14.22638 in Punkteinheiten bzw. 932340 in skalierten Punkteinheiten.

Wird einem Maßregister eine Dezimalzahl vorangestellt, so bedeutet dies das entsprechende Vielfache des aktuellen Inhalts des Maßregisters. Wird mit `\newlength{\mii}` ein zweites Maßregister eingerichtet, so enthält nach der Anweisung `\mii 2.5\mi` das Register `\mii` das 2.5-fache des Registers `\mi`, also nunmehr 4 661 700 (sp). Das gleiche Ergebnis hätte auch mit der LaTeX-Anweisung

```
\setlength{\mii}{2.5\mi}
```

erreicht werden können. Im Ergebnis stellt das beschriebene Verfahren eine Multiplikation dar. Das Verfahren kann verallgemeinert werden. Mit dem PiCTeX-Befehl

```
\placevalueinputs of <maß_reg> in {\befehls_wort}
```

wird der Inhalt eines Maßregisters mit seinem pt-Zahlenwert als Faktor unter dem gewählten Befehlsnamen abgelegt. Entsprach der Inhalt des Maßregisters `\miii` z. B. 3.1415 pt, so wird mit

```
\placevalueinputs of <\miii> in {\factor}
```

ein Befehl `\factor` erzeugt, mit dem nunmehr z. B. durch `\mii\factor\mi` der Inhalt von `\mi` mit 3.1415 $\approx \pi$ multipliziert und das Ergebnis in `\mii` abgespeichert wird.

Mit dem LaTeX-Befehl `\addtolength{`*maß_reg*`}{`*maß*`}` kann ein Maßregister additiv verändert werden. Hierbei kann *maß* eine Maßzahl oder ein weiteres Maßregister, evtl. mit einem vorangestellten Faktor, sein. Ein vorangestellter Faktor darf durch ein vorangestelltes Minuszeichen auch einen negativen Wert annehmen, was beim vorstehenden Befehl zu einer Subtraktion führt.

Schließlich kennt PiCTeX noch den Befehl

```
\Divide <dividend> by <divisor> forming <quotient>
```

mit dem zwei Maße oder Maßregister *dividend* und *divisor* dividiert werden und das Ergebnis in dem Maßregister *quotient* abgelegt wird. Das Maß oder der Inhalt des entsprechenden Registers für *divisor* darf maximal 2047 pt betragen, was ca. 720 mm entspricht. Das Ergebnis ist auf 1/65536 pt genau.

Man kann die beschriebene Maßregister-Arithmetik innerhalb von PiCture-Umgebungen nutzen, um voneinander abhängende Bildteile in ihren Größen oder Verschiebungen automatisch zu errechnen. Häufig genügt es, ein oder zwei Register auf anfängliche Benutzerwerte zu setzen, aus denen alle anderen Maßwerte durch Register-Arithmetik abgeleitet werden. Der Vorteil liegt dann darin, dass bei Änderung der Bildgröße nur ein oder zwei Zahlenwerte zu ändern sind.

Anwender mit zusätzlichen TeX-Kenntnissen können für die Register-Arithmetik direkt die von TeX bereitgestellten 256 Maßregister `\dimen`n ($n = 0, \ldots 255$) benutzen und auf die hier verwendeten LaTeX-Maßstrukturen evtl. ganz verzichten.

Zum Abschluß noch ein weiterer PiCTeX-Maßbefehl

```
\placehypotenuse for <ξ_maß> and <η_maß> in <ζ_reg>
```

mit dem $\zeta = \sqrt{\xi^2 + \eta^2}$ berechnet und das Ergebnis im Maßregister ζ_*reg* abgelegt wird. Die Eingaben für ξ_*maß* und η_*maß* können Maßangaben oder weitere Maßregister sein, wobei für die Werte $|\xi\_maß| + |\eta\_maß| < 2048$ pt gelten muss.

7.8.8 Der Dimensions-Modus in PICTEX

PICTEX verwendet standardmäßig einen Bearbeitungsmodus, bei dem Positionierungs- und Größenangaben in Form der gewählten Koordinateneinheiten erfolgen und damit als dimensionslose Zahlen einzugeben sind, die den Bruchteil oder das Vielfache der jeweils gültigen Koordinateneinheit darstellen. Mit dem Befehl

`\setdimensionmode`

wird in einen Bearbeitungsmodus umgeschaltet, in dem alle Größenangaben in Form von Maßzahlen oder Maßregistern anzugeben sind. Nach dieser Umschaltung muss eine Positionierung mit dem `\put`-Befehl z. B. lauten `\put {$\circ$} at 3cm -25\,mm`, womit das `\circ`-Symbol um 3 cm rechts und um 25 mm unterhalb des Koordinatenursprungs angeordnet wird.

Erfolgt die Maßangabe durch ein Register, so muss an Stelle der Koordinatenangaben der Registername in `{ }` gesetzt werden. Sind `\xreg` und `\yreg` zwei eingeführte LaTeX-Längenregister, so ist `\put {$\circ$} at {2.2\xreg} {-1.5\yreg}` eine erlaubte Eingabe, deren Bedeutung nach dem vorangegangenen Unterabschnitt keiner weiteren Erläuterung bedarf. Registernamen innerhalb von `< >` Paaren stehen wie gewohnt *ohne* zusätzliche Einschachtelung in `{ }`.

Innerhalb des Dimensionsmodus hat die Angabe der Koordinateneinheiten nach dem Schlüsselwort `units` im `\setcoordinatesystem`-Befehl keine Bedeutung, da alle Größen- und Positionierungsangaben mit Maßangaben absolut erfolgen. Außerdem dürfen in diesem Bearbeitungsmodus beim `\axis`-Befehl die Schlüsselwörter `from` und `at` nicht verwendet werden, d. h., Tickmarken können nur durch Angabe ihrer Zahl längs der Koordinatenachse erzeugt werden.

Mit dem Befehl

`\setcoordinatemode`

kann aus dem Dimensionsmodus wieder in den normalen Bearbeitungsmodus zurückgeschaltet werden.

Beim Leser wird sich spätestens hier die Frage stellen, was für einen Vorteil der Dimensionsmodus hat, in dem die Größen- und Positionierungsangaben umständlicher sind und zudem noch Beschränkungen bei der Erzeugung von Tickmarken bestehen. Die Bedeutung dieses Bearbeitungsmodus liegt in der Verwendung der Maßregister-Arithmetik aus dem vorigen Unterabschnitt. Die Nutzung dieser Arithmetik ist nur bei Maßangaben möglich, und diese sind im normalen Bearbeitungsmodus nur bei den in `< >` eingeschlossenen Befehlsteilen erlaubt. Eine entsprechende Arithmetik für Koordinatenangaben ist dabei nicht möglich.

Ebenso gestattet der Dimensionsmodus die Definition von ziemlich variablen Makros, die dann im normalen Bearbeitungsmodus aktiviert werden können. Hierfür wird ein Beispiel von M. J. WICHURA aus [18] wiedergegeben, bei dem die dortigen TEX-Strukturen hier durch die entsprechenden LaTeX-Strukturen ersetzt sind. Vorab jedoch noch zwei weitere PICTEX-Befehle. Mit

`\Xdistance{`*x_coord*`}` und `\Ydistance{`*y_coord*`}`

werden die horizontalen und vertikalen Abstände eines Punkts (*x_coord,y_coord*) vom Koordinatenursprung als Maßangaben zurückgeliefert, die in geeigneten Maßregistern abgespeichert werden können. Und nun das angekündigte Beispiel:

Es soll ein Makro mit dem Namen `\puterrorbar{`x`}{`y`}{`Δy`}` mit drei Parametern bereitgestellt werden, mit dem das nebenstehende Symbol mit seinem Mittelpunkt beim Koordinatenpunkt (x, y) angeordnet wird und dessen halbe Länge Δy beträgt. Die Länge der horizontalen Querstriche soll dabei dem Maßregister `\crossbarlength` entnommen werden, dessen Inhalt beliebig gesetzt werden kann.

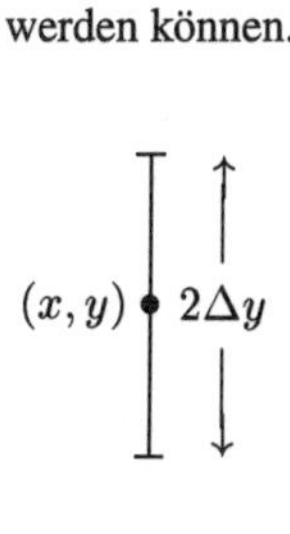

Hierzu werden vorab die Maßregister

```
\newlength{\xpos}     \newlength{\ypos}      \newlength{\dy}
\newlength{\crossbarlength}                  \newlength{\tmpi}
\newlength{\tmpii}    \newlength{\tmpiii}    \newlength{\tmpiv}
```

eingerichtet. Nunmehr kann mit

```
\newcommand{\puterrorbar}[3]{%
\xpos\Xdistance{#1}  \ypos\Ydistance{#2}  \dy\Ydistance{#3}
\unitlength1pt                            \setdimensionmode
\tmpi\ypos    \addtolength{\tmpi}{-\dy}
\tmpii\ypos   \addtolength{\tmpii}{\dy}
\tmpiii\xpos  \addtolength{\tmpiii}{-.5\crossbarlength}
\tmpiv\xpos   \addtolength{\tmpiv}{.5\crossbarlength}
\put {\circle*{3}} [Bl] at {\xpos} {\ypos}             % bullet at x,y
\putrule from {\xpos}   {\tmpi}  to {\xpos}  {\tmpii}  % vertical line
\putrule from {\tmpiii} {\tmpi}  to {\tmpiv} {\tmpi}   % lower bar
\putrule from {\tmpiii} {\tmpii} to {\tmpiv} {\tmpii}  % upper bar
\setcoordinatemode }
```

das gewünschte Makro bereitgestellt werden. Danach kann in einer normalen PICture-Umgebung mit

```
\setcoordinatesystem units <1cm,1cm>
\crossbarlength2mm
\puterrorbar{0}{1.2}{.7}
\puterrorbar{1.5}{0.7}{.5}
\puterrorbar{3.0}{0.4}{.3}
```

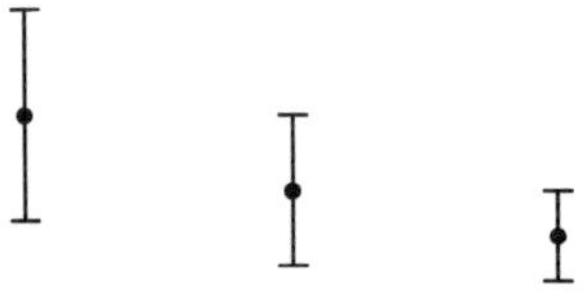

das nebenstehende Ergebnis produziert werden

Im ursprünglichen Makro von M. J. WICHURA lautet die Syntax für `\puterrorbar`

`\puterrorbar at` *x_coord y_coord* `with fuzz` Δy

Dies kann mit dem LaTeX `\newcommand` nicht erreicht werden. Wird die erste Zeile mit dieser LaTeX-Befehlsdefinition ersetzt durch

```
\def\puterrorbar at #1 #2 with fuzz #3 {%
```

so kann auch aus LaTeX heraus diese Befehlssyntax erzielt werden.

7.9 Kurzbeschreibung aller PICTEX-Befehle

Das nachfolgende Verzeichnis enthält eine alphabetisch geordnete Liste aller PICTEX-Befehle mit ihrer Syntaxdarstellung und einer Kurzbeschreibung der Befehlsaufgabe sowie die Abschnitts- und Seitenangabe ihrer genaueren Erläuterung. Diese Angabe erfolgt in der Form „*(Gl_nr) – Seite*“.

Abweichend von der allgemeinen TeX-Syntax verlangen viele PICTEX-Befehle an bestimmten Stellen *zwingend* mindestens ein Leerzeichen. Solche Stellen sind mit einem ␣ gekennzeichnet. Optionale Angaben sind symbolisch mit großen eckigen Klammern $\big[\ \big]$ gekennzeichnet. Eckige Klammern in Schreibmaschinenschrift sind dagegen Bestandteil der Befehlssyntax und müssen beim entsprechenden Befehlsaufruf auch eingegeben werden. Die Syntaxkennzeichnung $\big[$ `[`$[p_x][p_y]$`]` $\big]$ bedeutet damit, dass eine Angabe der Form `[`$p_x p_y$`]` ganz entfallen darf. Wird sie jedoch verwendet, so müssen die eckigen Klammern auch angegeben werden, wobei die erlaubten Eingaben [p_x], [p_y], [$p_x p_y$] und [ ] sind. Die letzte Form [ ] ist dabei gleichbedeutend mit dem Fortlassen dieser optionalen Angaben.

Dimensionsbehaftete Angaben sind bei den PICTEX-Befehlen stets in < > einzuschließen. Innerhalb von < >-Paaren stehen also stets Zahlenangaben mit zwingenden Maßeinheiten oder LaTeX-Längenbefehle. Koordinatenangaben sind dagegen dimensionslose Zahlen oder Zählerwerte, die sich auf das vereinbarte Koordinatensystem beziehen. Bei dezimalen Zahlenangaben sind höchstens fünf Stellen nach dem Dezimalpunkt signifikant.

Soweit die Indexzeilen es zulassen, sind die Syntaxangaben bereits dort angeführt. Befehle mit komplexerer Syntax enthalten die entsprechenden Angaben im Erläuterungsfeld. Befehle ohne nähere Syntaxangabe stellen entweder reine Umschaltbefehle oder Maßerklärungen dar.

`\accountingoff` . . . . (7.8.3) – 416

Abschaltbefehl zur internen Bestimmung des Platzbedarfs für das Bild

`\accountingon` . . . . (7.8.3) – 416

Einschaltbefehl zur internen Bestimmung des Platzbedarfs für das Bild. Entspricht dem Standardverhalten der PICture-Umgebung `\beginpicture`.

`\arrow` . . . . (7.5.7) – 391

Befehl zur Erzeugung eigener Pfeilsymbole. Syntax:

`\arrow`␣<*s_maß*>␣[η,β]␣[<*x_s_maß*,*y_s_maß*>]
␣`from`␣*x_coord*$_a$␣*y_coord*$_a$␣`to`␣*x_coord*$_e$␣*y_coord*$_e$

`\axis`␣[`bottom`]|[`top`]|[`left`]|[`right`] . . . . (7.4.4) – 378

Befehl zur Erzeugung von Bildachsen. Von den angegebenen Schlüsselwörtern `bottom`, `top`, `left`, `right` *muss* genau eines angegeben werden.

Bei der folgenden Syntaxbeschreibung muss den Schlüsselwörtern in den eingerückten Zeilen ein Schlüsselwort der nicht eingerückten Zeile vorangehen. Bei den doppelt eingerückten Zeilen muss das Schlüsselwort `ticks` vorangehen. Von den mit | getrennten Optionen einer Zeile darf jeweils *höchstens* ein Schlüsselwort gewählt werden.

`\axis`␣[`bottom`]|[`top`]|[`left`]|[`right`]
  ␣[`shiftedto`␣`y=`*y_coord*]|[`shiftedto`␣`x=`*x_coord*]
  ␣[`visible`]|[`invisible`]
  ␣[`label`␣{*achsen_text*}]
  ␣[`ticks`]
    ␣[`out`]|[`in`]
    ␣[`long`]|[`short`]|[`length`␣<*länge*>]
    ␣[`width`␣<*breite*>]
    ␣[`butnotacross`]|[`andacross`]
    ␣[`unlabeled`]|[`numbered`]|[`withvalues`␣*wert*$_1$␣*wert*$_2$ ... ␣/]
    ␣[`unlogged`]|[`logged`]
    ␣[`quantity`␣*n*]|[`from`␣*a_coord*␣`to`␣*e_coord*␣`by`␣*d_coord*]
      |[`at`␣*coord*$_1$␣*coord*$_2$ ... ␣/]
␣/

`\beginpicture` . . . . (7.1) – 363

Umschaltung von LaTeX auf PICTeX und Einleitung eines Bildes.

`\betweenarrows`␣{*text*} . . . . (7.5.7) – 391

Erzeugung von Text zwischen auswärtsweisenden Pfeilen. Syntax:

`\betweenarrows`␣{*text*}␣[[[p_x][p_y]]][␣<*x_s_maß*,*y_s_maß*>]
␣`from`␣*x_coord*$_a$␣*y_coord*$_a$␣`to`␣*x_coord*$_e$␣*y_coord*$_e$

`\circulararc` . . . . (7.5.6) – 390

Befehl zur Erzeugung von Kreisen oder Kreisbögen. Syntax:

`\circulararc`␣θ␣`degrees`␣`from`␣*x_coord*$_s$␣*y_coord*$_s$
␣`center`␣`at`␣*x_coord*$_c$␣*y_coord*$_c$

`\Divide`␣<*dividend*>␣<*divisor*>␣`forming`␣<*quotient*> . . . . (7.8.7) – 422

Dividiert zwei Maßangaben oder Maßregister *dividend* und *divisor* und legt das Ergebnis im Maßregister *quotient* ab.

`\dontsavelinesandcurves` . . . . (7.5.8.3) – 395

Befehl zur Beendigung des Abspeicherns von Bildteilen.

`\ellipticalarc` . . . . (7.5.6) – 390

Befehl zur Erzeugung von Ellipsen und Ellipsenbögen. Syntax:

`\ellipticalarc`␣`axes`␣`ratio`␣$\xi{:}\eta$␣θ␣`degrees`␣`from`␣*x_coord*$_s$␣*y_coord*$_s$
␣`center`␣`at`␣*x_coord*$_c$␣*y_coord*$_c$

`\endpicture` . . . . (7.1) – 363

Beendigung eines PICTeX-Bildes oder -Teilbildes und Rückschaltung von PICTeX nach LaTeX bzw. bei verschachtelten Bildern zur übergeordneten Bildstruktur.

`\endpicturesave`␣<*x_reg*,*y_reg*> . . . . (7.8.4) – 418

Beendigung eines PICTeX-Teilbildes mit Abspeicherung eines internen Bezugspunkts in die Maßregister *x_reg* und *y_reg*.

`\findlength`␣{*kurven_befehle*} . . . . (7.6.4) – 404

Bestimmt die Länge der mit *kurven_befehle* definierten Kurve und legt den Längenwert im Maßregister `\totalarclength` ab.

`\frame` [␣<*separation*>]␣{*text*} . . . . (7.5.3) – 385

Erzeugung eines Rahmens um den eingegebenen *text* mit dem Rahmenabstand <*separation*> zum umschlossenen Text.

`\grid`␣{s}␣{z} . . . . (7.4.5) – 380

Befehl zur Erzeugung eines Gitters mit s Spalten und z Zeilen.

`\gridlines` . . . . (7.4.6) – 381

Umschaltbefehl für das Standardverhalten des `\axis`-Befehls: Tickmarken werden danach standardmäßig über das ganze Bildfenster verlängert.

`\headingtoplotskip` . . . . (7.4.6) – 381

Erklärung für den Abstand der Überschrift aus dem `\plotheading`-Befehl und der darunter liegenden Box. Wertzuweisung durch Anhängen einer Maßzahl:
`\headingtoplotskip5mm`

`\hshade` . . . . (7.7.2) – 409

Schattierungsbefehl für den horizontalen Schattierungsmodus.
Syntax für vertikal stückweise lineare Begrenzung:

$$\texttt{\textbackslash hshade}\sqcup y_0 \sqcup x_0^{(l)} \sqcup x_0^{(r)} \quad [\sqcup\texttt{<}E_1\texttt{>}] \quad \sqcup y_1 \sqcup x_1^{(l)} \sqcup x_1^{(r)} \quad [\sqcup\texttt{<}E_2\texttt{>}] \quad \sqcup y_2 \sqcup x_2^{(l)} \sqcup x_2^{(r)}$$
$$\ldots \quad \ldots\ldots\ldots \quad \ldots \quad \ldots\ldots\ldots$$
$$[\sqcup\texttt{<}E_i\texttt{>}] \quad \sqcup y_i \sqcup x_i^{(l)} \sqcup x_i^{(r)} \quad \ldots \quad \ldots\ldots\ldots \quad \sqcup/$$

Syntax für vertikal stückweise quadratische Begrenzung:

$$\texttt{\textbackslash hshade}\sqcup y_0 \sqcup x_0^{(l)} \sqcup x_0^{(r)} \quad [\sqcup\texttt{<}E_1\texttt{>}] \quad \sqcup y_1 \sqcup x_1^{(l)} \sqcup x_1^{(r)} \quad \sqcup y_2 \sqcup x_2^{(l)} \sqcup x_2^{(r)}$$
$$[\sqcup\texttt{<}E_2\texttt{>}] \quad \sqcup y_3 \sqcup x_3^{(l)} \sqcup x_3^{(r)} \quad \sqcup y_4 \sqcup x_4^{(l)} \sqcup x_4^{(r)}$$
$$\ldots \quad \ldots\ldots\ldots \quad \ldots\ldots\ldots$$
$$[\sqcup\texttt{<}E_i\texttt{>}] \quad \sqcup y_{2i-1} \sqcup x_{2i-1}^{(l)} \sqcup x_{2i-1}^{(r)} \quad \sqcup y_{2i} \sqcup x_{2i}^{(l)} \sqcup x_{2i}^{(r)} \quad \ldots\ldots \quad \sqcup/$$

In beiden Fällen steht $\texttt{<}E_i\texttt{>}$ als Abkürzung für $\texttt{<}\epsilon_{l,i}\texttt{,}\epsilon_{r,i}\texttt{,}\epsilon_{u,i}\texttt{,}\epsilon_{o,i}\texttt{>}$ (s. S. 407) und es muss gelten

$$y_0 < y_1 < y_2 < \cdots \quad \text{und} \quad x_i^{(l)} \le x_i^{(r)}, i = 0, 1, 2, \ldots$$

`\inboundscheckoff` . . . . (7.5.8.2) – 394

Abschaltbefehl zur automatischen Clipping-Prüfung. Standardverhalten der PICture-Umgebung nach `\beginpicture`.

`\inboundscheckon` . . . . (7.5.8.2) – 394

Einschaltbefehl zur automatischen Clipping-Prüfung.

`\invisibleaxes` . . . . (7.4.6) – 381

Umschaltbefehl für das Standardverhalten des `\axis`-Befehls: Auszeichnen der Achsen wird nach diesem Befehl standardmäßig unterdrückt.

`\lines`␣[`[`*p*`]`]␣`{`*zeile_1*`\cr` *zeile_2*`\cr` ... `}` . . . . (7.3.3) – 369

Übergabebefehl für mehrzeiligen Text in den Befehlen `\put` und `\multiput`. Bei Positionierung mit `[B]` Ausrichtung auf die Grundlinie der *untersten* Zeile.

`\Lines`␣[`[`*p*`]`]␣`{`*zeile_1*`\cr` *zeile_2*`\cr` ... `}` . . . . (7.3.3) – 369

Wie `\lines`, bei Positionierung mit `[B]` Ausrichtung auf die Grundlinie der *obersten* Zeile.

`\linethickness` . . . . (7.4.6) – 381

Erklärung für die Einstellung der Strichstärke von horizontalen und vertikalen Linien, Achsen, Gittern und Tickmarken. Wertzuweisung durch Anhängen einer Maßzahl:
`\linethickness1pt`

`\loggedticks` . . . . (7.4.6) – 381

Umschaltbefehl für das Standardverhalten des `\axis`-Befehls: Eventuelle Tickmarken werden nach diesem Befehl standardmäßig logarithmisch verteilt.

`\longticklength` . . . . (7.4.6) – 381

Erklärung der Länge von Tickmarken vom Typ `long`. Wertzuweisung durch Anhängen einer Maßzahl: `\longticklength2.5mm`

`\multiput␣{`*text*`}` . . . . (7.3.2) – 367, 368

Befehl zur Mehrfachpositionierung von Text oder Symbolen `{`*text*`}` in Bildern. Es gibt zwei Syntaxformen

`\multiput␣{`*text*`}␣[`$p_x p_y$`]␣<`*x_s_maß*`,`*y_s_maß*`>␣at␣`x␣y [␣x␣y] ...
[␣*n␣Δx␣Δy][[␣x␣y][␣*n␣Δx␣Δy]]. . . ␣/

oder

`\multiput␣{`*text*`}␣[`$p_x p_y$`]␣<` *x_s_maß*`,`*y_s_maß*`>␣at␣"`*file_name*`"`

bei dem das File mit dem Namen *file_name* die Punktkoordinaten x y, die Wiederholungsfaktoren *n und die Inkrementierungswerte Δx Δy unter Einhaltung der Syntax wie bei der oberen Form, aber ohne das Endzeichen ␣/*, enthält.

`\nogridlines` . . . . (7.4.6) – 381

Rückschaltbefehl für das Standardverhalten des `\axis`-Befehls: Eventuelle Tickmarken werden *nicht* über das ganze Bildfenster verlängert.

`\normalgraphs` . . . . (7.4.6) – 381

Dieser Befehl erzwingt nach einer Schriftgrößenänderung die Anpassung aller von `\baselineskip` abhängigen Erklärungen an die neue Schriftgröße.

`\placehypotenuse␣for␣<`ξ`>␣<`η`>␣<`ζ`>` . . . . (7.8.7) – 422

Berechnet aus den Maßangaben oder Maßregistern ξ und η den Wert von $\sqrt{\xi^2 + \eta^2}$ und legt das Ergebnis im Maßregister ζ ab.

`\placevalueinputs␣of␣<`*maß_reg*`>␣in␣{`*\faktor*`}` . . . . (7.8.7) – 422

Legt den pt-Zahlenwert eines Maßregisters unter dem Befehlswort *\faktor* ab.

`\PiC` erzeugt PIC . . . . (nur hier)
`\PiCTeX` erzeugt PICTEX . . . . (nur hier)
`\plot` . . . . (7.5), (7.5.2), (7.5.4) – 382, 383, 386

Allgemeiner Plotbefehl zur Erzeugung von Linienzügen, Kurven und Histogrammen. Es gibt zwei Syntaxformen:

`\plot␣`*x_coord*$_0$␣*y_coord*$_0$ ␣*x_coord*$_1$␣*y_coord*$_1$ ␣*x_coord*$_2$␣*y_coord*$_2$ ... ␣/

oder

`\plot␣"`*file_name*`"`

bei dem die Punktkoordinaten unter Einhaltung der Syntax im oberen Fall dem File mit dem Namen *file_name* entnommen werden, wobei das Endzeichen ␣/ im File entfällt.

`\plotheading␣{`*überschrift*`}` . . . . (7.4.5) – 380

Befehl zur Erzeugung einer *Überschrift* über dem aktuellen Bildfenster.

`\plotsymbolspacing` . . . . (7.5.8.1) – 393

Erklärung für den Standardabstand des aktuellen Plotsymbols. Wertzuweisung durch Anhängen einer Maßzahl: `\plotsymbolspacing0.5pt`

`\put␣{`*text*`}` . . . . (7.3.1) – 366

Befehl zur Positionierung von Text oder Symbolen *text* innerhalb eines Bildes. Syntax:

`\put␣{`*text*`}␣[[`[p_x][p_y]`]]␣[`<*x_s_maß*, *y_s_maß* >`]␣at␣`*x_coord*␣*y_coord*

`\putbar` . . . . (7.5.3) – 384

Befehl zur Erzeugung zentrierter Rechtecke. Syntax:

Vertikale Zentrierung
`\putbar␣breadth␣`< *höhe* > *x_coord*$_a$␣*y_coord*$_c$ ␣`to`␣*x_coord*$_e$ ␣`y`*y_coord*$_c$

Horizontale Zentrierung
`\putbar␣breadth␣`<*breite*>␣*x_coord*$_c$␣*y_coord*$_a$␣`to`␣*x_i coord*$_c$ ␣*y_coord*$_e$

`\putrectangle` . . . . (7.5.3) – 384

Befehl zur Erzeugung eines Rechtecks bei Angabe von zwei diagonal gegenüberliegenden Ecken. Syntax:

`\putrectangle␣corners␣at␣`*x_coord*$_b$ ␣ `y_coord`$_b$`␣and␣`*x_coord*$_d$ ␣ *y_coord*$_d$

`\putrule` . . . . (7.5.3) – 385

Befehl zur Erzeugung horizontaler und vertikaler Balken. Syntax:

vertikal
`\putrule␣`<x_s, y_s>`␣from␣`*x_coord*$_a$ ␣ *y_coord*$_c$ ␣`to`␣*x_coord*$_e$ ␣ *y_coord*$_c$

horizontal
`\putrule␣`<x_s, y_s>`␣from␣`*x_coord*$_c$ ␣ *y_coord*$_a$ ␣`to`␣*x_coord*$_c$ ␣ *y_coord*$_e$

`\rectangle␣`<*breiten_maß* >␣<*höhen_maß* > . . . . (7.5.3) – 384

Rechteckbefehl, der als Texteingabe im `\put`-Befehl verwendet wird.

`\replot␣`"*file_name*" . . . . (7.5.8.3) – 395

Rückgewinnung von Teilbildern, die bei einer früheren Bearbeitung durch Aktivieren von `\savelinesandcurves` abgespeichert waren und nicht wieder neu konstruiert werden müssen.

`\savelinesandcurves` . . . . (7.5.8.3) – 395

Befehl zur Abspeicherung von Bildteilen.

`\setbars` . . . . (7.5.5) – 387

Befehl zur Erzeugung von Balkendiagrammen. Syntax:

`\setbars␣`<[x_s, y_s]>`␣breadth␣`<*weite* >`␣baseline␣at␣`*z*`␣=␣`*z_coord*
[`␣baselabels␣(`[`[`[p_x][p_y]`]`][`␣`<x_s, y_s>]`)`]
[`␣endlabels␣(`[`[`[p_x][p_y]`]`][`␣`<x_s, y_s>]`)`]

`\setcoordinatemode` . . . . (7.8.8) – 423

Rückschaltbefehl in den normalen Bearbeitungsmodus mit dimensionslosen Koordinatenangaben.

`\setcoordinatesystem` . . . . (7.2) – 364

Befehl zur Vereinbarung eines Koordinatensystems. Syntax:

`\setcoordinatesystem␣`[`units␣`<*x_einheit*, *y_einheit*>][`␣point␣at␣`*x_ref* ␣ *y_ref*]

`\setdashes␣`<*strich_länge*> . . . . (7.6.2) – 402

Einstellung der Strichlänge für gestrichelte Kurvenausgabe.

`\setdashesnear␣`<*approx_strich*>`␣for␣`<*struktur_länge*> . . . . . . (7.6.2) – 402

Vorgabe einer ungefähren Strichlänge *approx_strich* für gestrichelte Ausgabe, bei der die ausgegebene Struktur mit einem Strich beginnt und endet.

`\setdashpattern␣`<s_1,l_1,s_2,l_2,...> . . . . (7.6.3) – 403

Definition eines beliebigen Strichmusters.

`\setdimensionmode` . . . . (7.8.8) – 423

Umschaltbefehl in den PICTEX-Dimensionsbearbeitungsmodus.

`\setdots␣`<*punkt_abstand*> . . . . (7.6.1) – 400

Einstellung des Punktabstands für punktierte Kurvenausgabe.

`\setdotsnear␣`<*approx_abstand*>`␣for␣`<*struktur_länge*> . . . . . . (7.6.1) – 401

Vorgabe eines ungefähren Punktabstands *approx_abstand* für punktierte Ausgabe, bei der die ausgegebene Struktur mit einem Punkt beginnt und endet.

`\sethistograms` . . . . (7.5.4) – 386

Umschaltbefehl, mit dem nachfolgende `\plot`-Befehle Histogramme erzeugen.

`\setlinear` . . . . (7.5.1) – 382

Umschaltbefehl, mit dem nachfolgende `\plot`-Befehle stückweise lineare Kurven erzeugen.

`\setplotarea` . . . . (7.4.1) – 371

Befehl zur Bestimmung eines Bildfensters. Syntax:

`\setplotarea␣x␣from␣`*x_coord*$_l$ `␣to␣`*x_coord*$_r$ `,␣y␣from␣`*y_coord*$_b$ `␣to␣`*y_coord*$_t$

`\setplotsymbol␣({`*symbol*`}` [`␣[`[p_x][p_y]`]`] [`␣`<x_s,y_s>]`)` . . . . (7.5.8.1) – 392

Befehl zur Änderung des aktuellen Plotsymbols. Standard ist der Punkt (.) aus dem 5 pt-Roman-Zeichensatz.

`\setquadratic` . . . . (7.5.2) – 383

Umschaltbefehl, mit dem nachfolgende `\plot`-Befehle stückweise quadratische Kurven erzeugen.

`\setshadegrid` . . . . (7.7.4) – 412

Befehl zur Neufestsetzung des Schattierungsgitters. Syntax:

`\setshadegrid` [`␣span␣`<*gitter_abstand*>] [`␣point␣at␣`*x_coord*`␣`*y_coord*]

`\setshadesymbol` . . . . (7.7.4) – 411

Befehl zur Neufestsetzung des Schattierungssymbols. Syntax:

`\setshadesymbol` [`␣`<*E*>]`␣({`*schattierungs_symbol*`}` [`␣[`[p_x][p_y]`]`] [`␣`<x_s,y_s>]`)`

<*E*> steht hierbei als Abkürzung für <ϵ_l,ϵ_r,ϵ_u,ϵ_o> (s. S. 407).

`\setsolid` . . . . (7.6.1) – 401

Befehl zur Rückschaltung auf durchgehende Kurvenausgabe, wenn zuvor punktierte oder gestrichelte Ausgabe aktiv war.

`\shaderectanglesoff` . . . . (7.7.5) – 413

Abschaltbefehl für die Schattierung nachfolgender Rechtecke.

`\shaderectangleson` . . . . (7.7.5) – 413

Einschaltbefehl für die Schattierung nachfolgender Rechtecke.

`\shortticklength` . . . . (7.4.6) – 381

Erklärung der Länge von Tickmarken vom Typ `short`. Wertzuweisung durch Anhängen einer Maßzahl: `\shortticklength1.5mm`

`\stack` [␣[*p*]] [␣<*abstand*> {*liste*} . . . . (7.3.3) – 369

Die mit Kommata getrennten Textteile aus *liste* werden mit dem eingestellten Wert von *abstand* so eng wie möglich übereinander angeordnet.

`\stackleading` . . . . (7.3.3) – 369

Erklärung für den Standardabstand beim `\stack`-Befehl, der ohne die optionale Angabe <*abstand*> gewählt wird. Wertzuweisung durch Anhängen einer Maßzahl: `\stackleading2pt`

`\startrotation` [␣by␣cos(ϕ)␣sin(ϕ)] As␣`about`␣x_r ␣ y_r] . . . . . . (7.8.6) – 420

Startbefehl zur Drehung nachfolgender Bildteile um den Drehpunkt (x_r, y_r) um den Winkel ϕ.

`\stoprotation` . . . . (7.8.6) – 420

Beendigungsbefehl für das Drehen von Bildteilen.

`\ticksin` . . . . (7.4.6) – 381

Umschaltbefehl für das Standardverhalten des `\axis`-Befehls: Tickmarken werden danach standardmäßig im Bildfenster nach innen angebracht. Ohne diesen Befehl erscheinen sie standardmäßig nach außen gerichtet.

`\ticksout` . . . . (7.4.6) – 381

Rückschaltbefehl für das Standardverhalten des `\axis`-Befehls: Tickmarken erscheinen danach wieder standardmäßig außerhalb des Bildfensters.

`\tickstovaluesleading` . . . . (7.4.6) – 381

Erklärung für den Abstand von Tickmarken und evtl. Bezifferung. Wertzuweisung durch Anhängen einer Maßzahl: `\tickstovaluesleading1.6mm`

`\totalarclength` . . . . (7.6.4) – 404

Internes PICTEX-Maßregister, das die Länge der letzten mit `\plot` Befehl erzeugten Struktur oder die durch `\findlength` berechnete Länge einer Bildstruktur enthält.

`\unloggedticks` . . . . (7.4.6) – 381

Rückschaltbefehl für das Standardverhalten des `\axis`-Befehls: Tickmarken werden standardmäßig wieder linear verteilt.

`\valuestolabelleading` . . . . (7.4.6) – 381

Erklärung für den Abstand zwischen einer evtl. Achsenbezifferung und dem Achsentext. Wertzuweisung durch Anhängen einer Maßzahl: `\valuestolabelleading1.5ex`

`\visibleaxes` . . . . (7.4.6) – 381

Rückschaltbefehl für das Standardverhalten des `\axis`-Befehls: Achsen werden danach wieder ausgezeichnet.

`\vshade` . . . . (7.7.1) – 408

Schattierungsbefehl für den vertikalen Schattierungsmodus.
Syntax für horizontal stückweise lineare Begrenzung:

$$\texttt{\textbackslash vshade}\sqcup x_0\sqcup y_0^{(l)}\sqcup y_0^{(r)}\ [\sqcup\texttt{<}E_1\texttt{>}]\ \sqcup x_1\sqcup y_1^{(l)}\sqcup y_1^{(r)}\ [\sqcup\texttt{<}E_2\texttt{>}]\ \sqcup x_2\sqcup y_2^{(l)}\sqcup y_2^{(r)}$$
$$\ldots\quad \ldots\ldots\ldots\quad \ldots\quad \ldots\ldots\ldots$$
$$[\sqcup\texttt{<}E_i\texttt{>}]\ \sqcup x_i\sqcup y_i^{(l)}\sqcup y_i^{(r)}\quad \ldots\quad \ldots\ldots\ldots\ \sqcup/$$

Syntax für horizontal stückweise quadratische Begrenzung:

$$\texttt{\textbackslash vshade}\sqcup x_0\sqcup y_0^{(l)}\sqcup y_0^{(r)}\ [\sqcup\texttt{<}E_1\texttt{>}]\ \sqcup x_1\sqcup y_1^{(l)}\sqcup y_1^{(r)}\quad \sqcup x_2\sqcup y_2^{(l)}\sqcup y_2^{(r)}$$
$$[\sqcup\texttt{<}E_2\texttt{>}]\ \sqcup x_3\sqcup y_3^{(l)}\sqcup y_3^{(r)}\quad \sqcup x_4\sqcup y_4^{(l)}\sqcup y_4^{(r)}$$
$$\ldots\quad \ldots\ldots\ldots\ldots\quad \ldots\ldots\ldots\ldots$$
$$[\sqcup\texttt{<}E_i\texttt{>}]\ \sqcup x_{2i-1}\sqcup y_{2i-1}^{(l)}\sqcup y_{2i-1}^{(r)}\quad \sqcup x_{2i}\sqcup y_{2i}^{(l)}\sqcup y_{2i}^{(r)}\ \ldots\ldots\ \sqcup/$$

In beiden Fällen steht $\texttt{<}E_i\texttt{>}$ als Abkürzung für $\texttt{<}\epsilon_{l,i}\texttt{,}\epsilon_{r,i}\texttt{,}\epsilon_{u,i}\texttt{,}\epsilon_{o,i}\texttt{>}$ (s. S. 407) und es muss gelten

$$x_0 < x_1 < x_2 < \cdots \quad \text{und} \quad y_i^{(b)} \le y_i^{(t)}, i = 0, 1, 2, \ldots$$

`\writesavefile` *text_notiz*} . . . . (7.5.8.3) – 396

Mit diesem Befehl kann der Inhalt von *text_notiz* als Kommentar zu Beginn eines mit `\savelinesandcurves` abgespeicherten Teilbildes angebracht werden.

`\Xdistance{`*x_coord*`}` . . . . (7.8.8) – 423

Umrechnung der x-Koordinatenangabe als horizontales Abstandmaß zum Koordinatenursprung in pt.

`\Ydistance{`*y_coord*`}` . . . . (7.8.8) – 423

Umrechnung der y-Koordinatenangabe als vertikales Abstandmaß zum Koordinatenursprung in pt.

Kapitel 8

METAFONT-Kurzeinführung

Dieses Kapitel beginnt mit einer Vorstellung des METAFONT-Systems und der erforderlichen Aufrufe zu seiner Nutzung. In den anschließenden Abschnitten werden die wichtigsten Programmstrukturen und Befehle aus METAFONT dargestellt und an Beispielen verdeutlicht. Damit sollte es möglich werden, in einfacher Weise komplexe grafische Pixelbilder zu erzeugen und für die Einbindung in die Textbearbeitung durch TEX oder LATEX bereitzustellen. Inzwischen gibt es auch ein METAPOST-System, dass aus METAFONT-Zeichensatzquellen PostScript-Zeichensätze erzeugt, worauf ich hier nicht eingehe.

Als Anfänger einer METAFONT-Nutzung sollte man nicht den Ehrgeiz entwickeln, gleich mit der Bereitstellung neuer Zeichensätze zu beginnen. Zwar enthält dieses Kapitel die wesentlichen Informationen, um neue Zeichensätze technisch zu erzeugen. Der Entwurf neuer Zeichensätze verlangt jedoch weit mehr als nur programmiertechnische Kenntnisse und kann nur in enger Zusammenarbeit mit einem kreativen Zeichensatzdesigner zu überzeugenden Erfolgen führen.

Trotz dieser Einschränkung und Warnung bleiben für den normalen Anwender genügend interessante Nutzungsmöglichkeiten für METAFONT. Dies beginnt im einfachsten Fall mit der Bereitstellung weiterer Vergrößerungs- oder Verkleinerungsstufen mit beliebigen Maßstabsfaktoren für die vorhandenen TEX-Zeichensätze. Die Entwicklung zusätzlicher mathematischer oder sonstiger grafischer Symbole kann ein weiterer Anwendungsfall sein. Hierunter fällt auch die Entwicklung von grafischen Firmen und Namenssymbolen, sog. Logos. Schließlich bietet sich METAFONT auch als allgemeines Grafiksystem zur Erzeugung beliebiger Bilder als Konkurrenz zu PICTEX an, insbesondere zur Erzeugung beliebig geschwungener Kurven mit längs der Kurven veränderlicher Strichstärke und von Flächenstrukturen.

Jedes zu bearbeitende Grafikfile kann den Code für bis zu 256 verschiedene Grafiksymbole (Bilder) enthalten, denen die internen Kodierungswerte $0, \ldots, 255$ zugeordnet sind. Bei der anschließenden LATEX-Bearbeitung kann dann mit `\symbol{`n`}` das n-te Bildsymbol in den umgebenden Text eingefügt werden.

Eine weitere Anwendung von METAFONT kann in der Modifikation der vorhandenen Computer-Modern-Zeichensätze liegen. Zur Bedeutung der insgesamt 62 Zeichensatzparameter muss auf [10e] verwiesen werden. Eine Änderung dieser Grunddaten sollte mit großer Zurückhaltung erfolgen, da viele dieser Parameter wechselseitig voneinander abhängen und größere Änderungen die Gefahr unvorhergesehener Wirkungen zur Folge haben, die nahezu stets zu unerwünschten Verzerrungen führen.

8.1 Das METAFONT-Programmsystem

METAFONT wurde von DONALD E. KNUTH als Parallelprogramm zu TEX zur Erzeugung von Zeichensätzen entwickelt und der Allgemeinheit kostenlos zur Verfügung gestellt. Die Originaldokumentation wird mit [10c], [10d] und [10e] gegeben. Hierin stellt [10c] mit dem Titel "The METAFONTbook" das Pendant zu "The TEXbook" dar. Beide Bücher ähneln sich in ihrem Aufbau und der Form der Darstellung und ebenso, wie das Letztere für eine erfolgreiche TEX-Systemprogrammierung unverzichtbar ist, gilt das Gleiche für das Erstere in Bezug auf eine entsprechende METAFONT-Programmierung, auch wenn es für den Anfänger nicht die leichteste Form der Einführung darstellt. Dies war ein Grund für die Zufügung dieses Buchteils als METAFONT-Kurzeinführung Damit ist klar, dass nur die wichtigsten Teilbereiche dargestellt werden, die, so hoffe ich, einen vertieften Einstieg in [10c] erleichtern mögen.

[10d] stellt die Programmdokumentation von METAFONT dar. Dabei handelt es sich um das Ergebnis einer WEAVE-Bearbeitung des Quellenfiles `mf.web` und deren anschließende TEX-Bearbeitung. Steht ein WEB-System beim Anwender zur Verfügung und ist gleichzeitig das Originalfile `mf.web` vorhanden, so kann die entsprechende Dokumentation für den Eigengebrauch selbst erstellt werden. In [10e] werden die Dateien zur Erzeugung der CM-Zeichensätze dokumentiert und die einzelnen Parameter zur Buchstabengestaltung erläutert.

8.1.1 Das METAFONT-Grundsystem

Das METAFONT-Grundsystem besteht aus den lauffähigen Programmen inimf und virmf, die in vollständiger Analogie zu initex und virtex stehen. Eine weitere Analogie besteht in der Existenz des Files `plain.mf` als Pendant zu `plain.tex`, das zu den METAFONT-Grundbefehlen weitere Makros bereitstellt, die vom Anwender als praktische und hilfreiche METAFONT-Zusatzbefehle verwendet werden können und die das Gesamtsystem damit erst komfortabel und praktisch handhabbar machen.

Die Bearbeitung von `plain.mf` durch inimf erzeugt das File `plain.base`, das die Makros in vorbearbeiteter und maschinenspezifischer Form enthält, genauso wie initex die Makrosammlung aus `plain.tex` als `plain.fmt` vorbearbeitet bereitstellt. Nahezu alle in [5a, Anh. F] beschriebenen TEX-Systemkomponenten haben ihre Analogien in METAFONT und sollten für Details ggf. zu Rate gezogen werden. Der inimf-Aufruf zur Bearbeitung des `plain.mf`-Files lautet häufig

`inimf plain dump` bzw. `mf /i plain dump` in emTEX

worauf eine Reihe Protokollmitteilungen auf dem Bildschirm erscheinen, bis schließlich mit dem Wiederauftauchen des allgemeinen Systemeingabezeichens (Systemprompt) die Bearbeitung als beendet gemeldet wird. Neben dem erzeugten `plain.base`- oder `plain.bas`-File wurden die Protokollmitteilungen des Bildschirms und weitere statistische Angaben in dem File `plain.log` abgelegt. Eine andere Möglichkeit besteht in dem Aufruf `inimf` ohne zusätzliche Angaben in der Befehlszeile. Damit erscheint auf dem Bildschirm:

`This is METAFONT, Version` *n* `(INIMF)` *datum uhrzeit*
`**`

und das Programm wartet nach dem Prompt `**` auf eine Anwendereingabe. Diese muss lauten `plain`, worauf das File `plain.mf` eingelesen wird und die Bearbeitung beginnt, was durch entsprechende Protokollmitteilungen quittiert wird. Anschließend bleibt das Programm mit einem weiteren Eingabeprompt, der diesmal nur aus einem Stern * besteht, stehen. Lautet die Eingabe nun `dump`, so wird die Bearbeitung fortgesetzt und das Ergebnis in `plain.base` abgelegt.

Die beiden unterschiedlichen Eingabeprompts '**' und '*' unterscheiden sich dadurch, dass die anschließende Eingabe beim ersten (**) als Filename interpretiert und danach dieses File eingelesen wird. Die Eingabe nach dem anderen Prompt (*) wird dagegen als Befehl interpretiert, der anschließend ausgeführt wird. Das Programm virmf und gleichermaßen die Programme initex und virtex haben in dieser Beziehung die gleichen Eigenschaften. Die Eingabe nach dem Fileprompt ** muss für METAFONT ein gültiger Filename mit dem Anhang `.mf` und für TEX ein entsprechender Filename mit dem Anhang `.tex` sein. Die Eingabe nach dem Befehlsprompt * muss zwangsläufig ein gültiger METAFONT- bzw. TEX-Befehl sein.

Ein arbeitsfähiges METAFONT-Programm besteht dann aus dem ausführbaren Programm virmf und dem zugeladenen `plain.base`-File. Am einfachsten wird mit dem Editor die Befehlsfolge

`virmf \&plain $*` unter UNIX als `mf` bzw.
`virmf &plain %1` unter DOS als `mf.bat`

abgespeichert. Aus dem vorangesetzten & erkennt virmf, dass das einzulesende File das vorbearbeitete `.base`-Format enthalten soll und damit unter dem Namen `plain.base` einzulesen ist. Anschließend kann dann mit dem Aufruf

`mf` *font*

eine Bearbeitung des Files *font*`.mf` vorgenommen werden, wobei dieses File die METAFONT-Befehle und Daten zur Erzeugung eines Zeichensatzes oder sonstiger Grafikstrukturen enthält.

Bei einer METAFONT-Bearbeitung für ein File *font*`.mf` besteht häufig der Wunsch, noch vor dem Einlesen des Files *font*`.mf` bestimmte METAFONT-Befehle auszuführen oder zu aktivieren. So kennt METAFONT z. B. die Befehlsaufrufe

`mode=`*bearb_modus* und `mag=`*vergr_wert*

mit denen ein bestimmter Bearbeitungsmodus oder eine vorgegebene Vergrößerung für das zu bearbeitende File *font*`.mf` gewählt werden kann. Standardmäßig sind als Bearbeitungsmodi *bearb_modus*

`proof`, `smoke`, `lowres` und `localfont`

in `plain.mf` bereitgestellt. Die beiden Ersteren dienen während der Entwicklungsphase. Mit `mode=proof` wird jeder Buchstabe stark vergrößert auf einer jeweils eigenen Seite bereitgestellt. Der Buchstabe erscheint hierbei grau getönt mit den darunter liegenden Eingabekontrollpunkten zur Erzeugung des Buchstabens sowie mit einem zusätzlich unterlegten Gitternetz. Der vertikale Linienabstand des Gitternetzes entspricht 1/18 em mit der zeichensatzspezifischen Längeneinheit em.

Mit `mode=smoke` wird ebenfalls ein vergrößertes Zeichen erzeugt, bei dem die Kontrollpunkte entfallen, da sie durch das vollgeschwärzte Zeichen auch nicht sichtbar wären. Auch das unterlegte Gitternetz entfällt. Die umschließende Zeichenbox wird durch vier kleine Ecksymbole gekennzeichnet (s. das Bild auf der nächsten Seite).

METAFONT output 2002.04.20:1715 Page 1 Character 65 "The letter A"

```
5 = 5l + (1.9,5.5)
6 = 6l + (-1.9,5.5)
3r = 2r + (0,0)
```

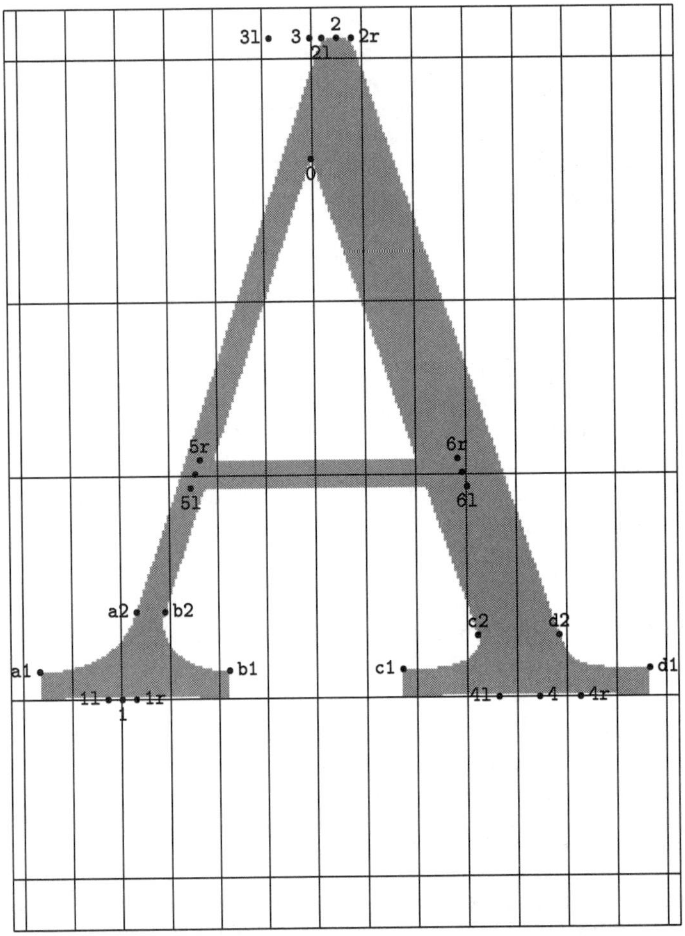

Beispiel für den Bearbeitungsmodus `mode=proof`

Der Bearbeitungsmodus `mode=lowres` formatiert das zu bearbeitende *font*`.mf`-File für ein fiktives Ausgabegerät mit der groben Auflösung von 200 Pixel/Zoll. In `plain.mf` ist `localfont:=lowres` gesetzt, womit der Bearbeitungsmodus `localfont` zunächst mit `lowres` identisch ist. Der Modus `localfont` wird bei vielen Installationen jedoch durch ein eigenes Makro bereitgestellt, mit dem die erforderlichen Formatierungsanweisungen für das vorrangige Ausgabegerät beim Anwender beschrieben werden, so dass mit `mode=localfont` der Zeichensatz für die Ausgabe auf dem Hauptdrucker erzeugt wird.

Mit `mag=`*vergr_wert* können für ein File *font*`.mf` Zeichensätze in beliebigen Vergrößerungen oder Verkleinerungen erzeugt werden. Hierin steht *vergr_wert* für eine beliebige Dezimalzahl, die den Vergrößerungsfaktor darstellt. Werte < 1.0 führen zu einer entsprechenden Verkleinerung. Statt einer Dezimalzahl x kann auch `mag=magstep` n geschrieben werden, was der Dezimaleingabe $x = 1.2^n$ entspricht und damit in Äquivalenz zu den TeX-Befehlen `\magstep`n steht.

METAFONT output 2002.04.20:1753 Page 2 Character 66 "The letter B"

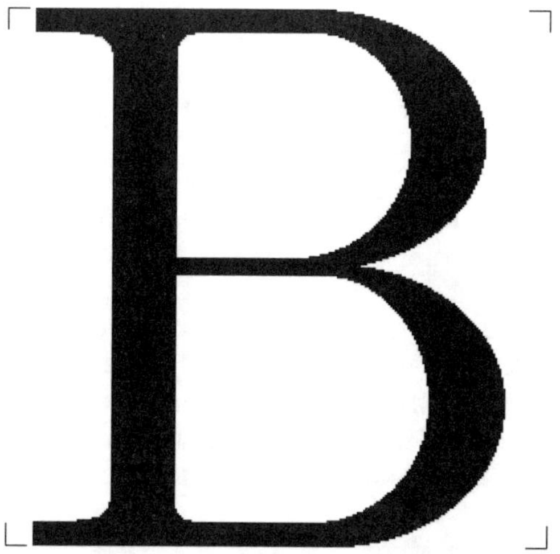

Beispiel für den Bearbeitungsmodus `mode=smoke`

Der Programmaufruf `mf` interpretiert das darauffolgende Argument als Filename. Soll vorab einer oder mehrere METAFONT-Befehle eingegeben werden, so muss dem Programm `mf` mitgeteilt werden, dass das folgende Argument kein Filename ist. Das geschieht mit einem vorangestellten Backslash \ unmittelbar vor dem *ersten* Befehl. Weitere Befehle, die durch Semikolons voneinander zu trennen sind, können danach *ohne* einen vorangestellten \ folgen. Ein zulässiger Bearbeitungsaufruf für das File *font*`.mf` kann damit lauten[1]:

```
mf '\mode=localfont; mag=2.5; input font'
```

Der letzte Befehlsaufruf `input` *font* bedarf einer Erläuterung. Nachdem dem Programm `mf` mitgeteilt wurde, dass das auf den Programmaufruf folgende Argument kein Filename, sondern ein Befehl ist, schaltet `mf` insgesamt in den *Befehlseingabemodus*. (Bei einer interaktiven Bearbeitung, wie beim inimf-Aufruf dargestellt, würde dies durch die anschließenden Aufforderungen mit einem '`*`' kenntlich werden.) Die Aufforderung an `mf`, danach ein File einzulesen, muss mit dem expliziten METAFONT-Lesebefehl erfolgen. Dieser heißt `input`, gefolgt von dem Grundnamen des einzulesenden Files.

War der Bearbeitungsmodus `localfont` auf einen Drucker mit der Auflösung 300 Pixel/Zoll eingerichtet worden, so entstehen mit dem vorangegangenen Aufruf die Files

font`.750gf`, *font*`.tfm` und *font*`.log`

Während der Bearbeitung erscheinen auf dem Bildschirm eine Reihe von Bearbeitungsmitteilungen, die gleichzeitig in *font*`.log` abgelegt werden. Das File *font*`.tfm` enthält die metrischen Zeichensatzinformationen, die TeX oder LaTeX für die Nutzung dieses Zeichensatzes benötigt. Dieses File ist in das TeX-Standarddirectory `.../tex/fonts` zu kopieren.

Das File *font*`.750gf` enthält den Pixelcode für den Zeichensatz in Form einer speziellen Kodierung `gf` (Generic Font). Der Zahlenwert 750 im Namensanhang weist daraufhin, dass

[1] Der Einschluss der Argumentgruppe in Hochkommata ist unter UNIX erforderlich und kann bei anderen Betriebssystemen, wie z. B. MSDOS, entfallen. Näheres ist ggf. den Unterlagen zum Betriebssystem über „Befehlsaufrufe mit Parametern“ zu entnehmen.

es die fiktive Auflösung von 750 Pixel/Zoll bereitstellt. Werden seine Zeichen auf dem realen Drucker mit 300 Pixel/Zoll ausgegeben, so erscheinen horizontal und vertikal 2.5mal soviel Pixel, als für die Normalgröße bei diesem Drucker erforderlich sind. Das Zeichen wird damit um den Faktor 2.5 vergrößert ausgegeben.

Wäre bei dem vorangegangenen Bearbeitungsaufruf `mode=lowres` gewählt worden, so hätte mit gleichem `mag=2.5` das entstandene File den Namen *font*`.500gf` erhalten, bei dem $500 = 2.5 \times 200$ widerspiegelt. Mit `mag=1.0` entsteht für `localfont` das File *font*`.300gf` und für `lowres` *font*`.200gf`, was keiner weiteren Erläuterung bedarf.

Die entstandenen `gf`-Files enthalten die Pixelkodierung für die Druckausgabe in einem speziellen Format. Es gibt Druckertreiber, die dieses Format lesen und in das druckerspezifische Pixelformat umsetzen. Die Mehrzahl der Druckertreiber setzen jedoch die Zeichensatzfiles im `pxl`- oder `pk`-Format voraus (s. hierzu C.7.3 und C.7.4 aus [5a]). Das `pxl`-Format gilt inzwischen als veraltet und wird seit mehreren Jahren kaum noch verwendet. Die neueren Druckertreiber basieren fast ausschließlich auf dem sehr dicht gepackten `pk`-Format.

Damit gehört zu einem METAFONT-System ein Hilfsprogramm mit dem Namen gftopk, das die entstandenen `gf`-Files in die entsprechenden `pk`-Files umsetzt, mit denen der Druckertreiber dann endgültig arbeitet. Der Aufruf für dieses Programm lautet allgemein

`gftopk` *font*`.`*gf_ext* *font*`.`*pk_ext*

Hierin ist *font* der Grundname, wie er aus dem Ausgangsfile *font*`.mf` übernommen wurde und bei der `mf`-Bearbeitung an die *font*`.tfm`-, *font*`.log`- und *font*`.`xxx`gf`-Files weitergegeben wurde. Bei den dargestellten Beispielen stand für *gf_ext* z. B. `750gf` oder `300gf` und für Drucker mit hoher Auflösung oder höheren Vergrößerungsstufen evtl. auch mit vierstelligen Zahlen vor der Kennung `gf`.

Einige Betriebssysteme (z. B. MS-DOS) gestatten für den Namensanhang bei Filenamen nur maximal drei Zeichen. Bei solchen Systemen besteht der Anhang für den entstandenen `gf`-File nur aus drei Ziffern, eine evtl. vierte Ziffer und die `gf`-Kennung werden unterdrückt. Lässt das Betriebssystem längere Namensanhänge zu, dann sollten beim Aufruf von gftopk die Anhänge *gf_ext* und *pk_ext* bis auf die Kennungspaare `gf` und `pk` gleich gewählt werden, was mit dem vereinfachten Programmaufruf '`gftopk` *font*`.`*gf_ext*' automatisch geschieht. Zur endgültigen Eingliederung der `pk`-Files und ggf. deren Anhangkennung muss das Manual des Druckertreibers Auskunft geben.

8.1.2 Das METAFONT-Filesystem

Im vorangegangenen Unterabschnitt wurden die METAFONT-Systemprogramme inimf und virmf sowie das Umwandlungsprogramm gftopk und deren Programmaufrufe beschrieben. Die zu bearbeitenden Files werden entweder in dem momentanen Arbeitsdirectory oder in vorbestimmten Verzeichnissen vorausgesetzt. Üblicherweise erwarten die Programme inimf und virmf die Eingabefiles in Verzeichnissen unter UNIX in der Form `.../mf/inputs` und unter DOS am Beispiel von emTeX unter `c:\emtex\mfinput`.

In diesem Verzeichnis sollte vor dem ersten Aufruf von inimf das File `plain.mf` eingerichtet werden. Das erzeugte File `plain.base` wird von virmf üblicherweise im UNIX-Verzeichnis `.../mf/bases` erwartet. Das evtl. entsprechende DOS-Verzeichnis mit dem gleichen Endnamen sollte nach dem vorangegangenen Abschnitt aus dem Beispiel als `c:\emtex\mfbases` selbstverständlich sein.

Wird inimf mit dem WEB-System aus seinen Quellen `mf.web` und `mf.ch` erzeugt, so entsteht hierbei stets das File `mf.pool`. Dieses wird zwingend für sonstige METAFONT-Bearbeitungen in `.../bases` erwartet. Stammt das METAFONT-System aus anderen Quellen mit lauffähigen inimf- und virmf-Proprammen, so existiert auf dem Verteilungsmedium das File `mf.pool` (unter DOS `mf.poo`), das für das lauffähige System unter `.../bases` bereitzustellen ist.

War METAFONT Teil des TeX-Vertriebsmediums, so sollten auf diesem auch alle Files zur Erzeugung der Computer-Modern-Zeichensätze existieren. Hierbei handelt es sich um die 75 TeX-Standardschriften, deren Erzeugungsfiles den Grundnamen dieser TeX-Schriften mit dem Anhang `.mf` tragen, also z. B. `cmr10.mf`, `cmbx10.mf`, ... Das vollständige Verzeichnis der 75 TeX-Standardschriften sowie der zehn zusätzlichen LaTeX-Zeichensätze ist in [5a, Anhang C.7.1] aufgelistet. Die zugehörigen `.mf`-Files sind in dem METAFONT-Directory `.../mf/inputs` oder dessen Systemäquivalent einzurichten.

Die `.mf`-Files mit den Grundnamen der aufgelisteten Schriften stellen aus der Sicht der „Computer-Modern-Schriften“ die sog. Parameterfiles dar, da sie die kennzeichnenden Parameter für die jeweilige Schrift enthalten. Die Parameterfiles lesen mit `input`-Befehlen weitere `mf`-Files ein, und zwar einmal das sog. Basisfile `cmbase.mf`, das METAFONT-Befehle enthält, die für alle Schriften gleichermaßen benötigt werden.

Die Parameterfiles können in acht Gruppen zusammengefasst werden, wobei die Files einer Gruppe jeweils auf ein gemeinsames sog. Treiberfile zurückgreifen. Die acht Treiberfiles sind

```
roman.mf    title.mf    texset.mf   csc.mf
texit.mf    mathit.mf   mathsy.mf   mathex.mf
```

Die Treiberfiles greifen ihrerseits auf eine Reihe von Programmfiles zurück. Diese enthalten die METAFONT-Befehle zur Erzeugung der einzelnen Zeichen und sind ihrerseits in Zeichengruppen zusammengefasst. Insgesamt existieren die folgenden Programmfiles

```
accent.mf   bigacc.mf   bigdel.mf   bigop.mf    calu.mf
comlig.mf   cscspu.mf   greekl.mf   greeku.mf   itald.mf
italig.mf   itall.mf    italms.mf   italp.mf    italsp.mf
olddig.mf   punct.mf    romand.mf   romanl.mf   romanu.mf
romlig.mf   romms.mf    romspl.mf   romspu.mf   romsub.mf
sym.mf      symbol.mf   tset.mf     tsetsl.mf
```

LaTeX stellt zusätzlich noch `lcircle.mf`, `lasy.mf` und `line.mf` bereit, die gleichzeitig Treiber- und Programmfiles darstellen.

Das Basisfile `cmbase.mf` sowie die aufgelisteten Treiber- und Programmfiles sind ebenfalls vor der ersten METAFONT-Verwendung zur Erzeugung von Computer-Modern-Schriften in `.../mf/inputs` einzurichten.

METAFONT selbst stellt noch einen Satz von `mf`-Files zur Erzeugung des eigenen Logos in diversen Stilen bereit. Deren METAFONT-Bearbeitung erzeugt Zeichensätze, die jeweils nur die sieben verschiedenen Buchstaben enthalten, aus denen das Logo METAFONT aufgebaut ist. Die zugehörigen Parameterfiles sind `logo8.mf`, `logo9.mf`, `logo10.mf`, `logobf10.mf`, `logosl10.mf`, `flogo.mf`, `nlogo.mf` und `sklogo.mf`. Das Basisfile heißt `logobase.mf` und das Treiberfile `logo.mf`. Letzteres greift auf einige Programmfiles aus dem Standardsatz zurück.

Bei einigen Installationen existiert das File `manual.mf`. Seine mf-Bearbeitung erzeugt einen Zeichensatz `manual.gf` mit allen Zeichen, die als Grafiksymbole in einem der Bücher [10a] ... [10e] von DONALD KNUTH auftauchen.

Sind alle Quellenfiles der Computer-Modern-Schriften in `.../mf/inputs` eingerichtet, so sollte spätestens jetzt mit der realen Erzeugung eines Drucker-Zeichensatzes zur Übung begonnen werden. Mit dem Aufruf

```
mf '\mode=localfont; mag=1.0; input cmr10'
```

erscheinen auf dem Bildschirm nacheinander die Mitteilungen

```
This is METAFONT, Version 2.71 (no base preloaded)
** \mode=localfont; mag=1.0; input cmr10
(...cmr10.mf (...cmbase.mf) (...roman.mf (...romanu.mf [65] [66] [67] [68]
[69] [70] [71] [72] [73] [74] [75] [76] [77] [78] [79] [80] [81] [82] [83]
[84] [85] [86] [87] [89] [90]) (...romanl.mf [97] [98] [99] [100] [101] [102]
[103] [104] [105] [106] [107] [108] [109] [110] [111] [112] [113] [114] [115]
[116] [117] [118] [119] [120] [121] [122]) (...greeku.mf [0] [1] [2] [3] [4]
[5] [6] [7] [8] [9] [10]) (...romand.mf [48] [49] [50] [51] [52] [53] [54]
[55] [56] [57]) (...romanp.mf [36] [38] [63] [62]) (...romspl.mf [16] [17]
[25] [26] [27] [28]) (...romspu.mf [29] [30] [31]) (...punct.mf [33] [60]
[35] [37] [39] [40] [41] [42] [43] [44] [46] [47] [58] [59] [61] [64] [91]
[93] [93] [96]) (...accent.mf [18] [19] [20] [21] [22] [23] [24] [32] [94]
[95] [125] [126] [127]) (...romlig.mf [11] [12] [13] [14] [15])
(...comlig.mf [34] [45] [92] [123] [124]))
Font metrics written on cmr10.tfm.
Output written on cmr10.300gf (128 characters, 13204 bytes.
Transcript written on cmr10.log.
```

Diese Mitteilungen sollten nach den vorangegangenen Erläuterungen verständlich sein. In der zweiten Zeile werden zunächst die eingegebenen METAFONT-Befehle wiederholt und mit der nächsten Zeile beginnt die Rückmeldung der Bearbeitung. Es wird zunächst das File `(.../cmr10.mf` eingelesen, wobei `.../` für den vollständigen Pfadnamen steht. Auf meinem UNIX-Rechner steht entsprechend der dortigen Fileorganisation `.../` für `/usr/local/lib/texmf/mf/inputs/` und auf meinem PC für `c:\emtex\mfinput\`.

Die Mitteilung `(cmbase.mf) (roman.mf` sagt, dass dann das Basisfile und danach das Treiberfile `roman.mf` eingelesen wird. Die nächste Angabe `(romanu.mf [65] ...` weist darauf hin, dass das Treiberfile zunächst das Programmfile `romanu.mf` einliest, das die Befehlsanweisungen für die Roman-Großbuchstaben enthält ('u' für Uppercase). Anschließend werden die Großbuchstaben erzeugt, wobei 'A' dem Zahlenschlüssel 65, 'B' 66 usw. bis 'Z' dem Wert 90 zugeordnet wird. Die anschließende Angabe `) (...romanl.mf [97] ...` sagt mit der schließenden Klammer `)`, dass das vorangegangene Programmfile damit beendet ist und ein neues Programmfile `romanl.mf` eingelesen wird, das die METAFONT-Anweisungen zur Erzeugung der Roman-Kleinbuchstaben enthält ('l' für Lowercase). Die Zahlenfolge `[97] ... [122]` wird hierbei der Buchstabenfolge 'a ... z' zugeordnet.

Die weiteren Terminalmitteilungen sind nun selbstverständlich. Die weiteren Programmfiles `greeku.mf`, `romand.mf`, `romanp.mf`, `romspl.mf`, `romspu.mf`, `punct.mf`, `accent.mf`, `romlig.mf` und `comlig.mf` erzeugen nacheinander die griechischen Großbuchstaben Γ ... Ω, die Ziffern 0 ... 9, die Roman-Satzzeichen $, &, ¿ und ?, die kleinen und großen Sonderzeichen ı, ȷ, ß, æ, œ, ø, bzw. Æ, Œ und Ø, die Satzzeichen ! ¡ # % ' ( ) * + , . / : ; = @ [ ] und ', die Akzentzeichen ` ´ ˇ ˘ ¯ ˚ ¸ - ^ ˙ ˝ ~ und ¨, die Ligaturen ff fi fl ffi ffl und schließlich die als gemeinsame Ligaturen bezeichneten Zeichen " - " – und —.

Die Funktionen der Programmfiles gehen aus deren Namen oder Namensendungen hervor, z. B. 'd' für 'digits', 'p' für 'punctuation, 'spu' für 'special uppercase', 'spl' für 'special lowercase' und 'lig' für 'ligatures'. 'comlig' steht für die in den Roman- und Italicschriften einheitlich benutzten Zeichen.

8.1.3 Geräteanpassungen

Die Verteilungsmedien für METAFONT enthalten das File `modes.mf`, das die METAFONT-Einstellungen für nahezu alle am Markt befindlichen Drucker oder sonstige Ausgabegeräte wie Grafikbildschirme enthält. Diese gerätespezifischen Einstellungen werden als METAFONT-Makros realisiert und für die Bearbeitung mit '`mode=`*dev_macro*' beim mf-Aufruf aktiviert. Dabei steht *dev_macro* für den Makronamen des entsprechenden Geräts. Das Paket emTEX enthält ein äquivalentes Gerätefile unter dem Namen `local.mf`.

Enthält das Verteilungsmedium kein Anpassungsmakro für den vorhandenen Drucker, so muss es vom Anwender selbst bereitgestellt werden. Dieses hat stets die Form

```
% Canon CX mode: (e.g. Laserjet II)
mode_def CanonCX =
  proofing:=0;           % no, we're not making proofs
  fontmaking:=1;         % yes, we are making a font
  tracingtitles:=0;      % no, don't show titles at all
  pixel_per_inch:=300    % the Canon engine at 300/inch
  blacker:=0;            % Canon engine is black enough
  fillin:=.2;            % small compensation for diagonal fillin
  o_correction=.6        % but don't overshoot as much
  % aspect_ratio 1/1     % v/h, only for different v/r resolution
enddef;
localfont:=CanonCX
```

was am Beispiel für den CanonCX-Druckertyp vorgestellt wird. Dieses Druckwerk wird z. B. bei den Laserdruckern Apple LaserWriter, Cordata, HP Laserjet, HP Laserjet II, Imagen 8/300, QMS und Talaris 8ppm benutzt.

Ein von Null verschiedener Wert für `proofing` wird in den äquivalenten `plain`-Makros für den Bearbeitungsmodus `proof` mit `proofing:=2` und für `smoke` mit `proofing:=1` gewählt. Dies führt zu zusätzlichen Ausgabemarkierungen während der Testphase eines neuen Zeichensatzes, wie in den Bildern auf S. 436 und 437 zu ersehen ist. Die Zuweisung von `fontmaking:=1` bewirkt die zusätzliche Erzeugung des `.tfm`-Files. Mit `tracingtitles:=1` erfolgt ein erweitertes Terminalprotokoll während der Bearbeitung in der Form:

```
The letter A [65]
The letter B [66]
 . . . . . . . .
Greek Uppercase Gamma [0]
 . . . . . . . .
```

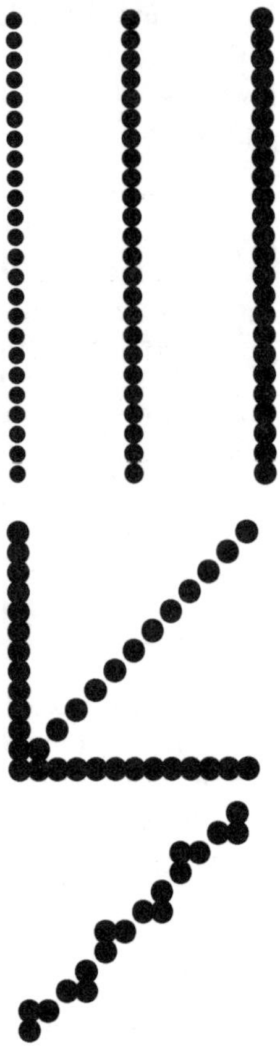

Die Einstellungen von `blacker` und `fillin` dienen zur Anpassung des Schwärzungsgrades von vertikalen und diagonalen Linien. Die Einzelpixel können für Drucker gleicher Auflösung unterschiedlich groß sein, was z. B. zu Linien wie nebenstehend führen kann. Die Pixelvariable `blacker` wird zu jeder horizontalen Pixelgruppe addiert, was bei vertikalen Linien zur Vergrößerung der Linienbreite führt. Bei Werten < 1.0 für `blacker` liegt die Wirkung in einer evtl. Aufrundung auf die nächste ganze Pixelanzahl und damit zu einer um ein Pixel stärkeren Linie.

Würde eine Diagonallinie aus der gleichen Zahl von Einzelpixeln gebildet, wie die zugehörige horizontale und vertikale Linie, so erschiene sie schwächer als letztere, da die gleiche Anzahl von Pixeln auf die um $\sqrt{2}$ vergrößerte Länge verteilt sind. METAFONT kompensiert dies durch Zufügung von weiteren Nachbarpixeln entlang der Diagonalen. Beim Zusammentreffen von geneigten Linien, wie etwa beim A oder M, kann dies an den Schnittstellen zu überhöhter Schwärzung führen, wie Diagonallinien bei manchen Druckern insgesamt zu dick ausfallen. Mit einem positiven Wert für `fillin` kann eine Ausdünnung von Diagonallinien und deren Schnittstellen erreicht werden. Ein negativer Wert führt zu zusätzlicher Verstärkung.

Der Korrekturwert `o_correction` wirkt der optischen Täuschung entgegen, nach der Kreise gegenüber Quadraten mit der Kantenlänge des Kreisdurchmessers kleiner erscheinen.

Der Einstellwert für `pixel_per_inch` ist selbst erklärend. Der letzte Korrekturwert `aspect_ratio` ist nur bei Geräten mit unterschiedlicher Auflösung in horizontaler und vertikaler Richtung erforderlich.

Bei solchen Geräten sollte der Variablen `pixel_per_inch` die horizontale Auflösung und `aspect_ratio` das Verhältnis v_{res}/h_{res} zugewiesen werden, mit h_{res} für die horizontale und v_{res} für die vertikale Auflösung. Der Nadeldrucker FX 80 von Epson hat z. B. die horizontale Auflösung 240/inch und in vertikaler Richtung nur 216/inch, was dem Verhältnis 9/10 entspricht. Für diesen Drucker würde damit

```
\pixel_per_inch:=240;   aspect_ratio:=9/10;
```

vorzugeben sein.

Das Gerätefile `modes.mf` (bzw. `local.mf` in emTEX) muss beim METAFONT-Aufruf in die Bearbeitung einbezogen werden, und zwar *vor* der Modezuweisung `mode=`*dev_macro*. Dies kann mit dem METAFONT-Aufruf in der Form

```
mf modes; mode=dev_macro; mag=m; input font
```

geschehen. Der vorangestellte \ vor der Modezuweisung `mode=`*dev_macro* entfällt hier, da METAFONT nunmehr als Erstes auf das File `modes.mf` trifft, nach dem automatisch in den Befehlseingabemodus umgeschaltet wird. Im nachfolgenden Unterabschnitt stelle ich eine elegantere Lösung vor.

Innerhalb des Gerätefiles `modes.mf` bzw. `local.mf` sollte der Anwender am Ende, mit dem im gleichen File für den bevorzugten lokalen Drucker gekennzeichneten Makronamen *dev_macro*, z. B. `CanonCX` für einen HP-Laserjet II oder III bei `modes.mf` bzw. `hplaser` bei `local.mf`, die Zuweisung `localfont:=`*dev_macro* einfügen.

8.1.4 Weitere Anwenderanpassungen

Die Erzeugung der 75 TeX-Zeichensätze sowie der zusätzlichen 22 LaTeX- und SLI-TeX-Zeichensätze in verschiedenen Vergrößerungsstufen als `.gf`-Files und deren anschließende Umwandlung in `.pk`-Files erfordert beträchtliche Rechenzeit. Da alle TeX- und LaTeX-Zeichensätze auf das File `cmbase.mf` zurückgreifen und eine druckerspezifische Vorgabe aus `modes.mf` bzw. `local.mf` erwarten, sollte eine Vorbearbeitung dieser Files gemeinsam mit `plain.mf` durch inimf erfolgen und als eigenes `cmplain.base`-File abgelegt werden. Hiermit kann die Rechenzeit für die Erzeugung der Computer-Modern-Zeichensätze verringert werden. Der inimf-Aufruf lautet hiefür

```
inimf plain input modes; input cmbase; dump
```

Das in dem momentanen Directory erzeugte File `plain.base` oder `plain.bas` sollte in `cmplain.base` umbenannt und dann im `.../bases` abgespeichert werden. Für die spätere METAFONT-Bearbeitung sollte die Befehlsfolge

UNIX:	`virmf \&cmplain $*`	als	`cmmf`
DOS:	`virmf &cmplain %1`	als	`cmmf.bat`

in dem Directory mit den ausführbaren Programmen abgespeichert werden. Der Aufruf zur Bearbeitung der Computer-Modern-Zeichensätze erfolgt nunmehr mit dem Aufruf

`cmmf '\mode=localfont; mag=`*n*` ; input `*font*'

Bei der Bearbeitung entfällt das Einlesen von `cmbase.mf`, da alle Parameterfiles mit der Abfrage

```
if unknown cmbase: input cmbase fi
```

beginnen. In dem vorbearbeiteten `cmbase`-File aus `cmplain.base` wird `cmbase:=1` gesetzt und ist damit bekannt, womit der anschließende Lesebefehl entfällt.

Für ein komfortables TeX-System sollten alle TeX- und LaTeX-Schriften neben der Grundgröße zusätzlich in den Vergrößerungsstufen `magstep 0.5`, `magstep 1`, `magstep 2`, ... `magstep5`, also in den Stufen 1.2^n mit $n = 0, 0.5, 1, 2, \dots 5$ bereitgestellt werden. Diese sieben Vergrößerungsstufen auf die 75 TeX- und zusätzlichen elf LaTeX-Schriften angewandt, führen zu insgesamt 602 Zeichensatzfiles. Von den Schriften, die nur in 10 pt existieren, sollten zumindest `cmcsc10`, `cmex10`, `cmbsy10` und `lasyb10` auch in den Verkleinerungsstufen `mag=0.5, 0.6, 0.7 0.8` und `0.9` erstellt werden.

Für das Ergänzungspaket `slitex` müssen auch die SLITeX-Schriften eingerichtet werden. Hierbei handelt es sich um die Schriften

```
icmex10 icmmi8 icmsy8 icmtt8 ilasy8 ilcmss8 ilcmssb8 ilcmssi8
cmex10  cmmi8  cmsy8  cmtt8  lasy8  lcmss8  lcmssb8  lcmssi8
```

die für die 8 pt-Schriften in den Vergrößerungsstufen von `magstep3` bis `magstep9` und für die 10 pt-Schriften, also für `icmex10.mf` und `cmex10.mf`, in den Stufen `mag=0.9`, `magstep0` bis `magstep5`, jeweils in Abstufungen von 1, zu erstellen sind. Die beiden anderen mathematischen Zeichensatzgruppen `icmmi8` und `icmsy8` sowie `cmmi8` und `cmsy8` sollten zusätzlich in `magstep1` und `magstep3` zur Verfügung stehen.

Selbst ohne die SLITeX-Schriften wurde hier die Erstellung von insgesamt 622 Zeichensatzfiles empfohlen. Evtl. kommen für plakative Ausdrucke bei einigen Schriften noch höhere

Vergrößerungsstufen oder feinere Abstufungen in Betracht[2]. Alle in Kapitel ?? vorgestellten TEX-Zusatzschriften können bei Bedarf in mehreren Vergrößerungsstufen in gleicher Weise aus ihren .mf-Quellenfiles erstellt werden. Angesichts des Rechenaufwands zur Erzeugung der gf-Zeichensatzfiles aus den mf-Quellen und ihrer endgültigen Bereitstellung als pk-Files ist eine Erstellungsstrategie erforderlich.

Vorab sollte das Filesystem für die Zeichensätze strukturiert werden. Für den Canon CX Druckertyp liegt es z. B. nahe, unter MS-DOS zunächst das Verzeichnis `c:\texfonts\canon` einzurichten und nach dem Befehl `cd c:\texfonts\canon` nunmehr Unterverzeichnisse mit `mkdir` *nnn*`dpi` einzurichten, wobei *nnn* nacheinander für 300dpi, 329dpi, 360dpi, 432dpi, 518dpi, 622dpi und 746dpi steht. Diese Zahlennamen stammen genau genommen aus der Rundungsfunktion $\mathrm{round}(R \times 1.2^n) = \mathrm{int}(R \times 1.2^n + 0.5)$ mit R für die Auflösung des Druckers und sind für einen anderen Druckertyp entsprechend zu wählen.

Um einen Zeichensatz in den vorgeschlagenen sieben Skalierungsstufen zu erzeugen, empfiehlt es sich, unter MS-DOS die Befehlsdatei `magfont.bat`

```
cmmf \mode=localfont; input %1
gftopk %1.300gf c:\texfonts\canon"s00dpi\%1.pk
copy   %1.tfm   c:\texfonts\fonts\%1.tfm
cmmf \mode=localfont; mag=magstep 0.5; input %1
gftopk %1.329gf c:\texfonts\canon"s29dpi\%1pk
cmmf \mode=localfont; mag=magstep 1; input %1
gftopk %1.360gf c:\texfonts\canon"s60dpi\%1pk
. . . . . . . . . . . . . . . . . . . . . .
cmmf \mode=localfont; mag=magstep 5; input %1
gftopk %1.746gf c:\texfonts\canon\746dpi\%1pk
del %1.*
```

bereitzustellen. Mit dem Aufruf `magfont` *font* wird der angegebene Zeichensatz *font* für alle sieben Vergrößerungsstufen mit `cmmf` bearbeitet, die die entstehenden *font.xxx*`gf`-Files in *font*`.pk`-Files umwandelt, und zwar entsprechend den einzelnen Vergrößerungsstufen in den Zielverzeichnissen `c:\texfonts\canon"s00dpi` bis `c:\texfonts\canon\746dpi` eingerichtet, das File `cmbx10.tfm` nach `d:\tex\fonts` kopiert und in dem augenblicklichen Arbeitsdirectory werden die hier nicht mehr benötigten Files *font.xxx*`gf`, *font*`.tfm` und *font*`.log` gelöscht.

Mit dem Aufruf `magfont cmbx10` wird damit die Schrift `cmbx10` in den sieben Skalierungsstufen eingerichtet. Ein solcher Aufruf sollte vorgenommen werden, um eine Zeitabschätzung für die Erzeugung von Zeichensätzen in allen Skalierungsstufen zu gewinnen. Anschließend können mit der weiteren kleinen Befehlsdatei `manyfonts.bat`

```
for %%f in (%1 %2 %3 %4 %5 %6 %7 %8 %9) call %%f.mf
```

und dem Aufruf `manyfont` $font_a$ $font_b$ ... $font_i$ bis zu neun verschiedene Zeichensätze in den sieben Skalierungsstufen zu geeigneten Zeiten, z. B. in der Mittagspause, störungsfrei erzeugt werden. Die äquivalenten Dienstfiles als Shellscript unter UNIX oder Kommandofiles unter anderen Betriebssystemen brauchen dem Systemverwalter von Mehrbenutzersystemen nicht näher erläutert zu werden.

Das emTEX-Paket von Eberhard Mattes enthält eine eigene Installationsdatei `mfjob`, die mit Aufrufen der Form

[2]Auf meinem UNIX-Rechner wurden z. B. alle TEX- und LATEX-Schriften mit `magstep`-Werten von $0.5n$ mit $n = 0, 1, \ldots 20$, also neben der Grundstufe mit `magstep 0.5` bis `magstep 9.5` in Abstufungen von 0.5 erzeugt. Mit den zusätzlichen Verkleinerungsstufen und den SLITEX-Schriften sind das rund 2000 Zeichensatzfiles. Der Grund für diese Vergrößerung liegt darin, dass die Schriften auf den herkömmlichen DIN-A4-Druckern *und* auf einem DIN-A3-Drucker mit gleicher Auflösung von 300 Pixel/Zoll verwendet werden. Letzterer dient dazu, Schriftstücke vergrößert als Druckvorlage zu erstellen und damit eine höhere effektive Auflösung zur Verbesserung der Druckqualität zu erreichen.

```
mfjob /i fnt_group m=pr
```

eine mit *fnt_group* gekennzeichnete Zeichensatzgruppe für den mit *pr* gekennzeichneten Drucker in den sieben Standardskalierungen erzeugt. Für Einzelheiten verweise ich auf [5a, Anh. F.2.3.7].

Zum Abschluss folgen hier noch einige Hinweise zur Anpassung an sog. Write-White-Geräte. Für diese sollte neben dem eigentlichen Gerätemakro auch eine Anpassung von `cmbase.mf` erfolgen. Steht ein `setup_white.mf`-File, wie unter UNIX, zur Verfügung, so kann ein spezielles `cmwplain.base`-File mit

```
inimf plain input cmbase; input setup_white; input device; dump
```

erstellt und mit virmf zum Aufruf wmf zusammengefasst werden. Das entsprechende Gerätemakro muss gleichzeitig die Zuweisung `let font_setup=white_setup` enthalten. Existiert kein Anpassungsfile, dann sollte `cmbase.mf` zumindest um die in [22, Vol. 8, S. 31] beschriebenen Ergänzungen modifiziert werden. Da diese nur kurz sind, seien sie hier wiederholt. In `cmbase.mf` gibt es eine längere Makrodefinition `def font_setup =`, in der die Zuweisung

```
min_Vround:=max(fine.breadth,crisp.breadth,tini.breadth);
```

auftritt. Diese ist durch Einfügen von `,2` unmittelbar vor der schließenden Klammer, also nach `tini.breadth`, zu ergänzen. Am Ende des `font_setup`-Makros, also unmittelbar vor dem entsprechenden `enddef`-Befehl, ist einzufügen

```
forsuffixes $=thin_join,hair,curve,flare,dot_size,cap_hair,cap_curve
   vair,bar,slab,cap_bar,cap_band,stem',cap_stem',vair',fudged.hair,
   fudged.stem,fudged.cap_stem: $:max($2); endfor %"WRITE WHITE" ONLY!
```

Mit diesen Ergänzungen wird erreicht, dass bei Write-White-Geräten alle Teilstrukturen mindestens zwei Pixel groß sind. Dieser Vorschlag stammt aus dem Artikel "Write-White Printing Engines und Tuning Fonts with METAFONT" von NEENIE BILLAWALA aus der vorher zitierten Stelle in TUGboat.

Neuere DVI-Treiber, wie dvips von TOMAS ROKICKI und die Treiber aus den emTeX-Probeversionen, können fehlende Zeichensätze bei Bedarf automatisch generieren. Verfügt der Treiber des Anwenders über eine solche Eigenschaft, dann kann von einer Vorabcrstellung der Zeichensätze abgesehen werden. Dies verlängert zwar die ersten Druckaufträge, da die angeforderten Zeichensätze zunächst erstellt werden müssen, die dann jedoch dauerhaft abgelegt werden. Bereits nach wenigen Druckaufträgen entstehen so die beim Anwender tatsächlich benötigten Zeichensätze, was bei begrenzter Plattenkapazität vorteilhaft ist. Mit einer solchen Treibereigenschaft kann man sich auf die manuelle Erstellung solcher Zeichensätze beschränken, für die die automatische Erzeugung aus irgendwelchen Gründen versagt.

8.1.5 Grafische Terminalausgabe von METAFONT

Steht dem Anwender ein grafikfähiges Terminal zur Verfügung, was bei einem PC mit einer geeigneten Grafikkarte nahezu selbstverständlich ist, so wäre es in der Entwicklungsphase der einzelnen Symbole neuer Zeichensätze wünschenswert, diese auf dem Bildschirm auszugeben. Das METAFONT-Originalprogramm `mf.web` stellt zur Vorbereitung die vier Funktionen *init_screen*, *blank_rectangle*, *paint_row* und *update_sreen* bereit. Diese müssen mit `mf.ch` an die Grafikeigenschaften des eigenen Systems angepasst werden. Ob dies beim lauffähigen virmf-Programm geschehen ist, kann vorab mit einem kleinen Testaufruf geprüft werden. Nach dem Aufruf von `mf` ohne sonstige Angaben in der Befehlszeile meldet sich das Programm mit der Terminalnachricht

```
This is METAFONT, Version n (no base preloaded)
**
```

und wartet auf die Anwenderreaktion. Diese soll lauten `\relax`, ⟨Returntaste⟩, worauf sich `mf` mit dem einfachen Befehlsprompt * zurückmeldet. Hierauf sollte eingegeben werden

`draw (0,0)--(0,150)--(150,75)--(0,0); showit;` ⟨Return⟩

Erscheint auf dem Bildschirm nach kurzer Bearbeitungszeit ein Symbol ▷, das den Bildschirm nahezu ausfüllt, so sind die METAFONT-Terminalgrafikeigenschaften implementiert. Bleibt der Bildschirm leer oder erscheint eine Fehlernachricht, so fehlen diese im lauffähigen virmf-Programm. Der Test kann mit der abschließenden Eingabe von `end` nach dem nächsten Befehlsprompt * beendet werden.

Enthält das lauffähige METAFONT-System die Terminalgrafikeigenschaften, so können die einzelnen Symbole während der Entwicklungsphase mit `showit`-Befehlen auf dem Bildschirm ausgegeben werden. Ist das nicht der Fall und steht virmf nur als ausführbares Programm bereit, so muss der Anwender mit dieser Systemeinschränkung leben. Wurde METAFONT auf dem Rechner des Lesers aus den WEB-Qellen erzeugt, so könnte grundsätzlich diese Ergänzung vorgenommen werden. Dies setzt jedoch erhebliche Programmier- und Systemkenntnisse voraus, für die keine allgemeinen Angaben gemacht werden können. Evtl. enthält das Verteilungsmedium weitere Grafikfiles, die übersehen wurden und die bei der METAFONT-Generierung eingebunden werden können.

8.1.6 METAFONT-Testmodi

In 8.1.1 wurden die beiden Bearbeitungsmodi `proof` und `smoke` erwähnt, die mit `mode=proof` bzw. `mode=smoke` aktiviert werden und für die je ein Ausgabebeispiel abgebildet wurde. Beide Modi entsprechen einem fiktiven Gerätemakro:

```
% proof mode: for initial design of characters
mode_def proof =
  proofing:=2;                 % yes, we're making full proofs
  fontmaking:=0;               % no, we're not making a font
  tracingtitles:=1;            % yes, show titles on line
  pixel_per_inch:=2601.72;     % that's 36 pixel per pt
  blacker:=0;                  % no additional blackness
  fillin:=0;                   % no compensation for fillin
  o_correction:=1;             % no reduction in overshoot
enddef

% smoke mode: for label-free proofs to mount on the wall
mode_def smoke =
  proof_;                      % same as proof mode, except:
  proofing:=1;                 % yes, we're making unlabeled proofs
  extra_setup:=extra_setup&"grayfont black"; % with solid black pixels
  let makebox=maketicks;       % make the boxes less obtrusive
enddef
```

Diese Makros bedürfen mit den beigefügten Kommentaren keiner weiteren Erläuterung. Gegebenenfalls können die Hinweise zur Definition von `Canon CX` von Seite 441 herangezogen werden. Die Nutzung dieser Bearbeitungsmodi verlangt zwingend das lauffähige Programm gftodvi sowie die Zeichensatzfiles `black.pk` und `gray.pk` mit der Auflösung für den lokalen Drucker.

War vom Anwender z. B. ein MF-File `test.mf` bereitgestellt worden, so erzeugt der Aufruf `\mf \mode=proof; input test` zunächst das File `test.2602gf` und der anschließende Aufruf `gftodvi test.2602gf` das File `test.dvi`. Dieses ist ein ganz gewöhnliches `dvi`-File, das in herkömmlicher Weise mit dem Druckertreiber auf dem lokalen Drucker ausgegeben werden kann.

Fehlt das Programm gftodvi, so muss auf diese Testmöglichkeit verzichtet werden, was bedauerlich wäre. Vor der ersten Anwendung von gftodvi ist auf dem Verteilungsmedium nach dem File `grayf.mf` zu suchen. Neben diesem File werden zwei weitere Files `gray.mf` und `black.mf` benötigt. Diese beziehen sich im Original auf den Bearbeitungsmodus `cheapo` und sollten vorab an den lokalen Druckertyp angepasst werden. Da beide Files sehr kurz sind, werden die angepassten Files hier wiedergegeben:

```
% Gray font for Localfont with proofsheet resolution 150 pixel per inch
%%% Just for my LaserjetIV with 600 dpi original resolution (H.K)
if mode<>localfont: errmessage "This file is for localfont only"; fi
font_identifier "GRAYLOCAL";
input grayf

% Black font for Localfont with proofsheet res. 100 pixel per inch
%%% Only for my LaserjetIV with 600 dpi original resolution (H.K)
if mode<>localfont: errmessage "This file is for localfont only"; fi
picture pix_picture; pix_wd := pix_ht :=6;
pix_picture := unitpixel scaled 6;
font_identifier "BLACKLOCAL";
input grayf
```

Bei mir ist `localfont:=ljfour` eingestellt, worauf sich die angegebenen Auflösungen beziehen. Das Graumuster aus `grayf.mf` besteht aus einem 4×4- und das Schwarzmuster aus einem 3×3-Pixelfeld. Damit ergeben sich für die in der Kommentarzeile angegebenen Werte zu $600/4 = 150$ bei `grau.mf` bzw. $600/6 = 100$ bei `black.mf`.

Für beide `.mf`-Files sind die `.pk`- und `.tfm`-Files für den lokalen Drucker zu erzeugen und in `.../tex/fonts` bzw. `.../tex/ljfour/600` abzulegen. Die Aufrufe zur Bearbeitung mit mf und gftopk brauchen hier nicht wiederholt zu werden, da sie für beliebige Zeichensätze in 8.1.4 hinreichend beschrieben wurden.

Zusätzlich zu `grayf.mf` wird noch das File `slant.mf` benötigt. Zu diesem File sind noch zwei Parameterfiles einzurichten, die ich bei mir `slantsl.mf` und `slantit.mf` genannt habe. Die zugehörigen pk-Files erzeugen geneigte Kontrollinien beim Ausdruck, wobei `slantsl` für den Typ *slanted* mit der Neigung $1/6$ und `slantit` für *italic* mit der Neigung $1/4$ steht. Diese beiden Files können ebenfalls schnell mit dem Editor erzeugt werden:

```
% slantsl font for Localmode with slope 1/6
if mode<>localfont: errmessage "This file is for localfont only"; fi
s=1/6;               % the slant ratio
n=30;                % the number of characters
r#=.4pt#;            % thickness of the rules
u=1;                 % vertical unit
font_identifier "SLANTSLOCAL";
input slant
```

Das andere File `slantit.mf` unterscheidet sich hiervon nur durch die geänderte Neigungsangabe `s=1/4` und den Namen `SLANTILOCAL` sowie den Kommentar.

Beide Files sind mit mf für `mode=localfont` und anschließend mit `gftopk slantsl.600gf` bzw. `gftopk slantit.600gf` zu bearbeiten. Die zugehörigen TFM-Files sind in das TeX-Standarddirectory mit den `.tfm`-Files zu kopieren und die PK-Files sind in `.../tex/ljfour/600` einzurichten.

Nach diesen Anwenderanpassungen kann nun das Programm gftodvi zur Erstellung von Zeichen-Probeausgaben auf dem eigenen Standarddrucker voll genutzt werden. Der Standardaufruf lautet

`gftodvi` *font*`.2602gf`

Je nach Bearbeitungsmode `proof` oder `smoke` wird ein *font*`.dvi`-File erzeugt, dessen Ausdruck auf dem Drucker Abbildungen gemäß Seite 436 bzw. 437 ergibt. Die auf der Seite rechts oben evtl. angebrachten Zahlenangaben kennzeichnen diejenigen Kontrollpunkte, bei denen eine Bezifferung nicht möglich war, weil diese sonst übereinander geschrieben worden wären.

Intern verwendet gftodvi vier Schriften mit der Bezeichnung `titlefont`, `labelfont`, `grayfont` und `slantfont`. Standardmäßig ist `titlefont` mit `cmr8` in Verbindung mit `logo8`, `labelfont` mit `cmtt10` und `grayfont` je nach Bearbeitungsmodus mit `gray` oder `black` voreingestellt. Die Schrift `slantfont` ist nicht voreingestellt, sondern muss beim gftodvi-Aufruf explizit angegeben werden. Dies kann mit einem Schrägstrich / unmittelbar nach *font*`.2602gf` erreicht werden. Hiermit wird gftodvi zur interaktiven Bearbeitung aufgefordert, was zur Terminalausgabe

```
This is GFtoDVI, Version 3.0
GF file name font.2602gf/
Special font substitution:
```

führt und vom Anwender zu beantworten ist. Nach der Eingabe `labelfont cmtt8` ⟨Return⟩ nach

```
Special font substitution: labelfont cmtt8
OK; any more?
```

erscheint

und nach weiterer Eingabe von `slantfont slantsl` erneut `OK; any more?` Auf diese Weise können nacheinander geänderte Schrifteinstellungen vorgenommen werden. Wird nur mit der Return-Taste geantwortet, so beginnt die Bearbeitung unter Verwendung der vorab angegebenen Schriften. Bei der Schrift `cmsl10` enthält die Seite 33 den Buchstaben 'g'. Der Ausdruck dieser Seite mit dem Bearbeitungsmodus `proof` ergibt das Bild auf der folgenden Seite.

Der Zeichengenerator `grayf.mf` kann zwei unterschiedlich getönte Graustufen erzeugen. Standardmäßig enthält das 4×4-Pixelfeld acht schwarze und acht weiße Pixel. Falls diese Grautönung auf dem lokalen Drucker zu dunkel ausfällt, kann mit der Angabe `boolean lightweight` im Parameterfile `gray.mf` ein Pixelfeld erzeugt werden, das aus vier schwarzen und zwölf weißen Pixeln besteht. Dieses wurde bei den ausgdruckten Beispielen verwendet.

Das Program m gftodvi kann auch auf einem mit `mode=localfont` erzeugten Drukkerzeichensatz verwendet werden. Dies geschieht häufig mit einem vergrößerten Symbol für das Einzelpixel der Zeichen, um die genaue Pixelstruktur bei Druckern mit relativ geringer Auflösung zu beurteilen. Ein solches vergrößertes Pixelsymbol kann z. B. mit dem folgenden `grayraw.mf`-Parameterfile erzeugt werden.

METAFONT output 2002.04.20:1953 Page 33 Character 103 "The letter g"

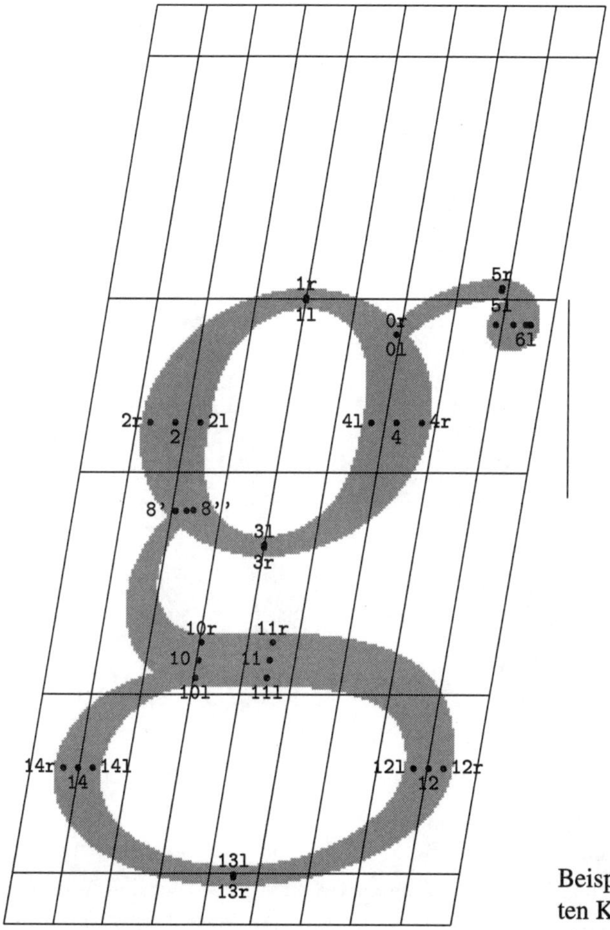


```
71 = 61 + (-12,0)
81 = 8'' + (-2.7,-0.1)
0 = 01 + (0,0)
1 = 11 + (0.1,0.5)
3 = 3r + (0.1,0.5)
5 = 51 + (0.1,0.5)
6 = 61 + (1,0)
7 = 61 + (-5,0)
8 = 8'' + (-2.7,-0.1)
13 = 131 + (-0.1,-0.5)
6r = 61 + (2,0)
7r = 61 + (2,0)
8r = 8'' + (-2.7,-0.1)
```

Beispiel für `mode=proof` mit geneigten Kontrollinien für `cmsl10`.

```
% Gray font for Localfont with proofsheet raw res. 50 pixel per inch
%%% with localfont set for an LaserjetIV with 600 dpi
if mode<>localfont: errmessage "This file is for localfont only"; fi
rep=3;  boolean large_pixel;  font_identifier "GRAYRAWLOCAL";
input grayf
```

Die Vergröberung ist eine Folge der Wiederholungsangabe `rep=3` für das graue Pixelmuster, die mit `rep=5` auf $150/5 = 30$ noch gröber eingestellt würde. Mit der interaktiven Bearbeitung für das Zeichensatzfile `cmti12.720gf`

```
This is GFtoDVI, Version 3.0
GF file name: cmti12.360gf/
Special font substitution: grayfont grayraw
OK; any more?
```

erscheint der Probeausdruck für die Ligatur '*ffi*' des Zeichensatzfiles `cmti12.360gf` als

METAFONT output 2002.04.20:2032 Page 36 Character 14

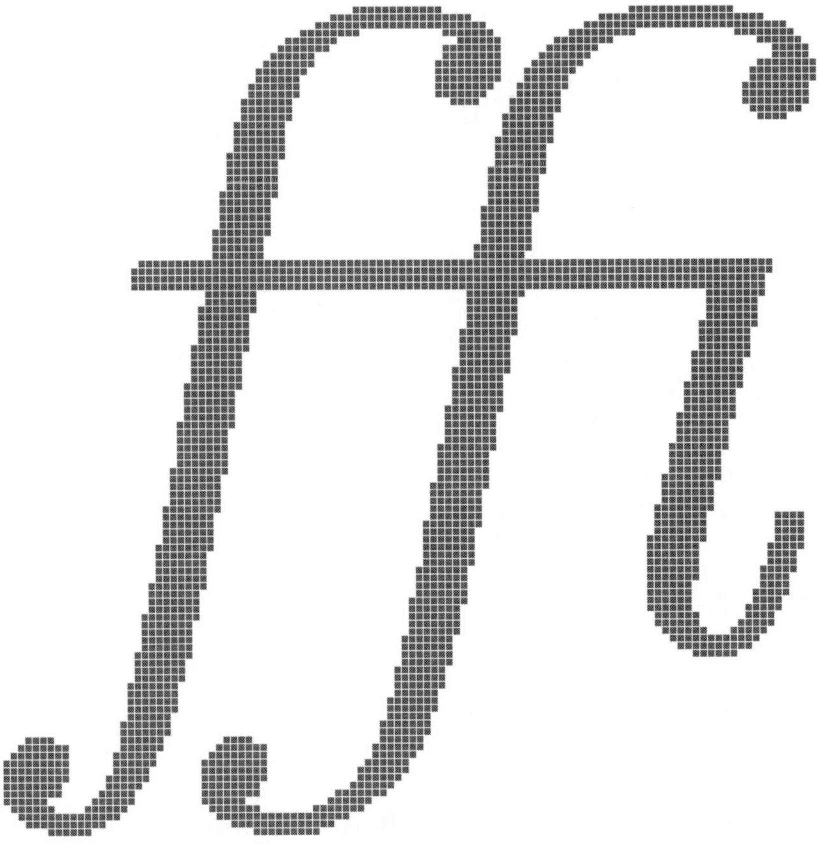

Das dunkelgraue Quadrat ▪ steht hierbei für das einzelne Pixel. Die Darstellung lässt das gesamte Pixelmuster, aus denen das Zeichen aufgebaut ist, genau erkennen. Mit `rep=5` beim vorstehenden File `grayraw` würde das Pixelsymbol um 5/3 größer ausfallen.

Die vorstehenden Beispiele entstanden als eigene `.dvi`-Files mit dem Programm gftodvi aus den `.gf`-Files. Anschließend wurde mit dem Aufruf '`dvips` *dvi_file* `-o -E -pp`n' für die Seite n ein gekapseltes PostScript-File erstellt (s. 5.1.5) und mit `\epsffile{`*eps_file*`}` (s. 5.1.5) in den umgebenden Text eingefügt. Text und Grafikbeispiele erscheinen damit bei der Druckausgabe in einem Arbeitsgang.

Das Programm gftodvi kennt eine Reihe weiterer Einstellparameter, die in einem `.gf`-File gesetzt werden können. Mit `proofrulethickness=`*strich_stärke* kann die Strichstärke des Gitternetzes verändert werden. Weitere Möglichkeiten werden in 8.4.2 vorgestellt. Es handelt sich dabei besonders um die Positionierung der Markierungsbeschriftungen und die Hinweise, wie die Grafikbeispiele aus Abschnitt 8.3 erzeugt wurden. Ansonsten wird auf [10c, Anhang H] verwiesen.

8.2 Koordinatensysteme und Einheiten

Dieser Abschnitt stellt das METAFONT-Koordinatensystem vor und beschreibt die Kennzeichnung seiner Punkte, Richtungen und Vektoren und deren arithmetische Beziehungen. Weiterhin werden die wichtigsten Variablentypen und die relativen und absoluten Längenmaße erläutert.

8.2.1 Das METAFONT-Koordinatensystem

METAFONT verwendet das kartesische Koordinatensystem, wie es auch in der LaTeX-Umgebung `picture` und beim PiCTeX-Programm zur Anwendung kommt.

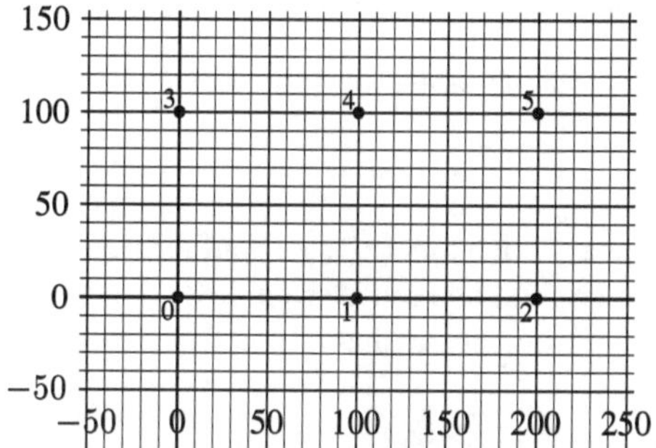

Jeder Punkt in diesem Koordinatensystem wird nach der METAFONT-Syntax durch ein Zahlenpaar in der Form (ξ, η) gekennzeichnet. Die mit '0' bis '2' bezeichneten Punkte sind durch

`(0,0)`, `(100,0)` und `(200,0)`

und '3' bis '5' durch

`(0,100)`, `(100,100)` und `(200,100)`

bestimmt.

Die erste Zahl ξ in diesem Zahlenpaar bedeutet die horizontale oder x-Koordinate, also den horizontalen Abstand zum Koordinatenursprung oder Nullpunkt. Ein positiver Wert bedeutet den horizontalen Abstand nach rechts vom Nullpunkt, ein negativer Wert den entsprechenden Abstand nach links. Die zweite Zahl η des Paares stellt die vertikale oder y-Koordinate dar, mit der der vertikale Abstand zum Nullpunkt gekennzeichnet wird. Ein positiver Wert kennzeichnet den vertikalen Abstand oberhalb, ein negativer denjenigen unterhalb des Nullpunkts.

Die Koordinatenangaben als Zahlenpaar verlangen die Vereinbarung von Einheiten in horizontaler oder x- und vertikaler oder y-Richtung, da die reinen Zahlen das jeweils Vielfache der gewählten x- und y-Längeneinheit darstellen. In PiCTeX konnten diese Einheiten mit dem Befehl `\setcoordinatesystem` für jedes Bild beliebig gewählt werden und selbst innerhalb eines Bildes für einzelne Bildteile verändert werden. Auch bei der LaTeX-Umgebung `picture` kann mit `\unitlength` die Einheit vom Anwender vorgegeben werden, die dann in x- und y-Richtung gleich ist.

In METAFONT hat der Anwender diese Freiheit nicht. Hier sind die Koordinateneinheiten fest vorgegeben und zwar mit der Breite und Höhe für das Einzelpixel. Bei den meisten Druckern besitzen die Pixel gleiche Breite und Höhe. Für einen Drucker mit einer Auflösung von 300/Zoll entspricht der METAFONT-Koordinateneinheit $25.4\,\text{mm}/300 \approx 0.084667\,\text{mm}$, womit umgekehrt ca. 12 Pixel auf einen Millimeter fallen. Das obige Koordinatensystem, bei dem der Abstand der Gitterlinien jeweils 10 Pixel beträgt, entspricht einer Auflösung von 150 Pixel/Zoll. Bei einem Drucker mit der doppelten Auflösung 300/Zoll müssen die Koordinatenangaben jeweils verdoppelt werden, um den gleichen absoluten Punkteabstand zu erzielen. Umgekehrt würde mit den obigen Koordinatenangaben der Abstand zwischen den sechs Punkten jeweils halb so groß wie im obigen Bild ausfallen.

Die Koordinatenangaben brauchen nicht auf ganze Zahlen beschränkt zu bleiben, sondern können in Form von Brüchen oder Dezimalzahlen als $\xi_z/\xi_n, \eta_z/\eta_n$ oder $\xi.\zeta, \eta.\rho$ angegeben werden, mit ξ_z und η_z für die jeweiligen Zähler und ξ_n und η_n für die Nenner bzw. ζ und ρ für die Stellen nach dem Dezimalpunkt. Tatsächlich rechnet METAFONT intern mit Pixelbruchteilen, wobei der kleinste Bruchteil $\frac{1}{65536} = 2^{-16}$ ist. Alle Zahlenangaben werden in METAFONT intern so gerundet, dass sie mit einem ganzzahligen Vielfachen des kleinsten Bruchs $\frac{1}{65536}$ übereinstimmen.

Natürlich kann ein Drucker keine Pixelbruchteile ausgeben. Entweder erscheint ein ganzes Pixel oder es bleibt leer. Die interne Unterteilung in Vielfache von $\frac{1}{65536}$ Pixeleinheiten dient nur zur Erhöhung der Genauigkeit von arithmetischen Prozeduren. Für die endgültige Positionierung wird der interne Wert abschließend auf eine ganze Zahl gerundet.

8.2.2 Symbolische Koordinaten und Koordinatenvariable

METAFONT gestattet die Einrichtung von Koordinatenvariablen und die Zuweisung mit Koordinatenwerten in der Form

$(x_i, y_i) = (\xi, \eta)$ z. B. als `(x2,y2)=(200,0)`

Mit dem angeführten Beispiel kann der Punkt '2' danach auch mit `(x2,y2)` aufgerufen werden. Waren vorab zwei Zahlenvariablen `a` und `b` eingerichtet und mit Werten, z. B. `a=b=100`, versehen worden, so können die sechs Punkte aus dem Koordinatendiagramm '0' bis '5' auch mit

```
(x0,y0)=(0,0);   (x1,y1)=(a,0);   (x2,y2)=(2a,0);
(x3,y3)=(0,b);   (x4,y4)=(a,b);   (x5,y5)=(2a,b);
```

gekennzeichnet werden. Diese Form der Koordinatenzuweisung ist viel flexibler als die direkte Zuweisung mit Zahlenpaaren. So genügt es, für einen Drucker mit der doppelten Auflösung lediglich die Zuweisung von `a` und `b` in `a=b=200` zu ändern, um mit `(x0,y0)` bis `(x5,y5)` für diesen Drucker nunmehr die gleichen Punkte in absoluter Positionierung zu erzeugen, wie vorher beim Drucker mit der Auflösung von 150/Zoll. Das Semikolon nach der jeweiligen Zuweisung dient als Trennzeichen für die einzelnen METAFONT-Anweisungen.

Bei dem vorstehenden Beispiel der sechs Punkte hätte die Einführung einer Zahlenvariablen gereicht, da für `a` und `b` gleiche Werte zugewiesen wurden. Der Punkt '5' hätte damit auch als `(x5,y5)=(2a,a)` definiert werden können. Die Verwendung von zwei Zahlenvariablen `a` und `b` berücksichtigt den Fall, dass damit auch Drucker mit unterschiedlicher Auflösung in horizontaler und vertikaler Richtung bedient werden können. Für einen Drucker mit einer horizontalen Auflösung von 450/Zoll und einer vertikalen von 300/Zoll würde lediglich `a=300` und `b=200` zu setzen sein, um mit den gleichen Koordinatenzuweisungen für $(x_i, y_i) = (\alpha a, \beta b)$ dieselben absoluten Punkte zu definieren.

Die Angabe $2a$ wird jedem Leser aus seiner Schulalgebra als das Zweifache von a geläufig sein. Mit αa wird der Fall des α-fachen von a gekennzeichnet, wobei α für einen beliebigen Bruch $\frac{z}{n}$ oder eine Dezimalzahl $\alpha_g.\alpha_d$ stehen darf. METAFONT versteht diese algebraischen Anweisungen für Zahlenvariablen gleichermaßen und setzt für $2a$, $3/2a$ oder $0.6667a$ das Zweifache, Eineinhalbfache oder 0.6667-fache von a ein.

Bei der Einrichtung von Koordinatenvariablen der obigen Form (x_i, y_i) stehen x_i und y_i für beliebige Variablennamen. Mit `(hnull,vnull)=(0,0)` könnte der Punkt '0' auch als `(hnull,vnull)` eingestellt werden. Solche allgemeinen Namen sollten im Allgemeinen jedoch vermieden werden, da METAFONT mit der sog. z-Konvention eine abkürzende

Schreibweise für die Definition und den Aufruf von Koordinatenpaaren kennt. Jeder mit z beginnende Variablenname z_k wird in METAFONT als abkürzende Schreibweise für (x_k, y_k) interpretiert. Die sechs Punkte '0' bis '5' hätten damit auch als

```
z0=(0,0); z1=(a,0); z2=(2a,0); z3=(0,b); z4=(a,b); z5=(2a,b);
```

definiert werden können. Nach dieser Zuweisung kann jeder der sechs Punkte sowohl als zn wie auch als (xn,yn) mit $n = 0, \ldots, 5$ angesprochen werden. Umgekehrt kann natürlich ein mit (xn,yn)=(ξ,η) definierter Punkt gleichermaßen mit zn aufgerufen werden.

Eine z-Variable wie z. B. `z1r` und das äquivalente Koordinatenpaar `(x1r,y1r)` belegen im Rechner den gleichen Speicherbereich. Eine Zuweisung `z1r=(x1r,y1r)` ist damit überflüssig, wenn nicht gar unsinnig. War dagegen ein Punkt `(hnull,vnull)` eingerichtet, so bedeutet die Anweisung `z0=(hnull,vnull)`, dass der Inhalt des Speicherbereichs von `(hnull,vnull)` zusätzlich nach `z0` kopiert wird.

8.2.3 Vektoren und Vektorarithmetik

Zahlenpaare der Form (x_i, y_i) werden in der analytischen Geometrie als Punkte im zweidimensionalen Raum *und* alternativ auch als Vektoren verwendet. Die gerichtete Strecke, die von einem Punkt z_a zum Punkt z_b führt, stellt deren Verbindungsvektor dar. Die Differenz der Koordinaten von z_b und z_a, also $(x_b - x_a, y_b - y_a) = (\delta_x, \delta_y)$, heißen die Komponenten dieses Vektors, der hier als $\vec{z}$ bezeichnet werden soll.

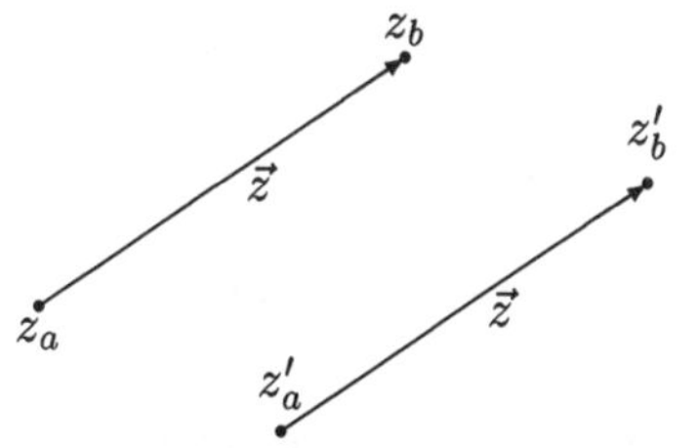

Die Addition der Komponenten des Vektors $\vec{z}$ zu den Koordinaten des Punkts z_a ergeben die Koordinaten des Punkts z_b. Die Addition der Komponenten desselben Vektors zu den Koordinaten des Punkts z'_a führen zu einem Punkt z'_b. Ein Vektor ist nur durch seine Richtung und Länge, d. h. durch seine Komponenten, charakterisiert. Sein Anfangspunkt kann beliebig gewählt werden.

Die Koordinatenpaare eines Punkts z_i können gleichzeitig auch als Komponenten eines Vektors interpretiert werden, der den Koordinatennullpunkt mit dem Punkt z_i verbindet. Um den geometrischen Unterschied zwischen Punkten (x_i, y_i) und Vektoren mit den gleichen Komponenten zu kennzeichnen, werden die Punkte mit z_i und Vektoren mit $\vec{z}_i$ abgekürzt.

Vektoren werden addiert, indem deren Komponenten addiert werden, und Vektoren können mit einer reellen Zahl multipliziert werden, indem die Komponenten mit dieser Zahl multipliziert werden.

$$\vec{z}_i + \vec{z}_k = (x_i + x_k, y_i + y_k) \qquad t\vec{z} = (tx, ty)$$

Aus diesen Rechenregeln folgt unmittelbar, dass für zwei beliebige Vektoren $\vec{z}_i$ und $\vec{z}_k$ und zwei beliebige reelle Zahlen s und t gilt

$$s\vec{z}_i + t\vec{z}_k = (sx_i + tx_k, sy_i + ty_k)$$

Ebenso folgt $\vec{z}_i + \vec{z}_k = \vec{z}_k + \vec{z}_i$ und $t(\vec{z}_i + \vec{z}_k) = t\vec{z}_i + t\vec{z}_k$. Die Multiplikation eines Vektors $\vec{z}$ mit -1 wird auch kurz als $-\vec{z} = (-x, -y)$ bezeichnet. Damit ist auch die Subtraktion von Vektoren als

$$\vec{z}_i - \vec{z}_k = \vec{z}_i + (-1)\vec{z}_k$$

definiert. Geometrisch bedeuten diese Beziehungen

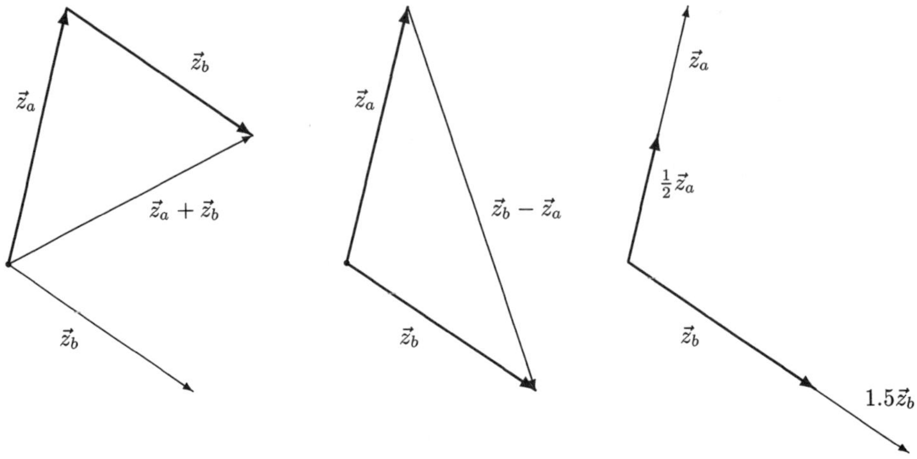

Die Vektorbeziehung $\vec{z}_a + t(\vec{z}_b - \vec{z}_a)$ wird in METAFONT-Programmen häufig verwendet. Sie beschreibt mit $0 \leq t \leq 1$ die Verbindungslinie zwischen den Punkten z_a und z_b. Weil diese Beziehung so häufig benötigt wird, stellt METAFONT hierfür eine eigene Funktion mit der Syntax $t[z_a, z_b]$ bereit. Wurden mit `za` und `zb` diese Punkte definiert, so ist

`0.5[za,zb]`	der Punkt genau in der Mitte auf der Verbindungslinie zwischen `za` und `zb`,
`1/3[za,zb]`	der Punkt bei einem Drittel der Verbindungslinie zwischen `za` und `zb`, der also näher bei `za` liegt,
`.75[za,zb]`	der Punkt bei Dreiviertel der Verbindungslinie zwischen `za` und `zb` und damit nunmehr näher bei `zb`.

Bei den eingangs definierten sechs Punkten `z0` bis `z5` hätte es gereicht, `z0` und `z2` sowie `z3` und `z5` mit deren Koordinaten zu definieren. Die Punkte `z1` und `z4` können danach auch als `z1=.5[z0,z2]` und `z4=.5[z3,z5]` definiert werden. `z6=.4[z3,z2]` definiert damit einen Punkt z_6 mit den Koordinaten `(80,60)` während `z7=.4[z2,z3]` bei `(120,40)` liegt.

Der Zahlenfaktor t vor der METAFONT-Funktion $[z_i, z_k]$ darf > 1 und < 0 sein. In beiden Fällen definiert sie einen Punkt auf der Geraden durch die Punkte z_i und z_k, der im ersten Fall, also für $t > 1$ aus der Sicht des Punkts z_i jenseits von z_k liegt. Für $t < 0$ gilt $-t[x_i, x_k] = t[x_k, x_i]$. Damit liegt für $-1 \leq t \leq 0$ der Punkt zwischen z_i und z_k, startend bei z_k für $t = 0$ und endend bei z_i für $t = -1$. Erst für $t \leq -1$ wandert der Punkt aus der Sicht von z_k jenseits von z_i.

8.2.4 Mathematische und reale Punkte

In der Mathematik ist ein Punkt durch seine Koordinaten bestimmt. Er hat keinerlei Ausdehnung. Ebenso wird z. B. eine Gerade durch die METAFONT-Funktion $t[z_i, z_k]$ definiert, die zwar eine endliche Länge, aber keine Querausdehnung hat, d. h. deren Strichstärke Null ist.

Auf einem Blatt Papier wird ein Punkt oder eine Linie mit einem Zeichenstift erzeugt und dieser hat endliche Ausdehnung, womit der erzeugte Punkt oder die Linie mit einer endlichen Punkt- oder Linienstärke entsteht. Ähnlich wie ein Zeichner oder Grafiker mit seinen Zeichenstiften seine Bilder sichtbar macht, stellt auch METAFONT Zeichenstifte mit wählbaren Abmessungen bereit, mit denen sichtbare Punkte und Linien erzeugt werden.

Ein realer Punkt mit einem kreisförmigen Zeichenstift von 10 pt Durchmesser und den Koordinaten (x_i, y_i) erscheint als gefüllter Kreis mit 10 pt Durchmesser, dessen Mittelpunkt bei (x_i, y_i) liegt. Häufig soll ein realer Punkt mit seinem oberen, unteren, linken oder rechten Rand eine vorgegebene horizontale oder vertikale Begrenzungslinie nicht überschreiten. Für einen kreisförmigen Punkt mit vorgegebenem Durchmesser ließe sich die erforderliche Koordinatenverschiebung zwar leicht berechnen, um die Begrenzungslinien nicht zu überschreiten, doch METAFONT kann den Anwender hiervon freistellen.

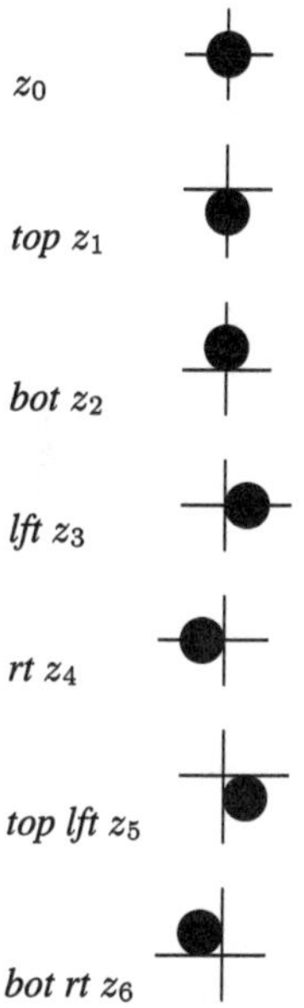

METAFONT stellt auch Zeichenstifte mit elliptischen Formen bereit, die zudem noch mit einer beliebigen Neigung gegen die Horizontale gedreht werden können. Ein hiermit erzeugter Punkt erscheint als eine mit Druckerschwärze gefüllte und evtl. geneigte Ellipse mit dem Mittelpunkt bei x_i, y_i. Die Berechnung der Koordinatenverschiebung, die erforderlich ist, damit der elliptische Punkt vorgegebene Begrenzungslinien nicht überschreitet, ist jedoch erheblich aufwendiger als bei kreisförmigen Zeichenstiften.

METAFONT stellt den Anwender von solchen Berechnungen frei. Der Koordinatenzuweisung eines Punkts z_i kann ein `top`, `bot`, `lft` oder `rt` vorangestellt werden, womit die am weitesten nach oben (top), unten (bottom), links (left) bzw. rechts (right) reichende Punktausdehnung den zugewiesenen Koordinatenwert nicht überschreitet. Mit einer Definition der Form `top z1=`(ξ, η) erscheint der Punkt z_1 wie im zweiten Diagramm von oben dargestellt. In gleicher Weise können Definitionen der Form `bot z2=`(ξ, η), `lft z3=`(ξ, η) und `rt z4=`(ξ, η) erfolgen. Das Ergebnis beim Auszeichnen der entsprechenden Punkte ist in den weiteren Diagrammen dargestellt und selbst erklärend. Schließlich sind auch Kombinationen der Form `top lft z5=`(ξ, η) oder `bot rt z6=`(ξ, η) erlaubt, deren Ergebnis mit den beiden letzten Diagrammen wiedergegeben wird.

Bei einem elliptischen Punkt mit den Hauptachsen von 20 pt und 10 pt, der um 30° gegen die Horizontale gedreht ist, erscheint nach `bot lft z=`(ξ, η) der Punkt z wie nebenstehend. Die Reihenfolge der vorangestellten Positionierungsworte ist bei Paarkombinationen beliebig. `lft bot z=`(ξ, η) führt zum gleichen Ergebnis.

Das bei diesen Definitionen vorgegebene Koordinatenpaar (ξ, η) stellt den Schnittpunkt der jeweils zugefügten horizontalen und vertikalen Linie dar. Der zugehörige reale Punkt erscheint entsprechend seiner Definition gegen diesen Punkt verschoben.

Die verschoben definierten Punkte behalten dieses Verhalten auch für Verbindungslinien und Kurven durch diese Punkte. War mit

`top lft z0=`(ξ, η_o)`;   bot rt z1=`(ξ, η_u)

das Punktepaar z_0 und z_1 eingerichtet worden, so erscheint die Verbindungslinie für diese Punkte wie nebenstehend. Obwohl beide Punkte dieselbe x-Koordinate haben, erscheint als Folge der verschobenen Definitionen keine vertikale, sondern eine geneigte Linie.

8.2.5 Koordinatenarithmetik

Koordinaten werden von METAFONT als *Festkommazahlen* betrachtet, deren *dualer* Bruchanteil aus 16 Binärstellen besteht, womit der kleinste Bruchteil als $2^{-16} = \frac{1}{65536}$ auftreten kann. Der Zahlenwert für den kleinsten Bruchteil kann in METAFONT auch unter dem symbolischen Namen `epsilon` angesprochen werden. Der größte zulässige Absolutwert für eine Koordinate ist $2^{12} - \mathit{epsilon} = 4095\,\frac{65535}{65536}$. Für diesen Wert stellt METAFONT auch den symbolischen Namen `infinity` bereit. Mit diesen Zahlen kann in herkömmlicher Weise gerechnet werden, d. h., sie können addiert, subtrahiert, multipliziert und dividiert werden. Auch Potenzen mit ganzzahligen *und* gebrochenen Exponenten sowie Wurzelziehen ist möglich. METAFONT stellt weiterhin eine Reihe von Funktionen, wie Exponentialfunktion, Logarithmus, trigonometrische Funktion u. a. bereit, auf die in Kürze genauer eingegangen wird.

Um die arithmetischen Eigenschaften zu testen und mit ihnen vertraut zu werden, möge sich der Leser vorab das kleine METAFONT-Hilfsprogramm aus [10c, Seite 61] einrichten und unter `expr.mf` abspeichern. Das angeführte Hilfsprogramm besteht nur aus den sechs Zeilen

```
string s[]; s1="abra";
path p[]; p1=(0,0)..(3,3); p2=(0,0)..(3,3)..cycle;
tracingonline:=1; scrollmode;
forever: message "gimme an expr: "; s0:=readstring;
show scantokens s0; endfor
```

Diese Anweisungen sollten im Augenblick blind übernommen werden, sie werden später teilweise verständlich. Hier sollen sie nur als Werkzeug genutzt werden. Nach dem Aufruf `mf expr` meldet sich METAFONT nach kurzer Zeit mit der Bildschirmaufforderung `gimme an expr:` (give me an expression) zurück und wartet auf eine Anwenderreaktion. Diese kann ein beliebiger Zahlenausdruck, also eine Rechenbeziehung von Zahlen sein, wie z. B. `2+3`, `2.25-1.15`, `2*3.14159`, `8/3` usw. Nach Abschluss der Eingabe mit der Returntaste erscheint unmittelbar danach das Ergebnis auf dem Bildschirm in der Form `>> 5` für das erste und `>> 0.375` für das letzte Beispiel.

Die eingegebenen Zahlenausdrücke dürfen natürlich komplexer sein, solange sie in die Zeile passen. Gleichzeitig ist die Klammerung von Teilen der Zahlenausdrücke möglich, wie `(1.732-1.5*18.3333)/(2*3.78-9.9999)`. Eingegebene Brüche und Dezimalzahlen werden intern zunächst auf den nächsten Wert von $\frac{n}{65536}$ gerundet. Mit diesen internen Zahlen erfolgen dann die Berechnungen. Bei der Ausgabe wird der interne Festkommabruch dann wieder in einen Dezimalbruch zurückgewandelt.

Die interne Zahlenumwandlung kann zu Überraschungen zwischen der Eingabe und der evtl. erwarteten Ausgabe führen. Bei der Eingabe der einfachen Zahl `0.99999` ⟨Return⟩ erscheint auf dem Bildschirm als Ergebnis `0.99998`. Der Grund liegt darin, dass die eingegebene Zahl in $\frac{65535}{65536}$ umgewandelt wird und dieser Bruch bei der Rückwandlung in einen Dezimalbruch näher bei `0.99998` als bei `0.99999` liegt.

Weiter oben wurde mitgeteilt, dass der Maximalwert für eine Koordinate den Betrag von `infinity` nicht überschreiten darf. Bei den Zwischenergebnissen von Zahlenausdrücken zur Bestimmung von Koordinaten sind alle Werte $-2^{15} \leq x \leq 2^{15} - \mathit{epsilon}$ erlaubt. Dieser Wertebereich gilt auch für die Eingabe, deren Zwischenergebnisse und das Ausgabeergebnis bei den mit `expr.mf` möglichen Rechendemonstrationen.

Das Hilfsprogramm `expr.mf` macht METAFONT für den Anwender zu einem Taschenrechner, der nach der Zahleneingabe von Rechenausdrücken das Ergebnis unmittelbar auf dem Bildschirm ausgibt. Die METAFONT-Quadratwurzelfunktion hat, wie bei den meisten Programmiersprachen, den Funktionsnamen `sqrt`. Die Eingabe `sqrt 2` erzeugt das Ergebnis `1.41422`. Soll der Radikand selbst wieder ein Ausdruck sein, so muss er in Klammern eingegeben werden, da die Wurzel eine höhere Priorität als Addition, Subtraktion, Multiplikation und Division hat. Die Eingabe von `sqrt 100*100` wird als $\sqrt{100} \times 100$ interpretiert und ergibt als Ergebnis `1000`. Dagegen wird `sqrt (100*100)` als $\sqrt{100 \times 100}$ gelesen und führt damit zum Ergebnis `100`.

Für die Potenzierung von Zahlen verwendet METAFONT die FORTRAN-Notation `y**x`. Die Eingabe `10**(1/3)` stellt den Ausdruck $10^{1/3}$ dar und erzeugt das Ergebnis `2.1544`. Die Exponentialfunktion und der Logarithmus haben in METAFONT die Funktionsnamen `mexp` und `mlog`. Diese entsprechen den mathematischen Funktionen

$$\operatorname{mexp} x = e^{x/256} \quad \text{und} \quad \operatorname{mlog} x = 256 \ln x$$

Der von METAFONT gewählte Modul 256 dient zur Optimierung der Genauigkeit für die interne Festpunktdarstellung. Die allgemeine Exponentialfunktion y^x wird üblicherweise aus $e^{x \ln y}$ errechnet. Mit der hier gewählten Form $\operatorname{mexp}(x \operatorname{mlog} y)$ erhält man überraschend genaue Ergebnisse, wie am obigen Beispiel für `10**(1/3)` zu erkennen war. Das dortige Ergebnis von 2.15440 weicht nur um -3×10^{-5} von dem auf fünf Stellen genauen Ergebnis 2.15443 ab.

Die trigonometrischen METAFONT-Funktionen haben die Namen `sind` und `cosd`. Das 'd' am Namensende soll darauf verweisen, dass das nachfolgende Argument als Zahlenangabe in Grad (degree) interpretiert wird. Demzufolge erzeugt die Eingabe `sind 30` als Ergebnis `0.5` und `cosd 30` führt zu `0.86603`. Mit `angle(`y`,`x`)` stellt METAFONT die inverse trigonometrische Funktion bereit, wie sie in C oder FORTRAN als `atan2` bekannt ist. Das Ergebnis ist die Winkelangabe in Grad. Mit `angle(1,1)` erhält man somit `45`. Als weitere Winkelfunktion kennt METAFONT `dir`, gefolgt von einer Winkelangabe in Grad. Als Ergebnis erscheint der zugehörige Einheitsvektor, also ein Vektor der Länge 1 mit den Komponenten, die der Richtung der Winkelangabe gegen die Horizontalachse entsprechen. `dir 30` führt damit zum Ergebnis `(0.86603,0.5)`.

Weitere METAFONT-Funktionen werden hier als kleine Tabelle aufgeführt. Der Leser möge sich mit ihnen durch eigene Beispiele vertraut machen.

FUNKTION	BESCHREIBUNG
`max(`$a_1, a_2, \ldots$`)`	Der größte Zahlenwert aus der Liste der übergebenen Zahlen $a_1, a_2, \ldots$.
`min(`$a_1, a_2, \ldots$`)`	Der kleinste Zahlenwert aus der Liste der übergebenen Zahlen $a_1, a_2, \ldots$.
`floor` *zahl*	Die größte ganzzahlige Zahl $\lfloor$*zahl*$\rfloor$, die kleiner oder gleich dem übergebenen Wert von *zahl* ist.
`ceiling` *zahl*	Die kleinste ganzzahlige Zahl $\lceil$*zahl*$\rceil$, die größer oder gleich dem übergebenen Wert von *zahl* ist.
`round` *zahl*	Die nächste auf- oder abgerundete Zahl für den übergebenen Wert von *zahl*.

m `mod` n	Bei ganzzahligen Zahlen m und n der verbleibende Rest einer Ganzzahldivision. Bei Dezimalzahlen der verbleibende Bruchrest einer Ganzzahldivision, z. B.: `0.8 mod 0.3` ergibt `0.2`.
`abs` *zahl*	Der Absolutbetrag des übergebenen Wertes von *zahl*.
`length(`x`,`y`)`	Die Länge des Vektors mit den Komponenten (x, y).

Für einen Wurzelausdruck der Form $\sqrt{a^2 + b^2}$ stellt METAFONT den Operator `++` in der Form `a++b` bereit. Dieser Operater ist universeller als der zugehörige Wurzelausdruck. Zwar liefert `3++4` genauso wie `sqrt(3**2 + 4**2)` jeweils als Ergebnis `5`. Ebenso erhält man mit `300++400` das richtige Ergebnis `500`. Dagegen führt `sqrt(300**2 + 400**2)` zu einer Fehlermeldung und dem fehlerhaften Ergebnis `181.01933`. Der Grund liegt darin, dass die Zwischenergebnisse `300**2` und `400**2` und erst recht deren Summe den höchstzulässigen Wertebereich $-2^{15} \ldots 2^{15} - \textit{epsilon}$ übersteigt. Als Ergebnis für den Wurzelausdruck erscheint $\sqrt{2^{15} - \textit{epsilon}}$. Der Operator `++` vermeidet den Zahlenüberlauf bei den Zwischenergebnissen durch eine geeignete interne Normierung.

Schließlich kennt METAFONT noch den Operator `+-+`, der in der Form `a+-+b` für $\sqrt{a^2 - b^2}$ steht. Auch dieser Operator vermeidet einen Zahlenüberlauf von evtl. Zwischenergebnissen, wie sie bei äquivalenten Wurzelausdrücken auftreten könnten. Beide Operatoren können in längeren Ausdrücken mehrfach auftreten: `a++b+-+c` steht dabei für $\sqrt{a^2 + b^2 - c^2}$.

Der Leser möge sich von der Rechenfähigkeit von METAFONT mit weiteren Beispielen vertraut machen. Tatsächlich verwende ich häufig METAFONT genau für diesen Zweck, um schnell das Ergebnis einer umfangreichen Zahlenarithmetik auf dem Bildschirm zu erstellen. Falls mir der Leser bis hierher gefolgt ist und sich überdies mit weiteren Rechenbeispielen an METAFONT gewandt hat, so steht er in Kürze vor der Schwierigkeit, das Programm zu beenden. Mit den beiden letzten Zeilen aus `expr.mf` wurde eine unendliche Schleife eingerichtet, und die Folge von `scrollmode` liegt darin, dass auch beim Auftreten eines Fehlers oder einer unzulässigen Operation wie `0/0` das Programm nicht abbricht, sondern nach der Fehlermeldung auf eine weitere Recheneingabe wartet. Die Eingabe von `end` statt einer Recheneingabe führt bei mir zu einer Fehlermeldung mit anschließendem Programmabbruch, d. h. danach erscheint der Systemprompt auf dem Bildschirm.

Trifft dies beim Leser nicht zu, so sei daran erinnert, dass jedes Betriebssystem Signale kennt, mit denen ein laufendes Programm abgebrochen werden kann. Häufig werden diese mit der Tastenkombination 'Ctrl C', also dem gleichzeitigen Drücken der Umschalttaste 'Ctrl' (die bei einer deutschen Tastatur evtl. mit ‚Strg' bezeichnet ist) *und* dem C, abgesetzt. Anderenfalls muss das Systemmanual oder ein hilfreicher Kollege/Kollegin um Rat gefragt werden.

Mit dem Hilfsprogramm `expr.mf` können viele weitere METAFONT-Eigenschaften getestet werden. Es wird im weiteren Text deshalb immer wieder auftreten. Hier sei vorab schon auf die Vektorarithmetik verwiesen. Die beiden Funktionen `length` und `dir` machten hiervon bereits Gebrauch. `length(`x`,`y`)` wirkt auf einen Vektor (also ein Zahlenpaar) und liefert dessen Länge zurück. `dir` θ erzeugt für die übergebene Richtung den zugehörigen Einheitsvektor. Es sollte den Leser deshalb nicht überraschen, dass die Eingabe von `(2,3)+(3,2)` als Ergebnis auf dem Bildschirm `(5,5)` erzeugt, ebenso wie `2/3(5,6)` zu `(3.33333,2)` führt.

Die Funktionen `max`, `min`, `round` und `abs` dürfen auch auf Vektoren angewendet werden. Die `max`-Funktion sucht zunächst die Vektoren mit der *größten* x-Komponente. Gibt es mehrere Vektoren mit der gleichen größten x-Komponente, so wird aus diesen anschließend der Vektor mit der *größten* y-Komponente gesucht und ausgegeben. Enthält die Liste der Vektoren nur einen Vektor mit der größten x-Komponente, so wird die y-Komponente nicht in Betracht gezogen. Für die `min`-Funktion gilt Entsprechendes für die *kleinste* x-Komponente und evtl. anschließende *kleinste* y-Komponente.

Die Rundungsfunktion wirkt unabhängig voneinander auf beide Komponenten. Der Absolutbetrag eines Vektors ist mit seiner Länge und damit mit dem Ergebnis der `length`-Funktion identisch. Mit diesen und weiteren Beispielen für die Vektorarithmetik möge der Leser die Möglichkeiten interaktiv erkunden.

8.2.6 Koordinatenzuweisungen und Gleichungen

In 8.2.2 wurden mit Gleichungsanweisungen der Form (xn,yn)=(ξ,η) die Koordinatenpaare mit Werten versehen. Hierin standen ξ und η für Zahlen oder Variablen wie `a` und `b`, die ihrerseits bestimmte Zahlen enthielten. Natürlich können auch die Einzelkoordinaten in der Form

xn=ξ;   yn=η;

mit Zahlenwerten oder weiteren Zahlenvariablen verknüpft werden. Jeder Leser mit auch nur ganz geringen Programmierkenntnissen in BASIC, C oder FORTRAN wird diese Schreibweise ganz selbstverständlich empfinden und hierunter die Zuweisung der links vom Gleichheitszeichen stehenden Variablen mit dem Ergebnis des rechts davon stehenden Ausdrucks interpretieren. Das Programmergebnis gibt ihm dabei *scheinbar* recht. Tatsächlich haben danach die Koordinatenvariablen xn und yn die rechts stehenden Werte.

Trotzdem stellen die vorstehenden Anweisungen keine Zuweisungen im Sinne der genannten Sprachen dar. Eine Zuweisung erfolgt in METAFONT mit dem Zuweisungsoperator `:=`, wie in PASCAL, d. h., die Zuweisungen müssten z. B. als `x1:=10.5; y1:=100;` geschrieben werden. Was bedeutet dann aber `x1=10.5; y1=100;` und worin liegt der Unterschied, wenn das Endergebnis gleich ist?

Die Angaben `x1=10.5; y1=100;` stellen in METAFONT vorgegebene Gleichungen dar, die von METAFONT gelöst werden. Die Lösungen dieser überaus einfachen Gleichungen entsprechen natürlich den Werten der entsprechenden Zuweisungen. Die Schreibweise dieser Gleichungen mit derselben Lösung könnte auch `10.5=x1; 100=y1` lauten, was in den vorher genannten Sprachen, einschließlich PASCAL, bereits während der Kompilation zu einer Fehlermeldung führt. In METAFONT ist diese Schreibweise erlaubt und führt zur selben Lösung.

METAFONT gestattet aber auch die Angabe umfangreicherer Gleichungen. Die ebenfalls vom Anwender noch leicht zu überschauenden Gleichungssysteme

`x1+x2=10;`	`y1+2y2=100;`	`10x3+3x4=sqrt 10000;`	`y3-y4=sind 30;`
`x1-x2=0;`	`y1+3y2=200;`	`3x3-2x4=10**2;`	`y3+y4=cosd 60;`

können genauso wie angegeben in einem METAFONT-Programm eingegeben werden. Die Lösungen dieser Gleichungen sind, wie der Leser leicht herausfindet

$$\begin{array}{llll} x_1 = 5 & x_2 = 5 & x_3 = 17.24138 & x_4 = -24.13793 \\ y_1 = -100 & y_2 = 100 & y_3 = 0.5 & y_4 = 0 \end{array}$$

und genau zu denselben Ergebnissen kommt auch METAFONT im Rahmen seiner Genauigkeit. Das Beispiel zeigt, dass METAFONT als Programmiersprache sehr viel intelligenter als die üblichen Sprachen ist. Die Zahl der Gleichungen und Unbekannten ist hierbei nicht auf zwei beschränkt, sondern kann beliebig erweitert werden. Selbst eine geringere Anzahl von Gleichungen als Unbekannte ist erlaubt. In diesem Fall wird das Gleichungssystem so weit wie möglich aufgelöst und die verbleibende Unbestimmtheit mit einer späteren bestimmenden Gleichung aufgelöst.

Die Beschreibung von Koordinaten für reale Zeichen erfolgt in METAFONT-Programmen häufig in Form von Gleichungen, da hiermit die Beziehungen zwischen den einzelnen Punkten eines Zeichens einfacher und unmittelbarer darstellbar sind als es mit Einzelzuweisungen möglich ist. Solche Koordinatendefinitionen werden in den späteren Beispielen wiederholt auftreten und sollten nach den hier gegebenen Erläuterungen leicht verständlich sein.

Hier sollen die Möglichkeiten der abstrakten algebraischen Formen von METAFONT mit Hilfe von `expr.mf` noch etwas demonstriert werden. Nach dem Programmaufruf `mf expr` liefert die Eingabe `b+a` als Ergebnis `a+b` wegen des Kommutativgesetzes der Addition und weil algebraische Ausdrücke in einer bestimmten Reihenfolge lexikalisch geordnet werden. Der abstrakte Ausdruck `b+a-2a` ergibt `a-b`, ebenso wie

`2.5a + 7c - 3.25b + .25b + a - 3c` auf `3.5a -3b + 4c`

führt. Klammern in abstrakten Ausdrücken werden aufgelöst, wie das folgende Beispiel zeigt:

`3(a + 2b - .5) - 2(a + 3b + .25)` ergibt `a-2`

Die in 8.2.3 eingeführte Vektorfunktion $t[z_a, z_b]$ kann auch in abstrakten Formen verwendet werden. So liefert `.5[a,b]` als Ergebnis `0.5a+0.5b` und `1/4[a,b]` führt zu `0.75a+0.25b`. Die Richtigkeit möge sich der Leser durch Auflösung der Vektorfunktion entsprechend ihrer Definition aus 8.2.3 selbst klar machen. Auch Angaben der Form `a[2,3]` oder `t[a,a+2.5]` führen mit `a+2` bzw. `2.5t+a` zum richtigen Ergebnis. Zur Überprüfung sei daran erinnert, dass `a[2,3]` eigentlich für `a[(2,0),(3,0)]` steht, da die Parameter innerhalb der eckigen Klammern als Vektoren interpretiert werden.

Bei der internen Interpretation solcher abstrakter Ausdrücke werden die Symbole wie `a`, `b` usw. als *unbekannte* Größen vom *Typ* 'a', 'b', ... betrachtet und die Summe der Größen gleichen Typs zusammengefasst. Eine multiplikative Verknüpfung unbekannter Größen verschiedener Typen ist dagegen nicht erlaubt. `a*b` führt zu einer Fehlermeldung und dem unsinnigen Ergebnis `b`. Ebenfalls darf nicht `1/b` geschrieben werden, da die unbekannte Größe `b` als `1/b` ggf. unzulässig ist. Für den Leser mit Mathematikkenntnissen der linearen Algebra sei präziser gesagt, dass METAFONT alle abstrakten Ausdrücke korrekt auflöst, die als lineare Form vorliegen.

METAFONT gestattet Vergleiche von Zahlenausdrücken, wie mit `expr.mf` überprüft werden kann. Als Vergleichsoperatoren sind erlaubt =, <, <=, >, >= und <>, wobei der letzte für die Abfrage auf *ungleich* steht. Die anderen sind selbst erklärend und bedürfen keiner Erläuterung. Das Ergebnis eines Vergleichs ist entweder *wahr* oder *falsch*. Entsprechend liefert METAFONT `true` oder `false` zurück. Der Leser möge dies an Eingaben wie `0<1`, `3<>5`, `3=5`, `a+1>a` usw. prüfen. Bei Vergleichen mit unbekannten Größen sind nur Größen gleichen Typs zulässig. Bei seinen eigenen Beispielen möge der Leser auch komplexere Ausdrücke testen.

Die Vergleichsoperatoren sind auch für Vektoren, also für Zahlenpaare, zulässig. Die Testergebnisse für größer oder kleiner folgen nach den Regeln, wie sie oben für die Bestimmung des Maximums bzw. Minimums von Vektoren mit `max` bzw. `min` beschrieben wurden. Damit ergibt z. B. `(3,2)>(1,5)` als Ergebnis `true`, dagegen wird `(3,2)>(3,5)` mit `false` beantwortet.

Die vorstehenden Vergleiche erzeugen als Ergebnis einen logischen Wert, der `true` oder `false` sein kann. Logische Größen können ihrerseits mit den logischen Operatoren `and` und `or` verknüpft werden. Zwei mit `and` verknüpfte logische Größen ergeben den Wert `true` nur dann, wenn beide Bestandteile `true` waren. In allen anderen Fällen ist das Ergebnis `false`. Dagegen ist das Ergebnis einer logischen `or`-Verknüpfung `true`, wenn wenigstens einer der logischen Bestandteile `true` war. Das Gesamtergebnis ist nur dann `false`, wenn beide logischen Anteile `false` waren. Damit ist klar, dass `(0>1) or (3<5)` zum Ergebnis `true` führt, da `(3<5)` wahr ist. Dagegen ist `(0>1) and (3<5)` logisch `false`, weil bereits `(0>1)` falsch ist.

Neben den numerischen und logischen Größen kennt METAFONT weitere Datentypen, wie die bereits verwendeten Vektoren oder Zahlenpaare. Diese und ihre Verknüpfungsmöglichkeiten durch sog. Operatoren werden später nochmals systematisch vorgestellt und präziser definiert. Ebenso werden eine Reihe weiterer logischer Beziehungen und Abfragen auftreten. Dabei sollten die Erfahrungen des interaktiven Testens mit `expr.mf` eine Hilfe sein, da die meisten dieser Strukturen ebenfalls auf diese Weise überprüft und vertraut gemacht werden können. In diesem Sinne stellt METAFONT gewissermaßen sein eigenes Lernwerkzeug bereit, das genutzt werden sollte.

8.2.7 METAFONT-Maßeinheiten

Die Koordinateneinheiten sind in METAFONT mit der Pixelweite – evtl. mit unterschiedlicher Pixelhöhe und Pixelbreite – fest vorgegeben. Neben den Positionierungsangaben durch ein Koordinatensystem kennt und gestattet METAFONT die Verwendung weiterer Längeneinheiten. Neben den in der Physik und im Alltag üblichen Längenangaben in *mm*, *cm*, *in* (Zoll) verwendet METAFONT vor allem auch die im Druckereiwesen üblichen Maße wie *pt* (Punkt), *cc* (Cicero) u. a. Insgesamt kennt METAFONT die folgenden Längenmaße

Maß	*Name*	*Umrechnung*	*Verbreitung*
pt	Punkt	72.72 pt = 1 in	Druckwesen USA und UK
pc	Pica	1 pc = 12 pt	dto.
bp	Big Point	72 bp = 1 in	dto.
dd	Didot Punkt	1157 dd = 1238 pt	Druckwesen Europa
cc	Cicero	1 cc = 12 dd	dto.
in	Inch (Zoll)	1 in = 2.54 cm	USA-Alltag
cm	Zentimeter	100 cm = 1 m	Physik und europ. Alltag
mm	Millimeter	10 mm = 1 cm	europ. Alltag

Im kontinentalen Europa wird der obige Didot-Punkt im Druckwesen als Punkt bezeichnet, der sich damit von dem US-Punkt (Point) unterscheidet. Die Umrechung zeigt, dass $1\,\text{pt} \approx 0.351\,\text{mm}$ und $1\,\text{dd} \approx 0.328\,\text{mm}$ ist. Bei der Entwicklung von Zeichensätzen werden die vorstehenden genormten Einheiten ergänzt durch zeichensatzspezifische Maße wie *em* und *x_height*, die dem LaTeX-Anwender als zeichensatzabhängige Maßeinheiten `em` und `ex` vertraut sind.

Die vorstehenden Einheiten stehen in METAFONT unter diesen Namen zur Verfügung. Sie bedeuten hier aber nicht Maßeinheiten im physikalischen Sinne, sondern Umrechnungsfaktoren, die angeben, in wie viele Pixeleinheiten die jeweilige Längeneinheit beim betrachteten Drucker umgesetzt werden muss, um die physikalische Einheit mit Pixel (mit evtl. Pixelbruchteilen von $\frac{n}{65636}$) aufzufüllen.

Die Umrechnungsfaktoren 'cm', 'in', 'pt' usw. erhalten ihre Werte mit dem METAFONT-Befehl `mode_setup` zugewiesen. Dies ist bei den meisten METAFONT-Programmen der erste oder einer der ersten Befehle überhaupt. Mit ihm werden die beim Programmaufruf (s. 8.1.1 und 8.1.3)

```
mf \mode=typ;...; input file
```

an `mode` mitgeteilten Geräteeigenschaften tatsächlich aktiviert. Wie in 8.1.3 genauer dargestellt wurde, gehört zu den gerätespezifischen Eigenschaften, die mit einem Gerätemakro mit dem Namen *typ* bereitgestellt werden, stets auch die Zuweisung der Größe `pixel_per_inch` mit der zugehörigen Druckerauflösung. Der Befehl `mode_setup` setzt nun das im Programmaufruf an `mode` weitergereichte Gerätemakro in die internen Informationen um. Hierzu gehören u. a. die Einstellung der Umrechnungsfaktoren der obigen Längenmaße und deren Ablage unter deren Maßnamen `cm`, `pt` usw.

Zusätzlich werden mit `mode_setup` stets zwei weitere interne Umrechnungsfaktoren unter den Namen `hppp` und `vppp` bereitgestellt. Diese enthalten die Maßzahl der Pixel für die Längeneinheit von 1pt in horizontaler (*hppp*) und vertikaler (*vppp*) Richtung.

Eine Längenangabe wie `3.5mm` wird in METAFONT also stets in die Anzahl von Pixel umgesetzt, die erforderlich sind, um die Länge von 3.5 mm aufzufüllen. Längenangaben können auch als Variable abgespeichert werden. Der Aufruf einer solchen Maßvariablen liefert dann ebenfalls die umgerechnete Pixelzahl zurück.

Neben diesen pixelbezogenen Maßangaben gestattet METAFONT auch die Angabe von absoluten (physikalischen) Maßangaben, die unabhängig von der jeweiligen Druckerauflösung sind und bleiben. Diese Maßangaben unterscheiden sich von den Pixelkonvertierungsmaßen dadurch, dass der Maßeinheit das `#`-Zeichen angehängt wird. `cm#` oder `pt#` stellen damit die absoluten Maßeinheiten für Zentimeter oder Punkt dar. Alle Längeneinheiten der obigen Tabelle sind in dieser Form auch als absolute Längeneinheiten angebbar.

Absolute Längenangaben lassen sich auch als Variable unter einem symbolischen Namen abspeichern und aufrufen. Solche Namen müssen zum Unterschied zu den Konvertierungsvariablen ebenfalls mit dem Zeichen `#` enden. Um für einen 10 pt-Zeichensatz die satzspezifischen Maße 'em' und 'x_height' absolut einzurichten, ist z. B. zu schreiben

```
em#:=10pt#;  x_height#:=4.31pt#
```

Intern werden alle absoluten Maßangaben in die Einheit `pt#` umgewandelt. So steht die Maßeinheit `cm#` intern für `28.45276`, da 1 cm = 28.45276 pt entsprechen. Die Angabe `inch#:=1in#` stellt die Maßvariable `inch#` bereit, deren Aufruf wegen 1 in = 72.27 pt nun den Zahlenwert 72.27 zurückliefert.

In METAFONT werden die absoluten Maße "sharped dimensions" genannt. Die pixelorientierten Maße heißen demgegenüber "unsharped dimensions" und die Umwandlung von absoluten in pixelorientierte Maße wird als "unsharping" bezeichnet [10c]. Leider werden damit die verbundenen Interna auch nicht viel klarer. Ich hoffe jedoch, dass ihre Verwendung in den späteren Beispielen die Unterschiede besser erkennbar werden lässt.

8.2.8 Pixelkonvertierungsroutinen

Bei der Erstellung von Zeichensätzen werden die bestimmenden Abmessungen als absolute Längenmaße vorgegeben. Diese müssen zur Verwendung in den Koordinatensystemen in pixelorientierte Maßzahlen umgewandelt werden. Diese Umrechnung kann METAFONT mit geeigneten Umwandlungsroutinen selbst vornehmen, die mit `plain.mf` bereitgestellt werden. Sind `ma#`, `mb#`, `mc#` die Namen der absoluten Maßstrukturen, so können diese mit der Routine

```
define_pixels(ma,mb,mc,...)
```

in die pixelorientierten Maße umgewandelt werden, die dieselben Namen ohne das angehängte # tragen. Diese Umwandlungroutine führt für die angegebenen Argumente mα die Anweisungen der Form

mα`:=`mα`#*hppp` also z. B. `ma:=ma#*hppp`

aus. Die Anzahl der an `define_pixels` übergebenen Argumente ist beliebig. Sie kann auch mehrmals mit unterschiedlichen Argumentlisten aufgerufen werden. Die einzelnen Argumente sind durch Kommata zu trennen.

Die gerätespezifischen Makros enthalten nach 8.1.3 stets auch die Korrekturfaktoren `blacker`, `o_correction` und `fillin`. Für die ersten beiden stellt `plain.mf` die Umwandlungsroutinen `define_blacker_pixels` und `define_corrected_pixels` bereit. Ihr Aufruf erfolgt völlig analog zu `define_pixels`, d. h., die Argumente stellen Längennamen ohne angehängtes # dar, die unter diesen Namen vorab absolut definiert waren. Die Erste wird im Wesentlichen für vertikale Zeichenstrukturen verwendet, die je nach Druckertyp ggf. etwas breiter ausfallen sollen. Mit ihr wird die Anweisung

β`:=`β`#*hppp+blacker` z. B. `thin:=thin#*hppp+blacker`

ausgeführt, mit β für den übergebenen Längennamen. Die andere Routine dient dazu, bei ovalen Zeichen eine Korrektur gegen einen optischen Täuschungseffekt druckerspezifisch anzupassen. Sie steht für die Anweisung

o`:=vround(`o`#*hppp*o_correction) + eps`

`vround` rundet auf ganze Pixel in vertikaler Richtung. Die Konstante `eps` steht für den sehr kleinen Wert von 0.00049 und entfaltet interne Symmetrierwirkung, auf die hier nicht eingegangen wird.

An diese beiden Konvertierungsroutinen sollte sich der Leser ggf. erinnern, wenn sie bei Beispielen für Zeichensätze auftauchen. Sie spielen im Augenblick für das Verständnis noch keine wesentliche Rolle. Überdies stellt `plain.mf` eine Reihe weiterer Pixelumwandlungsroutinen bereit, die bei Bedarf erläutert werden.

8.3 Linien, Zeichenstifte und Flächen

Die Hauptelemente zur Erzeugung von grafischen Strukturen sind gerade und gekrümmte Linien (Kurven) und ganz oder teilweise gefüllte Flächen, deren Umrandungen wieder Linien oder Kurven sind. Der Begriff *Linie* wird hier speziell für gerade Linien verwendet. Gekrümmte Linien werden als *Kurven* bezeichnet. Linien und Kurven werden durch charakterisierende Punkte in Form von Koordinatenangaben beschrieben.

Wie bereits in 8.2.4 dargestellt, werden mathematisch definierte Punkte, Linien und Kurven erst sichtbar, wenn sie mit einem Zeichenstift endlicher Dicke ausgezogen werden. Die Eigenschaften und Wahlmöglichkeiten der METAFONT-Zeichenstifte werden in Kürze genauer vorgestellt.

8.3.1 Gerade Linien

Die mathematische Definition von Punkten mit eventuellen Verschiebungen zur Berücksichtigung des Durchmessers des benutzten Zeichenstifts wurden ausführlich im letzten Abschnitt und dort insbesondere in den Unterabschnitten 8.2.2 und 8.2.4 beschrieben und werden hier als hinreichend geläufig vorausgesetzt.

Zwei Punkte z_i und z_k werden mit dem METAFONT-Befehl

`draw` z_i`..`z_k oder `draw` z_i`--`z_k

durch eine gerade Linie mit der Strichstärke, wie sie durch den aktuellen Zeichenstift bestimmt ist, miteinander verbunden. z_i und z_k stehen hierbei für die aktuellen Punkte, z. B. `z1` und `z3` oder, wenn auch unzweckmäßig, für direkte Koordinatenpaare `(0,0)` und `(2a,b)`.

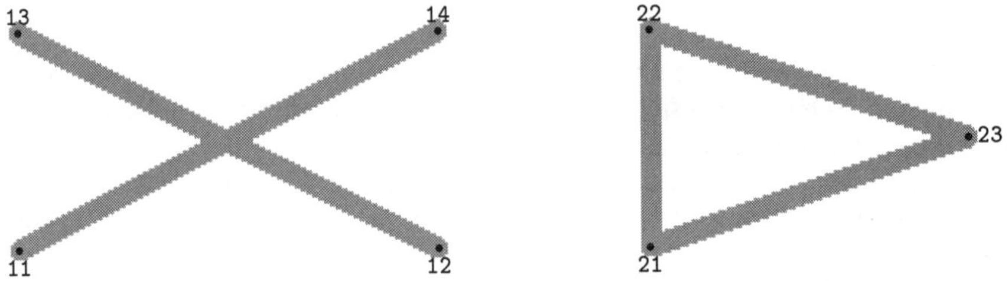

Das linke Bild kann z. B. mit den Befehlen

```
draw z11..z14; draw z13..z12;    oder
draw z11--z14; draw z13--z12
```

erzeugt werden. Für das rechte Bild kann geschrieben werden

```
draw z21..z22; draw z22..z23; draw z23..z21   oder kürzer
draw z21--z22--z23--z21
```

Der Verbindungsoperator `..` verbindet zwei isolierte Punkte mit einer Geraden. Mit `--` kann eine Serie von Punkten jeweils paarweise mit Geraden verbunden werden. Die Definition dieser Punkte lautete übrigens

```
z11=(0,0);  z12=(2a,0);  z13=(0,b);  z14=(2a,b);
z21=(d,0);  z22=(d,b);   z23=(d+1.5a,0.5b)
```

mit geeigneten Werten für `a` und `b`[3]. Bei dem Beispiel war die Koordinate `d` nur darum eingeführt, um beim obigen Ausdruck das Symbol $\triangleright$ horizontal neben dem $\times$ anzuordnen. Für ein unabhängiges Dreieck wird man $d = 0$ einstellen. Mit den Definitionen

```
bot lft z21 = (0,0); top lft z22 = (0,b); rt z23 = (1.5a,0.5b);
```

verbleibt das mit `draw z21--z22--z23--z21` erzeugte Dreieck vollständig innerhalb des durch `(0,0)` und `(1.5a,b)` definierten Rechtecks. Mit `z23=(1.5a,.5b)` als Bestimmungsgleichung erscheint dagegen der Mittelpunkt von z_{23} genau auf der rechten Randlinie desselben Rechtecks, weil die unverschobenen Koordinaten mit den Begrenzungslinien zusammenfallen.

[3]Der Ausdruck dieser und folgender Beispiele ist das Ergebnis des Bearbeitungsmodus `proof`. Die absoluten Längenwerte waren mit `a#:=2pt#` und `b#:=2pt#` eingestellt.

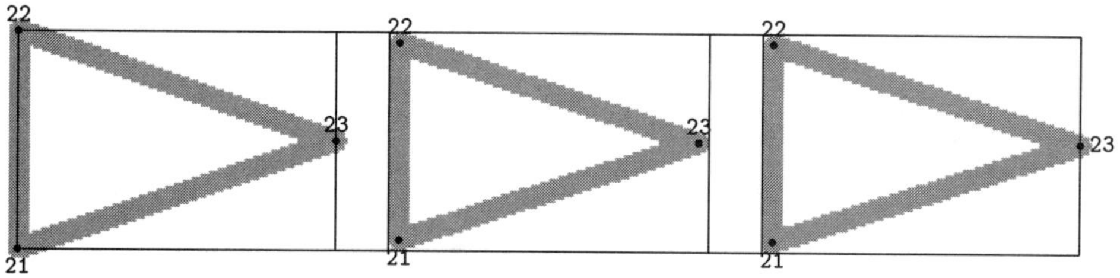

8.3.2 Kurven

Es seien die nebenstehenden Punkte z_1 bis z_5 als

```
z1=(0,0); z2=(.8a,b); z3=(1.2a,0);
z4=(1.5a,-2/3b); z5=(2a,0);
```

mit bestimmten Werten für a und b vorgegeben. Soll ein Kind eine *glatte* Kurve durch diese Punkte von z_1 nach z_5 ziehen, so wird es intuitiv ein Ergebnis vorlegen, wie es ähnlich auch METAFONT mit diesen Angaben erzeugt.

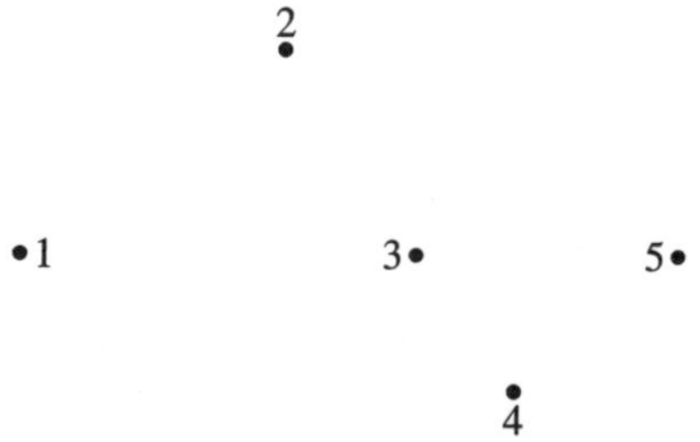

Eine andere bildliche Beschreibung mag darin liegen, dass die Punkte als drehbare Stifte mit einem vertikalen Schlitz betrachtet werden, durch die ein elastisches dünnes Stahlband geführt wird. Die sich einstellende Form für das Stahlband entspricht ebenfalls ungefähr der Kurve, die METAFONT erzeugt.

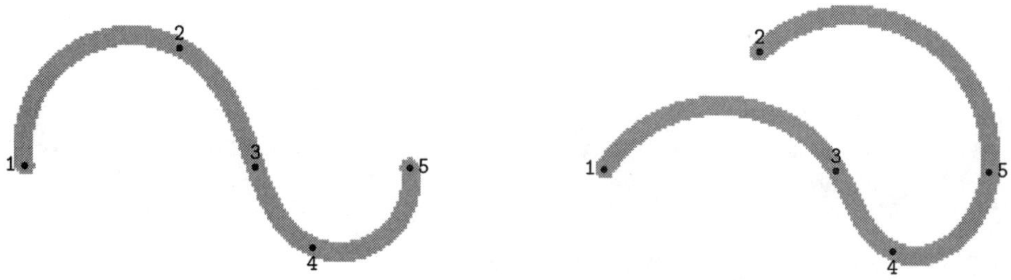

Die METAFONT-Aufrufe zur Erzeugung der beiden Kurven lauten

```
draw z1..z2..z3..z4..z5  bzw.  draw z1..z3..z4..z5..z2
```

Werden mit dem Verbindungsoperator `..` *mehr* als zwei Punkte miteinander verbunden, so geschieht dies durch eine von METAFONT errechnete gekrümmte Linie, also durch eine *glatte* Kurve. Beide der vorstehenden Kurven sind durch die gleichen fünf Punkte bestimmt. Der Unterschied ist durch die Reihenfolge, mit der die einzelnen Punkte verbunden werden, bedingt. Bei der linken Kurve sind die Punkte in der Reihenfolge ihrer Nummerierung miteinander verbunden. Bei der rechten ist dagegen z_1 unmittelbar mit z_3 und am Ende z_5 mit z_2 verbunden. Der Leser möge die Form des elastischen Stahlbands durch die Schlitze der drehbaren Haltepunkte mit seiner Fantasie nachvollziehen. Hierzu noch ein Beispiel:

`draw z1..z2..z5..z3..z4` (links) `draw z1..z3..z5..z4..z2` (rechts)

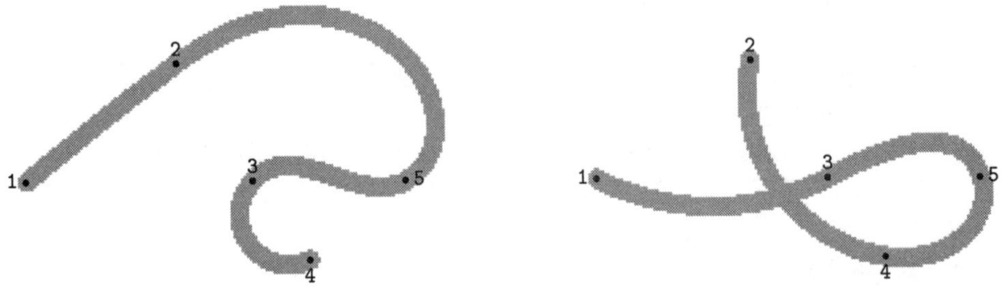

In einem `draw`-Befehl dürfen Anfangs- und Endpunkt zusammenfallen. Mit geänderten Definitionen für $z_1 = (0,0)$, $z_2 = (-a,0)$, $z_3 = (-a,b)$, $z_4 = (a,b)$ und $z_5 = (a,0)$, wie sie aus den markierten Punkten der Kurven zu erkennen sind, erzeugt

```
draw z1..z2..z3..z4..z5..z1
```

die linke geschlossene Kurve. Hier stimmen Anfangs- und Endpunkt überein, doch bildet sie an dieser Stelle eine Spitze, d. h. ihre linksseitige und rechtsseitige Ableitung unterscheiden sich, oder anders ausgedrückt: Die Kurve hat unterschiedliche Anfangs- und Endrichtungen bei z_1.

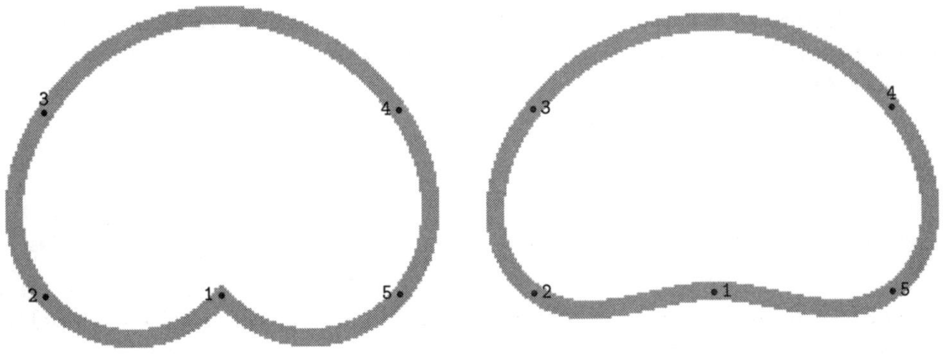

Die rechte Kurve wurde dagegen mit dem Befehl

```
draw z1..z2..z3..z4..z5..cycle
```

erzeugt. Mit dem Schlüsselwort `cycle` am Ende der Punktfolge wird die Kurve ebenfalls zum Anfangspunkt zurückgeführt, wobei gleichzeitig Anfangs- und Endrichtung übereinstimmen.

8.3.3 Zusätzliche Kurvenparameter

Offene und geschlossene Kurven werden durch Vorgabe einiger Kontrollpunkte von METAFONT mit dem `draw`-Befehl erzeugt, wobei die Kontrollpunkte durch eine glatte Kurve verbunden werden, d. h., die Kurve läuft durch die Kontrollpunkte. Die Richtungen und Krümmungen an und zwischen den Kontrollpunkten sind dabei durch den internen Algorithmus von METAFONT zur Erzeugung der Verbindungskurven vorgegeben. Diese Parameter, also die Richtung der Kurven an den Kontrollpunkten sowie Anfangs- und Endkrümmung, können aber vom Anwender vorgegeben oder beeinflusst werden. Außerdem kann die Kurve zwischen den Kontrollpunkten stärker zusammengezogen werden, was zur Verringerung der Krümmung zwischen den Punkten führt.

Mit der Angabe {dir α} nach einem Kontrollpunkt kann die Richtung α der Kurve durch diesen Kontrollpunkt vorgegeben werden. Dabei ist α der Winkel zwischen der nach rechts weisenden Horizontalen und der Kurventangente am entsprechenden Kontrollpunkt.

Bei Vorgabe einer zusätzlichen Richtung an einem Punkt wird bereits bei einer Verbindung von nur zwei Punkten statt einer geraden Linie eine gekrümmte Kurve erzeugt. Die nebenstehende Kurve ist das Ergebnis von

```
draw z2{dir 60}..z5.
```

Soll der letzte Punkt einer Punktefolge mit einer Richtung versehen werden, so ist diese Richtungsangabe dem Punkt unmittelbar voranzusetzen. Mit

```
draw z2{dir 60}..{dir -90}z5
```

endet die Kurve bei z_5 mit einer senkrechten Tangente nach unten.

Die beiden verwendeten Punkte z_2 und z_5 entsprechen den gleichnamigen Punkten aus dem vorangegangenen bohnenähnlichen Symbol. Die dort definierten Punkte werden bei den folgenden Beispielen noch mehrfach auftauchen, ohne dass dies dann besonders erwähnt wird. Die Angabe -90 bei der letzten Kurve ist eine Folge der Zählweise zur Tangente, wie sie sich im Anschluss an den Punkt z_5 fortsetzen würde, wo sie nach unten weist. Diese Zählweise wird für nachgestellte Richtungsangaben als ganz natürlich empfunden. Das Voranstellen vor dem letzten Punkt erfolgt nur aus syntaktischen Vorschriften, sie wirkt aber so, als wäre sie auch hier nachgestellt.

Die METAFONT-Funktion dir war bereits in 8.2.5 vorgestellt worden. Entsprechend den dortigen Angaben liefert sie den Einheitsvektor für die übergebene Winkelneigung zurück. Demzufolge kann die Richtungsangabe auch durch eine Vektorangabe in der Form $z_i\{(\xi, \eta)\}$ erfolgen. Die Winkelangaben 0°, 90°, 180° und 270° $=$ -90° für die dir-Funktion liefern die Einheitsvektoren $(1, 0)$, $(0, 1)$, $(-1, 0)$ bzw. $(0, -1)$ zurück. Für diese Vektoren bzw. die durch sie bestimmten Richtungen stellt METAFONT symbolische Richtungsnamen als right, up, left und down bereit, deren Bedeutung selbst erklärend ist.

Die vorherige geschlossene Kurve durch die Punkte z_1 bis z_5 mit der bohnenartigen Form wird mit

```
draw z1..z2{left}..z3..z4
    ..z5{left}..cycle
```

in die nebenstehende Figur abgeändert.

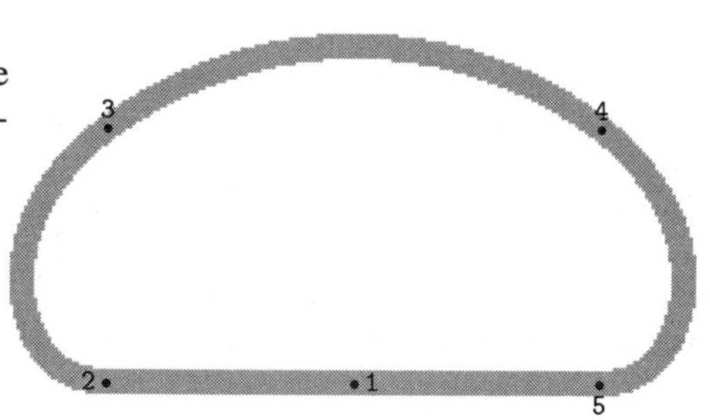

Als Folge der horizontalen Richtungsvorgabe nach z_1 und z_5 erscheint der Kurventeil zwischen den Punkten z_2, z_1, z_5 als gerade Linie. Mit

```
draw z1..z5{right}..z4..z3..z2{right}..cycle
```

wird die Kurve in umgekehrter Richtung durchlaufen. Die entstehende Figur ist dabei vollständig identisch mit der vorangegangenen. Ein so geänderter Umlauf ist jedoch bei den Richtungs- oder Vektorangaben wegen der Zählweise zur Tangente für die Kontrollpunkte zu berücksichtigen.

Mit den Richtungsvektoren oder Richtungsnamen kann für

```
draw z2{dir 45}..{dir -90}z5                 auch
draw z2{(0.70711,0.70711)}..{(0,-1)}z5       oder
draw z2{(1,1)}..{down}z5
```

geschrieben werden. Die Multiplikation eines Vektors mit einer Zahl ändert nur seine Länge, nicht aber seine Richtung. Damit sind die Richtungsangaben

$$\{(0.70711, 0.70711)\} \quad \text{und} \quad \{(1,1)\} = \{\sqrt{2}\,(0.70711, 0.70711)\}$$

gleichwertig.

Die Richtung des Vektors, der z_i mit z_k verbindet, ist bekanntlich durch $z_k - z_i$ gegeben. Damit kann eine Richtungsangabe auch in der Form $\{z_k - z_i\}$ erfolgen.

Zu den fünf Punkten aus der bohnenartigen Figur wurde hier mit $z_{34} = .5[z_3, z_4]$ der zusätzliche Punkt z_{34} definiert. Das Ergebnis von

```
draw z2..z34{z4-z2}..z4
```

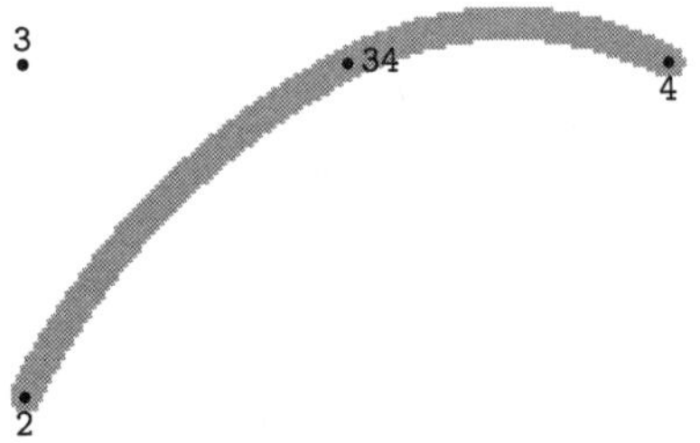

erscheint wie nebenstehend. Die Tangente der Kurve bei z_{34} hat die Richtung wie die Verbindungslinie von z_2 nach z_4. Wird irrtümlich für die Richtungsangabe `(z2-z4)` geschrieben, so erscheint das sicher überraschende brezelartige Gebilde der gegenüberliegenden Seite.

Tatsächlich hat METAFONT die angegebene Kurveninformation genau ausgeführt. `(z2-z4)` ist der Vektor von z_4 nach z_2 und in dieser Richtung wird der Punkt z_{34} mit der Kurve durchlaufen. Bei der Richtungsangabe ist also stets auf das richtige Vorzeichen zu achten!

Ein Kreis ist eine Kurve mit konstanter *Krümmung*. Das Maß der Krümmung ist der Kehrwert des Radius. Es gilt also: je kleiner der Radius, um so größer die Krümmung. Eine allgemeine Kurve hat eine längs der Kurve variable Krümmung. Um auch ohne Kenntnis von Differentialgeometrie den Begriff der allgemeinen Krümmung verständlich zu machen, denke man sich die Kurve in winzig kleine Bogensegmente aufgeteilt. Ersetzt man diese Kurvenbögen durch Kreisbögen gleicher Länge, so wird die Krümmung des Kurvensegments durch den Kreisradius bestimmt, für den der Kreisbogen das Kurvensegment am genauesten ersetzt.

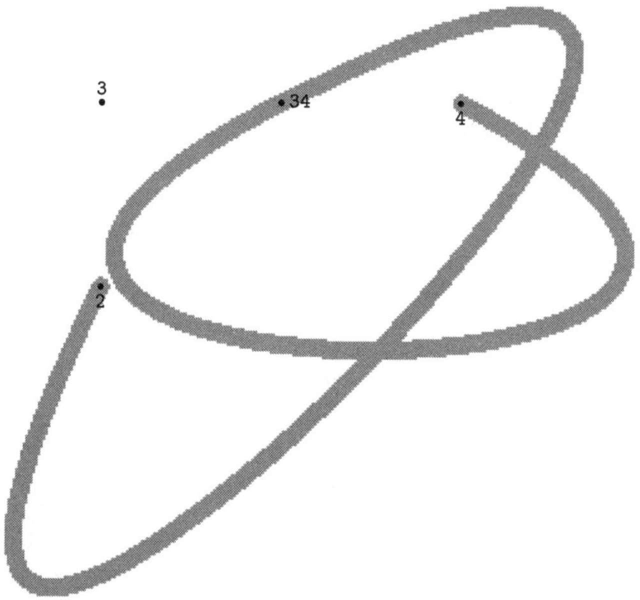

Der interne METAFONT-Algorithmus zur Erstellung einer Kurve durch vorgegebene Kontrollpunkte enthält am Kurvenanfang und Kurvenende einen freien Parameter, der vom Anwender als Anfangs- und Endkrümmung der Kurve vorgegeben werden kann. Als relatives Maß für die Krümmung stellt METAFONT den Parameter `curl`n bereit, wobei n einen Wert von 0 . . . `infinity` annehmen kann. Dabei bedeutet `curl0` die Krümmung *Null*, die einer geraden Linie entspricht. Umgekehrt führt `curl infinity` zur stärksten Kurvenkrümmung im Anfangs- und/oder Endbereich der Kurve mit gleichzeitig kleinster Krümmung im Mittelteil.

Eine Krümmungsangabe `curl`n ist, in geschweiften Klammern eingeschlossen, dem Anfangspunkt z_a anzuhängen bzw. dem Endpunkt z_e voranzustellen. Mit

```
draw z2{curl0}..z34{z4-z2}..{curl0}z4;     bzw.
draw z2{curl infinity}..z34{z4-z2}..{curl infinity}z4;
```

ändert sich die vorangegangene Kurve in

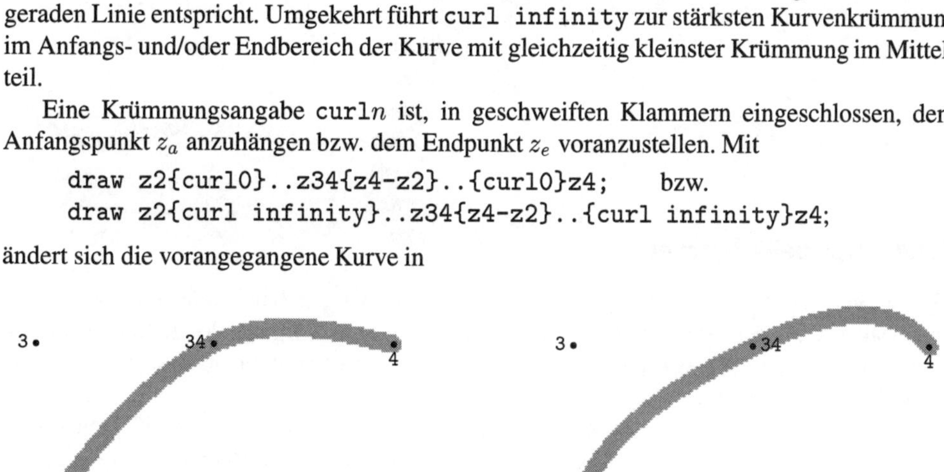

Die erste Kurve beginnt und endet als Folge von `curl0` sehr flach mit der größten Krümmung im Mittelteil. Die zweite Kurve hat dagegen als Folge von `curl infinity` eine starke Krümmung im Anfangs- und Endbereich und eine geringe im Mittelteil. Ohne Angabe der Anfangs- und Endkrümmung setzt METAFONT diese mit `curl1` fest.

Unser Bild mit dem Stahlband durch die drehbaren Haltestifte kann eine Verallgemeinerung erfahren, wenn die Dicke des Stahlbands zwischen zwei benachbarten Haltestiften verändert wird. Eine Verstärkung des Stahlbands zwischen zwei Haltestiften führt mechanisch zu einer größeren Spannung im Stahlband zwischen diesen Haltestiften und damit zu einer verminderten Krümmung. METAFONT gestattet die Nachbildung einer veränderten Kurven*spannung* mit der Angabe von `..tension` n`..` zwischen zwei Kurvenpunkten. Ohne explizite Angabe verwendet METAFONT als *natürliche Spannung* den Wert '1' für n. Ein Wert > 1 entspricht einer Verstärkung des Stahlbands und $n < 1$ führt zu einer Verdünnung.

Die Spannung des Stahlbands kann zwischen zwei Haltepunkten auch kontinuierlich verändert werden. METAFONT stellt hierfür den Parameter `tension` in der allgemeineren Form

`..tension` n_i `and` n_k`..` zwischen den Punkten z_i und z_k

bereit. Das bereits mehrfach dargestellte bohnenartige Gebilde erscheint mit

```
draw z1..z2..z3..tension1.2..z4..z5..cycle                (links) bzw.
draw z1..z2..tension 1 and 1.5..z3..tension 1.5
    and 1..z4..z5..cycle                                  (rechts)
```

als

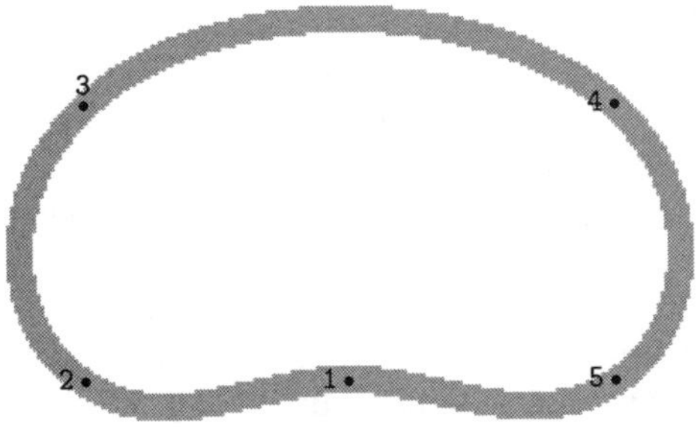

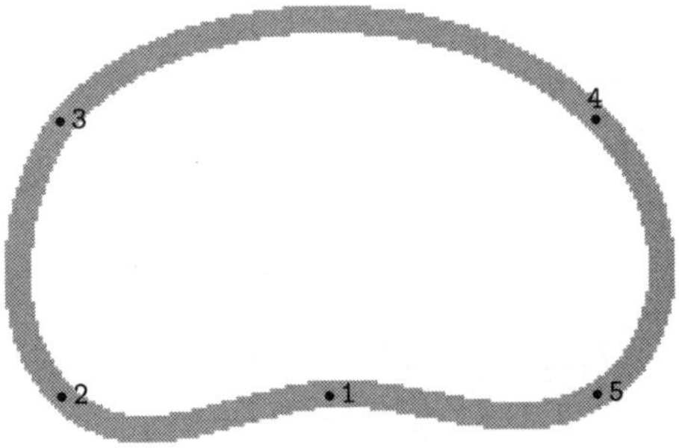

8.3.4 Spezielle Kurven

Mit den vorgestellten Mitteln lassen sich Kurven durch vorgegebene Kontrollpunkte erzeugen. Dabei kann der Anwender eine Feinsteuerung durch Vorgabe der Richtung an den Kontrollpunkten, der Kurvenspannung zwischen den Kontrollpunkten und der Anfangs- und Endkrümmung vornehmen.

Für einige häufig verwendete Kurvenformen stellt METAFONT eigene Kurvenbefehle bereit. Hierzu zählen Viertel-, Halb- und Ganzkreise, Quadrate und Rechtecke sowie verallgemeinerte Ellipsen. Die Syntax für die Kreiselemente lautet

teil`circle [rotated` *winkel*`] [scaled` *maß*`] [ shifted (`*punkt*`)]`

Hierin steht *teil* für `quarter`, `half` oder `full`, deren Bedeutung selbst erklärend ist. Die weiteren Angaben sind optional. Ohne die Angabe `scaled` *maß* wird ein Kreiselement mit dem Durchmesser von einer Pixeleinheit erzeugt. Mit `scaled 10pt` entsteht ein Kreiselement, dessen zugehöriger Durchmesser 10 pt beträgt.

Der Mittelpunkt eines Kreiselements (bezogen auf den zugehörigen Vollkreis) kann mit `shifted` (*punkt*) gewählt werden. Ohne diese Angabe wird dieser bei `(0,0)` eingerichtet. Mit `shifted (a,b)` entspricht er dem Punkt mit den Koordinaten `(a,b)`.

Mit `rotated` *winkel* wird das Kreiselement um den vorgegebenen Winkelbetrag *winkel* um den zugehörigen Kreismittelpunkt gedreht. Ein positiver Wert für *winkel* entspricht einer Drehung gegen den Uhrzeigersinn. Bei einem Vollkreis ist eine Drehung überflüssig, da ein in sich gedrehter Kreis der gleiche Kreis bleibt. Die Option `rotated` sollte stets *vor* einer evtl. Skalierung oder Verschiebung stehen, um ungewollte Fehlpositionierungen zu vermeiden.

Die Skalierungsangabe kann auch lauten `xscaled` *x_maß* `yscaled` *y_maß*. Dies führt zu einer Teil- oder Vollellipse mit der x-Achse vom Betrag *x_maß* und der y-Achse von *y_maß*. Bei einer Vollellipse führt eine Drehung, anders als beim Kreis, zu einer geänderten Figur. Die folgenden Beispiele brauchen nicht näher erläutert zu werden[4]:

```
draw halfcircle rotated 90 scaled 3pt shifted (1.5,0);
draw quartercircle rotated 45 scaled 2pt shifted (3,0);
draw quartercircle rotated -135 scaled 3pt shifted (3,0);
draw fullcircle xscaled 4pt yscaled 2.5pt shifted 7pt;
```

Ein Vollkreis kann statt mit `fullcircle` auch angenähert mit der Angabe von zwei Punkten und der Rückführung mit `cycle` beim `draw`-Befehl erreicht werden. Man vergleiche z. B.

```
draw fullcircle scaled 3pt shifted 1.5pt;
draw z1..z2..cycle;
```

mit `z1=(a,0); z2=(a+d,0);` und `d#:=3pt#`

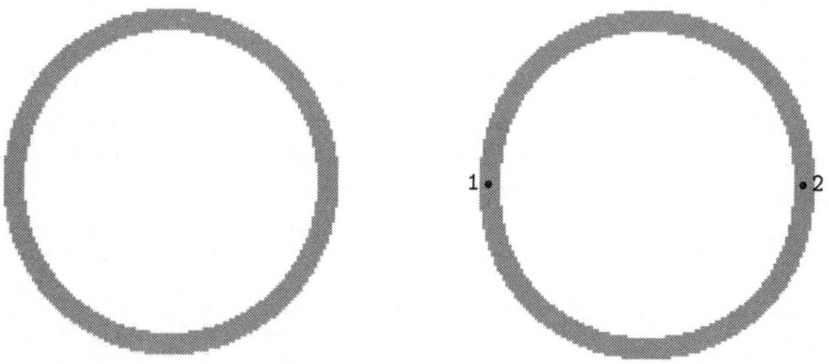

[4]Die abgedruckten Bildergebnisse sind auch hier das Ergebnis von `mode=proof`. Die Bildelemente in ihrer Entwurfsgröße sind wegen ihrer Kleinheit und der begrenzten Druckerauflösung kaum richtig erkennbar.

Für ein Quadrat stellt `plain.mf` den Kurvenzug `unitsquare` bereit, der ein Quadrat mit der Kantenlänge von einem Pixel erzeugt. Der Bezugspunkt für die Positionierung dieses Quadrats ist seine linke untere Ecke. Wie beim Kreis kann auch `unitsquare` mit `scaled`, `shifted` und `rotated` vergrößert, verschoben und gedreht werden. Verschiebung und Drehung beziehen sich dabei jeweils auf die untere linke Ecke.

METAFONT kennt als spezielle Kurve die Funktion `superellipse`. Ihre Syntax lautet

`superellipse(`*rechts,oben,links,unten,sup*`)`

Die Angaben *rechts*, *oben*, *links* und *unten* stehen für vier Kontrollpunkte für den rechten, oberen, linken und unteren Ellipsenrand. Der Parameter *sup* steht für eine Zahlenangabe, die die Abweichung von der Ellipse, also die Superellipse bestimmt. Dieser Wert sollte zwischen $0.5 \leq \sigma \leq 1.0$ liegen (mit σ für den Parameter *sup*). Mit einem Wert $\sigma = \sqrt{2}$ entsteht eine normale Ellipse, die für $\sigma = .5$ in $\diamond$ und für $\sigma = 1.0$ in $\square$ verzerrt wird. Die folgenden Figuren

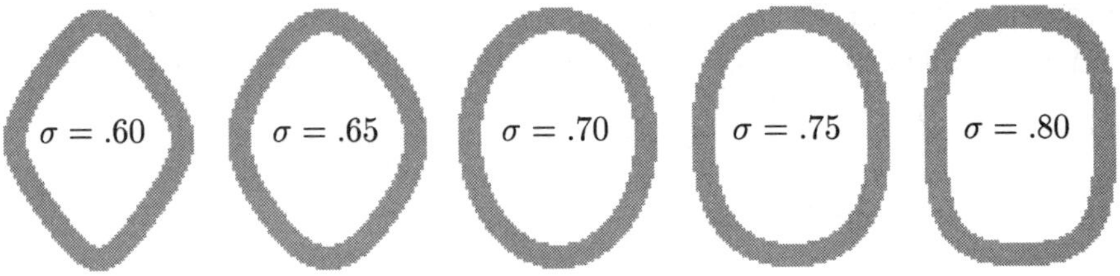

entstanden mit `draw superellipse(`$z_r, z_o, z_l, z_u, \sigma$`)` und den Werten für σ von nacheinander 0.60, 0.65, 0.70, 0.75 und 0.80. Die vier Punkte standen hierbei für die Koordinatenpaare

```
z1r=(w,.5h);  z1o=(.5w,h);  z1l=(0,.5h);  z1u=(.5w,0);
```

Mathematisch wird die Superellipse durch die Gleichung $|x/a|^\beta + |y/b|^\beta = 1$ beschrieben. Mit $\beta = 2$ entsteht die normale Ellipse. Zwischen der obigen Angabe mit *sup* $= \sigma$ und β besteht die Beziehung $\sigma = 2^{-1/\beta}$, was mit $\beta = 2$ zu $\sigma = 1\sqrt{2}$ für die normale Ellipse führt. Die Superellipse hat Extrempunkte bei $(\pm a, 0)$ und $(0, \pm b)$ und sog. Eckpunkte bei $(\pm\sigma a, \pm\sigma b)$. Die Tangenten in den Eckpunkten haben die Richtungsvektoren $(\pm a, \pm b)$.

Kurvenangaben der Form $z_a\,..\,z_i\{z_e - z_a\}\,..\,z_e$ sind relativ häufig. Für solche Angaben im `draw`-Befehl stellt METAFONT die spezielle Funktion `flex(`z_a, z_i, z_e`)` bereit, die auch verallgemeinert als `flex(`$z_1, z_2, \ldots, z_{n-1}, z_n$`)` aufgerufen werden kann. Letztere steht für die Angabe des Kurvenwegs

$$z_1\,..\,z_2\{z_n - z1\}\,..\cdots..\,z_{n-1}\{z_n - z1\}\,..\,z_n$$

Die zugehörige Kurve hat an allen inneren Kontrollpunkten $z_2, \ldots, z_{n-1}$ die Richtung des Verbindungsvektors von z_1 nach z_n.

Häufig sollen Kurven, bei denen der Endpunkt der ersten Kurve mit dem Anfangspunkt der zweiten Kurve zusammenfällt, zusammengefügt werden, ohne dass die beiden Kurven sich wechselseitig beeinflussen. Dies kann natürlich mit getrennten `draw`-Befehlen erreicht werden:

`draw` $z_1\,..\,z_2\,..\cdots..\,z_i$; `draw` $z_i\,..\,z_{i+1}\,..\cdots..\,z_k$; `draw` $z_k\,..\,z_{k+1}\,..\cdots..\,z_n$;

Dasselbe Ergebnis kann mit einem `draw`-Befehl erreicht werden, indem die jeweiligen End- und Anfangspunkte mit dem METAFONT-Kurvenoperator & verbunden werden:

draw $z_1..z_2..\cdots..z_i$ & $z_i..z_{i+1}..\cdots..z_k$ & $z_k..z_{k+1}..\cdots..z_n$

Mit einem `draw`-Befehl dürfen mehrere `flex`-Funktionen sowohl mit dem Verbindungsoperator `..` als auch mit `&` zusammengefügt werden. Dabei ist

```
draw flex(z1,z2,z3)..flex(z4,z5,z6)      gleichwertig mit
draw z1..z2{z3-z1}..z3..z4..z5{z6-z4}..z6
```

und

```
draw flex(z1,z2,z3) & flex(z3,z4,z5) & flex(z5,z6,z7,z1)
entspricht
draw z1..z2{z3-z1}..z3;  draw z3..z4{z5-z3}..z5;
draw z5..z6{z1-z5}..z7{z1-z5}..z1
```

8.3.5 Der METAFONT-Kurvenalgorithmus

Dieser Unterabschnitt wendet sich an mathematisch interessierte Leser. Für die praktische Nutzung von METAFONT kann er ohne Verlust an Gestaltungsmöglichkeiten übersprungen werden. Allenfalls der vorletzte Absatz kann für zusätzliche Steuerungsmöglichkeiten gelegentlich in Betracht kommen.

Ein Kurvenbogen durch einen Anfangs- und Endpunkt z_1 und z_4 und zwei intern vorgegebene Hilfspunkte z_2 und z_3 wird iterativ nach dem folgenden Schema konstruiert:

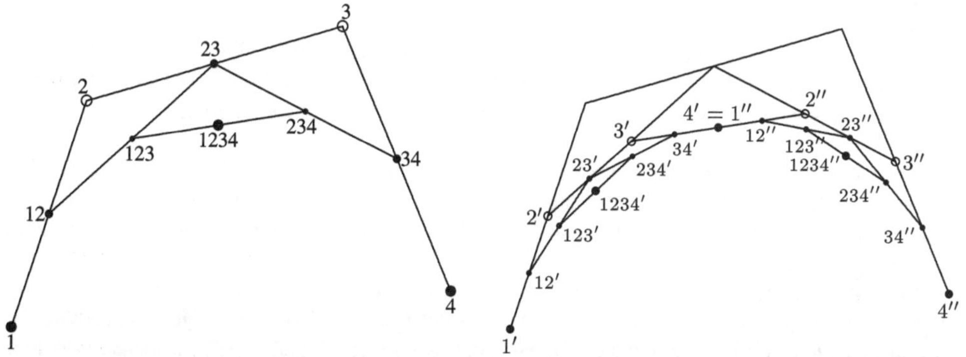

Für die Punktefolge z_1 bis z_4 werden zunächst die Mittelpunkte der verbindenden Linien mit $z_{12} = .5[z_1, z_2]$, $z_{23} = .5[z_2, z_3]$ und $z_{34} = .5[z3, z4]$ ermittelt und dann die Punktefolge z_{12}, z_{23} und z_{34} durch Geraden miteinander verbunden. Die Mittelpunkte dieser Verbindungslinien sind $z_{123} = .5[z_{12}, z_23]$ bzw. $z_{234} = .5[z_{23}, z_{34}]$. Der Mittelpunkt für die Verbindungslinie der beiden letzten Punkte ergibt schließlich $z_{1234} = .5[z_{123}, z_{234}]$.

Der Punkt z_{1234} ist ein weiterer Punkt auf der Kurve, der den ursprünglichen Kurvenbogen von z_1 nach z_4 in zwei Teilbögen aufteilt. Der erste Teilbogen beginnt bei z_1 und endet bei z_{1234}, der zweite beginnt umgekehrt bei z_{1234} und endet bei z_4. Die ermittelten Zwischenpunkte z_{12} und z_{123} einerseits sowie z_{234} und z_{34} andererseits stellen die Konstruktionshilfspunkte für die beiden Teilbögen dar, so wie vorher z_2 und z_3 diese Rolle für den Gesamtbogen von z_1 nach z_4 spielten.

Im rechten Teilbild wurden die Punkte umbenannt in $z_1' = z_1$, $z_2' = z_{12}$, $z_3' = z_{123}$ und $z_4' = z_{1234}$ sowie $z_1'' = z_{1234}$, $z_2'' = z_{234}$, $z_3'' = z_{34}$ und $z_4'' = z_4$ und das Verfahren für die jeweiligen Punktequadrupel wiederholt, wobei der Endpunkt des ersten Teilbogens mit dem Anfangspunkt des zweiten Teilbogens $z_4' = z_1''$ übereinstimmt. Die beiden neu ermittelten Punkte z_{1234}' und z_{1234}'' stellen zwei weitere Punkte der Kurve dar, die nunmehr die zwei Teilbögen in vier Unterteilbögen aufteilen, mit denen das Verfahren wiederholt werden kann.

Im rechten Bild ist die nächste Iterationsstufe dargestellt, wobei nur die Verbindungslinien ohne Kennzeichnung der Kurven- und Hilfspunkte angegeben sind. Das Ergebnis ist im Rahmen der Druckeauflösung mit seiner *Umhüllenden* von einer kontinuierlichen Kurve kaum noch zu unterscheiden.

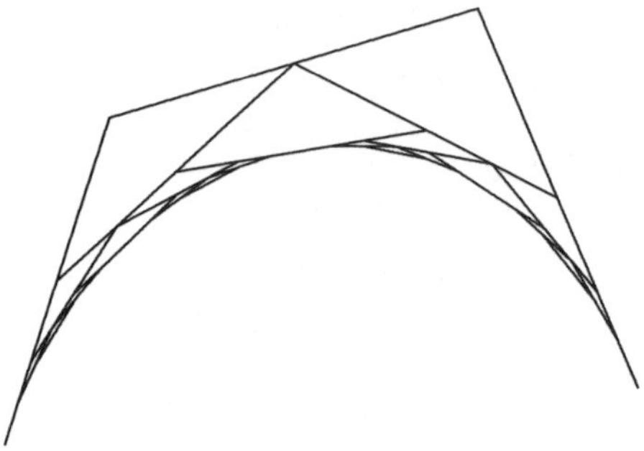

Mit einer oder höchstens zwei weiteren Iterationsstufen wird die Auflösungsgenauigkeit eines Druckers mit 300 Pixel/Zoll sicherlich erreicht. Höhere Druckerauflösungen mögen einige Iterationsstufen mehr benötigen, insgesamt konvergiert der Prozess aber schnell gegen das endgültige Ergebnis.

Das dargestellte grafische Verfahren erzeugt eine *umhüllende* Begrenzungslinie, die mathematisch mit der Gleichung

$$z(t) = (1-t)^3\,z_1 + 3(1-t)^2 t\,z_2 + 3(1-t)t^2\,z_3 + t^3\,z_4$$

beschrieben wird. Die rechte Seite dieser Gleichung stellt das sog. *Bernstein Polynom 3. Ordnung* dar. Es wurde von SERGEĬ N. BERNSTEIN 1912 im Rahmen einer grundlegenden mathematischen Arbeit über Approximationstheorie behandelt. Eine Kurve für Bernsteinsche Polynome wird auch als *Bezier-*Kurve bezeichnet, nachdem PIERRE BEZIER diese Darstellungsform für die Kurvendarstellung mittels Rechner in den 60er Jahren systematisch untersucht und dabei die dargestellte umhüllende Eigenschaft beschrieben hatte.

Die analytisch dargestellte Kurve wird mit $0 \leq t \leq 1$ durchlaufen. Dabei gilt $z(0) = z_1$ und $z(1) = z_4$. Ebenso kann durch Bildung der Ableitungen gezeigt werden, dass die Tangente im Anfangspunkt z_1 mit der Verbindungslinie nach x_2 und im Endpunkt z_4 mit der Verbindungsline $z_4 - z_3$ von z_3 zusammenfällt.

Der LaTeX-Befehl `\qbezier` für die `picture`-Umgebung (s. [5a, 6.4.8]) realisiert eine Bezier-Kurve 2. Ordnung. Das grafische Verfahren für den Anfangs- und Endpunkt sowie *einen* Hilfspunkt kann leicht nachvollzogen werden. Die analytische Darstellung für die 2. Ordnung führt zur Gleichung $z(t) = (1-t)^2\,z_1 + 2(1-t)t\,z_2 + t^2\,z_3$.

Bei der Definition einer Kurve mit den Anfangs- und Endpunkten z_1 und z_4 bestimmen diese und die Hilfspunkte z_2 und z_3 den vollständigen Verlauf der Kurve, da nach der obigen Darstellung die Zwischenpunkte z_{12}, z_{23} und z_{34} und daraus z_{123} und z_{234} sowie schließlich z_{1234} eindeutig bestimmt sind. Ebenso sind alle weiteren Anfangs- und Endpunkte zusammen mit den internen Hilfspunkten der anschließenden Teilbögen eindeutig berechenbar. Dies ist der analytischen Darstellung unmittelbar zu entnehmen, da sie als Koeffizienten nur die vier Punkte z_1 bis z_4 enthält.

METAFONT gestattet als allgemeinste Kurvendefinition die Form

```
draw zₐ..control z_α and z_ε..z_e
```

in der z_a und z_e für den Anfangs- und Endpunkt des Kurvenbogens stehen und z_α, z_ϵ die Rolle der Hilfspunkte z_2 und z_3 der vorangegangenen Erläuterungen annehmen und z_a und z_e mit z_1 bzw. z_4 übereinstimmen.

Bei der Angabe von mehr als zwei Kurvenpunkten oder mit zusätzlichen Richtungs- und/oder Krümmungsangaben errechnet METAFONT selbst geeignete Hilfspunkte zur Kurvenkonstruktion. Die Lage dieser Hilfspunkte kann mit `..tension` n_i `and` n_k`..` zusätzlich beeinflusst werden, so dass eine explizite Angabe von Hilfspunkten durch den Anwender nur selten notwendig wird.

Der vorgestellte Kurvenalgorithmus ist erstaunlich effizient. Ein ganzer Zeichensatz mit 256 Zeichen, wie bei den ec-Zeichensätzen, bei dem einige Hundert Kurvenzüge zu bestimmen sind, benötigt auf einem modernen PC kaum mehr als 10 Sekunden.

8.3.6 Zeichenstifte

Ein kreisförmiger Zeichenstift mit den Abmessungen eines Pixels wird mit der Befehlsfolge

```
pickup pencircle
```

bereitgestellt. Zeichenstifte können allgemein oder getrennt in x- und y-Richtung skaliert und zusätzlich gedreht werden. Die allgemeine Syntax lautet demzufolge

`pickup pencircle [scaled` *maß*`]` und allgemeiner
`pickup pencircle [xscaled` *x_maß* `yscaled` *y_maß*`][rotated` *winkel*`]`

Bei den vorangegangenen Beispielen war stets ein kreisförmiger Zeichenstift der Form `pencircle scaled .2pt` benutzt worden, ohne dass dies bei den Beispielen explizit erwähnt wurde. Die mf-Bearbeitung der Beispiele erfolgte stets mit `mode=proof` und die ausgegebene Strichstärke der grauen Linien entspricht dem eingestellten dünnen Zeichenstift von .2pt für diesen Bearbeitungsmodus. Die beiden geschlossenen Kurven aus

`draw z1..z2..z3..z4..z5..1` bzw. `draw z1..z2..z3..z3..z5..cycle`

von Seite 466 erscheinen mit den Zeichenstiften

`pencircle xscaled 0.5pt yscaled 0.1pt rotated 30` bzw.
`pencircle xscaled 0.15pt yscaled 0.45pt rotated 30`

nunmehr als

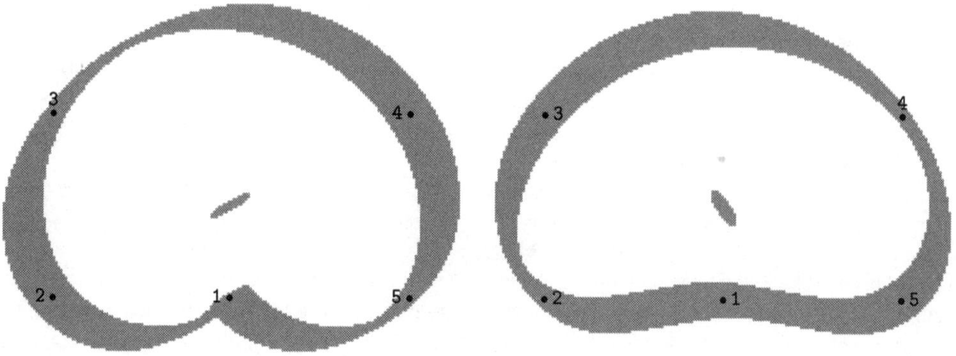

Der jeweilige Einzelpunkt des zugehörigen Zeichenstifts ist im Innern der Kurve zusätzlich dargestellt. Hierfür stellt METAFONT den Befehl

`drawdot` (ξ,η) oder `drawdot` z_i

bereit. Der Mittelpunkt dieses realen Einzelpunkts liegt bei dem mathematischen Punkt (ξ,η) bzw. z_i, wenn Letzterer nicht mit `lft`, `rt`, `bot` oder `top` verschoben definiert wurde. Eine verschobene Punktdefinition wirkt auf einen nichtkreisförmigen Zeichenstift in analoger Weise, wie für kreisförmige Punkte in 8.2.4 ausführlich dargestellt.

Neben den verformbaren *kreisförmigen* Zeichenstiften `pencircle` stellt METAFONT entsprechend verformbare *quadratische* Zeichenstifte bereit. Die Syntax für diese Zeichenstifte entspricht der für kreisförmige Stifte:

`pickup pensquare [scaled` *maß*`][rotated` *winkel*`]` und allgemeiner
`pickup pensquare [xscaled` *x_maß* `yscaled` *y_maß*`][rotated` *winkel*`]`

Das Beispiel mit den fünf Superellipsen von Seite 472 erscheint mit dem rechteckigen Zeichenstift

`pensquare xscaled 4pt yscaled 1pt rotated 45`

als  für den Zeichenstift und damit als

METAFONT stellt noch zwei weitere spezielle Zeichenstifte `penspeck` und `penrazor` bereit. Der erste wird beim Makro `drawdot` verwendet und stellt einen quadratischen Zeichenstift mit der sehr kleinen Abmessung `eps=.00049` dar. Der Zeichenstift `penrazor` ist ein linienartiger Zeichenstift mit der Ausdehnung von einem Pixel in y-Richtung. Eine Skalierung

`pickup penrazor scaled` n

beeinflusst nur die Ausdehnung in der x-Richtung. In y-Richtung bleibt die Strichstärke von einem Pixel erhalten. Für die folgenden drei Kreise

wurde beim linken Kreis der Zeichenstift `penrazor scaled .4pt`, beim mittleren `penrazor scaled .4pt rotated 90` und beim rechten schließlich `penrazor scaled .4pt rotated 45` verwendet.

Bei den Zeichenstiftbefehlen kann die Skalierung auch in der Form `scaled` *zahl* statt `scaled` *maß* erfolgen. Bei der Skalierung mit einer reinen Zahl entsteht ein Zeichenstift mit der entsprechenden Anzahl von Pixeln in x- und y-Richtung. Ein so definierter Zeichenstift erzeugt auf einem Drucker mit höherer Auflösung einen kleineren Punkt als auf einem Drucker mit niedriger Auflösung und ist darum weniger gebräuchlich.

METAFONT gestattet es, mit dem Befehl `makepen` neue Zeichenstifte einzuführen. Die Syntax für diesen Befehl lautet

`makepen(`*cyclic_convex_polygon*`)`

bei dem *cyclic_convex_polygon* für einen Linienzug steht, der ein geschlossenes konvexes Polygon bildet. Bei einem konvexen Polygon sind die Winkel zwischen den benachbarten Geraden im Innern des geschlossenen Linienzuges stets $\leq 180°$.

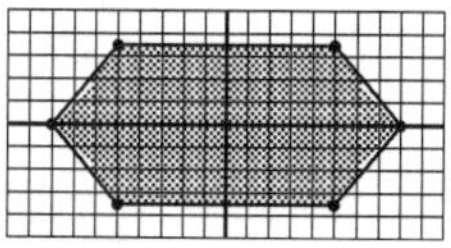

Die nebenstehende Zeichenstiftform kann mit

```
makepen((-8,0)--(-5,3.5)--(5,3.5)--(8,0)--(5,-3.5)
        --(-5,-3.5)--cycle)
```

eingerichtet werden. Zu beachten ist, dass die Polygonpunkte nur ganz- oder halbzahlige Koordinatenwerte annehmen dürfen!

Einem mit `makepen` eingerichteten neuen Zeichenstift kann ein symbolischer Name zugewiesen werden, unter dem er mit dem `pickup`-Befehl aktiviert werden kann. Dazu ist eine Variable vom Typ `pen` einzurichten und diese mit der Funktion `makepen` gleichzusetzen. Angenommen, das vorangegangene Beispiel soll unter dem Namen `penpoly` bereitgestellt werden. Dies geschieht durch die Befehlsfolge

```
pen penpoly; penpoly=makepen((-8,0)--(-5,3.5)-- ··· --cycle);
```

Der so eingerichtete Zeichenstift `penpoly` ist absolut, d. h., er kann nicht skaliert und/oder gedreht werden. In `plain.mf` wird deshalb das Makro `capsule_def` bereitgestellt, mit dem diese Einschränkung überwunden werden kann. Mit

```
capsule_def(penpoly) makepen((-8,0)--(-5,3.5)-- ··· --cycle);
```

wird der Zeichenstift `penpoly` eingerichtet, der nunmehr auch dreh- und skalierbar ist. Man beachte, dass zwischen dem Befehl `capsule_def` und dem anschließenden `makepen` *kein* Semikolon steht. Der `capsule_def`-Befehl schließt erst mit dem Semikolon *nach* dem `makepen`-Befehl ab!

Der Befehl `pickup` mit einer der nachfolgenden Zeichenstiftdefinitionen `pencircle`, `pensquare` oder `penrazor` (sowie das `capsule_def-makepen`-Paar) bewirkt für die eingerichteten Stifte eine Reihe interner Berechnungen. So werden z. B. die internen Variablen `top`, `bot`, `lft` und `rt` mit Werten versehen, die dem gewählten Zeichenstift entsprechen und die ggf. bei verschobenen Punktdefinitionen benutzt werden. Der jeweils letzte `pickup`-Befehl bestimmt den aktuellen Zeichenstift, der intern unter der Variablen `currentpen` geführt wird und einen Zeiger auf die komplexe Datenstruktur des aktuellen Zeichensatzes enthält.

METAFONT gestattet es, den aktuellen Wert von `currentpen` unter einem Variablennamen mit

pen_name`:=savepen`

abzuspeichern. Dies hat gleichzeitig zur Folge, dass die zugehörige Datenstruktur des aktuellen Zeichenstifts auch nach einem weiteren `pickup`-Befehl erhalten bleibt. Soll dieser Stift später wieder aktiviert werden, so genügt der Aufruf '`pickup` *pen_name*`;`', ohne dass die umfangreichen Zeichenstiftberechnungen jeweils neu erfolgen müssen.

Der Vorteil der schnelleren Zeichenstiftzugriffe ist mit dem Nachteil der Speicherplatzbelegung erkauft. Bei einer größeren Zahl von Zeichenstiftspeicherungen kann dies zu Speicherüberläufen für die weitere Bearbeitung führen. Mit `clear_pen_memory` können deshalb *alle* vorangegangenen Zeichenstiftspeicherungen aufgehoben und der belegte Rechenspeicher freigegeben werden.

8.3.7 Gefüllte Flächen

Ganz- oder teilweise gefüllte Flächen sind neben den Punkten, Linien und Kurven ein weiteres grafisches Element, das METAFONT bereitstellt. Dies verlangt lediglich die Vorgabe eines geschlossenen Linien- oder Kurvenzuges zur Begrenzung der Fläche. Die Syntax für diesen Kurvenzug zur Flächenbegrenzung entspricht ganz genau der Syntax für einen geschlossenen Linien- oder Kurvenzug mit dem `draw`-Befehl. Der einzige Unterschied liegt lediglich in der Verwendung des Befehlsnamens `fill` statt `draw`. Mit

```
fill z1..z2..z3..z4..z5..cycle; fill z21--z22--z23--cycle;
```

entsteht nunmehr

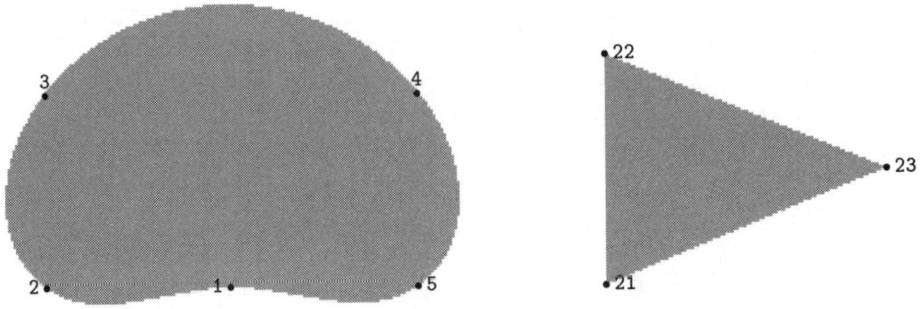

Die Umrandungskurve durch die Kontrollpunkte erscheint als mathematische Kurve, also ohne Berücksichtigung einer aktuellen Zeichenstiftstärke. Die Definition der Umrandungskurve muss zwingend mit dem Befehlswort `cycle` enden. Eine Kurvendefinition wie $z_1 .. z_2 .. z_3 .. z_4 .. z_5 .. z_1$, die zwar auch eine geschlossene Kurve mit einer Spitze beim Punkt z_1 liefert, wird als Randdefinition beim `fill`-Befehl nicht akzeptiert. Soll eine solche Fläche gefüllt werden, so muss geschrieben werden

```
fill z1..z2..z3..z4..z5..z1..cycle
```

Nach dem zweiten Auftreten von z_1 ist die Kurve bereits zu ihrem Anfangspunkt zurückgekehrt. Die anschließende nochmalige Rückführung mit `..cycle` erfüllt lediglich die Syntaxforderung des `fill`-Befehls. Für die Form des Flächenrands hat dieser keine gestaltende Wirkung mehr.

Den entgegengesetzten Befehl zu `fill` stellt METAFONT mit `unfill` bereit. Damit kann im Innern einer gefüllten Fläche eine Teilfläche gelöscht, also mit weißen Pixeln versehen werden.

```
fill z1..z2..z3..z4..z5..cycle; z34=.5[z3,z4];
unfill 0.25[z2,z34]..0.75[z2,z34]..cycle;
unfill 0.25[z5,z34]..0.75[z5,z34]..cycle;
```

ergibt das anschließende linke Bild und derselbe `fill`-Befehl in Verbindung mit

```
unfill fullcircle xscaled 0.75abs(z5-z2)
          yscaled 0.75abs(z3-z2) shifted .5[z2,z4]
```

führt zum rechten Bild. Der Befehl `abs` liefert den Absolutbetrag des eingeschlossenen Vektors, also seine Länge, zurück und war bereits in 8.2.5 vorgestellt worden.

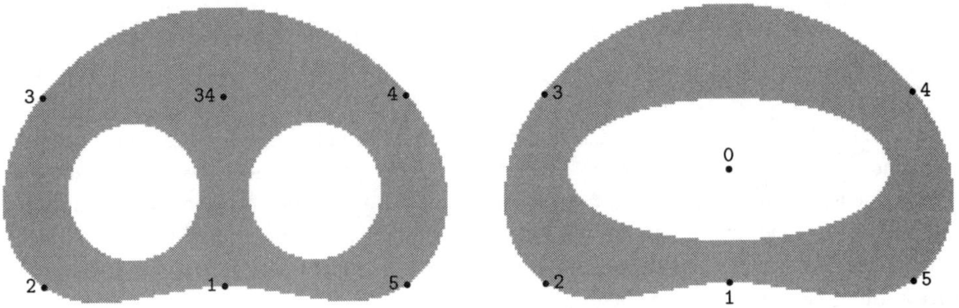

Die nächsten Beispiele demonstrieren einen optischen Täuschungseffekt über Höhe oder Breite bestimmter Flächenstrukturen im Vergleich zueinander.

```
fill (0,0)--(.5a,a)--(a,0)--cycle;
fill unitsquare scaled a; fill fullcircle scaled a;

fill unitsquare scaled a;
unfill fullcircle scaled a shifted (.5a,.5a)

s:= (1 - 1/(sqrt 2))/2 * a; k:=1.05;
fill fullcircle scaled k*a shifted k*(.5a,.5a);
unfill unitsquare scaled (k*a)/(sqrt 2) shifted k*(s,s);
```

Obwohl die Basislänge des Dreiecks und der Durchmesser des Kreises mit der Kantenlänge des Quadrats übereinstimmen, erscheint das Dreieck schmaler und der Kreisdurchmesser kleiner als die Kantenlänge des Quadrats. Dies muss bei der Konstruktion und Nutzung solcher Strukturen berücksichtigt werden, wie bei den beiden teilgefüllten Flächen versucht. Der Durchmesser des Kreises bei der letzten Figur ist um den Faktor $k = 1.05$ größer gewählt als die Kantenlänge des nebenstehenden teilgefüllten Quadrats, ohne dass dies bei der Betrachtung empfunden wird. Vielmehr scheinen jetzt beide Figuren gleich groß auszufallen.

Bei diesem Beispiel war der Korrekturfaktor k durch explizite Zuweisung eingestellt worden. Es ist möglich, k in eine METAFONT-Programmschleife einzubauen und für eine Serie von unterschiedlichen Korrekturwerten in einem Bearbeitungslauf die entsprechende Bildserie zu erzeugen, um anschließend durch optische Begutachtung den endgültigen Korrekturwert festzulegen. Das nächste Beispiel demonstriert übrigens die Konstruktion einer METAFONT-Programmschleife.

Das abschließende nebenstehende Beispiel demonstriert gleichzeitig die Nutzung von Programmschleifen. Es entspricht mit geringer Modifikation dem Übungsbeispiel 4.6 aus [10c]. Der zusätzliche Punkt z_0 hat die Koordinaten

$$z_0 = (\tfrac{1}{3}[x_1, x_5], \tfrac{1}{2}[y_5, y_4])$$

und die gestrichenen inneren Punkte z_i' sind als $z_i' = .2[z_i, z_0]$ definiert.

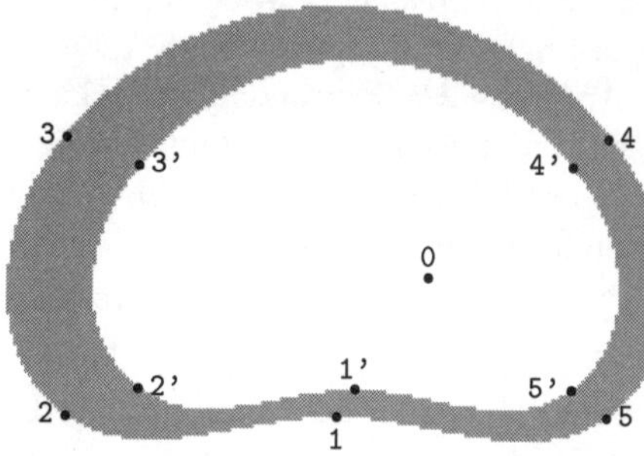


```
fill x1..x2..x3..x4..x5..cycle; x0=(1/3[x1,x5],.5[y5,y4]);
for k=1 upto 5: z[k]'=.2[z[k],z0]; endfor
unfill z1'..z2'..z3..z4'..z5'..cycle;
```

Jedem Anwender mit geringen Pascal-Programmierkenntnissen wird der Schleifenbefehl `for ... upto` geläufig sein. Auch die Notation `z[k]` für den Aufruf eines Punkts aus einem Punktefeld ist verständlich. Tatsächlich kann jeder Punkt zi, bei dem i eine Zahl ist, auch als `z[`i`]` aufgerufen oder definiert werden. Die METAFONT-Schreibweise zi ist nur eine *abkürzende* Konvention für `z[`i`]`. Bei der Verwendung eines Variablennamens wie `k` für den Index eines indizierten Punkts muss die Schreibweise `z[k]` eingehalten werden, da `zk` als eigener Variablenname interpretiert würde.

8.3.8 Flächen und Pseudozeichenstifte

Ganz- und teilweise gefüllte Flächen können durch Vorgabe einer äußeren und ggf. inneren geschlossenen Randkurve mit dem `fill`-Befehl in evtl. Verbindung mit dem `unfill`-Befehl erzeugt werden. Durch Vorgabe eines Zeichenstifts geeigneter Abmessung und Neigung und seiner Führung entlang einer vorgegebenen Kurve entsteht letztlich auch eine Fläche, deren Mittellinie eine mathematische Kurve durch die Kurvenpunkte darstellt und deren Randlinien hieraus und der Abmessung und Neigung des Zeichenstifts bestimmt sind.

Die beiden folgenden Flächen haben eine gewisse Ähnlichkeit im Groben mit deutlichen Unterschieden im Detail. Die linke Fläche entstand aus

```
pickup penrazor scaled .5pt rotated 45;
draw z1..z2{right}..{right}z3;
```

Die rechte Fläche wurde mit

```
fill z1l..z2l{right}..{right}z3l
        --z3r{left}..{left}z2r..z1l--cycle
```

erzeugt.

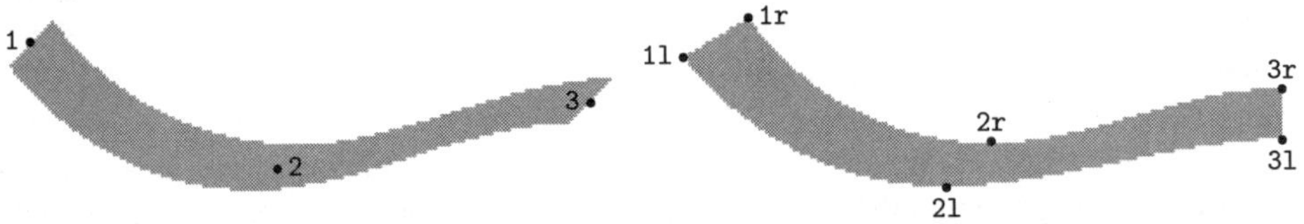

Die Einfachheit des `draw`-Befehls steht dabei in Konkurrenz zu dem größeren Detailreichtum mit dem `fill`-Befehl und seiner komplexeren Berandung. Ein Zeichner kann einen Zeichenstift *während* der Bewegung entlang einer Kurve zusätzlich drehen und eine Veränderung des Schwärzungsgrads durch Veränderung des Drucks auf den Zeichenstift erzielen. Eine Änderung des Schwärzungsgrads kann bei hinreichender Kleinheit der Zeichenstiftabmessung durch Änderung der Abmessungen nachgebildet werden.

METAFONT gestattet diese Gestaltungsmöglichkeit eines Zeichners in gewisser Weise nachzubilden. Mit den Angaben

```
penpos1(.6pt,30); penpos2(.5pt,45); penpos3(.4pt,90);
```

wird ein fiktiver Zeichenstift eingeführt, der beim Anfangspunkt z_1 wie der reale Zeichenstift `penrazor scaled .6pt rotated 30` wirkt. Bei seiner Führung entlang der Kurve ändert sich der Stift und entspricht bei z_2 `penrazor scaled .5pt rotated 45`, bis er schließlich beim Punkt z_3 als `penrazor scaled .4pt rotated 90` endet.

Dieser Zeichenstift wurde hier *fiktiv* genannt, weil solche variablen Zeichenstifte nicht existieren, auch wenn das grafische Ergebnis dies vortäuscht. Die Funktion penpos$i(b, \varphi)$ steht vielmehr für das Gleichungssystem

$$z_i = \tfrac{1}{2}[z_{il}, z_{ir}] \quad \text{und} \quad z_{ir} = z_{ir} + (b, 0) \text{ rotated } \varphi$$

Zusammen mit einer dritten Gleichung, z. B. durch die Angabe $z_i = (\xi_i, \eta_i)$, ermittelt METAFONT hieraus die Werte von z_i, z_{il} und z_{ir}. Anweisungen der Form $z = (\xi, \eta)$ werden bei der Eingabe meist als einfache Punktdefinition und nicht als Gleichung empfunden. Dies ist verständlich, weil diese Gleichung von den beiden anderen entkoppelt ist und ihre Lösung die Werte annimmt, die auch mit den Zuweisungen $x := \xi$ und $y := \eta$ erreicht würde. METAFONT betrachtet sie dagegen als Gleichung, die ggf. zu einem Gleichungssystem gehört, das von METAFONT als Gesamtheit gelöst wird (s. 8.2.6).

Eine Angabe `penpos`$i(b, \phi)$, zusammen mit einer Bestimmungsgleichung für z_i, stellen genau genommen je zwei Gleichungssysteme für jeweils drei Unbekannte dar, nämlich für die Punktkoordinaten x_i, x_{il} und x_{ir} einerseits sowie y_i, y_{il} und y_{ir} andererseits. Statt *einer* Punktgleichung können alternativ auch stets *zwei* Koordinatengleichungen angegeben werden. Diese Zusatzgleichungen können auch mehrere Punkte miteinander verknüpfen, wodurch Gleichungssysteme für mehr als drei Unbekannte entstehen.

Für die obige, mit `fill` erzeugte Fläche, waren neben den drei `penpos`-Funktionen noch die Gleichungen

```
z1=(0,b); z2(2a,0); x3=4.5a; y2r=y3l;
```

angegeben, mit geeigneten Werten für `a` und `b`. (Für die Darstellung mit `mode=proof` in der abgedruckten Größe war `a#:=1pt#` und `b#:=1pt#` gewählt worden.) Die letzte Gleichung bewirkt, dass die y-Koordinaten für z_{2r} und z_{3l} denselben Wert annehmen.

Die Funktionen `penpos` stellen also Gleichungen für die Randpunkte bereit, wie sie aus den Kurvenpunkten entstehen würden, wenn die Kurve mit einem Zeichenstift variabler Abmessung und Drehung längs der Kurve durchfahren wird.

Hier steht nochmals das Bild zusammen mit den Kurvenpunkten z_i, die zur Konstruktion mit dem `fill`-Befehl selbst nicht verwendet werden. Sie dienen nur zur Bestimmung der Randpunkte mit den `penpos`-Funktionen.

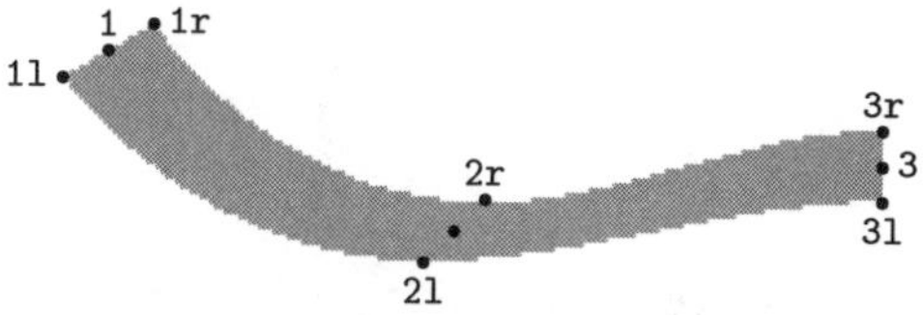

Dieses Bild hätte, wie das vorangegangene, mit dem `fill`-Befehl durch die Randpunkte erzeugt werden können, da diese nach den drei `penpos`-Befehlen zusammen mit den weiteren Punktgleichungen unter den Namen `z1l`, `z2l`, `z3l`, `z3r`, `z2r` und `z1r` definiert und bereitgestellt wurden. Alternativ stellt METAFONT den Befehl `penstroke` bereit, der dem Bild des Zeichnens einer Kurve mit einem variablen und sich evtl. drehenden Zeichenstift noch näher kommt. Das letzte Bild wurde mit

```
penstroke z1e..z2e{right}..{right}z3e
```

erzeugt. Der Index '*e*' bei der Punktangabe in diesem Befehl steht in METAFONT für '*edge*' und bezieht sich auf die Enden des variablen Zeichenstifts. Das Makro `penstroke` wandelt die übergebene Punkte- und Richtungsfolge intern in

```
z1l..z2l{right}..{right}z3l--z3r{left}..{left}z2l..z1l--cycle
```

um, die dann ebenfalls intern mit dem `fill`-Befehl aufgerufen wird.

Das beschriebene Verfahren kann auch zur Erzeugung von Grafiken mit teilgefüllten Flächen, also zur Kombination von `fill`- mit `unfill`-Befehlen, genutzt werden. Mit den Befehlen

```
penpos1(.4pt,-30);   penpos2(.4pt,-120);
penpos3(.4pt,-150); penpos4(.4pt,-300);
z1=(0,.5b); z2=(.5a,b);
z3=(a,.5b); z4=(.5a,0);
```

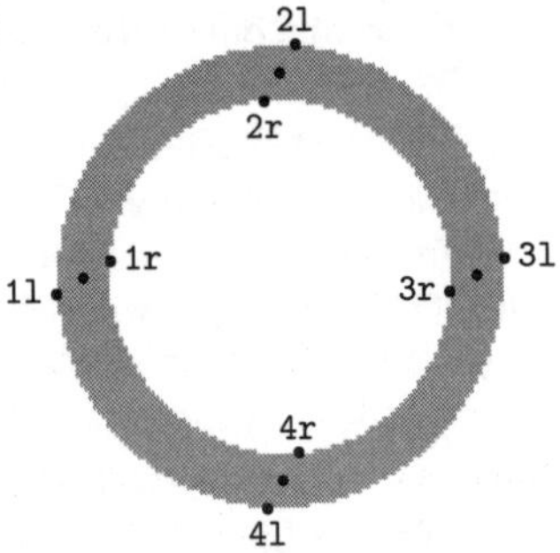

entstehen die Punkte $z_{1l}, \ldots, z_{4l}$ und $z_{1r}, \ldots, z_{4r}$, die mit

```
fill z1l..z2l..z3l..z4l..cycle;
unfill z1r..z2r..z3r..z4r..cycle;
```

die teilgefüllte Fläche erzeugen.

Auch hier kann stattdessen das `penstroke`-Makro zur Erzeugung herangezogen werden, das dem geschlossenen Kurvenzug mit dem sich drehenden fiktiven Zeichenstift in der Vorstellung näherkommt:

```
penstroke z1e..z2e..z3e..z4e..cycle;
```

Als Folge von `..cycle` am Ende des Kurvenzugs zerfällt das Makro in die beiden `fill`- und `unfill`-Befehle, wie sie vorab explizit angegeben waren. Ohne diese Angabe, also für `penstroke z1e..z2e..z3e..z4e`, wird das Makro nach der weiter oben gegebenen Erläuterung in

```
fill z1l..z2l..z3l..z4l--z4r..z3r..z2r..z1r--cycle;
```

aufgelöst, was zum linken Bild

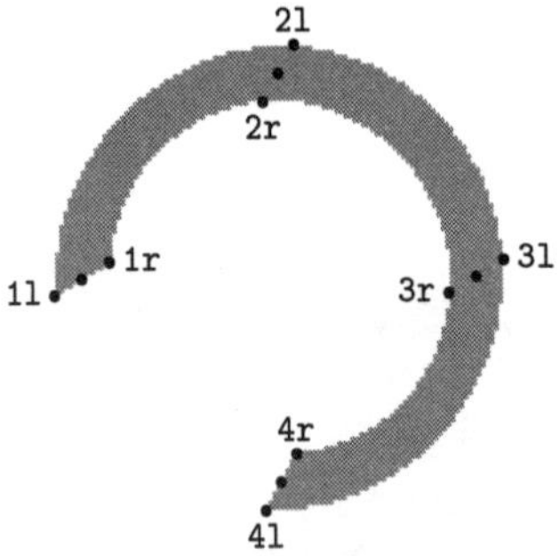

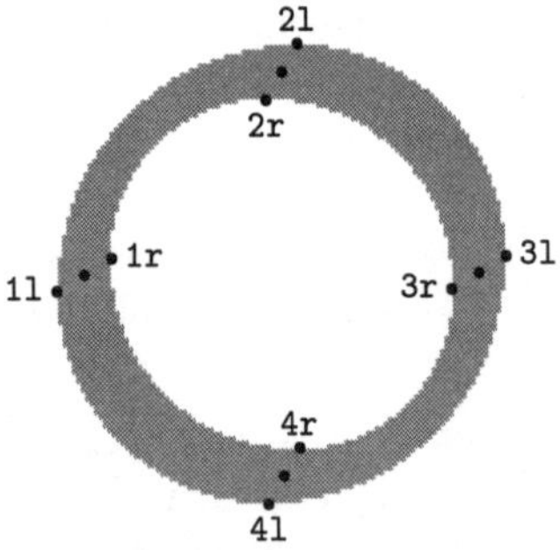

führt. Das rechte Bild hat bei z_{1l}, z_{1r}, z_{3r} und z_{3l} vertikale und bei z_{2l}, z_{2r}, z_{4r} und z_{4l} horizontale Tangenten. Dies kann mit dem Aufruf

```
penstroke z1e{up}..z2e{right}..z3e{down}..z4e{left}..cycle
```

erzwungen werden.

Bei den Neigungsangaben in den `penpos`-Funktionen ist Sorgfalt und Nachdenken angebracht. Ich hatte für das Beispiel der geschlossenen Kurve zunächst irrtümlich geschrieben

```
penpos1(.4pt,30);   penpos2(.4pt,60);
penpos3(.4pt,210); penpos4(.4pt,240);
```

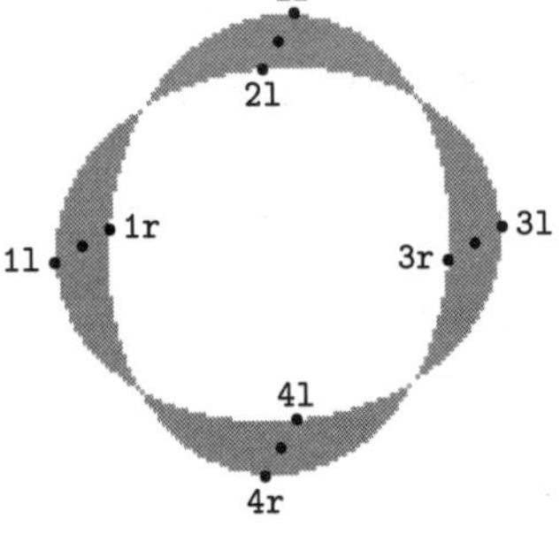

womit äußere und innere Punkte abwechselnd vertauscht wurden und das Ergebnis wie nebenstehend entstand.

8.4 Die Erzeugung von Zeichensätzen

Die beiden vorangegangenen Abschnitte stellten die METAFONT-Grundelemente vor, aus denen alle Zeichen und Grafiken aufgebaut, positioniert und errechnet werden können. Die einzelnen Bilder, Grafiken oder Zeichen sollen aus TEX oder LATEX wie ein Buchstabe oder sonstiges Symbol aufgerufen und in den umgebenden Text eingebunden werden. Dies verlangt, dass METAFONT das konstruierte Symbol wie einen Buchstaben kodieren und ablegen muss.

Für jedes Zeichen muss die TFM-Information berechnet und im zugehörigen `tfm`-File unter der Symbolnummer abgelegt werden, damit bei der TEX-Bearbeitung der erforderliche Platz und die Positionierung bezüglich des umgebenden Textes korrekt erfolgt. Für die Druckausgabe muss der Druckertreiber im zugehörigen `pk`-File mit den zeichenspezifischen gepackten Pixelmustern die entsprechenden Zeicheninformationen finden und verwerten.

Die Mechanismen und Makros, mit denen METAFONT dies bewerkstelligt, waren bisher noch nicht vorgestellt worden, und dies war auch der Grund, warum bisher noch kein Beispiel vorgestellt wurde, das der Leser als praktische Aufgabe nachvollziehen konnte, um tatsächlich auf seinem Drucker das entsprechende Zeichen auszugeben.

8.4.1 Das Buchstaben- oder Zeichenmakro

Jedes reale Zeichen mit seiner TFM- und Pixelinformation wird mit dem METAFONT-Zeichenmakro (auch Buchstabenmakro genannt) erzeugt. Dieses hat die Syntax

> `beginchar(`*symbol*`,` *breite*`#,`*höhe*`#,`*tiefe*`#);`
>   *grafische Anweisungen und Berechnungen*;
> `endchar;`

Die erste Angabe der Parameterliste *symbol* steht für den Symbolcode, unter dem das Zeichen abgelegt und aus TEX aufgerufen werden kann. Dies kann eine Zahl $0, \ldots, 255$ sein. Für die Zahl n kann das zugehörige Zeichen dann aus LATEX mit `\symbol{`n`}` aufgerufen werden. Alternativ kann für *symbol* auch ein in Anführungsstriche gesetztes Zeichen stehen, und zwar ein Klein- oder Großbuchstabe, eine Ziffer oder ein Satzzeichen. Mit der Angabe `"A"` wird das Zeichen dort abgelegt, wo TEX das 'A' erwartet.

Dem TEX-Anwender ist der Begriff der Zeichenbox geläufig. Sie umschließt das einzelne Zeichen und ist durch ihre Breite, Höhe und Tiefe (width, height, depth) gekennzeichnet. Die *Höhe* kennzeichnet die Abmessung des Zeichens oberhalb der Grundlinie, die *Tiefe* sagt, wie weit es ggf. unter die Grundlinie ragt, wie bei 'g' oder 'y'. Die *Breite* stellt die Gesamtbreite des Zeichens dar, einschließlich eines evtl. vorangehenden oder nachfolgenden kleinen Leerraums mit dem die einzelnen Zeichen nebeneinander gestellt werden.

Diese Boxmaße müssen jedem Zeichen explizit zugewiesen werden, und zwar in Form von *absoluten* Maßen oder Maßvariablen, d. h., der Maßeinheit oder dem Variablennamen ist ein `#` anzuhängen. Die Reihenfolge der zu übergebenden Boxparameter ist, wie bei der Syntax angegeben, einzuhalten. Als Merkregel kann gelten, dass die englischen Namen für diese Parameter *width*`#`, *height*`#` und *depth*`#` in umgekehrter alphabetischer Folge auftreten.

Die Boxabmessungen stehen innerhalb des `beginchar`-Makros unter den von METAFONT vorbestimmten Namen `w`, `h` und `d` als Pixelmaße zur Verfügung, d. h., sie enthalten die Zahl von Pixeln, die den übergebenen absoluten Maßen von *width*`#`, *height*`#` und *depth*`#` entsprechen. Im Sinne einer Programmiersprache stellen die vorbestimmten Symbolnamen `w`, `h` und `d` *lokale* Größen dar, die nur innerhalb des `beginchar`-Makros existieren.

Daneben können *globale* Variablen und symbolische Konstanten eingerichtet werden. Dies sind alle Variablendefinitionen und Wertzuweisungen, die außerhalb des `beginchar`-Makros erfolgen. Solche globalen Größen können in allen darauffolgenden `beginchar`-Makros ebenfalls verwendet werden.

Globale Größen mit absoluten Maßen, also Maßeinheiten und Variablennamen mit dem anhängenden `#`-Zeichen, sollten außerhalb des Zeichenmakros mit `define_pixels` (s. 8.2.8) in ihre Pixeläquivalente umgewandelt werden. Sie stehen danach ebenfalls als globale Pixelgrößen zur Verfügung.

Das Zeichenmakro kann mit einem beliebigen Text, der mit Anführungszeichen `"` einzuschließen ist, als erste Anweisung beginnen. Dieser Text erscheint während der METAFONT-Bearbeitung auf dem Bildschirm, wenn `tracingtitles:=1` beim Programmaufruf oder im Gerätemakro gesetzt wird. Auf diesen Text folgt bei der Bearbeitung auf dem Bildschirm der zugehörige Zeichencode als Dezimalzahl. Das Zeichenmakro für den Buchstaben 'A' aus den CM-Zeichensätzen könnte mit

```
beginchar("A",13u#,cap_height#,0); "The letter A"; ...;
```

beginnen[5]. Dieses Beispiel enthält gleichzeitig eine Besonderheit. Ist eine der charakteristischen Größen für die Zeichenbox `0pt#`, so genügt die Angabe einer '0', ohne nachgestellte absolute Maßeinheit, wie hier für die Tiefe der Box.

8.4.2 Das Zeichensatzfile für die Demonstrationsbeispiele

Die einzelnen grafischen Demonstrationsbeispiele in den vorangegangenen Abschnitten wurden als Zeichen mit dem Zeichenmakro eines gemeinsamen Zeichensatzfiles `examples.mf` erzeugt. Sie können als Muster für beliebige Grafiksymbole betrachtet werden, die in ähnlicher Weise erzeugt und bereitgestellt werden können.

Jedes Zeichensatzfile beginnt mit dem Makro `mode_setup`. Hiermit werden das beim METAFONT-Programmaufruf unter `mode` bereitgestellte Gerätemakro ausgeführt bzw. seine Einstellwerte aktiviert. Hierauf folgen einige globale Einstellungen, wie für bestimmte gemeinsame Maße der nachfolgenden grafischen Zeichen oder häufig verwendete Zeichenstifte. Für die Grafikbeispiele waren dies:

```
full_wd#:=10pt#;  symb_ht#:=2pt#;   symb_dp#:=2pt#;
nib_dia#:=.2pt#;  define_pixels(nib_dia);
pickup pencircle scaled nib_dia; nib:=savepen;
```

Die eingestellte Breite von `10pt#` für `full_width` führt beim Bearbeitungsmodus `proof` dazu, dass ein Zeichen mit dieser Breite ungefähr der Textbreite dieses Buches entspricht. Das erste grafische Beispiel aus 8.3 auf Seite 464 wurde als Zeichen mit Zeichenmakro unter dem Zeichencode '0' erzeugt:

```
beginchar(0,full_wd#,symb_ht#,0); "cross and triangle";
  a = .2w;  b =.6w;   pickup nib;
  z11=(0,0);  z12=(2a,0);  z13=(0,h);  z14=(2a,h)
  z21=(b,0);  z22=(b,h);   z23=(b+1.5a,.5h);
```

[5] Bei den CM-Programmfiles ist den einzelnen Zeichenmakros das Textmakro `cmchar` vorangestellt, dem der entsprechende Text übergeben wird, z. B. als `cmchar "The letter A";`. Im Ergebnis wirkt dies so, als wäre der Text im Zeichenmakro angebracht.

```
  draw z11..z14;  draw z13..z12;   draw z21--z22--z23--z21;
  proofrulethickness -1pt#;
  labels(11,13,23);  labels.bot(12,21);  labels.top(14,22);
endchar;
```

Die ersten fünf Zeilen dieses Makros bedürfen keiner Erläuterung. Die Einstellung `proofrulethickness -1pt#` und die anschließenden `labels`-Befehle sind dagegen neu. Eine negative Maßzuweisung für `proofrulethickness` unterdrückt das sonst standardmäßig unterlegte Gitternetz beim Bearbeitungsmodus `proof`. Der Befehl `labels(`ik`)` bewirkt die Markierung des zugehörigen Punkts z_{ik}. Mehrere Markierungsangaben im `labels`-Befehl sind durch Kommata zu trennen. Die Positionierung der Markierungen erfolgt beim Befehl `labels` nach internen Regeln des Programms gftodvi. Sie kann oberhalb, unterhalb, links oder rechts des zugehörigen Punktsymbols • erfolgen. Mit den Varianten

```
labels.top(...)  labels.bot(...)  labels.lft(...)  labels.rt(...)
```

des `labels`-Befehls kann eine entsprechende Positionierung erzwungen werden.

Damit sind auch die beiden letzten Zeilen dieses Zeichenmakros hinreichend erläutert. Sie entfalten ihre Wirkung nur beim Bearbeitungsmodus `proof` als Folge von `proofing:=2`. Für alle `proofing`-Werte < 2 bleiben sie wirkungslos und könnten entfernt werden. Da der Bearbeitungsmodus `proof` bei der Entwicklung von Grafiksymbolen zur Feinkorrektur außerordentlich nützlich ist, sollten die `labels`-Befehle bei jedem Zeichenmakro verwendet werden, auch wenn sie für die Erstellung der endgültigen Zeichen keine Bedeutung mehr haben.

Das soeben dargestellte Zeichen '0' besteht aus dem Kreuz und dem danebenstehenden Dreieck. Sinnvoller wäre es, sie als zwei Zeichen mit zwei getrennten Zeichenmakros zu erstellen, z. B. unter '0' und '1'. Die Zusammenfassung zu einem Zeichen erfolgte nur, weil die Montage der einzelnen Seiten aus dem `dvi`-File der gftodvi-Bearbeitung in den umgebenden Text mühsam ist. Dies geschah also nur zu meiner Arbeitserleichterung für die endgültige Druckvorlage.

Das nächste Grafikbeispiel von der Folgeseite 465 demonstrierte die unverschobenen und verschobenen Punktdefinitionen. Die drei Dreiecke wurden unter dem Zeichencode '1' wiederum als Gesamtzeichen erzeugt.

```
beginchar(1,full_wd#,symb_ht#,0); "various triangles";
  a := .3w;  b := .35w;   pickup nib;
  z21=(0,0); z22=(0,h); z23=(a,.5h);  draw z21--z22--z23--z21;
  labels(21,22,23);   z1=(a,0);  z2=(a,h); proofrule(z1,z2);
  numeric x[], y[];
  bot lft z21=(b,0);  top lft z22=(b,h);  rt z23=(b+a,.5h);
  draw z21--z22--z23--z21;    labels(21,22,23);
  z1=(b,0);    z2(b,h);       proofrule(z1,z2);
  z3=(b+a,0);  z4=(b+a,h);    proofrule(z3,z4);
  numeric x[], y[];
  bot lft z21=(2b,0); top lft z22=(2b,h); z23=(w,.5h);
  draw z21--z22--z23--z21;    labels(21,22,23);
  z1=(2b,0);  z2=(2b,h);      proofrule(z1,z2);
endchar;
```

Auch dieses Zeichenmakro enthält zwei bisher nicht vorgestellte Befehle. Vorab noch eine allgemeine Bemerkung: Bei diesem Zeichenmakro entfiel die Zuweisung eines negativen Maßes für `proofrulethickness`. Damit werden standardmäßig Bezugslinien beim Bearbeitungsmodus `proof` erzeugt. Diese bestehen aus zwei vertikalen Linien bei $x = 0$ und $x = w$ sowie zwei horizontalen Linien bei $y = 0$ und $y = h$. Eine weitere horizontale Linie wäre bei $y = -d$ entstanden, wenn der übergebene Parameter für *tiefe*# nicht null gewesen wäre. Im Ergebnis wird das Zeichen durch die Umrandungslinien und die Grundlinie der zugehörigen Zeichenbox gegliedert.

Mit dem ersten Befehl `proofrule(z1,z2)` wird eine weitere Linie von z_1 nach z_2 beim Bearbeitungsmodus `proof` angebracht. Die x-Koordinate beider Punkte war mit $x_1 = x_2 = a$ vorgegeben. Auch der rechte Dreieckpunkt z_{23} hat die gleiche x-Koordinate. Die so erzeugte vertikale Bezugslinie geht beim ersten Dreieck durch den Definitionspunkt von z_{23}.

Für das zweite Dreieck sollen die gleichen Punktnamen wie für das erste verwendet werden. Nachdem die Punkte z_{21}, z_{22} und z_{23} bereits durch drei Gleichungen definiert waren, können sie nicht ein zweites Mal in weiteren Gleichungen auftreten. Mit `numeric x[], y[];` werden die Koordinatenfelder $x[\,]$ und $y[\,]$ neu erklärt, sie verlieren ihre durch Gleichungen bestimmten Werte und können anschließend in neuen Gleichungssystemen verwendet werden. Da die z-Konvention einen Punktnamen z_i nur als abkürzende Schreibweise für das Koordinatenpaar `(x[`*i*`],y[`*i*`])` oder kürzer `(x`*i*`,y`*i*`)` betrachtet, wobei i für eine Zahl steht, gilt das Gleiche für Punktgleichungen.

Für das zweite Dreieck werden die Eckpunkte mit den Befehlen `top lft`, `bot lft` und `rt` verschoben definiert. Das Punktepaar z_1 und z_2 wird mit den gleichen Koordinaten wie z_{21} und z_{22}, aber unverschoben definiert. Das Punktepaar z_3 und z_4 ist unverschoben mit der gleichen x-Koordinate, wie sie `rt`-verschoben für z_{23} gilt, verknüpft. Das zweite Dreieck wird wegen der verschobenen Definitionen von dem Umrandungsfeld aus oberer und unterer Begrenzungslinie und den vertikalen Linien durch z_1 und z_2 auf seiner linken und z_3 und z_4 auf seiner rechten Seite unter Berücksichtigung der Liniendicke genau eingeschlossen.

Der Erzeugungskode für das rechte Dreieck als drittes Teilbild für das Gesamtzeichen braucht nach den vorangegangenen Erläuterungen nicht weiter erklärt zu werden. Als weiteres Beispiel für ein Zeichenmakro sei noch das `penstroke`-Beispiel von S. 481 oben rechts angeführt.

```
beginchar(24,.5full_wd#,symb_ht#,0); "penpos band_symbol";
  proofrulethickness -1pt#;
  penpos1(.6pt,30);  penpos2(.5pt,45);  penpos3(.4pt,90);
  z1=(0,h);  z2=(.4w,0);  x3=.9w;  y2r=y3l;
  penstroke z1e..z2e{right}..{right}z3e;
  penlabels(1,2,3);
endchar;
```

Die Funktion `penlabels(`$i, j, \ldots$`)` erzeugt wie die `labels`-Funktion die Markierungen der definierenden Kurvenpunkte. Im Unterschied zu `labels` schließen diese die linken und rechten Randpunkte z_{il} und z_{ir} aus den zugehörigen `penpos`*i*-Funktionen ein. Beim vorstehenden Zeichenmakro entspricht `penlabels(1,2,3)` der längeren Angabe `labels(1,1l,1r,2,2l,2r,3,3l,3r)`.

Die Zeichenbox dieses Zeichens ist $w = .5$*full_wd* breit, während das Zeichen selbst nur $.9w$ weit ist. Die verbleibende Differenz von $.1w$ bleibt als Leerraum zwischen diesem und einem unmittelbar folgenden Zeichen erhalten. Grundsätzlich sollte die Zeichenboxbreite stets etwas größer ausfallen als das eigentliche Zeichen, damit nebeneinander stehende Zeichen sich nicht berühren.

Der Leser möge die anderen Grafikbeispiele mit dem Zeichenmakro erzeugen und das File `examples.mf` nach dem letzten `endchar` mit dem Befehl `end` abschließen. Mit seiner `mf`-Bearbeitung im Bearbeitungsmodus `proof`, also mit dem Aufruf

```
mf '\mode=proof; input examples'
```

entsteht das File `examples.2602gf`. Seine Bearbeitung mit dem Zusatzprogramm gftodvi zur Erzeugung des `examples.dvi`-Files zur Ausgabe über den Druckertreiber ist ausführlich in 8.1.6 (S. 446ff) beschrieben. Der `mf`-Aufruf darf auch beim Bearbeitungsmodus `proof` einen Vergrößerungsfaktor und/oder weitere METAFONT-Befehle enthalten, z. B.[6]

```
mf '\mode=proof; lcode_:=" /"; mag=1.2; input examples'
```

Damit entsteht `examples.3122gf`, dessen Bearbeitung mit `gftodvi examples.3122gf` nunmehr die um 1.2fach vergrößerten Zeichen in `examples.dvi` ablegt.

Der METAFONT-Befehl `lcode_:=" /"` beim vorstehenden Bearbeitungsaufruf ist noch kurz zu erläutern. Die `labels`- und `penlabels`-Befehle in einem Zeichenmakro erzeugen neben den Kontrollpunkten auch deren Kennzeichnung. Letztere aber nur, wenn die Kennzeichnungsnamen sich nicht überschneiden. Liegen die Kontrollpunkte so dicht zusammen, dass die Markierungbezeichnungen sich überschneiden, so unterbleiben einige der Markierungen. Ersatzweise erzeugt gftodvi dafür eine kleine Tabelle am rechten Seitenrand, die die fehlenden Markierungen in Bezug auf die Nachbarpunkte definieren, wie dem Beispiel der `proof`-Darstellung für den Buchstaben 'A' auf Seite 436 zu entnehmen ist. Solche Ergänzungstabellen waren für die Grafikbeispiele des vorangegangenen Abschnitts unerwünscht. Das Unterdrücken einer evtl. Ergänzungstabelle wird mit dem Befehl `lcode_:="␣/"` erreicht. Man beachte hierbei den Unterstrich _ als Teil des Befehlsnamens und das Leerzeichen in der übergebenen Zeichenkette `" /"`.

8.4.3 Zusätzliche TFM-Information

Die Ergebnisse beim Bearbeitungsmodus `proof` wurden für die Grafikbeispiele zweckentfremdet, indem sie als eigenständige Demonstrationsobjekte mit der entsprechenden Seite aus dem `examples.dvi`-File durch Überdrucken in den umgebenden Text montiert wurden. Die zugehörigen Zeichen für den Bearbeitungsmodus `localfont` oder einem anderen Druckermakro wurden in ihrer Originalgröße bisher nicht vorgestellt. Dies sei zunächst hier nachgetragen

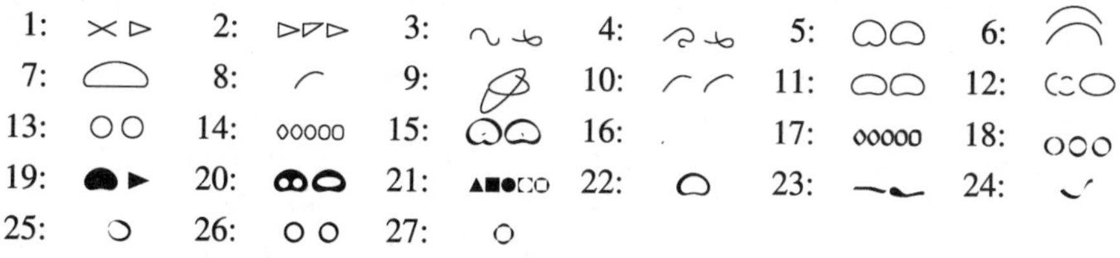

Der vorstehende Ausdruck entstand nach der Definition von

```
\newfont{\grafsymb}{examples scaled 2000}
```

[6]Die Grafikbeispiele für das laufende Kapitel dieses Buches wurden genau mit dem hier angegebenen Aufruf für das File `examples.mf` erzeugt.

und den anschließenden Aufrufen `\symbol{1}`, `\symbol{2}`, ... als Spalteneintrag einer Tabelle, wobei außerhalb der Tabelle vorab auf die Schrift `\grafsymb` umgeschaltet wurde. Entsprechend der Definition von `\grafsymb` erscheinen die Zeichen um den Faktor 2 vergrößert, da sie in der Entwurfsgröße für den Druck zu klein ausfallen würden. Dies setzt voraus, dass der Zeichensatz in dieser Vergrößerungsstufe mit

```
mf '\mode=localfont; mag=2.0; input examples'
```

erzeugt und anschließend durch `gftopk examples.600gf` in `examples.600pk` umgewandelt wurde. Als Folge von `fontmaking:=1` im zugehörigen Gerätemakro für `localfont` entsteht mit dem METAFONT-Aufruf gleichzeitig das File `examples.tfm`.

Das TFM-File enthält einmal als Standardinformation die Weiten, Höhen und Tiefen der einzelnen Zeichen. Diese werden automatisch aus den übergebenen Werten für *width*#, *height*# und *depth*# bei den Buchstabenmakros bestimmt. Diese Angaben erfolgen im TFM-File als Vielfaches der sog. Entwurfsgröße (`designsize`), die ohne explizite Angabe standardmäßig als 128 pt gewählt wird. Die maximalen Abmessungen der Zeichenboxen sind auf das 16fache der Entwurfsgröße begrenzt.

Ein Zeichensatz kann bis zu 256 verschiedene Zeichen enthalten, dem im TFM-File bis zu 256 verschiedene Weiten entsprechen. In einem normalen Zeichensatz, für den die vorgestellten Demonstrationsbeispiele natürlich kein geeignetes Vorbild darstellen, haben viele Zeichen die gleiche Breite. Um Speicherplatz zu sparen, enthält ein TFM-File nur so viele Weitenangaben wie *unterschiedliche* Weiten auftreten. Diese sind in einem Weitenfeld zusammengefasst und jedem Zeichencode ist ein Weitenzeiger, der aus einem Byte besteht, zugeordnet, der auf die zugehörige Angabe im Weitenfeld verweist.

Noch häufiger stimmen die Höhen und Tiefen der Zeichen eines realen Zeichensatzes überein. Man denke dabei nur an die Kleinbuchstaben ohne Oberstriche wie 'e', 'o', 'u', 'x' und andere sowie an die Unterlängen von 'g', 'j', 'p', 'q' und 'y'. Unter Berücksichtigung dieser häufigen Übereinstimmung ist jedem Zeichen ein Höhen- und Tiefenzeiger als 4-Bit-Zahl zugeordnet, der auf das Höhen- bzw. Tiefenfeld mit den *unterschiedlichen* Höhen- und Tiefenangaben verweist. Die 4-Bit-Kodierung für diese Zeiger gestattet, jeweils maximal 16 verschiedene Zeiger zu kennzeichnen. Damit sind für einen realen Zeichensatz nur 16 verschiedene Höhen- und Tiefenangaben für die Gesamtheit der Buchstabenmakros erlaubt. Da METAFONT stets auch einen Höhen- und Tiefenwert vom Betrag *Null* bereitstellt, bleiben nur noch 15 von Null verschiedene Höhen- bzw. Tiefenwerte übrig.

Die Einschränkung auf 15 verschiedene endliche Höhen- und Tiefenangaben für einen Zeichensatz ist weniger drastisch, als man auf den ersten Blick befürchten mag. Es handelt sich hierbei um die entsprechenden Angaben der umschließenden Zeichenbox, die TeX bei der Bearbeitung als deren Maße für die Positionierung voraussetzt. Das einzelne Zeichen kann gegenüber seiner Zeichenbox im Zeichenmakro größer oder kleiner definiert sein. So sind die übergebenen Höhenmaße bei den CM-Zeichensätzen für 'A' und 'B' gleich, wobei das 'A' mit seiner Spitze deutlich über die vorgegebene Höhe hinausragt.

Auch die Weitenangaben für die Zeichenbox sind üblicherweise breiter als das Zeichen selbst. Damit wird vermieden, dass nebeneinander stehende Zeichen sich unmittelbar berühren. Die Boxweite enthält also auch den Standardzwischenraum zwischen dem Zeichen und seinem Folgezeichen. In Ausnahmefällen mag ein Zeichen auch breiter als die zugeordnete Zeichenbox sein. In diesem Fall ragt das nächste Zeichen in das laufende Zeichen herein, d. h., es findet ein partielles Überschreiben statt.

Der Standardabstand zwischen zwei Zeichen ist also durch den Leerraum am rechten Zeichenende und evtl. einen links vorangesetzten Leerraum beim Folgezeichen bestimmt. Nach- und evtl. vorangestellter Leerraum geht dabei in die Weitenangabe beim Buchstabenmakro ein. Bei gewissen Zeichenkombinationen soll von diesem Standardabstand abgewichen werden. Man denke hier an das für diesen Zweck schon mehrfach vorgestellte Beispiel 'VA' statt 'VA'. Diese Information kann nicht aus den übergebenen Boxmaßen für die einzelnen Zeichen gewonnen werden, sondern muss explizit angegeben werden. Dies geschieht mit Angaben der Form

ligtable "z_1": "z_2": ...: "s_1" kern m_1, "s_2" kern m_2, ...;

Hiermit wird dem TFM-File mitgeteilt: Folgt auf die Zeichen $z_1, z_2, \ldots$ als nächstes Zeichen s_1, so ist *zusätzlicher* Zwischenraum der Maßangabe von m_1 einzufügen. Ist das nächste Zeichen s_2, so ist zusätzlich m_2 einzufügen usw. Die Maßangaben für m_i dürfen auch negativ sein, was zur Verminderung des Zwischenraums um den entsprechenden Betrag führt. Diese Maßangaben müssen mit absoluten Maßen, also mit dem nachgestellten # erfolgen.

Die `ligtable`-Anweisungen müssen außerhalb der Zeichenmakros vorgenommen werden. Dabei ist es gleichgültig, ob sie vor, zwischen oder nach den Zeichenmakros erfolgen. Die Zeichen z_i und s_i wurden hier mit ihrem Zeichensymbol verwendet, wie `"x"` oder `"!"`. Sie können auch mit ihren oktalen oder hexadezimalen Zeichencodewerten erfolgen. Die Angaben `"x"`, `oct"170"` und `hex"78"` sind erlaubt und kennzeichnen das Zeichen 'x'.

Andere Zeichenkombinationen werden als Ligaturen realisiert. Die Information, welche Zeichenkombinationen als eigenständige Ligatur bereitgestellt werden, erfolgt ebenfalls über den `ligtable`-Befehl, und zwar diesmal in der Form

```
ligtable "f": "i" =: oct"014", "f" =: oct"013", "l" =: oct"015";
ligtable "013": "i" =: oct"016",  "l" =: oct"017";
```

Dieses Beispiel gilt z. B. für die Ligaturen der Roman-Zeichensätze. Folgt auf ein 'f' ein 'i', so wird diese Zeichenkombination durch ein eigenes Zeichen mit dem oktalen Zeichencode[7] '14 (= dezimal 12) ersetzt. Ist das nächste Zeichen ein weiteres 'f', so wird das Zeichenpaar durch das als '13 kodierte Zeichen ersetzt und entsprechend für 'f', 'l' durch '15. Bei der TeX-Bearbeitung werden die ursprünglich zwei Zeichentoken entfernt und durch den zugehörigen Ligaturtoken ersetzt.

Damit wird auch die zweite Zeile verständlich. Nachdem die Buchstabenfolge 'ff' durch die Ligatur 'ff', also den Zeichentoken mit der Kodierung '13 ersetzt wurde, wird nunmehr gesagt: Folgt auf das Zeichen 'ff' ein 'i', so wird diese Kombination durch das Zeichen '16 und 'ff', 'l' durch '17 ersetzt.

Die zweite Syntaxform `ligtable` z_a`:` z_e `=:` z_i kennt eine Reihe von Varianten, bei denen der Zuweisungsoperator `=:` mit `/=:`, `=:/`, `/=:/`, `=:/>`, `/=:/>` oder `=:/>>` erweitert wird. Die Wirkung kann mit einer allgemeineren Beschreibung für die Ligaturanweisung erläutert werden:

> Folgt auf das in der Ligaturanweisung mit z_a : gekennzeichnete Zeichen z_a das Zeichen z_e, so wird das Zeichen z_i dazwischengestellt. Die äußeren Zeichen z_a und z_e werden entfernt, wenn sie nicht durch `/=:` für das vorangehende, durch `=:/` für das nachfolgende oder durch `/=:/` für beide ausdrücklich gekennzeichnet werden.
>
> Ein nachgestelltes > führt dazu, dass zunächst nach einer weiteren Ligaturanweisung für das verbleibende Zeichen gesucht wird. `ligtable f: ! /=:> i  i =: oct"014"`

[7] Im laufenden Text wird hierfür häufig die TeX-Notation mit einem vorangestellten ' für Oktalzahlen als 'nnn statt der umständlicheren Schreibweise `oct"`nnn`"` verwendet.

bedeutet: Folgt auf ein 'f' ein '!', so wird ein 'i' zwischengestellt und dann das !-Zeichen entfernt. Anschließend wird nach einer weiteren Ligaturanweisung für das verbleibende Anfangs-f gesucht. Mit Letzterer wird, wie bereits beim ersten Beispiel, `fi` durch 'fi' ersetzt. Da aber `f!` durch `fi` ersetzt wurde, erscheint dann `f!` ebenfalls als 'fi' und nicht als 'fi'. Mit `/=/>>` wird entsprechend nach Folgeligaturen für beide verbleibenden Eingangszeichen gesucht.

Enthält die Folgeliste einer `ligtable`-Anweisung mehrere Folgezeichen, wie bei den f-Ligaturen, so sollten die Zeichen dieser Liste entsprechend der Häufigkeit der Zeichenkombination geordnet werden und zwar in abnehmender Reihenfolge ihrer Wahrscheinlichkeit. Dies erhöht die TeX-Bearbeitungsgeschwindigkeit. Bei den CM-Zeichensätzen wurde hierzu erwartungsgemäß die englische Sprache zugrunde gelegt.

Bei der Umschaltung von geneigten auf aufrechte Schriften ragt das letzte geneigte Zeichen mit seinem oberen Teil zu nahe an das nachfolgende senkrechte Zeichen heran. Für die TeX-Bearbeitung wird an solchen Stellen mit dem Befehl `\/` die sog. *Italic*-Korrektur eingefügt. Dieser entspricht in METAFONT der Befehl

`italcorr` *maß*`#`

der innerhalb des Zeichenmakros zu verwenden ist und mit dem für das entsprechende Zeichen der zugehörige Zusatzzwischenraum für eine evtl. Italic-Korrektur eingestellt wird. Statt einer absoluten Maßangabe in Form einer Konstanten wie z. B. `1.5u#` (mit `u#` als Maßeinheit für $\frac{1}{18}$`em#`) wird diese Größe bei den geneigten CM-Zeichensätzen häufig aus einer Kombination eines festen Anteils *und* einer Formel mit der Zeichengröße errechnet. Die Italic-Korrektur für das *f* bei den `\it`-Schriften bestimmt sich gemäß

```
asc_height# * slant + .75u#
```

Hierin ist `asc_height#` die Höhe der umschließenden Zeichenbox und `slant` ist der Neigungsfaktor für den geneigten Zeichensatz.

Auch die Beträge der möglichen Italic-Korrekturen werden im TFM-File in einem eigenen Zahlenfeld angeordnet, auf die für jedes Zeichen mit einem 6-Bit-Zeiger verwiesen wird. Demzufolge sind für den gesamten Zeichensatz bis zu 64 verschiedene Werte (unter Einschluss der Null) für die Italic-Korrektur möglich. Ohne Angabe einer `italcorr`-Zuweisung innerhalb eines Zeichenmakros wird diese standardmäßig zu `0pt#` eingestellt.

Jedem TeX-Zeichensatz sind mindestens sieben Register mit der Bezeichnung `\fontdimen1` bis `\fontdimen7` zugeordnet, deren Bedeutung aus den nachfolgend vorgestellten äquivalenten Registernamen selbst erklärend ist. Die Werte für diese Register entnimmt TeX ebenfalls dem zugehörigen TFM-File. In METAFONT können sie mit

`fontdimen` i: m_i`#`, m_{i+1}`#`, m_{i+2}`#`, ...

für $i \geq 2$ eingerichtet und mit Werten versehen werden. Dabei wird das vor dem Doppelpunkt stehende Register `fontdimen` i mit dem Wert von m_i`#` versehen und den darauffolgenden Registern mit den Nummern $i+1$, $i+2$, usw. werden die Werte m_{i+1}`#`, m_{i+2}`#`, ... zugewiesen. Insgesamt werden so viele aufeinander folgende Register eingerichtet, wie rechts in der Liste durch Kommata getrennte Maßangaben stehen. Das nachgestellte `#` macht deutlich, dass hierbei absolute Maßangaben oder Maßvariablen verwendet werden müssen.

Das erste Zeichensatzregister `fontdimen1` enthält den Neigungsfaktor des Zeichensatzes. Dieser ist eine reine Zahl und kein Maß. Es kann z. B. mit `fontdimen 1: 1/6` belegt werden. Neben diesen anonymen Registerzuweisungen gestattet METAFONT auch deren

Einrichtung und Wertzuweisung mit eigenen Registernamen. Die Register können alternativ mit den Namen

`font_slant`	statt	`fontdimen 1`
`font_normal_space`	"	`fontdimen 2`
`font_normal_stretch`	"	`fontdimen 3`
`font_normal_shrink`	"	`fontdimen 4`
`font_x_height`	"	`fontdimen 5`
`font_quad`	"	`fontdimen 6`
`font_extra_space`	statt	`fontdimen 7`

angesprochen und belegt werden. Die Wertzuweisung erfolgt einfach durch Anhängen einer Zahl bzw. eines absoluten Maßes, z. B. `font_slant 1/4` oder `font_quad 10pt#`. Die Belegung der Zeichensatzregister erfolgt naturgemäß außerhalb der Zeichenmakros. Dabei ist es gleichgültig, ob die Zuweisung vor, zwischen oder nach den Zeichenmakros im Zeichensatzfile erfolgt. Register, für die keine explizite Zuweisung erfolgt, erhalten standardmäßig den Wert oder das Maß Null.

TEX ist in der Lage, bestimmte mathematische Symbole, wie die verschiedenen Klammern oder Wurzelzeichen, in beliebiger Größe zu erzeugen. Schaut man sich den Zeichensatz `cmex10` näher an (siehe z. B. Tabelle 8 aus [5, Anh. C.6]), so stellt man fest, dass das Zeichen für die öffnende geschweifte Klammer in vier verschiedenen Größen unter dem Oktalcode '010, '156, '032 und '050 auftritt. Bei genauerem Hinsehen erkennt man, dass die Zeichen '070, '074 und '072 den Ober-, Mittel- und Unterteil einer solchen Klammer bilden können, und dass durch Einfügen des Zeichens '076 zwischen Ober- und Mittelteil bzw. Mittel- und Unterteil beliebig große Klammern gebildet werden können.

Auch die Information über Symbole in verschiedenen Größen sowie über Symbole, die aus mehreren Teilsymbolen zusammenzusetzen sind, entnimmt TEX während der Bearbeitung dem TFM-File. Diese Information wird in METAFONT mit den Befehlen `charlist` bzw. `extensible` erzeugt. Der erste Befehl fasst die Symbole in aufsteigender Größe durch ihren Zeichencode zusammen, z. B. für die betrachtete öffnende geschweifte Klammer als

```
charlist oct"010": oct"156": oct"032": oct"050": oct"070";
```

Der eingegebene Text enthält das Zeichen nur in der Form des Befehlstoken `\{`, und TEX ordnet diesem Token bei der Bearbeitung das Zeichen mit der geeigneten Größe aus der vorstehenden Liste zu.

Der letzte Codewert der vorstehenden Liste ist '070. Unter diesem Code ist das Oberteil der öffnenden Klammer abgelegt. Die Information, wie dieser Teil mit weiteren Teilsymbolen zusammenzusetzen ist, wird mit

`extensible` z_z: z_o, z_m, z_u, z_w;

bewirkt. Hiermit wird ausgesagt, dass das Zeichen mit dem Codewert z_z ein zusammengesetztes Zeichen darstellt, dessen Oberteil aus dem Symbol mit dem Codewert z_o, dessen Mittelteil aus dem Zeichen z_m und dessen Unterteil aus dem Zeichen z_u besteht. Zwischen Ober- und Mittelteil sowie Mittel- und Unterteil können so viele Wiederholungszeichen mit dem Codewert z_w eingefügt werden, wie benötigt werden, um das Gesamtsymbol in der geforderten Größe zu erzeugen. Der Codewert z_z darf mit einem der Codewerte für z_o, z_m, z_u oder z_w übereinstimmen. Für das Beispiel der öffnenden geschweiften Klammer steht:

```
extensible oct"070": oct"070", oct"074", oct"072", oct"076";
```

womit beim Zeichenaufruf '070 ein zusammengesetztes Zeichen gebildet wird, dessen Oberteil aus dem Zeichen mit dem gleichen Codewert '070 besteht und dessen Mittel- und Unterteil aus den Symbolen '074 und '072 gebildet werden, zwischen denen evtl. weitere Symbole '076 eingefügt werden.

Statt des Zeichencodes für den Ober-, Mittel- und Unterteil kann auch die Zahlangabe 0 stehen. Dies hat zur Folge, dass der entsprechende Teil bei dem zusammengesetzten Zeichen entfällt. Beliebig große Wurzelzeichen werden z. B. mit der Angabe

```
extensible oct"164": oct"166", 0, oct"164", oct"165";
```

ermöglicht. Hier entfällt der Mittelteil und zwischen dem Oberteil `oct"164"`, (der obere Haken der Wurzel) und dem Unterteil `oct"164"` (der untere Wurzelhaken mit senkrechten Aufstrich) können beliebig viele senkrechte Teilstriche `oct"165"` eingefügt werden. Mit

```
extensible oct"015": 0, 0, 0, oct"015";
```

werden beliebig lange vertikale Doppelstriche || ermöglicht. Für das Verständnis der zusammengesetzten Symbole am Beispiel des `cmex10`-Zeichensatzes sollte der Leser unbedingt die genannte Tabelle 8 von [5, S. 264] oder die ähnliche Abbildung aus [10a, S. 432] heranziehen. Zusammengesetzte Symbole variabler Größe können auch bei eigenen Grafikstrukturen sehr nützlich und leistungsfähig sein.

Das TFM-File beginnt stets mit zwölf Zahlenangaben, mit denen die Länge der einzelnen TFM-Teilstrukturen und die Filegröße insgesamt mitgeteilt werden. Diese Angaben entstehen automatisch. Danach folgt ein sog. Vorspann (header), der aus mindestens zwei 32-Bit-Zahlworten besteht. Das erste Wort enthält die sog. Prüfsumme (check sum), die auch in den `gf`-Files auftritt und zur Kontrolle der Übereinstimmung zwischen angefordertem und bereitgestelltem Zeichensatz bei den Druckertreibern dienen kann. Das zweite Wort enthält die sog. Entwurfsgröße (designsize) für den Zeichensatz, und zwar als das 2^{20}-fache in der Maßeinheit pt. Alle sonstigen Maßangaben im TFM-File beziehen sich auf diese Entwurfsgröße, und zwar als Festpunktzahlen mit Bruchteilen in Einheiten von 2^{-20}.

Entfällt eine explizite Angabe für die Entwurfsgröße im `.mf`-File, so setzt METAFONT hierfür den Zahlenwert 128×2^{20} ein, was dem Maßbetrag von 128 pt entspricht. `plain.mf` stellt das Makro `font_size` bereit, mit dem der Wert für die Entwurfsgröße vom Anwender in der Form

`font_size` *maß*`#`

vorgegeben werden kann. Für das File `example.mf` hatte ich `font_size 2pt#` gewählt. Die Parameterfiles der CM-Files verwenden für die 10 pt-Schriften naturgemäß `font_size 10pt#` bzw. die entsprechende Zuweisung für die anderen Schriftgrößen.

Der Mindestbetrag für die Angabe der Entwurfsgröße muss `1pt#` sein und als Höchstbetrag ist `2048pt#` erlaubt. Bei kleineren oder größeren Angaben setzt METAFONT stattdessen den Standardwert von `128pt#` ein. Wird die Entwurfsgröße vom Anwender durch eine Maßzuweisung mit `font_size` vorgegeben, so sorgt METAFONT für die korrekte Umrechnung aller sonstigen TFM-Maße als Vielfache dieser Einheit.

Alle Maßangaben für die Gestaltung der einzelnen Zeichen dürfen das 16fache der gewählten Entwurfsgröße nicht überschreiten, solange Letztere $\leq$ `128pt#` ist. Für größer gewählte Entwurfsgrößen ist `2048pt#` das absolut größte erlaubte Maß.

Auch wenn METAFONT einen Standardwert für die Entwurfsgröße kennt, wird geraten, einen realistischen Wert für den Zeichensatz bereitzustellen. Dies führt u. a. zu frühzeitiger Fehlererkennung, insbesondere wenn die Rechen- und Programmierfähigkeit von METAFONT intensiv genutzt wird. Der Standardwert von 128 pt ist im Verhältnis zu den meisten Zeichensätzen sehr groß. Die Begrenzung auf das 16fache der Entwurfsgröße für alle Maßangaben und Rechenergebnisse wird bei fehlerhafter Programmierung bei Verwendung einer realistischen Entwurfsgröße von z. B. 12 pt von METAFONT häufiger erkannt als beim Standardwert, der Maßangaben bis 2048 pt erlaubt.

TEX verwendet bei der Textbearbeitung von den Vorspannangaben des TFM-Files nur die beiden genannten Größen „Prüfsumme" und „Entwurfsgröße". Die TFM-Files der CM-Zeichensätze enthalten im Vorspann weitere Angaben in Form von gewöhnlichem Text. Dies ist zum einen der Hinweis auf das Kodierschema, d. h. der Hinweis darauf, wie die einzelnen Zeichen in Gruppen im Zeichensatzfile angeordnet sind. Zum anderen enthält es eine Zeichensatzbezeichnung, die üblicherweise dem Grundnamen der Schrift ohne Größenzusätze entspricht, z. B. CMR.

`plain.mf` stellt zwei Textvariablen `font_coding_scheme` und `font_identifier` bereit, mit denen entsprechender Text auch vom Anwender im TFM-Vorspann angebracht werden kann. Der Text für die erste Variable darf maximal aus 40 und für die zweite aus 20 Zeichen bestehen. Für den `example.mf`-File hatte ich geschrieben:

```
font_identifier:= "EXAMPLE";  font_coding_scheme:= "UNSPECIFIED";
```

In ähnlicher Weise kann der Anwender sein TFM-File im Vorspann kennzeichnen. Die Übertragung dieser Information aus dem `mf`-File in den zugehörigen TFM-File übernimmt METAFONT.

8.4.4 Zeichensatz-Feinkorrekturen

Mit den vorgestellten METAFONT-Strukturen, also seinem Koordinatensystem, der Punktarithmetik, den Grafikbefehlen zum Zeichnen von Linien und Füllen von Flächen, den verschiedenen Zeichenstiften, dem Zeichenmakro und den zusätzlichen Anweisungen für das TFM-File, lassen sich grundätzlich beliebige grafische Strukturen erzeugen und als Zeichen wie gewöhnliche Buchstaben abspeichern.

METAFONT kennt viele weitere Strukturen zur Vereinfachung oder Erhöhung der Leistungsfähigkeit, die nur in einem eigenen Buch über METAFONT ausreichend dargestellt werden können. Hier erfolgen stattdessen einige Hinweise, wie bei der Definition der Grafik durch ihre Kontrollpunkte eine gewisse Flexibilität erreicht wird, so dass Änderungen und Feinkorrekturen nicht die gesamte Definition berühren.

Auf Seite 479 wurden einige optische Täuschungseffekte zwischen spitzen, rechteckigen und runden Grafikstrukturen dargestellt. Die rechte kreisförmige Struktur wurde durch explizite Vergrößerung des Durchmessers gegenüber der Kantenlänge des nebenstehenden Quadrats erzeugt, um den Seheffekt der gleichen Größe zu erzielen. Wäre der Kreis durch zwei Punkte und den Füllbefehl `fill` z_1`..`z_2`..cycle` erzeugt worden, so wäre die Korrektur noch mühsamer gewesen, da beide Punkte neu errechnet werden müssten.

Hätte man die beiden Punkte durch feste Werte und eine Korrekturvariable, z. B. als `x1=x2=.5w` und `y1=-o, y2=h+o`, definiert, dann bräuchte nur die Korrekturvariable `o` verändert werden, um den Kreis zu verkleinern oder zu vergrößern. Bei positiven Werten für o ragt der Kreis um den gleichen Betrag unter die Grundlinie, wie er über die Boxhöhe h hinausragt. Bei negativen Werten vertauscht sich die Bedeutung von *unter* und *über*.

Bei den realen CM-Zeichensätzen werden viele der Kontrollpunkte in vergleichbarer Weise definiert. Der Variablenname `o` steht hierbei traditionell für 'Overshoot'. Bei diesen Zeichensätzen wird eine weitere vertikale Korrekturvariable `apex_o` verwendet, mit der die oberen oder unteren Spitzen von 'A', 'V', 'W', 'v' und anderen feinkorrigiert werden. Im Parameterfile für den `cmr10`-Zeichensatz sind diese Werte dann mit `o:=8/36pt#` bzw. `apex_o:=8/36pt#` vorgegeben. Im Basisfile `cmbase.mf` werden hieraus weitere Korrekturvariablen gebildet, z. B. `oo#:= .5o#`, so dass mit der Änderung einer einzigen Größe gleich mehrere Korrekturwerte gleichermaßen verändert werden.

Zur Umwandlung der absoluten Korrekturgrößen in die entsprechenden Pixelmaße stellt `plain.mf` eine Reihe von Umwandlungsfunktionen bereit, von denen drei bereits in 8.2.8 vorgestellt wurden. Von den dort vorgestellten Routinen ist für die Overshoot-Korrekturen `define_corrected_pixels` vorgesehen, mit der einerseits die Gerätekorrektur `o_correction` berücksichtigt und andererseits die Gesamtkorrektur in vertikaler Richtung auf ganze Pixel gerundet wird. Nach

```
define_corrected_pixels(o,apex_o,oo,apex_oo)
```

liegen die Werte von `o` bis `apex_oo` als ganzzahlige Pixel vor.

Zur Konvertierung mit gleichzeitiger Rundung stellt `plain.mf` auch die Funktionen `define_whole_pixels` und `define_whole_vertical_pixels` bereit. Letztere hat ihre Bedeutung für Geräte mit unterschiedlicher Auflösung in horizontaler und vertikaler Richtung. Der Aufruf dieser Funktionen erfolgt in gleicher Weise wie bei den anderen in 8.2.8 beschriebenen Konvertierungsroutinen.

Der *richtigen* Rundung ist bei Geräten mit niedriger Auflösung besondere Beachtung zu widmen. Mit

```
pickup pencircle; draw (0,0)..(20,0);
```

wird ein Zeichenstift von einem Pixel Durchmesser bereitgestellt, dessen Mittelpunkt auf der Linie $y = 0$ liegt. Der vorstehende Zeichenbefehl ist, abgesehen von den halbkreisförmigen Endpunkten, gleichwertig mit

```
fill (0,1/2)--(20,1/2)--(20,-1/2)--(0,-1/2)--cycle
```

Als Folge einer zulässigen Rundung könnte dies sowohl zu

`fill (0,1)--(20,1)--(20,0)--(0,0)--cycle` als auch zu
`fill (0,0)--(20,0)--(20,-1)--(0,-1)--cycle`

führen. Die Zweideutigkeit einer Rundung tritt bei allen Punkten der Form $(m\pm1/2, n\pm/1/2)$ auf, bei denen m und n für ganze Zahlen stehen. Durch Addition der kleinen `plain.mf`-Korrekturgröße `eps` = .00049 kann die Zweideutigkeit vermieden werden. Diese Korrekturgröße wird von METAFONT häufig eigenständig verwendet, was zur bevorzugten Verschiebung einer Struktur nach oben und rechts führt.

Vor der endgültigen Ausgabe eines Pixels führt METAFONT stets eine Rundung durch, auch wenn die Koordinaten dieses Pixels mit Bruchteilen von 2^{-16} berechnet und geführt werden. Rundungen können vom Anwender mit `round(`x`)` an beliebigen Stellen selbst vorgeschrieben werden. Häufig treten Formen wie `lft` x_i `= round(lft` α`)` bzw. `top` y_j `= round(`β`)`

auf, mit denen erreicht wird, dass die vertikale bzw. horizontale Tangente an einen Zeichenstift bei einem ganzzahligen Koordinatenwert liegt, wobei $x_i \approx \alpha$ bzw. $y_j \approx \beta$ ist. Für diese Rundungsvorschrift stellt `plain.mf` eine Abkürzung als

x_i `= good.x` α bzw. y_j `= good.y` β

bereit. Zur Umwandlung von absoluten Maßen in Pixelmaße mit gleichzeitiger Rundung der dargestellten Form kennt `plain.mf` die Funktionen

`define_good_x_pixels(`*arg_liste*`)`
`define_good_y_pixels(`*arg_liste*`)`

Hier soll noch auf ein abschließendes Rundungsproblem hingewiesen werden. Beim Buchstaben T im METAFONT-Logo soll der horizontale Oberstrich aus einer ungeraden bzw. geraden Anzahl von Pixeln bestehen, wenn die Breite des vertikalen Strichs ebenfalls ungerade bzw. gerade ist, damit der Oberstrich zu gleichen Teilen über den Querstrich hinausragt. Ist die Breite des Querstrichs in Pixel vorgegeben, so muss der Oberstrich ggf. um ein Pixel vergrößert oder verkleinert werden. Da die Pixelbreite des Oberstrichs bzw. der Zeichenbox aus einer Rundung gewonnen wurde, muss diese vorangegangene Rundung berücksichtigt werden. Angenommen, der Oberstrich war zunächst zu 20.65 berechnet und auf 21 Pixel gerundet worden. Soll anschließend auf eine gerade Pixelanzahl korrigiert werden, so ist diese dann als 20 und nicht als 22 zu wählen.

Dieses am Beispiel des T dargestellte Rundungsproblem tritt relativ häufig bei der endgültigen Bestimmung der Zeichenboxbreite w auf. Mit dem Makroaufruf `change_width` aus `plain.mf` erfolgt eine korrekte Rundung auf gerade oder ungerade Pixelanzahl. Dieser Aufruf erfolgt gewöhnlich innerhalb einer `if`-Abfrage, da er nur bei Vorliegen einer bestimmten Bedingung erforderlich wird.

In der Praxis tritt häufig das Problem auf, dass ein Grafiksymbol mit dem Zeichenmakro akzeptabel bereitgestellt wurde, zur Anpassung an die linken und rechten Nachbarsymbole aber links oder rechts von dem Symbol etwas zusätzlicher Zwischenraum gewünscht wird. Da die Boxbreite durch den übergebenen Parameter für *width*# beim Zeichenmakro bestimmt ist und innerhalb des Zeichenmakros die Kontrollpunkte in ihren x-Koordinaten häufig als Bruchteile der internen Weitengröße `w` definiert wurden, macht eine Änderung des Eingangsparameters *width*# eine Neuberechnung aller x-Koordinaten erforderlich.

Die Neuberechnung der x-Koordinaten ist fehleranfällig und generell ärgerlich, weil das eigentliche Grafikzeichen bereits akzeptiert wurde. Lediglich der zusätzlich gewünschte Anfangs- oder Endzwischenraum war zur Feinkorrektur gefordert worden. Leider liefert `plain.mf`, vom METAFONT-Grundprogramm ganz zu schweigen, hierzu keine Unterstützung. Ein geeignetes Werkzeug wird dagegen in `cmbase.mf`, das bei der Erzeugung der CM-Zeichensätze benutzt wird, bereitgestellt. Das dort definierte Makro mit der Syntax

`adjust_fit(`*linker_zusatz_raum*`,`*rechter_zusatz_raum*`)`

erfüllt die gestellte Forderung. Wird dieses Makro mit geeigneten Werten am Ende des Zeichenmakros aufgerufen, so wird die endgültige Zeichenbox entsprechend verbreitert, ohne dass die vorangegangenen Kontrollpunkte und die übergebene Weitenangabe *width*# verändert werden müssen. Eine Vereinfachung dieses Makros, das der Anwender ggf. seinem Grafikfile beifügen kann, wird hier ohne Erläuterung angegeben:

```
def adjust_fit(expr left_adjustment,right_adjustment) =
  l := -hround(left_adjustment*hppp)
  interim xoffset := -l;
  charwd := charwd + left_adjustment + right_adjustment;
  r := l + hround(charwd*hppp);
  w := r - hround(right_adjustment*hppp);
enddef;
```

8.4.5 Ein Firmenlogo

Das Max-Planck-Institut für Aeronomie besitzt das nebenstehende Institutslogo. Dieses war bereits lange, bevor TeX bzw. LaTeX im Institut eingeführt wurde, von einem Grafiker gestaltet worden. Neben den vorgedruckten Briefköpfen wurde es häufig im Zeichenbüro benötigt und dort oft per Hand gezeichnet, um anschließend in verschiedenen Größen als Kopiervorlage genutzt zu werden. Selbst die feinmechanische Werkstatt stellt es in positiver und negativer Frästechnik bereit.

Mit den ersten Laserdruckern kam im Institut sehr schnell die Forderung auf, das eigene Logo für den Druck verfügbar zu machen. Die ersten Laserdrucker kannten keine eigene Grafiksprache, sondern das auszudruckende Logo musste als Pixelfile erstellt werden. Dieses geschah zunächst für einige Größenstufen mühsam durch Auszählen der pro Zeile erforderlichen Pixel und deren Bit-Kodierung. Heutzutage würde diese Arbeit an einen damals noch nicht verfügbaren Scanner zur Erzeugung des Grafikfiles übertragen.

Mit METAFONT konnte das Logo später leicht in allen erdenklichen Größenstufen und Varianten verbessert und, was besonders wichtig ist, aus der laufenden TeX-Bearbeitung wie ein ganz gewöhnliches Zeichen in den umgebenden Text eingebunden werden. Ein Zusammenfügen von Text- und Grafikfiles für den Druckauftrag erübrigt sich.

Meine erste Bekanntschaft mit METAFONT bestand, abgesehen von der Bereitstellung der CM-Schriften in einer großen Zahl von Größenstufen (s. Fußnote von S. 444), in der Erstellung dieses Logos. Mit mehr Erfahrung hätte sicher eine elegantere und evtl. auch effizientere Programmierung erfolgen können. Ich drucke das allererste METAFONT-Programm unseres Instituts hier unverändert ab, da mit den hier vermittelten Möglichkeiten der Leser vermutlich in ähnlicher Weise ein entsprechendes Programm erstellen würde.

```
mode_setup;  font_size 10pt#;
font_identifier:="MPAE LOGO"; font_coding_scheme:="UNSPECIFIED";

t:= sind 25 / cosd 25;        % slant within logo
tm:= cosd 50 / sind 50;       % additional slant in "M"
ff:= sqrt 1.2;                % scaling factor within loop
u#:=10/18pt#;  uu#:=.1u#;     % basic units
ph#:=120uu#; pw#=132uu#;      % partial width and height of logo quarter
dd#:=6uu#;                    % separations and outside margins
bar#:=36uu#;                  % length of bars
```

```
for k=0 upto 25:             % loop for 26 logo sizes
define_pixels(ph,pw,dd,bar);
beginchar(65+k,2(pw#+2dd#)+dd#,2(ph#+dd#)+bar#+2dd#, bar#+3dd#);
  "MPAE LOGO ";
  x1 = 2dd;                  y1 = y8 = y5 = y4 = 0;
  x2 - x1 = t*y2;            y2 = y3 = ph;
  x8 - x1 = 39/132 pw;       y7 = y6 = 27/120 ph;
  x4 - x1 = pw;              y12- y6 = 33/120 ph;
  x4 - x5 = 33/132 pw;       y11-y12 = 27/120 ph;
  x7 - x8 = t*y7;            y10=y11;
  x9 - x8 = t*y9;            y9 =y12;
  x10- x8 = t*y10;
  x3 = x4;
  x5 = x6 = x11 = x12;      % Now draw the "A" at bottom left
  fill z1--z2--z3--z4--z5--z6--z7--z8--cycle;
  unfill z9--z10--z11--z12--cycle;
  labels(range 1 thru 12);

  numeric x[], y[];         % clear all coordinates
  x1 = x2 = pw + 3dd;       y1 = y12 = 0;
  x12- x1 = pw;             y2 = y3  = ph;
  x10- x1 = 36/132 pw;      y10- y1 = y11-y12 = 33/120 ph;
  x5 = x6 = x9 = x10;       y9 -y10 = y8 -y11 = 12/120 ph;
  x12-x11 = t*y11;          y6 - y9 = y7 - y8 = 30/120 ph;
  x12- x8 = t*y8;           y5 - y6 = y4 - y7 = 12/120 ph;
  x12- x7 = t*y7;
  x12- x4 = t*y4;
  x12- x3 = t*y3;           % Now draw the "E" at bottom right
  fill z1--z2--z3--z4--z5--z6--z7--z8--z9--z10--z11--z12--cycle;
  labels(range 1 thru 12);

  numeric x[], y[];         % clear all coordinates
  x2 = 2dd;                 y1 = y12 = y8 = y7 = ph + dd;
  x1 - x2 = t*(y2-y1);      y2 - y1 = ph;
  x6 - x2 = pw;             y3 = y5 = y6 = y2;
  x7 = x6;                  y10-y12 = 45/120 ph;
  x7 - x8 = 33/132 pw;      y9 -y10 = 18/120 ph;
  x9 = x5 = x8;             y11-y10 = tm*(x10-x11);
  x12- x1 = 36/132 pw;      y3 - y4 = tm*(x4 - x3);
  x9 - x10= t*(y9 -y10);
  x12-x11 = t*(y11-y12);
  x5 - x4 = t*(y5 - y4);
  x3 - x2 = 54/132 pw;      % Now draw the "M" at top left
  fill z1--z2--z3--z4--z5--z6--z7--z8--z9--z10--z11--z12--cycle;
  labels(range 1 thru 12);

  numeric x[], y[];         % clear all coordinates
  x1 = x2 = pw + 3dd;       y1 = y7 = ph + dd;
  x7 - x1 = 36/132 pw;      y2 - y1 = ph;
  x3 - x2 = pw;             y3 = y2;
  x6 = x8 = x9 = x7;        y6 - y7 = 30/120 ph;
```

```
x5 - x6 = 36/132 pw;      y5 = y6;
x3 - x4 = t*(y3 - y4);  y4 - y5 = 12/120 ph;
x10- x9 = 30/132 pw;      y8 - y6 = 30/120 ph;
x11- x9 = 36/132 pw;      y9 - y8 = 27/120 ph;
x11-x12 = t*(y11-y12);  y13 = y8; y10= y9;
```

```
  x13- x8 = 18/132 pw;      y12-y13 = 6/120 ph;
                            y10-y11 = 6/120 ph;
                            % Now draw the "P" at top right
  fill z1--z2--z3--z4{z4-z3}..{left}z5--z6--z7--cycle;
  unfill z8--z9--z10{right}..{z12-z11}z11--z12{z12-z11}..{left}z13--cycle;
  labels(range 1 thru 13);

  numeric x[], y[];         % clear all coordinates
  z1 = (.5w, 2(ph+dd)+.5dd);  z2 = z1 + (0,bar);
  z3 = (.5w,-1.5dd);          z4 = z3 + (0,-bar);
  pickup penrazor scaled dd ;
  draw z1--z2;  draw z3--z4;   % Draw the bars
  labels(1,2,3,4);
endchar;

pw#:=ff*pw#; ph#:=ff*ph#; dd#:=ff*dd#; bar#:=ff*bar#;
endfor;                        % end of loop

font_normal_space 4pt#;  font_normal_stretch 2pt#;
font_normal_shrink 1pt#; font_x_height 5pt#;
font_quad 10pt#;         font_extra_space 1pt

end;
```

Dieses Beispiel ist durch seine vielfache Verwendung von Koordinatengleichungen von Interesse. Für die fünf Teilstrukturen des Logos, nämlich die vier Buchstaben und den vertikalen Balken, wurden die Koordinaten mit `numeric x[], y[]` jeweils neu freigegeben, wie dies bei den vorausgegangenen Beispielen bereits erläutert wurde (S. 486). Dies hat lediglich zur Folge, dass für die Teilsymbole die gleichen Variablen neu verwendet werden können. Anderenfalls hätten die Punkte als $z_{1i}, z_{2i}, \ldots, z_{5i}$ definiert und parallel vorgehalten werden müssen.

Bei den vorgestellten Koordinatengleichungen ist der Buchstabe 'M' von besonderem Interesse. Bei diesem sind die Punkte z_4 und z_{11} nur aus Richtungsgleichungen der Nachbarpunkte bestimmt. Auf den Nutzen von Punktdefinitionen durch Gleichungsbeziehungen wurde im vorangehenden Text zwar mehrfach hingewiesen, aber ein reales Beispiel wurde nicht gegeben. Dies ist mit unserem Logo nunmehr nachgetragen.

Das Logo wird in 26 verschiedenen Größen in feiner Abstufung unter dem Namen `mpae` bereitgestellt und kann nach `\newfont{\mpae}{mpae}` unter den Buchstabenkodierungen 'A' bis 'Z' als Folge der Kodezuordnung $65 + k$ aufgerufen werden. Nach dem Aufruf `\mpae` erzeugt `A B C D E F G H I J K`

und für `R S T` erscheint aus diesem Zeichensatz

Das gleiche Logo ist in den angeführten Größen unter den Kleinbuchstaben auch invers, also in weiß auf schwarzem Untergrund, abrufbar. Hierzu war das Zeichenmakro nur um die Angaben

```
beginchar(97+k,2(pw#+2dd#)+dd#,2(ph#+dd#)+bar#+2dd#, bar#+3dd#);
  fill (0,-d)--(0,h)--(w,h)--(w,-d)--cycle;
  . . . . . . . . . . . . . . . . . . . . . . . . .
  penpos1(dd,0);  penpos2(dd,0);  penpos3(dd,0); penpos4(dd,0);
  z1 = (.5w,2ph+.5dd); . . . .
  unfill z1l--z2l--z2r--z1r--cycle;  unfill z3r--z4r--z4l--z3l--cycle;
  penlabels(1,2,3,4);
endchar;
```

zu ergänzen bzw. abzuändern, und bei den Teilsymbolen für die vier Buchstaben 'A', 'E', 'M' und 'P' ist der jeweilige `fill`-Befehl in `unfill` zu ändern und umgekehrt bei 'A' und 'P' der dortige zusätzliche `unfill`-Befehl in `fill` umzuwandeln.

Mit dem zugefügten `fill`-Befehl unmittelbar zu Beginn des Zeichenmakros wird die gesamte Zeichenbox mit schwarzen Pixeln gefüllt. Mit den anschließenden `unfill`-Befehlen bei den Teilsymbolen werden die Buchstabenflächen geleert, d. h., sie erscheinen weiß. Die inneren Teile im 'A' bzw. 'P' werden anschließend dann wieder geschwärzt.

Lediglich die Anweisungen für die vertikalen Striche oberhalb und unterhalb der Buchstabengruppe mussten geringfügig geändert werden. Beim Schwarz-Logo wurden sie mit dem Zeichenstift `penrazor` und dem `draw`-Befehl erzeugt. Beim Weiß-Logo wird ein Pseudozeichenstift (s. 8.3.8) verwendet und die mit `penpos`-Befehlen erzeugten Randpunkte für die beiden Rechtecke werden anschließend mit `unfill` geleert.

Eine weitere Variante, bei der die Logo-Umrisse mit `draw`-Befehlen und einem kreisförmigen Zeichenstift erzeugt werden, entstand aus dem schwarzen Logo einfach dadurch, dass alle `fill`- und `unfill`-Befehle durch `draw` ersetzt wurden, wobei die benachbarten Linien der vier Teilbuchstaben mit `lft`, `rt`, `bot` und `top` verschoben wurden (s. 8.2.4). Die äußere Umrissline beim A entstand z. B. aus: `draw z1--bot z2--bot lft z3 lft z4--z5--z6--z7--z8--cycle.`

8.5 METAFONT-Programmstrukturen

Auch dieser Abschnitt kann die zugehörigen METAFONT-Eigenschaften nur kurz streifen. Da die Programmierfähigkeiten von METAFONT über diejenigen der gebräuchlichen Programmsprachen hinausgehen, kann eine solide Darstellung nur mit einem eigenen Buch über METAFONT geleistet werden. Andererseits ähneln die METAFONT-Programmierstrukturen denjenigen von Pascal und ein Programmierer mit Pascal-Kenntnissen wird METAFONT als Programmiersprache unter Berücksichtigung der Aufgaben und der speziellen Datenstrukturen recht schnell erlernen.

Dem TeX- oder LaTeX-Anwender wird sicher aufgefallen sein, dass alle der vorgestellten METAFONT-Grafikbefehle und sonstigen Strukturen ohne einen vorangestellten Backslash auftraten, während nahezu alle TeX-Befehle diesen \ zwingend verlangten. Falls ihm sonstige Programmiersprachen bekannt sind, weiß er, dass Programmiersprachen eine spezielle Kennzeichnung für die Befehle nicht erforderlich machen. Vielmehr wird gewöhnlicher Text speziell gekennzeichnet, z. B. durch Einfassung in Anführungszeichen.

Der Grund für die Besonderheit der Befehlskennung bei TeX und LaTeX liegt darin, dass sie Texte bearbeiten und normale Texte damit die *Eingabedaten* dieser Programme darstellen. Angesichts des überwiegenden Anteils an Textteilen im Vergleich zu Befehlen und Steuerstrukturen wäre es unrationell und unnatürlich, Texte als Eingabedaten speziell zu kennzeichnen. Dafür müssen dann aber die Befehle und Steuerstrukturen besonders gekennzeichnet werden, um sie vom Text zu unterscheiden.

Bei den meisten Programmiersprachen ist das Verhältnis zwischen Befehlen, Steuerstrukturen, sonstigen Sprachelementen und gewöhnlichem Text genau umgekehrt. Häufig spielt der im Programm auftretende Text nur die Rolle von erläuternden Kommentaren, der darum besonders zu kennzeichnen ist. Die eigentlichen Sprachelemente werden aus ihren Namen und der Syntax erkannt und vom Compiler oder Interpreter der Programmiersprache in die zugehörigen Maschinenanweisungen umgesetzt. Bei vielen Programmiersprachen sind bestimmte Namen reserviert. Diese dürfen dann nur für den vorgeschriebenen Zweck verwendet werden.

METAFONT entspricht in diesem Sinne einer Programmiersprache. Ihre Aufgabe liegt in der Erzeugung von Pixelgrafiken und die wichtigsten Befehle und Strukturen zur Erzeugung solcher Grafiken wurden bereits vorgestellt. Im Folgenden werden einige zusätzliche Strukturen etwas systematischer zusammengefasst.

8.5.1 Einfache METAFONT-Datentypen

Für jede Programmiersprache sind Zahlen zulässig und meistens auch die wichtigsten Datentypen. Häufig wird zwischen Ganzzahlen und Gleitkommazahlen unterschieden (*integer* und *float* oder *real*). Ebenfalls kann die Genauigkeit und damit die verwendete Speichergröße unterschiedlich gewählt werden. METAFONT verwendet Zahlen intern nur als sog. Festkommazahlen, bei denen alle Zahlen in der Form $g.n \times 2^{-16}$ abgebildet werden. Bei einer ganzzahligen Zahleneingabe werden die 16 binären Stellen nach dem Dezimalpunkt, d. h. die 16 niederwertigsten Bit-Stellen auf Null gesetzt. Eine Zahlenangabe mit mehr Stellen nach dem Dezimalpunkt, als es 16 Bit entspricht, wird auf diese Genauigkeit abgeschnitten. Für weitere Einzelheiten wird auf 8.2.5 verwiesen und die dortigen Erläuterungen werden hier nicht mehr wiederholt.

Zahlen können in Zahlvariablen gespeichert werden und man kann anschließend mit den Variablen wie mit gewöhnlichen Zahlen rechnen. Eine Zahlvariable wird einfach durch Vorgabe eines Namens eingerichtet, der unmittelbar ein Wert zugewiesen werden kann, z. B. wie `pi:=3.14159`. Eine explizite Erklärung für die Einführung einer Zahlvariablen, wie sie in Pascal oder C zwingend vorgeschrieben ist, wird in METAFONT nicht benötigt. Hierin ähnelt METAFONT der Programmiersprache FORTRAN, in der eine explizite Erklärung für Variable (von einigen Ausnahmen abgesehen) ebenfalls nicht zwingend ist.

METAFONT gestattet es, Zahlvariable explizit zu erklären. Dies geschieht mit der Erklärungsanweisung `numeric`. Mit

```
numeric a, b, c, eins, zwei, drei;
```

werden die Zahlvariablen `a`, `b`, `c`, `eins`, `zwei` und `drei` eingerichtet, denen an beliebiger Stelle im Programm Zahlen zugewiesen werden können. Ohne explizite Erklärung wird eine Zahlvariable mit dem erstmaligen Aufruf ihres Namens implizit eingerichtet.

War einer Variablen ein Wert mit dem Zuweisungsoperator := zugewiesen worden, so kann an späterer Stelle eine neue Zuweisung erfolgen, womit die Variable ihren Wert ändert. Nach `pi:=5` steht `pi` nunmehr für den Zahlenwert 5, während sie bis zu diesem Zeitpunkt nach der vorangegangenen Zuweisung gleichwertig mit 3.14159 war. Dies ist jedem Anwender mit etwas Basic-, Pascal- oder C-Kenntnissen völlig selbstverständlich, so dass ihm diese Erläuterung überflüssig vorkommen muss.

Zahlvariablen können aber auch durch Gleichungen miteinander verknüpft werden. Tritt ein Variablenname ohne vorherige Erklärung zum ersten Mal in einer Gleichung auf, so wird die zugehörige Zahlvariable gleichzeitig eingerichtet. Insgesamt können so viele Gleichungen auftreten, wie unterschiedliche Variablen in ihnen verwendet werden. Ist ein System von Variablen vollständig durch Gleichungen bestimmt worden, so können sie in weiteren Gleichungen *nicht* mehr auftreten, da das Gleichungssystem sonst überbestimmt würde[8].

Hier erhält die explizite Erklärung mit `numeric` nun ihre wirkliche Bedeutung. War eine Gruppe von Variablen durch Gleichungen vollständig bestimmt und deren Werte in einem Teilbild vollständig genutzt worden, so können normalerweise die gleichen Variablennamen nicht mehr in Gleichungen für weitere Teilbilder verwendet werden, da das Gleichungssystem abgeschlossen ist. Werden nun diese Variablen mit einem `numeric`-Befehl neu erklärt, so stehen sie wiederum zur Verfügung, wobei sie ihre bisherigen Werte verloren haben.

Die meisten Programmiersprachen kennen zusammengesetzte Variablentypen für Zahlen, wie Felder (array) und Strukturen (record). Dies ist auch bei METAFONT der Fall. Die METAFONT-Syntax für solche Felder ist jedoch viel flexibler und *redundanter* (was die meisten Programmiersprachen gar nicht kennen), so dass hierfür der nächste Unterabschnitt zur Erläuterung bereitgestellt wird.

Bei der Kennzeichnung von Punkten und Richtungen wurden Zahlenpaare in der Form (x_i, y_i) oder (a, b) oder auch $(\xi a, \eta b)$ verwendet, in der x_i und y_i oder a und b für numerische Variablen oder einfache Zahlen standen bzw. ξa und ξb für eine multiplikative Verknüpfung von Zahlen mit Variablen wie $1.5a$ oder $1/2b$.

Zahlenpaare, also Punkte und Richtungen, können ihrerseits in *Paarvariablen* abgespeichert werden und Paarvariablen können durch Gleichungen miteinander verknüpft werden.

[8]Dies setzt natürlich voraus, dass die einzelnen Bestimmungsgleichungen linear unabhängig sind. So stellen $a + b = c$ und $2(a + b) = 2c$ keine unabhängigen Gleichungen dar, da die zweite unmittelbar aus der ersten durch Multiplikation mit 2 folgt und damit keine zusätzliche Beziehung darstellt. Auf die mathematischen Details muss verzichtet werden. METAFONT erkennt solche Abhängigkeiten und meldet dies als Fehler.

Paarvariablen müssen aber stets, anders als numerische Variablen, vor ihrer Verwendung *erklärt* werden. Dies geschieht mit der Erklärungsanweisung

`pair` *paarvar_a*, *paarvar_b*, ...;

Die METAFONT-Richtungsvariablen `left`, `right`, `up` und `down` sind nichts anderes als Paarvariable, die mit

```
pair left, right, up, down
```

erklärt und denen dann die Werte (-1,0), (1,0) usw. zugewiesen wurden. Statt mit Zuweisungen wie `right:=(1,0)` können die Werte der Paare auch durch Gleichungen bestimmt werden, z. B. als

`right = -left = (1,0)` bzw. `up = -down = (0,1)`

Paarvariablen, die durch Gleichungsbeziehungen vollständig bestimmt sind, können anschließend nicht in weiteren Gleichungen auftreten, wie dies auch für Zahlvariablen galt. Wird die Lösung eines Gleichungssystems von Paarvariablen nicht mehr benötigt, so können diese Variablen mit einer erneuten Erklärung durch `pair` freigegeben und für weitere Gleichungen genutzt werden.

Die z-Konvention, nach der ein Name wie `z3` als Abkürzung für `(x3,y3)` steht, stellt *keine* Paarvariable dar. Ein Aufruf `z3` wird intern durch seine Definition ersetzt, d. h. durch die Angabe `(x3,y3)`, was zwei Zahlvariablen darstellt, die in Klammern eingeschlossen und durch ein Komma getrennt sind. Nach `pair punkt` kann dagegen eine Zuweisung der Form `punkt:=z3` erfolgen, weil dies `punkt:=(x3,y3)` bedeutet.

Die Einrichtung von Paarfeldern (array) oder Strukturen (record) und deren Namenssyntax werden, wie für die Zahlfelder, im nächsten Unterabschnitt beschrieben. Das Gleiche gilt auch für die Namenssyntax zusammengesetzter Strukturen, deren einfache Typen zunächst hier folgen.

Ein Linien- oder Kurvenzug besteht aus einer Reihe von Punkten, die mit den Verbindungsoperatoren `-`, `..` und ggf. `&` verknüpft sind (s. hierzu auch 8.3.4). Eine solche mit Verbindungsoperatoren verknüpfte Punktefolge, wie sie in `draw`-, `fill`- und ähnlichen Befehlen auftritt, kann ebenfalls in einer *Pfadvariablen* abgespeichert werden. Pfadvariablen werden mit

`path` *pfad_a*, *pfad_b*, ... ;

eingerichtet. Anschließend kann ihnen mit dem Zuweisungsoperator `:=` ein Linien- oder Kurvenzug zugewiesen werden. Pfadvariablen können dann ihrerseits mit `draw`- oder `fill`-Befehlen aufgerufen werden. Außerdem können mehrere Pfadvariablen mit den Verbindungsoperatoren `-` oder `..` zur Bildung komplexerer Kurven verknüpft werden. Enthält `pfada` einen Kurvenzug aus den Punkten z_1 bis z_9 und ist `pfadb` eine weitere Pfadvariable, so enthält diese nach

```
pfadb:=z11..z12..z13--pfada..z21..22;
```

den zusammengesetzten Kurvenzug z_{11}..z_{12}..z_{13}`--pfada..`z_{21}..z_{22}.

Der nächste Variablentyp ist pen zur Abspeicherung von Zeichenstiften. Wurden mit

```
pen thin_pen, thick_pen;
```

zwei Zeichenstiftvariable `thin_pen` und `thick_pen` eingerichtet, so könnten nach

```
thin_pen:= pencircle scaled 0.2pt;
thick_pen:= pencircle scaled 0.5pt;
```

diese Zeichenstifte mit `pickup thin_pen` bzw. `pickup thick_pen` jederzeit aktiviert werden. Unter den Zeichenstiftvariablen können alle Formen von Zeichenstiften in beliebiger Skalierung und Drehung abgespeichert werden, was keiner weiteren Erläuterung bedarf.

Zeichenstifte, insbesondere aber auch grafische Teilstrukturen wie Linien- oder Kurvenstücke, können gedreht, skaliert, verschoben, gespiegelt und geneigt werden. Punkten und Pfadvariablen p können die folgenden Operatoren mit der dargestellten Wirkung nachgestellt werden

p `shifted` (a,b)	=	$(p_x + a, p_y + b)$
p `scaled` s	=	$(s\,p_x, s\,p_y)$
p `xscaled` s	=	$(s\,p_x, p_y)$
p `yscaled` s	=	$(p_x, s\,p_y)$
p `slanted` s	=	$(p_x + s\,p_y, p_y)$
p `rotated` θ	=	$(p_x \cos\theta, p_y \sin\theta)$
p `zscaled` (u,v)	=	$(up_x - vp_y, vp_x + up_y)$

Ist p ein einzelner Punkt, so bedeutet die rechts stehende Formel die Koordinaten des Punkts nach der Transformation (Operation). Ist p dagegen eine Pfadvariable, so stehen die rechten Angaben für entsprechend viele Formeln aller Punkte (p_x, p_y) der zugehörigen Kurve. Das kleine, in 8.2.5 beschriebene File `expr.mf` sollte genutzt werden, um die vorstehenden Transformationsoperatoren interaktiv auszutesten und um mit ihnen vertraut zu werden.

Die Transformationsoperatoren können miteinander kombiniert werden. Die Angabe p `xscaled` s_x `yscaled` s_y sollte ohne Erläuterung verständlich sein. Ihr Ergebnis ist $(s_x\,p_x, s_y\,p_y)$, d. h., die x- und y-Koordinaten werden gleichzeitig, aber unterschiedlich, skaliert. Bei kombinierten Transformationen ist häufig auf die Reihenfolge zu achten, da einige Kombinationen nicht kommutativ sind. Hat p z. B. die Koordinaten (2,3), so führt

`p scaled 5 shifted (1,2)` zu `(11,18)`, dagegen
`p shifted (1,2) scaled 5` zu `(15,25)`

Transformationen, also Anweisungen wie t `scaled` s `rotated` θ `shifted` (a,b), in der t für eine beliebige vorangestellte Teiltransformation steht, können ebenfalls als *Transformationsvariablen* abgespeichert werden. Diese sind vorab mit

`transform` *trans_a*, *trans_b*, `...;`

zu erklären. Anschließend kann jede zulässige Transformationskombination mit dem Zuweisungs- oder Gleichheitsoperator unter dem Variablennamen *trans_i* abgespeichert werden.

Bei diesem Beispiel begann die Transformation mit t `scaled` s ..., und es wurde gesagt, dass t für eine vorangehende Teiltransformation steht. Beim Versuch, eine Zuweisung der Form

```
transform txy; txy:= scaled 3 rotated 30;
```

vorzunehmen, meldet sich METAFONT mit einer Fehlermeldung zurück, die besagt, dass ein Ausdruck nicht mit einer isolierten Anweisung `scaled` beginnen darf. Dies ist zunächst verwirrend, denn was ist `scaled 3` anderes als eine Teiltransformation. Unterstellt, es gäbe bereits eine Transformationsvariable `tsc` mit der Bedeutung `scaled 3`, dann würde die Anweisung `txy:= tsc rotated 30` ordnungsgemäß ausgeführt. Was also ist falsch?

Die tiefere Bedeutung für den Syntaxverstoß kann ich hier nicht darstellen. METAFONT kennt die spezielle Transformation `identity`, die einen Punkt oder eine Kurve in sich selbst zurücktransformiert, was einer Leertransformation gleichkommt. Aus syntaktischen Gründen verlangt die Abspeicherung einer Transformation den Beginn mit einer bereits akzeptierten Transformationsvariablen. Wird diese als `identity` gewählt, so ist die Syntaxforderung erfüllt, die Wirkung aber so, als begänne die Transformation mit der darauffolgenden Operation. Beim angeführten Beispiel hätte also geschrieben werden können

```
txy:= identity scaled 3 rotated 30;
```

Sind Transformationsvariablen eingerichtet und definiert, also mit Anweisungen versehen, so können die entsprechenden Transformationen mit

p_i `transformed` t_k`;` p_j `transformed` t_l`; ...`

ausgeführt werden, wobei $p_i, p_j, \ldots$ für beliebige Punkte oder Pfadvariablen und $t_k, t_l, \ldots$ für definierte Transformationsvariablen stehen. Sollen verschiedene Punkte oder Kurven mit der gleichen Transformation behandelt werden, so ist die Verwendung von Transformationsvariablen in der vorstehenden Form effizienter und schneller als die wiederholte explizite Transformationsangabe.

Intern entspricht eine Transformationsvariable einem Sextupel von Zahlen der Form $(t_x, t_y, t_{xx}, t_{xy}, t_{yx}, t_{yy})$, mit denen aus einem Punkt (x, y) der Punkt $(t_x + xt_{xx} + yt_{xy}, t_y + xt_{yx} + yt_{yy})$ gebildet wird. Die Multiplikation und Addition dieser Komponenten mit den ursprünglichen Koordinaten ist sehr viel schneller als die Gewinnung dieser Koordinaten aus der Transformationsanweisung. Bei mehrfacher Verwendung brauchen die Komponenten nicht nochmals errechnet zu werden, wie das bei der expliziten Transformationsangabe geschieht.

Ist t der Name einer Transformationsvariablen, dann können ihre Komponenten auch einzeln mit `xpart` t, `ypart` t, `xxpart` t, `xypart` t, `yxpart` t und `yypart` t abgerufen und in weiteren Ausdrücken bereitgestellt werden. Die ersten beiden Befehle können auch mit Paarvariablen p verknüpft werden. Damit liefen `xpart` p und `ypart` p die x- bzw. y-Komponente der Paarvariablen zurück.

Die vorgestellten Einzeltransformationen sind METAFONT-Grundbefehle. Zusätzlich stellt `plain.mf` weitere Transformationen bereit, und zwar

p `rotatedaround` (z,θ) bzw. p `rotatedaround` $((x,y),\theta)$
p `reflectedabout` (z_i,z_j) bzw. p `reflectedabout` $((x_i,y_i),(x_j,y_j))$

Mit dem ersten Befehl wird eine Drehung um den Punkt z um den Winkel θ bewirkt. Der Grundbefehl `rotated` verwendet stattdessen stets den Koordinaten-Nullpunkt $(0, 0)$ als Drehpunkt. Die Transformation `rotatedaround` (z,θ) ist gleichbedeutend mit der kombinierten Transformation

p `shifted` $-z$ `rotated` θ `shifted` z

Die andere Transformation p `reflectedabout` z_i, z_j bewirkt eine Spiegelung der Grafikstruktur p gegenüber der Linie durch z_i und z_j.

Als spezielle Transformation stellt METAFONT schließlich noch die Umkehrungstransformation `inverse` bereit. War p_t das Ergebnis einer Transformation t auf die Struktur p, so entsteht aus p_t `inverse` t wiederum das Original p.

Bilder oder Teilbilder bestehen im Allgemeinen aus einer Reihe von `draw`-, `fill`- und `unfill`-Befehlen oder aus Makros, die auf diesen Befehlen aufbauen. Solche Teilbilder können ebenfalls in *Bildvariablen* zwischengespeichert werden. Bildvariablen werden mit

`picture` *bild_a*, *bild_b*, `...;`

erklärt. Anschließend können Teilbilder mit dem Zuweisungsoperator abgespeichert werden:

```
picture teilbild; teilbild:= fill pfad_a;
```

wobei `pfad_a` als definierte Pfadvariable mit einer geschlossenen Berandung vorausgesetzt wurde. Hier erhebt sich sogleich die Frage, wie ein Teilbild aus mehreren `draw`-, `fill`- und `unfill`-Befehlen zugewiesen werden kann, da jeder dieser Befehle mit dem Endoperator '`;`' abschließt und dieser gleichzeitig die Zuweisung an die Bildvariable nach dem ersten Semikolon, also nach dem ersten Grafikbefehl, beendet.

Dieses Problem kann in verschiedener Weise gelöst werden. In `plain.mf` wird die Bildvariable `currentpicture` bereitgestellt, die das momentane Teilbild aller vorangegangenen Grafikbefehle innerhalb eines Zeichenmakros enthält. Eine Zuweisung der Form

```
teilbild_a:= currentpicture;
```

speichert das bis dahin entstandene Bild unter `teilbild_a` ab. Wird nach weiteren Grafikbefehlen `teilbild_b:=currentpicture` geschrieben, dann enthält `teilbild_b` das zu diesem Zeitpunkt bestehende Teilbild, das aus dem ersten *teilbild_a* und weiteren Bildstrukturen besteht.

Häufig will man nach der Abspeicherung des ersten Teilbildes für ein weiteres Teilbild *nur* die *danach* zugefügten Grafikstrukturen abspeichern. Das momentane Ergebnis von `currentpicture` kann jederzeit auf Null zurückgesetzt werden, das Teilbild also geleert werden. Wird *nach* der Abspeicherung des ersten Teilbildes, also nach `teilbild_a:= currrentpicture`, geschrieben

`currentpicture:=nullpicture;` oder `clearit;`

so ist `currentpicture` leer. Anschließend wird erneut, dann aber nur mit den nachfolgenden Zeichenbefehlen, wieder aufgebaut. Bei einer späteren Zuweisung `teilbild_b:= currentpicture` enthält dieses nur die nach der ersten Leerung zugefügten Bildstrukturen.

Der alternative Befehl `clearit` steht nur als Abkürzung für die Zuweisung von `nullpicture` an `currentpicture`. Dieser Befehl wird intern stets zu Beginn des Zeichenmakros `beginchar ... endchar` ausgefürt, mit der Folge, dass `beginchar` zu Beginn stets mit einem leeren Zustand von `currentpicture` startet.

Eine andere Möglichkeit zur Ergänzung von Teilbildern liegt in der Verwendung von METAFONT-Grundbefehlen. Mit

`addto` *teilbild* `also` *graf_befehl*;

kann einer Bildvariablen *teilbild* eine weitere Grafikstruktur *graf_befehl* zugefügt werden. Dieser Befehl kann beliebig wiederholt werden, so dass das Teilbild mit weiteren Grafikstrukturen angereichert werden kann.

Die `plain.mf`-Befehle `draw`, `fill` und `unfill` und einige weitere Zeichenbefehle werden übrigens aus solchen `addto`-Grundbefehlen aufgebaut. Sie stehen nur als Abkürzung für

`plain`-Struktur	äquivalente Grundstruktur
`fill` *c*	`addto` *B* `contour` *c*
`unfill` *c*	`addto` *B* `contour` *c* `withweight -1`
`draw` *p*	`addto` *B* `doublepath` *p* `withpen` *q*
`undraw` *p*	`addto` *B* `doublepath` *p* `withpen q withweight -1`
`filldraw` *c*	`addto` *B* `contour` *c* `withpen` *q*
`unfilldraw` *c*	`addto` *B* `contour` *c* `withpen` *q* `withweight -1`

Hierin steht c für eine geschlossene Berandung (contour), p für einen allgemeinen Kurvenzug, q für einen Zeichenstift und B für ein Teilbild, z. B. `currentpicture`. Diese Argumente können explizit oder als Variable entsprechenden Typs angegeben werden. Von einer weiteren Erläuterung muss in der Kurzeinführung abgesehen werden.

Neben den bekannten Zeichenbefehlen `fill`, `unfill` und `draw` wurden hier die weiteren `plain`-Befehle `undraw`, `filldraw` und `unfilldraw` angeführt. Ihre Bedeutung geht teilweise aus ihrem Namen hervor: `undraw` p *radiert* gewissermaßen den angegeben Kurvenzug p wieder aus. `filldraw` c füllt die geschlossene Randkurve c *und* zeichnet diese Randkurve zusätzlich mit dem aktuellen Zeichenstift nach. Die gefüllte Fläche ragt damit über die ursprüngliche Berandung hinaus. `unfilldraw` *radiert* die nachgezogene Randkurve und ihr gefülltes Inneres wieder aus.

Neben den vorgestellten Zahlen- und Grafikvariablen kennt METAFONT noch zwei *nichtnumerische* Typen, und zwar mit den Erklärungen

```
boolean log_a, log_b, ...;
string  text_a, text_b, ...;
```

Variablen vom Typ `boolean` sind sog. *logische* Variablen, die nur die Werte *wahr* (`true`) oder *falsch* (`false`) annehmen können. Variablen vom Typ `string` können beliebigen Text aufnehmen. Dieser ist bei der Zuweisung in Anführungsstriche zu setzen, z. B.

```
string text;  text:="Dies ist ein Text";
```

Zum Abschluss sei nochmals darauf hingewiesen, dass mit Ausnahme des Typs `numeric` alle Variablen der Typen `pair`, `path`, `pen`, `transform`, `picture`, `boolean` und `string` vor ihrer ersten Verwendung mit dem entsprechenden Typ-Befehl vorab erklärt werden müssen.

8.5.2 Zusammengesetzte Datentypen

Die meisten Programmiersprachen kennen zusammengesetzte Datenypen in Form von Feldern (array) und/oder Strukturen (record). Erstere sind Gruppen von Daten gleichen Typs, die unter einem gleichen Namen und einem sog. Index in der Form *data*[i] aufgerufen werden. Hierin steht *data* für den Namen des Feldes und i steht für eine Zahl oder eine numerische Variable oder einen numerischen Ausdruck. Ist `xx` der Name des Feldes, so sind `xx[3]`, `xx[k]` oder `xx[k+1]` zulässige Aufrufe und bedeuten die dritte, k-te oder $(k + 1)$-te Variable aus dem Feld `xx`.

In gleicher Weise können auch in METAFONT Datenfelder eingerichtet werden. Nach der Erkärung

```
numeric x[], y[];
```

können Zahlvariablen der Form `x[3]`, `y[0]`, `x[k]`, `y[2n+5]` u. ä. mit Werten belegt oder in Gleichungen verknüpft und später unter diesen Namen und Indizes abgerufen werden. Ist der Index eine reine Zahl, so gestattet METAFONT eine abkürzende Schreibweise als `x3` oder `y0`. Dies überrascht einen Pascal- oder C-Programmierer zunächst, da für beide die allgemeine Feldsyntax vertraut erscheint. In beiden Sprachen sind auch Variablennamen wie `x3` oder `y0` erlaubt, doch stellen sie dort einfache Variablen dar, die etwas völlig anderes bedeuten als `x[3]` und `y[0]`. Man muss sich in METAFONT daran gewöhnen, dass `x3` und `y0` das Gleiche bedeuten wie `x[3]` und `y[0]`.

Wird als Index für eine Feldvariable eine Zahlvariable verwendet, so muss aber auch in METAFONT die vollständige Form wie `x[k]` oder `y[l]` verwendet werden. Auch eine Abkürzung `x1+k` für `x[1+k]` ist nicht erlaubt, vielmehr würde dies als Summe aus `x[1]` und `k` interpretiert.

Felderklärungen sind für alle METAFONT-Datentypen möglich. Die Syntax ist stets gleich: An den Namen wird in der Erklärung lediglich das leere Klammerpaar `[]` angehängt. Für die Feldvariablen aller Datentypen gilt gleichfalls die abkürzende Schreibweise *feldname zahl*, wenn der Index eine reine Zahl darstellt. Die abkürzende Schreibweise ist stets gleichbedeutend mit *feldname* [*zahl*].

Die meisten Programmiersprachen lassen als Index nur ganze Zahlen oder Variablen vom Typ 'integer' zu. Dies gilt nicht für METAFONT. Hier sind als Indizes beliebige Dezimalzahlen oder Brüche erlaubt. Auch die Erklärung von Feldern durch Anhängen des leeren Klammerpaars `[]` ist flexibler als in C oder Pascal, die beide die Vorgabe der maximalen Feldweite und damit die Festlegung der maximalen Anzahl der möglichen Variablen für das entsprechende Feld verlangen. In METAFONT wird ein Feld *dynamisch* verwaltet. Zu Beginn hat es die Weite *Null*. Erst mit dem jeweils ersten Auftreten der Indizes wird die Feldweite vergrößert und dem geforderten Bedarf angepasst.

Der andere zusammengesetzte Datentyp heißt in Pascal 'record' und in C 'structure'. Darunter versteht man Gruppen von Variablen von ggf. unterschiedlichen Datentypen, die unter einem gleichen Grundnamen und einem unterschiedlichen Anhang in der Form

grundname . anhang

gekennzeichnet werden. Dies ist auch in METAFONT möglich. So könnten z. B. Variablen mit dem Grundnamen `graf` als

```
numeric graf.n;  pair graf.d;  path graf.p;
pen graf.z;  transform graf.t;  picture graf.B;
boolean graf.b;  string graf.s
```

eingeführt werden. Dabei stellen `graf.B` und `graf.b` als Folge der Groß- bzw. Kleinschreibung des Anhangs unterschiedliche Variablen dar. Für den Anhang können selbstverständlich auch längere Buchstabengruppen gewählt werden. Die Verwendung solcher Strukturen ist nützlich innerhalb bestimmter METAFONT-Schleifen, die als Schleifenvariable z. B. auch den Namen von Anhängen erlauben.

Felder und Strukturen lassen sich kombinieren. Hierzu ist in der Erklärung lediglich ein Klammerpaar `[]` zwischen Grundnamen und Anhang einzufügen. Mit

```
numeric graf[].n;  pair graf[].d;  pen graf[].z;
```

stehen nun die drei Felder `graf[].n`, `graf[].d` und `graf[].z` bereit, wobei das erste vom Typ `numeric`, das zweite vom Typ `pair` und das dritte vom Typ `pen` ist. Wird bei diesen zusammengesetzten Typen für den Index wiederum eine reine Zahl verwendet, so existiert ebenfalls eine einfachere Schreibweise. Wurden z. B. numerische Koordinatenfelder `x[].l` und `x[].r` eingerichtet, so kann statt `x[2].l` oder `x[1].r` auch kurz `x2l` bzw. `x1r` geschrieben werden. Man denke aber bei solchen Angaben stets daran, dass die nach der Zahl auftretenden Buchstaben oder Zeichen stets auf das Element einer Struktur verweisen. Auch eine Angabe wie `y3"` ist nur eine Abkürzung für `y[3]."`.

Zahlenfelder brauchen wie die einfachen Zahlvariablen nicht explizit mit `numeric` erklärt zu werden. Sie werden mit dem ersten Auftreten einer Angabe wie `x3` oder `y0anfang` als x[] bzw. y[].anfang eingerichtet. Explizite Erklärungen mit numeric sind dann sinnvoll, wenn bereits durch Gleichungen belegte numerische Variablen neu verwendet werden sollen. Nach einer solchen Neuerklärung haben alle Variablen des Feldes oder der Struktur ihre durch Gleichungen bestimmten Werte verloren und können in neuen Gleichungsbeziehungen erneut auftreten.

Felder und Strukturen für andere Datentypen als numeric müssen dagegen *stets* vor ihrer ersten Verwendung explizit erklärt werden. Bei wiederholten Erklärungen für die gleichen Feld- oder Strukturnamen gilt auch hier, dass die zugehörigen Variablen ihre bisherigen Werte verlieren und anschließend erneut durch Gleichungen verbunden werden können.

Für die oben eingeführten zusammengesetzten Strukturen graf[].n, pair[].d und pen graf[].z gilt nach den neuen Erklärungen

```
numeric graf[].n;   pen graf[].z;
```

dass die Felder graf[].n und pen[].z für alle zugehörigen indizierten Variablen ihre Werte verloren haben und mit dem Anfangswert Null erneut bereitgestellt werden. Das Feld pair graf[].d bleibt dagegen erhalten. Zu den bisherigen indizierten graf[*i*].d können weitere zugefügt werden, ohne die vorangegangenen zu beeinflussen.

Zum Abschluss sei noch darauf verwiesen, dass METAFONT auch die Einrichtung mehrdimensionaler Datenfelder mit Erklärungen der Form *typ name*[][] oder allgemein *typ name*[][]...[] erlaubt, wovon, ähnlich wie bei C-Programmen, relativ selten Gebrauch gemacht wird. Der Aufruf mehrdimensionaler Feldvariablen, z. B. x[1][2][3], darf aber nicht als x123 abgekürzt werden.

8.5.3 METAFONT-Makrodefinitionen

Wie TEX gestattet auch METAFONT die Definition von Makros als Abkürzung für häufig wiederkehrende Befehlssequenzen und sonstige METAFONT-Strukturen. Die METAFONT-Makrodefinitionen sind jedoch einfacher und durchsichtiger als diejenigen von TEX, so dass der Anwender schnell mit ihnen vertraut wird.

Im einfachsten Fall steht ein Makro lediglich als Abkürzung für bestimmte feste METAFONT-Befehle und -Strukturen. Es wird mit

def *befehls_name* = *ersetzungs_text* enddef

erzeugt. Hierin steht *ersetzungs_text* für eine beliebige Folge von METAFONT-Anweisungen, die ablaufen, wenn das Makro mit seinen Namen *befehls_name* aufgerufen wird. Für *befehls_name* dürfen beliebige Zeichenfolgen, also auch Nichtbuchstaben, stehen, bei deren Aufruf dann die rechts vom Gleichheitszeichen stehenden Anweisungen eingesetzt werden und ihre Wirkung entfalten. Der Verbindungsoperator -- zur geradlinigen Verbindung von Kurven ist z.B. in plain.mf als

```
def -- = {curl 1}..{curl 1} enddef;
```

definiert. Damit steht ein draw-Befehl der Form draw z1--z2--z3 nur als Abkürzung für draw z1{curl 1}..{curl 1}z2{curl 1}..{curl 1}z3. In der Mehrzahl der Fälle wird für *befehls_name* aber ein Wort stehen, dessen Wortbedeutung gleich die Aufgabe des Makros erkennen lässt. Mehrere Wörter können zu einem Befehlsnamen zusammengefasst werden, wenn die Einzelwörter mit dem Unterstrich _ miteinander verbunden werden. Solche zusammengesetzten Befehlsnamen traten im vorangegangenen Text gelegentlich auf, z. B. define_good_x_pixels.

In `plain.mf` werden noch zwei weitere Verbindungsoperatoren zur Erzeugung von Kurven definiert, die bisher nicht erwähnt wurden. Die Definition sollte ohne Erläuterung verständlich sein

```
def --- = .. tension infinity .. enddef
def ... = .. tension atleast 1 .. enddef
```

`atleast` ist eine METAFONT-Grundoption zu `tension`, deren Bedeutung aus dem Namen hervorgeht. Die Bedeutung dieser Verbindungsoperatoren wird sofort klar, wenn sie in `draw z1---z2---z3` oder `draw z1...z2...z3` durch ihre Definitionen ersetzt werden.

Makrodefinitionen dürfen frei wählbare Parameter enthalten, so dass beim Makroaufruf an Stelle der Parameter beliebige Argumente übergeben werden können, die innerhalb des Makros dann mit METAFONT-Befehlen verknüpft werden. Makrodefinitionen mit Parametern entsprechen sehr viel mehr den C- und Pascal-Funktionsdefinitionen, als das bei TEX der Fall ist. Auch dies macht es dem Anwender mit etwas Programmiererfahrung leichter, solche METAFONT-Makros zu schreiben. Die formale Syntax für Makrodefinitionen mit Parametern lautet

`def` *befehls_name*`(expr` i,j,...`)` = *ersetzungs_text*
vermischt mit i, j, ... `enddef`

Bei einem Aufruf *befehls_name*`(`a`,`b`,`c`)` werden die Größen a im Ersetzungstext überall dort eingesetzt, wo das i auftritt, b wird an den Stellen von j und c an den Stellen des dritten Parameters eingesetzt usw. Beim Aufruf dürfen die Größen a, b, c, ... Zahlen, Variablen sowie beliebige arithmetische Verknüpfungen aus beiden, d. h. beliebige *Ausdrücke* (expressions), sein. Dies ist eine Folge der Kennung `expr` vor der Liste der Parameter in den runden Klammern vor dem Gleichheitszeichen in der Definition.

Der Begriff „Ausdruck" oder 'expression' einer Programmiersprache wird hier als bekannt vorausgesetzt. So weit das nicht der Fall ist, kann hierunter etwas unpräzise eine beliebige arithmetische, logische oder sonstige Verknüpfung der erlaubten Datentypen verstanden werden, wobei die zulässigen Verknüpfungen von den Datentypen abhängen.

Als Beispiel für eine Makrodefinition mit Ausdrucksparametern sei hier das in 8.5.1 angeführte Makro aus `plain.mf` angegeben

```
def rotatedaround(expr z,theta)=
    shifted -z rotated theta shifted z enddef;
```

Hier sind die freien Parameter `z` und `theta`. Lautet der Aufruf für dieses Makro `z1 rotatedaround (z2-z3,45)`, so wird an allen Stellen, wo im Ersetzungstext `z` auftritt, `z2-z3` eingesetzt und dort, wo `theta` erscheint, `45` eingetragen. Im Ersetzungstext erscheint `z` zunächst in der Form `-z`. Damit würde ein unmittelbares Ersetzen `-z2-z3` bedeuten, was sicherlich nicht beabsichtigt war. Tatsächlich wird im Ersetzungstext an die Stelle von `z` der übergebene Ausdruck `z2-z3` wie eine geschlossene Kapsel (engl. capsule) übertragen, oder mehr mathematisch, `z2-z3` wird so übergeben, als stände dieser Ausdruck in Klammern. Mit der Einsetzung an Stelle von `-z` durch `-(z2-z3)` wird klar, dass dies endgültig zur Auflösung nach `-z2+z3` führt.

Häufig sollen in einem Makro die übergebenen Argumente Indizes oder Anhänge sein, die sich auf die Indizes oder Anhänge von Feld- bzw. Strukturvariablen oder auf beide bei kombinierten Datenstrukturen beziehen. Dies ist in der vorgestellten Syntaxform für Makrodefinitionen mit der Parameterkennung `expr` zwar möglich, wenn im Ersetzungstext diese Parameter nur als Variablenindex oder Variablenanhang auftreten. Es ist aber für die internen Abläufe effizienter, solche Parameter mit `suffix` zu kennzeichnen.

```
def half_oval(suffix i,j,k) = draw
    z.i{up} .. (.8[x.j,x.i],.8[y.i,y.j]){z.j-z.i} ..
    z.j{right} .. (.8[x.j,x.k],.8[y.k,y.j]){z.k-z.j} ..
    z.k{down}  endef
```

Lautet der Makroaufruf `half_oval(2,1,3)`, dann wird ausgeführt:

```
draw z2{up} .. (.8[x1,x2],.8[y2,y1]){z1-z2} .. z1{right} ..
    (.8[x1,x3],.8[y3,y1]){z3-z1} .. z3{down}
```

Hier überrascht zunächst, dass in der Makrodefinition Angaben wie `z.i` oder `z.k` stehen, nach der Übergabe der Werte für `i` und `k` als 2 und 3 in dem aufgelösten Makro aber `z2` bzw. `z3`, also eigentlich `z[2]` und `z[3]` stehen. Aufgrund der Definition hätte man zunächst erwartet: `z.2` und `z.3`.

Der Grund dafür liegt darin, dass die Parameterkennung `suffix` sowohl Indizes (und damit Variablenfelder) als auch Anhänge (also Variablenstrukturen) abdeckt. Innerhalb der Makrodefinition werden beide durch einen Punkt vom Grundnamen abgetrennt. Wird beim Makroaufruf eine Zahl übergeben, so wird diese als Index interpretiert und die zugehörige Variable als Feldvariable betrachtet. Bei der Übergabe einer Buchstaben- oder Zeichengruppe, die keine Zahl darstellt, wird dies als Anhang für die zugehörige Variablenstruktur angesehen. Hätte der Aufruf z. B. gelautet `half_oval(l,t,r)`, so wäre bei der Auflösung `z.l`, `z.t`, `z.r` usw. entstanden und `half_oval(left,top,right)` hätte `z.left`, `z.top` und `z.right` erzeugt.

Auch eine Kombination aus Index *und* Strukturanhang ist als Argument für die Parameterkennung `suffix` erlaubt. Mit `half_oval(2l,1t,3r)` werden Variablen der Form `z2l`, `z1t`, `z3r` und entsprechende Koordinatenbezeichnungen angesprochen, die als Kurzform für `z[2].l`, `z[1].t`, `z[3].r` stehen.

Eine dritte Form der Parameterkennung erfolgt mit dem Schlüsselwort `text`. Hiermit werden die übergebenen Argumente als *Text* weitergereicht. Dies wird häufig ein Variablen- oder Befehlsname sein. Tritt bei der Parameterkennung `expr` als Argument ein Variablenname auf, so wird ans Makroinnere der Inhalt dieser Variablen übergeben, mit `text` dagegen der Variablenname selbst.

In 8.2.8 wurde gesagt, dass `define_pixels(xxx)` als Abkürzung für `xxx:=xxx# * hppp` steht. Dies könnte mit

```
def define_pixels(text t) = t:= t# * hppp enddef;
```

erreicht werden. Mit dieser Definition wird der Aufruf `define_pixels(xxx)` genau nach `xxx:= xxx# * hppp` aufgelöst. In dieser Form kann aber nur jeweils ein Argument übergeben werden, das in der beschriebenen Form umgewandelt wird. Die Definition lautet in `plain.mf` dagegen

```
def define_pixels(text t) =
    forsuffixes a=t: a:= a# * hppp; endfor enddef;
```

Dies hat zur Folge, dass der Makroaufruf beliebig viele Argumente erlaubt. Die hier benutzte Schleife `forsuffixes ... endfor` wird im nächsten Unterabschnitt kurz erläutert.

Eine Makrodefinition kann Parameter mit unterschiedlichen Kennungen enthalten. In diesem Fall ist die jeweilige Kennzeichnung mit ihrer folgenden Parameterliste in ein eigenes Klammerpaar `(...)` zu fassen. Die vollständige Syntax einer Makrodefinition lautet damit

> `def` *befehls_name*[`(`*kennung par_liste*`)`] [`(`*kennung par_liste*`)`] [...] `=`
> *Ersetzungstext und Parameter* `enddef`

Für *kennung* sind die Schlüsselwörter `expr`, `suffix` und `text` erlaubt. Vor jeder Parameterliste *par_liste muss* zwingend genau eines dieser Kennworte stehen. Die in eckigen Klammern [ ] stehenden Teile weisen daraufhin, dass sie optional sind. Parameter können im Ersetzungstext aber nur auftreten, wenn sie links vom Gleichheitszeichen durch eine Parameterliste erklärt worden waren.

In `plain.mf` tauchen Definitionen auf, die scheinbar gegen diese Syntax verstoßen. Enthält die Definition nur *eine* Parameterliste einer bestimmten Kennung, so kann der Einschluss in runden Klammern entfallen. Dasselbe gilt für die *letzte* Parameterliste bei mehreren solchen Listen. Die genaue Syntax der Ausdrücke unterscheidet zwischen `primary`-, `secondary`- und `tertiary`-expressions. Die entsprechenden Schlüsselwörter können ebenfalls in der letzten ungeklammerten Liste verwendet werden. Für weitere Details muss auf [10c] verwiesen werden.

Der Ersetzungstext eines Makros darf aus mehr als einer Anweisung bestehen. Die einzelnen Anweisungen sind durch Semikolons zu trennen, wie das auch zur Kennzeichnung des Anweisungsendes ganz allgemein gilt. Eine Gruppe von Einzelanweisungen kann durch `begingroup ... endgroup` eingeschachtelt werden. Eine solche Gruppe verhält sich nach außen wie eine Einzelanweisung, obwohl sie im Innern aus mehreren Anweisungen besteht. Weiterhin können im Innern einer Gruppe Variablen erklärt und definiert werden, die nur im Innern gelten und evtl. gleichnamige Variablen außerhalb der Gruppe *nicht* beeinflussen. Das gleichartige Verhalten ist dem Pascal-Programmierer mit `begin ... end` und dem C-Programmierer durch Einschluss in `{ ... }` bekannt und vertraut.

METAFONT kennt einige weitere Makrodefinitionen mit `vardef`, `primarydef`, `secondarydef` und `tertiarydef`, deren Syntax weitgehend, aber nicht vollständig, derjenigen von `def` entspricht. Die Erläuterung dieser Definitionen verlangt vertiefte METAFONT-Kenntnisse, die hier nicht vermittelt werden können. Mit `vardef` können gewissermaßen weitere Variablentypen in Ergänzung zu den METAFONT-Typen `numeric`, `pair`, ... eingeführt werden.

8.5.4 METAFONT-Steuerstrukturen

METAFONT kennt zwei Programm-Steuerstrukturen, nämlich bedingte Verzweigungen und Schleifen. Einem Pascal- oder C-Anwender werden sie keine Schwierigkeiten bereiten. Die bedingten Verzweigungen haben die allgemeine Syntax

> `if` *log_ausdr_1*: *programm_text_1*
> `elseif` *log_ausdr_2*: *programm_text_2*
> . . . .
> `elseif` *log_ausdr_n*: *programm_text_in*
> `else` *alt_programm_text* `fi`

Hierin steht *log_ausdr* für einen logischen Ausdruck. Dieser ist im einfachsten Fall eine Variable vom Typ `boolean`. Ist ihr Inhalt *wahr*, so wird der nach dem Doppelpunkt stehende *programm_text*, der im Allgemeinen aus einer Reihe von METAFONT-Anweisungen besteht, ausgeführt. Ist er dagegen *falsch*, so wird der folgende Programmtext übersprungen. In einer `if`-Struktur können beliebig viele `elseif`-Unterzweige stehen. Dies schließt den Fall ein, dass gar kein `elseif`-Unterzweig auftritt.

Erweist sich keiner der logischen Ausdrücke im `if`-Zweig oder in den evtl. `elseif`-Zweigen als wahr, so werden die alternativen Anweisungen aus *alt_programm_text* ausgeführt. Auch der `else`-Zweig einer `if`-Struktur ist optional. Im einfachsten Fall besteht eine `if`-Struktur damit aus:

`if` *log_ausdr*: *programm_text* `fi`

Hier werden die Anweisungen aus *programm_text* ausgeführt, wenn der Wert von *log_ausdr* wahr ist, anderenfalls werden diese Anweisungen übersprungen.

Weiter oben war zunächst gesagt worden, dass der einfachste logische Ausdruck aus einer Variablen vom Typ `boolean` besteht. Mit logischen Variablen können durch Verbindungen mit `and` und `or` und durch Voranstellen von `not` umfangreichere logische Ausdrücke gebildet werden. Allen logischen Ausdrücken ist gemeinsam, dass ihr Ergebnis nur die Werte *wahr* oder *falsch* annehmen kann. Hierfür gibt es in METAFONT auch die logischen Konstanten `true` und `false`. Weitere logische Ausdrücke stellt METAFONT mit

typ var, `cycle` *pfad_var*, `known` *var* und `odd` *num_var*

bereit. Die Angabe `pair left` als logische Abfrage ergibt *wahr*, wenn die Variable `left` als Typ `pair` erklärt war, anderenfalls, also wenn die Variable `left` gar nicht oder von einem anderen Typ erklärt war, ist das Ergebnis *falsch*. Für *typ* kann in dieser Abfrage jeder der zulässigen METAFONT-Datentypen stehen. Die Abfrage `cycle` *pfad_var* ergibt *wahr*, wenn die nachgestellte Pfadvariable einen geschlossenen Kurvenzug enthält, anderenfalls *falsch*.

Die Abfrage `known` *var* ergibt nur dann *wahr*, wenn der Wert der Variablen *var* vollständig bestimmt ist. Dies ist z. B. nach einer Zuweisung der Fall. Innerhalb eines Gleichungssystems gilt das erst, wenn die Gleichungen den Variablenwert eindeutig bestimmen. Die letzte Abfrage `odd` *num_var* erklärt sich selbst. Sie ergibt *wahr*, wenn der Wert der Zahlvariablen *num_var* ungerade ist, und *falsch*, wenn er gerade ist. Da jedem logischen Ausdruck der Umkehrungsoperator `not` vorangesetzt werden kann, ist `not odd` *num_var wahr*, wenn der Zahlenwert gerade ist, und *falsch*, wenn er ungerade ist. Damit erübrigt sich ein eigener Abfragebefehl `even`.

Die dritte Form von logischen Ausdrücken stellen die Vergleichsabfragen dar. Mit ihnen werden beliebige Ausdrücke auf *gleich, ungleich, kleiner, kleiner oder gleich, größer* und *größer oder gleich* verglichen. Sind ϵ_1 und ϵ_2 zwei Ausdrücke, so lauten die entsprechenden Vergleichsabfragen

ϵ_1 `=` ϵ_2 ϵ_1 `<>` ϵ_2 ϵ_1 `<` ϵ_2 ϵ_1 `<=` ϵ_2 ϵ_1 `>` ϵ_2 ϵ_1 `>=` ϵ_2

Neben den Verzweigungen kennt METAFONT als zweite Steuerstruktur Schleifenanweisungen. Diese stehen in vier Varianten zur Verfügung. Die einfachste und gleichzeitig universellste Variante ist

`for` x `=` $\epsilon_1, \epsilon_2, \epsilon_3, \ldots$: *befehls_text*$(x)$ `endfor`

Hierin bedeutet x die sog. Lauf- oder Schleifenvariable. Dies kann ein beliebiger Variablenname sein, dessen Typ mit den Datentypen der rechts vom Gleichheitszeichen stehenden Ausdrücke $\epsilon_1, \epsilon_2 \ldots$ übereinstimmen muss. Diese Struktur bewirkt zunächst, dass die Schleifenvariable den Wert von ϵ_1 annimmt und anschließend alle Befehlsfolgen *befehls_text* ausführt, wobei innerhalb dieser Befehlsfolgen jedes Auftreten der Schleifenvariablen x wie ein übergebenes Argument in einem Makro eingesetzt wird. Danach wird der nächste Ausdruck ϵ_2 in die Schleifenvariable eingesetzt und die gesamte Befehlsfolge aus *befehls_text* mit den neuen Werten für x wiederholt. Die Schleife wird so lange wiederholt, bis alle Angaben aus der Liste nach dem Gleichheitszeichen und vor dem Doppelpunkt abgearbeitet sind.

Die METAFONT-Schleife in dieser Form ist darum die universellste, weil als Schleifenvariable und für die nach dem Gleichheitszeichen auftretenden Ausdrücke beliebige Datentypen verwendet werden können. Dies kann z. B. der umfangreichste METAFONT-Datentyp `picture` sein, für den nach dem Gleichheitszeichen entweder verschiedene Variablen vom Typ `picture` stehen oder ein Teilbild nacheinander mit verschiedenen Transformationsbefehlen auftritt.

Die nächste Schleifenversion hat die Syntax

`for` x `=` ν_1 `step` ν_2 `until` nu_3 *befehls_text*(ν)) `endfor`

Diese Form ist einem Pascal-Anwender ohne weitere Erläuterung verständlich. Die Schleifenvariable nimmt nacheinander die Werte $\nu_1, \nu_1 + \nu_2, \nu_1 + 2\nu_2, \ldots$ an und führt mit diesen die Befehlsfolgen aus *befehls_text* aus. Die Schleife endet, wenn bei der fortlaufenden Inkrementierung $x > \nu_3$ wird. Ein negativer Wert für ν_2 führt zu einer fortlaufenden Dekrementierung, wobei die Schleife endet, wenn $x < \nu_3$ wird. METAFONT stellt für diese Schleifenversion zwei spezielle Formen mit

`for` x `=` ν_a `upto` ν_e`: ... endfor` und
`for` x `=` ν_a `downto` ν_e`: ... endfor`

bereit, die als Abkürzung für

`for` x `=` ν_a `step 1 until` ν_e`: ... endfor` und
`for` x `=` ν_a `step -1 until` ν_e`: ... endfor`

stehen und keiner weiteren Erläuterung bedürfen.

Die nächste Schleifenversion ist

`forsuffixes` s `=` σ_1`,`σ_2`,`σ_3`,... :` *befehls_text*(s) `endfor`

Die Schleifenvariable s wird hierbei als Index oder Variablenanhang oder eine Kombination aus beiden interpretiert und setzt diesen im Befehlstext überall dort ein, wo *var.s*-Formen auftreten, d. h., die Variablen *var* werden mit einem Index oder Anhang versehen. Die Schleifenvariable nimmt dabei nacheinander die Werte von $\sigma_1, \sigma_2, \ldots$ an und führt mit diesen die Anweisungen aus *befehls_text* aus.

Im Befehlstext darf die Schleifenvariable statt *var.s* auch isoliert als s auftreten. In diesem Fall wird der Inhalt von s als eigener Variablenname betrachtet und in dieser Form fand die `forsuffix`-Schleife bei der Definition von `define_pixels` Anwendung (s. S. 511).

Die letzte Schleifenversion ist schließlich eine Endlosschleife mit der Syntax

`forever:` *befehls_text* `endfor`

Diese Form erscheint auf den ersten Blick unvernünftig, da diese Schleife nie endet. Alle vier Versionen gestatten jedoch den Befehl `exit` innerhalb von *befehls_text*, bei dessen Erreichen die Schleife verlassen wird. Der Befehl `exit` wird meistens innerhalb einer `if`-Abfrage stehen. Steht diese Abfrage als erste Anweisung in *befehls_text*, so entspricht die endlose Schleifenstruktur der Pascalstruktur `while`. Ist sie die letzte Anweisung, so entpricht dies in Pascal `repeat until`.

Literaturverzeichnis

[1] Leslie Lamport. *LaTeX – A Document Preparation System.* Addison-Wesley Co., Inc., Reading, MA, 2. ed. 1994

[1a] Leslie Lamport. *Das LaTeX-Handbuch.* Addison-Wesley (Deutschland) GmbH, Bonn, 1995. Deutsche Übersetzung von [1] mit einer Ergänzung über `german.sty`

[2] Michel Goossens, Frank Mittelbach, Alexander Samarin. *The LaTeX Companion.* Addison-Wesley Co., Inc., Reading, MA, 1994

[2a] Michel Goossens, Frank Mittelbach, Alexander Samarin. *Der LaTeX-Begleiter.* Addison-Wesley (Deutschland) GmbH, Bonn, 1995. Deutsche Übersetzung von [2]

[3] Michael Goosens, Frank Mittelbach, Alexander Samarin. *The LaTeX Graphics Companon.* Addison Wesley Longman, Inc., Reading, MA., 1997

[4] Michael Goosens, Sebastian Rahtz. *The LaTeX Web Companion.* Addison Wesley Longman, Inc., Reading, MA., 1999

[4a] Michael Goosens, Sebastian Rahtz. *Mit LaTeX ins Web.* Addison-Wesley-Longman (Deutschland) GmbH, München 2000. Deutsche Übersetzung von [4]

[5] Helmut Kopka. *LaTeX, Band 1–3*, Addison-Wesley (Deutschland) GmbH, Bonn 1993ff.

[5a] Band 1: *LaTeX-Einführung*, 3., überarbeitete und korrigierte Auflage, Pearson Studium (vormals Addison-Wesley), München, 2002

[5b] Band 2: *LaTeX-Ergänzungen – mit einer Einführung in METAFONT*, 3., überarbeitete Auflage, Pearson Studium (vormals Addison-Wesley), München, 2002

[5c] Band 3: *LaTeX-Erweiterungen*, korrigierter Nachdruck der Anfangsauflage, Pearson Studium (vormals Addison-Wesley), München, 2002

[5u] *LaTeX – Eine Einführung*, 1.–4. Aufl., Bonn 1988–1993, Vorläufer zu Band 1.

[5v] *LaTeX-Erweiterungsmöglichkeiten*, 1.–3. Aufl., Bonn 1990–1992, Vorläufer zu Band 2 und Band 3

[6] Helmut Kopka and Patrick W. Daly. *A Guide to LaTeX 2$_\varepsilon$ – Document Preparation for Beginners and Advanced Users*, 2. Aufl., Addison-Wesley Publishing Company, Workingham, 1995

[7] R. Wonneberger. *Kompaktführer LaTeX*, 3., durchgesehene und erweiterte Auflage. Addison-Wesley (Deutschland) GmbH, Bonn, 1993

[8] Rames Abdelhamid. *Das Vieweg LaTeX-Buch.* Vieweg, Braunschweig, 1993

[9] Jörg Knappen, Hubert Partl, Elisabeth Schlegel, Irene Hyna. *LaTeX 2$_\varepsilon$-Kurzbeschreibung.* Verfügbar auf dem CTAN-DANTE-Fileserver, 1995

[10] Donald E. Knuth. *Computers and Typesetting Vol. A–E.* Addison-Wesley Co., Inc., Reading, MA, 1987–1991

[10a] Vol. A: *The TEXbook*, 11. ed. 1991

[10b] Vol. B: *TEX: The Program*, 4. ed. 1991

[10c] Vol. C: *The METAFONTbook*, 4. ed. 1991

[10d] Vol. D: *METAFONT: The Program*, 4. ed. 1991

[10e] Vol. E: *Computer Modern Typefaces*, 3. ed. 1987

[11] Norbert Schwarz. *Einführung in TEX*, 3., überarbeitete Auflage. Addison-Wesley (Deutschland) GmbH, Bonn, 1991

[12] Wolfgang Appelt. *TEX für Fortgeschrittene.* Addison-Wesley (Deutschland) GmbH, Bonn, 1988

[13] Stephan von Bechtolsheim. *TEX in Practice, Vol. I–IV*, Springer Verlag, New York, 1993

[13a] Vol. I: Basics

[13b] Vol. II: Paragraphs, Math, and Fonts

[13c] Vol. III: Tokens, Macros

[13d] Vol. IV: Output Routines, Tables

[14] Paul W. Abrahams. *TEX for the Impatient*, Addison-Wesley Publishing Company, Reading, MA, 1990

[15] Victor Eijkhout. *TEX by Topic*, Addison-Wesley Publishing Company, Workingham, UK, 1992

[16] Wynter Snow. *TEX for the Beginner*, Addison-Wesley Publishing Company, Reading, MA, 1992

[17] Michael Spivak. *The Joy of TEX*. American Mathematical Society, Providence, RI., 1986

[18] Michael J. Wichura. *The PiCTEX Manual.* TEX Users Group, Providence, RI., 1987

[19] Friedhelm Sowa. *TEX, LATEX und Graphik*, Springer-Verlag, Berlin, 1994

[20] Adobe Systems Incorporated. *PostScript Language Tutorial and Cookbook.* Addison Wesley Co., Inc., Reading, MA, 1985

[21] Adobe Systems Incorporated. *PostScript Reference Manual.* Addison Wesley Co., Inc., Reading, MA. 1990

[22] TUGboat. *The TEX Users Group Newsletter.* TUG, Providence, RI, Vol. 1, 1980 – Vol. 18, 1997. (Ab 1985 jährlich drei Ausgaben, vorher zwei)

Anschrift:	TEX Users Group	Telefon:	+1(805) 963-1338
	Post Office Box 869	Fax:	+1(805) 963-8358
	Santa Barbara, CA 93 102	Internet:	`tug@tug.org`
	U.S.A.		

[23] DANTE. *Die TEXnische Kommödie.* Mitgliederschrift der Deutschsprachigen TEX-Anwendervereinigung 1989–2001. Mit Ausnahme von 1989 jährlich vier 64seitige Ausgaben.

Index

Das Stichwortverzeichnis ist vielfach in Haupt- und zweistufige Unterbegriffe gegliedert. Die im Buch auftretenden Befehle aus METAFONT, MusiXTEX, PICTEX und dem AMS-Paket sind nicht über das ganze Verzeichnis verstreut, sondern erscheinen jeweils unter den gleichnamigen Oberbegriffen gesammelt. Tritt ein Stichwort nicht bei den Hauptbegriffen auf, so sollte zunächst nach einem geeigneten Oberbegriff gesucht werden, unter dem das gesuchte Wort evtl. als Untereintrag zu finden ist.